BERLINER ASTRONOMISCHES JAHRBUCH

FÜR

1956

181. JAHRGANG

HERAUSGEBER

ASTRONOMISCHES RECHENINSTITUT
DER DEUTSCHEN AKADEMIE DER WISSENSCHAFTEN ZU BERLIN
UND
ASTRONOMISCHES RECHENINSTITUT ZU HEIDELBERG

1954

AKADEMIE-VERLAG · BERLIN

Astronomische Zeichen und Abkürzungen

Bezeichnung der Wochentage	Adspekten
☉ Sonntag	☌ Konjunktion
☾ Montag	□ Quadratur
♂ Dienstag	☍ Opposition
☿ Mittwoch	**Mondphasen**
♃ Donnerstag	● Neumond
♀ Freitag	☽ Erstes Viertel
♄ Sonnabend	○ Vollmond
	☾ Letztes Viertel

☊ Aufsteigender } Knoten
☋ Absteigender } Knoten

Zeichen des Tierkreises und der Himmelskörper

♈ Widder	0 Grad		
♉ Stier	30	»	☉ Sonne
♊ Zwillinge . . .	60	»	☾ Mond
♋ Krebs	90	»	☿ Merkur
♌ Löwe	120	»	♀ Venus
♍ Jungfrau	150	»	♁ Erde
♎ Waage	180	»	♂ Mars
♏ Skorpion . . .	210	»	♃ Jupiter
♐ Schütze	240	»	♄ Saturn
♑ Steinbock . . .	270	»	♅ Uranus
♒ Wassermann . .	300	»	♆ Neptun
♓ Fische	330	»	♇ Pluto

Herausgeber: Astronomisches Recheninstitut der Deutschen Akademie der Wissenschaften zu Berlin und Astronomisches Recheninstitut zu Heidelberg. Verantwortlich für den Inhalt: Prof. Dr. A. Kahrstedt, Berlin-Lichterfelde-West, und Prof. Dr. A. Kopff, Heidelberg. Verlag: Akademie-Verlag GmbH, Berlin W 8, Mohrenstraße 39; Fernsprecher: Sammelnummer 20 03 86; Postscheckkonto: Berlin 350 21. Bestell- und Verlagsnummer dieses Werkes: 1004/181. Preis: 12 DM. Druck: (III/9/1) Sächsische Zeitung, Verlag und Druckerei, Dresden N 23. 242. Veröffentlicht unter Lizenz-Nr. 1210 des Amtes für Literatur und Verlagswesen der Deutschen Demokratischen Republik. Printed in Germany.

BERLINER
ASTRONOMISCHES JAHRBUCH

FÜR

1 9 5 6

181. JAHRGANG

HERAUSGEBER

ASTRONOMISCHES RECHENINSTITUT
DER DEUTSCHEN AKADEMIE DER WISSENSCHAFTEN ZU BERLIN
UND
ASTRONOMISCHES RECHENINSTITUT ZU HEIDELBERG

1954

AKADEMIE-VERLAG · BERLIN

Astronomische Zeichen und Abkürzungen

Bezeichnung der Wochentage	Adspekten
☉ Sonntag	☌ Konjunktion
☾ Montag	□ Quadratur
♂ Dienstag	☍ Opposition
☿ Mittwoch	**Mondphasen**
♃ Donnerstag	● Neumond
♀ Freitag	☽ Erstes Viertel
♄ Sonnabend	○ Vollmond
	☾ Letztes Viertel

☊ Aufsteigender } Knoten
☋ Absteigender } Knoten

Zeichen des Tierkreises und der Himmelskörper

♈ Widder	0 Grad	
♉ Stier	30 »	☉ Sonne
♊ Zwillinge . . .	60 »	☾ Mond
♋ Krebs	90 »	☿ Merkur
♌ Löwe	120 »	♀ Venus
♍ Jungfrau	150 »	♁ Erde
♎ Waage	180 »	♂ Mars
♏ Skorpion . . .	210 »	♃ Jupiter
♐ Schütze	240 »	♄ Saturn
♑ Steinbock . . .	270 »	♅ Uranus
♒ Wassermann . .	300 »	♆ Neptun
♓ Fische	330 »	♇ Pluto

Herausgeber: Astronomisches Recheninstitut der Deutschen Akademie der Wissenschaften zu Berlin und Astronomisches Recheninstitut zu Heidelberg. Verantwortlich für den Inhalt: Prof. Dr. A. Kahrstedt, Berlin-Lichterfelde-West, und Prof. Dr. A. Kopff, Heidelberg. Verlag: Akademie-Verlag GmbH, Berlin W 8, Mohrenstraße 39; Fernsprecher: Sammelnummer 20 03 86; Postscheckkonto: Berlin 350 21. Bestell- und Verlagsnummer dieses Werkes: 1004/181. Preis: 12 DM. Druck: (III/9/1) Sächsische Zeitung, Verlag und Druckerei, Dresden N 23. 242. Veröffentlicht unter Lizenz-Nr. 1210 des Amtes für Literatur und Verlagswesen der Deutschen Demokratischen Republik. Printed in Germany.

Vorwort

Vom Jahrgang 1916 an ist der fundamentale Meridian, auf den alle Angaben des Jahrbuchs bezogen sind, der Meridian von Greenwich.

Die Zeit ist vom Jahrgang 1925 an in Weltzeit, d. i. Bürgerliche Zeit Greenwich, ausgedrückt (siehe Erläuterungen).

Die Grundlagen des Berliner Astronomischen Jahrbuchs bilden:

Für die Sonne und die großen Planeten:

Die Tafeln von Newcomb und (für Jupiter und Saturn) von Hill, enthalten in:

Astronomical Papers of the American Ephemeris,
Vol. VI, Part I—IV: *Tables of the four inner planets,*
Vol. VII, Part I—IV: *Tables of Jupiter, Saturn, Uranus, Neptune.*

Für Pluto die Elemente von E. C. Bower. (Näheres siehe Erläuterungen.)

Als Sonnenhalbmesser in der mittleren Entfernung ist 16′ 1″.50 angenommen; dagegen liegt der Berechnung der Finsternisse der von Auwers in A. N., Bd. 128 gegebene Wert 15′ 59″.63 zugrunde.

Für den Mond:

Tables of the Motion of the Moon by Ernest W. Brown.

Der geozentrische Mondhalbmesser $r_☾$ ist aus der Äquatorial-Horizontalparallaxe $p_☾$ gerechnet nach der Formel

$$r_☾ = 0.272469\, p_☾ + 1''.50,$$

für die Finsternisse nach $\sin r_☾ = 0.272274 \sin p_☾$.

Als Neigung des Mondäquators gegen die Ekliptik ist nach F. Hayn (A. N. Bd. 199, 263) angenommen: $J = 1° 32' 20''$.

Für die Fixsterne:

Dritter Fundamentalkatalog des Berliner Astronomischen Jahrbuchs (Veröffentlichungen des Astronomischen Recheninstituts zu Berlin-Dahlem Nr. 54 und Abhandlungen der Preußischen Akademie der Wissenschaften Jahrgang 1938. Phys.-math. Klasse. Nr. 3).

Die Sterngrößen und Sternspektren sind dem »Henry Draper Catalogue (Harvard Annals, vol. 91—99)« entnommen.

Als Werte der fundamentalen Reduktionsgrößen sind angenommen:

Die Präzessions-Größen nach S. Newcomb (vgl. H. Andoyer, Bull. Astr. Bd. 28, S. 67)

Die Nutations-Konstante . . . . . 9″.21

Die Nutations-Größen nach S. Newcomb (Bull. Astr. Bd. 15, S. 241)	
Die Aberrations-Konstante	20″.47
Die Sonnen-Parallaxe	8″.80
Die Abplattung der Erde	1 : 297

Für die Satelliten:

Die Angaben über die 4 älteren Jupitertrabanten beruhen auf den Tafeln von R. A. Sampson (*Tables of the four great Satellites of Jupiter.* London 1910), die Angaben über die 8 älteren Saturnsatelliten auf den von H. und G. Struve sowie von J. Woltjer ermittelten Werten (Näheres s. Erläuterungen).

In allen Ephemeriden der Sonne, der Planeten und der Fixsterne sind die kurzperiodischen, von der Mondlänge abhängigen Nutationsglieder weggelassen; doch bietet das Jahrbuch die Möglichkeit, auch diese weggelassenen Glieder zu berücksichtigen (s. Erläuterungen).

Der Inhalt des Jahrbuchs ist gegenüber dem Vorjahr durch die Aufnahme einer Ephemeride der Rotation des Mars erweitert worden.

Nach einem internationalen Übereinkommen vom Jahre 1911 wurde ein Teil der Angaben vom Nautical Almanac Office, London, vom Nautical Almanac Office, U.S. Naval Observatory, Washington, und vom Bureau des Longitudes, Paris, zur Verfügung gestellt. Es wurden übernommen vom Nautical Almanac Office, London, die Ephemeriden der Sonne, des Mondes und der Planeten mit Ausnahme von Pluto sowie die Vorausberechnungen der Sternbedeckungen für Berlin-Babelsberg, Frankfurt a. M. und München. Vom Nautical Almanac Office, Washington, wurden zur Verfügung gestellt die rechtwinkligen, heliozentrischen, äquatorialen Koordinaten von Pluto, die Angaben über Finsternisse, die Elemente der Sternbedeckungen, die Rotationselemente der Sonne, des Mars und des Jupiter, die Konstellationen und die Auf- und Untergangszeiten des Mondes. Vom Bureau des Longitudes, Paris, wurden die Zeiten der Verfinsterungen der Jupitertrabanten sowie die Tafeln ihrer Anordnung und die Refraktionstafel übernommen. Die mittleren und scheinbaren Sternörter sowie die Angaben über die Saturnstrabanten sind im Astronomischen Recheninstitut in Heidelberg unter der Leitung von Dr. Gondolatsch berechnet. Die Berechnung der übrigen Teile und die Beaufsichtigung des Druckes sind unter der Leitung von Prof. Dr. Kohl vom Astronomischen Recheninstitut in Berlin besorgt worden.

Bezüglich der Zahlengrundlagen sei auf die im Berliner Astronomischen Jahrbuch für 1916 gegebene Darstellung der „Grundbegriffe der Sphärischen Astronomie" hingewiesen.

Astronomisches Recheninstitut in Berlin
Astronomisches Recheninstitut in Heidelberg

Inhalt

Zeit- und Festrechnung 1956

Das Jahr 1956 entspricht dem
Jahr 6669 der Julianischen Periode und dem
Jahr 7464—7465 der Byzantinischen Ära.

Gregorianischer Kalender

Goldene Zahl	19
Epakte	XVII
Sonnenzirkel	5
Sonntagsbuchstaben	AG
Septuagesima	29. Jan.
Aschermittwoch	15. Febr.
I. Quatember	22. Febr.
Ostersonntag	1. April
Himmelfahrt	10. Mai
Pfingstsonntag	20. Mai
II. Quatember	23. Mai
Fronleichnam	31. Mai
III. Quatember	19. Sept.
I. Adventssonntag	2. Dez.
IV. Quatember	19. Dez.

Dimensionen der Erde

a) Nach Bessel (1841)

Große Halbachse	$a =$ 6 377 397.155 m	$\log a =$ 6.804 6434 637
Kleine Halbachse	$b =$ 6 356 078.963 m	$\log b =$ 6.803 1892 839
Abplattung	$\mathfrak{a} = 1 : 299.152\,8129$	$\log \mathfrak{a} =$ 7.524 1069 092—10
Meridianquadrant	= 10 000 855.76 m	

Die Maßeinheit der Länge ist das legale Meter.

b) Nach Hayford (1909)

identisch mit Internationalem Ellipsoid (1924)

Große Halbachse	$a =$ 6 378 388 m	$\log a =$ 6.804 7109 340
Kleine Halbachse	$b =$ 6 356 911.946 m	$\log b =$ 6.803 2461 958
Abplattung	$\mathfrak{a} = 1 : 297$	$\log \mathfrak{a} =$ 7.527 2435 507—10
Meridianquadrant	= 10 002 288.30 m	

c) Nach Krassovsky (1940)

Große Halbachse	$a =$ 6 378 245 m	$\log a =$ 6.804 7011 973
Abplattung	$\mathfrak{a} = 1 : 298.3$	$\log \mathfrak{a} =$ 7.525 3467 466—10

Die Maßeinheit der Länge ist das internationale Meter.

Ein internationales Meter = 0.999 9866 legales Meter.

Will man die Länge einer in legalen Metern gemessenen Strecke in internationalen Metern angeben, so hat man die Anzahl der legalen Meter mit 1.000 0134 zu multiplizieren.

Normalwert für die Schwerebeschleunigung im Meeresniveau:

$\gamma_0 = 978.030\ (1 + 0.005302 \cdot \sin^2\varphi - 0.000007 \cdot \sin^2 2\varphi)$ cm. sec^{-2}. (Helmert 1901)

$\gamma_0 = 978.0490\ (1 + 0.0052884 \cdot \sin^2\varphi - 0.0000059 \cdot \sin^2 2\varphi)$ cm. sec^{-2}. (Cassinis 1930)

Masse der Erde: $5.974 \cdot 10^{27}$ g

Masse der Sonne: $1.983 \cdot 10^{33}$ g

Radius der Sonne: 695 300 km

Mittlere Entfernung Erde—Sonne: 149 504 200 km

Lichtzeit für die mittlere Entfernung Erde—Sonne: $498\overset{s}{.}72$ (mit Lichtgeschwindigkeit 299 774 km/sec.)

Astronomische Konstanten

Allgemeine Präzession	ψ =	50″.2564	+ 0″.000 222 t
Präzession in Rektaszension	m =	3ˢ.07234	+ 0ˢ.000 0186 t
Präzession in Deklination	n =	20″.0468	− 0″.000 085 t
Mittlere Schiefe der Ekliptik	ϵ =	23° 27′ 8″.26	− 0″.4684 t
Länge d. aufsteig. Knotens d. bewegl. a. d. festen Ekliptik	Π =	173° 57′ 3″.6	+ 32″.862 t
Winkel zwischen fester u. bewegl. Ekliptik	π =	0″.4711	− 0″.000 007 t

Länge des tropischen Jahres	365ᵈ.242 198 79	− 0ᵈ.000 000 0614 t
„ „ siderischen „	365.256 360 42	+ 0.000 000 0011 t
„ „ anomalistischen „	365.259 641 34	+ 0.000 000 0304 t
„ „ julianischen „	365.25	

t = Zeit seit 1900 in julianischen Jahren

Länge des synodischen Monats	29ᵈ.530 588
„ „ tropischen „	27.321 582
„ „ siderischen „	27.321 661
„ „ anomalistischen „	27.554 550

Länge des mittl. Sonnentages = $24^h\,3^m\,56^s.555$ Sternzeit = 1.002 737 91 Sterntag

Länge d. mittl. Sterntages = $23^h\,56^m\,4^s.091$ mittl. Zeit = 0.997 269 57 mittl. Sonnentag

Äquatorial-Horizontalparallaxe des Mondes . . . . 57′ 2″.70

Gravitationskonstante nach Gauß k = 0.017 202 099 = 3548″.18761

log k = 8.235 581 44—10, log k'' = 3.550 00657

1 Lichtjahr = 63 275 Astr. Einh. = 0.3068 Parsek = 9.460 · 10^{12} km

1 Parsek = 206 264.806 Astr. Einh. = 3.2598 Lichtjahre = 30.84 · 10^{12} km

Elemente der Planetenbahnen für 1956 Jan. 0, 0^h Weltzeit

	☊	i	$\tilde{\omega}$	e
	°	°	°	
Merkur	47.810	7.004	76.771	0.205 626
Venus	76.284	3.394	130.952	0.006 794
Erde	—	—	102.184	0.016 728
Mars	49.218	1.850	335.249	0.093 364
Jupiter	100.009	1.306	13.623	0.048 427
Saturn	113.279	2.490	92.195	0.055 699
Uranus	73.757	0.773	172.380	0.046 330
Neptun	131.297	1.774	47.525	0.009 001
Pluto	109.633	17.144	223.175	0.248 644

	a	L	$n_{sid.}$	$P_{sid.}$ (a)	$P_{sid.}$ (d)
		°	°	a	d
Merkur	0.387 099	357.520	4.092 34	0	87.9693
Venus	0.723 332	351.123	1.602 13	0	224.7008
Erde	1.000 000	98.649	0.985 61	1	0.0142
Mars	1.523 688	212.301	0.524 03	1	321.7375
Jupiter	5.202 561	138.254	0.083 09	11	314.925
Saturn	9.554 747	231.680	0.033 46	29	167.21
Uranus	19.218 14	124.093	0.011 73	84	8.11
Neptun	30.109 57	208.138	0.005 98	164	281.6
Pluto	39.517 74	174.267	0.003 97	248	157

Merkur, Venus und Erde nach Newcomb, Mars nach Newcomb und Ross, Jupiter bis Neptun nach Leverrier und Gaillot, Pluto nach Bower. Bei Uranus und Neptun sind in L die Hauptglieder der langperiodischen Störungen enthalten. Für Pluto sind baryzentrische Elemente bezogen auf Ekliptik und mittleres Äquinoktium 1950.0 gegeben.

Kalender der Juden

Jahr 5716 (Gemeinjahr von 355 Tagen)

Schewat	1		1956	Jan. 14
Adar	1			Febr. 13
	11	Fasten-Esther		23
	14	Purim		26
	15	Schuschan-Purim		27
Nissan	1			März 13
	14	Erew Pessach		26
	15	*Passah-Anfang		27
	16	*Zweites Fest		28
	21	*Siebentes Fest		April 2
	22	*Achtes Fest		3
Ijar	1			12
	18	Lag-B'aumer		29
Siwan	1			Mai 11
	6	*Wochenfest		16
	7	*Zweites Fest		17
Tammus	1			Juni 10
	17	Fasten: Eroberung Jerusalems		26
Aw	1			Juli 9
	9	Fasten: Tempelverbrennung		17
Ellul	1			Aug. 8

Jahr 5717 (Schaltjahr von 385 Tagen)

Tischri	1	*Neujahrsfest	1956	Sept. 6
	2	*Zweites Fest		7
	4	Fasten-Gedaljah		9
	10	*Versöhnungsfest		15
	15	*Laubhüttenfest		20
	16	*Zweites Fest		21
	21	Palmenfest		26
	22	*Laubhüttenende		27
	23	*Gesetzesfreude		28
Marcheschwan	1			Okt. 6
Kislew	1			Nov. 5
	25	Tempelweihe		29
Tewet	1			Dez. 5
	10	Fasten: Belagerung Jerusalems		14

Die mit * bezeichneten Festtage werden streng gefeiert.

Kalender der Mohammedaner

Jahr 1375 (Gemeinjahr von 354 Tagen)

Dschemâdi-el-accher	1	1956	Jan. 15
Redscheb	1		Febr. 13
Schabân	1		März 14
Ramadân	1		April 12
Schewwâl	1		Mai 12
Dsû'l-kade	1		Juni 10
Dsû'l-hedsche	1		Juli 10

Jahr 1376 (Schaltjahr von 355 Tagen)

Moharrem	1	1956	Aug. 8
Safar	1		Sept. 7
Rebî-el-awwel	1		Okt. 6
Rebî-el-accher	1		Nov. 5
Dschemâdi-el-awwel	1		Dez. 4

Sonne, Mond, Große Planeten

1956

Sonne 1956

Tag	Wochentag	0h Weltzeit: Zeitgleichung (Wahre Zeit *minus* Mittlere Zeit) m s	Diff. s	Scheinbare Rektaszension h m s	Diff. m s	Scheinbare Deklination ° ′ ″	Diff. ′ ″	Halbe Durchgangs-Dauer St.-Zt. s	Halbmesser ′ ″
1956									
Jan. 0	Sa	− 2 31.17	28.76	18 37 6.59	4 25.32	−23 10 12.9	4 9.1	71.13	16 17.86
1	So	2 59.93	28.50	18 41 31.91	4 25.06	23 6 3.8	4 36.8	71.09	16 17.87
2	Mo	3 28.43	28.20	18 45 56.97	4 24.76	23 1 27.0	5 4.4	71.05	16 17.88
3	Di	3 56.63	27.88	18 50 21.73	4 24.44	22 56 22.6	5 31.9	71.00	16 17.88
4	Mi	4 24.51	27.53	18 54 46.17	4 24.08	22 50 50.7	5 59.2	70.95	16 17.87
5	Do	4 52.04	27.14	18 59 10.25	4 23.70	22 44 51.5	6 26.4	70.90	16 17.86
6	Fr	− 5 19.18	26.73	19 3 33.95	4 23.29	−22 38 25.1	6 53.3	70.84	16 17.85
7	Sa	5 45.91	26.29	19 7 57.24	4 22.85	22 31 31.8	7 20.0	70.78	16 17.82
8	So	6 12.20	25.82	19 12 20.09	4 22.37	22 24 11.8	7 46.6	70.72	16 17.80
9	Mo	6 38.02	25.31	19 16 42.46	4 21.88	22 16 25.2	8 12.8	70.65	16 17.77
10	Di	7 3.33	24.79	19 21 4.34	4 21.34	22 8 12.4	8 39.0	70.58	16 17.74
11	Mi	7 28.12	24.23	19 25 25.68	4 20.79	21 59 33.4	9 4.7	70.51	16 17.70
12	Do	− 7 52.35	23.65	19 29 46.47	4 20.20	−21 50 28.7	9 30.2	70.43	16 17.66
13	Fr	8 16.00	23.04	19 34 6.67	4 19.60	21 40 58.5	9 55.4	70.35	16 17.61
14	Sa	8 39.04	22.40	19 38 26.27	4 18.96	21 31 3.1	10 20.4	70.27	16 17.56
15	So	9 1.44	21.75	19 42 45.23	4 18.31	21 20 42.7	10 45.0	70.18	16 17.51
16	Mo	9 23.19	21.07	19 47 3.54	4 17.63	21 9 57.7	11 9.3	70.09	16 17.45
17	Di	9 44.26	20.37	19 51 21.17	4 16.93	20 58 48.4	11 33.3	69.99	16 17.39
18	Mi	−10 4.63	19.66	19 55 38.10	4 16.21	−20 47 15.1	11 56.9	69.90	16 17.32
19	Do	10 24.29	18.91	19 59 54.31	4 15.47	20 35 18.2	12 20.2	69.80	16 17.25
20	Fr	10 43.20	18.16	20 4 9.78	4 14.72	20 22 58.0	12 43.2	69.70	16 17.18
21	Sa	11 1.36	17.40	20 8 24.50	4 13.95	20 10 14.8	13 5.8	69.60	16 17.10
22	So	11 18.76	16.61	20 12 38.45	4 13.17	19 57 9.0	13 28.1	69.50	16 17.02
23	Mo	11 35.37	15.83	20 16 51.62	4 12.38	19 43 40.9	13 50.0	69.40	16 16.93
24	Di	−11 51.20	15.03	20 21 4.00	4 11.58	−19 29 50.9	14 11.5	69.29	16 16.84
25	Mi	12 6.23	14.22	20 25 15.58	4 10.78	19 15 39.4	14 32.8	69.18	16 16.74
26	Do	12 20.45	13.42	20 29 26.36	4 9.98	19 1 6.6	14 53.6	69.07	16 16.64
27	Fr	12 33.87	12.62	20 33 36.34	4 9.17	18 46 13.0	15 14.1	68.96	16 16.53
28	Sa	12 46.49	11.81	20 37 45.51	4 8.37	18 30 58.9	15 34.2	68.85	16 16.41
29	So	12 58.30	11.00	20 41 53.88	4 7.56	18 15 24.7	15 54.0	68.74	16 16.29
30	Mo	−13 9.30	10.20	20 46 1.44	4 6.76	−17 59 30.7	16 13.4	68.62	16 16.16
31	Di	13 19.50	9.40	20 50 8.20	4 5.95	17 43 17.3	16 32.4	68.51	16 16.02
Febr. 1	Mi	13 28.90	8.59	20 54 14.15	4 5.15	17 26 44.9	16 51.1	68.39	16 15.88
2	Do	13 37.49	7.80	20 58 19.30	4 4.35	17 9 53.8	17 9.3	68.28	16 15.74
3	Fr	13 45.29	6.99	21 2 23.65	4 3.55	16 52 44.5	17 27.0	68.16	16 15.59
4	Sa	13 52.28	6.20	21 6 27.20	4 2.75	16 35 17.5	17 44.5	68.04	16 15.43
5	So	−13 58.48	5.40	21 10 29.95	4 1.96	−16 17 33.0	18 1.5	67.93	16 15.27
6	Mo	14 3.88	4.61	21 14 31.91	4 1.16	15 59 31.5	18 18.4	67.81	16 15.11
7	Di	14 8.49	3.81	21 18 33.07	4 0.37	15 41 13.4	18 34.2	67.70	16 14.94
8	Mi	14 12.30	3.02	21 22 33.44	3 59.58	15 22 39.2	18 50.0	67.58	16 14.77
9	Do	14 15.32	2.24	21 26 33.02	3 58.79	15 3 49.2	19 5.2	67.47	16 14.60
10	Fr	−14 17.56		21 30 31.81		−14 44 44.0		67.36	16 14.42

Tag	Julian. Zeit	Sternzeit	Nutation in AR. langp. Gl.	kurzp. Gl.	Mittleres Äquinoktium 1956.0 Länge		Breite	R		Aufgang	Untergang
		0h Weltzeit								in {+50° Breite, 0h Länge}	
1956	2435										
	d	h m s	s in 0.001		° ′ ″	′ ″	″ in 0.01			h m	h m
Jan. 0	472.5	6 34 35.428	+1052	+15	278 31 27.8	61 8.0	−48	0.983 2722	127	7 59	16 7
1	473.5	6 38 31.985	1055	+16	279 32 35.8	61 8.4	−56	0.983 2595	64	7 59	16 8
2	474.5	6 42 28.543	1057	+14	280 33 44.2	61 8.6	−61	0.983 2531	3	7 59	16 9
3	475.5	6 46 25.101	1060	+ 9	281 34 52.8	61 9.0	−63	0.983 2528	53	7 59	16 10
4	476.5	6 50 21.659	1062	+ 3	282 36 1.8	61 9.2	−62	0.983 2581	107	7 59	16 11
5	477.5	6 54 18.217	1065	− 2	283 37 11.0	61 9.5	−58	0.983 2688	157	7 58	16 12
6	478.5	6 58 14.775	+1067	− 6	284 38 20.5	61 9.7	−51	0.983 2845	207	7 58	16 13
7	479.5	7 2 11.333	1069	− 8	285 39 30.2	61 9.8	−41	0.983 3052	252	7 58	16 14
8	480.5	7 6 7.890	1072	− 7	286 40 40.0	61 9.8	−30	0.983 3304	295	7 58	16 16
9	481.5	7 10 4.448	1074	− 5	287 41 49.8	61 9.9	−18	0.983 3599	338	7 57	16 17
10	482.5	7 14 1.005	1076	− 2	288 42 59.7	61 9.7	− 5	0.983 3937	379	7 57	16 18
11	483.5	7 17 57.563	1078	+ 2	289 44 9.4	61 9.6	+ 8	0.983 4316	419	7 56	16 20
12	484.5	7 21 54.120	+1080	+ 5	290 45 19.0	61 9.3	+21	0.983 4735	457	7 56	16 21
13	485.5	7 25 50.678	1082	+ 8	291 46 28.3	61 9.0	+33	0.983 5192	495	7 55	16 22
14	486.5	7 29 47.235	1084	+ 9	292 47 37.3	61 8.5	+43	0.983 5687	535	7 54	16 24
15	487.5	7 33 43.792	1086	+ 9	293 48 45.8	61 8.0	+51	0.983 6222	572	7 54	16 25
16	488.5	7 37 40.349	1088	+ 6	294 49 53.8	61 7.4	+57	0.983 6794	611	7 53	16 27
17	489.5	7 41 36.906	1090	+ 2	295 51 1.2	61 6.7	+60	0.983 7405	651	7 52	16 28
18	490.5	7 45 33.463	+1091	− 3	296 52 7.9	61 5.9	+60	0.983 8056	693	7 51	16 30
19	491.5	7 49 30.020	1093	− 9	297 53 13.8	61 5.1	+57	0.983 8749	737	7 50	16 31
20	492.5	7 53 26.577	1094	−13	298 54 18.9	61 4.2	+51	0.983 9486	784	7 50	16 33
21	493.5	7 57 23.134	1096	−16	299 55 23.1	61 3.2	+43	0.984 0270	832	7 49	16 34
22	494.5	8 1 19.691	1097	−16	300 56 26.3	61 2.3	+32	0.984 1102	884	7 48	16 36
23	495.5	8 5 16.247	1098	−13	301 57 28.6	61 1.2	+19	0.984 1986	939	7 46	16 38
24	496.5	8 9 12.804	+1099	− 7	302 58 29.8	61 0.2	+ 5	0.984 2925	997	7 45	16 39
25	497.5	8 13 9.360	1100	0	303 59 30.0	60 59.2	− 8	0.984 3922	1057	7 44	16 41
26	498.5	8 17 5.916	1101	+ 7	305 0 29.2	60 58.3	−20	0.984 4979	1119	7 43	16 42
27	499.5	8 21 2.473	1102	+13	306 1 27.5	60 57.4	−31	0.984 6098	1181	7 42	16 44
28	500.5	8 24 59.029	1103	+15	307 2 24.9	60 56.5	−40	0.984 7279	1243	7 41	16 46
29	501.5	8 28 55.585	1104	+14	308 3 21.4	60 55.6	−46	0.984 8522	1303	7 39	16 47
30	502.5	8 32 52.141	+1104	+10	309 4 17.0	60 54.9	−49	0.984 9825	1362	7 38	16 49
31	503.5	8 36 48.696	1105	+ 5	310 5 11.9	60 54.1	−49	0.985 1187	1418	7 37	16 51
Febr. 1	504.5	8 40 45.252	1105	− 1	311 6 6.0	60 53.4	−46	0.985 2605	1470	7 35	16 52
2	505.5	8 44 41.808	1105	− 5	312 6 59.4	60 52.5	−40	0.985 4075	1518	7 34	16 54
3	506.5	8 48 38.363	1105	− 8	313 7 51.9	60 51.7	−31	0.985 5593	1564	7 32	16 56
4	507.5	8 52 34.919	1105	− 8	314 8 43.6	60 50.9	−20	0.985 7157	1605	7 31	16 58
5	508.5	8 56 31.474	+1105	− 6	315 9 34.5	60 50.0	− 9	0.985 8762	1646	7 29	16 59
6	509.5	9 0 28.029	1105	− 3	316 10 24.5	60 49.1	+ 3	0.986 0408	1682	7 28	17 1
7	510.5	9 4 24.584	1105	+ 1	317 11 13.6	60 48.0	+16	0.986 2090	1717	7 26	17 3
8	511.5	9 8 21.139	1104	+ 5	318 12 1.6	60 46.9	+28	0.986 3807	1750	7 25	17 5
9	512.5	9 12 17.694	1104	+ 8	319 12 48.5	60 45.9	+40	0.986 5557	1780	7 23	17 6
10	513.5	9 16 14.249	+1103	+ 9	320 13 34.4		+51	0.986 7337		7 21	17 8

Sonne 1956

Tag	Wochentag	0h Weltzeit: Zeitgleichung Wahre Zeit *minus* Mittlere Zeit		Scheinbare Rektaszension		Scheinbare Deklination		Halbe Durchgangs-Dauer St.-Zt.	Halbmesser
1956		m s	s	h m s	m s	° ′ ″	′ ″	s	′ ″
Febr. 10	Fr	−14 17.56	1.46	21 30 31.81	3 58.02	−14 44 44.0	19 20.1	67.36	16 14.42
11	Sa	14 19.02	0.69	21 34 29.83	3 57.24	14 25 23.9	19 34.5	67.25	16 14.24
12	So	14 19.71	0.09	21 38 27.07	3 56.47	14 5 49.4	19 48.6	67.14	16 14.06
13	Mo	14 19.62	0.85	21 42 23.54	3 55.70	13 46 0.8	20 2.0	67.03	16 13.88
14	Di	14 18.77	1.61	21 46 19.24	3 54.95	13 25 58.8	20 15.2	66.92	16 13.70
15	Mi	14 17.16	2.35	21 50 14.19	3 54.19	13 5 43.6	20 27.9	66.81	16 13.51
16	Do	−14 14.81	3.10	21 54 8.38	3 53.46	−12 45 15.7	20 40.1	66.70	16 13.32
17	Fr	14 11.71	3.83	21 58 1.84	3 52.73	12 24 35.6	20 51.9	66.60	16 13.13
18	Sa	14 7.88	4.55	22 1 54.57	3 52.00	12 3 43.7	21 3.3	66.50	16 12.93
19	So	14 3.33	5.26	22 5 46.57	3 51.29	11 42 40.4	21 14.2	66.40	16 12.73
20	Mo	13 58.07	5.95	22 9 37.86	3 50.60	11 21 26.2	21 24.9	66.30	16 12.52
21	Di	13 52.12	6.64	22 13 28.46	3 49.92	11 0 1.3	21 35.0	66.21	16 12.32
22	Mi	−13 45.48	7.30	22 17 18.38	3 49.25	−10 38 26.3	21 44.8	66.12	16 12.11
23	Do	13 38.18	7.95	22 21 7.63	3 48.61	10 16 41.5	21 54.1	66.03	16 11.90
24	Fr	13 30.23	8.57	22 24 56.24	3 47.98	9 54 47.4	22 3.2	65.94	16 11.68
25	Sa	13 21.66	9.17	22 28 44.22	3 47.38	9 32 44.2	22 11.8	65.85	16 11.45
26	So	13 12.49	9.76	22 32 31.60	3 46.79	9 10 32.4	22 20.0	65.76	16 11.23
27	Mo	13 2.73	10.32	22 36 18.39	3 46.24	8 48 12.4	22 27.9	65.68	16 11.00
28	Di	−12 52.41	10.86	22 40 4.63	3 45.69	− 8 25 44.5	22 35.4	65.60	16 10.76
29	Mi	12 41.55	11.38	22 43 50.32	3 45.17	8 3 9.1	22 42.5	65.52	16 10.52
März 1	Do	12 30.17	11.88	22 47 35.49	3 44.68	7 40 26.6	22 49.3	65.44	16 10.28
2	Fr	12 18.29	12.36	22 51 20.17	3 44.19	7 17 37.3	22 55.6	65.37	16 10.03
3	Sa	12 5.93	12.82	22 55 4.36	3 43.74	6 54 41.7	23 1.6	65.30	16 9.78
4	So	11 53.11	13.26	22 58 48.10	3 43.29	6 31 40.1	23 7.1	65.23	16 9.53
5	Mo	−11 39.85	13.68	23 2 31.39	3 42.87	− 6 8 33.0	23 12.2	65.16	16 9.28
6	Di	11 26.17	14.08	23 6 14.26	3 42.47	5 45 20.8	23 17.1	65.10	16 9.02
7	Mi	11 12.09	14.47	23 9 56.73	3 42.08	5 22 3.7	23 21.4	65.04	16 8.77
8	Do	10 57.62	14.83	23 13 38.81	3 41.72	4 58 42.3	23 25.3	64.98	16 8.51
9	Fr	10 42.79	15.19	23 17 20.53	3 41.37	4 35 17.0	23 28.9	64.92	16 8.25
10	Sa	10 27.60	15.51	23 21 1.90	3 41.04	4 11 48.1	23 32.2	64.87	16 7.99
11	So	−10 12.09	15.83	23 24 42.94	3 40.72	− 3 48 15.9	23 34.9	64.82	16 7.72
12	Mo	9 56.26	16.13	23 28 23.66	3 40.43	3 24 41.0	23 37.2	64.78	16 7.46
13	Di	9 40.13	16.41	23 32 4.09	3 40.14	3 1 3.8	23 39.2	64.74	16 7.19
14	Mi	9 23.72	16.67	23 35 44.23	3 39.89	2 37 24.6	23 40.8	64.70	16 6.93
15	Do	9 7.05	16.92	23 39 24.12	3 39.63	2 13 43.8	23 42.0	64.66	16 6.67
16	Fr	8 50.13	17.15	23 43 3.75	3 39.40	1 50 1.8	23 42.8	64.63	16 6.41
17	Sa	− 8 32.98	17.36	23 46 43.15	3 39.19	− 1 26 19.0	23 43.2	64.60	16 6.14
18	So	8 15.62	17.56	23 50 22.34	3 38.99	1 2 35.8	23 43.2	64.57	16 5.88
19	Mo	7 58.06	17.73	23 54 1.33	3 38.82	0 38 52.6	23 42.9	64.54	16 5.61
20	Di	7 40.33	17.89	23 57 40.15	3 38.66	− 0 15 9.7	23 42.2	64.52	16 5.35
21	Mi	7 22.44	18.03	0 1 18.81	3 38.53	+ 0 8 32.5	23 41.2	64.50	16 5.08
22	Do	− 7 4.41		0 4 57.34		+ 0 32 13.7		64.49	16 4.81

Tag	Julian. Zeit	Sternzeit	Nutation in AR. langp. Gl.	kurzp. Gl.	Mittleres Äquinoktium 1956.0 Länge		Breite	R		Aufgang in {+50° Breite, 0h Länge}	Untergang
1956	2435										
	d	h m s	s in 0.001		° ′ ″	′ ″	in 0.″01			h m	h m
Febr. 10	513.5	9 16 14.249	+1103	+ 9	320 13 34.4	60 44.5	+51	0.986 7337	1809	7 21	17 8
11	514.5	9 20 10.804	1103	+10	321 14 18.9	60 43.3	+59	0.986 9146	1836	7 20	17 10
12	515.5	9 24 7.358	1102	+ 8	322 15 2.2	60 42.0	+65	0.987 0982	1862	7 18	17 11
13	516.5	9 28 3.913	1101	+ 4	323 15 44.2	60 40.5	+68	0.987 2844	1887	7 16	17 13
14	517.5	9 32 0.467	1100	− 1	324 16 24.7	60 38.9	+69	0.987 4731	1914	7 15	17 15
15	518.5	9 35 57.021	1099	− 6	325 17 3.6	60 37.4	+67	0.987 6645	1939	7 13	17 17
16	519.5	9 39 53.576	+1098	−11	326 17 41.0	60 35.6	+62	0.987 8584	1967	7 11	17 18
17	520.5	9 43 50.130	1097	−15	327 18 16.6	60 33.9	+53	0.988 0551	1996	7 9	17 20
18	521.5	9 47 46.684	1095	−16	328 18 50.5	60 32.0	+43	0.988 2547	2026	7 7	17 22
19	522.5	9 51 43.238	1094	−14	329 19 22.5	60 30.2	+31	0.988 4573	2060	7 5	17 24
20	523.5	9 55 39.791	1092	− 9	330 19 52.7	60 28.3	+18	0.988 6633	2096	7 3	17 25
21	524.5	9 59 36.345	1091	− 2	331 20 21.0	60 26.5	+ 4	0.988 8729	2135	7 2	17 27
22	525.5	10 3 32.899	+1089	+ 4	332 20 47.5	60 24.5	− 9	0.989 0864	2176	7 0	17 29
23	526.5	10 7 29.453	1087	+10	333 21 12.0	60 22.7	−20	0.989 3040	2219	6 58	17 30
24	527.5	10 11 26.006	1085	+13	334 21 34.7	60 20.8	−29	0.989 5259	2264	6 56	17 32
25	528.5	10 15 22.560	1084	+13	335 21 55.5	60 19.1	−35	0.989 7523	2310	6 54	17 34
26	529.5	10 19 19.113	1082	+11	336 22 14.6	60 17.4	−39	0.989 9833	2354	6 52	17 35
27	530.5	10 23 15.666	1079	+ 6	337 22 32.0	60 15.7	−39	0.990 2187	2398	6 50	17 37
28	531.5	10 27 12.219	+1077	0	338 22 47.7	60 14.1	−36	0.990 4585	2440	6 48	17 39
29	532.5	10 31 8.773	1075	− 5	339 23 1.8	60 12.5	−31	0.990 7025	2478	6 46	17 40
März 1	533.5	10 35 5.326	1073	− 7	340 23 14.3	60 11.0	−24	0.990 9503	2513	6 44	17 42
2	534.5	10 39 1.879	1071	− 9	341 23 25.3	60 9.4	−13	0.991 2016	2545	6 42	17 44
3	535.5	10 42 58.432	1068	− 7	342 23 34.7	60 7.8	− 1	0.991 4561	2574	6 40	17 45
4	536.5	10 46 54.984	1066	− 4	343 23 42.5	60 6.3	+10	0.991 7135	2599	6 37	17 47
5	537.5	10 50 51.537	+1063	0	344 23 48.8	60 4.7	+22	0.991 9734	2622	6 35	17 49
6	538.5	10 54 48.090	1060	+ 4	345 23 53.5	60 3.1	+35	0.992 2356	2641	6 33	17 50
7	539.5	10 58 44.643	1058	+ 7	346 23 56.6	60 1.4	+46	0.992 4997	2657	6 31	17 52
8	540.5	11 2 41.195	1055	+ 9	347 23 58.0	59 59.7	+56	099.2 7654	2671	6 29	17 54
9	541.5	11 6 37.748	1052	+10	348 23 57.7	59 58.0	+64	0.993 0325	2682	6 27	17 55
10	542.5	11 10 34.301	1050	+ 9	349 23 55.7	59 56.2	+70	0.993 3007	2690	6 25	17 57
11	543.5	11 14 30.853	+1047	+ 6	350 23 51.9	59 54.4	+74	0.993 5697	2697	6 23	17 58
12	544.5	11 18 27.406	1044	+ 1	351 23 46.3	59 52.5	+74	0.993 8394	2701	6 21	18 0
13	545.5	11 22 23.958	1041	− 4	352 23 38.8	59 50.4	+71	0.994 1095	2705	6 18	18 2
14	546.5	11 26 20.511	1038	− 9	353 23 29.2	59 48.4	+66	0.994 3800	2708	6 16	18 3
15	547.5	11 30 17.063	1036	−13	354 23 17.6	59 46.3	+58	0.994 6508	2710	6 14	18 5
16	548.5	11 34 13.616	1033	−15	355 23 3.9	59 44.1	+48	0.994 9218	2715	6 12	18 7
17	549.5	11 38 10.168	+1030	−14	356 22 48.0	59 41.8	+36	0.995 1933	2720	6 10	18 8
18	550.5	11 42 6.721	1027	−10	357 22 29.8	59 39.6	+23	0.995 4653	2727	6 8	18 10
19	551.5	11 46 3.273	1024	− 4	358 22 9.4	59 37.2	+10	0.995 7380	2737	6 5	18 11
20	552.5	11 49 59.825	1021	+ 3	359 21 46.6	59 34.9	− 3	0.996 0117	2749	6 3	18 13
21	553.5	11 53 56.378	1018	+ 9	0 21 21.5	59 32.5	−15	0.996 2866	2764	6 1	18 14
22	554.5	11 57 52.930	+1015	+13	1 20 54.0		−24	0.996 5630		5 59	18 16

Sonne 1956

Tag	Wochentag	0h Weltzeit: Zeitgleichung (Wahre Zeit *minus* Mittlere Zeit)	Diff.	Scheinbare Rektaszension	Diff.	Scheinbare Deklination	Diff.	Halbe Durchgangs-Dauer St.-Zt.	Halbmesser
1956		m s	s	h m s	m s	° ′ ″	′ ″	s	′ ″
März 22	Do	−7 4.41		0 4 57.34		+0 32 13.7		64.49	16 4.81
23	Fr	6 46.27	18.14	0 8 35.75	3 38.41	0 55 53.5	23 39.8	64.48	16 4.54
24	Sa	6 28.04	18.23	0 12 14.07	3 38.32	1 19 31.6	23 38.1	64.47	16 4.27
25	So	6 9.74	18.30	0 15 52.33	3 38.26	1 43 7.6	23 36.0	64.46	16 4.00
26	Mo	5 51.40	18.34	0 19 30.54	3 38.21	2 6 41.2	23 33.6	64.46	16 3.73
27	Di	5 33.05	18.35	0 23 8.74	3 38.20	2 30 12.1	23 30.9	64.46	16 3.45
28	Mi	−5 14.69	18.36	0 26 46.94	3 38.20	+2 53 40.0	23 27.9	64.46	16 3.17
29	Do	4 56.37	18.32	0 30 25.17	3 38.23	3 17 4.5	23 24.5	64.46	16 2.89
30	Fr	4 38.10	18.27	0 34 3.45	3 38.28	3 40 25.3	23 20.8	64.47	16 2.61
31	Sa	4 19.91	18.19	0 37 41.81	3 38.36	4 3 42.1	23 16.8	64.48	16 2.33
April 1	So	4 1.82	18.09	0 41 20.27	3 38.46	4 26 54.5	23 12.4	64.49	16 2.05
2	Mo	3 43.84	17.98	0 44 58.84	3 38.57	4 50 2.1	23 7.6	64.51	16 1.77
3	Di	−3 26.00	17.84	0 48 37.56	3 38.72	+5 13 4.7	23 2.6	64.53	16 1.48
4	Mi	3 8.32	17.68	0 52 16.43	3 38.87	5 36 1.8	22 57.1	64.55	16 1.20
5	Do	2 50.81	17.51	0 55 55.47	3 39.04	5 58 53.1	22 51.3	64.58	16 0.92
6	Fr	2 33.50	17.31	0 59 34.71	3 39.24	6 21 38.2	22 45.1	64.61	16 0.64
7	Sa	2 16.40	17.10	1 3 14.17	3 39.46	6 44 16.9	22 38.7	64.64	16 0.36
8	So	1 59.53	16.87	1 6 53.85	3 39.68	7 6 48.8	22 31.9	64.67	16 0.08
9	Mo	−1 42.90	16.63	1 10 33.78	3 39.93	+7 29 13.4	22 24.6	64.70	15 59.80
10	Di	1 26.54	16.36	1 14 13.97	3 40.19	7 51 30.5	22 17.1	64.74	15 59.52
11	Mi	1 10.44	16.10	1 17 54.42	3 40.45	8 13 39.6	22 9.1	64.78	15 59.25
12	Do	0 54.63	15.81	1 21 35.16	3 40.74	8 35 40.4	22 0.8	64.82	15 58.98
13	Fr	0 39.12	15.51	1 25 16.21	3 41.05	8 57 32.6	21 52.2	64.87	15 58.71
14	Sa	0 23.92	15.20	1 28 57.56	3 41.35	9 19 15.8	21 43.2	64.92	15 58.44
15	So	−0 9.04	14.88	1 32 39.23	3 41.67	+9 40 49.6	21 33.8	64.97	15 58.18
16	Mo	+0 5.51	14.55	1 36 21.24	3 42.01	10 2 13.7	21 24.1	65.02	15 57.92
17	Di	0 19.71	14.20	1 40 3.59	3 42.35	10 23 27.7	21 14.0	65.07	15 57.66
18	Mi	0 33.55	13.84	1 43 46.30	3 42.71	10 44 31.4	21 3.7	65.13	15 57.40
19	Do	0 47.02	13.47	1 47 29.38	3 43.08	11 5 24.4	20 53.0	65.19	15 57.14
20	Fr	1 0.11	13.09	1 51 12.85	3 43.47	11 26 6.4	20 42.0	65.25	15 56.89
21	Sa	+1 12.79	12.68	1 54 56.72	3 43.87	+11 46 37.0	20 30.6	65.31	15 56.63
22	So	1 25.06	12.27	1 58 41.01	3 44.29	12 6 55.9	20 18.9	65.38	15 56.38
23	Mo	1 36.89	11.83	2 2 25.73	3 44.72	12 27 2.8	20 6.9	65.45	15 56.12
24	Di	1 48.27	11.38	2 6 10.90	3 45.17	12 46 57.5	19 54.7	65.52	15 55.87
25	Mi	1 59.19	10.92	2 9 56.54	3 45.64	13 6 39.6	19 42.1	65.59	15 55.62
26	Do	2 9.63	10.44	2 13 42.65	3 46.11	13 26 8.8	19 29.2	65.66	15 55.37
27	Fr	+2 19.58	9.95	2 17 29.26	3 46.61	+13 45 24.8	19 16.0	65.73	15 55.11
28	Sa	2 29.02	9.44	2 21 16.38	3 47.12	14 4 27.2	19 2.4	65.80	15 54.86
29	So	2 37.94	8.92	2 25 4.01	3 47.63	14 23 15.8	18 48.6	65.88	15 54.61
30	Mo	2 46.32	8.38	2 28 52.18	3 48.17	14 41 50.2	18 34.4	65.95	15 54.36
Mai 1	Di	2 54.16	7.84	2 32 40.89	3 48.71	15 0 10.2	18 20.0	66.02	15 54.12
2	Mi	+3 1.46	7.30	2 36 30.15	3 49.26	+15 18 15.4	18 5.2	66.10	15 53.87

Tag	Julian. Zeit	Sternzeit	Nutation in AR. langp. Gl.	Nutation in AR. kurzp. Gl.	Mittleres Äquinoktium 1956.0 Länge		Breite	*R*		Aufgang in {+50° Breite, 0h Länge	Untergang in {+50° Breite, 0h Länge
1956	2435 d	h m s	s in 0.001		° ′ ″	′ ″	″ in 0.01			h m	h m
März 22	554.5	11 57 52.930	+1015	+13	1 20 54.0	59 30.3	−24	0.996 5630	2781	5 59	18 16
23	555.5	12 1 49.483	1012	+13	2 20 24.3	59 28.0	−31	0.996 8411	2800	5 57	18 18
24	556.5	12 5 46.035	1009	+11	3 19 52.3	59 25.8	−36	0.997 1211	2820	5 55	18 19
25	557.5	12 9 42.587	1006	+ 7	4 19 18.1	59 23.6	−37	0.997 4031	2840	5 52	18 21
26	558.5	12 13 39.140	1003	+ 1	5 18 41.7	59 21.6	−35	0.997 6871	2861	5 50	18 22
27	559.5	12 17 35.692	1000	− 4	6 18 3.3	59 19.5	−30	0.997 9732	2881	5 48	18 24
28	560.5	12 21 32.245	+ 997	− 7	7 17 22.8	59 17.6	−22	0.998 2613	2898	5 46	18 25
29	561.5	12 25 28.797	994	− 9	8 16 40.4	59 15.6	−12	0.998 5511	2912	5 44	18 27
30	562.5	12 29 25.350	991	− 8	9 15 56.0	59 13.8	− 1	0.998 8423	2926	5 41	18 29
31	563.5	12 33 21.902	988	− 6	10 15 9.8	59 12.0	+11	0.999 1349	2935	5 39	18 30
April 1	564.5	12 37 18.455	986	− 2	11 14 21.8	59 10.2	+23	0.999 4284	2941	5 37	18 32
2	565.5	12 41 15.007	983	+ 2	12 13 32.0	59 8.4	+34	0.999 7225	2944	5 35	18 33
3	566.5	12 45 11.560	+ 980	+ 6	13 12 40.4	59 6.6	+45	1.000 0169	2944	5 33	18 35
4	567.5	12 49 8.113	977	+ 8	14 11 47.0	59 4.8	+56	1.000 3113	2941	5 31	18 36
5	568.5	12 53 4.665	975	+10	15 10 51.8	59 3.0	+65	1.000 6054	2934	5 29	18 38
6	569.5	12 57 1.218	972	+ 9	16 9 54.8	59 1.2	+71	1.000 8988	2926	5 26	18 40
7	570.5	13 0 57.771	970	+ 7	17 8 56.0	58 59.5	+73	1.001 1914	2912	5 24	18 41
8	571.5	13 4 54.324	967	+ 3	18 7 55.5	58 57.5	+74	1.001 4826	2897	5 22	18 43
9	572.5	13 8 50.877	+ 965	− 3	19 6 53.0	58 55.7	+72	1.001 7723	2879	5 20	18 44
10	573.5	13 12 47.430	962	− 8	20 5 48.7	58 53.7	+66	1.002 0602	2859	5 18	18 46
11	574.5	13 16 43.983	960	−12	21 4 42.4	58 51.7	+58	1.002 3461	2836	5 16	18 47
12	575.5	13 20 40.536	958	−15	22 3 34.1	58 49.7	+48	1.002 6297	2813	5 14	18 49
13	576.5	13 24 37.089	955	−14	23 2 23.8	58 47.5	+37	1.002 9110	2790	5 12	18 51
14	577.5	13 28 33.642	953	−10	24 1 11.3	58 45.4	+23	1.003 1900	2768	5 10	18 52
15	578.5	13 32 30.195	+ 951	− 5	24 59 56.7	58 43.1	+ 9	1.003 4668	2748	5 8	18 54
16	579.5	13 36 26.749	949	+ 2	25 58 39.8	58 40.9	− 4	1.003 7416	2729	5 5	18 55
17	580.5	13 40 23.302	947	+ 8	26 57 20.7	58 38.6	−17	1.004 0145	2714	5 3	18 57
18	581.5	13 44 19.855	945	+13	27 55 59.3	58 36.4	−27	1.004 2859	2700	5 1	18 58
19	582.5	13 48 16.409	943	+14	28 54 35.7	58 34.1	34	1.004 5559	2690	4 59	19 0
20	583.5	13 52 12.962	942	+12	29 53 9.8	58 32.0	−40	1.004 8249	2681	4 57	19 2
21	584.5	13 56 9.516	+ 940	+ 8	30 51 41.8	58 29.7	−42	1.005 0930	2675	4 55	19 3
22	585.5	14 0 6.070	938	+ 3	31 50 11.5	58 27.8	−41	1.005 3605	2670	4 54	19 5
23	586.5	14 4 2.624	937	− 2	32 48 39.3	58 25.7	−36	1.005 6275	2665	4 52	19 6
24	587.5	14 7 59.178	935	− 6	33 47 5.0	58 23.7	−28	1.005 8940	2660	4 50	19 8
25	588.5	14 11 55.732	934	− 9	34 45 28.7	58 21.9	−18	1.006 1600	2656	4 48	19 9
26	589.5	14 15 52.286	933	− 9	35 43 50.6	58 20.2	− 6	1.006 4256	2649	4 46	19 11
27	590.5	14 19 48.840	+ 932	− 7	36 42 10.8	58 18.4	+ 6	1.006 6905	2640	4 44	19 12
28	591.5	14 23 45.394	930	− 4	37 40 29.2	58 16.7	+19	1.006 9545	2631	4 42	19 14
29	592.5	14 27 41.949	929	0	38 38 45.9	58 15.2	+31	1.007 2176	2617	4 40	19 15
30	593.5	14 31 38.503	928	+ 4	39 37 1.1	58 13.6	+43	1.007 4793	2601	4 39	19 17
Mai 1	594.5	14 35 35.057	928	+ 7	40 35 14.7	58 12.0	+54	1.007 7394	2583	4 37	19 19
2	595.5	14 39 31.612	+ 927	+ 9	41 33 26.7		+62	1.007 9977		4 35	19 20

Tag	Wochentag	0h Weltzeit: Zeitgleichung Wahre Zeit *minus* Mittlere Zeit		Scheinbare Rektaszension		Scheinbare Deklination		Halbe Durchgangs-Dauer St.-Zt.	Halbmesser
1956		m s	s	h m s	m s	° ′ ″	′ ″	s	′ ″
Mai 2	Mi	+3 1.46	6.74	2 36 30.15	3 49.82	+15 18 15.4	17 50.0	66.10	15 53.87
3	Do	3 8.20	6.17	2 40 19.97	3 50.38	15 36 5.4	17 34.6	66.18	15 53.63
4	Fr	3 14.37	5.60	2 44 10.35	3 50.96	15 53 40.0	17 18.9	66.26	15 53.39
5	Sa	3 19.97	5.02	2 48 1.31	3 51.54	16 10 58.9	17 2.8	66.34	15 53.15
6	So	3 24.99	4.44	2 51 52.85	3 52.11	16 28 1.7	16 46.4	66.42	15 52.91
7	Mo	3 29.43	3.86	2 55 44.96	3 52.70	16 44 48.1	16 29.8	66.50	15 52.68
8	Di	+3 33.29	3.27	2 59 37.66	3 53.27	+17 1 17.9	16 12.7	66.58	15 52.46
9	Mi	3 36.56	2.70	3 3 30.93	3 53.86	17 17 30.6	15 55.4	66.67	15 52.23
10	Do	3 39.26	2.12	3 7 24.79	3 54.44	17 33 26.0	15 37.8	66.75	15 52.01
11	Fr	3 41.38	1.55	3 11 19.23	3 55.00	17 49 3.8	15 19.8	66.83	15 51.80
12	Sa	3 42.93	0.98	3 15 14.23	3 55.57	18 4 23.6	15 1.6	66.91	15 51.59
13	So	3 43.91	0.43	3 19 9.80	3 56.13	18 19 25.2	14 43.1	66.99	15 51.39
14	Mo	+3 44.34	0.13	3 23 5.93	3 56.69	+18 34 8.3	14 24.2	67.08	15 51.18
15	Di	3 44.21	0.68	3 27 2.62	3 57.24	18 48 32.5	14 5.1	67.16	15 50.99
16	Mi	3 43.53	1.23	3 30 59.86	3 57.78	19 2 37.6	13 45.8	67.24	15 50.79
17	Do	3 42.30	1.76	3 34 57.64	3 58.32	19 16 23.4	13 26.1	67.32	15 50.60
18	Fr	3 40.54	2.30	3 38 55.96	3 58.85	19 29 49.5	13 6.3	67.40	15 50.41
19	Sa	3 38.24	2.83	3 42 54.81	3 59.39	19 42 55.8	12 46.1	67.48	15 50.23
20	So	+3 35.41	3.35	3 46 54.20	3 59.91	+19 55 41.9	12 25.7	67.56	15 50.05
21	Mo	3 32.06	3.88	3 50 54.11	4 0.43	20 8 7.6	12 5.0	67.64	15 49.87
22	Di	3 28.18	4.39	3 54 54.54	4 0.95	20 20 12.6	11 44.2	67.72	15 49.69
23	Mi	3 23.79	4.91	3 58 55.49	4 1.46	20 31 56.8	11 23.1	67.79	15 49.52
24	Do	3 18.88	5.41	4 2 56.95	4 1.97	20 43 19.9	11 1.7	67.86	15 49.35
25	Fr	3 13.47	5.91	4 6 58.92	4 2.47	20 54 21.6	10 40.2	67.93	15 49.18
26	Sa	+3 7.56	6.41	4 11 1.39	4 2.96	+21 5 1.8	10 18.4	68.00	15 49.01
27	So	3 1.15	6.88	4 15 4.35	4 3.44	21 15 20.2	9 56.4	68.07	15 48.84
28	Mo	2 54.27	7.36	4 19 7.79	4 3.92	21 25 16.6	9 34.2	68.13	15 48.68
29	Di	2 46.91	7.83	4 23 11.71	4 4.38	21 34 50.8	9 11.8	68.19	15 48.52
30	Mi	2 39.08	8.27	4 27 16.09	4 4.83	21 44 2.6	8 49.2	68.25	15 48.37
31	Do	2 30.81	8.71	4 31 20.92	4 5.26	21 52 51.8	8 26.4	68.31	15 48.21
Juni 1	Fr	+2 22.10	9.13	4 35 26.18	4 5.69	+22 1 18.2	8 3.4	68.37	15 48.06
2	Sa	2 12.97	9.53	4 39 31.87	4 6.10	22 9 21.6	7 40.2	68.43	15 47.92
3	So	2 3.44	9.93	4 43 37.97	4 6.48	22 17 1.8	7 16.9	68.48	15 47.78
4	Mo	1 53.51	10.30	4 47 44.45	4 6.85	22 24 18.7	6 53.4	68.53	15 47.64
5	Di	1 43.21	10.65	4 51 51.30	4 7.21	22 31 12.1	6 29.7	68.58	15 47.51
6	Mi	1 32.56	10.97	4 55 58.51	4 7.53	22 37 41.8	6 6.0	68.62	15 47.38
7	Do	+1 21.59	11.28	5 0 6.04	4 7.84	+22 43 47.8	5 42.0	68.66	15 47.26
8	Fr	1 10.31	11.56	5 4 13.88	4 8.12	22 49 29.8	5 18.0	68.70	15 47.14
9	Sa	0 58.75	11.82	5 8 22.00	4 8.37	22 54 47.8	4 53.7	68.74	15 47.03
10	So	0 46.93	12.04	5 12 30.37	4 8.60	22 59 41.5	4 29.5	68.77	15 46.93
11	Mo	0 34.89	12.24	5 16 38.97	4 8.80	23 4 11.0	4 5.2	68.80	15 46.83
12	Di	+0 22.65		5 20 47.77		+23 8 16.2		68.83	15 46.73

Tag	Julian. Zeit	Sternzeit	Nutation in AR. langp. Gl.	Nutation in AR. kurzp. Gl.	Mittleres Äquinoktium 1956.0 Länge		Breite	R		Aufgang in {+50° Breite, 0h Länge}	Untergang in {+50° Breite, 0h Länge}
0h Weltzeit											
1956	2435 d	h m s	s in 0.001		° ′ ″	′ ″	in 0.″01			h m	h m
Mai 2	595.5	14 39 31.612	+927	+ 9	41 33 26.7	58 10.6	+62	1.007 9977	2561	4 35	19 20
3	596.5	14 43 28.167	926	+ 9	42 31 37.3	58 9.1	+68	1.008 2538	2538	4 33	19 22
4	597.5	14 47 24.722	926	+ 7	43 29 46.4	58 7.7	+72	1.008 5076	2511	4 31	19 23
5	598.5	14 51 21.277	925	+ 4	44 27 54.1	58 6.3	+73	1.008 7587	2480	4 30	19 25
6	599.5	14 55 17.832	925	− 1	45 26 0.4	58 4.8	+71	1.009 0067	2447	4 28	19 26
7	600.5	14 59 14.387	924	− 7	46 24 5.2	58 3.4	+66	1.009 2514	2409	4 26	19 28
8	601.5	15 3 10.942	+924	−12	47 22 8.6	58 2.0	+59	1.009 4923	2368	4 25	19 29
9	602.5	15 7 7.497	924	−15	48 20 10.6	58 0.4	+49	1.009 7291	2326	4 23	19 31
10	603.5	15 11 4.052	924	−15	49 18 11.0	57 58.9	+37	1.009 9617	2282	4 22	19 32
11	604.5	15 15 0.607	924	−12	50 16 9.9	57 57.3	+23	1.010 1899	2236	4 20	19 34
12	605.5	15 18 57.163	924	− 7	51 14 7.2	57 55.6	+ 8	1.010 4135	2191	4 19	19 35
13	606.5	15 22 53.718	924	0	52 12 2.8	57 54.0	− 6	1.010 6326	2147	4 17	19 36
14	607.5	15 26 50.274	+924	+ 7	53 9 56.8	57 52.2	−19	1.010 8473	2104	4 16	19 38
15	608.5	15 30 46.830	925	+12	54 7 49.0	57 50.5	−31	1.011 0577	2064	4 14	19 39
16	609.5	15 34 43.386	925	+15	55 5 39.5	57 48.7	−40	1.011 2641	2027	4 13	19 41
17	610.5	15 38 39.941	926	+14	56 3 28.2	57 47.0	−46	1.011 4668	1993	4 12	19 42
18	611.5	15 42 36.497	926	+11	57 1 15.2	57 45.2	−49	1.011 6661	1961	4 10	19 43
19	612.5	15 46 33.053	927	+ 6	57 59 0.4	57 43.7	−48	1.011 8622	1932	4 9	19 45
20	613.5	15 50 29.609	+928	0	58 56 44.1	57 42.0	−45	1.012 0554	1905	4 8	19 46
21	614.5	15 54 26.166	928	− 5	59 54 26.1	57 40.5	−39	1.012 2459	1880	4 6	19 47
22	615.5	15 58 22.722	929	− 8	60 52 6.6	57 39.1	−30	1.012 4339	1854	4 5	19 49
23	616.5	16 2 19.278	930	− 8	61 49 45.7	57 37.7	−19	1.012 6193	1829	4 4	19 50
24	617.5	16 6 15.835	931	− 7	62 47 23.4	57 36.4	− 7	1.012 8022	1806	4 3	19 51
25	618.5	16 10 12.391	932	− 5	63 44 59.8	57 35.3	+ 6	1.012 9828	1780	4 2	19 52
26	619.5	16 14 8.948	+934	− 1	64 42 35.1	57 34.1	+19	1.013 1608	1755	4 1	19 54
27	620.5	16 18 5.504	935	+ 3	65 40 9.2	57 33.0	+31	1.013 3363	1726	4 0	19 55
28	621.5	16 22 2.061	936	+ 6	66 37 42.2	57 32.1	+43	1.013 5089	1696	4 0	19 56
29	622.5	16 25 58.617	937	+ 8	67 35 14.3	57 31.1	+52	1.013 6785	1665	3 58	19 57
30	623.5	16 29 55.174	939	+ 9	68 32 45.4	57 30.3	+58	1.013 8450	1631	3 57	19 58
31	624.5	16 33 51.731	940	+ 8	69 30 15.7	57 29.5	+62	1.014 0081	1596	3 57	19 59
Juni 1	625.5	16 37 48.288	+942	+ 5	70 27 45.2	57 28.7	+64	1.014 1677	1556	3 56	20 0
2	626.5	16 41 44.845	943	0	71 25 13.9	57 27.9	+63	1.014 3233	1515	3 55	20 1
3	627.5	16 45 41.402	945	− 5	72 22 41.8	57 27.3	+59	1.014 4748	1470	3 54	20 2
4	628.5	16 49 37.959	947	−11	73 20 9.1	57 26.6	+52	1.014 6218	1422	3 54	20 3
5	629.5	16 53 34.516	948	−15	74 17 35.7	57 25.9	+42	1.014 7640	1370	3 53	20 4
6	630.5	16 57 31.073	950	−16	75 15 1.6	57 25.3	+30	1.014 9010	1316	3 53	20 5
7	631.5	17 1 27.630	+952	−15	76 12 26.9	57 24.5	+17	1.015 0326	1258	3 52	20 6
8	632.5	17 5 24.187	954	−10	77 9 51.4	57 23.7	+ 3	1.015 1584	1199	3 52	20 6
9	633.5	17 9 20.744	955	− 4	78 7 15.1	57 23.0	−11	1.015 2783	1139	3 51	20 7
10	634.5	17 13 17.302	957	+ 4	79 4 38.1	57 22.1	−25	1.015 3922	1080	3 51	20 8
11	635.5	17 17 13.859	959	+10	80 2 0.2	57 21.2	−38	1.015 5002	1021	3 51	20 9
12	636.5	17 21 10.416	+961	+14	80 59 21.4		−48	1.015 6023		3 51	20 9

Tag	Wochentag	0h Weltzeit							
		Zeitgleichung Wahre Zeit *minus* Mittlere Zeit		Scheinbare Rektaszension		Scheinbare Deklination		Halbe Durchgangs-Dauer St.-Zt.	Halbmesser
1956		m s	s	h m s	m s	° ′ ″	′ ″	s	′ ″
Juni 12	Di	+0 22.65	12.41	5 20 47.77	4 8.97	+23 8 16.2	3 40.7	68.83	15 46.73
13	Mi	+0 10.24	12.56	5 24 56.74	4 9.11	23 11 56.9	3 16.2	68.86	15 46.64
14	Do	−0 2.32	12.68	5 29 5.85	4 9.24	23 15 13.1	2 51.6	68.88	15 46.56
15	Fr	0 15.00	12.79	5 33 15.09	4 9.34	23 18 4.7	2 26.9	68.90	15 46.48
16	Sa	0 27.79	12.86	5 37 24.43	4 9.42	23 20 31.6	2 2.2	68.92	15 46.40
17	So	0 40.65	12.91	5 41 33.85	4 9.47	23 22 33.8	1 37.6	68.93	15 46.33
18	Mo	−0 53.56	12.95	5 45 43.32	4 9.50	+23 24 11.4	1 12.8	68.94	15 46.26
19	Di	1 6.51	12.96	5 49 52.82	4 9.53	23 25 24.2	0 48.1	68.94	15 46.20
20	Mi	1 19.47	12.95	5 54 2.35	4 9.51	23 26 12.3	0 23.2	68.94	15 46.14
21	Do	1 32.42	12.93	5 58 11.86	4 9.48	23 26 35.5	0 1.5	68.94	15 46.08
22	Fr	1 45.35	12.88	6 2 21.34	4 9.44	23 26 34.0	0 26.3	68.94	15 46.03
23	Sa	1 58.23	12.81	6 6 30.78	4 9.37	23 26 7.7	0 51.1	68.93	15 45.98
24	So	−2 11.04	12.72	6 10 40.15	4 9.28	+23 25 16.6	1 15.8	68.92	15 45.93
25	Mo	2 23.76	12.62	6 14 49.43	4 9.17	23 24 0.8	1 40.5	68.91	15 45.88
26	Di	2 36.38	12.49	6 18 58.60	4 9.05	23 22 20.3	2 5.2	68.89	15 45.84
27	Mi	2 48.87	12.34	6 23 7.65	4 8.90	23 20 15.1	2 29.8	68.87	15 45.80
28	Do	3 1.21	12.18	6 27 16.55	4 8.73	23 17 45.3	2 54.4	68.85	15 45.77
29	Fr	3 13.39	11.98	6 31 25.28	4 8.54	23 14 50.9	3 18.8	68.82	15 45.74
30	Sa	−3 25.37	11.78	6 35 33.82	4 8.34	+23 11 32.1	3 43.3	68.79	15 45.71
Juli 1	So	3 37.15	11.54	6 39 42.16	4 8.10	23 7 48.8	4 7.6	68.76	15 45.69
2	Mo	3 48.69	11.30	6 43 50.26	4 7.85	23 3 41.2	4 31.8	68.72	15 45.67
3	Di	3 59.99	11.03	6 47 58.11	4 7.58	22 59 9.4	4 55.9	68.68	15 45.66
4	Mi	4 11.02	10.73	6 52 5.69	4 7.29	22 54 13.5	5 19.9	68.64	15 45.65
5	Do	4 21.75	10.41	6 56 12.98	4 6.98	22 48 53.6	5 43.7	68.59	15 45.65
6	Fr	−4 32.16	10.08	7 0 19.96	4 6.63	+22 43 9.9	6 7.4	68.54	15 45.65
7	Sa	4 42.24	9.71	7 4 26.59	4 6.27	22 37 2.5	6 30.9	68.49	15 45.66
8	So	4 51.95	9.33	7 8 32.86	4 5.88	22 30 31.6	6 54.3	68.44	15 45.68
9	Mo	5 1.28	8.91	7 12 38.74	4 5.47	22 23 37.3	7 17.5	68.38	15 45.70
10	Di	5 10.19	8.48	7 16 44.21	4 5.04	22 16 19.8	7 40.5	68.32	15 45.72
11	Mi	5 18.67	8.03	7 20 49.25	4 4.58	22 8 39.3	8 3.2	68.26	15 45.75
12	Do	−5 26.70	7.55	7 24 53.83	4 4.11	+22 0 36.1	8 25.9	68.20	15 45.79
13	Fr	5 34.25	7.06	7 28 57.94	4 3.62	21 52 10.2	8 48.2	68.14	15 45.83
14	Sa	5 41.31	6.56	7 33 1.56	4 3.11	21 43 22.0	9 10.4	68.07	15 45.88
15	So	5 47.87	6.04	7 37 4.67	4 2.60	21 34 11.6	9 32.4	68.00	15 45.93
16	Mo	5 53.91	5.50	7 41 7.27	4 2.06	21 24 39.2	9 54.2	67.93	15 45.99
17	Di	5 59.41	4.97	7 45 9.33	4 1.53	21 14 45.0	10 15.8	67.86	15 46.05
18	Mi	−6 4.38	4.42	7 49 10.86	4 0.98	+21 4 29.2	10 37.1	67.78	15 46.11
19	Do	6 8.80	3.87	7 53 11.84	4 0.42	20 53 52.1	10 58.2	67.71	15 46.18
20	Fr	6 12.67	3.31	7 57 12.26	3 59.86	20 42 53.9	11 19.0	67.63	15 46.26
21	Sa	6 15.98	2.73	8 1 12.12	3 59.29	20 31 34.9	11 39.8	67.55	15 46.33
22	So	6 18.71	2.16	8 5 11.41	3 58.72	20 19 55.1	12 0.2	67.47	15 46.41
23	Mo	−6 20.87		8 9 10.13		+20 7 54.9		67.39	15 46.49

Tag	Julian. Zeit	Sternzeit	Nutation in AR. langp. Gl.	Nutation in AR. kurzp. Gl.	0h Weltzeit Mittleres Äquinoktium 1956.0 Länge		Breite	R		Aufgang in {+50° Breite, 0h Länge}	Untergang in {+50° Breite, 0h Länge}
1956	2435 d	h m s	s in 0.001		° ′ ″	′ ″	in 0.″01			h m	h m
Juni 12	636.5	17 21 10.416	+ 961	+14	80 59 21.4	57 20.2	−48	1.015 6023	965	3 51	20 9
13	637.5	17 25 6.974	963	+15	81 56 41.6	57 19.3	−55	1.015 6988	911	3 50	20 10
14	638.5	17 29 3.531	965	+13	82 54 0.9	57 18.4	−60	1.015 7899	860	3 50	20 10
15	639.5	17 33 0.088	967	+ 8	83 51 19.3	57 17.5	−61	1.015 8759	814	3 50	20 11
16	640.5	17 36 56.646	969	+ 2	84 48 36.8	57 16.6	−58	1.015 9573	769	3 50	20 11
17	641.5	17 40 53.203	971	− 3	85 45 53.4	57 15.8	−53	1.016 0342	728	3 50	20 12
18	642.5	17 44 49.761	+ 973	− 6	86 43 9.2	57 15.0	−46	1.016 1070	688	3 50	20 12
19	643.5	17 48 46.318	975	− 8	87 40 24.2	57 14.3	−36	1.016 1758	650	3 50	20 12
20	644.5	17 52 42.875	977	− 7	88 37 38.5	57 13.8	−23	1.016 2408	615	3 50	20 13
21	645.5	17 56 39.433	979	− 5	89 34 52.3	57 13.1	−10	1.016 3023	578	3 51	20 13
22	646.5	18 0 35.990	981	− 1	90 32 5.4	57 12.8	+ 3	1.016 3601	544	3 51	20 13
23	647.5	18 4 32.548	983	+ 3	91 29 18.2	57 12.3	+15	1.016 4145	510	3 51	20 13
24	648.5	18 8 29.105	+ 986	+ 6	92 26 30.5	57 12.1	+26	1.016 4655	474	3 51	20 13
25	649.5	18 12 25.662	988	+ 8	93 23 42.6	57 11.9	+36	1.016 5129	438	3 52	20 13
26	650.5	18 16 22.220	990	+ 9	94 20 54.5	57 11.7	+44	1.016 5567	401	3 52	20 13
27	651.5	18 20 18.777	992	+ 9	95 18 6.2	57 11.7	+50	1.016 5968	363	3 52	20 13
28	652.5	18 24 15.335	994	+ 6	96 15 17.9	57 11.6	+53	1.016 6331	323	3 53	20 13
29	653.5	18 28 11.892	996	+ 2	97 12 29.5	57 11.8	+52	1.016 6654	281	3 54	20 13
30	654.5	18 32 8.449	+ 998	− 3	98 9 41.3	57 11.8	+49	1.016 6935	237	3 54	20 13
Juli 1	655.5	18 36 5.007	1000	− 9	99 6 53.1	57 12.1	+43	1.016 7172	191	3 55	20 12
2	656.5	18 40 1.564	1001	−14	100 4 5.2	57 12.2	+33	1.016 7363	142	3 56	20 12
3	657.5	18 43 58.121	1003	−17	101 1 17.4	57 12.5	+22	1.016 7505	88	3 56	20 12
4	658.5	18 47 54.678	1005	−16	101 58 29.9	57 12.8	+10	1.016 7593	32	3 57	20 11
5	659.5	18 51 51.236	1007	−13	102 55 42.7	57 13.0	− 4	1.016 7625	27	3 58	20 11
6	660.5	18 55 47.793	+1009	− 7	103 52 55.7	57 13.3	−18	1.016 7598	88	3 58	20 10
7	661.5	18 59 44.350	1011	0	104 50 9.0	57 13.4	−31	1.016 7510	152	3 59	20 10
8	662.5	19 3 40.907	1012	+ 7	105 47 22.4	57 13.6	−44	1.016 7358	216	4 0	20 9
9	663.5	19 7 37.464	1014	+12	106 44 36.0	57 13.7	−54	1.016 7142	279	4 1	20 9
10	664.5	19 11 34.021	1016	+15	107 41 49.7	57 13.7	−62	1.016 6863	342	4 2	20 8
11	665.5	19 15 30.578	1017	+14	108 39 3.4	57 13.8	−67	1.016 6521	402	4 3	20 7
12	666.5	19 19 27.135	+1019	+10	109 36 17.2	57 13.7	−69	1.016 6119	458	4 4	20 6
13	667.5	19 23 23.692	1020	+ 5	110 33 30.9	57 13.7	−67	1.016 5661	512	4 5	20 6
14	668.5	19 27 20.248	1022	− 1	111 30 44.6	57 13.8	−62	1.016 5149	561	4 6	20 5
15	669.5	19 31 16.805	1023	− 5	112 27 58.4	57 13.8	−54	1.016 4588	609	4 7	20 4
16	670.5	19 35 13.362	1024	− 7	113 25 12.2	57 14.0	−44	1.016 3979	652	4 8	20 3
17	671.5	19 39 9.918	1025	− 7	114 22 26.2	57 14.1	−32	1.016 3327	693	4 9	20 2
18	672.5	19 43 6.475	+1027	− 5	115 19 40.3	57 14.3	−20	1.016 2634	732	4 11	20 1
19	673.5	19 47 3.031	1028	− 1	116 16 54.6	57 14.7	− 8	1.016 1902	769	4 12	20 0
20	674.5	19 50 59.588	1029	+ 2	117 14 9.3	57 15.0	+ 4	1.016 1133	805	4 13	19 59
21	675.5	19 54 56.144	1030	+ 6	118 11 24.3	57 15.5	+16	1.016 0328	839	4 14	19 58
22	676.5	19 58 52.700	1031	+ 9	119 8 39.8	57 16.0	+27	1.015 9489	873	4 16	19 56
23	677.5	20 2 49.257	+1031	+10	120 5 55.8		+36	1.015 8616		4 17	19 55

Sonne 1956

Tag	Wochentag	0h Weltzeit: Zeitgleichung, Wahre Zeit *minus* Mittlere Zeit		Scheinbare Rektaszension		Scheinbare Deklination		Halbe Durchgangs-Dauer St.-Zt.	Halbmesser
1956		m s	s	h m s	m s	° ′ ″	′ ″	s	′ ″
Juli 23	Mo	−6 20.87	1.59	8 9 10.13	3 58.14	+20 7 54.9	12 20.4	67.39	15 46.49
24	Di	6 22.46	1.00	8 13 8.27	3 57.56	19 55 34.5	12 40.3	67.31	15 46.57
25	Mi	6 23.46	0.43	8 17 5.83	3 56.98	19 42 54.2	13 0.1	67.23	15 46.66
26	Do	6 23.89	0.16	8 21 2.81	3 56.40	19 29 54.1	13 19.5	67.15	15 46.75
27	Fr	6 23.73	0.75	8 24 59.21	3 55.81	19 16 34.6	13 38.6	67.06	15 46.84
28	Sa	6 22.98	1.33	8 28 55.02	3 55.22	19 2 56.0	13 57.6	66.97	15 46.94
29	So	−6 21.65	1.92	8 32 50.24	3 54.63	+18 48 58.4	14 16.2	66.89	15 47.04
30	Mo	6 19.73	2.51	8 36 44.87	3 54.05	18 34 42.2	14 34.7	66.80	15 47.15
31	Di	6 17.22	3.09	8 40 38.92	3 53.47	18 20 7.5	14 52.7	66.71	15 47.26
Aug. 1	Mi	6 14.13	3.68	8 44 32.39	3 52.87	18 5 14.8	15 10.6	66.62	15 47.37
2	Do	6 10.45	4.27	8 48 25.26	3 52.29	17 50 4.2	15 28.1	66.53	15 47.48
3	Fr	6 6.18	4.85	8 52 17.55	3 51.70	17 34 36.1	15 45.2	66.44	15 47.60
4	Sa	−6 1.33	5.44	8 56 9.25	3 51.12	+17 18 50.9	16 2.2	66.35	15 47.73
5	So	5 55.89	6.04	9 0 0.37	3 50.52	17 2 48.7	16 18.8	66.26	15 47.86
6	Mo	5 49.85	6.62	9 3 50.89	3 49.93	16 46 29.9	16 35.0	66.18	15 48.00
7	Di	5 43.23	7.22	9 7 40.82	3 49.33	16 29 54.9	16 51.0	66.10	15 48.14
8	Mi	5 36.01	7.82	9 11 30.15	3 48.74	16 13 3.9	17 6.5	66.01	15 48.28
9	Do	5 28.19	8.40	9 15 18.89	3 48.15	15 55 57.4	17 21.8	65.92	15 48.44
10	Fr	−5 19.79	9.00	9 19 7.04	3 47.56	+15 38 35.6	17 36.8	65.84	15 48.60
11	Sa	5 10.79	9.58	9 22 54.60	3 46.97	15 20 58.8	17 51.4	65.76	15 48.76
12	So	5 1.21	10.16	9 26 41.57	3 46.40	15 3 7.4	18 5.7	65.68	15 48.93
13	Mo	4 51.05	10.72	9 30 27.97	3 45.83	14 45 1.7	18 19.7	65.60	15 49.10
14	Di	4 40.33	11.29	9 34 13.80	3 45.26	14 26 42.0	18 33.5	65.52	15 49.27
15	Mi	4 29.04	11.84	9 37 59.06	3 44.72	14 8 8.5	18 46.8	65.44	15 49.45
16	Do	−4 17.20	12.38	9 41 43.78	3 44.18	+13 49 21.7	19 0.0	65.36	15 49.63
17	Fr	4 4.82	12.90	9 45 27.96	3 43.65	13 30 21.7	19 12.7	65.29	15 49.82
18	Sa	3 51.92	13.41	9 49 11.61	3 43.15	13 11 9.0	19 25.3	65.22	15 50.00
19	So	3 38.51	13.91	9 52 54.76	3 42.64	12 51 43.7	19 37.5	65.15	15 50.19
20	Mo	3 24.60	14.40	9 56 37.40	3 42.16	12 32 6.2	19 49.4	65.08	15 50.38
21	Di	3 10.20	14.86	10 0 19.56	3 41.69	12 12 16.8	20 0.9	65.01	15 50.58
22	Mi	−2 55.34	15.31	10 4 1.25	3 41.24	+11 52 15.9	20 12.3	64.94	15 50.77
23	Do	2 40.03	15.75	10 7 42.49	3 40.80	11 32 3.6	20 23.3	64.87	15 50.97
24	Fr	2 24.28	16.17	10 11 23.29	3 40.38	11 11 40.3	20 34.0	64.81	15 51.17
25	Sa	2 8.11	16.57	10 15 3.67	3 39.99	10 51 6.3	20 44.4	64.75	15 51.37
26	So	1 51.54	16.95	10 18 43.66	3 39.60	10 30 21.9	20 54.5	64.69	15 51.58
27	Mo	1 34.59	17.32	10 22 23.26	3 39.23	10 9 27.4	21 4.3	64.63	15 51.78
28	Di	−1 17.27	17.67	10 26 2.49	3 38.89	+ 9 48 23.1	21 13.7	64.57	15 51.99
29	Mi	0 59.60	18.00	10 29 41.38	3 38.55	9 27 9.4	21 22.8	64.52	15 52.20
30	Do	0 41.60	18.32	10 33 19.93	3 38.24	9 5 46.6	21 31.8	64.47	15 52.41
31	Fr	0 23.28	18.61	10 36 58.17	3 37.94	8 44 14.8	21 40.2	64.42	15 52.63
Sept. 1	Sa	−0 4.67	18.90	10 40 36.11	3 37.65	8 22 34.6	21 48.3	64.37	15 52.85
2	So	+0 14.23		10 44 13.76		+ 8 0 46.3		64.33	15 53.07

Tag	Julian. Zeit	Sternzeit	Nutation in AR. langp. Gl.	kurzp. Gl.	Mittleres Äquinoktium 1956.0 Länge		Breite	R		Aufgang in {+50° Breite, 0h Länge}	Untergang
1956	2435 d	h m s	s in 0.001		° ′ ″	′ ″	″ in 0.01			h m	h m
Juli 23	677.5	20 2 49.257	+1031	+10	120 5 55.8	57 16.6	+36	1.015 8616	907	4 17	19 55
24	678.5	20 6 45.813	1032	+ 9	121 3 12.4	57 17.3	+42	1.015 7709	939	4 18	19 54
25	679.5	20 10 42.369	1033	+ 7	122 0 29.7	57 18.1	+45	1.015 6770	973	4 19	19 53
26	680.5	20 14 38.925	1033	+ 4	122 57 47.8	57 18.9	+46	1.015 5797	1009	4 21	19 51
27	681.5	20 18 35.480	1034	− 1	123 55 6.7	57 19.9	+44	1.015 4788	1043	4 22	19 50
28	682.5	20 22 32.036	1034	− 6	124 52 26.6	57 20.8	+39	1.015 3745	1080	4 24	19 49
29	683.5	20 26 28.592	+1035	−12	125 49 47.4	57 21.8	+32	1.015 2665	1119	4 25	19 47
30	684.5	20 30 25.148	1035	−15	126 47 9.2	57 23.0	+22	1.015 1546	1160	4 26	19 46
31	685.5	20 34 21.703	1035	−17	127 44 32.2	57 24.1	+11	1.015 0386	1204	4 28	19 44
Aug. 1	686.5	20 38 18.259	1035	−15	128 41 56.3	57 25.3	− 1	1.014 9182	1251	4 29	19 43
2	687.5	20 42 14.814	1035	−10	129 39 21.6	57 26.4	−14	1.014 7931	1300	4 30	19 41
3	688.5	20 46 11.369	1035	− 4	130 36 48.0	57 27.7	−28	1.014 6631	1353	4 32	19 39
4	689.5	20 50 7.925	+1035	+ 3	131 34 15.7	57 28.8	−40	1.014 5278	1407	4 33	19 38
5	690.5	20 54 4.480	1035	+ 9	132 31 44.5	57 29.9	−50	1.014 3871	1464	4 35	19 36
6	691.5	20 58 1.035	1035	+13	133 29 14.4	57 30.9	−57	1.014 2407	1521	4 36	19 35
7	692.5	21 1 57.590	1034	+13	134 26 45.3	57 32.0	−62	1.014 0886	1578	4 38	19 33
8	693.5	21 5 54.145	1034	+11	135 24 17.3	57 33.0	−64	1.013 9308	1633	4 39	19 31
9	694.5	21 9 50.700	1033	+ 6	136 21 50.3	57 33.8	−63	1.013 7675	1685	4 40	19 29
10	695.5	21 13 47.254	+1033	+ 1	137 19 24.1	57 34.8	−58	1.013 5990	1735	4 42	19 28
11	696.5	21 17 43.809	1032	− 4	138 16 58.9	57 35.6	−51	1.013 4255	1780	4 43	19 26
12	697.5	21 21 40.363	1031	− 7	139 14 34.5	57 36.6	−42	1.013 2475	1823	4 45	19 24
13	698.5	21 25 36.918	1030	− 7	140 12 11.1	57 37.5	−30	1.013 0652	1861	4 46	19 22
14	699.5	21 29 33.472	1029	− 6	141 9 48.6	57 38.4	−18	1.012 8791	1897	4 48	19 20
15	700.5	21 33 30.026	1028	− 2	142 7 27.0	57 39.5	− 5	1.012 6894	1930	4 49	19 19
16	701.5	21 37 26.581	+1027	+ 2	143 5 6.5	57 40.5	+ 8	1.012 4964	1959	4 51	19 17
17	702.5	21 41 23.135	1026	+ 6	144 2 47.0	57 41.6	+19	1.012 3005	1987	4 52	19 15
18	703.5	21 45 19.689	1024	+ 9	145 0 28.6	57 42.9	+29	1.012 1018	2013	4 54	19 13
19	704.5	21 49 16.243	1023	+10	145 58 11.5	57 44.1	+38	1.011 9005	2037	4 55	19 11
20	705.5	21 53 12.797	1021	+10	146 55 55.6	57 45.4	+44	1.011 6968	2059	4 57	19 9
21	706.5	21 57 9.351	1020	+ 9	147 53 41.0	57 46.8	+49	1.011 4909	2081	4 58	19 7
22	707.5	22 1 5.904	+1018	+ 6	148 51 27.8	57 48.2	+50	1.011 2828	2101	5 0	19 5
23	708.5	22 5 2.458	1017	+ 1	149 49 16.0	57 49.8	+48	1.011 0727	2121	5 1	19 3
24	709.5	22 8 59.011	1015	− 4	150 47 5.8	57 51.4	+45	1.010 8606	2141	5 3	19 1
25	710.5	22 12 55.565	1013	−10	151 44 57.2	57 53.1	+39	1.010 6465	2162	5 4	18 59
26	711.5	22 16 52.118	1011	−13	152 42 50.3	57 54.8	+30	1.010 4303	2185	5 6	18 57
27	712.5	22 20 48.672	1009	−16	153 40 45.1	57 56.6	+19	1.010 2118	2209	5 7	18 55
28	713.5	22 24 45.225	+1007	−15	154 38 41.7	57 58.5	+ 6	1.009 9909	2234	5 9	18 53
29	714.5	22 28 41.778	1005	−12	155 36 40.2	58 0.5	− 7	1.009 7675	2263	5 10	18 50
30	715.5	22 32 38.331	1003	− 6	156 34 40.7	58 2.3	−20	1.009 5412	2294	5 12	18 48
31	716.5	22 36 34.884	1000	+ 1	157 32 43.0	58 4.2	−31	1.009 3118	2327	5 13	18 46
Sept. 1	717.5	22 40 31.437	998	+ 7	158 30 47.2	58 6.2	−42	1.009 0791	2363	5 15	18 44
2	718.5	22 44 27.990	+ 995	+11	159 28 53.4		−49	1.008 8428		5 16	18 42

Tag	Wochentag	0h Weltzeit: Zeitgleichung (Wahre Zeit *minus* Mittlere Zeit)		Scheinbare Rektaszension		Scheinbare Deklination		Halbe Durchgangs-Dauer St.-Zt.	Halbmesser
1956		m s	s	h m s	m s	° ′ ″	′ ″	s	′ ″
Sept. 2	So	+ 0 14.23	19.18	10 44 13.76	3 37.38	+8 0 46.3	21 56.2	64.33	15 53.07
3	Mo	0 33.41	19.43	10 47 51.14	3 37.12	7 38 50.1	22 3.6	64.29	15 53.30
4	Di	0 52.84	19.67	10 51 28.26	3 36.88	7 16 46.5	22 10.7	64.25	15 53.53
5	Mi	1 12.51	19.91	10 55 5.14	3 36.64	6 54 35.8	22 17.5	64.21	15 53.77
6	Do	1 32.42	20.13	10 58 41.78	3 36.43	6 32 18.3	22 23.9	64.18	15 54.01
7	Fr	1 52.55	20.33	11 2 18.21	3 36.22	6 9 54.4	22 29.9	64.15	15 54.25
8	Sa	+ 2 12.88	20.52	11 5 54.43	3 36.03	+5 47 24.5	22 35.6	64.12	15 54.49
9	So	2 33.40	20.70	11 9 30.46	3 35.86	5 24 48.9	22 41.0	64.09	15 54.74
10	Mo	2 54.10	20.85	11 13 6.32	3 35.70	5 2 7.9	22 46.0	64.07	15 55.00
11	Di	3 14.95	20.99	11 16 42.02	3 35.56	4 39 21.9	22 50.8	64.05	15 55.25
12	Mi	3 35.94	21.10	11 20 17.58	3 35.45	4 16 31.1	22 55.1	64.04	15 55.51
13	Do	3 57.04	21.20	11 23 53.03	3 35.35	3 53 36.0	22 59.2	64.03	15 55.77
14	Fr	+ 4 18.24	21.28	11 27 28.38	3 35.27	+3 30 36.8	23 3.0	64.02	15 56.03
15	Sa	4 39.52	21.34	11 31 3.65	3 35.22	3 7 33.8	23 6.4	64.01	15 56.29
16	So	5 0.86	21.37	11 34 38.87	3 35.18	2 44 27.4	23 9.5	64.00	15 56.55
17	Mo	5 22.23	21.38	11 38 14.05	3 35.17	2 21 17.9	23 12.3	64.00	15 56.81
18	Di	5 43.61	21.37	11 41 49.22	3 35.18	1 58 5.6	23 14.8	64.00	15 57.08
19	Mi	6 4.98	21.34	11 45 24.40	3 35.22	1 34 50.8	23 16.9	64.00	15 57.34
20	Do	+ 6 26.32	21.28	11 48 59.62	3 35.27	+1 11 33.9	23 18.8	64.01	15 57.61
21	Fr	6 47.60	21.20	11 52 34.89	3 35.35	0 48 15.1	23 20.3	64.02	15 57.87
22	Sa	7 8.80	21.10	11 56 10.24	3 35.46	0 24 54.8	23 21.5	64.04	15 58.13
23	So	7 29.90	20.97	11 59 45.70	3 35.58	+0 1 33.3	23 22.4	64.06	15 58.40
24	Mo	7 50.87	20.81	12 3 21.28	3 35.74	−0 21 49.1	23 22.9	64.08	15 58.66
25	Di	8 11.68	20.64	12 6 57.02	3 35.91	0 45 12.0	23 23.2	64.10	15 58.93
26	Mi	+ 8 32.32	20.44	12 10 32.93	3 36.11	−1 8 35.2	23 23.1	64.12	15 59.19
27	Do	8 52.76	20.21	12 14 9.04	3 36.34	1 31 58.3	23 22.6	64.15	15 59.46
28	Fr	9 12.97	19.98	12 17 45.38	3 36.58	1 55 20.9	23 21.8	64.18	15 59.73
29	Sa	9 32.95	19.72	12 21 21.96	3 36.83	2 18 42.7	23 20.6	64.21	15 59.99
30	So	9 52.67	19.43	12 24 58.79	3 37.12	2 42 3.3	23 19.1	64.25	16 0.26
Okt. 1	Mo	10 12.10	19.14	12 28 35.91	3 37.42	3 5 22.4	23 17.2	64.29	16 0.53
2	Di	+10 31.24	18.82	12 32 13.33	3 37.73	−3 28 39.6	23 14.9	64.34	16 0.81
3	Mi	10 50.06	18.49	12 35 51.06	3 38.06	3 51 54.5	23 12.2	64.39	16 1.08
4	Do	11 8.55	18.15	12 39 29.12	3 38.41	4 15 6.7	23 9.1	64.44	16 1.35
5	Fr	11 26.70	17.78	12 43 7.53	3 38.77	4 38 15.8	23 5.7	64.49	16 1.63
6	Sa	11 44.48	17.41	12 46 46.30	3 39.14	5 1 21.5	23 1.9	64.54	16 1.91
7	So	12 1.89	17.01	12 50 25.44	3 39.54	5 24 23.4	22 57.7	64.60	16 2.19
8	Mo	+12 18.90	16.60	12 54 4.98	3 39.95	−5 47 21.1	22 53.1	64.66	16 2.47
9	Di	12 35.50	16.18	12 57 44.93	3 40.37	6 10 14.2	22 48.1	64.72	16 2.75
10	Mi	12 51.68	15.73	13 1 25.30	3 40.83	6 33 2.3	22 42.9	64.79	16 3.03
11	Do	13 7.41	15.26	13 5 6.13	3 41.29	6 55 45.2	22 37.1	64.86	16 3.31
12	Fr	13 22.67	14.78	13 8 47.42	3 41.77	7 18 22.3	22 31.1	64.93	16 3.59
13	Sa	+13 37.45		13 12 29.19		−7 40 53.4		65.01	16 3.87

Tag	0h Weltzeit									Aufgang	Untergang
	Julian. Zeit	Sternzeit	Nutation in AR. langp. Gl.	Nutation in AR. kurzp. Gl.	Mittleres Äquinoktium 1956.0 Länge		Breite	*R*		in {+50° Breite, 0h Länge}	
1956	2435 d	h m s	s in 0.001		° ′ ″	′ ″	in 0.″01			h m	h m
Sept. 2	718.5	22 44 27.990	+995	+11	159 28 53.4	58 8.0	−49	1.008 8428	2402	5 16	18 42
3	719.5	22 48 24.543	993	+12	160 27 1.4	58 9.9	−54	1.008 6026	2442	5 18	18 40
4	720.5	22 52 21.096	990	+11	161 25 11.3	58 11.7	−56	1.008 3584	2481	5 19	18 38
5	721.5	22 56 17.649	988	+ 6	162 23 23.0	58 13.3	−55	1.008 1103	2521	5 21	18 36
6	722.5	23 0 14.202	985	+ 1	163 21 36.3	58 15.1	−51	1.007 8582	2559	5 22	18 34
7	723.5	23 4 10.754	982	− 3	164 19 51.4	58 16.6	−44	1.007 6023	2595	5 24	18 31
8	724.5	23 8 7.307	+980	− 7	165 18 8.0	58 18.3	−34	1.007 3428	2628	5 25	18 29
9	725.5	23 12 3.859	977	− 8	166 16 26.3	58 19.7	−22	1.007 0800	2658	5 27	18 27
10	726.5	23 16 0.412	974	− 7	167 14 46.0	58 21.4	−10	1.006 8142	2682	5 28	18 25
11	727.5	23 19 56.964	971	− 4	168 13 7.4	58 22.9	+ 3	1.006 5460	2705	5 30	18 23
12	728.5	23 23 53.517	968	0	169 11 30.3	58 24.4	+16	1.006 2755	2724	5 31	18 20
13	729.5	23 27 50.069	965	+ 5	170 9 54.7	58 26.1	+28	1.006 0031	2739	5 33	18 18
14	730.5	23 31 46.622	+962	+ 8	171 8 20.8	58 27.7	+38	1.005 7292	2752	5 34	18 16
15	731.5	23 35 43.174	959	+10	172 6 48.5	58 29.4	+47	1.005 4540	2761	5 36	18 14
16	732.5	23 39 39.726	956	+11	173 5 17.9	58 31.1	+54	1.005 1779	2769	5 37	18 12
17	733.5	23 43 36.279	953	+10	174 3 49.0	58 32.8	+58	1.004 9010	2774	5 39	18 9
18	734.5	23 47 32.831	950	+ 7	175 2 21.8	58 34.7	+58	1.004 6236	2777	5 40	18 7
19	735.5	23 51 29.383	947	+ 3	176 0 56.5	58 36.5	+57	1.004 3459	2778	5 42	18 5
20	736.5	23 55 25.935	+944	− 2	176 59 33.0	58 38.5	+54	1.004 0681	2778	5 43	18 3
21	737.5	23 59 22.488	941	− 8	177 58 11.5	58 40.5	+47	1.003 7903	2776	5 45	18 1
22	738.5	0 3 19.040	938	−12	178 56 52.0	58 42.6	+39	1.003 5127	2775	5 46	17 58
23	739.5	0 7 15.592	934	−14	179 55 34.6	58 44.6	+27	1.003 2352	2774	5 48	17 56
24	740.5	0 11 12.144	931	−14	180 54 19.2	58 46.9	+16	1.002 9578	2773	5 49	17 54
25	741.5	0 15 8.697	928	−12	181 53 6.1	58 49.1	+ 3	1.002 6805	2775	5 51	17 52
26	742.5	0 19 5.249	+925	− 7	182 51 55.2	58 51.5	− 9	1.002 4030	2778	5 52	17 50
27	743.5	0 23 1.801	922	− 1	183 50 46.7	58 53.7	−22	1.002 1252	2783	5 54	17 47
28	744.5	0 26 58.353	919	+ 5	184 49 40.4	58 56.1	−34	1.001 8469	2792	5 55	17 45
29	745.5	0 30 54.905	916	+10	185 48 36.5	58 58.3	−42	1.001 5677	2801	5 57	17 43
30	746.5	0 34 51.458	913	+12	186 47 34.8	59 0.7	−48	1.001 2876	2815	5 58	17 41
Okt. 1	747.5	0 38 48.010	909	+11	187 46 35.5	59 2.9	−51	1.001 0061	2829	6 0	17 39
2	748.5	0 42 44.562	+906	+ 7	188 45 38.4	59 5.1	−50	1.000 7232	2846	6 1	17 36
3	749.5	0 46 41.115	903	+ 3	189 44 43.5	59 7.3	−46	1.000 4386	2862	6 3	17 34
4	750.5	0 50 37.667	901	− 3	190 43 50.8	59 9.2	−39	1.000 1524	2878	6 4	17 32
5	751.5	0 54 34.220	898	− 7	191 43 0.0	59 11.3	−29	0.999 8646	2893	6 6	17 30
6	752.5	0 58 30.772	895	− 9	192 42 11.3	59 13.2	−18	0.999 5753	2906	6 7	17 28
7	753.5	1 2 27.324	892	− 8	193 41 24.5	59 15.1	− 4	0.999 2847	2917	6 9	17 26
8	754.5	1 6 23.877	+889	− 6	194 40 39.6	59 16.9	+ 9	0.998 9930	2922	6 11	17 24
9	755.5	1 10 20.430	886	− 2	195 39 56.5	59 18.7	+22	0.998 7008	2925	6 12	17 22
10	756.5	1 14 16.982	883	+ 3	196 39 15.2	59 20.5	+35	0.998 4083	2926	6 14	17 19
11	757.5	1 18 13.535	881	+ 7	197 38 35.7	59 22.3	+46	0.998 1157	2923	6 15	17 17
12	758.5	1 22 10.088	878	+10	198 37 58.0	59 24.1	+56	0.997 8234	2916	6 17	17 15
13	759.5	1 26 6.640	+875	+11	199 37 22.1		+63	0.997 5318		6 19	17 13

Tag	Wochentag	Zeitgleichung Wahre Zeit *minus* Mittlere Zeit		Scheinbare Rektaszension		Scheinbare Deklination		Halbe Durchgangs-Dauer St.-Zt.	Halbmesser
		0h Weltzeit							
1956		m s	s	h m s	m s	° ′ ″	′ ″	s	′ ″
Okt. 13	Sa	+13 37.45	14.28	13 12 29.19	3 42.27	− 7 40 53.4	22 24.7	65.01	16 3.87
14	So	13 51.73	13.76	13 16 11.46	3 42.79	8 3 18.1	22 17.9	65.09	16 4.16
15	Mo	14 5.49	13.22	13 19 54.25	3 43.34	8 25 36.0	22 10.7	65.17	16 4.44
16	Di	14 18.71	12.66	13 23 37.59	3 43.89	8 47 46.7	22 3.1	65.25	16 4.72
17	Mi	14 31.37	12.08	13 27 21.48	3 44.47	9 9 49.8	21 55.3	65.34	16 4.99
18	Do	14 43.45	11.48	13 31 5.95	3 45.07	9 31 45.1	21 47.0	65.43	16 5.27
19	Fr	+14 54.93	10.86	13 34 51.02	3 45.70	− 9 53 32.1	21 38.3	65.52	16 5.54
20	Sa	15 5.79	10.23	13 38 36.72	3 46.33	10 15 10.4	21 29.3	65.61	16 5.81
21	So	15 16.02	9.56	13 42 23.05	3 46.99	10 36 39.7	21 20.0	65.70	16 6.08
22	Mo	15 25.58	8.88	13 46 10.04	3 47.67	10 57 59.7	21 10.2	65.80	16 6.35
23	Di	15 34.46	8.18	13 49 57.71	3 48.37	11 19 9.9	21 0.0	65.90	16 6.61
24	Mi	15 42.64	7.47	13 53 46.08	3 49.09	11 40 9.9	20 49.5	66.00	16 6.87
25	Do	+15 50.11	6.74	13 57 35.17	3 49.82	−12 0 59.4	20 38.5	66.10	16 7.13
26	Fr	15 56.85	5.98	14 1 24.99	3 50.56	12 21 37.9	20 27.2	66.20	16 7.39
27	Sa	16 2.83	5.23	14 5 15.55	3 51.33	12 42 5.1	20 15.5	66.30	16 7.64
28	So	16 8.06	4.45	14 9 6.88	3 52.11	13 2 20.6	20 3.3	66.41	16 7.90
29	Mo	16 12.51	3.66	14 12 58.99	3 52.89	13 22 23.9	19 50.7	66.52	16 8.15
30	Di	16 16.17	2.87	14 16 51.88	3 53.68	13 42 14.6	19 37.8	66.63	16 8.40
31	Mi	+16 19.04	2.08	14 20 45.56	3 54.48	−14 1 52.4	19 24.3	66.74	16 8.65
Nov. 1	Do	16 21.12	1.27	14 24 40.04	3 55.28	14 21 16.7	19 10.5	66.85	16 8.90
2	Fr	16 22.39	0.46	14 28 35.32	3 56.09	14 40 27.2	18 56.2	66.96	16 9.14
3	Sa	16 22.85	0.35	14 32 31.41	3 56.91	14 59 23.4	18 41.6	67.08	16 9.39
4	So	16 22.50	1.17	14 36 28.32	3 57.72	15 18 5.0	18 26.4	67.20	16 9.64
5	Mo	16 21.33	1.98	14 40 26.04	3 58.54	15 36 31.4	18 10.9	67.32	16 9.89
6	Di	+16 19.35	2.81	14 44 24.58	3 59.36	−15 54 42.3	17 55.0	67.44	16 10.13
7	Mi	16 16.54	3.63	14 48 23.94	4 0.19	16 12 37.3	17 38.7	67.56	16 10.37
8	Do	16 12.91	4.45	14 52 24.13	4 1.01	16 30 16.0	17 21.9	67.68	16 10.61
9	Fr	16 8.46	5.29	14 56 25.14	4 1.84	16 47 37.9	17 4.8	67.80	16 10.85
10	Sa	16 3.17	6.12	15 0 26.98	4 2.67	17 4 42.7	16 47.3	67.92	16 11.09
11	So	15 57.05	6.95	15 4 29.65	4 3.51	17 21 30.0	16 29.3	68.04	16 11.33
12	Mo	+15 50.10	7.77	15 8 33.16	4 4.33	−17 37 59.3	16 11.0	68.16	16 11.56
13	Di	15 42.33	8.61	15 12 37.49	4 5.16	17 54 10.3	15 52.2	68.28	16 11.78
14	Mi	15 33.72	9.44	15 16 42.65	4 6.00	18 10 2.5	15 33.2	68.40	16 12.01
15	Do	15 24.28	10.27	15 20 48.65	4 6.82	18 25 35.7	15 13.7	68.51	16 12.23
16	Fr	15 14.01	11.10	15 24 55.47	4 7.66	18 40 49.4	14 53.8	68.63	16 12.45
17	Sa	15 2.91	11.93	15 29 3.13	4 8.48	18 55 43.2	14 33.6	68.75	16 12.66
18	So	+14 50.98	12.76	15 33 11.61	4 9.32	−19 10 16.8	14 13.0	68.87	16 12.87
19	Mo	14 38.22	13.58	15 37 20.93	4 10.14	19 24 29.8	13 52.0	68.98	16 13.07
20	Di	14 24.64	14.41	15 41 31.07	4 10.96	19 38 21.8	13 30.8	69.09	16 13.27
21	Mi	14 10.23	15.22	15 45 42.03	4 11.78	19 51 52.6	13 9.0	69.20	16 13.47
22	Do	13 55.01	16.04	15 49 53.81	4 12.60	20 5 1.6	12 47.0	69.31	16 13.65
23	Fr	+13 38.97		15 54 6.41		−20 17 48.6		69.42	16 13.83

Tag	Julian. Zeit	Sternzeit	Nutation in AR. langp. Gl.	Nutation in AR. kurzp. Gl	0h Weltzeit — Mittleres Äquinoktium 1956.0 — Länge		Breite	R		Aufgang in {+50° Breite, 0h Länge}	Untergang in {+50° Breite, 0h Länge}
1956	2435 d	h m s	s in 0.001		° ′ ″	′ ″	″ in 0.01			h m	h m
Okt. 13	759.5	1 26 6.640	+875	+11	199 37 22.1	59 25.8	+63	0.997 5318	2907	6 19	17 13
14	760.5	1 30 3.193	873	+10	200 36 47.9	59 27.6	+67	0.997 2411	2895	6 20	17 11
15	761.5	1 33 59.746	870	+ 8	201 36 15.5	59 29.5	+70	0.996 9516	2879	6 22	17 9
16	762.5	1 37 56.299	868	+ 4	202 35 45.0	59 31.3	+69	0.996 6637	2861	6 23	17 7
17	763.5	1 41 52.852	866	− 1	203 35 16.3	59 33.1	+66	0.996 3776	2841	6 25	17 5
18	764.5	1 45 49.405	863	− 6	204 34 49.4	59 35.1	+59	0.996 0935	2817	6 27	17 3
19	765.5	1 49 45.958	+861	−11	205 34 24.5	59 37.0	+50	0.995 8118	2791	6 28	17 1
20	766.5	1 53 42.511	859	−14	206 34 1.5	59 39.1	+40	0.995 5327	2766	6 30	16 59
21	767.5	1 57 39.065	857	−14	207 33 40.6	59 41.1	+28	0.995 2561	2738	6 32	16 57
22	768.5	2 1 35.618	855	−12	208 33 21.7	59 43.3	+13	0.994 9823	2711	6 33	16 55
23	769.5	2 5 32.172	853	− 8	209 33 5.0	59 45.4	+ 1	0.994 7112	2685	6 35	16 53
24	770.5	2 9 28.725	851	− 2	210 32 50.4	59 47.6	−12	0.994 4427	2660	6 36	16 51
25	771.5	2 13 25.279	+850	+ 4	211 32 38.0	59 49.9	−24	0.994 1767	2638	6 38	16 50
26	772.5	2 17 21.833	848	+ 9	212 32 27.9	59 52.2	−33	0.993 9129	2619	6 40	16 48
27	773.5	2 21 18.386	846	+12	213 32 20.1	59 54.4	−40	0.993 6510	2600	6 41	16 46
28	774.5	2 25 14.940	845	+12	214 32 14.5	59 56.7	−43	0.993 3910	2586	6 43	16 44
29	775.5	2 29 11.494	844	+ 9	215 32 11.2	59 58.8	−43	0.993 1324	2573	6 45	16 42
30	776.5	2 33 8.048	842	+ 4	216 32 10.0	60 0.9	−40	0.992 8751	2562	6 46	16 40
31	777.5	2 37 4.602	+841	− 1	217 32 10.9	60 3.0	−33	0.992 6189	2552	6 48	16 39
Nov. 1	778.5	2 41 1.157	840	− 6	218 32 13.9	60 5.0	−25	0.992 3637	2544	6 50	16 37
2	779.5	2 44 57.711	839	− 8	219 32 18.9	60 6.9	−13	0.992 1093	2535	6 51	16 35
3	780.5	2 48 54.266	838	− 9	220 32 25.8	60 8.7	0	0.991 8558	2525	6 53	16 34
4	781.5	2 52 50.820	837	− 7	221 32 34.5	60 10.5	+14	0.991 6033	2513	6 55	16 32
5	782.5	2 56 47.375	837	− 3	222 32 45.0	60 12.1	+27	0.991 3520	2500	6 56	16 31
6	783.5	3 0 43.929	+836	+ 1	223 32 57.1	60 13.8	+40	0.991 1020	2483	6 58	16 29
7	784.5	3 4 40.484	835	+ 5	224 33 10.9	60 15.3	+53	0.990 8537	2465	7 0	16 27
8	785.5	3 8 37.039	835	+ 9	225 33 26.2	60 16.8	+62	0.990 6072	2442	7 1	16 26
9	786.5	3 12 33.594	835	+11	226 33 43.0	60 18.3	+70	0.990 3630	2417	7 3	16 24
10	787.5	3 16 30.149	834	+11	227 34 1.3	60 19.7	+76	0.990 1213	2389	7 5	16 23
11	788.5	3 20 26.705	834	+ 9	228 34 21.0	60 21.2	+79	0.989 8824	2359	7 6	16 21
12	789.5	3 24 23.260	+834	+ 6	229 34 42.2	60 22.6	+79	0.989 6465	2325	7 8	16 20
13	790.5	3 28 19.815	834	+ 1	230 35 4.8	60 24.0	+76	0.989 4140	2288	7 10	16 19
14	791.5	3 32 16.371	834	− 5	231 35 28.8	60 25.3	+70	0.989 1852	2248	7 11	16 17
15	792.5	3 36 12.927	835	−10	232 35 54.1	60 26.8	+63	0.988 9604	2205	7 13	16 16
16	793.5	3 40 9.482	835	−14	233 36 20.9	60 28.3	+52	0.988 7399	2159	7 14	16 15
17	794.5	3 44 6.038	836	−15	234 36 49.2	60 29.7	+40	0.988 5240	2111	7 16	16 14
18	795.5	3 48 2.594	+836	−14	235 37 18.9	60 31.2	+27	0.988 3129	2062	7 18	16 12
19	796.5	3 51 59.150	837	−10	236 37 50.1	60 32.7	+13	0.988 1067	2011	7 19	16 11
20	797.5	3 55 55.706	838	− 4	237 38 22.8	60 34.4	− 1	0.987 9056	1962	7 21	16 10
21	798.5	3 59 52.262	838	+ 3	238 38 57.2	60 36.0	−12	0.987 7094	1912	7 22	16 9
22	799.5	4 3 48.819	839	+ 9	239 39 33.2	60 37.7	−22	0.987 5182	1866	7 24	16 8
23	800.5	4 7 45.375	+840	+12	240 40 10.9		−30	0.987 3316		7 25	16 7

Tag	Wochentag	0h Weltzeit							
		Zeitgleichung Wahre Zeit *minus* Mittlere Zeit		Scheinbare Rektaszension		Scheinbare Deklination		Halbe Durchgangs-Dauer St.-Zt.	Halbmesser
1956		m s	s	h m s	m s	° ′ ″	′ ″	s	′ ″
Nov. 23	Fr	+13 38.97	16.84	15 54 6.41	4 13.39	−20 17 48.6	12 24.6	69.42	16 13.83
24	Sa	13 22.13	17.64	15 58 19.80	4 14.19	20 30 13.2	12 1.9	69.53	16 14.01
25	So	13 4.49	18.41	16 2 33.99	4 14.97	20 42 15.1	11 38.7	69.63	16 14.19
26	Mo	12 46.08	19.17	16 6 48.96	4 15.73	20 53 53.8	11 15.3	69.73	16 14.36
27	Di	12 26.91	19.92	16 11 4.69	4 16.48	21 5 9.1	10 51.6	69.83	16 14.53
28	Mi	12 6.99	20.65	16 15 21.17	4 17.21	21 16 0.7	10 27.5	69.93	16 14.69
29	Do	+11 46.34	21.36	16 19 38.38	4 17.91	−21 26 28.2	10 3.1	70.03	16 14.85
30	Fr	11 24.98	22.03	16 23 56.29	4 18.59	21 36 31.3	9 38.4	70.13	16 15.01
Dez. 1	Sa	11 2.95	22.69	16 28 14.88	4 19.24	21 46 9.7	9 13.4	70.22	16 15.17
2	So	10 40.26	23.32	16 32 34.12	4 19.88	21 55 23.1	8 48.2	70.30	16 15.32
3	Mo	10 16.94	23.92	16 36 54.00	4 20.48	22 4 11.3	8 22.5	70.38	16 15.47
4	Di	9 53.02	24.49	16 41 14.48	4 21.05	22 12 33.8	7 56.8	70.46	16 15.62
5	Mi	+ 9 28.53	25.05	16 45 35.53	4 21.61	−22 20 30.6	7 30.7	70.54	16 15.76
6	Do	9 3.48	25.57	16 49 57.14	4 22.12	22 28 1.3	7 4.4	70.62	16 15.90
7	Fr	8 37.91	26.05	16 54 19.26	4 22.61	22 35 5.7	6 37.9	70.69	16 16.04
8	Sa	8 11.86	26.52	16 58 41.87	4 23.07	22 41 43.6	6 11.2	70.76	16 16.17
9	So	7 45.34	26.94	17 3 4.94	4 23.50	22 47 54.8	5 44.2	70.82	16 16.30
10	Mo	7 18.40	27.35	17 7 28.44	4 23.91	22 53 39.0	5 17.2	70.88	16 16.43
11	Di	+ 6 51.05	27.71	17 11 52.35	4 24.27	−22 58 56.2	4 49.9	70.93	16 16.55
12	Mi	6 23.34	28.06	17 16 16.62	4 24.62	23 3 46.1	4 22.4	70.98	16 16.67
13	Do	5 55.28	28.37	17 20 41.24	4 24.92	23 8 8.5	3 54.9	71.03	16 16.78
14	Fr	5 26.91	28.64	17 25 6.16	4 25.21	23 12 3.4	3 27.2	71.07	16 16.88
15	Sa	4 58.27	28.90	17 29 31.37	4 25.46	23 15 30.6	2 59.3	71.11	16 16.98
16	So	4 29.37	29.12	17 33 56.83	4 25.67	23 18 29.9	2 31.4	71.14	16 17.08
17	Mo	+ 4 0.25	29.32	17 38 22.50	4 25.87	−23 21 1.3	2 3.4	71.17	16 17.16
18	Di	3 30.93	29.48	17 42 48.37	4 26.04	23 23 4.7	1 35.3	71.19	16 17.24
19	Mi	3 1.45	29.62	17 47 14.41	4 26.18	23 24 40.0	1 7.1	71.21	16 17.32
20	Do	2 31.83	29.73	17 51 40.59	4 26.29	23 25 47.1	0 38.8	71.23	16 17.39
21	Fr	2 2.10	29.80	17 56 6.88	4 26.36	23 26 25.9	0 10.6	71.24	16 17.46
22	Sa	1 32.30	29.86	18 0 33.24	4 26.41	23 26 36.5	0 17.6	71.24	16 17.51
23	So	+ 1 2.44	29.87	18 4 59.65	4 26.43	−23 26 18.9	0 46.0	71.24	16 17.56
24	Mo	0 32.57	29.86	18 9 26.08	4 26.42	23 25 32.9	1 14.2	71.24	16 17.61
25	Di	+ 0 2.71	29.80	18 13 52.50	4 26.36	23 24 18.7	1 42.5	71.24	16 17.65
26	Mi	− 0 27.09	29.71	18 18 18.86	4 26.27	23 22 36.2	2 10.8	71.23	16 17.69
27	Do	0 56.80	29.59	18 22 45.13	4 26.14	23 20 25.4	2 38.9	71.21	16 17.72
28	Fr	1 26.39	29.43	18 27 11.27	4 25.99	23 17 46.5	3 6.9	71.19	16 17.74
29	Sa	− 1 55.82	29.23	18 31 37.26	4 25.79	−23 14 39.6	3 34.9	71.16	16 17.76
30	So	2 25.05	29.00	18 36 3.05	4 25.55	23 11 4.7	4 2.8	71.13	16 17.78
31	Mo	2 54.05	28.72	18 40 28.60	4 25.29	23 7 1.9	4 30.6	71.10	16 17.80
32	Di	− 3 22.77		18 44 53.89		−23 2 31.3		71.06	16 17.81

Tag	Julian. Zeit	Sternzeit	Nutation in AR. langp. Gl.	Nutation in AR. kurzp. Gl.	Mittleres Äquinoktium 1956.0 Länge		Breite	R		Aufgang in {+50° Breite, 0h Länge}	Untergang in {+50° Breite, 0h Länge}
1956	2435		s								
	d	h m s	in 0.001		° ′ ″	′ ″	in 0.″01			h m	h m
Nov. 23	800.5	4 7 45.375	+840	+12	240 40 10.9	60 39.4	−30	0.987 3316	1820	7 25	16 7
24	801.5	4 11 41.932	841	+13	241 40 50.3	60 41.1	−35	0.987 1496	1778	7 27	16 6
25	802.5	4 15 38.488	843	+11	242 41 31.4	60 42.7	−36	0.986 9718	1739	7 28	16 5
26	803.5	4 19 35.045	844	+ 7	243 42 14.1	60 44.4	−34	0.986 7979	1702	7 30	16 5
27	804.5	4 23 31.601	845	+ 1	244 42 58.5	60 45.9	−29	0.986 6277	1667	7 31	16 4
28	805.5	4 27 28.158	847	− 4	245 43 44.4	60 47.4	−21	0.986 4610	1636	7 33	16 3
29	806.5	4 31 24.715	+848	− 7	246 44 31.8	60 48.9	−10	0.986 2974	1604	7 34	16 2
30	807.5	4 35 21.272	850	− 9	247 45 20.7	60 50.1	+ 3	0.986 1370	1575	7 36	16 2
Dez. 1	808.5	4 39 17.829	851	− 8	248 46 10.8	60 51.5	+16	0.985 9795	1545	7 37	16 1
2	809.5	4 43 14.386	853	− 4	249 47 2.3	60 52.6	+30	0.985 8250	1516	7 38	16 1
3	810.5	4 47 10.943	855	0	250 47 54.9	60 53.6	+43	0.985 6734	1485	7 39	16 0
4	811.5	4 51 7.500	856	+ 4	251 48 48.5	60 54.7	+55	0.985 5249	1454	7 41	16 0
5	812.5	4 55 4.058	+858	+ 7	252 49 43.2	60 55.5	+66	0.985 3795	1420	7 42	15 59
6	813.5	4 59 0.615	860	+10	253 50 38.7	60 56.4	+75	0.985 2375	1384	7 43	15 59
7	814.5	5 2 57.172	862	+10	254 51 35.1	60 57.1	+81	0.985 0991	1346	7 44	15 59
8	815.5	5 6 53.730	864	+ 9	255 52 32.2	60 57.9	+85	0.984 9645	1306	7 45	15 59
9	816.5	5 10 50.287	866	+ 6	256 53 30.1	60 58.5	+86	0.984 8339	1263	7 46	15 58
10	817.5	5 14 46.845	869	+ 2	257 54 28.6	60 59.2	+84	0.984 7076	1219	7 47	15 58
11	818.5	5 18 43.402	+871	− 3	258 55 27.8	60 59.7	+79	0.984 5857	1170	7 48	15 58
12	819.5	5 22 39.960	873	− 9	259 56 27.5	61 0.2	+72	0.984 4687	1120	7 49	15 58
13	820.5	5 26 36.517	875	−13	260 57 27.7	61 0.7	+63	0.984 3567	1065	7 50	15 58
14	821.5	5 30 33.075	878	−16	261 58 28.4	61 1.3	+51	0.984 2502	1009	7 51	15 58
15	822.5	5 34 29.633	880	−15	262 59 29.7	61 1.8	+39	0.984 1493	949	7 52	15 58
16	823.5	5 38 26.190	882	−12	264 0 31.5	61 2.3	+25	0.984 0544	887	7 53	15 59
17	824.5	5 42 22.748	+885	− 7	265 1 33.8	61 2.8	+11	0.983 9657	823	7 54	15 59
18	825.5	5 46 19.306	887	0	266 2 36.6	61 3.5	− 1	0.983 8834	759	7 54	15 59
19	826.5	5 50 15.864	889	+ 7	267 3 40.1	61 4.2	−12	0.983 8075	695	7 55	16 0
20	827.5	5 54 12.422	892	+11	268 4 44.3	61 4.8	−21	0.983 7380	631	7 56	16 0
21	828.5	5 58 8.979	894	+13	269 5 49.1	61 5.5	−26	0.983 6749	570	7 56	16 0
22	829.5	6 2 5.537	897	+12	270 6 54.6	61 6.3	−28	0.983 6179	513	7 57	16 1
23	830.5	6 6 2.095	+899	+ 9	271 8 0.9	61 6.9	−27	0.983 5666	457	7 57	16 2
24	831.5	6 9 58.653	902	+ 3	272 9 7.8	61 7.7	−23	0.983 5209	406	7 57	16 2
25	832.5	6 13 55.211	904	− 2	273 10 15.5	61 8.3	−16	0.983 4803	357	7 58	16 3
26	833.5	6 17 51.768	907	− 6	274 11 23.8	61 8.9	− 6	0.983 4446	311	7 58	16 3
27	834.5	6 21 48.326	909	− 8	275 12 32.7	61 9.3	+ 6	0.983 4135	267	7 58	16 4
28	835.5	6 25 44.884	911	− 7	276 13 42.0	61 9.9	+19	0.983 3868	226	7 59	16 5
29	836.5	6 29 41.442	+914	− 5	277 14 51.9	61 10.1	+32	0.983 3642	185	7 59	16 6
30	837.5	6 33 37.999	916	− 1	278 16 2.0	61 10.4	+44	0.983 3457	147	7 59	16 7
31	838.5	6 37 34.557	918	+ 3	279 17 12.4	61 10.6	+56	0.983 3310	108	7 59	16 8
32	839.5	6 41 31.115	+921	+ 7	280 18 23.0		+67	0.983 3202		7 59	16 9

0h Weltzeit	Mittleres Äquinoktium 1956.0											
	X			ΔX	Y			ΔY	Z			ΔZ
1956												
Jan. 0	+0.145 751	+17 266	− 45	−2	−0.892 129	+ 2 531	+277	−2	−0.386 893	+1 096	+121	−5
1	0.163 017	17 217	49	+1	0.889 598	2 806	275	−5	0.385 797	1 217	121	+5
2	0.180 234	17 162	55	+1	0.886 792	3 081	275	−3	0.384 580	1 336	119	+2
3	0.197 396	17 103	59	+5	0.883 711	3 356	275	0	0.383 244	1 456	120	+4
4	0.214 499	17 038	65	+3	0.880 355	3 630	274	+2	0.381 788	1 575	119	0
5	0.231 537	16 967	71	−1	0.876 725	3 904	274	+4	0.380 213	1 693	118	−5
6	+0.248 504	+16 891	− 76	0	−0.872 821	+ 4 176	+272	−1	−0.378 520	+1 811	+118	−3
7	0.265 395	16 810	81	+2	0.868 645	4 446	270	−4	0.376 709	1 929	118	0
8	0.282 205	16 723	87	−1	0.864 199	4 717	271	+4	0.374 780	2 046	117	0
9	0.298 928	16 630	93	−3	0.859 482	4 986	269	+4	0.372 734	2 163	117	+3
10	0.315 558	16 533	97	+3	0.854 496	5 253	267	0	0.370 571	2 279	116	+2
11	0.332 091	16 429	104	0	0.849 243	5 518	265	−4	0.368 292	2 394	115	−3
12	+0.348 520	+16 321	−108	+5	−0.843 725	+ 5 782	+264	0	−0.365 898	+2 508	+114	−5
13	0.364 841	16 207	114	+4	0.837 943	6 044	262	+1	0.363 390	2 621	113	−4
14	0.381 048	16 088	119	+2	0.831 899	6 304	260	+2	0.360 769	2 735	114	+4
15	0.397 136	15 963	125	−1	0.825 595	6 562	258	0	0.358 034	2 846	111	−4
16	0.413 099	15 833	130	−1	0.819 033	6 817	255	−3	0.355 188	2 956	110	−5
17	0.428 932	15 699	134	+2	0.812 216	7 070	253	−1	0.352 232	3 066	110	+1
18	+0.444 631	+15 559	−140	−2	−0.805 146	+ 7 320	+250	0	−0.349 166	+3 175	+109	+2
19	0.460 190	15 414	145	−3	0.797 826	7 569	249	+5	0.345 991	3 282	107	−3
20	0.475 604	15 265	149	0	0.790 257	7 814	245	+1	0.342 709	3 388	106	−3
21	0.490 869	15 111	154	−1	0.782 443	8 055	241	−4	0.339 321	3 493	105	−2
22	0.505 980	14 953	158	+1	0.774 388	8 295	240	+3	0.335 828	3 596	103	−3
23	0.520 933	14 790	163	−1	0.766 093	8 532	237	+4	0.332 232	3 699	103	+3
24	+0.535 723	+14 623	−167	0	−0.757 561	+ 8 765	+233	−3	−0.328 533	+3 801	+102	+5
25	0.550 346	14 453	170	+3	0.748 796	8 995	230	−4	0.324 732	3 900	99	−1
26	0.564 799	14 278	175	−1	0.739 801	9 223	228	+2	0.320 832	4 000	100	+3
27	0.579 077	14 099	179	−1	0.730 578	9 449	226	+5	0.316 832	4 097	97	−3
28	0.593 176	13 917	182	+2	0.721 129	9 670	221	−5	0.312 735	4 193	96	−4
29	0.607 093	13 730	187	−2	0.711 459	9 890	220	−1	0.308 542	4 289	96	0
30	+0.620 823	+13 539	−191	−2	−0.701 569	+10 106	+216	−3	−0.304 253	+4 383	+ 94	−2
31	0.634 362	13 345	194	+4	0.691 463	10 320	214	+1	0.299 870	4 475	92	−4
Febr. 1	0.647 707	13 147	198	+4	0.681 143	10 532	212	+3	0.295 395	4 568	93	+4
2	0.660 854	12 943	204	−4	0.670 611	10 739	207	−5	0.290 827	4 657	89	−2
3	0.673 797	12 736	207	+1	0.659 872	10 943	204	−4	0.286 170	4 747	90	+3
4	0.686 533	12 526	210	+5	0.648 929	11 146	203	+4	0.281 423	4 834	87	0
5	+0.699 059	+12 310	−216	−1	−0.637 783	+11 343	+197	−1	−0.276 589	+4 920	+ 86	+1
6	0.711 369	12 091	219	0	0.626 440	11 539	196	+4	0.271 669	5 005	85	0
7	0.723 460	11 868	223	+1	0.614 901	11 729	190	−4	0.266 664	5 087	82	−5
8	0.735 328	11 641	227	+1	0.603 172	11 916	187	−3	0.261 577	5 168	81	−3
9	0.746 969	+11 411	230	+3	0.591 256	+12 100	184	+2	0.256 409	+5 248	80	+2
10	+0.758 380		−235	0	−0.579 156		+180	+2	−0.251 161		+ 78	+2

ΔX, ΔY, ΔZ sind in Einheiten der 7. Dezimale gegeben.

0h Weltzeit	Mittleres Äquinoktium 1956.0											
	X	Diff.	2. Diff.	ΔX	Y	Diff.	2. Diff.	ΔY	Z	Diff.	2. Diff.	ΔZ
1956												
Febr. 10	+0.758 380	+11 176	−235	0	−0.579 156	+12 280	+180	+2	−0.251 161	+5 326	+78	+2
11	0.769 556	10 939	237	+3	0.566 876	12 455	175	−2	0.245 835	5 402	76	−1
12	0.780 495	10 697	242	−2	0.554 421	12 627	172	+1	0.240 433	5 476	74	−3
13	0.791 192	10 452	245	−1	0.541 794	12 794	167	−2	0.234 957	5 548	72	−2
14	0.801 644	10 205	247	+2	0.529 000	12 956	162	−4	0.229 409	5 619	71	+1
15	0.811 849	9 953	252	−3	0.516 044	13 116	160	+4	0.223 790	5 688	69	+1
16	+0.821 802	+ 9 700	−253	+2	−0.502 928	+13 269	+153	−1	−0.218 102	+5 754	+66	−4
17	0.831 502	9 443	257	−1	0.489 659	13 419	150	+2	0.212 348	5 819	65	−2
18	0.840 945	9 184	259	0	0.476 240	13 564	145	+2	0.206 529	5 881	62	−4
19	0.850 129	8 923	261	−1	0.462 676	13 705	141	+1	0.200 648	5 943	62	+2
20	0.859 052	8 659	264	−4	0.448 971	13 840	135	−3	0.194 705	6 001	58	−3
21	0.867 711	8 393	266	−4	0.435 131	13 972	132	+1	0.188 704	6 059	58	+3
22	+0.876 104	+ 8 125	−268	−2	−0.421 159	+14 099	+127	0	−0.182 645	+6 114	+55	−1
23	0.884 229	7 856	269	+2	0.407 060	14 222	123	+1	0.176 531	6 167	53	−4
24	0.892 085	7 585	271	+1	0.392 838	14 340	118	0	0.170 364	6 218	51	−2
25	0.899 670	7 311	274	−3	0.378 498	14 455	115	+4	0.164 146	6 269	51	+4
26	0.906 981	7 036	275	+1	0.364 043	14 566	111	+5	0.157 877	6 316	47	0
27	0.914 017	6 760	276	+5	0.349 477	14 671	105	−4	0.151 561	6 363	47	+5
28	+0.920 777	+ 6 481	−279	0	−0.334 806	+14 773	+102	−1	−0.145 198	+6 407	+44	+2
29	0.927 258	6 200	281	+1	0.320 033	14 871	98	+2	0.138 791	6 450	43	+2
März 1	0.933 458	5 918	282	+5	0.305 162	14 965	94	+2	0.132 341	6 490	40	−2
2	0.939 376	5 634	284	+2	0.290 197	15 054	89	−1	0.125 851	6 529	39	0
3	0.945 010	5 347	287	−2	0.275 143	15 138	84	−3	0.119 322	6 566	37	0
4	0.950 357	5 060	287	+4	0.260 005	15 219	81	+1	0.112 756	6 600	34	−3
5	+0.955 417	+ 4 771	−289	+2	−0.244 786	+15 294	+ 75	−3	−0.106 156	+6 634	+34	+3
6	0.960 188	4 479	292	−4	0.229 492	15 365	71	0	0.099 522	6 664	30	−3
7	0.964 667	4 187	292	+1	0.214 127	15 431	66	0	0.092 858	6 692	28	−4
8	0.968 854	3 894	293	+3	0.198 696	15 493	62	+2	0.086 166	6 719	27	+2
9	0.972 748	3 599	295	−2	0.183 203	15 549	56	−2	0.079 447	6 744	25	+4
10	0.976 347	3 302	297	−4	0.167 654	15 600	51	−2	0.072 703	6 766	22	−2
11	+0.979 649	+ 3 006	−296	+3	−0.152 054	+15 648	+ 48	+4	0.065 937	+6 785	+19	−5
12	0.982 655	2 708	298	+2	0.136 406	15 688	40	−3	0.059 152	6 804	19	+2
13	0.985 363	2 410	298	+3	0.120 718	15 726	38	+4	0.052 348	6 819	15	0
14	0.987 773	2 111	299	−1	0.104 992	15 756	30	−2	0.045 529	6 833	14	+3
15	0.989 884	1 811	300	−2	0.089 236	15 783	27	+4	0.038 696	6 844	11	+2
16	0.991 695	1 513	298	+3	0.073 453	15 804	21	+3	0.031 852	6 853	9	+1
17	+0.993 208	+ 1 213	−300	−4	−0.057 649	+15 820	+ 16	+3	−0.024 999	+6 860	+ 7	+3
18	0.994 421	914	299	−3	0.041 829	15 832	12	+5	0.018 139	6 865	5	+4
19	0.995 335	615	299	−3	0.025 997	15 837	5	−3	0.011 274	6 868	+ 3	+3
20	0.995 950	317	298	+2	−0.010 160	15 839	+ 2	+1	−0.004 406	6 868	0	−3
21	0.996 267	+ 20	297	+3	+0.005 679	+15 835	− 4	0	+0.002 462	+6 867	− 1	−1
22	+0.996 287		−297	0	+0.021 514		− 7	+4	+0.009 329		− 3	−1

ΔX, ΔY, ΔZ sind in Einheiten der 7. Dezimale gegeben.

0^h Weltzeit	Mittleres Äquinoktium 1956.0											
	X			*ΔX*	*Y*			*ΔY*	*Z*			*ΔZ*
1956												
März 22	+0.996 287	− 277	−297	0	+0.021 514	+15 828	− 7	+4	+0.009 329	+6 864	− 3	−1
23	0.996 010	574	297	−3	0.037 342	15 815	13	+2	0.016 193	6 858	6	−4
24	0.995 436	869	295	+2	0.053 157	15 799	16	+5	0.023 051	6 851	7	−1
25	0.994 567	1 164	295	+2	0.068 956	15 778	21	+1	0.029 902	6 843	8	+2
26	0.993 403	1 458	294	0	0.084 734	15 752	26	−4	0.036 745	6 831	12	−4
27	0.991 945	1 752	294	−3	0.100 486	15 722	30	−3	0.043 576	6 819	12	+2
28	+0.990 193	− 2 045	−293	−4	+0.116 208	+15 689	− 33	+3	+0.050 395	+6 804	−15	0
29	0.988 148	2 338	293	−4	0.131 897	15 650	39	−2	0.057 199	6 788	16	+2
30	0.985 810	2 629	291	+1	0.147 547	15 607	43	0	0.063 987	6 769	19	−2
31	0.983 181	2 920	291	−1	0.163 154	15 561	46	+5	0.070 756	6 749	20	0
April 1	0.980 261	3 211	291	−3	0.178 715	15 509	52	−1	0.077 505	6 726	23	−2
2	0.977 050	3 499	288	+3	0.194 224	15 452	57	−4	0.084 231	6 702	24	+1
3	+0.973 551	− 3 788	−289	−3	+0.209 676	+15 392	− 60	+3	+0.090 933	+6 676	−26	0
4	0.969 763	4 075	287	−3	0.225 068	15 327	65	+2	0.097 609	6 647	29	−4
5	0.965 688	4 362	287	−5	0.240 395	15 257	70	−2	0.104 256	6 617	30	−3
6	0.961 326	4 646	284	+1	0.255 652	15 182	75	−3	0.110 873	6 584	33	−4
7	0.956 680	4 929	283	+1	0.270 834	15 103	79	+1	0.117 457	6 550	34	−1
8	0.951 751	5 212	283	−3	0.285 937	15 020	83	+4	0.124 007	6 513	37	−1
9	+0.946 539	− 5 491	−279	+4	+0.300 957	+14 932	− 88	+2	+0.130 520	+6 475	−38	+4
10	0.941 048	5 770	279	−1	0.315 889	14 838	94	−2	0.136 995	6 435	40	+5
11	0.935 278	6 046	276	+1	0.330 727	14 741	97	+2	0.143 430	6 392	43	+1
12	0.929 232	6 321	275	−3	0.345 468	14 638	103	0	0.149 822	6 348	44	+1
13	0.922 911	6 592	271	+2	0.360 106	14 532	106	+3	0.156 170	6 301	47	−2
14	0.916 319	6 862	270	−3	0.374 638	14 420	112	−1	0.162 471	6 253	48	0
15	+0.909 457	− 7 129	−267	−3	+0.389 058	+14 305	−115	+3	+0.168 724	+6 203	−50	0
16	0.902 328	7 393	264	+1	0.403 363	14 185	120	+2	0.174 927	6 151	52	0
17	0.894 935	7 654	261	+3	0.417 548	14 062	123	+3	0.181 078	6 098	53	−1
18	0.887 281	7 912	258	+4	0.431 610	13 934	128	0	0.187 176	6 042	56	−5
19	0.879 369	8 168	256	+1	0.445 544	13 803	131	0	0.193 218	5 985	57	−1
20	0.871 201	8 420	252	+3	0.459 347	13 668	135	−3	0.199 203	5 928	57	+4
21	+0.862 781	− 8 671	−251	−2	+0.473 015	+13 529	−139	−5	+0.205 131	+5 867	−61	−3
22	0.854 110	8 917	246	+5	0.486 544	13 387	142	−3	0.210 998	5 806	61	0
23	0.845 193	9 161	244	+3	0.499 931	13 242	145	0	0.216 804	5 743	63	0
24	0.836 032	9 404	243	−4	0.513 173	13 094	148	+1	0.222 547	5 679	64	+2
25	0.826 628	9 641	237	+4	0.526 267	12 941	153	−5	0.228 226	5 613	66	−2
26	0.816 987	9 878	237	−4	0.539 208	12 785	156	−4	0.233 839	5 545	68	−3
27	+0.807 109	−10 112	−234	−4	+0.551 993	+12 627	−158	+4	+0.239 384	+5 477	−68	+1
28	0.796 997	10 342	230	+3	0.564 620	12 465	162	+3	0.244 861	5 406	71	−4
29	0.786 655	10 569	227	+5	0.577 085	12 299	166	−2	0.250 267	5 334	72	−1
30	0.776 086	10 794	225	+1	0.589 384	12 129	170	−3	0.255 601	5 261	73	+2
Mai 1	0.765 292	−11 016	222	−2	0.601 513	+11 957	172	+3	0.260 862	+5 186	75	−1
2	+0.754 276		−219	−1	+0.613 470		−176	+3	+0.266 048		−77	−1

ΔX, *ΔY*, *ΔZ* sind in Einheiten der 7. Dezimale gegeben.

0h Weltzeit	Mittleres Äquinoktium 1956.0											
	X			ΔX	Y			ΔY	Z			ΔZ
1956												
Mai 2	+0.754 276	−11 235	−219	−1	+0.613 470	+11 781	−176	+3	+0.266 048	+5 109	−77	−1
3	0.743 041	11 450	215	+3	0.625 251	11 602	179	+3	0.271 157	5 032	77	+3
4	0.731 591	11 662	212	+2	0.636 853	11 419	183	−1	0.276 189	4 952	80	−3
5	0.719 929	11 871	209	+1	0.648 272	11 232	187	−4	0.281 141	4 871	81	−2
6	0.708 058	12 077	206	−1	0.659 504	11 043	189	+2	0.286 012	4 789	82	0
7	0.695 981	12 279	202	+1	0.670 547	10 850	193	+2	0.290 801	4 705	84	−2
8	+0.683 702	−12 477	−198	+2	+0.681 397	+10 654	−196	+2	+0.295 506	+4 619	−86	−3
9	0.671 225	12 671	194	+2	0.692 051	10 454	200	−3	0.300 125	4 533	86	+5
10	0.658 554	12 862	191	−4	0.702 505	10 251	203	−2	0.304 658	4 445	88	+3
11	0.645 692	13 049	187	−3	0.712 756	10 045	206	−1	0.309 103	4 356	89	+1
12	0.632 643	13 230	181	+4	0.722 801	9 836	209	+1	0.313 459	4 265	91	−2
13	0.619 413	13 408	178	0	0.732 637	9 625	211	+4	0.317 724	4 173	92	−3
14	+0.606 005	−13 582	−174	−1	+0.742 262	+9 410	−215	0	+0.321 897	+4 080	−93	−1
15	0.592 423	13 750	168	+5	0.751 672	9 194	216	+1	0.325 977	3 987	93	+1
16	0.578 673	13 914	164	+2	0.760 866	8 974	220	−4	0.329 964	3 891	96	−4
17	0.564 759	14 075	161	−5	0.769 840	8 753	221	+1	0.333 855	3 796	95	+2
18	0.550 684	14 231	156	−3	0.778 593	8 530	223	+3	0.337 651	3 699	97	+1
19	0.536 453	14 382	151	0	0.787 123	8 305	225	+3	0.341 350	3 602	97	+4
20	+0.522 071	−14 530	−148	−1	+0.795 428	+8 078	−227	+2	+0.344 952	+3 504	−98	+2
21	0.507 541	14 672	142	+3	0.803 506	7 849	229	+2	0.348 456	3 404	100	−3
22	0.492 869	14 812	140	−4	0.811 355	7 619	230	+3	0.351 860	3 305	99	0
23	0.478 057	14 947	135	−4	0.818 974	7 386	233	−4	0.355 165	3 203	102	−4
24	0.463 110	15 078	131	−5	0.826 360	7 151	235	−5	0.358 368	3 102	101	+2
25	0.448 032	15 205	127	−4	0.833 511	6 916	235	+3	0.361 470	3 000	102	+4
26	+0.432 827	−15 328	−123	−5	+0.840 427	+6 678	−238	+1	+0.364 470	+2 897	−103	+2
27	0.417 499	15 447	119	−4	0.847 105	6 438	240	0	0.367 367	2 793	104	−1
28	0.402 052	15 562	115	−2	0.853 543	6 198	240	+5	0.370 160	2 688	105	−3
29	0.386 490	15 671	109	+4	0.859 741	5 954	244	−5	0.372 848	2 582	106	−4
30	0.370 819	15 778	107	−3	0.865 695	5 709	245	−3	0.375 430	2 476	106	+2
31	0.355 041	15 880	102	−3	0.871 404	5 463	246	+1	0.377 906	2 370	106	+5
Juni 1	+0.339 161	−15 978	−98	0	+0.876 867	+5 215	−248	+2	+0.380 276	+2 261	−109	−2
2	0.323 183	16 070	92	+5	0.882 082	4 966	249	+4	0.382 537	2 154	107	+4
3	0.307 113	16 159	89	0	0.887 048	4 714	252	−1	0.384 691	2 044	110	−4
4	0.290 954	16 243	84	−1	0.891 762	4 461	253	0	0.386 735	1 934	110	−4
5	0.274 711	16 323	80	−3	0.896 223	4 207	254	+4	0.388 669	1 824	110	0
6	0.258 388	16 397	74	+1	0.900 430	3 952	255	+5	0.390 493	1 713	111	−2
7	+0.241 991	−16 467	−70	0	+0.904 382	+3 694	−258	−2	+0.392 206	+1 601	−112	−4
8	0.225 524	16 531	64	+2	0.908 076	3 435	259	−2	0.393 807	1 489	112	−2
9	0.208 993	16 591	60	−1	0.911 511	3 177	258	+3	0.395 296	1 377	112	−1
10	0.192 402	16 645	54	+2	0.914 688	2 916	261	−3	0.396 673	1 264	113	−4
11	0.175 757	−16 694	49	+2	0.917 604	+2 655	261	−3	0.397 937	+1 151	113	−4
12	+0.159 063		−44	+2	+0.920 259		−262	−2	+0.399 088		−114	−5

ΔX, ΔY, ΔZ sind in Einheiten der 7. Dezimale gegeben.

0h Weltzeit	Mittleres Äquinoktium 1956.0											
	X			*ΔX*	*Y*			*ΔY*	*Z*			*ΔZ*
1956												
Juni 12	+0.159 063	−16 738	− 44	+2	+0.920 259	+2 393	−262	−2	+0.399 088	+1 037	−114	−5
13	0.142 325	16 776	38	+3	0.922 652	2 132	261	+4	0.400 125	924	113	+2
14	0.125 549	16 811	35	−4	0.924 784	1 870	262	+3	0.401 049	811	113	+4
15	0.108 738	16 840	29	−1	0.926 654	1 608	262	+3	0.401 860	698	113	+3
16	0.091 898	16 864	24	+3	0.928 262	1 346	262	+4	0.402 558	584	114	−1
17	0.075 034	16 883	19	+4	0.929 608	1 085	261	+4	0.403 142	471	113	0
18	+0.058 151	−16 898	− 15	0	+0.930 693	+ 822	−263	−4	+0.403 613	+ 357	−114	−4
19	0.041 253	16 909	11	−4	0.931 515	560	262	−1	0.403 970	243	114	−3
20	0.024 344	16 915	6	−2	0.932 075	299	261	+3	0.404 213	131	112	+4
21	+0.007 429	16 916	− 1	0	0.932 374	+ 37	262	0	0.404 344	+ 16	115	−3
22	−0.009 487	16 914	+ 2	−3	0.932 411	− 224	261	+1	0.404 360	− 96	112	+3
23	0.026 401	16 905	9	+4	0.932 187	486	262	−2	0.404 264	210	114	−3
24	−0.043 306	−16 894	+ 11	−3	+0.931 701	− 747	−261	+2	+0.404 054	− 324	−114	−2
25	0.060 200	16 877	17	−1	0.930 954	1 007	260	+4	0.403 730	436	112	+4
26	0.077 077	16 857	20	−5	0.929 947	1 269	262	−3	0.403 294	550	114	−3
27	0.093 934	16 831	26	−1	0.928 678	1 529	260	0	0.402 744	663	113	−1
28	0.110 765	16 801	30	−1	0.927 149	1 790	261	−2	0.402 081	776	113	−2
29	0.127 566	16 767	34	−3	0.925 359	2 049	259	+3	0.401 305	889	113	−1
30	−0.144 333	−16 727	+ 40	0	+0.923 310	−2 310	−261	−4	+0.400 416	−1 002	−113	−2
Juli 1	0.161 060	16 684	43	−5	0.921 000	2 568	258	+4	0.399 414	1 114	112	0
2	0.177 744	16 636	48	−4	0.918 432	2 828	260	−2	0.398 300	1 227	113	−5
3	0.194 380	16 582	54	+2	0.915 604	3 086	258	+3	0.397 073	1 339	112	−2
4	0.210 962	16 524	58	+1	0.912 518	3 344	258	+2	0.395 734	1 451	112	−2
5	0.227 486	16 461	63	+1	0.909 174	3 602	258	−1	0.394 283	1 563	112	−2
6	−0.243 947	−16 392	+ 69	+2	+0.905 572	−3 858	−256	+2	+0.392 720	−1 674	−111	+1
7	0.260 339	16 320	72	−4	0.901 714	4 113	255	+3	0.391 046	1 784	110	+2
8	0.276 659	16 241	79	+2	0.897 601	4 368	255	−3	0.389 262	1 895	111	−5
9	0.292 900	16 158	83	0	0.893 233	4 622	254	−4	0.387 367	2 005	110	−4
10	0.309 058	16 069	89	+3	0.888 611	4 872	250	+3	0.385 362	2 113	108	+1
11	0.325 127	15 977	92	−3	0.883 739	5 123	251	−3	0.383 249	2 222	109	−2
12	−0.341 104	−15 878	+ 99	+4	+0.878 616	−5 371	−248	+2	+0.381 027	−2 329	−107	+2
13	0.356 982	15 777	101	−2	0.873 245	5 616	245	+5	0.378 698	2 435	106	+2
14	0.372 759	15 669	108	+4	0.867 629	5 861	245	−1	0.376 263	2 542	107	−2
15	0.388 428	15 559	110	−2	0.861 768	6 103	242	0	0.373 721	2 646	104	+4
16	0.403 987	15 444	115	0	0.855 665	6 343	240	0	0.371 075	2 750	104	+3
17	0.419 431	15 324	120	+5	0.849 322	6 582	239	−5	0.368 325	2 854	104	−1
18	−0.434 755	−15 201	+123	+3	+0.842 740	−6 818	−236	−2	+0.365 471	−2 956	−102	+3
19	0.449 956	15 074	127	+2	0.835 922	7 053	235	−3	0.362 515	3 058	102	+1
20	0.465 030	14 942	132	+4	0.828 869	7 285	232	+2	0.359 457	3 158	100	+3
21	0.479 972	14 807	135	−1	0.821 584	7 515	230	+3	0.356 299	3 259	101	−3
22	0.494 779	−14 669	138	−3	0.814 069	−7 744	229	−1	0.353 040	−3 358	99	−1
23	−0.509 448		+144	+4	+0.806 325		−226	+2	+0.349 682		− 98	+2

ΔX, *ΔY*, *ΔZ* sind in Einheiten der 7. Dezimale gegeben.

0h Weltzeit	Mittleres Äquinoktium 1956.0 X			ΔX	Y			ΔY	Z			ΔZ
1956 Juli 23	−0.509 448	−14 525	+144	+4	+0.806 325	− 7 970	−226	+2	+0.349 682	−3 456	−98	+2
24	0.523 973	14 378	147	+2	0.798 355	8 194	224	−1	0.346 226	3 554	98	0
25	0.538 351	14 227	151	0	0.790 161	8 417	223	−5	0.342 672	3 649	95	+5
26	0.552 578	14 073	154	−4	0.781 744	8 638	221	−4	0.339 023	3 746	97	−5
27	0.566 651	13 914	159	+1	0.773 106	8 855	217	+3	0.335 277	3 841	95	−4
28	0.580 565	13 751	163	+1	0.764 251	9 071	216	+1	0.331 436	3 934	93	+1
29	−0.594 316	−13 585	+166	−5	+0.755 180	− 9 285	−214	−2	+0.327 502	−4 028	−94	−2
30	0.607 901	13 415	170	−4	0.745 895	9 497	212	−3	0.323 474	4 119	91	+5
31	0.621 316	13 240	175	0	0.736 398	9 706	209	0	0.319 355	4 209	90	+4
Aug. 1	0.634 556	13 061	179	+1	0.726 692	9 913	207	−1	0.315 146	4 300	91	−4
2	0.647 617	12 879	182	−2	0.716 779	10 118	205	−1	0.310 846	4 388	88	−2
3	0.660 496	12 692	187	0	0.706 661	10 319	201	+3	0.306 458	4 476	88	−5
4	−0.673 188	−12 501	+191	+2	+0.696 342	−10 518	−199	−2	+0.301 982	−4 562	−86	−3
5	0.685 689	12 305	196	+4	0.685 824	10 715	197	−5	0.297 420	4 647	85	−4
6	0.697 994	12 107	198	−4	0.675 109	10 907	192	+1	0.292 773	4 731	84	−5
7	0.710 101	11 904	203	−1	0.664 202	11 097	190	−3	0.288 042	4 813	82	0
8	0.722 005	11 697	207	+2	0.653 105	11 283	186	−4	0.283 229	4 893	80	+5
9	0.733 702	11 487	210	0	0.641 822	11 466	183	−5	0.278 336	4 972	79	+3
10	−0.745 189	−11 273	+214	0	+0.630 356	−11 645	−179	−3	+0.273 364	−5 049	−77	+2
11	0.756 462	11 057	216	−3	0.618 711	11 820	175	+1	0.268 315	5 126	77	−3
12	0.767 519	10 837	220	−1	0.606 891	11 992	172	−2	0.263 189	5 200	74	+1
13	0.778 356	10 614	223	−1	0.594 899	12 160	168	−3	0.257 989	5 273	73	+1
14	0.788 970	10 389	225	−4	0.582 739	12 326	166	−5	0.252 716	5 344	71	+3
15	0.799 359	10 161	228	−4	0.570 413	12 486	160	+5	0.247 372	5 414	70	−2
16	−0.809 520	− 9 930	+231	0	+0.557 927	−12 644	−158	+3	+0.241 958	−5 483	−69	−4
17	0.819 450	9 696	234	+2	0.545 283	12 798	154	+4	0.236 475	5 550	67	0
18	0.829 146	9 460	236	+2	0.532 485	12 948	150	+4	0.230 925	5 615	65	+4
19	0.838 606	9 221	239	+4	0.519 537	13 096	148	−2	0.225 310	5 679	64	+4
20	0.847 827	8 980	241	+3	0.506 441	13 240	144	−1	0.219 631	5 741	62	+3
21	0.856 807	8 735	245	+5	0.493 201	13 379	139	+4	0.213 890	5 802	61	0
22	−0.865 542	− 8 490	+245	−3	+0.479 822	−13 517	−138	4	+0.208 088	−5 862	−60	−3
23	0.874 032	8 241	249	0	0.466 305	13 649	132	+4	0.202 226	5 920	58	0
24	0.882 273	7 990	251	+1	0.452 656	13 779	130	0	0.196 306	5 975	55	+4
25	0.890 263	7 736	254	+3	0.438 877	13 905	126	+1	0.190 331	6 031	56	−4
26	0.897 999	7 480	256	+3	0.424 972	14 027	122	+1	0.184 300	6 084	53	−1
27	0.905 479	7 221	259	+5	0.410 945	14 147	120	−3	0.178 216	6 135	51	0
28	−0.912 700	− 6 960	+261	+2	+0.396 798	−14 261	−114	+4	+0.172 081	−6 186	−51	−4
29	0.919 660	6 697	263	−1	0.382 537	14 373	112	−1	0.165 895	6 234	48	0
30	0.926 357	6 430	267	+2	0.368 164	14 480	107	+1	0.159 661	6 280	46	+2
31	0.932 787	6 162	268	−4	0.353 684	14 584	104	−1	0.153 381	6 325	45	0
Sept. 1	0.938 949	− 5 892	270	−5	0.339 100	−14 683	99	+1	0.147 056	−6 368	43	−1
2	−0.944 841		+274	+1	+0.324 417		− 95	+2	+0.140 688		−41	−1

ΔX, ΔY, ΔZ sind in Einheiten der 7. Dezimale gegeben.

0h Weltzeit	Mittleres Äquinoktium 1956.0											
	X			ΔX	Y			ΔY	Z			ΔZ
1956 Sept. 2	−0.944 841	−5 618	+274	+1	+0.324 417	−14 778	−95	+2	+0.140 688	−6 409	−41	−1
3	0.950 459	5 342	276	+2	0.309 639	14 868	90	+3	0.134 279	6 448	39	−1
4	0.955 801	5 066	276	−3	0.294 771	14 955	87	−3	0.127 831	6 486	38	−3
5	0.960 867	4 786	280	+4	0.279 816	15 036	81	+2	0.121 345	6 520	34	+3
6	0.965 653	4 505	281	+5	0.264 780	15 112	76	+5	0.114 825	6 554	34	0
7	0.970 158	4 222	283	+4	0.249 668	15 184	72	−1	0.108 271	6 584	30	+5
8	−0.974 380	−3 939	+283	−2	+0.234 484	−15 252	−68	−4	+0.101 687	−6 613	−29	+1
9	0.978 319	3 655	284	−2	0.219 232	15 314	62	+1	0.095 074	6 641	28	−5
10	0.981 974	3 368	287	+4	0.203 918	15 372	58	0	0.088 433	6 666	25	−2
11	0.985 342	3 082	286	−3	0.188 546	15 425	53	0	0.081 767	6 689	23	+1
12	0.988 424	2 795	287	−3	0.173 121	15 474	49	−3	0.075 078	6 710	21	+3
13	0.991 219	2 507	288	−2	0.157 647	15 519	45	−4	0.068 368	6 729	19	+3
14	−0.993 726	−2 218	+289	−1	+0.142 128	−15 559	−40	0	+0.061 639	−6 747	−18	−1
15	0.995 944	1 929	289	−2	0.126 569	15 594	35	+4	0.054 892	6 762	15	0
16	0.997 873	1 639	290	−2	0.110 975	15 625	31	+1	0.048 130	6 776	14	−4
17	0.999 512	1 349	290	−1	0.095 350	15 653	28	−2	0.041 354	6 788	12	−5
18	1.000 861	1 058	291	+3	0.079 697	15 674	21	+4	0.034 566	6 798	10	−4
19	1.001 919	766	292	+4	0.064 023	15 693	19	−3	0.027 768	6 806	8	−1
20	−1.002 685	− 475	+291	−2	+0.048 330	−15 707	−14	−3	+0.020 962	−6 812	− 6	+2
21	1.003 160	− 183	292	−3	0.032 623	15 717	10	−3	0.014 150	6 816	4	+1
22	1.003 343	+ 109	292	−4	0.016 906	15 722	5	+1	0.007 334	6 819	− 3	−2
23	1.003 234	401	292	−4	+0.001 184	15 723	− 1	+1	+0.000 515	6 819	0	−1
24	1.002 833	695	294	+4	−0.014 539	15 720	+ 3	−2	−0.006 304	6 818	+ 1	−4
25	1.002 138	988	293	+1	0.030 259	15 713	7	−4	0.013 122	6 815	3	−4
26	−1.001 150	+1 282	+294	+2	−0.045 972	−15 700	+13	+2	−0.019 937	−6 810	+ 5	−1
27	0.999 868	1 576	294	0	0.061 672	15 684	16	−4	0.026 747	6 802	8	+2
28	0.998 292	1 870	294	−4	0.077 356	15 663	21	−5	0.033 549	6 793	9	−1
29	0.996 422	2 164	294	−5	0.093 019	15 637	26	−4	0.040 342	6 782	11	−1
30	0.994 258	2 458	294	−5	0.108 656	15 607	30	−4	0.047 124	6 768	14	+4
Okt. 1	0.991 800	2 752	294	−2	0.124 263	15 570	37	+3	0.053 892	6 752	16	+2
2	−0.989 048	+3 046	+294	+1	−0.139 833	−15 530	+40	−3	−0.060 644	−6 735	+17	−4
3	0.986 002	3 339	293	+1	0.155 363	15 485	45	−3	0.067 379	6 715	20	0
4	0.982 663	3 632	293	+3	0.170 848	15 433	52	+3	0.074 094	6 693	22	+1
5	0.979 031	3 923	291	−2	0.186 281	15 378	55	−4	0.080 787	6 668	25	+5
6	0.975 108	4 213	290	−2	0.201 659	15 318	60	−3	0.087 455	6 642	26	+2
7	0.970 895	4 503	290	+1	0.216 977	15 252	66	+3	0.094 097	6 613	29	+2
8	−0.966 392	+4 789	+286	−4	−0.232 229	−15 181	+71	+4	−0.100 710	−6 583	+30	−4
9	0.961 603	5 076	287	+4	0.247 410	15 107	74	−1	0.107 293	6 551	32	−4
10	0.956 527	5 361	285	+2	0.262 517	15 027	80	+1	0.113 844	6 516	35	−2
11	0.951 166	5 643	282	−5	0.277 544	14 943	84	0	0.120 360	6 480	36	−4
12	0.945 523	+5 924	281	−3	0.292 487	−14 855	88	−1	0.126 840	−6 442	38	−4
13	−0.939 599		+280	0	−0.307 342		+93	−1	−0.133 282		+40	−1

ΔX, ΔY, ΔZ sind in Einheiten der 7. Dezimale gegeben.

0h Weltzeit	X			ΔX	Y			ΔY	Z			ΔZ
	Mittleres Äquinoktium 1956.0											
1956												
Okt. 13	−0.939 599	+ 6 204	+280	0	−0.307 342	−14 762	+ 93	−1	−0.133 282	−6 402	+ 40	−1
14	0.933 395	6 480	276	−5	0.322 104	14 665	97	−1	0.139 684	6 359	43	+3
15	0.926 915	6 757	277	+5	0.336 769	14 563	102	+2	0.146 043	6 316	43	−3
16	0.920 158	7 030	273	+1	0.351 332	14 458	105	−4	0.152 359	6 270	46	−2
17	0.913 128	7 302	272	+2	0.365 790	14 348	110	−4	0.158 629	6 223	47	−4
18	0.905 826	7 571	269	0	0.380 138	14 235	113	−5	0.164 852	6 174	49	−2
19	−0.898 255	+ 7 839	+268	+3	−0.394 373	−14 117	+118	0	−0.171 026	−6 122	+ 52	+4
20	0.890 416	8 105	266	+3	0.408 490	13 995	122	+2	0.177 148	6 070	52	−2
21	0.882 311	8 368	263	0	0.422 485	13 868	127	+5	0.183 218	6 015	55	0
22	0.873 943	8 630	262	+2	0.436 353	13 740	128	−5	0.189 233	5 959	56	−3
23	0.865 313	8 889	259	−1	0.450 093	13 606	134	0	0.195 192	5 901	58	−5
24	0.856 424	9 147	258	+3	0.463 699	13 467	139	+4	0.201 093	5 842	59	−4
25	−0.847 277	+ 9 402	+255	+2	−0.477 166	−13 325	+142	−1	−0.206 935	−5 779	+ 63	+4
26	0.837 875	9 656	254	+5	0.490 491	13 180	145	−5	0.212 714	5 716	63	+1
27	0.828 219	9 907	251	+2	0.503 671	13 028	152	+1	0.218 430	5 650	66	+2
28	0.818 312	10 154	247	−4	0.516 699	12 874	154	−5	0.224 080	5 583	67	0
29	0.808 158	10 401	247	+3	0.529 573	12 715	159	−3	0.229 663	5 514	69	−1
30	0.797 757	10 643	242	−2	0.542 288	12 551	164	+1	0.235 177	5 442	72	+1
31	−0.787 114	+10 883	+240	+1	−0.554 839	−12 383	+168	+1	−0.240 619	−5 370	+ 72	−5
Nov. 1	0.776 231	11 120	237	+2	0.567 222	12 211	172	0	0.245 989	5 295	75	−3
2	0.765 111	11 353	233	+1	0.579 433	12 035	176	+1	0.251 284	5 219	76	−2
3	0.753 758	11 583	230	+5	0.591 468	11 854	181	+5	0.256 503	5 140	79	+4
4	0.742 175	11 809	226	+4	0.603 322	11 670	184	+2	0.261 643	5 060	80	+2
5	0.730 366	12 032	223	+5	0.614 992	11 481	189	+4	0.266 703	4 979	81	+1
6	−0.718 334	+12 250	+218	+1	−0.626 473	−11 290	+191	−3	−0.271 682	−4 895	+ 84	+5
7	0.706 084	12 465	215	0	0.637 763	11 094	196	+1	0.276 577	4 811	84	+1
8	0.693 619	12 675	210	−3	0.648 857	10 896	198	−3	0.281 388	4 724	87	+3
9	0.680 944	12 882	207	0	0.659 753	10 693	203	+2	0.286 112	4 637	87	−3
10	0.668 062	13 085	203	+1	0.670 446	10 488	205	−2	0.290 749	4 549	88	−4
11	0.654 977	13 283	198	−3	0.680 934	10 279	209	0	0.295 298	4 457	92	+4
12	−0.641 694	+13 478	+195	+1	−0.691 213	−10 068	+211	4	0.299 755	−4 367	+ 90	−4
13	0.628 216	13 668	190	0	0.701 281	9 853	215	+1	0.304 122	4 273	94	+4
14	0.614 548	13 855	187	+4	0.711 134	9 635	218	+2	0.308 395	4 179	94	+3
15	0.600 693	14 037	182	0	0.720 769	9 415	220	−3	0.312 574	4 083	96	+3
16	0.586 656	14 215	178	−1	0.730 184	9 193	222	−4	0.316 657	3 987	96	−4
17	0.572 441	14 389	174	−2	0.739 377	8 966	227	+4	0.320 644	3 890	97	−5
18	−0.558 052	+14 559	+170	−4	−0.748 343	− 8 739	+227	−4	−0.324 534	−3 790	+100	+2
19	0.543 493	14 725	166	−4	0.757 082	8 508	231	+1	0.328 324	3 690	100	−1
20	0.528 768	14 886	161	−5	0.765 590	8 274	234	+2	0.332 014	3 589	101	−4
21	0.513 882	15 045	159	+4	0.773 864	8 039	235	−2	0.335 603	3 487	102	−5
22	0.498 837	+15 199	154	+2	0.781 903	− 7 800	239	+2	0.339 090	−3 383	104	−2
23	−0.483 638		+149	0	−0.789 703		+242	+4	−0.342 473		+105	0

ΔX, ΔY, ΔZ sind in Einheiten der 7. Dezimale gegeben.

0h Weltzeit	X	1. Diff.	2. Diff.	ΔX	Y	1. Diff.	2. Diff.	ΔY	Z	1. Diff.	2. Diff.	ΔZ
	Mittleres Äquinoktium 1956.0											
1956												
Nov. 23	−0.483 638	+15 348	+149	0	−0.789 703	−7 558	+242	+4	−0.342 473	−3 278	+105	0
24	0.468 290	15 494	146	+4	0.797 261	7 314	244	0	0.345 751	3 172	106	−2
25	0.452 796	15 635	141	+1	0.804 575	7 068	246	−4	0.348 923	3 065	107	−3
26	0.437 161	15 771	136	−2	0.811 643	6 818	250	−1	0.351 988	2 957	108	−3
27	0.421 390	15 902	131	−4	0.818 461	6 566	252	−1	0.354 945	2 847	110	+2
28	0.405 488	16 029	127	+1	0.825 027	6 311	255	0	0.357 792	2 736	111	+2
29	−0.389 459	+16 151	+122	+2	−0.831 338	−6 055	+256	−4	−0.360 528	−2 625	+111	−3
30	0.373 308	16 267	116	0	0.837 393	5 795	260	+1	0.363 153	2 513	112	−3
Dez. 1	0.357 041	16 379	112	+1	0.843 188	5 534	261	+1	0.365 666	2 399	114	+2
2	0.340 662	16 484	105	−5	0.848 722	5 269	265	+5	0.368 065	2 285	114	+2
3	0.324 178	16 584	100	−2	0.853 991	5 005	264	−5	0.370 350	2 169	116	+4
4	0.307 594	16 680	96	+4	0.858 996	4 738	267	−3	0.372 519	2 054	115	−4
5	−0.290 914	+16 770	+90	+1	−0.863 734	−4 469	+269	0	−0.374 573	−1 938	+116	−5
6	0.274 144	16 853	83	−4	0.868 203	4 200	269	−4	0.376 511	1 821	117	−1
7	0.257 291	16 932	79	+2	0.872 403	3 928	272	+3	0.378 332	1 703	118	0
8	0.240 359	17 006	74	+5	0.876 331	3 656	272	+1	0.380 035	1 586	117	−3
9	0.223 353	17 074	68	+1	0.879 987	3 383	273	+1	0.381 621	1 467	119	+3
10	0.206 279	17 136	62	−4	0.883 370	3 108	275	+5	0.383 088	1 348	119	+2
11	−0.189 143	+17 193	+57	−3	−0.886 478	−2 833	+275	+3	−0.384 436	−1 229	+119	0
12	0.171 950	17 245	52	−2	0.889 311	2 558	275	0	0.385 665	1 110	119	−2
13	0.154 705	17 291	46	−3	0.891 869	2 281	277	+3	0.386 775	990	120	+3
14	0.137 414	17 333	42	+2	0.894 150	2 005	276	0	0.387 765	870	120	+3
15	0.120 081	17 369	36	−2	0.896 155	1 727	278	+3	0.388 635	750	120	+3
16	0.102 712	17 399	30	−4	0.897 882	1 450	277	−3	0.389 385	629	121	+4
17	−0.085 313	+17 426	+27	+4	−0.899 332	−1 173	+277	−5	−0.390 014	−509	+120	−3
18	0.067 887	17 447	21	+1	0.900 505	894	279	−1	0.390 523	389	120	−5
19	0.050 440	17 463	16	−1	0.901 399	616	278	−4	0.390 912	268	121	+2
20	0.032 977	17 474	11	0	0.902 015	337	279	−4	0.391 180	146	122	+5
21	−0.015 503	17 480	6	+1	0.902 352	−58	279	−5	0.391 326	−25	121	−1
22	+0.001 977	17 481	+1	+2	0.902 410	+221	279	−4	0.391 351	+96	121	−2
23	+0.019 458	+17 477	−4	+3	−0.902 189	+502	+281	+4	−0.391 255	+218	+122	0
24	0.036 935	17 467	10	0	0.901 687	782	280	+3	0.391 037	339	121	−2
25	0.054 402	17 452	15	−1	0.900 905	1 063	281	+3	0.390 698	462	123	+4
26	0.071 854	17 431	21	−3	0.899 842	1 343	280	−2	0.390 236	583	121	−3
27	0.089 285	17 404	27	−4	0.898 499	1 623	280	−1	0.389 653	705	122	−3
28	0.106 689	17 372	32	−1	0.896 876	1 904	281	+3	0.388 948	826	121	−5
29	+0.124 061	+17 334	−38	+2	−0.894 972	+2 183	+279	−1	−0.388 122	+947	+121	−4
30	0.141 395	17 291	43	+5	0.892 789	2 463	280	+2	0.387 175	1 069	122	+1
31	0.158 686	17 241	50	+2	0.890 326	2 741	278	−2	0.386 106	1 189	120	−2
32	+0.175 927		−54	+5	−0.887 585		+278	0	−0.384 917		+121	+1

ΔX, ΔY, ΔZ sind in Einheiten der 7. Dezimale gegeben.

Frühlingsäquinoktium	**20. März**	**15h 21m Weltzeit**	**Herbstäquinoktium**	**23. Sept.**	**1h 36m Weltzeit**
Sommersolstitium	**21. Juni**	**10 24 „**	**Wintersolstitium**	**21. Dez.**	**21 0 „**

Erdnähe 2. Jan. 13h Weltzeit
Erdferne 5. Juli 1 „

Tag		Aberration	Parallaxe	Mittlere Länge $L_{\odot}$	Mittlere Anomalie $M_{\odot}$
		0h Weltzeit			
1956		″	″	°	°
Jan.	−8	20.81	8.95	270.7637	348.580
	+2	20.82	8.95	280.6202	358.436
	12	20.81	8.95	290.4767	8.292
	22	20.80	8.94	300.3331	18.148
Febr.	1	20.78	8.93	310.1896	28.004
	11	20.75	8.92	320.0461	37.860
	21	20.70	8.90	329.9026	47.716
März	2	20.65	8.88	339.7590	57.572
	12	20.60	8.85	349.6155	67.428
	22	20.54	8.83	359.4720	77.284
April	1	20.48	8.81	9.3285	87.140
	11	20.42	8.78	19.1849	96.996
	21	20.37	8.76	29.0414	106.852
Mai	1	20.31	8.73	38.8979	116.708
	11	20.26	8.71	48.7544	126.564
	21	20.22	8.69	58.6108	136.420
	31	20.19	8.68	68.4673	146.276
Juni	10	20.16	8.67	78.3238	156.132
	20	20.14	8.66	88.1802	165.988
	30	20.13	8.66	98.0367	175.844
Juli	10	20.13	8.66	107.8932	185.700
	20	20.15	8.66	117.7497	195.556
	30	20.16	8.67	127.6061	205.412
Aug.	9	20.19	8.68	137.4626	215.269
	19	20.23	8.70	147.3191	225.125
	29	20.27	8.71	157.1756	234.981
Sept.	8	20.32	8.74	167.0320	244.837
	18	20.38	8.76	176.8885	254.693
	28	20.43	8.78	186.7450	264.549
Okt.	8	20.49	8.81	196.6015	274.405
	18	20.55	8.83	206.4579	284.261
	28	20.61	8.86	216.3144	294.117
Nov.	7	20.66	8.88	226.1709	303.973
	17	20.71	8.90	236.0273	313.829
	27	20.75	8.92	245.8838	323.685
Dez.	7	20.78	8.93	255.7403	333.541
	17	20.80	8.94	265.5968	343.397
	27	20.82	8.95	275.4532	353.253
	37	20.82	8.95	285.3097	3.109

Tägliche Änderungen

d	$\Delta L_{\odot}$	$\Delta M_{\odot}$
	°	°
1	+0.9856	+0.986
2	1.9713	1.971
3	2.9569	2.957
4	3.9426	3.942
5	4.9282	4.928
6	+5.9139	+5.914
7	6.8995	6.899
8	7.8852	7.885
9	8.8708	8.870
10	+9.8565	+9.856

Stündliche Änderungen

h	$\Delta L_{\odot}$	$\Delta M_{\odot}$
	°	°
1	+0.0411	+0.041
2	0.0821	0.082
3	0.1232	0.123
4	0.1643	0.164
5	+0.2053	+0.205
6	0.2464	0.246
7	0.2875	0.287
8	0.3285	0.329
9	+0.3696	+0.370
10	0.4107	0.411
11	0.4518	0.452
12	0.4928	0.493
13	+0.5339	+0.534
14	0.5750	0.575
15	0.6160	0.616
16	0.6571	0.657
17	+0.6982	+0.698
18	0.7392	0.739
19	0.7803	0.780
20	0.8214	0.821
21	+0.8624	+0.862
22	0.9035	0.903
23	0.9446	0.945
24	+0.9856	+0.986

Mond 1956

Tag	0^h Weltzeit										
	Scheinbare Rektaszension		Scheinbare Deklination		Parallaxe		Halbmesser		Länge	Breite	Alter
1956	h m s	m s	° ′	° ′	′ ″	″	′ ″	″	°	°	d
Jan. 0	8 24 4	57 29	+15 20.6	4 46.6	60 50.1	44.8	16 36.0	12.2	124.635	−3.876	16.7
1	9 21 33	54 1	+10 34.0	5 14.3	60 5.3	54.6	16 23.8	14.8	139.447	−4.654	17.7
2	10 15 34	51 20	+ 5 19.7	5 20.4	59 10.7	58.4	16 9.0	15.9	153.852	−5.114	18.7
3	11 6 54	49 34	− 0 0.7	5 9.6	58 12.3	57.1	15 53.1	15.6	167.791	−5.253	19.7
4	11 56 28	48 43	− 5 10.3	4 45.8	57 15.2	52.3	15 37.5	14.3	181.253	−5.094	20.7
5	12 45 11	48 39	− 9 56.1	4 11.9	56 22.9	45.0	15 23.2	12.2	194.270	−4.675	21.7
6	13 33 50	49 7	−14 8.0	3 29.6	55 37.9	36.5	15 11.0	10.0	206.898	−4.039	22.7
7	14 22 57	49 55	−17 37.6	2 40.2	55 1.4	27.8	15 1.0	7.5	219.211	−3.230	23.7
8	15 12 52	50 43	−20 17.8	1 44.8	54 33.6	19.4	14 53.5	5.3	231.284	−2.292	24.7
9	16 3 35	51 14	−22 2.6	0 45.2	54 14.2	11.8	14 48.2	3.2	243.194	−1.267	25.7
10	16 54 49	51 15	−22 47.8	0 16.0	54 2.4	4.9	14 45.0	1.4	255.007	−0.198	26.7
11	17 46 4	50 43	−22 31.8	1 16.1	53 57.5	1.0	14 43.6	0.3	266.783	+0.875	27.7
12	18 36 47	49 43	−21 15.7	2 11.9	53 58.5	6.3	14 43.9	1.7	278.571	+1.909	28.7
13	19 26 30	48 26	−19 3.8	3 1.3	54 4.8	11.0	14 45.6	3.0	290.410	+2.862	29.7
14	20 14 56	47 12	−16 2.5	3 42.2	54 15.8	15.7	14 48.6	4.3	302.333	+3.695	0.9
15	21 2 8	46 15	−12 20.3	4 14.1	54 31.5	20.5	14 52.9	5.6	314.365	+4.370	1.9
16	21 48 23	45 48	− 8 6.2	4 36.3	54 52.0	25.6	14 58.5	6.9	326.533	+4.855	2.9
17	22 34 11	46 2	− 3 29.9	4 48.8	55 17.6	31.0	15 5.4	8.5	338.861	+5.122	3.9
18	23 20 13	47 4	+ 1 18.9	4 50.7	55 48.6	36.6	15 13.9	10.0	351.380	+5.150	4.9
19	0 7 17	48 59	+ 6 9.6	4 40.7	56 25.2	42.0	15 23.9	11.4	4.126	+4.926	5.9
20	0 56 16	51 44	+10 50.3	4 16.7	57 7.2	46.4	15 35.3	11.7	17.138	+4.447	6.9
21	1 48 0	55 12	+15 7.0	3 36.2	57 53.6	48.8	15 47.0	14.2	30.459	+3.720	7.9
22	2 43 12	58 54	+18 43.2	2 36.9	58 42.4	48.0	16 1.2	13.1	44.127	+2.765	8.9
23	3 42 6	62 9	+21 20.1	1 19.1	59 30.4	43.0	16 14.3	11.7	58.165	+1.621	9.9
24	4 44 15	64 7	+22 39.2	0 12.8	60 13.4	33.1	16 26.0	9.1	72.573	+0.347	10.9
25	5 48 22	64 14	+22 26.4	1 48.5	60 46.5	18.5	16 35.1	5.0	87.313	−0.977	11.9
26	6 52 36	62 33	+20 37.9	3 15.8	61 5.0	0.7	16 40.1	0.2	102.302	−2.252	12.9
27	7 55 9	59 46	+17 22.1	4 24.2	61 5.7	18.2	16 40.3	5.0	117.415	−3.378	13.9
28	8 54 55	56 41	+12 57.9	5 8.1	60 47.5	35.0	16 35.3	9.5	132.494	−4.263	14.9
29	9 51 36	53 56	+ 7 49.8	5 27.2	60 12.5	47.9	16 25.8	13.1	147.375	−4.845	15.9
30	10 45 32	51 52	+ 2 22.6	5 24.6	59 24.6	55.4	16 12.7	15.1	161.917	−5.098	16.9
31	11 37 24	50 37	− 3 2.0	5 4.9	58 29.2	57.5	15 57.6	15.6	176.020	−5.029	17.9
Febr. 1	12 28 1	50 3	− 8 6.9	4 31.8	57 31.7	54.9	15 42.0	15.0	189.639	−4.674	18.9
2	13 18 4	50 6	−12 38.7	3 49.0	56 36.8	48.7	15 27.0	13.2	202.779	−4.080	19.9
3	14 8 10	50 28	−16 27.7	2 58.6	55 48.1	40.3	15 13.8	11.0	215.484	−3.300	20.9
4	14 58 38	50 56	−19 26.3	2 2.8	55 7.8	30.7	15 2.8	8.4	227.827	−2.386	21.9
5	15 49 34	51 16	−21 29.1	1 3.2	54 37.1	20.7	14 54.4	5.6	239.895	−1.384	22.9
6	16 40 50	51 16	−22 32.3	0 2.3	54 16.4	11.1	14 48.8	3.0	251.777	−0.338	23.9
7	17 32 6	50 49	−22 34.6	0 58.0	54 5.3	2.3	14 45.8	0.7	263.562	+0.712	24.9
8	18 22 55	50 0	−21 36.6	1 54.9	54 3.0	5.4	14 45.1	1.5	275.329	+1.728	25.9
9	19 12 55	48 55	−19 41.7	2 46.5	54 8.4	11.8	14 46.6	3.2	287.147	+2.671	26.9
10	20 1 50		−16 55.2		54 20.2		14 49.8		299.069	+3.503	27.9

Tag	Obere Kulmination in Greenwich							0h Länge, + 50° Breite			
	AR.	Änderung für 1h westl. Länge	Dekl.	Änderung für 1h westl. Länge	Parallaxe	Zeit des Durchgangs	Änderung für 1h westl. Länge	Aufgang	Änderung für 1h westl. Länge	Untergang	Änderung für 1h westl. Länge
1956	h m s	s	° ′	′	′	h m	m	h m	m	h m	m
Jan. 0	8 28 45	154	+14 59.5	−11.6	60.8	1 53.8	2.39	19 39	3.4	9 16	1.3
1	9 28 3	143	+ 9 58.0	−13.3	60.0	2 49.1	2.22	20 59	3.2	9 44	1.0
2	10 23 35	135	+ 4 30.5	−13.8	59.0	3 40.5	2.08	22 16	3.2	10 7	0.9
3	11 16 16	129	− 0 59.8	−13.6	58.0	4 29.1	1.98	23 30	3.1	10 29	0.9
4	12 7 12	126	− 6 15.4	−12.6	57.1	5 16.0	1.93	— —	—	10 50	0.9
5	12 57 24	125	−11 2.9	−11.2	56.2	6 2.1	1.92	0 42	2.9	11 12	1.0
6	13 47 41	126	−15 12.0	− 9.5	55.4	6 48.3	1.94	1 51	2.8	11 37	1.1
7	14 38 38	128	−18 33.9	− 7.3	54.9	7 35.2	1.97	2 58	2.7	12 6	1.3
8	15 30 30	131	−21 0.9	− 4.9	54.4	8 23.0	2.01	4 2	2.6	12 40	1.6
9	16 23 10	132	−22 27.1	− 2.3	54.1	9 11.6	2.04	5 1	2.3	13 20	1.8
10	17 16 13	133	−22 48.6	+ 0.5	54.0	10 0.6	2.04	5 54	2.1	14 8	2.2
11	18 9 2	131	−22 4.8	+ 3.2	54.0	10 49.3	2.02	6 39	1.7	15 3	2.4
12	19 1 0	128	−20 18.5	+ 5.7	54.0	11 37.2	1.97	7 17	1.4	16 3	2.6
13	19 51 41	125	−17 35.8	+ 7.8	54.2	12 23.8	1.91	7 48	1.2	17 6	2.7
14	20 40 57	121	−14 5.3	+ 9.6	54.4	13 9.0	1.85	8 14	1.0	18 12	2.8
15	21 28 59	119	− 9 56.6	+11.0	54.7	13 53.0	1.81	8 37	0.9	19 19	2.8
16	22 16 16	118	− 5 20.1	+12.0	55.1	14 36.2	1.80	8 58	0.8	20 26	2.8
17	23 3 30	119	− 0 26.3	+12.5	55.6	15 19.4	1.81	9 17	0.8	21 34	2.9
18	23 51 32	122	+ 4 33.9	+12.5	56.2	16 3.3	1.86	9 37	0.9	22 43	2.9
19	0 41 21	128	+ 9 28.1	+11.9	56.9	16 49.1	1.96	9 58	0.9	23 55	3.0
20	1 33 57	136	+14 2.0	+10.8	57.7	17 37.6	2.10	10 21	1.1	— —	—
21	2 30 13	146	+17 58.1	+ 8.8	58.5	18 29.8	2.26	10 50	1.3	1 8	3.1
22	3 30 37	156	+20 55.7	+ 5.9	59.4	19 26.1	2.43	11 25	1.7	2 23	3.1
23	4 34 52	165	+22 33.0	+ 2.1	60.1	20 26.2	2.57	12 11	2.2	3 37	3.0
24	5 41 36	168	+22 32.3	− 2.2	60.7	21 28.9	2.63	13 9	2.7	4 45	2.7
25	6 48 42	166	+20 47.2	− 6.5	61.1	22 31.8	2.60	14 20	3.2	5 45	2.3
26	7 54 1	160	+17 26.4	−10.1	61.1	23 33.0	2.49	15 40	3.4	6 33	1.8
27	— — —	—	— —	—	—	— —	—	17 4	3.5	7 11	1.4
28	8 56 11	151	+12 51.6	−12.6	60.8	0 31.1	2.35	18 28	3.4	7 42	1.2
29	9 54 53	143	+ 7 30.6	−13.9	60.2	1 25.7	2.21	19 49	3.3	8 8	1.0
30	10 50 33	136	+ 1 51.3	−14.2	59.3	2 17.3	2.10	21 7	3.2	8 31	0.9
31	11 44 1	132	− 3 43.0	−13.5	58.4	3 6.7	2.03	22 22	3.1	8 53	0.9
Febr. 1	12 36 12	130	− 8 53.8	−12.3	57.4	3 54.8	1.99	23 35	3.0	9 16	1.0
2	13 27 53	129	−13 27.3	−10.5	56.4	4 42.4	1.98	— —	—	9 41	1.1
3	14 19 41	130	−17 13.4	− 8.3	55.6	5 30.1	2.00	0 45	2.8	10 8	1.3
4	15 11 58	131	−20 4.2	− 5.9	55.0	6 18.4	2.02	1 51	2.7	10 41	1.5
5	16 4 45	132	−21 54.2	− 3.3	54.5	7 7.1	2.03	2 52	2.4	11 19	1.7
6	16 57 49	133	−22 39.8	− 0.5	54.2	7 56.0	2.04	3 48	2.2	12 4	2.0
7	17 50 42	132	−22 20.3	+ 2.2	54.1	8 44.8	2.02	4 36	1.8	12 56	2.4
8	18 42 56	129	−20 57.4	+ 4.7	54.1	9 33.0	1.99	5 16	1.6	13 54	2.5
9	19 34 7	126	−18 35.9	+ 7.0	54.2	10 20.1	1.94	5 50	1.3	14 57	2.7
10	20 24 5	123	−15 22.7	+ 9.0	54.5	11 6.0	1.89	6 18	1.1	16 2	2.8

Tag	0h Weltzeit										
	Scheinbare Rektaszension		Scheinbare Deklination		Parallaxe		Halbmesser		Länge	Breite	Alter
1956	h m s	m s	° ′	° ′	′ ″	″	′ ″	″	°	°	d
Febr. 10	20 1 50	47 49	−16 55.2	3 30.8	54 20.2	17.1	14 49.8	4.7	299.069	+3.503	27.9
11	20 49 39	46 55	−13 24.4	4 6.3	54 37.3	21.0	14 54.5	5.7	311.135	+4.187	28.9
12	21 36 34	46 25	− 9 18.1	4 32.2	54 58.3	24.1	15 0.2	6.6	323.370	+4.686	0.1
13	22 22 59	46 29	− 4 45.9	4 47.7	55 22.4	26.6	15 6.8	7.2	335.787	+4.971	1.1
14	23 9 28	47 11	+ 0 1.8	4 51.6	55 49.0	28.7	15 14.0	7.8	348.390	+5.020	2.1
15	23 56 39	48 37	+ 4 53.4	4 43.1	56 17.7	30.7	15 21.8	8.4	1.180	+4.819	3.1
16	0 45 16	50 47	+ 9 36.5	4 21.0	56 48.4	32.5	15 30.2	8.8	14.161	+4.368	4.1
17	1 36 3	53 31	+13 57.5	3 43.4	57 20.9	34.0	15 39.0	9.3	27.338	+3.679	5.1
18	2 29 34	56 33	+17 40.9	2 49.9	57 54.9	34.8	15 48.3	9.5	40.726	+2.778	6.1
19	3 26 7	59 22	+20 30.8	1 40.3	58 29.7	34.0	15 57.8	9.3	54.345	+1.704	7.1
20	4 25 29	61 22	+22 11.1	0 18.2	59 3.7	31.0	16 7.1	8.4	68.214	+0.510	8.1
21	5 26 51	62 1	+22 29.3	1 10.0	59 34.7	25.0	16 15.5	6.8	82.344	−0.735	9.1
22	6 28 52	61 17	+21 19.3	2 35.6	59 59.7	15.8	16 22.3	4.3	96.725	−1.955	10.1
23	7 30 9	59 27	+18 43.7	3 49.0	60 15.5	3.5	16 26.6	1.0	111.316	−3.063	11.1
24	8 29 36	57 8	+14 54.7	4 43.8	60 19.0	10.4	16 27.6	2.9	126.039	−3.975	12.1
25	9 26 44	54 54	+10 10.9	5 16.5	60 8.6	24.4	16 24.7	6.6	140.784	−4.623	13.1
26	10 21 38	53 7	+ 4 54.4	5 27.0	59 44.2	36.7	16 18.1	10.0	155.420	−4.961	14.1
27	11 14 45	51 56	− 0 32.6	5 17.5	59 7.5	45.4	16 8.1	12.4	169.814	−4.977	15.1
28	12 6 41	51 23	− 5 50.1	4 51.0	58 22.1	50.1	15 55.7	13.6	183.860	−4.688	16.1
29	12 58 4	51 17	−10 41.1	4 11.2	57 32.0	50.2	15 42.1	13.7	197.489	−4.136	17.1
März 1	13 49 21	51 31	−14 52.3	3 21.5	56 41.8	46.6	15 28.4	12.7	210.679	−3.375	18.1
2	14 40 52	51 46	−18 13.8	2 24.8	55 55.2	39.9	15 15.7	10.9	223.450	−2.465	19.1
3	15 32 38	51 54	−20 38.6	1 24.3	55 15.3	31.1	15 4.8	8.5	235.856	−1.461	20.1
4	16 24 32	51 41	−22 2.9	0 22.3	54 44.2	21.2	14 56.3	5.7	247.973	−0.411	21.1
5	17 16 13	51 6	−22 25.2	0 38.4	54 23.0	10.7	14 50.6	2.9	259.890	+0.640	22.1
6	18 7 19	50 13	−21 46.8	1 36.1	54 12.3	0.5	14 47.7	0.2	271.701	+1.654	23.1
7	18 57 32	49 8	−20 10.7	2 28.7	54 11.8	8.8	14 47.5	2.4	283.496	+2.595	24.1
8	19 46 40	48 5	−17 42.0	3 14.9	54 20.6	17.1	14 49.9	4.7	295.360	+3.427	25.1
9	20 34 45	47 16	−14 27.1	3 53.7	54 37.7	23.6	14 54.6	6.4	307.363	+4.116	26.1
10	21 22 1	46 51	−10 33.4	4 23.9	55 1.3	28.3	15 1.0	7.7	319.561	+4.628	27.1
11	22 8 52	46 57	− 6 9.5	4 44.0	55 29.6	31.1	15 8.7	8.5	331.990	+4.931	28.1
12	22 55 49	47 40	− 1 25.5	4 53.0	56 0.7	31.9	15 17.2	8.7	344.667	+4.999	29.1
13	23 43 29	49 4	+ 3 27.5	4 48.8	56 32.6	31.2	15 25.9	8.5	357.589	+4.815	0.4
14	0 32 33	51 5	+ 8 16.3	4 29.8	57 3.8	29.4	15 34.4	8.0	10.737	+4.373	1.4
15	1 23 38	53 36	+12 46.1	3 54.8	57 33.2	26.6	15 42.4	7.2	24.087	+3.686	2.4
16	2 17 14	56 16	+16 40.9	3 3.0	57 59.8	23.6	15 49.6	6.5	37.608	+2.782	3.4
17	3 13 30	58 40	+19 43.9	1 55.9	58 23.4	20.6	15 56.1	5.6	51.278	+1.708	4.4
18	4 12 10	60 17	+21 39.8	0 37.2	58 44.0	17.3	16 1.7	4.7	65.082	+0.521	5.4
19	5 12 27	60 43	+22 17.0	0 46.9	59 1.3	13.5	16 6.4	3.7	79.012	−0.709	6.4
20	6 13 10	59 55	+21 30.1	2 8.5	59 14.8	9.1	16 10.1	2.5	93.063	−1.908	7.4
21	7 13 5	58 13	+19 21.6	3 20.4	59 23.9	3.4	16 12.6	0.9	107.227	−2.998	8.4
22	8 11 18		+16 1.2		59 27.3		16 13.5		121.481	−3.909	9.4

Tag	Obere Kulmination in Greenwich							0^h Länge, + 50° Breite			
	AR.	Änderung für 1^h westl. Länge	Dekl.	Änderung für 1^h westl. Länge	Parallaxe	Zeit des Durchgangs	Änderung für 1^h westl. Länge	Aufgang	Änderung für 1^h westl. Länge	Untergang	Änderung für 1^h westl. Länge
1956	h m s	s	° ′	′	′	h m	m	h m	m	h m	m
Febr. 10	20 24 5	123	−15 22.7	+ 9.0	54.5	11 6.0	1.89	6 18	1.1	16 2	2.8
11	21 12 54	121	−11 26.7	+10.6	54.8	11 50.8	1.85	6 42	1.0	17 8	2.8
12	22 0 56	119	− 6 58.0	+11.7	55.2	12 34.7	1.83	7 4	0.9	18 16	2.8
13	22 48 43	120	− 2 7.6	+12.4	55.6	13 18.5	1.83	7 25	0.8	19 24	2.9
14	23 36 56	122	+ 2 52.7	+12.5	56.1	14 2.6	1.86	7 44	0.8	20 34	2.9
15	0 26 25	126	+ 7 49.9	+12.1	56.6	14 48.0	1.93	8 5	0.9	21 45	3.0
16	1 17 58	132	+12 29.5	+11.1	57.2	15 35.5	2.03	8 28	1.0	22 57	3.1
17	2 12 22	140	+16 35.5	+ 9.3	57.7	16 25.8	2.16	8 54	1.2	— —	—
18	3 10 6	149	+19 49.8	+ 6.8	58.3	17 19.5	2.30	9 27	1.5	0 11	3.1
19	4 11 6	156	+21 54.2	+ 3.5	58.9	18 16.4	2.43	10 7	1.9	1 23	2.9
20	5 14 38	161	+22 32.7	− 0.4	59.5	19 15.8	2.50	10 59	2.5	2 32	2.7
21	6 19 15	161	+21 35.9	− 4.4	59.9	20 16.3	2.52	12 2	2.8	3 32	2.3
22	7 23 15	158	+19 5.4	− 8.1	60.2	21 16.2	2.46	13 15	3.2	4 23	1.9
23	8 25 18	152	+15 13.7	−11.1	60.3	22 14.2	2.36	14 35	3.4	5 5	1.6
24	9 24 46	145	+10 21.6	−13.1	60.2	23 9.5	2.25	15 57	3.4	5 38	1.3
25	— — —	—	— —	—	—	— —	—	17 19	3.4	6 6	1.1
26	10 21 44	140	+ 4 53.9	−14.0	59.7	0 2.4	2.16	18 38	3.3	6 31	1.0
27	11 16 41	136	− 0 44.7	−14.0	59.1	0 53.3	2.09	19 56	3.2	6 54	1.0
28	12 10 22	133	− 6 12.0	−13.1	58.3	1 42.9	2.05	21 12	3.1	7 18	1.0
29	13 3 28	133	−11 9.7	−11.6	57.4	2 31.9	2.04	22 24	3.0	7 42	1.1
März 1	13 56 32	133	−15 23.6	− 9.5	56.6	3 20.9	2.05	23 34	2.8	8 9	1.2
2	14 49 50	134	−18 43.1	− 7.1	55.8	4 10.1	2.05	— —	—	8 40	1.4
3	15 43 26	134	−21 1.2	− 4.4	55.1	4 59.6	2.07	0 39	2.6	9 17	1.7
4	16 37 6	134	−22 14.0	− 1.6	54.6	5 49.2	2.06	1 38	2.3	10 0	1.9
5	17 30 26	133	−22 20.6	+ 1.1	54.3	6 38.5	2.04	2 29	2.0	10 49	2.2
6	18 23 1	130	−21 22.9	+ 3.7	54.2	7 27.0	1.99	3 12	1.7	11 45	2.4
7	19 14 31	127	−19 25.3	+ 6.1	54.2	8 14.4	1.95	3 49	1.4	12 46	2.6
8	20 4 50	124	−16 33.9	+ 8.2	54.4	9 0.7	1.90	4 19	1.2	13 49	2.7
9	20 54 4	122	−12 56.2	+ 9.9	54.8	9 45.8	1.86	4 45	1.0	14 55	2.8
10	21 42 33	121	8 41.0	+11.3	55.2	10 30.2	1.84	5 8	0.9	16 3	2.8
11	22 30 48	121	− 3 58.3	+12.2	55.7	11 14.4	1.85	5 29	0.9	17 11	2.9
12	23 19 29	123	+ 1 0.5	+12.6	56.3	11 59.1	1.88	5 50	0.9	18 21	3.0
13	0 9 20	127	+ 6 2.3	+12.4	56.8	12 44.8	1.94	6 11	0.9	19 33	3.0
14	1 1 6	132	+10 51.9	+11.6	57.3	13 32.5	2.04	6 33	1.0	20 46	3.1
15	1 55 26	139	+15 12.1	+10.0	57.8	14 22.8	2.15	6 59	1.2	22 0	3.1
16	2 52 43	147	+18 44.3	+ 7.6	58.3	15 16.0	2.28	7 30	1.5	23 13	3.0
17	3 52 53	154	+21 10.3	+ 4.5	58.6	16 12.1	2.39	8 9	1.8	— —	—
18	4 55 12	158	+22 14.8	+ 0.8	58.9	17 10.3	2.45	8 57	2.2	0 23	2.8
19	5 58 25	158	+21 49.3	− 3.0	59.2	18 9.4	2.46	9 55	2.6	1 25	2.4
20	7 1 2	155	+19 53.9	− 6.6	59.4	19 7.9	2.41	11 3	3.0	2 19	2.0
21	8 1 55	149	+16 38.3	− 9.6	59.5	20 4.7	2.32	12 18	3.2	3 2	1.6
22	9 0 30	144	+12 18.8	−11.9	59.4	20 59.2	2.23	13 37	3.3	3 37	1.3

Mond 1956

Tag	0h Weltzeit										
	Scheinbare Rektaszension		Scheinbare Deklination		Parallaxe		Halbmesser		Länge	Breite	Alter
1956	h m s	m s	° ′	° ′	′ ″	″	′ ″	″	°	°	d
März 22	8 11 18	56 8	+16 1.2	4 17.3	59 27.3	3.6	16 13.5	1.0	121.481	−3.909	9.4
23	9 7 26	54 11	+11 43.9	4 55.8	59 23.7	11.7	16 12.5	3.2	135.784	−4.578	10.4
24	10 1 37	52 39	+ 6 48.1	5 15.3	59 12.0	20.4	16 9.3	5.6	150.072	−4.961	11.4
25	10 54 16	51 44	+ 1 32.8	5 16.0	58 51.6	28.7	16 3.7	7.8	164.263	−5.035	12.4
26	11 46 0	51 25	− 3 43.2	4 59.0	58 22.9	35.3	15 55.9	9.6	178.271	−4.804	13.4
27	12 37 25	51 33	− 8 42.2	4 26.9	57 47.6	39.7	15 46.3	10.8	192.015	−4.297	14.4
28	13 28 58	51 59	−13 9.1	3 41.9	57 7.9	41.1	15 35.5	11.2	205.437	−3.560	15.4
29	14 20 57	52 25	−16 51.0	2 47.4	56 26.8	39.4	15 24.3	10.7	218.506	−2.650	16.4
30	15 13 22	52 38	−19 38.4	1 46.9	55 47.4	34.8	15 13.6	9.5	231.225	−1.628	17.4
31	16 6 0	52 25	−21 25.3	0 43.9	55 12.6	28.0	15 4.1	7.6	243.626	−0.550	18.4
April 1	16 58 25	51 44	−22 9.2	0 18.4	54 44.6	19.2	14 56.5	5.3	255.765	+0.533	19.4
2	17 50 9	50 40	−21 50.8	1 17.1	54 25.4	9.4	14 51.2	2.5	267.714	+1.578	20.4
3	18 40 49	49 24	−20 33.7	2 10.7	54 16.0	1.1	14 48.7	0.3	279.557	2.545	21.4
4	19 30 13	48 10	−18 23.0	2 57.9	54 17.1	11.4	14 49.0	4.1	291.384	+3.403	22.4
5	20 18 23	47 12	−15 25.1	3 38.1	54 28.5	21.1	14 53.1	4.7	303.282	+4.118	23.4
6	21 5 35	46 41	−11 47.0	4 10.7	54 49.6	29.3	14 57.8	8.0	315.333	+4.661	24.4
7	21 52 16	46 45	− 7 36.3	4 34.8	55 18.9	35.7	15 5.8	9.7	327.608	+5.001	25.4
8	22 39 1	47 31	− 3 1.5	4 49.1	55 54.6	39.6	15 15.5	10.8	340.161	+5.110	26.4
9	23 26 32	48 59	+ 1 47.6	4 51.5	56 34.2	40.5	15 26.3	11.0	353.024	+4.968	27.4
10	0 15 31	51 10	+ 6 39.1	4 39.2	57 14.7	38.5	15 37.3	10.5	6.205	4.561	28.4
11	1 6 41	53 54	+11 18.3	4 9.9	57 53.2	33.7	15 47.8	9.2	19.687	+3.894	29.4
12	2 0 35	56 49	+15 28.2	3 22.0	58 26.9	26.8	15 57.0	6.3	33.429	+2.989	0.9
13	2 57 24	59 25	+18 50.2	2 16.4	58 53.7	18.7	16 3.3	6.1	47.377	+1.891	1.9
14	3 56 49	61 7	+21 6.6	0 57.1	59 12.4	10.4	16 9.4	2.9	61.469	+0.665	2.9
15	4 57 56	61 27	+22 3.7	0 28.5	59 22.8	2.8	16 12.3	0.7	75.646	−0.613	3.9
16	5 59 23	60 22	+21 35.2	1 51.4	59 25.6	3.8	16 13.0	1.0	89.856	−1.857	4.9
17	6 59 45	58 18	+19 43.8	3 3.8	59 21.8	9.1	16 12.0	2.5	104.062	−2.987	5.9
18	7 58 3	55 50	+16 40.0	4 0.9	59 12.7	13.6	16 9.5	3.7	118.231	−3.932	6.9
19	8 53 53	53 33	+12 39.1	4 40.5	58 59.1	17.3	16 5.8	4.7	132.337	−4.634	7.9
20	9 47 26	51 49	+ 7 58.6	5 2.6	58 41.8	20.9	16 1.1	5.7	146.353	−5.054	8.9
21	10 39 15	50 46	+ 2 56.0	5 7.9	58 20.9	24.2	15 55.4	6.6	160.249	−5.173	9.9
22	11 30 1	50 27	− 2 11.9	4 57.5	57 56.7	27.4	15 48.8	7.5	173.989	−4.994	10.9
23	12 20 28	50 44	− 7 9.4	4 32.4	57 29.3	30.1	15 41.3	8.2	187.538	−4.536	11.9
24	13 11 12	51 23	−11 41.8	3 54.2	56 59.2	31.8	15 33.1	8.6	200.859	−3.837	12.9
25	14 2 35	52 9	−15 36.0	3 4.9	56 27.4	32.2	15 24.5	8.8	213.928	−2.947	13.9
26	14 54 44	52 43	−18 40.9	2 7.2	55 55.2	30.8	15 15.7	8.4	226.729	−1.923	14.9
27	15 47 27	52 50	−20 48.1	1 4.8	55 24.4	27.5	15 7.3	7.5	239.267	−0.823	15.9
28	16 40 17	52 21	−21 52.9	0 1.6	54 56.9	22.1	14 59.8	6.0	251.561	0.296	16.9
29	17 32 38	51 17	−21 54.5	0 58.9	54 34.8	15.1	14 53.8	4.1	263.651	1.385	17.9
30	18 23 55	49 54	−20 55.6	1 54.1	54 19.7	6.6	14 49.7	1.8	275.589	+2.402	18.9
Mai 1	19 13 49	48 24	−19 1.5	2 42.3	54 13.1	3.0	14 47.9	0.8	287.441	+3.308	19.9
2	20 2 13		−16 19.2		54 16.1		14 48.7		299.281	4.072	20.9

Tag	Obere Kulmination in Greenwich: AR.	Änderung für 1h westl. Länge	Dekl.	Änderung für 1h westl. Länge	Parallaxe	Zeit des Durchgangs	Änderung für 1h westl. Länge	0h Länge, + 50° Breite: Aufgang	Änderung für 1h westl. Länge	Untergang	Änderung für 1h westl. Länge
1956	h m s	s	° ′	′	′	h m	m	h m	m	h m	m
März 22	9 0 30	144	+12 18.8	−11.9	59.4	20 59.2	2.23	13 37	3.3	3 37	1.3
23	9 56 51	138	+7 15.6	−13.2	59.2	21 51.4	2.14	14 56	3.3	4 6	1.2
24	10 51 27	135	1 50.0	−13.7	58.9	22 42.0	2.08	16 14	3.3	4 32	1.1
25	11 44 59	133	− 3 37.0	−13.4	58.4	23 31.4	2.05	17 32	3.2	4 56	1.0
26	— — —	—	— —	—	—	— —	—	18 47	3.1	5 19	1.0
27	12 38 9	133	− 8 46.3	−12.3	57.8	0 20.5	2.05	20 2	3.1	5 43	1.1
28	13 31 29	134	−13 20.9	−10.5	57.1	1 9.8	2.06	21 13	2.9	6 9	1.2
29	14 25 17	135	−17 7.0	− 8.3	56.4	1 59.5	2.08	22 21	2.7	6 39	1.3
30	15 19 34	136	−19 54.2	− 5.6	55.7	2 49.7	2.10	23 24	2.5	7 13	1.6
31	16 14 2	136	−21 36.1	− 2.8	55.1	3 40.1	2.10	— —	—	7 54	1.9
April 1	17 8 11	135	−22 10.4	0.0	54.7	4 30.1	2.07	0 19	2.1	8 42	2.1
2	18 1 29	132	−21 38.6	+ 2.6	54.4	5 19.4	2.03	1 6	1.8	9 35	2.3
3	18 53 32	128	−20 5.2	+ 5.1	54.3	6 7.3	1.97	1 45	1.5	10 34	2.5
4	19 44 11	125	−17 36.4	+ 7.3	54.3	6 53.9	1.91	2 18	1.3	11 36	2.7
5	20 33 31	122	−14 19.6	+ 9.1	54.6	7 39.2	1.86	2 46	1.1	12 41	2.7
6	21 21 56	120	−10 22.7	+10.6	55.0	8 23.5	1.84	3 10	1.0	13 47	2.8
7	22 10 0	120	− 5 54.2	+11.7	55.5	9 7.5	1.84	3 32	0.9	14 54	2.8
8	22 58 25	122	− 1 3.7	+12.4	56.2	9 51.9	1.87	3 53	0.9	16 3	2.9
9	23 47 59	126	+ 3 57.2	+12.6	56.9	10 37.4	1.93	4 14	0.9	17 14	3.0
10	0 39 33	132	+ 8 54.4	+12.1	57.6	11 24.9	2.03	4 36	1.0	18 28	3.1
11	1 33 50	140	+13 30.7	+10.8	58.2	12 15.1	2.16	5 1	1.2	19 43	3.2
12	2 31 20	148	+17 25.9	+ 8.7	58.7	13 8.5	2.29	5 31	1.4	20 59	3.1
13	3 32 0	155	+20 19.2	+ 5.7	59.1	14 5.1	2.41	6 8	1.7	22 12	2.9
14	4 35 5	160	+21 52.3	+ 2.0	59.3	15 4.0	2.49	6 54	2.1	23 18	2.6
15	5 39 8	160	+21 54.1	− 1.9	59.4	16 4.0	2.49	7 50	2.6	— —	—
16	6 42 28	156	+20 24.1	− 5.6	59.4	17 3.2	2.43	8 56	2.9	0 15	2.2
17	7 43 43	150	+17 31.9	− 8.7	59.3	18 0.4	2.33	10 9	3.1	1 1	1.7
18	8 42 15	143	+13 34.1	−11.0	59.0	18 54.8	2.21	11 26	3.2	1 38	1.4
19	9 38 10	137	8 50.0	−12.5	58.8	19 46.6	2.11	12 43	3.2	2 9	1.2
20	10 32 0	133	+ 3 39.5	−13.2	58.4	20 36.4	2.05	14 0	3.2	2 35	1.1
21	11 24 35	131	− 1 39.0	−13.2	58.0	21 24.9	2.00	15 15	3.1	2 59	1.0
22	12 16 43	130	− 6 48.0	−12.5	57.5	22 13.0	2.01	16 30	3.1	3 22	1.0
23	13 9 7	132	−11 31.4	−11.1	57.0	23 1.3	2.03	17 43	3.0	3 45	1.0
24	14 2 14	134	−15 34.6	− 9.1	56.5	23 50.3	2.06	18 55	2.9	4 10	1.1
25	— — —	—	— —	—	—	— —	—	20 4	2.8	4 38	1.3
26	14 56 12	136	−18 45.2	− 6.7	55.9	0 40.2	2.09	21 9	2.6	5 10	1.5
27	15 50 47	137	−20 54.0	− 4.0	55.4	1 30.7	2.11	22 7	2.3	5 49	1.8
28	16 45 27	136	−21 55.8	− 1.2	54.9	2 21.3	2.10	22 58	2.0	6 34	2.0
29	17 39 31	134	−21 50.1	+ 1.6	54.5	3 11.3	2.06	23 41	1.6	7 26	2.3
30	18 32 20	130	−20 40.2	+ 4.2	54.3	4 0.0	2.00	— —	—	8 23	2.5
Mai 1	19 23 35	126	−18 32.8	+ 6.4	54.2	4 47.2	1.93	0 16	1.4	9 24	2.6
2	20 13 12	122	−15 35.5	+ 8.3	54.3	5 32.8	1.87	0 46	1.2	10 27	2.7

Mond 1956

Tag	Scheinbare Rektaszension		Scheinbare Deklination		Parallaxe		Halbmesser		Länge	Breite	Alter
0h Weltzeit											
1956	h m s	m s	° ′	° ′	′ ″	″	′ ″	″	°	°	d
Mai 2	20 2 13	47 7	−16 19.2	3 23.4	54 16.1	13.1	14 48.7	3.6	299.281	+4.072	20.9
3	20 49 20	46 17	−12 55.8	3 56.7	54 29.2	23.4	14 52.3	6.3	311.190	+4.666	21.9
4	21 35 37	46 2	− 8 59.1	4 22.6	54 52.6	32.8	14 58.6	9.0	323.248	+5.063	22.9
5	22 21 39	46 34	− 4 36.5	4 40.1	55 25.4	40.9	15 7.6	11.1	335.533	+5.238	23.9
6	23 8 13	47 53	+ 0 3.6	4 47.7	56 6.3	46.7	15 18.7	12.7	348.114	+5.169	24.9
7	23 56 6	50 4	+ 4 51.3	4 42.9	56 53.0	49.2	15 31.4	13.5	1.043	+4.840	25.9
8	0 46 10	52 59	+ 9 34.2	4 22.4	57 42.2	47.9	15 44.9	13.0	14.349	+4.245	26.9
9	1 39 9	56 22	+13 56.6	3 43.3	58 30.1	42.4	15 57.9	11.5	28.034	+3.394	27.9
10	2 35 31	59 42	+17 39.9	2 43.8	59 12.5	32.9	16 9.4	9.0	42.066	+2.319	28.9
11	3 35 13	62 14	+20 23.7	1 26.2	59 45.4	20.7	16 18.4	5.7	56.384	+1.076	0.5
12	4 37 27	63 16	+21 49.9	0 2.4	60 6.1	7.3	16 24.1	1.9	70.903	−0.254	1.5
13	5 40 43	62 30	+21 47.5	1 31.6	60 13.4	5.8	16 26.0	1.5	85.522	−1.578	2.5
14	6 43 13	60 19	+20 15.9	2 50.6	60 7.6	16.7	16 24.5	4.6	100.142	−2.799	3.5
15	7 43 32	57 23	+17 25.3	3 52.6	59 50.9	24.9	16 19.9	6.8	114.673	−3.833	4.5
16	8 40 55	54 29	+13 32.7	4 34.9	59 26.0	30.2	16 13.1	8.2	129.044	−4.613	5.5
17	9 35 24	52 7	+ 8 57.8	4 58.4	58 55.8	32.8	16 4.9	8.9	143.205	−5.100	6.5
18	10 27 31	50 33	+ 3 59.4	5 4.8	58 23.0	33.5	15 56.0	9.2	157.126	−5.278	7.5
19	11 18 4	49 49	− 1 5.4	4 56.3	57 49.5	33.1	15 46.8	9.0	170.795	−5.153	8.5
20	12 7 53	49 49	− 6 1.7	4 34.6	57 16.4	31.9	15 37.8	8.7	184.209	−4.747	9.5
21	12 57 42	50 23	−10 36.3	4 0.7	56 44.5	30.4	15 29.1	8.3	197.374	−4.096	10.5
22	13 48 5	51 15	−14 37.0	3 16.2	56 14.1	28.7	15 20.8	7.8	210.300	−3.247	11.5
23	14 39 20	52 5	−17 53.2	2 22.6	55 45.4	26.5	15 13.0	7.2	222.999	−2.250	12.5
24	15 31 25	52 34	−20 15.8	1 22.8	55 18.9	23.9	15 5.8	6.5	235.486	−1.160	13.5
25	16 23 59	52 28	−21 38.6	0 20.2	54 55.0	20.3	14 59.3	5.5	247.782	−0.032	14.5
26	17 16 27	51 42	−21 58.8	0 41.2	54 34.7	15.8	14 53.8	4.3	259.910	+1.083	15.5
27	18 8 9	50 25	−21 17.6	1 38.3	54 18.9	10.0	14 49.5	2.8	271.900	+2.137	16.5
28	18 58 34	48 51	−19 39.3	2 28.5	54 8.9	2.9	14 46.7	0.8	283.792	+3.090	17.5
29	19 47 25	47 20	−17 10.8	3 10.9	54 6.0	5.2	14 45.9	0.5	295.632	+3.906	18.5
30	20 34 45	46 7	−13 59.9	3 45.3	54 11.2	14.3	14 46.4	4.9	307.476	+4.555	19.5
31	21 20 52	45 28	−10 14.6	4 11.6	54 25.5	24.0	14 51.3	6.5	319.389	+5.012	20.5
Juni 1	22 6 20	45 30	− 6 3.0	4 30.2	54 49.5	33.6	14 57.8	9.1	331.438	+5.255	21.5
2	22 51 50	46 22	− 1 32.8	4 40.1	55 23.1	42.5	15 6.9	11.6	343.698	+5.266	22.5
3	23 38 12	48 9	+ 3 7.3	4 40.1	56 5.6	49.9	15 18.5	13.6	356.240	+5.030	23.5
4	0 26 21	50 48	+ 7 47.4	4 27.3	56 55.5	54.5	15 32.1	14.9	9.130	+4.539	24.5
5	1 17 9	54 14	+12 14.7	3 58.4	57 50.0	55.2	15 47.0	15.0	22.418	+3.793	25.5
6	2 11 23	58 4	+16 13.1	3 10.0	58 45.2	51.2	16 2.0	14.0	36.132	+2.810	26.5
7	3 9 27	61 37	+19 23.1	2 1.2	59 36.4	41.9	16 16.0	11.4	50.268	+1.629	27.5
8	4 11 4	63 59	+21 24.3	0 35.1	60 18.3	28.2	16 27.4	7.6	64.782	+0.313	28.5
9	5 15 3	64 31	+21 59.4	0 58.6	60 46.5	11.2	16 35.0	3.1	79.589	−1.049	0.1
10	6 19 34	63 5	+21 0.8	2 27.7	60 57.7	6.4	16 38.1	1.7	94.569	−2.353	1.1
11	7 22 39	60 19	+18 33.1	3 40.8	60 51.3	22.3	16 36.4	6.1	109.583	−3.498	2.1
12	8 22 58		+14 52.3		60 29.0		16 30.3		124.489	−4.395	3.1

Tag	Obere Kulmination in Greenwich							0^h Länge, $+50°$ Breite			
	AR.	Änderung für 1^h westl. Länge	Dekl.	Änderung für 1^h westl. Länge	Parallaxe	Zeit des Durchgangs	Änderung für 1^h westl. Länge	Aufgang	Änderung für 1^h westl. Länge	Untergang	Änderung für 1^h westl. Länge
1956	h m s	s	° ′	′	′	h m	m	h m	m	h m	m
Mai 2	20 13 12	122	—15 35.5	+ 8.3	54.3	5 32.8	1.87	0 46	1.2	10 27	2.7
3	21 1 31	120	—11 56.8	+ 9.9	54.6	6 17.0	1.83	1 11	1.0	11 32	2.7
4	21 49 3	118	— 7 44.7	+11.1	55.0	7 0.5	1.81	1 34	0.9	12 37	2.8
5	22 36 34	119	— 3 7.7	+11.9	55.6	7 43.9	1.82	1 55	0.9	13 45	2.9
6	23 24 55	123	+ 1 44.8	+12.4	56.4	8 28.2	1.88	2 15	0.9	14 54	2.9
7	0 15 4	128	+ 6 41.5	+12.3	57.2	9 14.3	1.97	2 37	1.0	16 5	3.1
8	1 7 58	136	+11 27.6	+11.5	58.0	10 3.1	2.10	3 1	1.1	17 20	3.2
9	2 4 22	146	+15 44.3	+ 9.8	58.8	10 55.5	2.26	3 28	1.3	18 36	3.2
10	3 4 38	155	+19 9.5	+ 7.2	59.5	11 51.6	2.41	4 3	1.6	19 52	3.1
11	4 8 19	163	+21 20.4	+ 3.6	60.0	12 51.2	2.54	4 45	2.0	21 3	2.8
12	5 14 2	165	+21 59.6	— 0.4	60.2	13 52.8	2.58	5 39	2.5	22 6	2.4
13	6 19 44	163	+21 0.7	— 4.4	60.2	14 54.4	2.53	6 44	2.9	22 58	1.9
14	7 23 29	156	+18 30.7	— 7.9	60.0	15 54.0	2.43	7 57	3.2	23 39	1.6
15	8 24 7	147	+14 47.4	—10.5	59.6	16 50.6	2.29	9 15	3.3	— —	—
16	9 21 25	139	+10 12.6	—12.2	59.1	17 43.8	2.15	10 33	3.2	0 12	1.3
17	10 15 54	133	+ 5 8.1	—13.0	58.5	18 34.2	2.05	11 50	3.2	0 40	1.1
18	11 8 25	130	— 0 6.9	—13.1	57.9	19 22.6	1.99	13 6	3.1	1 4	1.0
19	11 59 57	128	— 5 15.5	—12.5	57.4	20 10.1	1.97	14 19	3.0	1 27	0.9
20	12 51 21	129	—10 3.1	—11.4	56.8	20 57.4	1.98	15 31	3.0	1 49	1.0
21	13 43 20	131	—14 16.3	— 9.7	56.3	21 45.3	2.01	16 43	2.9	2 13	1.1
22	14 36 15	134	—17 42.9	— 7.5	55.8	22 34.2	2.05	17 52	2.8	2 40	1.2
23	15 30 6	136	—20 12.9	— 5.0	55.3	23 23.9	2.09	18 58	2.6	3 10	1.4
24	— — —	—	— —	—	—	— —	—	19 58	2.4	3 46	1.6
25	16 24 30	136	—21 39.1	— 2.2	54.9	0 14.3	2.10	20 52	2.1	4 28	1.9
26	17 18 47	135	—21 58.3	+ 0.6	54.6	1 4.5	2.08	21 38	1.8	5 18	2.2
27	18 12 11	132	—21 11.8	+ 3.2	54.3	1 53.8	2.03	22 16	1.4	6 13	2.4
28	19 4 8	128	—19 25.0	+ 5.6	54.1	2 41.6	1.96	22 47	1.2	7 13	2.6
29	19 54 20	123	—16 45.7	+ 7.6	54.1	3 27.8	1.89	23 14	1.1	8 15	2.6
30	20 42 54	120	—13 22.7	+ 9.2	54.2	4 12.3	1.83	23 37	0.9	9 19	2.7
31	21 30 14	117	— 9 24.9	+10.5	54.5	4 55.6	1.79	23 58	0.9	10 24	2.7
Juni 1	22 16 59	117	— 5 0.9	+11.4	54.9	5 38.3	1.78	— —	—	11 29	2.8
2	23 3 59	119	— 0 19.3	+12.0	55.6	6 21.2	1.81	0 18	0.9	12 36	2.8
3	23 52 12	123	+ 4 30.5	+12.1	56.3	7 5.4	1.88	0 39	0.9	13 45	2.9
4	0 42 39	130	+ 9 17.0	+11.7	57.2	7 51.7	1.99	1 1	1.0	14 56	3.1
5	1 36 21	139	+13 45.3	+10.5	58.2	8 41.4	2.15	1 26	1.2	16 11	3.1
6	2 34 7	150	+17 35.9	+ 8.5	59.1	9 35.0	2.33	1 56	1.4	17 26	3.1
7	3 36 9	160	+20 26.0	+ 5.5	59.9	10 32.9	2.49	2 34	2.0	18 41	3.0
8	4 41 44	167	+21 52.7	+ 1.6	60.6	11 34.4	2.61	3 23	2.5	19 49	2.6
9	5 49 4	169	+21 40.3	— 2.7	60.9	12 37.6	2.63	4 23	2.8	20 47	2.2
10	6 55 47	164	+19 46.8	— 6.7	60.9	13 40.3	2.56	5 35	3.2	21 34	1.8
11	7 59 54	156	+16 25.5	— 9.9	60.7	14 40.3	2.43	6 54	3.4	22 12	1.4
12	9 0 28	147	+11 59.5	—12.1	60.1	15 36.7	2.28	8 16	3.4	22 43	1.2

Mond 1956

Tag	0^h Weltzeit										
	Scheinbare Rektaszension		Scheinbare Deklination		Parallaxe		Halbmesser		Länge	Breite	Alter
1956	h m s	m s	° ′	° ′	′ ″	″	′ ″	″	°	°	d
Juni 12	8 22 58	57 4	+14 52.3	4 32.3	60 29.0	34.5	16 30.3	9.4	124.489	−4.395	3.1
13	9 20 2	54 7	+10 20.0	5 1.3	59 54.5	42.5	16 20.9	11.6	139.165	−4.990	4.1
14	10 14 9	51 50	+ 5 18.7	5 10.3	59 12.0	45.9	16 9.3	12.5	153.525	−5.256	5.1
15	11 5 59	50 27	+ 0 8.4	5 2.6	58 26.1	45.9	15 56.8	12.5	167.520	−5.202	6.1
16	11 56 26	49 53	− 4 54.2	4 41.3	57 40.2	43.4	15 44.3	11.8	181.136	−4.853	7.1
17	12 46 19	50 1	− 9 35.5	4 8.6	56 56.8	39.2	15 32.5	10.7	194.392	−4.252	8.1
18	13 36 20	50 37	−13 44.1	3 26.0	56 17.6	34.4	15 21.8	9.4	207.321	−3.447	9.1
19	14 26 57	51 23	−17 10.1	2 35.1	55 43.2	29.3	15 12.4	8.0	219.968	−2.490	10.1
20	15 18 20	51 59	−19 45.2	1 37.8	55 13.9	24.4	15 4.4	6.6	232.382	−1.433	11.1
21	16 10 19	52 9	−21 23.0	0 37.0	54 49.5	19.7	14 57.8	5.4	244.607	−0.326	12.1
22	17 2 28	51 44	−22 0.0	0 24.3	54 29.8	15.0	14 52.4	4.0	256.684	+0.782	13.1
23	17 54 12	50 43	−21 35.7	1 22.6	54 14.8	10.0	14 48.4	2.8	268.652	+1.842	14.1
24	18 44 55	49 19	−20 13.1	2 14.9	54 4.8	4.8	14 45.6	1.3	280.544	+2.815	15.1
25	19 34 14	47 45	−17 58.2	2 59.5	54 0.0	1.1	14 44.3	0.3	292.392	+3.660	16.1
26	20 21 59	46 22	−14 58.7	3 35.8	54 1.1	7.7	14 44.6	2.1	304.233	+4.347	17.1
27	21 8 21	45 23	−11 22.9	4 3.4	54 8.8	15.3	14 46.7	4.2	316.103	+4.847	18.1
28	21 53 44	44 58	− 7 19.5	4 22.6	54 24.1	23.5	14 50.9	6.4	328.047	+5.141	19.1
29	22 38 42	45 19	− 2 56.9	4 33.5	54 47.6	32.0	14 57.3	8.7	340.117	+5.211	20.1
30	23 24 1	46 28	+ 1 36.6	4 35.2	55 19.6	40.6	15 6.0	11.1	352.371	+5.047	21.1
Juli 1	0 10 29	48 32	+ 6 11.8	4 26.4	56 0.2	48.4	15 17.1	13.1	4.873	+4.643	22.1
2	0 59 1	51 28	+10 38.2	4 4.6	56 48.6	54.1	15 30.2	14.8	17.688	+4.000	23.1
3	1 50 29	55 4	+14 42.8	3 26.6	57 42.7	57.0	15 45.0	15.5	30.879	+3.131	24.1
4	2 45 33	58 55	+18 9.4	2 29.9	58 39.7	55.4	16 0.5	15.1	44.492	+2.061	25.1
5	3 44 28	62 16	+20 39.3	1 14.2	59 35.1	48.6	16 15.6	13.2	58.553	+0.834	26.1
6	4 46 44	64 18	+21 53.5	0 15.5	60 23.7	36.2	16 28.8	9.9	73.047	−0.481	27.1
7	5 51 2	64 25	+21 38.0	1 49.1	60 59.9	19.1	16 38.7	5.2	87.915	−1.794	28.1
8	6 55 27	62 46	+19 48.9	3 14.0	61 19.0	0.4	16 43.9	0.1	103.046	−3.003	29.1
9	7 58 13	60 0	+16 34.9	4 19.6	61 18.6	19.8	16 43.8	5.4	118.288	−4.006	0.8
10	8 58 13	56 58	+12 15.3	5 1.1	60 58.8	36.0	16 38.4	9.8	133.467	−4.720	1.8
11	9 55 11	54 19	+ 7 14.2	5 18.6	60 22.8	47.5	16 28.6	12.9	148.418	−5.101	2.8
12	10 49 30	52 22	+ 1 55.6	5 15.4	59 35.3	53.5	16 15.7	14.6	163.011	−5.138	3.8
13	11 41 52	51 14	− 3 19.8	4 55.6	58 41.8	54.6	16 1.1	14.8	177.167	−4.858	4.8
14	12 33 6	50 49	− 8 15.4	4 22.7	57 47.2	51.8	15 46.3	14.3	190.857	−4.305	5.8
15	13 23 55	50 56	−12 38.1	3 39.9	56 55.4	46.4	15 32.0	12.6	204.100	−3.536	6.8
16	14 14 51	51 21	−16 18.0	2 49.1	56 9.0	39.5	15 19.4	10.7	216.945	−2.610	7.8
17	15 6 12	51 46	−19 7.1	1 52.7	55 29.5	32.1	15 8.7	8.7	229.457	−1.581	8.8
18	15 57 58	51 56	−20 59.8	0 52.8	54 57.4	24.6	15 0.0	6.8	241.709	−0.500	9.8
19	16 49 54	51 37	−21 52.6	0 7.9	54 32.8	17.7	14 53.2	4.8	253.771	+0.585	10.8
20	17 41 31	50 49	−21 44.7	1 6.5	54 15.1	11.2	14 48.4	3.0	265.707	+1.630	11.8
21	18 32 20	49 37	−20 38.2	2 0.4	54 3.9	5.4	14 45.4	1.5	277.570	+2.596	12.8
22	19 21 57	48 12	−18 37.8	2 47.4	53 58.5	0.2	14 43.9	0.1	289.406	+3.444	13.8
23	20 10 9		−15 50.4		53 58.7		14 44.0		301.250	+4.142	14.8

Tag	Obere Kulmination in Greenwich: AR.	Änderung für 1h westl. Länge	Dekl.	Änderung für 1h westl. Länge	Parallaxe	Zeit des Durchgangs	Änderung für 1h westl. Länge	0h Länge, + 50° Breite: Aufgang	Änderung für 1h westl. Länge	Untergang	Änderung für 1h westl. Länge
1956	h m s	s	° ′	′	′	h m	m	h m	m	h m	m
Juni 12	9 0 28	147	+11 59.5	−12.1	60.1	15 36.7	2.28	8 16	3.4	22 43	1.2
13	9 57 30	139	+ 6 54.7	−13.2	59.4	16 29.7	2.15	9 36	3.3	23 9	1.0
14	10 51 45	133	+ 1 34.5	−13.4	58.6	17 19.9	2.05	10 54	3.2	23 32	1.0
15	11 44 11	130	− 3 41.8	−12.9	57.9	18 8.2	1.99	12 9	3.1	23 55	1.0
16	12 35 47	129	− 8 38.5	−11.8	57.1	18 55.7	1.98	13 22	3.0	— —	—
17	13 27 23	130	−13 2.7	−10.2	56.4	19 43.3	1.99	14 34	2.9	0 19	1.0
18	14 19 34	131	−16 43.2	− 8.1	55.8	20 31.4	2.02	15 43	2.8	0 44	1.1
19	15 12 36	134	−19 30.7	− 5.8	55.3	21 20.3	2.06	16 50	2.7	1 13	1.3
20	16 6 20	135	−21 17.7	− 3.1	54.9	22 10.0	2.08	17 51	2.4	1 46	1.5
21	17 0 18	135	−21 59.7	− 0.4	54.5	22 59.9	2.08	18 47	2.2	2 26	1.8
22	17 53 49	133	−21 36.1	+ 2.3	54.2	23 49.3	2.04	19 35	1.9	3 12	2.1
23	— — —	—	— —	—	—	— —	—	20 16	1.6	4 6	2.3
24	18 46 14	129	−20 10.2	+ 4.8	54.1	0 37.6	1.98	20 50	1.3	5 4	2.5
25	19 37 4	125	−17 48.9	+ 6.9	54.0	1 24.4	1.92	21 18	1.1	6 5	2.6
26	20 26 13	121	−14 40.6	+ 8.7	54.0	2 9.5	1.84	21 42	1.0	7 9	2.7
27	21 13 51	118	−10 54.9	+10.1	54.2	2 53.1	1.79	22 4	0.9	8 13	2.7
28	22 0 28	116	− 6 41.2	+11.0	54.5	3 35.6	1.76	22 24	0.8	9 18	2.7
29	22 46 46	116	− 2 8.4	+11.6	54.9	4 17.9	1.77	22 44	0.9	10 23	2.8
30	23 33 35	118	+ 2 34.2	+11.9	55.5	5 0.6	1.81	23 5	0.9	11 30	2.8
Juli 1	0 21 53	123	+ 7 16.9	+11.6	56.2	5 44.9	1.89	23 28	1.0	12 38	2.9
2	1 12 42	131	+11 47.5	+10.8	57.0	6 31.6	2.01	23 54	1.2	13 49	3.0
3	2 6 58	141	+15 51.1	+ 9.3	58.0	7 21.8	2.18	— —	—	15 2	3.1
4	3 5 26	152	+19 8.5	+ 7.0	59.0	8 16.2	2.36	0 27	1.6	16 16	3.0
5	4 8 7	161	+21 17.7	+ 3.7	59.9	9 14.8	2.52	1 9	2.0	17 27	2.8
6	5 14 8	168	+21 58.3	− 0.4	60.7	10 16.6	2.62	2 3	2.5	18 30	2.4
7	6 21 33	168	+20 57.9	− 4.7	61.2	11 20.0	2.63	3 9	3.0	19 23	2.0
8	7 28 7	164	+18 18.5	− 8.5	61.4	12 22.4	2.55	4 25	3.3	20 7	1.6
9	8 32 1	156	+14 16.9	−11.4	61.2	13 22.2	2.42	5 48	3.5	20 41	1.3
10	9 32 32	147	+ 9 19.2	−13.2	60.6	14 18.6	2.28	7 11	3.4	21 10	1.2
11	10 29 51	140	+ 3 53.1	−13.8	59.9	15 11.8	2.16	8 33	3.4	21 36	1.1
12	11 24 40	135	− 1 36.7	−13.5	59.0	16 2.6	2.08	9 52	3.3	22 0	1.0
13	12 17 57	132	− 6 50.4	−12.5	58.1	16 51.8	2.03	11 9	3.1	22 24	1.0
14	13 10 32	131	−11 32.6	−10.9	57.1	17 40.3	2.02	12 22	3.0	22 49	1.1
15	14 3 7	132	−15 31.6	− 8.9	56.3	18 28.8	2.03	13 33	2.9	23 16	1.2
16	14 56 6	133	−18 38.3	− 6.6	55.6	19 17.7	2.05	14 41	2.8	23 48	1.5
17	15 49 35	134	−20 45.6	− 4.0	55.0	20 7.1	2.06	15 45	2.5	— —	—
18	16 43 18	134	−21 49.3	− 1.3	54.6	20 56.7	2.07	16 42	2.3	0 26	1.7
19	17 36 45	133	−21 48.0	+ 1.4	54.3	21 46.1	2.08	17 33	2.0	1 10	2.0
20	18 29 21	130	−20 43.7	+ 3.9	54.1	22 34.7	2.00	18 16	1.7	2 1	2.2
21	19 20 39	126	−18 41.6	+ 6.2	54.0	23 21.9	1.93	18 52	1.4	2 57	2.4
22	— — —	—	— —	—	—	— —	—	19 22	1.2	3 57	2.6
23	20 10 24	122	−15 49.5	+ 8.1	54.0	0 7.6	1.87	19 48	1.0	5 0	2.7

Mond 1956

Tag	Scheinbare Rektaszension	Diff.	Scheinbare Deklination	Diff.	Parallaxe	Diff.	Halbmesser	Diff.	Länge	Breite	Alter
	0h Weltzeit										
1956	h m s	m s	° ′	° ′	′ ″	″	′ ″	″	°	°	d
Juli 23	20 10 9	46 50	−15 50.4	3 26.1	53 58.7	5.6	14 44.0	0.5	301.250	+4.142	14.8
24	20 56 59	45 43	−12 24.3	3 56.3	54 4.3	10.9	14 44.5	4.0	313.133	+4.662	15.8
25	21 42 42	45 5	− 8 28.0	4 17.3	54 15.2	16.8	14 48.5	4.5	325.080	+4.980	16.8
26	22 27 47	45 3	− 4 10.7	4 29.6	54 32.0	22.9	14 53.0	6.3	337.119	+5.080	17.8
27	23 12 50	45 44	+ 0 18.9	4 32.3	54 54.9	29.6	14 59.3	8.0	349.282	+4.952	18.8
28	23 58 34	47 12	+ 4 51.2	4 25.2	55 24.5	36.3	15 7.3	9.9	1.607	+4.594	19.8
29	0 45 46	49 26	+ 9 16.4	4 6.5	56 0.8	42.9	15 17.2	11.7	14.141	+4.012	20.8
30	1 35 12	52 24	+13 22.9	3 34.3	56 43.7	48.5	15 28.9	13.2	26.935	+3.218	21.8
31	2 27 36	55 48	+16 57.2	2 46.6	57 32.2	52.0	15 42.1	14.2	40.047	+2.237	22.8
Aug. 1	3 23 24	59 11	+19 43.8	1 42.2	58 24.2	52.4	15 56.3	14.3	53.531	+1.106	23.8
2	4 22 35	61 51	+21 26.0	0 22.7	59 16.6	48.4	16 10.6	13.1	67.427	−0.122	24.8
3	5 24 26	63 11	+21 48.7	1 5.8	60 5.0	39.3	16 23.7	10.7	81.746	−1.377	25.8
4	6 27 37	62 54	+20 42.9	2 33.6	60 44.3	25.1	16 34.4	6.9	96.461	−2.574	26.8
5	7 30 31	61 17	+18 9.3	3 49.8	61 9.4	7.3	16 41.3	2.0	111.490	−3.616	27.8
6	8 31 48	58 58	+14 19.5	4 45.8	61 16.7	12.2	16 43.3	3.3	126.702	−4.415	28.8
7	9 30 46	56 33	+ 9 33.7	5 17.7	61 4.5	30.2	16 40.0	8.3	141.925	−4.900	0.5
8	10 27 19	54 35	+ 4 16.0	5 25.4	60 34.3	44.6	16 31.7	12.1	156.978	−5.039	1.5
9	11 21 54	53 12	− 1 9.4	5 12.3	59 49.7	53.6	16 19.6	14.6	171.704	−4.838	2.5
10	12 15 6	52 27	− 6 21.7	4 42.4	58 56.1	57.1	16 5.0	15.6	185.992	−4.337	3.5
11	13 7 33	52 12	−11 4.1	3 59.9	57 59.0	55.8	15 49.4	15.2	199.790	−3.596	4.5
12	13 59 45	52 15	−15 4.0	3 8.3	57 3.2	50.8	15 34.2	13.8	213.101	−2.680	5.5
13	14 52 0	52 20	−18 12.3	2 10.8	56 12.4	43.5	15 20.4	11.9	225.968	−1.655	6.5
14	15 44 20	52 16	−20 23.1	1 10.2	55 28.9	34.8	15 8.5	9.5	238.463	−0.579	7.5
15	16 36 36	51 51	−21 33.3	0 9.1	54 54.1	25.7	14 59.0	7.0	250.669	+0.500	8.5
16	17 28 27	51 1	−21 42.4	0 50.0	54 28.4	16.8	14 52.0	4.5	262.670	+1.537	9.5
17	18 19 28	49 52	−20 52.4	1 44.8	54 11.6	8.6	14 47.5	2.4	274.549	+2.494	10.5
18	19 9 20	48 32	−19 7.6	2 33.5	54 3.0	1.2	14 45.1	0.3	286.376	+3.338	11.5
19	19 57 52	47 16	−16 34.1	3 14.7	54 1.8	5.2	14 44.8	1.4	298.209	+4.035	12.5
20	20 45 8	46 12	−13 19.4	3 47.7	54 7.0	10.7	14 46.2	2.9	310.095	+4.560	13.5
21	21 31 20	45 31	− 9 31.7	4 11.9	54 17.7	15.5	14 49.1	4.3	322.067	+4.886	14.5
22	22 16 51	45 22	− 5 19.8	4 26.8	54 33.2	19.8	14 53.4	5.4	334.150	+4.997	15.5
23	23 2 13	45 49	− 0 53.0	4 31.9	54 53.0	23.9	14 58.8	6.5	346.359	+4.881	16.5
24	23 48 2	46 57	+ 3 38.9	4 26.4	55 16.9	27.8	15 5.3	7.5	358.710	+4.536	17.5
25	0 34 59	48 43	+ 8 5.3	4 9.6	55 44.7	31.8	15 12.8	8.7	11.219	+3.969	18.5
26	1 23 42	51 7	+12 14.9	3 40.0	56 16.5	35.8	15 21.5	9.7	23.908	+3.197	19.5
27	2 14 49	53 54	+15 54.9	2 56.3	56 52.3	39.2	15 31.2	10.7	36.808	+2.250	20.5
28	3 8 43	56 47	+18 51.2	1 58.5	57 31.5	41.7	15 41.9	11.4	49.958	+1.164	21.5
29	4 5 30	59 13	+20 49.7	0 47.3	58 13.2	42.3	15 53.3	11.5	63.398	−0.011	22.5
30	5 4 43	60 45	+21 37.0	0 32.9	58 55.5	40.1	16 4.8	10.9	77.164	−1.213	23.5
31	6 5 28	61 7	+21 4.1	1 56.0	59 35.6	34.2	16 15.7	9.3	91.278	−2.370	24.5
Sept. 1	7 6 35	60 21	+19 8.1	3 13.0	60 9.8	24.3	16 25.0	6.7	105.732	−3.403	25.5
2	8 6 56		+15 55.1		60 34.1		16 31.7		120.476	−4.231	26.5

Tag	Obere Kulmination in Greenwich							0h Länge, + 50° Breite			
	AR.	Änderung für 1h westl. Länge	Dekl.	Änderung für 1h westl. Länge	Parallaxe	Zeit des Durchgangs	Änderung für 1h westl. Länge	Aufgang	Änderung für 1h westl. Länge	Untergang	Änderung für 1h westl. Länge
1956	h m s	s	° ′	′	′	h m	m	h m	m	h m	m
Juli 23	20 10 24	122	−15 49.5	+ 8.1	54.0	0 7.6	1.87	19 48	1.0	5 0	2.7
24	20 58 38	119	−12 16.2	+ 9.6	54.1	0 51.7	1.81	20 10	0.9	6 4	2.7
25	21 45 41	117	− 8 11.6	+10.7	54.3	1 34.7	1.78	20 31	0.9	7 9	2.7
26	22 32 4	116	− 3 45.4	+11.4	54.6	2 17.0	1.76	20 51	0.8	8 14	2.7
27	23 18 29	117	+ 0 52.8	+11.7	55.0	2 59.4	1.78	21 11	0.9	9 20	2.8
28	0 5 45	120	+ 5 32.9	+11.6	55.5	3 42.6	1.83	21 33	1.0	10 27	2.8
29	0 54 45	125	+10 4.0	+10.9	56.1	4 27.5	1.92	21 57	1.1	11 35	2.9
30	1 46 24	133	+14 13.1	+ 9.7	56.9	5 15.1	2.05	22 27	1.4	12 46	3.0
31	2 41 27	142	+17 44.8	+ 7.8	57.8	6 6.1	2.20	23 3	1.7	13 57	2.9
Aug. 1	3 40 22	152	+20 21.1	+ 5.1	58.7	7 0.9	2.36	23 50	2.2	15 7	2.8
2	4 42 56	160	+21 43.0	+ 1.6	59.6	7 59.4	2.50	— —	—	16 12	2.6
3	5 48 4	165	+21 34.6	— 2.4	60.4	9 0.4	2.57	0 48	2.7	17 9	2.2
4	6 54 3	164	+19 48.9	— 6.4	60.9	10 2.3	2.56	1 57	3.1	17 57	1.8
5	7 59 0	160	+16 31.9	— 9.9	61.3	11 3.1	2.49	3 16	3.4	18 36	1.5
6	9 1 40	153	+12 1.8	—12.4	61.2	12 1.7	2.38	4 40	3.5	19 8	1.3
7	10 1 35	146	+ 6 44.5	—13.8	60.8	12 57.5	2.27	6 4	3.5	19 36	1.1
8	10 59 1	141	+ 1 7.8	—14.1	60.2	13 50.8	2.18	7 26	3.4	20 2	1.1
9	11 54 37	137	— 4 23.4	—13.4	59.3	14 42.4	2.12	8 46	3.3	20 26	1.1
10	12 49 7	135	— 9 28.9	—12.0	58.3	15 32.8	2.09	10 3	3.2	20 52	1.1
11	13 43 10	135	—13 53.0	—10.0	57.3	16 22.8	2.08	11 18	3.1	21 19	1.2
12	14 37 12	135	—17 24.6	— 7.6	56.4	17 12.7	2.08	12 29	2.9	21 50	1.4
13	15 31 21	135	—19 56.3	— 5.0	55.6	18 2.8	2.09	13 35	2.6	22 26	1.7
14	16 25 29	135	—21 23.5	— 2.3	55.0	18 52.8	2.08	14 35	2.4	23 9	1.9
15	17 19 13	134	—21 45.2	+ 0.4	54.5	19 42.5	2.05	15 29	2.1	23 57	2.1
16	18 12 8	131	—21 3.1	+ 3.0	54.2	20 31.3	2.01	16 14	1.7	— —	—
17	19 3 49	127	—19 21.8	+ 5.4	54.1	21 18.9	1.95	16 52	1.5	0 51	2.4
18	19 54 3	124	—16 48.0	+ 7.4	54.0	22 5.1	1.89	17 25	1.3	1 50	2.5
19	20 42 51	120	—13 29.7	+ 9.1	54.1	22 49.8	1.84	17 52	1.1	2 52	2.6
20	21 30 29	118	— 9 36.2	+10.3	54.3	23 33.4	1.80	18 16	0.9	3 56	2.7
21	— — —			—	—	— —	—	18 37	0.9	5 0	2.7
22	22 17 22	117	— 5 16.9	+11.2	54.6	0 16.2	1.78	18 58	0.9	6 6	2.7
23	23 4 5	117	— 0 42.0	+11.6	54.9	0 58.9	1.79	19 18	0.9	7 11	2.8
24	23 51 19	119	+ 3 58.1	+11.6	55.3	1 42.1	1.82	19 40	1.0	8 18	2.8
25	0 39 51	124	+ 8 31.7	+11.1	55.8	2 26.5	1.89	20 4	1.1	9 26	2.9
26	1 30 24	130	+12 46.4	+10.0	56.4	3 13.0	1.99	20 31	1.3	10 35	2.9
27	2 23 41	137	+16 28.0	+ 8.3	57.0	4 2.2	2.12	21 4	1.6	11 45	2.9
28	3 20 7	145	+19 20.6	+ 5.9	57.7	4 54.6	2.25	21 46	1.9	12 54	2.8
29	4 19 41	153	+21 8.2	+ 2.9	58.4	5 50.0	2.37	22 37	2.4	13 59	2.6
30	5 21 49	158	+21 36.1	— 0.6	59.1	6 48.1	2.45	23 40	2.8	14 58	2.3
31	6 25 20	159	+20 35.4	— 4.4	59.8	7 47.5	2.48	— —	—	15 48	1.9
Sept. 1	7 28 48	158	+18 5.9	— 8.0	60.3	8 46.8	2.45	0 52	3.2	16 30	1.6
2	8 31 2	153	+14 17.5	—10.9	60.7	9 45.0	2.39	2 11	3.4	17 4	1.3

Mond 1956

Tag	0h Weltzeit										
	Scheinbare Rektaszension		Scheinbare Deklination		Parallaxe		Halbmesser		Länge	Breite	Alter
1956	h m s	m s	° ′	° ′	′ ″	″	′ ″	″	°	°	d
Sept. 2	8 6 56	58 50	+15 55.1	4 16.5	60 34.1	10.7	16 31.7	2.9	120.476	−4.231	26.5
3	9 5 46	57 4	+11 38.6	5 0.3	60 44.8	5.3	16 34.6	1.5	135.416	−4.782	27.5
4	10 2 50	55 31	+ 6 38.3	5 21.6	60 39.5	21.7	16 33.1	5.9	150.414	−5.007	28.5
5	10 58 21	54 24	+ 1 16.7	5 20.7	60 17.8	36.1	16 27.2	9.8	165.313	−4.890	0.2
6	11 52 45	53 46	− 4 4.0	4 59.6	59 41.7	46.8	16 17.4	12.8	179.958	−4.452	1.2
7	12 46 31	53 33	− 9 3.6	4 22.0	58 54.9	52.8	16 4.6	14.3	194.231	−3.742	2.2
8	13 40 4	53 34	−13 25.6	3 31.9	58 2.1	53.8	15 50.3	14.7	208.057	−2.829	3.2
9	14 33 38	53 32	−16 57.5	2 33.7	57 8.3	50.7	15 35.6	13.8	221.417	−1.787	4.2
10	15 27 10	53 17	−19 31.2	1 31.3	56 17.6	44.3	15 21.8	12.1	234.336	−0.682	5.2
11	16 20 27	52 40	−21 2.5	0 28.4	55 33.3	35.9	15 9.7	9.8	246.872	+0.425	6.2
12	17 13 7	51 39	−21 30.9	0 32.4	54 57.4	26.3	14 59.9	7.1	259.102	+1.487	7.2
13	18 4 46	50 21	−20 58.5	1 28.4	54 31.1	16.2	14 52.8	4.4	271.115	+2.464	8.2
14	18 55 7	48 56	−19 30.1	2 18.3	54 14.9	6.5	14 48.4	1.8	282.998	+3.322	9.2
15	19 44 3	47 35	−17 11.8	3 1.3	54 8.4	2.5	14 46.6	0.7	294.835	+4.033	10.2
16	20 31 38	46 30	−14 10.5	3 36.7	54 10.9	10.3	14 47.3	2.8	306.698	+4.571	11.2
17	21 18 8	45 51	−10 33.8	4 3.9	54 21.2	16.8	14 50.1	4.6	318.648	+4.912	12.2
18	22 3 59	45 42	− 6 29.9	4 22.4	54 38.0	21.9	14 54.7	5.9	330.731	+5.039	13.2
19	22 49 41	46 8	− 2 7.5	4 31.3	54 59.9	25.4	15 0.6	6.9	342.977	+4.937	14.2
20	23 35 49	47 13	+ 2 23.8	4 29.4	55 25.3	27.7	15 7.5	7.6	355.403	+4.601	15.2
21	0 23 2	48 53	+ 6 53.2	4 15.6	55 53.0	29.0	15 15.1	7.9	8.016	+4.036	16.2
22	1 11 55	51 5	+11 8.8	3 48.2	56 22.0	29.6	15 23.0	8.1	20.815	+3.259	17.2
23	2 3 0	53 34	+14 57.0	3 6.8	56 51.6	29.8	15 31.1	8.1	33.799	+2.301	18.2
24	2 56 34	56 4	+18 3.8	2 11.1	57 21.4	29.5	15 39.2	8.0	46.969	+1.205	19.2
25	3 52 38	58 6	+20 14.9	1 3.4	57 50.9	28.9	15 47.2	7.9	60.331	+0.025	20.2
26	4 50 44	59 21	+21 18.3	0 12.6	58 19.8	27.8	15 55.1	7.6	73.899	−1.176	21.2
27	5 50 5	59 32	+21 5.7	1 31.0	58 47.6	25.3	16 2.7	6.9	87.684	−2.330	22.2
28	6 49 37	58 47	+19 34.7	2 44.8	59 12.9	21.2	16 9.6	5.7	101.696	−3.363	23.2
29	7 48 24	57 28	+16 49.9	3 48.0	59 34.1	14.9	16 15.3	4.1	115.927	−4.205	24.2
30	8 45 52	55 59	+13 1.9	4 35.9	59 49.0	6.1	16 19.4	1.7	130.346	−4.794	25.2
Okt. 1	9 41 51	54 45	+ 8 26.0	5 5.3	59 55.1	4.5	16 21.1	1.3	144.893	−5.081	26.2
2	10 36 36	53 56	+ 3 20.7	5 15.1	59 50.6	16.2	16 19.8	4.4	159.478	−5.040	27.2
3	11 30 32	53 39	− 1 54.4	5 5.1	59 34.4	27.7	16 15.4	7.5	173.991	−4.675	28.2
4	12 24 11	53 46	− 6 59.5	4 37.1	59 6.7	37.1	16 7.9	10.1	188.319	−4.020	29.2
5	13 17 57	54 8	−11 36.6	3 53.4	58 29.6	43.7	15 57.8	11.9	202.361	−3.130	0.8
6	14 12 5	54 24	−15 30.0	2 58.2	57 45.9	46.4	15 45.9	12.7	216.048	−2.078	1.8
7	15 6 29	54 23	−18 28.2	1 55.8	56 59.5	45.5	15 33.2	12.4	229.344	−0.938	2.8
8	16 0 52	53 51	−20 24.0	0 50.8	56 14.0	41.1	15 20.8	11.2	242.253	+0.221	3.8
9	16 54 43	52 45	−21 14.8	0 12.4	55 32.9	34.1	15 9.6	9.3	254.811	+1.340	4.8
10	17 47 28	51 17	−21 2.4	1 11.0	54 58.8	25.3	15 0.3	6.9	267.075	+2.373	5.8
11	18 38 45	49 36	−19 51.4	2 2.9	54 33.5	15.1	14 53.4	4.1	279.121	+3.281	6.8
12	19 28 21	47 59	−17 48.5	2 47.3	54 18.4	4.8	14 49.3	1.3	291.031	+4.037	7.8
13	20 16 20		−15 1.2		54 13.6		14 48.0		302.889	+4.617	8.8

Tag	Obere Kulmination in Greenwich: AR.	Änderung für 1h westl. Länge	Dekl.	Änderung für 1h westl. Länge	Parallaxe	Zeit des Durchgangs	Änderung für 1h westl. Länge	0h Länge, + 50° Breite: Aufgang	Änderung für 1h westl. Länge	Untergang	Änderung für 1h westl. Länge
1956	h m s	s	° ′	′	′	h m	m	h m	m	h m	m
Sept. 2	8 31 2	153	+14 17.5	—10.9	60.7	9 45.0	2.39	2 11	3.4	17 4	1.3
3	9 31 23	148	+ 9 29.0	—13.0	60.7	10 41.2	2.30	3 33	3.4	17 34	1.2
4	10 29 40	144	+ 4 4.2	—13.9	60.5	11 35.6	2.23	4 56	3.4	18 1	1.1
5	11 26 44	141	— 1 31.5	—13.9	60.0	12 28.4	2.18	6 17	3.4	18 26	1.1
6	12 22 41	139	— 6 54.3	—12.9	59.3	13 20.2	2.15	7 37	3.3	18 52	1.1
7	13 18 12	139	—11 44.0	—11.1	58.4	14 11.7	2.14	8 54	3.2	19 19	1.2
8	14 13 39	139	—15 44.9	— 8.9	57.5	15 3.1	2.14	10 9	3.0	19 50	1.4
9	15 9 7	139	—18 46.2	— 6.2	56.6	15 54.4	2.14	11 19	2.8	20 25	1.6
10	16 4 25	138	—20 41.6	— 3.4	55.8	16 45.7	2.13	12 23	2.5	21 5	1.8
11	16 59 10	136	—21 29.4	— 0.6	55.1	17 36.3	2.09	13 20	2.2	21 52	2.1
12	17 52 54	133	—21 11.2	+ 2.1	54.6	18 26.0	2.04	14 9	1.9	22 45	2.3
13	18 45 15	129	—19 51.8	+ 4.5	54.3	19 14.3	1.98	14 50	1.6	23 42	2.5
14	19 36 2	125	—17 37.0	+ 6.6	54.1	20 1.0	1.91	15 25	1.3	— —	—
15	20 25 18	121	—14 37.1	+ 8.4	54.2	20 46.2	1.86	15 54	1.1	0 43	2.6
16	21 13 20	119	—10 57.8	+ 9.8	54.3	21 30.2	1.81	16 19	1.0	1 46	2.7
17	22 0 36	118	— 6 48.7	+10.9	54.6	22 13.3	1.79	16 42	0.9	2 50	2.7
18	22 47 39	118	— 2 19.4	+11.5	55.0	22 56.3	1.80	17 3	0.9	3 55	2.7
19	23 35 10	120	+ 2 19.9	+11.7	55.4	23 39.8	1.83	17 24	0.9	5 1	2.8
20	— — —	—	— —	—	—	— —	—	17 46	0.9	6 8	3.0
21	0 23 51	124	+ 6 57.7	+11.4	55.9	0 24.4	1.90	18 9	1.1	7 16	3.1
22	1 14 23	129	+11 20.7	+10.5	56.4	1 10.9	1.98	18 36	1.2	8 26	2.9
23	2 7 21	136	+15 14.3	+ 8.9	56.9	1 59.8	2.10	19 8	1.5	9 36	2.9
24	3 3 7	143	+18 22.5	+ 6.7	57.4	2 51.5	2.21	19 47	1.8	10 45	2.8
25	4 1 37	149	+20 29.6	+ 3.8	57.9	3 45.8	2.32	20 35	2.2	11 51	2.6
26	5 2 19	154	+21 22.0	+ 0.5	58.4	4 42.5	2.39	21 33	2.6	12 51	2.3
27	6 4 10	155	+20 51.2	— 3.1	58.9	5 40.2	2.41	22 40	2.9	13 43	2.0
28	7 5 58	154	+18 56.2	— 6.5	59.3	6 37.9	2.39	23 54	3.2	14 26	1.7
29	8 6 42	150	+15 44.1	— 9.4	59.7	7 34.5	2.33	— —	—	15 2	1.4
30	9 5 51	146	+11 28.8	—11.7	59.9	8 29.6	2.26	1 12	3.3	15 33	1.2
Okt. 1	10 3 23	142	+ 6 29.0	—13.1	59.9	9 23.0	2.20	2 31	3.3	16 0	1.1
2	10 59 43	140	+ 1 6.1	—13.6	59.8	10 15.3	2.16	3 51	3.3	16 26	1.1
3	11 55 23	139	— 4 18.1	—13.2	59.4	11 6.9	2.15	5 10	3.3	16 51	1.1
4	12 50 58	139	— 9 22.3	—12.0	58.8	11 58.4	2.14	6 28	3.2	17 18	1.2
5	13 46 51	140	—13 47.7	—10.0	58.1	12 50.2	2.17	7 44	3.1	17 47	1.3
6	14 43 8	141	—17 19.1	— 7.5	57.3	13 42.4	2.18	8 57	3.0	18 21	1.5
7	15 39 33	141	—19 46.2	— 4.7	56.5	14 34.7	2.18	10 6	2.7	19 0	1.8
8	16 35 37	139	—21 4.1	— 1.8	55.8	15 26.7	2.15	11 7	2.4	19 45	2.0
9	17 30 41	136	—21 13.0	+ 1.0	55.1	16 17.7	2.10	12 0	2.1	20 36	2.2
10	18 24 13	132	—20 17.4	3.6	54.7	17 7.1	2.03	12 45	1.7	21 32	2.4
11	19 15 55	127	—18 24.2	5.8	54.4	17 54.8	1.94	13 23	1.4	22 32	2.6
12	20 5 49	123	—15 41.8	+ 7.7	54.2	18 40.6	1.88	13 54	1.2	23 34	2.6
13	20 54 11	119	—12 18.6	9.2	54.3	19 24.9	1.82	14 21	1.1	— —	—

Mond 1956

Tag	0h Weltzeit										
	Scheinbare Rektaszension		Scheinbare Deklination		Parallaxe		Halbmesser		Länge	Breite	Alter
1956	h m s	m s	° ′	° ′	′ ″	″	′ ″	″	°	°	d
Okt. 13	20 16 20	46 41	−15 1.2	3 24.1	54 13.6	5.5	14 48.0	1.5	302.889	+4.617	8.8
14	21 3 1	45 51	−11 37.1	3 53.3	54 19.1	14.9	14 49.5	4.1	314.778	+4.999	9.8
15	21 48 52	45 36	− 7 43.8	4 14.7	54 34.0	23.0	14 53.6	6.2	326.772	+5.167	10.8
16	22 34 28	46 1	− 3 29.1	4 27.5	54 57.0	29.3	14 59.8	8.0	338.932	+5.107	11.8
17	23 20 29	47 7	+ 0 58.4	4 30.6	55 26.3	33.5	15 7.8	9.2	351.307	+4.810	12.8
18	0 7 36	48 53	+ 5 29.0	4 21.8	55 59.8	35.3	15 17.0	9.6	3.926	+4.274	13.8
19	0 56 29	51 13	+ 9 50.8	3 59.5	56 35.1	34.8	15 26.6	9.5	16.804	+3.513	14.8
20	1 47 42	53 53	+13 50.3	3 21.7	57 9.9	32.2	15 36.1	8.7	29.935	+2.551	15.8
21	2 41 35	56 32	+17 12.0	2 28.2	57 42.1	28.1	15 44.8	7.7	43.302	+1.432	16.8
22	3 38 7	58 39	+19 40.2	1 20.8	58 10.2	23.1	15 52.5	6.3	56.878	+0.212	17.8
23	4 36 46	59 48	+21 1.0	0 4.5	58 33.3	17.8	15 58.8	4.8	70.631	−1.038	18.8
24	5 36 34	59 45	+21 5.5	1 14.3	58 51.1	12.7	16 3.6	3.5	84.531	−2.241	19.8
25	6 36 19	58 38	+19 51.2	2 27.9	59 3.8	7.9	16 7.1	2.1	98.548	−3.321	20.8
26	7 34 57	56 56	+17 23.3	3 30.6	59 11.7	3.4	16 9.2	1.0	112.656	−4.208	21.8
27	8 31 53	55 6	+13 52.7	4 18.4	59 15.1	1.2	16 10.2	0.4	126.828	−4.842	22.8
28	9 26 59	53 35	+ 9 34.3	4 49.6	59 13.9	6.2	16 9.8	1.7	141.032	−5.183	23.8
29	10 20 34	52 39	+ 4 44.7	5 3.7	59 7.7	11.8	16 8.1	3.2	155.229	−5.208	24.8
30	11 13 13	52 21	− 0 19.0	5 0.7	58 55.9	17.9	16 4.9	4.9	169.370	−4.918	25.8
31	12 5 34	52 38	− 5 19.7	4 41.1	58 38.0	24.3	16 0.0	6.6	183.401	−4.334	26.8
Nov. 1	12 58 12	53 19	−10 0.8	4 6.0	58 13.7	30.0	15 53.4	8.1	197.262	−3.502	27.8
2	13 51 31	54 3	−14 6.8	3 17.4	57 43.7	34.4	15 45.3	9.4	210.899	−2.481	28.8
3	14 45 34	54 33	−17 24.2	2 18.9	57 9.3	37.0	15 35.9	10.1	224.270	−1.341	0.3
4	15 40 7	54 31	−19 43.1	1 14.7	56 32.3	36.9	15 25.8	10.1	237.348	−0.152	1.3
5	16 34 38	53 45	−20 57.8	0 9.7	55 55.4	34.4	15 15.7	9.3	250.128	+1.019	2.3
6	17 28 23	52 22	−21 7.5	0 51.8	55 21.0	29.3	15 6.4	8.0	262.625	+2.117	3.3
7	18 20 45	50 36	−20 15.7	1 46.8	54 51.7	22.1	14 58.4	6.0	274.875	+3.095	4.3
8	19 11 21	48 42	−18 28.9	2 33.6	54 29.6	13.2	14 52.4	3.6	286.929	+3.920	5.3
9	20 0 3	47 3	−15 55.3	3 11.9	54 16.4	3.2	14 48.8	0.9	298.851	+4.565	6.3
10	20 47 6	45 49	−12 43.4	3 42.4	54 13.2	7.4	14 47.9	2.0	310.717	+5.013	7.3
11	21 32 55	45 12	− 9 1.0	4 5.2	54 20.6	17.8	14 49.9	4.9	322.603	+5.247	8.3
12	22 18 7	45 19	− 4 55.8	4 20.3	54 38.4	27.5	14 54.8	7.5	334.591	+5.256	9.3
13	23 3 26	46 12	− 0 35.5	4 27.2	55 5.9	35.8	15 2.3	9.7	346.754	+5.033	10.3
14	23 49 38	47 54	+ 3 51.7	4 24.0	55 41.7	41.8	15 12.0	11.4	359.162	+4.572	11.3
15	0 37 32	50 19	+ 8 15.7	4 8.7	56 23.5	45.0	15 23.4	12.3	11.868	+3.879	12.3
16	1 27 51	53 19	+12 24.4	3 38.4	57 8.5	44.6	15 35.7	12.1	24.908	+2.970	13.3
17	2 21 10	56 30	+16 2.8	2 51.1	57 53.1	40.6	15 47.8	11.1	38.293	+1.875	14.3
18	3 17 40	59 20	+18 53.9	1 46.8	58 33.7	33.4	15 58.9	9.1	52.009	+0.647	15.3
19	4 17 0	61 10	+20 40.7	0 29.5	59 7.1	23.6	16 8.0	6.4	66.016	−0.646	16.3
20	5 18 10	61 33	+21 10.2	0 53.4	59 30.7	12.8	16 14.4	3.5	80.249	−1.920	17.3
21	6 19 43	60 30	+20 16.8	2 12.8	59 43.5	2.0	16 17.9	0.5	94.631	−3.085	18.3
22	7 20 13	58 26	+18 4.0	3 20.4	59 45.5	7.2	16 18.4	1.9	109.076	−4.059	19.3
23	8 18 39		+14 43.6		59 38.3		16 16.5		123.503	−4.775	20.3

Tag	Obere Kulmination in Greenwich: AR.	Änderung für 1h westl. Länge	Dekl.	Änderung für 1h westl. Länge	Parallaxe	Zeit des Durchgangs	Änderung für 1h westl. Länge	0h Länge, + 50° Breite: Aufgang	Änderung für 1h westl. Länge	Untergang	Änderung für 1h westl. Länge
1956	h m s	s	° ′	′	′	h m	m	h m	m	h m	m
Okt. 13	20 54 11	119	−12 18.6	+ 9.2	54.3	19 24.9	1.82	14 21	1.1	— —	—
14	21 41 31	118	− 8 23.0	+10.4	54.5	20 8.2	1.79	14 44	0.9	0 37	2.7
15	22 28 29	118	− 4 3.4	+11.2	54.9	20 51.1	1.79	15 6	0.9	1 41	2.7
16	23 15 47	119	+ 0 31.1	+11.6	55.4	21 34.3	1.82	15 27	0.9	2 46	2.8
17	0 4 14	123	+ 5 10.1	+11.6	56.0	22 18.7	1.88	15 49	0.9	3 53	2.8
18	0 54 34	129	+ 9 41.1	+10.9	56.6	23 5.0	1.98	16 12	1.0	5 1	2.9
19	1 47 28	136	+13 49.3	+ 9.6	57.2	23 53.8	2.10	16 38	1.2	6 11	2.9
20	— — —	—	— —	—	—	— —	—	17 9	1.4	7 22	3.0
21	2 43 20	143	+17 17.6	+ 7.6	57.7	0 45.6	2.22	17 46	1.7	8 34	2.9
22	3 42 9	150	+19 48.1	+ 4.8	58.2	1 40.3	2.33	18 32	2.1	9 42	2.7
23	4 43 16	155	+21 5.3	+ 1.5	58.6	2 37.3	2.40	19 28	2.5	10 45	2.5
24	5 45 32	156	+20 59.3	− 2.0	58.9	3 35.5	2.43	20 33	2.8	11 40	2.1
25	6 47 33	154	+19 28.5	− 5.5	59.1	4 33.4	2.39	21 44	3.1	12 26	1.7
26	7 48 9	149	+16 40.1	− 8.5	59.2	5 29.9	2.31	23 0	3.2	13 3	1.4
27	8 46 45	144	+12 47.8	−10.8	59.3	6 24.4	2.23	— —	—	13 35	1.3
28	9 43 22	139	+ 8 9.0	−12.3	59.2	7 16.9	2.15	0 17	3.2	14 3	1.1
29	10 38 29	136	+ 3 2.5	−13.1	59.1	8 7.9	2.10	1 34	3.2	14 28	1.1
30	11 32 47	135	− 2 12.7	−13.1	58.8	8 58.2	2.09	2 51	3.2	14 53	1.1
31	12 27 1	136	− 7 17.8	−12.3	58.5	9 48.3	2.10	4 7	3.2	15 18	1.1
Nov. 1	13 21 46	138	−11 55.1	−10.7	58.0	10 39.0	2.13	5 23	3.1	15 46	1.2
2	14 17 21	140	−15 48.2	− 8.6	57.5	11 30.5	2.16	6 36	3.0	16 17	1.4
3	15 13 40	141	−18 43.7	− 6.0	56.8	12 22.7	2.19	7 47	2.8	16 54	1.7
4	16 10 16	141	−20 32.5	− 3.1	56.2	13 15.3	2.18	8 52	2.6	17 36	1.9
5	17 6 23	139	−21 11.3	− 0.2	55.6	14 7.3	2.15	9 49	2.2	18 25	2.2
6	18 1 14	135	−20 42.0	+ 2.6	55.0	14 58.1	2.08	10 38	1.9	19 20	2.4
7	18 54 14	130	−19 11.2	+ 5.0	54.6	15 47.0	1.99	11 19	1.6	20 19	2.5
8	19 45 9	125	−16 47.4	+ 7.0	54.3	16 33.8	1.91	11 53	1.3	21 21	2.6
9	20 34 8	120	−13 40.2	+ 8.6	54.2	17 18.7	1.84	12 21	1.1	22 24	2.6
10	21 21 36	117	− 9 58.7	+ 9.8	54.3	18 2.1	1.79	12 46	1.0	23 27	2.7
11	22 8 14	116	5 51.1	+10.7	54.6	18 44.7	1.77	13 8	0.9	— —	—
12	22 54 48	117	− 1 25.6	+11.3	55.0	19 27.2	1.78	13 30	0.9	0 31	2.7
13	23 42 11	120	+ 3 9.0	+11.5	55.6	20 10.5	1.84	13 51	0.9	1 36	2.8
14	0 31 17	126	+ 7 42.5	+11.2	56.3	20 55.6	1.93	14 13	1.0	2 43	2.8
15	1 22 57	133	+12 1.9	+10.3	57.1	21 43.2	2.05	14 37	1.1	3 51	2.9
16	2 17 53	142	+15 50.9	+ 8.7	57.8	22 34.0	2.19	15 6	1.3	5 2	3.0
17	3 16 23	151	+18 50.8	+ 6.2	58.5	23 28.4	2.34	15 41	1.6	6 14	3.0
18	— — —	—	— —	—	—	— —	—	16 24	2.0	7 26	2.9
19	4 18 6	157	+20 42.0	+ 3.0	59.1	0 26.0	2.45	17 17	2.4	8 33	2.7
20	5 21 50	161	+21 9.4	− 0.7	59.5	1 25.7	2.50	18 21	2.8	9 33	2.3
21	6 25 55	159	+20 6.8	− 4.5	59.7	2 25.6	2.48	19 33	3.1	10 23	1.9
22	7 28 39	154	+17 39.3	− 7.7	59.8	3 24.3	2.40	20 49	3.2	11 4	1.6
23	8 28 58	147	+14 1.5	−10.3	59.6	4 20.5	2.29	22 7	3.2	11 38	1.3

Mond 1956

Tag	0h Weltzeit										
	Scheinbare Rektaszension		Scheinbare Deklination		Parallaxe		Halbmesser		Länge	Breite	Alter
1956	h m s	m s	° ′	° ′	′ ″	″	′ ″	″	°	°	d
Nov. 23	8 18 39	56 3	+14 43.6	4 11.1	59 38.3	14.6	16 16.5	4.0	123.503	−4.775	20.3
24	9 14 42	53 52	+10 32.5	4 43.7	59 23.7	19.7	16 12.5	5.4	137.844	−5.189	21.3
25	10 8 34	52 19	+ 5 48.8	4 58.8	59 4.0	23.2	16 7.1	6.3	152.044	−5.281	22.3
26	11 0 53	51 30	+ 0 50.0	4 57.5	58 40.8	25.3	16 0.8	6.9	166.069	−5.057	23.3
27	11 52 23	51 25	− 4 7.5	4 41.3	58 15.5	26.8	15 53.9	7.3	179.897	−4.542	24.3
28	12 43 48	51 57	− 8 48.8	4 11.3	57 48.7	27.9	15 46.6	7.6	193.516	−3.777	25.3
29	13 35 45	52 46	−13 0.1	3 28.8	57 20.8	28.9	15 39.0	7.8	206.920	−2.816	26.3
30	14 28 31	53 37	−16 28.9	2 35.9	56 51.9	29.4	15 31.2	8.1	220.107	−1.720	27.3
Dez. 1	15 22 8	54 4	−19 4.8	1 35.3	56 22.5	29.6	15 23.1	8.0	233.077	−0.552	28.3
2	16 16 12	53 53	−20 40.1	0 31.4	55 52.9	28.5	15 15.1	7.8	245.830	+0.624	29.3
3	17 10 5	52 59	−21 11.5	0 31.4	55 24.4	26.4	15 7.3	7.2	258.373	+1.749	0.7
4	18 3 4	51 26	−20 40.1	1 29.2	54 58.0	22.5	15 0.1	6.1	270.716	+2.773	1.7
5	18 54 30	49 34	−19 10.9	2 19.3	54 35.5	17.1	14 54.0	4.7	282.881	+3.654	2.7
6	19 44 4	47 41	−16 51.6	3 0.4	54 18.4	9.9	14 49.3	2.7	294.896	+4.362	3.7
7	20 31 45	46 7	−13 51.2	3 32.6	54 8.5	1.4	14 46.6	0.4	306.805	+4.874	4.7
8	21 17 52	45 2	−10 18.6	3 56.6	54 7.1	8.1	14 46.2	2.3	318.659	+5.175	5.7
9	22 2 54	44 39	− 6 22.0	4 12.6	54 15.2	18.5	14 48.5	5.0	330.524	+5.256	6.7
10	22 47 33	45 1	− 2 9.4	4 21.2	54 33.7	28.8	14 53.5	7.8	342.471	+5.111	7.7
11	23 32 34	46 15	+ 2 11.8	4 21.3	55 2.5	38.5	15 1.3	10.5	354.576	+4.739	8.7
12	0 18 49	48 20	+ 6 33.1	4 11.6	55 41.0	46.7	15 11.8	12.7	6.920	+4.143	9.7
13	1 7 9	51 11	+10 44.7	3 49.4	56 27.7	52.3	15 24.5	14.3	19.576	+3.334	10.7
14	1 58 20	54 37	+14 34.1	3 12.0	57 20.0	54.3	15 38.8	14.8	32.608	+2.332	11.7
15	2 52 57	58 10	+17 46.1	2 17.0	58 14.3	51.8	15 53.6	14.1	46.059	+1.171	12.7
16	3 51 7	61 9	+20 3.1	1 5.1	59 6.1	44.3	16 7.7	12.1	59.942	−0.092	13.7
17	4 52 16	62 50	+21 8.2	0 18.8	59 50.4	32.2	16 19.8	8.8	74.230	−1.385	14.7
18	5 55 6	62 51	+20 49.4	1 45.1	60 22.6	17.0	16 28.6	4.6	88.854	−2.614	15.7
19	6 57 57	61 18	+19 4.3	3 3.3	60 39.6	0.5	16 33.2	0.1	103.704	−3.685	16.7
20	7 59 15	58 51	+16 1.0	4 4.4	60 40.1	14.7	16 33.3	4.0	118.643	−4.511	17.7
21	8 58 6	56 13	+11 56.6	4 44.5	60 25.4	27.0	16 29.3	7.3	133.527	−5.028	18.7
22	9 54 19	53 59	+ 7 12.1	5 3.5	59 58.4	35.4	16 22.0	9.7	148.227	−5.207	19.7
23	10 48 18	52 25	+ 2 8.6	5 3.7	59 23.0	39.9	16 12.3	10.9	162.649	−5.052	20.7
24	11 40 43	51 40	− 2 55.1	4 47.9	58 43.1	41.0	16 1.4	11.1	176.738	−4.594	21.7
25	12 32 23	51 34	− 7 43.0	4 18.6	58 2.1	39.7	15 50.3	10.9	190.478	−3.880	22.7
26	13 23 57	52 1	−12 1.6	3 38.1	57 22.4	37.1	15 39.4	10.1	203.882	−2.968	23.7
27	14 15 58	52 38	−15 39.7	2 48.1	56 45.3	33.7	15 29.3	9.1	216.984	−1.921	24.7
28	15 8 36	53 9	−18 27.8	1 51.0	56 11.6	30.2	15 20.2	8.3	229.823	−0.796	25.7
29	16 1 45	53 17	−20 18.8	0 49.7	55 41.4	26.7	15 11.9	7.2	242.441	+0.346	26.7
30	16 55 2	52 46	−21 8.5	0 12.2	55 14.7	23.3	15 4.7	6.4	254.873	+1.453	27.7
31	17 47 48	51 39	−20 56.3	1 11.1	54 51.4	19.7	14 58.3	5.4	267.149	+2.475	28.7
32	18 39 27		−19 45.2		54 31.7		14 52.9		279.294	+3.371	29.7

Tag	Obere Kulmination in Greenwich							0h Länge, + 50° Breite			
	AR.	Änderung für 1h westl. Länge	Dekl.	Änderung für 1h westl. Länge	Parallaxe	Zeit des Durchgangs	Änderung für 1h westl. Länge	Aufgang	Änderung für 1h westl. Länge	Untergang	Änderung für 1h westl. Länge
1956	h m s	s	° ′	′	′	h m	m	h m	m	h m	m
Nov. 23	8 28 58	147	+14 1.5	−10.3	59.6	4 20.5	2.29	22 7	3.2	11 38	1.3
24	9 26 37	141	+ 9 32.8	−12.0	59.3	5 14.0	2.18	23 24	3.2	12 7	1.2
25	10 21 57	136	+ 4 33.7	−12.8	59.0	6 5.3	2.10	— —	—	12 33	1.1
26	11 15 46	133	− 0 36.6	−12.9	58.6	6 55.0	2.05	0 40	3.2	12 57	1.0
27	12 8 56	133	− 5 40.6	−12.3	58.1	7 44.1	2.05	1 55	3.1	13 22	1.1
28	13 2 15	134	−10 22.5	−11.1	57.6	8 33.4	2.06	3 9	3.1	13 48	1.2
29	13 56 17	136	−14 27.5	− 9.2	57.1	9 23.3	2.10	4 22	3.0	14 17	1.3
30	14 51 18	139	−17 42.4	− 6.9	56.7	10 14.3	2.14	5 32	2.8	14 51	1.5
Dez. 1	15 47 7	140	−19 56.7	− 4.2	56.1	11 6.0	2.16	6 38	2.6	15 30	1.8
2	16 43 8	140	−21 3.8	− 1.4	55.6	11 57.9	2.15	7 38	2.4	16 16	2.1
3	17 38 33	137	−21 2.3	+ 1.5	55.2	12 49.3	2.11	8 31	2.0	17 9	2.3
4	18 32 32	133	−19 56.0	+ 4.0	54.7	13 39.2	2.04	9 15	1.7	18 7	2.5
5	19 24 34	127	−17 52.5	+ 6.2	54.4	14 27.1	1.95	9 52	1.4	19 8	2.6
6	20 14 30	122	−15 1.4	+ 8.0	54.2	15 13.0	1.87	10 23	1.2	20 10	2.6
7	21 2 32	118	−11 32.9	+ 9.3	54.1	15 57.0	1.80	10 49	1.0	21 13	2.7
8	21 49 12	115	− 7 36.4	+10.3	54.2	16 39.6	1.76	11 12	0.9	22 17	2.7
9	22 35 11	115	− 3 20.5	+11.0	54.5	17 21.5	1.75	11 33	0.9	23 20	2.7
10	23 21 21	116	+ 1 6.8	+11.3	54.9	18 3.6	1.77	11 54	0.9	— —	—
11	0 8 37	120	+ 5 36.7	+11.2	55.5	18 46.8	1.84	12 15	0.9	0 25	2.7
12	0 57 58	127	+ 9 59.1	+10.6	56.3	19 32.1	1.94	12 37	1.0	1 31	2.8
13	1 50 19	135	+14 1.1	+ 9.4	57.2	20 20.4	2.09	13 3	1.2	2 39	2.9
14	2 46 24	145	+17 26.2	+ 7.5	58.1	21 12.4	2.25	13 34	1.5	3 50	3.0
15	3 46 29	155	+19 54.8	+ 4.7	59.0	22 8.4	2.41	14 13	1.8	5 2	3.0
16	4 50 0	162	+21 7.2	+ 1.2	59.8	23 7.8	2.53	15 1	2.3	6 12	2.8
17	— — —	—	— —	—	—	— —	—	16 1	2.7	7 16	2.5
18	5 55 30	165	+20 49.0	− 2.7	60.4	0 9.2	2.57	17 11	3.1	8 13	2.2
19	7 1 0	162	+18 57.0	− 6.5	60.7	1 10.5	2.53	18 29	3.3	9 0	1.8
20	8 4 41	156	+15 41.1	− 9.7	60.7	2 10.1	2.43	19 49	3.4	9 38	1.5
21	9 5 32	148	+11 21.5	−11.8	60.4	3 6.9	2.30	21 10	3.3	10 10	1.2
22	10 3 29	142	+ 6 22.1	−13.0	59.9	4 0.7	2.19	22 28	3.2	10 37	1.1
23	10 59 2	137	+ 1 6.4	−13.2	59.3	4 52.2	2.11	23 45	3.2	11 3	1.1
24	11 53 2	134	− 4 5.5	−12.7	58.6	5 42.1	2.06	— —	—	11 27	1.1
25	12 46 23	133	− 8 56.7	−11.5	57.9	6 31.4	2.05	1 0	3.1	11 53	1.1
26	13 39 49	134	−13 13.1	− 9.8	57.2	7 20.7	2.07	2 12	3.0	12 21	1.2
27	14 33 49	136	−16 43.0	− 7.6	56.6	8 10.7	2.10	3 22	2.9	12 52	1.4
28	15 28 32	138	−19 16.5	− 5.1	56.0	9 1.3	2.12	4 29	2.7	13 29	1.7
29	16 23 41	138	−20 46.8	− 2.4	55.5	9 52.4	2.13	5 31	2.4	14 12	1.9
30	17 18 42	137	−21 10.6	+ 0.4	55.1	10 43.3	2.11	6 25	2.1	15 2	2.2
31	18 12 51	134	−20 29.1	+ 3.0	54.7	11 33.4	2.06	7 12	1.8	15 57	2.4
32	19 5 28	129	−18 47.7	+ 5.4	54.4	12 21.9	1.98	7 52	1.5	16 57	2.6

Mond 1956

Phasen des Mondes

1956		Weltzeit h m		1956		Weltzeit h m	
Jan.	4	22 41	Letztes Viertel	Juli	8	4 37	Neumond
	13	3 1	Neumond		14	20 46	Erstes Viertel
	20	22 58	Erstes Viertel		22	21 29	Vollmond
	27	14 40	Vollmond		30	19 31	Letztes Viertel
Febr.	3	16 8	Letztes Viertel	Aug.	6	11 25	Neumond
	11	21 38	Neumond		13	8 45	Erstes Viertel
	19	9 21	Erstes Viertel		21	12 38	Vollmond
	26	1 41	Vollmond		29	4 13	Letztes Viertel
März	4	11 53	Letztes Viertel	Sept.	4	18 57	Neumond
	12	13 36	Neumond		12	0 13	Erstes Viertel
	19	17 13	Erstes Viertel		20	3 19	Vollmond
	26	13 11	Vollmond		27	11 25	Letztes Viertel
April	3	8 6	Letztes Viertel	Okt.	4	4 24	Neumond
	11	2 39	Neumond		11	18 44	Erstes Viertel
	17	23 28	Erstes Viertel		19	17 24	Vollmond
	25	1 40	Vollmond		26	18 2	Letztes Viertel
Mai	3	2 55	Letztes Viertel	Nov.	2	16 43	Neumond
	10	13 4	Neumond		10	15 9	Erstes Viertel
	17	5 15	Erstes Viertel		18	6 44	Vollmond
	24	15 26	Vollmond		25	1 12	Letztes Viertel
Juni	1	19 13	Letztes Viertel	Dez.	2	8 12	Neumond
	8	21 29	Neumond		10	11 51	Erstes Viertel
	15	11 56	Erstes Viertel		17	19 6	Vollmond
	23	6 13	Vollmond		24	10 10	Letztes Viertel
Juli	1	8 40	Letztes Viertel		32	1 13	Neumond

Mond in Erdnähe 1956		Weltzeit h	Mond in Erdferne 1956		Weltzeit h
Jan.	26	13	Jan.	11	8
Febr.	23	18	Febr.	7	19
März	22	0	März	6	13
April	15	22	April	3	10
Mai	13	1	Mai	1	5
Juni	10	3	Mai	28	21
Juli	8	11	Juni	25	8
Aug.	5	21	Juli	22	11
Sept.	3	4	Aug.	18	16
Okt.	1	2	Sept.	15	5
Okt.	27	6	Okt.	12	23
Nov.	21	17	Nov.	9	19
Dez.	19	13	Dez.	7	16

Tag	0h Weltzeit: Scheinbare Rektaszension		0h Weltzeit: Scheinbare Deklination		0h Weltzeit: Δ		Halbmesser	Hor. Par.	Aufgang	Obere Kulmination	Untergang
									in 0h Länge, + 50° Breite		
1956	h m s	m s	° ′ ″	′ ″			″	″	h m	h m	h m
Jan. 0	19 42 17.09	6 36.05	−23 29 36.3	19 18.4	1.244 065	17 766	2.68	7.07	9 8	13 9.2	17 11
1	19 48 53.14	6 29.90	23 10 17.9	20 43.3	1.226 299	18 640	2.73	7.18	9 9	13 11.8	17 16
2	19 55 23.04	6 22.71	22 49 34.6	22 4.9	1.207 659	19 524	2.77	7.29	9 8	13 14.3	17 21
3	20 1 45.75	6 14.36	22 27 29.7	23 22.3	1.188 135	20 413	2.81	7.41	9 8	13 16.6	17 25
4	20 8 0.11	6 4.68	22 4 7.4	24 34.6	1.167 722	21 299	2.86	7.54	9 8	13 18.8	17 30
5	20 14 4.79	5 53.49	21 39 32.8	25 40.5	1.146 423	22 176	2.91	7.68	9 8	13 20.9	17 35
6	20 19 58.28	5 40.63	−21 13 52.3	26 38.7	1.124 247	23 031	2.97	7.83	9 7	13 22.7	17 39
7	20 25 38.91	5 25.87	20 47 13.6	27 27.8	1.101 216	23 853	3.03	7.99	9 6	13 24.3	17 43
8	20 31 4.78	5 9.00	20 19 45.8	28 6.1	1.077 363	24 626	3.10	8.17	9 5	13 25.7	17 47
9	20 36 13.78	4 49.76	19 51 39.7	28 31.6	1.052 737	25 333	3.17	8.36	9 3	13 26.7	17 51
10	20 41 3.54	4 27.95	19 23 8.1	28 42.7	1.027 404	25 952	3.25	8.57	9 1	13 27.4	17 54
11	20 45 31.49	4 3.33	18 54 25.4	28 37.1	1.001 452	26 460	3.34	8.79	8 59	13 27.7	17 58
12	20 49 34.82	3 35.72	−18 25 48.3	28 12.9	0.974 992	26 830	3.43	9.03	8 56	13 27.6	18 0
13	20 53 10.54	3 4.95	17 57 35.4	27 27.9	0.948 162	27 036	3.52	9.28	8 53	13 26.9	18 2
14	20 56 15.49	2 30.94	17 30 7.5	26 20.9	0.921 126	27 047	3.62	9.55	8 50	13 25.7	18 3
15	20 58 46.43	1 53.76	17 3 46.6	24 50.2	0.894 079	26 835	3.73	9.84	8 46	13 24.0	18 3
16	21 0 40.19	1 13.57	16 38 56.4	22 55.3	0.867 244	26 374	3.85	10.15	8 41	13 21.6	18 3
17	21 1 53.76	0 30.72	16 16 1.1	20 36.4	0.840 870	25 639	3.97	10.47	8 36	13 18.5	18 2
18	21 2 24.48	0 14.17	−15 55 24.7	17 54.8	0.815 231	24 614	4.10	10.79	8 30	13 14.6	17 59
19	21 2 10.31	1 0.28	15 37 29.9	14 52.8	0.790 617	23 288	4.22	11.13	8 25	13 10.0	17 56
20	21 1 10.03	1 46.50	15 22 37.1	11 34.5	0.767 329	21 662	4.35	11.47	8 18	13 4.7	17 52
21	20 59 23.53	2 31.49	15 11 2.6	8 4.7	0.745 667	19 748	4.48	11.80	8 11	12 58.6	17 46
22	20 56 52.04	3 13.72	15 2 57.9	4 30.0	0.725 919	17 569	4.60	12.12	8 4	12 51.8	17 39
23	20 53 38.32	3 51.58	14 58 27.9	0 57.1	0.708 350	15 163	4.71	12.42	7 56	12 44.3	17 32
24	20 49 46.74	4 23.45	−14 57 30.8	2 26.6	0.693 187	12 577	4.82	12.69	7 48	12 36.2	17 24
25	20 45 23.29	4 47.99	14 59 57.4	5 34.3	0.680 610	9 869	4.91	12.93	7 40	12 27.7	17 15
26	20 40 35.30	5 4.13	15 5 31.7	8 20.6	0.670 741	7 100	4.98	13.12	7 32	12 18.9	17 6
27	20 35 31.17	5 11.31	15 13 52.3	10 41.1	0.663 641	4 337	5.03	13.26	7 24	12 9.9	16 56
28	20 30 19.86	5 9.52	15 24 33.4	12 33.6	0.659 304	1 641	5.07	13.35	7 16	12 0.8	16 46
29	20 25 10.34	4 59.26	15 37 7.0	13 58.2	0.657 663	934	5.08	13.38	7 8	11 51.8	16 36
30	20 20 11.08	4 41.47	−15 51 5.2	14 55.7	0.658 597	3 344	5.07	13.36	7 0	11 43.1	16 25
31	20 15 29.61	4 17.40	16 6 0.9	15 28.9	0.661 941	5 554	5.04	13.29	6 53	11 34.7	16 16
Febr. 1	20 11 12.21	3 48.46	16 21 29.8	15 40.6	0.667 495	7 545	5.00	13.18	6 47	11 26.7	16 7
2	20 7 23.75	3 16.09	16 37 10.4	15 34.4	0.675 040	9 307	4.95	13.04	6 41	11 19.2	15 58
3	20 4 7.66	2 41.61	16 52 44.8	15 13.3	0.684 347	10 841	4.88	12.86	6 35	11 12.3	15 50
4	20 1 26.05	2 6.20	17 7 58.1	14 40.1	0.695 188	12 154	4.80	12.66	6 30	11 6.0	15 42
5	19 59 19.85	1 30.78	−17 22 38.2	13 57.3	0.707 342	13 258	4.72	12.44	6 25	11 0.2	15 35
6	19 57 49.07	0 56.12	17 36 35.5	13 7.2	0.720 600	14 170	4.63	12.21	6 21	10 55.1	15 29
7	19 56 52.95	0 22.75	17 49 42.7	12 11.0	0.734 770	14 911	4.55	11.98	6 18	10 50.5	15 23
8	19 56 30.20	0 8.98	18 1 53.7	11 10.1	0.749 681	15 497	4.46	11.74	6 15	10 46.4	15 18
9	19 56 39.18	0 38.84	18 13 3.8	10 5.6	0.765 178	15 945	4.36	11.50	6 12	10 42.8	15 13
10	19 57 18.02		−18 23 9.4		0.781 123		4.28	11.27	6 10	10 39.7	15 9

Merkur 1956

Tag	0h Weltzeit: Scheinbare Rektaszension		Scheinbare Deklination		Δ		Halbmesser	Hor. Par.	Aufgang (in 0h Länge, + 50° Breite)	Obere Kulmination (in 0h Länge, + 50° Breite)	Untergang (in 0h Länge, + 50° Breite)
1956	h m s	m s	° ′ ″	′ ″			″	″	h m	h m	h m
Febr. 10	19 57 18.02	1 6.71	−18 23 9.4	8 58.1	0.781 123	16 276	4.28	11.27	6 10	10 39.7	15 9
11	19 58 24.73	1 32.56	18 32 7.5	7 48.2	0.797 399	16 504	4.19	11.04	6 8	10 37.1	15 6
12	19 59 57.29	1 56.43	18 39 55.7	6 36.3	0.813 903	16 644	4.10	10.81	6 6	10 34.9	15 3
13	20 1 53.72	2 18.40	18 46 32.0	5 22.9	0.830 547	16 709	4.02	10.60	6 5	10 33.1	15 1
14	20 4 12.12	2 38.55	18 51 54.9	4 8.3	0.847 256	16 711	3.94	10.39	6 4	10 31.6	14 59
15	20 6 50.67	2 57.01	18 56 3.2	2 52.6	0.863 967	16 658	3.87	10.19	6 3	10 30.4	14 58
16	20 9 47.68	3 13.89	−18 58 55.8	1 36.1	0.880 625	16 561	3.79	9.99	6 3	10 29.6	14 57
17	20 13 1.57	3 29.31	19 0 31.9	0 19.0	0.897 186	16 428	3.72	9.81	6 2	10 29.0	14 56
18	20 16 30.88	3 43.39	19 0 50.9	0 58.9	0.913 614	16 262	3.65	9.63	6 2	10 28.6	14 56
19	20 20 14.27	3 56.26	18 59 52.0	2 17.1	0.929 876	16 073	3.59	9.46	6 1	10 28.5	14 56
20	20 24 10.53	4 8.01	18 57 34.9	3 35.6	0.945 949	15 861	3.53	9.30	6 1	10 28.6	14 56
21	20 28 18.54	4 18.74	18 53 59.3	4 54.5	0.961 810	15 634	3.47	9.15	6 1	10 28.9	14 57
22	20 32 37.28	4 28.56	−18 49 4.8	6 13.4	0.977 444	15 393	3.42	9.00	6 1	10 29.3	14 58
23	20 37 5.84	4 37.54	18 42 51.4	7 32.5	0.992 837	15 141	3.36	8.86	6 1	10 29.9	14 59
24	20 41 43.38	4 45.76	18 35 18.9	8 51.7	1.007 978	14 880	3.31	8.73	6 1	10 30.6	15 1
25	20 46 29.14	4 53.31	18 26 27.2	10 10.8	1.022 858	14 614	3.26	8.60	6 1	10 31.5	15 3
26	20 51 22.45	5 0.23	18 16 16.4	11 30.0	1.037 472	14 341	3.22	8.48	6 1	10 32.5	15 5
27	20 56 22.68	5 6.59	18 4 46.4	12 49.1	1.051 813	14 065	3.18	8.37	6 1	10 33.6	15 7
28	21 1 29.27	5 12.46	−17 51 57.3	14 7.9	1.065 878	13 786	3.13	8.26	6 1	10 34.8	15 10
29	21 6 41.73	5 17.86	17 37 49.4	15 26.7	1.079 664	13 505	3.09	8.15	6 1	10 36.1	15 12
März 1	21 11 59.59	5 22.86	17 22 22.7	16 45.2	1.093 169	13 222	3.06	8.05	6 0	10 37.5	15 15
2	21 17 22.45	5 27.49	17 5 37.5	18 3.6	1.106 391	12 938	3.02	7.95	6 0	10 39.0	15 18
3	21 22 49.94	5 31.78	16 47 33.9	19 21.6	1.119 329	12 653	2.98	7.86	6 0	10 40.6	15 22
4	21 28 21.72	5 35.80	16 28 12.3	20 39.3	1.131 982	12 367	2.95	7.77	6 0	10 42.2	15 25
5	21 33 57.52	5 39.54	−16 7 33.0	21 56.9	1.144 349	12 080	2.92	7.69	6 0	10 43.9	15 29
6	21 39 37.06	5 43.08	15 45 36.1	23 14.0	1.156 429	11 792	2.89	7.61	6 0	10 45.6	15 33
7	21 45 20.14	5 46.40	15 22 22.1	24 30.9	1.168 221	11 502	2.86	7.53	5 59	10 47.4	15 37
8	21 51 6.54	5 49.55	14 57 51.2	25 47.4	1.179 723	11 211	2.83	7.46	5 59	10 49.3	15 41
9	21 56 56.09	5 52.57	14 32 3.8	27 3.5	1.190 934	10 917	2.80	7.39	5 58	10 51.2	15 45
10	22 2 48.66	5 55.47	14 5 0.3	28 19.4	1.201 851	10 620	2.78	7.32	5 58	10 53.1	15 49
11	22 8 44.13	5 58.26	−13 36 40.9	29 34.7	1.212 471	10 320	2.76	7.26	5 57	10 55.1	15 54
12	22 14 42.39	6 0.99	13 7 6.2	30 49.7	1.222 791	10 014	2.73	7.20	5 57	10 57.2	15 59
13	22 20 43.38	6 3.66	12 36 16.5	32 4.4	1.232 805	9 703	2.71	7.14	5 56	10 59.3	16 3
14	22 26 47.04	6 6.30	12 4 12.1	33 18.5	1.242 508	9 384	2.69	7.08	5 56	11 1.4	16 8
15	22 32 53.34	6 8.92	11 30 53.6	34 32.2	1.251 892	9 058	2.67	7.03	5 55	11 3.6	16 14
16	22 39 2.26	6 11.55	10 56 21.4	35 45.4	1.260 950	8 722	2.65	6.98	5 54	11 5.8	16 19
17	22 45 13.81	6 14.21	−10 20 36.0	36 58.2	1.269 672	8 375	2.63	6.93	5 54	11 8.1	16 24
18	22 51 28.02	6 16.90	9 43 37.8	38 10.3	1.278 047	8 014	2.62	6.89	5 53	11 10.4	16 30
19	22 57 44.92	6 19.66	9 5 27.5	39 21.9	1.286 061	7 639	2.60	6.84	5 52	11 12.8	16 35
20	23 4 4.58	6 22.48	8 26 5.6	40 32.9	1.293 700	7 246	2.58	6.80	5 51	11 15.2	16 41
21	23 10 27.06	6 25.39	7 45 32.7	41 43.1	1.300 946	6 834	2.57	6.76	5 50	11 17.7	16 47
22	23 16 52.45		− 7 3 49.6		1.307 780		2.55	6.73	5 49	11 20.2	16 53

Tag	0h Weltzeit: Scheinbare Rektaszension		Scheinbare Deklination		Δ		Halbmesser	Hor. Par.	Aufgang	Obere Kulmination	Untergang
									in 0h Länge, + 50° Breite		
1956	h m s	m s	° ′ ″	′ ″			″	″	h m	h m	h m
März 22	23 16 52.45	6 28.40	− 7 3 49.6	42 52.5	1.307 780	6 399	2.55	6.73	5 49	11 20.2	16 53
23	23 23 20.85	6 31.52	6 20 57.1	44 0.9	1.314 179	5 940	2.54	6.70	5 48	11 22.7	16 59
24	23 29 52.37	6 34.78	5 36 56.2	45 8.3	1.320 119	5 451	2.53	6.67	5 47	11 25.3	17 5
25	23 36 27.15	6 38.15	4 51 47.9	46 14.5	1.325 570	4 932	2.52	6.64	5 46	11 28.0	17 12
26	23 43 5.30	6 41.67	4 5 33.4	47 19.2	1.330 502	4 378	2.51	6.61	5 45	11 30.7	17 18
27	23 49 46.97	6 45.32	3 18 14.2	48 22.2	1.334 880	3 785	2.50	6.59	5 44	11 33.5	17 25
28	23 56 32.29	6 49.12	− 2 29 52.0	49 23.4	1.338 665	3 150	2.49	6.57	5 43	11 36.4	17 32
29	0 3 21.41	6 53.05	1 40 28.6	50 22.1	1.341 815	2 469	2.49	6.56	5 42	11 39.3	17 39
30	0 10 14.46	6 57.10	− 0 50 6.5	51 18.2	1.344 284	1 739	2.49	6.55	5 41	11 42.3	17 46
31	0 17 11.56	7 1.26	+ 0 1 11.7	52 11.2	1.346 023	954	2.48	6.54	5 40	11 45.3	17 53
April 1	0 24 12.82	7 5.52	0 53 22.9	53 0.5	1.346 977	113	2.48	6.53	5 39	11 48.4	18 0
2	0 31 18.34	7 9.82	1 46 23.4	53 45.6	1.347 090	<u>787</u>	2.48	6.53	5 38	11 51.6	18 8
3	0 38 28.16	7 14.15	+ 2 40 9.0	54 25.7	1.346 303	1 750	2.48	6.53	5 37	11 54.9	18 15
4	0 45 42.31	7 18.44	3 34 34.7	55 0.1	1.344 553	2 775	2.48	6.54	5 36	11 58.2	18 23
5	0 53 0.75	7 22.65	4 29 34.8	55 28.0	1.341 778	3 866	2.49	6.56	5 35	12 1.6	18 31
6	1 0 23.40	7 26.70	5 25 2.8	55 48.6	1.337 912	5 017	2.50	6.58	5 34	12 5.1	18 39
7	1 7 50.10	7 30.49	6 20 51.4	56 0.9	1.332 895	6 228	2.50	6.60	5 33	12 8.7	18 47
8	1 15 20.59	7 33.95	7 16 52.3	56 4.0	1.326 667	7 493	2.52	6.63	5 32	12 12.3	18 56
9	1 22 54.54	7 36.96	+ 8 12 56.3	55 56.8	1.319 174	8 802	2.53	6.67	5 31	12 15.9	19 4
10	1 30 31.50	7 39.41	9 8 53.1	55 38.6	1.310 372	10 149	2.55	6.72	5 30	12 19.6	19 12
11	1 38 10.91	7 41.18	10 4 31.7	55 8.7	1.300 223	11 517	2.57	6.77	5 29	12 23.4	19 21
12	1 45 52.09	7 42.15	10 59 40.4	54 26.3	1.288 706	12 893	2.59	6.83	5 28	12 27.1	19 29
13	1 53 34.24	7 42.22	11 54 6.7	53 31.1	1.275 813	14 259	2.62	6.90	5 27	12 30.9	19 38
14	2 1 16.46	7 41.25	12 47 37.8	52 23.0	1.261 554	15 596	2.65	6.98	5 26	12 34.7	19 46
15	2 8 57.71	7 39.19	+13 40 0.8	51 2.1	1.245 958	16 886	2.68	7.06	5 25	12 38.4	19 55
16	2 16 36.90	7 35.95	14 31 2.9	49 28.8	1.229 072	18 109	2.72	7.16	5 24	12 42.1	20 3
17	2 24 12.85	7 31.49	15 20 31.7	47 44.1	1.210 963	19 247	2.76	7.27	5 24	12 45.7	20 11
18	2 31 44.34	7 25.78	16 8 15.8	45 48.5	1.191 716	20 285	2.80	7.38	5 23	12 49.3	20 19
19	2 39 10.12	7 18.80	16 54 4.3	43 43.7	1.171 431	21 212	2.85	7.51	5 22	12 52.7	20 26
20	2 46 28.92	7 10.61	17 37 48.0	41 30.9	1.150 219	22 016	2.90	7.65	5 21	12 56.0	20 33
21	2 53 39.53	7 1.22	+18 19 18.9	39 11.3	1.128 203	22 692	2.96	7.80	5 20	12 59.2	20 40
22	3 0 40.75	6 50.70	18 58 30.2	36 46.7	1.105 511	23 239	3.02	7.96	5 20	13 2.2	20 47
23	3 7 31.45	6 39.09	19 35 16.9	34 18.2	1.082 272	23 657	3.09	8.13	5 19	13 5.0	20 53
24	3 14 10.54	6 26.49	20 9 35.1	31 47.4	1.058 615	23 949	3.15	8.31	5 18	13 7.6	20 59
25	3 20 37.03	6 12.94	20 41 22.5	29 15.3	1.034 666	24 119	3.23	8.51	5 17	13 10.0	21 5
26	3 26 49.97	5 58.51	21 10 37.8	26 42.8	1.010 547	24 176	3.31	8.71	5 17	13 12.1	21 10
27	3 32 48.48	5 43.28	+21 37 20.6	24 11.1	0.986 371	24 129	3.39	8.92	5 16	13 14.0	21 14
28	3 38 31.76	5 27.29	22 1 31.7	21 40.5	0.962 242	23 983	3.47	9.15	5 15	13 15.6	21 18
29	3 43 59.05	5 10.58	22 23 12.2	19 11.8	0.938 259	23 749	3.56	9.38	5 14	13 17.0	21 21
30	3 49 9.63	4 53.22	22 42 24.0	16 45.4	0.914 510	23 433	3.65	9.62	5 13	13 18.1	21 24
Mai 1	3 54 2.85	4 35.24	22 59 9.4	14 21.4	0.891 077	23 045	3.75	9.88	5 12	13 18.9	21 26
2	3 58 38.09		+23 13 30.8		0.868 032		3.85	10.14	5 11	13 19.3	21 28

Tag	0h Weltzeit: Scheinbare Rektaszension		Scheinbare Deklination		Δ		Halbmesser	Hor. Par.	Aufgang	Obere Kulmination	Untergang
1956	h m s	m s	° ′ ″	′ ″			″	″	h m	h m	h m
									in 0h Länge, +50° Breite		
Mai 2	3 58 38.09	4 16.68	+23 13 30.8	12 0.1	0.868 032	22 590	3.85	10.14	5 11	13 19.3	21 28
3	4 2 54.77	3 57.58	23 25 30.9	9 41.7	0.845 442	22 075	3.95	10.41	5 10	13 19.5	21 29
4	4 6 52.35	3 37.98	23 35 12.6	7 25.9	0.823 367	21 505	4.06	10.69	5 9	13 19.3	21 30
5	4 10 30.33	3 17.94	23 42 38.5	5 13.1	0.801 862	20 885	4.16	10.97	5 8	13 18.8	21 30
6	4 13 48.27	2 57.48	23 47 51.6	3 2.9	0.780 977	20 219	4.28	11.27	5 7	13 18.0	21 29
7	4 16 45.75	2 36.67	23 50 54.5	0 55.6	0.760 758	19 510	4.39	11.57	5 6	13 16.8	21 28
8	4 19 22.42	2 15.58	+23 51 50.1	1 9.1	0.741 248	18 761	4.51	11.87	5 4	13 15.3	21 27
9	4 21 38.00	1 54.30	23 50 41.0	3 11.1	0.722 487	17 975	4.62	12.18	5 2	13 13.4	21 24
10	4 23 32.30	1 32.91	23 47 29.9	5 10.3	0.704 512	17 150	4.74	12.49	5 1	13 11.2	21 21
11	4 25 5.21	1 11.53	23 42 19.6	7 6.4	0.687 362	16 292	4.86	12.80	4 59	13 8.6	21 18
12	4 26 16.74	0 50.29	23 35 13.2	8 59.3	0.671 070	15 399	4.98	13.11	4 57	13 5.7	21 14
13	4 27 7.03	0 29.33	23 26 13.9	10 48.9	0.655 671	14 473	5.09	13.42	4 55	13 2.4	21 9
14	4 27 36.36	0 8.85	+23 15 25.0	12 34.1	0.641 198	13 515	5.21	13.72	4 53	12 58.8	21 4
15	4 27 45.21	0 11.00	23 2 50.9	14 14.7	0.627 683	12 527	5.32	14.02	4 50	12 54.8	20 58
16	4 27 34.21	0 29.98	22 48 36.2	15 49.7	0.615 156	11 508	5.43	14.31	4 48	12 50.5	20 52
17	4 27 4.23	0 47.90	22 32 46.5	17 18.2	0.603 648	10 463	5.53	14.58	4 45	12 45.9	20 46
18	4 26 16.33	1 4.54	22 15 28.3	18 39.1	0.593 185	9 390	5.62	14.82	4 42	12 41.0	20 39
19	4 25 11.79	1 19.67	21 56 49.2	19 51.3	0.583 795	8 294	5.72	15.07	4 39	12 35.9	20 32
20	4 23 52.12	1 33.07	+21 36 57.9	20 53.3	0.575 501	7 178	5.80	15.29	4 36	12 30.5	20 24
21	4 22 19.05	1 44.58	21 16 4.6	21 44.2	0.568 323	6 045	5.88	15.48	4 32	12 25.0	20 16
22	4 20 34.47	1 54.00	20 54 20.4	22 22.4	0.562 278	4 900	5.94	15.65	4 29	12 19.2	20 8
23	4 18 40.47	2 1.20	20 31 58.0	22 47.1	0.557 378	3 746	5.99	15.79	4 25	12 13.3	20 0
24	4 16 39.27	2 6.12	20 9 10.9	22 57.4	0.553 632	2 587	6.03	15.90	4 22	12 7.3	19 52
25	4 14 33.15	2 8.67	19 46 13.5	22 52.7	0.551 045	1 430	6.06	15.97	4 18	12 1.3	19 43
26	4 12 24.48	2 8.87	+19 23 20.8	22 32.4	0.549 615	280	6.08	16.01	4 14	11 55.2	19 35
27	4 10 15.61	2 6.75	19 0 48.4	21 56.9	0.549 335	861	6.08	16.02	4 10	11 49.2	19 26
28	4 8 8.86	2 2.40	18 38 51.5	21 6.4	0.550 196	1 986	6.07	15.99	4 6	11 43.2	19 19
29	4 6 6.46	1 55.97	18 17 45.1	20 1.8	0.552 182	3 090	6.05	15.94	4 3	11 37.3	19 11
30	4 4 10.49	1 47.59	17 57 43.3	18 44.1	0.555 272	4 171	6.02	15.85	3 59	11 31.5	19 3
31	4 2 22.90	1 37.45	17 38 59.2	17 14.7	0.559 443	5 225	5.97	15.73	3 55	11 25.9	18 56
Juni 1	4 0 45.45	1 25.75	+17 21 44.5	15 34.9	0.564 668	6 249	5.91	15.58	3 51	11 20.4	18 49
2	3 59 19.70	1 12.72	17 6 9.6	13 46.6	0.570 917	7 241	5.85	15.41	3 47	11 15.1	18 43
3	3 58 6.98	0 58.53	16 52 23.0	11 51.4	0.578 158	8 199	5.78	15.22	3 43	11 10.1	18 37
4	3 57 8.45	0 43.39	16 40 31.6	9 51.2	0.586 357	9 123	5.70	15.01	3 39	11 5.3	18 31
5	3 56 25.06	0 27.50	16 30 40.4	7 47.5	0.595 480	10 013	5.61	14.78	3 36	11 0.8	18 26
6	3 55 57.56	0 11.04	16 22 52.9	5 42.0	0.605 493	10 867	5.51	14.53	3 32	10 56.5	18 21
7	3 55 46.52	0 5.85	+16 17 10.9	3 36.1	0.616 360	11 687	5.42	14.28	3 28	10 52.5	18 16
8	3 55 52.37	0 23.05	16 13 34.8	1 31.2	0.628 047	12 474	5.32	14.01	3 25	10 48.8	18 13
9	3 56 15.42	0 40.42	16 12 3.6	0 31.7	0.640 521	13 228	5.21	13.74	3 22	10 45.4	18 9
10	3 56 55.84	0 57.88	16 12 35.3	2 31.4	0.653 749	13 951	5.11	13.46	3 18	10 42.3	18 7
11	3 57 53.72	1 15.35	16 15 6.7	4 27.4	0.667 700	14 644	5.00	13.18	3 15	10 39.4	18 4
12	3 59 9.07		+16 19 34.1		0.682 344		4.90	12.90	3 12	10 36.9	18 2

Tag	0h Weltzeit								Auf-gang	Obere Kul-mination	Unter-gang
	Scheinbare Rektaszension		Scheinbare Deklination		Δ		Halb-messer	Hor. Par.	in 0h Länge, +50° Breite		
1956	h m s	m s	° ′ ″	′ ″			″	″	h m	h m	h m
Juni 12	3 59 9.07	1 32.80	+16 19 34.1	6 18.7	0.682 344	15 308	4.90	12.90	3 12	10 36.9	18 2
13	4 0 41.87	1 50.17	16 25 52.8	8 4.6	0.697 652	15 943	4.79	12.61	3 9	10 34.6	18 1
14	4 2 32.04	2 7.45	16 33 57.4	9 44.9	0.713 595	16 553	4.68	12.33	3 6	10 32.6	18 0
15	4 4 39.49	2 24.59	16 43 42.3	11 19.2	0.730 148	17 134	4.57	12.05	3 3	10 30.9	17 59
16	4 7 4.08	2 41.63	16 55 1.5	12 46.8	0.747 282	17 691	4.47	11.78	3 1	10 29.5	17 59
17	4 9 45.71	2 58.56	17 7 48.3	14 7.9	0.764 973	18 220	4.36	11.50	2 58	10 28.4	17 59
18	4 12 44.27	3 15.38	+17 21 56.2	15 21.8	0.783 193	18 723	4.27	11.24	2 56	10 27.6	18 0
19	4 15 59.65	3 32.10	17 37 18.0	16 28.6	0.801 916	19 198	4.16	10.97	2 54	10 27.0	18 1
20	4 19 31.75	3 48.77	17 53 46.6	17 28.1	0.821 114	19 645	4.07	10.72	2 52	10 26.7	18 2
21	4 23 20.52	4 5.38	18 11 14.7	18 19.7	0.840 759	20 061	3.97	10.47	2 50	10 26.7	18 4
22	4 27 25.90	4 21.95	18 29 34.4	19 3.6	0.860 820	20 445	3.88	10.22	2 49	10 27.0	18 6
23	4 31 47.85	4 38.51	18 48 38.0	19 39.5	0.881 265	20 794	3.79	9.99	2 47	10 27.5	18 9
24	4 36 26.36	4 55.08	+19 8 17.5	20 6.9	0.902 059	21 103	3.70	9.76	2 46	10 28.3	18 12
25	4 41 21.44	5 11.66	19 28 24.4	20 25.6	0.923 162	21 370	3.62	9.53	2 45	10 29.4	18 15
26	4 46 33.10	5 28.26	19 48 50.0	20 35.4	0.944 532	21 590	3.54	9.32	2 44	10 30.8	18 19
27	4 52 1.36	5 44.87	20 9 25.4	20 35.8	0.966 122	21 755	3.46	9.11	2 44	10 32.5	18 23
28	4 57 46.23	6 1.49	20 30 1.2	20 26.5	0.987 877	21 863	3.38	8.91	2 43	10 34.4	18 27
29	5 3 47.72	6 18.08	20 50 27.7	20 7.1	1.009 740	21 904	3.31	8.72	2 43	10 36.6	18 31
30	5 10 5.80	6 34.60	+21 10 34.8	19 37.0	1.031 644	21 872	3.24	8.53	2 44	10 39.1	18 36
Juli 1	5 16 40.40	6 51.02	21 30 11.8	18 56.0	1.053 516	21 760	3.17	8.35	2 44	10 41.9	18 41
2	5 23 31.42	7 7.22	21 49 7.8	18 3.6	1.075 276	21 560	3.10	8.18	2 45	10 44.9	18 46
3	5 30 38.64	7 23.14	22 7 11.4	16 59.4	1.096 836	21 263	3.04	8.02	2 47	10 48.2	18 51
4	5 38 1.78	7 38.64	22 24 10.8	15 43.4	1.118 099	20 865	2.99	7.87	2 48	10 51.8	18 57
5	5 45 40.42	7 53.60	22 39 54.2	14 15.3	1.138 964	20 358	2.93	7.73	2 50	10 55.6	19 2
6	5 53 34.02	8 7.86	+22 54 9.5	12 35.2	1.159 322	19 737	2.88	7.59	2 53	10 59.7	19 8
7	6 1 41.88	8 21.25	23 6 44.7	10 43.4	1.179 059	19 002	2.83	7.46	2 55	11 4.0	19 13
8	6 10 3.13	8 33.59	23 17 28.1	8 40.4	1.198 061	18 150	2.79	7.34	2 59	11 8.5	19 19
9	6 18 36.72	8 44.72	23 26 8.5	6 26.9	1.216 211	17 186	2.75	7.24	3 3	11 13.2	19 24
10	6 27 21.44	8 54.45	23 32 35.4	4 4.3	1.233 397	16 116	2.71	7.13	3 7	11 18.1	19 30
11	6 36 15.89	9 2.65	23 36 39.7	1 33.6	1.249 513	14 950	2.67	7.04	3 11	11 23.2	19 35
12	6 45 18.54	9 9.19	+23 38 13.3	1 3.4	1.264 463	13 700	2.64	6.96	3 16	11 28.3	19 40
13	6 54 27.73	9 13.99	23 37 9.9	3 44.9	1.278 163	12 381	2.61	6.88	3 22	11 33.6	19 45
14	7 3 41.72	9 17.00	23 33 25.0	6 29.1	1.290 544	11 011	2.59	6.82	3 28	11 38.9	19 50
15	7 12 58.72	9 18.24	23 26 55.9	9 14.0	1.301 555	9 609	2.57	6.76	3 34	11 44.3	19 54
16	7 22 16.96	9 17.73	23 17 41.9	11 57.5	1.311 164	8 194	2.55	6.71	3 40	11 49.7	19 58
17	7 31 34.69	9 15.58	23 5 44.4	14 37.9	1.319 358	6 784	2.53	6.67	3 47	11 55.1	20 2
18	7 40 50.27	9 11.92	+22 51 6.5	17 13.8	1.326 142	5 395	2.52	6.64	3 54	12 0.4	20 6
19	7 50 2.19	9 6.88	22 33 52.7	19 43.6	1.331 537	4 042	2.51	6.61	4 1	12 5.6	20 9
20	7 59 9.07	9 0.64	22 14 9.1	22 6.2	1.335 579	2 738	2.50	6.59	4 8	12 10.8	20 11
21	8 8 9.71	8 53.37	21 52 2.9	24 20.9	1.338 317	1 494	2.50	6.58	4 16	12 15.8	20 14
22	8 17 3.08	8 45.25	21 27 42.0	26 27.0	1.339 811	314	2.49	6.57	4 23	12 20.7	20 16
23	8 25 48.33		+21 1 15.0		1.340 125		2.49	6.57	4 31	12 25.4	20 18

Merkur 1956

Tag	0h Weltzeit: Scheinbare Rektaszension		Scheinbare Deklination		Δ		Halb- messer	Hor. Par.	Auf- gang (in 0h Länge, + 50° Breite)	Obere Kul- mination	Unter- gang
1956	h m s	m s	° ′ ″	′ ″			″	″	h m	h m	h m
Juli 23	8 25 48.33	8 36.44	+21 1 15.0	28 24.2	1.340 125	796	2.49	6.57	4 31	12 25.4	20 18
24	8 34 24.77	8 27.12	20 32 50.8	30 12.3	1.339 329	1 835	2.49	6.57	4 39	12 30.0	20 19
25	8 42 51.89	8 17.42	20 2 38.5	31 51.5	1.337 494	2 801	2.50	6.58	4 46	12 34.5	20 21
26	8 51 9.31	8 7.46	19 30 47.0	33 21.9	1.334 693	3 695	2.50	6.59	4 54	12 38.7	20 21
27	8 59 16.77	7 57.36	18 57 25.1	34 43.8	1.330 998	4 523	2.51	6.61	5 1	12 42.8	20 22
28	9 7 14.13	7 47.21	18 22 41.3	35 57.4	1.326 475	5 283	2.52	6.63	5 9	12 46.8	20 23
29	9 15 1.34	7 37.09	+17 46 43.9	37 3.1	1.321 192	5 983	2.53	6.66	5 16	12 50.5	20 23
30	9 22 38.43	7 27.06	17 9 40.8	38 1.7	1.315 209	6 626	2.54	6.69	5 23	12 54.1	20 23
31	9 30 5.49	7 17.16	16 31 39.1	38 53.2	1.308 583	7 217	2.55	6.72	5 31	12 57.5	20 22
Aug. 1	9 37 22.65	7 7.44	15 52 45.9	39 38.2	1.301 366	7 758	2.57	6.76	5 38	13 0.8	20 22
2	9 44 30.09	6 57.92	15 13 7.7	40 17.0	1.293 608	8 255	2.58	6.80	5 44	13 3.9	20 21
3	9 51 28.01	6 48.62	14 32 50.7	40 50.2	1.285 353	8 714	2.60	6.85	5 51	13 6.9	20 21
4	9 58 16.63	6 39.56	+13 52 0.5	41 18.0	1.276 639	9 137	2.62	6.89	5 58	13 9.7	20 20
5	10 4 56.19	6 30.72	13 10 42.5	41 40.8	1.267 502	9 527	2.63	6.94	6 4	13 12.3	20 19
6	10 11 26.91	6 22.12	12 29 1.7	41 59.0	1.257 975	9 890	2.66	7.00	6 10	13 14.8	20 17
7	10 17 49.03	6 13.75	11 47 2.7	42 12.7	1.248 085	10 226	2.68	7.05	6 16	13 17.1	20 16
8	10 24 2.78	6 5.60	11 4 50.0	42 22.2	1.237 859	10 540	2.70	7.11	6 22	13 19.3	20 15
9	10 30 8.38	5 57.67	10 22 27.8	42 27.9	1.227 319	10 834	2.72	7.17	6 28	13 21.4	20 13
10	10 36 6.05	5 49.93	+ 9 39 59.9	42 30.0	1.216 485	11 110	2.74	7.23	6 33	13 23.4	20 11
11	10 41 55.98	5 42.37	8 57 29.9	42 28.4	1.205 375	11 371	2.77	7.30	6 39	13 25.2	20 10
12	10 47 38.35	5 34.98	8 15 1.5	42 23.6	1.194 004	11 618	2.80	7.37	6 44	13 26.9	20 8
13	10 53 13.33	5 27.75	7 32 37.9	42 15.5	1.182 386	11 853	2.82	7.44	6 49	13 28.5	20 6
14	10 58 41.08	5 20.63	6 50 22.4	42 4.3	1.170 533	12 078	2.85	7.52	6 54	13 29.9	20 4
15	11 4 1.71	5 13.64	6 8 18.1	41 50.2	1.158 455	12 294	2.88	7.60	6 59	13 31.3	20 2
16	11 9 15.35	5 6.72	+ 5 26 27.9	41 33.1	1.146 161	12 502	2.91	7.68	7 4	13 32.5	20 0
17	11 14 22.07	4 59.86	4 44 54.8	41 13.1	1.133 659	12 703	2.95	7.76	7 8	13 33.6	19 57
18	11 19 21.93	4 53.05	4 3 41.7	40 50.1	1.120 956	12 897	2.98	7.85	7 12	13 34.6	19 55
19	11 24 14.98	4 46.25	3 22 51.6	40 24.4	1.108 059	13 087	3.01	7.94	7 17	13 35.5	19 53
20	11 29 1.23	4 39.43	2 42 27.2	39 55.8	1.094 972	13 271	3.05	8.04	7 21	13 36.2	19 50
21	11 33 40.66	4 32.55	2 2 31.4	39 24.1	1.081 701	13 451	3.09	8.14	7 24	13 36.9	19 48
22	11 38 13.21	4 25.60	+ 1 23 7.3	38 49.4	1.068 250	13 626	3.13	8.24	728	13 37.4	19 45
23	11 42 38.81	4 18.53	0 44 17.9	38 11.5	1.054 624	13 797	3.17	8.34	7 32	13 37.8	19 43
24	11 46 57.34	4 11.32	+ 0 6 6.4	37 30.6	1.040 827	13 962	3.21	8.45	7 35	13 38.1	19 40
25	11 51 8.66	4 3.92	− 0 31 24.2	36 46.0	1.026 865	14 124	3.25	8.57	7 38	13 38.3	19 37
26	11 55 12.58	3 56.28	1 8 10.2	35 58.0	1.012 741	14 279	3.30	8.69	7 41	13 38.4	19 34
27	11 59 8.86	3 48.38	1 44 8.2	35 6.1	0.998 462	14 427	3.34	8.81	7 44	13 38.3	19 31
28	12 2 57.24	3 40.15	− 2 19 14.3	34 10.1	0.984 035	14 570	3.39	8.94	7 47	13 38.1	19 28
29	12 6 37.39	3 31.55	2 53 24.4	33 9.7	0.969 465	14 703	3.45	9.08	7 49	13 37.7	19 25
30	12 10 8.94	3 22.53	3 26 34.1	32 4.7	0.954 762	14 826	3.50	9.22	7 51	13 37.2	19 22
31	12 13 31.47	3 13.02	3 58 38.8	30 54.6	0.939 936	14 938	3.55	9.36	7 53	13 36.5	19 19
Sept. 1	12 16 44.49	3 2.97	4 29 33.4	29 38.8	0.924 998	15 035	3.61	9.51	7 55	13 35.7	19 16
2	12 19 47.46		− 4 59 12.2		0.909 963		3.67	9.67	7 56	13 34.7	19 12

Tag	Scheinbare Rektaszension		Scheinbare Deklination		Δ		Halbmesser	Hor. Par.	Aufgang	Obere Kulmination	Untergang
	0h Weltzeit								in 0h Länge, + 50° Breite		
1956	h m s	m s	° ′ ″	′ ″			″	″	h m	h m	h m
Sept. 2	12 19 47.46	2 52.30	−4 59 12.2	28 17.1	0.909 963	15 116	3.67	9.67	7 56	13 34.7	19 12
3	12 22 39.76	2 40.95	5 27 29.3	26 48.7	0.894 847	15 177	3.73	9.83	7 57	13 33.6	19 9
4	12 25 20.71	2 28.86	5 54 18.0	25 13.1	0.879 670	15 216	3.80	10.00	7 58	13 32.2	19 6
5	12 27 49.57	2 15.94	6 19 31.1	23 29.7	0.864 454	15 226	3.86	10.18	7 58	13 30.6	19 2
6	12 30 5.51	2 2.14	6 43 0.8	21 37.7	0.849 228	15 204	3.93	10.36	7 59	13 28.8	18 58
7	12 32 7.65	1 47.38	7 4 38.5	19 36.3	0.834 024	15 144	4.00	10.55	7 58	13 26.8	18 55
8	12 33 55.03	1 31.60	−7 24 14.8	17 24.7	0.818 880	15 041	4.08	10.75	7 58	13 24.5	18 51
9	12 35 26.63	1 14.76	7 41 39.5	15 2.3	0.803 839	14 887	4.16	10.95	7 57	13 21.9	18 47
10	12 36 41.39	0 56.81	7 56 41.8	12 27.9	0.788 952	14 673	4.23	11.15	7 55	13 19.1	18 43
11	12 37 38.20	0 37.75	8 9 9.7	9 41.1	0.774 279	14 391	4.32	11.37	7 53	13 15.9	18 39
12	12 38 15.95	0 17.61	8 18 50.7	6 41.0	0.759 888	14 032	4.40	11.58	7 50	13 12.4	18 35
13	12 38 33.56	0 3.59	8 25 31.7	3 27.2	0.745 856	13 584	4.48	11.80	7 47	13 8.6	18 30
14	12 38 29.97	0 25.70	−8 28 58.9	0.0	0.732 272	13 038	4.56	12.02	7 43	13 4.4	18 26
15	12 38 4.27	0 48.56	8 28 58.9	3 40.8	0.719 234	12 378	4.65	12.24	7 38	12 59.8	18 22
16	12 37 15.71	1 11.94	8 25 18.1	7 34.2	0.706 856	11 595	4.73	12.45	7 33	12 54.9	18 17
17	12 36 3.77	1 35.48	8 17 43.9	11 38.1	0.695 261	10 675	4.80	12.66	7 27	12 49.5	18 13
18	12 34 28.29	1 58.73	8 6 5.8	15 49.9	0.684 586	9 607	4.88	12.85	7 20	12 43.8	18 8
19	12 32 29.56	2 21.19	7 50 15.9	20 5.8	0.674 979	8 379	4.95	13.04	7 13	12 37.7	18 4
20	12 30 8.37	2 42.19	−7 30 10.1	24 20.6	0.666 600	6 984	5.01	13.20	7 5	12 31.3	17 59
21	12 27 26.18	3 1.03	7 5 49.5	28 27.4	0.659 616	5 418	5.06	13.34	6 56	12 24.5	17 54
22	12 24 25.15	3 16.92	6 37 22.1	32 18.7	0.654 198	3 680	5.10	13.45	6 46	12 17.4	17 50
23	12 21 8.23	3 29.09	6 5 3.4	35 45.9	0.650 518	1 775	5.13	13.53	6 36	12 10.1	17 45
24	12 17 39.14	3 36.79	5 29 17.5	38 39.8	0.648 743	286	5.15	13.56	6 26	12 2.7	17 40
25	12 14 2.35	3 39.39	4 50 37.7	40 51.7	0.649 029	2 481	5.15	13.56	6 16	11 55.1	17 36
26	12 10 22.96	3 36.42	−4 9 46.0	42 14.1	0.651 510	4 787	5.13	13.51	6 5	11 47.6	17 32
27	12 6 46.54	3 27.63	3 27 31.9	42 41.4	0.656 297	7 171	5.09	13.41	5 54	11 40.1	17 28
28	12 3 18.91	3 13.04	2 44 50.5	42 10.3	0.663 468	9 593	5.03	13.26	5 43	11 32.9	17 24
29	12 0 5.87	2 52.93	2 2 40.2	40 40.5	0.673 061	12 015	4.96	13.07	5 33	11 25.9	17 20
30	11 57 12.94	2 27.81	1 21 59.7	38 14.9	0.685 076	14 391	4.88	12.85	5 23	11 19.3	17 17
Okt. 1	11 54 45.13	1 58.41	0 43 44.8	34 58.6	0.699 467	16 677	4.77	12.58	5 14	11 13.1	17 14
2	11 52 46.72	1 25.61	−0 8 46.2	30 59.1	0.716 144	18 834	4.66	12.29	5 6	11 7.5	17 11
3	11 51 21.11	0 50.40	+0 22 12.9	26 25.0	0.734 978	20 822	4.54	11.97	4 58	11 2.4	17 8
4	11 50 30.71	0 13.73	0 48 37.9	21 25.3	0.755 800	22 610	4.42	11.64	4 52	10 57.9	17 5
5	11 50 16.98	0 23.45	1 10 3.2	16 9.4	0.778 410	24 173	4.29	11.31	4 46	10 54.0	17 3
6	11 50 40.43	1 0.26	1 26 12.6	10 45.9	0.802 583	25 490	4.16	10.96	4 41	10 50.8	17 1
7	11 51 40.69	1 35.99	1 36 58.5	5 22.5	0.828 073	26 549	4.03	10.63	4 38	10 48.1	16 59
8	11 53 16.68	2 10.01	+1 42 21.0	0 5.7	0.854 622	27 347	3.91	10.30	4 35	10 46.0	16 57
9	11 55 26.69	2 41.84	1 42 26.7	4 58.7	0.881 969	27 886	3.79	9.98	4 34	10 44.5	16 56
10	11 58 8.53	3 11.19	1 37 28.0	9 46.9	0.909 855	28 174	3.67	9.67	4 33	10 43.5	16 54
11	12 1 19.72	3 37.83	1 27 41.1	14 15.4	0.938 029	28 228	3.56	9.38	4 33	10 42.9	16 53
12	12 4 57.55	4 1.71	1 13 25.7	18 22.2	0.966 257	28 066	3.46	9.11	4 34	10 42.8	16 51
13	12 8 59.26		+0 55 3.5		0.994 323		3.36	8.85	4 36	10 43.1	16 50

Tag	0h Weltzeit: Scheinbare Rektaszension	Diff.	Scheinbare Deklination	Diff.	Δ	Diff.	Halbmesser	Hor. Par.	Aufgang	Obere Kulmination	Untergang
1956	h m s	m s	° ′ ″	′ ″			″	″	h m	h m	h m
Okt. 13	12 8 59.26	4 22.82	+ 0 55 3.5	22 6.2	0.994 323	27 711	3.36	8.85	4 36	10 43.1	16 50
14	12 13 22.08	4 41.28	0 32 57.3	25 26.9	1.022 034	27 189	3.27	8.61	4 38	10 43.6	16 48
15	12 18 3.36	4 57.24	+ 0 7 30.4	28 24.6	1.049 223	26 524	3.18	8.39	4 41	10 44.5	16 47
16	12 23 0.60	5 10.88	− 0 20 54.2	30 59.8	1.075 747	25 743	3.10	8.18	4 44	10 45.6	16 46
17	12 28 11.48	5 22.43	0 51 54.0	33 13.7	1.101 490	24 870	3.03	7.99	4 48	10 46.9	16 45
18	12 33 33.91	5 32.13	1 25 7.7	35 7.9	1.126 360	23 927	2.96	7.81	4 52	10 48.4	16 43
19	12 39 6.04	5 40.18	− 2 0 15.6	36 43.6	1.150 287	22 933	2.90	7.65	4 57	10 50.1	16 42
20	12 44 46.22	5 46.83	2 36 59.2	38 2.3	1.173 220	21 906	2.85	7.50	5 1	10 51.9	16 41
21	12 50 33.05	5 52.25	3 15 1.5	39 6.0	1.195 126	20 861	2.79	7.36	5 6	10 53.8	16 40
22	12 56 25.30	5 56.66	3 54 7.5	39 55.8	1.215 987	19 811	2.75	7.24	5 12	10 55.7	16 39
23	13 2 21.96	6 0.22	4 34 3.3	40 33.3	1.235 798	18 763	2.70	7.12	5 17	10 57.8	16 37
24	13 8 22.18	6 3.06	5 14 36.6	40 59.9	1.254 561	17 728	2.66	7.01	5 22	10 59.9	16 36
25	13 14 25.24	6 5.33	− 5 55 36.5	41 16.8	1.272 289	16 709	2.63	6.92	5 27	11 2.0	16 35
26	13 20 30.57	6 7.14	6 36 53.3	41 25.0	1.288 998	15 712	2.59	6.83	5 33	11 4.1	16 34
27	13 26 37.71	6 8.57	7 18 18.3	41 25.7	1.304 710	14 739	2.56	6.74	5 38	11 6.3	16 33
28	13 32 46.28	6 9.73	7 59 44.0	41 19.7	1.319 449	13 793	2.53	6.67	5 44	11 8.5	16 32
29	13 38 56.01	6 10.66	8 41 3.7	41 7.8	1.333 242	12 875	2.50	6.60	5 50	11 10.8	16 31
30	13 45 6.67	6 11.43	9 22 11.5	40 50.5	1.346 117	11 984	2.48	6.54	5 55	11 13.0	16 29
31	13 51 18.10	6 12.09	−10 3 2.0	40 28.8	1.358 101	11 122	2.46	6.48	6 1	11 15.3	16 28
Nov. 1	13 57 30.19	6 12.68	10 43 30.8	40 2.8	1.369 223	10 286	2.44	6.43	6 7	11 17.5	16 27
2	14 3 42.87	6 13.24	11 23 33.6	39 33.3	1.379 509	9 478	2.42	6.38	6 12	11 19.8	16 26
3	14 9 56.11	6 13.77	12 3 6.9	39 0.4	1.388 987	8 695	2.41	6.34	6 18	11 22.1	16 25
4	14 16 9.88	6 14.32	12 42 7.3	38 24.6	1.397 682	7 935	2.39	6.30	6 24	11 24.4	16 24
5	14 22 24.20	6 14.90	13 20 31.9	37 46.2	1.405 617	7 200	2.38	6.26	6 29	11 26.7	16 23
6	14 28 39.10	6 15.52	−13 58 18.1	37 5.3	1.412 817	6 485	2.36	6.23	6 35	11 29.0	16 22
7	14 34 54.62	6 16.20	14 35 23.4	36 22.2	1.419 302	5 791	2.35	6.20	6 40	11 31.3	16 21
8	14 41 10.82	6 16.92	15 11 45.6	35 37.2	1.425 093	5 115	2.34	6.18	6 46	11 33.7	16 20
9	14 47 27.74	6 17.73	15 47 22.8	34 50.1	1.430 208	4 456	2.33	6.15	6 51	11 36.0	16 19
10	14 53 45.47	6 18.59	16 22 12.9	34 1.4	1.434 664	3 812	2.33	6.13	6 57	11 38.4	16 19
11	15 0 4.06	6 19.53	16 56 14.3	33 11.0	1.438 476	3 183	2.32	6.12	7 2	11 40.8	16 18
12	15 6 23.59	6 20.53	−17 29 25.3	32 19.1	1.441 659	2 567	2.32	6.10	7 8	11 43.2	16 17
13	15 12 44.12	6 21.62	18 1 44.4	31 25.4	1.444 226	1 961	2.31	6.09	7 13	11 45.6	16 17
14	15 19 5.74	6 22.76	18 33 9.8	30 30.5	1.446 187	1 365	2.31	6.08	7 19	11 48.0	16 16
15	15 25 28.50	6 23.96	19 3 40.3	29 34.0	1.447 552	780	2.31	6.08	7 24	11 50.5	16 16
16	15 31 52.46	6 25.23	19 33 14.3	28 36.2	1.448 332	201	2.31	6.08	7 29	11 52.9	16 16
17	15 38 17.69	6 26.55	20 1 50.5	27 36.9	1.448 533	$\overline{373}$	2.31	6.08	7 35	11 55.4	16 15
18	15 44 44.24	6 27.91	−20 29 27.4	26 36.3	1.448 160	941	2.31	6.08	7 40	11 57.9	16 15
19	15 51 12.15	6 29.32	20 56 3.7	25 34.3	1.447 219	1 505	2.31	6.08	7 45	12 0.5	16 15
20	15 57 41.47	6 30.76	21 21 38.0	24 31.0	1.445 714	2 067	2.31	6.09	7 50	12 3.1	16 15
21	16 4 12.23	6 32.21	21 46 9.0	23 26.2	1.443 647	2 628	2.32	6.10	7 55	12 5.6	16 15
22	16 10 44.44	6 33.67	22 9 35.2	22 20.2	1.441 019	3 188	2.32	6.11	8 0	12 8.2	16 15
23	16 17 18.11		−22 31 55.4		1.437 831		2.32	6.12	8 5	12 10.9	16 16

Aufgang, Obere Kulmination, Untergang: in 0h Länge, + 50° Breite

Tag	Scheinbare Rektaszension (0h Weltzeit)		Scheinbare Deklination (0h Weltzeit)		Δ (0h Weltzeit)		Halbmesser	Hor. Par.	Aufgang (in 0h Länge, + 50° Breite)	Obere Kulmination (in 0h Länge, + 50° Breite)	Untergang (in 0h Länge, + 50° Breite)
1956	h m s	m s	° ′ ″	′ ″			″	″	h m	h m	h m
Nov. 23	16 17 18.11	6 35.14	−22 31 55.4	21 12.7	1.437 831	3 750	2.32	6.12	8 5	12 10.9	16 16
24	16 23 53.25	6 36.59	22 53 8.1	20 3.9	1.434 081	4 313	2.33	6.14	8 10	12 13.5	16 16
25	16 30 29.84	6 38.01	23 13 12.0	18 53.6	1.429 768	4 880	2.33	6.15	8 15	12 16.2	16 17
26	16 37 7.85	6 39.39	23 32 5.6	17 42.0	1.424 888	5 450	2.35	6.18	8 20	12 18.9	16 17
27	16 43 47.24	6 40.70	23 49 47.6	16 29.0	1.419 438	6 027	2.35	6.20	8 24	12 21.7	16 18
28	16 50 27.94	6 41.93	24 6 16.6	15 14.5	1.413 411	6 608	2.36	6.23	8 29	12 24.4	16 19
29	16 57 9.87	6 43.06	−24 21 31.1	13 58.7	1.406 803	7 198	2.38	6.26	8 33	12 27.2	16 21
30	17 3 52.93	6 44.08	24 35 29.8	12 41.5	1.399 605	7 794	2.39	6.29	8 38	12 30.0	16 22
Dez. 1	17 10 37.01	6 44.95	24 48 11.3	11 23.0	1.391 811	8 400	2.40	6.32	8 42	12 32.8	16 23
2	17 17 21.96	6 45.66	24 59 34.3	10 3.0	1.383 411	9 016	2.41	6.36	8 46	12 35.6	16 25
3	17 24 7.62	6 46.16	25 9 37.3	8 41.9	1.374 395	9 642	2.43	6.40	8 50	12 38.4	16 27
4	17 30 53.78	6 46.45	25 18 19.2	7 19.3	1.364 753	10 280	2.45	6.45	8 54	12 41.3	16 29
5	17 37 40.23	6 46.49	−25 25 38.5	5 55.6	1.354 473	10 929	2.47	6.50	8 57	12 44.1	16 31
6	17 44 26.72	6 46.22	25 31 34.1	4 30.8	1.343 544	11 591	2.49	6.55	9 1	12 46.9	16 33
7	17 51 12.94	6 45.62	25 36 4.9	3 5.0	1.331 953	12 268	2.51	6.61	9 4	12 49.8	16 35
8	17 57 58.56	6 44.66	25 39 9.9	1 38.1	1.319 685	12 958	2.53	6.67	9 7	12 52.6	16 38
9	18 4 43.22	6 43.26	25 40 48.0	0 10.4	1.306 727	13 662	2.55	6.73	9 10	12 55.4	16 41
10	18 11 26.48	6 41.39	25 40 58.4	1 17.7	1.293 065	14 381	2.58	6.81	9 13	12 58.2	16 44
11	18 18 7.87	6 38.97	−25 39 40.7	2 46.5	1.278 684	15 113	2.61	6.88	9 16	13 0.9	16 46
12	18 24 46.84	6 35.93	25 36 54.2	4 15.4	1.263 571	15 860	2.64	6.96	9 18	13 3.6	16 50
13	18 31 22.77	6 32.21	25 32 38.8	5 44.3	1.247 711	16 620	2.68	7.05	9 20	13 6.2	16 53
14	18 37 54.98	6 27.70	25 26 54.5	7 12.7	1.231 091	17 391	2.71	7.15	9 22	13 8.7	16 56
15	18 44 22.68	6 22.29	25 19 41.8	8 40.3	1.213 700	18 171	2.75	7.25	9 24	13 11.2	16 59
16	18 50 44.97	6 15.90	25 11 1.5	10 6.6	1.195 529	18 959	2.79	7.36	9 25	13 13.6	17 3
17	18 57 0.87	6 8.36	−25 0 54.9	11 31.2	1.176 570	19 749	2.84	7.48	9 26	13 15.9	17 6
18	19 3 9.23	5 59.55	24 49 23.7	12 53.3	1.156 821	20 537	2.89	7.61	9 26	13 18.0	17 10
19	19 9 8.78	5 49.28	24 36 30.4	14 12.1	1.136 284	21 318	2.94	7.74	9 27	13 19.9	17 13
20	19 14 58.06	5 37.39	24 22 18.3	15 26.7	1.114 966	22 083	2.99	7.89	9 27	13 21.7	17 17
21	19 20 35.45	5 23.66	24 0 51.6	16 36.4	1.092 883	22 823	3.06	8.05	9 27	13 23.3	17 20
22	19 25 59.11	5 7.86	23 50 15.2	17 39.8	1.070 060	23 524	3.12	8.22	9 26	13 24.6	17 24
23	19 31 6.97	4 49.75	−23 32 35.4	18 35.8	1.046 536	24 175	3.19	8.41	9 25	13 25.6	17 27
24	19 35 56.72	4 29.06	23 13 59.6	19 22.8	1.022 361	24 756	3.27	8.61	9 24	13 26.3	17 29
25	19 40 25.78	4 5.55	22 54 36.8	19 59.5	0.997 605	25 248	3.35	8.82	9 22	13 26.6	17 32
26	19 44 31.33	3 38.96	22 34 37.3	20 24.2	0.972 357	25 628	3.43	9.05	9 20	13 26.6	17 33
27	19 48 10.29	3 9.06	22 14 13.1	20 35.7	0.946 729	25 870	3.53	9.30	9 18	13 26.0	17 35
28	19 51 19.35	2 35.67	21 53 37.4	20 32.0	0.920 859	25 944	3.63	9.56	9 14	13 24.9	17 36
29	19 53 55.02	1 58.71	−21 33 5.4	20 12.2	0.894 915	25 821	3.73	9.83	9 11	13 23.2	17 36
30	19 55 53.73	1 18.23	21 12 53.2	19 35.3	0.869 094	25 469	3.84	10.13	9 6	13 20.9	17 36
31	19 57 11.96	0 34.45	20 53 17.9	18 40.9	0.843 625	24 857	3.96	10.43	9 2	13 17.9	17 35
32	19 57 46.41		−20 34 37.0		0.818 768		4.08	10.75	8 56	13 14.1	17 33

Venus 1956

Tag	0h Weltzeit: Scheinbare Rektaszension		0h Weltzeit: Scheinbare Deklination		0h Weltzeit: Δ		Halbmesser	Hor. Par.	Aufgang (in 0h Länge, + 50° Breite)	Obere Kulmination (in 0h Länge, + 50° Breite)	Untergang (in 0h Länge, + 50° Breite)
1956	h m s	m s	° ′ ″	′ ″			″	″	h m	h m	h m
Jan. 0	20 44 53.97	5 3.97	−19 53 50.9	19 36.0	1.390 681	4 947	6.05	6.33	9 48	14 11.0	18 35
1	20 49 57.94	5 2.58	19 34 14.9	20 8.9	1.385 734	4 977	6.07	6.35	9 47	14 12.1	18 38
2	20 55 0.52	5 1.17	19 14 6.0	20 41.2	1.380 757	5 008	6.09	6.37	9 46	14 13.2	18 41
3	21 0 1.69	4 59.77	18 53 24.8	21 12.6	1.375 749	5 039	6.12	6.40	9 45	14 14.3	18 44
4	21 5 1.46	4 58.36	18 32 12.2	21 43.4	1.370 710	5 069	6.14	6.42	9 44	14 15.3	18 47
5	21 9 59.82	4 56.95	18 10 28.8	22 13.3	1.365 641	5 101	6.15	6.44	9 43	14 16.3	18 50
6	21 14 56.77	4 55.54	−17 48 15.5	22 42.5	1.360 540	5 132	6.18	6.47	9 42	14 17.3	18 53
7	21 19 52.31	4 54.14	17 25 33.0	23 11.0	1.355 408	5 164	6.20	6.49	9 41	14 18.3	18 56
8	21 24 46.45	4 52.74	17 2 22.0	23 38.6	1.350 244	5 196	6.23	6.52	9 40	14 19.2	18 59
9	21 29 39.19	4 51.35	16 38 43.4	24 5.5	1.345 048	5 228	6.25	6.54	9 39	14 20.1	19 2
10	21 34 30.54	4 49.97	16 14 37.9	24 31.6	1.339 820	5 260	6.28	6.57	9 37	14 21.0	19 6
11	21 39 20.51	4 48.59	15 50 6.3	24 56.8	1.334 560	5 294	6.30	6.59	9 36	14 21.9	19 9
12	21 44 9.10	4 47.24	−15 25 9.5	25 21.3	1.329 266	5 326	6.33	6.62	9 35	14 22.8	19 12
13	21 48 56.34	4 45.89	14 59 48.2	25 44.9	1.323 940	5 359	6.36	6.65	9 33	14 23.6	19 15
14	21 53 42.23	4 44.55	14 34 3.3	26 7.8	1.318 581	5 392	6.37	6.67	9 32	14 24.4	19 18
15	21 58 26.78	4 43.25	14 7 55.5	26 29.8	1.313 189	5 426	6.40	6.70	9 30	14 25.2	19 21
16	22 3 10.03	4 41.95	13 41 25.7	26 51.1	1.307 763	5 459	6.43	6.73	9 29	14 26.0	19 24
17	22 7 51.98	4 40.67	13 14 34.6	27 11.4	1.302 304	5 492	6.46	6.76	9 27	14 26.7	19 27
18	22 12 32.65	4 39.42	−12 47 23.2	27 31.1	1.296 812	5 526	6.49	6.79	9 25	14 27.4	19 31
19	22 17 12.07	4 38.18	12 19 52.1	27 49.9	1.291 286	5 559	6.51	6.81	9 24	14 28.1	19 34
20	22 21 50.25	4 36.97	11 52 2.2	28 7.8	1.285 727	5 593	6.54	6.84	9 22	14 28.8	19 37
21	22 26 27.22	4 35.78	11 23 54.4	28 25.1	1.280 134	5 625	6.57	6.87	9 20	14 29.5	19 40
22	22 31 3.00	4 34.63	10 55 29.3	28 41.5	1.274 509	5 659	6.59	6.90	9 19	14 30.1	19 43
23	22 35 37.63	4 33.49	10 26 47.8	28 57.1	1.268 850	5 691	6.63	6.94	9 17	14 30.7	19 46
24	22 40 11.12	4 32.38	− 9 57 50.7	29 11.9	1.263 159	5 723	6.66	6.97	9 15	14 31.3	19 49
25	22 44 43.50	4 31.32	9 28 38.8	29 26.0	1.257 436	5 755	6.69	7.00	9 13	14 31.9	19 52
26	22 49 14.82	4 30.27	8 59 12.8	29 39.3	1.251 681	5 787	6.72	7.03	9 11	14 32.5	19 55
27	22 53 45.09	4 29.26	8 29 33.5	29 51.9	1.245 894	5 818	6.75	7.06	9 9	14 33.0	19 58
28	22 58 14.35	4 28.30	7 59 41.6	30 3.6	1.240 076	5 849	6.79	7.10	9 7	14 33.6	20 1
29	23 2 42.65	4 27.37	7 29 38.0	30 14.7	1.234 227	5 880	6.81	7.13	9 6	14 34.1	20 4
30	23 7 10.02	4 26.46	− 6 59 23.3	30 25.1	1.228 347	5 912	6.84	7.16	9 4	14 34.6	20 7
31	23 11 36.48	4 25.61	6 28 58.2	30 34.6	1.222 435	5 942	6.88	7.20	9 2	14 35.1	20 10
Febr. 1	23 16 2.09	4 24.78	5 58 23.6	30 43.5	1.216 493	5 974	6.91	7.23	9 0	14 35.6	20 13
2	23 20 26.87	4 24.01	5 27 40.1	30 51.6	1.210 519	6 005	6.95	7.27	8 58	14 36.0	20 16
3	23 24 50.88	4 23.25	4 56 48.5	30 59.0	1.204 514	6 037	6.99	7.31	8 56	14 36.5	20 19
4	23 29 14.13	4 22.54	4 25 49.5	31 5.7	1.198 477	6 068	7.01	7.34	8 54	14 36.9	20 21
5	23 33 36.67	4 21.87	− 3 54 43.8	31 11.5	1.192 409	6 101	7.05	7.38	8 52	14 37.4	20 24
6	23 37 58.54	4 21.24	3 23 32.3	31 16.7	1.186 308	6 133	7.09	7.42	8 49	14 37.8	20 27
7	23 42 19.78	4 20.63	2 52 15.6	31 21.1	1.180 175	6 165	7.13	7.46	8 47	14 38.2	20 30
8	23 46 40.41	4 20.06	2 20 54.5	31 24.9	1.174 010	6 198	7.17	7.50	8 45	14 38.6	20 33
9	23 51 0.47	4 19.53	1 49 29.6	31 27.7	1.167 812	6 231	7.21	7.54	8 43	14 39.0	20 36
10	23 55 20.00		− 1 18 1.9		1.161 581		7.24	7.58	8 41	14 39.3	20 39

Tag	0h Weltzeit Scheinbare Rektaszension		Scheinbare Deklination		Δ		Halb-messer	Hor. Par.	Auf-gang (in 0h Länge, + 50° Breite)	Obere Kulmination (in 0h Länge, + 50° Breite)	Unter-gang (in 0h Länge, + 50° Breite)
1956	h m s	m s	° ′ ″	′ ″			″	″	h m	h m	h m
Febr. 10	23 55 20.00	4 19.04	− 1 18 1.9	31 30.0	1.161 581	6 264	7.24	7.58	8 41	14 39.3	20 39
11	23 59 39.04	4 18.57	0 46 31.9	31 31.4	1.155 317	6 297	7.28	7.62	8 39	14 39.7	20 42
12	0 3 57.61	4 18.15	− 0 15 0.5	31 32.3	1.149 020	6 331	7.32	7.66	8 37	14 40.1	20 45
13	0 8 15.76	4 17.75	+ 0 16 31.8	31 32.3	1.142 689	6 364	7.36	7.70	8 35	14 40.4	20 48
14	0 12 33.51	4 17.39	0 48 4.1	31 31.5	1.136 325	6 397	7.40	7.74	8 33	14 40.8	20 50
15	0 16 50.90	4 17.05	1 19 35.6	31 30.1	1.129 928	6 431	7.44	7.79	8 30	14 41.1	20 53
16	0 21 7.95	4 16.76	+ 1 51 5.7	31 27.9	1.123 497	6 465	7.48	7.83	8 28	14 41.5	20 56
17	0 25 24.71	4 16.48	2 22 33.6	31 25.0	1.117 032	6 498	7.53	7.88	8 26	14 41.8	20 59
18	0 29 41.19	4 16.23	2 53 58.6	31 21.4	1.110 534	6 532	7.57	7.92	8 24	14 42.1	21 2
19	0 33 57.42	4 16.02	3 25 20.0	31 17.1	1.104 002	6 564	7.62	7.97	8 22	14 42.4	21 5
20	0 38 13.44	4 15.84	3 56 37.1	31 12.0	1.097 438	6 597	7.66	8.02	8 19	14 42.8	21 8
21	0 42 29.28	4 15.67	4 27 49.1	31 6.3	1.090 841	6 629	7.71	8.07	8 17	14 43.1	21 10
22	0 46 44.95	4 15.55	+ 4 58 55.4	30 59.8	1.084 212	6 661	7.76	8.12	8 15	14 43.4	21 13
23	0 51 0.50	4 15.44	5 29 55.2	30 52.8	1.077 551	6 693	7.81	8.17	8 13	14 43.7	21 16
24	0 55 15.94	4 15.36	6 0 48.0	30 44.9	1.070 858	6 723	7.86	8.22	8 11	14 44.0	21 19
25	0 59 31.30	4 15.33	6 31 32.9	30 36.4	1.064 135	6 754	7.90	8.27	8 9	14 44.3	21 22
26	1 3 46.63	4 15.32	7 2 9.3	30 27.3	1.057 381	6 784	7.95	8.32	8 6	14 44.6	21 25
27	1 8 1.95	4 15.32	7 32 36.6	30 17.5	1.050 597	6 814	8.01	8.38	8 4	14 45.0	21 27
28	1 12 17.27	4 15.37	+ 8 2 54.1	30 7.0	1.043 783	6 843	8.06	8.43	8 2	14 45.3	21 30
29	1 16 32.64	4 15.44	8 33 1.1	29 55.9	1.036 940	6 873	8.11	8.49	8 0	14 45.6	21 33
März 1	1 20 48.08	4 15.53	9 2 57.0	29 44.1	1.030 067	6 902	8.16	8.54	7 58	14 45.9	21 36
2	1 25 3.61	4 15.66	9 32 41.1	29 31.6	1.023 165	6 931	8.22	8.60	7 55	14 46.2	21 39
3	1 29 19.27	4 15.79	10 2 12.7	29 18.5	1.016 234	6 961	8.28	8.66	7 53	14 46.5	21 41
4	1 33 35.06	4 15.96	10 31 31.2	29 4.8	1.009 273	6 989	8.33	8.72	7 51	14 46.9	21 44
5	1 37 51.02	4 16.14	+ 11 0 36.0	28 50.3	1.002 284	7 019	8.39	8.78	7 49	14 47.2	21 47
6	1 42 7.16	4 16.34	11 29 26.3	28 35.2	0.995 265	7 047	8.45	8.84	7 47	14 47.5	21 50
7	1 46 23.50	4 16.56	11 58 1.5	28 19.4	0.988 218	7 077	8.51	8.90	7 45	14 47.8	21 53
8	1 50 40.06	4 16.79	12 26 20.9	28 3.1	0.981 141	7 105	8.57	8.97	7 43	14 48.2	21 55
9	1 54 56.85	4 17.02	12 54 24.0	27 46.0	0.974 036	7 134	8.63	9.03	7 41	14 48.5	21 58
10	1 59 13.87	4 17.27	13 22 10.0	27 28.3	0.966 902	7 163	8.70	9.10	7 38	14 48.9	22 1
11	2 3 31.14	4 17.52	+ 13 49 38.3	27 9.9	0.959 739	7 193	8.76	9.17	7 36	14 49.2	22 4
12	2 7 48.66	4 17.79	14 16 48.2	26 50.9	0.952 546	7 220	8.83	9.24	7 34	14 49.6	22 6
13	2 12 6.45	4 18.04	14 43 39.1	26 31.3	0.945 326	7 250	8.90	9.31	7 32	14 49.9	22 9
14	2 16 24.49	4 18.29	15 10 10.4	26 11.0	0.938 076	7 278	8.96	9.38	7 30	14 50.3	22 12
15	2 20 42.78	4 18.55	15 36 21.4	25 50.0	0.930 798	7 306	9.03	9.45	7 28	14 50.7	22 15
16	2 25 1.33	4 18.78	16 2 11.4	25 28.5	0.923 492	7 335	9.11	9.53	7 26	14 51.0	22 18
17	2 29 20.11	4 19.02	+ 16 27 39.9	25 6.3	0.916 157	7 362	9.18	9.61	7 24	14 51.4	22 20
18	2 33 39.13	4 19.24	16 52 46.2	24 43.5	0.908 795	7 389	9.25	9.68	7 22	14 51.8	22 23
19	2 37 58.37	4 19.44	17 17 29.7	24 20.2	0.901 406	7 416	9.33	9.76	7 20	14 52.1	22 26
20	2 42 17.81	4 19.61	17 41 49.9	23 56.2	0.893 990	7 441	9.40	9.84	7 18	14 52.5	22 28
21	2 46 37.42	4 19.78	18 5 46.1	23 31.6	0.886 549	7 467	9.49	9.93	7 16	14 52.9	22 31
22	2 50 57.20		+ 18 29 17.7		0.879 082		9.57	10.01	7 14	14 53.3	22 34

Venus 1956

Tag	0h Weltzeit: Scheinbare Rektaszension		Scheinbare Deklination		Δ		Halbmesser	Hor. Par.	Aufgang (in 0h Länge, + 50° Breite)	Obere Kulmination	Untergang
1956	h m s	m s	° ′ ″	′ ″			″	″	h m	h m	h m
März 22	2 50 57.20	4 19.92	+18 29 17.7	23 6.6	0.879 082	7 491	9.57	10.01	7 14	14 53.3	22 34
23	2 55 17.12	4 20.04	18 52 24.3	22 40.9	0.871 591	7 515	9.65	10.10	7 13	14 53.7	22 36
24	2 59 37.16	4 20.12	19 15 5.2	22 14.7	0.864 076	7 538	9.73	10.18	7 11	14 54.1	22 39
25	3 3 57.28	4 20.19	19 37 19.9	21 48.1	0.856 538	7 560	9.81	10.27	7 9	14 54.5	22 41
26	3 8 17.47	4 20.22	19 59 8.0	21 20.9	0.848 978	7 581	9.91	10.37	7 7	14 54.9	22 44
27	3 12 37.69	4 20.22	20 20 28.9	20 53.2	0.841 397	7 602	10.00	10.46	7 5	14 55.3	22 47
28	3 16 57.91	4 20.19	+20 41 22.1	20 25.2	0.833 795	7 621	10.08	10.55	7 4	14 55.7	22 49
29	3 21 18.10	4 20.13	21 1 47.3	19 56.5	0.826 174	7 640	10.18	10.65	7 2	14 56.1	22 52
30	3 25 38.23	4 20.02	21 21 43.8	19 27.5	0.818 534	7 659	10.27	10.75	7 0	14 56.5	22 54
31	3 29 58.25	4 19.87	21 41 11.3	18 58.2	0.810 875	7 676	10.37	10.85	6 59	14 56.8	22 56
April 1	3 34 18.12	4 19.68	22 0 9.5	18 28.3	0.803 199	7 693	10.47	10.96	6 57	14 57.2	22 59
2	3 38 37.80	4 19.42	22 18 37.8	17 58.0	0.795 506	7 710	10.57	11.06	6 55	14 57.6	23 1
3	3 42 57.22	4 19.12	+22 36 35.8	17 27.5	0.787 796	7 726	10.67	11.17	6 54	14 58.0	23 3
4	3 47 16.34	4 18.76	22 54 3.3	16 56.5	0.780 070	7 742	10.78	11.28	6 52	14 58.4	23 6
5	3 51 35.10	4 18.33	23 10 59.8	16 25.3	0.772 328	7 756	10.89	11.39	6 51	14 58.7	23 8
6	3 55 53.43	4 17.85	23 27 25.1	15 53.8	0.764 572	7 771	11.00	11.51	6 49	14 59.1	23 10
7	4 0 11.28	4 17.28	23 43 18.9	15 21.9	0.756 801	7 784	11.11	11.63	6 48	14 59.4	23 12
8	4 4 28.56	4 16.64	23 58 40.8	14 49.8	0.749 017	7 798	11.23	11.75	6 47	14 59.8	23 14
9	4 8 45.20	4 15.92	+24 13 30.6	14 17.4	0.741 219	7 809	11.34	11.87	6 45	15 0.1	23 16
10	4 13 1.12	4 15.12	24 27 48.0	13 44.9	0.733 410	7 822	11.47	12.00	6 44	15 0.4	23 18
11	4 17 16.24	4 14.22	24 41 32.9	13 12.1	0.725 588	7 833	11.59	12.13	6 43	15 0.7	23 20
12	4 21 30.46	4 13.22	24 54 45.0	12 39.3	0.717 755	7 843	11.72	12.26	6 41	15 1.0	23 22
13	4 25 43.68	4 12.12	25 7 24.3	12 6.2	0.709 912	7 853	11.85	12.40	6 40	15 1.3	23 24
14	4 29 55.80	4 10.92	25 19 30.5	11 33.2	0.702 059	7 862	11.97	12.53	6 39	15 1.5	23 25
15	4 34 6.72	4 9.60	+25 31 3.7	11 0.0	0.694 197	7 869	12.12	12.68	6 38	15 1.7	23 27
16	4 38 16.32	4 8.16	25 42 3.7	10 26.7	0.686 328	7 875	12.25	12.82	6 37	15 1.9	23 28
17	4 42 24.48	4 6.61	25 52 30.4	9 53.5	0.678 453	7 880	12.40	12.97	6 36	15 2.1	23 30
18	4 46 31.09	4 4.92	26 2 23.9	9 20.2	0.670 573	7 883	12.54	13.12	6 35	15 2.3	23 31
19	4 50 36.01	4 3.11	26 11 44.1	8 47.2	0.662 690	7 885	12.69	13.28	6 34	15 2.4	23 32
20	4 54 39.12	4 1.17	26 20 31.3	8 14.1	0.654 805	7 886	12.84	13.44	6 33	15 2.5	23 33
21	4 58 40.29	3 59.10	+26 28 45.4	7 41.1	0.646 919	7 884	13.00	13.60	6 32	15 2.5	23 34
22	5 2 39.39	3 56.88	26 36 26.5	7 8.3	0.639 035	7 880	13.16	13.77	6 31	15 2.5	23 35
23	5 6 36.27	3 54.54	26 43 34.8	6 35.8	0.631 155	7 876	13.32	13.94	6 30	15 2.5	23 36
24	5 10 30.81	3 52.06	26 50 10.6	6 3.3	0.623 279	7 869	13.49	14.12	6 29	15 2.5	23 37
25	5 14 22.87	3 49.42	26 56 13.9	5 31.1	0.615 410	7 859	13.67	14.30	6 28	15 2.4	23 37
26	5 18 12.29	3 46.64	27 1 45.0	4 59.2	0.607 551	7 849	13.84	14.48	6 27	15 2.2	23 38
27	5 21 58.93	3 43.72	+27 6 44.2	4 27.6	0.599 702	7 837	14.02	14.67	6 27	15 2.0	23 38
28	5 25 42.65	3 40.64	27 11 11.8	3 56.3	0.591 865	7 822	14.21	14.87	6 26	15 1.8	23 38
29	5 29 23.29	3 37.40	27 15 8.1	3 25.4	0.584 043	7 805	14.40	15.07	6 25	15 1.5	23 38
30	5 33 0.69	3 34.00	27 18 33.5	2 54.8	0.576 238	7 787	14.59	15.27	6 24	15 1.1	23 38
Mai 1	5 36 34.69	3 30.42	27 21 28.3	2 24.6	0.568 451	7 766	14.79	15.48	6 23	15 0.7	23 38
2	5 40 5.11		+27 23 52.9		0.560 685		15.00	15.70	6 23	15 0.2	23 38

Tag	Scheinbare Rektaszension		Scheinbare Deklination		Δ		Halb-messer	Hor. Par.	Auf-gang	Obere Kul-mination	Unter-gang
	0h Weltzeit								in 0h Länge, + 50° Breite		
1956	h m s	m s	° ′ ″	′ ″			″	″	h m	h m	h m
Mai 2	5 40 5.11	3 26.68	+27 23 52.9	1 54.9	0.560 685	7 744	15.00	15.70	6 23	15 0.2	23 38
3	5 43 31.79	3 22.75	27 25 47.8	1 25.7	0.552 941	7 718	15.20	15.91	6 22	14 59.7	23 38
4	5 46 54.54	3 18.65	27 27 13.5	0 56.9	0.545 223	7 692	15.42	16.14	6 21	14 59.1	23 37
5	5 50 13.19	3 14.36	27 28 10.4	0 28.5	0.537 531	7 663	15.64	16.37	6 20	14 58.4	23 37
6	5 53 27.55	3 9.88	27 28 38.9	0 0.8	0.529 868	7 630	15.87	16.61	6 20	14 57.7	23 36
7	5 56 37.43	3 5.19	27 28 39.7	0 26.4	0.522 238	7 597	16.10	16.85	6 19	14 56.9	23 35
8	5 59 42.62	3 0.29	+27 28 13.3	0 53.1	0.514 641	7 560	16.34	17.10	6 18	14 56.0	23 34
9	6 2 42.91	2 55.18	27 27 20.2	1 19.2	0.507 081	7 520	16.58	17.35	6 17	14 55.0	23 33
10	6 5 38.09	2 49.85	27 26 1.0	1 44.7	0.499 561	7 478	16.84	17.62	6 16	14 53.9	23 31
11	6 8 27.94	2 44.28	27 24 16.3	2 9.6	0.492 083	7 433	17.09	17.88	6 15	14 52.7	23 30
12	6 11 12.22	2 38.48	27 22 6.7	2 33.7	0.484 650	7 384	17.36	18.16	6 15	14 51.5	23 28
13	6 13 50.70	2 32.43	27 19 33.0	2 57.4	0.477 266	7 332	17.62	18.44	6 14	14 50.1	23 26
14	6 16 23.13	2 26.12	+27 16 35.6	3 20.4	0.469 934	7 276	17.90	18.73	6 13	14 48.6	23 24
15	6 18 49.25	2 19.55	27 13 15.2	3 42.8	0.462 658	7 215	18.18	19.02	6 11	14 47.1	23 22
16	6 21 8.80	2 12.72	27 9 32.4	4 4.5	0.455 443	7 151	18.46	19.32	6 10	14 45.4	23 20
17	6 23 21.52	2 5.63	27 5 27.9	4 25.8	0.448 292	7 082	18.76	19.63	6 9	14 43.6	23 18
18	6 25 27.15	1 58.27	27 1 2.1	4 46.3	0.441 210	7 007	19.07	19.95	6 8	14 41.7	23 15
19	6 27 25.42	1 50.64	26 56 15.8	5 6.4	0.434 203	6 928	19.37	20.27	6 6	14 39.6	23 12
20	6 29 16.06	1 42.76	+26 51 9.4	5 25.9	0.427 275	6 842	19.69	20.60	6 5	14 37.4	23 9
21	6 30 58.82	1 34.59	26 45 43.5	5 45.1	0.420 433	6 752	20.00	20.93	6 3	14 35.1	23 6
22	6 32 33.41	1 26.18	26 39 58.4	6 3.8	0.413 681	6 655	20.33	21.27	6 2	14 32.7	23 3
23	6 33 59.59	1 17.50	26 33 54.6	6 22.0	0.407 026	6 552	20.66	21.62	6 0	14 30.1	23 0
24	6 35 17.09	1 8.58	26 27 32.6	6 39.8	0.400 474	6 443	21.00	21.97	5 58	14 27.4	22 56
25	6 36 25.67	0 59.41	26 20 52.8	6 57.5	0.394 031	6 327	21.34	22.33	5 56	14 24.5	22 52
26	6 37 25.08	0 50.00	+26 13 55.3	7 14.9	0.387 704	6 204	21.69	22.70	5 54	14 21.4	22 48
27	6 38 15.08	0 40.37	26 6 40.4	7 32.0	0.381 500	6 074	22.05	23.07	5 52	14 18.2	22 44
28	6 38 55.45	0 30.53	25 59 8.4	7 49.1	0.375 426	5 936	22.40	23.44	5 49	14 14.9	22 40
29	6 39 25.98	0 20.51	25 51 19.3	8 6.0	0.369 490	5 792	22.76	23.82	5 47	14 11.4	22 35
30	6 39 46.49	0 10.31	25 43 13.3	8 22.9	0.363 698	5 639	23.13	24.20	5 44	14 7.7	22 30
31	6 39 56.80	0 0.05	25 34 50.4	8 39.9	0.358 059	5 479	23.49	24.58	5 41	14 3.8	22 25
Juni 1	6 39 56.75	0 10.50	+25 26 10.5	8 56.8	0.352 580	5 310	23.85	24.96	5 39	13 59.8	22 20
2	6 39 46.25	0 21.04	25 17 13.7	9 14.0	0.347 270	5 132	24.22	25.34	5 35	13 55.6	22 15
3	6 39 25.21	0 31.63	25 7 59.7	9 31.1	0.342 138	4 947	24.58	25.72	5 32	13 51.2	22 9
4	6 38 53.58	0 42.22	24 58 28.6	9 48.6	0.337 191	4 753	24.94	26.10	5 29	13 46.6	22 4
5	6 38 11.36	0 52.75	24 48 40.0	10 6.0	0.332 438	4 550	25.30	26.47	5 25	13 41.9	21 58
6	6 37 18.61	1 3.20	24 38 34.0	10 23.6	0.327 888	4 338	25.65	26.84	5 22	13 37.0	21 52
7	6 36 15.41	1 13.50	+24 28 10.4	10 41.1	0.323 550	4 117	25.99	27.20	5 18	13 31.9	21 45
8	6 35 1.91	1 23.58	24 17 29.3	10 58.8	0.319 433	3 888	26.33	27.55	5 14	13 26.7	21 39
9	6 33 38.33	1 33.38	24 6 30.5	11 16.4	0.315 545	3 649	26.65	27.89	5 10	13 21.3	21 32
10	6 32 4.95	1 42.84	23 55 14.1	11 33.6	0.311 896	3 402	26.96	28.21	5 6	13 15.7	21 25
11	6 30 22.11	1 51.87	23 43 40.5	11 50.5	0.308 494	3 146	27.26	28.53	5 1	13 10.0	21 18
12	6 28 30.24		+23 31 50.0		0.305 348		27.54	28.82	4 57	13 4.1	21 11

Tag	0h Weltzeit: Scheinbare Rektaszension		0h Weltzeit: Scheinbare Deklination		Δ		Halbmesser	Hor. Par.	Aufgang	Obere Kulmination	Untergang
									in 0h Länge, + 50° Breite		
1956	h m s	m s	° ′ ″	′ ″			″	″	h m	h m	h m
Juni 12	6 28 30.24	2 0.41	+23 31 50.0	12 7.0	0.305 348	2 882	27.54	28.82	4 57	13 4.1	21 11
13	6 26 29.83	2 8.34	23 19 43.0	12 22.6	0.302 466	2 609	27.80	29.09	4 52	12 58.1	21 3
14	6 24 21.49	2 15.63	23 7 20.4	12 37.4	0.299 857	2 328	28.05	29.35	4 48	12 52.0	20 56
15	6 22 5.86	2 22.16	22 54 43.0	12 50.8	0.297 529	2 041	28.27	29.58	4 43	12 45.7	20 48
16	6 19 43.70	2 27.87	22 41 52.2	13 2.8	0.295 488	1 746	28.46	29.78	4 38	12 39.4	20 40
17	6 17 15.83	2 32.70	22 28 49.4	13 13.0	0.293 742	1 447	28.63	29.96	4 33	12 33.0	20 32
18	6 14 43.13	2 36.58	+22 15 36.4	13 21.0	0.292 295	1 142	28.77	30.11	4 28	12 26.5	20 24
19	6 12 6.55	2 39.45	22 2 15.4	13 26.9	0.291 153	833	28.88	30.22	4 23	12 20.0	20 16
20	6 9 27.10	2 41.31	21 48 48.5	13 30.1	0.290 320	522	28.97	30.31	4 17	12 13.4	20 8
21	6 6 45.79	2 42.12	21 35 18.4	13 30.3	0.289 798	209	29.02	30.37	4 12	12 6.7	20 0
22	6 4 3.67	2 41.87	21 21 48.1	13 27.5	0.289 589	104	29.04	30.39	4 7	12 0.1	19 52
23	6 1 21.80	2 40.58	21 8 20.6	13 21.3	0.289 693	418	29.03	30.38	4 2	11 53.5	19 44
24	5 58 41.22	2 38.24	+20 54 59.3	13 11.9	0.290 111	729	28.99	30.33	3 57	11 47.0	19 36
25	5 56 2.98	2 34.94	20 41 47.4	12 59.1	0.290 840	1 037	28.92	30.26	3 51	11 40.4	19 29
26	5 53 28.04	2 30.69	20 28 48.3	12 42.8	0.291 877	1 342	28.81	30.15	3 46	11 34.0	19 21
27	5 50 57.35	2 25.55	20 16 5.5	12 23.3	0.293 219	1 641	28.68	30.01	3 41	11 27.6	19 13
28	5 48 31.80	2 19.59	20 3 42.2	12 0.5	0.294 860	1 935	28.52	29.84	3 36	11 21.3	19 6
29	5 46 12.21	2 12.88	19 51 41.7	11 34.7	0.296 795	2 222	28.34	29.65	3 31	11 15.1	18 58
30	5 43 59.33	2 5.51	+19 40 7.0	11 6.2	0.299 017	2 502	28.13	29.43	3 26	11 9.0	18 51
Juli 1	5 41 53.82	1 57.55	19 29 0.8	10 35.2	0.301 519	2 774	27.90	29.19	3 21	11 3.1	18 44
2	5 39 56.27	1 49.08	19 18 25.6	10 1.9	0.304 293	3 038	27.64	28.92	3 17	10 57.3	18 38
3	5 38 7.19	1 40.19	19 8 23.7	9 26.9	0.307 331	3 292	27.36	28.63	3 12	10 51.6	18 31
4	5 36 27.00	1 30.96	18 58 56.8	8 50.2	0.310 623	3 538	27.07	28.33	3 7	10 46.1	18 25
5	5 34 56.04	1 21.47	18 50 6.6	8 12.5	0.314 161	3 774	26.77	28.01	3 2	10 40.7	18 19
6	5 33 34.57	1 11.79	+18 41 54.1	7 33.6	0.317 935	4 000	26.45	27.68	2 58	10 35.5	18 13
7	5 32 22.78	1 1.96	18 34 20.5	6 54.4	0.321 935	4 218	26.13	27.34	2 53	10 30.4	18 7
8	5 31 20.82	0 52.07	18 27 26.1	6 15.1	0.326 153	4 426	25.78	26.98	2 49	10 25.5	18 2
9	5 30 28.75	0 42.16	18 21 11.0	5 35.7	0.330 579	4 626	25.44	26.62	2 45	10 20.8	17 56
10	5 29 46.59	0 32.27	18 15 35.3	4 56.6	0.335 205	4 815	25.09	26.25	2 41	10 16.3	17 51
11	5 29 14.32	0 22.44	18 10 38.7	4 18.1	0.340 020	4 997	24.73	25.88	2 37	10 11.9	17 46
12	5 28 51.88	0 12.69	+18 6 20.6	3 40.5	0.345 017	5 171	24.38	25.51	2 33	10 7.6	17 42
13	5 28 39.19	0 3.06	18 2 40.1	3 3.8	0.350 188	5 336	24.02	25.13	2 30	10 3.6	17 38
14	5 28 36.13	0 6.42	17 59 36.3	2 28.2	0.355 524	5 493	23.65	24.75	2 26	9 59.7	17 33
15	5 28 42.55	0 15.77	17 57 8.1	1 54.2	0.361 017	5 643	23.30	24.38	2 22	9 55.9	17 30
16	5 28 58.32	0 24.93	17 55 13.9	1 21.7	0.366 660	5 784	22.94	24.00	2 19	9 52.3	17 26
17	5 29 23.25	0 33.90	17 53 52.2	0 50.4	0.372 444	5 919	22.58	23.63	2 15	9 48.8	17 22
18	5 29 57.15	0 42.68	+17 53 1.8	0 21.0	0.378 363	6 046	22.23	23.26	2 12	9 45.5	17 19
19	5 30 39.83	0 51.24	17 52 40.8	0 6.5	0.384 409	6 167	21.88	22.89	2 9	9 42.3	17 16
20	5 31 31.07	0 59.58	17 52 47.3	0 32.5	0.390 576	6 281	21.53	22.53	2 6	9 39.3	17 13
21	5 32 30.65	1 7.71	17 53 19.8	0 56.5	0.396 857	6 388	21.19	22.17	2 3	9 36.4	17 10
22	5 33 38.36	1 15.61	17 54 16.3	1 18.6	0.403 245	6 489	20.85	21.82	2 0	9 33.7	17 8
23	5 34 53.97		+17 55 34.9		0.409 734		20.53	21.48	1 57	9 31.1	17 5

Tag	0h Weltzeit: Scheinbare Rektaszension		Scheinbare Deklination		Δ		Halbmesser	Hor. Par.	Aufgang	Obere Kulmination	Untergang
									in 0h Länge, + 50° Breite		
1956	h m s	m s	° ′ ″	′ ″			″	″	h m	h m	h m
Juli 23	5 34 53.97	1 23.28	+17 55 34.9	1 38.9	0.409 734	6 584	20.53	21.48	1 57	9 31.1	17 5
24	5 36 17.25	1 30.73	17 57 13.8	1 57.4	0.416 318	6 674	20.20	21.14	1 54	9 28.6	17 3
25	5 37 47.98	1 37.93	17 59 11.2	2 13.9	0.422 992	6 757	19.88	20.80	1 52	9 26.2	17 1
26	5 39 25.91	1 44.93	18 1 25.1	2 28.6	0.429 749	6 837	19.57	20.48	1 49	9 23.9	16 59
27	5 41 10.84	1 51.71	18 3 53.7	2 41.4	0.436 586	6 910	19.27	20.16	1 47	9 21.8	16 57
28	5 43 2.55	1 58.24	18 6 35.1	2 52.4	0.443 496	6 979	18.96	19.84	1 44	9 19.7	16 55
29	5 45 0.79	2 4.58	+18 9 27.5	3 1.8	0.450 475	7 044	18.67	19.54	1 42	9 17.8	16 54
30	5 47 5.37	2 10.70	18 12 29.3	3 9.3	0.457 519	7 103	18.38	19.23	1 40	9 16.0	16 52
31	5 49 16.07	2 16.61	18 15 38.6	3 15.1	0.464 622	7 159	18.10	18.94	1 38	9 14.2	16 51
Aug. 1	5 51 32.68	2 22.30	18 18 53.7	3 19.2	0.471 781	7 211	17.82	18.65	1 36	9 12.6	16 49
2	5 53 54.98	2 27.80	18 22 12.9	3 21.9	0.478 992	7 259	17.56	18.37	1 34	9 11.1	16 48
3	5 56 22.78	2 33.10	18 25 34.8	3 22.9	0.486 251	7 303	17.30	18.10	1 32	9 9.7	16 47
4	5 58 55.88	2 38.20	+18 28 57.7	3 22.3	0.493 554	7 345	17.04	17.83	1 31	9 8.3	16 46
5	6 1 34.08	2 43.13	18 32 20.0	3 20.3	0.500 899	7 384	16.79	17.57	1 29	9 7.0	16 45
6	6 4 17.21	2 47.86	18 35 40.3	3 17.0	0.508 283	7 419	16.54	17.31	1 28	9 5.8	16 44
7	6 7 5.07	2 52.43	18 38 57.3	3 12.3	0.515 702	7 453	16.30	17.06	1 26	9 4.7	16 44
8	6 9 57.50	2 56.83	18 42 9.6	3 6.2	0.523 155	7 484	16.07	16.82	1 25	9 3.7	16 43
9	6 12 54.33	3 1.09	18 45 15.8	2 58.7	0.530 639	7 513	15.85	16.58	1 23	9 2.7	16 42
10	6 15 55.42	3 5.18	+18 48 14.5	2 50.0	0.538 152	7 541	15.63	16.35	1 22	9 1.8	16 42
11	6 19 0.60	3 9.13	18 51 4.5	2 40.2	0.545 693	7 566	15.42	16.13	1 21	9 1.0	16 41
12	6 22 9.73	3 12.96	18 53 44.7	2 29.2	0.553 259	7 589	15.20	15.91	1 20	9 0.2	16 41
13	6 25 22.69	3 16.64	18 56 13.9	2 16.9	0.560 848	7 611	14.99	15.69	1 19	8 59.5	16 40
14	6 28 39.33	3 20.21	18 58 30.8	2 3.7	0.568 459	7 631	14.79	15.48	1 18	8 58.9	16 40
15	6 31 59.54	3 23.66	19 0 34.5	1 49.2	0.576 090	7 650	14.60	15.28	1 17	8 58.3	16 39
16	6 35 23.20	3 26.99	+19 2 23.7	1 33.9	0.583 740	7 666	14.41	15.08	1 17	8 57.8	16 39
17	6 38 50.19	3 30.18	19 3 57.6	1 17.4	0.591 406	7 680	14.22	14.88	1 16	8 57.3	16 39
18	6 42 20.37	3 33.27	19 5 15.0	1 0.1	0.599 086	7 694	14.04	14.69	1 15	8 56.9	16 38
19	6 45 53.64	3 36.26	19 6 15.1	0 41.9	0.606 780	7 706	13.86	14.50	1 15	8 56.5	16 38
20	6 49 29.90	3 39.12	19 6 57.0	0 22.7	0.614 486	7 716	13.69	14.32	1 15	8 56.2	16 38
21	6 53 9.02	3 41.90	19 7 19.7	0 2.8	0.622 202	7 725	13.51	14.14	1 14	8 55.9	16 38
22	6 56 50.92	3 44.55	+19 7 22.5	0 18.0	0.629 927	7 731	13.35	13.97	1 14	8 55.7	16 37
23	7 0 35.47	3 47.10	19 7 4.5	0 39.5	0.637 658	7 737	13.19	13.80	1 14	8 55.5	16 37
24	7 4 22.57	3 49.57	19 6 25.0	1 1.7	0.645 395	7 742	13.04	13.64	1 14	8 55.3	16 37
25	7 8 12.14	3 51.92	19 5 23.3	1 24.6	0.653 137	7 744	12.87	13.47	1 14	8 55.2	16 37
26	7 12 4.06	3 54.17	19 3 58.7	1 48.1	0.660 881	7 745	12.73	13.32	1 14	8 55.2	16 37
27	7 15 58.23	3 56.33	19 2 10.6	2 12.2	0.668 626	7 746	12.58	13.16	1 14	8 55.2	16 36
28	7 19 54.56	3 58.40	+18 59 58.4	2 36.9	0.676 372	7 744	12.43	13.01	1 14	8 55.2	16 36
29	7 23 52.96	4 0.36	18 57 21.5	3 2.0	0.684 116	7 741	12.29	12.86	1 15	8 55.2	16 36
30	7 27 53.32	4 2.23	18 54 19.5	3 27.8	0.691 857	7 737	12.16	12.72	1 15	8 55.3	16 36
31	7 31 55.55	4 4.01	18 50 51.7	3 53.8	0.699 594	7 732	12.02	12.58	1 15	8 55.4	16 35
Sept. 1	7 35 59.56	4 5.69	18 46 57.9	4 20.2	0.707 326	7 726	11.89	12.44	1 16	8 55.5	16 35
2	7 40 5.25		+18 42 37.7		0.715 052		11.76	12.31	1 16	8 55.7	16 35

Venus 1956

Tag	0h Weltzeit Scheinbare Rektaszension		Scheinbare Deklination		Δ		Halb-messer	Hor. Par.	Auf-gang	Obere Kul-mination	Unter-gang
									in 0h Länge, + 50° Breite		
1956	h m s	m s	° ′ ″	′ ″			″	″	h m	h m	h m
Sept. 2	7 40 5.25	4 7.28	+18 42 37.7	4 47.0	0.715 052	7 720	11.76	12.31	1 16	8 55.7	16 35
3	7 44 12.53	4 8.79	18 37 50.7	5 14.1	0.722 772	7 712	11.64	12.18	1 17	8 55.9	16 34
4	7 48 21.32	4 10.21	18 32 36.6	5 41.6	0.730 484	7 703	11.52	12.05	1 18	8 56.1	16 34
5	7 52 31.53	4 11.55	18 26 55.0	6 9.2	0.738 187	7 695	11.39	11.92	1 18	8 56.3	16 34
6	7 56 43.08	4 12.80	18 20 45.8	6 37.1	0.745 882	7 685	11.28	11.80	1 19	8 56.6	16 34
7	8 0 55.88	4 13.99	18 14 8.7	7 5.2	0.753 567	7 676	11.16	11.68	1 20	8 56.9	16 33
8	8 5 9.87	4 15.09	+18 7 3.5	7 33.4	0.761 243	7 666	11.05	11.56	1 21	8 57.2	16 33
9	8 9 24.96	4 16.14	17 59 30.1	8 1.9	0.768 909	7 656	10.93	11.44	1 22	8 57.5	16 32
10	8 13 41.10	4 17.13	17 51 28.2	8 30.5	0.776 565	7 645	10.83	11.33	1 23	8 57.8	16 32
11	8 17 58.23	4 18.04	17 42 57.7	8 59.2	0.784 210	7 634	10.72	11.22	1 24	8 58.1	16 31
12	8 22 16.27	4 18.90	17 33 58.5	9 27.8	0.791 844	7 622	10.62	11.11	1 26	8 58.5	16 31
13	8 26 35.17	4 19.70	17 24 30.7	9 56.6	0.799 466	7 610	10.52	11.01	1 27	8 58.9	16 30
14	8 30 54.87	4 20.44	+17 14 34.1	10 25.5	0.807 076	7 598	10.42	10.90	1 28	8 59.3	16 30
15	8 35 15.31	4 21.14	17 4 8.6	10 54.2	0.814 674	7 585	10.32	10.80	1 30	8 59.7	16 29
16	8 39 36.45	4 21.78	16 53 14.4	11 23.0	0.822 259	7 571	10.23	10.70	1 31	9 0.1	16 28
17	8 43 58.23	4 22.36	16 41 51.4	11 51.7	0.829 830	7 557	10.13	10.60	1 33	9 0.5	16 28
18	8 48 20.59	4 22.91	16 29 59.7	12 20.3	0.837 387	7 543	10.04	10.51	1 34	9 1.0	16 27
19	8 52 43.50	4 23.41	16 17 39.4	12 48.7	0.844 930	7 527	9.96	10.42	1 36	9 1.4	16 26
20	8 57 6.91	4 23.85	+16 4 50.7	13 17.0	0.852 457	7 511	9.86	10.32	1 38	9 1.8	16 26
21	9 1 30.76	4 24.27	15 51 33.7	13 45.3	0.859 968	7 494	9.78	10.23	1 39	9 2.3	16 25
22	9 5 55.03	4 24.64	15 37 48.4	14 13.2	0.867 462	7 478	9.69	10.14	1 41	9 2.8	16 24
23	9 10 19.67	4 24.96	15 23 35.2	14 41.0	0.874 940	7 459	9.61	10.06	1 43	9 3.3	16 23
24	9 14 44.63	4 25.26	15 8 54.2	15 8.5	0.882 399	7 441	9.53	9.97	1 45	9 3.7	16 22
25	9 19 9.89	4 25.52	14 53 45.7	15 35.7	0.889 840	7 421	9.45	9.89	1 46	9 4.2	16 21
26	9 23 35.41	4 25.73	+14 38 10.0	16 2.6	0.897 261	7 401	9.38	9.81	1 48	9 4.7	16 20
27	9 28 1.14	4 25.92	14 22 7.4	16 29.1	0.904 662	7 380	9.30	9.73	1 50	9 5.2	16 19
28	9 32 27.06	4 26.07	14 5 38.3	16 55.3	0.912 042	7 358	9.22	9.65	1 52	9 5.7	16 18
29	9 36 53.13	4 26.19	13 48 43.0	17 21.2	0.919 400	7 337	9.15	9.57	1 54	9 6.2	16 17
30	9 41 19.32	4 26.28	13 31 21.8	17 46.6	0.926 737	7 313	9.08	9.50	1 56	9 6.7	16 16
Okt. 1	9 45 45.60	4 26.35	13 13 35.2	18 11.7	0.934 050	7 291	9.00	9.42	1 58	9 7.2	16 15
2	9 50 11.95	4 26.38	+12 55 23.5	18 36.2	0.941 341	7 267	8.94	9.35	2 0	9 7.6	16 14
3	9 54 38.33	4 26.39	12 36 47.3	19 0.3	0.948 608	7 243	8.87	9.28	2 3	9 8.1	16 13
4	9 59 4.72	4 26.38	12 17 47.0	19 24.0	0.955 851	7 219	8.80	9.21	2 5	9 8.6	16 12
5	10 3 31.10	4 26.36	11 58 23.0	19 47.2	0.963 070	7 196	8.73	9.14	2 7	9 9.1	16 11
6	10 7 57.46	4 26.31	11 38 35.8	20 10.0	0.970 266	7 172	8.67	9.07	2 9	9 9.6	16 9
7	10 12 23.77	4 26.26	11 18 25.8	20 32.2	0.977 438	7 147	8.60	9.00	2 11	9 10.1	16 8
8	10 16 50.03	4 26.21	+10 57 53.6	20 54.0	0.984 585	7 124	8.54	8.94	2 14	9 10.6	16 7
9	10 21 16.24	4 26.13	10 36 59.6	21 15.2	0.991 709	7 099	8.48	8.87	2 16	9 11.1	16 5
10	10 25 42.37	4 26.07	10 15 44.4	21 36.0	0.998 808	7 075	8.42	8.81	2 18	9 11.6	16 4
11	10 30 8.44	4 25.99	9 54 8.4	21 56.3	1.005 883	7 051	8.36	8.75	2 20	9 12.1	16 3
12	10 34 34.43	4 25.92	9 32 12.1	22 15.9	1.012 934	7 027	8.30	8.69	2 23	9 12.6	16 1
13	10 39 0.35		+ 9 9 56.2		1.019 961		8.25	8.63	2 25	9 13.1	16 0

Tag	0ʰ Weltzeit: Scheinbare Rektaszension		Scheinbare Deklination		Δ		Halb-messer	Hor. Par.	Auf-gang	Obere Kul-mination	Unter-gang
									in 0ʰ Länge, + 50° Breite		
1956	h m s	m s	° ′ ″	′ ″			″	″	h m	h m	h m
Okt. 13	10 39 0.35	4 25.84	+9 9 56.2	22 35.2	1.019 961	7 001	8.25	8.63	2 25	9 13.1	16 0
14	10 43 26.19	4 25.78	8 47 21.0	22 53.7	1.026 962	6 977	8.19	8.57	2 27	9 13.6	15 59
15	10 47 51.97	4 25.72	8 24 27.3	23 11.7	1.033 939	6 952	8.13	8.51	2 30	9 14.1	15 57
16	10 52 17.69	4 25.66	8 1 15.6	23 29.3	1.040 891	6 926	8.08	8.45	2 32	9 14.5	15 56
17	10 56 43.35	4 25.62	7 37 46.3	23 46.2	1.047 817	6 901	8.03	8.40	2 35	9 15.0	15 54
18	11 1 8.97	4 25.59	7 14 0.1	24 2.6	1.054 718	6 875	7.97	8.34	2 37	9 15.5	15 53
19	11 5 34.56	4 25.57	+6 49 57.5	24 18.3	1.061 593	6 848	7.92	8.29	2 40	9 16.0	15 51
20	11 10 0.13	4 25.55	6 25 39.2	24 33.4	1.068 441	6 822	7.87	8.24	2 42	9 16.5	15 50
21	11 14 25.68	4 25.56	6 1 5.8	24 47.9	1.075 263	6 794	7.82	8.18	2 45	9 17.0	15 48
22	11 18 51.24	4 25.59	5 36 17.9	25 1.9	1.082 057	6 767	7.77	8.13	2 47	9 17.5	15 47
23	11 23 16.83	4 25.62	5 11 16.0	25 15.1	1.088 824	6 738	7.72	8.08	2 50	9 17.9	15 45
24	11 27 42.45	4 25.67	4 46 0.9	25 27.7	1.095 562	6 710	7.67	8.03	2 52	9 18.4	15 44
25	11 32 8.12	4 25.74	+4 20 33.2	25 39.6	1.102 272	6 680	7.63	7.98	2 55	9 18.9	15 42
26	11 36 33.86	4 25.82	3 54 53.6	25 50.9	1.108 952	6 650	7.59	7.94	2 57	9 19.4	15 41
27	11 40 59.68	4 25.93	3 29 2.7	26 1.5	1.115 602	6 620	7.54	7.89	3 0	9 19.9	15 39
28	11 45 25.61	4 26.05	3 3 1.2	26 11.3	1.122 222	6 589	7.49	7.84	3 2	9 20.4	15 37
29	11 49 51.66	4 26.18	2 36 49.9	26 20.5	1.128 811	6 557	7.45	7.80	3 5	9 20.9	15 36
30	11 54 17.84	4 26.34	2 10 29.4	26 29.0	1.135 368	6 526	7.41	7.75	3 8	9 21.4	15 34
31	11 58 44.18	4 26.51	+1 44 0.4	26 36.8	1.141 894	6 494	7.37	7.71	3 10	9 21.9	15 33
Nov. 1	12 3 10.69	4 26.71	1 17 23.6	26 43.9	1.148 388	6 462	7.32	7.66	3 13	9 22.4	15 31
2	12 7 37.40	4 26.92	0 50 39.7	26 50.3	1.154 850	6 430	7.28	7.62	3 15	9 22.9	15 29
3	12 12 4.32	4 27.16	+0 23 49.4	26 55.8	1.161 280	6 397	7.24	7.58	3 18	9 23.4	15 28
4	12 16 31.48	4 27.42	−0 3 6.4	27 0.8	1.167 677	6 366	7.21	7.54	3 21	9 23.9	15 26
5	12 20 58.90	4 27.71	0 30 7.2	27 5.0	1.174 043	6 333	7.17	7.50	3 24	9 24.4	15 24
6	12 25 26.61	4 28.02	−0 57 12.2	27 8.6	1.180 376	6 302	7.13	7.46	3 26	9 24.9	15 23
7	12 29 54.63	4 28.37	1 24 20.8	27 11.3	1.186 678	6 270	7.09	7.42	3 29	9 25.4	15 21
8	12 34 23.00	4 28.73	1 51 32.1	27 13.5	1.192 948	6 238	7.05	7.38	3 32	9 26.0	15 19
9	12 38 51.73	4 29.13	2 18 45.6	27 14.8	1.199 186	6 206	7.01	7.34	3 34	9 26.5	15 18
10	12 43 20.86	4 29.56	2 46 0.4	27 15.5	1.205 392	6 174	6.98	7.30	3 37	9 27.1	15 16
11	12 47 50.42	4 30.02	3 13 15.9	27 15.4	1.211 566	6 142	6.94	7.26	3 40	9 27.6	15 15
12	12 52 20.44	4 30.51	−3 40 31.3	27 14.6	1.217 708	6 110	6.91	7.23	3 42	9 28.2	15 13
13	12 56 50.95	4 31.03	4 7 45.9	27 13.0	1.223 818	6 079	6.87	7.19	3 45	9 28.8	15 11
14	13 1 21.98	4 31.58	4 34 58.9	27 10.8	1.229 897	6 046	6.84	7.16	3 48	9 29.3	15 10
15	13 5 53.56	4 32.16	5 2 9.7	27 7.8	1.235 943	6 015	6.80	7.12	3 51	9 29.9	15 8
16	13 10 25.72	4 32.79	5 29 17.5	27 4.0	1.241 958	5 982	6.78	7.09	3 53	9 30.5	15 7
17	13 14 58.51	4 33.43	5 56 21.5	26 59.6	1.247 940	5 950	6.74	7.05	3 56	9 31.1	15 5
18	13 19 31.94	4 34.11	−6 23 21.1	26 54.3	1.253 890	5 918	6.71	7.02	3 59	9 31.7	15 3
19	13 24 6.05	4 34.83	6 50 15.4	26 48.3	1.259 808	5 885	6.68	6.99	4 2	9 32.4	15 2
20	13 28 40.88	4 35.58	7 17 3.7	26 41.5	1.265 693	5 851	6.64	6.95	4 5	9 33.0	15 0
21	13 33 16.46	4 36.35	7 43 45.2	26 34.0	1.271 544	5 817	6.61	6.92	4 8	9 33.7	14 59
22	13 37 52.81	4 37.16	8 10 19.2	26 25.6	1.277 361	5 784	6.58	6.89	4 10	9 34.3	14 57
23	13 42 29.97		−8 36 44.8		1.283 145		6.56	6.86	4 13	9 35.0	14 56

Venus 1956

Tag	0h Weltzeit: Scheinbare Rektaszension		Scheinbare Deklination		Δ		Halbmesser	Hor. Par.	Aufgang	Obere Kulmination	Untergang
									in 0h Länge, + 50° Breite		
1956	h m s	m s	° ′ ″	′ ″			″	″	h m	h m	h m
Nov. 23	13 42 29.97	4 38.00	− 8 36 44.8	26 16.6	1.283 145	5 749	6.56	6.86	4 13	9 35.0	14 56
24	13 47 7.97	4 38.85	9 3 1.4	26 6.7	1.288 894	5 713	6.53	6.83	4 16	9 35.7	14 54
25	13 51 46.82	4 39.74	9 29 8.1	25 55.9	1.294 607	5 678	6.50	6.80	4 19	9 36.4	14 53
26	13 56 26.56	4 40.66	9 55 4.0	25 44.5	1.300 285	5 643	6.47	6.77	4 22	9 37.1	14 52
27	14 1 7.22	4 41.58	10 20 48.5	25 32.1	1.305 928	5 606	6.44	6.74	4 25	9 37.9	14 50
28	14 5 48.80	4 42.55	10 46 20.6	25 19.0	1.311 534	5 570	6.41	6.71	4 28	9 38.6	14 49
29	14 10 31.35	4 43.52	−11 11 39.6	25 5.1	1.317 104	5 533	6.38	6.68	4 31	9 39.4	14 47
30	14 15 14.87	4 44.52	11 36 44.7	24 50.3	1.322 637	5 497	6.36	6.65	4 33	9 40.2	14 46
Dez. 1	14 19 59.39	4 45.53	12 1 35.0	24 34.8	1.328 134	5 461	6.34	6.63	4 36	9 41.0	14 45
2	14 24 44.92	4 46.57	12 26 9.8	24 18.5	1.333 595	5 423	6.31	6.60	4 39	9 41.8	14 44
3	14 29 31.49	4 47.63	12 50 28.3	24 1.3	1.339 018	5 387	6.28	6.57	4 42	9 42.7	14 42
4	14 34 19.12	4 48.69	13 14 29.6	23 43.3	1.344 405	5 351	6.26	6.55	4 45	9 43.5	14 41
5	14 39 7.81	4 49.79	−13 38 12.9	23 24.7	1.349 756	5 315	6.23	6.52	4 48	9 44.4	14 40
6	14 43 57.60	4 50.88	14 1 37.6	23 5.0	1.355 071	5 279	6.20	6.49	4 51	9 45.3	14 39
7	14 48 48.48	4 52.00	14 24 42.6	22 44.7	1.360 350	5 242	6.17	6.46	4 54	9 46.2	14 38
8	14 53 40.48	4 53.14	14 47 27.3	22 23.7	1.365 592	5 207	6.15	6.44	4 57	9 47.2	14 37
9	14 58 33.62	4 54.27	15 9 51.0	22 1.7	1.370 799	5 171	6.14	6.42	5 0	9 48.1	14 36
10	15 3 27.89	4 55.43	15 31 52.7	21 39.0	1.375 970	5 135	6.12	6.40	5 3	9 49.1	14 35
11	15 8 23.32	4 56.59	−15 53 31.7	21 15.5	1.381 105	5 101	6.09	6.37	5 6	9 50.1	14 34
12	15 13 19.91	4 57.76	16 14 47.2	20 51.3	1.386 206	5 065	6.07	6.35	5 9	9 51.1	14 33
13	15 18 17.67	4 58.94	16 35 38.5	20 26.2	1.391 271	5 029	6.05	6.33	5 12	9 52.1	14 32
14	15 23 16.61	5 0.11	16 56 4.7	20 0.4	1.396 300	4 995	6.02	6.30	5 15	9 53.2	14 31
15	15 28 16.72	5 1.30	17 16 5.1	19 33.9	1.401 295	4 961	6.00	6.28	5 17	9 54.2	14 30
16	15 33 18.02	5 2.49	17 35 39.0	19 6.5	1.406 256	4 925	5.98	6.26	5 20	9 55.3	14 30
17	15 38 20.51	5 3.67	−17 54 45.5	18 38.5	1.411 181	4 890	5.96	6.24	5 23	9 56.4	14 29
18	15 43 24.18	5 4.85	18 13 24.0	18 9.7	1.416 071	4 855	5.93	6.21	5 26	9 57.5	14 28
19	15 48 29.03	5 6.04	18 31 33.7	17 40.2	1.420 926	4 820	5.92	6.19	5 29	9 58.7	14 28
20	15 53 35.07	5 7.20	18 49 13.9	17 9.9	1.425 746	4 784	5.90	6.17	5 32	9 59.9	14 27
21	15 58 42.27	5 8.36	19 6 23.8	16 38.9	1.430 530	4 749	5.88	6.15	5 35	10 1.1	14 27
22	16 3 50.63	5 9.51	19 23 2.7	16 7.2	1.435 279	4 712	5.86	6.13	5 38	10 2.3	14 27
23	16 9 0.14	5 10.63	−19 39 9.9	15 34.8	1.439 991	4 675	5.84	6.11	5 40	10 3.5	14 26
24	16 14 10.77	5 11.74	19 54 44.7	15 1.8	1.444 666	4 638	5.82	6.09	5 43	10 4.7	14 26
25	16 19 22.51	5 12.81	20 9 46.5	14 28.1	1.449 304	4 601	5.80	6.07	5 46	10 6.0	14 26
26	16 24 35.32	5 13.87	20 24 14.6	13 53.7	1.453 905	4 563	5.78	6.05	5 49	10 7.3	14 26
27	16 29 49.19	5 14.90	20 38 8.3	13 18.6	1.458 468	4 526	5.76	6.03	5 51	10 8.6	14 26
28	16 35 4.09	5 15.88	20 51 26.9	12 43.1	1.462 994	4 488	5.75	6.02	5 54	10 9.9	14 26
29	16 40 19.97	5 16.85	−21 4 10.0	12 6.9	1.467 482	4 450	5.73	6.00	5 56	10 11.2	14 26
30	16 45 36.82	5 17.76	21 16 16.9	11 30.2	1.471 932	4 412	5.71	5.98	5 59	10 12.5	14 26
31	16 50 54.58	5 18.64	21 27 47.1	10 52.9	1.476 344	4 374	5.70	5.96	6 2	10 13.9	14 26
32	16 56 13.22		−21 38 40.0		1.480 718		5.68	5.94	6 4	10 15.3	14 26

Tag	0h Weltzeit: Scheinbare Rektaszension		0h Weltzeit: Scheinbare Deklination		0h Weltzeit: Δ		0h Weltzeit: Halbmesser	0h Weltzeit: Hor. Par.	Aufgang (in 0h Länge, + 50° Breite)	Obere Kulmination (in 0h Länge, + 50° Breite)	Untergang (in 0h Länge, + 50° Breite)
1956	h m s	m s	° ′ ″	′ ″			″	″	h m	h m	h m
Jan. 0	15 14 1.85	2 37.99	−17 21 56.0	10 45.6	2.097 057	7 910	2.23	4.20	4 3	8 39.0	13 15
1	15 16 39.84	2 38.35	17 32 41.6	10 37.9	2.089 147	7 944	2.24	4.21	4 3	8 37.7	13 12
2	15 19 18.19	2 38.70	17 43 19.5	10 30.3	2.081 203	7 978	2.25	4.23	4 2	8 36.4	13 10
3	15 21 56.89	2 39.05	17 53 49.8	10 22.4	2.073 225	8 012	2.25	4.24	4 2	8 35.1	13 8
4	15 24 35.94	2 39.40	18 4 12.2	10 14.5	2.065 213	8 047	2.27	4.26	4 2	8 33.8	13 6
5	15 27 15.34	2 39.75	18 14 26.7	10 6.5	2.057 166	8 079	2.28	4.28	4 2	8 32.5	13 3
6	15 29 55.09	2 40.10	−18 24 33.2	9 58.4	2.049 087	8 113	2.28	4.29	4 1	8 31.2	13 1
7	15 32 35.19	2 40.44	18 34 31.6	9 50.1	2.040 974	8 145	2.29	4.31	4 1	8 30.0	12 59
8	15 35 15.63	2 40.77	18 44 21.7	9 41.7	2.032 829	8 178	2.30	4.33	4 1	8 28.7	12 57
9	15 37 56.40	2 41.11	18 54 3.4	9 33.4	2.024 651	8 209	2.31	4.35	4 0	8 27.4	12 55
10	15 40 37.51	2 41.45	19 3 36.8	9 24.8	2.016 442	8 239	2.32	4.36	4 0	8 26.2	12 52
11	15 43 18.96	2 41.78	19 13 1.6	9 16.2	2.008 203	8 269	2.33	4.38	4 0	8 24.9	12 50
12	15 46 0.74	2 42.09	−19 22 17.8	9 7.5	1.999 934	8 298	2.34	4.40	3 59	8 23.7	12 48
13	15 48 42.83	2 42.42	19 31 25.3	8 58.6	1.991 636	8 327	2.35	4.42	3 59	8 22.4	12 46
14	15 51 25.25	2 42.74	19 40 23.9	8 49.8	1.983 309	8 354	2.36	4.44	3 59	8 21.2	12 44
15	15 54 7.99	2 43.05	19 49 13.7	8 40.8	1.974 955	8 381	2.37	4.46	3 58	8 20.0	12 42
16	15 56 51.04	2 43.36	19 57 54.5	8 31.7	1.966 574	8 407	2.38	4.47	3 58	8 18.8	12 40
17	15 59 34.40	2 43.66	20 6 26.2	8 22.5	1.958 167	8 432	2.39	4.49	3 57	8 17.5	12 38
18	16 2 18.06	2 43.97	−20 14 48.7	8 13.4	1.949 735	8 456	2.40	4.51	3 57	8 16.3	12 35
19	16 5 2.03	2 44.27	20 23 2.1	8 4.0	1.941 279	8 479	2.41	4.53	3 57	8 15.1	12 33
20	16 7 46.30	2 44.56	20 31 6.1	7 54.6	1.932 800	8 501	2.42	4.55	3 56	8 13.9	12 31
21	16 10 30.86	2 44.86	20 39 0.7	7 45.1	1.924 299	8 522	2.43	4.57	3 56	8 12.7	12 29
22	16 13 15.72	2 45.15	20 46 45.8	7 35.6	1.915 777	8 543	2.44	4.59	3 55	8 11.5	12 28
23	16 16 0.87	2 45.44	20 54 21.4	7 26.0	1.907 234	8 563	2.45	4.61	3 55	8 10.3	12 26
24	16 18 46.31	2 45.74	−21 1 47.4	7 16.3	1.898 671	8 582	2.46	4.63	3 54	8 9.2	12 24
25	16 21 32.05	2 46.02	21 9 3.7	7 6.5	1.890 089	8 600	2.48	4.66	3 54	8 8.0	12 22
26	16 24 18.07	2 46.30	21 16 10.2	6 56.6	1.881 489	8 619	2.49	4.68	3 54	8 6.8	12 20
27	16 27 4.37	2 46.59	21 23 6.8	6 46.8	1.872 870	8 637	2.50	4.70	3 53	8 5.6	12 18
28	16 29 50.96	2 46.88	21 29 53.6	6 36.8	1.864 233	8 654	2.51	4.72	3 53	8 4.5	12 16
29	16 32 37.84	2 47.14	21 36 30.4	6 26.7	1.855 579	8 672	2.52	4.74	3 52	8 3.3	12 14
30	16 35 24.98	2 47.42	−21 42 57.1	6 16.6	1.846 907	8 689	2.53	4.76	3 52	8 2.2	12 13
31	16 38 12.40	2 47.68	21 49 13.7	6 6.4	1.838 218	8 705	2.55	4.79	3 51	8 1.0	12 11
Febr. 1	16 41 0.08	2 47.94	21 55 20.1	5 56.1	1.829 513	8 722	2.56	4.81	3 51	7 59.9	12 9
2	16 43 48.02	2 48.19	22 1 16.2	5 45.8	1.820 791	8 739	2.57	4.83	3 50	7 58.7	12 7
3	16 46 36.21	2 48.43	22 7 2.0	5 35.5	1.812 052	8 754	2.58	4.86	3 50	7 57.6	12 6
4	16 49 24.64	2 48.66	22 12 37.5	5 25.0	1.803 298	8 769	2.60	4.88	3 49	7 56.4	12 4
5	16 52 13.30	2 48.89	−22 18 2.5	5 14.5	1.794 529	8 784	2.61	4.90	3 48	7 55.3	12 2
6	16 55 2.19	2 49.10	22 23 17.0	5 4.0	1.785 745	8 798	2.62	4.93	3 48	7 54.2	12 1
7	16 57 51.29	2 49.30	22 28 21.0	4 53.3	1.776 947	8 811	2.63	4.95	3 47	7 53.1	11 59
8	17 0 40.59	2 49.51	22 33 14.3	4 42.7	1.768 136	8 825	2.65	4.98	3 47	7 52.0	11 57
9	17 3 30.10	2 49.69	22 37 57.0	4 32.0	1.759 311	8 836	2.66	5.00	3 46	7 50.8	11 56
10	17 6 19.79		−22 42 29.0		1.750 475		2.68	5.03	3 45	7 49.7	11 54

5*

Mars 1956

Tag	0h Weltzeit: Scheinbare Rektaszension	Diff.	Scheinbare Deklination	Diff.	Δ	Diff.	Halbmesser	Hor. Par.	Aufgang	Obere Kulmination	Untergang
1956	h m s	m s	° ′ ″	′ ″			″	″	h m	h m	h m
Febr. 10	17 6 19.79	2 49.86	−22 42 29.0	4 21.3	1.750 475	8 847	2.68	5.03	3 45	7 49.7	11 54
11	17 9 9.65	2 50.03	22 46 50.3	4 10.5	1.741 628	8 858	2.69	5.05	3 45	7 48.6	11 52
12	17 11 59.68	2 50.19	22 51 0.8	3 59.6	1.732 770	8 868	2.70	5.08	3 44	7 47.5	11 51
13	17 14 49.87	2 50.34	22 55 0.4	3 48.9	1.723 902	8 877	2.71	5.10	3 43	7 46.4	11 49
14	17 17 40.21	2 50.48	22 58 49.3	3 37.9	1.715 025	8 884	2.73	5.13	3 43	7 45.3	11 48
15	17 20 30.69	2 50.61	23 2 27.2	3 27.0	1.706 141	8 891	2.74	5.16	3 42	7 44.2	11 46
16	17 23 21.30	2 50.73	−23 5 54.2	3 16.1	1.697 250	8 898	2.76	5.19	3 41	7 43.1	11 45
17	17 26 12.03	2 50.84	23 9 10.3	3 5.2	1.688 352	8 902	2.77	5.21	3 40	7 42.0	11 44
18	17 29 2.87	2 50.96	23 12 15.5	2 54.1	1.679 450	8 907	2.79	5.24	3 40	7 40.9	11 42
19	17 31 53.83	2 51.06	23 15 9.6	2 43.2	1.670 543	8 910	2.80	5.27	3 39	7 39.8	11 41
20	17 34 44.89	2 51.15	23 17 52.8	2 32.1	1.661 633	8 913	2.82	5.30	3 38	7 38.7	11 39
21	17 37 36.04	2 51.24	23 20 24.9	2 21.0	1.652 720	8 915	2.83	5.32	3 37	7 37.7	11 38
22	17 40 27.28	2 51.33	−23 22 45.9	2 10.0	1.643 805	8 917	2.85	5.35	3 36	7 36.6	11 37
23	17 43 18.61	2 51.40	23 24 55.9	1 58.9	1.634 888	8 917	2.86	5.38	3 36	7 35.5	11 35
24	17 46 10.01	2 51.48	23 26 54.8	1 47.8	1.625 971	8 918	2.88	5.41	3 35	7 34.4	11 34
25	17 49 1.49	2 51.54	23 28 42.6	1 36.8	1.617 053	8 919	2.89	5.44	3 34	7 33.3	11 33
26	17 51 53.03	2 51.60	23 30 19.4	1 25.6	1.608 134	8 919	2.91	5.47	3 33	7 32.2	11 32
27	17 54 44.63	2 51.66	23 31 45.0	1 14.5	1.599 215	8 919	2.93	5.50	3 32	7 31.1	11 30
28	17 57 36.29	2 51.69	−23 32 59.5	1 3.4	1.590 296	8 918	2.94	5.53	3 31	7 30.1	11 29
29	18 0 27.98	2 51.72	23 34 2.9	0 52.2	1.581 378	8 918	2.96	5.56	3 30	7 29.0	11 28
März 1	18 3 19.70	2 51.74	23 34 55.1	0 41.2	1.572 460	8 917	2.98	5.60	3 29	7 27.9	11 27
2	18 6 11.44	2 51.75	23 35 36.3	0 30.1	1.563 543	8 916	2.99	5.63	3 28	7 26.8	11 26
3	18 9 3.19	2 51.75	23 36 6.4	0 19.0	1.554 627	8 915	3.01	5.66	3 27	7 25.7	11 25
4	18 11 54.94	2 51.72	23 36 25.4	0 8.0	1.545 712	8 913	3.03	5.69	3 26	7 24.7	11 23
5	18 14 46.66	2 51.70	−23 36 33.4	0 3.1	1.536 799	8 910	3.05	5.73	3 25	7 23.6	11 22
6	18 17 38.36	2 51.66	23 36 30.3	0 14.1	1.527 889	8 907	3.06	5.76	3 24	7 22.5	11 21
7	18 20 30.02	2 51.60	23 36 16.2	0 25.0	1.518 982	8 904	3.08	5.79	3 23	7 21.4	11 20
8	18 23 21.62	2 51.53	23 35 51.2	0 35.9	1.510 078	8 900	3.10	5.83	3 22	7 20.3	11 19
9	18 26 13.15	2 51.46	23 35 15.3	0 46.9	1.501 178	8 895	3.12	5.86	3 21	7 19.3	11 18
10	18 29 4.61	2 51.37	23 34 28.4	0 57.7	1.492 283	8 890	3.14	5.90	3 19	7 18.2	11 17
11	18 31 55.98	2 51.26	−23 33 30.7	1 8.5	1.483 393	8 884	3.15	5.93	3 18	7 17.1	11 16
12	18 34 47.24	2 51.15	23 32 22.2	1 19.3	1.474 509	8 877	3.17	5.97	3 17	7 16.0	11 15
13	18 37 38.39	2 51.02	23 31 2.9	1 30.0	1.465 632	8 869	3.19	6.00	3 16	7 14.9	11 14
14	18 40 29.41	2 50.89	23 29 32.9	1 40.6	1.456 763	8 861	3.21	6.04	3 14	7 13.8	11 13
15	18 43 20.30	2 50.74	23 27 52.3	1 51.3	1.447 902	8 851	3.23	6.08	3 13	7 12.7	11 12
16	18 46 11.04	2 50.58	23 26 1.0	2 1.9	1.439 051	8 841	3.25	6.12	3 12	7 11.6	11 12
17	18 49 1.62	2 50.42	−23 23 59.1	2 12.4	1.430 210	8 830	3.27	6.15	3 11	7 10.5	11 11
18	18 51 52.04	2 50.25	23 21 46.7	2 22.8	1.421 380	8 819	3.29	6.19	3 9	7 9.4	11 10
19	18 54 42.29	2 50.07	23 19 23.9	2 33.3	1.412 561	8 806	3.31	6.23	3 8	7 8.3	11 9
20	18 57 32.36	2 49.89	23 16 50.6	2 43.6	1.403 755	8 793	3.33	6.27	3 6	7 7.2	11 8
21	19 0 22.25	2 49.70	23 14 7.0	2 54.0	1.394 962	8 780	3.36	6.31	3 5	7 6.1	11 7
22	19 3 11.95		−23 11 13.0		1.386 182		3.38	6.35	3 4	7 5.0	11 7

Aufgang, Obere Kulmination, Untergang: in 0h Länge, +50° Breite

Tag	0h Weltzeit Scheinbare Rektaszension		Scheinbare Deklination		Δ		Halb-messer	Hor. Par.	Auf-gang	Obere Kul-mination	Unter-gang
									in 0h Länge, + 50° Breite		
1956	h m s	m s	° ′ ″	′ ″			″	″	h m	h m	h m
März 22	19 3 11.95	2 49.50	−23 11 13.0	3 4.1	1.386 182	8 766	3.38	6.35	3 4	7 5.0	11 7
23	19 6 1.45	2 49.30	23 8 8.9	3 14.4	1.377 416	8 752	3.40	6.39	3 2	7 3.9	11 6
24	19 8 50.75	2 49.09	23 4 54.5	3 24.5	1.368 664	8 737	3.42	6.43	3 1	7 2.8	11 5
25	19 11 39.84	2 48.88	23 1 30.0	3 34.5	1.359 927	8 723	3.44	6.47	2 59	7 1.6	11 4
26	19 14 28.72	2 48.66	22 57 55.5	3 44.5	1.351 204	8 708	3.46	6.51	2 58	7 0.5	11 4
27	19 17 17.38	2 48.43	22 54 11.0	3 54.4	1.342 496	8 693	3.48	6.55	2 56	6 59.4	11 3
28	19 20 5.81	2 48.18	−22 50 16.6	4 4.2	1.333 803	8 678	3.51	6.60	2 55	6 58.2	11 2
29	19 22 53.99	2 47.94	22 46 12.4	4 13.9	1.325 125	8 663	3.53	6.64	2 53	6 57.1	11 1
30	19 25 41.93	2 47.68	22 41 58.5	4 23.5	1.316 462	8 649	3.55	6.68	2 51	6 55.9	11 1
31	19 28 29.61	2 47.41	22 37 35.0	4 33.1	1.307 813	8 633	3.58	6.73	2 50	6 54.8	11 0
April 1	19 31 17.02	2 47.13	22 33 1.9	4 42.4	1.299 180	8 617	3.60	6.77	2 48	6 53.6	10 59
2	19 34 4.15	2 46.84	22 28 19.5	4 51.8	1.290 563	8 602	3.63	6.82	2 46	6 52.5	10 59
3	19 36 50.99	2 46.53	−22 23 27.7	5 0.9	1.281 961	8 585	3.65	6.86	2 45	6 51.3	10 58
4	19 39 37.52	2 46.21	22 18 26.8	5 10.0	1.273 376	8 568	3.67	6.91	2 43	6 50.2	10 57
5	19 42 23.73	2 45.89	22 13 16.8	5 18.9	1.264 808	8 551	3.70	6.96	2 41	6 49.0	10 57
6	19 45 9.62	2 45.55	22 7 57.9	5 27.9	1.256 257	8 534	3.72	7.00	2 40	6 47.8	10 56
7	19 47 55.17	2 45.20	22 2 30.0	5 36.5	1.247 723	8 516	3.75	7.05	2 38	6 46.6	10 56
8	19 50 40.37	2 44.83	21 56 53.5	5 45.0	1.239 207	8 498	3.78	7.10	2 36	6 45.4	10 55
9	19 53 25.20	2 44.47	−21 51 8.5	5 53.6	1.230 709	8 478	3.80	7.15	2 34	6 44.2	10 54
10	19 56 9.67	2 44.08	21 45 14.9	6 1.8	1.222 231	8 459	3.83	7.20	2 32	6 43.0	10 54
11	19 58 53.75	2 43.69	21 39 13.1	6 10.1	1.213 772	8 438	3.86	7.25	2 31	6 41.8	10 53
12	20 1 37.44	2 43.29	21 33 3.0	6 18.1	1.205 334	8 417	3.88	7.30	2 29	6 40.6	10 53
13	20 4 20.73	2 42.88	21 26 44.9	6 26.0	1.196 917	8 395	3.91	7.35	2 27	6 39.4	10 52
14	20 7 3.61	2 42.46	21 20 18.9	6 33.9	1.188 522	8 373	3.94	7.40	2 25	6 38.2	10 51
15	20 9 46.07	2 42.04	−21 13 45.0	6 41.6	1.180 149	8 349	3.97	7.46	2 23	6 36.9	10 51
16	20 12 28.11	2 41.61	21 7 3.4	6 49.2	1.171 800	8 326	3.99	7.51	2 21	6 35.7	10 50
17	20 15 9.72	2 41.19	21 0 14.2	6 56.7	1.163 474	8 301	4.02	7.56	2 19	6 34.4	10 50
18	20 17 50.91	2 40.75	20 53 17.5	7 4.0	1.155 173	8 277	4.05	7.62	2 17	6 33.2	10 49
19	20 20 31.66	2 40.32	20 46 13.5	7 11.3	1.146 896	8 252	4.08	7.67	2 15	6 31.9	10 49
20	20 23 11.98	2 39.88	20 39 2.2	7 18.3	1.138 644	8 227	4.11	7.73	2 13	6 30.6	10 48
21	20 25 51.86	2 39.43	−20 31 43.9	7 25.3	1.130 417	8 201	4.14	7.78	2 11	6 29.4	10 48
22	20 28 31.29	2 38.99	20 24 18.6	7 32.2	1.122 216	8 176	4.17	7.84	2 9	6 28.1	10 47
23	20 31 10.28	2 38.53	20 16 46.4	7 38.8	1.114 040	8 151	4.20	7.90	2 7	6 26.8	10 47
24	20 33 48.81	2 38.08	20 9 7.6	7 45.4	1.105 889	8 125	4.23	7.96	2 5	6 25.5	10 46
25	20 36 26.89	2 37.61	20 1 22.2	7 51.7	1.097 764	8 100	4.27	8.02	2 3	6 24.2	10 46
26	20 39 4.50	2 37.14	19 53 30.5	7 58.0	1.089 664	8 075	4.30	8.08	2 1	6 22.8	10 45
27	20 41 41.64	2 36.66	−19 45 32.5	8 4.1	1.081 589	8 050	4.33	8.14	1 59	6 21.5	10 45
28	20 44 18.30	2 36.17	19 37 28.4	8 9.9	1.073 539	8 025	4.36	8.20	1 57	6 20.2	10 44
29	20 46 54.47	2 35.67	19 29 18.5	8 15.7	1.065 514	7 999	4.39	8.26	1 55	6 18.9	10 43
30	20 49 30.14	2 35.16	19 21 2.8	8 21.2	1.057 515	7 974	4.42	8.32	1 53	6 17.5	10 43
Mai 1	20 52 5.30	2 34.64	19 12 41.6	8 26.5	1.049 541	7 948	4.46	8.38	1 50	6 16.2	10 42
2	20 54 39.94		−19 4 15.1		1.041 593		4.49	8.45	1 48	6 14.8	10 42

Mars 1956

Tag	0h Weltzeit: Scheinbare Rektaszension		Scheinbare Deklination		Δ		Halbmesser	Hor. Par.	Aufgang	Obere Kulmination	Untergang
									in 0h Länge, + 50° Breite		
1956	h m s	m s	° ′ ″	′ ″			″	″	h m	h m	h m
Mai 2	20 54 39.94	2 34.11	−19 4 15.1	8 31.7	1.041 593	7 922	4.49	8.45	1 48	6 14.8	10 42
3	20 57 14.05	2 33.57	18 55 43.4	8 36.6	1.033 671	7 897	4.53	8.51	1 46	6 13.4	10 41
4	20 59 47.62	2 33.02	18 47 6.8	8 41.5	1.025 774	7 870	4.56	8.58	1 44	6 12.0	10 41
5	21 2 20.64	2 32.45	18 38 25.3	8 46.0	1.017 904	7 843	4.60	8.65	1 42	6 10.6	10 40
6	21 4 53.09	2 31.88	18 29 39.3	8 50.3	1.010 061	7 817	4.63	8.71	1 39	6 9.2	10 39
7	21 7 24.97	2 31.29	18 20 49.0	8 54.6	1.002 244	7 789	4.67	8.78	1 37	6 7.8	10 39
8	21 9 56.26	2 30.69	−18 11 54.4	8 58.6	0.994 455	7 762	4.71	8.85	1 35	6 6.4	10 38
9	21 12 26.95	2 30.08	18 2 55.8	9 2.4	0.986 693	7 733	4.74	8.92	1 33	6 5.0	10 38
10	21 14 57.03	2 29.47	17 53 53.4	9 5.9	0.978 960	7 705	4.78	8.99	1 30	6 3.5	10 37
11	21 17 26.50	2 28.83	17 44 47.5	9 9.4	0.971 255	7 674	4.82	9.06	1 28	6 2.1	10 37
12	21 19 55.33	2 28.20	17 35 38.1	9 12.6	0.963 581	7 645	4.86	9.13	1 26	6 0.6	10 36
13	21 22 23.53	2 27.55	17 26 25.5	9 15.7	0.955 936	7 614	4.90	9.21	1 23	5 59.1	10 35
14	21 24 51.08	2 26.90	−17 17 9.8	9 18.5	0.948 322	7 582	4.94	9.28	1 21	5 57.6	10 35
15	21 27 17.98	2 26.26	17 7 51.3	9 21.3	0.940 740	7 551	4.97	9.35	1 19	5 56.1	10 34
16	21 29 44.24	2 25.59	16 58 30.0	9 23.9	0.933 189	7 519	5.02	9.43	1 16	5 54.6	10 33
17	21 32 9.83	2 24.94	16 49 6.1	9 26.2	0.925 670	7 487	5.06	9.51	1 14	5 53.1	10 33
18	21 34 34.77	2 24.27	16 39 39.9	9 28.5	0.918 183	7 455	5.09	9.58	1 12	5 51.6	10 32
19	21 36 59.04	2 23.60	16 30 11.4	9 30.5	0.910 728	7 422	5.14	9.66	1 9	5 50.1	10 31
20	21 39 22.64	2 22.93	−16 20 40.9	9 32.4	0.903 306	7 390	5.18	9.74	1 7	5 48.5	10 31
21	21 41 45.57	2 22.24	16 11 8.5	9 34.0	0.895 916	7 358	5.22	9.82	1 4	5 47.0	10 30
22	21 44 7.81	2 21.56	16 1 34.5	9 35.4	0.888 558	7 325	5.27	9.90	1 2	5 45.4	10 29
23	21 46 29.37	2 20.85	15 51 59.1	9 36.7	0.881 233	7 294	5.31	9.99	0 59	5 43.8	10 29
24	21 48 50.22	2 20.14	15 42 22.4	9 37.7	0.873 939	7 261	5.36	10.07	0 57	5 42.2	10 28
25	21 51 10.36	2 19.42	15 32 44.7	9 38.5	0.866 678	7 230	5.40	10.15	0 55	5 40.6	10 27
26	21 53 29.78	2 18.69	−15 23 6.2	9 39.0	0.859 448	7 197	5.45	10.24	0 52	5 39.0	10 26
27	21 55 48.47	2 17.94	15 13 27.2	9 39.3	0.852 251	7 166	5.49	10.33	0 49	5 37.3	10 26
28	21 58 6.41	2 17.18	15 3 47.9	9 39.4	0.845 085	7 134	5.54	10.41	0 47	5 35.7	10 25
29	22 0 23.59	2 16.40	14 54 8.5	9 39.3	0.837 951	7 103	5.58	10.50	0 44	5 34.0	10 24
30	22 2 39.99	2 15.60	14 44 29.2	9 38.8	0.830 848	7 070	5.63	10.59	0 42	5 32.4	10 23
31	22 4 55.59	2 14.80	14 34 50.4	9 38.0	0.823 778	7 038	5.68	10.68	0 39	5 30.7	10 22
Juni 1	22 7 10.39	2 13.97	−14 25 12.4	9 37.2	0.816 740	7 006	5.73	10.77	0 37	5 29.0	10 21
2	22 9 24.36	2 13.12	14 15 35.2	9 35.9	0.809 734	6 973	5.78	10.87	0 34	5 27.3	10 21
3	22 11 37.48	2 12.25	14 5 59.3	9 34.5	0.802 761	6 941	5.83	10.96	0 32	5 25.5	10 20
4	22 13 49.73	2 11.36	13 56 24.8	9 32.8	0.795 820	6 908	5.88	11.06	0 29	5 23.8	10 19
5	22 16 1.09	2 10.46	13 46 52.0	9 30.7	0.788 912	6 874	5.93	11.15	0 27	5 22.1	10 18
6	22 18 11.55	2 9.53	13 37 21.3	9 28.4	0.782 038	6 840	5.98	11.25	0 24	5 20.3	10 17
7	22 20 21.08	2 8.58	−13 27 52.9	9 26.0	0.775 198	6 806	6.04	11.35	0 21	5 18.5	10 16
8	22 22 29.66	2 7.61	13 18 26.9	9 23.2	0.768 392	6 771	6.09	11.45	0 19	5 16.7	10 15
9	22 24 37.27	2 6.62	13 9 3.7	9 20.2	0.761 621	6 734	6.14	11.55	0 16	5 14.9	10 14
10	22 26 43.89	2 5.63	12 59 43.5	9 16.9	0.754 887	6 698	6.20	11.66	0 14	5 13.0	10 13
11	22 28 49.52	2 4.60	12 50 26.6	9 13.5	0.748 189	6 661	6.25	11.76	0 11	5 11.2	10 12
12	22 30 54.12		−12 41 13.1		0.741 528		6.31	11.87	0 8	5 9.3	10 11

Tag	0h Weltzeit: Scheinbare Rektaszension		Scheinbare Deklination		Δ		Halbmesser	Hor. Par.	Aufgang	Obere Kulmination	Untergang
									in 0h Länge, + 50° Breite		
1956	h m s	m s	° ′ ″	′ ″			″	″	h m	h m	h m
Juni 12	22 30 54.12	2 3.57	−12 41 13.1	9 9.9	0.741 528	6 623	6.31	11.87	0 8	5 9.3	10 11
13	22 32 57.69	2 2.52	12 32 3.2	9 6.0	0.734 905	6 585	6.37	11.97	0 6	5 7.4	10 10
14	22 35 0.21	2 1.47	12 22 57.2	9 1.9	0.728 320	6 547	6.42	12.08	0 3	5 5.5	10 9
15	22 37 1.68	2 0.39	12 13 55.3	8 57.7	0.721 773	6 509	6.48	12.19	0 0 / 23 58	5 3.6	10 7
16	22 39 2.07	1 59.30	12 4 57.6	8 53.1	0.715 264	6 469	6.54	12.30	23 55	5 1.7	10 6
17	22 41 1.37	1 58.19	11 56 4.5	8 48.3	0.708 795	6 431	6.61	12.42	23 52	4 59.7	10 5
18	22 42 59.56	1 57.08	−11 47 16.2	8 43.3	0.702 364	6 392	6.66	12.53	23 49	4 57.8	10 4
19	22 44 56.64	1 55.92	11 38 32.9	8 38.1	0.695 972	6 354	6.72	12.64	23 47	4 55.8	10 3
20	22 46 52.56	1 54.75	11 29 54.8	8 32.5	0.689 618	6 314	6.79	12.76	23 44	4 53.8	10 1
21	22 48 47.31	1 53.56	11 21 22.3	8 26.6	0.683 304	6 275	6.85	12.88	23 41	4 51.7	10 0
22	22 50 40.87	1 52.34	11 12 55.7	8 20.6	0.677 029	6 236	6.91	13.00	23 38	4 49.7	9 59
23	22 52 33.21	1 51.09	11 4 35.1	8 14.2	0.670 793	6 197	6.98	13.12	23 36	4 47.6	9 57
24	22 54 24.30	1 49.81	−10 56 20.9	8 7.5	0.664 596	6 158	7.04	13.24	23 33	4 45.5	9 56
25	22 56 14.11	1 48.51	10 48 13.4	8 0.5	0.658 438	6 118	7.11	13.36	23 30	4 43.4	9 54
26	22 58 2.62	1 47.17	10 40 12.9	7 53.1	0.652 320	6 079	7.17	13.49	23 27	4 41.3	9 53
27	22 59 49.79	1 45.80	10 32 19.8	7 45.5	0.646 241	6 039	7.24	13.62	23 24	4 39.1	9 51
28	23 1 35.59	1 44.39	10 24 34.3	7 37.6	0.640 202	5 998	7.31	13.75	23 22	4 36.9	9 50
29	23 3 19.98	1 42.94	10 16 56.7	7 29.4	0.634 204	5 958	7.38	13.88	23 19	4 34.7	9 48
30	23 5 2.92	1 41.45	−10 9 27.3	7 20.7	0.628 246	5 916	7.45	14.01	23 16	4 32.5	9 47
Juli 1	23 6 44.37	1 39.93	10 2 6.6	7 11.8	0.622 330	5 874	7.52	14.14	23 13	4 30.2	9 45
2	23 8 24.30	1 38.36	9 54 54.8	7 2.5	0.616 456	5 833	7.59	14.28	23 10	4 27.9	9 43
3	23 10 2.66	1 36.75	9 47 52.3	6 53.0	0.610 623	5 789	7.66	14.41	23 7	4 25.6	9 42
4	23 11 39.41	1 35.09	9 40 59.3	6 43.0	0.604 834	5 745	7.74	14.55	23 4	4 23.3	9 40
5	23 13 14.50	1 33.40	9 34 16.3	6 32.9	0.599 089	5 700	7.81	14.69	23 1	4 21.0	9 38
6	23 14 47.90	1 31.65	− 9 27 43.4	6 22.5	0.593 389	5 654	7.89	14.83	22 59	4 18.6	9 36
7	23 16 19.55	1 29.88	9 21 20.9	6 11.7	0.587 735	5 607	7.96	14.97	22 56	4 16.2	9 34
8	23 17 49.43	1 28.05	9 15 9.2	6 0.6	0.582 128	5 560	8.04	15.12	22 53	4 13.7	9 32
9	23 19 17.48	1 26.20	9 9 8.6	5 49.5	0.576 568	5 510	8.12	15.26	22 50	4 11.2	9 30
10	23 20 43.68	1 24.31	9 3 19.1	5 38.0	0.571 058	5 459	8.20	15.41	22 47	4 8.7	9 28
11	23 22 7.99	1 22.37	8 57 41.1	5 26.3	0.565 599	5 409	8.28	15.56	22 44	4 6.2	9 26
12	23 23 30.36	1 20.42	− 8 52 14.8	5 14.5	0.560 190	5 356	8.35	15.71	22 41	4 3.6	9 24
13	23 24 50.78	1 18.42	8 47 0.3	5 2.4	0.554 834	5 303	8.43	15.86	22 38	4 1.0	9 22
14	23 26 9.20	1 16.38	8 41 57.9	4 50.1	0.549 531	5 250	8.51	16.01	22 34	3 58.4	9 20
15	23 27 25.58	1 14.31	8 37 7.8	4 37.5	0.544 281	5 196	8.60	16.17	22 31	3 55.7	9 17
16	23 28 39.89	1 12.21	8 32 30.3	4 24.7	0.539 085	5 140	8.68	16.32	22 28	3 53.0	9 15
17	23 29 52.10	1 10.06	8 28 5.6	4 11.8	0.533 945	5 085	8.76	16.48	22 25	3 50.3	9 12
18	23 31 2.16	1 7.85	− 8 23 53.8	3 58.5	0.528 860	5 029	8.85	16.64	22 22	3 47.5	9 10
19	23 32 10.01	1 5.62	8 19 55.3	3 44.9	0.523 831	4 971	8.93	16.80	22 19	3 44.7	9 8
20	23 33 15.63	1 3.32	8 16 10.4	3 31.2	0.518 860	4 913	9.02	16.96	22 16	3 41.8	9 5
21	23 34 18.95	1 0.98	8 12 39.2	3 17.1	0.513 947	4 854	9.10	17.12	22 13	3 38.9	9 2
22	23 35 19.93	0 58.60	8 9 22.1	3 2.8	0.509 093	4 795	9.20	17.29	22 9	3 36.0	9 0
23	23 36 18.53		− 8 6 19.3		0.504 298		9.28	17.45	22 6	3 33.0	8 57

Mars 1956

Tag	0h Weltzeit Scheinbare Rektaszension		Scheinbare Deklination		Δ		Halb-messer	Hor. Par.	Auf-gang	Obere Kul-mination	Unter-gang
									in 0h Länge, + 50° Breite		
1956	h m s	s	° ′ ″	′ ″			″	″	h m	h m	h m
Juli 23	23 36 18.53	56.16	−8 6 19.3	2 48.4	0.504 298	4 734	9.28	17.45	22 6	3 33.0	8 57
24	23 37 14.69	53.67	8 3 30.9	2 33.6	0.499 564	4 672	9.37	17.62	22 3	3 30.0	8 54
25	23 38 8.36	51.12	8 0 57.3	2 18.5	0.494 892	4 609	9.46	17.78	22 0	3 27.0	8 51
26	23 38 59.48	48.52	7 58 38.8	2 3.5	0.490 283	4 544	9.55	17.95	21 56	3 23.9	8 48
27	23 39 48.00	45.87	7 56 35.3	1 48.0	0.485 739	4 479	9.64	18.12	21 53	3 20.8	8 45
28	23 40 33.87	43.16	7 54 47.3	1 32.3	0.481 260	4 412	9.73	18.29	21 50	3 17.6	8 42
29	23 41 17.03	40.40	−7 53 15.0	1 16.7	0.476 848	4 343	9.81	18.45	21 46	3 14.4	8 39
30	23 41 57.43	37.58	7 51 58.3	1 0.6	0.472 505	4 273	9.90	18.62	21 43	3 11.1	8 36
31	23 42 35.01	34.70	7 50 57.7	0 44.6	0.468 232	4 201	9.99	18.79	21 39	3 7.8	8 33
Aug. 1	23 43 9.71	31.77	7 50 13.1	0 28.4	0.464 031	4 126	10.08	18.96	21 36	3 4.4	8 30
2	23 43 41.48	28.81	7 49 44.7	0 12.2	0.459 905	4 051	10.17	19.13	21 33	3 1.0	8 26
3	23 44 10.29	25.79	7 49 32.5	0 4.0	0.455 854	3 972	10.26	19.30	21 29	2 57.5	8 23
4	23 44 36.08	22.74	−7 49 36.5	0 20.1	0.451 882	3 892	10.35	19.47	21 26	2 54.0	8 19
5	23 44 58.82	19.66	7 49 56.6	0 36.3	0.447 990	3 809	10.44	19.64	21 22	2 50.5	8 16
6	23 45 18.48	16.54	7 50 32.9	0 52.1	0.444 181	3 724	10.54	19.81	21 18	2 46.9	8 12
7	23 45 35.02	13.42	7 51 25.0	1 7.8	0.440 457	3 636	10.63	19.98	21 15	2 43.2	8 8
8	23 45 48.44	10.27	7 52 32.8	1 23.4	0.436 821	3 547	10.72	20.15	21 11	2 39.5	8 4
9	23 45 58.71	7.12	7 53 56.2	1 38.5	0.433 274	3 455	10.80	20.31	21 7	2 35.7	8 0
10	23 46 5.83	3.98	−7 55 34.7	1 53.5	0.429 819	3 362	10.89	20.47	21 4	2 31.9	7 56
11	23 46 9.81	0.83	7 57 28.2	2 8.0	0.426 457	3 266	10.98	20.64	21 0	2 28.0	7 52
12	23 46 10.64	2.32	7 59 36.2	2 22.4	0.423 191	3 169	11.06	20.79	20 56	2 24.1	7 48
13	23 46 8.32	5.46	8 1 58.6	2 36.2	0.420 022	3 070	11.14	20.95	20 52	2 20.1	7 44
14	23 46 2.86	8.58	8 4 34.8	2 49.7	0.416 952	2 969	11.23	21.11	20 48	2 16.1	7 40
15	23 45 54.28	11.70	8 7 24.5	3 2.9	0.413 983	2 866	11.31	21.26	20 45	2 12.0	7 36
16	23 45 42.58	14.80	−8 10 27.4	3 15.4	0.411 117	2 762	11.38	21.40	20 41	2 7.9	7 31
17	23 45 27.78	17.86	8 13 42.8	3 27.7	0.408 355	2 654	11.46	21.55	20 37	2 3.7	7 27
18	23 45 9.92	20.91	8 17 10.5	3 39.3	0.405 701	2 546	11.54	21.69	20 33	1 59.5	7 22
19	23 44 49.01	23.91	8 20 49.8	3 50.4	0.403 155	2 436	11.61	21.83	20 29	1 55.2	7 18
20	23 44 25.10	26.88	8 24 40.2	4 0.9	0.400 719	2 323	11.68	21.96	20 25	1 50.9	7 13
21	23 43 58.22	29.81	8 28 41.1	4 10.8	0.398 396	2 209	11.75	22.09	20 21	1 46.5	7 8
22	23 43 28.41	32.67	−8 32 51.9	4 19.9	0.396 187	2 092	11.81	22.21	20 17	1 42.1	7 3
23	23 42 55.74	35.48	8 37 11.8	4 28.4	0.394 095	1 974	11.88	22.33	20 12	1 37.6	6 58
24	23 42 20.26	38.23	8 41 40.2	4 36.2	0.392 121	1 853	11.94	22.44	20 8	1 33.1	6 54
25	23 41 42.03	40.90	8 46 16.4	4 43.0	0.390 268	1 731	11.99	22.55	20 4	1 28.5	6 49
26	23 41 1.13	43.48	8 50 59.4	4 49.2	0.388 537	1 606	12.05	22.65	20 0	1 23.9	6 44
27	23 40 17.65	45.98	8 55 48.6	4 54.2	0.386 931	1 479	12.09	22.74	19 56	1 19.2	6 39
28	23 39 31.67	48.38	−9 0 42.8	4 58.6	0.385 452	1 350	12.14	22.83	19 51	1 14.5	6 33
29	23 38 43.29	50.65	9 5 41.4	5 1.6	0.384 102	1 219	12.18	22.91	19 47	1 9.8	6 28
30	23 37 52.64	52.82	9 10 43.0	5 3.9	0.382 883	1 085	12.22	22.98	19 43	1 5.0	6 23
31	23 36 59.82	54.85	9 15 46.9	5 5.0	0.381 798	950	12.26	23.05	19 38	1 0.2	6 18
Sept. 1	23 36 4.97	56.73	9 20 51.9	5 4.9	0.380 848	813	12.29	23.11	19 34	0 55.4	6 13
2	23 35 8.24		−9 25 56.8		0.380 035		12.32	23.16	19 29	0 50.5	6 7

Tag	0h Weltzeit: Scheinbare Rektaszension		Scheinbare Deklination		Δ		Halbmesser	Hor. Par.	Aufgang (in 0h Länge, + 50° Breite)	Obere Kulmination	Untergang
1956	h m s	s	° ′ ″	′ ″			″	″	h m	h m	h m
Sept. 2	23 35 8.24	58.46	− 9 25 56.8	5 3.7	0.380 035	673	12.32	23.16	19 29	0 50.5	6 7
3	23 34 9.78	60.02	9 31 0.5	5 1.3	0.379 362	533	12.34	23.20	19 25	0 45.6	6 2
4	23 33 9.76	61.39	9 36 1.8	4 57.6	0.378 829	390	12.35	23.23	19 20	0 40.7	5 57
5	23 32 8.37	62.59	9 40 59.4	4 52.8	0.378 439	246	12.36	23.25	19 16	0 35.7	5 51
6	23 31 5.78	63.60	9 45 52.2	4 46.8	0.378 193	102	12.38	23.27	19 11	0 30.8	5 46
7	23 30 2.18	64.41	9 50 39.0	4 39.7	0.378 091	43	12.38	23.27	19 6	0 25.8	5 40
8	23 28 57.77	65.02	− 9 55 18.7	4 31.4	0.378 134	188	12.38	23.27	19 2	0 20.8	5 35
9	23 27 52.75	65.45	9 59 50.1	4 22.1	0.378 322	334	12.37	23.26	18 57	0 15.8	5 30
10	23 26 47.30	65.68	10 4 12.2	4 11.9	0.378 656	480	12.36	23.24	18 52	0 10.7	5 24
11	23 25 41.62	65.72	10 8 24.1	4 0.6	0.379 136	626	12.34	23.21	18 48	0 5.7	5 19
12	23 24 35.90	65.59	10 12 24.7	3 48.5	0.379 762	772	12.32	23.17	18 43	0 0.7 / 23 55.7	5 14
13	23 23 30.31	65.25	10 16 13.2	3 35.7	0.380 534	916	12.30	23.13	18 38	23 50.7	5 8
14	23 22 25.06	64.75	−10 19 48.9	3 22.0	0.381 450	1 061	12.27	23.07	18 34	23 45.7	5 3
15	23 21 20.31	64.07	10 23 10.9	3 7.5	0.382 511	1 206	12.24	23.01	18 29	23 40.7	4 58
16	23 20 16.24	63.22	10 26 18.4	2 52.4	0.383 717	1 349	12.19	22.93	18 24	23 35.7	4 53
17	23 19 13.02	62.19	10 29 10.8	2 36.7	0.385 066	1 492	12.15	22.85	18 19	23 30.7	4 47
18	23 18 10.83	61.03	10 31 47.5	2 20.6	0.386 558	1 634	12.10	22.76	18 14	23 25.8	4 42
19	23 17 9.80	59.70	10 34 8.1	2 3.9	0.388 192	1 775	12.06	22.67	18 10	23 20.9	4 37
20	23 16 10.10	58.21	−10 36 12.0	1 46.5	0.389 967	1 916	12.00	22.57	18 5	23 16.0	4 32
21	23 15 11.89	56.61	10 37 58.5	1 29.1	0.391 883	2 055	11.94	22.46	18 0	23 11.1	4 27
22	23 14 15.28	54.86	10 39 27.6	1 11.1	0.393 938	2 193	11.88	22.34	17 55	23 6.3	4 22
23	23 13 20.42	52.99	10 40 38.7	0 53.0	0.396 131	2 331	11.81	22.21	17 51	23 1.5	4 17
24	23 12 27.43	50.99	10 41 31.7	0 34.4	0.398 462	2 467	11.75	22.09	17 46	22 56.7	4 12
25	23 11 36.44	48.88	10 42 6.1	0 15.8	0.400 929	2 602	11.67	21.95	17 41	22 51.9	4 7
26	23 10 47.56	46.66	−10 42 21.9	0 3.3	0.403 531	2 737	11.60	21.81	17 37	22 47.2	4 3
27	23 10 0.90	44.33	10 42 18.6	0 22.4	0.406 268	2 870	11.52	21.66	17 32	22 42.6	3 58
28	23 9 16.57	41.91	10 41 56.2	0 41.6	0.409 138	3 002	11.44	21.51	17 27	22 37.9	3 53
29	23 8 34.66	39.38	10 41 14.6	1 1.1	0.412 140	3 133	11.35	21.35	17 23	22 33.3	3 49
30	23 7 55.28	36.76	10 40 13.5	1 20.5	0.415 273	3 262	11.27	21.19	17 18	22 28.8	3 44
Okt. 1	23 7 18.52	34.06	10 38 53.0	1 40.0	0.418 535	3 389	11.18	21.03	17 13	22 24.3	3 40
2	23 6 44.46	31.29	−10 37 13.0	1 59.6	0.421 924	3 515	11.09	20.86	17 9	22 19.8	3 35
3	23 6 13.17	28.44	10 35 13.4	2 19.0	0.425 439	3 639	11.00	20.68	17 4	22 15.4	3 31
4	23 5 44.73	25.54	10 32 54.4	2 38.4	0.429 078	3 761	10.91	20.51	17 0	22 11.1	3 27
5	23 5 19.19	22.58	10 30 16.0	2 57.6	0.432 839	3 881	10.81	20.33	16 55	22 6.8	3 23
6	23 4 56.61	19.59	10 27 18.4	3 16.8	0.436 720	3 999	10.72	20.15	16 50	22 2.5	3 19
7	23 4 37.02	16.57	10 24 1.6	3 35.6	0.440 719	4 114	10.62	19.97	16 46	21 58.3	3 15
8	23 4 20.45	13.52	−10 20 26.0	3 54.2	0.444 833	4 227	10.52	19.78	16 41	21 54.1	3 11
9	23 4 6.93	10.47	10 16 31.8	4 12.5	0.449 060	4 338	10.42	19.60	16 37	21 50.0	3 7
10	23 3 56.46	7.41	10 12 19.3	4 30.5	0.453 398	4 446	10.32	19.41	16 33	21 46.0	3 3
11	23 3 49.05	4.36	10 7 48.8	4 48.2	0.457 844	4 553	10.22	19.22	16 28	21 42.0	3 0
12	23 3 44.69	1.33	10 3 0.6	5 5.5	0.462 397	4 657	10.12	19.03	16 24	21 38.0	2 56
13	23 3 43.36		− 9 57 55.1		0.467 054		10.02	18.84	16 19	21 34.1	2 53

Mars 1956

Tag	0h Weltzeit Scheinbare Rektaszension		Scheinbare Deklination		Δ		Halbmesser	Hor. Par.	Aufgang	Obere Kulmination	Untergang
									in 0h Länge, +50° Breite		
1956	h m s	m s	° ′ ″	′ ″			″	″	h m	h m	h m
Okt. 13	23 3 43.36	0 1.70	−9 57 55.1	5 22.4	0.467 054	4 759	10.02	18.84	16 19	21 34.1	2 53
14	23 3 45.06	0 4.70	9 52 32.7	5 39.1	0.471 813	4 859	9.92	18.65	16 15	21 30.2	2 49
15	23 3 49.76	0 7.67	9 46 53.6	5 55.3	0.476 672	4 957	9.82	18.46	16 11	21 26.4	2 46
16	23 3 57.43	0 10.61	9 40 58.3	6 11.1	0.481 629	5 053	9.72	18.27	16 6	21 22.7	2 42
17	23 4 8.04	0 13.51	9 34 47.2	6 26.8	0.486 682	5 148	9.62	18.08	16 2	21 19.0	2 39
18	23 4 21.55	0 16.37	9 28 20.4	6 41.8	0.491 830	5 241	9.51	17.89	15 58	21 15.3	2 36
19	23 4 37.92	0 19.20	−9 21 38.6	6 56.6	0.497 071	5 331	9.41	17.70	15 54	21 11.7	2 33
20	23 4 57.12	0 21.99	9 14 42.0	7 11.1	0.502 402	5 421	9.32	17.52	15 50	21 8.1	2 30
21	23 5 19.11	0 24.72	9 7 30.9	7 25.1	0.507 823	5 510	9.22	17.33	15 46	21 4.6	2 27
22	23 5 43.83	0 27.41	9 0 5.8	7 39.0	0.513 333	5 596	9.12	17.14	15 41	21 1.1	2 24
23	23 6 11.24	0 30.06	8 52 26.8	7 52.4	0.518 929	5 681	9.02	16.96	15 37	20 57.6	2 21
24	23 6 41.30	0 32.67	8 44 34.4	8 5.7	0.524 610	5 766	8.92	16.77	15 33	20 54.2	2 18
25	23 7 13.97	0 35.23	−8 36 28.7	8 18.5	0.530 376	5 850	8.82	16.59	15 29	20 50.9	2 16
26	23 7 49.20	0 37.77	8 28 10.2	8 31.2	0.536 226	5 931	8.73	16.41	15 25	20 47.6	2 13
27	23 8 26.97	0 40.25	8 19 39.0	8 43.7	0.542 157	6 012	8.63	16.23	15 21	20 44.3	2 10
28	23 9 7.22	0 42.69	8 10 55.3	8 55.9	0.548 169	6 092	8.54	16.05	15 17	20 41.1	2 8
29	23 9 49.91	0 45.11	8 1 59.4	9 7.8	0.554 261	6 170	8.45	15.88	15 13	20 37.9	2 5
30	23 10 35.02	0 47.47	7 52 51.6	9 19.5	0.560 431	6 247	8.35	15.70	15 9	20 34.7	2 3
31	23 11 22.49	0 49.81	−7 43 32.1	9 31.0	0.566 678	6 322	8.26	15.53	15 6	20 31.6	2 0
Nov. 1	23 12 12.30	0 52.10	7 34 1.1	9 42.2	0.573 000	6 396	8.17	15.36	15 2	20 28.6	1 58
2	23 13 4.40	0 54.34	7 24 18.9	9 53.2	0.579 396	6 469	8.08	15.19	14 58	20 25.5	1 56
3	23 13 58.74	0 56.55	7 14 25.7	10 3.9	0.585 865	6 539	7.99	15.02	14 54	20 22.5	1 54
4	23 14 55.29	0 58.70	7 4 21.8	10 14.3	0.592 404	6 608	7.90	14.85	14 50	20 19.6	1 51
5	23 15 53.99	1 0.82	6 54 7.5	10 24.5	0.599 012	6 676	7.81	14.69	14 46	20 16.6	1 49
6	23 16 54.81	1 2.87	−6 43 43.0	10 34.3	0.605 688	6 742	7.73	14.53	14 43	20 13.7	1 47
7	23 17 57.68	1 4.88	6 33 8.7	10 44.0	0.612 430	6 807	7.64	14.37	14 39	20 10.9	1 45
8	23 19 2.56	1 6.85	6 22 24.7	10 53.4	0.619 237	6 869	7.56	14.21	14 35	20 8.1	1 43
9	23 20 9.41	1 8.75	6 11 31.3	11 2.4	0.626 106	6 931	7.48	14.06	14 32	20 5.3	1 41
10	23 21 18.16	1 10.61	6 0 28.9	11 11.2	0.633 037	6 992	7.39	13.90	14 28	20 2.5	1 39
11	23 22 28.77	1 12.43	5 49 17.7	11 19.8	0.640 029	7 051	7.31	13.75	14 24	19 59.8	1 38
12	23 23 41.20	1 14.18	−5 37 57.9	11 28.0	0.647 080	7 109	7.23	13.60	14 21	19 57.1	1 36
13	23 24 55.38	1 15.90	5 26 29.9	11 36.1	0.654 189	7 166	7.15	13.45	14 17	19 54.4	1 34
14	23 26 11.28	1 17.57	5 14 53.8	11 43.9	0.661 355	7 222	7.08	13.31	14 14	19 51.7	1 32
15	23 27 28.85	1 19.18	5 3 9.9	11 51.3	0.668 577	7 277	7.00	13.16	14 10	19 49.1	1 30
16	23 28 48.03	1 20.76	4 51 18.6	11 58.7	0.675 854	7 331	6.92	13.02	14 6	19 46.5	1 29
17	23 30 8.79	1 22.28	4 39 19.9	12 5.7	0.683 185	7 385	6.85	12.88	14 3	19 43.9	1 27
18	23 31 31.07	1 23.77	−4 27 14.2	12 12.7	0.690 570	7 437	6.78	12.74	13 59	19 41.4	1 26
19	23 32 54.84	1 25.21	4 15 1.5	12 19.2	0.698 007	7 489	6.71	12.61	13 56	19 38.9	1 24
20	23 34 20.05	1 26.62	4 2 42.3	12 25.7	0.705 496	7 542	6.63	12.47	13 52	19 36.4	1 23
21	23 35 46.67	1 27.99	3 50 16.6	12 32.0	0.713 038	7 592	6.56	12.34	13 49	19 33.9	1 21
22	23 37 14.66	1 29.33	3 37 44.6	12 38.2	0.720 630	7 643	6.49	12.21	13 45	19 31.4	1 20
23	23 38 43.99		−3 25 6.4		0.728 273		6.42	12.08	13 42	19 29.0	1 18

Tag	0h Weltzeit Scheinbare Rektaszension		Scheinbare Deklination		Δ		Halb-messer	Hor. Par.	Auf-gang	Obere Kul-mination	Unter-gang
									in 0h Länge, + 50° Breite		
1956	h m s	m s	° ′ ″	′ ″			″	″	h m	h m	h m
Nov. 23	23 38 43.99	1 30.64	−3 25 6.4	12 44.1	0.728 273	7 694	6.42	12.08	13 42	19 29.0	1 18
24	23 40 14.63	1 31.93	3 12 22.3	12 49.8	0.735 967	7 743	6.36	11.96	13 38	19 26.6	1 17
25	23 41 46.56	1 33.18	2 59 32.5	12 55.6	0.743 710	7 792	6.29	11.83	13 35	19 24.2	1 15
26	23 43 19.74	1 34.41	2 46 36.9	13 1.1	0.751 502	7 840	6.23	11.71	13 32	19 21.8	1 14
27	23 44 54.15	1 35.63	2 33 35.8	13 6.4	0.759 342	7 888	6.16	11.59	13 28	19 19.5	1 13
28	23 46 29.78	1 36.81	2 20 29.4	13 11.7	0.767 230	7 934	6.10	11.47	13 25	19 17.2	1 11
29	23 48 6.59	1 37.97	−2 7 17.7	13 16.8	0.775 164	7 980	6.04	11.35	13 21	19 14.9	1 10
30	23 49 44.56	1 39.11	1 54 0.9	13 21.7	0.783 144	8 025	5.98	11.24	13 18	19 12.6	1 9
Dez. 1	23 51 23.67	1 40.22	1 40 39.2	13 26.4	0.791 169	8 068	5.91	11.12	13 15	19 10.3	1 8
2	23 53 3.89	1 41.31	1 27 12.8	13 31.0	0.799 237	8 111	5.86	11.01	13 11	19 8.0	1 6
3	23 54 45.20	1 42.38	1 13 41.8	13 35.4	0.807 348	8 152	5.80	10.90	13 8	19 5.8	1 5
4	23 56 27.58	1 43.42	1 0 6.4	13 39.7	0.815 500	8 192	5.74	10.79	13 5	19 3.6	1 4
5	23 58 11.00	1 44.43	−0 46 26.7	13 43.7	0.823 692	8 232	5.68	10.68	13 2	19 1.4	1 3
6	23 59 55.43	1 45.42	0 32 43.0	13 47.5	0.831 924	8 270	5.63	10.58	12 58	18 59.2	1 2
7	0 1 40.85	1 46.39	0 18 55.5	13 51.2	0.840 194	8 308	5.57	10.47	12 55	18 57.0	1 1
8	0 3 27.24	1 47.32	−0 5 4.3	13 54.7	0.848 502	8 345	5.51	10.37	12 52	18 54.9	1 0
9	0 5 14.56	1 48.24	+0 8 50.4	13 58.1	0.856 847	8 380	5.46	10.27	12 48	18 52.7	0 59
10	0 7 2.80	1 49.14	0 22 48.5	14 1.2	0.865 227	8 415	5.41	10.17	12 45	18 50.6	0 58
11	0 8 51.94	1 50.00	+0 36 49.7	14 4.1	0.873 642	8 450	5.36	10.07	12 42	18 48.5	0 57
12	0 10 41.94	1 50.85	0 50 53.8	14 6.9	0.882 092	8 483	5.31	9.98	12 39	18 46.4	0 56
13	0 12 32.79	1 51.67	1 5 0.7	14 9.6	0.890 575	8 515	5.25	9.88	12 36	18 44.3	0 55
14	0 14 24.46	1 52.47	1 19 10.3	14 11.9	0.899 090	8 548	5.21	9.79	12 32	18 42.2	0 54
15	0 16 16.93	1 53.25	1 33 22.2	14 14.2	0.907 638	8 579	5.16	9.70	12 29	18 40.2	0 53
16	0 18 10.18	1 54.02	1 47 36.4	14 16.3	0.916 217	8 610	5.11	9.60	12 26	18 38.1	0 52
17	0 20 4.20	1 54.76	+2 1 52.7	14 18.3	0.924 827	8 642	5.06	9.52	12 23	18 36.1	0 51
18	0 21 58.96	1 55.49	2 16 11.0	14 20.0	0.933 469	8 672	5.02	9.43	12 20	18 34.1	0 50
19	0 23 54.45	1 56.20	2 30 31.0	14 21.6	0.942 141	8 702	4.97	9.34	12 16	18 32.1	0 49
20	0 25 50.65	1 56.90	2 44 52.6	14 23.0	0.950 843	8 733	4.92	9.25	12 13	18 30.1	0 48
21	0 27 47.55	1 57.59	2 59 15.8	14 24.5	0.959 576	8 763	4.88	9.17	12 10	18 28.1	0 48
22	0 29 45.14	1 58.27	3 13 40.3	14 25.8	0.968 339	8 792	4.83	9.09	12 7	18 26.1	0 47
23	0 31 43.41	1 58.95	+3 28 6.1	14 27.0	0.977 131	8 821	4.79	9.01	12 4	18 24.2	0 46
24	0 33 42.36	1 59.61	3 42 33.1	14 28.0	0.985 952	8 850	4.75	8.93	12 1	18 22.2	0 45
25	0 35 41.97	2 0.27	3 57 1.1	14 28.9	0.994 802	8 877	4.71	8.85	11 58	18 20.3	0 44
26	0 37 42.24	2 0.92	4 11 30.0	14 29.7	1.003 679	8 905	4.66	8.77	11 55	18 18.4	0 43
27	0 39 43.16	2 1.57	4 25 59.7	14 30.3	1.012 584	8 931	4.62	8.69	11 52	18 16.5	0 43
28	0 41 44.73	2 2.22	4 40 30.0	14 30.9	1.021 515	8 957	4.58	8.61	11 49	18 14.6	0 42
29	0 43 46.95	2 2.85	+4 55 0.9	14 31.3	1.030 472	8 982	4.54	8.54	11 46	18 12.7	0 41
30	0 45 49.80	2 3.47	5 9 32.2	14 31.5	1.039 454	9 005	4.50	8.47	11 43	18 10.8	0 40
31	0 47 53.27	2 4.08	5 24 3.7	14 31.6	1.048 459	9 028	4.46	8.39	11 39	18 8.9	0 40
32	0 49 57.35		+5 38 35.3		1.057 487		4.42	8.32	11 36	18 7.0	0 39

Jupiter 1956

Tag	0h Weltzeit Scheinbare Rektaszension		Scheinbare Deklination		Δ		Halbmesser	Hor. Par.	Aufgang	Obere Kulmination	Untergang
									in 0h Länge, +50° Breite		
1956	h m s	s	° ′ ″	′ ″			″	″	h m	h m	h m
Jan. 0	10 14 33.73	9.47	+11 58 51.8	1 9.4	4.702 610	12 457	19.54	1.87	20 34	3 39.4	10 41
1	10 14 24.26	10.20	12 0 1.2	1 13.3	4.690 153	12 278	19.60	1.88	20 30	3 35.3	10 37
2	10 14 14.06	10.92	12 1 14.5	1 17.2	4.677 875	12 091	19.65	1.88	20 26	3 31.2	10 33
3	10 14 3.14	11.64	12 2 31.7	1 21.2	4.665 784	11 902	19.70	1.89	20 21	3 27.0	10 29
4	10 13 51.50	12.35	12 3 52.9	1 25.0	4.653 882	11 705	19.75	1.89	20 17	3 22.9	10 25
5	10 13 39.15	13.05	12 5 17.9	1 28.8	4.642 177	11 505	19.80	1.90	20 13	3 18.8	10 21
6	10 13 26.10	13.75	+12 6 46.7	1 32.5	4.630 672	11 299	19.85	1.90	20 9	3 14.6	10 17
7	10 13 12.35	14.45	12 8 19.2	1 36.2	4.619 373	11 090	19.90	1.91	20 4	3 10.5	10 13
8	10 12 57.90	15.14	12 9 55.4	1 39.9	4.608 283	10 873	19.94	1.91	20 0	3 6.3	10 8
9	10 12 42.76	15.81	12 11 35.3	1 43.5	4.597 410	10 654	19.99	1.91	19 56	3 2.1	10 4
10	10 12 26.95	16.49	12 13 18.8	1 47.1	4.586 756	10 429	20.04	1.92	19 51	2 57.9	10 0
11	10 12 10.46	17.15	12 15 5.9	1 50.4	4.576 327	10 200	20.08	1.92	19 47	2 53.7	9 56
12	10 11 53.31	17.79	+12 16 56.3	1 53.8	4.566 127	9 964	20.13	1.93	19 43	2 49.5	9 52
13	10 11 35.52	18.44	12 18 50.1	1 57.2	4.556 163	9 727	20.17	1.93	19 38	2 45.3	9 48
14	10 11 17.08	19.06	12 20 47.3	2 0.4	4.546 436	9 483	20.22	1.94	19 34	2 41.0	9 44
15	10 10 58.02	19.68	12 22 47.7	2 3.5	4.536 953	9 236	20.26	1.94	19 29	2 36.8	9 40
16	10 10 38.34	20.28	12 24 51.2	2 6.5	4.527 717	8 984	20.30	1.94	19 25	2 32.5	9 36
17	10 10 18.06	20.87	12 26 57.7	2 9.5	4.518 733	8 728	20.34	1.95	19 20	2 28.3	9 32
18	10 9 57.19	21.45	+12 29 7.2	2 12.3	4.510 005	8 470	20.38	1.95	19 16	2 24.0	9 28
19	10 9 35.74	22.01	12 31 19.5	2 15.1	4.501 535	8 207	20.42	1.95	19 11	2 19.7	9 24
20	10 9 13.73	22.56	12 33 34.6	2 17.8	4.493 328	7 941	20.45	1.96	19 7	2 15.4	9 20
21	10 8 51.17	23.09	12 35 52.4	2 20.3	4.485 387	7 671	20.49	1.96	19 2	2 11.1	9 15
22	10 8 28.08	23.60	12 38 12.7	2 22.8	4.477 716	7 398	20.53	1.97	18 58	2 6.8	9 11
23	10 8 4.48	24.11	12 40 35.5	2 25.1	4.470 318	7 122	20.56	1.97	18 53	2 2.4	9 7
24	10 7 40.37	24.59	+12 43 0.6	2 27.4	4.463 196	6 845	20.59	1.97	18 49	1 58.1	9 3
25	10 7 15.78	25.06	12 45 28.0	2 29.6	4.456 351	6 564	20.62	1.97	18 44	1 53.8	8 59
26	10 6 50.72	25.51	12 47 57.6	2 31.6	4.449 787	6 280	20.65	1.98	18 40	1 49.4	8 55
27	10 6 25.21	25.95	12 50 29.2	2 33.6	4.443 507	5 993	20.68	1.98	18 35	1 45.1	8 51
28	10 5 59.26	26.37	12 53 2.8	2 35.4	4.437 514	5 705	20.71	1.98	18 30	1 40.7	8 47
29	10 5 32.89	26.77	12 55 38.2	2 37.2	4.431 809	5 412	20.74	1.99	18 26	1 36.3	8 43
30	10 5 6.12	27.16	+12 58 15.4	2 38.8	4.426 397	5 120	20.76	1.99	18 21	1 31.9	8 38
31	10 4 38.96	27.53	13 0 54.2	2 40.3	4.421 277	4 823	20.79	1.99	18 17	1 27.6	8 34
Febr. 1	10 4 11.43	27.87	13 3 34.5	2 41.7	4.416 454	4 523	20.81	1.99	18 12	1 23.2	8 30
2	10 3 43.56	28.21	13 6 16.2	2 43.0	4.411 931	4 223	20.83	1.99	18 7	1 18.8	8 26
3	10 3 15.35	28.51	13 8 59.2	2 44.2	4.407 708	3 918	20.85	2.00	18 3	1 14.4	8 22
4	10 2 46.84	28.81	13 11 43.4	2 45.2	4.403 790	3 614	20.87	2.00	17 58	1 10.0	8 18
5	10 2 18.03	29.08	+13 14 28.6	2 46.2	4.400 176	3 304	20.89	2.00	17 53	1 5.6	8 13
6	10 1 48.95	29.33	13 17 14.8	2 46.9	4.396 872	2 995	20.90	2.00	17 49	1 1.2	8 9
7	10 1 19.62	29.55	13 20 1.7	2 47.6	4.393 877	2 684	20.92	2.00	17 44	0 56.7	8 5
8	10 0 50.07	29.76	13 22 49.3	2 48.1	4.391 193	2 371	20.93	2.00	17 39	0 52.3	8 1
9	10 0 20.31	29.95	13 25 37.4	2 48.6	4.388 822	2 057	20.94	2.01	17 35	0 47.9	7 57
10	9 59 50.36		+13 28 26.0		4.386 765		20.95	2.01	17 30	0 43.5	7 52

Tag	0h Weltzeit: Scheinbare Rektaszension		Scheinbare Deklination		Δ		Halbmesser	Hor. Par.	Aufgang (in 0h Länge, + 50° Breite)	Obere Kulmination	Untergang
1956	h m s	s	° ′ ″	′ ″			″	″	h m	h m	h m
Febr. 10	9 59 50.36	30.11	+13 28 26.0	2 48.8	4.386 765	1 742	20.95	2.01	17 30	0 43.5	7 52
11	9 59 20.25	30.24	13 31 14.8	2 49.0	4.385 023	1 425	20.96	2.01	17 25	0 39.0	7 48
12	9 58 50.01	30.35	13 34 3.8	2 48.9	4.383 598	1 109	20.97	2.01	17 21	0 34.6	7 44
13	9 58 19.66	30.45	13 36 52.7	2 48.9	4.382 489	791	20.97	2.01	17 16	0 30.2	7 40
14	9 57 49.21	30.52	13 39 41.6	2 48.6	4.381 698	475	20.98	2.01	17 11	0 25.7	7 36
15	9 57 18.69	30.55	13 42 30.2	2 48.2	4.381 223	156	20.98	2.01	17 7	0 21.3	7 31
16	9 56 48.14	30.58	+13 45 18.4	2 47.7	4.381 067	161	20.98	2.01	17 2	0 16.9	7 27
17	9 56 17.56	30.58	13 48 6.1	2 47.1	4.381 228	479	20.98	2.01	16 57	0 12.4	7 23
18	9 55 46.98	30.55	13 50 53.2	2 46.3	4.381 707	794	20.98	2.01	16 53	0 8.0	7 19
19	9 55 16.43	30.50	13 53 39.5	2 45.4	4.382 501	1 109	20.97	2.01	16 48	{0 3.5; 23 59.[illegible]}	7 15
20	9 54 45.93	30.43	13 56 24.9	2 44.5	4.383 610	1 424	20.97	2.01	16 43	23 54.7	7 11
21	9 54 15.50	30.33	13 59 9.4	2 43.3	4.385 034	1 737	20.96	2.01	16 39	23 50.2	7 6
22	9 53 45.17	30.22	+14 1 52.7	2 42.2	4.386 771	2 049	20.95	2.01	16 34	23 45.8	7 2
23	9 53 14.95	30.08	14 4 34.9	2 40.8	4.388 820	2 359	20.94	2.01	16 29	23 41.4	6 58
24	9 52 44.87	29.92	14 7 15.7	2 39.4	4.391 179	2 667	20.93	2.00	16 25	23 37.0	6 54
25	9 52 14.95	29.74	14 9 55.1	2 37.9	4.393 846	2 975	20.92	2.00	16 20	23 32.5	6 50
26	9 51 45.21	29.55	14 12 33.0	2 36.3	4.396 821	3 282	20.90	2.00	16 15	23 28.1	6 45
27	9 51 15.66	29.32	14 15 9.3	2 34.6	4.400 103	3 585	20.89	2.00	16 11	23 23.7	6 41
28	9 50 46.34	29.09	+14 17 43.9	2 32.8	4.403 688	3 887	20.87	2.00	16 6	23 19.3	6 37
29	9 50 17.25	28.83	14 20 16.7	2 30.8	4.407 575	4 190	20.85	2.00	16 1	23 14.9	6 33
März 1	9 49 48.42	28.55	14 22 47.5	2 28.9	4.411 765	4 489	20.83	1.99	15 57	23 10.5	6 29
2	9 49 19.87	28.25	14 25 16.4	2 26.7	4.416 254	4 787	20.81	1.99	15 52	23 6.1	6 24
3	9 48 51.62	27.93	14 27 43.1	2 24.5	4.421 041	5 082	20.79	1.99	15 48	23 1.7	6 20
4	9 48 23.69	27.60	14 30 7.6	2 22.3	4.426 123	5 376	20.77	1.99	15 43	22 57.3	6 16
5	9 47 56.09	27.23	+14 32 29.9	2 19.8	4.431 499	5 667	20.74	1.99	15 38	22 52.9	6 12
6	9 47 28.86	26.85	14 34 49.7	2 17.4	4.437 166	5 957	20.71	1.98	15 34	22 48.5	6 8
7	9 47 2.01	26.46	14 37 7.1	2 14.9	4.443 123	6 241	20.69	1.98	15 29	22 44.1	6 4
8	9 46 35.55	26.04	14 39 22.0	2 12.2	4.449 364	6 526	20.66	1.98	15 25	22 39.8	5 59
9	9 46 9.51	25.61	14 41 34.2	2 9.5	4.455 890	6 806	20.63	1.97	15 20	22 35.4	5 55
10	9 45 43.90	25.16	14 43 43.7	2 6.7	4.462 696	7 084	20.60	1.97	15 15	22 31.1	5 51
11	9 45 18.74	24.68	+14 45 50.4	2 3.8	4.469 780	7 358	20.56	1.97	15 11	22 26.7	5 47
12	9 44 54.06	24.20	14 47 54.2	2 0.9	4.477 138	7 629	20.53	1.97	15 6	22 22.4	5 43
13	9 44 29.86	23.70	14 49 55.1	1 57.9	4.484 767	7 895	20.49	1.96	15 2	22 18.1	5 39
14	9 44 6.16	23.17	14 51 53.0	1 54.8	4.492 662	8 159	20.46	1.96	14 57	22 13.7	5 35
15	9 43 42.99	22.64	14 53 47.8	1 51.7	4.500 821	8 419	20.42	1.96	14 53	22 9.4	5 30
16	9 43 20.35	22.09	14 55 39.5	1 48.4	4.509 240	8 673	20.38	1.95	14 48	22 5.1	5 26
17	9 42 58.26	21.52	+14 57 27.9	1 45.5	4.517 913	8 925	20.34	1.95	14 44	22 0.9	5 22
18	9 42 36.74	20.95	14 59 13.1	1 42.0	4.526 838	9 172	20.30	1.94	14 39	21 56.6	5 18
19	9 42 15.79	20.36	15 0 55.1	1 38.6	4.536 010	9 414	20.26	1.94	14 35	21 52.3	5 14
20	9 41 55.43	19.75	15 2 33.7	1 35.2	4.545 424	9 652	20.22	1.94	14 31	21 48.0	5 10
21	9 41 35.68	19.15	15 4 8.9	1 31.9	4.555 076	9 886	20.18	1.93	14 26	21 43.8	5 6
22	9 41 16.53		+15 5 40.8		4.564 962		20.13	1.93	14 22	21 39.6	5 2

Jupiter 1956

Tag	0h Weltzeit: Scheinbare Rektaszension		Scheinbare Deklination		Δ		Halbmesser	Hor. Par.	Aufgang	Obere Kulmination	Untergang
									in 0h Länge, +50° Breite		
1956	h m s	s	° ′ ″	″			″	″	h m	h m	h m
März 22	9 41 16.53	18.52	+15 5 40.8	88.4	4.564 962	10 114	20.13	1.93	14 22	21 39.6	5 2
23	9 40 58.01	17.89	15 7 9.2	84.9	4.575 076	10 340	20.09	1.92	14 17	21 35.3	4 57
24	9 40 40.12	17.26	15 8 34.1	81.5	4.585 416	10 561	20.04	1.92	14 13	21 31.1	4 53
25	9 40 22.86	16.60	15 9 55.6	77.9	4.595 977	10 776	20.00	1.91	14 9	21 26.9	4 49
26	9 40 6.26	15.95	15 11 13.5	74.4	4.606 753	10 989	19.95	1.91	14 4	21 22.7	4 45
27	9 39 50.31	15.28	15 12 27.9	70.8	4.617 742	11 198	19.90	1.91	14 0	21 18.5	4 41
28	9 39 35.03	14.62	+15 13 38.7	67.3	4.628 940	11 400	19.86	1.90	13 56	21 14.3	4 37
29	9 39 20.41	13.94	15 14 46.0	63.6	4.640 340	11 601	19.81	1.90	13 52	21 10.2	4 33
30	9 39 6.47	13.25	15 15 49.6	60.0	4.651 941	11 797	19.76	1.89	13 47	21 6.0	4 29
31	9 38 53.22	12.56	15 16 49.6	56.4	4.663 738	11 988	19.71	1.89	13 43	21 1.9	4 25
April 1	9 38 40.66	11.87	15 17 46.0	52.7	4.675 726	12 176	19.66	1.88	13 39	20 57.7	4 21
2	9 38 28.79	11.16	15 18 38.7	49.0	4.687 902	12 359	19.61	1.88	13 35	20 53.6	4 17
3	9 38 17.63	10.46	+15 19 27.7	45.4	4.700 261	12 537	19.55	1.87	13 31	20 49.5	4 13
4	9 38 7.17	9.74	15 20 13.1	41.6	4.712 798	12 710	19.50	1.87	13 26	20 45.4	4 8
5	9 37 57.43	9.02	15 20 54.7	37.9	4.725 508	12 881	19.45	1.86	13 22	20 41.3	4 4
6	9 37 48.41	8.30	15 21 32.6	34.2	4.738 389	13 046	19.40	1.86	13 18	20 37.3	4 0
7	9 37 40.11	7.57	15 22 6.8	30.4	4.751 435	13 204	19.34	1.85	13 14	20 33.2	3 56
8	9 37 32.54	6.84	15 22 37.2	26.7	4.764 639	13 362	19.29	1.85	13 10	20 29.2	3 52
9	9 37 25.70	6.11	+15 23 3.9	23.0	4.778 001	13 512	19.24	1.84	13 6	20 25.1	3 48
10	9 37 19.59	5.38	15 23 26.9	19.2	4.791 513	13 657	19.18	1.84	13 2	20 21.1	3 44
11	9 37 14.21	4.63	15 23 46.1	15.5	4.805 170	13 798	19.13	1.83	12 58	20 17.1	3 40
12	9 37 9.58	3.90	15 24 1.6	11.7	4.818 968	13 934	19.07	1.83	12 54	20 13.1	3 36
13	9 37 5.68	3.16	15 24 13.3	7.9	4.832 902	14 065	19.02	1.82	12 50	20 9.1	3 32
14	9 37 2.52	2.41	15 24 21.2	4.3	4.846 967	14 190	18.96	1.82	12 46	20 5.2	3 29
15	9 37 0.11	1.68	+15 24 25.5	0.5	4.861 157	14 311	18.91	1.81	12 42	20 1.2	3 25
16	9 36 58.43	0.94	15 24 26.0	3.2	4.875 468	14 425	18.85	1.80	12 38	19 57.2	3 21
17	9 36 57.49	0.20	15 24 22.8	6.9	4.889 893	14 536	18.80	1.80	12 34	19 53.3	3 17
18	9 36 57.29	0.53	15 24 15.9	10.5	4.904 429	14 641	18.74	1.79	12 30	19 49.4	3 13
19	9 36 57.82	1.26	15 24 5.4	14.2	4.919 070	14 742	18.68	1.79	12 26	19 45.5	3 9
20	9 36 59.08	1.99	15 23 51.2	17.8	4.933 812	14 839	18.63	1.78	12 22	19 41.6	3 5
21	9 37 1.07	2.72	+15 23 33.4	21.4	4.948 651	14 929	18.57	1.78	12 18	19 37.7	3 1
22	9 37 3.79	3.44	15 23 12.0	25.1	4.963 580	15 018	18.52	1.77	12 15	19 33.8	2 57
23	9 37 7.23	4.16	15 22 46.9	28.6	4.978 598	15 100	18.46	1.77	12 11	19 29.9	2 53
24	9 37 11.39	4.87	15 22 18.3	32.1	4.993 698	15 179	18.41	1.76	12 7	19 26.1	2 49
25	9 37 16.26	5.59	15 21 46.2	35.7	5.008 877	15 255	18.35	1.76	12 3	19 22.2	2 45
26	9 37 21.85	6.29	15 21 10.5	39.3	5.024 132	15 324	18.29	1.75	11 59	19 18.4	2 41
27	9 37 28.14	6.99	+15 20 31.2	42.8	5.039 456	15 391	18.24	1.75	11 56	19 14.6	2 38
28	9 37 35.13	7.70	15 19 48.4	46.2	5.054 847	15 453	18.18	1.74	11 52	19 10.8	2 34
29	9 37 42.83	8.39	15 19 2.2	49.7	5.070 300	15 513	18.13	1.74	11 48	19 7.0	2 30
30	9 37 51.22	9.08	15 18 12.5	53.2	5.085 813	15 566	18.07	1.73	11 44	19 3.2	2 26
Mai 1	9 38 0.30	9.77	15 17 19.3	56.6	5.101 379	15 617	18.02	1.73	11 41	18 59.4	2 22
2	9 38 10.07		+15 16 22.7		5.116 996		17.96	1.72	11 37	18 55.7	2 18

Tag	Scheinbare Rektaszension		Scheinbare Deklination		Δ		Halbmesser	Hor. Par.	Aufgang	Obere Kulmination	Untergang
	0h Weltzeit								in 0h Länge, +50° Breite		
1956	h m s	s	° ′ ″	′ ″			″	″	h m	h m	h m
Mai 2	9 38 10.07	10.46	+15 16 22.7	1 0.1	5.116 996	15 663	17.96	1.72	11 37	18 55.7	2 18
3	9 38 20.53	11.14	15 15 22.6	1 3.4	5.132 659	15 705	17.91	1.71	11 33	18 51.9	2 14
4	9 38 31.67	11.81	15 14 19.2	1 6.9	5.148 364	15 742	17.85	1.71	11 30	18 48.2	2 10
5	9 38 43.48	12.49	15 13 12.3	1 10.2	5.164 106	15 777	17.80	1.70	11 26	18 44.4	2 7
6	9 38 55.97	13.15	15 12 2.1	1 13.6	5.179 883	15 805	17.74	1.70	11 23	18 40.7	2 3
7	9 39 9.12	13.81	15 10 48.5	1 16.9	5.195 688	15 832	17.69	1.69	11 19	18 37.0	1 59
8	9 39 22.93	14.47	+15 9 31.6	1 20.2	5.211 520	15 851	17.64	1.69	11 15	18 33.3	1 55
9	9 39 37.40	15.13	15 8 11.4	1 23.5	5.227 371	15 869	17.58	1.68	11 12	18 29.7	1 51
10	9 39 52.53	15.77	15 6 47.9	1 26.8	5.243 240	15 881	17.53	1.68	11 8	18 26.0	1 48
11	9 40 8.30	16.41	15 5 21.1	1 30.1	5.259 121	15 889	17.48	1.67	11 5	18 22.3	1 44
12	9 40 24.71	17.04	15 3 51.0	1 33.3	5.275 010	15 892	17.42	1.67	11 1	18 18.7	1 40
13	9 40 41.75	17.67	15 2 17.7	1 36.5	5.290 902	15 892	17.37	1.66	10 58	18 15.0	1 36
14	9 40 59.42	18.29	+15 0 41.2	1 39.6	5.306 794	15 886	17.32	1.66	10 54	18 11.4	1 32
15	9 41 17.71	18.91	14 59 1.6	1 42.8	5.322 680	15 878	17.27	1.65	10 51	18 7.8	1 29
16	9 41 36.62	19.51	14 57 18.8	1 45.9	5.338 558	15 865	17.22	1.65	10 47	18 4.2	1 25
17	9 41 56.13	20.11	14 55 32.9	1 49.0	5.354 423	15 849	17.17	1.64	10 44	18 0.6	1 21
18	9 42 16.24	20.70	14 53 43.9	1 52.0	5.370 272	15 828	17.11	1.64	10 40	17 57.0	1 17
19	9 42 36.94	21.28	14 51 51.9	1 55.0	5.386 100	15 805	17.06	1.63	10 37	17 53.4	1 13
20	9 42 58.22	21.85	+14 49 56.9	1 58.0	5.401 905	15 777	17.01	1.63	10 34	17 49.8	1 10
21	9 43 20.07	22.43	14 47 58.9	2 1.0	5.417 682	15 749	16.96	1.62	10 30	17 46.3	1 6
22	9 43 42.50	22.98	14 45 57.9	2 3.9	5.433 431	15 714	16.92	1.62	10 27	17 42.7	1 2
23	9 44 5.48	23.54	14 43 54.0	2 6.8	5.449 145	15 678	16.87	1.61	10 23	17 39.2	0 58
24	9 44 29.02	24.09	14 41 47.2	2 9.8	5.464 823	15 640	16.82	1.61	10 20	17 35.6	0 55
25	9 44 53.11	24.63	14 39 37.4	2 12.6	5.480 463	15 596	16.77	1.61	10 17	17 32.1	0 51
26	9 45 17.74	25.16	+14 37 24.8	2 15.4	5.496 059	15 550	16.72	1.60	10 13	17 28.6	0 47
27	9 45 42.90	25.69	14 35 9.4	2 18.3	5.511 609	15 503	16.68	1.60	10 10	17 25.1	0 44
28	9 46 8.59	26.21	14 32 51.1	2 21.1	5.527 112	15 451	16.63	1.59	10 7	17 21.6	0 40
29	9 46 34.80	26.72	14 30 30.0	2 23.9	5.542 563	15 396	16.58	1.59	10 4	17 18.1	0 36
30	9 47 1.52	27.23	14 28 6.1	2 26.6	5.557 959	15 339	16.54	1.58	10 0	17 14.6	0 33
31	9 47 28.75	27.74	14 25 39.5	2 29.3	5.573 298	15 278	16.49	1.58	9 57	17 11.1	0 29
Juni 1	9 47 56.49	28.23	+14 23 10.2	2 32.1	5.588 576	15 214	16.45	1.57	9 54	17 7.7	0 25
2	9 48 24.72	28.72	14 20 38.1	2 34.8	5.603 790	15 147	16.40	1.57	9 51	17 4.2	0 21
3	9 48 53.44	29.20	14 18 3.3	2 37.5	5.618 937	15 077	16.36	1.57	9 47	17 0.7	0 18
4	9 49 22.64	29.68	14 15 25.8	2 40.1	5.634 014	15 005	16.31	1.56	9 44	16 57.3	0 14
5	9 49 52.32	30.15	14 12 45.7	2 42.8	5.649 019	14 928	16.27	1.56	9 41	16 53.9	0 10
6	9 50 22.47	30.62	14 10 2.9	2 45.4	5.663 947	14 849	16.23	1.55	9 38	16 50.4	0 7
7	9 50 53.09	31.07	+14 7 17.5	2 48.0	5.678 796	14 765	16.18	1.55	9 35	16 47.0	0 3 / 23 59
8	9 51 24.16	31.53	14 4 29.5	2 50.5	5.693 561	14 680	16.14	1.55	9 31	16 43.6	23 56
9	9 51 55.69	31.97	14 1 39.0	2 53.1	5.708 241	14 590	16.10	1.54	9 28	16 40.2	23 52
10	9 52 27.66	32.41	13 58 45.9	2 55.6	5.722 831	14 498	16.06	1.54	9 25	16 36.8	23 48
11	9 53 0.07	32.84	13 55 50.3	2 58.1	5.737 329	14 403	16.02	1.53	9 22	16 33.4	23 45
12	9 53 32.91		+13 52 52.2		5.751 732		15.98	1.53	9 19	16 30.1	23 41

Jupiter 1956

Tag	0h Weltzeit Scheinbare Rektaszension		Scheinbare Deklination		Δ		Halbmesser	Hor. Par.	Aufgang	Obere Kulmination	Untergang
									in 0h Länge, + 50° Breite		
1956	h m s	s	° ′ ″	′ ″			″	″	h m	h m	h m
Juni 12	9 53 32.91	33.26	+13 52 52.2	3 0.5	5.751 732	14 304	15.98	1.53	9 19	16 30.1	23 41
13	9 54 6.17	33.67	13 49 51.7	3 2.9	5.766 036	14 204	15.94	1.53	9 16	16 26.7	23 38
14	9 54 39.84	34.08	13 46 48.8	3 5.3	5.780 240	14 100	15.90	1.52	9 13	16 23.3	23 34
15	9 55 13.92	34.48	13 43 43.5	3 7.7	5.794 340	13 994	15.86	1.52	9 10	16 19.9	23 30
16	9 55 48.40	34.87	13 40 35.8	3 10.0	5.808 334	13 885	15.82	1.52	9 6	16 16.6	23 27
17	9 56 23.27	35.25	13 37 25.8	3 12.3	5.822 219	13 776	15.79	1.51	9 3	16 13.2	23 23
18	9 56 58.52	35.64	+13 34 13.5	3 14.6	5.835 995	13 662	15.75	1.51	9 0	16 9.9	23 19
19	9 57 34.16	36.00	13 30 58.9	3 16.8	5.849 657	13 549	15.71	1.50	8 57	16 6.6	23 16
20	9 58 10.16	36.37	13 27 42.1	3 19.1	5.863 206	13 431	15.68	1.50	8 54	16 3.2	23 12
21	9 58 46.53	36.73	13 24 23.0	3 21.3	5.876 637	13 313	15.64	1.50	8 51	15 59.9	23 8
22	9 59 23.26	37.08	13 21 1.7	3 23.4	5.889 950	13 191	15.60	1.49	8 48	15 56.6	23 5
23	10 0 0.34	37.43	13 17 38.3	3 25.6	5.903 141	13 070	15.57	1.49	8 45	15 53.3	23 1
24	10 0 37.77	37.76	+13 14 12.7	3 27.8	5.916 211	12 944	15.54	1.49	8 42	15 50.0	22 58
25	10 1 15.53	38.10	13 10 44.9	3 29.9	5.929 155	12 819	15.50	1.48	8 39	15 46.7	22 54
26	10 1 53.63	38.43	13 7 15.0	3 32.0	5.941 974	12 689	15.47	1.48	8 36	15 43.4	22 50
27	10 2 32.06	38.75	13 3 43.0	3 34.1	5.954 663	12 558	15.43	1.48	8 33	15 40.1	22 47
28	10 3 10.81	39.07	13 0 8.9	3 36.1	5.967 221	12 426	15.40	1.47	8 30	15 36.8	22 43
29	10 3 49.88	39.38	12 56 32.8	3 38.2	5.979 647	12 290	15.37	1.47	8 27	15 33.5	22 40
30	10 4 29.26	39.69	+12 52 54.6	3 40.1	5.991 937	12 153	15.34	1.47	8 24	15 30.2	22 36
Juli 1	10 5 8.95	40.00	12 49 14.5	3 42.2	6.004 090	12 015	15.31	1.47	8 21	15 27.0	22 32
2	10 5 48.95	40.29	12 45 32.3	3 44.2	6.016 105	11 872	15.28	1.46	8 18	15 23.7	22 29
3	10 6 29.24	40.58	12 41 48.1	3 46.2	6.027 977	11 730	15.25	1.46	8 16	15 20.4	22 25
4	10 7 9.82	40.87	12 38 1.9	3 48.0	6.039 707	11 584	15.22	1.46	8 13	15 17.2	22 22
5	10 7 50.69	41.14	12 34 13.9	3 49.9	6.051 291	11 436	15.19	1.45	8 10	15 13.9	22 18
6	10 8 31.83	41.42	+12 30 24.0	3 51.9	6.062 727	11 285	15.16	1.45	8 7	15 10.7	22 14
7	10 9 13.25	41.69	12 26 32.1	3 53.7	6.074 012	11 133	15.13	1.45	8 4	15 7.4	22 11
8	10 9 54.94	41.96	12 22 38.4	3 55.5	6.085 145	10 977	15.10	1.45	8 1	15 4.2	22 7
9	10 10 36.90	42.21	12 18 42.9	3 57.3	6.096 122	10 821	15.08	1.44	7 58	15 1.0	22 4
10	10 11 19.11	42.46	12 14 45.6	3 59.0	6.106 943	10 662	15.05	1.44	7 55	14 57.7	22 0
11	10 12 1.57	42.70	12 10 46.6	4 0.8	6.117 605	10 502	15.02	1.44	7 52	14 54.5	21 57
12	10 12 44.27	42.94	+12 6 45.8	4 2.6	6.128 107	10 339	15.00	1.44	7 49	14 51.3	21 53
13	10 13 27.21	43.17	12 2 43.2	4 4.2	6.138 446	10 177	14.97	1.43	7 46	14 48.1	21 49
14	10 14 10.38	43.40	11 58 39.0	4 5.8	6.148 623	10 011	14.95	1.43	7 44	14 44.9	21 46
15	10 14 53.78	43.61	11 54 33.2	4 7.4	6.158 634	9 845	14.92	1.43	7 41	14 41.6	21 42
16	10 15 37.39	43.83	11 50 25.8	4 9.0	6.168 479	9 677	14.90	1.43	7 38	14 38.4	21 39
17	10 16 21.22	44.03	11 46 16.8	4 10.6	6.178 156	9 510	14.88	1.42	7 35	14 35.2	21 35
18	10 17 5.25	44.24	+11 42 6.2	4 12.1	6.187 666	9 339	14.85	1.42	7 32	14 32.0	21 32
19	10 17 49.49	44.44	11 37 54.1	4 13.7	6.197 005	9 168	14.83	1.42	7 29	14 28.8	21 28
20	10 18 33.93	44.63	11 33 40.4	4 15.2	6.206 173	8 996	14.81	1.42	7 26	14 25.7	21 25
21	10 19 18.56	44.82	11 29 25.2	4 16.6	6.215 169	8 824	14.79	1.42	7 24	14 22.5	21 21
22	10 20 3.38	45.00	11 25 8.6	4 18.1	6.223 993	8 648	14.77	1.41	7 21	14 19.3	21 18
23	10 20 48.38		+11 20 50.5		6.232 641		14.75	1.41	7 18	14 16.1	21 14

Tag	Scheinbare Rektaszension	Diff.	Scheinbare Deklination	Diff.	Δ	Diff.	Halbmesser	Hor. Par.	Aufgang	Obere Kulmination	Untergang
	0h Weltzeit								in 0h Länge, + 50° Breite		
1956	h m s	s	° ′ ″	′ ″			″	″	h m	h m	h m
Juli 23	10 20 48.38	45.18	+11 20 50.5	4 19.6	6.232 641	8 474	14.75	1.41	7 18	14 16.1	21 14
24	10 21 33.56	45.35	11 16 30.9	4 20.9	6.241 115	8 295	14.73	1.41	7 15	14 12.9	21 10
25	10 22 18.91	45.52	11 12 10.0	4 22.3	6.249 410	8 119	14.71	1.41	7 12	14 9.7	21 7
26	10 23 4.43	45.69	11 7 47.7	4 23.6	6.257 529	7 938	14.69	1.41	7 10	14 6.6	21 3
27	10 23 50.12	45.85	11 3 24.1	4 25.1	6.265 467	7 759	14.67	1.40	7 7	14 3.4	21 0
28	10 24 35.97	46.01	10 58 59.0	4 26.4	6.273 226	7 576	14.65	1.40	7 4	14 0.2	20 56
29	10 25 21.98	46.16	+10 54 32.6	4 27.6	6.280 802	7 393	14.63	1.40	7 1	13 57.0	20 53
30	10 26 8.14	46.31	10 50 5.0	4 28.9	6.288 195	7 209	14.62	1.40	6 58	13 53.9	20 49
31	10 26 54.45	46.46	10 45 36.1	4 30.2	6.295 404	7 023	14.60	1.40	6 56	13 50.7	20 46
Aug. 1	10 27 40.91	46.59	10 41 5.9	4 31.4	6.302 427	6 835	14.58	1.40	6 53	13 47.6	20 42
2	10 28 27.50	46.73	10 36 34.5	4 32.6	6.309 262	6 647	14.57	1.39	6 50	13 44.4	20 38
3	10 29 14.23	46.86	10 32 1.9	4 33.7	6.315 909	6 455	14.55	1.39	6 47	13 41.2	20 35
4	10 30 1.09	46.99	+10 27 28.2	4 34.9	6.322 364	6 265	14.54	1.39	6 45	13 38.1	20 31
5	10 30 48.08	47.11	10 22 53.3	4 36.0	6.328 629	6 071	14.52	1.39	6 42	13 34.9	20 28
6	10 31 35.19	47.23	10 18 17.3	4 37.1	6.334 700	5 877	14.51	1.39	6 39	13 31.8	20 24
7	10 32 22.42	47.33	10 13 40.2	4 38.1	6.340 577	5 681	14.50	1.39	6 36	13 28.6	20 21
8	10 33 9.75	47.44	10 9 2.1	4 39.2	6.346 258	5 484	14.48	1.39	6 34	13 25.5	20 17
9	10 33 57.19	47.54	10 4 22.9	4 40.1	6.351 742	5 288	14.47	1.39	6 31	13 22.3	20 14
10	10 34 44.73	47.63	+ 9 59 42.8	4 41.1	6.357 030	5 089	14.46	1.38	6 28	13 19.2	20 10
11	10 35 32.36	47.72	9 55 1.7	4 41.9	6.362 119	4 892	14.45	1.38	6 25	13 16.1	20 7
12	10 36 20.08	47.81	9 50 19.8	4 42.9	6.367 011	4 692	14.44	1.38	6 23	13 12.9	20 3
13	10 37 7.89	47.89	9 45 36.9	4 43.8	6.371 703	4 492	14.42	1.38	6 20	13 9.8	20 0
14	10 37 55.78	47.96	9 40 53.1	4 44.5	6.376 195	4 293	14.41	1.38	6 17	13 6.7	19 56
15	10 38 43.74	48.03	9 36 8.6	4 45.4	6.380 488	4 093	14.40	1.38	6 14	13 3.5	19 52
16	10 39 31.77	48.10	+ 9 31 23.2	4 46.1	6.384 581	3 892	14.40	1.38	6 12	13 0.4	19 49
17	10 40 19.87	48.16	9 26 37.1	4 47.0	6.388 473	3 691	14.39	1.38	6 9	12 57.2	19 45
18	10 41 8.03	48.22	9 21 50.1	4 47.6	6.392 164	3 489	14.38	1.38	6 6	12 54.1	19 42
19	10 41 56.25	48.27	9 17 2.5	4 48.3	6.395 653	3 289	14.37	1.38	6 3	12 51.0	19 38
20	10 42 44.52	48.32	9 12 14.2	4 49.0	6.398 942	3 085	14.36	1.38	6 1	12 47.8	19 35
21	10 43 32.84	48.38	9 7 25.2	4 49.7	6.402 027	2 882	14.36	1.37	5 58	12 44.7	19 31
22	10 44 21.22	48.41	+ 9 2 35.5	4 50.4	6.404 909	2 679	14.35	1.37	5 55	12 41.6	19 28
23	10 45 9.63	48.45	8 57 45.1	4 50.9	6.407 588	2 476	14.34	1.37	5 52	12 38.5	19 24
24	10 45 58.08	48.49	8 52 54.2	4 51.4	6.410 064	2 271	14.34	1.37	5 50	12 35.3	19 21
25	10 46 46.57	48.52	8 48 2.8	4 52.0	6.412 335	2 066	14.33	1.37	5 47	12 32.2	19 17
26	10 47 35.09	48.55	8 43 10.8	4 52.6	6.414 401	1 861	14.33	1.37	5 44	12 29.1	19 14
27	10 48 23.64	48.58	8 38 18.2	4 53.1	6.416 262	1 655	14.32	1.37	5 42	12 26.0	19 10
28	10 49 12.22	48.60	+ 8 33 25.1	4 53.5	6.417 917	1 448	14.32	1.37	5 39	12 22.8	19 7
29	10 50 0.82	48.61	8 28 31.6	4 53.9	6.419 365	1 240	14.32	1.37	5 36	12 19.7	19 3
30	10 50 49.43	48.63	8 23 37.7	4 54.4	6.420 605	1 032	14.31	1.37	5 34	12 16.6	19 0
31	10 51 38.06	48.63	8 18 43.3	4 54.7	6.421 637	822	14.31	1.37	5 31	12 13.4	18 56
Sept. 1	10 52 26.69	48.64	8 13 48.6	4 55.1	6.422 459	614	14.31	1.37	5 28	12 10.3	18 53
2	10 53 15.33		+ 8 8 53.5		6.423 073		14.31	1.37	5 25	12 7.2	18 49

Jupiter 1956

Tag	0h Weltzeit: Scheinbare Rektaszension		Scheinbare Deklination		Δ		Halbmesser	Hor. Par.	Aufgang	Obere Kulmination	Untergang
									in 0h Länge, + 50° Breite		
1956	h m s	s	° ′ ″	′ ″			″	″	h m	h m	h m
Sept. 2	10 53 15.33	48.64	+8 8 53.5	4 55.3	6.423 073	403	14.31	1.37	5 25	12 7.2	18 49
3	10 54 3.97	48.63	8 3 58.2	4 55.7	6.423 476	193	14.31	1.37	5 23	12 4.1	18 46
4	10 54 52.60	48.62	7 59 2.5	4 55.9	6.423 669	$\overline{18}$	14.31	1.37	5 20	12 0.9	18 42
5	10 55 41.22	48.61	7 54 6.6	4 56.1	6.423 651	229	14.31	1.37	5 17	11 57.8	18 38
6	10 56 29.83	48.59	7 49 10.5	4 56.2	6.423 422	440	14.31	1.37	5 14	11 54.7	18 35
7	10 57 18.42	48.56	7 44 14.3	4 56.4	6.422 982	651	14.31	1.37	5 12	11 51.6	18 31
8	10 58 6.98	48.53	+7 39 17.9	4 56.4	6.422 331	863	14.31	1.37	5 9	11 48.4	18 28
9	10 58 55.51	48.50	7 34 21.5	4 56.5	6.421 468	1 072	14.31	1.37	5 6	11 45.3	18 24
10	10 59 44.01	48.45	7 29 25.0	4 56.6	6.420 396	1 283	14.32	1.37	5 4	11 42.2	18 21
11	11 0 32.46	48.42	7 24 28.4	4 56.5	6.419 113	1 491	14.32	1.37	5 1	11 39.1	18 17
12	11 1 20.88	48.36	7 19 31.9	4 56.5	6.417 622	1 702	14.32	1.37	4 58	11 35.9	18 14
13	11 2 9.24	48.31	7 14 35.4	4 56.4	6.415 920	1 911	14.33	1.37	4 55	11 32.8	18 10
14	11 2 57.55	48.25	+7 9 39.0	4 56.3	6.414 009	2 118	14.33	1.37	4 53	11 29.7	18 7
15	11 3 45.80	48.19	7 4 42.7	4 56.2	6.411 891	2 328	14.33	1.37	4 50	11 26.6	18 3
16	11 4 33.99	48.13	6 59 46.5	4 56.1	6.409 563	2 536	14.34	1.37	4 47	11 23.4	18 0
17	11 5 22.12	48.06	6 54 50.4	4 55.8	6.407 027	2 742	14.35	1.37	4 44	11 20.3	17 56
18	11 6 10.18	47.99	6 49 54.6	4 55.7	6.404 285	2 950	14.35	1.37	4 42	11 17.2	17 52
19	11 6 58.17	47.92	6 44 58.9	4 55.3	6.401 335	3 156	14.36	1.37	4 39	11 14.0	17 49
20	11 7 46.09	47.83	+6 40 3.6	4 55.1	6.398 179	3 363	14.36	1.38	4 36	11 10.9	17 45
21	11 8 33.92	47.75	6 35 8.5	4 54.8	6.394 816	3 570	14.37	1.38	4 33	11 7.7	17 42
22	11 9 21.67	47.66	6 30 13.7	4 54.5	6.391 246	3 774	14.38	1.38	4 31	11 4.6	17 38
23	11 10 9.33	47.57	6 25 19.2	4 54.0	6.387 472	3 981	14.39	1.38	4 28	11 1.4	17 35
24	11 10 56.90	47.48	6 20 25.2	4 53.6	6.383 491	4 187	14.40	1.38	4 25	10 58.3	17 31
25	11 11 44.38	47.38	6 15 31.6	4 53.3	6.379 304	4 393	14.41	1.38	4 22	10 55.2	17 28
26	11 12 31.76	47.28	+6 10 38.3	4 52.7	6.374 911	4 597	14.42	1.38	4 20	10 52.0	17 24
27	11 13 19.04	47.16	6 5 45.6	4 52.2	6.370 314	4 802	14.43	1.38	4 17	10 48.9	17 21
28	11 14 6.20	47.06	6 0 53.4	4 51.7	6.365 512	5 007	14.44	1.38	4 14	10 45.7	17 17
29	11 14 53.26	46.94	5 56 1.7	4 51.1	6.360 505	5 212	14.45	1.38	4 11	10 42.6	17 14
30	11 15 40.20	46.81	5 51 10.6	4 50.4	6.355 293	5 416	14.46	1.38	4 9	10 39.4	17 10
Okt. 1	11 16 27.01	46.69	5 46 20.2	4 49.8	6.349 877	5 620	14.47	1.39	4 6	10 36.3	17 6
2	11 17 13.70	46.56	+5 41 30.4	4 49.0	6.344 257	5 825	14.49	1.39	4 3	10 33.1	17 3
3	11 18 0.26	46.42	5 36 41.4	4 48.3	6.338 432	6 026	14.50	1.39	4 0	10 29.9	16 59
4	11 18 46.68	46.27	5 31 53.1	4 47.5	6.332 406	6 227	14.51	1.39	3 58	10 26.8	16 56
5	11 19 32.95	46.12	5 27 5.6	4 46.7	6.326 179	6 428	14.53	1.39	3 55	10 23.6	16 52
6	11 20 19.07	45.97	5 22 18.9	4 45.8	6.319 751	6 628	14.54	1.39	3 52	10 20.4	16 49
7	11 21 5.04	45.80	5 17 33.1	4 44.8	6.313 123	6 826	14.56	1.39	3 49	10 17.3	16 45
8	11 21 50.84	45.65	+5 12 48.3	4 43.9	6.306 297	7 023	14.57	1.40	3 47	10 14.1	16 41
9	11 22 36.49	45.47	5 8 4.4	4 42.9	6.299 274	7 219	14.59	1.40	3 44	10 10.9	16 38
10	11 23 21.96	45.30	5 3 21.5	4 41.9	6.292 055	7 412	14.61	1.40	3 41	10 7.7	16 34
11	11 24 7.26	45.11	4 58 39.6	4 40.8	6.284 643	7 607	14.62	1.40	3 38	10 4.6	16 31
12	11 24 52.37	44.93	4 53 58.8	4 39.7	6.277 036	7 797	14.64	1.40	3 35	10 1.4	16 27
13	11 25 37.30		+4 49 19.1		6.269 239		14.66	1.40	3 33	9 58.2	16 24

Tag	0ʰ Weltzeit: Scheinbare Rektaszension		Scheinbare Deklination		Δ		Halbmesser	Hor. Par.	Aufgang	Obere Kulmination	Untergang
									in 0ʰ Länge, + 50° Breite		
1956	h m s	s	° ′ ″	′ ″			″	″	h m	h m	h m
Okt. 13	11 25 37.30	44.75	+4 49 19.1	4 38.6	6.269 239	7 989	14.66	1.40	3 33	9 58.2	16 24
14	11 26 22.05	44.55	4 44 40.5	4 37.4	6.261 250	8 177	14.68	1.41	3 30	9 55.0	16 20
15	11 27 6.60	44.35	4 40 3.1	4 36.2	6.253 073	8 365	14.70	1.41	3 27	9 51.8	16 17
16	11 27 50.95	44.15	4 35 26.9	4 34.9	6.244 708	8 551	14.72	1.41	3 24	9 48.6	16 13
17	11 28 35.10	43.94	4 30 52.0	4 33.6	6.236 157	8 737	14.74	1.41	3 21	9 45.4	16 9
18	11 29 19.04	43.72	4 26 18.4	4 32.4	6.227 420	8 920	14.76	1.41	3 18	9 42.2	16 6
19	11 30 2.76	43.52	+4 21 46.0	4 30.9	6.218 500	9 103	14.78	1.42	3 16	9 39.0	16 2
20	11 30 46.28	43.29	4 17 15.1	4 29.6	6.209 397	9 283	14.80	1.42	3 13	9 35.8	15 59
21	11 31 29.57	43.06	4 12 45.5	4 28.2	6.200 114	9 464	14.82	1.42	3 10	9 32.6	15 55
22	11 32 12.63	42.84	4 8 17.3	4 26.6	6.190 650	9 642	14.85	1.42	3 7	9 29.3	15 52
23	11 32 55.47	42.60	4 3 50.7	4 25.2	6.181 008	9 821	14.87	1.42	3 4	9 26.1	15 48
24	11 33 38.07	42.36	3 59 25.5	4 23.6	6.171 187	9 996	14.89	1.43	3 1	9 22.9	15 44
25	11 34 20.43	42.11	+3 55 1.9	4 22.0	6.161 191	10 172	14.92	1.43	2 58	9 19.7	15 41
26	11 35 2.54	41.86	3 50 39.9	4 20.4	6.151 019	10 347	14.94	1.43	2 55	9 16.4	15 37
27	11 35 44.40	41.60	3 46 19.5	4 18.7	6.140 672	10 518	14.97	1.43	2 53	9 13.2	15 34
28	11 36 26.00	41.34	3 42 0.8	4 17.0	6.130 154	10 690	14.99	1.44	2 50	9 9.9	15 30
29	11 37 7.34	41.07	3 37 43.8	4 15.1	6.119 464	10 860	15.02	1.44	2 47	9 6.7	15 27
30	11 37 48.41	40.79	3 33 28.7	4 13.4	6.108 604	11 027	15.05	1.44	2 44	9 3.4	15 23
31	11 38 29.20	40.51	+3 29 15.3	4 11.5	6.097 577	11 194	15.07	1.44	2 41	9 0.2	15 19
Nov. 1	11 39 9.71	40.21	3 25 3.8	4 9.5	6.086 383	11 357	15.10	1.45	2 38	8 56.9	15 16
2	11 39 49.92	39.92	3 20 54.3	4 7.6	6.075 026	11 520	15.13	1.45	2 35	8 53.7	15 12
3	11 40 29.84	39.62	3 16 46.7	4 5.6	6.063 506	11 679	15.16	1.45	2 32	8 50.4	15 9
4	11 41 9.46	39.31	3 12 41.1	4 3.5	6.051 827	11 836	15.19	1.45	2 29	8 47.1	15 5
5	11 41 48.77	38.99	3 8 37.6	4 1.4	6.039 991	11 992	15.22	1.46	2 26	8 43.8	15 1
6	11 42 27.76	38.67	+3 4 36.2	3 59.3	6.027 999	12 143	15.25	1.46	2 23	8 40.5	14 58
7	11 43 6.43	38.34	3 0 36.9	3 57.1	6.015 856	12 294	15.28	1.46	2 20	8 37.2	14 54
8	11 43 44.77	38.01	2 56 39.8	3 54.8	6.003 562	12 440	15.31	1.47	2 17	8 33.9	14 51
9	11 44 22.78	37.67	2 52 45.0	3 52.6	5.991 122	12 584	15.34	1.47	2 14	8 30.6	14 47
10	11 45 0.45	37.33	2 48 52.4	3 50.3	5.978 538	12 729	15.37	1.47	2 11	8 27.3	14 43
11	11 45 37.78	36.98	2 45 2.1	3 47.9	5.965 809	12 868	15.41	1.48	2 8	8 24.0	14 40
12	11 46 14.76	36.62	+2 41 14.2	3 45.6	5.952 941	13 004	15.44	1.48	2 5	8 20.7	14 36
13	11 46 51.38	36.25	2 37 28.6	3 43.1	5.939 937	13 140	15.47	1.48	2 2	8 17.4	14 32
14	11 47 27.63	35.89	2 33 45.5	3 40.7	5.926 797	13 272	15.51	1.48	1 59	8 14.0	14 29
15	11 48 3.52	35.52	2 30 4.8	3 38.1	5.913 525	13 401	15.54	1.49	1 56	8 10.7	14 25
16	11 48 39.04	35.14	2 26 26.7	3 35.6	5.900 124	13 528	15.58	1.49	1 53	8 7.3	14 22
17	11 49 14.18	34.75	2 22 51.1	3 33.0	5.886 596	13 653	15.61	1.49	1 50	8 4.0	14 18
18	11 49 48.93	34.37	+2 19 18.1	3 30.3	5.872 943	13 776	15.65	1.50	1 47	8 0.7	14 14
19	11 50 23.30	33.97	2 15 47.8	3 27.7	5.859 167	13 895	15.69	1.50	1 44	7 57.3	14 11
20	11 50 57.27	33.57	2 12 20.1	3 24.9	5.845 272	14 013	15.72	1.51	1 41	7 53.9	14 7
21	11 51 30.84	33.16	2 8 55.2	3 22.2	5.831 259	14 128	15.76	1.51	1 38	7 50.5	14 4
22	11 52 4.00	32.74	2 5 33.0	3 19.4	5.817 131	14 240	15.80	1.51	1 35	7 47.1	14 0
23	11 52 36.74		+2 2 13.6		5.802 891		15.84	1.52	1 31	7 43.8	13 56

Jupiter 1956

Tag	0h Weltzeit: Scheinbare Rektaszension		Scheinbare Deklination		Δ		Halb-messer	Hor. Par.	Auf-gang	Obere Kul-mination	Unter-gang
1956	h m s	s	° ′ ″	′ ″			″	″	h m	h m	h m
Nov. 23	11 52 36.74	32.32	+2 2 13.6	3 16.5	5.802 891	14 351	15.84	1.52	1 31	7 43.8	13 56
24	11 53 9.06	31.90	1 58 57.1	3 13.6	5.788 540	14 458	15.88	1.52	1 28	7 40.4	13 53
25	11 53 40.96	31.45	1 55 43.5	3 10.6	5.774 082	14 562	15.92	1.52	1 25	7 37.0	13 49
26	11 54 12.41	31.01	1 52 32.9	3 7.7	5.759 520	14 665	15.96	1.53	1 22	7 33.5	13 45
27	11 54 43.42	30.57	1 49 25.2	3 4.5	5.744 855	14 763	16.00	1.53	1 19	7 30.1	13 42
28	11 55 13.99	30.10	1 46 20.7	3 1.5	5.730 092	14 858	16.04	1.54	1 16	7 26.7	13 38
29	11 55 44.09	29.64	+1 43 19.2	2 58.3	5.715 234	14 951	16.08	1.54	1 13	7 23.3	13 34
30	11 56 13.73	29.16	1 40 20.9	2 55.0	5.700 283	15 039	16.12	1.54	1 9	7 19.8	13 30
Dez. 1	11 56 42.89	28.69	1 37 25.9	2 51.9	5.685 244	15 124	16.17	1.55	1 6	7 16.4	13 27
2	11 57 11.58	28.19	1 34 34.0	2 48.6	5.670 120	15 205	16.21	1.55	1 3	7 12.9	13 23
3	11 57 39.77	27.70	1 31 45.4	2 45.2	5.654 915	15 282	16.25	1.56	1 0	7 9.4	13 19
4	11 58 7.47	27.20	1 29 0.2	2 41.7	5.639 633	15 356	16.30	1.56	0 56	7 6.0	13 16
5	11 58 34.67	26.70	+1 26 18.5	2 38.4	5.624 277	15 427	16.34	1.56	0 53	7 2.5	13 12
6	11 59 1.37	26.18	1 23 40.1	2 35.0	5.608 850	15 492	16.39	1.57	0 50	6 59.0	13 8
7	11 59 27.55	25.65	1 21 5.1	2 31.4	5.593 358	15 554	16.43	1.57	0 47	6 55.5	13 5
8	11 59 53.20	25.13	1 18 33.7	2 27.9	5.577 804	15 613	16.48	1.58	0 43	6 52.0	13 1
9	12 0 18.33	24.60	1 16 5.8	2 24.3	5.562 191	15 667	16.52	1.58	0 40	6 48.5	12 57
10	12 0 42.93	24.06	1 13 41.5	2 20.6	5.546 524	15 718	16.57	1.59	0 37	6 44.9	12 53
11	12 1 6.99	23.52	+1 11 20.9	2 17.0	5.530 806	15 765	16.62	1.59	0 33	6 41.4	12 50
12	12 1 30.51	22.96	1 9 3.9	2 13.4	5.515 041	15 808	16.67	1.60	0 30	6 37.9	12 46
13	12 1 53.47	22.41	1 6 50.5	2 9.6	5.499 233	15 847	16.71	1.60	0 26	6 34.3	12 42
14	12 2 15.88	21.85	1 4 40.9	2 5.8	5.483 386	15 882	16.76	1.60	0 23	6 30.7	12 39
15	12 2 37.73	21.28	1 2 35.1	2 2.0	5.467 504	15 914	16.81	1.61	0 20	6 27.2	12 35
16	12 2 59.01	20.71	1 0 33.1	1 58.2	5.451 590	15 942	16.86	1.61	0 16	6 23.6	12 31
17	12 3 19.72	20.13	+0 58 34.9	1 54.3	5.435 648	15 966	16.91	1.62	0 13	6 20.0	12 27
18	12 3 39.85	19.55	0 56 40.6	1 50.4	5.419 682	15 986	16.96	1.62	0 9	6 16.4	12 24
19	12 3 59.40	18.96	0 54 50.2	1 46.5	5.403 696	16 002	17.01	1.63	0 6	6 12.8	12 20
20	12 4 18.36	18.36	0 53 3.7	1 42.5	5.387 694	16 017	17.06	1.63	{0 2 / 23 59}	6 9.2	12 16
21	12 4 36.72	17.75	0 51 21.2	1 38.4	5.371 677	16 025	17.11	1.64	23 55	6 5.5	12 12
22	12 4 54.47	17.15	0 49 42.8	1 34.3	5.355 652	16 030	17.16	1.64	23 51	6 1.9	12 8
23	12 5 11.62	16.53	+0 48 8.5	1 30.3	5.339 622	16 032	17.21	1.65	23 48	5 58.3	12 5
24	12 5 28.15	15.91	0 46 38.2	1 26.1	5.323 590	16 028	17.26	1.65	23 45	5 54.6	12 1
25	12 5 44.06	15.28	0 45 12.1	1 21.9	5.307 562	16 020	17.32	1.66	23 41	5 50.9	11 57
26	12 5 59.34	14.65	0 43 50.2	1 17.7	5.291 542	16 008	17.37	1.66	23 38	5 47.2	11 53
27	12 6 13.99	14.00	0 42 32.5	1 13.4	5.275 534	15 991	17.42	1.67	23 34	5 43.5	11 49
28	12 6 27.99	13.36	0 41 19.1	1 9.2	5.259 543	15 970	17.48	1.67	23 30	5 39.8	11 46
29	12 6 41.35	12.70	+0 40 9.9	1 4.8	5.243 573	15 943	17.53	1.68	23 27	5 36.1	11 42
30	12 6 54.05	12.04	0 39 5.1	1 0.4	5.227 630	15 911	17.58	1.68	23 23	5 32.4	11 38
31	12 7 6.09	11.38	0 38 4.7	0 56.1	5.211 719	15 875	17.64	1.69	23 19	5 28.7	11 34
32	12 7 17.47		+0 37 8.6		5.195 844		17.69	1.69	23 16	5 24.9	11 30

Auf-gang, Obere Kulmination, Unter-gang: in 0h Länge, + 50° Breite

Saturn 1956

Tag	Scheinbare Rektaszension (0h Weltzeit)		Scheinbare Deklination (0h Weltzeit)		Δ (0h Weltzeit)		Halbmesser	Hor. Par.	Aufgang (in 0h Länge, + 50° Breite)	Obere Kulmination (in 0h Länge, + 50° Breite)	Untergang (in 0h Länge, + 50° Breite)
1956	h m s	s	° ′ ″	″			″	″	h m	h m	h m
Jan. 0	15 48 2.74	24.77	−17 58 23.9	73.4	10.68 205	1 076	6.98	0.82	4 40	9 12.1	13 44
1	15 48 27.51	24.57	17 59 37.3	72.3	10.67 129	1 097	6.99	0.82	4 36	9 8.6	13 41
2	15 48 52.08	24.37	18 0 49.6	71.3	10.66 032	1 116	7.00	0.83	4 33	9 5.1	13 37
3	15 49 16.45	24.15	18 2 0.9	70.2	10.64 916	1 136	7.00	0.83	4 30	9 1.5	13 34
4	15 49 40.60	23.93	18 3 11.1	69.2	10.63 780	1 156	7.01	0.83	4 26	8 58.0	13 30
5	15 50 4.53	23.71	18 4 20.3	68.1	10.62 624	1 175	7.02	0.83	4 23	8 54.4	13 26
6	15 50 28.24	23.48	−18 5 28.4	67.1	10.61 449	1 194	7.03	0.83	4 19	8 50.9	13 23
7	15 50 51.72	23.24	18 6 35.5	66.0	10.60 255	1 213	7.03	0.83	4 16	8 47.4	13 19
8	15 51 14.96	23.01	18 7 41.5	64.9	10.59 042	1 231	7.04	0.83	4 12	8 43.8	13 15
9	15 51 37.97	22.77	18 8 46.4	63.9	10.57 811	1 250	7.05	0.83	4 9	8 40.3	13 12
10	15 52 0.74	22.52	18 9 50.3	62.7	10.56 561	1 267	7.06	0.83	4 6	8 36.7	13 8
11	15 52 23.26	22.26	18 10 53.0	61.6	10.55 294	1 285	7.07	0.83	4 2	8 33.1	13 4
12	15 52 45.52	22.01	−18 11 54.6	60.5	10.54 009	1 302	7.07	0.83	3 59	8 29.6	13 1
13	15 53 7.53	21.74	18 12 55.1	59.4	10.52 707	1 319	7.08	0.84	3 55	8 26.0	12 57
14	15 53 29.27	21.47	18 13 54.5	58.2	10.51 388	1 335	7.09	0.84	3 52	8 22.5	12 53
15	15 53 50.74	21.20	18 14 52.7	57.1	10.50 053	1 351	7.10	0.84	3 48	8 18.9	12 50
16	15 54 11.94	20.93	18 15 49.8	56.1	10.48 702	1 367	7.11	0.84	3 45	8 15.3	12 46
17	15 54 32.87	20.64	18 16 45.9	54.8	10.47 335	1 383	7.12	0.84	3 41	8 11.7	12 42
18	15 54 53.51	20.35	−18 17 40.7	53.7	10.45 952	1 397	7.13	0.84	3 38	8 8.1	12 39
19	15 55 13.86	20.06	18 18 34.4	52.6	10.44 555	1 412	7.14	0.84	3 34	8 4.5	12 35
20	15 55 33.92	19.77	18 19 27.0	51.4	10.43 143	1 427	7.15	0.84	3 31	8 0.9	12 31
21	15 55 53.69	19.46	18 20 18.4	50.2	10.41 716	1 440	7.16	0.84	3 27	7 57.3	12 28
22	15 56 13.15	19.16	18 21 8.6	49.1	10.40 276	1 453	7.17	0.85	3 24	7 53.7	12 24
23	15 56 32.31	18.86	18 21 57.7	47.9	10.38 823	1 467	7.18	0.85	3 20	7 50.1	12 20
24	15 56 51.17	18.55	−18 22 45.6	46.8	10.37 356	1 479	7.19	0.85	3 17	7 46.5	12 17
25	15 57 9.72	18.23	18 23 32.4	45.6	10.35 877	1 491	7.20	0.85	3 13	7 42.8	12 13
26	15 57 27.95	17.91	18 24 18.0	44.4	10.34 386	1 504	7.21	0.85	3 9	7 39.2	12 9
27	15 57 45.86	17.59	18 25 2.4	43.2	10.32 882	1 515	7.22	0.85	3 6	7 35.6	12 5
28	15 58 3.45	17.26	18 25 45.6	42.0	10.31 367	1 526	7.23	0.85	3 2	7 31.9	12 2
29	15 58 20.71	16.94	18 26 27.6	40.9	10.29 841	1 537	7.24	0.85	2 59	7 28.3	11 58
30	15 58 37.65	16.61	−18 27 8.5	39.7	10.28 304	1 547	7.25	0.86	2 55	7 24.6	11 54
31	15 58 54.26	16.26	18 27 48.2	38.5	10.26 757	1 557	7.26	0.86	2 51	7 21.0	11 51
Febr. 1	15 59 10.52	15.92	18 28 26.7	37.3	10.25 200	1 568	7.27	0.86	2 48	7 17.3	11 47
2	15 59 26.44	15.58	18 29 4.0	36.2	10.23 632	1 576	7.28	0.86	2 44	7 13.6	11 43
3	15 59 42.02	15.23	18 29 40.2	34.9	10.22 056	1 585	7.30	0.86	2 41	7 10.0	11 39
4	15 59 57.25	14.87	18 30 15.1	33.7	10.20 471	1 594	7.31	0.86	2 37	7 6.3	11 36
5	16 0 12.12	14.52	−18 30 48.8	32.5	10.18 877	1 602	7.32	0.86	2 33	7 2.6	11 32
6	16 0 26.64	14.16	18 31 21.3	31.3	10.17 275	1 610	7.33	0.87	2 30	6 58.9	11 28
7	16 0 40.80	13.78	18 31 52.6	30.1	10.15 665	1 617	7.34	0.87	2 26	6 55.2	11 24
8	16 0 54.58	13.42	18 32 22.7	28.9	10.14 048	1 623	7.35	0.87	2 23	6 51.5	11 21
9	16 1 8.00	13.05	18 32 51.6	27.7	10.12 425	1 630	7.37	0.87	2 19	6 47.8	11 17
10	16 1 21.05		−18 33 19.3		10.10 795		7.38	0.87	2 15	6 44.1	11 13

Saturn 1956

Tag	0h Weltzeit: Scheinbare Rektaszension		0h Weltzeit: Scheinbare Deklination		0h Weltzeit: Δ		0h Weltzeit: Halbmesser	0h Weltzeit: Hor. Par.	Aufgang (in 0h Länge, + 50° Breite)	Obere Kulmination (in 0h Länge, + 50° Breite)	Untergang (in 0h Länge, + 50° Breite)
1956	h m s	s	° ′ ″	″			″	″	h m	h m	h m
Febr. 10	16 1 21.05	12.67	−18 33 19.3	26.5	10.10 795	1 635	7.38	0.87	2 15	6 44.1	11 13
11	16 1 33.72	12.29	18 33 45.8	25.3	10.09 160	1 641	7.39	0.87	2 11	6 40.3	11 9
12	16 1 46.01	11.90	18 34 11.1	24.0	10.07 519	1 645	7.40	0.87	2 8	6 36.6	11 6
13	16 1 57.91	11.52	18 34 35.1	22.8	10.05 874	1 650	7.41	0.87	2 4	6 32.9	11 2
14	16 2 9.43	11.13	18 34 57.9	21.6	10.04 224	1 654	7.43	0.88	2 0	6 29.1	10 58
15	16 2 20.56	10.74	18 35 19.5	20.5	10.02 570	1 657	7.44	0.88	1 57	6 25.4	10 54
16	16 2 31.30	10.35	−18 35 40.0	19.2	10.00 913	1 660	7.45	0.88	1 53	6 21.6	10 51
17	16 2 41.65	9.94	18 35 59.2	18.0	9.99 253	1 662	7.46	0.88	1 49	6 17.9	10 47
18	16 2 51.59	9.55	18 36 17.2	16.8	9.97 591	1 664	7.48	0.88	1 45	6 14.1	10 43
19	16 3 1.14	9.15	18 36 34.0	15.6	9.95 927	1 665	7.49	0.88	1 42	6 10.3	10 39
20	16 3 10.29	8.75	18 36 49.6	14.4	9.94 262	1 666	7.50	0.89	1 38	6 6.5	10 35
21	16 3 19.04	8.34	18 37 4.0	13.1	9.92 596	1 666	7.51	0.89	1 34	6 2.7	10 31
22	16 3 27.38	7.94	−18 37 17.1	12.0	9.90 930	1 667	7.53	0.89	1 30	5 59.0	10 28
23	16 3 35.32	7.53	18 37 29.1	10.8	9.89 263	1 666	7.54	0.89	1 27	5 55.2	10 24
24	16 3 42.85	7.12	18 37 39.9	9.7	9.87 597	1 665	7.55	0.89	1 23	5 51.4	10 20
25	16 3 49.97	6.72	18 37 49.6	8.4	9.85 932	1 663	7.56	0.89	1 19	5 47.5	10 16
26	16 3 56.69	6.30	18 37 58.0	7.2	9.84 269	1 661	7.58	0.89	1 15	5 43.7	10 12
27	16 4 2.99	5.89	18 38 5.2	6.0	9.82 608	1 660	7.59	0.90	1 11	5 39.9	10 9
28	16 4 8.88	5.48	−18 38 11.2	4.9	9.80 948	1 656	7.60	0.90	1 7	5 36.1	10 5
29	16 4 14.36	5.06	18 38 16.1	3.7	9.79 292	1 653	7.61	0.90	1 4	5 32.2	10 1
März 1	16 4 19.42	4.64	18 38 19.8	2.5	9.77 639	1 650	7.63	0.90	1 0	5 28.3	9 57
2	16 4 24.06	4.23	18 38 22.3	1.3	9.75 989	1 645	7.64	0.90	0 56	5 24.5	9 53
3	16 4 28.29	3.80	18 38 23.6	0.2	9.74 344	1 641	7.65	0.90	0 52	5 20.6	9 49
4	16 4 32.09	3.39	18 38 23.8	1.0	9.72 703	1 635	7.67	0.90	0 48	5 16.8	9 45
5	16 4 35.48	2.96	−18 38 22.8	2.2	9.71 068	1 630	7.68	0.91	0 44	5 12.9	9 42
6	16 4 38.44	2.53	18 38 20.6	3.4	9.69 438	1 624	7.69	0.91	0 41	5 9.0	9 38
7	16 4 40.97	2.12	18 38 17.2	4.5	9.67 814	1 617	7.71	0.91	0 37	5 5.1	9 34
8	16 4 43.09	1.69	18 38 12.7	5.6	9.66 197	1 610	7.72	0.91	0 33	5 1.2	9 30
9	16 4 44.78	1.26	18 38 7.1	6.8	9.64 587	1 602	7.73	0.91	0 29	4 57.3	9 26
10	16 4 46.04	0.84	18 38 0.3	8.0	9.62 985	1 594	7.74	0.91	0 25	4 53.4	9 22
11	16 4 46.88	0.42	−18 37 52.3	9.1	9.61 391	1 585	7.76	0.92	0 21	4 49.5	9 18
12	16 4 47.30	0.01	18 37 43.2	10.2	9.59 806	1 576	7.77	0.92	0 17	4 45.6	9 14
13	16 4 47.29	0.43	18 37 33.0	11.3	9.58 230	1 566	7.78	0.92	0 13	4 41.6	9 10
14	16 4 46.86	0.86	18 37 21.7	12.5	9.56 664	1 555	7.79	0.92	0 9	4 37.7	9 6
15	16 4 46.00	1.27	18 37 9.2	13.6	9.55 109	1 545	7.81	0.92	0 5	4 33.7	9 3
16	16 4 44.73	1.69	18 36 55.6	14.6	9.53 564	1 534	7.82	0.92	{0 1 / 23 57}	4 29.8	8 59
17	16 4 43.04	2.11	−18 36 41.0	15.8	9.52 030	1 521	7.83	0.92	23 53	4 25.8	8 55
18	16 4 40.93	2.53	18 36 25.2	16.8	9.50 509	1 510	7.85	0.93	23 49	4 21.8	8 51
19	16 4 38.40	2.94	18 36 8.4	18.0	9.48 999	1 496	7.86	0.93	23 45	4 17.9	8 47
20	16 4 35.46	3.34	18 35 50.4	19.0	9.47 503	1 483	7.87	0.93	23 41	4 13.9	8 43
21	16 4 32.12	3.76	18 35 31.4	20.0	9.46 020	1 470	7.88	0.93	23 37	4 9.9	8 39
22	16 4 28.36		−18 35 11.4		9.44 550		7.89	0.93	23 33	4 5.9	8 35

Tag	0h Weltzeit: Scheinbare Rektaszension		Scheinbare Deklination		Δ		Halbmesser	Hor. Par.	Aufgang	Obere Kulmination	Untergang
									in 0h Länge, + 50° Breite		
1956	h m s	s	° ′ ″	″			″	″	h m	h m	h m
März 22	16 4 28.36	4.16	−18 35 11.4	21.1	9.44 550	1 455	7.89	0.93	23 33	4 5.9	8 35
23	16 4 24.20	4.57	18 34 50.3	22.1	9.43 095	1 441	7.91	0.93	23 29	4 1.9	8 31
24	16 4 19.63	4.96	18 34 28.2	23.2	9.41 654	1 426	7.92	0.93	23 25	3 57.9	8 27
25	16 4 14.67	5.36	18 34 5.0	24.1	9.40 228	1 410	7.93	0.94	23 21	3 53.9	8 23
26	16 4 9.31	5.76	18 33 40.9	25.2	9.38 818	1 395	7.94	0.94	23 17	3 49.9	8 19
27	16 4 3.55	6.15	18 33 15.7	26.2	9.37 423	1 379	7.95	0.94	23 13	3 45.8	8 15
28	16 3 57.40	6.54	−18 32 49.5	27.2	9.36 044	1 361	7.97	0.94	23 9	3 41.8	8 11
29	16 3 50.86	6.93	18 32 22.3	28.1	9.34 683	1 345	7.98	0.94	23 5	3 37.8	8 7
30	16 3 43.93	7.30	18 31 54.2	29.2	9.33 338	1 327	7.99	0.94	23 1	3 33.7	8 3
31	16 3 36.63	7.69	18 31 25.0	30.1	9.32 011	1 309	8.00	0.94	22 57	3 29.7	7 59
April 1	16 3 28.94	8.07	18 30 54.9	31.0	9.30 702	1 291	8.01	0.95	22 52	3 25.6	7 55
2	16 3 20.87	8.44	18 30 23.9	32.0	9.29 411	1 272	8.02	0.95	22 48	3 21.5	7 51
3	16 3 12.43	8.81	−18 29 51.9	32.9	9.28 139	1 253	8.03	0.95	22 44	3 17.5	7 47
4	16 3 3.62	9.17	18 29 19.0	33.8	9.26 886	1 233	8.05	0.95	22 40	3 13.4	7 43
5	16 2 54.45	9.53	18 28 45.2	34.7	9.25 653	1 213	8.06	0.95	22 36	3 9.3	7 39
6	16 2 44.92	9.90	18 28 10.5	35.5	9.24 440	1 193	8.07	0.95	22 32	3 5.2	7 35
7	16 2 35.02	10.24	18 27 35.0	36.5	9.23 247	1 171	8.08	0.95	22 28	3 1.1	7 31
8	16 2 24.78	10.59	18 26 58.5	37.3	9.22 076	1 150	8.09	0.95	22 23	2 57.0	7 27
9	16 2 14.19	10.93	−18 26 21.2	38.1	9.20 926	1 128	8.10	0.96	22 19	2 52.9	7 23
10	16 2 3.26	11.26	18 25 43.1	39.0	9.19 798	1 106	8.11	0.96	22 15	2 48.8	7 19
11	16 1 52.00	11.59	18 25 4.1	39.7	9.18 692	1 083	8.12	0.96	22 11	2 44.7	7 14
12	16 1 40.41	11.92	18 24 24.4	40.6	9.17 609	1 061	8.13	0.96	22 7	2 40.5	7 10
13	16 1 28.49	12.24	18 23 43.8	41.3	9.16 548	1 037	8.14	0.96	22 2	2 36.4	7 6
14	16 1 16.25	12.54	18 23 2.5	42.0	9.15 511	1 013	8.15	0.96	21 58	2 32.3	7 2
15	16 1 3.71	12.84	−18 22 20.5	42.8	9.14 498	989	8.15	0.96	21 54	2 28.1	6 58
16	16 0 50.87	13.14	18 21 37.7	43.5	9.13 509	964	8.16	0.96	21 50	2 24.0	6 54
17	16 0 37.73	13.43	18 20 54.2	44.1	9.12 545	940	8.17	0.96	21 46	2 19.8	6 50
18	16 0 24.30	13.71	18 20 10.1	44.9	9.11 605	915	8.18	0.97	21 41	2 15.7	6 46
19	16 0 10.59	13.98	18 19 25.2	45.5	9.10 690	890	8.19	0.97	21 37	2 11.5	6 42
20	15 59 56.61	14.25	18 18 39.7	46.1	9.09 800	864	8.20	0.97	21 33	2 7.4	6 38
21	15 59 42.36	14.51	−18 17 53.6	46.7	9.08 936	838	8.20	0.97	21 29	2 3.2	6 34
22	15 59 27.85	14.76	18 17 6.9	47.3	9.08 098	812	8.21	0.97	21 24	1 59.0	6 30
23	15 59 13.09	15.00	18 16 19.6	47.9	9.07 286	786	8.22	0.97	21 20	1 54.8	6 25
24	15 58 58.09	15.24	18 15 31.7	48.5	9.06 500	759	8.23	0.97	21 16	1 50.7	6 21
25	15 58 42.85	15.47	18 14 43.2	48.9	9.05 741	733	8.23	0.97	21 12	1 46.5	6 17
26	15 58 27.38	15.69	18 13 54.3	49.5	9.05 008	705	8.24	0.97	21 7	1 42.3	6 13
27	15 58 11.69	15.90	−18 13 4.8	50.0	9.04 303	679	8.25	0.97	21 3	1 38.1	6 9
28	15 57 55.79	16.11	18 12 14.8	50.4	9.03 624	651	8.25	0.97	20 59	1 33.9	6 5
29	15 57 39.68	16.32	18 11 24.4	50.8	9.02 973	623	8.26	0.97	20 55	1 29.7	6 1
30	15 57 23.36	16.50	18 10 33.6	51.3	9.02 350	595	8.26	0.98	20 50	1 25.5	5 57
Mai 1	15 57 6.86	16.69	18 9 42.3	51.7	9.01 755	567	8.27	0.98	20 46	1 21.3	5 53
2	15 56 50.17		−18 8 50.6		9.01 188		8.27	0.98	20 42	1 17.1	5 48

Tag	0h Weltzeit: Scheinbare Rektaszension		Scheinbare Deklination		Δ		Halbmesser	Hor. Par.	Aufgang (in 0h Länge, + 50° Breite)	Obere Kulmination (in 0h Länge, + 50° Breite)	Untergang (in 0h Länge, + 50° Breite)
1956	h m s	s	° ′ ″	″			″	″	h m	h m	h m
Mai 2	15 56 50.17		−18 8 50.6		9.01 188		8.27	0.98	20 42	1 17.1	5 48
3	15 56 33.32	16.85	18 7 58.6	52.0	9.00 649	539	8.28	0.98	20 37	1 12.9	5 44
4	15 56 16.29	17.03	18 7 6.2	52.4	9.00 139	510	8.28	0.98	20 33	1 8.7	5 40
5	15 55 59.10	17.19	18 6 13.5	52.7	8.99 657	482	8.29	0.98	20 29	1 4.4	5 36
6	15 55 41.77	17.33	18 5 20.5	53.0	8.99 205	452	8.29	0.98	20 25	1 0.2	5 32
7	15 55 24.29	17.48	18 4 27.2	53.3	8.98 781	424	8.30	0.98	20 20	0 56.0	5 28
8	15 55 6.69	17.60	−18 3 33.7	53.5	8.98 387	394	8.30	0.98	20 16	0 51.8	5 24
9	15 54 48.96	17.73	18 2 40.0	53.7	8.98 023	364	8.30	0.98	20 12	0 47.6	5 19
10	15 54 31.13	17.83	18 1 46.2	53.8	8.97 688	335	8.31	0.98	20 7	0 43.3	5 15
11	15 54 13.19	17.94	18 0 52.1	54.1	8.97 383	305	8.31	0.98	20 3	0 39.1	5 11
12	15 53 55.15	18.04	17 59 57.9	54.2	8.97 108	275	8.31	0.98	19 59	0 34.9	5 7
13	15 53 37.04	18.11	17 59 3.6	54.3	8.96 862	246	8.31	0.98	19 54	0 30.6	5 3
14	15 53 18.86	18.18	−17 58 9.3	54.3	8.96 647	215	8.32	0.98	19 50	0 26.4	4 59
15	15 53 0.61	18.25	17 57 14.9	54.4	8.96 462	185	8.32	0.98	19 46	0 22.2	4 55
16	15 52 42.31	18.30	17 56 20.5	54.4	8.96 307	155	8.32	0.98	19 41	0 17.9	4 50
17	15 52 23.97	18.34	17 55 26.1	54.4	8.96 182	125	8.32	0.98	19 37	0 13.7	4 46
18	15 52 5.60	18.37	17 54 31.8	54.3	8.96 087	95	8.32	0.98	19 33	0 9.5	4 42
19	15 51 47.21	18.39	17 53 37.6	54.2	8.96 022	65	8.32	0.98	19 28	0 5.2	4 38
20	15 51 28.80	18.41	−17 52 43.4	54.2	8.95 987	35	8.32	0.98	19 24	{0 1.0 / 23 56.7}	4 34
21	15 51 10.39	18.41	17 51 49.4	54.0	8.95 982	5	8.32	0.98	19 20	23 52.5	4 30
22	15 50 51.98	18.41	17 50 55.6	53.8	8.96 007	25	8.32	0.98	19 15	23 48.3	4 25
23	15 50 33.58	18.40	17 50 1.9	53.7	8.96 062	55	8.32	0.98	19 11	23 44.0	4 21
24	15 50 15.21	18.37	17 49 8.4	53.5	8.96 147	85	8.32	0.98	19 7	23 39.8	4 17
25	15 49 56.87	18.34	17 48 15.2	53.2	8.96 262	115	8.32	0.98	19 2	23 35.6	4 13
26	15 49 38.57	18.30	−17 47 22.2	53.0	8.96 406	144	8.32	0.98	18 58	23 31.3	4 9
27	15 49 20.32	18.25	17 46 29.6	52.6	8.96 580	174	8.32	0.98	18 54	23 27.1	4 5
28	15 49 2.12	18.20	17 45 37.3	52.3	8.96 784	204	8.32	0.98	18 49	23 22.9	4 1
29	15 48 43.99	18.13	17 44 45.3	52.0	8.97 018	234	8.31	0.98	18 45	23 18.6	3 56
30	15 48 25.94	18.05	17 43 53.7	51.6	8.97 281	263	8.31	0.98	18 41	23 14.4	3 52
31	15 48 7.97	17.97	17 43 2.5	51.2	8.97 573	292	8.31	0.98	18 36	23 10.2	3 48
Juni 1	15 47 50.09	17.88	−17 42 11.8	50.7	8.97 895	322	8.31	0.98	18 32	23 6.0	3 44
2	15 47 32.31	17.78	17 41 21.5	50.3	8.98 246	351	8.30	0.98	18 28	23 1.7	3 40
3	15 47 14.65	17.66	17 40 31.7	49.8	8.98 626	380	8.30	0.98	18 23	22 57.5	3 36
4	15 46 57.11	17.54	17 39 42.5	49.2	8.99 035	409	8.29	0.98	18 19	22 53.3	3 32
5	15 46 39.69	17.42	17 38 53.8	48.7	8.99 474	439	8.29	0.98	18 15	22 49.1	3 27
6	15 46 22.41	17.28	17 38 5.7	48.1	8.99 941	467	8.29	0.98	18 11	22 44.8	3 23
7	15 46 5.28	17.13	−17 37 18.2	47.5	9.00 436	495	8.28	0.98	18 6	22 40.6	3 19
8	15 45 48.30	16.98	17 36 31.3	46.9	9.00 961	525	8.28	0.98	18 2	22 36.4	3 15
9	15 45 31.49	16.81	17 35 45.2	46.1	9.01 513	552	8.27	0.98	17 58	22 32.2	3 11
10	15 45 14.85	16.64	17 34 59.7	45.5	9.02 094	581	8.27	0.98	17 53	22 28.0	3 7
11	15 44 58.39	16.46	17 34 15.0	44.7	9.02 702	608	8.26	0.97	17 49	22 23.8	3 3
12	15 44 42.13	16.26	−17 33 31.0	44.0	9.03 338	636	8.25	0.97	17 45	22 19.6	2 58

Tag	0h Weltzeit: Scheinbare Rektaszension		Scheinbare Deklination		Δ		Halbmesser	Hor. Par.	Aufgang	Obere Kulmination	Untergang
									in 0h Länge, + 50° Breite		
1956	h m s	s	° ′ ″	″			″	″	h m	h m	h m
Juni 12	15 44 42.13	16.07	−17 33 31.0	43.2	9.03 338	664	8.25	0.97	17 45	22 19.6	2 58
13	15 44 26.06	15.86	17 32 47.8	42.4	9.04 002	690	8.25	0.97	17 41	22 15.4	2 54
14	15 44 10.20	15.64	17 32 5.4	41.6	9.04 692	717	8.24	0.97	17 36	22 11.2	2 50
15	15 43 54.56	15.43	17 31 23.8	40.7	9.05 409	743	8.24	0.97	17 32	22 7.0	2 46
16	15 43 39.13	15.19	17 30 43.1	39.9	9.06 152	770	8.23	0.97	17 28	22 2.8	2 42
17	15 43 23.94	14.96	17 30 3.2	38.9	9.06 922	796	8.22	0.97	17 24	21 58.7	2 38
18	15 43 8.98	14.72	−17 29 24.3	38.0	9.07 718	821	8.22	0.97	17 20	21 54.5	2 34
19	15 42 54.26	14.47	17 28 46.3	37.1	9.08 539	846	8.21	0.97	17 15	21 50.3	2 30
20	15 42 39.79	14.21	17 28 9.2	36.2	9.09 385	872	8.20	0.97	17 11	21 46.2	2 25
21	15 42 25.58	13.95	17 27 33.0	35.1	9.10 257	896	8.19	0.97	17 7	21 42.0	2 21
22	15 42 11.63	13.69	17 26 57.9	34.1	9.11 153	920	8.18	0.97	17 3	21 37.8	2 17
23	15 41 57.94	13.42	17 26 23.8	33.1	9.12 073	945	8.18	0.96	16 58	21 33.7	2 13
24	15 41 44.52	13.14	−17 25 50.7	32.1	9.13 018	968	8.17	0.96	16 54	21 29.5	2 9
25	15 41 31.38	12.85	17 25 18.6	31.0	9.13 986	992	8.16	0.96	16 50	21 25.4	2 5
26	15 41 18.53	12.56	17 24 47.6	29.9	9.14 978	1 015	8.15	0.96	16 46	21 21.2	2 1
27	15 41 5.97	12.27	17 24 17.7	28.8	9.15 993	1 037	8.14	0.96	16 42	21 17.1	1 57
28	15 40 53.70	11.97	17 23 48.9	27.7	9.17 030	1 060	8.13	0.96	16 38	21 13.0	1 53
29	15 40 41.73	11.67	17 23 21.2	26.6	9.18 090	1 083	8.12	0.96	16 33	21 8.9	1 49
30	15 40 30.06	11.35	−17 22 54.6	25.4	9.19 173	1 104	8.11	0.96	16 29	21 4.7	1 44
Juli 1	15 40 18.71	11.04	17 22 29.2	24.2	9.20 277	1 126	8.10	0.96	16 25	21 0.6	1 40
2	15 40 7.67	10.71	17 22 5.0	23.0	9.21 403	1 147	8.09	0.96	16 21	20 56.5	1 36
3	15 39 56.96	10.39	17 21 42.0	21.8	9.22 550	1 168	8.08	0.95	16 17	20 52.4	1 32
4	15 39 46.57	10.06	17 21 20.2	20.6	9.23 718	1 188	8.07	0.95	16 13	20 48.3	1 28
5	15 39 36.51	9.72	17 20 59.6	19.4	9.24 906	1 209	8.06	0.95	16 9	20 44.2	1 24
6	15 39 26.79	9.38	−17 20 40.2	18.1	9.26 115	1 228	8.05	0.95	16 4	20 40.1	1 20
7	15 39 17.41	9.04	17 20 22.1	16.9	9.27 343	1 247	8.04	0.95	16 0	20 36.0	1 16
8	15 39 8.37	8.68	17 20 5.2	15.5	9.28 590	1 266	8.03	0.95	15 56	20 32.0	1 12
9	15 38 59.69	8.33	17 19 49.7	14.3	9.29 856	1 285	8.02	0.95	15 52	20 27.9	1 8
10	15 38 51.36	7.97	17 19 35.4	13.0	9.31 141	1 303	8.01	0.95	15 48	20 23.8	1 4
11	15 38 43.39	7.61	17 19 22.4	11.7	9.32 444	1 320	8.00	0.94	15 44	20 19.8	1 0
12	15 38 35.78	7.24	−17 19 10.7	10.3	9.33 764	1 337	7.99	0.94	15 40	20 15.7	0 56
13	15 38 28.54	6.87	17 19 0.4	9.0	9.35 101	1 354	7.97	0.94	15 36	20 11.7	0 52
14	15 38 21.67	6.50	17 18 51.4	7.7	9.36 455	1 370	7.96	0.94	15 32	20 7.6	0 48
15	15 38 15.17	6.13	17 18 43.7	6.4	9.37 825	1 386	7.95	0.94	15 28	20 3.6	0 44
16	15 38 9.04	5.76	17 18 37.3	5.0	9.39 211	1 401	7.94	0.94	15 24	19 59.6	0 40
17	15 38 3.28	5.38	17 18 32.3	3.7	9.40 612	1 416	7.93	0.94	15 20	19 55.6	0 36
18	15 37 57.90	5.00	−17 18 28.6	2.3	9.42 028	1 430	7.92	0.93	15 16	19 51.5	0 32
19	15 37 52.90	4.62	17 18 26.3	0.9	9.43 458	1 445	7.90	0.93	15 12	19 47.5	0 28
20	15 37 48.28	4.24	17 18 25.4	$\overline{0.4}$	9.44 903	1 457	7.89	0.93	15 8	19 43.5	0 24
21	15 37 44.04	3.86	17 18 25.8	1.7	9.46 360	1 471	7.88	0.93	15 4	19 39.5	0 20
22	15 37 40.18	3.47	17 18 27.5	3.2	9.47 831	1 484	7.87	0.93	15 0	19 35.5	0 16
23	15 37 36.71		−17 18 30.7		9.49 315		7.86	0.93	14 56	19 31.6	0 12

Saturn 1956

Tag	0h Weltzeit: Scheinbare Rektaszension		Scheinbare Deklination		Δ		Halbmesser	Hor. Par.	Aufgang (in 0h Länge, + 50° Breite)	Obere Kulmination (in 0h Länge, + 50° Breite)	Untergang (in 0h Länge, + 50° Breite)
1956	h m s	s	° ′ ″	″			″	″	h m	h m	h m
Juli 23	15 37 36.71	3.09	−17 18 30.7	4.5	9.49 315	1 496	7.86	0.93	14 56	19 31.6	0 12
24	15 37 33.62	2.69	17 18 35.2	5.9	9.50 811	1 508	7.84	0.93	14 52	19 27.6	0 8
25	15 37 30.93	2.31	17 18 41.1	7.3	9.52 319	1 519	7.83	0.92	14 48	19 23.6	0 4
26	15 37 28.62	1.92	17 18 48.4	8.6	9.53 838	1 530	7.82	0.92	14 44	19 19.6	0 0 / 23 56
27	15 37 26.70	1.53	17 18 57.0	10.0	9.55 368	1 541	7.81	0.92	14 40	19 15.7	23 52
28	15 37 25.17	1.14	17 19 7.0	11.4	9.56 909	1 552	7.79	0.92	14 36	19 11.7	23 48
29	15 37 24.03	0.74	−17 19 18.4	12.8	9.58 461	1 561	7.78	0.92	14 32	19 7.8	23 44
30	15 37 23.29	0.35	17 19 31.2	14.1	9.60 022	1 570	7.77	0.92	14 28	19 3.8	23 40
31	15 37 22.94	0.04	17 19 45.3	15.5	9.61 592	1 579	7.75	0.92	14 24	18 59.9	23 36
Aug. 1	15 37 22.98	0.44	17 20 0.8	16.9	9.63 171	1 588	7.74	0.91	14 20	18 56.0	23 32
2	15 37 23.42	0.84	17 20 17.7	18.3	9.64 759	1 596	7.73	0.91	14 16	18 52.1	23 28
3	15 37 24.26	1.24	17 20 36.0	19.6	9.66 355	1 603	7.72	0.91	14 12	18 48.1	23 24
4	15 37 25.50	1.63	−17 20 55.6	21.0	9.67 958	1 611	7.70	0.91	14 8	18 44.2	23 20
5	15 37 27.13	2.03	17 21 16.6	22.3	9.69 569	1 617	7.69	0.91	14 5	18 40.3	23 16
6	15 37 29.16	2.44	17 21 38.9	23.7	9.71 186	1 623	7.68	0.91	14 1	18 36.4	23 12
7	15 37 31.60	2.83	17 22 2.6	25.0	9.72 809	1 629	7.67	0.90	13 57	18 32.5	23 8
8	15 37 34.43	3.22	17 22 27.6	26.4	9.74 438	1 634	7.65	0.90	13 53	18 28.7	23 4
9	15 37 37.65	3.63	17 22 54.0	27.7	9.76 072	1 639	7.64	0.90	13 49	18 24.8	23 0
10	15 37 41.28	4.02	−17 23 21.7	29.0	9.77 711	1 643	7.63	0.90	13 45	18 20.9	22 56
11	15 37 45.30	4.42	17 23 50.7	30.4	9.79 354	1 646	7.61	0.90	13 42	18 17.1	22 53
12	15 37 49.72	4.81	17 24 21.1	31.7	9.81 000	1 650	7.60	0.90	13 38	18 13.2	22 49
13	15 37 54.53	5.21	17 24 52.8	32.9	9.82 650	1 652	7.59	0.90	13 34	18 9.4	22 45
14	15 37 59.74	5.59	17 25 25.7	34.2	9.84 302	1 655	7.58	0.89	13 30	18 5.5	22 41
15	15 38 5.33	5.98	17 25 59.9	35.5	9.85 957	1 656	7.56	0.89	13 26	18 1.7	22 37
16	15 38 11.31	6.37	−17 26 35.4	36.8	9.87 613	1 658	7.55	0.89	13 23	17 57.9	22 33
17	15 38 17.68	6.76	17 27 12.2	38.0	9.89 271	1 659	7.54	0.89	13 19	17 54.1	22 29
18	15 38 24.44	7.14	17 27 50.2	39.3	9.90 930	1 660	7.53	0.89	13 15	17 50.2	22 25
19	15 38 31.58	7.53	17 28 29.5	40.5	9.92 590	1 660	7.51	0.89	13 11	17 46.4	22 22
20	15 38 39.11	7.90	17 29 10.0	41.7	9.94 250	1 659	7.50	0.89	13 8	17 42.6	22 18
21	15 38 47.01	8.28	17 29 51.7	42.9	9.95 909	1 659	7.49	0.88	13 4	17 38.8	22 14
22	15 38 55.29	8.66	−17 30 34.6	44.1	9.97 568	1 658	7.48	0.88	13 0	17 35.0	22 10
23	15 39 3.95	9.04	17 31 18.7	45.3	9.99 226	1 656	7.46	0.88	12 56	17 31.3	22 6
24	15 39 12.99	9.41	17 32 4.0	46.4	10.00 882	1 655	7.45	0.88	12 53	17 27.5	22 2
25	15 39 22.40	9.78	17 32 50.4	47.6	10.02 537	1 652	7.44	0.88	12 49	17 23.7	21 58
26	15 39 32.18	10.15	17 33 38.0	48.8	10.04 189	1 650	7.43	0.88	12 45	17 19.9	21 55
27	15 39 42.33	10.52	17 34 26.8	49.9	10.05 839	1 646	7.41	0.87	12 42	17 16.2	21 51
28	15 39 52.85	10.89	−17 35 16.7	51.0	10.07 485	1 643	7.40	0.87	12 38	17 12.4	21 47
29	15 40 3.74	11.25	17 36 7.7	52.1	10.09 128	1 640	7.39	0.87	12 34	17 8.7	21 43
30	15 40 14.99	11.61	17 36 59.8	53.2	10.10 768	1 635	7.38	0.87	12 31	17 4.9	21 39
31	15 40 26.60	11.98	17 37 53.0	54.2	10.12 403	1 630	7.37	0.87	12 27	17 1.2	21 35
Sept. 1	15 40 38.58	12.34	17 38 47.2	55.3	10.14 033	1 625	7.35	0.87	12 23	16 57.5	21 32
2	15 40 50.92		−17 39 42.5		10.15 658		7.34	0.87	12 20	16 53.8	21 28

Tag	0h Weltzeit Scheinbare Rektaszension		Scheinbare Deklination		Δ		Halbmesser	Hor. Par.	Aufgang (in 0h Länge, + 50° Breite)	Obere Kulmination	Untergang
1956	h m s	s	° ′ ″	″			″	″	h m	h m	h m
Sept. 2	15 40 50.92	12.69	−17 39 42.5	56.4	10.15 658	1 619	7.34	0.87	12 20	16 53.8	21 28
3	15 41 3.61	13.05	17 40 38.9	57.4	10.17 277	1 613	7.33	0.87	12 16	16 50.0	21 24
4	15 41 16.66	13.40	17 41 36.3	58.4	10.18 890	1 607	7.32	0.86	12 12	16 46.3	21 20
5	15 41 30.06	13.75	17 42 34.7	59.4	10.20 497	1 600	7.31	0.86	12 9	16 42.6	21 16
6	15 41 43.81	14.10	17 43 34.1	60.4	10.22 097	1 592	7.30	0.86	12 5	16 38.9	21 13
7	15 41 57.91	14.45	17 44 34.5	61.4	10.23 689	1 584	7.28	0.86	12 2	16 35.2	21 9
8	15 42 12.36	14.78	−17 45 35.9	62.3	10.25 273	1 576	7.27	0.86	11 58	16 31.5	21 5
9	15 42 27.14	15.12	17 46 38.2	63.2	10.26 849	1 568	7.26	0.86	11 54	16 27.9	21 1
10	15 42 42.26	15.45	17 47 41.4	64.1	10.28 417	1 558	7.25	0.86	11 51	16 24.2	20 57
11	15 42 57.71	15.79	17 48 45.5	65.0	10.29 975	1 549	7.24	0.85	11 47	16 20.5	20 54
12	15 43 13.50	16.11	17 49 50.5	65.9	10.31 524	1 540	7.23	0.85	11 44	16 16.8	20 50
13	15 43 29.61	16.43	17 50 56.4	66.7	10.33 064	1 529	7.22	0.85	11 40	16 13.2	20 46
14	15 43 46.04	16.75	−17 52 3.1	67.5	10.34 593	1 518	7.21	0.85	11 37	16 9.5	20 42
15	15 44 2.79	17.07	17 53 10.6	68.4	10.36 111	1 508	7.20	0.85	11 33	16 5.9	20 39
16	15 44 19.86	17.38	17 54 19.0	69.2	10.37 619	1 496	7.19	0.85	11 30	16 2.2	20 35
17	15 44 37.24	17.69	17 55 28.2	69.9	10.39 115	1 485	7.18	0.85	11 26	15 58.6	20 31
18	15 44 54.93	18.00	17 56 38.1	70.7	10.40 600	1 473	7.17	0.85	11 23	15 55.0	20 27
19	15 45 12.93	18.30	17 57 48.8	71.4	10.42 073	1 461	7.16	0.84	11 19	15 51.3	20 24
20	15 45 31.23	18.60	−17 59 0.2	72.1	10.43 534	1 448	7.15	0.84	11 15	15 47.7	20 20
21	15 45 49.83	18.89	18 0 12.3	72.9	10.44 982	1 435	7.14	0.84	11 12	15 44.1	20 16
22	15 46 8.72	19.19	18 1 25.2	73.5	10.46 417	1 422	7.13	0.84	11 8	15 40.5	20 12
23	15 46 27.91	19.48	18 2 38.7	74.2	10.47 839	1 409	7.12	0.84	11 5	15 36.9	20 9
24	15 46 47.39	19.77	18 3 52.9	74.8	10.49 248	1 395	7.11	0.84	11 1	15 33.2	20 5
25	15 47 7.16	20.05	18 5 7.7	75.5	10.50 643	1 381	7.10	0.84	10 58	15 29.6	20 1
26	15 47 27.21	20.33	−18 6 23.2	76.1	10.52 024	1 366	7.09	0.84	10 55	15 26.0	19 58
27	15 47 47.54	20.61	18 7 39.3	76.7	10.53 390	1 352	7.08	0.84	10 51	15 22.4	19 54
28	15 48 8.15	20.88	18 8 56.0	77.2	10.54 742	1 336	7.07	0.83	10 48	15 18.9	19 50
29	15 48 29.03	21.16	18 10 13.2	77.8	10.56 078	1 321	7.06	0.83	10 44	15 15.3	19 46
30	15 48 50.19	21.42	18 11 31.0	78.3	10.57 399	1 305	7.05	0.83	10 41	15 11.7	19 43
Okt. 1	15 49 11.61	21.69	18 12 49.3	78.9	10.58 701	1 288	7.04	0.83	10 37	15 8.1	19 39
2	15 49 33.30	21.95	−18 14 8.2	79.4	10.59 992	1 272	7.03	0.83	10 34	15 4.6	19 35
3	15 49 55.25	22.21	18 15 27.6	79.8	10.61 264	1 255	7.03	0.83	10 30	15 1.0	19 32
4	15 50 17.46	22.45	18 16 47.4	80.3	10.62 519	1 238	7.02	0.83	10 27	14 57.4	19 28
5	15 50 39.91	22.71	18 18 7.7	80.7	10.63 757	1 221	7.01	0.83	10 23	14 53.9	19 24
6	15 51 2.62	22.95	18 19 28.4	81.1	10.64 978	1 202	7.00	0.83	10 20	14 50.3	19 21
7	15 51 25.57	23.19	18 20 49.5	81.6	10.66 180	1 185	6.99	0.83	10 17	14 46.8	19 17
8	15 51 48.76	23.43	−18 22 11.1	82.0	10.67 365	1 166	6.99	0.82	10 13	14 43.2	19 13
9	15 52 12.19	23.65	18 23 33.1	82.2	10.68 531	1 147	6.98	0.82	10 10	14 39.7	19 10
10	15 52 35.84	23.88	18 24 55.3	82.6	10.69 678	1 128	6.97	0.82	10 6	14 36.2	19 6
11	15 52 59.72	24.11	18 26 17.9	82.9	10.70 806	1 109	6.96	0.82	10 3	14 32.6	19 2
12	15 53 23.83	24.32	18 27 40.8	83.2	10.71 915	1 089	6.96	0.82	9 59	14 29.1	18 58
13	15 53 48.15		−18 29 4.0		10.73 004		6.95	0.82	9 56	14 25.6	18 55

Saturn 1956

Tag	0h Weltzeit: Scheinbare Rektaszension		Scheinbare Deklination		Δ		Halbmesser	Hor. Par.	Aufgang	Obere Kulmination	Untergang
									in 0h Länge, + 50° Breite		
1956	h m s	s	° ′ ″	″			″	″	h m	h m	h m
Okt. 13	15 53 48.15	24.53	−18 29 4.0	83.5	10.73 004	1 070	6.95	0.82	9 56	14 25.6	18 55
14	15 54 12.68	24.75	18 30 27.5	83.8	10.74 074	1 050	6.94	0.82	9 53	14 22.1	18 51
15	15 54 37.43	24.95	18 31 51.3	84.0	10.75 124	1 029	6.94	0.82	9 49	14 18.5	18 48
16	15 55 2.38	25.15	18 33 15.3	84.2	10.76 153	1 009	6.93	0.82	9 46	14 15.0	18 44
17	15 55 27.53	25.35	18 34 39.5	84.4	10.77 162	989	6.92	0.82	9 43	14 11.5	18 40
18	15 55 52.88	25.54	18 36 3.9	84.7	10.78 151	968	6.92	0.82	9 39	14 8.0	18 37
19	15 56 18.42	25.73	−18 37 28.6	84.7	10.79 119	947	6.91	0.82	9 36	14 4.5	18 33
20	15 56 44.15	25.91	18 38 53.3	84.9	10.80 066	926	6.90	0.81	9 32	14 1.0	18 29
21	15 57 10.06	26.10	18 40 18.2	85.1	10.80 992	904	6.90	0.81	9 29	13 57.5	18 26
22	15 57 36.16	26.27	18 41 43.3	85.1	10.81 896	883	6.89	0.81	9 26	13 54.0	18 22
23	15 58 2.43	26.45	18 43 8.4	85.3	10.82 779	861	6.89	0.81	9 22	13 50.5	18 18
24	15 58 28.88	26.62	18 44 33.7	85.3	10.83 640	839	6.88	0.81	9 19	13 47.0	18 15
25	15 58 55.50	26.78	−18 45 59.0	85.4	10.84 479	816	6.88	0.81	9 16	13 43.5	18 11
26	15 59 22.28	26.95	18 47 24.4	85.4	10.85 295	794	6.87	0.81	9 12	13 40.0	18 8
27	15 59 49.23	27.11	18 48 49.8	85.5	10.86 089	772	6.87	0.81	9 9	13 36.5	18 4
28	16 0 16.34	27.26	18 50 15.3	85.5	10.86 861	749	6.86	0.81	9 6	13 33.0	18 0
29	16 0 43.60	27.41	18 51 40.8	85.4	10.87 610	725	6.86	0.81	9 2	13 29.6	17 57
30	16 1 11.01	27.55	18 53 6.2	85.4	10.88 335	702	6.85	0.81	8 59	13 26.1	17 53
31	16 1 38.56	27.70	−18 54 31.6	85.4	10.89 037	679	6.85	0.81	8 56	13 22.6	17 50
Nov. 1	16 2 6.26	27.83	18 55 57.0	85.3	10.89 716	655	6.84	0.81	8 52	13 19.2	17 46
2	16 2 34.09	27.96	18 57 22.3	85.3	10.90 371	631	6.84	0.81	8 49	13 15.7	17 42
3	16 3 2.05	28.09	18 58 47.6	85.1	10.91 002	606	6.84	0.81	8 46	13 12.2	17 39
4	16 3 30.14	28.21	19 0 12.7	85.0	10.91 608	583	6.83	0.81	8 42	13 8.7	17 35
5	16 3 58.35	28.33	19 1 37.7	84.9	10.92 191	558	6.83	0.81	8 39	13 5.3	17 32
6	16 4 26.68	28.44	−19 3 2.6	84.7	10.92 749	533	6.82	0.81	8 36	13 1.8	17 28
7	16 4 55.12	28.54	19 4 27.3	84.6	10.93 282	509	6.82	0.80	8 32	12 58.4	17 24
8	16 5 23.66	28.64	19 5 51.9	84.3	10.93 791	485	6.82	0.80	8 29	12 54.9	17 21
9	16 5 52.30	28.75	19 7 16.2	84.2	10.94 276	459	6.81	0.80	8 26	12 51.5	17 17
10	16 6 21.05	28.83	19 8 40.4	84.0	10.94 735	434	6.81	0.80	8 22	12 48.0	17 14
11	16 6 49.88	28.92	19 10 4.4	83.7	10.95 169	410	6.81	0.80	8 19	12 44.6	17 10
12	16 7 18.80	29.01	−19 11 28.1	83.4	10.95 579	384	6.81	0.80	8 16	12 41.1	17 6
13	16 7 47.81	29.08	19 12 51.5	83.2	10.95 963	359	6.80	0.80	8 12	12 37.6	17 3
14	16 8 16.89	29.15	19 14 14.7	83.0	10.96 322	334	6.80	0.80	8 9	12 34.2	16 59
15	16 8 46.04	29.23	19 15 37.7	82.6	10.96 656	309	6.80	0.80	8 6	12 30.7	16 56
16	16 9 15.27	29.29	19 17 0.3	82.3	10.96 965	283	6.80	0.80	8 2	12 27.3	16 52
17	16 9 44.56	29.35	19 18 22.6	82.0	10.97 248	258	6.80	0.80	7 59	12 23.9	16 48
18	16 10 13.91	29.41	−19 19 44.6	81.6	10.97 506	233	6.79	0.80	7 56	12 20.4	16 45
19	16 10 43.32	29.45	19 21 6.2	81.3	10.97 739	207	6.79	0.80	7 52	12 17.0	16 41
20	16 11 12.77	29.51	19 22 27.5	81.0	10.97 946	181	6.79	0.80	7 49	12 13.5	16 38
21	16 11 42.28	29.55	19 23 48.5	80.5	10.98 127	156	6.79	0.80	7 46	12 10.1	16 34
22	16 12 11.83	29.59	19 25 9.0	80.2	10.98 283	130	6.79	0.80	7 42	12 6.6	16 31
23	16 12 41.42		−19 26 29.2		10.98 413		6.79	0.80	7 39	12 3.2	16 27

Tag	0h Weltzeit Scheinbare Rektaszension		Scheinbare Deklination		Δ		Halbmesser	Hor. Par.	Aufgang	Obere Kulmination	Untergang
									in 0h Länge, +50° Breite		
1956	h m s	s	° ′ ″	″			″	″	h m	h m	h m
Nov. 23	16 12 41.42	29.62	−19 26 29.2	79.8	10.98 413	104	6.79	0.80	7 39	12 3.2	16 27
24	16 13 11.04	29.65	19 27 49.0	79.3	10.98 517	78	6.79	0.80	7 36	11 59.8	16 24
25	16 13 40.69	29.68	19 29 8.3	78.9	10.98 595	53	6.79	0.80	7 33	11 56.3	16 20
26	16 14 10.37	29.70	19 30 27.2	78.5	10.98 648	27	6.79	0.80	7 29	11 52.9	16 16
27	16 14 40.07	29.72	19 31 45.7	78.1	10.98 675	0	6.79	0.80	7 26	11 49.4	16 13
28	16 15 9.79	29.72	19 33 3.8	77.5	10.98 675	25	6.79	0.80	7 23	11 46.0	16 9
29	16 15 39.51	29.73	−19 34 21.3	77.1	10.98 650	52	6.79	0.80	7 19	11 42.6	16 6
30	16 16 9.24	29.74	19 35 38.4	76.5	10.98 598	78	6.79	0.80	7 16	11 39.1	16 2
Dez. 1	16 16 38.98	29.72	19 36 54.9	76.1	10.98 520	104	6.79	0.80	7 13	11 35.7	15 58
2	16 17 8.70	29.72	19 38 11.0	75.6	10.98 416	130	6.79	0.80	7 10	11 32.3	15 55
3	16 17 38.42	29.70	19 39 26.6	75.0	10.98 286	156	6.79	0.80	7 6	11 28.8	15 51
4	16 18 8.12	29.68	19 40 41.6	74.5	10.98 130	182	6.79	0.80	7 3	11 25.4	15 48
5	16 18 37.80	29.65	−19 41 56.1	73.9	10.97 948	208	6.79	0.80	7 0	11 21.9	15 44
6	16 19 7.45	29.62	19 43 10.0	73.4	10.97 740	235	6.79	0.80	6 56	11 18.5	15 41
7	16 19 37.07	29.58	19 44 23.4	72.7	10.97 505	260	6.79	0.80	6 53	11 15.0	15 37
8	16 20 6.65	29.54	19 45 36.1	72.2	10.97 245	285	6.80	0.80	6 50	11 11.6	15 34
9	16 20 36.19	29.49	19 46 48.3	71.6	10.96 960	312	6.80	0.80	6 46	11 8.2	15 30
10	16 21 5.68	29.44	19 47 59.9	71.0	10.96 648	337	6.80	0.80	6 43	11 4.7	15 27
11	16 21 35.12	29.39	−19 49 10.9	70.4	10.96 311	363	6.80	0.80	6 40	11 1.3	15 23
12	16 22 4.51	29.32	19 50 21.3	69.7	10.95 948	388	6.80	0.80	6 36	10 57.8	15 19
13	16 22 33.83	29.26	19 51 31.0	69.1	10.95 560	413	6.81	0.80	6 33	10 54.4	15 16
14	16 23 3.09	29.18	19 52 40.1	68.5	10.95 147	439	6.81	0.80	6 30	10 50.9	15 12
15	16 23 32.27	29.11	19 53 48.6	67.8	10.94 708	464	6.81	0.80	6 26	10 47.5	15 9
16	16 24 1.38	29.03	19 54 56.4	67.2	10.94 244	489	6.81	0.80	6 23	10 44.0	15 5
17	16 24 30.41	28.95	−19 56 3.6	66.5	10.93 755	513	6.82	0.80	6 20	10 40.6	15 2
18	16 24 59.36	28.85	19 57 10.1	65.8	10.93 242	539	6.82	0.80	6 16	10 37.1	14 58
19	16 25 28.21	28.76	19 58 15.9	65.1	10.92 703	563	6.82	0.81	6 13	10 33.7	14 55
20	16 25 56.97	28.67	19 59 21.0	64.5	10.92 140	587	6.83	0.81	6 10	10 30.2	14 51
21	16 26 25.64	28.56	20 0 25.5	63.8	10.91 553	612	6.83	0.81	6 6	10 26.8	14 47
22	16 26 54.20	28.45	20 1 29.3	63.0	10.90 941	637	6.84	0.81	6 3	10 23.3	14 44
23	16 27 22.65	28.34	−20 2 32.3	62.4	10.90 304	661	6.84	0.81	6 0	10 19.9	14 40
24	16 27 50.99	28.22	20 3 34.7	61.6	10.89 643	685	6.84	0.81	5 56	10 16.4	14 37
25	16 28 19.21	28.10	20 4 36.3	60.9	10.88 958	709	6.85	0.81	5 53	10 12.9	14 33
26	16 28 47.31	27.97	20 5 37.2	60.2	10.88 249	733	6.85	0.81	5 49	10 9.4	14 30
27	16 29 15.28	27.84	20 6 37.4	59.4	10.87 516	756	6.86	0.81	5 46	10 6.0	14 26
28	16 29 43.12	27.70	20 7 36.8	58.7	10.86 760	781	6.86	0.81	5 43	10 2.5	14 22
29	16 30 10.82	27.55	−20 8 35.5	57.9	10.85 979	804	6.87	0.81	5 39	9 59.0	14 19
30	16 30 38.37	27.40	20 9 33.4	57.2	10.85 175	827	6.87	0.81	5 36	9 55.6	14 15
31	16 31 5.77	27.24	20 10 30.6	56.5	10.84 348	850	6.88	0.81	5 33	9 52.1	14 12
32	16 31 33.01		−20 11 27.1		10.83 498		6.88	0.81	5 29	9 48.6	14 8

Uranus 1956

Tag	0h Weltzeit: Scheinbare Rektaszension		Scheinbare Deklination		Δ		Halbmesser	Hor. Par.	Aufgang (in 0h Länge, + 50° Breite)	Obere Kulmination	Untergang
1956	h m s	s	° ′ ″	″			″	″	h m	h m	h m
Jan. 0	8 14 13.90	9.80	+20 28 12.3	32.3	17.67 941	664	1.94	0.50	17 47	1 39.4	9 28
1	8 14 4.10	9.89	20 28 44.6	32.5	17.67 277	635	1.94	0.50	17 43	1 35.3	9 24
2	8 13 54.21	9.99	20 29 17.1	32.7	17.66 642	606	1.94	0.50	17 38	1 31.2	9 20
3	8 13 44.22	10.09	20 29 49.8	33.0	17.66 036	576	1.94	0.50	17 34	1 27.1	9 16
4	8 13 34.13	10.17	20 30 22.8	33.2	17.65 460	546	1.94	0.50	17 30	1 23.0	9 12
5	8 13 23.96	10.26	20 30 56.0	33.4	17.64 914	517	1.94	0.50	17 26	1 18.9	9 8
6	8 13 13.70	10.33	+20 31 29.4	33.6	17.64 397	486	1.94	0.50	17 22	1 14.8	9 4
7	8 13 3.37	10.41	20 32 3.0	33.7	17.63 911	456	1.94	0.50	17 18	1 10.7	9 0
8	8 12 52.96	10.49	20 32 36.7	33.8	17.63 455	425	1.94	0.50	17 13	1 6.6	8 56
9	8 12 42.47	10.54	20 33 10.5	34.0	17.63 030	395	1.94	0.50	17 9	1 2.5	8 52
10	8 12 31.93	10.61	20 33 44.5	34.0	17.62 635	363	1.94	0.50	17 5	0 58.3	8 48
11	8 12 21.32	10.66	20 34 18.5	34.2	17.62 272	333	1.95	0.50	17 1	0 54.2	8 44
12	8 12 10.66	10.71	+20 34 52.7	34.2	17.61 939	301	1.95	0.50	16 57	0 50.1	8 39
13	8 11 59.95	10.75	20 35 26.9	34.3	17.61 638	270	1.95	0.50	16 53	0 46.0	8 35
14	8 11 49.20	10.79	20 36 1.2	34.3	17.61 368	239	1.95	0.50	16 48	0 41.9	8 31
15	8 11 38.41	10.83	20 36 35.5	34.4	17.61 129	207	1.95	0.50	16 44	0 37.8	8 27
16	8 11 27.58	10.86	20 37 9.9	34.3	17.60 922	176	1.95	0.50	16 40	0 33.7	8 23
17	8 11 16.72	10.87	20 37 44.2	34.4	17.60 746	144	1.95	0.50	16 36	0 29.6	8 19
18	8 11 5.85	10.90	+20 38 18.6	34.2	17.60 602	113	1.95	0.50	16 32	0 25.5	8 15
19	8 10 54.95	10.91	20 38 52.8	34.3	17.60 489	81	1.95	0.50	16 28	0 21.4	8 11
20	8 10 44.04	10.92	20 39 27.1	34.2	17.60 408	49	1.95	0.50	16 23	0 17.2	8 7
21	8 10 33.12	10.93	20 40 1.3	34.1	17.60 359	18	1.95	0.50	16 19	0 13.1	8 3
22	8 10 22.19	10.92	20 40 35.4	34.0	17.60 341	— 13	1.95	0.50	16 15	0 9.0	7 59
23	8 10 11.27	10.92	20 41 9.4	33.9	17.60 354	45	1.95	0.50	16 11	0 4.9	7 55
24	8 10 0.35	10.91	+20 41 43.3	33.8	17.60 399	76	1.95	0.50	16 7	{0 0.8 / 23 56.7}	7 51
25	8 9 49.44	10.88	20 42 17.1	33.7	17.60 475	107	1.95	0.50	16 3	23 52.6	7 47
26	8 9 38.56	10.87	20 42 50.8	33.6	17.60 582	139	1.95	0.50	15 58	23 48.5	7 43
27	8 9 27.69	10.84	20 43 24.4	33.4	17.60 721	169	1.95	0.50	15 54	23 44.3	7 39
28	8 9 16.85	10.81	20 43 57.8	33.2	17.60 890	201	1.95	0.50	15 50	23 40.2	7 35
29	8 9 6.04	10.78	20 44 31.0	33.0	17.61 091	231	1.95	0.50	15 46	23 36.1	7 31
30	8 8 55.26	10.73	+20 45 4.0	32.7	17.61 322	262	1.95	0.50	15 42	23 32.0	7 27
31	8 8 44.53	10.70	20 45 36.7	32.6	17.61 584	293	1.95	0.50	15 38	23 27.9	7 22
Febr. 1	8 8 33.83	10.65	20 46 9.3	32.4	17.61 877	323	1.95	0.50	15 33	23 23.8	7 18
2	8 8 23.18	10.59	20 46 41.7	32.1	17.62 200	354	1.95	0.50	15 29	23 19.7	7 14
3	8 8 12.59	10.53	20 47 13.8	31.9	17.62 554	385	1.94	0.50	15 25	23 15.6	7 10
4	8 8 2.06	10.47	20 47 45.7	31.6	17.62 939	415	1.94	0.50	15 21	23 11.5	7 6
5	8 7 51.59	10.40	+20 48 17.3	31.3	17.63 354	446	1.94	0.50	15 17	23 7.4	7 2
6	8 7 41.19	10.33	20 48 48.6	31.0	17.63 800	476	1.94	0.50	15 13	23 3.3	6 58
7	8 7 30.86	10.24	20 49 19.6	30.6	17.64 276	506	1.94	0.50	15 8	22 59.2	6 54
8	8 7 20.62	10.17	20 49 50.2	30.4	17.64 782	536	1.94	0.50	15 4	22 55.1	6 50
9	8 7 10.45	10.08	20 50 20.6	30.1	17.65 318	565	1.94	0.50	15 0	22 51.0	6 46
10	8 7 0.37		+20 50 50.7		17.65 883		1.94	0.50	14 56	22 46.9	6 42

Tag	0h Weltzeit Scheinbare Rektaszension	Diff.	Scheinbare Deklination	Diff.	Δ	Diff.	Halbmesser	Hor. Par.	Aufgang	Obere Kulmination	Untergang
									in 0h Länge, +50° Breite		
1956	h m s	s	° ′ ″	″			″	″	h m	h m	h m
Febr. 10	8 7 0.37	9.99	+20 50 50.7	29.7	17.65 883	595	1.94	0.50	14 56	22 46.9	6 42
11	8 6 50.38	9.89	20 51 20.4	29.3	17.66 478	623	1.94	0.50	14 52	22 42.8	6 38
12	8 6 40.49	9.79	20 51 49.7	29.0	17.67 101	652	1.94	0.50	14 48	22 38.7	6 34
13	8 6 30.70	9.68	20 52 18.7	28.5	17.67 753	681	1.94	0.50	14 44	22 34.6	6 30
14	8 6 21.02	9.57	20 52 47.2	28.2	17.68 434	709	1.94	0.50	14 39	22 30.5	6 26
15	8 6 11.45	9.46	20 53 15.4	27.7	17.69 143	737	1.94	0.50	14 35	22 26.4	6 22
16	8 6 1.99	9.34	+20 53 43.1	27.3	17.69 880	765	1.94	0.50	14 31	22 22.3	6 18
17	8 5 52.65	9.22	20 54 10.4	26.9	17.70 645	792	1.94	0.50	14 27	22 18.2	6 14
18	8 5 43.43	9.08	20 54 37.3	26.4	17.71 437	819	1.94	0.50	14 23	22 14.2	6 10
19	8 5 34.35	8.96	20 55 3.7	26.0	17.72 256	846	1.93	0.50	14 19	22 10.1	6 6
20	8 5 25.39	8.82	20 55 29.7	25.5	17.73 102	872	1.93	0.50	14 15	22 6.0	6 2
21	8 5 16.57	8.68	20 55 55.2	25.0	17.73 974	898	1.93	0.50	14 11	22 1.9	5 58
22	8 5 7.89	8.54	+20 56 20.2	24.5	17.74 872	924	1.93	0.50	14 6	21 57.8	5 54
23	8 4 59.35	8.39	20 56 44.7	24.1	17.75 796	949	1.93	0.50	14 2	21 53.8	5 49
24	8 4 50.96	8.24	20 57 8.8	23.5	17.76 745	974	1.93	0.50	13 58	21 49.7	5 45
25	8 4 42.72	8.09	20 57 32.3	23.1	17.77 719	999	1.93	0.50	13 54	21 45.6	5 41
26	8 4 34.63	7.93	20 57 55.4	22.5	17.78 718	1 024	1.93	0.49	13 50	21 41.6	5 37
27	8 4 26.70	7.78	20 58 17.9	22.0	17.79 742	1 047	1.93	0.49	13 46	21 37.5	5 33
28	8 4 18.92	7.61	+20 58 39.9	21.5	17.80 789	1 071	1.92	0.49	13 42	21 33.5	5 29
29	8 4 11.31	7.45	20 59 1.4	20.9	17.81 860	1 094	1.92	0.49	13 38	21 29.4	5 25
März 1	8 4 3.86	7.28	20 59 22.3	20.4	17.82 954	1 117	1.92	0.49	13 34	21 25.3	5 21
2	8 3 56.58	7.11	20 59 42.7	19.9	17.84 071	1 139	1.92	0.49	13 30	21 21.3	5 17
3	8 3 49.47	6.94	21 0 2.6	19.3	17.85 210	1 162	1.92	0.49	13 25	21 17.2	5 13
4	8 3 42.53	6.76	21 0 21.9	18.8	17.86 372	1 183	1.92	0.49	13 21	21 13.2	5 9
5	8 3 35.77	6.58	+21 0 40.7	18.3	17.87 555	1 205	1.92	0.49	13 17	21 9.2	5 5
6	8 3 29.19	6.39	21 0 59.0	17.6	17.88 760	1 225	1.92	0.49	13 13	21 5.1	5 1
7	8 3 22.80	6.21	21 1 16.6	17.1	17.89 985	1 246	1.92	0.49	13 9	21 1.1	4 57
8	8 3 16.59	6.02	21 1 33.7	16.4	17.91 231	1 267	1.91	0.49	13 5	20 57.1	4 53
9	8 3 10.57	5.82	21 1 50.1	15.9	17.92 498	1 285	1.91	0.49	13 1	20 53.0	4 49
10	8 3 4.75	5.63	21 2 6.0	15.2	17.93 783	1 306	1.91	0.49	12 57	20 49.0	4 45
11	8 2 59.12	5.43	+21 2 21.2	14.6	17.95 089	1 324	1.91	0.49	12 53	20 45.0	4 41
12	8 2 53.69	5.23	21 2 35.8	14.0	17.96 413	1 343	1.91	0.49	12 49	20 41.0	4 37
13	8 2 48.46	5.03	21 2 49.8	13.3	17.97 756	1 360	1.91	0.49	12 45	20 36.9	4 33
14	8 2 43.43	4.83	21 3 3.1	12.8	17.99 116	1 378	1.91	0.49	12 41	20 32.9	4 29
15	8 2 38.60	4.62	21 3 15.9	12.1	18.00 494	1 395	1.90	0.49	12 37	20 28.9	4 25
16	8 2 33.98	4.41	21 3 28.0	11.5	18.01 889	1 411	1.90	0.49	12 33	20 24.9	4 21
17	8 2 29.57	4.20	+21 3 39.5	10.9	18.03 300	1 426	1.90	0.49	12 29	20 20.9	4 17
18	8 2 25.37	3.98	21 3 50.4	10.3	18.04 726	1 442	1.90	0.49	12 25	20 16.9	4 13
19	8 2 21.39	3.78	21 4 0.7	9.6	18.06 168	1 457	1.90	0.49	12 21	20 12.9	4 9
20	8 2 17.61	3.56	21 4 10.3	8.9	18.07 625	1 471	1.90	0.49	12 17	20 8.9	4 5
21	8 2 14.05	3.35	21 4 19.2	8.3	18.09 096	1 485	1.89	0.49	12 13	20 5.0	4 1
22	8 2 10.70		+21 4 27.5		18.10 581		1.89	0.49	12 9	20 1.0	3 57

Tag	Scheinbare Rektaszension (0h Weltzeit)	Diff.	Scheinbare Deklination (0h Weltzeit)	Diff.	Δ (0h Weltzeit)	Diff.	Halbmesser	Hor. Par.	Aufgang	Obere Kulmination	Untergang
									in 0h Länge, + 50° Breite		
1956	h m s	s	° ′ ″	″			″	″	h m	h m	h m
März 22	8 2 10.70	3.13	+21 4 27.5	7.7	18.10 581	1 498	1.89	0.49	12 9	20 1.0	3 57
23	8 2 7.57	2.91	21 4 35.2	7.0	18.12 079	1 511	1.89	0.49	12 5	19 57.0	3 53
24	8 2 4.66	2.70	21 4 42.2	6.4	18.13 590	1 524	1.89	0.49	12 1	19 53.0	3 49
25	8 2 1.96	2.47	21 4 48.6	5.8	18.15 114	1 535	1.89	0.48	11 57	19 49.0	3 45
26	8 1 59.49	2.26	21 4 54.4	5.1	18.16 649	1 546	1.89	0.48	11 53	19 45.1	3 41
27	8 1 57.23	2.04	21 4 59.5	4.5	18.18 195	1 558	1.89	0.48	11 49	19 41.1	3 37
28	8 1 55.19	1.81	+21 5 4.0	3.8	18.19 753	1 569	1.88	0.48	11 45	19 37.1	3 33
29	8 1 53.38	1.59	21 5 7.8	3.2	18.21 322	1 578	1.88	0.48	11 41	19 33.2	3 30
30	8 1 51.79	1.37	21 5 11.0	2.5	18.22 900	1 588	1.88	0.48	11 37	19 29.2	3 26
31	8 1 50.42	1.14	21 5 13.5	1.9	18.24 488	1 598	1.88	0.48	11 33	19 25.3	3 22
April 1	8 1 49.28	0.92	21 5 15.4	1.2	18.26 086	1 606	1.88	0.48	11 29	19 21.3	3 18
2	8 1 48.36	0.69	21 5 16.6	0.5	18.27 692	1 614	1.88	0.48	11 25	19 17.4	3 14
3	8 1 47.67	0.47	+21 5 17.1	0.2	18.29 306	1 622	1.87	0.48	11 21	19 13.4	3 10
4	8 1 47.20	0.24	21 5 16.9	0.8	18.30 928	1 629	1.87	0.48	11 17	19 9.5	3 6
5	8 1 46.96	0.01	21 5 16.1	1.4	18.32 557	1 636	1.87	0.48	11 13	19 5.6	3 2
6	8 1 46.95	0.21	21 5 14.7	2.1	18.34 193	1 642	1.87	0.48	11 9	19 1.6	2 58
7	8 1 47.16	0.44	21 5 12.6	2.8	18.35 835	1 647	1.87	0.48	11 5	18 57.7	2 54
8	8 1 47.60	0.67	21 5 9.8	3.4	18.37 482	1 653	1.87	0.48	11 1	18 53.8	2 50
9	8 1 48.27	0.90	+21 5 6.4	4.1	18.39 135	1 658	1.86	0.48	10 58	18 49.9	2 46
10	8 1 49.17	1.12	21 5 2.3	4.8	18.40 793	1 662	1.86	0.48	10 54	18 46.0	2 42
11	8 1 50.29	1.35	21 4 57.5	5.5	18.42 455	1 665	1.86	0.48	10 50	18 42.1	2 38
12	8 1 51.64	1.58	21 4 52.0	6.1	18.44 120	1 669	1.86	0.48	10 46	18 38.1	2 35
13	8 1 53.22	1.81	21 4 45.9	6.8	18.45 789	1 671	1.86	0.48	10 42	18 34.2	2 31
14	8 1 55.03	2.03	21 4 39.1	7.4	18.47 460	1 673	1.86	0.48	10 38	18 30.3	2 27
15	8 1 57.06	2.26	+21 4 31.7	8.0	18.49 133	1 674	1.85	0.48	10 34	18 26.5	2 23
16	8 1 59.32	2.48	21 4 23.7	8.7	18.50 807	1 676	1.85	0.48	10 30	18 22.6	2 19
17	8 2 1.80	2.71	21 4 15.0	9.3	18.52 483	1 676	1.85	0.48	10 26	18 18.7	2 15
18	8 2 4.51	2.94	21 4 5.7	10.0	18.54 159	1 676	1.85	0.47	10 22	18 14.8	2 11
19	8 2 7.45	3.15	21 3 55.7	10.6	18.55 835	1 675	1.85	0.47	10 19	18 10.9	2 7
20	8 2 10.60	3.38	21 3 45.1	11.3	18.57 510	1 675	1.85	0.47	10 15	18 7.0	2 3
21	8 2 13.98	3.59	+21 3 33.8	11.9	18.59 185	1 674	1.84	0.47	10 11	18 3.2	1 59
22	8 2 17.57	3.82	21 3 21.9	12.5	18.60 859	1 671	1.84	0.47	10 7	17 59.3	1 55
23	8 2 21.39	4.02	21 3 9.4	13.1	18.62 530	1 669	1.84	0.47	10 3	17 55.4	1 52
24	8 2 25.41	4.25	21 2 56.3	13.8	18.64 199	1 667	1.84	0.47	9 59	17 51.6	1 48
25	8 2 29.66	4.46	21 2 42.5	14.4	18.65 866	1 663	1.84	0.47	9 55	17 47.7	1 44
26	8 2 34.12	4.68	21 2 28.1	15.0	18.67 529	1 660	1.84	0.47	9 52	17 43.8	1 40
27	8 2 38.80	4.89	+21 2 13.1	15.7	18.69 189	1 655	1.83	0.47	9 48	17 40.0	1 36
28	8 2 43.69	5.11	21 1 57.4	16.3	18.70 844	1 651	1.83	0.47	9 44	17 36.1	1 32
29	8 2 48.80	5.32	21 1 41.1	16.9	18.72 495	1 646	1.83	0.47	9 40	17 32.3	1 28
30	8 2 54.12	5.52	21 1 24.2	17.5	18.74 141	1 640	1.83	0.47	9 36	17 28.5	1 24
Mai 1	8 2 59.64	5.74	21 1 6.7	18.1	18.75 781	1 635	1.83	0.47	9 33	17 24.6	1 21
2	8 3 5.38		+21 0 48.6		18.77 416		1.83	0.47	9 29	17 20.8	1 17

Tag	0h Weltzeit Scheinbare Rektaszension		Scheinbare Deklination		Δ		Halbmesser	Hor. Par.	Aufgang	Obere Kulmination	Untergang
									in 0h Länge, + 50° Breite		
1956	h m s	s	° ′ ″	″			″	″	h m	h m	h m
Mai 2	8 3 5.38	5.94	+21 0 48.6	18.8	18.77 416	1 629	1.83	0.47	9 29	17 20.8	1 17
3	8 3 11.32	6.15	21 0 29.8	19.4	18.79 045	1 623	1.82	0.47	9 25	17 17.0	1 13
4	8 3 17.47	6.35	21 0 10.4	20.0	18.80 668	1 615	1.82	0.47	9 21	17 13.1	1 9
5	8 3 23.82	6.56	20 59 50.4	20.6	18.82 283	1 608	1.82	0.47	9 17	17 9.3	1 5
6	8 3 30.38	6.76	20 59 29.8	21.2	18.83 891	1 600	1.82	0.47	9 14	17 5.5	1 1
7	8 3 37.14	6.96	20 59 8.6	21.7	18.85 491	1 592	1.82	0.47	9 10	17 1.7	0 57
8	8 3 44.10	7.16	+20 58 46.9	22.3	18.87 083	1 582	1.82	0.47	9 6	16 57.8	0 53
9	8 3 51.26	7.36	20 58 24.6	22.9	18.88 665	1 573	1.82	0.47	9 2	16 54.0	0 50
10	8 3 58.62	7.55	20 58 1.7	23.5	18.90 238	1 564	1.81	0.47	8 58	16 50.2	0 46
11	8 4 6.17	7.75	20 57 38.2	24.1	18.91 802	1 553	1.81	0.47	8 55	16 46.4	0 42
12	8 4 13.92	7.94	20 57 14.1	24.6	18.93 355	1 542	1.81	0.46	8 51	16 42.6	0 38
13	8 4 21.86	8.12	20 56 49.5	25.2	18.94 897	1 531	1.81	0.46	8 47	16 38.8	0 34
14	8 4 29.98	8.32	+20 56 24.3	25.8	18.96 428	1 520	1.81	0.46	8 43	16 35.0	0 30
15	8 4 38.30	8.50	20 55 58.5	26.4	18.97 948	1 508	1.81	0.46	8 40	16 31.2	0 27
16	8 4 46.80	8.68	20 55 32.1	26.9	18.99 456	1 495	1.80	0.46	8 36	16 27.5	0 23
17	8 4 55.48	8.87	20 55 5.2	27.4	19.00 951	1 483	1.80	0.46	8 32	16 23.7	0 19
18	8 5 4.35	9.04	20 54 37.8	28.0	19.02 434	1 470	1.80	0.46	8 28	16 19.9	0 15
19	8 5 13.39	9.22	20 54 9.8	28.5	19.03 904	1 456	1.80	0.46	8 25	16 16.1	0 11
20	8 5 22.61	9.39	+20 53 41.3	29.0	19.05 360	1 442	1.80	0.46	8 21	16 12.3	0 7
21	8 5 32.00	9.57	20 53 12.3	29.5	19.06 802	1 428	1.80	0.46	8 17	16 8.6	0 4
22	8 5 41.57	9.73	20 52 42.8	30.1	19.08 230	1 414	1.80	0.46	8 14	16 4.8	{ 0 0 23 56
23	8 5 51.30	9.90	20 52 12.7	30.6	19.09 644	1 400	1.80	0.46	8 10	16 1.0	23 52
24	8 6 1.20	10.07	20 51 42.1	31.2	19.11 044	1 384	1.79	0.46	8 6	15 57.3	23 48
25	8 6 11.27	10.22	20 51 10.9	31.6	19.12 428	1 369	1.79	0.46	8 2	15 53.5	23 45
26	8 6 21.49	10.39	+20 50 39.3	32.2	19.13 797	1 353	1.79	0.46	7 59	15 49.7	23 41
27	8 6 31.88	10.55	20 50 7.1	32.6	19.15 150	1 337	1.79	0.46	7 55	15 46.0	23 37
28	8 6 42.43	10.70	20 49 34.5	33.1	19.16 487	1 321	1.79	0.46	7 51	15 42.2	23 33
29	8 6 53.13	10.85	20 49 1.4	33.6	19.17 808	1 304	1.79	0.46	7 48	15 38.5	23 29
30	8 7 3.98	11.01	20 48 27.8	34.1	19.19 112	1 287	1.79	0.46	7 44	15 34.7	23 26
31	8 7 14.99	11.16	20 47 53.7	34.6	19.20 399	1 270	1.79	0.46	7 40	15 31.0	23 22
Juni 1	8 7 26.15	11.30	+20 47 19.1	35.0	19.21 669	1 252	1.78	0.46	7 37	15 27.2	23 18
2	8 7 37.45	11.45	20 46 44.1	35.5	19.22 921	1 235	1.78	0.46	7 33	15 23.5	23 14
3	8 7 48.90	11.59	20 46 8.6	36.0	19.24 156	1 216	1.78	0.46	7 29	15 19.7	23 10
4	8 8 0.49	11.74	20 45 32.6	36.5	19.25 372	1 198	1.78	0.46	7 25	15 16.0	23 7
5	8 8 12.23	11.87	20 44 56.1	36.9	19.26 570	1 178	1.78	0.46	7 22	15 12.3	23 3
6	8 8 24.10	12.01	20 44 19.2	37.3	19.27 748	1 159	1.78	0.46	7 18	15 8.5	22 59
7	8 8 36.11	12.15	+20 43 41.9	37.8	19.28 907	1 140	1.78	0.46	7 15	15 4.8	22 55
8	8 8 48.26	12.28	20 43 4.1	38.2	19.30 047	1 120	1.78	0.46	7 11	15 1.1	22 51
9	8 9 0.54	12.40	20 42 25.9	38.6	19.31 167	1 099	1.78	0.46	7 7	14 57.3	22 48
10	8 9 12.94	12.52	20 41 47.3	39.1	19.32 266	1 079	1.77	0.46	7 4	14 53.6	22 44
11	8 9 25.46	12.65	20 41 8.2	39.4	19.33 345	1 059	1.77	0.46	7 0	14 49.9	22 40
12	8 9 38.11		+20 40 28.8		19.34 404		1.77	0.45	6 56	14 46.2	22 36

Uranus 1956

Tag	Scheinbare Rektaszension (0h Weltzeit)		Scheinbare Deklination (0h Weltzeit)		Δ (0h Weltzeit)		Halbmesser	Hor. Par.	Aufgang (in 0h Länge, +50° Breite)	Obere Kulmination (in 0h Länge, +50° Breite)	Untergang (in 0h Länge, +50° Breite)
1956	h m s	s	° ′ ″	″			″	″	h m	h m	h m
Juni 12	8 9 38.11	12.77	+20 40 28.8	39.9	19.34 404	1 037	1.77	0.45	6 56	14 46.2	22 36
13	8 9 50.88	12.88	20 39 48.9	40.2	19.35 441	1 016	1.77	0.45	6 53	14 42.5	22 32
14	8 10 3.76	13.00	20 39 8.7	40.7	19.36 457	995	1.77	0.45	6 49	14 38.7	22 29
15	8 10 16.76	13.11	20 38 28.0	41.0	19.37 452	973	1.77	0.45	6 45	14 35.0	22 25
16	8 10 29.87	13.22	20 37 47.0	41.4	19.38 425	951	1.77	0.45	6 42	14 31.3	22 21
17	8 10 43.09	13.32	20 37 5.6	41.8	19.39 376	929	1.77	0.45	6 38	14 27.6	22 17
18	8 10 56.41	13.42	+20 36 23.8	42.1	19.40 305	906	1.77	0.45	6 34	14 23.9	22 13
19	8 11 9.83	13.53	20 35 41.7	42.5	19.41 211	884	1.77	0.45	6 31	14 20.2	22 10
20	8 11 23.36	13.62	20 34 59.2	42.9	19.42 095	862	1.77	0.45	6 27	14 16.5	22 6
21	8 11 36.98	13.72	20 34 16.3	43.2	19.42 957	838	1.76	0.45	6 24	14 12.8	22 2
22	8 11 50.70	13.81	20 33 33.1	43.5	19.43 795	816	1.76	0.45	6 20	14 9.1	21 58
23	8 12 4.51	13.90	20 32 49.6	43.9	19.44 611	793	1.76	0.45	6 16	14 5.4	21 55
24	8 12 18.41	13.99	+20 32 5.7	44.2	19.45 404	770	1.76	0.45	6 13	14 1.7	21 51
25	8 12 32.40	14.06	20 31 21.5	44.4	19.46 174	746	1.76	0.45	6 9	13 58.0	21 47
26	8 12 46.46	14.15	20 30 37.1	44.8	19.46 920	722	1.76	0.45	6 5	13 54.3	21 43
27	8 13 0.61	14.23	20 29 52.3	45.1	19.47 642	699	1.76	0.45	6 2	13 50.6	21 40
28	8 13 14.84	14.31	20 29 7.2	45.4	19.48 341	675	1.76	0.45	5 58	13 46.9	21 36
29	8 13 29.15	14.38	20 28 21.8	45.6	19.49 016	650	1.76	0.45	5 55	13 43.2	21 32
30	8 13 43.53	14.45	+20 27 36.2	46.0	19.49 666	626	1.76	0.45	5 51	13 39.5	21 28
Juli 1	8 13 57.98	14.52	20 26 50.2	46.2	19.50 292	601	1.76	0.45	5 47	13 35.8	21 24
2	8 14 12.50	14.59	20 26 4.0	46.5	19.50 893	577	1.76	0.45	5 44	13 32.1	21 21
3	8 14 27.09	14.64	20 25 17.5	46.7	19.51 470	551	1.76	0.45	5 40	13 28.4	21 17
4	8 14 41.73	14.71	20 24 30.8	47.0	19.52 021	527	1.76	0.45	5 36	13 24.7	21 13
5	8 14 56.44	14.77	20 23 43.8	47.3	19.52 548	501	1.76	0.45	5 33	13 21.0	21 9
6	8 15 11.21	14.83	+20 22 56.5	47.5	19.53 049	476	1.76	0.45	5 29	13 17.4	21 6
7	8 15 26.04	14.87	20 22 9.0	47.7	19.53 525	450	1.75	0.45	5 26	13 13.7	21 2
8	8 15 40.91	14.93	20 21 21.3	47.9	19.53 975	425	1.75	0.45	5 22	13 10.0	20 58
9	8 15 55.84	14.97	20 20 33.4	48.1	19.54 400	399	1.75	0.45	5 18	13 6.3	20 54
10	8 16 10.81	15.02	20 19 45.3	48.3	19.54 799	373	1.75	0.45	5 15	13 2.6	20 50
11	8 16 25.83	15.05	20 18 57.0	48.5	19.55 172	347	1.75	0.45	5 11	12 58.9	20 47
12	8 16 40.88	15.09	+20 18 8.5	48.7	19.55 519	320	1.75	0.45	5 8	12 55.2	20 43
13	8 16 55.97	15.13	20 17 19.8	48.8	19.55 839	295	1.75	0.45	5 4	12 51.6	20 39
14	8 17 11.10	15.15	20 16 31.0	49.0	19.56 134	269	1.75	0.45	5 0	12 47.9	20 35
15	8 17 26.25	15.18	20 15 42.0	49.1	19.56 403	242	1.75	0.45	4 57	12 44.2	20 32
16	8 17 41.43	15.20	20 14 52.9	49.3	19.56 645	217	1.75	0.45	4 53	12 40.5	20 28
17	8 17 56.63	15.23	20 14 3.6	49.4	19.56 862	190	1.75	0.45	4 50	12 36.8	20 24
18	8 18 11.86	15.25	+20 13 14.2	49.5	19.57 052	164	1.75	0.45	4 46	12 33.2	20 20
19	8 18 27.11	15.26	20 12 24.7	49.7	19.57 216	137	1.75	0.45	4 43	12 29.5	20 17
20	8 18 42.37	15.27	20 11 35.0	49.7	19.57 353	111	1.75	0.45	4 39	12 25.8	20 13
21	8 18 57.64	15.29	20 10 45.3	49.9	19.57 464	85	1.75	0.45	4 35	12 22.1	20 9
22	8 19 12.93	15.30	20 9 55.4	49.9	19.57 549	59	1.75	0.45	4 32	12 18.4	20 5
23	8 19 28.23		+20 9 5.5		19.57 608		1.75	0.45	4 28	12 14.8	20 2

Tag	0h Weltzeit Scheinbare Rektaszension		Scheinbare Deklination		Δ		Halbmesser	Hor. Par.	Aufgang	Obere Kulmination	Untergang
									in 0h Länge, +50° Breite		
1956	h m s	s	° ′ ″	″			″	″	h m	h m	h m
Juli 23	8 19 28.23		+20 9 5.5		19.57 608		1.75	0.45	4 28	12 14.8	20 2
24	8 19 43.53	15.30	20 8 15.4	50.1	19.57 641	33	1.75	0.45	4 25	12 11.1	19 58
25	8 19 58.83	15.30	20 7 25.4	50.0	19.57 648	7	1.75	0.45	4 21	12 7.4	19 54
26	8 20 14.14	15.31	20 6 35.2	50.2	19.57 628	20	1.75	0.45	4 17	12 3.7	19 50
27	8 20 29.44	15.30	20 5 45.0	50.2	19.57 582	46	1.75	0.45	4 14	12 0.1	19 46
28	8 20 44.74	15.30	20 4 54.7	50.3	19.57 509	73	1.75	0.45	4 10	11 56.4	19 43
29	8 21 0.03	15.29	+20 4 4.4	50.3	19.57 410	99	1.75	0.45	4 7	11 52.7	19 39
30	8 21 15.31	15.28	20 3 14.1	50.3	19.57 284	126	1.75	0.45	4 3	11 49.0	19 35
31	8 21 30.58	15.27	20 2 23.7	50.4	19.57 131	153	1.75	0.45	3 59	11 45.3	19 31
Aug. 1	8 21 45.83	15.25	20 1 33.3	50.4	19.56 952	179	1.75	0.45	3 56	11 41.7	19 28
2	8 22 1.07	15.24	20 0 43.0	50.3	19.56 746	206	1.75	0.45	3 52	11 38.0	19 24
3	8 22 16.28	15.21	19 59 52.6	50.4	19.56 513	233	1.75	0.45	3 49	11 34.3	19 20
4	8 22 31.47	15.19	+19 59 2.3	50.3	19.56 254	259	1.75	0.45	3 45	11 30.6	19 16
5	8 22 46.63	15.16	19 58 12.0	50.3	19.55 970	284	1.75	0.45	3 41	11 26.9	19 13
6	8 23 1.75	15.12	19 57 21.8	50.2	19.55 659	311	1.75	0.45	3 38	11 23.3	19 9
7	8 23 16.85	15.10	19 56 31.6	50.2	19.55 321	338	1.75	0.45	3 34	11 19.6	19 5
8	8 23 31.91	15.06	19 55 41.5	50.1	19.54 957	364	1.75	0.45	3 31	11 15.9	19 1
9	8 23 46.93	15.02	19 54 51.4	50.1	19.54 567	390	1.75	0.45	3 27	11 12.2	18 57
10	8 24 1.90	14.97	+19 54 1.5	49.9	19.54 150	417	1.75	0.45	3 23	11 8.5	18 54
11	8 24 16.83	14.93	19 53 11.6	49.9	19.53 708	442	1.75	0.45	3 20	11 4.8	18 50
12	8 24 31.71	14.88	19 52 21.8	49.8	19.53 239	469	1.76	0.45	3 16	11 1.2	18 46
13	8 24 46.53	14.82	19 51 32.2	49.6	19.52 745	494	1.76	0.45	3 13	10 57.5	18 42
14	8 25 1.30	14.77	19 50 42.7	49.5	19.52 225	520	1.76	0.45	3 9	10 53.8	18 39
15	8 25 16.02	14.72	19 49 53.4	49.3	19.51 680	545	1.76	0.45	3 5	10 50.1	18 35
16	8 25 30.68	14.66	+19 49 4.2	49.2	19.51 110	570	1.76	0.45	3 2	10 46.4	18 31
17	8 25 45.27	14.59	19 48 15.2	49.0	19.50 515	595	1.76	0.45	2 58	10 42.7	18 27
18	8 25 59.80	14.53	19 47 26.4	48.8	19.49 894	621	1.76	0.45	2 55	10 39.0	18 24
19	8 26 14.26	14.46	19 46 37.7	48.7	19.49 249	645	1.76	0.45	2 51	10 35.3	18 20
20	8 26 28.65	14.39	19 45 49.2	48.5	19.48 578	671	1.76	0.45	2 47	10 31.6	18 16
21	8 26 42.96	14.31	19 45 0.9	48.3	19.47 883	695	1.76	0.45	2 44	10 27.9	18 12
22	8 26 57.20	14.24	+19 44 12.8	48.1	19.47 164	719	1.76	0.45	2 40	10 24.2	18 8
23	8 27 11.36	14.16	19 43 24.9	47.9	19.46 420	744	1.76	0.45	2 36	10 20.5	18 5
24	8 27 25.44	14.08	19 42 37.3	47.6	19.45 652	768	1.76	0.45	2 33	10 16.8	18 1
25	8 27 39.44	14.00	19 41 49.9	47.4	19.44 861	791	1.76	0.45	2 29	10 13.1	17 57
26	8 27 53.35	13.91	19 41 2.8	47.1	19.44 045	816	1.76	0.45	2 26	10 9.4	17 53
27	8 28 7.17	13.82	19 40 15.9	46.9	19.43 206	839	1.76	0.45	2 22	10 5.7	17 50
28	8 28 20.90	13.73	+19 39 29.3	46.6	19.42 343	863	1.76	0.45	2 18	10 2.0	17 46
29	8 28 34.54	13.64	19 38 43.0	46.3	19.41 456	887	1.77	0.45	2 15	9 58.3	17 42
30	8 28 48.08	13.54	19 37 56.9	46.1	19.40 546	910	1.77	0.45	2 11	9 54.6	17 38
31	8 29 1.52	13.44	19 37 11.2	45.7	19.39 613	933	1.77	0.45	2 7	9 50.9	17 34
Sept. 1	8 29 14.86	13.34	19 36 25.8	45.4	19.38 657	956	1.77	0.45	2 4	9 47.2	17 31
2	8 29 28.09	13.23	+19 35 40.8	45.0	19.37 679	978	1.77	0.45	2 0	9 43.5	17 27

Tag	0h Weltzeit: Scheinbare Rektaszension		0h Weltzeit: Scheinbare Deklination		0h Weltzeit: Δ		Halb-messer	Hor. Par.	Auf-gang	Obere Kul-mination	Unter-gang
									in 0h Länge, +50° Breite		
1956	h m s	s	° ′ ″	″			″	″	h m	h m	h m
Sept. 2	8 29 28.09	13.12	+19 35 40.8	44.7	19.37 679	1 001	1.77	0.45	2 0	9 43.5	17 27
3	8 29 41.21	13.01	19 34 56.1	44.4	19.36 678	1 023	1.77	0.45	1 57	9 39.8	17 23
4	8 29 54.22	12.90	19 34 11.7	44.0	19.35 655	1 045	1.77	0.45	1 53	9 36.1	17 19
5	8 30 7.12	12.77	19 33 27.7	43.6	19.34 610	1 067	1.77	0.45	1 49	9 32.3	17 16
6	8 30 19.89	12.66	19 32 44.1	43.3	19.33 543	1 088	1.77	0.46	1 46	9 28.6	17 12
7	8 30 32.55	12.54	19 32 0.8	42.8	19.32 455	1 110	1.77	0.46	1 42	9 24.9	17 8
8	8 30 45.09	12.41	+19 31 18.0	42.5	19.31 345	1 131	1.77	0.46	1 38	9 21.2	17 4
9	8 30 57.50	12.29	19 30 35.5	42.0	19.30 214	1 151	1.78	0.46	1 35	9 17.4	17 0
10	8 31 9.79	12.15	19 29 53.5	41.6	19.29 063	1 172	1.78	0.46	1 31	9 13.7	16 57
11	8 31 21.94	12.02	19 29 11.9	41.1	19.27 891	1 192	1.78	0.46	1 27	9 10.0	16 53
12	8 31 33.96	11.89	19 28 30.8	40.7	19.26 699	1 212	1.78	0.46	1 24	9 6.3	16 49
13	8 31 45.85	11.74	19 27 50.1	40.2	19.25 487	1 231	1.78	0.46	1 20	9 2.5	16 45
14	8 31 57.59	11.61	+19 27 9.9	39.7	19.24 256	1 251	1.78	0.46	1 16	8 58.8	16 41
15	8 32 9.20	11.46	19 26 30.2	39.2	19.23 005	1 269	1.78	0.46	1 13	8 55.0	16 38
16	8 32 20.66	11.32	19 25 51.0	38.8	19.21 736	1 287	1.78	0.46	1 9	8 51.3	16 34
17	8 32 31.98	11.17	19 25 12.2	38.3	19.20 449	1 305	1.78	0.46	1 5	8 47.6	16 30
18	8 32 43.15	11.02	19 24 33.9	37.7	19.19 144	1 323	1.79	0.46	1 2	8 43.8	16 26
19	8 32 54.17	10.87	19 23 56.2	37.3	19.17 821	1 341	1.79	0.46	0 58	8 40.1	16 22
20	8 33 5.04	10.72	+19 23 18.9	36.7	19.16 480	1 358	1.79	0.46	0 54	8 36.3	16 18
21	8 33 15.76	10.56	19 22 42.2	36.1	19.15 122	1 375	1.79	0.46	0 51	8 32.5	16 15
22	8 33 26.32	10.40	19 22 6.1	35.6	19.13 747	1 391	1.79	0.46	0 47	8 28.8	16 11
23	8 33 36.72	10.25	19 21 30.5	35.1	19.12 356	1 408	1.79	0.46	0 43	8 25.0	16 7
24	8 33 46.97	10.08	19 20 55.4	34.5	19.10 948	1 424	1.79	0.46	0 39	8 21.3	16 3
25	8 33 57.05	9.92	19 20 20.9	33.9	19.09 524	1 440	1.80	0.46	0 36	8 17.5	15 59
26	8 34 6.97	9.75	+19 19 47.0	33.4	19.08 084	1 455	1.80	0.46	0 32	8 13.7	15 56
27	8 34 16.72	9.58	19 19 13.6	32.7	19.06 629	1 470	1.80	0.46	0 28	8 10.0	15 52
28	8 34 26.30	9.41	19 18 40.9	32.2	19.05 159	1 485	1.80	0.46	0 25	8 6.2	15 48
29	8 34 35.71	9.23	19 18 8.7	31.5	19.03 674	1 499	1.80	0.46	0 21	8 2.4	15 44
30	8 34 44.94	9.05	19 17 37.2	30.9	19.02 175	1 513	1.80	0.46	0 17	7 58.6	15 40
Okt. 1	8 34 53.99	8.88	19 17 6.3	30.2	19.00 662	1 527	1.80	0.46	0 13	7 54.8	15 36
2	8 35 2.87	8.70	+19 16 36.1	29.6	18.99 135	1 540	1.81	0.46	0 10	7 51.1	15 33
3	8 35 11.57	8.51	19 16 6.5	28.8	18.97 595	1 552	1.81	0.46	0 6	7 47.3	15 29
4	8 35 20.08	8.33	19 15 37.7	28.2	18.96 043	1 565	1.81	0.46	{0 2 / 23 58}	7 43.5	15 25
5	8 35 28.41	8.14	19 15 9.5	27.6	18.94 478	1 577	1.81	0.46	23 55	7 39.7	15 21
6	8 35 36.55	7.95	19 14 41.9	26.9	18.92 901	1 588	1.81	0.46	23 51	7 35.9	15 17
7	8 35 44.50	7.75	19 14 15.0	26.2	18.91 313	1 599	1.81	0.47	23 47	7 32.1	15 13
8	8 35 52.25	7.56	+19 13 48.8	25.5	18.89 714	1 609	1.81	0.47	23 43	7 28.3	15 10
9	8 35 59.81	7.36	19 13 23.3	24.8	18.88 105	1 620	1.82	0.47	23 40	7 24.5	15 6
10	8 36 7.17	7.17	19 12 58.5	24.1	18.86 485	1 629	1.82	0.47	23 36	7 20.7	15 2
11	8 36 14.34	6.97	19 12 34.4	23.3	18.84 856	1 638	1.82	0.47	23 32	7 16.9	14 58
12	8 36 21.31	6.77	19 12 11.1	22.6	18.83 218	1 646	1.82	0.47	23 28	7 13.0	14 54
13	8 36 28.08		+19 11 48.5		18.81 572		1.82	0.47	23 24	7 9.2	14 50

Tag	0h Weltzeit								Aufgang	Obere Kulmination	Untergang
	Scheinbare Rektaszension		Scheinbare Deklination		Δ		Halbmesser	Hor. Par.	in 0h Länge, + 50° Breite		
1956	h m s	s	° ′ ″	″			″	″	h m	h m	h m
Okt. 13	8 36 28.08	6.57	+19 11 48.5	21.9	18.81 572	1 655	1.82	0.47	23 24	7 9.2	14 50
14	8 36 34.65	6.37	19 11 26.6	21.1	18.79 917	1 662	1.82	0.47	23 21	7 5.4	14 46
15	8 36 41.02	6.16	19 11 5.5	20.4	18.78 255	1 670	1.83	0.47	23 17	7 1.6	14 43
16	8 36 47.18	5.95	19 10 45.1	19.6	18.76 585	1 676	1.83	0.47	23 13	6 57.7	14 39
17	8 36 53.13	5.75	19 10 25.5	18.8	18.74 909	1 683	1.83	0.47	23 9	6 53.9	14 35
18	8 36 58.88	5.54	19 10 6.7	18.1	18.73 226	1 689	1.83	0.47	23 6	6 50.1	14 31
19	8 37 4.42	5.33	+19 9 48.6	17.3	18.71 537	1 695	1.83	0.47	23 2	6 46.2	14 27
20	8 37 9.75	5.11	19 9 31.3	16.5	18.69 842	1 699	1.83	0.47	22 58	6 42.4	14 23
21	8 37 14.86	4.91	19 9 14.8	15.8	18.68 143	1 705	1.83	0.47	22 54	6 38.5	14 19
22	8 37 19.77	4.69	19 8 59.0	15.0	18.66 438	1 708	1.84	0.47	22 50	6 34.7	14 15
23	8 37 24.46	4.48	19 8 44.0	14.1	18.64 730	1 712	1.84	0.47	22 46	6 30.8	14 11
24	8 37 28.94	4.26	19 8 29.9	13.4	18.63 018	1 715	1.84	0.47	22 43	6 27.0	14 8
25	8 37 33.20	4.05	+19 8 16.5	12.6	18.61 303	1 718	1.84	0.47	22 39	6 23.1	14 4
26	8 37 37.25	3.83	19 8 3.9	11.8	18.59 585	1 721	1.84	0.47	22 35	6 19.2	14 0
27	8 37 41.08	3.61	19 7 52.1	10.9	18.57 864	1 722	1.85	0.47	22 31	6 15.4	13 56
28	8 37 44.69	3.38	19 7 41.2	10.2	18.56 142	1 723	1.85	0.47	22 27	6 11.5	13 52
29	8 37 48.07	3.17	19 7 31.0	9.3	18.54 419	1 725	1.85	0.47	22 23	6 7.6	13 48
30	8 37 51.24	2.94	19 7 21.7	8.5	18.52 694	1 726	1.85	0.47	22 19	6 3.7	13 44
31	8 37 54.18	2.72	+19 7 13.2	7.6	18.50 968	1 724	1.85	0.48	22 16	5 59.9	13 40
Nov. 1	8 37 56.90	2.49	19 7 5.6	6.8	18.49 244	1 725	1.85	0.48	22 12	5 56.0	13 36
2	8 37 59.39	2.27	19 6 58.8	5.9	18.47 519	1 723	1.86	0.48	22 8	5 52.1	13 33
3	8 38 1.66	2.04	19 6 52.9	5.1	18.45 796	1 721	1.86	0.48	22 4	5 48.2	13 29
4	8 38 3.70	1.81	19 6 47.8	4.2	18.44 075	1 719	1.86	0.48	22 0	5 44.3	13 25
5	8 38 5.51	1.59	19 6 43.6	3.4	18.42 356	1 716	1.86	0.48	21 56	5 40.4	13 21
6	8 38 7.10	1.36	+19 6 40.2	2.6	18.40 640	1 712	1.86	0.48	21 52	5 36.5	13 17
7	8 38 8.46	1.13	19 6 37.6	1.8	18.38 928	1 708	1.86	0.48	21 48	5 32.6	13 13
8	8 38 9.59	0.91	19 6 35.8	0.9	18.37 220	1 703	1.87	0.48	21 44	5 28.6	13 9
9	8 38 10.50	0.68	19 6 34.9	0.0	18.35 517	1 698	1.87	0.48	21 41	5 24.7	13 5
10	8 38 11.18	0.45	19 6 34.9	0.7	18.33 819	1 693	1.87	0.48	21 37	5 20.8	13 1
11	8 38 11.63	0.23	19 6 35.6	1.6	18.32 126	1 687	1.87	0.48	21 33	5 16.9	12 57
12	8 38 11.86	0.00	+19 6 37.2	2.4	18.30 439	1 680	1.87	0.48	21 29	5 12.9	12 53
13	8 38 11.86	0.23	19 6 39.6	3.2	18.28 759	1 672	1.87	0.48	21 25	5 9.0	12 49
14	8 38 11.63	0.45	19 6 42.8	4.1	18.27 087	1 666	1.88	0.48	21 21	5 5.1	12 45
15	8 38 11.18	0.68	19 6 46.9	4.9	18.25 421	1 657	1.88	0.48	21 17	5 1.1	12 42
16	8 38 10.50	0.90	19 6 51.8	5.7	18.23 764	1 649	1.88	0.48	21 13	4 57.2	12 38
17	8 38 9.60	1.12	19 6 57.5	6.5	18.22 115	1 639	1.88	0.48	21 9	4 53.2	12 34
18	8 38 8.48	1.35	+19 7 4.0	7.4	18.20 476	1 630	1.88	0.48	21 5	4 49.3	12 30
19	8 38 7.13	1.57	19 7 11.4	8.2	18.18 846	1 620	1.88	0.48	21 1	4 45.3	12 26
20	8 38 5.56	1.80	19 7 19.6	9.1	18.17 226	1 609	1.89	0.48	20 57	4 41.4	12 22
21	8 38 3.76	2.01	19 7 28.7	9.8	18.15 617	1 597	1.89	0.48	20 53	4 37.4	12 18
22	8 38 1.75	2.24	19 7 38.5	10.7	18.14 020	1 587	1.89	0.49	20 49	4 33.5	12 14
23	8 37 59.51		+19 7 49.2		18.12 433		1.89	0.49	20 45	4 29.5	12 10

Uranus 1956

Tag	0h Weltzeit: Scheinbare Rektaszension		Scheinbare Deklination		Δ		Halbmesser	Hor. Par.	Aufgang (in 0h Länge, + 50° Breite)	Obere Kulmination (in 0h Länge, + 50° Breite)	Untergang (in 0h Länge, + 50° Breite)
1956	h m s	s	° ′ ″	″			″	″	h m	h m	h m
Nov. 23	8 37 59.51	2.46	+19 7 49.2	11.4	18.12 433	1 575	1.89	0.49	20 45	4 29.5	12 10
24	8 37 57.05	2.67	19 8 0.6	12.3	18.10 858	1 561	1.89	0.49	20 41	4 25.5	12 6
25	8 37 54.38	2.89	19 8 12.9	13.0	18.09 297	1 549	1.89	0.49	20 37	4 21.5	12 2
26	8 37 51.49	3.11	19 8 25.9	13.8	18.07 748	1 535	1.90	0.49	20 33	4 17.6	11 58
27	8 37 48.38	3.33	19 8 39.7	14.6	18.06 213	1 521	1.90	0.49	20 29	4 13.6	11 54
28	8 37 45.05	3.54	19 8 54.3	15.5	18.04 692	1 507	1.90	0.49	20 25	4 9.6	11 50
29	8 37 41.51	3.76	+19 9 9.8	16.2	18.03 185	1 491	1.90	0.49	20 21	4 5.6	11 46
30	8 37 37.75	3.97	19 9 26.0	16.9	18.01 694	1 476	1.90	0.49	20 17	4 1.6	11 42
Dez. 1	8 37 33.78	4.18	19 9 42.9	17.7	18.00 218	1 460	1.90	0.49	20 13	3 57.6	11 38
2	8 37 29.60	4.39	19 10 0.6	18.4	17.98 758	1 442	1.91	0.49	20 9	3 53.6	11 34
3	8 37 25.21	4.59	19 10 19.0	19.1	17.97 316	1 426	1.91	0.49	20 5	3 49.6	11 30
4	8 37 20.62	4.80	19 10 38.1	19.9	17.95 890	1 408	1.91	0.49	20 1	3 45.6	11 26
5	8 37 15.82	5.00	+19 10 58.0	20.7	17.94 482	1 390	1.91	0.49	19 57	3 41.6	11 22
6	8 37 10.82	5.20	19 11 18.7	21.3	17.93 092	1 371	1.91	0.49	19 53	3 37.6	11 19
7	8 37 5.62	5.40	19 11 40.0	22.1	17.91 721	1 352	1.91	0.49	19 49	3 33.5	11 15
8	8 37 0.22	5.60	19 12 2.1	22.7	17.90 369	1 333	1.91	0.49	19 45	3 29.5	11 11
9	8 36 54.62	5.79	19 12 24.8	23.4	17.89 036	1 312	1.92	0.49	19 41	3 25.5	11 7
10	8 36 48.83	5.98	19 12 48.2	24.1	17.87 724	1 291	1.92	0.49	19 37	3 21.5	11 3
11	8 36 42.85	6.17	+19 13 12.3	24.7	17.86 433	1 271	1.92	0.49	19 32	3 17.4	10 59
12	8 36 36.68	6.35	19 13 37.0	25.3	17.85 162	1 249	1.92	0.49	19 28	3 13.4	10 55
13	8 36 30.33	6.53	19 14 2.3	26.0	17.83 913	1 228	1.92	0.49	19 24	3 9.4	10 51
14	8 36 23.80	6.71	19 14 28.3	26.6	17.82 685	1 206	1.92	0.49	19 20	3 5.3	10 47
15	8 36 17.09	6.89	19 14 54.9	27.1	17.81 479	1 183	1.92	0.49	19 16	3 1.3	10 43
16	8 36 10.20	7.06	19 15 22.0	27.8	17.80 296	1 161	1.93	0.49	19 12	2 57.2	10 39
17	8 36 3.14	7.23	+19 15 49.8	28.4	17.79 135	1 137	1.93	0.49	19 8	2 53.2	10 35
18	8 35 55.91	7.39	19 16 18.2	28.9	17.77 998	1 114	1.93	0.49	19 4	2 49.1	10 31
19	8 35 48.52	7.56	19 16 47.1	29.4	17.76 884	1 089	1.93	0.50	19 0	2 45.1	10 27
20	8 35 40.96	7.72	19 17 16.5	30.0	17.75 795	1 066	1.93	0.50	18 56	2 41.0	10 23
21	8 35 33.24	7.88	19 17 46.5	30.5	17.74 729	1 041	1.93	0.50	18 51	2 37.0	10 19
22	8 35 25.36	8.03	19 18 17.0	31.0	17.73 688	1 015	1.93	0.50	18 47	2 32.9	10 15
23	8 35 17.33	8.19	+19 18 48.0	31.4	17.72 673	990	1.93	0.50	18 43	2 28.8	10 11
24	8 35 9.14	8.33	19 19 19.4	32.0	17.71 683	965	1.93	0.50	18 39	2 24.8	10 7
25	8 35 0.81	8.48	19 19 51.4	32.5	17.70 718	939	1.94	0.50	18 35	2 20.7	10 2
26	8 34 52.33	8.62	19 20 23.9	33.0	17.69 779	912	1.94	0.50	18 31	2 16.6	9 58
27	8 34 43.71	8.76	19 20 56.9	33.4	17.68 867	885	1.94	0.50	18 27	2 12.5	9 54
28	8 34 34.95	8.89	19 21 30.3	33.8	17.67 982	858	1.94	0.50	18 22	2 8.5	9 50
29	8 34 26.06	9.02	+19 22 4.1	34.3	17.67 124	831	1.94	0.50	18 18	2 4.4	9 46
30	8 34 17.04	9.15	19 22 38.4	34.6	17.66 293	802	1.94	0.50	18 14	2 0.3	9 42
31	8 34 7.89	9.26	19 23 13.0	35.0	17.65 491	775	1.94	0.50	18 10	1 56.2	9 38
32	8 33 58.63		+19 23 48.0		17.64 716		1.94	0.50	18 6	1 52.1	9 34

Neptun 1956

Tag	0h Weltzeit: Scheinbare Rektaszension		Scheinbare Deklination		Δ		Halbmesser	Hor. Par.	Aufgang	Obere Kulmination	Untergang
									in 0h Länge, +50° Breite		
1956	h m s	s	° ′ ″	″			″	″	h m	h m	h m
Jan. 0	13 54 33.62	4.12	−9 55 2.9	19.1	30.67 010	1 620	1.19	0.29	2 4	7 18.8	12 33
1	13 54 37.74	4.00	9 55 22.0	18.4	30.65 390	1 631	1.19	0.29	2 0	7 14.9	12 30
2	13 54 41.74	3.89	9 55 40.4	17.8	30.63 759	1 640	1.19	0.29	1 57	7 11.1	12 26
3	13 54 45.63	3.77	9 55 58.2	17.1	30.62 119	1 651	1.19	0.29	1 53	7 7.2	12 22
4	13 54 49.40	3.65	9 56 15.3	16.4	30.60 468	1 660	1.19	0.29	1 49	7 3.3	12 18
5	13 54 53.05	3.53	9 56 31.7	15.7	30.58 808	1 669	1.20	0.29	1 45	6 59.4	12 14
6	13 54 56.58	3.41	−9 56 47.4	14.9	30.57 139	1 677	1.20	0.29	1 41	6 55.6	12 10
7	13 54 59.99	3.29	9 57 2.3	14.3	30.55 462	1 685	1.20	0.29	1 37	6 51.7	12 6
8	13 55 3.28	3.16	9 57 16.6	13.5	30.53 777	1 692	1.20	0.29	1 33	6 47.8	12 2
9	13 55 6.44	3.04	9 57 30.1	12.9	30.52 085	1 698	1.20	0.29	1 30	6 43.9	11 58
10	13 55 9.48	2.91	9 57 43.0	12.1	30.50 387	1 705	1.20	0.29	1 26	6 40.1	11 55
11	13 55 12.39	2.78	9 57 55.1	11.4	30.48 682	1 710	1.20	0.29	1 22	6 36.2	11 51
12	13 55 15.17	2.66	−9 58 6.5	10.7	30.46 972	1 715	1.20	0.29	1 18	6 32.3	11 47
13	13 55 17.83	2.53	9 58 17.2	10.0	30.45 257	1 719	1.20	0.29	1 14	6 28.4	11 43
14	13 55 20.36	2.40	9 58 27.2	9.3	30.43 538	1 723	1.20	0.29	1 10	6 24.5	11 39
15	13 55 22.76	2.27	9 58 36.5	8.6	30.41 815	1 727	1.20	0.29	1 6	6 20.6	11 35
16	13 55 25.03	2.15	9 58 45.1	7.8	30.40 088	1 730	1.20	0.29	1 2	6 16.7	11 31
17	13 55 27.18	2.01	9 58 52.9	7.2	30.38 358	1 731	1.20	0.29	0 59	6 12.8	11 27
18	13 55 29.19	1.89	−9 59 0.1	6.4	30.36 627	1 734	1.20	0.29	0 55	6 8.9	11 23
19	13 55 31.08	1.76	9 59 6.5	5.7	30.34 893	1 735	1.20	0.29	0 51	6 5.0	11 19
20	13 55 32.84	1.63	9 59 12.2	5.0	30.33 158	1 736	1.21	0.29	0 47	6 1.1	11 15
21	13 55 34.47	1.49	9 59 17.2	4.3	30.31 422	1 736	1.21	0.29	0 43	5 57.2	11 12
22	13 55 35.96	1.37	9 59 21.5	3.6	30.29 686	1 735	1.21	0.29	0 39	5 53.3	11 8
23	13 55 37.33	1.23	9 59 25.1	2.8	30.27 951	1 735	1.21	0.29	0 35	5 49.4	11 4
24	13 55 38.56	1.11	−9 59 27.9	2.1	30.26 216	1 733	1.21	0.29	0 31	5 45.5	11 0
25	13 55 39.67	0.97	9 59 30.0	1.4	30.24 483	1 730	1.21	0.29	0 27	5 41.6	10 56
26	13 55 40.64	0.85	9 59 31.4	0.7	30.22 753	1 727	1.21	0.29	0 23	5 37.7	10 52
27	13 55 41.49	0.71	9 59 32.1	0.1	30.21 026	1 725	1.21	0.29	0 20	5 33.7	10 48
28	13 55 42.20	0.58	9 59 32.0	0.8	30.19 301	1 722	1.21	0.29	0 16	5 29.8	10 44
29	13 55 42.78	0.46	9 59 31.2	1.4	30.17 579	1 717	1.21	0.29	0 12	5 25.9	10 40
30	13 55 43.24	0.32	−9 59 29.8	2.2	30.15 862	1 713	1.21	0.29	0 8	5 22.0	10 36
31	13 55 43.56	0.19	9 59 27.6	2.9	30.14 149	1 709	1.21	0.29	0 4	5 18.0	10 32
Febr. 1	13 55 43.75	0.07	9 59 24.7	3.6	30.12 440	1 703	1.21	0.29	{0 0 / 23 56}	5 14.1	10 28
2	13 55 43.82	0.07	9 59 21.1	4.3	30.10 737	1 697	1.21	0.29	23 52	5 10.2	10 24
3	13 55 43.75	0.19	9 59 16.8	5.0	30.09 040	1 690	1.22	0.29	23 48	5 6.3	10 21
4	13 55 43.56	0.33	9 59 11.8	5.7	30.07 350	1 683	1.22	0.29	23 44	5 2.3	10 17
5	13 55 43.23	0.46	−9 59 6.1	6.4	30.05 667	1 676	1.22	0.29	23 40	4 58.4	10 13
6	13 55 42.77	0.59	9 58 59.7	7.1	30.03 991	1 667	1.22	0.29	23 36	4 54.4	10 9
7	13 55 42.18	0.71	9 58 52.6	7.7	30.02 324	1 658	1.22	0.29	23 32	4 50.5	10 5
8	13 55 41.47	0.85	9 58 44.9	8.5	30.00 666	1 650	1.22	0.29	23 28	4 46.5	10 1
9	13 55 40.62	0.97	9 58 36.4	9.2	29.99 016	1 640	1.22	0.29	23 24	4 42.6	9 57
10	13 55 39.65		−9 58 27.2		29.97 376		1.22	0.29	23 20	4 38.7	9 53

Tag	0h Weltzeit: Scheinbare Rektaszension		Scheinbare Deklination		Δ		Halb-messer	Hor. Par.	Auf-gang	Obere Kul-mination	Unter-gang
									in 0h Länge, +50° Breite		
1956	h m s	s	° ′ ″	″			″	″	h m	h m	h m
Febr. 10	13 55 39.65	1.10	−9 58 27.2	9.8	29.97 376	1 630	1.22	0.29	23 20	4 38.7	9 53
11	13 55 38.55	1.22	9 58 17.4	10.6	29.95 746	1 618	1.22	0.29	23 16	4 34.7	9 49
12	13 55 37.33	1.35	9 58 6.8	11.2	29.94 128	1 608	1.22	0.29	23 12	4 30.8	9 45
13	13 55 35.98	1.47	9 57 55.6	11.9	29.92 520	1 596	1.22	0.29	23 9	4 26.8	9 41
14	13 55 34.51	1.60	9 57 43.7	12.5	29.90 924	1 582	1.22	0.29	23 5	4 22.8	9 37
15	13 55 32.91	1.72	9 57 31.2	13.2	29.89 342	1 570	1.22	0.29	23 1	4 18.9	9 33
16	13 55 31.19	1.85	−9 57 18.0	13.8	29.87 772	1 557	1.22	0.29	22 57	4 14.9	9 29
17	13 55 29.34	1.97	9 57 4.2	14.5	29.86 215	1 543	1.22	0.29	22 53	4 11.0	9 25
18	13 55 27.37	2.09	9 56 49.7	15.1	29.84 672	1 528	1.22	0.29	22 49	4 7.0	9 22
19	13 55 25.28	2.20	9 56 34.6	15.7	29.83 144	1 513	1.23	0.29	22 45	4 3.0	9 18
20	13 55 23.08	2.33	9 56 18.9	16.3	29.81 631	1 499	1.23	0.30	22 41	3 59.1	9 14
21	13 55 20.75	2.44	9 56 2.6	17.0	29.80 132	1 483	1.23	0.30	22 37	3 55.1	9 10
22	13 55 18.31	2.56	−9 55 45.6	17.5	29.78 649	1 466	1.23	0.30	22 33	3 51.1	9 6
23	13 55 15.75	2.67	9 55 28.1	18.2	29.77 183	1 449	1.23	0.30	22 29	3 47.1	9 2
24	13 55 13.08	2.78	9 55 9.9	18.7	29.75 734	1 433	1.23	0.30	22 25	3 43.2	8 58
25	13 55 10.30	2.90	9 54 51.2	19.3	29.74 301	1 415	1.23	0.30	22 21	3 39.2	8 54
26	13 55 7.40	3.01	9 54 31.9	19.9	29.72 886	1 397	1.23	0.30	22 17	3 35.2	8 50
27	13 55 4.39	3.11	9 54 12.0	20.4	29.71 489	1 379	1.23	0.30	22 13	3 31.2	8 46
28	13 55 1.28	3.23	−9 53 51.6	21.0	29.70 110	1 361	1.23	0.30	22 9	3 27.2	8 42
29	13 54 58.05	3.33	9 53 30.6	21.6	29.68 749	1 341	1.23	0.30	22 5	3 23.3	8 38
März 1	13 54 54.72	3.44	9 53 9.0	22.1	29.67 408	1 322	1.23	0.30	22 1	3 19.3	8 34
2	13 54 51.28	3.54	9 52 46.9	22.6	29.66 086	1 301	1.23	0.30	21 57	3 15.3	8 30
3	13 54 47.74	3.64	9 52 24.3	23.2	29.64 785	1 282	1.23	0.30	21 53	3 11.3	8 26
4	13 54 44.10	3.75	9 52 1.1	23.7	29.63 503	1 261	1.23	0.30	21 49	3 7.3	8 22
5	13 54 40.35	3.84	−9 51 37.4	24.3	29.62 242	1 240	1.23	0.30	21 45	3 3.3	8 18
6	13 54 36.51	3.95	9 51 13.1	24.7	29.61 002	1 218	1.23	0.30	21 40	2 59.3	8 14
7	13 54 32.56	4.04	9 50 48.4	25.2	29.59 784	1 197	1.24	0.30	21 36	2 55.3	8 10
8	13 54 28.52	4.14	9 50 23.2	25.7	29.58 587	1 175	1.24	0.30	21 32	2 51.3	8 6
9	13 54 24.38	4.22	9 49 57.5	26.1	29.57 412	1 151	1.24	0.30	21 28	2 47.3	8 2
10	13 54 20.16	4.32	9 49 31.4	26.6	29.56 261	1 129	1.24	0.30	21 24	2 43.3	7 58
11	13 54 15.84	4.41	−9 49 4.8	27.0	29.55 132	1 105	1.24	0.30	21 20	2 39.3	7 54
12	13 54 11.43	4.50	9 48 37.8	27.5	29.54 027	1 081	1.24	0.30	21 16	2 35.3	7 50
13	13 54 6.93	4.59	9 48 10.3	27.9	29.52 946	1 057	1.24	0.30	21 12	2 31.3	7 47
14	13 54 2.34	4.67	9 47 42.4	28.3	29.51 889	1 032	1.24	0.30	21 8	2 27.3	7 43
15	13 53 57.67	4.75	9 47 14.1	28.7	29.50 857	1 007	1.24	0.30	21 4	2 23.3	7 39
16	13 53 52.92	4.83	9 46 45.4	29.1	29.49 850	982	1.24	0.30	21 0	2 19.3	7 35
17	13 53 48.09	4.90	−9 46 16.3	29.5	29.48 868	957	1.24	0.30	20 56	2 15.3	7 31
18	13 53 43.19	4.98	9 45 46.8	29.9	29.47 911	931	1.24	0.30	20 52	2 11.2	7 27
19	13 53 38.21	5.06	9 45 16.9	30.2	29.46 980	905	1.24	0.30	20 48	2 7.2	7 23
20	13 53 33.15	5.13	9 44 46.7	30.5	29.46 075	879	1.24	0.30	20 44	2 3.2	7 19
21	13 53 28.02	5.19	9 44 16.2	30.9	29.45 196	853	1.24	0.30	20 40	1 59.2	7 15
22	13 53 22.83		−9 43 45.3		29.44 343		1.24	0.30	20 36	1 55.2	7 11

Neptun 1956

Tag	0h Weltzeit Scheinbare Rektaszension	Diff.	Scheinbare Deklination	Diff.	Δ	Diff.	Halbmesser	Hor. Par.	Aufgang	Obere Kulmination	Untergang
1956	h m s	s	° ′ ″	″			″	″	h m	h m	h m
März 22	13 53 22.83	5.26	−9 43 45.3	31.2	29.44 343	826	1.24	0.30	20 36	1 55.2	7 11
23	13 53 17.57	5.33	9 43 14.1	31.5	29.43 517	799	1.24	0.30	20 32	1 51.2	7 7
24	13 53 12.24	5.39	9 42 42.6	31.8	29.42 718	772	1.24	0.30	20 27	1 47.1	7 3
25	13 53 6.85	5.45	9 42 10.8	32.1	29.41 946	745	1.24	0.30	20 23	1 43.1	6 59
26	13 53 1.40	5.51	9 41 38.7	32.4	29.41 201	718	1.24	0.30	20 19	1 39.1	6 55
27	13 52 55.89	5.56	9 41 6.3	32.6	29.40 483	690	1.24	0.30	20 15	1 35.1	6 51
28	13 52 50.33	5.62	−9 40 33.7	32.9	29.39 793	662	1.24	0.30	20 11	1 31.1	6 47
29	13 52 44.71	5.67	9 40 0.8	33.0	29.39 131	633	1.24	0.30	20 7	1 27.0	6 43
30	13 52 39.04	5.71	9 39 27.8	33.3	29.38 498	606	1.24	0.30	20 3	1 23.0	6 39
31	13 52 33.33	5.77	9 38 54.5	33.5	29.37 892	577	1.24	0.30	19 59	1 19.0	6 35
April 1	13 52 27.56	5.81	9 38 21.0	33.7	29.37 315	549	1.24	0.30	19 55	1 14.9	6 31
2	13 52 21.75	5.86	9 37 47.3	33.9	29.36 766	520	1.24	0.30	19 51	1 10.9	6 27
3	13 52 15.89	5.89	−9 37 13.4	34.0	29.36 246	491	1.25	0.30	19 47	1 6.9	6 23
4	13 52 10.00	5.94	9 36 39.4	34.2	29.35 755	463	1.25	0.30	19 43	1 2.9	6 19
5	13 52 4.06	5.97	9 36 5.2	34.4	29.35 292	433	1.25	0.30	19 39	0 58.8	6 15
6	13 51 58.09	6.01	9 35 30.8	34.5	29.34 859	404	1.25	0.30	19 35	0 54.8	6 11
7	13 51 52.08	6.03	9 34 56.3	34.6	29.34 455	374	1.25	0.30	19 30	0 50.8	6 7
8	13 51 46.05	6.07	9 34 21.7	34.7	29.34 081	345	1.25	0.30	19 26	0 46.7	6 3
9	13 51 39.98	6.10	−9 33 47.0	34.8	29.33 736	314	1.25	0.30	19 22	0 42.7	5 59
10	13 51 33.88	6.11	9 33 12.2	34.8	29.33 422	285	1.25	0.30	19 18	0 38.7	5 55
11	13 51 27.77	6.14	9 32 37.4	34.9	29.33 137	254	1.25	0.30	19 14	0 34.6	5 51
12	13 51 21.63	6.16	9 32 2.5	34.9	29.32 883	225	1.25	0.30	19 10	0 30.6	5 47
13	13 51 15.47	6.18	9 31 27.6	35.0	29.32 658	195	1.25	0.30	19 6	0 26.6	5 43
14	13 51 9.29	6.18	9 30 52.6	35.0	29.32 463	165	1.25	0.30	19 2	0 22.5	5 39
15	13 51 3.11	6.20	−9 30 17.6	35.0	29.32 298	135	1.25	0.30	18 58	0 18.5	5 35
16	13 50 56.91	6.21	9 29 42.6	35.0	29.32 163	105	1.25	0.30	18 54	0 14.5	5 31
17	13 50 50.70	6.21	9 29 7.6	35.0	29.32 058	74	1.25	0.30	18 50	0 10.4	5 27
18	13 50 44.49	6.22	9 29 32.6	34.9	29.31 984	45	1.25	0.30	18 46	0 6.4	5 23
19	13 50 38.27	6.21	9 27 57.7	34.9	29.31 939	14	1.25	0.30	18 42	{0 2.4 / 23 58.3}	5 19
20	13 50 32.06	6.22	9 27 22.8	34.9	29.31 925	15	1.25	0.30	18 37	23 54.3	5 15
21	13 50 25.84	6.21	−9 26 47.9	34.8	29.31 940	45	1.25	0.30	18 33	23 50.3	5 11
22	13 50 19.63	6.21	9 26 13.1	34.6	29.31 985	74	1.25	0.30	18 29	23 46.2	5 7
23	13 50 13.42	6.20	9 25 38.5	34.6	29.32 059	104	1.25	0.30	18 25	23 42.2	5 3
24	13 50 7.22	6.19	9 25 3.9	34.4	29.32 163	133	1.25	0.30	18 21	23 38.1	4 59
25	13 50 1.03	6.18	9 24 29.5	34.3	29.32 296	163	1.25	0.30	18 17	23 34.1	4 55
26	13 49 54.85	6.16	9 23 55.2	34.2	29.32 459	192	1.25	0.30	18 13	23 30.1	4 51
27	13 49 48.69	6.14	−9 23 21.0	34.0	29.32 651	221	1.25	0.30	18 9	23 26.0	4 47
28	13 49 42.55	6.13	9 22 47.0	33.8	29.32 872	251	1.25	0.30	18 5	23 22.0	4 43
29	13 49 36.42	6.10	9 22 13.2	33.7	29.33 123	281	1.25	0.30	18 1	23 18.0	4 39
30	13 49 30.32	6.08	9 21 39.5	33.4	29.33 404	310	1.25	0.30	17 57	23 13.9	4 35
Mai 1	13 49 24.24	6.05	9 21 6.1	33.3	29.33 714	340	1.25	0.30	17 52	23 9.9	4 31
2	13 49 18.19		−9 20 32.8		29.34 054		1.25	0.30	17 48	23 5.9	4 27

Aufgang, Obere Kulmination, Untergang: in 0h Länge, +50° Breite

Neptun 1956

Tag	0h Weltzeit: Scheinbare Rektaszension		Scheinbare Deklination		Δ		Halbmesser	Hor. Par.	Aufgang	Obere Kulmination	Untergang
									in 0h Länge, +50° Breite		
1956	h m s	s	° ′ ″	″			″	″	h m	h m	h m
Mai 2	13 49 18.19	6.03	−9 20 32.8	33.0	29.34 054	368	1.25	0.30	17 48	23 5.9	4 27
3	13 49 12.16	6.00	9 19 59.8	32.8	29.34 422	397	1.25	0.30	17 44	23 1.9	4 23
4	13 49 6.16	5.96	9 19 27.0	32.6	29.34 819	425	1.25	0.30	17 40	22 57.8	4 20
5	13 49 0.20	5.93	9 18 54.4	32.3	29.35 244	454	1.25	0.30	17 36	22 53.8	4 16
6	13 48 54.27	5.89	9 18 22.1	32.0	29.35 698	483	1.25	0.30	17 32	22 49.8	4 12
7	13 48 48.38	5.85	9 17 50.1	31.8	29.36 181	511	1.25	0.30	17 28	22 45.7	4 8
8	13 48 42.53	5.81	−9 17 18.3	31.5	29.36 692	539	1.24	0.30	17 24	22 41.7	4 4
9	13 48 36.72	5.77	9 16 46.8	31.1	29.37 231	567	1.24	0.30	17 20	22 37.7	4 0
10	13 48 30.95	5.72	9 16 15.7	30.9	29.37 798	595	1.24	0.30	17 16	22 33.7	3 56
11	13 48 25.23	5.67	9 15 44.8	30.5	29.38 393	623	1.24	0.30	17 12	22 29.6	3 52
12	13 48 19.56	5.62	9 15 14.3	30.1	29.39 016	649	1.24	0.30	17 8	22 25.6	3 48
13	13 48 13.94	5.57	9 14 44.2	29.8	29.39 665	677	1.24	0.30	17 4	22 21.6	3 44
14	13 48 8.37	5.51	−9 14 14.4	29.5	29.40 342	704	1.24	0.30	17 0	22 17.6	3 40
15	13 48 2.86	5.45	9 13 44.9	29.1	29.41 046	731	1.24	0.30	16 55	22 13.5	3 36
16	13 47 57.41	5.39	9 13 15.8	28.7	29.41 777	756	1.24	0.30	16 51	22 9.5	3 32
17	13 47 52.02	5.33	9 12 47.1	28.4	29.42 533	783	1.24	0.30	16 47	22 5.5	3 28
18	13 47 46.69	5.27	9 12 18.7	27.9	29.43 316	808	1.24	0.30	16 43	22 1.5	3 24
19	13 47 41.42	5.20	9 11 50.8	27.5	29.44 124	834	1.24	0.30	16 39	21 57.5	3 20
20	13 47 36.22	5.13	−9 11 23.3	27.0	29.44 958	858	1.24	0.30	16 35	21 53.4	3 16
21	13 47 31.09	5.07	9 10 56.3	26.6	29.45 816	884	1.24	0.30	16 31	21 49.4	3 12
22	13 47 26.02	4.99	9 10 29.7	26.1	29.46 700	908	1.24	0.30	16 27	21 45.4	3 8
23	13 47 21.03	4.92	9 10 3.6	25.7	29.47 608	932	1.24	0.30	16 23	21 41.4	3 4
24	13 47 16.11	4.85	9 9 37.9	25.2	29.48 540	957	1.24	0.30	16 19	21 37.4	3 0
25	13 47 11.26	4.77	9 9 12.7	24.7	29.49 497	979	1.24	0.30	16 15	21 33.4	2 56
26	13 47 6.49	4.69	−9 8 48.0	24.3	29.50 476	1 004	1.24	0.30	16 11	21 29.4	2 52
27	13 47 1.80	4.62	9 8 23.7	23.8	29.51 480	1 027	1.24	0.30	16 7	21 25.4	2 48
28	13 46 57.18	4.53	9 7 59.9	23.3	29.52 507	1 049	1.24	0.30	16 3	21 21.3	2 44
29	13 46 52.65	4.46	9 7 36.6	22.7	29.53 556	1 072	1.24	0.30	15 59	21 17.3	2 40
30	13 46 48.19	4.37	9 7 13.9	22.3	29.54 628	1 094	1.24	0.30	15 55	21 13.3	2 36
31	13 46 43.82	4.29	9 6 51.6	21.7	29.55 722	1 116	1.24	0.30	15 51	21 9.3	2 32
Juni 1	13 46 39.53	4.19	−9 6 29.9	21.2	29.56 838	1 138	1.24	0.30	15 47	21 5.3	2 28
2	13 46 35.34	4.11	9 6 8.7	20.7	29.57 976	1 159	1.24	0.30	15 43	21 1.3	2 24
3	13 46 31.23	4.02	9 5 48.0	20.1	29.59 135	1 180	1.24	0.30	15 39	20 57.3	2 20
4	13 46 27.21	3.93	9 5 27.9	19.6	29.60 315	1 201	1.24	0.30	15 35	20 53.3	2 16
5	13 46 23.28	3.83	9 5 8.3	19.0	29.61 516	1 220	1.23	0.30	15 31	20 49.3	2 12
6	13 46 19.45	3.74	9 4 49.3	18.4	29.62 736	1 240	1.23	0.30	15 27	20 45.3	2 8
7	13 46 15.71	3.64	−9 4 30.9	17.8	29.63 976	1 260	1.23	0.30	15 23	20 41.4	2 4
8	13 46 12.07	3.54	9 4 13.1	17.2	29.65 236	1 278	1.23	0.30	15 19	20 37.4	2 0
9	13 46 8.53	3.45	9 3 55.9	16.7	29.66 514	1 297	1.23	0.30	15 15	20 33.4	1 56
10	13 46 5.08	3.34	9 3 39.2	16.0	29.67 811	1 315	1.23	0.30	15 11	20 29.4	1 52
11	13 46 1.74	3.24	9 3 23.2	15.4	29.69 126	1 333	1.23	0.30	15 6	20 25.4	1 48
12	13 45 58.50		−9 3 7.8		29.70 459		1.23	0.30	15 2	20 21.4	1 44

Neptun 1956

Tag	0h Weltzeit Scheinbare Rektaszension		Scheinbare Deklination		Δ		Halbmesser	Hor. Par.	Aufgang	Obere Kulmination	Untergang
									in 0h Länge, +50° Breite		
1956	h m s	s	° ′ ″	″			″	″	h m	h m	h m
Juni 12	13 45 58.50	3.14	−9 3 7.8	14.8	29.70 459	1 351	1.23	0.30	15 2	20 21.4	1 44
13	13 45 55.36	3.03	9 2 53.0	14.1	29.71 810	1 367	1.23	0.30	14 58	20 17.4	1 41
14	13 45 52.33	2.93	9 2 38.9	13.5	29.73 177	1 384	1.23	0.30	14 54	20 13.4	1 37
15	13 45 49.40	2.83	9 2 25.4	12.9	29.74 561	1 401	1.23	0.30	14 50	20 9.5	1 33
16	13 45 46.57	2.72	9 2 12.5	12.3	29.75 962	1 416	1.23	0.30	14 46	20 5.5	1 29
17	13 45 43.85	2.60	9 2 0.2	11.6	29.77 378	1 431	1.23	0.30	14 42	20 1.5	1 25
18	13 45 41.25	2.50	−9 1 48.6	11.0	29.78 809	1 445	1.23	0.30	14 38	19 57.5	1 21
19	13 45 38.75	2.39	9 1 37.6	10.4	29.80 254	1 460	1.23	0.30	14 34	19 53.6	1 17
20	13 45 36.36	2.28	9 1 27.2	9.7	29.81 714	1 473	1.23	0.30	14 30	19 49.6	1 13
21	13 45 34.08	2.17	9 1 17.5	9.0	29.83 187	1 486	1.23	0.30	14 27	19 45.6	1 9
22	13 45 31.91	2.06	9 1 8.5	8.3	29.84 673	1 500	1.22	0.29	14 23	19 41.7	1 5
23	13 45 29.85	1.94	9 1 0.2	7.7	29.86 173	1 512	1.22	0.29	14 19	19 37.7	1 1
24	13 45 27.91	1.83	−9 0 52.5	7.0	29.87 685	1 525	1.22	0.29	14 15	19 33.7	0 57
25	13 45 26.08	1.71	9 0 45.5	6.4	29.89 210	1 537	1.22	0.29	14 11	19 29.8	0 53
26	13 45 24.37	1.60	9 0 39.1	5.7	29.90 747	1 548	1.22	0.29	14 7	19 25.8	0 49
27	13 45 22.77	1.49	9 0 33.4	5.0	29.92 295	1 559	1.22	0.29	14 3	19 21.9	0 45
28	13 45 21.28	1.37	9 0 28.4	4.3	29.93 854	1 570	1.22	0.29	13 59	19 17.9	0 41
29	13 45 19.91	1.25	9 0 24.1	3.7	29.95 424	1 579	1.22	0.29	13 55	19 14.0	0 37
30	13 45 18.66	1.14	−9 0 20.4	3.0	29.97 003	1 589	1.22	0.29	13 51	19 10.0	0 33
Juli 1	13 45 17.52	1.02	9 0 17.4	2.3	29.98 592	1 598	1.22	0.29	13 47	19 6.1	0 29
2	13 45 16.50	0.90	9 0 15.1	1.6	30.00 190	1 607	1.22	0.29	13 43	19 2.1	0 25
3	13 45 15.60	0.78	9 0 13.5	0.9	30.01 797	1 615	1.22	0.29	13 39	18 58.2	0 21
4	13 45 14.82	0.66	9 0 12.6	0.3	30.03 412	1 622	1.22	0.29	13 35	18 54.2	0 17
5	13 45 14.16	0.54	9 0 12.3	$\overline{0.5}$	30.05 034	1 631	1.22	0.29	13 31	18 50.3	0 13
6	13 45 13.62	0.42	−9 0 12.8	1.2	30.06 665	1 638	1.22	0.29	13 27	18 46.3	0 10
7	13 45 13.20	0.29	9 0 14.0	1.8	30.08 303	1 644	1.22	0.29	13 23	18 42.4	0 6
8	13 45 12.91	0.18	9 0 15.8	2.6	30.09 947	1 650	1.21	0.29	13 19	18 38.5	{0 2 / 23 58
9	13 45 12.73	0.05	9 0 18.4	3.2	30.11 597	1 656	1.21	0.29	13 15	18 34.5	23 54
10	13 45 12.68	$\overline{0.07}$	9 0 21.6	4.0	30.13 253	1 660	1.21	0.29	13 11	18 30.6	23 50
11	13 45 12.75	0.19	9 0 25.6	4.6	30.14 913	1 664	1.21	0.29	13 8	18 26.7	23 46
12	13 45 12.94	0.31	−9 0 30.2	5.4	30.16 577	1 668	1.21	0.29	13 4	18 22.7	23 42
13	13 45 13.25	0.44	9 0 35.6	6.0	30.18 245	1 672	1.21	0.29	13 0	18 18.8	23 38
14	13 45 13.69	0.56	9 0 41.6	6.7	30.19 917	1 674	1.21	0.29	12 56	18 14.9	23 34
15	13 45 14.25	0.68	9 0 48.3	7.4	30.21 591	1 677	1.21	0.29	12 52	18 11.0	23 30
16	13 45 14.93	0.80	9 0 55.7	8.1	30.23 268	1 678	1.21	0.29	12 48	18 7.1	23 26
17	13 45 15.73	0.92	9 1 3.8	8.8	30.24 946	1 680	1.21	0.29	12 44	18 3.1	23 22
18	13 45 16.65	1.04	−9 1 12.6	9.5	30.26 626	1 681	1.21	0.29	12 40	17 59.2	23 18
19	13 45 17.69	1.17	9 1 22.1	10.1	30.28 307	1 682	1.21	0.29	12 36	17 55.3	23 14
20	13 45 18.86	1.28	9 1 32.2	10.9	30.29 989	1 681	1.21	0.29	12 32	17 51.4	23 10
21	13 45 20.14	1.41	9 1 43.1	11.5	30.31 670	1 682	1.21	0.29	12 28	17 47.5	23 7
22	13 45 21.55	1.53	9 1 54.6	12.2	30.33 352	1 681	1.21	0.29	12 25	17 43.6	23 3
23	13 45 23.08		−9 2 6.8		30.35 033		1.20	0.29	12 21	17 39.7	22 59

Neptun 1956

Tag	0h Weltzeit Scheinbare Rektaszension		Scheinbare Deklination		Δ		Halb-messer	Hor. Par.	Auf-gang	Obere Kul-mination	Unter-gang
									in 0h Länge, +50° Breite		
1956	h m s	s	° ′ ″	″			″	″	h m	h m	h m
Juli 23	13 45 23.08	1.65	−9 2 6.8	12.9	30.35 033	1 680	1.20	0.29	12 21	17 39.7	22 59
24	13 45 24.73	1.76	9 2 19.7	13.6	30.36 713	1 678	1.20	0.29	12 17	17 35.8	22 55
25	13 45 26.49	1.89	9 2 33.3	14.2	30.38 391	1 677	1.20	0.29	12 13	17 31.9	22 51
26	13 45 28.38	2.01	9 2 47.5	14.9	30.40 068	1 674	1.20	0.29	12 9	17 28.0	22 47
27	13 45 30.39	2.12	9 3 2.4	15.5	30.41 742	1 670	1.20	0.29	12 5	17 24.1	22 43
28	13 45 32.51	2.25	9 3 17.9	16.2	30.43 412	1 667	1.20	0.29	12 1	17 20.2	22 39
29	13 45 34.76	2.36	−9 3 34.1	16.9	30.45 079	1 664	1.20	0.29	11 57	17 16.3	22 35
30	13 45 37.12	2.48	9 3 51.0	17.6	30.46 743	1 660	1.20	0.29	11 54	17 12.4	22 31
31	13 45 39.60	2.60	9 4 8.6	18.2	30.48 403	1 654	1.20	0.29	11 50	17 8.5	22 27
Aug. 1	13 45 42.20	2.72	9 4 26.8	18.8	30.50 057	1 649	1.20	0.29	11 46	17 4.6	22 23
2	13 45 44.92	2.84	9 4 45.6	19.5	30.51 706	1 644	1.20	0.29	11 42	17 0.7	22 20
3	13 45 47.76	2.96	9 5 5.1	20.1	30.53 350	1 638	1.20	0.29	11 38	16 56.9	22 16
4	13 45 50.72	3.07	−9 5 25.2	20.8	30.54 988	1 630	1.20	0.29	11 34	16 53.0	22 12
5	13 45 53.79	3.19	9 5 46.0	21.4	30.56 618	1 624	1.20	0.29	11 30	16 49.1	22 8
6	13 45 56.98	3.30	9 6 7.4	22.0	30.58 242	1 616	1.20	0.29	11 27	16 45.2	22 4
7	13 46 0.28	3.42	9 6 29.4	22.7	30.59 858	1 609	1.19	0.29	11 23	16 41.3	22 0
8	13 46 3.70	3.53	9 6 52.1	23.2	30.61 467	1 599	1.19	0.29	11 19	16 37.5	21 56
9	13 46 7.23	3.65	9 7 15.3	23.9	30.63 066	1 591	1.19	0.29	11 15	16 33.6	21 52
10	13 46 10.88	3.76	−9 7 39.2	24.5	30.64 657	1 581	1.19	0.29	11 11	16 29.7	21 48
11	13 46 14.64	3.87	9 8 3.7	25.1	30.66 238	1 571	1.19	0.29	11 7	16 25.9	21 44
12	13 46 18.51	3.99	9 8 28.8	25.7	30.67 809	1 560	1.19	0.29	11 3	16 22.0	21 41
13	13 46 22.50	4.09	9 8 54.5	26.3	30.69 369	1 549	1.19	0.29	11 0	16 18.1	21 37
14	13 46 26.59	4.20	9 9 20.8	26.9	30.70 918	1 539	1.19	0.29	10 56	16 14.3	21 33
15	13 46 30.79	4.31	9 9 47.7	27.4	30.72 457	1 527	1.19	0.29	10 52	16 10.4	21 29
16	13 46 35.10	4.41	−9 10 15.1	28.0	30.73 984	1 515	1.19	0.29	10 48	16 6.5	21 25
17	13 46 39.51	4.52	9 10 43.1	28.5	30.75 499	1 503	1.19	0.29	10 44	16 2.7	21 21
18	13 46 44.03	4.62	9 11 11.6	29.1	30.77 002	1 490	1.19	0.29	10 41	15 58.8	21 17
19	13 46 48.65	4.73	9 11 40.7	29.7	30.78 492	1 477	1.19	0.29	10 37	15 55.0	21 13
20	13 46 53.38	4.83	9 12 10.4	30.2	30.79 969	1 463	1.19	0.29	10 33	15 51.1	21 9
21	13 46 58.21	4.93	9 12 40.6	30.8	30.81 432	1 449	1.19	0.29	10 29	15 47.3	21 5
22	13 47 3.14	5.04	−9 13 11.4	31.3	30.82 881	1 435	1.19	0.29	10 25	15 43.4	21 2
23	13 47 8.18	5.13	9 13 42.7	31.8	30.84 316	1 421	1.19	0.29	10 22	15 39.6	20 58
24	13 47 13.31	5.23	9 14 14.5	32.3	30.85 737	1 405	1.18	0.29	10 18	15 35.7	20 54
25	13 47 18.54	5.33	9 14 46.8	32.8	30.87 142	1 390	1.18	0.29	10 14	15 31.9	20 50
26	13 47 23.87	5.43	9 15 19.6	33.3	30.88 532	1 375	1.18	0.28	10 10	15 28.0	20 46
27	13 47 29.30	5.52	9 15 52.9	33.8	30.89 907	1 359	1.18	0.28	10 6	15 24.2	20 42
28	13 47 34.82	5.62	−9 16 26.7	34.3	30.91 266	1 342	1.18	0.28	10 3	15 20.4	20 38
29	13 47 40.44	5.71	9 17 1.0	34.8	30.92 608	1 325	1.18	0.28	9 59	15 16.5	20 34
30	13 47 46.15	5.81	9 17 35.8	35.3	30.93 933	1 308	1.18	0.28	9 55	15 12.7	20 30
31	13 47 51.96	5.90	9 18 11.1	35.8	30.95 241	1 290	1.18	0.28	9 51	15 8.9	20 26
Sept. 1	13 47 57.86	5.99	9 18 46.9	36.2	30.96 531	1 272	1.18	0.28	9 47	15 5.0	20 23
2	13 48 3.85		−9 19 23.1		30.97 803		1.18	0.28	9 44	15 1.2	20 19

Neptun 1956

Tag	0^h Weltzeit: Scheinbare Rektaszension		Scheinbare Deklination		Δ		Halb-messer	Hor. Par.	Auf-gang	Obere Kul-mination	Unter-gang
									in 0^h Länge, +50° Breite		
1956	h m s	s	° ′ ″	″			″	″	h m	h m	h m
Sept. 2	13 48 3.85	6.07	−9 19 23.1	36.6	30.97 803	1 253	1.18	0.28	9 44	15 1.2	20 19
3	13 48 9.92	6.17	9 19 59.7	37.1	30.99 056	1 235	1.18	0.28	9 40	14 57.4	20 15
4	13 48 16.09	6.25	9 20 36.8	37.5	31.00 291	1 215	1.18	0.28	9 36	14 53.5	20 11
5	13 48 22.34	6.34	9 21 14.3	37.9	31.01 506	1 195	1.18	0.28	9 32	14 49.7	20 7
6	13 48 28.68	6.42	9 21 52.2	38.4	31.02 701	1 176	1.18	0.28	9 29	14 45.9	20 3
7	13 48 35.10	6.51	9 22 30.6	38.7	31.03 877	1 155	1.18	0.28	9 25	14 42.1	19 59
8	13 48 41.61	6.59	−9 23 9.3	39.1	31.05 032	1 135	1.18	0.28	9 21	14 38.2	19 55
9	13 48 48.20	6.66	9 23 48.4	39.5	31.06 167	1 114	1.18	0.28	9 17	14 34.4	19 52
10	13 48 54.86	6.74	9 24 27.9	39.9	31.07 281	1 093	1.18	0.28	9 13	14 30.6	19 48
11	13 49 1.60	6.82	9 25 7.8	40.3	31.08 374	1 072	1.18	0.28	9 10	14 26.8	19 44
12	13 49 8.42	6.90	9 25 48.1	40.7	31.09 446	1 050	1.18	0.28	9 6	14 23.0	19 40
13	13 49 15.32	6.96	9 26 28.8	41.0	31.10 496	1 027	1.18	0.28	9 2	14 19.1	19 36
14	13 49 22.28	7.04	−9 27 9.8	41.3	31.11 523	1 005	1.17	0.28	8 58	14 15.3	19 32
15	13 49 29.32	7.11	9 27 51.1	41.7	31.12 528	983	1.17	0.28	8 55	14 11.5	19 28
16	13 49 36.43	7.18	9 28 32.8	42.0	31.13 511	960	1.17	0.28	8 51	14 7.7	19 25
17	13 49 43.61	7.24	9 29 14.8	42.3	31.14 471	936	1.17	0.28	8 47	14 3.9	19 21
18	13 49 50.85	7.30	9 29 57.1	42.5	31.15 407	913	1.17	0.28	8 43	14 0.1	19 17
19	13 49 58.15	7.37	9 30 39.6	42.9	31.16 320	890	1.17	0.28	8 40	13 56.3	19 13
20	13 50 5.52	7.43	−9 31 22.5	43.2	31.17 210	866	1.17	0.28	8 36	13 52.5	19 9
21	13 50 12.95	7.50	9 32 5.7	43.4	31.18 076	841	1.17	0.28	8 32	13 48.6	19 5
22	13 50 20.45	7.55	9 32 49.1	43.7	31.18 917	818	1.17	0.28	8 28	13 44.8	19 1
23	13 50 28.00	7.61	9 33 32.8	44.0	31.19 735	793	1.17	0.28	8 25	13 41.0	18 57
24	13 50 35.61	7.67	9 34 16.8	44.2	31.20 528	769	1.17	0.28	8 21	13 37.2	18 54
25	13 50 43.28	7.72	9 35 1.0	44.5	31.21 297	743	1.17	0.28	8 17	13 33.4	18 50
26	13 50 51.00	7.78	−9 35 45.5	44.6	31.22 040	719	1.17	0.28	8 13	13 29.6	18 46
27	13 50 58.78	7.83	9 36 30.1	44.9	31.22 759	693	1.17	0.28	8 10	13 25.8	18 42
28	13 51 6.61	7.88	9 37 15.0	45.1	31.23 452	668	1.17	0.28	8 6	13 22.0	18 38
29	13 51 14.49	7.93	9 38 0.1	45.3	31.24 120	641	1.17	0.28	8 2	13 18.2	18 34
30	13 51 22.42	7.98	9 38 45.4	45.4	31.24 761	616	1.17	0.28	7 58	13 14.4	18 30
Okt. 1	13 51 30.40	8.02	9 39 30.8	45.7	31.25 377	589	1.17	0.28	7 55	13 10.6	18 27
2	13 51 38.42	8.07	−9 40 16.5	45.8	31.25 966	562	1.17	0.28	7 51	13 6.8	18 23
3	13 51 46.49	8.10	9 41 2.3	46.0	31.26 528	536	1.17	0.28	7 47	13 3.0	18 19
4	13 51 54.59	8.15	9 41 48.3	46.1	31.27 064	508	1.17	0.28	7 43	12 59.2	18 15
5	13 52 2.74	8.18	9 42 34.4	46.3	31.27 572	481	1.17	0.28	7 40	12 55.4	18 11
6	13 52 10.92	8.22	9 43 20.7	46.4	31.28 053	454	1.17	0.28	7 36	12 51.6	18 7
7	13 52 19.14	8.25	9 44 7.1	46.5	31.28 507	426	1.17	0.28	7 32	12 47.8	18 3
8	13 52 27.39	8.28	−9 44 53.6	46.5	31.28 933	399	1.17	0.28	7 28	12 44.0	18 0
9	13 52 35.67	8.31	9 45 40.1	46.7	31.29 332	371	1.17	0.28	7 25	12 40.3	17 56
10	13 52 43.98	8.34	9 46 26.8	46.8	31.29 703	343	1.17	0.28	7 21	12 36.5	17 52
11	13 52 52.32	8.37	9 47 13.6	46.8	31.30 046	316	1.17	0.28	7 17	12 32.7	17 48
12	13 53 0.69	8.39	9 48 0.4	46.9	31.30 362	287	1.17	0.28	7 14	12 28.9	17 44
13	13 53 9.08		−9 48 47.3		31.30 649		1.17	0.28	7 10	12 25.1	17 40

Neptun 1956

Tag	0h Weltzeit: Scheinbare Rektaszension		Scheinbare Deklination		Δ		Halbmesser	Hor. Par.	Aufgang	Obere Kulmination	Untergang
									in 0h Länge, +50° Breite		
1956	h m s	s	° ′ ″	″			″	″	h m	h m	h m
Okt. 13	13 53 9.08	8.41	− 9 48 47.3	46.9	31.30 649	260	1.17	0.28	7 10	12 25.1	17 40
14	13 53 17.49	8.43	9 49 34.2	47.0	31.30 909	232	1.17	0.28	7 6	12 21.3	17 36
15	13 53 25.92	8.45	9 50 21.2	47.0	31.31 141	204	1.17	0.28	7 2	12 17.5	17 33
16	13 53 34.37	8.47	9 51 8.2	47.0	31.31 345	175	1.17	0.28	6 59	12 13.7	17 29
17	13 53 42.84	8.48	9 51 55.2	47.0	31.31 520	148	1.17	0.28	6 55	12 9.9	17 25
18	13 53 51.32	8.50	9 52 42.2	47.0	31.31 668	119	1.17	0.28	6 51	12 6.1	17 21
19	13 53 59.82	8.51	− 9 53 29.2	47.0	31.31 787	91	1.17	0.28	6 48	12 2.3	17 17
20	13 54 8.33	8.51	9 54 16.2	46.9	31.31 878	62	1.17	0.28	6 44	11 58.5	17 13
21	13 54 16.84	8.53	9 55 3.1	46.9	31.31 940	34	1.17	0.28	6 40	11 54.7	17 9
22	13 54 25.37	8.53	9 55 50.0	46.9	31.31 974	6	1.17	0.28	6 36	11 51.0	17 6
23	13 54 33.90	8.54	9 56 36.9	46.8	31.31 980	23	1.17	0.28	6 33	11 47.2	17 2
24	13 54 42.44	8.53	9 57 23.7	46.8	31.31 957	51	1.17	0.28	6 29	11 43.4	16 58
25	13 54 50.97	8.54	− 9 58 10.5	46.7	31.31 906	80	1.17	0.28	6 25	11 39.6	16 54
26	13 54 59.51	8.54	9 58 57.2	46.6	31.31 826	109	1.17	0.28	6 21	11 35.8	16 50
27	13 55 8.05	8.53	9 59 43.8	46.5	31.31 717	137	1.17	0.28	6 18	11 32.0	16 46
28	13 55 16.58	8.52	10 0 30.3	46.3	31.31 580	166	1.17	0.28	6 14	11 28.2	16 43
29	13 55 25.10	8.52	10 1 16.6	46.3	31.31 414	194	1.17	0.28	6 10	11 24.4	16 39
30	13 55 33.62	8.52	10 2 2.9	46.1	31.31 220	223	1.17	0.28	6 6	11 20.6	16 35
31	13 55 42.14	8.50	−10 2 49.0	46.0	31.30 997	252	1.17	0.28	6 3	11 16.8	16 31
Nov. 1	13 55 50.64	8.49	10 3 35.0	45.8	31.30 745	281	1.17	0.28	5 59	11 13.0	16 27
2	13 55 59.13	8.47	10 4 20.8	45.7	31.30 464	309	1.17	0.28	5 55	11 9.3	16 23
3	13 56 7.60	8.45	10 5 6.5	45.5	31.30 155	338	1.17	0.28	5 52	11 5.5	16 19
4	13 56 16.05	8.43	10 5 52.0	45.3	31.29 817	366	1.17	0.28	5 48	11 1.7	16 16
5	13 56 24.48	8.41	10 6 37.3	45.2	31.29 451	394	1.17	0.28	5 44	10 57.9	16 12
6	13 56 32.89	8.39	−10 7 22.5	44.9	31.29 057	423	1.17	0.28	5 41	10 54.1	16 8
7	13 56 41.28	8.36	10 8 7.4	44.7	31.28 634	450	1.17	0.28	5 37	10 50.3	16 4
8	13 56 49.64	8.34	10 8 52.1	44.4	31.28 184	479	1.17	0.28	5 33	10 46.5	16 0
9	13 56 57.98	8.30	10 9 36.5	44.2	31.27 705	505	1.17	0.28	5 29	10 42.7	15 56
10	13 57 6.28	8.28	10 10 20.7	44.0	31.27 200	534	1.17	0.28	5 26	10 38.9	15 52
11	13 57 14.56	8.24	10 11 4.7	43.7	31.26 666	561	1.17	0.28	5 22	10 35.1	15 49
12	13 57 22.80	8.20	−10 11 48.4	43.4	31.26 105	589	1.17	0.28	5 18	10 31.3	15 45
13	13 57 31.00	8.16	10 12 31.8	43.1	31.25 516	615	1.17	0.28	5 14	10 27.5	15 41
14	13 57 39.16	8.13	10 13 14.9	42.8	31.24 901	643	1.17	0.28	5 11	10 23.7	15 37
15	13 57 47.29	8.09	10 13 57.7	42.6	31.24 258	670	1.17	0.28	5 7	10 19.9	15 33
16	13 57 55.38	8.04	10 14 40.3	42.2	31.23 588	696	1.17	0.28	5 3	10 16.1	15 29
17	13 58 3.42	7.99	10 15 22.5	42.0	31.22 892	723	1.17	0.28	4 59	10 12.3	15 25
18	13 58 11.41	7.95	−10 16 4.5	41.6	31.22 169	750	1.17	0.28	4 56	10 8.5	15 22
19	13 58 19.36	7.90	10 16 46.1	41.3	31.21 419	775	1.17	0.28	4 52	10 4.7	15 18
20	13 58 27.26	7.85	10 17 27.4	40.9	31.20 644	801	1.17	0.28	4 48	10 0.9	15 14
21	13 58 35.11	7.80	10 18 8.3	40.6	31.19 843	827	1.17	0.28	4 44	9 57.1	15 10
22	13 58 42.91	7.74	10 18 48.9	40.2	31.19 016	853	1.17	0.28	4 41	9 53.3	15 6
23	13 58 50.65		−10 19 29.1		31.18 163		1.17	0.28	4 37	9 49.5	15 2

Tag	0h Weltzeit Scheinbare Rektaszension		Scheinbare Deklination		Δ		Halb-messer	Hor. Par.	Auf-gang	Obere Kul-mination	Unter-gang
									in 0h Länge, +50° Breite		
1956	h m s	s	° ′ ″	″			″	″	h m	h m	h m
Nov. 23	13 58 50.65	7.69	—10 19 29.1	39.8	31.18 163	878	1.17	0.28	4 37	9 49.5	15 2
24	13 58 58.34	7.63	10 20 8.9	39.5	31.17 285	904	1.17	0.28	4 33	9 45.7	14 58
25	13 59 5.97	7.57	10 20 48.4	39.0	31.16 381	928	1.17	0.28	4 29	9 41.9	14 54
26	13 59 13.54	7.51	10 21 27.4	38.7	31.15 453	953	1.17	0.28	4 26	9 38.1	14 51
27	13 59 21.05	7.45	10 22 6.1	38.3	31.14 500	978	1.17	0.28	4 22	9 34.3	14 47
28	13 59 28.50	7.38	10 22 44.4	37.8	31.13 522	1 001	1.17	0.28	4 18	9 30.5	14 43
29	13 59 35.88	7.31	—10 23 22.2	37.4	31.12 521	1 026	1.17	0.28	4 14	9 26.7	14 39
30	13 59 43.19	7.25	10 23 59.6	37.0	31.11 495	1 049	1.17	0.28	4 11	9 22.9	14 35
Dez. 1	13 59 50.44	7.18	10 24 36.6	36.5	31.10 446	1 073	1.18	0.28	4 7	9 19.1	14 31
2	13 59 57.62	7.10	10 25 13.1	36.0	31.09 373	1 096	1.18	0.28	4 3	9 15.2	14 27
3	14 0 4.72	7.03	10 25 49.1	35.5	31.08 277	1 118	1.18	0.28	3 59	9 11.4	14 24
4	14 0 11.75	6.96	10 26 24.6	35.1	31.07 159	1 142	1.18	0.28	3 56	9 7.6	14 20
5	14 0 18.71	6.87	—10 26 59.7	34.6	31.06 017	1 164	1.18	0.28	3 52	9 3.8	14 16
6	14 0 25.58	6.79	10 27 34.3	34.2	31.04 853	1 186	1.18	0.28	3 48	9 0.0	14 12
7	14 0 32.37	6.71	10 28 8.5	33.6	31.03 667	1 207	1.18	0.28	3 44	8 56.2	14 8
8	14 0 39.08	6.63	10 28 42.1	33.1	31.02 460	1 228	1.18	0.28	3 41	8 52.3	14 4
9	14 0 45.71	6.54	10 29 15.2	32.6	31.01 232	1 249	1.18	0.28	3 37	8 48.5	14 0
10	14 0 52.25	6.46	10 29 47.8	32.0	30.99 983	1 269	1.18	0.28	3 33	8 44.7	13 57
11	14 0 58.71	6.36	—10 30 19.8	31.5	30.98 714	1 289	1.18	0.28	3 29	8 40.9	13 53
12	14 1 5.07	6.28	10 30 51.3	31.0	30.97 425	1 309	1.18	0.28	3 25	8 37.0	13 49
13	14 1 11.35	6.19	10 31 22.3	30.4	30.96 116	1 328	1.18	0.28	3 22	8 33.2	13 45
14	14 1 17.54	6.09	10 31 52.7	29.9	30.94 788	1 347	1.18	0.28	3 18	8 29.4	13 41
15	14 1 23.63	6.00	10 32 22.6	29.3	30.93 441	1 365	1.18	0.28	3 14	8 25.5	13 37
16	14 1 29.63	5.91	10 32 51.9	28.8	30.92 076	1 383	1.18	0.28	3 10	8 21.7	13 33
17	14 1 35.54	5.81	—10 33 20.7	28.2	30.90 693	1 401	1.18	0.28	3 6	8 17.9	13 29
18	14 1 41.35	5.71	10 33 48.9	27.6	30.89 292	1 418	1.18	0.28	3 3	8 14.0	13 26
19	14 1 47.06	5.60	10 34 16.5	27.0	30.87 874	1 435	1.18	0.28	2 59	8 10.2	13 22
20	14 1 52.66	5.51	10 34 43.5	26.5	30.86 439	1 452	1.18	0.29	2 55	8 6.4	13 18
21	14 1 58.17	5.41	10 35 10.0	25.9	30.84 987	1 468	1.19	0.29	2 51	8 2.5	13 14
22	14 2 3.58	5.30	10 35 35.9	25.2	30.83 519	1 484	1.19	0.29	2 47	7 58.7	13 10
23	14 2 8.88	5.20	—10 36 1.1	24.7	30.82 035	1 499	1.19	0.29	2 44	7 54.8	13 6
24	14 2 14.08	5.09	10 36 25.8	24.0	30.80 536	1 514	1.19	0.29	2 40	7 51.0	13 2
25	14 2 19.17	4.99	10 36 49.8	23.4	30.79 022	1 529	1.19	0.29	2 36	7 47.2	12 58
26	14 2 24.16	4.87	10 37 13.2	22.8	30.77 493	1 542	1.19	0.29	2 32	7 43.3	12 55
27	14 2 29.03	4.77	10 37 36.0	22.1	30.75 951	1 556	1.19	0.29	2 28	7 39.4	12 51
28	14 2 33.80	4.65	10 37 58.1	21.5	30.74 395	1 569	1.19	0.29	2 25	7 35.6	12 47
29	14 2 38.45	4.54	—10 38 19.6	20.9	30.72 826	1 582	1.19	0.29	2 21	7 31.7	12 43
30	14 2 42.99	4.42	10 38 40.5	20.2	30.71 244	1 594	1.19	0.29	2 17	7 27.9	12 39
31	14 2 47.41	4.30	10 39 0.7	19.5	30.69 650	1 606	1.19	0.29	2 13	7 24.0	12 35
32	14 2 51.71		—10 39 20.2		30.68 044		1.19	0.29	2 9	7 20.2	12 31

Pluto 1956

Tag	Rektaszension 1950.0		Fix-stern-ab-erration	Deklination 1950.0		Fix-stern-ab-erration	Δ		Licht-zeit	Obere Kul-mination in Green-wich
	0h Weltzeit									
1956	h m s	s	s	° ′ ″	″	″			d	h m
Jan. 0	10 17 56.48	5.92	+0.81	+22 10 24.8	73.4	−7.6	34.18 223	2 708	0.1972	3 43
2	17 50.56	6.33	0.85	11 38.2	74.6	7.7	15 515	2 626	1970	3 35
4	17 44.23	6.73	0.89	12 52.8	75.7	7.8	12 889	2 542	1969	3 27
6	17 37.50	7.10	0.92	14 8.5	76.8	7.9	10 347	2 455	1967	3 19
8	17 30.40	7.48	0.96	15 25.3	77.8	8.0	07 892	2 363	1966	3 11
10	10 17 22.92	7.84	+0.99	+22 16 43.1	78.5	−8.1	34.05 529	2 269	0.1964	3 3
12	17 15.08	8.19	1.03	18 1.6	79.2	8.1	03 260	2 172	1963	2 55
14	17 6.89	8.52	1.06	19 20.8	79.8	8.2	34.01 088	2 072	1962	2 47
16	16 58.37	8.87	1.09	20 40.6	80.3	8.2	33.99 016	1 969	1961	2 39
18	16 49.54	9.14	1.12	22 0.9	80.6	8.3	97 047	1 865	1960	2 31
20	10 16 40.40	9.42	+1.15	+22 23 21.5	80.8	−8.3	33.95 182	1 757	0.1958	2 23
22	16 30.98	9.70	1.18	24 42.3	80.9	8.3	93 425	1 649	1957	2 15
24	16 21.28	9.94	1.20	26 3.2	80.9	8.3	91 776	1 538	1956	2 7
26	16 11.34	10.19	1.23	27 24.1	80.7	8.3	90 238	1 426	1956	1 59
28	16 1.15	10.41	1.25	28 44.8	80.5	8.3	88 812	1 313	1955	1 51
30	10 15 50.74	10.61	+1.27	+22 30 5.3	80.2	−8.2	33.87 499	1 198	0.1954	1 43
Febr. 1	15 40.13	10.80	1.29	31 25.5	79.7	8.2	86 301	1 082	1953	1 35
3	15 29.33	10.98	1.31	32 45.2	79.2	8.1	85 219	964	1953	1 27
5	15 18.35	11.14	1.32	34 4.4	78.4	8.1	84 255	845	1952	1 19
7	15 7.21	11.27	1.34	35 22.8	77.6	8.0	83 410	724	1952	1 11
9	10 14 55.94	11.39	+1.35	+22 36 40.4	76.8	−7.9	33.82 686	604	0.1951	1 3
11	14 44.55	11.49	1.36	37 57.2	75.6	7.8	82 082	483	1951	0 55
13	14 33.06	11.57	1.36	39 12.8	74.6	7.7	81 599	361	1951	0 47
15	14 21.49	11.63	1.37	40 27.4	73.2	7.6	81 238	238	1950	0 39
17	14 9.86	11.67	1.38	41 40.6	71.9	7.4	81 000	117	1950	0 31
19	10 13 58.19	11.69	+1.38	+22 42 52.5	70.4	−7.3	33.80 883	4	0.1950	0 23
21	13 46.50	11.70	1.38	44 2.9	68.8	7.2	80 887	125	1950	0 15
23	13 34.80	11.67	1.38	45 11.7	67.2	7.0	81 012	244	1950	0 6
25	13 23.13	11.64	1.38	46 18.9	65.5	6.8	81 256	364	1950	23 54
27	13 11.49	11.59	1.38	47 24.4	63.6	6.7	81 620	482	1951	23 46
29	10 12 59.90	11.53	+1.37	+22 48 28.0	61.8	−6.5	33.82 102	599	0.1951	23 38
März 2	12 48.37	11.43	1.36	49 29.8	59.8	6.3	82 701	716	1951	23 30
4	12 36.94	11.33	1.35	50 29.6	57.7	6.1	83 417	831	1952	23 22
6	12 25.61	11.21	1.34	51 27.3	55.5	5.9	84 248	946	1952	23 14
8	12 14.40	11.06	1.33	52 22.8	53.4	5.7	85 194	1 059	1953	23 6
10	10 12 3.34	10.91	+1.31	+22 53 16.2	51.0	−5.4	33.86 253	1 170	0.1953	22 58
12	11 52.43	10.73	1.30	54 7.2	48.7	5.2	87 423	1 280	1954	22 50
14	11 41.70	10.53	1.28	54 55.9	46.2	5.0	88 703	1 386	1955	22 42
16	11 31.17	10.31	1.26	55 42.1	43.7	4.7	90 089	1 492	1956	22 34
18	11 20.86	10.09	1.24	56 25.8	41.2	4.5	91 581	1 594	1956	22 26
20	10 11 10.77	9.85	+1.22	+22 57 7.0	38.6	−4.2	33.93 175	1 693	0.1957	22 18
22	11 0.92	9.58	1.19	57 45.6	36.0	4.0	94 868	1 791	1958	22 10
24	10 51.34	9.31	1.17	58 21.6	33.4	3.7	96 659	1 885	1959	22 2
26	10 42.03	9.02	1.14	58 55.0	30.7	3.5	33.98 544	1 976	1960	21 54
28	10 33.01	8.73	1.11	59 25.7	27.9	3.2	34.00 520	2 066	1962	21 46
30	10 24.28	8.42	1.08	+22 59 53.6	25.2	2.9	02 586	2 152	1963	21 38
April 1	10 10 15.86		+1.05	+23 0 18.8		−2.7	34.04 738		0.1964	21 30

Tag	0h Weltzeit									Obere Kulmination in Greenwich
	Rektaszension 1950.0		Fixstern-aberration	Deklination 1950.0		Fixstern-aberration	Δ		Lichtzeit	
1956	h m s	s	s	° ′ ″	″	″			d	h m
April 1	10 10 15.86	8.09	+1.05	+23 0 18.8	22.5	—2.7	34.04 738	2 235	0.1964	21 30
3	10 7.77	7.75	1.02	0 41.3	19.7	2.4	06 973	2 316	1965	21 22
5	10 0.02	7.40	0.99	1 1.0	16.8	2.1	09 289	2 395	1967	21 14
7	9 52.62	7.05	0.95	1 17.8	14.0	1.8	11 684	2 468	1968	21 6
9	9 45.57	6.67	0.92	1 31.8	11.1	1.6	14 152	2 540	1969	20 58
11	10 9 38.90	6.28	+0.88	+23 1 42.9	8.3	—1.3	34.16 692	2 607	0.1971	20 50
13	9 32.62	5.89	0.84	1 51.2	5.5	1.0	19 299	2 671	1972	20 42
15	9 26.73	5.49	0.80	1 56.7	2.5	0.7	21 970	2 731	1974	20 34
17	9 21.24	5.08	0.76	1 59.2	0.2	0.4	24 701	2 787	1975	20 26
19	9 16.16	4.66	0.72	1 59.0	3.1	—0.2	27 488	2 840	1977	20 18
21	10 9 11.50	4.23	+0.68	+23 1 55.9	5.9	+0.1	34.30 328	2 888	0.1979	20 10
23	9 7.27	3.81	0.64	1 50.0	8.7	0.4	33 216	2 934	1980	20 2
25	9 3.46	3.37	0.60	1 41.3	11.4	0.7	36 150	2 975	1982	19 54
27	9 0.09	2.94	0.55	1 29.9	14.2	1.0	39 125	3 014	1984	19 46
29	8 57.15	2.49	0.51	1 15.7	16.9	1.2	42 139	3 048	1986	19 38
Mai 1	10 8 54.66	2.05	+0.47	+23 0 58.8	19.6	+1.5	34.45 187	3 079	0.1987	19 31
3	8 52.61	1.59	0.42	0 39.2	22.3	1.8	48 266	3 106	1989	19 23
5	8 51.02	1.13	0.38	+23 0 16.9	24.9	2.0	51 372	3 130	1991	19 15
7	8 49.89	0.68	0.33	+22 59 52.0	27.6	2.3	54 502	3 150	1993	19 7
9	8 49.21	0.21	0.29	59 24.4	30.2	2.6	57 652	3 165	1994	18 59
11	10 8 49.00	0.25	+0.24	+22 58 54.2	32.7	+2.8	34.60 817	3 177	0.1996	18 51
13	8 49.25	0.71	0.19	58 21.5	35.2	3.1	63 994	3 185	1998	18 43
15	8 49.96	1.18	0.15	57 46.3	37.6	3.3	67 179	3 187	2000	18 35
17	8 51.14	1.65	0.10	57 8.7	40.0	3.6	70 366	3 187	2002	18 28
19	8 52.79	2.10	0.05	56 28.7	42.4	3.8	73 553	3 183	2004	18 20
21	10 8 54.89	2.56	+0.01	+22 55 46.3	44.6	+4.0	34.76 736	3 176	0.2005	18 12
23	8 57.45	3.01	—0.04	55 1.7	46.9	4.3	79 912	3 164	2007	18 4
25	9 0.46	3.47	0.08	54 14.8	49.0	4.5	83 076	3 149	2009	17 56
27	9 3.93	3.92	0.13	53 25.8	51.2	4.7	86 225	3 131	2011	17 48
29	9 7.85	4.37	0.18	52 34.6	53.2	4.9	89 356	3 110	2013	17 41
31	10 9 12.22	4.81	—0.22	+22 51 41.4	55.3	+5.1	34.92 466	3 085	0.2015	17 33
Juni 2	9 17.03	5.25	0.27	50 46.1	57.2	5.3	95 551	3 057	2016	17 25
4	9 22.28	5.69	0.31	49 48.9	59.1	5.5	34.98 608	3 024	2018	17 17
6	9 27.97	6.12	0.36	48 49.8	61.0	5.7	35.01 632	2 989	2020	17 10
8	9 34.09	6.56	0.40	47 48.8	62.7	5.9	04 621	2 949	2022	17 2
10	10 9 40.65	6.97	—0.44	+22 46 46.1	64.4	+6.1	35.07 570	2 907	0.2023	16 54
12	9 47.62	7.39	0.49	45 41.7	66.1	6.3	10 477	2 859	2025	16 46
14	9 55.01	7.80	0.53	44 35.6	67.6	6.5	13 336	2 810	2027	16 39
16	10 2.81	8.19	0.57	43 28.0	69.1	6.6	16 146	2 758	2028	16 31
18	10 11.00	8.59	0.61	42 18.9	70.5	6.8	18 904	2 701	2030	16 23
20	10 10 19.59	8.96	—0.65	+22 41 8.4	71.8	+6.9	35.21 605	2 643	0.2031	16 15
22	10 28.55	9.34	0.69	39 56.6	73.1	7.0	24 248	2 582	2033	16 8
24	10 37.89	9.71	0.73	38 43.5	74.3	7.2	26 830	2 519	2034	16 0
26	10 47.60	10.07	0.77	37 29.2	75.5	7.3	29 349	2 452	2036	15 52
28	10 57.67	10.42	0.80	36 13.7	76.5	7.4	31 801	2 383	2037	15 45
30	11 8.09	10.76	0.84	34 57.2	77.5	7.5	34 184	2 311	2039	15 37
Juli 2	10 11 18.85		—0.87	+22 33 39.7		+7.6	35.36 495		0.2040	15 29

Pluto 1956

Tag	Rektaszension 1950.0		Fixstern-aberration	Deklination 1950.0		Fixstern-aberration	Δ		Lichtzeit	Obere Kulmination in Greenwich
	0h Weltzeit									
1956	h m s	s	s	° ′ ″	″	″			d	h m
Juli 2	10 11 18.85	11.09	−0.87	+22 33 39.7	78.4	+7.6	35.36 495	2 237	0.2040	15 29
4	11 29.94	11.42	0.91	32 21.3	79.3	7.7	38 732	2 160	2041	15 21
6	11 41.36	11.73	0.94	31 2.0	80.0	7.8	40 892	2 080	2042	15 14
8	11 53.09	12.04	0.97	29 42.0	80.8	7.9	42 972	1 997	2044	15 6
10	12 5.13	12.32	1.00	28 21.2	81.3	7.9	44 969	1 912	2045	14 58
12	10 12 17.45	12.61	−1.03	+22 26 59.9	81.8	+8.0	35.46 881	1 825	0.2046	14 51
14	12 30.06	12.88	1.06	25 38.1	82.3	8.1	48 706	1 736	2047	14 43
16	12 42.94	13.13	1.09	24 15.8	82.7	8.1	50 442	1 645	2048	14 35
18	12 56.07	13.38	1.12	22 53.1	82.9	8.1	52 087	1 553	2049	14 28
20	13 9.45	13.61	1.14	21 30.2	83.1	8.2	53 640	1 460	2050	14 20
22	10 13 23.06	13.83	−1.17	+22 20 7.1	83.3	+8.2	35.55 100	1 364	0.2051	14 13
24	13 36.89	14.05	1.19	18 43.8	83.4	8.2	56 464	1 266	2051	14 5
26	13 50.94	14.24	1.21	17 20.4	83.3	8.2	57 730	1 169	2052	13 57
28	14 5.18	14.43	1.23	15 57.1	83.2	8.2	58 899	1 069	2053	13 50
30	14 19.61	14.61	1.25	14 33.9	83.1	8.2	59 968	967	2053	13 42
Aug. 1	10 14 34.22	14.78	−1.27	+22 13 10.8	82.9	+8.2	35.60 935	864	0.2054	13 34
3	14 49.00	14.93	1.28	11 47.9	82.5	8.1	61 799	760	2055	13 27
5	15 3.93	15.06	1.30	10 25.4	82.1	8.1	62 559	655	2055	13 19
7	15 18.99	15.19	1.31	9 3.3	81.7	8.0	63 214	548	2055	13 12
9	15 34.18	15.31	1.33	7 41.6	81.0	8.0	63 762	441	2056	13 4
11	10 15 49.49	15.40	−1.34	+22 6 20.6	80.4	+7.9	35.64 203	332	0.2056	12 56
13	16 4.89	15.48	1.35	5 0.2	79.6	7.9	64 535	225	2056	12 49
15	16 20.37	15.55	1.35	3 40.6	78.9	7.8	64 760	116	2056	12 41
17	16 35.92	15.61	1.36	2 21.7	77.9	7.7	64 876	8	2056	12 34
19	16 51.53	15.65	1.37	+22 1 3.8	77.0	7.6	64 884	−101	2056	12 26
21	10 17 7.18	15.68	−1.37	+21 59 46.8	76.0	+7.5	35.64 783	210	0.2056	12 18
23	17 22.86	15.70	1.37	58 30.8	74.9	7.4	64 573	318	2056	12 11
25	17 38.56	15.71	1.37	57 15.9	73.7	7.3	64 255	428	2056	12 3
27	17 54.27	15.71	1.37	56 2.2	72.5	7.1	63 827	537	2056	11 56
29	18 9.98	15.68	1.37	54 49.7	71.2	7.0	63 290	645	2055	11 48
31	10 18 25.66	15.65	−1.37	+21 53 38.5	69.8	+6.9	35.62 645	754	0.2055	11 40
Sept. 2	18 41.31	15.60	1.36	52 28.7	68.3	6.7	61 891	863	2055	11 33
4	18 56.91	15.53	1.36	51 20.4	66.8	6.6	61 028	972	2054	11 25
6	19 12.44	15.46	1.35	50 13.6	65.1	6.4	60 056	1 078	2054	11 18
8	19 27.90	15.37	1.34	49 8.5	63.5	6.2	58 978	1 184	2053	11 10
10	10 19 43.27	15.26	−1.33	+21 48 5.0	61.6	+6.0	35.57 794	1 290	0.2052	11 2
12	19 58.53	15.14	1.32	47 3.4	59.9	5.8	56 504	1 393	2051	10 55
14	20 13.67	15.01	1.30	46 3.5	57.9	5.6	55 111	1 496	2051	10 47
16	20 28.68	14.86	1.29	45 5.6	56.0	5.4	53 615	1 596	2050	10 39
18	20 43.54	14.70	1.27	44 9.6	54.1	5.2	52 019	1 696	2049	10 32
20	10 20 58.24	14.53	−1.25	+21 43 15.5	51.9	+5.0	35.50 323	1 793	0.2048	10 24
22	21 12.77	14.35	1.24	42 23.6	49.8	4.8	48 530	1 891	2047	10 17
24	21 27.12	14.16	1.22	41 33.8	47.7	4.6	46 639	1 985	2046	10 9
26	21 41.28	13.95	1.19	40 46.1	45.4	4.4	44 654	2 078	2045	10 1
28	21 55.23	13.72	1.17	40 0.7	43.1	4.1	42 576	2 171	2043	9 54
30	22 8.95	13.49	1.15	39 17.6	40.8	3.9	40 405	2 260	2042	9 46
Okt. 2	10 22 22.44		−1.12	+21 38 36.8		+3.6	35.38 145		0.2041	9 38

Tag	Rektaszension 1950.0	Diff.	Fix-stern-ab-erration	Deklination 1950.0	Diff.	Fix-stern-ab-erration	Δ	Diff.	Licht-zeit	Obere Kul-mination in Green-wich
	0h Weltzeit									
1956	h m s	s	s	° ′ ″	″	″			d	h m
Okt. 2	10 22 22.44	13.24	−1.12	+21 38 36.8	38.3	+3.6	35.38 145	2 348	0.2041	9 38
4	22 35.68	12.98	1.09	37 58.5	35.9	3.4	35 797	2 433	2040	9 31
6	22 48.66	12.71	1.07	37 22.6	33.3	3.1	33 364	2 516	2038	9 23
8	23 1.37	12.41	1.04	36 49.3	30.8	2.9	30 848	2 596	2037	9 16
10	23 13.78	12.12	1.01	36 18.5	28.2	2.6	28 252	2 673	2035	9 8
12	10 23 25.90	11.80	−0.97	+21 35 50.3	25.5	+2.3	35.25 579	2 748	0.2034	9 0
14	23 37.70	11.49	0.94	35 24.8	22.9	2.0	22 831	2 818	2032	8 53
16	23 49.19	11.15	0.91	35 1.9	20.2	1.8	20 013	2 887	2030	8 45
18	24 0.34	10.81	0.87	34 41.7	17.5	1.5	17 126	2 952	2029	8 37
20	24 11.15	10.46	0.84	34 24.2	14.7	1.2	14 174	3 015	2027	8 29
22	10 24 21.61	10.10	−0.80	+21 34 9.5	11.9	+0.9	35.11 159	3 074	0.2025	8 22
24	24 31.71	9.73	0.76	33 57.6	9.1	0.6	08 085	3 131	2024	8 14
26	24 41.44	9.35	0.72	33 48.5	6.3	0.3	04 954	3 185	2022	8 6
28	24 50.79	8.95	0.68	33 42.2	3.5	+0.1	35.01 769	3 235	2020	7 59
30	24 59.74	8.55	0.64	33 38.7	0.5	−0.2	34.98 534	3 282	2018	7 51
Nov. 1	10 25 8.29	8.15	−0.60	+21 33 38.2	2.4	−0.5	34.95 252	3 325	0.2016	7 43
3	25 16.44	7.72	0.56	33 40.6	5.2	0.8	91 927	3 364	2014	7 36
5	25 24.16	7.29	0.51	33 45.8	8.2	1.1	88 563	3 398	2012	7 28
7	25 31.45	6.86	0.47	33 54.0	11.0	1.4	85 165	3 430	2010	7 20
9	25 38.31	6.42	0.42	34 5.0	13.9	1.7	81 735	3 457	2008	7 12
11	10 25 44.73	5.97	−0.38	+21 34 18.9	16.8	−2.0	34.78 278	3 481	0.2006	7 5
13	25 50.70	5.51	0.33	34 35.7	19.7	2.3	74 797	3 499	2004	6 57
15	25 56.21	5.06	0.29	34 55.4	22.5	2.5	71 298	3 514	2002	6 49
17	26 1.27	4.60	0.24	35 17.9	25.3	2.8	67 784	3 526	2000	6 41
19	26 5.87	4.14	0.19	35 43.2	28.1	3.1	64 258	3 533	1998	6 33
21	10 26 10.01	3.66	−0.15	+21 36 11.3	30.9	−3.4	34.60 725	3 538	0.1996	6 26
23	26 13.67	3.20	0.10	36 42.2	33.6	3.7	57 187	3 537	1994	6 18
25	26 16.87	2.71	−0.05	37 15.8	36.3	3.9	53 650	3 533	1992	6 10
27	26 19.58	2.23	0.00	37 52.1	39.1	4.2	50 117	3 524	1990	6 2
29	26 21.81	1.75	+0.05	38 31.2	41.7	4.5	46 593	3 512	1988	5 54
Dez. 1	10 26 23.56	1.27	+0.09	+21 39 12.9	44.3	−4.7	34.43 081	3 494	0.1986	5 47
3	26 24.83	0.78	0.14	39 57.2	46.8	5.0	39 587	3 473	1984	5 39
5	26 25.61	0.30	0.19	40 44.0	49.3	5.2	36 114	3 446	1982	5 31
7	26 25.91	0.19	0.24	41 33.3	51.7	5.4	32 668	3 416	1980	5 23
9	26 25.72	0.67	0.29	42 25.0	54.1	5.7	29 252	3 382	1978	5 15
11	10 26 25.05	1.15	+0.33	+21 43 19.1	56.3	−5.9	34.25 870	3 342	0.1976	5 7
13	26 23.90	1.62	0.38	44 15.4	58.5	6.1	22 528	3 300	1974	4 59
15	26 22.28	2.09	0.43	45 13.9	60.7	6.3	19 228	3 254	1972	4 51
17	26 20.19	2.55	0.47	46 14.6	62.7	6.5	15 974	3 203	1970	4 44
19	26 17.64	3.01	0.52	47 17.3	64.6	6.7	12 771	3 150	1969	4 36
21	10 26 14.63	3.48	+0.56	+21 48 21.9	66.6	−6.9	34.09 621	3 092	0.1967	4 28
23	26 11.15	3.92	0.61	49 28.5	68.4	7.1	06 529	3 030	1965	4 20
25	26 7.23	4.37	0.65	50 36.9	70.1	7.2	03 499	2 966	1963	4 12
27	26 2.86	4.81	0.69	51 47.0	71.7	7.4	34.00 533	2 897	1962	4 4
29	25 58.05	5.24	0.74	52 58.7	73.3	7.5	33.97 636	2 823	1960	3 56
31	25 52.81	5.66	0.78	54 12.0	74.6	7.7	94 813	2 747	1958	3 48
33	10 25 47.15		+0.82	+21 55 26.6		−7.8	33.92 066		0.1957	3 40

0h Weltzeit	Mittleres Äquinoktium 1950.0 X			ΔX	Y			ΔY	Z			ΔZ
1956												
Jan. 0	+0.144 329	+17 270	− 45	−3	−0.892 324	+ 2 508	+277	+3	−0.386 978	+1 087	+120	−1
1	0.161 599	17 222	48	0	0.889 816	2 783	275	−2	0.385 891	1 207	120	−1
2	0.178 821	17 167	55	−5	0.887 033	3 058	275	−1	0.384 684	1 326	119	−5
3	0.195 988	17 108	59	−2	0.883 975	3 333	275	+2	0.383 358	1 445	119	−3
4	0.213 096	17 043	65	−1	0.880 642	3 608	275	+5	0.381 913	1 565	120	+3
5	0.230 139	16 974	69	+3	0.877 034	3 881	273	−1	0.380 348	1 683	118	−1
6	+0.247 113	+16 897	− 77	−4	−0.873 153	+ 4 153	+272	−4	−0.378 665	+1 802	+119	+2
7	0.264 010	16 817	80	+4	0.869 000	4 424	271	−4	0.376 863	1 919	117	−3
8	0.280 827	16 730	87	+2	0.864 576	4 695	271	−1	0.374 944	2 036	117	−1
9	0.297 557	16 639	91	+5	0.859 881	4 963	268	−5	0.372 908	2 154	118	+4
10	0.314 196	16 541	98	0	0.854 918	5 230	267	−2	0.370 754	2 269	115	−4
11	0.330 737	16 438	103	+1	0.849 688	5 497	267	+2	0.368 485	2 384	115	−5
12	+0.347 175	+16 330	−108	+4	−0.844 191	+ 5 760	+263	−5	−0.366 101	+2 498	+114	−3
13	0.363 505	16 217	113	+5	0.838 431	6 022	262	−3	0.363 603	2 613	115	+3
14	0.379 722	16 098	119	−1	0.832 409	6 282	260	+1	0.360 990	2 724	111	−4
15	0.395 820	15 973	125	−4	0.826 127	6 541	259	+3	0.358 266	2 837	113	+4
16	0.411 793	15 844	129	0	0.819 586	6 796	255	−4	0.355 429	2 947	110	0
17	0.427 637	15 710	134	+2	0.812 790	7 049	253	−4	0.352 482	3 057	110	+4
18	+0.443 347	+15 571	−139	+1	−0.805 741	+ 7 299	+250	−4	−0.349 425	+3 166	+109	+3
19	0.458 918	15 426	145	−4	0.798 442	7 548	249	+3	0.346 259	3 273	107	−2
20	0.474 344	15 277	149	0	0.790 894	7 793	245	+2	0.342 986	3 379	106	−2
21	0.489 621	15 124	153	+3	0.783 101	8 036	243	+2	0.339 607	3 484	105	0
22	0.504 745	14 966	158	+3	0.775 065	8 275	239	−4	0.336 123	3 588	104	+1
23	0.519 711	14 804	162	+3	0.766 790	8 511	236	−4	0.332 535	3 690	102	0
24	+0.534 515	+14 637	−167	0	−0.758 279	+ 8 745	+234	+1	−0.328 845	+3 792	+102	+5
25	0.549 152	14 467	170	+3	0.749 534	8 977	232	+4	0.325 053	3 892	100	+4
26	0.563 619	14 293	174	+2	0.740 557	9 204	227	−4	0.321 161	3 991	99	+4
27	0.577 912	14 114	179	−1	0.731 353	9 429	225	−3	0.317 170	4 089	98	+4
28	0.592 026	13 932	182	+2	0.721 924	9 652	223	−2	0.313 081	4 185	96	+1
29	0.605 958	13 746	186	+2	0.712 272	9 871	219	−4	0.308 896	4 281	96	+4
30	+0.619 704	+13 556	−190	0	−0.702 401	+10 088	+217	−1	−0.304 615	+4 375	+ 94	+2
31	0.633 260	13 361	195	−3	0.692 313	10 302	214	+2	0.300 240	4 468	93	+1
Febr. 1	0.646 621	13 163	198	+1	0.682 011	10 514	212	+5	0.295 772	4 560	92	+1
2	0.659 784	12 961	202	+1	0.671 497	10 722	208	0	0.291 212	4 650	90	−2
3	0.672 745	12 754	207	−3	0.660 775	10 926	204	−3	0.286 562	4 739	89	−2
4	0.685 499	12 543	211	−5	0.649 849	11 129	203	+4	0.281 823	4 827	88	+1
5	+0.698 042	+12 328	−215	−4	−0.638 720	+11 327	+198	+1	−0.276 996	+4 913	+ 86	−2
6	0.710 370	12 109	219	−2	0.627 393	11 522	195	+1	0.272 083	4 997	84	−4
7	0.722 479	11 887	222	+3	0.615 871	11 713	191	+1	0.267 086	5 080	83	0
8	0.734 366	11 660	227	0	0.604 158	11 901	188	+3	0.262 006	5 162	82	+3
9	0.746 026	+11 430	230	+1	0.592 257	+12 085	184	+2	0.256 844	+5 241	79	0
10	+0.757 456		−234	+1	−0.580 172		+179	−2	−0.251 603		+ 78	+3

ΔX, ΔY, ΔZ sind in Einheiten der 7. Dezimale gegeben.

0h Weltzeit	Mittleres Äquinoktium 1950.0											
	X			ΔX	Y			ΔY	Z			ΔZ
1956 Febr. 10	+0.757 456	+11 196	−234	+1	−0.580 172	+12 264	+179	−2	−0.251 603	+5 319	+78	+3
11	0.768 652	10 958	238	0	0.567 908	12 441	177	+4	0.246 284	5 396	77	+5
12	0.779 610	10 717	241	+3	0.555 467	12 612	171	+1	0.240 888	5 470	74	−1
13	0.790 327	10 473	244	+5	0.542 855	12 780	168	+4	0.235 418	5 542	72	−2
14	0.800 800	10 225	248	+2	0.530 075	12 943	163	+2	0.229 876	5 613	71	0
15	0.811 025	9 975	250	+3	0.517 132	13 102	159	+3	0.224 263	5 682	69	0
16	+0.821 000	+9 721	−254	−3	−0.504 030	+13 257	+155	+4	−0.218 581	+5 748	+66	−3
17	0.830 721	9 464	257	−4	0.490 773	13 406	149	−3	0.212 833	5 814	66	+2
18	0.840 185	9 206	258	+1	0.477 367	13 552	146	0	0.207 019	5 876	62	−5
19	0.849 391	8 944	262	−4	0.463 815	13 692	140	−4	0.201 143	5 937	61	−2
20	0.858 335	8 681	263	+1	0.450 123	13 829	137	+2	0.195 206	5 997	60	+1
21	0.867 016	8 416	265	+1	0.436 294	13 961	132	−1	0.189 209	6 053	56	−4
22	+0.875 432	+8 148	−268	−4	−0.422 333	+14 088	+127	−4	−0.183 156	+6 109	+56	+3
23	0.883 580	7 878	270	−5	0.408 245	14 211	123	−2	0.177 047	6 163	54	+3
24	0.891 458	7 608	270	0	0.394 034	14 330	119	+1	0.170 884	6 214	51	−1
25	0.899 066	7 334	274	−5	0.379 704	14 446	116	+3	0.164 670	6 264	50	+1
26	0.906 400	7 059	275	−1	0.365 258	14 555	109	−4	0.158 406	6 313	49	+4
27	0.913 459	6 783	276	+5	0.350 703	14 662	107	+3	0.152 093	6 359	46	−2
28	+0.920 242	+6 505	−278	+4	−0.336 041	+14 765	+103	+5	−0.145 734	+6 403	+44	−5
29	0.926 747	6 224	281	0	0.321 276	14 863	98	+1	0.139 331	6 446	43	−3
März 1	0.932 971	5 942	282	+1	0.306 413	14 957	94	−2	0.132 885	6 487	41	−3
2	0.938 913	5 657	285	−3	0.291 456	15 046	89	−5	0.126 398	6 525	38	−5
3	0.944 570	5 372	285	+3	0.276 410	15 131	85	−3	0.119 873	6 563	38	+2
4	0.949 942	5 084	288	0	0.261 279	15 212	81	0	0.113 310	6 597	34	−2
5	+0.955 026	+4 795	−289	0	−0.246 067	+15 288	+76	−3	−0.106 713	+6 631	+34	+4
6	0.959 821	4 504	291	−2	0.230 779	15 359	71	−4	0.100 082	6 661	30	0
7	0.964 325	4 212	292	−2	0.215 420	15 425	66	−4	0.093 421	6 690	29	+3
8	0.968 537	3 918	294	−4	0.199 995	15 488	63	+2	0.086 731	6 717	27	+4
9	0.972 455	3 623	295	−2	0.184 507	15 544	56	−5	0.080 014	6 742	25	+4
10	0.976 078	3 328	295	+4	0.168 963	15 596	52	−3	0.073 272	6 763	21	−3
11	+0.979 406	+3 031	−297	−1	−0.153 367	+15 643	+47	1	0.066 509	+6 784	+21	+5
12	0.982 437	2 733	298	−3	0.137 724	15 685	42	+1	0.059 725	6 803	19	+4
13	0.985 170	2 435	298	−2	0.122 039	15 722	37	+2	0.052 922	6 818	15	−4
14	0.987 605	2 135	300	−5	0.106 317	15 754	32	+3	0.046 104	6 831	13	−5
15	0.989 740	1 837	298	+5	0.090 563	15 780	26	+1	0.039 273	6 843	12	+1
16	0.991 577	1 538	299	+2	0.074 783	15 803	23	+5	0.032 430	6 852	9	0
17	+0.993 115	+1 238	−300	−3	−0.058 980	+15 818	+15	−5	−0.025 578	+6 860	+8	+3
18	0.994 353	939	299	0	0.043 162	15 830	12	0	0.018 718	6 864	4	−4
19	0.995 292	641	298	+2	0.027 332	15 837	7	0	0.011 854	6 867	3	0
20	0.995 933	342	299	−1	−0.011 495	15 838	+1	−4	−0.004 987	6 868	+1	+1
21	0.996 275	+45	297	+3	+0.004 343	+15 835	−3	0	+0.001 881	+6 867	−1	+1
22	+0.996 320		−297	+2	+0.020 178		−7	+4	+0.008 748		−3	0

ΔX, ΔY, ΔZ sind in Einheiten der 7. Dezimale gegeben.

0h Weltzeit	Mittleres Äquinoktium 1950.0											
	X			ΔX	Y			ΔY	Z			ΔZ
1956												
März 22	+0.996 320	−252	−297	+2	+0.020 178	+15 828	−7	+4	+0.008 748	+6 864	−3	0
23	0.996 068	548	296	+2	0.036 006	15 817	11	+5	0.015 612	6 858	6	−1
24	0.995 520	844	296	−1	0.051 823	15 799	18	−4	0.022 470	6 852	6	+5
25	0.994 676	1 139	295	0	0.067 622	15 779	20	+3	0.029 322	6 843	9	+3
26	0.993 537	1 433	294	0	0.083 401	15 754	25	+4	0.036 165	6 833	10	+4
27	0.992 104	1 727	294	−2	0.099 155	15 725	29	+4	0.042 998	6 820	13	−2
28	+0.990 377	−2 020	−293	−2	+0.114 880	+15 692	−33	+3	+0.049 818	+6 805	−15	−4
29	0.988 357	2 313	293	−2	0.130 572	15 653	39	−4	0.056 623	6 789	16	0
30	0.986 044	2 604	291	+2	0.146 225	15 611	42	−1	0.063 412	6 771	18	0
31	0.983 440	2 895	291	−1	0.161 836	15 564	47	−1	0.070 183	6 750	21	−3
April 1	0.980 545	3 186	291	−5	0.177 400	15 513	51	+2	0.076 933	6 728	22	+2
2	0.977 359	3 475	289	−2	0.192 913	15 457	56	+2	0.083 661	6 704	24	+4
3	+0.973 884	−3 764	−289	−1	+0.208 370	+15 397	−60	+5	+0.090 365	+6 678	−26	+3
4	0.970 120	4 050	286	+4	0.223 767	15 332	65	+5	0.097 043	6 650	28	+1
5	0.966 070	4 337	287	−4	0.239 099	15 263	69	+5	0.103 693	6 619	31	−4
6	0.961 733	4 622	285	−5	0.254 362	15 189	74	+3	0.110 312	6 587	32	0
7	0.957 111	4 906	284	−3	0.269 551	15 110	79	−1	0.116 899	6 553	34	0
8	0.952 205	5 187	281	+4	0.284 661	15 027	83	−2	0.123 452	6 516	37	−1
9	+0.947 018	−5 468	−281	+1	+0.299 688	+14 939	−88	−4	+0.129 968	+6 479	−37	+4
10	0.941 550	5 746	278	+4	0.314 627	14 846	93	−5	0.136 447	6 438	41	−3
11	0.935 804	6 023	277	+2	0.329 473	14 749	97	−4	0.142 885	6 395	43	−3
12	0.929 781	6 297	274	+3	0.344 222	14 646	103	−5	0.149 280	6 352	43	+2
13	0.923 484	6 569	272	+2	0.358 868	14 541	105	+3	0.155 632	6 305	47	−4
14	0.916 915	6 839	270	−2	0.373 409	14 429	112	−3	0.161 937	6 257	48	−4
15	+0.910 076	−7 106	−267	−2	+0.387 838	+14 315	−114	+3	+0.168 194	+6 207	−50	−4
16	0.902 970	7 370	264	0	0.402 153	14 195	120	−2	0.174 401	6 155	52	−3
17	0.895 600	7 632	262	−1	0.416 348	14 072	123	−2	0.180 556	6 102	53	−1
18	0.887 968	7 890	258	+4	0.430 420	13 944	128	−3	0.186 658	6 047	55	0
19	0.880 078	8 146	256	+3	0.444 364	13 814	130	+3	0.192 705	5 990	57	0
20	0.871 932	8 398	252	+5	0.458 178	13 679	135	−1	0.198 695	5 932	58	+3
21	+0.863 534	−8 649	−251	−2	+0.471 857	+13 541	−138	0	+0.204 627	+5 873	−59	+5
22	0.854 885	8 896	247	+1	0.485 398	13 399	142	−2	0.210 500	5 811	62	−2
23	0.845 989	9 140	244	+2	0.498 797	13 254	145	+1	0.216 311	5 749	62	0
24	0.836 849	9 383	243	−4	0.512 051	13 106	148	+4	0.222 060	5 684	65	−5
25	0.827 466	9 621	238	+3	0.525 157	12 954	152	+4	0.227 744	5 618	66	−4
26	0.817 845	9 858	237	+1	0.538 111	12 800	154	+5	0.233 362	5 551	67	+2
27	+0.807 987	−10 091	−233	+5	+0.550 911	+12 640	−160	−5	+0.238 913	+5 483	−68	+3
28	0.797 896	10 322	231	+3	0.563 551	12 478	162	−1	0.244 396	5 412	71	−3
29	0.787 574	10 549	227	+4	0.576 029	12 313	165	+3	0.249 808	5 340	72	0
30	0.777 025	10 775	226	−4	0.588 342	12 144	169	+4	0.255 148	5 268	72	+5
Mai 1	0.766 250	−10 997	222	−3	0.600 486	+11 972	172	+4	0.260 416	+5 192	76	−5
2	+0.755 253		−219	−1	+0.612 458		−176	+2	+0.265 608		−76	−1

ΔX, ΔY, ΔZ sind in Einheiten der 7. Dezimale gegeben.

0h Weltzeit	Mittleres Äquinoktium 1950.0											
	X			ΔX	Y			ΔY	Z			ΔZ
1956												
Mai 2	+0.755 253	−11 216	−219	−1	+0.612 458	+11 796	−176	+2	+0.265 608	+5 116	− 76	−1
Mai 3	0.744 037	11 431	215	+1	0.624 254	11 617	179	+2	0.270 724	5 038	78	−2
Mai 4	0.732 606	11 644	213	−5	0.635 871	11 434	183	+2	0.275 762	4 959	79	−1
Mai 5	0.720 962	11 854	210	−4	0.647 305	11 249	185	+5	0.280 721	4 878	81	−2
Mai 6	0.709 108	12 059	205	+3	0.658 554	11 059	190	0	0.285 599	4 796	82	−1
Mai 7	0.697 049	12 261	202	+1	0.669 613	10 867	192	+2	0.290 395	4 712	84	−3
Mai 8	+0.684 788	−12 460	−199	−5	+0.680 480	+10 670	−197	−4	+0.295 107	+4 627	− 85	−2
Mai 9	0.672 328	12 655	195	−5	0.691 150	10 471	199	−1	0.299 734	4 540	87	−2
Mai 10	0.659 673	12 846	191	−4	0.701 621	10 268	203	0	0.304 274	4 452	88	0
Mai 11	0.646 827	13 032	186	0	0.711 889	10 063	205	+3	0.308 726	4 364	88	+3
Mai 12	0.633 795	13 215	183	−3	0.721 952	9 854	209	0	0.313 090	4 272	92	−4
Mai 13	0.620 580	13 393	178	0	0.731 806	9 643	211	0	0.317 362	4 181	91	+2
Mai 14	+0.607 187	−13 566	−173	+3	+0.741 449	+ 9 428	−215	−4	+0.321 543	+4 088	− 93	+3
Mai 15	0.593 621	13 736	170	−1	0.750 877	9 212	216	−1	0.325 631	3 995	93	+4
Mai 16	0.579 885	13 900	164	+3	0.760 089	8 993	219	−2	0.329 626	3 900	95	−1
Mai 17	0.565 985	14 061	161	−1	0.769 082	8 772	221	−1	0.333 526	3 804	96	−4
Mai 18	0.551 924	14 217	156	+1	0.777 854	8 549	223	0	0.337 330	3 707	97	−3
Mai 19	0.537 707	14 369	152	0	0.786 403	8 324	225	+1	0.341 037	3 610	97	+3
Mai 20	+0.523 338	−14 517	−148	+1	+0.794 727	+ 8 098	−226	+3	+0.344 647	+3 512	− 98	+5
Mai 21	0.508 821	14 660	143	+4	0.802 825	7 869	229	−3	0.348 159	3 413	99	+4
Mai 22	0.494 161	14 800	140	+2	0.810 694	7 638	231	−5	0.351 572	3 313	100	+3
Mai 23	0.479 361	14 935	135	+4	0.818 332	7 406	232	−3	0.354 885	3 213	100	+5
Mai 24	0.464 426	15 066	131	+1	0.825 738	7 172	234	−4	0.358 098	3 111	102	−2
Mai 25	0.449 360	15 194	128	−4	0.832 910	6 936	236	−4	0.361 209	3 009	102	−2
Mai 26	+0.434 166	−15 318	−124	−5	+0.839 846	+ 6 698	−238	−2	+0.364 218	+2 905	−104	−5
Mai 27	0.418 848	15 436	118	+3	0.846 544	6 459	239	+2	0.367 123	2 802	103	+1
Mai 28	0.403 412	15 552	116	−2	0.853 003	6 218	241	+4	0.369 925	2 697	105	−1
Mai 29	0.387 860	15 662	110	+3	0.859 221	5 975	243	+3	0.372 622	2 592	105	−1
Mai 30	0.372 198	15 769	107	+1	0.865 196	5 731	244	+5	0.375 214	2 485	107	−4
Mai 31	0.356 429	15 871	102	+2	0.870 927	5 484	247	+1	0.377 699	2 379	106	+1
Juni 1	+0.340 558	−15 969	− 98	+2	+0.876 411	+ 5 237	−247	+5	+0.380 078	+2 271	108	−3
Juni 2	0.324 589	16 063	94	+1	0.881 648	4 987	250	+1	0.382 349	2 162	109	−4
Juni 3	0.308 526	16 151	88	+5	0.886 635	4 736	251	+1	0.384 511	2 054	108	+1
Juni 4	0.292 375	16 236	85	−1	0.891 371	4 483	253	−1	0.386 565	1 943	111	−4
Juni 5	0.276 139	16 316	80	−2	0.895 854	4 229	254	+1	0.388 508	1 834	109	+4
Juni 6	0.259 823	16 391	75	0	0.900 083	3 973	256	0	0.390 342	1 722	112	−3
Juni 7	+0.243 432	−16 461	− 70	+2	+0.904 056	+ 3 716	−257	+3	+0.392 064	+1 611	−111	+1
Juni 8	0.226 971	16 526	65	+3	0.907 772	3 458	258	+4	0.393 675	1 499	112	−1
Juni 9	0.210 445	16 585	59	+5	0.911 230	3 199	259	+1	0.395 174	1 386	113	−4
Juni 10	0.193 860	16 640	55	−1	0.914 429	2 938	261	−3	0.396 560	1 274	112	0
Juni 11	0.177 220	−16 690	50	−5	0.917 367	+ 2 678	260	0	0.397 834	+1 160	114	−3
Juni 12	+0.160 530		− 44	−2	+0.920 045		−262	−5	+0.398 994		−112	+3

ΔX, ΔY, ΔZ sind in Einheiten der 7. Dezimale gegeben.

0h Weltzeit	X			ΔX	Y			ΔY	Z			ΔZ
	Mittleres Äquinoktium 1950.0											
1956												
Juni 12	+0.160 530	−16 734	− 44	−2	+0.920 045	+2 416	−262	−5	+0.398 994	+1 048	−112	+3
13	0.143 796	16 774	40	−3	0.922 461	2 154	262	−4	0.400 042	934	114	−2
14	0.127 022	16 807	33	+4	0.924 615	1 892	262	0	0.400 976	821	113	−2
15	0.110 215	16 837	30	−3	0.926 507	1 631	261	+5	0.401 797	707	114	−5
16	0.093 378	16 862	25	−3	0.928 138	1 369	262	+2	0.402 504	594	113	−1
17	0.076 516	16 882	20	0	0.929 507	1 107	262	−2	0.403 098	480	114	−2
18	+0.059 634	−16 897	− 15	+3	+0.930 614	+ 845	−262	−4	+0.403 578	+ 367	−113	+3
19	0.042 737	16 908	11	+2	0.931 459	583	262	−4	0.403 945	254	113	+2
20	0.025 829	16 914	6	+3	0.932 042	321	262	−3	0.404 199	140	114	−2
21	+0.008 915	16 916	− 2	0	0.932 363	+ 60	261	+1	0.404 339	+ 26	114	−1
22	−0.008 001	16 914	+ 2	−2	0.932 423	− 202	262	−2	0.404 365	− 86	112	+4
23	0.024 915	16 906	8	+2	0.932 221	463	261	+2	0.404 279	200	114	−3
24	−0.041 821	−16 895	+ 11	−3	+0.931 758	− 724	−261	+3	+0.404 079	− 314	−114	−4
25	0.058 716	16 879	16	−2	0.931 034	985	261	+1	0.403 765	427	113	+1
26	0.075 595	16 859	20	−2	0.930 049	1 246	261	+1	0.403 338	540	113	+2
27	0.092 454	16 833	26	+2	0.928 803	1 507	261	0	0.402 798	653	113	+2
28	0.109 287	16 804	29	−3	0.927 296	1 767	260	+3	0.402 145	766	113	−1
29	0.126 091	16 770	34	−3	0.925 529	2 027	260	+4	0.401 379	879	113	−2
30	−0.142 861	−16 731	+ 39	−2	+0.923 502	−2 287	−260	+2	+0.400 500	− 992	−113	−5
Juli 1	0.159 592	16 688	43	−4	0.921 215	2 546	259	+4	0.399 508	1 105	113	−5
2	0.176 280	16 640	48	−4	0.918 669	2 805	259	+2	0.398 403	1 217	112	−3
3	0.192 920	16 587	53	−3	0.915 864	3 064	259	0	0.397 186	1 330	113	−3
4	0.209 507	16 530	57	−3	0.912 800	3 322	258	+2	0.395 856	1 441	111	+4
5	0.226 037	16 466	64	+4	0.909 478	3 580	258	0	0.394 415	1 553	112	0
6	−0.242 503	−16 399	+ 67	−2	+0.905 898	−3 836	−256	+4	+0.392 862	−1 664	−111	−1
7	0.258 902	16 326	73	0	0.902 062	4 091	255	+4	0.391 198	1 776	112	−4
8	0.275 228	16 248	78	+1	0.897 971	4 347	256	−3	0.389 422	1 885	109	+4
9	0.291 476	16 165	83	0	0.893 624	4 599	252	+4	0.387 537	1 995	110	0
10	0.307 641	16 077	88	−1	0.889 025	4 851	252	−2	0.385 542	2 104	109	−1
11	0.323 718	15 985	92	−4	0.884 174	5 101	250	−2	0.383 438	2 212	108	0
12	−0.339 703	−15 887	+ 98	+1	+0.879 073	−5 350	−249	−3	+0.381 226	−2 320	−108	−3
13	0.355 590	15 785	102	0	0.873 723	5 595	245	+3	0.378 906	2 426	106	−1
14	0.371 375	15 679	106	−4	0.868 128	5 840	245	−2	0.376 480	2 533	107	−3
15	0.387 054	15 569	110	−3	0.862 288	6 082	242	−1	0.373 947	2 637	104	+5
16	0.402 623	15 453	116	+2	0.856 206	6 323	241	−2	0.371 310	2 741	104	+4
17	0.418 076	15 335	118	−4	0.849 883	6 561	238	0	0.368 569	2 845	104	0
18	−0.433 411	−15 212	+123	0	+0.843 322	−6 798	−237	−1	+0.365 724	−2 947	−102	+4
19	0.448 623	15 085	127	0	0.836 524	7 032	234	+2	0.362 777	3 049	102	0
20	0.463 708	14 954	131	0	0.829 492	7 265	233	−1	0.359 728	3 150	101	0
21	0.478 662	14 819	135	−1	0.822 227	7 496	231	+1	0.356 578	3 250	100	+1
22	0.493 481	−14 681	138	−3	0.814 731	−7 723	227	+5	0.353 328	−3 349	99	0
23	−0.508 162		+143	+1	+0.807 008		−228	−5	+0.349 979		− 99	−2

ΔX, ΔY, ΔZ sind in Einheiten der 7. Dezimale gegeben.

0^h Weltzeit	Mittleres Äquinoktium 1950.0											
	X			*ΔX*	*Y*			*ΔY*	*Z*			*ΔZ*
1956 Juli 23	−0.508 162	−14 538	+143	+1	+0.807 008	− 7 951	−228	−5	+0.349 979	−3 448	−99	−2
24	0.522 700	14 391	147	+2	0.799 057	8 175	224	−3	0.346 531	3 545	97	+1
25	0.537 091	14 241	150	0	0.790 882	8 398	223	−4	0.342 986	3 642	97	0
26	0.551 332	14 086	155	+2	0.782 484	8 619	221	−2	0.339 344	3 737	95	+3
27	0.565 418	13 928	158	−1	0.773 865	8 836	217	+4	0.335 607	3 833	96	−4
28	0.579 346	13 766	162	−2	0.765 029	9 053	217	−2	0.331 774	3 926	93	+2
29	−0.593 112	−13 600	+166	−2	+0.755 976	− 9 267	−214	0	+0.327 848	−4 019	−93	0
30	0.606 712	13 430	170	+1	0.746 709	9 479	212	+1	0.323 829	4 112	93	−4
31	0.620 142	13 255	175	+4	0.737 230	9 688	209	+4	0.319 717	4 202	90	+3
Aug. 1	0.633 397	13 077	178	0	0.727 542	9 895	207	+1	0.315 515	4 292	90	+2
2	0.646 474	12 895	182	−1	0.717 647	10 101	206	−4	0.311 223	4 381	89	0
3	0.659 369	12 708	187	0	0.707 546	10 302	201	+3	0.306 842	4 468	87	+2
4	−0.672 077	−12 518	+190	−2	+0.697 244	−10 502	−200	−2	+0.302 374	−4 555	−87	−2
5	0.684 595	12 323	195	+2	0.686 742	10 698	196	+3	0.297 819	4 640	85	0
6	0.696 918	12 124	199	+4	0.676 044	10 891	193	+4	0.293 179	4 723	83	+1
7	0.709 042	11 921	203	+3	0.665 153	11 081	190	+2	0.288 456	4 806	83	−3
8	0.720 963	11 715	206	−1	0.654 072	11 267	186	+1	0.283 650	4 886	80	+1
9	0.732 678	11 505	210	−2	0.642 805	11 451	184	−3	0.278 764	4 966	80	−2
10	−0.744 183	−11 292	+213	−5	+0.631 354	−11 629	−178	+3	+0.273 798	−5 043	−77	+4
11	0.755 475	11 076	216	−4	0.619 725	11 806	177	−2	0.268 755	5 119	76	+4
12	0.766 551	10 856	220	0	0.607 919	11 977	171	+4	0.263 636	5 193	74	+3
13	0.777 407	10 634	222	−1	0.595 942	12 146	169	−2	0.258 443	5 267	74	−4
14	0.788 041	10 408	226	+2	0.583 796	12 311	165	−1	0.253 176	5 338	71	0
15	0.798 449	10 181	227	−4	0.571 485	12 473	162	−2	0.247 838	5 409	71	−4
16	−0.808 630	− 9 950	+231	+1	+0.559 012	−12 630	−157	+3	+0.242 429	−5 476	−67	+3
17	0.818 580	9 716	234	+2	0.546 382	12 785	155	−3	0.236 953	5 544	68	−5
18	0.828 296	9 481	235	−2	0.533 597	12 936	151	−3	0.231 409	5 610	66	−4
19	0.837 777	9 242	239	+3	0.520 661	13 084	148	−2	0.225 799	5 674	64	+1
20	0.847 019	9 001	241	+4	0.507 577	13 227	143	+3	0.220 125	5 736	62	+4
21	0.856 020	8 757	244	+5	0.494 350	13 368	141	−2	0.214 389	5 797	61	+3
22	−0.864 777	− 8 511	+246	+4	+0.480 982	−13 505	−137	−2	+0.208 592	−5 857	−60	+1
23	0.873 288	8 262	249	+1	0.467 477	13 638	133	0	0.202 735	5 914	57	+4
24	0.881 550	8 012	250	−5	0.453 839	13 768	130	−4	0.196 821	5 972	58	−4
25	0.889 562	7 758	254	−2	0.440 071	13 895	127	−5	0.190 849	6 026	54	+4
26	0.897 320	7 503	255	−4	0.426 176	14 017	122	−1	0.184 823	6 079	53	+2
27	0.904 823	7 243	260	+4	0.412 159	14 137	120	−5	0.178 744	6 131	52	−3
28	−0.912 066	− 6 983	+260	−4	+0.398 022	−14 252	−115	−1	+0.172 613	−6 182	−51	−5
29	0.919 049	6 720	263	−4	0.383 770	14 364	112	−2	0.166 431	6 230	48	0
30	0.925 769	6 454	266	0	0.369 406	14 472	108	0	0.160 201	6 276	46	+1
31	0.932 223	6 185	269	+3	0.354 934	14 575	103	+4	0.153 925	6 322	46	−3
Sept. 1	0.938 408	− 5 915	270	0	0.340 359	−14 675	100	−1	0.147 603	−6 364	42	+2
2	−0.944 323		+274	+2	+0.325 684		− 96	−1	+0.141 239		−42	−4

ΔX, ΔY, ΔZ sind in Einheiten der 7. Dezimale gegeben.

0h Weltzeit	Mittleres Äquinoktium 1950.0											
	X			ΔX	Y			ΔY	Z			ΔZ
1956												
Sept. 2	−0.944 323	−5 641	+274	+2	+0.325 684	−14 771	−96	−1	+0.141 239	−6 406	−42	−4
3	0.949 964	5 367	274	−3	0.310 913	14 861	90	+5	0.134 833	6 445	39	−1
4	0.955 331	5 089	278	+5	0.296 052	14 948	87	+1	0.128 388	6 483	38	−2
5	0.960 420	4 809	280	+4	0.281 104	15 029	81	+4	0.121 905	6 517	34	+4
6	0.965 229	4 530	279	−4	0.266 075	15 106	77	+1	0.115 388	6 551	34	−1
7	0.969 759	4 246	284	+4	0.250 969	15 179	73	−4	0.108 837	6 582	31	0
8	−0.974 005	−3 964	+282	−4	+0.235 790	−15 246	−67	0	+0.102 255	−6 611	−29	+1
9	0.977 969	3 679	285	+3	0.220 544	15 309	63	−2	0.095 644	6 639	28	−2
10	0.981 648	3 393	286	+5	0.205 235	15 368	59	−4	0.089 005	6 664	25	+2
11	0.985 041	3 106	287	+3	0.189 867	15 421	53	+1	0.082 341	6 687	23	+5
12	0.988 147	2 820	286	−3	0.174 446	15 470	49	0	0.075 654	6 708	21	+5
13	0.990 967	2 531	289	+1	0.158 976	15 516	46	−4	0.068 946	6 728	20	+1
14	−0.993 498	−2 243	+288	−5	+0.143 460	−15 555	−39	+4	+0.062 218	−6 745	−17	+2
15	0.995 741	1 954	289	−4	0.127 905	15 592	37	−2	0.055 473	6 762	17	−4
16	0.997 695	1 664	290	−2	0.112 313	15 623	31	+1	0.048 711	6 775	13	+3
17	0.999 359	1 374	290	−1	0.096 690	15 651	28	0	0.041 936	6 787	12	+2
18	1.000 733	1 083	291	+4	0.081 039	15 673	22	+5	0.035 149	6 797	10	+1
19	1.001 816	791	292	+5	0.065 366	15 692	19	+2	0.028 352	6 805	8	0
20	−1.002 607	− 500	+291	−1	+0.049 674	−15 706	−14	+2	+0.021 547	−6 812	− 7	−3
21	1.003 107	− 208	292	−2	0.033 968	15 716	10	−1	0.014 735	6 816	4	−1
22	1.003 315	+ 84	292	−4	0.018 252	15 723	− 7	−4	0.007 919	6 819	3	−3
23	1.003 231	376	292	−4	+0.002 529	15 723	0	+4	+0.001 100	6 820	− 1	−2
24	1.002 855	670	294	+3	−0.013 194	15 721	+ 2	−4	−0.005 720	6 818	+ 2	+3
25	1.002 185	963	293	−1	0.028 915	15 714	7	−5	0.012 538	6 815	3	−1
26	−1.001 222	+1 257	+294	0	−0.044 629	−15 703	+11	−2	−0.019 353	−6 811	+ 4	−4
27	0.999 965	1 550	293	−2	0.060 332	15 686	17	+5	0.026 164	6 803	8	+2
28	0.998 415	1 845	295	+4	0.076 018	15 665	21	+3	0.032 967	6 794	9	0
29	0.996 570	2 139	294	+3	0.091 683	15 640	25	−1	0.039 761	6 783	11	−1
30	0.994 431	2 434	295	+3	0.107 323	15 610	30	0	0.046 544	6 770	13	+1
Okt. 1	0.991 997	2 727	293	−2	0.122 933	15 574	36	+4	0.053 314	6 754	16	+5
2	−0.989 270	+3 021	+294	+3	−0.138 507	−15 534	+40	+1	−0.060 068	−6 736	+18	+3
3	0.986 249	3 315	294	+5	0.154 041	15 489	45	+1	0.066 804	6 717	19	−1
4	0.982 934	3 607	292	0	0.169 530	15 438	51	+2	0.073 521	6 695	22	+1
5	0.979 327	3 898	291	−1	0.184 968	15 383	55	−3	0.080 216	6 670	25	+4
6	0.975 429	4 189	291	+4	0.200 351	15 323	60	−5	0.086 886	6 645	25	−2
7	0.971 240	4 478	289	+3	0.215 674	15 258	65	−5	0.093 531	6 616	29	+3
8	−0.966 762	+4 766	+288	+5	−0.230 932	−15 188	+70	−4	−0.100 147	−6 586	+30	+1
9	0.961 996	5 052	286	+1	0.246 120	15 114	74	−3	0.106 733	6 553	33	+3
10	0.956 944	5 336	284	−2	0.261 234	15 034	80	+1	0.113 286	6 520	33	−4
11	0.951 608	5 619	283	+2	0.276 268	14 951	83	−2	0.119 806	6 483	37	+3
12	0.945 989	+5 901	282	+5	0.291 219	−14 863	88	+1	0.126 289	−6 445	38	0
13	−0.940 088		+279	+1	−0.306 082		+93	+2	−0.132 734		+40	− 2

ΔX, ΔY, ΔZ sind in Einheiten der 7. Dezimale gegeben.

0^h Weltzeit	Mittleres Äquinoktium 1950.0											
	X			*ΔX*	*Y*			*ΔY*	*Z*			*ΔZ*
1956												
Okt. 13	−0.940 088	+ 6 180	+279	+1	−0.306 082	−14 770	+ 93	+2	−0.132 734	−6 405	+ 40	−2
14	0.933 908	6 458	278	+1	0.320 852	14 673	97	−1	0.139 139	6 364	41	−4
15	0.927 450	6 733	275	−3	0.335 525	14 573	100	−5	0.145 503	6 320	44	+2
16	0.920 717	7 007	274	+1	0.350 098	14 467	106	−1	0.151 823	6 274	46	+4
17	0.913 710	7 279	272	+2	0.364 565	14 358	109	−5	0.158 097	6 227	47	+1
18	0.906 431	7 549	270	+1	0.378 923	14 245	113	−4	0.164 324	6 178	49	+1
19	−0.898 882	+ 7 816	+267	−3	−0.393 168	−14 127	+118	0	−0.170 502	−6 127	+ 51	+3
20	0.891 066	8 083	267	+2	0.407 295	14 006	121	−3	0.176 629	6 074	53	+1
21	0.882 983	8 346	263	−4	0.421 301	13 880	126	+1	0.182 703	6 021	53	−4
22	0.874 637	8 608	262	−3	0.435 181	13 751	129	−1	0.188 724	5 964	57	+4
23	0.866 029	8 867	259	−5	0.448 932	13 618	133	−1	0.194 688	5 906	58	+2
24	0.857 162	9 126	259	+2	0.462 550	13 479	139	+4	0.200 594	5 846	60	+1
25	−0.848 036	+ 9 381	+255	−4	−0.476 029	−13 338	+141	−4	−0.206 440	−5 785	+ 61	−4
26	0.838 655	9 634	253	−4	0.489 367	13 193	145	−4	0.212 225	5 722	63	−2
27	0.829 021	9 886	252	+3	0.502 560	13 042	151	+3	0.217 947	5 656	66	+3
28	0.819 135	10 134	248	−1	0.515 602	12 887	155	+4	0.223 603	5 589	67	+3
29	0.809 001	10 380	246	+1	0.528 489	12 729	158	0	0.229 192	5 520	69	+3
30	0.798 621	10 624	244	+3	0.541 218	12 565	164	+5	0.234 712	5 448	72	+4
31	−0.787 997	+10 863	+239	−4	−0.553 783	−12 397	+168	+2	−0.240 160	−5 376	+ 72	−4
Nov. 1	0.777 134	11 100	237	0	0.566 180	12 226	171	−5	0.245 536	5 302	74	−5
2	0.766 034	11 335	235	+4	0.578 406	12 050	176	−3	0.250 838	5 225	77	+1
3	0.754 699	11 564	229	−4	0.590 456	11 870	180	−1	0.256 063	5 147	78	+1
4	0.743 135	11 790	226	−4	0.602 326	11 685	185	+1	0.261 210	5 067	80	+2
5	0.731 345	12 013	223	+1	0.614 011	11 498	187	−5	0.266 277	4 985	82	+2
6	−0.719 332	+12 232	+219	+4	−0.625 509	−11 306	+192	−3	−0.271 262	−4 903	+ 82	−4
7	0.707 100	12 447	215	+3	0.636 815	11 111	195	−4	0.276 165	4 818	85	+1
8	0.694 653	12 658	211	+3	0.647 926	10 913	198	−5	0.280 983	4 732	86	0
9	0.681 995	12 865	207	+2	0.658 839	10 711	202	0	0.285 715	4 645	87	0
10	0.669 130	13 068	203	+2	0.669 550	10 505	206	+4	0.290 360	4 555	90	+4
11	0.656 062	13 267	199	+1	0.680 055	10 297	208	0	0.294 915	4 466	89	−4
12	−0.642 795	+13 462	+195	+1	−0.690 352	−10 086	+211	−2	−0.299 381	−4 374	+ 91	0
13	0.629 333	13 653	191	−1	0.700 438	9 871	215	+3	0.303 755	4 281	93	0
14	0.615 680	13 839	186	−4	0.710 309	9 654	217	+1	0.308 036	4 187	94	−1
15	0.601 841	14 022	183	−1	0.719 963	9 434	220	0	0.312 223	4 092	95	−2
16	0.587 819	14 200	178	−3	0.729 397	9 211	223	+1	0.316 315	3 995	97	0
17	0.573 619	14 375	175	0	0.738 608	8 986	225	−2	0.320 310	3 898	97	−4
18	−0.559 244	+14 545	+170	−5	−0.747 594	− 8 758	+228	−3	−0.324 208	−3 799	+ 99	−1
19	0.544 699	14 711	166	−5	0.756 352	8 528	230	−3	0.328 007	3 699	100	+1
20	0.529 988	14 874	163	−2	0.764 880	8 294	234	+1	0.331 706	3 598	101	+2
21	0.515 114	15 032	158	−5	0.773 174	8 059	235	−2	0.335 304	3 495	103	+5
22	0.500 082	+15 186	154	−5	0.781 233	− 7 820	239	0	0.338 799	−3 392	103	0
23	−0.484 896		+150	−1	−0.789 053		+241	−2	−0.342 191		+105	+3

ΔX, ΔY, ΔZ sind in Einheiten der 7. Dezimale gegeben.

0h Weltzeit	Mittleres Äquinoktium 1950.0											
	X			ΔX	Y			ΔY	Z			ΔZ
1956												
Nov. 23	−0.484 896	+15 336	+150	−1	−0.789 053	−7 579	+241	−2	−0.342 191	−3 287	+105	+3
24	0.469 560	15 482	146	+2	0.796 632	7 335	244	−2	0.345 478	3 181	106	+2
25	0.454 078	15 624	142	+2	0.803 967	7 089	246	−3	0.348 659	3 074	107	+1
26	0.438 454	15 760	136	−4	0.811 056	6 839	250	0	0.351 733	2 966	108	−1
27	0.422 694	15 892	132	−4	0.817 895	6 587	252	−2	0.354 699	2 856	110	+2
28	0.406 802	16 019	127	−4	0.824 482	6 333	254	−4	0.357 555	2 746	110	0
29	−0.390 783	+16 141	+122	−4	−0.830 815	−6 076	+257	−3	−0.360 301	−2 634	+112	+1
30	0.374 642	16 258	117	−3	0.836 891	5 817	259	−4	0.362 935	2 522	112	−3
Dez. 1	0.358 384	16 369	111	−4	0.842 708	5 556	261	−2	0.365 457	2 409	113	−3
2	0.342 015	16 476	107	+1	0.848 264	5 292	264	+2	0.367 866	2 294	115	+2
3	0.325 539	16 577	101	0	0.853 556	5 027	265	+1	0.370 160	2 180	114	−2
4	0.308 962	16 672	95	−4	0.858 583	4 760	267	+1	0.372 340	2 064	116	+3
5	−0.292 290	+16 762	+ 90	−2	−0.863 343	−4 492	+268	0	−0.374 404	−1 947	+117	+5
6	0.275 528	16 847	85	+1	0.867 835	4 222	270	+2	0.376 351	1 831	116	+1
7	0.258 681	16 926	79	0	0.872 057	3 951	271	+3	0.378 182	1 713	118	+4
8	0.241 755	17 000	74	0	0.876 008	3 678	273	+4	0.379 895	1 595	118	+2
9	0.224 755	17 068	68	−2	0.879 686	3 406	272	−4	0.381 490	1 477	118	−1
10	0.207 687	17 131	63	−1	0.883 092	3 131	275	+1	0.382 967	1 358	119	−2
11	−0.190 556	+17 189	+ 58	0	−0.886 223	−2 856	+275	−1	−0.384 325	−1 239	+119	−3
12	0.173 367	17 240	51	−4	0.889 079	2 581	275	−5	0.385 564	1 120	119	−5
13	0.156 127	17 288	48	+4	0.891 660	2 305	276	−3	0.386 684	1 000	120	−1
14	0.138 839	17 330	42	+2	0.893 965	2 028	277	+2	0.387 684	880	120	−2
15	0.121 509	17 366	36	−4	0.895 993	1 751	277	+3	0.388 564	760	120	−3
16	0.104 143	17 397	31	−4	0.897 744	1 473	278	+4	0.389 324	640	120	−3
17	−0.086 746	+17 424	+ 27	+1	−0.899 217	−1 196	+277	−1	−0.389 964	− 519	+121	−1
18	0.069 322	17 445	21	−1	0.900 413	918	278	−1	0.390 483	399	120	−5
19	0.051 877	17 462	17	+3	0.901 331	639	279	+2	0.390 882	278	121	0
20	0.034 415	17 474	12	+4	0.901 970	361	278	−2	0.391 160	157	121	+1
21	−0.016 941	17 480	6	−1	0.902 331	− 81	280	+3	0.391 317	− 35	122	+4
22	+0.000 539	17 481	+ 1	−1	0.902 412	+ 198	279	−1	0.391 352	+ 86	121	+1
23	+0.018 020	+17 478	− 3	+3	−0.902 214	+ 479	+281	+2	−0.391 266	+ 208	+122	+1
24	0.035 498	17 468	10	−2	0.901 735	758	279	−3	0.391 058	329	121	−3
25	0.052 966	17 453	15	−1	0.900 977	1 039	281	+3	0.390 729	451	122	+1
26	0.070 419	17 433	20	+4	0.899 938	1 320	281	+4	0.390 278	573	122	+2
27	0.087 852	17 407	26	+4	0.898 618	1 600	280	+1	0.389 705	695	122	+1
28	0.105 259	17 376	31	+3	0.897 018	1 880	280	+2	0.389 010	816	121	−3
29	+0.122 635	+17 337	− 39	−4	−0.895 138	+2 160	+280	+5	−0.388 194	+ 937	+121	−3
30	0.139 972	17 295	42	+4	0.892 978	2 440	280	+5	0.387 257	1 059	122	+1
31	0.157 267	+17 246	49	0	0.890 538	+2 718	278	0	0.386 198	+1 179	120	−3
32	+0.174 513		− 55	−3	−0.887 820		+278	0	−0.385 019		+121	−1

ΔX, ΔY, ΔZ sind in Einheiten der 7. Dezimale gegeben.

Mittleres Äquinoktium 1950.0

MERKUR 1956

0^h Weltzeit	log r	Helioz. Länge	Red. auf d. Bahn	Helioz. Breite	0^h Weltzeit	log r	Helioz. Länge	Red. auf d. Bahn	Helioz. Breite
1956		°	°	°	1956		°	°	°
Jan. — 2	9.6016	326.15	—0.06	—6.93	Juli 1	9.5417	5.38	—0.21	—4.73
+ 3	9.5697	346.48	—0.18	—6.15	6	9.5099	32.02	—0.11	—1.90
8	9.5353	10.10	—0.21	—4.29	11	9.4902	62.01	+0.10	+1.74
13	9.5050	37.42	—0.08	—1.26	16	9.4911	93.49	+0.21	+5.03
18	9.4887	67.88	+0.14	+2.42	21	9.5120	123.59	+0.10	+6.79
23	9.4937	99.33	+0.21	+5.50	26	9.5443	150.22	—0.09	+6.84
28	9.5176	128.89	+0.07	+6.92	31	9.5786	172.96	—0.20	+5.73
Febr. 2	9.5508	154.77	—0.12	+6.70	Aug. 5	9.6093	192.40	—0.20	+4.06
7	9.5848	176.82	—0.21	+5.45	10	9.6342	209.42	—0.13	+2.21
12	9.6145	195.75	—0.19	+3.72	15	9.6523	224.79	—0.02	+0.36
17	9.6381	212.41	—0.11	+1.86	20	9.6639	239.14	+0.08	—1.39
22	9.6550	227.54	0.00	+0.02	25	9.6689	252.97	+0.17	—3.00
27	9.6653	241.75	+0.10	—1.71	30	9.6673	266.73	+0.21	—4.42
März 3	9.6690	255.54	+0.18	—3.28	Sept. 4	9.6592	280.85	+0.21	—5.61
8	9.6662	269.34	+0.21	—4.66	9	9.6443	295.79	+0.15	—6.50
13	9.6569	283.58	+0.20	—5.81	14	9.6229	312.08	+0.04	—6.97
18	9.6409	298.73	+0.13	—6.63	19	9.5951	330.35	—0.09	—6.84
23	9.6182	315.33	+0.02	—7.00	24	9.5622	351.33	—0.20	—5.84
28	9.5893	334.05	—0.12	—6.72	29	9.5280	15.75	—0.19	—3.72
April 2	9.5557	355.63	—0.21	—5.54	Okt. 4	9.4998	43.87	—0.03	—0.47
7	9.5219	20.75	—0.17	—3.19	9	9.4878	74.78	+0.17	+3.20
12	9.4961	49.51	+0.01	+0.22	14	9.4976	106.04	+0.19	+5.97
17	9.4880	80.70	+0.20	+3.83	19	9.5244	134.89	+0.02	+7.00
22	9.5016	111.70	+0.17	+6.30	24	9.5583	159.90	—0.15	+6.49
27	9.5306	139.89	—0.02	+7.00	29	9.5917	181.20	—0.21	+5.09
Mai 2	9.5649	164.16	—0.17	+6.28	Nov. 3	9.6201	199.55	—0.18	+3.32
7	9.5975	184.84	—0.21	+4.78	8	9.6424	215.82	—0.09	+1.45
12	9.6248	202.74	—0.16	+2.97	13	9.6578	230.71	+0.02	—0.37
17	9.6458	218.70	0.07	+1.10	18	9.6667	241.79	+0.12	—2.07
22	9.6600	233.40	+0.04	—0.70	23	9.6689	258.54	+0.19	—3.60
27	9.6676	247.38	+0.14	—2.37	28	9.6647	272.39	+0.21	—4.94
Juni 1	9.6687	261.12	+0.20	—3.87	Dez. 3	9.6540	286.79	+0.19	—6.02
6	9.6632	275.04	+0.21	—5.16	8	9.6365	302.21	+0.11	—6.75
11	9.6512	289.59	+0.18	—6.18	13	9.6124	319.21	—0.01	—7.00
16	9.6325	305.26	+0.09	—6.84	18	9.5822	338.49	—0.14	—6.55
21	9.6071	322.64	—0.04	—6.98	23	9.5481	0.80	—0.21	—5.13
26	9.5760	342.43	—0.16	—6.37	28	9.5152	26.73	—0.14	—2.52
Juli 1	9.5417	5.38	—0.21	—4.73	33	9.4925	56.19	+0.06	+1.04

☊ = 47°739 $i = 7°004$ $m = \frac{1}{6\,000\,000}$

Mittleres Äquinoktium 1950.0

0^h Weltzeit	Julian. Zeit	log r	Heliozentr. Länge	Red. auf d. Bahn	Heliozentr. Breite	log R	Länge
		VENUS 1956				ERDE 1956	
1956	d		°	in 0°001	°		°
Jan. — 2	2435 470.5	9.86168	347.371	— 2	—3.393	9.99271	96.403
+ 8	480.5	9.86110	3.266	—28	3.245	9.99269	106.596
18	490.5	9.86040	19.200	—46	2.848	9.99290	116.784
28	500.5	9.85960	35.176	—50	2.230	9.99333	126.957
Febr. 7	510.5	9.85878	51.196	—39	—1.437	9.99396	137.105
17	2435 520.5	9.85801	67.264	—15	—0.529	9.99477	147.219
27	530.5	9.85733	83.382	+12	+0.424	9.99574	157.292
März 8	540.5	9.85681	99.548	+37	1.346	9.99684	167.317
18	550.5	9.85649	115.757	+49	2.162	9.99802	177.290
28	560.5	9.85638	131.997	+47	2.808	9.99926	187.206
April 7	2435 570.5	9.85652	148.251	+30	+3.229	0.00051	197.067
17	580.5	9.85688	164.496	+ 3	3.393	0.00174	206.870
27	590.5	9.85743	180.707	—24	3.286	0.00291	216.620
Mai 7	600.5	9.85813	196.864	—44	2.921	0.00399	226.319
17	610.5	9.85892	212.952	—50	2.328	0.00495	235.972
27	2435 620.5	9.85973	228.965	—41	+1.555	0.00577	245.586
Juni 6	630.5	9.86052	244.905	—19	+0.666	0.00641	255.168
16	640.5	9.86121	260.786	+ 8	—0.271	0.00688	264.725
26	650.5	9.86176	276.623	+33	1.185	0.00715	274.266
Juli 6	660.5	9.86213	292.437	+48	2.007	0.00721	283.799
16	2435 670.5	9.86227	308.246	+49	—2.677	0.00707	293.335
26	680.5	9.86220	324.067	+35	3.144	0.00673	302.881
Aug. 5	690.5	9.86190	339.912	+11	3.374	0.00618	312.446
15	700.5	9.86141	355.789	—16	3.347	0.00548	322.039
25	710.5	9.86076	11.702	—39	3.064	0.00461	331.667
Sept. 4	2435 720.5	9.86000	27.657	—50	—2.545	0.00360	341.336
14	730.5	9.85919	43.654	—46	1.828	0.00249	351.054
24	740.5	9.85837	59.699	—27	0.966	0.00129	0.823
Okt. 4	750.5	9.85764	75.792	— 1	—0.025	0.00005	10.647
14	760.5	9.85703	91.935	+26	+0.921	9.99880	20.528
24	2435 770.5	9.85660	108.126	+45	+1.796	9.99759	30.465
Nov. 3	780.5	9.85639	124.354	+50	2.529	9.99643	40.457
13	790.5	9.85641	140.605	+39	3.061	9.99539	50.499
23	800.5	9.85666	156.858	+16	3.349	9.99447	60.587
Dez. 3	810.5	9.85713	173.090	—12	3.370	9.99372	70.715
13	2435 820.5	9.85776	189.276	—36	+3.123	9.99316	80.872
23	830.5	9.85851	205.400	—49	2.632	9.99281	91.051
33	2435 840.5	9.85933	221.449	—47	+1.937	9.99268	101.242

Venus: ☊ = 76°230 i = 3°394 $m = \frac{1}{408\,000}$

Erde: $m = \frac{1}{329\,390}$

Mittleres Äquinoktium 1950.0

0h Weltzeit	log r	Heliozentr. Länge	Red. a. d. Bahn	Heliozentr. Breite	log r	Heliozentr. Länge	Red. a. d. Bahn	Heliozentr. Breite
	MARS 1956				JUPITER 1956			
1956		°	in 0°001	°		°	in 0°0001	°
Jan. —2	0.20731	202.881	—12	+0.819	0.728768	142.5940	+74	+0.8851
+8	0.20460	207.571	—10	0.680	0.728999	143.3769	74	0.8982
18	0.20169	212.322	— 8	0.536	0.729227	144.1590	74	0.9110
28	0.19860	217.138	— 6	0.385	0.729453	144.9402	74	0.9237
Febr. 7	0.19535	222.025	— 4	0.229	0.729676	145.7207	74	0.9362
17	0.19195	226.988	— 1	+0.070	0.729895	146.5004	+74	+0.9486
27	0.18842	232.030	+ 1	—0.093	0.730112	147.2793	74	0.9607
März 8	0.18479	237.156	+ 4	0.258	0.730326	148.0574	74	0.9726
18	0.18107	242.370	+ 7	0.423	0.730537	148.8348	74	0.9844
28	0.17731	247.675	+ 9	0.588	0.730744	149.6115	73	0.9960
April 7	0.17354	253.073	+11	—0.750	0.730949	150.3874	+73	+1.0073
17	0.16978	258.565	+13	0.909	0.731151	151.1626	73	1.0185
27	0.16607	264.154	+14	1.061	0.731350	151.9371	72	1.0295
Mai 7	0.16246	269.839	+15	1.206	0.731546	152.7108	72	1.0402
17	0.15898	275.617	+15	1.341	0.731739	153.4839	71	1.0508
27	0.15568	281.488	+14	—1.464	0.731928	154.2563	+71	+1.0612
Juni 6	0.15259	287.446	+13	1.574	0.732114	155.0281	70	1.0714
16	0.14977	293.486	+12	1.667	0.732296	155.7992	69	1.0814
26	0.14725	299.601	+ 9	1.743	0.732476	156.5697	68	1.0911
Juli 6	0.14507	305.784	+ 7	1.799	0.732653	157.3395	68	1.1007
16	0.14327	312.024	+ 4	—1.835	0.732825	158.1087	+67	+1.1100
26	0.14187	318.311	+ 1	1.849	0.732996	158.8773	66	1.1192
Aug. 5	0.14089	324.632	— 3	1.841	0.733162	159.6453	65	1.1281
15	0.14036	330.974	— 6	1.810	0.733325	160.4127	64	1.1369
25	0.14029	337.326	— 9	1.757	0.733485	161.1796	63	1.1454
Sept. 4	0.14067	343.672	—11	—1.683	0.733641	161.9459	+62	+1.1537
14	0.14150	350.000	—13	1.588	0.733794	162.7117	61	1.1618
24	0.14276	356.298	—14	1.474	0.733943	163.4770	59	1.1697
Okt. 4	0.14443	2.552	—15	1.344	0.734089	164.2417	58	1.1774
14	0.14649	8.751	—15	1.199	0.734232	165.0060	57	1.1848
24	0.14890	14.887	—14	—1.041	0.734371	165.7697	+56	+1.1921
Nov. 3	0.15163	20.949	—12	0.874	0.734506	166.5330	54	1.1991
13	0.15463	26.932	—10	0.699	0.734638	167.2958	53	1.2059
23	0.15787	32.828	— 8	0.520	0.734766	168.0582	52	1.2125
Dez. 3	0.16130	38.635	— 5	0.338	0.734891	168.8201	50	1.2189
13	0.16487	44.348	— 3	—0.155	0.735013	169.5816	+49	+1.2250
23	0.16855	49.966	0	+0.026	0.735130	170.3426	47	1.2310
33	0.17230	55.490	+ 3	+0.204	0.735244	171.1033	+45	+1.2367

Mars: ☊ = 49°172 $\quad i = 1°850 \quad m = \frac{1}{3\,093\,500}$

Jupiter: ☊ = 99°9528 $\quad i = 1°3059 \quad m = \frac{1}{1\,047.35}$

Mittleres Äquinoktium 1950.0

SATURN 1956

0^h Weltzeit			Julian. Zeit	log r	Heliozentrische Länge	Red. auf die Bahn	Heliozentr. Breite
			d		°	in 0°0001	°
1955	Nov.	29	2435 440.5	0.997397	234.0949	—238	+2.1359
1956	Jan.	8	480.5	0.997725	235.3261	244	2.1080
	Febr.	17	520.5	0.998043	236.5555	249	2.0791
	März	28	560.5	0.998352	237.7832	—253	+2.0493
	Mai	7	600.5	0.998652	239.0092	257	2.0186
	Juni	16	640.5	0.998941	240.2335	261	1.9870
	Juli	26	680.5	0.999221	241.4564	263	1.9546
	Sept.	4	720.5	0.999492	242.6776	—266	+1.9213
	Okt.	14	760.5	0.999752	243.8974	268	1.8872
	Nov.	23	800.5	1.000003	245.1158	269	1.8522
1956	Dez.	33	2435 840.5	1.000244	246.3328	—270	+1.8165

☊ = 113°2251 i = 2°4903 $m = \frac{1}{3\,501.6}$

URANUS 1956

0^h Weltzeit			Julian. Zeit	log r	Heliozentrische Länge	Red. auf die Bahn	Heliozentr. Breite
			d		°	in 0°001	°
1955	Nov.	29	2435 440.5	1.26940	119.531	+3	+0.554
1956	Jan.	8	480.5	1.26927	120.032	3	0.558
	Febr.	17	520.5	1.26913	120.532	3	0.563
	März	28	560.5	1.26900	121.033	+3	+0.568
	Mai	7	600.5	1.26886	121.534	3	0.572
	Juni	16	640.5	1.26873	122.036	3	0.577
	Juli	26	680.5	1.26860	122.537	3	0.581
	Sept.	4	720.5	1.26846	123.039	+3	+0.586
	Okt.	14	760.5	1.26833	123.541	3	0.590
	Nov.	23	800.5	1.26820	124.044	3	0.594
1956	Dez.	33	2435 840.5	1.26807	124.547	+3	+0.599

☊ = 73°745 i = 0°773 $m = \frac{1}{22\,869}$

NEPTUN 1956

0^h Weltzeit			Julian. Zeit	log r	Heliozentrische Länge	Red. auf die Bahn	Heliozentr. Breite
			d		°	in 0°001	°
1955	Nov.	29	2435 440.5	1.48175	208.124	+6	+1.729
1956	Jan.	8	480.5	1.48176	208.360	6	1.730
	Febr.	17	520.5	1.48177	208.596	6	1.732
	März	28	560.5	1.48178	208.831	+6	+1.733
	Mai	7	600.5	1.48178	209.067	6	1.735
	Juni	16	640.5	1.48179	209.303	6	1.736
	Juli	26	680.5	1.48180	209.539	5	1.738
	Sept.	4	720.5	1.48180	209.775	+5	+1.739
	Okt.	14	760.5	1.48181	210.010	5	1.741
	Nov.	23	800.5	1.48181	210.246	5	1.742
1956	Dez.	33	2435 840.5	1.48182	210.482	+5	+1.744

☊ = 131°230 i = 1°775 $m = \frac{1}{19\,314}$

PLUTO 1956

0^h Weltzeit			Julian. Zeit	log r	Heliozentrische Länge	Red. auf die Bahn	Heliozentr. Breite
			d		°	°	°
1956	Jan.	8	2435 480.5	1.54168	147.083	+1.264	+10.621
	März	28	560.5	1.54100	147.476	1.268	10.713
	Juni	16	640.5	1.54032	147.872	1.272	10.806
	Sept.	4	720.5	1.53963	148.268	1.276	10.898
1956	Nov.	23	800.5	1.53895	148.664	1.279	10.990
1957	Febr.	11	2435 880.5	1.53827	149.066	+1.282	+11.082

☊ = 109°633 i = 17°144 $m \approx \frac{1}{360\,000}$

Mittlere und Scheinbare Sternörter 1956

Reduktionsgrößen

A

Mittlere Sternörter 1956.0

Nr.	Name	Größe	Spektrum	AR. 1956.0	Jährl. Veränderung 1956.5	Jährl. Eigenbew. in 0.s0001	Dekl. 1956.0	Jährl. Veränderung 1956.5	Jährl. Eigenbew. in 0.″001
		m		h m s	s		° ′ ″	″	
905	[2 Ceti]	4.62	A 0	0 1 29.186	+3.0722	+ 16	−17 34 51.05	+20.040	− 2
1001	[45 G. Tucanae]	5.64	B 9	0 2 28.613	+3.0386	+ 92	−71 40 54.68	+20.025	− 16
1002	[33 Piscium]	4.68	K 0	0 3 4.950	+3.0707	− 8	− 5 57 12.89	+20.137	+ 97
1003	[9 G. Ceti]	6.06	F 0	0 4 35.083	+3.0691	+ 73	−23 21 7.04	+19.998	− 40
1	α Andromedae	2.15	A op	0 6 6.461	+3.1034	+ 103	+28 50 51.37	+19.876	− 159
2	β Cassiopeiae	2.42	F 5	0 6 48.954	+3.2071	+ 676	+58 54 25.86	+19.855	− 178
3	ε Phoenicis	3.94	K 0	0 7 11.044	+3.0425	+ 126	−45 59 24.12	+19.862	− 170
4	[22 Andromedae]	5.08	F 0	0 8 1.461	+3.1220	+ 3	+45 49 39.05	+20.033	+ 3
5	[$\varkappa^2$ Sculptoris]	5.56	K 0	0 9 20.501	+3.0451	+ 8	−28 2 40.83	+20.050	+ 25
6	[ϑ Sculptoris]	5.19	F 5	0 9 29.931	+3.0469	+ 129	−35 22 44.91	+20.161	+ 136
7	γ Pegasi	2.87	B 2	0 10 57.988	+3.0906	+ 1	+14 56 20.65	+20.013	− 6
1004	[χ Pegasi]	4.94	M 0	0 12 19.294	+3.1060	+ 65	+19 57 43.67	+20.018	+ 5
1005	[σ Andromedae]	4.51	A 2	0 16 1.284	+3.1370	− 57	+36 32 29.50	+19.958	− 35
1006	[Pi 0^h 38 Andr]	5.80	A 0	0 16 20.023	+3.1359	+ 47	+31 16 23.34	+19.995	+ 4
9	ι Ceti	3.75	K 0	0 17 11.120	+3.0562	− 12	− 9 4 3.45	+19.959	− 27
10	ζ Tucanae	4.34	F 8	0 17 47.493	+3.1201	+2706	−65 7 59.46	+21.154	+1173
1007	[−18° 41 Cetus]	6.88	K 0	0 17 49.169	+3.0447	+ 50	−17 56 39.83	+19.990	+ 9
1008	[41 Piscium]	5.58	K 0	0 18 19.840	+3.0880	− 4	+ 7 56 45.82	+19.993	+ 15
1009	[ρ Andromedae]	5.20	F 5	0 18 47.762	+3.1631	+ 49	+37 43 30.36	+19.941	− 34
1010	[44 Piscium]	5.99	G 5	0 23 8.737	+3.0765	− 9	+ 1 41 46.39	+19.930	− 10
11	β Hydri	2.90	G 0	0 23 28.323	+3.1436	+6872	−77 30 6.83	+20.265	+ 329
12	α Phoenicis	2.44	K 0	0 24 6.822	+2.9634	+ 189	−42 32 40.83	+19.547	− 384
1011	[Pi 0^h 78 Cetus]	7.54	M 3	0 25 46.562	+3.0448	+ 30	−11 54 7.40	+19.900	− 15
1012	[48 Piscium]	6.46	K 2	0 25 55.296	+3.1184	+ 11	+16 12 6.96	+19.903	− 11
13	12 Ceti	6.05	K 5	0 27 47.537	+3.0621	+ 6	− 4 12 0.51	+19.892	− 3
14	[49 G. Ceti]	5.23	A 3	0 28 10.734	+2.9984	− 19	−24 1 50.96	+19.912	+ 22
15	[λ^1 Phoenicis]	4.88	A 2	0 29 17.936	+2.8915	+ 145	−49 2 47.59	+19.908	+ 30
16	[ϰ Cassiopeiae]	4.24	B 0	0 30 28.794	+3.4164	− 5	+62 41 21.46	+19.868	+ 3
1013	[77 G. Sculptoris]	5.62	K 0	0 31 30.565	+2.9664	− 21	−29 48 2.23	+19.820	− 32
1014	[58 G. Phoenicis]	5.55	F 5	0 32 22.476	+2.8511	+ 241	−52 36 57.57	+19.882	+ 39
17	ζ Cassiopeiae	3.72	B 3	0 34 30.391	+3.3477	+ 17	+53 39 18.28	+19.809	− 6
18	π Andromedae	4.47	B 3	0 34 31.427	+3.2073	+ 12	+33 28 38.68	+19.815	0
19	[ε Andromedae]	4.52	G 5	0 36 13.447	+3.1728	− 177	+29 4 23.55	+19.545	− 247
20	δ Andromedae	3.49	K 2	0 36 58.112	+3.2109	+ 104	+30 37 13.72	+19.694	− 88
21	α Cassiopeiae	2.1–2.6	K 0	0 37 59.745	+3.4102	+ 60	+56 17 47.09	+19.739	− 28
1015	[μ Phoenicis]	4.65	K 0	0 39 14.968	+2.8322	− 26	−46 19 34.16	+19.760	+ 11
1016	[Lac 181 Scul]	7.21	M 0	0 40 29.799	+2.8992	− 18	−36 15 48.29	+19.740	+ 10
22	β Ceti	2.24	K 0	0 41 22.883	+3.0108	+ 165	−18 13 40.05	+19.756	+ 40
23	[η Phoenicis]	4.53	A 0	0 41 23.015	+2.6940	+ 4	−57 42 14.48	+19.737	+ 21
26	[λ^2 Sculptoris]	5.97	K 0	0 42 4.591	+2.8982	+ 201	−38 39 49.37	+19.832	+ 127

Nr.	Name	Größe	Spektrum	AR. 1956.0	Jährl. Veränderung 1956.5	Jährl. Eigenbew. in 0ˢ.0001	Dekl. 1956.0	Jährl. Veränderung 1956.5	Jährl. Eigenbew. in 0″.001
		m		h m s	s		° ′ ″	″	
25	o Cassiopeiae	4.70	B 2	0 42 15.729	+3.3478	+ 17	+48 2 38.21	+19.699	− 3
24	21 Cassiopeiae	*5.7-6.1*	A 2	0 42 42.218	+3.9768	− 53	+74 44 52.78	+19.675	− 20
1017	[70 G. Phoenicis]	6.00	A 5	0 42 52.446	+2.8344	− 79	−42 54 57.64	+19.592	− 100
27	ζ Andromedae	4.30	K 0	0 45 0.053	+3.1822	− 75	+24 1 41.51	+19.580	− 76
1018	[79 G. Ceti]	5.45	B 9	0 45 50.451	+2.9680	+ 17	−21 57 44.38	+19.633	− 9
1019	[96 G. Piscium]	5.82	G 5	0 46 4.330	+3.1475	+ 505	+ 5 3 16.82	+18.496	−1142
28	[δ Piscium]	4.55	K 5	0 46 23.790	+3.1136	+ 55	+ 7 20 45.49	+19.587	− 45
1020	[64 Piscium]	5.23	F 5	0 46 39.713	+3.1543	− 2	+16 42 12.42	+19.430	− 197
31	[λ Hydri]	4.96	K 5	0 47 4.242	+2.0799	+ 353	−75 9 45.72	+19.597	− 24
1021	[ν Andromedae]	4.42	B 3	0 47 22.688	+3.3121	+ 15	+40 50 22.80	+19.598	− 17
30	[φ² Ceti]	5.24	F 5	0 47 55.308	+3.0044	− 157	−10 52 51.14	+19.385	− 220
29	[Br 82 Cass]	5.45	F2+A2	0 48 2.137	+3.6479	+ 39	+64 0 30.49	+19.596	− 6
1022	[20 Ceti]	4.92	K 0	0 50 45.441	+3.0666	+ 3	− 1 22 58.24	+19.539	− 13
34	[λ² Tucanae]	5.34	K 0	0 53 22.087	+2.2388	+ 20	−69 45 52.98	+19.464	− 36
32	γ Cassiopeiae	1.6—2.3	B op	0 54 2.050	+3.6278	+ 28	+60 28 44.29	+19.485	− 2
33	μ Andromedae	3.94	A 2	0 54 18.152	+3.3336	+ 127	+38 15 40.14	+19.519	+ 37
1023	[68 Piscium]	5.64	K 0	0 55 26.864	+3.2493	+ 2	+28 45 17.08	+19.451	− 7
35	α Sculptoris	4.39	B 5	0 56 29.206	+2.8893	+ 12	−29 35 41.57	+19.443	+ 7
1024	[98 G. Ceti]	6.70	K 0	0 56 31.951	+3.0387	+ 3	− 6 7 8.65	+19.362	− 73
1025	[101 G. Ceti]	6.58	G 5	0 59 27.632	+2.9773	+ 55	−16 30 3.11	+19.299	− 71
1027	[80 G. Phoenicis]	6.00	K 0	1 0 10.381	+2.5342	− 2	−57 14 19.91	+19.383	+ 29
1026	[σ Sculptoris]	5.52	A 2	1 0 20.402	+2.8635	+ 57	−31 47 18.59	+19.368	+ 17
36	ε Piscium	4.45	K 0	1 0 39.387	+3.1150	− 54	+ 7 39 13.34	+19.373	+ 30
37	[26 Ceti]	6.18	F 0	1 1 32.990	+3.0882	+ 78	+ 1 7 53.17	+19.287	− 36
1028	[72 Piscium]	5.65	F 2	1 2 45.738	+3.1687	+ 4	+14 42 35.73	+19.353	+ 59
1029	[106 G. Ceti]	6.29	G 5	1 3 59.903	+2.9058	− 19	−24 13 38.34	+19.223	− 42
1030	[μ Cassiopeiae]	5.26	G 5	1 5 19.627	+3.9989	+3944	+54 42 19.04	+17.656	−1576
39	[ι Tucanae]	5.32	K 0	1 5 34.372	+2.3745	+ 108	−62 0 35.44	+19.229	+ 2
1031	υ Phoenicis	5.15	A 3	1 5 47.406	+2.7395	+ 35	−41 43 19.06	+19.226	+ 4
40	[η Ceti]	3.60	K 0	1 6 22.532	+3.0180	+ 147	−10 24 53.84	+19.078	− 128
42	β Andromedae	2.37	M 0	1 7 15.635	+3.3627	+ 146	+35 23 16.09	+19.073	− 112
41	[44 H. Cephei]	5.68	A 0	1 8 23.498	+5.2153	+ 327	+79 26 26.15	+19.157	+ 2
1032	[χ Piscium]	4.89	K 0	1 9 4.991	+3.2267	+ 26	+20 48 4.53	+19.133	− 5
43	[τ Piscium]	4.70	K 0	1 9 13.801	+3.3070	+ 53	+29 51 23.72	+19.102	− 32
44	[102 G. Sculpt.]	5.91	A 5	1 10 43.876	+2.7621	+ 68	−38 5 21.04	+19.070	− 24
1033	[ζ Piscium *pr*]	5.57	A 5	1 11 25.746	+3.1358	+ 95	+ 7 20 35.49	+19.026	− 50
1034	[89 Piscium]	5.28	A 2	1 15 31.581	+3.0955	− 35	+ 3 22 59.90	+18.944	− 19
45	υ Piscium	4.67	A 2	1 17 2.489	+3.3000	+ 16	+27 2 0.13	+18.911	− 9
1035	[ξ Andromedae]	4.99	K 0	1 19 44.326	+3.5371	+ 31	+45 17 55.93	+18.851	+ 11
1036	[109 G. Sculpt.]	5.82	K 5	1 21 28.188	+2.7915	− 5	−31 10 27.63	+18.752	− 37

Mittlere Sternörter 1956.0

Nr.	Name	Größe	Spektrum	AR. 1956.0	Jährl. Veränderung 1956.5	Jährl. Eigenbew. in 0ˢ.0001	Dekl. 1956.0	Jährl. Veränderung 1956.5	Jährl. Eigenbew. in 0″.001
		m		h m s	s		° ′ ″	″	
47	ϑ Ceti	3.83	K 0	1 21 49.360	+2.9990	− 54	− 8 24 35.65	+18.562	− 216
1037	[138 G. Ceti]	6.38	G 5	1 22 34.434	+3.0492	+ 11	− 3 4 37.55	+18.728	− 26
46	[ψ Cassiopeiae]	4.97	K 0	1 22 47.675	+4.2497	+ 126	+67 54 4.29	+18.778	+ 30
48	δ Cassiopeiae	2.80	A 5	1 22 55.065	+3.9328	+ 397	+60 0 26.54	+18.698	− 46
1038	[9 G. Hydri]	5.82	K 5	1 23 34.099	+2.0726	+ 27	−64 35 52.31	+18.713	− 10
1039	[94 Piscium]	5.63	K 0	1 24 18.749	+3.2422	+ 31	+19 0 46.83	+18.644	− 57
1041	[47 Ceti]	5.68	F 0	1 24 41.250	+2.9606	+ 12	−13 17 4.95	+18.700	+ 12
1040	[ω Andromedae]	4.96	F 5	1 25 0.669	+3.5931	+ 321	+45 10 49.04	+18.577	− 101
49	[γ Phoenicis]	3.40	K 5	1 26 27.382	+2.6039	− 16	−43 32 34.95	+18.434	− 198
1043	[48 Ceti]	5.13	A 0	1 27 29.478	+2.8777	+ 40	−21 51 23.01	+18.607	+ 9
1042	[38 Cassiopeiae]	5.95	F 5	1 27 55.177	+4.4774	+ 264	+70 2 20.89	+18.514	− 70
50	η Piscium	3.72	G 5	1 29 7.463	+3.2121	+ 18	+15 7 10.54	+18.542	− 3
1044	[δ Phoenicis]	3.96	K 0	1 29 25.278	+2.4961	+ 137	−49 18 2.80	+18.697	+ 162
53	[14 G. Hydri]	6.06	G 5	1 33 20.393	+0.4111	− 75	−78 43 40.28	+18.285	− 118
1045	[υ Andromedae]	4.18	G 0	1 34 12.284	+3.5254	− 154	+41 11 10.20	+17.993	− 378
1046	[π Piscium]	5.63	F 0	1 34 45.718	+3.1822	− 46	+11 55 1.99	+18.400	+ 48
51	40 Cassiopeiae	5.50	K 0	1 34 57.233	+4.8101	− 37	+72 49 0.50	+18.335	− 10
52	51 Andromedae	3.77	K 0	1 35 16.752	+3.6882	+ 66	+48 24 22.07	+18.225	− 109
54	α Eridani	0.60	B 5	1 36 4.693	+2.2336	+ 126	−57 27 34.91	+18.283	− 23
55	43 Cassiopeiae	5.54	A op	1 39 3.069	+4.4556	+ 87	+67 49 17.52	+18.194	− 3
56	[ν Piscium]	4.68	K 0	1 39 8.292	+3.1234	− 16	+ 5 15 56.36	+18.202	+ 7
1047	[+ 34° 297 Tria]	5.45	B 8	1 39 30.374	+3.4712	+ 38	+35 1 27.39	+18.152	− 30
58	[129 G. Sculpt.]	5.64	A 0	1 40 6.581	+2.6427	− 39	−37 3 13.47	+18.141	− 19
1048	[π Sculptoris]	5.28	K 0	1 40 9.427	+2.7062	− 62	−32 32 53.16	+18.143	− 14
1049	[175 G. Ceti]	5.27	G 5	1 40 29.918	+3.0345	− 1	− 3 54 40.15	+18.113	− 32
57	φ Persei	4.19	B op	1 40 53.331	+3.7661	+ 26	+50 28 4.67	+18.119	− 11
59	τ Ceti	3.65	K 0	1 42 1.387	+2.7874	−1191	−16 10 6.75	+18.948	+ 860
60	o Piscium	4.50	K 0	1 43 3.986	+3.1696	+ 48	+ 8 56 13.38	+18.102	+ 54
61	ε Sculptoris	5.42	F 0	1 43 35.109	+2.8096	+ 117	−25 16 18.53	+17.977	− 52
1050	[4 Arietis]	5.73	A 0	1 45 47.419	+3.2558	+ 34	+16 44 14.03	+17.914	− 30
1051	[χ Ceti]	4.77	F 0	1 47 25.329	+2.9468	− 103	−10 54 12.03	+17.790	− 90
62	ζ Ceti	3.92	K 0	1 49 17.215	+2.9616	+ 25	−10 33 6.03	+17.773	− 33
1052	[2 Persei]	5.64	B 9	1 49 20.574	+3.8212	+ 12	+50 34 34.62	+17.780	− 23
64	α Trianguli	3.58	F 5	1 50 33.973	+3.4231	+ 8	+29 21 55.27	+17.523	− 231
63	ε Cassiopeiae	3.44	B 3	1 51 12.265	+4.3253	+ 40	+63 27 16.16	+17.710	− 17
65	ξ Piscium	4.84	K 0	1 51 16.479	+3.1072	+ 14	+ 2 58 16.00	+17.753	+ 28
67	ψ Phoenicis	4.41	M 3	1 51 53.004	+2.4043	− 82	−46 31 3.03	+17.621	− 79
66	β Arietis	2.72	A 5	1 52 12.233	+3.3164	+ 68	+20 35 37.55	+17.579	− 108
1053	[φ Phoenicis]	5.00	B 9	1 52 32.480	+2.4878	− 38	−42 42 43.66	+17.655	− 18
69	[η² Hydri]	4.72	K 0	1 53 49.038	+1.5213	+ 128	−67 51 47.62	+17.707	+ 87

Nr.	Name	Größe	Spektrum	AR. 1956.0	Jährl. Veränderung 1956.5	Jährl. Eigenbew. in 0ˢ.0001	Dekl. 1956.0	Jährl. Veränderung 1956.5	Jährl. Eigenbew. in 0''.001
		m		h m s	s		° ′ ″	″	
68	χ Eridani	3.73	G 5	1 54 14.828	+2.3341	+ 733	−51 49 38.19	+17.903	+ 301
72	α Hydri	3.02	F 0	1 57 23.028	+1.8904	+ 374	−61 46 59.99	+17.509	+ 39
71	υ Ceti	4.18	M 0	1 57 55.861	+2.8264	+ 93	−21 17 24.88	+17.430	− 16
1054	[4 Persei]	4.99	B 8	1 59 21.316	+4.0018	+ 37	+54 16 33.41	+17.386	+ 3
70	50 Cassiopeiae	4.06	A 2	1 59 37.892	+5.1402	− 104	+72 12 35.30	+17.399	+ 28
73	γ Andromedae *pr*	2.28	K 0	2 1 11.305	+3.6874	+ 44	+42 7 10.65	+17.256	− 47
1055	[ν Fornacis]	4.74	A op	2 2 31.076	+2.6885	+ 4	−29 30 26.22	+17.254	+ 9
74	α Arietis	2.23	K 2	2 4 41.220	+3.3845	+ 138	+23 15 19.11	+17.003	− 144
75	β Trianguli	3.08	A 5	2 6 55.012	+3.5735	+ 119	+34 46 48.59	+17.007	− 38
1056	[15 Arietis]	5.92	M 0	2 8 10.925	+3.3278	+ 62	+19 17 37.44	+16.963	− 23
1057	[19 Arietis]	5.99	K 5	2 10 39.011	+3.2742	+ 66	+15 4 28.49	+16.854	− 17
1058	[ξ^1 Ceti]	4.54	G 5	2 10 39.833	+3.1814	− 16	+ 8 38 28.65	+16.868	− 2
77	[Br 299 Andr]	5.40	K 0	2 10 39.885	+3.9965	+ 366	+50 51 45.40	+16.704	− 166
78	μ Fornacis	5.24	A 0	2 10 58.218	+2.6418	+ 14	−30 55 45.98	+16.869	+ 12
76	55 Cassiopeiae	6.15	F5+A2	2 10 59.986	+4.7199	− 23	+66 19 10.53	+16.854	0
1060	[135 G. Phoenicis]	5.86	K 0	2 12 45.051	+2.4265	− 27	−41 22 15.74	+16.746	− 25
1059	[21 Arietis]	5.64	F 5	2 13 12.605	+3.4065	− 66	+24 50 24.80	+16.672	− 78
79	[γ Trianguli]	4.07	A 0	2 14 41.416	+3.5700	+ 35	+33 38 41.42	+16.634	− 44
80	67 Ceti	5.70	G 5	2 14 47.209	+2.9933	+ 60	− 6 37 26.57	+16.568	− 105
82	[φ Eridani]	3.78	B 8	2 14 56.250	+2.1431	+ 98	−51 42 54.56	+16.650	− 16
1062	[21 G. Fornacis]	6.74	G 5	2 15 27.989	+2.5426	+ 139	−36 11 10.56	+16.701	+ 60
81	[ϑ Arietis]	5.69	A 0	2 15 40.358	+3.3395	− 9	+19 41 55.01	+16.633	+ 3
1061	[232 G. Ceti]	5.82	F 8	2 15 44.086	+3.1179	+ 243	+ 1 33 2.82	+17.008	+ 381
1063	[62 Andromedae]	5.12	A 0	2 16 25.709	+3.8763	− 57	+47 10 41.44	+16.591	− 2
1064	[239 G. Ceti]	5.99	K 0	2 20 0.537	+2.8276	+ 12	−17 51 41.42	+16.365	− 51
83	[κ Fornacis]	5.37	F 5	2 20 31.724	+2.7455	+ 147	−24 0 55.63	+16.335	− 55
1065	[δ Hydri]	4.26	A 2	2 20 57.633	+1.0718	− 79	−68 51 33.27	+16.382	+ 13
1067	[κ Hydri]	6.00	K 0	2 22 35.556	+0.3669	− 187	−73 50 42.10	+16.297	+ 11
84	[λ Horologii]	5.47	F 2	2 23 39.989	+1.6781	− 95	−60 30 30.07	+16.106	− 125
1066	[ρ Ceti]	4.90	A 0	2 23 49.343	+2.8985	− 12	−12 29 16.77	+16.219	− 3
86	[κ Eridani]	4.44	B 5	2 25 22.346	+2.1991	+ 21	−47 54 2.20	+16.141	− 1
1068	[12 Trianguli]	5.38	F 0	2 25 34.753	+3.5201	− 15	+28 28 26.57	+16.048	− 83
85	ξ^2 Ceti	4.34	A 0	2 25 48.934	+3.1912	+ 25	+ 8 15 49.96	+16.117	− 2
1069	[27 Arietis]	6.41	G 5	2 28 27.646	+3.3300	+ 22	+17 30 37.08	+15.900	− 81
1070	[14 Trianguli]	5.35	K 0	2 29 24.519	+3.6652	+ 37	+35 57 12.04	+15.949	+ 19
1071	[σ Ceti]	4.82	F 5	2 30 0.007	+2.8435	− 53	−15 26 12.75	+15.782	− 117
88	[λ^1 Fornacis]	5.88	K 0	2 31 16.891	+2.5011	− 19	−34 50 33.81	+15.814	− 17
90	μ Hydri	5.29	K 0	2 32 33.366	−1.2475	+ 457	−79 18 5.55	+15.728	− 36
1072	[ν Ceti]	5.04	G 5	2 33 33.686	+3.1498	− 21	+ 5 24 8.11	+15.686	− 21
1073	[268 G. Ceti]	5.92	K 0	2 33 39.853	+3.2917	+1210	+ 6 40 40.91	+17.164	+1462

Mittlere Sternörter 1956.0

Nr.	Name	Größe	Spektrum	AR. 1956.0	Jährl. Veränderung 1956.5	Jährl. Eigenbew. in 0.ˢ0001	Dekl. 1956.0	Jährl. Veränderung 1956.5	Jährl. Eigenbew. in 0.″001
		m		h m s	s		° ′ ″	″	
87	36 H. Cassiop.	5.34	K 0	2 33 47.997	+5.7222	— 80	+72 37 39.96	+15.716	+ 23
1074	[80 Ceti]	5.71	K 5	2 33 49.952	+2.9538	— 25	— 8 1 19.22	+15.638	— 55
89	ν Arietis	5.36	A 2	2 36 18.709	+3.4090	— 9	+21 46 20.26	+15.544	— 13
91	δ Ceti	4.04	B 2	2 37 13.441	+3.0761	+ 7	+ 0 8 23.24	+15.510	+ 3
95	[ε Hydri]	4.26	B 9	2 38 54.367	+0.9277	+ 170	—68 27 17.97	+15.429	+ 16
1075	[ι Eridani]	4.06	K 0	2 38 55.814	+2.3672	+ 115	—40 2 34.38	+15.386	— 26
1076	[ζ Horologii]	5.26	F 2	2 39 17.455	+1.8680	+ 48	—54 44 15.46	+15.402	+ 10
94	[35 Arietis]	4.58	B 3	2 40 51.787	+3.5235	+ 5	+27 31 16.25	+15.298	— 5
92	[Br 366 Cass]	5.84	A 2	2 41 0.526	+5.1751	+ 23	+67 38 22.04	+15.265	— 29
93	ϑ Persei	4.22	F 8	2 41 10.893	+4.1037	+ 344	+49 2 37.70	+15.201	— 84
1077	[14 Persei]	5.58	G 5	2 41 12.571	+3.9117	+ 3	+44 6 40.70	+15.277	— 6
97	π Ceti	4.39	B 5	2 42 1.606	+2.8557	— 6	—14 2 38.66	+15.227	— 11
1078	[43 G. Fornacis]	6.87	G 0	2 42 17.216	+2.6678	+ 123	—25 40 52.60	+15.284	+ 61
98	μ Ceti	4.36	F 0	2 42 33.565	+3.2448	+ 190	+ 9 55 46.10	+15.177	— 30
101	β Fornacis	4.50	K 0	2 47 14.911	+2.5111	+ 72	—32 35 23.15	+15.100	+ 163
100	41 Arietis	3.68	B 8	2 47 23.234	+3.5342	+ 49	+27 4 49.44	+14.815	— 113
99	[η Persei]	3.95	K 0	2 47 28.215	+4.3839	+ 22	+55 42 52.08	+14.913	— 10
102	τ^2 Eridani	4.81	K 0	2 49 2.482	+2.7215	— 36	—21 11 4.08	+14.813	— 18
1079	[σ Arietis]	5.46	B 5	2 49 3.539	+3.3148	+ 22	+14 54 6.90	+14.807	— 23
103	τ Persei	4.06	G0+A5	2 51 7.414	+4.2602	+ 3	+52 35 2.17	+14.706	— 2
104	η Eridani	4.05	K 0	2 54 16.549	+2.9317	+ 53	— 9 4 19.84	+14.306	— 214
1080	[40 G. Eridani]	5.27	A 2	2 54 24.931	+3.0085	— 23	— 3 53 18.22	+14.470	— 41
1081	[47 Arietis]	5.85	F 0	2 55 33.779	+3.4362	+ 165	+20 29 36.54	+14.413	— 28
1082	[24 Persei]	4.97	K 0	2 56 19.593	+3.7204	— 42	+35 0 29.34	+14.405	+ 10
106	ϑ Eridani *pr*	3.42	A 2	2 56 35.516	+2.2745	— 46	—40 28 48.40	+14.406	+ 26
1083	[λ Ceti]	4.69	B 5	2 57 21.161	+3.2170	+ 1	+ 8 43 59.47	+14.323	— 10
107	α Ceti	2.82	M 0	2 59 58.574	+3.1375	— 6	+ 3 55 5.84	+14.098	— 73
1084	[—18° 516 Erid.]	7.40	F 0	3 0 1.173	+2.7578	— 17	—18 22 46.81	+14.147	— 22
105	47 H. Cephei	5.72	M 0	3 0 9.318	+8.0406	— 138	+79 14 51.54	+14.169	+ 11
1085	[τ^3 Eridani]	4.16	A 3	3 0 27.052	+2.6455	— 105	—23 47 45.31	+14.096	— 47
1086	[58 G. Eridani]	5.66	K 0	3 1 25.524	+2.0505	+ 18	—47 8 47.78	+14.096	+ 14
108	γ Persei	3.08	F5+A3	3 1 35.692	+4.3518	+ 1	+53 20 8.77	+14.068	— 3
113	[ϑ Hydri]	5.52	B 8	3 2 9.080	+0.1323	+ 65	—72 4 27.11	+14.061	+ 23
109	ρ Persei	3.2—4.1	M 3	3 2 20.880	+3.8485	+ 111	+38 40 16.37	+13.920	— 104
110	μ Horologii	5.16	F 0	3 2 34.397	+1.4148	— 101	—59 54 27.85	+13.959	— 52
1087	[63 G. Eridani]	7.16	G 0	3 5 13.862	+2.8344	+ 5	—13 55 37.13	+13.590	— 253
111	β Persei	2.2—3.5	B 8	3 5 17.809	+3.9080	+ 6	+40 47 15.61	+13.841	+ 3
112	[ι Persei]	4.17	G 0	3 5 52.714	+4.3355	+1298	+49 26 49.16	+13.724	— 78
1088	[55 Arietis]	5.60	B 9	3 6 57.506	+3.6123	+ 15	+28 54 37.52	+13.724	— 10
114	δ Arietis	4.53	K 0	3 9 6.478	+3.4329	+ 107	+19 33 41.94	+13.591	— 5

Nr.	Name	Größe	Spektrum	AR. 1956.0	Jährl. Veränderung 1956.5	Jährl. Eigenbew. in $0^s.0001$	Dekl. 1956.0	Jährl. Veränderung 1956.5	Jährl. Eigenbew. in $0''.001$
		m		h m s	s		° ′ ″	″	
116	[94 Ceti]	5.14	F 8	3 10 31.537	+3.0631	+ 131	− 1 21 33.92	+13.446	− 59
118	[38 G. Horologii]	5.72	N 0	3 11 26.049	+1.5202	+ 11	−57 29 8.38	+13.464	+ 17
1089	[ζ Arietis]	4.95	A 0	3 12 22.024	+3.4509	− 19	+20 52 57.79	+13.313	− 72
1090	79 G. Fornacis	6.85	G 0	3 12 56.190	+2.3591	+ 24	−35 43 13.73	+13.360	+ 12
1091	[ζ Eridani]	4.90	A 3	3 13 41.634	+2.9151	− 4	− 8 58 55.23	+13.350	+ 51
115	48 H. Cephei	5.50	F 0	3 14 39.749	+7.6489	+ 196	+77 34 33.92	+13.178	− 55
1092	[Lac 1044 Forn]	6.89	A 0	3 15 6.840	+2.4586	+ 14	−31 30 44.80	+13.186	− 19
1095	[ι Hydri]	5.53	F 2	3 17 0.908	−1.4769	+ 336	−77 32 58.58	+13.149	+ 66
1093	[κ Ceti]	4.96	G 5	3 17 3.012	+3.1480	+ 178	+ 3 12 36.40	+13.176	+ 98
119	[82 G. Eridani]	4.30	G 5	3 18 10.218	+2.3959	+2784	−43 14 12.91	+13.754	+ 750
1094	[τ Arietis]	5.17	B 3	3 18 40.895	+3.4661	+ 19	+20 59 23.17	+12.944	− 25
1096	[Pi 3^h 27 Caml]	5.55	K 2	3 20 49.829	+5.2183	− 13	+64 25 51.12	+12.828	+ 4
120	α Persei	1.90	F 5	3 21 10.177	+4.2889	+ 30	+49 42 22.79	+12.780	− 22
121	ο Tauri	3.80	G 5	3 22 26.503	+3.2302	− 45	+ 8 52 31.39	+12.646	− 71
123	[ξ Tauri]	3.75	B 8	3 24 46.844	+3.2531	+ 39	+ 9 34 50.54	+12.526	− 32
122	2 H. Camelopard.	4.44	B 9p	3 25 29.229	+4.8663	− 2	+59 47 20.25	+12.508	0
124	[σ Persei]	4.55	K 0	3 27 27.689	+4.2353	+ 8	+47 50 42.41	+12.398	+ 24
1097	[17 Eridani]	4.80	B 9	3 28 25.900	+2.9778	+ 8	− 5 13 29.03	+12.320	+ 13
125	5 Tauri	4.28	K 0	3 28 26.395	+3.3143	+ 15	+12 47 14.24	+12.310	+ 3
126	[κ Reticuli]	4.80	F 5	3 28 36.196	+1.0495	+ 550	−63 5 31.62	+12.677	+ 380
1098	[+34° 674 Pers]	5.80	B 3	3 29 51.470	+3.8234	− 7	+35 18 49.29	+12.212	+ 4
127	ε Eridani	3.81	K 0	3 30 51.322	+2.8275	− 660	− 9 36 21.72	+12.161	+ 21
128	[45 G. Horologii]	5.60	K 0	3 31 15.823	+1.7883	+ 75	−50 31 37.85	+12.199	+ 87
1099	[τ^5 Eridani]	4.32	B 8	3 31 50.554	+2.6503	+ 30	−21 46 45.73	+12.046	− 25
1100	[20 Eridani]	5.32	A 0p	3 34 16.999	+2.7339	+ 17	−17 36 41.66	+11.895	− 5
1101	[10 Tauri]	4.40	G 5	3 34 37.474	+3.0628	− 156	+ 0 15 47.98	+11.395	− 480
130	[110 G. Eridani]	4.58	K 0	3 35 30.823	+2.1529	− 13	−40 25 4.84	+11.791	− 23
1102	[τ Fornacis]	6.08	A 0	3 36 57.742	+2.4961	+ 13	−28 5 8.82	+11.737	+ 27
1103	[11 Tauri]	6.15	A 0	3 38 8.300	+3.5861	+ 8	+25 11 19.52	+11.616	− 10
129	[Grb 716 Caml]	5.32	M 0	3 38 18.940	+5.2151	− 27	+63 4 34.64	+11.630	+ 17
131	δ Persei	3.10	B 5	3 39 46.901	+4.2766	+ 31	+47 38 55.30	+11.476	− 32
133	[**δ Fornacis**]	4.93	B 5	3 40 29.797	+2.3864	0	−32 4 40.31	+11.478	+ 19
135	[δ Eridani]	3.72	K 0	3 41 8.300	+2.8752	− 63	− 9 54 40.07	+12.159	+ 746
134	ν Persei	3.93	F 5	3 42 11.770	+4.0802	− 8	+42 26 28.72	+11.335	0
136	[17 Tauri]	3.81	B 5p	3 42 15.447	+3.5650	+ 15	+23 58 35.65	+11.290	− 41
137	[24 Eridani]	5.09	B 8	3 42 16.237	+3.0484	0	− 1 18 2.09	+11.327	− 3
1104	[29 Tauri]	5.36	B 3	3 43 19.964	+3.1892	+ 12	+ 5 54 49.20	+11.249	− 5
141	β Reticuli	3.80	K 0	3 43 38.433	+0.7546	+ 481	−64 56 42.03	+11.315	+ 82
139	η Tauri	2.96	B 5p	3 44 51.835	+3.5687	+ 15	+23 58 14.20	+11.099	− 44
140	τ^6 Eridani	4.33	F 8	3 44 57.208	+2.5816	− 116	−23 22 42.73	+10.613	− 523

Mittlere Sternörter 1956.0

Nr.	Name	Größe	Spektrum	AR. 1956.0	Jährl. Veränderung 1956.5	Jährl. Eigenbew. in 0ˢ.0001	Dekl. 1956.0	Jährl. Veränderung 1956.5	Jährl. Eigenbew. in 0″.001
		m		h m s	s		° ′ ″	″	
138	γ Camelopard.	4.67	A 0	3 45 40.638	+6.3477	+ 38	+71 11 58.00	+11.043	— 38
142	[27 Tauri]	3.80	B 8	3 46 32.448	+3.5698	+ 13	+23 55 13.58	+10.978	— 43
143	138 G. Eridani	4.24	K 0	3 47 48.360	+2.2454	— 43	—36 19 56.65	+10.885	— 43
146	γ Hydri	3.17	M 0	3 47 53.955	—0.9184	+ 130	—74 22 27.15	+11.043	+ 120
1105	+57° 752 Caml	5.79	A 0	3 50 8.030	+4.8777	+ 106	+57 50 46.97	+10.657	— 98
1106	[Pi 3ʰ 187 Taur]	5.96	F 0	3 50 38.811	+3.4328	+ 100	+17 11 51.10	+10.691	— 27
1107	[145 G. Eridani]	6.55	B 9	3 50 58.889	+2.9389	— 5	— 6 45 48.46	+10.695	+ 1
144	ζ Persei	2.91	B 1	3 51 21.611	+3.7742	+ 7	+31 45 16.55	+10.656	— 10
1108	[55 G. Horologii]	5.77	K 0	3 52 11.428	+1.8596	+ 29	—47 1 19.82	+10.575	— 30
147	ε Persei	2.96	B 1	3 54 53.617	+4.0296	+ 18	+39 53 4.81	+10.376	— 26
149	γ Eridani	3.19	K 5	3 55 58.485	+2.8000	+ 43	—13 37 56.75	+10.215	— 108
148	ξ Persei	4.05	O e 5	3 56 6.206	+3.8961	+ 5	+35 39 58.38	+10.311	— 1
1109	[17 G. Reticuli]	6.14	F 2	3 57 46.030	+1.2896	+ 33	—57 13 35.64	+10.205	+ 16
1110	[δ Reticuli]	4.41	M 0	3 58 2.643	+0.9515	+ 8	—61 31 26.52	+10.155	— 13
150	λ Tauri	3.8—4.1	B 3	3 58 14.335	+3.3256	— 4	+12 22 2.91	+10.141	— 11
1111	[35 Eridani]	5.25	B 5	3 59 18.088	+3.0411	+ 14	— 1 40 17.65	+10.060	— 12
151	ν Tauri	3.94	A 0	4 0 48.739	+3.1927	+ 1	+ 5 52 7.34	+ 9.958	+ 1
1114	[63 G. Hydri]	6.72	A 0	4 0 58.401	—0.3454	+ 57	—71 17 20.22	+ 9.988	+ 41
1112	[37 Tauri]	4.50	K 0	4 2 5.361	+3.5492	+ 66	+21 57 48.00	+ 9.806	— 54
1113	[λ Persei]	4.33	A 0	4 3 17.756	+4.4744	— 10	+50 14 1.76	+ 9.732	— 36
153	174 G. Eridani	5.57	A 5	4 3 48.542	+2.4736	+ 153	—27 46 15.58	+ 9.835	+ 105
152	48 Persei	4.03	B 3p	4 5 27.471	+4.3601	+ 24	+47 35 49.36	+ 9.575	— 27
1115	[43 Tauri]	5.67	G 5	4 6 35.914	+3.4974	+ 76	+19 29 40.17	+ 9.486	— 29
1116	[44 Tauri]	5.55	F 0	4 8 8.790	+3.6563	— 22	+26 22 3.99	+ 9.360	— 36
154	o¹ Eridani	4.14	F 2	4 9 42.923	+2.9296	+ 6	— 6 57 3.38	+ 9.360	+ 86
1117	[μ Persei]	4.28	G 0	4 11 39.458	+4.4095	+ 8	+48 17 58.32	+ 9.105	— 18
155	α Horologii	3.83	K 0	4 12 32.493	+1.9881	+ 32	—42 24 6.89	+ 8.851	— 204
1118	[μ Tauri]	4.32	B 3	4 13 8.513	+3.2593	+ 15	+ 8 47 1.20	+ 8.988	— 19
156	α Reticuli	3.36	G 5	4 13 51.171	+0.7751	+ 61	—62 35 0.80	+ 9.007	+ 53
157	[γ Doradus]	4.36	F 5	4 14 52.274	+1.5728	+ 108	—51 35 48.38	+ 9.066	+ 192
159	[γ Tauri]	3.86	K 0	4 17 17.151	+3.4160	+ 81	+15 31 22.66	+ 8.660	— 23
158	[54 Persei]	5.10	G 5	4 17 32.855	+3.8983	— 20	+34 27 44.20	+ 8.655	— 6
1119	[208 G. Eridani]	6.65	B 9	4 18 9.461	+2.7167	+ 16	—16 32 29.22	+ 8.610	— 4
161	[212 G. Eridani]	5.31	A 0	4 18 43.758	+2.6179	+ 19	—20 44 36.15	+ 8.561	— 8
162	δ Tauri	3.93	K 0	4 20 23.621	+3.4618	+ 76	+17 26 27.35	+ 8.409	— 27
166	[δ Mensae]	5.62	K 0 p	4 20 54.206	—4.0237	+ 130	—80 19 7.74	+ 8.470	+ 69
163	[η Reticuli]	5.18	K 0	4 21 24.465	+0.6516	+ 128	—63 29 25.83	+ 8.532	+ 174
1120	[ξ Eridani]	5.23	A 2	4 21 29.235	+2.9882	— 36	— 3 50 45.00	+ 8.295	— 55
1121	[43 Eridani]	4.06	K 5	4 22 22.910	+2.2537	+ 46	—34 7 4.51	+ 8.334	+ 54
1122	[+69° 258 Caml]	7.02	K 0	4 25 13.144	+6.3105	+ 16	+69 16 57.54	+ 8.020	— 30

Nr.	Name	Größe	Spektrum	AR. 1956.0	Jährl. Verände-rung 1956.5	Jährl. Eigen-bew. in 0ˢ.0001	Dekl. 1956.0	Jährl. Verände-rung 1956.5	Jährl. Eigen-bew. in 0″.001
		m		h m s	s		° ′ ″	″	
164	ε Tauri	3.63	K 0	4 26 2.616	+3.5051	+ 77	+19 5 4.23	+7.951	— 34
1123	[Br 615 Taur]	5.50	B 8	4 26 15.483	+3.1018	+ 9	+ 1 17 4.87	+7.949	— 20
165	[1 Camelop. *sq*]	5.86	B 1	4 28 32.091	+4.7567	0	+53 49 2.82	+7.784	— 1
167	[δ Caeli]	5.16	B 3	4 29 29.135	+1.8382	+ 1	—45 2 50.11	+7.712	+ 2
1124	[57 Persei]	6.07	F 0	4 30 18.740	+4.2248	+ 6	+42 58 18.91	+7.645	+ 4
1125	[ρ Tauri]	4.75	A 5	4 31 20.871	+3.4061	+ 68	+14 45 12.78	+7.535	— 23
171	α Doradus	3.47	A op	4 33 2.569	+1.2977	+ 57	—55 8 6.93	+7.427	+ 4
168	α Tauri	1.06	K 5	4 33 23.567	+3.4441	+ 47	+16 25 20.83	+7.204	— 188
170	[υ^2 Eridani]	3.88	K 0	4 33 50.300	+2.3330	— 39	—30 39 4.72	+7.347	— 10
169	ν Eridani	4.12	B 2	4 34 7.097	+2.9988	+ 2	— 3 26 27.52	+7.332	— 2
172	53 Eridani	3.98	K 0	4 36 9.830	+2.7485	— 48	—14 23 19.51	+7.007	— 160
1127	[258 G. Eridani]	5.59	K 0	4 38 16.940	+2.4965	— 45	—24 34 2.10	+7.012	+ 18
1126	[Pi 4^h 148 Taur]	5.68	A 0	4 38 34.257	+3.7573	+ 28	+28 31 53.36	+6.938	— 32
1129	[α Caeli]	4.52	F 2	4 39 8.499	+1.9327	— 138	—41 56 48.71	+6.847	— 77
174	τ Tauri	4.33	B 5	4 39 36.020	+3.6027	— 1	+22 52 27.34	+6.870	— 15
1128	[Grb 866 Pers]	5.77	B 8	4 40 0.455	+4.5639	— 2	+49 53 30.70	+6.832	— 19
1130	[β Caeli]	5.08	F 5	4 40 29.983	+2.1216	+ 30	—37 13 45.10	+7.011	+ 199
1131	[56 Eridani]	5.87	B 5	4 41 58.322	+2.8830	— 3	— 8 35 3.65	+6.690	0
173	Grb 848 Camil	6.04	F 0	4 42 52.589	+8.0925	+ 101	+75 51 53.88	+6.478	— 135
176	[μ Eridani]	4.18	B 5	4 43 18.001	+3.0008	+ 9	— 3 20 1.76	+6.571	— 10
177	[μ Mensae]	5.69	B 9	4 43 29.698	—0.5931	+ 20	—71 0 43.24	+6.601	+ 34
175	4 Camelopard.	5.35	A 2	4 44 19.741	+5.0029	+ 65	+56 40 53.36	+6.349	— 145
1132	[268 G. Eridani]	5.97	A 2	4 44 40.268	+2.3964	+ 1	—28 9 57.25	+6.484	+ 16
1133	[Br 658 Pers]	5.10	K 2	4 46 56.629	+4.0410	— 30	+37 24 45.19	+6.318	+ 39
1134	[π^3 Orionis]	3.31	F 8	4 47 26.944	+3.2580	+ 312	+ 6 53 9.96	+6.255	+ 18
1135	[97 Tauri]	5.12	F 0	4 48 47.818	+3.5114	+ 57	+18 46 0.02	+6.091	— 34
179	[π^4 Orionis]	3.78	B 3	4 48 51.603	+3.1965	— 2	+ 5 31 53.20	+6.122	+ 3
178	α Camelopard.	4.38	B 0	4 49 39.620	+5.9716	+ 3	+66 16 15.29	+6.060	+ 9
1136	[o^1 Orionis]	5.19	M 0	4 50 2.417	+3.3951	— 3	+14 10 44.16	+5.965	— 56
180	π^5 Orionis	3.87	B 3	4 51 57.414	+3.1260	— 3	+ 2 22 12.64	+5.864	+ 3
181	ι Aurigae	2.90	K 2	4 54 7.438	+3.9090	+ 3	+33 5 54.02	+5.661	— 18
1138	[η Mensae]	5.28	K 0	4 56 26.205	—1.7169	+ 72	—75 0 19.45	+5.547	+ 58
183	ε Aurigae	3.1—3.8	F 5 p	4 58 48.386	+4.3080	+ 4	+43 45 37.09	+5.279	— 6
1137	[ζ Aurigae]	4.9—5.6	K0+B1	4 59 23.859	+4.1961	+ 10	+41 0 49.22	+5.214	— 22
182	β Camelopard.	4.22	G 0 p	4 59 29.649	+5.3417	— 6	+60 22 50.07	+5.212	— 14
184	ι Tauri	4.70	A 5	5 0 27.746	+3.5875	+ 47	+21 31 44.03	+5.106	— 40
1139	[26 G. Caeli]	6.00	K 0	5 0 42.796	+2.2707	— 8	—31 50 3.22	+5.208	+ 83
1140	[11 Orionis]	4.65	B 9	5 2 3.124	+3.4295	+ 11	+15 20 40.11	+4.977	— 34
185	η Aurigae	3.28	B 3	5 3 25.466	+4.2095	+ 27	+41 10 37.54	+4.828	— 66
186	ε Leporis	3.29	K 5	5 3 35.820	+2.5403	+ 18	—22 25 43.80	+4.812	— 69

Mittlere Sternörter 1956.0

Nr.	Name	Größe	Spektrum	AR. 1956.0	Jährl. Veränderung 1956.5	Jährl. Eigenbew. in 0ˢ.0001	Dekl. 1956.0	Jährl. Veränderung 1956.5	Jährl. Eigenbew. in 0″.001
		m		h m s	s		° ′ ″	″	
187	[η^2 Pictoris]	4.92	K 5	5 3 49.429	+1.5539	+ 55	−49 38 12.14	+4.862	− 1
189	[ζ Doradus]	4.76	F 8	5 4 45.171	+1.0291	− 51	−57 31 56.15	+4.902	+ 118
188	β Eridani	2.92	A 3	5 5 41.075	+2.9501	− 64	− 5 8 30.52	+4.626	− 77
1143	[13 G. Pictoris]	7.10	A 0	5 6 7.647	+1.7821	+ 25	−44 52 41.26	+4.692	+ 25
1142	[16 Orionis]	5.42	A 2	5 6 54.252	+3.3015	+ 41	+ 9 46 28.93	+4.596	− 3
1141	[+27°732Taur*pr*]	5.97	A 3	5 6 59.136	+3.7686	+ 43	+27 58 34.89	+4.526	− 66
190	[λ Eridani]	4.34	B 2	5 7 2.336	+2.8720	+ 1	− 8 48 32.69	+4.586	− 3
192	μ Aurigae	4.78	A 3	5 10 24.790	+4.1073	− 17	+38 26 3.63	+4.222	− 78
1144	[μ Leporis]	3.30	A op	5 10 57.200	+2.6955	+ 28	−16 15 22.63	+4.227	− 28
194	β Orionis	0.34	B 8p	5 12 25.305	+2.8840	+ 2	− 8 15 3.75	+4.128	− 1
193	α Aurigae	0.21	G 0	5 13 26.080	+4.4346	+ 81	+45 57 19.93	+3.618	− 423
196	ϑ Doradus	4.78	K 0	5 13 47.061	−0.0450	+ 10	−67 14 5.61	+4.050	+ 35
191	19 H. Camelop.	5.24	F 8	5 15 15.999	+9.9072	− 289	+79 11 7.84	+4.039	+ 159
195	[τ Orionis]	3.68	B 5	5 15 28.090	+2.9139	− 11	− 6 53 25.81	+3.860	− 8
197	[o Columbae]	4.91	K 0	5 15 53.769	+2.1641	+ 69	−34 56 13.94	+3.494	− 338
1145	[λ Aurigae]	4.85	G 0	5 16 2.547	+4.2222	+ 457	+40 3 43.47	+3.154	− 663
1146	[λ Leporis]	4.29	B 1	5 17 32.792	+2.7647	− 2	−13 13 14.95	+3.687	− 2
198	[12 G. Columbae]	5.75	A 0	5 17 38.411	+2.3928	+ 5	−27 24 46.16	+3.678	− 4
199	[ζ Pictoris]	5.52	F 8	5 18 17.181	+1.4717	+ 10	−50 39 8.83	+3.860	+ 234
1147	[22 Orionis]	4.65	B 3	5 19 30.855	+3.0635	− 2	− 0 25 27.84	+3.519	− 1
201	γ Orionis	1.70	B 2	5 22 46.149	+3.2186	− 6	+ 6 18 41.03	+3.225	− 15
202	β Tauri	1.78	B 8	5 23 30.478	+3.7938	+ 20	+28 34 19.82	+3.000	− 175
1148	[115 Tauri]	5.31	B 3	5 24 35.940	+3.5009	+ 4	+17 55 33.91	+3.057	− 24
1149	[18 G. Columbae]	5.85	A 2	5 25 40.426	+1.9249	− 8	−40 58 50.24	+3.084	+ 95
203	17 Camelopard.	5.75	K 5	5 26 0.422	+5.6701	− 7	+63 2 0.09	+2.956	− 2
204	[β Leporis]	2.96	G 0	5 26 21.539	+2.5715	+ 1	−20 47 35.87	+2.838	− 92
1150	[18 Camelopard.]	6.46	G 0	5 28 47.401	+5.1415	+ 145	+57 11 33.62	+2.499	− 218
1152	[20 G. Pictoris]	5.54	G 5	5 28 56.768	+1.6497	+ 14	−47 6 30.17	+2.579	− 127
206	δ Orionis	2.48	B 0	5 29 45.416	+3.0658	0	− 0 19 48.37	+2.636	+ 1
1151	[χ Aurigae]	4.88	B 1	5 29 51.683	+3.9063	0	+32 9 41.33	+2.623	− 3
207	α Leporis	2.69	F 0	5 30 47.289	+2.6468	+ 2	−17 51 8.69	+2.550	+ 4
208	[φ^1 Orionis]	4.53	B 0	5 32 24.180	+3.2943	− 1	+ 9 27 41.18	+2.403	− 2
212	β Doradus	4.2—5.7	F 5v	5 33 14.398	+0.5211	− 11	−62 31 6.04	+2.343	+ 9
209	ι Orionis	2.89	O e5	5 33 16.750	+2.9355	+ 1	− 5 56 13.99	+2.334	+ 4
214	[γ Mensae]	5.06	K 0	5 33 36.968	−2.3706	+ 311	−76 22 24.33	+2.598	+ 294
205	Grb 966 Caml	6.36	K 5	5 33 49.706	+8.0323	− 20	+75 1 7.62	+2.304	+ 26
210	ε Orionis	1.75	B 0	5 33 58.748	+3.0449	0	− 1 13 42.42	+2.269	+ 1
211	ζ Tauri	3.00	B 3p	5 35 0.782	+3.5865	+ 1	+21 7 2.96	+2.156	− 22
1153	[35 G. Columbae]	6.75	K 2	5 36 21.768	+2.3901	+ 8	−27 14 6.58	+2.052	− 9
215	α Columbae	2.75	B 5p	5 38 3.251	+2.1732	+ 2	−34 5 47.21	+1.889	− 26

Nr.	Name	Größe	Spektrum	AR. 1956.0	Jährl. Veränderung 1956.5	Jährl. Eigenbew. in 0.s0001	Dekl. 1956.0	Jährl. Veränderung 1956.5	Jährl. Eigenbew. in 0."001
		m		h m s	s		° ′ ″	″	
216	o Aurigae	5.52	A 0	5 42 29.328	+4.6494	− 10	+49 48 33.69	+1.524	− 3
217	[γ Leporis]	3.80	F 8	5 42 37.685	+2.5020	− 206	−22 27 41.27	+1.146	− 370
1154	[δ Doradus]	4.52	A 5	5 44 41.556	+0.1086	− 51	−65 45 7.12	+1.344	+ 7
218	[130 Tauri]	5.51	F 0	5 44 52.146	+3.4988	− 4	+17 42 51.64	+1.312	− 8
219	ζ Leporis	3.67	A 2	5 44 57.620	+2.7190	− 12	−14 50 13.41	+1.307	− 5
220	κ Orionis	2.20	B 0	5 45 40.104	+2.8460	+ 2	− 9 41 1.88	+1.246	− 4
1155	[142 G. Orionis]	5.95	G 5	5 46 23.650	+2.9813	+ 36	− 4 6 17.80	+0.985	− 202
221	[ν Aurigae]	4.18	K 0	5 48 26.290	+4.1588	− 5	+39 8 15.71	+1.015	+ 7
1156	[γ Pictoris]	4.38	K 0	5 49 1.528	+1.0899	+ 84	−56 10 36.87	+0.896	− 63
223	[β Columbae]	3.22	K 0	5 49 24.411	+2.1153	+ 40	−35 47 1.52	+1.329	+ 404
222	[δ Leporis]	3.90	K 0	5 49 25.698	+2.5808	+ 166	−20 52 53.49	+0.273	− 649
1159	[37 G. Pictoris]	4.98	K 0	5 49 53.426	+1.3581	+ 5	−52 7 5.91	+0.803	− 79
1158	[136 Tauri]	4.54	A 0	5 50 33.620	+3.7719	+ 4	+27 36 13.42	+0.808	− 14
1157	[ξ Aurigae]	4.92	A 2	5 51 9.369	+5.0289	− 17	+55 41 57.41	+0.790	+ 20
224	α Orionis	0.1—1.2	M 0	5 52 47.313	+3.2487	+ 19	+ 7 24 1.94	+0.640	+ 11
226	[η Leporis]	3.77	F 0	5 54 23.969	+2.7332	− 29	−14 10 27.80	+0.625	+ 138
225	δ Aurigae	3.88	K 0	5 55 54.169	+4.9411	+ 97	+54 17 1.66	+0.228	− 127
1160	[γ Columbae]	4.36	B 3	5 55 58.539	+2.1277	− 2	−35 17 12.86	+0.359	+ 9
227	β Aurigae	2.07	A 0p	5 56 17.999	+4.4018	− 50	+44 56 42.65	+0.318	− 2
1161	[60 Orionis]	5.25	A 0	5 56 33.743	+3.0852	− 10	+ 0 33 1.58	+0.299	+ 1
1162	+33° 1209 Auri	6.80	A 2	5 57 20.742	+3.9446	− 9	+33 8 8.61	+0.236	+ 6
229	η Columbae	4.03	K 0	5 57 47.894	+1.8367	+ 13	−42 49 0.29	+0.174	− 17
1163	[1 Geminorum]	4.30	G 5	6 1 26.665	+3.6475	− 4	+23 16 3.08	−0.233	− 104
230	[66 Orionis]	5.70	K 0	6 2 38.773	+3.1702	− 4	+ 4 9 45.78	−0.240	− 7
231	[1 G. Puppis]	6.22	F 8	6 3 12.333	+1.7270	− 88	−45 2 7.72	−0.035	+ 247
1164	[74 G. Columbae]	5.72	A 0	6 4 23.806	+2.3104	+ 6	−29 45 9.07	−0.426	− 40
232	ν Orionis	4.40	B 2	6 5 3.509	+3.4260	+ 3	+14 46 31.52	−0.468	− 23
1165	[94 G. Leporis]	5.46	A 0	6 7 6.848	+2.5233	+ 9	−22 25 5.66	−0.660	− 36
233	[36 Camelopard.]	5.39	K 0	6 8 25.503	+6.0359	+ 12	+65 43 49.02	−0.770	− 29
1166	[ν Doradus]	5.21	B 9	6 9 1.254	−0.3843	− 95	−68 50 2.72	−0.766	+ 23
235	[δ Pictoris]	4.84	B 1	6 9 26.370	+1.1678	− 19	−54 57 29.09	−0.813	+ 13
239	[α Mensae]	5.14	K 0	6 11 33.247	−1.7874	+ 302	−74 44 20.05	−1.225	− 216
1168	κ Aurigae	4.45	K 0	6 12 34.420	+3.8232	− 55	+29 30 58.19	−1.367	− 265
1167	[Br 904 Auri *sq*]	6.42	F 0	6 12 41.071	+4.0432	− 53	+36 9 49.79	−1.104	+ 8
1169	[74 Orionis]	5.11	F 5	6 13 58.310	+3.3693	+ 55	+12 17 9.97	−1.038	+ 186
234	22 H. Camelop.	4.73	A 0	6 14 0.037	+6.6107	+ 8	+69 20 19.42	−1.332	− 103
238	[κ Columbae]	4.51	K 0	6 14 59.068	+2.1341	− 14	−35 7 29.27	−1.227	+ 84
237	[2 Lyncis]	4.42	A 0	6 15 44.484	+5.2932	− 12	+59 1 46.03	−1.359	+ 20
1170	[7 Monocerotis]	5.13	B 3	6 17 35.556	+2.8904	− 4	− 7 48 10.82	−1.539	+ 1
240	ζ Canis maj.	3.10	B 3	6 18 37.367	+2.3037	+ 5	−30 2 33.43	−1.624	+ 5

Mittlere Sternörter 1956.0

Nr.	Name	Größe	Spektrum	AR. 1956.0	Jährl. Veränderung 1956.5	Jährl. Eigenbew. in 0ˢ.0001	Dekl. 1956.0	Jährl. Veränderung 1956.5	Jährl. Eigenbew. in 0″.001
		m		h m s	s		° ′ ″	″	
241	μ Geminorum	3.19	M 0	6 20 17.879	+ 3.6297	+ 40	+22 32 16.71	−1.888	− 112
243	β Canis maj.	1.99	B 1	6 20 45.655	+ 2.6424	− 4	−17 55 58.12	−1.819	− 4
244	8 ε Monocerotis	4.48	A 5	6 21 26.137	+ 3.1796	− 12	+ 4 37 0.58	−1.864	+ 11
242	ψ^1 Aurigae	5.10	K 2	6 21 30.609	+ 4.6207	+ 1	+49 18 45.53	−1.886	− 4
1171	[23 G. Canis maj.]	5.39	K 0	6 22 7.121	+ 2.7992	− 35	−11 30 18.30	−1.974	− 40
245	α Carinae	−0.86	F 0	6 22 58.464	+ 1.3325	+ 24	−52 40 15.10	−1.982	+ 25
1172	[Grb 1156 Auri]	7.14	G 5	6 23 13.753	+ 4.2697	0	+41 59 9.39	−2.042	− 11
246	10 Monocerotis	4.98	B 3	6 25 47.125	+ 2.9628	− 6	− 4 44 0.20	−2.248	+ 4
1173	[ν Geminorum]	4.06	B 5	6 26 21.003	+ 3.5624	− 4	+20 14 30.16	−2.320	− 18
1174	[13 Monocerotis]	4.50	A op	6 30 31.431	+ 3.2444	− 2	+ 7 22 0.45	−2.671	− 7
1175	[56 G. Monocer.]	5.02	B 3	6 31 23.814	+ 3.0451	− 9	− 1 11 7.27	−2.764	− 24
249	ξ^2 Canis maj.	4.54	A 0	6 33 12.654	+ 2.5147	+ 6	−22 55 43.30	−2.882	+ 14
247	8 Lyncis	6.05	G 0	6 33 40.367	+ 5.4809	− 290	+61 31 21.20	−3.216	− 278
251	γ Geminorum	1.93	A 0	6 35 10.198	+ 3.4660	+ 30	+16 26 18.75	−3.110	− 44
250	51 Aurigae	5.71	K 0	6 35 36.626	+ 4.1566	− 22	+39 25 53.82	−3.219	− 115
252	ν Puppis	3.18	B 8	6 36 24.802	+ 1.8357	− 7	−43 9 22.78	−3.174	− 1
248	23 H. Camelop.	5.60	F 8	6 38 45.747	10.2289	− 320	+79 37 2.51	−3.988	− 607
254	ε Geminorum	3.18	G 5	6 41 13.505	+ 3.6908	− 5	+25 10 35.37	−3.604	− 15
256	ξ Geminorum	3.40	F 5	6 42 49.168	+ 3.3671	− 81	+12 56 40.80	−3.920	− 195
257	*α Canis maj.	−1.58	A 0	6 43 12.588	+ 2.6433	− 374	−16 39 16.12	−4.968	−1210
255	[ψ^5 Aurigae]	5.34	G 0	6 43 34.150	+ 4.3237	− 1	+43 37 24.07	−3.628	+ 162
264	[ζ Mensae]	5.64	A 2	6 43 44.692	− 5.0021	− 22	−80 46 10.57	−3.740	+ 59
1177	16 Monocerotis	5.84	B 3	6 44 8.396	+ 3.2718	− 7	+ 8 38 7.22	−3.847	− 8
1176	[ψ^6 Aurigae]	5.28	K 0	6 44 18.419	+ 4.5728	− 4	+48 50 17.71	−3.849	+ 5
258	18 Monocerotis	4.70	K 0	6 45 33.942	+ 3.1283	− 14	+ 2 27 42.67	−3.974	− 13
1178	[31 G. Puppis]	5.25	B 9	6 45 50.921	+ 2.0528	− 19	−37 52 48.39	−4.000	− 16
1179	[80 G. Monocer.]	5.65	A 0	6 47 3.376	+ 3.0216	− 11	− 2 13 14.76	−4.084	+ 4
262	α Pictoris	3.30	A 5	6 47 44.391	+ 0.6150	− 107	−61 53 37.38	−3.876	+ 269
1180	[ϰ Canis maj.]	3.78	B 2p	6 48 11.761	+ 2.2414	− 10	−32 27 23.46	−4.181	+ 4
263	[τ Puppis]	2.83	K 0	6 48 50.572	+ 1.4883	+ 26	−50 33 41.19	−4.313	− 73
259	[43 Camelopard.]	5.13	B 5	6 48 58.207	+ 6.4648	+ 2	+68 56 33.35	−4.250	+ 4
261	ϑ Geminorum	3.64	A 2	6 49 53.396	+ 3.9537	− 1	+34 0 58.36	−4.383	− 52
267	[ι Volantis]	5.52	B 8	6 51 57.510	− 0.6894	− 9	−70 54 32.26	−4.485	+ 20
266	ϑ Canis maj.	4.25	K 2	6 52 8.683	+ 2.7876	− 95	−11 58 55.72	−4.537	− 14
260	24 H. Camelop.	4.75	K 5	6 53 40.729	+ 8.7400	+ 209	+77 2 15.99	−4.670	− 12
268	ε Canis maj.	1.63	B 1	6 56 53.748	+ 2.3585	+ 4	−28 54 39.71	−4.924	+ 2
1181	[101 G. Monoc.]	5.84	A 0	6 58 16.815	+ 2.8823	− 15	− 8 20 39.33	−5.053	− 10
1182	[ω Geminorum]	5.21	K 0	6 59 43.956	+ 3.6551	− 7	+24 16 47.70	−5.170	− 3
1183	[σ Canis maj.]	3.68	K 5	6 59 57.926	+ 2.3905	− 4	−27 52 14.45	−5.185	+ 1
270	[o^2 Canis maj.]	3.12	B 5p	7 1 11.183	+ 2.5057	− 1	−23 46 4.06	−5.288	+ 2

Nr. 257. Ort des Schwerpunktes. Die Reduktion auf den Hauptstern ist nach den Elementen von V o l e t, Bull. Astr. II, Bd. 7, 1931:

1956.0 $\Delta\alpha = -0^s.138$ $\Delta\delta = +0''.56$

1957.0 $= -0.149$ $= +0.43$

Nr.	Name	Größe	Spektrum	AR. 1956.0	Jährl. Veränderung 1956.5	Jährl. Eigenbew. in 0ˢ.0001	Dekl. 1956.0	Jährl. Veränderung 1956.5	Jährl. Eigenbew. in 0″.001
		m		h m s	s		° ′ ″	″	
269	ζ Geminorum	3.7—4.1	G op	7 1 29.974	+3.5579	— 7	+20 38 11.64	—5.319	— 3
271	γ Canis maj.	4.07	B 5	7 1 46.019	+2.7147	+ 1	—15 34 0.88	—5.347	— 9
1184	[C Puppis]	5.26	A 2	7 2 38.991	+1.9019	— 20	—42 16 16.90	—5.345	+ 67
272	[27 G. Carinae]	5.30	A 0	7 3 29.051	+1.1170	— 12	—56 40 56.31	—5.480	+ 2
1185	[2 G. Canis min.]	5.92	K 0	7 5 26.721	+3.2428	— 3	+ 7 32 30.63	—5.684	— 36
273	δ Canis maj.	1.98	F 8p	7 6 36.080	+2.4398	— 3	—26 19 19.65	—5.740	+ 5
1186	[20 Monocerotis]	5.02	K 0	7 8 2.517	+2.9802	— 1	— 4 10 1.12	—5.650	+ 215
274	63 Aurigae	5.07	K 2	7 8 37.862	+4.1254	+ 36	+39 23 39.27	—5.918	— 2
1189	[γ^2 Volantis]	3.87	K 0	7 9 7.719	—0.5107	+ 45	—70 25 40.04	—5.856	+ 98
1187	[22 δ Monocerot.]	4.09	A 0	7 9 37.003	+3.0638	— 3	— 0 25 6.22	—5.991	+ 6
1188	[51 Geminorum]	5.31	M 3	7 10 50.684	+3.4446	+ 6	+16 14 6.97	—6.143	— 43
275	[I Puppis]	4.47	F 0	7 11 18.269	+1.7101	— 141	—46 41 6.22	—6.039	+ 98
1190	[Grb 1281 Lynx]	5.55	G 0	7 12 34.358	+4.4538	+ 35	+47 19 12.74	—6.428	— 184
276	[64 Aurigae]	5.75	A 3	7 14 58.790	+4.1702	— 16	+40 57 48.68	—6.432	+ 11
277	λ Geminorum	3.65	A 2	7 15 33.879	+3.4472	— 35	+16 37 17.06	—6.530	— 39
278	π Puppis	2.74	K 5	7 15 35.275	+2.1194	— 8	—37 1 2.32	—6.483	+ 9
281	δ Volantis	4.02	F 5	7 16 51.473	—0.0316	— 12	—67 52 36.19	—6.598	— 2
279	δ Geminorum	3.52	F 0	7 17 29.763	+3.5824	— 19	+22 3 54.20	—6.665	— 14
280	19 Lyncis *sq*	5.61	B 8	7 19 17.018	+4.8922	— 8	+55 21 59.71	—6.834	— 35
1191	[66 Aurigae]	5.28	K 0	7 21 5.837	+4.1530	— 5	+40 45 32.36	—6.976	— 29
283	[η Canis maj.]	2.43	B 5p	7 22 21.213	+2.3734	— 5	—29 12 58.08	—7.044	+ 6
282	ι Geminorum	3.89	K 0	7 22 59.728	+3.7253	— 92	+27 53 14.15	—7.192	— 89
1192	[169 G. Can. maj.]	5.82	F 0	7 23 7.014	+2.7555	— 142	—13 39 50.83	—7.123	— 11
285	β Canis minor.	3.09	B 8	7 24 45.874	+3.2531	— 38	+ 8 22 46.30	—7.287	— 40
286	ρ Geminorum	4.18	F 0	7 26 16.989	+3.8575	+ 116	+31 52 25.37	—7.199	+ 172
284	Grb 1308 Caml	5.80	K 0	7 26 19.095	+6.2344	— 22	+68 33 30.49	—7.416	— 40
1193	[6 Canis minor.]	4.85	K 0	7 27 20.854	+3.3391	— 1	+12 5 57.08	—7.474	— 17
1194	[σ Puppis]	3.28	K 5	7 27 50.011	+1.9035	— 58	—43 12 40.94	—7.306	+ 190
287	*α Geminorum	1.99 2.85	A 0 A 0	7 31 47.636	+3.8279	— 138	+31 59 11.95	—7.920	— 103
288	[108 G. Puppis]	4.52	F 8	7 32 10.054	+2.5678	— 38	—22 12 0.00	—7.811	+ 35
1196	[υ Geminorum]	4.22	K 5	7 33 12.777	+3.6958	— 26	+26 59 42.81	—8.041	— 110
1195	[+46° 1286 Lynx]	5.80	K 5	7 33 20.259	+4.3532	— 29	+46 16 45.19	—7.980	— 39
1198	[Q Carinae]	4.92	K 5	7 34 34.373	+1.4835	+ 15	—52 26 5.96	—8.060	— 21
1197	[125 G. Puppis]	5.66	B 3	7 34 44.953	+2.6372	— 4	—19 36 10.97	—8.050	+ 3
289	25 Monocerotis	5.17	F 5	7 35 5.383	+2.9826	— 51	— 4 0 40.95	—8.065	+ 16
290	[127 G. Puppis]	4.62	B 8	7 35 44.307	+2.2197	— 27	—34 52 6.19	—8.114	+ 18
291	*α Canis min.	0.48	F 5	7 36 59.952	+3.1398	— 474	+ 5 20 21.11	—9.263	—1029
293	[26 α Monocer.]	4.07	K 0	7 39 8.666	+2.8665	— 51	— 9 26 50.04	—8.428	— 24
292	24 Lyncis	4.96	A 2	7 39 17.641	+5.0714	— 53	+58 48 56.28	—8.471	— 54
294	ϰ Geminorum	3.70	G 5	7 41 47.588	+3.6210	— 23	+24 30 18.68	—8.668	— 54

Nr. 287. Ort des Schwerpunktes. Die Reduktion auf den Ort des helleren Sterns beträgt nach den Elementen von S t r a n d , Astronom. Journal Bd. 49, 1940:

1956.0 $\Delta\alpha = -0^s.005$ $\Delta\delta = +0''.98$
1957.0 $= -0.008$ $= +0.94$

Nr. 291. Ort des Schwerpunktes. Die Reduktion auf den Ort des hellen Sterns beträgt nach den Elementen von S t r a n d , Astrophys. Journal Bd. 113,1.; 1951:

1956.0 $\Delta\alpha = -0^s.074$ $\Delta\delta = -0''.74$
1957.0 $= -0.077$ $= -0.62$

Mittlere Sternörter 1956.0

Nr.	Name	Größe	Spektrum	AR. 1956.0	Jährl. Veränderung 1956.5	Jährl. Eigenbew. in 0ˢ.0001	Dekl. 1956.0	Jährl. Veränderung 1956.5	Jährl. Eigenbew. in 0″.001
		m		h m s	s		° ′ ″	″	
297	ζ Volantis	3.89	K 0	7 42 22.508	—0.7431	+ 58	—72 30 2.45	— 8.640	+ 18
295	β Geminorum	1.21	K 0	7 42 37.538	+3.6699	— 474	+28 8 2.77	— 8.732	— 52
1200	[81 Geminorum]	5.02	K 2	7 43 34.667	+3.4729	— 54	+18 37 8.15	— 8.816	— 61
1199	[+37° 1769 Lynx]	5.45	M 0	7 43 43.285	+4.0010	+ 15	+37 37 32.39	— 8.759	+ 7
1201	[11 Canis minor.]	5.30	A 0	7 43 50.908	+3.3020	— 22	+10 52 37.14	— 8.800	— 24
1202	[4 Puppis]	5.11	F 0	7 43 55.247	+2.7627	— 10	—14 27 20.19	— 8.778	+ 4
296	π Geminorum	5.29	K 2	7 44 40.335	+3.8669	— 9	+33 31 31.52	— 8.872	— 31
1203	[187 G. Puppis]	5.26	B 2	7 46 11.659	+1.8127	— 13	—46 29 54.36	— 8.956	+ 4
1204	[ξ Puppis]	3.47	G op	7 47 26.564	+2.5236	— 3	—24 44 53.56	— 9.061	— 3
1206	[61 G. Carinae]	5.82	F 2	7 48 29.285	+0.9896	— 95	—60 10 24.41	— 8.987	+ 151
1205	[ζ Canis minor.]	5.11	B 8	7 49 25.057	+3.1109	— 15	+ 1 52 50.01	— 9.216	— 5
301	[213 G. Puppis]	3.76	G 5	7 50 42.160	+2.0621	— 21	—40 27 40.97	— 9.310	0
1207	[φ Geminorum]	4.99	A 2	7 50 48.376	+3.6702	— 28	+26 52 52.61	— 9.354	— 35
299	[26 Lyncis]	5.69	K 0	7 51 30.831	+4.3653	— 50	+47 40 50.20	— 9.376	— 2
1208	[1 Cancri]	5.96	K 0	7 54 29.606	+3.4053	— 23	+15 54 33.39	— 9.648	— 45
300	Grb 1374 Caml	5.56	K 0	7 54 58.093	+7.1655	— 30	+74 2 19.30	— 9.677	— 34
1209	[Grb 1384 Lynx]	6.47	K 0	7 55 11.471	+4.2116	+ 38	+44 5 48.52	— 9.649	+ 8
303	χ Carinae	3.60	B 3	7 55 39.549	+1.5248	— 41	—52 51 48.42	— 9.663	+ 29
1210	[225 G. Puppis]	4.85	A 2	7 55 54.806	+2.3921	— 6	—30 12 54.48	— 9.706	+ 6
304	[27 Monocerotis]	5.06	K 0	7 57 32.213	+2.9967	— 43	— 3 33 29.79	— 9.837	— 1
1212	[232 G. Puppis]	4.64	A 2	7 57 53.656	+2.6885	— 6	—18 16 38.87	— 9.913	— 50
302	[53 Camelop.]	6.00	A 2p	7 57 57.605	+5.1169	— 74	+60 26 48.98	— 9.891	— 22
1211	[ω Cancri]	5.88	K 0	7 58 16.247	+3.6288	+ 8	+25 30 53.24	— 9.892	0
1213	[161 G. Monocer.]	6.30	G 0	8 0 16.249	+2.9482	+ 7	— 6 12 48.35	—10.071	— 28
305	χ Geminorum	5.04	K 0	8 0 49.094	+3.6831	— 21	+27 55 9.32	—10.131	— 46
306	ζ Puppis	2.27	O d	8 2 2.181	+2.1087	— 30	—39 52 41.52	—10.163	+ 14
307	27 Lyncis	4.87	A 2	8 5 9.346	+4.5089	— 67	+51 38 7.44	—10.421	— 9
308	ρ Puppis	2.88	F 5	8 5 40.157	+2.5555	— 60	—24 10 34.51	—10.398	+ 51
1214	[Pi 7ʰ 308 Lynx]	6.64	F 8	8 7 19.864	+3.9020	+ 163	+35 35 18.84	—10.811	— 237
309	γ Velorum	1.92	O ap	8 8 10.549	+1.8493	— 8	—47 12 21.92	—10.629	+ 5
1215	[3 H. Ursae maj.]	5.48	G 5	8 8 27.552	+5.9610	— 4	+68 36 22.25	—10.651	+ 7
311	20 Puppis	5.05	G 5	8 11 18.562	+2.7575	— 12	—15 39 16.11	—10.873	— 6
310	Br 1147 Caml	5.73	G 5	8 14 3.949	+7.5117	+ 65	+75 53 39.85	—11.056	+ 15
312	β Cancri	3.76	K 2	8 14 7.790	+3.2528	— 34	+ 9 19 21.11	—11.124	— 51
1216	[+4° 1945 Hydra]	6.68	G0+A2	8 14 59.572	+3.1581	+ 1	+ 4 21 22.20	—11.135	+ 1
313	[289 G. Puppis]	4.43	A 5	8 16 54.406	+2.2459	— 94	—36 31 19.29	—11.183	+ 91
1218	[7 G. Hydrae]	6.32	A 5	8 17 8.462	+2.8738	— 43	—10 1 38.60	—11.263	+ 29
1217	[χ Cancri]	5.16	F 5	8 17 23.662	+3.6427	— 15	+27 21 41.77	—11.696	— 386
1219	[294 G. Puppis]	4.94	K 0	8 19 38.956	+2.3629	— 13	—32 54 47.96	—11.463	+ 9
314	31 Lyncis	4.43	K 5	8 19 49.789	+4.1047	— 16	+43 19 51.26	—11.590	— 104

Nr.	Name	Größe	Spektrum	AR. 1956.0	Jährl. Veränderung 1956.5	Jährl. Eigenbew. in 0ˢ.0001	Dekl. 1956.0	Jährl. Veränderung 1956.5	Jährl. Eigenbew. in 0″.001
		m		h m s	s		° ′ ″	″	
1220	[20 Cancri]	5.88	F 0	8 20 50.764	+3.4341	— 40	+18 28 29.68	—11.588	— 30
315	ε Carinae	1.74	K0+B	8 21 36.743	+1.2305	— 37	—59 22 2.28	—11.593	+ 18
318	ϑ Chamaeleontis	4.26	K 0	8 22 0.063	—1.8099	— 386	—77 20 35.53	—11.598	+ 39
1221	[302 G. Puppis *pr*]	5.55	K 5	8 23 9.677	+2.5909	— 22	—23 54 8.53	—11.696	+ 27
316	Br 1197 Hydra	3.95	A 0	8 23 27.706	+2.9976	— 46	— 3 45 41.96	—11.770	— 26
319	[β Volantis]	3.65	K 0	8 25 15.909	+0.6519	— 44	—65 59 23.02	—12.030	— 160
1222	[29 Cancri]	5.90	A 2	8 26 10.087	+3.3468	— 13	+14 21 28.13	—11.952	— 16
317	o Ursae maj.	3.47	G 0	8 26 37.489	+4.9777	— 185	+60 52 2.17	—12.080	— 111
320	Grb 1450 Lynx	6.05	K 0	8 30 3.679	+3.8977	— 86	+38 10 7.84	—12.380	— 172
321	η Cancri	5.52	K 0	8 30 9.963	+3.4679	— 35	+20 35 31.13	—12.264	— 49
322	[Grb 1446 Caml]	6.29	K 0	8 34 51.726	+6.6523	— 51	+73 47 9.86	—12.643	— 104
1223	[δ Hydrae]	4.18	A 0	8 35 19.643	+3.1754	— 47	+ 5 51 30.19	—12.580	— 12
323	[Grb 1460 UMaj]	6.03	K 0	8 36 2.606	+4.4404	— 39	+52 52 2.83	—12.655	— 36
324	[48 G. Velorum]	4.13	A 5	8 36 5.693	+2.1093	— 17	—42 50 3.32	—12.613	+ 7
1224	[σ Hydrae]	4.54	K 0	8 36 27.484	+3.1354	— 13	+ 3 29 49.52	—12.667	— 21
325	[6 Hydrae]	5.15	K 2	8 37 56.326	+2.8422	— 60	—12 19 7.52	—12.752	— 6
1225	[34 Lyncis]	5.52	K 0	8 37 59.068	+4.1426	+ 21	+45 59 23.55	—12.665	+ 85
1227	o Velorum	3.68	B 3	8 39 1.954	+1.7196	— 22	—52 45 53.69	—12.797	+ 22
1226	[53 G. Velorum]	4.06	F 5p	8 39 9.901	+1.9913	— 6	—46 29 28.79	—12.823	+ 4
1228	[γ Cancri]	4.73	A 0	8 40 44.526	+3.4704	— 76	+21 37 40.97	—12.978	— 44
327	α Pyxidis	3.70	B 2	8 41 49.359	+2.4112	— 13	—33 1 36.44	—12.996	+ 9
326	δ Cancri	4.17	K 0	8 42 11.191	+3.4080	— 14	+18 19 2.29	—13.264	— 233
331	[η Chamaeleontis]	5.62	B 9	8 42 52.394	—2.0522	— 78	—78 48 16.09	—13.052	+ 21
1229	[25 G. Pyxidis]	6.13	A 2	8 42 57.120	+2.6850	+ 4	—21 0 24.75	—13.056	+ 25
328	ι Cancri	4.20	G 5	8 44 2.290	+3.6285	— 19	+28 55 20.13	—13.198	— 45
1230	[14 Hydrae]	5.19	B 9	8 47 9.029	+3.0145	— 18	— 3 16 42.90	—13.380	— 23
332	[γ Pyxidis]	4.19	K 2	8 48 39.789	+2.5468	— 101	—27 32 44.80	—13.374	+ 81
334	ζ Hydrae	3.30	K 0	8 53 4.113	+3.1706	— 69	+ 6 6 50.91	—13.728	+ 10
1231	[80 G. Hydrae]	5.90	K 0	8 53 11.095	+2.7584	+ 23	—18 4 21.95	—13.764	— 19
336	108 G. Carinae	3.98	B 8	8 54 3.114	+1.3599	— 25	—60 28 33.28	—13.759	+ 41
1233	[109 G. Carinae]	5.29	B 3	8 55 53.814	+1.4674	— 20	—59 3 31.49	—13.905	+ 12
337	α Cancri	4.27	A 3	8 56 4.928	+3.2802	+ 22	+12 1 45.32	—13.963	— 34
335	ι Ursae maj.	3.12	A 5	8 56 12.251	+4.1035	— 443	+48 12 56.82	—14.177	— 240
1232	[64 Cancri]	5.64	G 5	8 56 50.797	+3.6818	— 37	+32 35 26.83	—14.017	— 40
339	Br 1268 Lynx	4.09	F 5	8 57 47.425	+3.8913	— 395	+41 57 29.88	—14.294	— 257
1234	[91 G. Velorum]	4.42	F 8	8 58 26.739	+2.2401	— 40	—41 4 53.79	—14.037	+ 39
338	ρ Ursae maj.	4.99	M 0	8 58 36.335	+5.3977	— 45	+67 48 10.85	—14.073	+ 16
1235	[92 G. Hydrae]	5.80	K 0	8 59 43.093	+3.0645	— 37	— 0 18 34.27	—14.080	+ 76
341	ϰ Ursae maj.	3.68	A 0	9 0 37.811	+4.0919	— 35	+47 19 55.25	—14.271	— 58
340	[Grb 1501 UMaj]	5.68	A 2	9 0 47.665	+4.3897	— 14	+54 27 31.75	—14.224	— 1

Nr.	Name	Größe	Spektrum	AR. 1956.0	Jährl. Veränderung 1956.5	Jährl. Eigenbew. in 0ˢ.0001	Dekl. 1956.0	Jährl. Veränderung 1956.5	Jährl. Eigenbew. in 0″.001
		m		h m s	s		° ′ ″	″	
1236	[93 G. Hydrae]	6.74	A 0	9 1 31.851	+2.9902	− 11	− 4 59 46.16	−14.263	+ 5
343	α Volantis	4.18	A 5	9 1 45.490	+0.9467	+ 11	−66 13 12.34	−14.382	− 101
342	[97 G.Velorum]	3.69	K 0	9 2 38.072	+2.0689	− 57	−46 55 18.45	−14.350	− 15
1237	[Pi 8h 245 Lynx]	4.71	G 5	9 3 44.186	+3.8132	− 27	+38 37 45.69	−14.425	− 22
1238	[κ Cancri]	5.14	B 8	9 5 21.897	+3.2484	− 17	+10 50 47.21	−14.511	− 10
345	λ Velorum	2.22	K 5	9 6 22.523	+2.2071	− 25	−43 15 14.59	−14.547	+ 15
1239	[ξ Cancri]	5.22	G 5	9 6 49.919	+3.4477	0	+22 13 28.43	−14.590	− 1
1240	[101 G. Hydrae]	5.81	K 0	9 7 4.847	+2.8766	+ 8	−12 10 43.17	−14.620	− 15
1241	[ε Pyxidis]	5.63	A 3	9 8 4.436	+2.5436	0	−30 11 5.22	−14.708	− 45
1242	[107 G. Hydrae]	5.81	K 0	9 9 57.748	+2.7486	− 39	−19 34 1.23	−14.741	+ 35
346	[36 Lyncis]	5.30	B 8	9 10 55.990	+3.9203	− 27	+43 24 1.67	−14.872	− 39
347	ϑ Hydrae	3.84	A 0	9 12 4.547	+3.1210	+ 86	+ 2 30 3.32	−15.214	− 314
348	β Carinae	1.80	A 0	9 12 43.648	+0.6578	− 280	−69 32 8.53	−14.834	+ 103
351	[ι Carinae]	2.25	F 0	9 15 54.753	+1.6063	− 23	−59 5 24.29	−15.116	+ 5
350	83 Cancri	6.60	F 5	9 16 31.638	+3.3469	− 87	+17 53 34.50	−15.292	− 135
352	α Lyncis	3.30	K 5	9 18 22.784	+3.6522	− 181	+34 34 47.17	−15.251	+ 13
1243	[ϑ Pyxidis]	4.93	M 0	9 19 32.620	+2.6569	− 7	−25 46 38.22	−15.338	− 10
353	κ Velorum	2.63	B 3	9 20 44.984	+1.8585	− 12	−54 49 19.45	−15.386	+ 10
1244	[κ Leonis]	4.61	K 0	9 22 5.731	+3.4920	− 25	+26 22 22.30	−15.521	− 49
1245	[28 Hydrae]	5.81	K 5	9 23 12.003	+2.9995	− 11	− 4 55 36.36	−15.546	− 14
354	α Hydrae	2.16	K 2	9 25 25.484	+2.9482	− 10	− 8 28 1.26	−15.628	+ 27
356	ε Antliae	4.64	K 2	9 27 25.610	+2.4770	− 22	−35 45 29.55	−15.773	− 10
355	23 Ursae maj.	3.75	F 0	9 28 4.872	+4.7201	+ 155	+63 15 20.54	−15.775	+ 25
1246	[ξ Leonis]	5.12	G 5	9 29 34.522	+3.2325	− 66	+11 29 44.27	−15.966	− 87
361	[N Velorum]	3.4—4.2	K 5	9 29 53.006	+1.8235	− 42	−56 50 22.71	−15.893	+ 2
358	ϑ Ursae maj.	3.26	F 8p	9 29 55.530	+4.0071	−1030	+51 52 44.53	−16.440	− 542
357	24 Ursae maj.	4.57	G 0	9 30 37.548	+5.2890	− 134	+70 1 31.35	−15.861	+ 75
1247	[160 G. Hydrae]	5.16	K 0	9 31 10.793	+2.7628	− 18	−20 55 12.48	−15.953	+ 11
362	[H Carinae]	5.52	K 2	9 31 17.423	+0.4477	− 32	−72 53 8.38	−15.977	− 8
360	10 Leonis min.	4.62	G 5	9 31 32.005	+3.6723	+ 4	+36 35 38.23	−16.013	− 29
1248	[17 G. Antliae]	5.63	K 0	9 35 16.130	+2.5835	+ 27	−31 58 48.37	−16.202	− 24
1249	[Br 1352 Hydrae]	4.78	K 0	9 36 9.635	+3.1291	− 108	+ 4 50 56.05	−16.279	− 55
1250	[ι Hydrae]	4.10	K 0	9 37 36.534	+3.0636	+ 31	− 0 56 31.92	−16.367	− 69
364	[κ Hydrae]	4.96	B 3	9 38 11.732	+2.8763	− 20	−14 7 54.66	−16.352	− 24
363	[Grb 1564 UMaj]	5.74	K 0	9 38 30.790	+5.1205	− 141	+69 26 21.28	−16.419	− 74
365	[ο Leonis]	3.76	F5+A3	9 38 48.214	+3.2010	− 98	+10 5 36.38	−16.397	− 39
1251	[15 Leonis]	5.73	A 2	9 40 58.735	+3.5144	− 18	+30 10 39.53	−16.577	− 109
1252	[ψ Leonis]	5.62	M 0	9 41 20.221	+3.2658	− 1	+14 13 26.33	−16.489	− 4
366	ϑ Antliae	4.98	F 5p	9 42 14.288	+2.6751	− 38	−27 34 2.22	−16.500	+ 30
367	ε Leonis	3.12	G 0p	9 43 21.415	+3.4035	− 34	+23 58 39.97	−16.602	− 17

Nr.	Name	Größe	Spektrum	AR. 1956.0	Jährl. Veränderung 1956.5	Jährl. Eigenbew. in 0ˢ.0001	Dekl. 1956.0	Jährl. Veränderung 1956.5	Jährl. Eigenbew. in 0″.001
		m		h m s	s		° ′ ″	″	
1253	[+19° 2254 Leo]	6.92	K 0	9 43 25.437	+3.3314	+ 16	+18 53 13.75	—16.608	— 19
1254	[l Carinae]	3.6—4.8	G 0	9 44 2.262	+1.6485	— 18	—62 18 15.43	—16.605	+ 13
1255	[Br 1369 UMaj]	5.20	G 0	9 45 45.637	+3.8656	+ 215	+46 13 37.37	—16.800	— 97
368	υ Ursae maj.	3.89	F 0	9 47 52.644	+4.2585	— 386	+59 14 48.63	—16.961	— 156
370	6 Sextantis	6.00	A 2	9 49 0.957	+3.0228	+ 5	— 4 2 10.82	—16.891	— 33
1256	[162 G. Velorum]	5.72	K 0	9 49 37.429	+2.3256	— 29	—45 59 14.29	—16.851	+ 35
371	[μ Leonis]	4.10	K 0	9 50 15.889	+3.4099	— 162	+26 12 54.26	—16.977	— 60
373	[183 G. Hydrae]	5.16	M 0	9 52 47.598	+2.8306	— 31	—18 48 0.82	—17.082	— 47
1257	[18 G. Sextantis]	7.03	K 0	9 53 56.759	+2.9802	— 20	— 7 26 9.64	—17.094	— 6
372	Grb 1586 UMaj	5.96	K 0	9 54 29.570	+5.3423	— 183	+73 5 24.18	—17.156	— 43
374	[19 Leonis min.]	5.19	F 5	9 54 59.786	+3.6708	— 107	+41 15 57.90	—17.165	— 30
375	φ Velorum	3.70	B 5	9 55 18.870	+2.1073	— 16	—54 21 27.26	—17.139	+ 11
377	[η Antliae]	5.25	F 0	9 56 58.787	+2.5747	— 81	—35 40 47.03	—17.249	— 25
376	[12 Sextantis]	6.63	A 5	9 57 26.134	+3.1112	— 49	+ 3 35 45.17	—17.226	+ 18
378	π Leonis	4.89	M 0	9 57 53.350	+3.1696	— 23	+ 8 15 22.01	—17.292	— 27
1258	[20 Leonis min.]	5.60	G 5	9 58 28.762	+3.4565	— 414	+32 8 27.37	—17.725	— 434
1259	[Pi 9^h 229 UMaj]	5.74	F 5	10 1 41.639	+3.9815	— 28	+54 6 19.77	—17.442	— 10
1260	[193 G. Hydrae]	5.80	F 0	10 2 18.954	+2.7731	— 71	—24 4 18.78	—17.438	+ 20
1261	[$υ^2$ Hydrae]	4.72	B 8	10 2 58.835	+2.9218	— 26	—12 51 2.42	—17.479	+ 8
379	η Leonis	3.58	A op	10 4 56.141	+3.2693	— 4	+16 58 40.72	—17.575	— 6
380	α Leonis	1.34	B 8	10 6 1.819	+3.1940	— 169	+12 10 58.85	—17.613	+ 3
381	λ Hydrae	3.83	K 0	10 8 26.506	+2.9252	— 138	—12 8 9.27	—17.808	— 93
385	[ω Carinae]	3.56	B 8	10 12 41.696	+1.4283	— 45	—69 49 8.65	—17.884	+ 2
382	191 G. Velorum	4.09	A 2	10 12 53.098	+2.5196	— 137	—41 54 12.14	—17.853	+ 40
384	ζ Leonis	3.65	F 0	10 14 14.760	+3.3348	+ 11	+23 38 14.23	—17.959	— 12
383	λ Ursae maj.	3.52	A 2	10 14 27.041	+3.6144	— 152	+43 8 5.50	—18.000	— 45
1262	[32 Ursae maj.]	5.74	A 3	10 14 51.725	+4.3465	— 144	+65 19 43.67	—17.984	— 13
1263	[ε Sextantis]	5.40	F 0	10 15 26.548	+2.9813	— 109	— 7 50 54.58	—17.992	+ 1
1264	[187 G. Carinae]	3.44	K 5	10 15 36.620	+2.0049	— 32	—61 6 42.86	—17.994	+ 5
1265	[59 G. Antliae]	5.62	B 9	10 16 6.393	+2.7507	— 14	—28 46 16.94	—18.008	+ 10
1266	[23 Sextantis]	6.53	B 3	10 18 45.671	+3.0977	— 8	+ 2 30 42.20	—18.123	— 4
386	μ Ursae maj.	3.21	K 5	10 19 42.896	+3.5706	— 74	+41 43 17.52	—18.126	+ 29
1268	[204 G. Velorum]	4.99	K 5	10 20 26.094	+2.5744	— 28	—41 25 40.87	—18.129	+ 53
1267	[27 Leonis min.]	5.83	A 3	10 20 34.592	+3.4530	— 10	+34 7 51.34	—18.201	— 14
387	30 H. Ursae maj.	4.92	A 0	10 20 58.901	+4.3147	— 24	+65 47 23.17	—18.227	— 25
388	[25 Sextantis]	6.10	B 9	10 21 12.985	+3.0321	— 37	— 3 51 3.70	—18.210	0
1269	[64 G. Antliae]	5.40	A 3	10 21 33.465	+2.6284	— 137	—37 47 9.19	—18.276	— 54
391	I Carinae	4.08	F 5	10 23 31.689	+1.1902	— 30	—73 48 26.49	—18.319	— 26
389	μ Hydrae	4.06	K 5	10 23 57.631	+2.9023	— 89	—16 36 39.89	—18.392	— 83
392	α Antliae	4.42	K 5	10 25 8.127	+2.7468	— 58	—30 50 34.91	—18.335	+ 15

Mittlere Sternörter 1956.0

Nr.	Name	Größe	Spektrum	AR. 1956.0	Jährl. Veränderung 1956.5	Jährl. Eigenbew. in 0ˢ.0001	Dekl. 1956.0	Jährl. Veränderung 1956.5	Jährl. Eigenbew. in 0″.001
		m		h m s	s		° ′ ″	″	
390	β Leonis min.	4.41	K 0	10 25 20.681	+3.4662	− 102	+36 55 59.94	−18.467	− 109
393	196 G. Carinae	4.08	F 0	10 26 15.523	+2.2038	− 20	−58 30 51.41	−18.394	− 5
1270	[δ Sextantis]	5.24	B 9	10 27 14.578	+3.0468	− 35	− 2 30 47.86	−18.443	− 19
1271	[+29° 2057 LMin]	6.92	K 0	10 27 25.895	+3.3627	+ 7	+28 48 24.93	−18.439	− 8
394	36 Ursae maj.	4.84	F 5	10 27 49.430	+3.8327	− 218	+56 12 24.88	−18.479	− 35
1272	[46 Leonis]	5.74	M 0	10 29 50.937	+3.2016	− 29	+14 21 48.94	−18.496	+ 16
397	[203 G. Carinae]	3.58	B 5p	10 30 27.283	+2.1352	− 27	−61 27 30.58	−18.523	+ 9
396	[ρ Leonis]	3.85	B 0p	10 30 29.714	+3.1581	− 6	+ 9 32 0.99	−18.540	− 6
1273	219 G. Velorum	5.14	K 0	10 31 5.321	+2.5363	+ 6	−46 46 34.44	−18.554	− 1
395	9 H. Draconis	5.04	G 5	10 31 24.501	+5.0739	− 96	+75 56 25.79	−18.574	− 9
399	[44 Hydrae]	5.32	K 2	10 31 55.145	+2.8547	− 7	−23 31 4.30	−18.563	+ 18
398	[37 Ursae maj.]	5.16	F 0	10 32 20.484	+3.8579	+ 78	+57 18 35.81	−18.561	+ 34
1274	[236 G. Hydrae]	5.85	F 8	10 34 20.787	+2.9873	+ 175	−11 59 36.41	−19.339	− 680
401	[γ Chamaeleon.]	4.10	M 0	10 34 57.889	+0.7047	− 125	−78 22 45.42	−18.658	+ 20
1275	[37 Leonis min.]	4.77	G 0	10 36 14.928	+3.3742	+ 2	+32 12 19.17	−18.719	+ 1
402	[225 G. Velorum]	4.37	G 0	10 37 33.009	+2.3902	− 21	−55 22 25.26	−18.762	− 2
404	33 Sextantis	6.40	K 0	10 39 9.838	+3.0518	− 94	− 1 30 35.07	−18.934	− 125
403	[35 H. Ursae maj.]	5.23	K 0	10 39 56.729	+4.2825	− 8	+69 18 25.28	−18.850	− 17
1277	[78 G. Antliae]	5.73	A 0	10 40 40.598	+2.7825	− 23	−32 29 5.22	−18.853	+ 1
1276	[Pi 10ʰ 135 UMaj]	5.28	F 0	10 40 58.250	+3.5220	− 260	+46 26 8.26	−18.937	− 73
405	[41 Leonis min.]	5.05	A 2	10 41 1.582	+3.2603	− 85	+23 25 9.44	−18.859	+ 5
406	ϑ Carinae	3.03	B 0	10 41 22.929	+2.1429	− 24	−64 9 48.26	−18.863	+ 12
407	42 Leonis min.	5.37	B 9	10 43 25.337	+3.3336	− 21	+30 54 52.50	−18.975	− 41
1278	[Br 1493 Leo]	6.29	K 0	10 43 48.236	+3.1231	− 8	+ 6 36 20.00	−18.986	− 40
1279	[51 Leonis]	5.64	K 0	10 44 2.419	+3.2305	+ 64	+19 7 26.31	−18.997	− 45
1280	[250 G. Hydrae]	6.86	K 0	10 44 37.115	+2.8525	− 121	−25 48 59.62	−18.919	+ 49
411	[δ² Chamaeleon.]	4.62	B 3	10 45 23.600	+0.5554	− 154	−80 18 28.92	−18.988	+ 2
409	53 Leonis	5.27	A 0	10 46 56.712	+3.1526	− 4	+10 46 42.67	−19.061	− 28
410	[ν Hydrae]	3.32	K 0	10 47 27.110	+2.9611	+ 67	−15 57 46.63	−18.852	+ 195
1281	[41 Sextantis]	5.78	A 2	10 48 5.519	+3.0101	− 5	− 8 39 51.25	−19.086	− 21
412	[46 Leonis min.]	3.92	K 0	10 50 51.353	+3.3526	+ 69	+34 27 9.04	−19.423	− 285
414	[ι Antliae]	4.70	K 0	10 54 39.766	+2.7980	+ 67	−36 54 2.97	−19.366	− 132
413	[Br 1508 Draco]	6.26	G 5	10 56 29.435	+4.7681	− 245	+78 0 23.02	−19.310	− 31
1282	[47 Ursae maj.]	5.14	G 0	10 57 0.495	+3.3567	− 281	+40 39 56.25	−19.241	+ 49
1283	[α Crateris]	4.20	K 0	10 57 37.688	+2.9240	− 323	−18 3 50.77	−19.182	+ 123
415	239 G. Velorum	4.56	A 2	10 58 7.781	+2.7544	+ 17	−41 59 22.38	−19.321	− 4
1284	[58 Leonis]	5.05	K 0	10 58 17.287	+3.0981	+ 8	+ 3 51 14.99	−19.338	− 18
416	β Ursae maj.	2.44	A 0	10 59 11.938	+3.6144	+ 97	+56 37 7.19	−19.315	+ 27
1285	[29 G. Leonis]	7.13	G 5	11 0 22.432	+3.0523	− 14	− 3 16 31.90	−19.398	− 30
417	α Ursae maj.	1.95	K 0	11 1 1.717	+3.6948	− 174	+61 59 20.10	−19.454	− 71

Nr.	Name	Größe	Spektrum	AR. 1956.0	Jährl. Veränderung 1956.5	Jährl. Eigenbew. in 0.ˢ0001	Dekl. 1956.0	Jährl. Veränderung 1956.5	Jährl. Eigenbew. in 0.″001
		m		h m s	s		° ′ ″	″	
418	χ Leonis	4.66	F 0	11 2 44.860	+3.0941	− 231	+ 7 34 27.37	−19.469	− 49
419	[χ¹ Hydrae]	5.06	F 5	11 3 12.492	+2.8918	− 143	−27 3 20.39	−19.434	− 4
1286	[11 G. Crateris]	6.14	A 3	11 3 21.379	+3.0117	+ 10	−10 51 1.56	−19.539	− 105
1287	[65 Leonis]	5.66	G 5	11 4 39.530	+3.0601	− 255	+ 2 11 40.96	−19.551	− 90
1288	[259 G. Carinae]	5.80	B 3	11 5 14.170	+2.1696	− 39	−70 38 22.50	−19.475	− 2
1289	[260 G. Carinae]	4.02	F 8 p	11 6 42.145	+2.5656	− 8	−58 44 10.69	−19.504	− 1
420	ψ Ursae maj.	3.15	K 0	11 7 11.812	+3.3693	− 62	+44 44 15.44	−19.544	− 31
421	β Crateris	4.52	A 2	11 9 29.448	+2.9523	+ 3	−22 35 7.00	−19.661	− 103
1290	[275 G. Hydrae]	6.46	M 0	11 10 7.294	+2.8932	+ 14	−32 11 40.23	−19.566	+ 4
1291	[9 G. Centauri]	5.67	A 2	11 10 32.391	+2.7361	− 98	−48 51 41.89	−19.537	+ 41
422	δ Leonis	2.58	A 3	11 11 46.226	+3.1893	+ 102	+20 45 54.23	−19.736	− 136
423	ϑ Leonis	3.41	A 0	11 11 55.946	+3.1471	− 43	+15 40 13.32	−19.685	− 82
424	[Grb 1757 U Maj]	5.97	K 0	11 14 13.551	+3.3765	− 94	+49 43 0.08	−19.659	− 15
1292	[φ Leonis]	4.58	A 5	11 14 25.402	+3.0502	− 75	− 3 24 38.95	−19.690	− 43
425	ν Ursae maj.	3.71	K 0	11 16 6.377	+3.2383	− 23	+33 20 4.68	−19.654	+ 22
1293	[55 Ursae maj.]	4.78	A 2	11 16 44.333	+3.2672	− 49	+38 25 37.69	−19.763	− 77
426	δ Crateris	3.82	K 0	11 17 8.299	+3.0005	− 85	−14 32 24.71	−19.493	+ 200
427	σ Leonis	4.13	A 0	11 18 52.047	+3.0932	− 64	+ 6 16 14.78	−19.734	− 13
428	π Centauri	4.26	B 5	11 18 59.593	+2.7401	− 31	−54 14 58.44	−19.726	− 4
429	Grb 1771 U Maj	5.98	A 0	11 20 15.423	+3.5566	− 13	+64 34 17.43	−19.713	+ 29
1294	[28 G. Centauri]	6.42	B 3	11 22 15.339	+2.8718	− 15	−42 25 38.24	−19.781	− 10
431	[γ Crateris]	4.14	A 5	11 22 40.844	+2.9985	− 69	−17 26 31.66	−19.779	− 2
1295	[Pi 11ʰ 63 Leo]	7.15	A 2	11 23 25.980	+3.1791	− 23	+26 59 21.41	−19.785	+ 3
1296	[83 Leonis]	6.54	K 0	11 24 31.674	+3.0369	− 482	+ 3 15 11.25	−19.625	+ 178
1297	[τ Leonis]	5.18	K 0	11 25 40.444	+3.0854	+ 12	+ 3 5 55.51	−19.835	− 17
1298	[282 G. Hydrae]	6.79	K 0	11 27 26.533	+2.9726	− 12	−27 47 16.50	−19.847	− 7
432	[58 Ursae maj.]	5.88	F 8	11 28 8.605	+3.2431	− 53	+43 24 53.69	−19.773	+ 76
433	λ Draconis	4.06	M 0	11 28 48.859	+3.5517	− 78	+69 34 26.86	−19.877	− 20
434	ξ Hydrae	3.72	G 5	11 30 49.982	+2.9530	− 161	−31 36 49.87	−19.918	− 38
436	λ Centauri	3.34	B 9	11 33 44.446	+2.7714	− 53	−62 46 33.94	−19.916	− 5
435	[C² Centauri]	5.42	F 0	11 33 47.131	+2.9105	+ 28	−47 23 50.82	−19.963	− 51
1299	[ϑ Crateris]	4.81	B 9	11 34 26.845	+3.0441	− 43	− 9 33 31.44	−19.913	+ 4
437	υ Leonis	4.47	K 0	11 34 41.687	+3.0720	+ 2	− 0 34 50.41	−19.882	+ 39
438	[π Chamaeleon.]	5.74	F 0	11 35 25.945	+2.4829	− 320	−75 39 9.34	−19.920	+ 7
439	[ο Hydrae]	4.88	B 8	11 38 1.353	+2.9826	− 30	−34 30 1.91	−19.947	+ 3
1300	[61 Ursae maj.]	5.46	G 5	11 38 44.217	+3.1570	− 12	+34 27 0.77	−20.346	− 390
440	3 Draconis	5.48	K 0	11 40 2.105	+3.3384	− 83	+66 59 18.65	−19.932	+ 34
1301	[ζ Crateris]	4.90	G 5	11 42 31.765	+3.0425	+ 24	−18 6 21.72	−20.020	− 37
442	[λ Muscae]	3.80	A 5	11 43 31.084	+2.8382	− 149	−66 29 4.95	−19.960	+ 30
1302	[ν Virginis]	4.20	M 0	11 43 35.849	+3.0835	− 12	+ 6 46 33.67	−20.178	− 187

Mittlere Sternörter 1956.0

Nr.	Name	Größe	Spektrum	AR. 1956.0	Jährl. Veränderung 1956.5	Jährl. Eigenbew. in 0ˢ.0001	Dekl. 1956.0	Jährl. Veränderung 1956.5	Jährl. Eigenbew. in 0″.001
		m		h m s	s		° ′ ″	″	
441	χ Ursae maj.	3.85	K 0	11 43 44.022	+3.1647	− 138	+48 1 24.33	−19.968	+ 23
443	[65 G. Centauri]	4.22	G 0	11 44 22.348	+2.9057	− 42	−60 56 0.99	−20.015	− 19
1303	[Grb 1826 U Maj]	6.64	F 0	11 44 46.074	+3.2323	− 52	+61 38 48.45	−20.042	− 44
1304	[93 Leonis]	4.54	F 8	11 45 43.02[illegible]	+3.0936	− 108	+20 27 48.48	−20.014	− 11
1305	[298 G. Hydrae]	5.45	M 3	11 46 31.497	+3.0323	− 20	−26 30 17.90	−20.019	− 11
444	β Leonis	2.23	A 2	11 46 48.966	+3.0594	− 342	+14 49 4.99	−20.128	− 119
445	β Virginis	3.80	F 8	11 48 24.136	+3.1251	+ 494	+ 2 0 45.83	−20.291	− 275
1306	[12 G. Virginis]	5.81	K 0	11 48 47.162	+3.0679	+ 3	− 5 5 19.03	−20.023	− 5
446	[B Centauri]	4.71	K 0	11 48 56.143	+3.0004	− 88	−44 55 43.69	−20.048	− 29
1307	[Grb 1830 U Maj]	6.46	G 5	11 50 26.889	+3.4549	+3382	+38 2 4.23	−25.831	−5806
447	γ Ursae maj.	2.54	A 0	11 51 31.474	+3.1514	+ 104	+53 56 21.83	−20.023	+ 6
1308	[95 Leonis]	5.49	A 2	11 53 24.800	+3.0850	+ 7	+15 53 29.83	−20.037	− 3
1309	[η Crateris]	5.16	A 0	11 53 46.181	+3.0587	− 37	−16 54 20.93	−20.046	− 11
1310	[Pi 11ʰ 202 U Maj]	6.30	F 0	11 55 51.758	+3.0803	− 84	+32 31 10.23	−20.107	− 69
1311	[π Virginis]	4.57	A 3	11 58 37.059	+3.0742	− 2	+ 6 51 34.74	−20.074	− 33
449	[88 G. Centauri]	5.28	F 0	12 1 22.353	+3.1100	+ 292	−42 11 15.60	−20.161	− 120
450	o Virginis	4.24	G 5	12 2 58.043	+3.0558	− 149	+ 8 58 38.46	−19.995	+ 45
451	[Grb 1852 Caml]	5.96	K 0	12 3 2.500	+3.0386	+ 436	+77 9 5.83	−20.140	− 100
1312	[311 G. Hydrae]	6.26	B 9	12 3 40.502	+3.0845	− 42	−35 26 55.69	−20.035	+ 5
452	δ Centauri	2.88	B 3p	12 6 4.115	+3.1132	− 33	−50 28 38.47	−20.0[illegible]	− 11
453	ε Corvi	3.21	K 0	12 7 51.446	+3.0874	− 49	−22 22 30.31	−20.020	+ 10
1313	[3 Comae]	6.34	A 0	12 8 17.085	+3.0571	− 14	+17 3 14.24	−20.035	− 6
454	Br 1634 Caml	5.12	A 5	12 10 9.622	+2.7997	+ 21	+77 51 38.23	−20.004	+ 19
1314	[Br 1636 U Maj]	6.26	K 0	12 12 32.926	+2.9712	− 25	+53 40 45.63	−20.031	− 19
455	[δ Crucis]	3.08	B 3	12 12 47.752	+3.1909	− 44	−58 30 14.68	−20.017	− 6
456	δ Ursae maj.	3.44	A 2	12 13 15.372	+2.9654	+ 125	+57 16 36.88	−20.050	+ 3
457	[γ Corvi]	2.78	B 8	12 13 32.366	+3.0869	− 111	−17 17 51.91	−19.991	+ 16
458	[2 Canum venat.]	5.92	K 5	12 13 55.500	+3.0044	+ 14	+40 54 17.73	−20.044	− 39
459	β Chamaeleontis	4.38	B 5	12 15 43.348	+3.5352	− 134	−79 4 4.59	−19.979	+ 16
1315	[14 Virginis]	7.03	K 0	12 17 4.139	+3.0886	0	− 8 40 12.63	−20.013	− 27
1316	[3 Canum venat.]	5.56	K 2	12 17 39.021	+2.9530	− 10	+49 13 41.51	−19.979	+ 3
460	η Virginis	4.00	A 0	12 17 39.181	+3.0699	− 42	− 0 25 20.70	−20.005	− 22
1317	[16 Virginis]	5.10	K 0	12 18 6.817	+3.0472	− 197	+ 3 33 26.72	−20.049	− 70
1318	[12 Comae]	4.78	F 5	12 20 17.705	+3.0146	- 9	+26 5 24.49	−19.976	− 13
1319	[322 G. Hydrae]	6.34	K 0	12 22 59.849	+3.1435	+ 3	−27 30 20.04	−19.961	− 20
461	[6 Canum venat.]	5.22	K 0	12 23 41.074	+2.9536	− 70	+39 15 44.86	−19.974	− 40
462	α Crucis *m*	1.58 2.09	B 1 B 1	12 24 8.405	+3.3438	− 39	−62 51 20.10	−19.943	− 12
463	[323 G. Hydrae]	5.68	A 0	12 24 32.162	+3.1641	− 6	−32 35 10.57	−19.957	− 30
464	[σ Centauri]	4.16	B 3	12 25 39.017	+3.2489	− 25	−49 59 13.69	−19.937	− 21
1320	[122 G. Centauri]	5.60	B 8	12 26 1.594	+3.1928	− 25	−38 47 51.81	−19.933	− 20

Nr.	Name	Größe	Spektrum	AR. 1956.0	Jährl. Veränderung 1956.5	Jährl. Eigenbew. in 0.s0001	Dekl. 1956.0	Jährl. Veränderung 1956.5	Jährl. Eigenbew. in 0."001
		m		h m s	s		° ' "	"	
466	20 Comae	5.72	A 2	12 27 30.654	+3.0132	+ 17	+21 8 22.42	−19.932	− 34
465	δ Corvi	3.11	A 0	12 27 35.017	+3.1057	− 146	−16 16 14.43	−20.040	− 143
467	[74 Ursae maj.]	5.44	A 5	12 27 54.428	+2.7981	− 87	+58 38 51.44	−19.805	+ 88
468	[γ Crucis]	1.61	M 3	12 28 42.724	+3.3333	+ 39	−56 52 1.00	−20.148	− 264
469	[γ Muscae]	4.04	B 5	12 29 48.774	+3.5947	− 92	−71 53 24.30	−19.879	− 6
1321	[35 G. Corvi]	5.76	G 5	12 31 17.093	+3.1123	− 17	−12 35 17.79	−19.805	+ 50
1322	[Pi 12h 122 C Ven]	5.43	K 0	12 31 28.989	+2.9534	+ 12	+33 29 25.44	−19.892	− 39
472	κ Draconis	3.88	B 5p	12 31 36.887	+2.5558	− 117	+70 1 49.88	−19.843	+ 8
470	β Canum venat.	4.32	G 0	12 31 39.377	+2.8469	− 630	+41 35 46.72	−19.564	+ 287
471	β Corvi	2.84	G 5	12 32 4.267	+3.1536	+ 4	−23 9 13.04	−19.903	− 57
1323	[23 Comae]	4.78	A 0	12 32 39.555	+2.9882	− 51	+22 52 16.42	−19.823	+ 15
473	24 Comae *sq*	5.18	K 0	12 32 55.362	+3.0085	− 4	+18 37 8.52	−19.815	+ 20
1324	[25 Virginis]	5.90	A 0	12 34 31.199	+3.0909	− 22	− 5 35 22.54	−19.835	− 20
474	α Muscae	2.94	B 3	12 34 32.228	+3.5871	− 65	−68 53 35.65	−19.827	− 13
475	[χ Virginis]	4.78	K 0	12 36 58.333	+3.0975	− 52	− 7 45 13.50	−19.814	− 33
1325	133 G. Centauri	5.84	K 0	12 38 57.288	+3.2992	− 77	−45 54 17.97	−19.699	+ 54
478	76 Ursae maj.	5.92	A 0	12 39 38.947	+2.6171	− 56	+62 57 15.43	−19.764	− 22
1326	[ρ Virginis]	4.95	A 0	12 39 39.401	+3.0365	+ 57	+10 28 40.09	−19.837	− 94
479	[330 G. Hydrae]	5.73	K 2	12 41 39.411	+3.1996	− 27	−28 4 57.70	−19.750	− 38
1327	[Y Canum ven.]	4.8—6.0	N 3	12 43 4.009	+2.8177	+ 1	+45 40 49.69	−19.679	+ 10
1328	[32 d^2 Virginis]	5.24	A 5	12 43 23.611	+3.0311	− 73	+ 7 54 49.09	−19.682	+ 2
481	β Crucis	1.50	B 1	12 45 8.103	+3.5120	− 47	−59 26 54.35	−19.668	− 14
1329	[332 G. Hydrae]	6.29	B 9	12 45 32.977	+3.1912	− 31	−24 36 44.05	−19.613	+ 34
1330	[35 Virginis]	6.66	M 0	12 45 36.885	+3.0553	− 5	+ 3 48 45.54	−19.651	− 5
1331	[143 G. Centauri]	5.01	A 0	12 48 17.480	+3.2578	− 25	−33 45 34.98	−19.621	− 23
1332	[31 Comae]	5.07	G 0	12 49 33.386	+2.9212	− 12	+27 46 47.05	−19.590	− 16
1333	[32 Comae]	6.53	K 5	12 50 0.923	+2.9826	− 6	+17 18 46.11	−19.583	− 17
482	150 G. Centauri	4.34	A 5	12 50 59.469	+3.3262	+ 58	−39 56 23.62	−19.572	− 25
1334	[52 G. Corvi]	6.84	A 0	12 51 40.705	+3.1667	− 26	−17 47 57.04	−19.536	− 2
1335	[ψ Virginis]	4.91	M 3	12 52 3.678	+3.1211	− 17	− 9 18 1.29	−19.547	− 20
483	ε Ursae maj.	1.68	A op	12 52 5.921	+2.6369	+ 134	+56 11 54.04	−19.535	− 9
484	δ Virginis	3.66	M 0	12 53 23.119	+3.0224	− 314	+ 3 38 10.22	−19.558	− 58
486	8 Draconis	5.27	F 0	12 53 43.759	+2.3851	− 15	+65 40 36.36	−19.529	− 36
485	α Canum ven. *sq*	2.90	A op	12 53 58.312	+2.8048	− 201	+38 33 20.08	−19.438	+ 50
1336	[44 Virginis]	5.38	A 0	12 57 23.352	+3.0915	− 26	− 3 34 29.85	−19.411	+ 5
487	[δ Muscae]	3.63	K 2	12 59 12.837	+4.1407	+ 573	−71 18 43.57	−19.406	− 30
488	ε Virginis	2.95	K 0	12 59 59.131	+2.9863	− 186	+11 11 42.88	−19.340	+ 19
1337	[14 Canum ven.]	5.11	B 9	13 3 41.107	+2.8041	− 26	+36 2 1.97	−19.256	+ 16
1338	[Grb 1956 C Ven]	5.72	K 0	13 3 53.635	+2.6973	− 18	+45 30 12.37	−19.243	+ 25
1339	[39 Comae]	6.04	F 5	13 4 12.526	+2.9231	− 55	+21 23 20.82	−19.306	− 46

Mittlere Sternörter 1956.0

Nr.	Name	Größe	Spektrum	AR. 1956.0	Jährl. Veränderung 1956.5	Jährl. Eigenbew. in 0.s0001	Dekl. 1956.0	Jährl. Veränderung 1956.5	Jährl. Eigenbew. in 0".001
		m		h m s	s		° ′ ″	″	
489	[ξ² Centauri]	4.40	B 3	13 4 19.761	+3.5064	− 32	−49 40 15.43	−19.268	− 11
1340	[177 G. Centauri]	5.96	B 9	13 5 0.600	+3.5698	− 42	−53 13 28.99	−19.273	− 32
490	ϑ Virginis	4.46	A 0	13 7 40.114	+3.1072	− 23	− 5 18 16.33	−19.209	− 35
491	[17 Canum ven.]	6.05	F 0	13 8 2.079	+2.7534	− 64	+38 43 56.26	−19.127	+ 38
1341	[342 G. Hydrae]	6.48	A 3	13 9 15.310	+3.2661	− 41	−26 19 5.93	−19.140	− 6
492	β Comae	4.32	G 0	13 9 49.245	+2.7989	− 604	+28 6 2.41	−18.242	+ 876
493	[η Muscae]	4.95	B 8	13 12 14.416	+4.0763	− 57	−67 39 43.21	−19.070	− 16
1342	[195 G. Centauri]	5.36	K 0	13 14 26.086	+3.3355	+ 30	−31 16 25.68	−19.045	− 52
1343	[196 G. Centauri]	5.87	A 3p	13 14 40.157	+3.4819	− 10	−43 44 51.51	−19.000	− 13
1344	[σ Virginis]	5.01	M 0	13 15 22.864	+3.0299	− 5	+ 5 42 4.31	−18.954	+ 13
494	[20 Canum ven.]	4.66	F 0	13 15 34.294	+2.6888	− 110	+40 48 13.61	−18.944	+ 18
1345	[61 Virginis]	4.80	G 5	13 16 5.883	+3.1401	− 755	−18 4 1.63	−20.020	−1074
495	γ Hydrae	3.33	G 5	13 16 31.472	+3.2642	+ 53	−22 56 23.86	−18.983	− 49
496	ι Centauri	2.91	A 2	13 18 6.925	+3.3757	− 281	−36 28 50.62	−18.976	− 87
1346	[23 Canum ven.]	5.69	K 0	13 18 20.752	+2.6871	− 53	+40 22 51.36	−18.892	− 10
1347	[J Centauri]	4.62	B 5	13 19 46.248	+3.8840	− 39	−60 45 29.36	−18.849	− 10
497	ζ Ursae maj. *pr*	2.40	A 2p	13 22 9.404	+2.4139	+ 140	+55 9 16.74	−18.793	− 25
498	α Virginis	1.21	B 2	13 22 52.280	+3.1621	− 26	−10 55 56.10	−18.778	− 33
1348	[68 Virginis]	5.59	K 2	13 24 23.424	+3.1706	− 93	−12 28 45.53	−18.722	− 24
499	Grb 2001 U Min	6.07	K 5	13 25 0.537	+1.5300	+ 39	+72 37 10.58	−18.692	− 13
1349	[70 Virginis]	5.16	G 0	13 26 16.608	+2.9344	− 164	+14 0 47.48	−19.218	− 580
1350	[+31° 2493 C Ven]	7.12	K 2	13 26 16.698	+2.7740	+ 2	+31 22 35.85	−18.640	− 2
500	69 H. Ursae maj.	5.41	A 0	13 26 50.317	+2.2003	− 110	+60 10 21.20	−18.587	+ 33
1351	[78 Virginis]	4.93	A 2p	13 31 54.005	+3.0408	+ 28	+ 3 53 3.40	−18.480	− 29
501	ζ Virginis	3.44	A 2	13 32 26.907	+3.0578	− 190	− 0 22 17.98	−18.397	+ 35
502	17 H. Can. ven.	4.96	F 0	13 32 49.981	+2.6775	+ 68	+37 24 26.13	−18.431	− 11
1352	[80 Virginis]	5.75	K 0	13 33 13.743	+3.1222	+ 9	− 5 10 22.29	−18.332	+ 73
1353	[Grb 2017 C Ven]	6.63	A 5	13 33 21.774	+2.5524	− 21	+44 25 16.97	−18.389	+ 12
503	[49 G. Chamael.]	6.44	A 0	13 35 22.860	+5.1538	− 35	−75 27 37.42	−18.344	− 15
505	[Grb 2029 U Min]	5.67	K 0	13 36 7.289	+1.4416	− 89	+71 27 56.95	−18.310	− 6
504	ε Centauri	2.56	B 1	13 37 5.154	+3.8068	− 22	−53 14 35.88	−18.284	− 14
1354	[355 G. Hydrae]	6.42	A 0	13 39 4.806	+3.3131	− 7	−23 13 40.32	−18.195	+ 2
1355	[82 Virginis]	5.16	M 0	13 39 17.944	+3.1504	− 67	− 8 28 54.16	−18.155	+ 34
1356	[253 G. Centauri]	6.30	B 2	13 40 2.457	+3.9263	− 24	−56 32 47.53	−18.171	− 10
1357	[83 Virginis]	5.71	G 0	13 42 7.087	+3.2390	+ 9	−15 57 30.80	−18.096	− 12
506	[1 Centauri]	4.36	F 5	13 43 10.787	+3.4122	− 363	−32 49 19.03	−18.194	− 150
1358	[3 Bootis]	5.91	F 5	13 44 40.711	+2.7853	− 16	+25 55 20.20	−18.051	− 64
507	τ Bootis	4.51	F 5	13 45 10.214	+2.8510	− 338	+17 40 31.20	−17.934	+ 34
509	η Ursae maj.	1.91	B 3	13 45 48.491	+2.3631	− 126	+49 31 56.36	−17.957	− 14
508	[μ Centauri]	3.32	B 2p	13 46 57.351	+3.6178	− 19	−42 15 19.04	−17.922	− 24

Nr.	Name	Größe	Spektrum	AR. 1956.0	Jährl. Veränderung 1956.5	Jährl. Eigenbew. in 0ˢ.0001	Dekl. 1956.0	Jährl. Veränderung 1956.5	Jährl. Eigenbew. in 0″.001
		m		h m s	s		° ′ ″	″	
510	89 Virginis	5.11	K 0	13 47 28.536	+3.2617	— 70	—17 54 56.84	—17.920	— 43
1359	[+9° 2814 Bootes]	6.54	A 0	13 47 32.956	+2.9807	— 10	+ 8 37 34.90	—17.874	0
511	[10 Draconis]	4.77	M 0	13 50 8.731	+1.7519	— 4	+64 56 24.27	—17.780	— 9
513	η Bootis	2.80	G 0	13 52 35.316	+2.8567	— 44	+18 37 3.08	—18.033	— 362
512	ζ Centauri	3.06	B 2p	13 52 46.978	+3.7468	— 55	—47 4 21.00	—17.704	— 42
1360	[+32° 2411 C Ven]	6.29	F 2	13 54 13.280	+2.6599	— 106	+32 14 47.97	—17.558	+ 45
514	[294 G. Centauri]	4.68	K 0	13 54 26.479	+4.3506	— 50	—63 28 18.89	—17.624	— 31
515	[47 Hydrae]	5.17	B 8	13 56 2.655	+3.3691	— 32	—24 45 29.47	—17.554	— 28
1361	[48 Hydrae]	5.80	F 0	13 57 31.895	+3.3618	— 145	—24 47 47.45	—17.562	— 99
1362	[204 G. Virginis]	6.30	F 5	13 57 32.269	+3.1096	— 20	— 3 20 10.73	—17.530	— 68
517	11 Bootis	6.12	A 3	13 59 10.728	+2.7200	— 63	+27 35 54.02	—17.380	+ 12
516	τ Virginis	4.34	A 2	13 59 24.267	+3.0541	+ 11	+ 1 45 24.01	—17.406	— 24
518	β Centauri	0.86	B 1	14 0 41.954	+4.2421	— 25	—60 9 42.03	—17.345	— 20
1364	[307 G. Centauri]	6.44	A op	14 0 45.955	+3.6581	— 40	—41 12 43.92	—17.354	— 32
1363	[ϑ Apodis]	5.5—6.7	M 3	14 0 58.477	+5.8726	— 242	—76 35 8.85	—17.347	— 35
1365	[210 G. Virginis]	6.36	K 0	14 2 3.757	+3.2496	— 26	—14 45 39.96	—17.289	— 24
521	α Draconis	3.64	A op	14 3 11.708	+1.6247	— 89	+64 35 8.25	—17.202	+ 13
519	[π Hydrae]	3.48	K 0	14 3 51.557	+3.4192	+ 34	—26 28 16.55	—17.328	— 144
1366	[94 Virginis]	6.56	A 0	14 3 57.736	+3.1786	+ 1	— 8 40 56.91	—17.162	+ 18
520	ϑ Centauri	2.26	K 0	14 4 5.073	+3.5339	— 427	—36 9 15.81	—17.697	— 523
1367	[+39° 2720 C Ven]	7.90	K 0	14 4 35.857	+2.5220	+ 9	+38 37 35.96	—17.158	— 7
1368	[9 H. Bootis]	5.44	M 3	14 6 10.220	+2.3975	+ 7	+44 3 47.15	—17.109	— 29
522	12 *d* Bootis	4.82	F 5	14 8 23.483	+2.7360	— 18	+25 17 57.53	—17.042	— 64
524	4 Ursae min.	5.00	K 0	14 8 59.189	—0.2213	— 108	+77 45 15.13	—16.923	+ 28
523	κ Virginis	4.31	K 0	14 10 32.661	+3.2019	+ 5	—10 4 11.39	—16.741	+ 135
526	α Bootis	0.24	K 0	14 13 39.181	+2.7367	— 774	+19 24 38.59	—18.727	—1998
525	ι Virginis	4.16	F 5	14 13 42.221	+3.1474	— 7	— 5 47 28.94	—17.154	— 428
528	[ι Bootis]	4.87	A 5	14 14 36.423	+2.1239	— 163	+51 34 10.44	—16.593	+ 89
527	λ Bootis	4.26	A 0	14 14 42.661	+2.2802	— 182	+46 17 22.79	—16.519	+ 158
1370	[Λ Bootis]	4.83	K 0	14 16 8.160	+2.5354	3	+35 42 42.34	—16.596	+ 12
1369	[236 G. Virginis]	5.74	A op	14 16 11.918	+3.3194	— 46	—18 30 47.48	—16.647	— 42
1371	[λ Virginis]	4.60	A 2	14 16 43.453	+3.2479	— 12	—13 10 10.35	—16.555	+ 24
1372	[18 Bootis]	5.31	F 0	14 17 8.399	+2.9039	+ 71	+13 12 23.04	—16.593	— 34
529	[ν Centauri]	4.41	B 5	14 17 14.055	+4.1959	— 22	—56 11 5.75	—16.568	— 14
1373	[ψ Centauri]	4.17	A 0	14 17 52.284	+3.6518	— 58	—37 41 1.96	—16.532	— 10
1374	[2 Librae]	6.30	K 0	14 21 3.286	+3.2298	— 8	—11 30 50.64	—16.426	— 63
530	[10 G. Circini]	5.71	A 2p	14 21 25.434	+4.9851	— 23	—67 59 47.98	—16.358	— 14
1375	[244 G. Virginis]	5.08	A 3	14 21 59.803	+2.9862	— 54	+ 6 1 7.82	—16.310	+ 5
1376	[3 G. Librae]	5.39	K 0	14 22 17.615	+3.4255	— 40	—24 36 27.80	—16.327	— 27
1377	[τ¹ Lupi]	4.65	B 3	14 23 18.069	+3.8549	— 14	—45 1 24.41	—16.263	— 15

Mittlere Sternörter 1956.0

Nr.	Name	Größe	Spektrum	AR. 1956.0	Jährl. Veränderung 1956.5	Jährl. Eigenbew. in 0ˢ.0001	Dekl. 1956.0	Jährl. Veränderung 1956.5	Jährl. Eigenbew. in 0".001
		m		h m s	s		° ′ ″	″	
531	ϑ Bootis	4.06	F 8	14 23 41.870	+2.0421	− 260	+52 3 12.46	−16.630	− 401
1378	[22 Bootis]	5.36	A 5	14 24 24.469	+2.7906	− 52	+19 25 25.66	−16.171	+ 21
532	[52 Hydrae]	5.00	B 8	14 25 35.363	+3.5165	− 18	−29 17 41.76	−16.157	− 26
533	[φ Virginis]	4.99	K 0	14 25 55.922	+3.0924	− 92	− 2 1 53.99	−16.117	− 4
1379	[5 Ursae min.]	4.37	K 2	14 27 35.457	−0.1166	+ 12	+75 53 29.75	−16.007	+ 21
534	ρ Bootis	3.78	K 0	14 29 55.959	+2.5853	− 79	+30 33 49.41	−15.786	+ 117
535	γ Bootis	3.00	F 0	14 30 18.335	+2.4154	− 98	+38 29 59.68	−15.734	+ 149
536	[Grb 2125 Draco]	6.18	F 0	14 30 30.952	+1.6291	− 72	+60 25 7.97	−15.858	+ 14
537	η Centauri	2.65	B 3 p + A 2 p	14 32 42.179	+3.8133	− 30	−41 57 56.49	−15.789	− 35
1380	[σ Bootis]	4.48	F 0	14 32 45.827	+2.6123	+ 146	+29 56 7.37	−15.623	+ 128
1381	[10 G. Librae]	6.24	F 8	14 34 39.082	+3.1936	− 591	−12 7 9.79	−15.288	+ 360
538	*α Centauri	0.33 1.70	G 0 K 5	14 36 35.802	+4.0849	−4893	−60 39 18.35	−14.835	+ 706
540	[33 Bootis]	5.39	A 0	14 37 11.916	+2.2322	− 68	+44 35 37.28	−15.528	− 20
539	[α Circini]	3.42	F 0	14 38 55.485	+4.8581	− 295	−64 47 6.31	−15.648	− 237
541	[α Lupi]	2.89	B 2	14 38 59.492	+3.9947	− 16	−47 12 1.87	−15.427	− 19
1382	32 Bootis	5.63	G 5	14 39 36.564	+2.8828	− 108	+11 50 57.00	−15.492	− 118
545	μ Virginis	3.95	F 5	14 40 44.261	+3.1631	+ 71	− 5 28 4.82	−15.632	− 322
544	[371 G. Centauri]	4.13	K 0	14 40 57.469	+3.6724	− 52	−34 59 7.46	−15.483	− 186
1383	[34 Bootis]	4.93	M 0	14 41 29.274	+2.6369	− 10	+26 42 50.32	−15.287	− 19
542	α Apodis	3.81	K 5	14 42 17.809	+7.4883	− 8	−78 51 37.32	−15.241	− 21
1384	[+33° 2489 Boot]	6.47	M 0	14 43 23.187	+2.5095	+ 30	+32 58 25.37	−15.242	− 82
546	[30 G. Lupi]	5.20	K 0	14 43 55.737	+4.2009	− 24	−52 11 54.96	−15.211	− 83
547	109 Virginis	3.76	A 0	14 44 1.296	+3.0342	− 74	+ 2 4 37.91	−15.155	− 32
1385	[56 Hydrae]	5.39	G 5	14 45 10.310	+3.5049	+ 32	−25 54 14.68	−15.058	− 1
1386	[Grb 2152 Boot]	5.98	F 0	14 47 23.000	+2.3552	− 220	+37 59 30.01	−14.821	+ 108
1387	[α¹ Librae]	5.33	F 5	14 48 14.877	+3.3201	− 69	−15 48 55.93	−14.953	− 75
548	α² Librae	2.90	A 3	14 48 26.369	+3.3207	− 73	−15 51 36.33	−14.938	− 71
549	Grb 2164 Draco	5.67	K 2	14 50 19.166	+1.5236	− 167	+59 28 19.83	−14.623	+ 134
550	β Ursae min.	2.24	K 5	14 50 48.631	−0.1660	− 84	+74 20 7.21	−14.720	+ 9
1388	[+ 6° 2957 Virgo]	6.69	K 0	14 51 28.995	+2.9693	− 19	+ 6 25 14.11	−14.679	+ 8
1389	[381 G. Centauri]	5.34	A 0	14 53 2.220	+3.6858	+ 21	−33 40 42.13	−14.599	− 5
551	Pi 14ʰ 221 Boot	5.77	A 0	14 54 8.490	+2.8322	− 10	+14 37 23.01	−14.532	− 4
1390	[ξ² Librae]	5.63	K 0	14 54 22.569	+3.2568	+ 4	−11 13 59.83	−14.509	+ 4
1391	[33 G. Librae]	6.00	K 5	14 54 53.457	+3.5064	+ 744	−21 13 5.82	−16.221	−1739
1392	[Pi 14ʰ 227 Boot]	6.24	A 0	14 55 4.582	+2.7039	− 10	+21 43 54.98	−14.497	− 25
1393	[Br 1908 Virgo]	5.71	K 0	14 55 17.691	+3.0775	+ 42	+ 0 0 31.09	−14.485	− 27
552	β Lupi	2.81	B 2p	14 55 38.350	+3.9327	− 37	−42 57 28.84	−14.478	− 41
553	[κ Centauri]	3.35	B 3	14 56 17.346	+3.9068	− 15	−41 55 44.33	−14.426	− 28
554	[2 H. Ursae min.]	4.86	M 3	14 56 52.530	+0.9562	− 138	+66 6 26.08	−14.337	+ 26
1394	[δ Librae]	4.8—5.9	A 0	14 58 37.046	+3.2068	− 44	− 8 20 43.84	−14.264	− 8

Nr. 538. Ort des Schwerpunktes. Die Reduktion auf den Ort des helleren Sterns beträgt nach den Elementen von F i n s e n , Union Observ. Circular 68, 1926:

1956.0	$\Delta\alpha = -0^{s}.203$	$\Delta\delta = -1''.79$
1957.0	$= -0.160$	$= -0.86$

Nr.	Name	Größe	Spektrum	AR. 1956.0	Jährl. Veränderung 1956.5	Jährl. Eigenbew. in 0ˢ.0001	Dekl. 1956.0	Jährl. Veränderung 1956.5	Jährl. Eigenbew. in 0".001
		m		h m s	s		° ′ ″	″	
555	β Bootis	3.63	G 5	15 0 17.229	+2.2597	− 40	+40 33 47.57	−14.186	− 33
556	σ Librae	3.41	M 3	15 1 29.323	+3.5139	− 53	−25 6 37.22	−14.126	− 48
557	ψ Bootis	4.67	K 0	15 2 33.519	+2.5709	− 133	+27 7 5.53	−14.021	− 9
1395	[47 Bootis]	5.59	A 0	15 3 58.301	+1.9872	− 68	+48 19 12.82	−13.894	+ 29
1397	[+ 55° 1730 Boot]	5.21	G 5	15 5 1.141	+1.7139	+ 50	+54 43 29.91	−13.848	+ 9
1396	[45 Bootis]	5.03	F 0	15 5 22.014	+2.6353	+ 135	+25 2 21.99	−14.009	− 174
1398	[κ¹ Lupi]	4.14	B 9	15 8 51.791	+4.1748	− 100	−48 34 19.27	−13.663	− 52
558	ζ Lupi	3.50	K 0	15 9 6.612	+4.3150	− 121	−51 55 59.69	−13.662	− 67
559	[ι Librae]	4.66	A op	15 9 42.468	+3.4217	− 27	−19 37 35.37	−13.600	− 42
1399	[1 Lupi]	4.95	F 0	15 11 55.177	+3.6782	− 2	−31 21 22.43	−13.416	− 2
562	[3 Serpentis]	5.44	K 0	15 12 59.943	+2.9830	− 14	+ 5 6 5.52	−13.343	+ 1
563	δ Bootis	3.54	K 0	15 13 43.633	+2.4189	+ 66	+33 28 40.56	−13.415	− 118
561	[β Circini]	4.16	A 3	15 14 3.071	+4.7034	− 126	−58 38 18.94	−13.413	− 138
565	1 H. Ursae min.	5.23	G 0	15 14 7.380	+0.6921	+ 372	+67 30 48.82	−13.662	− 390
564	**β Librae**	2.74	B 8	15 14 38.106	+3.2297	− 66	− 9 13 18.56	−13.260	− 23
560	γ Triang. austr.	3.06	A 0	15 14 46.275	+5.6140	− 105	−68 31 8.23	−13.254	− 27
1400	[Pi 15^h 36 Serp]	5.66	G 5	15 16 26.030	+2.6902	− 9	+20 43 57.15	−13.141	− 23
1401	[+ 10° 2823 Serp]	6.71	F 8	15 16 35.132	+2.8782	− 63	+10 35 13.50	−13.107	+ 1
1402	[δ Lupi]	3.43	B 2	15 18 28.483	+3.9412	− 13	−40 29 22.76	−13.009	− 27
566	φ¹ Lupi	3.59	K 5	15 19 0.334	+3.8094	− 79	−36 6 11.43	−13.034	− 87
1404	[73 G. Librae]	6.78	K 0	15 20 19.000	+3.5875	+ 24	−26 31 58.34	−12.867	− 8
1403	[φ² Lupi]	4.69	B 3	15 20 20.183	+3.8360	− 14	−36 42 7.68	−12.883	− 25
1405	[30 Librae]	6.74	K 2	15 20 34.239	+3.3477	− 2	−14 58 42.20	−12.832	+ 11
569	γ Ursae min.	3.14	A 2	15 20 46.808	−0.0884	− 48	+71 59 26.14	−12.812	+ 19
1406	[8 Serpentis]	6.10	F 0	15 21 27.406	+3.0939	+ 49	− 0 52 0.01	−12.814	− 31
568	μ Bootis *pr*	4.47	F 0	15 22 49.600	+2.2666	− 124	+37 31 49.78	−12.608	+ 83
570	[τ¹ Serpentis]	5.46	M 0	15 23 44.809	+2.7829	− 12	+15 34 53.54	−12.642	− 14
571	ι Draconis	3.47	K 0	15 23 56.764	+1.3359	− 16	+59 7 10.50	−12.603	+ 13
1407	[32 Librae]	5.92	K 0	15 25 46.210	+3.3852	+ 10	−16 33 52.02	−12.526	− 36
572	β Coronae bor.	3.72	F op	15 26 0.791	+2.4738	− 138	+29 15 22.79	−12.392	+ 82
567	[κ¹ Apodis]	5.65	B 5p	15 26 40.399	+6.5562	+ 15	−73 14 22.93	−12.461	− 34
1408	[+ 9° 3055 Serp]	6.46	F 2	15 28 47.116	+2.9137	+ 24	+ 8 43 42.26	−12.286	− 2
573	ν¹ Bootis	5.15	K 5	15 29 20.817	+2.1552	+ 7	+40 58 55.85	−12.252	− 7
576	[ϑ Coronae bor.]	4.17	B 5	15 31 9.210	+2.4193	− 19	+31 30 23.41	−12.137	− 18
1409	[37 Librae]	4.83	K 0	15 31 46.136	+3.2803	+ 205	− 9 54 54.37	−12.317	− 241
574	[ε Triang. austr.]	4.11	K 0	15 32 40.064	+5.4999	+ 45	−66 10 16.93	−12.081	− 69
578	α Coronae bor.	2.31	A 0	15 32 49.395	+2.5405	+ 90	+26 51 42.12	−12.094	− 91
577	γ Librae	4.02	K 0	15 33 3.615	+3.3576	+ 43	−14 38 39.25	−11.984	+ 1
1410	115 G. Lupi	5.47	K 5	15 33 10.645	+4.1123	− 48	−44 15 2.78	−12.021	− 44
579	[υ Librae]	3.78	K 2	15 34 20.831	+3.6446	− 4	−27 59 26.89	−11.897	− 2

Mittlere Sternörter 1956.0

Nr.	Name	Größe	Spektrum	AR. 1956.0	Jährl. Veränderung 1956.5	Jährl. Eigenbew. in 0ˢ.0001	Dekl. 1956.0	Jährl. Veränderung 1956.5	Jährl. Eigenbew. in 0″.001
		m		h m s	s		° ′ ″	″	
1411	[2 G. Normae]	5.48	A 0	15 35 32.511	+4.4627	— 39	—52 13 45.59	—11.850	— 40
580	[φ Bootis]	5.41	G 5	15 36 14.674	+2.1548	+ 52	+40 29 44.52	—11.706	+ 56
1412	[Pi 15ʰ 153 Boot]	5.78	F 0	15 36 51.513	+1.9216	+ 81	+46 56 30.79	—11.845	— 126
1413	[ϰ Librae]	4.96	K 5	15 39 24.380	+3.4585	— 27	—19 32 15.84	—11.647	— 111
582	α Serpentis	2.75	K 0	15 42 5.892	+2.9559	+ 92	+ 6 33 46.08	—11.298	+ 46
583	β Serpentis	3.74	A 2	15 44 9.294	+2.7696	+ 48	+15 33 29.86	—11.243	— 48
590	ζ Ursae min.	4.34	A 2	15 45 35.047	—2.1251	+ 52	+77 55 50.55	—11.098	— 4
587	[12 H. Draconis]	5.13	A 2	15 45 59.317	+0.9164	+ 48	+62 44 6.20	—11.123	— 61
584	ϰ Serpentis	4.28	K 5	15 46 45.432	+2.7012	— 34	+18 16 34.61	—11.094	— 89
585	μ Serpentis	3.63	A 0	15 47 19.246	+3.1321	— 58	— 3 17 49.05	—10.992	— 28
586	[χ Lupi]	4.11	B 9	15 48 9.333	+3.8145	— 8	—33 29 41.05	—10.934	— 32
588	ε Serpentis	3.75	A 2	15 48 37.196	+2.9914	+ 85	+ 4 36 32.00	—10.805	+ 63
1414	[ϰ Coronae bor.]	4.77	K 0	15 49 34.333	+2.2609	— 9	+35 47 34.09	—11.151	— 353
1415	[λ Librae]	5.06	B 3	15 50 46.512	+3.4847	— 7	—20 2 13.35	—10.738	— 28
1416	[χ Herculis]	4.61	G 0	15 51 9.118	+2.0740	+ 392	+42 34 25.40	—10.054	+ 628
589	β Triang. austr.	3.04	F 0	15 51 14.704	+5.2937	— 281	—63 17 49.00	—11.067	— 394
591	[γ Serpentis]	3.86	F 5	15 54 25.098	+2.7719	+ 213	+15 48 14.19	—11.725	—1286
1417	[48 Librae]	4.68	B 3p	15 55 43.266	+3.3611	— 10	—14 9 14.23	—10.363	— 22
593	ε Coronae bor.	4.22	K 0	15 55 45.826	+2.4840	— 61	+27 0 14.87	—10.403	— 64
592	[π Scorpii]	3.00	B 2	15 56 11.085	+3.6314	— 6	—25 59 20.16	—10.331	— 25
1418	[144 G. Lupi]	5.07	G 5	15 56 30.025	+4.0902	— 22	—41 37 11.02	—10.292	— 10
595	[Grb 2296 Draco]	4.96	A 5	15 56 44.518	+1.4237	— 185	+54 52 24.14	—10.160	+ 106
594	δ Scorpii	2.54	B 0	15 57 43.618	+3.5494	— 5	—22 29 52.95	—10.218	— 27
1419	[49 Librae]	5.53	F 8	15 57 51.160	+3.3682	— 441	—16 24 18.95	—10.579	— 398
1420	[50 Librae]	5.55	A 0	15 58 24.871	+3.2402	— 12	— 8 17 18.17	—10.157	— 18
598	ϑ Draconis	4.11	F 8	16 1 3.585	+1.1253	— 413	+58 40 55.98	— 9.605	+ 335
597	β Scorpii *pr*	2.90	B 1	16 2 52.449	+3.4902	— 2	—19 41 11.59	— 9.822	— 22
596	[δ Normae]	4.84	A 3p	16 3 22.339	+4.2430	+ 4	—45 3 20.06	— 9.731	+ 31
599	[ϑ Lupi]	4.33	B 3	16 3 41.737	+3.9417	— 17	—36 41 3.35	— 9.773	— 36
1421	[ϰ Herculis *pr*]	5.34	G 5	16 6 5.232	+2.7082	— 25	+17 9 46.23	— 9.566	— 11
1422	[+6° 3169 Serp]	6.02	G 5	16 7 1.027	+2.9550	+ 157	+ 6 30 10.76	—10.206	— 723
1423	[τ Coronae bor.]	4.94	K 0	16 7 21.627	+2.1936	— 49	+36 36 5.52	— 9.133	+ 324
601	[φ Herculis]	4.26	B 9p	16 7 22.848	+1.8905	— 28	+45 2 57.64	— 9.421	+ 34
600	[ϰ Normae]	5.09	K 0	16 9 59.737	+4.7352	— 11	—54 31 7.31	— 9.278	— 26
602	[δ Triang. austr.]	4.03	G 0	16 11 24.885	+5.4673	+ 10	—63 34 32.23	— 9.156	— 15
603	δ Ophiuchi	3.03	M 0	16 12 2.196	+3.1449	— 31	— 3 34 57.00	— 9.240	— 146
606	19 Ursae min.	5.51	B 8	16 12 2.963	—1.6990	— 15	+75 59 20.90	— 9.083	+ 13
1424	[δ¹ Apodis]	4.78	M 3	16 13 41.892	+8.9932	— 23	—78 35 19.89	— 8.997	— 37
1425	[17 Herculis]	6.59	K 0	16 14 24.011	+2.5585	— 12	+23 13 51.12	— 8.924	— 14
605	ε Ophiuchi	3.34	K 0	16 15 59.398	+3.1752	+ 55	— 4 35 12.10	— 8.745	+ 39

Nr.	Name	Größe	Spektrum	AR. 1956.0	Jährl. Veränderung 1956.5	Jährl. Eigenbew. in 0.s0001	Dekl. 1956.0	Jährl. Veränderung 1956.5	Jährl. Eigenbew. in 0.''001
		m		h m s	s		° ′ ″	″	
604	γ² Normae	4.14	K 0	16 16 32.249	+4.4919	— 170	—50 2 58.50	—8.795	— 54
1426	[55 G. Scorpii *sq*]	5.69	F 2	16 16 45.392	+3.7972	+ 66	—30 48 6.05	—8.702	+ 21
608	τ Herculis	3.91	B 5	16 18 24.948	+1.8039	— 12	+46 25 2.18	—8.557	+ 37
607	[σ Scorpii]	3.10	B 1	16 18 30.548	+3.6483	— 7	—25 29 20.04	—8.610	— 24
612	[η Ursae min.]	5.04	F 0	16 18 45.801	—1.7430	— 232	+75 51 26.76	—8.319	+ 250
1427	[σ Serpentis]	4.80	F 0	16 19 50.467	+3.0389	— 106	+ 1 7 51.71	—8.431	+ 50
609	γ Herculis	3.79	F 0	16 19 58.614	+2.6469	— 35	+19 15 18.76	—8.427	+ 44
1428	[23 Herculis]	6.30	A 2	16 21 14.989	+2.3028	+ 9	+32 26 4.43	—8.380	— 10
1429	[21 Herculis]	5.72	A 0	16 22 2.062	+2.9230	— 1	+ 7 2 54.95	—8.289	+ 18
613	[ω Herculis]	4.53	A op	16 23 22.969	+2.7692	+ 27	+14 7 59.74	—8.258	— 59
614	[Grb 2343 Draco]	5.66	A 2	16 23 27.381	+1.3135	+ 13	+55 18 16.06	—8.177	+ 17
610	[ζ Triang. austr.]	4.93	G 0	16 23 42.650	+6.4638	+ 403	—69 59 17.11	—8.065	+ 105
611	γ Apodis	3.90	K 0	16 26 38.093	+9.2313	— 407	—78 48 8.53	—8.003	— 68
616	α Scorpii	1.22	Mo+A3	16 26 42.326	+3.6806	— 2	—26 20 9.80	—7.955	— 23
1430	[22 G. Ophiuchi]	5.75	G 0	16 27 17.441	+3.3921	+ 20	—14 27 20.73	—7.870	+ 16
619	A Draconis	4.98	B 8p	16 28 3.491	—0.1134	— 53	+68 51 48.12	—7.792	+ 34
618	β Herculis	2.81	K 0	16 28 19.579	+2.5793	— 72	+21 35 3.20	—7.819	— 16
1431	[N Scorpii]	4.33	B 3	16 28 30.078	+3.9225	— 6	—34 36 36.84	—7.803	— 15
1432	Pi 16ʰ 140 Draco	5.85	A 0	16 31 47.991	+0.8489	+ 18	+60 54 54.15	—7.537	— 13
623	[Grb 2373 U Min]	6.39	G 5	16 32 30.231	—2.5683	— 330	+77 32 6.93	—7.196	+ 273
621	σ Herculis	4.25	A 0	16 32 40.936	+1.9345	— 12	+42 31 36.55	—7.408	+ 43
620	[τ Scorpii]	2.91	B 0	16 33 8.320	+3.7365	— 5	—28 7 35.32	—7.438	— 25
1433	[12 Ophiuchi]	5.87	K 0	16 34 2.584	+3.1521	+ 302	— 2 13 56.07	—7.654	— 315
622	ζ Ophiuchi	2.70	B 0	16 34 43.963	+3.3045	+ 8	—10 28 46.42	—7.260	+ 24
1434	[42 Herculis]	5.14	M 0	16 37 33.042	+1.6293	— 48	+49 0 49.20	—7.022	+ 32
624	[Br 2114 Ophi]	5.04	K 0	16 39 1.457	+3.4709	— 16	—17 39 31.24	—6.936	— 3
626	η Herculis	3.61	K 0	16 41 23.128	+2.0572	+ 29	+39 0 17.82	—6.822	— 83
625	α Triang. austr.	1.88	K 2	16 43 59.218	+6.3614	+ 51	—68 56 59.41	—6.555	— 33
627	Grb 2377 Draco	4.88	F 0	16 44 27.483	+1.1388	+ 17	+56 51 35.81	—6.421	+ 65
1436	[19 Ophiuchi]	6.04	A 2	16 44 56.455	+3.0245	— 16	+ 2 8 32.75	—6.457	— 12
1435	[η Arae]	3.68	K 5	16 45 58.456	+5.1838	+ 44	—58 57 54.77	—6.388	— 30
1437	[—21° 4422 Ophi]	7.60	M 0	16 46 57.317	+3.5795	— 8	—21 46 36.43	—6.298	— 20
628	ε Scorpii	2.36	K 0	16 47 18.532	+3.8877	— 490	—34 12 54.55	—6.501	— 253
1438	[20 Ophiuchi]	4.73	F 5	16 47 23.782	+3.3198	+ 63	—10 42 24.63	—6.338	— 97
1439	[μ¹ Scorpii]	3.09	B 3p	16 48 53.069	+4.0658	— 8	—37 58 25.82	—6.145	— 28
1440	[51 Herculis]	5.20	K 0	16 49 55.716	+2.4874	+ 9	+24 43 45.21	—6.022	+ 9
629	49 Herculis	6.41	A op	16 50 4.517	+2.7318	+ 10	+15 2 48.02	—6.016	+ 3
1441	[53 Herculis]	5.35	F 0	16 51 17.788	+2.2749	— 78	+31 46 23.98	—5.937	— 20
1442	[ι Ophiuchi]	4.29	B 8	16 51 55.432	+2.8392	— 35	+10 14 10.90	—5.901	— 37
1443	[51 G. Apodis]	7.00	F 8	16 54 49.329	+8.2666	— 96	—76 9 3.67	—5.766	— 149

Mittlere Sternörter 1956.0

Nr.	Name	Größe	Spektrum	AR. 1956.0	Jährl. Veränderung 1956.5	Jährl. Eigenbew. in 0ˢ.0001	Dekl. 1956.0	Jährl. Veränderung 1956.5	Jährl. Eigenbew. in 0″.001
		m		h m s	s		° ′ ″	″	
1444	24 G. Arae	5.70	B 9	16 54 53.730	+ 4.6321	− 14	−50 34 25.75	−5.658	− 44
631	ζ Arae	3.06	K 5	16 54 58.208	+ 4.9678	− 20	−55 55 22.49	−5.640	− 33
633	ϰ Ophiuchi	*4.1-5.0*	K 0	16 55 35.001	+ 2.8400	− 199	+ 9 26 31.33	−5.566	− 9
632	[ε^1 Arae]	4.15	K 2	16 56 4.126	+ 4.7840	0	−53 5 42.09	−5.498	+ 17
634	ε Herculis	3.92	A 0	16 58 36.237	+ 2.2955	− 40	+30 59 24.26	−5.275	+ 28
1445	[30 Ophiuchi]	5.00	K 0	16 58 44.189	+ 3.1637	− 34	− 4 9 29.65	−5.370	− 78
1446	[59 Herculis]	5.27	A 2	16 59 58.759	+ 2.2145	− 4	+33 37 50.76	−5.191	− 4
635	[60 Herculis]	4.91	A 3	17 3 20.137	+ 2.7824	+ 33	+12 47 59.58	−4.911	− 8
1448	[Pi 16^h 307 Herc]	6.36	A 0	17 3 44.390	+ 1.8274	0	+43 52 15.84	−4.870	− 1
1447	[80 G. Ophiuchi]	6.20	A 0	17 4 9.432	+ 3.7189	+ 2	−26 27 19.14	−4.852	− 19
1449	85 G. Ophiuchi	6.14	K 0	17 5 41.354	+ 3.4844	+ 2	−17 33 8.92	−4.737	− 35
636	[Grb 2415 Herc]	6.27	A 2	17 6 20.465	+ 1.9571	− 34	+40 34 21.24	−4.681	− 33
1450	[88 G. Ophiuchi]	5.58	F 5	17 7 21.832	+ 3.3176	+ 38	−10 28 2.55	−4.662	− 101
639	ζ Draconis	3.22	B 5	17 8 39.229	+ 0.1757	− 32	+65 46 7.43	−4.431	+ 21
638	[η Scorpii]	3.44	F 2	17 8 59.797	+ 4.2987	+ 22	−43 10 59.33	−4.703	− 283
1451	[97 G. Ophiuchi]	6.39	K 0	17 9 37.778	+ 2.8932	+ 18	+ 7 56 48.64	−4.356	+ 11
641	δ Herculis	3.16	A 2	17 13 13.340	+ 2.4645	− 18	+24 53 23.30	−4.219	− 158
643	π Herculis	3.36	K 5	17 13 30.754	+ 2.0897	− 25	+36 51 27.69	−4.032	+ 4
1452	[139 G. Scorpii]	5.55	F 5	17 14 11.685	+ 3.9039	− 75	−32 36 53.93	−4.029	− 53
1453	[U Ophiuchi]	5.7—6.4	B 8	17 14 17.612	+ 3.0442	− 5	+ 1 15 28.86	−3.985	− 16
642	[ι Apodis]	5.60	B 8	17 17 10.688	+ 6.6977	+ 12	−70 4 48.60	−3.733	− 14
1454	Pi 17^h 68 Herc	5.17	M 0	17 18 22.385	+ 2.6440	+ 2	+18 6 3.66	−3.672	− 54
1456	[72 Herculis]	5.36	G 0	17 19 0.623	+ 2.2448	+ 98	+32 31 23.36	−4.606	−1042
644	ϑ Ophiuchi	3.37	B 3	17 19 18.265	+ 3.6853	− 2	−24 57 26.68	−3.559	− 21
645	β Arae	2.80	K 2	17 21 38.173	+ 4.9891	− 7	−55 29 26.44	−3.360	− 25
1455	[59 G. Apodis]	5.93	M 3	17 23 11.290	+11.2418	+ 27	−80 49 25.50	−3.239	− 41
1458	[138 G. Ophiuchi]	6.31	F 5	17 23 40.729	+ 3.1154	+ 48	− 1 36 53.92	−3.113	+ 47
1457	[44 Ophiuchi]	4.28	F 0	17 23 40.810	+ 3.6646	0	−24 8 11.85	−3.276	− 116
647	[27 H. Ophiuchi]	4.61	F 0	17 24 17.651	+ 3.1836	− 64	− 5 2 57.49	−3.152	− 44
1459	[σ Ophiuchi]	4.44	K 0	17 24 19.750	+ 2.9769	− 1	+ 4 10 37.44	−3.099	+ 6
646	[45 Ophiuchi]	4.37	F 5	17 24 32.497	+ 3.8319	+ 15	−29 49 44.80	−3.226	− 141
650	[77 Herculis]	5.81	A 2	17 25 34.107	+ 1.5904	− 4	+48 17 46.06	−3.005	− 7
648	δ Arae	3.79	B 8	17 27 7.247	+ 5.4186	− 66	−60 38 58.48	−2.950	− 89
649	[υ Scorpii]	2.80	B 3	17 27 46.132	+ 4.0799	0	−37 15 45.64	−2.837	− 31
651	α Arae	2.97	B 3p	17 28 26.170	+ 4.6392	− 28	−49 50 36.76	−2.821	− 72
1460	[λ Herculis]	4.48	K 0	17 28 57.491	+ 2.4247	+ 11	+26 8 33.25	−2.686	+ 18
653	β Draconis	2.99	G 0	17 29 26.161	+ 1.3559	− 21	+52 19 59.71	−2.651	+ 13
652	λ Scorpii	1.71	B 2	17 30 37.053	+ 4.0747	0	−37 4 25.17	−2.587	− 28
655	[ν^1 Draconis]	4.98	A 5	17 31 18.388	+ 1.1815	+ 165	+55 12 49.29	−2.448	+ 54
657	[ν^2 Draconis]	4.95	A 5	17 31 23.827	+ 1.1825	+ 168	+55 12 8.12	−2.441	+ 53

Nr.	Name	Größe	Spektrum	AR. 1956.0	Jährl. Veränderung 1956.5	Jährl. Eigenbew. in 0.ˢ0001	Dekl. 1956.0	Jährl. Veränderung 1956.5	Jährl. Eigenbew. in 0.″001
		m		h m s	s		° ′ ″	″	
1462	[Grb 2444 Herc]	5.82	K 0	17 31 43.349	+1.9025	— 71	+41 16 24.71	−2.529	— 64
659	[27 Draconis]	5.21	K 0	17 32 8.108	−0.2393	— 30	+68 9 47.43	−2.297	+ 134
1461	[−11° 4411 Serp]	5.68	B 8	17 32 19.339	+3.3354	— 10	−11 12 49.72	−2.407	+ 6
656	α Ophiuchi	2.14	A 5	17 32 53.410	+2.7850	+ 80	+12 35 26.29	−2.589	— 226
654	ϑ Scorpii	2.04	F 0	17 34 9.226	+4.3117	+ 15	−42 58 18.64	−2.250	+ 3
658	ξ Serpentis	3.64	A 5	17 35 3.881	+3.4354	— 31	−15 22 21.42	−2.235	— 62
664	ω Draconis	4.87	F 5	17 37 12.253	−0.3505	0	+68 46 42.56	−1.667	+ 323
663	ι Herculis	3.79	B 3	17 38 13.232	+1.6937	— 9	+46 1 43.87	−1.896	+ 4
660	[κ Scorpii]	2.51	B 2	17 39 26.444	+4.1509	— 5	−39 0 33.76	−1.821	— 28
662	[μ Arae]	5.26	G 5	17 40 38.818	+4.7640	— 21	−51 48 46.21	−1.875	— 188
1463	[58 Ophiuchi]	4.89	F 5	17 40 47.471	+3.5956	— 67	−21 39 49.22	−1.724	— 48
665	β Ophiuchi	2.94	K 0	17 41 17.824	+2.9638	— 28	+ 4 35 2.89	−1.473	+ 159
661	η Pavonis	3.58	K 0	17 41 24.612	+5.8911	— 4	−64 42 20.00	−1.670	— 50
670	ψ Draconis *pr*	4.90	F 5	17 42 42.916	−1.0650	+ 40	+72 10 15.58	−1.777	— 267
666	[ι¹ Scorpii]	3.14	F 5p	17 44 30.275	+4.1967	+ 2	−40 6 43.06	−1.355	— 4
667	μ Herculis	3.48	G 5	17 44 44.066	+2.3484	— 238	+27 44 43.07	−2.077	— 744
1464	[X Sagittarii]	4.4—5.0	F 8v	17 44 47.304	+3.7766	— 2	−27 48 57.30	−1.336	— 9
668	[γ Ophiuchi]	3.74	A 0	17 45 41.075	+3.0084	— 16	+ 2 43 20.40	−1.320	— 71
1465	[+ 20° 3570 Herc]	5.77	K 0	17 46 31.347	+2.5735	+ 9	+20 34 43.08	−1.176	0
669	[G Scorpii]	3.25	K 2	17 46 51.698	+4.0848	+ 51	−37 1 52.37	−1.111	+ 34
1466	[+ 9° 3485 Ophi]	6.79	K 5	17 48 4.153	+2.8388	— 27	+ 9 51 36.89	−1.092	— 52
675	35 Draconis	5.04	F 5	17 51 24.857	−2.6856	+ 106	+76 58 12.11	−0.506	+ 246
1467	[−7° 4523 Ophi]	6.87	G 5	17 52 34.508	+3.2511	— 35	− 7 43 36.03	−0.704	— 57
671	ξ Draconis	3.90	K 0	17 52 45.941	+1.0374	+ 110	+56 52 44.25	−0.556	+ 76
1468	[89 Herculis]	5.48	F 5p	17 53 38.555	+2.4202	— 2	+26 3 20.73	−0.548	+ 6
672	ϑ Herculis	3.99	K 0	17 54 44.528	+2.0574	— 1	+37 15 18.93	−0.453	+ 6
676	γ Draconis	2.42	K 5	17 55 34.939	+1.3930	— 13	+51 29 36.08	−0.405	— 20
674	[ξ Herculis]	3.82	K 0	17 56 3.199	+2.3314	+ 62	+29 15 5.00	−0.362	— 18
673	ν Ophiuchi	3.50	K 0	17 56 36.147	+3.3028	— 6	− 9 46 11.78	−0.414	— 120
1469	[93 Herculis]	4.71	K 0	17 58 5.804	+2.6707	— 5	+16 45 7.26	−0.175	— 11
677	67 Ophiuchi	3.95	B 5p	17 58 26.366	+3.0046	— 4	+ 2 55 55.58	−0.145	— 10
1470	[6 Sagittarii]	6.31	K 2	17 58 49.603	+3.4857	— 2	−17 9 25.09	−0.107	— 7
679	γ Sagittarii	3.07	K 0	18 2 58.800	+3.8540	— 41	−30 25 35.46	+0.079	— 185
1471	[ϑ Arae]	3.90	B 1p	18 3 12.235	+4.6696	— 14	−50 5 48.17	+0.266	— 18
678	[66 G. Apodis]	5.69	K 5	18 5 6.482	+8.3948	+ 48	−75 53 47.03	+0.174	— 278
680	72 Ophiuchi	3.73	A 3	18 5 15.724	+2.8442	— 43	+ 9 33 22.14	+0.544	+ 82
681	ο Herculis	3.83	A 0	18 5 49.457	+2.3402	— 3	+28 45 18.81	+0.520	+ 9
1472	[−13° 4863 Serp]	6.50	K 0	18 7 13.364	+3.4050	+ 1	−13 56 36.26	+0.635	+ 1
1473	[ε Telescopii]	4.60	K 0	18 7 57.726	+4.4529	— 15	−45 57 50.94	+0.668	— 32
682	μ Sagittarii	4.01	B 8p	18 11 7.843	+3.5877	+ 1	−21 4 19.86	+0.975	— 1

Mittlere Sternörter 1956.0

Nr.	Name	Größe	Spektrum	AR. 1956.0	Jährl. Veränderung 1956.5	Jährl. Eigenbew. in 0ˢ.0001	Dekl. 1956.0	Jährl. Veränderung 1956.5	Jährl. Eigenbew. in 0″.001
		m		h m s	s		° ′ ″	″	
1474	[6 G. Telescopii]	5.54	B 5	18 13 25.014	+5.0516	− 22	−56 2 22.28	+1.164	− 12
685	36 Draconis	5.03	F 5	18 13 38.505	+0.3447	+ 529	+64 22 55.73	+1.225	+ 32
684	[Grb 2533 Lyra]	5.42	B 5	18 14 16.535	+1.8659	− 7	+42 8 35.78	+1.245	− 4
683	[η Sagittarii]	3.16	M 3	18 14 38.907	+4.0592	− 109	−36 46 36.70	+1.119	− 164
1475	[Br 2292 Serp]	6.30	A 5	18 14 58.676	+3.3030	− 1	− 9 46 31.25	+1.247	− 64
687	[δ Sagittarii]	2.84	K 0	18 18 10.601	+3.8408	+ 31	−29 50 55.44	+1.562	− 29
1477	[κ Lyrae]	4.34	K 0	18 18 19.066	+2.1024	− 18	+36 2 37.18	+1.644	+ 42
1476	[74 Ophiuchi]	4.92	G 5	18 18 40.155	+2.9949	− 4	+ 3 21 21.22	+1.643	+ 10
688	η Serpentis	3.42	K 0	18 19 1.882	+3.1040	− 372	− 2 54 42.52	+0.967	− 698
686	[ξ Pavonis]	4.25	K 2	18 19 10.325	+5.5268	− 5	−61 30 59.71	+1.683	+ 4
689	ε Sagittarii	1.95	A 0	18 21 15.093	+3.9823	− 23	−34 24 26.67	+1.733	− 126
690	109 Herculis	3.92	K 0	18 21 49.282	+2.5565	+ 137	+21 44 54.41	+1.666	− 241
695	χ Draconis	3.69	F 8	18 21 50.985	−1.0836	+1172	+72 42 51.58	+1.553	− 354
1478	[+7° 3682 Ophi]	5.69	G0+A3	18 23 31.688	+2.8859	− 6	+ 8 0 20.96	+2.050	− 6
691	α Telescopii	3.76	B 3	18 23 42.634	+4.4477	− 16	−45 59 40.81	+2.031	− 42
1479	[+29° 3259 Herc]	5.71	A 2	18 24 16.786	+2.3126	+ 3	+29 48 8.68	+2.099	− 22
692	[λ Sagittarii]	2.94	K 0	18 25 15.263	+3.7020	− 33	−25 26 52.12	+2.023	− 183
696	[γ Scuti]	4.73	A 3	18 26 41.313	+3.4189	0	−14 35 44.13	+2.328	− 3
1480	[60 Serpentis]	5.44	K 0	18 27 23.501	+3.1218	+ 18	− 2 0 55.26	+2.359	− 33
1481	[+16° 3529 Herc]	5.67	A 0	18 29 6.889	+2.6676	− 32	+16 53 47.85	+2.514	− 27
697	[ϑ Coron. austr.]	4.69	G 5	18 30 21.634	+4.2830	+ 25	−42 20 46.59	+2.629	− 21
700	[Grb 2655 Draco]	5.84	K 0	18 31 53.043	−2.9038	− 12	+77 30 51.20	+2.779	+ 2
1483	[Grb 2603 Lyra]	6.66	A 0	18 32 32.984	+1.6947	− 1	+46 11 1.13	+2.852	+ 14
1482	[α Scuti]	4.06	K 0	18 32 48.689	+3.2643	− 14	− 8 16 35.35	+2.550	− 312
1484	[+9° 3783 Ophi]	5.40	F 2	18 34 21.786	+2.8611	− 10	+ 9 5 11.04	+2.869	− 126
1485	[83 G. Sagittarii]	5.80	A 5	18 35 16.309	+3.5916	− 2	−21 26 9.36	+3.005	− 70
699	α Lyrae	0.14	A 0	18 35 26.845	+2.0311	+ 170	+38 44 29.76	+3.372	+ 283
701	[Grb 2640 Draco]	6.00	A 3	18 36 4.934	+0.1861	+ 16	+65 26 57.03	+3.224	+ 82
698	ζ Pavonis	4.10	K 0	18 37 54.370	+7.0065	+ 15	−71 28 9.66	+3.145	− 160
1486	[δ Scuti]	4.74	F 0	18 39 51.810	+3.2844	+ 3	− 9 5 46.59	+3.471	0
702	[ε Scuti]	5.09	G 5	18 41 7.417	+3.2669	+ 13	− 8 19 13.25	+3.586	+ 6
1487	[φ Sagittarii]	3.30	B 8	18 42 54.435	+3.7472	+ 39	−27 2 16.22	+3.734	+ 1
703	110 Herculis	4.26	F 5	18 43 45.988	+2.5816	− 12	+20 30 10.41	+3.471	− 335
1488	[+26° 3349 Lyra]	4.92	K 0	18 44 18.004	+2.4175	+ 12	+26 36 49.89	+3.877	+ 25
1489	[β Scuti]	4.47	G 0	18 44 50.324	+3.1826	− 8	− 4 47 47.60	+3.881	− 17
1491	[111 Herculis]	4.37	A 3	18 45 4.588	+2.6491	+ 48	+18 7 52.10	+4.033	+ 114
1490	[η¹ Coron. austr.]	5.59	A 2	18 45 40.003	+4.3284	+ 21	−43 43 47.72	+3.958	− 13
1492	[Grb 2671 Draco]	5.76	B 5	18 45 44.036	+1.3402	+ 9	+52 56 20.11	+3.971	− 3
1494	[50 **Draconis**]	5.37	A 0	18 47 48.051	−1.9446	− 54	+75 22 59.35	+4.226	+ 78
704	λ Pavonis	4.42	B 2	18 48 8.704	+5.5549	− 11	−62 14 26.59	+4.166	− 17

Nr.	Name	Größe	Spektrum	AR. 1956.0	Jährl. Veränderung 1956.5	Jährl. Eigenbew. in 0ˢ.0001	Dekl. 1956.0	Jährl. Veränderung 1956.5	Jährl. Eigenbew. in 0″.001
		m		h m s	s		° ′ ″	″	
1493	[30 Sagittarii]	6.24	F 0	18 48 11.732	+3.6049	— 21	—22 12 51.48	+4.155	— 31
705	β Lyrae	3.4—4.3	B8p + B2p	18 48 27.223	+2.2147	— 2	+33 18 37.72	+4.205	— 2
707	ο Draconis	4.85	K 0	18 50 33.098	+0.8844	+ 98	+59 20 2.72	+4.410	+ 25
706	σ Sagittarii	2.14	B 3	18 52 32.233	+3.7189	+ 10	—26 21 11.53	+4.502	— 55
1495	[114 G. Sagittarii]	5.58	F 5	18 52 58.888	+3.4546	— 24	—16 25 54.90	+4.408	— 187
711	R Lyrae	4.0—4.5	M 3	18 53 59.686	+1.8254	+ 17	+43 53 13.97	+4.762	+ 82
709	ϑ Serpentis *pr*	4.50	A 5	18 54 1.868	+2.9821	+ 29	+ 4 8 41.77	+4.720	+ 36
714	[υ Draconis]	4.91	K 0	18 54 56.504	—0.7384	+ 95	+71 14 19.78	+4.805	+ 47
708	λ Telescopii	5.03	B 9	18 54 56.794	+4.7974	+ 19	—52 59 53.88	+4.770	+ 8
710	[ξ^2 Sagittarii]	3.61	K 0	18 55 6.281	+3.5779	+ 20	—21 9 58.61	+4.761	— 14
713	γ Lyrae	3.30	A op	18 57 17.757	+2.2439	— 7	+32 37 40.94	+4.961	+ 1
712	[ε Aquilae]	4.21	K 0	18 57 37.446	+2.7225	— 39	+15 0 25.72	+4.914	— 74
716	ζ Aquilae	3.02	A 0	19 3 23.185	+2.7570	— 8	+13 47 48.06	+5.380	— 94
717	λ Aquilae	3.55	B 9	19 3 54.777	+3.1829	— 17	— 4 57 0.25	+5.432	— 87
1496	[τ Sagittarii]	3.42	K 0	19 4 11.617	+3.7444	— 41	—27 44 11.57	+5.293	— 250
1497	[21 G. Aquilae]	6.72	B 8	19 4 18.445	+3.1061	+ 10	— 1 24 54.10	+5.543	— 9
1498	[Pi 18^h 318 Lyra]	5.46	A 5	19 4 52.873	+2.3806	+ 55	+28 33 29.68	+5.687	+ 87
719	[ι Lyrae]	5.13	B 5	19 5 43.781	+2.1404	— 9	+36 1 48.62	+5.671	0
718	α Coron. austr.	4.12	A 2	19 6 28.831	+4.0800	+ 73	—37 58 29.81	+5.636	— 99
720	π Sagittarii	3.02	F 2	19 7 8.847	+3.5667	— 1	—21 5 43.25	+5.754	— 37
1500	[20 Aquilae]	5.37	B 3	19 10 17.465	+3.2533	+ 6	— 8 0 52.82	+6.046	— 7
1499	[42 G. Octantis]	6.78	A 2	19 10 25.733	+8.1340	— 2	—75 52 37.08	+6.056	— 12
723	δ Draconis	3.24	K 0	19 12 32.905	+0.0110	+ 160	+67 35 3.00	+6.332	+ 93
724	ϑ Lyrae	4.46	K 0	19 14 50.349	+2.0820	— 8	+38 3 15.50	+6.433	+ 2
722	[43 Sagittarii]	5.03	K 0	19 15 3.643	+3.5089	— 9	—19 1 58.73	+6.434	— 16
725	ω Aquilae	5.14	A 5	19 15 44.988	+2.8155	— 4	+11 30 53.09	+6.525	+ 18
726	ϰ Cygni	3.98	K 0	19 16 5.108	+1.3856	+ 61	+53 17 11.73	+6.656	+ 123
729	τ Draconis	4.63	K 0	19 16 24.509	—1.1617	— 332	+73 16 27.95	+6.669	+ 111
1501	[162 G. Sagittarii]	5.61	B 5	19 16 45.129	+3.9738	+ 3	—35 30 11.46	+6.588	— 2
727	[υ Sagittarii]	4.58	B8p + [illegible]p	19 19 12.430	+3.4346	— 2	—16 2 21.25	+6.786	— 6
1502	[β^1 Sagittarii]	4.31	B 8	19 19 28.640	+4.3101	+ 1	—44 32 37.07	+6.796	— 19
728	α Sagittarii	4.11	B 8	19 20 50.414	+4.1544	+ 26	—40 42 2.18	+6.809	— 118
1503	[31 Aquilae]	5.23	G 5	19 22 52.250	+2.8600	+ 489	+11 50 55.74	+7.732	+ 640
730	δ Aquilae	3.44	F 0	19 23 16.736	+3.0241	+ 167	+ 3 1 32.22	+7.210	+ 85
731	[186 G. Sagittarii]	5.68	B 9	19 24 9.739	+3.7900	+ 15	—29 49 55.06	+7.153	— 45
1504	[59 G. Telescopii]	5.58	K 2	19 24 16.461	+4.8155	— 2	—54 24 54.66	+7.223	+ 15
734	Grb 2900 Draco	6.00	A 2	19 24 22.975	—3.6603	+ 41	+79 30 59.05	+7.180	— 31
1505	[Br 2462 Vulp]	6.04	K 5	19 24 33.074	+2.6238	— 8	+19 48 9.81	+7.183	— 46
1506	[Grb 2844 Cygn]	6.72	G 5	19 24 35.965	+1.8295	— 46	+44 50 33.79	+7.156	— 77
1507	[Pi 19^h 156 Draco]	6.46	B 8	19 24 58.939	+1.0832	— 20	+57 56 17.16	+7.272	+ 9

Mittlere Sternörter 1956.0

Nr.	Name	Größe	Spektrum	AR. 1956.0	Jährl. Veränderung 1956.5	Jährl. Eigenbew. in 0ˢ.0001	Dekl. 1956.0	Jährl. Veränderung 1956.5	Jährl. Eigenbew. in 0".001
		m		h m s	s		° ′ ″	″	
1508	[α Vulpeculae]	4.63	M 0	19 26 52.376	+2.4961	— 97	+24 34 28.71	+ 7.315	— 103
1509	[36 Aquilae]	5.22	M 0	19 28 21.716	+3.1366	+ 9	— 2 52 55.23	+ 7.534	— 6
733	ι Cygni	3.94	A 2	19 28 35.757	+1.5119	+ 19	+51 38 7.09	+ 7.687	+ 129
732	β Cygni *pr*	3.24	K0+A0	19 28 56.724	+2.4191	— 3	+27 51 57.77	+ 7.582	— 4
1510	[8 Cygni]	4.85	B 3	19 30 8.092	+2.2291	— 6	+34 21 30.06	+ 7.682	0
1511	[μ Aquilae]	4.65	K 0	19 31 56.326	+2.9303	+ 141	+ 7 17 2.94	+ 7.674	— 155
735	[ι Telescopii]	5.02	K 0	19 31 57.383	+4.4472	— 16	—48 11 45.79	+ 7.796	— 35
736	52 Sagittarii	4.66	B 9	19 34 1.856	+3.6493	+ 51	—24 58 56.65	+ 7.977	— 20
737	[κ Aquilae]	5.04	B 0	19 34 31.430	+3.2264	0	— 7 7 36.68	+ 8.032	— 4
738	ϑ Cygni	4.64	F 5	19 35 15.602	+1.6074	— 30	+50 7 6.04	+ 8.347	+ 254
1512	[54 Sagittarii]	5.45	K 0	19 38 12.168	+3.4355	+ 46	—16 23 44.42	+ 8.284	— 45
1513	[β Sagittae]	4.45	K 0	19 39 4.285	+2.6941	+ 3	+17 22 21.96	+ 8.364	— 34
1514	[55 Sagittarii]	5.10	F 0	19 40 0.139	+3.4300	+ 42	—16 13 43.38	+ 8.462	— 11
1515	[10 Vulpeculae]	5.45	G 5	19 41 53.055	+2.4942	+ 4	+25 39 55.63	+ 8.641	+ 20
740	15 Cygni	5.02	K 0	19 42 41.278	+2.1633	+ 56	+37 14 49.22	+ 8.718	+ 34
1516	[228 G. Sagittarii]	5.56	B 8	19 43 12.906	+3.8256	+ 2	—32 0 59.25	+ 8.707	— 19
1517	[56 Sagittarii]	5.06	K 0	19 43 47.779	+3.4980	— 95	—19 52 6.56	+ 8.685	— 87
741	γ Aquilae	2.80	K 2	19 44 10.013	+2.8516	+ 9	+10 30 17.21	+ 8.804	+ 3
739	[ν Telescopii]	5.52	A 5	19 44 26.105	+4.8940	+ 102	—56 28 13.47	+ 8.694	— 129
743	δ Sagittae	3.78	M0+A0	19 45 25.469	+2.6747	+ 2	+18 25 28.15	+ 8.911	+ 12
744	[51 Aquilae]	5.55	F 0	19 48 21.575	+3.3000	— 19	—10 52 35.94	+ 9.164	+ 35
745	α Aquilae	0.89	A 5	19 48 38.141	+2.9263	+ 359	+ 8 45 2.90	+ 9.538	+ 388
746	[η Aquilae]	3.7—4.4	G op	19 50 13.854	+3.0553	+ 3	+ 0 53 28.87	+ 9.270	— 4
1518	[75 G. Pavonis]	6.32	A 3	19 50 50.830	+5.2338	+ 13	—61 17 12.21	+ 9.333	+ 9
1519	[90 G. Aquilae]	5.64	Fop+A	19 51 0.455	+3.1415	+ 14	— 3 13 47.38	+ 9.350	+ 16
1520	[ι Sagittarii]	4.21	K 0	19 52 13.769	+4.1351	+ 7	—41 59 8.68	+ 9.485	+ 56
749	β Aquilae	3.90	K 0	19 53 9.054	+2.9462	+ 26	+ 6 17 43.96	+ 9.022	— 478
1521	[η Cygni]	4.03	K 0	19 54 39.231	+2.2505	— 30	+34 57 55.71	+ 9.588	— 27
1522	[61 Sagittarii]	5.05	A 0	19 55 27.329	+3.4009	+ 7	—15 36 34.87	+ 9.581	— 96
748	ε Pavonis	4.10	A 0	19 55 32.386	+6.9253	+ 191	—73 1 46.64	+ 9.556	— 130
752	γ Sagittae	3.71	K 5	19 56 47.929	+2.6675	+ 42	+19 22 17.36	+ 9.807	+ 28
751	ϑ¹ Sagittarii	4.39	B 3	19 56 52.510	+3.9019	0	—35 23 49.02	+ 9.761	— 25
1523	[15 Vulpeculae]	4.74	A 5	19 59 17.218	+2.4706	+ 40	+27 37 51.30	+ 9.979	+ 10
753	[62 Sagittarii]	4.60	M 3	19 59 57.294	+3.6870	+ 27	—27 50 1.47	+10.040	+ 20
1524	[τ Aquilae]	5.65	K 0	20 1 59.308	+2.9294	+ 5	+ 7 9 9.02	+10.189	+ 16
755	[ξ Telescopii]	4.86	M 0	20 4 1.397	+4.5919	— 15	—53 0 31.18	+10.339	+ 12
754	δ Pavonis	3.64	G 5	20 4 25.676	+5.8763	+1976	—66 17 48.13	+ 9.221	—1137
1525	[28 Cygni]	4.82	B 2p	20 7 47.454	+2.2278	— 2	+36 42 32.75	+10.622	+ 15
756	ϑ Aquilae	3.37	A 0	20 9 2.056	+3.0944	+ 22	— 0 57 12.00	+10.706	+ 6
759	κ Cephei	4.43	B 9	20 10 24.354	—2.0364	+ 21	+77 34 47.51	+10.826	+ 28

Nr.	Name	Größe	Spektrum	AR. 1956.0	Jährl. Veränderung 1956.5	Jährl. Eigenbew. in 0.ˢ0001	Dekl. 1956.0	Jährl. Veränderung 1956.5	Jährl. Eigenbew. in 0.″001
		m		h m s	s		° ′ ″	″	
1526	[ρ Aquilae]	4.96	A 0	20 12 14.390	+2.7757	+ 36	+15 3 44.05	+10.990	+ 55
757	31 o^2 Cygni	3.95	K0+B8	20 12 14.671	+1.8886	— 3	+46 36 25.53	+10.941	+ 6
758	33 Cygni	4.32	A 3	20 12 22.504	+1.3937	+ 72	+56 25 57.03	+11.027	+ 83
760	24 Vulpeculae	5.45	K 0	20 14 54.022	+2.5670	+ 9	+24 32 4.13	+11.115	— 14
1527	[α^1 Capricorni]	4.55	G op	20 15 12.578	+3.3235	+ 11	—12 38 44.14	+11.156	+ 3
1529	[4 Capricorni]	5.96	K 0	20 15 26.397	+3.5227	+ 23	—21 56 50.91	+11.140	— 29
761	α^2 Capricorni	3.77	G 5	20 15 36.839	+3.3270	+ 41	—12 40 57.48	+11.187	+ 6
1528	[83 G.Telescopii]	6.28	M 0	20 15 47.016	+4.2983	+ 6	—47 50 55.91	+11.199	+ 5
1530	[290 G. Sagittarii]	6.51	K 2	20 18 1.583	+3.8692	+ 14	—35 48 50.01	+11.384	+ 28
762	[β Capricorni]	3.25	G0+A0	20 18 32.410	+3.3689	+ 26	—14 55 18.35	+11.396	+ 3
763	[$\varkappa^1$ Sagittarii]	5.64	A 0	20 19 28.584	+4.0701	+ 32	—42 11 23.60	+11.373	— 88
765	γ Cygni	2.32	F 8p	20 20 38.852	+2.1531	0	+40 6 53.74	+11.545	+ 2
1531	[132 G. Aquilae]	5.41	K 0	20 20 59.824	+2.9715	— 25	+ 5 12 4.11	+11.534	— 35
764	α Pavonis	2.12	B 3	20 22 10.710	+4.7405	+ 11	—56 52 40.54	+11.572	— 82
1532	[296 G. Sagittarii]	5.97	K 0	20 22 45.350	+3.6708	+ 8	—28 48 26.35	+11.713	+ 19
1533	[69 Aquilae]	5.11	K 0	20 27 21.014	+3.1345	+ 44	— 3 1 59.07	+12.003	— 15
1534	[41 Cygni]	4.09	F 5p	20 27 35.759	+2.4512	+ 2	+30 13 14.28	+12.032	— 3
1535	42 Cygni	5.94	A 0	20 27 39.593	+2.2886	+ 1	+36 18 24.95	+12.041	+ 2
767	ϑ Cephei	4.28	A 5	20 28 50.718	+1.0047	+ 60	+62 50 44.96	+12.110	— 11
1536	[29 G. Capricorni]	5.82	G 5	20 29 59.279	+3.2806	+ 202	—10 0 17.56	+12.305	+ 103
1538	[Grb 3241 Draco]	6.42	K 2	20 30 12.855	—0.2641	— 14	+72 22 58.21	+12.199	— 16
768	ε Delphini	3.98	B 5	20 31 6.586	+2.8656	+ 4	+11 9 9.37	+12.262	— 17
1537	[9 G. Delphini]	6.68	K 0	20 31 48.482	+2.9864	+ 6	+ 4 44 49.86	+12.322	— 6
770	73 Draconis	5.18	A 2p	20 32 6.584	—0.8011	+ 10	+74 48 15.15	+12.335	— 11
769	α Indi	3.21	K 0	20 34 28.797	+4.2153	+ 50	—47 26 47.35	+12.584	+ 72
1539	29 Vulpeculae	4.78	A 0	20 36 33.303	+2.6791	+ 44	+21 2 44.51	+12.660	+ 7
772	[ϰ Delphini]	5.23	G 5	20 36 59.466	+2.9132	+ 210	+ 9 55 48.06	+12.703	+ 21
773	υ Capricorni	5.33	M 0	20 37 32.789	+3.4132	— 15	—18 17 41.69	+12.702	— 18
1540	[13 G.Microscopii]	5.54	K 2	20 37 34.490	+3.7616	+ 26	—33 35 19.59	+12.772	+ 50
771	α Delphini	3.86	B 8	20 37 35.583	+2.7862	+ 41	+15 45 20.63	+12.724	+ 1
777	α Cygni	1.33	A 2p	20 39 55.816	+2.0452	0	+45 7 20.33	+12.884	+ 5
776	[η Indi]	4.70	F 0	20 40 49.089	+4.4002	+ 172	—52 4 47.32	+12.886	— 54
775	β Pavonis	3.60	A 5	20 41 1.070	+5.3964	— 64	—66 21 47.61	+12.972	+ 18
778	[δ Delphini]	4.53	A 5	20 41 24.210	+2.8005	— 16	+14 54 56.31	+12.938	— 40
779	[ψ Capricorni]	4.26	F 8	20 43 29.584	+3.5497	— 40	—25 25 49.43	+12.962	— 155
782	[6 H. Cephei]	4.63	G 0	20 44 15.560	+1.4882	— 87	+57 25 16.60	+12.933	— 234
783	η Cephei	3.59	K 0	20 44 23.814	+1.2186	+ 127	+61 40 2.89	+13.998	+ 822
780	ε Cygni	2.64	K 0	20 44 25.737	+2.4276	+ 283	+33 48 16.26	+13.508	+ 330
1541	[γ Delphini *sq*]	4.49	G 5	20 44 36.923	+2.7828	— 28	+15 57 52.76	+12.998	— 193
1544	[Grb 3285 Cygn]	6.43	K 0	20 45 4.570	+1.7390	— 97	+52 50 3.85	+13.114	— 106

Mittlere Sternörter 1956.0

Nr.	Name	Größe	Spektrum	AR. 1956.0	Jährl. Veränderung 1956.5	Jährl. Eigenbew. in 0ˢ.0001	Dekl. 1956.0	Jährl. Veränderung 1956.5	Jährl. Eigenbew. in 0".001
		m		h m s	s		° ′ ″	″	
781	ε Aquarii	3.83	A 0	20 45 17.689	+3.2461	+ 20	− 9 39 29.05	+13.205	− 31
1543	[3 Aquarii]	4.60	M 0	20 45 24.955	+3.1642	− 2	− 5 11 24.08	+13.207	− 37
1542	[ι Microscopii]	5.14	F 0	20 45 30.550	+4.0632	+ 167	−44 9 1.28	+13.149	− 102
1545	[−1°4057 Aqar]	6.53	M 3	20 47 1.459	+3.0836	− 24	− 0 43 37.18	+13.337	− 12
1546	[ω Capricorni]	4.24	M 0	20 49 11.918	+3.5780	− 7	−27 5 6.55	+13.488	− 2
1547	[μ Aquarii]	4.80	A 3	20 50 16.878	+3.2344	+ 26	− 9 8 58.64	+13.532	− 28
785	β Indi	3.72	K 0	20 51 23.155	+4.6816	+ 23	−58 37 18.44	+13.613	− 19
786	32 Vulpeculae	5.24	K 5	20 52 40.970	+2.5571	− 6	+27 53 21.59	+13.716	+ 2
1548	[64 G. Capricorni]	5.95	A 3	20 55 12.916	+3.3566	+ 31	−16 12 7.85	+13.875	0
788	ν Cygni	4.04	A 0	20 55 31.836	+2.2368	+ 5	+40 59 49.23	+13.885	− 9
1549	[33 Vulpeculae]	5.57	K 5	20 56 18.215	+2.6820	− 6	+22 9 17.62	+13.949	+ 6
789	[11 Aquarii]	6.26	G 0	20 58 14.811	+3.1576	+ 26	− 4 54 4.76	+13.933	− 132
1551	[59 Cygni]	4.88	B op	20 58 19.635	+2.0404	0	+47 20 54.49	+14.074	+ 5
1550	[γ Microscopii]	4.71	G 5	20 58 35.795	+3.6772	0	−32 25 51.92	+14.092	+ 6
787	[α Octantis]	5.24	F 2	20 59 27.611	+7.2414	+ 35	−77 11 38.58	+13.780	− 362
790	ζ Microscopii	5.35	F 0	21 0 9.595	+3.8300	− 24	−38 48 16.69	+14.074	− 109
792	[ξ Cygni]	3.92	K 5	21 3 19.690	+2.1825	+ 4	+43 45 5.59	+14.382	+ 5
1552	[ϑ Capricorni]	4.19	A 0	21 3 28.542	+3.3708	+ 57	−17 24 31.81	+14.333	− 54
1553	[−0°4161 Aqar]	7.10	K 2	21 4 17.901	+3.0786	+ 6	− 0 16 56.02	+14.452	+ 15
791	[A Capricorni]	4.60	M 0	21 4 33.427	+3.5066	− 21	−25 10 58.84	+14.409	− 43
793	61 Cygni *pr*	5.57	K 5	21 4 55.247	+2.6878	+3504	+38 31 55.64	+17.738	+3263
795	Br 2777 Ceph	5.90	B 9	21 6 24.695	−1.2213	+ 60	+77 56 54.50	+14.598	+ 36
794	ν Aquarii	4.52	K 0	21 7 11.901	+3.2664	+ 61	−11 33 3.60	+14.599	− 12
1555	[γ Equulei]	4.76	F op	21 8 12.082	+2.9174	+ 38	+ 9 57 11.87	+14.520	− 151
1554	[o Pavonis]	5.08	M 0	21 9 15.002	+5.6123	+ 85	−70 18 28.08	+14.703	− 32
1556	[58 G. Microscopii]	5.55	K 5	21 10 41.000	+3.5550	+ 73	−27 48 0.20	+14.703	− 116
797	ζ Cygni	3.40	K 0	21 11 3.677	+2.5535	− 4	+30 2 44.15	+14.787	− 53
796	[23 G. Indi]	5.84	A 5	21 12 37.900	+4.2771	+ 18	−53 26 47.55	+14.922	− 11
800	α Equulei	4.14	F8+A3	21 13 37.427	+2.9983	+ 36	+ 5 3 53.76	+14.907	− 83
1557	[24 G. Indi]	6.70	K 0	21 14 53.265	+4.0813	− 24	−48 54 8.53	+14.985	− 79
801	[ε Microscopii]	4.79	A 0	21 15 16.429	+3.6346	+ 39	−32 21 27.26	+15.065	− 21
1558	[σ Cygni]	4.28	A op	21 15 41.097	+2.3567	− 4	+39 12 34.01	+15.107	− 2
1559	[υ Cygni]	4.42	B 3p	21 16 6.359	+2.4671	+ 6	+34 42 40.55	+15.131	− 2
803	α Cephei	2.60	A 5	21 17 31.757	+1.4308	+ 212	+62 23 55.31	+15.266	+ 52
802	[ϑ¹ Microscopii]	4.92	A 2p	21 17 57.131	+3.8332	+ 56	−40 59 48.42	+15.239	− 1
1560	[Grb 3434 Cygn]	6.81	K 2	21 18 15.746	+1.9294	+ 6	+52 52 16.19	+15.256	0
1561	[ι Capricorni]	4.30	K 0	21 19 47.918	+3.3387	+ 22	−17 1 23.03	+15.350	+ 6
804	1 Pegasi	4.27	K 0	21 20 2.994	+2.7746	+ 72	+19 36 55.32	+15.425	+ 68
1562	[18 Aquarii]	5.54	A 5	21 21 47.309	+3.2768	+ 60	−13 4 4.74	+15.465	+ 11
805	γ Pavonis	4.30	F 8	21 22 49.920	+4.9504	+ 151	−65 34 0.88	+16.312	+ 799

Nr.	Name	Größe	Spektrum	AR. 1956.0	Jährl. Veränderung 1956.5	Jährl. Eigenbew. in 0.s0001	Dekl. 1956.0	Jährl. Veränderung 1956.5	Jährl. Eigenbew. in 0.″001
		m		h m s	s		° ′ ″	″	
1563	[γ Indi]	6.24	F o	21 23 7.903	+4.2737	+ 8	−54 51 6.44	+15.575	+ 46
806	ζ Capricorni	3.86	G 5p	21 24 9.477	+3.4232	+ 1	−22 36 10.81	+15.613	+ 27
1564	[2 G. Pegasi]	6.66	M o	21 26 14.642	+2.9570	+ 4	+ 8 0 11.50	+15.667	− 32
807	[71 Cygni]	5.34	K o	21 27 49.370	+2.2145	+ 42	+46 20 45.28	+15.893	+ 109
1565	[2 Pegasi]	4.76	K 5	21 27 57.154	+2.7178	+ 13	+23 26 42.35	+15.798	+ 6
809	β Cephei	3.33	B 1	21 28 5.976	+0.7705	+ 21	+70 22 2.76	+15.812	+ 13
808	β Aquarii	3.07	G o	21 29 14.590	+3.1570	+ 12	− 5 45 56.59	+15.857	− 4
1566	[6 Piscis austr.]	5.99	A 2	21 29 35.220	+3.6266	+ 6	−34 8 22.65	+15.877	− 3
1567	[3 G. Gruis]	5.73	K o	21 30 32.907	+3.8835	− 18	−45 2 39.63	+15.927	− 4
1568	[ρ Cygni]	4.22	K o	21 32 19.384	+2.2571	− 25	+45 23 47.95	+15.935	− 90
811	74 Cygni	5.09	A 5	21 35 10.938	+2.4054	− 7	+40 12 54.78	+16.192	+ 19
1569	[ξ Aquarii]	4.78	A 5	21 35 24.606	+3.1923	+ 74	− 8 3 8.99	+16.164	− 22
1570	[5 Pegasi]	5.29	F o	21 35 41.785	+2.8076	+ 70	+19 7 11.15	+16.216	+ 16
810	ν Octantis	3.74	K o	21 36 39.874	+6.6442	+ 187	−77 35 14.28	+16.012	− 240
813	[13 H. Cephei]	5.97	O e5	21 37 35.563	+1.8616	− 7	+57 17 22.39	+16.297	0
812	[γ Capricorni]	3.80	F op	21 37 39.304	+3.3221	+ 131	−16 51 43.52	+16.278	− 22
817	[11 Cephei]	4.85	K o	21 41 16.985	+0.8752	+ 235	+71 6 31.28	+16.587	+ 105
815	ε Pegasi	2.54	K o	21 42 1.431	+2.9462	+ 18	+ 9 40 20.74	+16.524	+ 5
814	[ι Piscis austr.]	4.35	A o	21 42 19.855	+3.5708	+ 29	−33 13 39.26	+16.444	− 91
1571	[+35° 4626 Cygn]	6.60	K o	21 43 52.403	+2.5446	+ 75	+35 39 13.19	+16.627	+ 17
818	[λ Capricorni]	5.43	A o	21 44 10.052	+3.2278	+ 17	−11 34 11.13	+16.621	− 4
1572	[ν Cephei]	4.46	A 2p	21 44 10.657	+1.7309	− 7	+60 55 2.28	+16.627	+ 2
819	δ Capricorni	2.98	A 5	21 44 36.848	+3.3095	+ 181	−16 19 40.39	+16.354	− 293
1574	[11 Pegasi]	5.50	A o	21 45 0.068	+3.0417	+ 5	+ 2 28 54.64	+16.670	+ 5
821	π² Cygni	4.26	B 3	21 45 9.875	+2.2174	+ 2	+49 6 19.30	+16.675	+ 2
1573	[13 G. Gruis]	5.75	G 5	21 45 24.564	+3.8971	+ 159	−47 30 17.59	+16.391	− 295
820	[ο Indi]	5.50	K 2	21 47 5.927	+5.0618	− 44	−69 50 8.10	+16.765	− 3
1575	[14 Pegasi]	5.00	A o	21 47 53.719	+2.6545	+ 10	+29 58 6.95	+16.781	− 23
1576	[127 G. Capricor.]	6.85	F 8	21 48 54.555	+3.4128	+ 253	−23 28 34.80	+16.769	− 84
1577	[μ Capricorni]	5.18	F o	21 50 53.917	+3.2692	+ 211	−13 45 35.34	+16.960	+ 14
823	16 Pegasi	5.05	B 3	21 51 3.455	+2.7303	+ 2	+25 43 2.61	+16.957	+ 3
822	γ Gruis	3.16	B 8	21 51 16.214	+3.6292	+ 85	−37 34 21.66	+16.952	− 12
1578	[Br 2880 Ceph]	6.58	A o	21 52 16.606	+0.6963	+ 79	+73 29 38.62	+17.040	+ 31
1579	[Pi 21h 339 Pegs]	6.62	K 5	21 54 20.384	+2.8053	− 3	+21 1 48.04	+17.124	+ 19
824	[δ Indi]	4.56	F o	21 54 56.243	+4.0772	+ 63	−55 12 10.18	+17.130	− 3
1580	[98 G. Aquarii]	6.42	K o	21 56 37.299	+3.1278	− 4	− 4 34 51.76	+16.955	− 254
826	[20 Pegasi]	5.66	F 2	21 58 56.622	+2.9226	+ 35	+12 54 30.53	+17.266	− 46
825	[ε Indi]	4.74	K 5	22 0 0.513	+4.5811	+4806	−56 58 4.58	+14.813	−2546
1581	[λ Gruis]	4.60	K 2	22 3 28.166	+3.6125	− 18	−39 45 23.33	+17.394	− 114
827	α Aquarii	3.19	G o	22 3 31.428	+3.0804	+ 10	− 0 32 3.60	+17.506	− 4

Mittlere Sternörter 1956.0

Nr.	Name	Größe	Spektrum	AR. 1956.0	Jährl. Veränderung 1956.5	Jährl. Eigenbew. in 0ˢ.0001	Dekl. 1956.0	Jährl. Veränderung 1956.5	Jährl. Eigenbew. in 0″.001
		m		h m s	s		° ′ ″	″	
830	20 Cephei	5.39	K 5	22 3 40.103	+1.8242	+ 21	+62 34 14.17	+17.579	+ 64
828	ι Aquarii	4.35	B 8	22 4 3.734	+3.2383	+ 26	−14 5 2.20	+17.480	− 53
831	[ι Pegasi]	3.96	F 5	22 4 57.586	+2.7934	+ 216	+25 7 46.31	+17.599	+ 28
829	α Gruis	2.16	B 5	22 5 28.118	+3.7763	+ 123	−47 10 29.82	+17.445	− 147
832	[μ Piscis austr.]	4.62	A 2	22 5 49.279	+3.4975	+ 64	−33 12 15.05	+17.570	− 37
833	[27 Pegasi]	5.65	K 0	22 7 16.451	+2.6594	− 49	+32 57 24.34	+17.604	− 63
834	ϑ Pegasi	3.70	A 2	22 7 58.749	+3.0258	+ 181	+ 5 58 50.77	+17.733	+ 37
835	π Pegasi	4.38	F 5	22 8 1.791	+2.6655	− 13	+32 57 42.07	+17.682	− 17
837	24 Cephei	4.99	G 5	22 8 57.899	+1.1501	+ 63	+72 7 27.72	+17.750	+ 14
836	ζ Cephei	3.62	K 0	22 9 19.424	+2.0825	+ 14	+57 59 2.04	+17.759	+ 8
838	[λ Piscis austr.]	5.40	B 9	22 11 49.351	+3.3981	+ 20	−27 59 9.16	+17.851	0
1583	[1 H. Lacertae]	4.64	K 2	22 11 59.182	+2.5767	+ 33	+39 29 45.48	+17.869	+ 11
1582	[125 G. Aquarii]	6.60	G 5	22 12 15.348	+3.2465	− 8	−16 1 59.49	+17.517	− 352
840	ϑ Aquarii	4.32	K 0	22 14 30.753	+3.1646	+ 78	− 8 0 11.19	+17.938	− 19
839	[ε Octantis]	5.11	M 3	22 15 13.181	+6.6870	+ 302	−80 39 36.44	+17.952	− 34
841	α Tucanae	2.91	K 2	22 15 30.332	+4.1037	− 83	−60 28 47.06	+17.962	− 34
1584	[47 Aquarii]	5.40	K 0	22 19 10.416	+3.3006	− 5	−21 49 10.24	+18.051	− 84
843	[31 Pegasi]	4.93	B 3p	22 19 21.021	+2.9530	+ 2	+11 58 58.83	+18.158	+ 17
842	γ Aquarii	3.97	A 0	22 19 23.009	+3.0978	+ 85	− 1 36 34.91	+18.155	+ 13
844	β Lacertae	4.58	K 0	22 21 49.481	+2.3609	− 19	+52 0 29.12	+18.047	− 185
1585	[π Aquarii]	4.64	B 1p	22 23 1.759	+3.0633	+ 10	+ 1 9 12.45	+18.280	+ 4
1586	[Pi 22ʰ 97 Pegs]	6.40	K 0	22 23 33.126	+2.8950	+ 13	+18 13 12.05	+18.333	+ 39
1587	[72 G. Indi]	5.70	A 3	22 25 24.907	+4.4079	+ 276	−67 42 47.89	+18.296	− 65
845	[ν Gruis]	5.48	K 0	22 26 4.826	+3.5130	+ 32	−39 21 18.23	+18.227	− 156
846	[δ¹ Gruis]	4.02	G 5	22 26 38.826	+3.5818	+ 24	−43 43 15.78	+18.405	+ 2
1588	[36 Pegasi]	5.82	K 2	22 26 56.150	+2.9943	+ 36	+ 8 54 13.62	+18.398	− 15
1589	[Pi 22ʰ 120 Pegs]	5.96	K 2	22 27 6.318	+2.8118	+ 15	+26 32 15.50	+18.414	− 5
847	[δ Cephei]	*3.7-4.4*	G 0v	22 27 31.889	+2.2289	+ 11	+58 11 22.21	+18.436	+ 3
1590	[38 Pegasi]	5.51	A 0	22 28 0.834	+2.7454	+ 25	+32 20 48.75	+18.439	− 12
1591	[σ Aquarii]	4.89	A 0	22 28 19.166	+3.1735	0	−10 54 13.58	+18.434	− 27
1592	[β Piscis austr.]	4.40	A 0	22 29 0.521	+3.4086	+ 53	−32 34 19.90	+18.478	− 6
848	α Lacertae	3.85	A 0	22 29 28.399	+2.4735	+ 140	+50 3 21.06	+18.522	+ 23
1593	[ρ Cephei]	5.50	A 2	22 29 30.523	+0.5230	− 13	+78 35 54.40	+18.486	− 14
1594	[Grb 3834 Ceph]	5.74	A 0	22 31 30.230	+1.0481	− 69	+75 59 58.48	+18.564	− 2
849	[υ Aquarii]	5.29	F 5	22 32 17.355	+3.2797	+ 155	−20 56 3.36	+18.450	− 143
850	η Aquarii	4.13	B 8	22 33 5.704	+3.0823	+ 60	− 0 20 41.37	+18.569	− 50
851	31 Cephei	5.22	F 0	22 34 40.851	+1.4807	+ 392	+73 24 52.59	+18.700	+ 31
1595	[ϰ Aquarii]	5.33	K 0	22 35 28.659	+3.1061	− 48	− 4 27 19.83	+18.583	− 112
853	[30 Cephei]	5.21	A 2	22 37 5.005	+2.1297	− 12	+63 21 19.44	+18.726	− 20
852	10 Lacertae	4.91	O e5	22 37 16.941	+2.6937	− 1	+38 49 14.78	+18.748	− 3
854	[ε Piscis austr.]	4.22	B 8	22 38 13.532	+3.3160	+ 21	−27 16 25.06	+18.786	+ 6

Nr.	Name	Größe	Spektrum	AR. 1956.0	Jährl. Veränderung 1956.5	Jährl. Eigenbew. in 0ˢ.0001	Dekl. 1956.0	Jährl. Veränderung 1956.5	Jährl. Eigenbew. in 0″.001
		m		h m s	s		° ′ ″	″	
855	ζ Pegasi	3.61	B 8	22 39 15.954	+2.9924	+ 53	+10 36 4.23	+18.805	− 7
856	β Gruis	2.24	M 3	22 40 2.906	+3.5782	+ 133	−47 6 55.06	+18.833	− 3
857	η Pegasi	3.10	G 0	22 40 56.147	+2.8136	+ 9	+29 59 26.39	+18.840	− 22
858	[13 Lacertae]	5.24	K 0	22 42 7.432	+2.6773	− 10	+41 35 16.69	+18.907	+ 11
1596	[45 Pegasi]	6.45	K 0	22 43 19.555	+2.9188	− 24	+19 8 2.92	+18.994	+ 63
859	λ Pegasi	4.14	K 0	22 44 24.509	+2.8906	+ 39	+23 20 1.11	+18.957	− 6
1597	[68 Aquarii]	5.43	G 5	22 45 11.452	+3.2207	− 73	−19 50 36.05	+18.786	− 198
1598	[−2° 5826 Aqar.]	7.58	K 2	22 45 13.817	+3.0888	+ 3	− 2 1 15.49	+18.988	+ 3
860	ε Gruis	3.69	A 2	22 45 54.399	+3.6188	+ 111	−51 32 55.33	+18.946	− 59
861	[τ Aquarii]	4.21	K 5	22 47 15.802	+3.1750	− 10	−13 49 31.06	+19.011	− 31
862	[μ Pegasi]	3.67	K 0	22 47 52.573	+2.8967	+ 107	+24 22 7.88	+19.023	− 36
863	ι Cephei	3.68	K 0	22 48 6.410	+2.1375	− 113	+65 58 7.51	+18.946	− 118
1599	69 G. Gruis	5.39	K 2	22 48 32.239	+3.4117	+ 18	−39 23 25.37	+19.070	− 7
864	λ Aquarii	3.84	M 0	22 50 19.153	+3.1288	+ 5	− 7 48 51.23	+19.163	+ 40
865	ρ Indi	6.14	G 0	22 51 37.665	+4.1628	− 73	−70 18 33.66	+19.232	+ 74
866	δ Aquarii	3.51	A 2	22 52 19.000	+3.1824	− 29	−16 3 19.00	+19.155	− 20
1600	[+36° 4956 Lacr]	6.00	F 2	22 52 59.573	+2.7919	+ 70	+36 50 30.97	+19.207	+ 15
867	α Piscis austr.	1.29	A 3	22 55 13.412	+3.3130	+ 258	−29 51 21.18	+19.088	− 159
868	[ζ Gruis]	4.18	G 5	22 58 17.550	+3.5373	− 74	−52 59 25.76	+19.317	− 4
869	o Andromedae	3.63	B 5 + A 2 p	22 59 53.453	+2.7624	+ 18	+42 5 21.40	+19.359	+ 2
1601	[π Piscis austr.]	5.13	F 0	23 1 3.960	+3.3164	+ 53	−34 59 15.68	+19.472	+ 89
1602	[β Piscium]	4.58	B 5p	23 1 38.183	+3.0529	+ 6	+ 3 34 58.18	+19.394	− 3
870	β Pegasi	2.61	M 0	23 1 38.232	+2.9098	+ 142	+27 50 37.75	+19.539	+ 143
871	α Pegasi	2.57	A 0	23 2 33.996	+2.9890	+ 42	+14 58 5.42	+19.380	− 36
1603	[55 Pegasi]	4.69	M 0	23 4 47.154	+3.0224	+ 5	+ 9 10 17.26	+19.455	− 8
1604	[5 Andromedae]	5.83	F 0	23 5 45.032	+2.7275	+ 152	+49 3 21.14	+19.622	+ 139
873	88 Aquarii	3.80	K 0	23 7 6.164	+3.1970	+ 39	−21 24 41.51	+19.551	+ 40
1605	[ι Gruis]	4.10	K 0	23 7 52.502	+3.3920	+ 124	−45 29 7.11	+19.509	− 18
1606	[59 Pegasi]	5.15	A 3	23 9 30.784	+3.0292	− 7	+ 8 28 51.04	+19.557	− 1
875	Br 3077 Cass	5.65	K 2	23 11 9.205	+2.8924	+2528	+56 55 30.76	+19.889	+ 300
1607	[φ Aquarii]	4.40	M 0	23 12 2.611	+3.1064	+ 24	− 6 17 11.37	+19.415	− 190
1608	[ψ¹ Aquarii]	4.48	K 0	23 13 35.212	+3.1426	+ 251	− 9 19 39.94	+19.622	− 11
876	[25 G. Tucanae]	5.69	G 0	23 14 19.872	+3.6007	+ 251	−62 14 29.04	+19.622	− 24
877	γ Tucanae	4.10	F 2	23 14 52.430	+3.4954	− 38	−58 28 37.72	+19.749	+ 94
878	γ Piscium	3.85	K 0	23 14 52.991	+3.1101	+ 506	+ 3 2 29.85	+19.680	+ 24
879	γ Sculptoris	4.51	K 0	23 16 27.134	+3.2375	+ 18	−32 46 18.92	+19.621	− 60
1609	[ψ³ Aquarii]	5.16	A 0	23 16 40.373	+3.1200	+ 30	− 9 51 5.56	+19.689	+ 4
880	τ Pegasi	4.65	A 5	23 18 27.326	+2.9708	+ 21	+23 29 57.43	+19.712	− 2
1610	[12 Andromedae]	5.75	F 5	23 18 45.454	+2.8973	+ 103	+37 56 30.35	+19.653	− 66
1611	[11 G. Sculptoris]	5.81	G 5	23 18 55.017	+3.1949	− 10	−27 13 40.98	+19.709	− 12
1612	[98 Aquarii]	4.20	K 0	23 20 39.672	+3.1492	− 87	−20 20 27.51	+19.660	− 88

Mittlere Sternörter 1956.0

Nr.	Name	Größe	Spektrum	AR. 1956.0	Jährl. Veränderung 1956.5	Jährl. Eigenbew. in 0.s0001	Dekl. 1956.0	Jährl. Veränderung 1956.5	Jährl. Eigenbew. in 0.″001
		m		h m s	s		° ′ ″	″	
1613	[67 Pegasi]	5.46	A 0	23 22 41.279	+2.9382	+ 8	+32 8 34.58	+19.782	+ 4
882	4 Cassiopeiae	5.20	K 5	23 22 52.316	+2.6683	+ 7	+62 2 28.02	+19.774	— 6
881	[υ Pegasi]	4.57	G 0	23 23 10.764	+2.9957	+ 137	+23 9 42.07	+19.826	+ 42
883	[o Gruis]	5.54	F 0	23 24 9.301	+3.3515	+ 25	—52 57 55.36	+19.931	+ 133
884	ϰ Piscium	4.94	A 2p	23 24 40.533	+3.0753	+ 56	+ 1 0 52.30	+19.715	— 90
1614	[ϑ Piscium]	4.45	G 5	23 25 44.064	+3.0436	— 84	+ 6 8 13.49	+19.779	— 40
1615	[+15° 4830 Pegs]	6.98	A 2	23 26 49.240	+3.0191	+ 1	+15 46 12.16	+19.842	+ 9
885	70 Pegasi	4.67	K 0	23 26 55.614	+3.0349	+ 42	+12 31 3.87	+19.873	+ 39
886	[β Sculptoris]	4.46	B 9	23 30 36.977	+3.2143	+ 73	—38 3 42.88	+19.899	+ 21
1616	[15 Andromedae]	5.50	A 0	23 32 28.001	+2.9377	— 15	+39 59 37.57	+19.859	— 38
1617	[ι Phoenicis]	4.80	A 2p	23 32 42.840	+3.2240	+ 35	—42 51 30.67	+19.908	+ 8
888	248 G. Aquarii	6.51	K 0	23 33 15.861	+3.0941	— 3	— 7 42 28.99	+19.931	+ 25
890	λ Andromedae	4.00	K 0	23 35 24.144	+2.9394	+ 152	+46 13 10.91	+19.511	— 416
889	[11 G. Phoenicis]	4.86	A 2	23 35 29.230	+3.2259	+ 64	—45 44 9.33	+19.923	— 5
891	ι Andromedae	4.28	B 8	23 35 58.269	+2.9453	+ 23	+43 1 27.76	+19.935	+ 3
893	γ Cephei	3.42	K 0	23 37 31.242	+2.4675	— 215	+77 23 12.48	+20.103	+ 157
892	ι Piscium	4.28	F 8	23 37 41.115	+3.0861	+ 250	+ 5 23 15.69	+19.516	— 432
1619	[ϰ Andromedae]	4.33	A 0	23 38 14.001	+2.9581	+ 73	+44 5 24.78	+19.937	— 15
1618	[μ Sculptoris]	5.33	K 0	23 38 19.811	+3.1457	— 74	—32 18 59.45	+19.904	— 49
1620	[λ Piscium]	4.61	A 5	23 39 48.001	+3.0615	— 88	+ 1 32 16.43	+19.821	— 143
894	ω² Aquarii	4.62	A 0	23 40 26.465	+3.1100	+ 66	—14 47 18.09	+19.905	— 64
1621	[106 Aquarii]	5.26	B 8	23 41 55.220	+3.1105	+ 19	—18 31 16.24	+19.986	+ 6
1622	[ψ Andromedae]	5.09	K0+A5	23 43 50.720	+2.9761	+ 6	+46 10 33.46	+19.991	— 1
1623	[20 Piscium]	5.60	K 0	23 45 40.752	+3.0838	+ 60	— 3 0 22.44	+20.015	+ 12
895	41 H. Cephei	5.02	A 0	23 45 47.474	+2.8746	+ 13	+67 33 44.35	+20.007	+ 3
896	δ Sculptoris	4.64	A 0	23 46 38.215	+3.1234	+ 81	—28 22 25.15	+19.908	— 100
1624	[Pi 23ʰ 194 Aqar]	7.14	K 0	23 47 9.460	+3.1031	— 3	—21 51 31.69	+20.023	+ 12
897	[268 G. Aquarii]	6.08	K 0	23 47 58.493	+3.0952	+ 92	—10 13 11.60	+20.093	+ 79
898	φ Pegasi	5.23	M 0	23 50 14.745	+3.0535	— 5	+18 52 33.30	+19.994	— 30
1625	[82 Pegasi]	5.39	A 3	23 50 22.300	+3.0612	— 16	+10 42 9.11	+20.032	+ 7
899	ρ Cassiopeiae	4.4—5.1	F 8p	23 52 10.415	+3.0020	— 7	+57 15 16.80	+20.035	+ 5
1626	[27 G. Phoenicis]	6.01	F 8	23 52 20.440	+3.1434	+ 320	—40 32 43.37	+20.065	+ 34
1627	[Grb 4163 Ceph]	6.57	B 9	23 52 39.607	+2.9204	— 26	+74 9 55.39	+20.030	— 1
1628	[Pi 23ʰ 235 Pegs]	6.30	M 0	23 54 26.725	+3.0585	— 16	+22 24 11.94	+20.040	+ 4
1629	[ψ Pegasi]	4.75	M 0	23 55 30.716	+3.0586	— 27	+24 53 48.86	+20.013	— 25
900	27 Piscium	5.07	K 0	23 56 25.197	+3.0715	— 33	— 3 48 0.28	+19.974	— 66
901	[π Phoenicis]	5.14	K 0	23 56 39.388	+3.1046	+ 56	—52 59 29.67	+20.109	+ 69
902	ω Piscium	4.03	F 5	23 57 2.983	+3.0815	+ 101	+ 6 37 11.04	+19.932	— 108
903	ε Tucanae	4.71	B 9	23 57 38.664	+3.1125	+ 89	—65 49 18.83	+20.022	— 19
904	[ϑ Octantis]	4.73	K 0	23 59 21.839	+3.0742	— 150	—77 18 30.32	+19.882	— 160
1630	[30 Piscium]	4.66	M 3	23 59 42.186	+3.0770	+ 34	— 6 15 30.70	+20.009	— 33

Von den Sternen, deren Namen eingeklammert sind, folgen keine Ephemeriden.

Nr.	Name	Größe	Spektrum	AR. 1956.0	Jährl. Veränderung 1956.5	Jährl. Eigenbew. in 0.s001	Dekl. 1956.0	Jährl. Veränderung 1956.5	Jährl. Eigenbew. in 0.″001

Nördliche Polsterne

Nr.	Name	Größe	Spektrum	AR. 1956.0	Jährl. Veränderung 1956.5	Jährl. Eigenbew. in 0.s001	Dekl. 1956.0	Jährl. Veränderung 1956.5	Jährl. Eigenbew. in 0.″001
		m		h m s	s		° ′ ″	″	
Na	43 H. Cephei	4.52	K 0	1 2 20.38	+ 8.323	+ 78	+86 1 20.11	+19.297	− 7
Nb	α Ursae min.	2.12*	F 8v	1 52 51.43	+41.900	+ 183	+89 3 30.15	+17.640	− 6
*N*α	[Br 256 Ceph]	6.86	K 0	2 9 47.43	+ 9.274	+ 39	+83 21 25.99	+16.868	− 41
*N*β	[Br 402 Ceph]	5.78	K 0	3 21 32.18	+14.363	+ 56	+84 45 39.70	+12.641	− 130
Nc	Grb 750 Ceph	6.70	F 8	4 21 43.20	+18.308	+ 18	+85 25 53.91	+ 8.349	+ 28
*N*γ	[+85° 74 Ceph]	6.54	A 5	5 15 58.28	+21.403	+ 23	+85 54 3.40	+ 3.730	− 82
*N*δ	[Grb 944 Ceph]	6.41	K 0	5 47 27.65	+18.896	+ 12	+85 10 34.47	+ 1.085	+ 3
Nd	51 H. Cephei	5.26	M 0	7 20 38.78	+27.895	− 48	+87 6 53.56	− 6.960	− 33
*N*ε	[Grb 1359 Caml]	6.39	A 0	8 6 39.42	+14.238	− 8	+84 11 27.95	−10.551	− 22
*N*ζ	[+84° 196 Caml]	6.26	F 0	9 6 30.94	+12.378	+ 18	+84 21 43.33	−14.567	+ 8
Ne	1 H. Draconis	4.58	K 2	9 30 58.54	+ 8.490	− 7	+81 31 24.59	−15.975	− 18
Nf	30 H. Camelop.	5.34	F 2	10 25 53.50	+ 7.238	− 44	+82 47 1.99	−18.353	+ 25
*N*η	[+86° 161 Caml]	7.17	A 2	11 9 31.45	+ 7.078	− 40	+85 52 46.29	−19.558	+ 1
*N*ϑ	[Grb 1850 Caml]	6.38	F 5	12 2 26.96	+ 2.827	− 49	+85 49 51.11	−19.953	+ 88
*N*ι	[Grb 2063 Caml]	6.16	G 5	13 43 30.94	− 1.636	+ 20	+82 58 24.47	−18.080	− 48
*N*κ	[Grb 2196 U Min]	5.73	G 0	14 53 9.62	− 3.979	+ 90	+82 41 38.20	−14.821	− 231
*N*λ	[Grb 2315 U Min]	7.32	A 2	15 47 51.21	− 6.152	+ 4	+83 4 57.97	−10.931	0
Ng	ε Ursac min.	4.40	G 5	16 50 24.09	− 6.122	+ 6	+82 6 45.79	− 5.994	+ 4
Nh	δ Ursac min.	4.44	A 0	17 46 21.71	−19.416	+ 11	+86 36 28.51	− 1.151	+ 55
Ni	λ Ursae min.	6.55	M 3	18 13 35.91	−77.800	− 113	+89 3 12.67	+ 1.132	0
*N*μ	[Br 2412 Drac]	6.15	A 2	18 30 0.17	− 7.944	+ 6	+83 8 48.20	+ 2.579	− 31
*N*ν	[Grb 3212 Drac]	6.61	A 2	20 6 0.20	− 8.868	− 8	+84 32 39.13	+10.425	− 41
Nk	76 Draconis	5.69	A 0	20 45 53.63	− 4.389	+ 14	+82 22 12.27	+13.298	+ 27
*N*ξ	[32 H. Cephei]	5.38	A 0	22 17 4.34	− 4.952	+ 51	+85 53 15.74	+18.103	+ 50
No	[36 H. Cephei]	4.96	K 5	22 54 50.18	− 0.504	+ 59	+84 6 39.50	+19.270	+ 33
*N*π	[V Cephei]	6.42	A 0	23 54 20.88	+ 2.834	+ 26	+82 56 46.70	+20.054	+ 18

* var.

Von den Sternen, deren Namen eingeklammert sind, folgen keine Ephemeriden.

Mittlere Sternörter 1956.0

Nr.	Name	Größe	Spektrum	AR. 1956.0	Jährl. Veränderung 1956.5	Jährl. Eigenbew. in 0.s001	Dekl. 1956.0	Jährl. Veränderung 1956.5	Jährl. Eigenbew. in 0."001

Südliche Polsterne

Nr.	Name	Größe	Spektrum	AR. 1956.0	Jährl. Veränderung 1956.5	Jährl. Eigenbew. in 0.s001	Dekl. 1956.0	Jährl. Veränderung 1956.5	Jährl. Eigenbew. in 0."001
		m		h m s	s		° ′ ″	″	
Sα	[o Octantis]	7.22	A 0	0 12 17.75	+ 0.174	+ 43	−88 36 27.40	+20.015	+ 3
Sa	4 G. Octantis	5.63	K 0	1 39 45.12	− 3.330	+ 21	−84 59 33.52	+18.199	+ 25
Sβ	[Lac 1029 Octn]	7.76	F 0	2 27 19.32	− 8.132	+ 1	−85 54 56.60	+16.024	− 21
Sγ	[Lac 1848 Octn]	8.35	G 5	2 35 27.91	−25.870	− 48	−88 20 31.45	+15.597	− 21
Sδ	[12 G. Mensae]	6.76	A 2	4 27 51.56	− 6.944	− 10	−82 59 51.17	+ 7.850	+ 2
Sb	ξ Mensae	5.85	K 0	5 3 48.18	− 6.816	− 3	−82 31 57.20	+ 4.881	+ 11
Sε	[31 G. Mensae]	6.24	A 0	5 38 41.15	−11.588	− 8	−84 48 46.49	+ 1.918	+ 49
Sζ	[6 G. Octantis]	6.74	K 0	5 51 28.80	−15.704	− 15	−85 55 46.91	+ 0.760	+ 4
Sη	[7 G. Octantis]	6.41	F 2	7 2 52.65	−21.200	+ 10	−86 58 0.56	− 5.412	+ 3
Sϑ	[A Octantis]	7.75	A 0	7 7 31.16	−53.068	− 8	−88 41 37.08	− 5.767	+ 15
Sc	ζ Octantis	5.38	F 0	9 3 28.45	− 8.823	− 92	−85 29 24.17	−14.343	+ 37
Sι	[10 G. Octantis]	6.74	A 0	10 33 46.42	− 3.723	− 2	−85 51 47.54	−18.635	+ 4
Sκ	[η Octantis]	6.26	A 0	10 59 39.49	− 0.493	− 45	−84 21 25.75	−19.357	− 5
Sd	ι Octantis	5.38	K 0	12 50 8.12	+ 6.364	+ 47	−84 53 5.95	−19.539	+ 25
Sλ	[κ Octantis]	5.65	A 2	13 33 24.33	+ 9.839	− 68	−85 33 44.73	−18.421	− 23
Se	20 G. Octantis	6.52	A 2	15 4 24.37	+30.131	− 179	−87 58 17.12	−13.952	− 71
Sμ	[ρ Octantis]	5.66	A 2	15 32 49.37	+13.938	+ 91	−84 19 26.74	−11.905	+ 92
Sf	26 G. Octantis	6.13	A 0	16 44 5.53	+22.596	+ 10	−86 17 35.31	− 6.502	0
Sg	χ Octantis	5.22	K 0	18 29 19.26	+35.276	− 65	−87 38 56.32	+ 2.451	− 132
Sν	[44 G. Octantis]	6.32	K 0	19 48 2.12	+11.007	+ 5	−81 27 53.72	+ 9.110	+ 1
Sh	σ Octantis	5.48	F 0	20 22 36.48	+73.576	+ 128	−89 7 10.09	+11.724	− 1
Sξ	[48 G. Octantis]	7.08	A 0	20 32 25.60	+14.146	+ 36	−84 33 44.03	+12.357	− 19
Sπ	[υ Octantis]	5.74	K 0	22 23 47.32	+11.209	− 37	−86 11 36.77	+18.366	+ 62
So	[B Octantis]	6.54	A 5	22 24 3.27	+35.588	+ 63	−89 2 47.20	+18.281	− 41
Si	β Octantis	4.34	F 0	22 41 41.18	+ 6.085	− 23	−81 36 47.61	+18.894	+ 9
Sk	τ Octantis	5.56	K 0	23 22 14.15	+ 8.599	+ 26	−87 43 28.78	+19.783	+ 12

Von den Sternen, deren Namen eingeklammert sind, folgen keine Ephemeriden.

Scheinbare Sternörter 1956

Obere Kulmination Greenwich

Tag	1) α Andromedae AR.		1) α Andromedae Dekl.		2) β Cassiopeiae AR.		2) β Cassiopeiae Dekl.		3) ε Phoenicis AR.		3) ε Phoenicis Dekl.		7) γ Pegasi AR.		7) γ Pegasi Dekl.	
1956	0h 6m		+28° 50′		0h 6m		+58° 54′		0h 7m		−45° 58′		0h 10m		+14° 56′	
	s		″		s		″		s		″		s		″	
Jan. 0	7.425	138	66.76	92	50.007	309	49.30	71	11.665	205	92.88	30	58.949	117	31.31	84
10	7.287	134	65.84	118	49.698	298	48.59	124	11.460	190	92.58	75	58.832	113	30.47	96
20	7.153	122	64.66	139	49.400	275	47.35	170	11.270	169	91.83	120	58.719	104	29.51	103
30	7.031	104	63.27	155	49.125	239	45.65	210	11.101	143	90.63	160	58.615	89	28.48	106
Febr. 9	6.927	80	61.72	164	48.886	191	43.55	241	10.958	112	89.03	198	58.526	68	27.42	105
19	6.847	50	60.08	166	48.695	132	41.14	264	10.846	74	87.05	230	58.458	43	26.37	98
29	6.797	13	58.42	159	48.563	63	38.50	274	10.772	33	84.75	257	58.415	12	25.39	85
März 10	6.784	28	56.83	145	48.500	13	35.76	272	10.739	13	82.18	280	58.403	25	24.54	67
20	6.812	73	55.38	125	48.513	92	33.04	260	10.752	62	79.38	296	58.428	64	23.87	44
30	6.885	120	54.13	97	48.605	172	30.44	238	10.814	113	76.42	307	58.492	106	23.43	18
April 9	7.005	166	53.16	64	48.777	249	28.06	205	10.927	165	73.35	311	58.598	149	23.25	13
19	7.171	211	52.52	28	49.026	322	26.01	165	11.092	215	70.24	309	58.747	189	23.38	44
29	7.382	252	52.24	11	49.348	385	24.36	119	11.307	263	67.15	300	58.936	227	23.82	75
Mai 9	7.634	286	52.35	51	49.733	438	23.17	69	11.570	305	64.15	284	59.163	260	24.57	106
19	7.920	313	52.86	89	50.171	479	22.48	16	11.875	342	61.31	262	59.423	287	25.63	134
29	8.233	333	53.75	125	50.650	505	22.32	36	12.217	370	58.69	234	59.710	306	26.97	160
Juni 8	8.566	343	55.00	157	51.155	519	22.68	89	12.587	389	56.35	199	60.016	318	28.57	181
18	8.909	345	56.57	186	51.674	518	23.57	138	12.976	397	54.36	161	60.334	321	30.38	197
28	9.254	337	58.43	210	52.192	503	24.95	183	13.373	395	52.75	118	60.655	315	32.35	207
Juli 8	9.591	321	60.53	229	52.695	478	26.78	224	13.768	382	51.57	71	60.970	302	34.42	213
18	9.912	297	62.82	241	53.173	441	29.02	259	14.150	359	50.86	23	61.272	282	36.55	214
28	10.209	268	65.23	247	53.614	394	31.61	289	14.509	326	50.63	25	61.554	255	38.69	209
Aug. 7	10.477	233	67.70	248	54.008	341	34.50	311	14.835	285	50.88	71	61.809	222	40.78	199
17	10.710	194	70.18	245	54.349	282	37.61	327	15.120	236	51.59	115	62.031	188	42.77	185
27	10.904	153	72.63	236	54.631	219	40.88	336	15.356	183	52.74	154	62.219	150	44.62	169
Sept. 6	11.057	112	74.99	223	54.850	154	44.24	338	15.539	127	54.28	187	62.369	111	46.31	150
16	11.169	72	77.22	206	^{22}55.004	91	47.62	334	15.666	70	56.15	213	62.480	73	47.81	128
25	^{22}11.241	33	79.28	186	55.095	28	50.96	323	^{23}15.736	13	58.28	229	^{23}62.553	38	49.09	106
Okt. 5	11.274	3	81.14	162	55.123	32	54.19	304	15.749	39	60.57	236	62.591	5	50.15	83
15	11.271	34	82.76	137	55.091	88	57.23	280	15.710	87	62.93	234	62.596	24	50.98	61
25	11.237	62	84.13	110	55.003	140	60.03	248	15.623	127	65.27	221	62.572	50	51.59	38
Nov. 4	11.175	86	85.23	81	54.863	187	62.51	211	15.496	162	67.48	200	62.522	71	51.97	16
14	11.089	106	86.04	50	54.676	228	64.62	169	15.334	188	69.48	170	62.451	88	52.13	5
24	10.983	122	86.54	18	54.448	262	66.31	121	15.146	205	71.18	134	62.363	102	52.08	25
Dez. 4	10.861	133	86.72	14	54.186	289	67.52	70	14.941	214	72.52	93	62.261	112	51.83	44
14	10.728	140	86.58	46	53.897	307	68.22	15	14.727	218	73.45	48	62.149	119	51.39	61
24	10.588	143	86.12	76	53.590	314	68.37	39	14.509	213	73.93	2	62.030	121	50.78	78
34	10.445		85.36		53.276		67.98		14.296		73.95		61.909		50.00	
Mittl. Ort	6.461		51.37		48.954		25.86		11.044		84.12		57.988		20.65	
sec δ, tg δ	+1.142		+ 0.551		+1.936		+ 1.658		+1.439		− 1.035		+1.035		+ 0.267	
a, *a′*	+3.1		+20.0		+3.1		+20.0		+3.0		+20.0		+3.1		+20.0	
b, *b′*	+0.04		− 0.03		+0.11		− 0.03		−0.07		− 0.03		+0.02		− 0.05	

Scheinbare Sternörter 1956

Obere Kulmination Greenwich

Tag	9) ι Ceti				10) ζ Tucanae[1]				11) β Hydri[2]				12) α Phoenicis			
	AR.		Dekl.		AR.		Dekl.		AR.		Dekl.		AR.		Dekl.	
1956	0h 17m		−9° 3′		0h 17m		−65° 7′		0h 23m		−77° 29′		0h 24m		−42° 32′	
	s		″		s		″		s		″		s		″	
Jan. 0	12.035	115	61.35	58	47.83	41	71.91	75	28.03	90	80.53	99	7.584	194	49.09	3
10	11.920	110	61.93	44	47.42	38	71.16	132	27.13	86	79.54	157	7.390	185	49.06	48
20	11.810	101	62.37	27	47.04	35	69.84	183	26.27	77	77.97	211	7.205	170	48.58	93
30	11.709	88	62.64	8	46.69	30	68.01	231	25.50	68	75.86	259	7.035	149	47.65	133
Febr. 9	11.621	68	62.72	11	46.39	24	65.70	271	24.82	56	73.27	300	6.886	122	46.32	171
19	11.553	45	62.61	32	46.15	18	62.99	305	24.26	43	70.27	333	6.764	89	44.61	205
29	11.508	17	62.29	55	45.97	11	59.94	332	23.83	30	66.94	358	6.675	52	42.56	235
März 10	11.491	17	61.74	78	45.86	4	56.62	352	23.53	14	63.36	374	6.623	9	40.21	260
20	11.508	54	60.96	102	45.82	5	53.10	363	23.39	1	59.62	382	6.614	37	37.61	280
30	11.562	93	59.94	125	45.87	12	49.47	366	23.40	16	55.80	381	6.651	86	34.81	295
April 9	11.655	134	58.69	148	45.99	21	45.81	363	23.56	32	51.99	373	6.737	137	31.86	303
19	11.789	173	57.21	167	46.20	29	42.18	351	23.88	46	48.26	356	6.874	187	28.83	304
29	11.962	211	55.54	185	46.49	36	38.67	331	24.34	60	44.70	332	7.061	233	25.79	300
Mai 9	12.173	244	53.69	199	46.85	43	35.36	306	24.94	73	41.38	301	7.294	277	22.79	289
19	12.417	272	51.70	207	47.28	49	32.30	272	25.67	84	38.37	262	7.571	315	19.90	271
29	12.689	294	49.63	211	47.77	53	29.58	232	26.51	93	35.75	219	7.886	345	17.19	247
Juni 8	12.983	307	47.52	209	48.30	57	27.26	187	27.44	100	33.56	169	8.231	365	14.72	217
18	13.290	313	45.43	203	48.87	59	25.39	138	28.44	104	31.87	115	8.596	377	12.55	180
28	13.603	311	43.40	190	49.46	59	24.01	85	29.48	105	30.72	60	8.973	379	10.75	140
Juli 8	13.914	299	41.50	173	50.05	58	23.16	29	30.53	104	30.12	2	9.352	370	9.35	95
18	14.213	281	39.77	151	50.63	55	22.87	26	31.57	99	30.10	56	9.722	351	8.40	49
28	14.494	257	38.26	127	51.18	50	23.13	80	32.56	91	30.66	111	10.073	323	7.91	2
Aug. 7	14.751	226	36.99	98	51.68	44	23.93	132	33.47	81	31.77	164	10.396	287	7.89	46
17	14.977	192	36.01	69	52.12	37	25.25	179	34.28	69	33.41	210	10.683	244	8.35	91
27	15.169	154	35.32	40	52.49	29	27.04	219	34.97	53	35.51	250	10.927	195	9.26	133
Sept. 6	15.323	116	34.92	11	52.78	20	29.23	252	35.50	36	38.01	281	11.122	144	10.59	168
16	15.439	77	34.81	16	52.98	10	31.75	275	35.86	18	40.82	301	11.266	90	12.27	197
25*	25 15.516	40	34.97	39	25 53.08	1	34.50	288	27 36.04	1	43.83	311	27 11.356	38	14.24	217
Okt. 5	15.556	7	35.36	60	53.09	8	37.38	289	36.03	19	46.94	308	11.394	11	16.41	229
15	15.563	24	35.96	75	53.01	16	40.27	278	35.84	37	50.02	293	11.383	57	18.70	232
25	15.539	49	36.71	87	52.85	25	43.05	256	35.47	53	52.95	266	11.326	98	21.02	224
Nov. 4	15.490	72	37.58	93	52.60	31	45.61	224	34.94	66	55.61	229	11.228	132	23.26	208
14	15.418	89	38.51	95	52.29	36	47.85	183	34.28	78	57.90	182	11.096	158	25.34	182
24	15.329	102	39.46	93	51.93	40	49.68	134	33.50	86	59.72	127	10.938	179	27.16	151
Dez. 4	15.227	111	40.39	87	51.53	42	51.02	79	32.64	92	60.99	68	10.759	193	28.67	113
14	15.116	117	41.26	79	51.11	43	51.81	21	31.72	93	61.67	5	10.566	199	29.80	70
24	14.999	118	42.05	68	50.68	42	52.02	37	30.79	93	61.72	58	10.367	199	30.50	27
34	14.881		42.73		50.26		51.65		29.86		61.14		10.168		30.77	
Mittl. Ort	11.120		63.45		47.49		59.46		28.32		66.83		6.822		40.83	
sec δ, tg δ	+1.013		− 0.160		+2.378		− 2.158		+4.621		− 4.511		+1.357		− 0.918	
a, a′	+3.1		+20.0		+2.8		+20.0		+2.5		+19.9		+2.9		+19.9	
b, b′	−0.01		− 0.08		−0.14		− 0.08		−0.30		− 0.10		−0.06		− 0.11	

[1] Die jährliche Parallaxe (0.″133) ist bereits berücksichtigt.
[2] Die jährliche Parallaxe (0.″143) ist bereits berücksichtigt.
* Bei Stern 11) und 12) lies Sept. 26.

Scheinbare Sternörter 1956

Obere Kulmination Greenwich

Tag	13) 12 Ceti				17) ζ Cassiopeiae			
	AR.		Dekl.		AR.		Dekl.	
1956	0h 27m		−4° 11′		0h 34m		+53° 39′	
	s		″		s		″	
Jan. 0	48.532	114	56.87	66	31.775	257	40.30	46
10	48.418	112	57.53	56	31.518	258	39.84	95
20	48.306	105	58.09	44	31.260	247	38.89	140
30	48.201	93	58.53	30	31.013	224	37.49	179
Febr. 9	48.108	76	58.83	14	30.789	190	35.70	212
19	48.032	54	58.97	5	30.599	145	33.58	234
29	47.978	26	58.92	25	30.454	90	31.24	248
März 10	47.952	7	58.67	48	30.364	27	28.76	250
20	47.959	44	58.19	72	30.337	41	26.26	243
30	48.003	83	57.47	96	30.378	112	23.83	224
April 9	48.086	124	56.51	119	30.490	182	21.59	197
19	48.210	165	55.32	143	30.672	250	19.62	162
29	48.375	203	53.89	163	30.922	312	18.00	121
Mai 9	48.578	237	52.26	180	31.234	365	16.79	75
19	48.815	266	50.46	193	31.599	409	16.04	28
29	49.081	289	48.53	202	32.008	440	15.76	22
Juni 8	49.370	304	46.51	205	32.448	460	15.98	71
18	49.674	311	44.46	203	32.908	468	16.69	116
28	49.985	310	42.43	196	33.376	463	17.85	160
Juli 8	50.295	300	40.47	184	33.839	447	19.45	199
18	50.595	284	38.63	166	34.286	420	21.44	233
28	50.879	260	36.97	145	34.706	386	23.77	262
Aug. 7	51.139	232	35.52	121	35.092	344	26.39	284
17	51.371	198	34.31	94	35.436	295	29.23	300
27	51.569	163	33.37	67	35.731	243	32.23	311
Sept. 6	51.732	125	32.70	40	35.974	190	35.34	314
16	51.857	88	32.30	13	36.164	134	38.48	312
26	51.945	52	32.17	11	36.298	80	41.60	303
Okt. 5	[28] 51.997	19	32.28	32	[29] 36.378	28	44.63	288
15	52.016	12	32.60	51	36.406	23	47.51	268
25	52.004	37	33.11	64	36.383	71	50.19	241
Nov. 4	51.967	60	33.75	74	36.312	115	52.60	208
14	51.907	79	34.49	80	36.197	154	54.68	172
24	51.828	93	35.29	83	36.043	189	56.40	129
Dez. 4	51.735	105	36.12	83	35.854	219	57.69	82
14	51.630	112	36.95	79	35.635	242	58.51	34
24	51.518	116	37.74	72	35.393	257	58.85	17
34	51.402		38.46		35.136		58.68	
Mittl. Ort	47.537		60.51		30.391		18.28	
sec δ, tg δ	+1.003		− 0.073		+1.687		+ 1.359	
a, *a′*	+3.1		+19.9		+3.3		+19.8	
b, *b′*	0.00		− 0.12		+0.09		− 0.15	

Tag	18) π Andromedae				20) δ Andromedae			
	AR.		Dekl.		AR.		Dekl.	
1956	0h 34m		+33° 28′		0h 36m		+30° 37′	
	s		″		s		″	
Jan. 0	32.640	154	55.20	69	59.328	146	29.30	70
10	32.486	154	54.51	100	59.182	146	28.60	97
20	32.332	148	53.51	128	59.036	142	27.63	122
30	32.184	135	52.23	149	58.894	129	26.41	142
Febr. 9	32.049	113	50.74	164	58.765	109	24.99	154
19	31.936	84	49.10	173	58.656	82	23.45	161
29	31.852	48	47.37	174	58.574	47	21.84	161
März 10	31.804	6	45.63	166	58.527	7	20.23	151
20	31.798	42	43.97	150	58.520	39	18.72	135
30	31.840	91	42.47	127	58.559	88	17.37	113
April 9	31.931	142	41.20	99	58.647	136	16.24	84
19	32.073	192	40.21	65	58.783	185	15.40	50
29	32.265	238	39.56	27	58.968	230	14.90	15
Mai 9	32.503	278	39.29	12	59.198	269	14.75	23
19	32.781	311	39.41	52	59.467	303	14.98	61
29	33.092	336	39.93	90	59.770	327	15.59	97
Juni 8	33.428	353	40.83	125	60.097	344	16.56	131
18	33.781	359	42.08	159	60.441	350	17.87	162
28	34.140	356	43.67	187	60.791	349	19.49	188
Juli 8	34.496	344	45.54	210	61.140	338	21.37	208
18	34.840	325	47.64	229	61.478	319	23.45	224
28	35.165	299	49.93	241	61.797	294	25.69	235
Aug. 7	35.464	266	52.34	248	62.091	263	28.04	240
17	35.730	230	54.82	250	62.354	227	30.44	239
27	35.960	190	57.32	247	62.581	189	32.83	234
Sept. 6	36.150	149	59.79	238	62.770	150	35.17	224
16	36.299	109	62.17	226	62.920	109	37.41	211
26	36.408	69	64.43	210	63.029	71	39.52	194
Okt. 5	[29] 36.477	30	66.53	190	[30] 63.100	35	41.46	174
15	36.507	4	68.43	167	63.135	1	43.20	152
25	36.503	35	70.10	142	63.136	31	44.72	126
Nov. 4	36.468	64	71.52	114	63.105	59	45.98	100
14	36.404	90	72.66	83	63.046	82	46.98	71
24	36.314	112	73.49	50	62.964	104	47.69	40
Dez. 4	36.202	130	73.99	17	62.860	123	48.09	9
14	36.072	145	74.16	17	62.737	136	48.18	22
24	35.927	154	73.99	51	62.601	146	47.96	53
34	35.773		73.48		62.455		47.43	
Mittl. Ort	31.427		38.68		58.112		13.72	
sec δ, tg δ	+1.199		+ 0.661		+1.162		+ 0.592	
a, *a′*	+3.2		+19.8		+3.2		+19.8	
b, *b′*	+0.04		− 0.15		+0.04		− 0.16	

Scheinbare Sternörter 1956

Obere Kulmination Greenwich

Tag	21) α Cassiopeiae AR.		21) α Cassiopeiae Dekl.		22) β Ceti AR.		22) β Ceti Dekl.		25) o Cassiopeiae AR.		25) o Cassiopeiae Dekl.		24) 21 Cassiopeiae AR.		24) 21 Cassiopeiae Dekl.	
1956	$0^h\ 37^m$		$+56°\ 17'$		$0^h\ 41^m$		$-18°\ 13'$		$0^h\ 42^m$		$+48°\ 2'$		$0^h\ 42^m$		$+74°\ 44'$	
	s		″		s		″		s		″		s		″	
Jan. 0	61.211	282	69.64	37	23.893	128	41.45	54	17.137	216	58.73	46	44.41	71	78.34	5
10	60.929	282	69.27	89	23.765	127	41.99	29	16.921	219	58.27	91	43.70	71	78.39	57
20	60.647	272	68.38	136	23.638	122	42.28	3	16.702	211	57.36	131	42.99	68	77.82	117
30	60.375	248	67.02	178	23.516	111	42.31	24	16.491	195	56.05	167	42.31	62	76.65	171
Febr. 9	60.127	212	65.24	212	23.405	94	42.07	51	16.296	168	54.38	195	41.69	54	74.94	218
19	59.915	164	63.12	238	23.311	72	41.56	77	16.128	130	52.43	215	41.15	44	72.76	255
29	59.751	105	60.74	254	23.239	44	40.79	104	15.998	83	50.28	227	40.71	30	70.21	283
März 10	59.646	38	58.20	258	23.195	11	39.75	130	15.915	29	48.01	229	40.41	15	67.38	299
20	59.608	35	55.62	252	23.184	26	38.45	154	15.886	30	45.72	219	40.26	0	64.39	302
30	59.643	110	53.10	235	23.210	66	36.91	176	15.916	93	43.53	202	40.26	16	61.37	292
April 9	59.753	186	50.75	210	23.276	109	35.15	196	16.009	157	41.51	175	40.42	31	58.45	273
19	59.939	259	48.65	175	23.385	151	33.19	213	16.166	219	39.76	141	40.73	47	55.72	243
29	60.198	324	46.90	135	23.536	192	31.06	225	16.385	275	38.35	102	41.20	60	53.29	204
Mai 9	60.522	382	45.55	89	23.728	230	28.81	233	16.660	324	37.33	59	41.80	70	51.25	159
19	60.904	428	44.66	41	23.958	261	26.48	236	16.984	366	36.74	13	42.50	80	49.66	108
29	61.332	463	44.25	9	24.219	287	24.12	232	17.350	396	36.61	32	43.30	87	48.58	54
Juni 8	61.795	484	44.34	59	24.506	306	21.80	223	17.746	417	36.93	78	44.17	92	48.04	0
18	62.279	493	44.93	106	24.812	317	19.57	208	18.163	425	37.71	121	45.09	93	48.04	55
28	62.772	490	45.99	152	25.129	319	17.49	188	18.588	424	38.92	161	46.02	93	48.59	109
Juli 8	63.262	473	47.51	192	25.448	313	15.61	163	19.012	411	40.53	196	46.95	89	49.68	158
18	63.735	446	49.43	228	25.761	299	13.98	133	19.423	389	42.49	226	47.84	85	51.26	205
28	64.181	411	51.71	259	26.060	277	12.65	101	19.812	358	44.75	252	48.69	79	53.31	246
Aug. 7	64.592	366	54.30	284	26.337	249	11.64	65	20.170	322	47.27	271	49.48	70	55.77	283
17	64.958	316	57.14	302	26.586	216	10.99	30	20.492	280	49.98	284	50.18	61	58.60	312
27	65.274	262	60.16	314	26.802	180	10.69	5	20.772	233	52.82	291	50.79	50	61.72	336
Sept. 6	65.536	206	63.30	320	26.982	141	10.74	39	21.005	186	55.73	293	51.29	39	65.08	353
16	65.742	148	66.50	320	27.123	102	11.13	68	21.191	137	58.66	289	51.68	28	68.61	362
26	65.890	89	69.70	313	27.225	64	11.81	95	21.328	88	61.55	279	51.96	16	72.23	363
Okt. 5	^{30}65.979	33	72.83	299	^{1}27.289	27	12.76	115	^{1}21.416	42	64.34	264	^{2}52.12	3	75.86	358
15	66.012	21	75.82	279	27.316	6	13.91	130	21.458	3	66.98	243	52.15	9	79.44	344
25	65.991	73	78.61	254	27.310	36	15.21	138	21.455	44	69.41	218	52.06	21	82.88	323
Nov. 4	65.918	121	81.15	222	27.274	61	16.59	139	21.411	84	71.59	187	51.85	31	86.11	292
14	65.797	164	83.37	184	27.213	83	17.98	135	21.327	119	73.46	153	51.54	42	89.03	255
24	65.633	204	85.21	142	27.130	101	19.33	125	21.208	150	74.99	114	51.12	52	91.58	210
Dez. 4	65.429	237	86.63	95	27.029	114	20.58	111	21.058	178	76.13	71	50.60	60	93.68	159
14	65.192	263	87.58	44	26.915	124	21.69	92	20.880	200	76.84	26	50.00	66	95.27	102
24	64.929	280	88.02	7	26.791	130	22.61	70	20.680	214	77.10	19	49.34	70	96.29	41
34	64.649		87.95		26.661		23.31		20.466		76.91		48.64		96.70	
Mittl. Ort	59.745		47.09		22.883		40.05		15.729		38.21		42.22		52.78	
sec δ, tg δ	+1.802		+ 1.499		+1.053		− 0.329		+1.496		+ 1.112		+3.801		+ 3.667	
a, *a′*	+3.4		+19.8		+3.0		+19.7		+3.3		+19.7		+4.0		+19.7	
b, *b′*	+0.10		− 0.17		−0.02		− 0.18		+0.07		− 0.18		+0.24		− 0.19	

Scheinbare Sternörter 1956

Obere Kulmination Greenwich

Tag	27) ζ Andromedae				32) γ Cassiopeiae				33) μ Andromedae				35) α Sculptoris			
	AR.		Dekl.		AR.		Dekl.		AR.		Dekl.		AR.		Dekl.	
1956	0h 45m		+24° 1′		0h 54m		+60° 28′		0h 54m		+38° 15′		0h 56m		—29° 35′	
	s		″		s		″		s		″		s		″	
Jan. 0	1.291	133	54.79	69	3.83	33	67.37	12	19.574	168	57.72	48	30.247	156	46.78	49
10	1.158	135	54.10	90	3.50	33	67.25	64	19.406	173	57.24	84	30.091	155	47.27	13
20	1.023	132	53.20	108	3.17	32	66.61	116	19.233	171	56.40	116	29.936	151	47.40	$\overline{24}$
30	0.891	122	52.12	121	2.85	31	65.45	163	19.062	161	55.24	144	29.785	140	47.16	60
Febr. 9	0.769	105	50.91	129	2.54	27	63.82	202	18.901	141	53.80	165	29.645	124	46.56	96
19	0.664	81	49.62	130	2.27	21	61.80	233	18.760	113	52.15	180	29.521	100	45.60	129
29	0.583	49	48.32	127	2.06	15	59.47	255	18.647	75	50.35	186	29.421	72	44.31	160
März 10	0.534	13	47.05	116	1.91	8	56.92	265	18.572	32	48.49	184	29.349	37	42.71	188
20	0.521	$\overline{29}$	45.89	99	1.83	0	54.27	265	18.540	$\overline{18}$	46.65	174	29.312	$\overline{1}$	40.83	214
30	0.550	75	44.90	77	1.83	8	51.62	253	18.558	71	44.91	156	29.313	45	38.69	235
April 9	0.625	122	44.13	49	1.91	18	49.09	232	18.629	126	43.35	130	29.358	91	36.34	252
19	0.747	168	43.64	17	2.09	26	46.77	202	18.755	180	42.05	98	29.449	137	33.82	265
29	0.915	211	43.47	$\overline{15}$	2.35	33	44.75	164	18.935	231	41.07	63	29.586	181	31.17	272
Mai 9	1.126	250	43.62	50	2.68	40	43.11	120	19.166	277	40.44	24	29.767	223	28.45	272
19	1.376	283	44.12	83	3.08	46	41.91	73	19.443	314	40.20	$\overline{17}$	29.990	260	25.73	268
29	1.659	308	44.95	114	3.54	50	41.18	24	19.757	344	40.37	57	30.250	290	23.05	256
Juni 8	1.967	326	46.09	143	4.04	53	40.94	$\overline{27}$	20.101	365	40.94	95	30.540	314	20.49	238
18	2.293	334	47.52	168	4.57	54	41.21	77	20.466	375	41.89	131	30.854	329	18.11	214
28	2.627	334	49.20	188	5.11	54	41.98	124	20.841	377	43.20	164	31.183	335	15.97	185
Juli 8	2.961	326	51.08	203	5.65	54	43.22	168	21.218	368	44.84	192	31.518	332	14.12	150
18	3.287	309	53.11	213	6.19	50	44.90	207	21.586	351	46.76	216	31.850	321	12.62	111
28	3.596	286	55.24	218	6.69	47	46.97	242	21.937	327	48.92	234	32.171	301	11.51	70
Aug. 7	3.882	258	57.42	219	7.16	43	49.39	272	22.264	296	51.26	246	32.472	275	10.81	28
17	4.140	225	59.61	213	7.59	38	52.11	294	22.560	261	53.72	252	32.747	241	10.53	$\overline{16}$
27	4.365	189	61.74	203	7.97	32	55.05	312	22.821	221	56.24	255	32.988	204	10.69	58
Sept. 6	4.554	151	63.77	191	8.29	25	58.17	323	23.042	181	58.79	252	33.192	163	11.27	95
16	4.705	114	65.68	175	8.54	20	61.40	326	23.223	140	61.31	244	33.355	121	12.22	129
26	$_{2}$4.819	78	67.43	156	8.74	13	64.66	324	23.363	98	63.75	232	$_{5}$33.476	78	13.51	157
Okt. 5	4.897	43	68.99	136	^{4}8.87	6	67.90	315	^{4}23.461	58	66.07	215	33.554	37	15.08	177
15	4.940	10	70.35	114	8.93	1	71.05	300	23.519	20	68.22	194	33.591	0	16.85	190
25	4.950	$\overline{19}$	71.49	92	8.94	$\overline{6}$	74.05	277	23.539	$\overline{15}$	70.16	171	33.591	36	18.75	195
Nov. 4	4.931	45	72.41	67	8.88	11	76.82	247	23.524	49	71.87	145	33.555	67	20.70	190
14	4.886	69	73.08	42	8.77	17	79.29	213	23.475	78	73.32	114	33.488	94	22.60	179
24	4.817	90	73.50	18	8.60	22	81.42	171	23.397	106	74.46	82	33.394	116	24.39	160
Dez. 4	4.727	108	73.68	$\overline{8}$	8.38	26	83.13	125	23.291	130	75.28	46	33.278	133	25.99	135
14	4.619	122	73.60	32	8.12	29	84.38	75	23.161	150	75.74	9	33.145	146	27.34	106
24	4.497	131	73.28	57	7.83	32	85.13	20	23.011	166	75.83	$\overline{27}$	32.999	155	28.40	73
34	4.366		72.71		7.51		85.33		22.845		75.56		32.844		29.13	
Mittl. Ort	0.053		41.51		2.05		44.29		18.152		40.14		29.206		41.57	
sec δ, tg δ	+1.095		+ 0.446		+2.029		+ 1.766		+1.274		+ 0.789		+1.150		— 0.568	
a, *a′*	+3.2		+19.7		+3.6		+19.5		+3.3		+19.5		+2.9		+19.4	
b, *b′*	+0.03		— 0.20		+0.11		— 0.23		+0.05		— 0.23		—0.04		— 0.24	

Scheinbare Sternörter 1956

Obere Kulmination Greenwich

Tag	36) ε Piscium				1031) υ Phoenicis				42) β Andromedae				45) υ Piscium			
	AR.		Dekl.		AR.		Dekl.		AR.		Dekl.		AR.		Dekl.	
1956	1h 0m		+7° 39′		1h 5m		−41° 42′		1h 7m		+35° 23′		1h 17m		+27° 2′	
	s		″		s		″		s		″		s		″	
Jan. 0	40.632	115	20.63	70	48.440	203	87.71	40	17.139	157	32.48	43	3.985	135	13.65	49
10	40.517	121	19.93	74	48.237	203	88.11	6	16.982	165	32.05	75	3.850	144	13.16	71
20	40.396	120	19.19	73	48.034	198	88.05	53	16.817	166	31.30	104	3.706	148	12.45	93
30	40.276	114	18.46	70	47.836	185	87.52	97	16.651	158	30.26	130	3.558	143	11.52	110
Febr. 9	40.162	102	17.76	64	47.651	166	86.55	139	16.493	142	28.96	150	3.415	132	10.42	123
19	40.060	82	17.12	54	47.485	139	85.16	179	16.351	118	27.46	164	3.283	111	9.19	130
29	39.978	57	16.58	41	47.346	107	83.37	213	16.233	85	25.82	170	3.172	82	7.89	131
März 10	39.921	24	16.17	23	47.239	68	81.24	244	16.148	43	24.12	168	3.090	47	6.58	126
20	39.897	12	15.94	3	47.171	23	78.80	269	16.105	3	22.44	159	3.043	5	5.32	114
30	39.909	53	15.91	21	47.148	26	76.11	289	16.108	55	20.85	142	3.038	42	4.18	96
April 9	39.962	96	16.12	46	47.174	77	73.22	304	16.163	108	19.43	118	3.080	90	3.22	73
19	40.058	140	16.58	71	47.251	130	70.18	311	16.271	162	18.25	89	3.170	140	2.49	46
29	40.198	182	17.29	98	47.381	180	67.07	313	16.433	211	17.36	56	3.310	187	2.03	15
Mai 9	40.380	219	18.27	122	47.561	229	63.94	307	16.644	257	16.80	19	3.497	231	1.88	18
19	40.599	252	19.49	145	47.790	272	60.87	295	16.901	297	16.61	19	3.728	269	2.06	51
29	40.851	279	20.94	163	48.062	309	57.92	275	17.198	327	16.80	56	3.997	299	2.57	83
Juni 8	41.130	299	22.57	178	48.371	339	55.17	249	17.525	350	17.36	93	4.296	322	3.40	113
18	41.429	310	24.35	188	48.710	358	52.68	216	17.875	363	18.29	127	4.618	337	4.53	139
28	41.739	313	26.23	193	49.068	369	50.52	177	18.238	367	19.56	156	4.955	342	5.92	163
Juli 8	42.052	309	28.16	193	49.437	369	48.75	135	18.605	361	21.12	183	5.297	339	7.55	182
18	42.361	297	30.09	188	49.806	359	47.40	87	18.966	348	22.95	204	5.636	328	9.37	196
28	42.658	278	31.97	178	50.165	341	46.53	38	19.314	326	24.99	220	5.964	309	11.33	205
Aug. 7	42.936	253	33.75	164	50.506	313	46.15	11	19.640	298	27.19	231	6.273	286	13.38	209
17	43.189	224	35.39	146	50.819	277	46.26	60	19.938	266	29.50	237	6.559	256	15.47	208
27	43.413	191	36.85	126	51.096	236	46.86	107	20.204	230	31.87	238	6.815	223	17.55	204
Sept. 6	43.604	158	38.11	104	51.332	190	47.93	149	20.434	191	34.25	234	7.038	189	19.59	194
16	43.762	123	39.15	81	51.522	141	49.42	185	20.625	152	36.59	226	7.227	152	21.53	182
26	43.885	88	39.96	58	51.663	91	51.27	213	20.777	113	38.85	214	7.379	117	23.35	168
Okt. 6	[6] 43.973	55	40.54	36	[7] 51.754	42	53.40	233	[8] 20.890	74	40.99	198	[10] 7.496	81	25.03	150
15	44.028	25	40.90	15	51.796	5	55.73	244	20.964	38	42.97	179	7.577	48	26.53	131
25	44.053	3	41.05	3	51.791	49	58.17	244	21.002	3	44.76	157	7.625	16	27.84	111
Nov. 4	44.050	29	41.02	19	51.742	88	60.61	234	21.005	30	46.33	132	7.641	14	28.95	88
14	44.021	52	40.83	34	51.654	122	62.95	215	20.975	61	47.65	105	7.627	42	29.83	65
24	43.969	71	40.49	46	51.532	150	65.10	188	20.914	88	48.70	75	7.585	69	30.48	41
Dez. 4	43.898	88	40.03	56	51.382	173	66.98	154	20.826	113	49.45	43	7.516	92	30.89	16
14	43.810	104	39.47	64	51.209	190	68.52	114	20.713	135	49.88	10	7.424	112	31.05	9
24	43.706	114	38.83	70	51.019	201	69.66	70	20.578	152	49.98	23	7.312	130	30.96	35
34	43.592		38.13		50.818		70.36		20.426		49.75		7.182		30.61	
Mittl. Ort	39.387		13.34		47.406		79.06		15.635		16.09		2.489		0.13	
sec δ, tg δ	+1.009		+ 0.134		+1.340		− 0.892		+1.227		+ 0.710		+1.123		+ 0.510	
a, *a′*	+3.1		+19.3		+2.7		+19.2		+3.3		+19.2		+3.3		+18.9	
b, *b′*	+0.01		− 0.26		−0.06		− 0.28		+0.05		− 0.29		+0.03		− 0.33	

Scheinbare Sternörter 1956

Obere Kulmination Greenwich

Tag	47) ϑ Ceti				48) δ Cassiopeiae				50) η Piscium				51) 40 Cassiopeiae			
	AR.		Dekl.		AR.		Dekl.		AR.		Dekl.		AR.		Dekl.	
1956	1h 21m		−8° 24′		1h 22m		+60° 0′		1h 29m		+15° 7′		1h 34m		+72° 48′	
	s		″		s		″		s		″		s		″	
Jan. 0	50.646	120	34.41	76	57.26	31	48.62	21	8.938	117	19.75	60	60.61	59	84.12	69
10	50.526	127	35.17	62	56.95	33	48.83	31	8.821	128	19.15	69	60.02	61	84.81	9
20	50.399	130	35.79	43	56.62	33	48.52	82	8.693	133	18.46	78	59.41	63	84.90	51
30	50.269	126	36.22	24	56.29	32	47.70	131	8.560	132	17.68	82	58.78	61	84.39	109
Febr. 9	50.143	116	36.46	3	55.97	29	46.39	173	8.428	124	16.86	83	58.17	56	83.30	161
19	50.027	101	36.49	20	55.68	25	44.66	209	8.304	107	16.03	81	57.61	49	81.69	206
29	49.926	78	36.29	42	55.43	20	42.57	235	8.197	84	15.22	75	57.12	40	79.63	244
März 10	49.848	48	35.87	66	55.23	12	40.22	251	8.113	52	14.47	63	56.72	29	77.19	271
20	49.800	13	35.21	90	55.11	5	37.71	258	8.061	15	13.84	47	56.43	15	74.48	286
30	49.787	26	34.31	114	55.06	3	35.13	253	8.046	26	13.37	28	56.28	2	71.62	290
April 9	49.813	69	33.17	137	55.09	12	32.60	238	8.072	72	13.09	4	56.26	13	68.72	282
19	49.882	113	31.80	160	55.21	21	30.22	214	8.144	118	13.05	21	56.39	27	65.90	264
29	49.995	155	30.20	178	55.42	29	28.08	182	8.262	162	13.26	48	56.66	41	63.26	237
Mai 9	50.150	194	28.42	193	55.71	36	26.26	144	8.424	204	13.74	75	57.07	52	60.89	201
19	50.344	231	26.49	205	56.07	42	24.82	100	8.628	241	14.49	101	57.59	63	58.88	160
29	50.575	261	24.44	211	56.49	47	23.82	54	8.869	272	15.50	125	58.22	72	57.28	113
Juni 8	50.836	284	22.33	213	56.96	51	23.28	7	9.141	296	16.75	145	58.94	78	56.15	62
18	51.120	300	20.20	209	57.47	53	23.21	42	9.437	312	18.20	162	59.72	83	55.53	11
28	51.420	308	18.11	199	58.00	55	23.63	88	9.749	319	19.82	175	60.55	86	55.42	40
Juli 8	51.728	308	16.12	184	58.55	54	24.51	132	10.068	319	21.57	183	61.41	85	55.82	90
18	52.036	300	14.28	163	59.09	52	25.83	173	10.387	311	23.40	185	62.26	84	56.72	139
28	52.336	285	12.65	139	59.61	50	27.56	210	10.698	296	25.25	184	63.10	80	58.11	183
Aug. 7	52.621	264	11.26	111	60.11	46	29.66	241	10.994	275	27.09	177	63.90	76	59.94	223
17	52.885	237	10.15	81	60.57	42	32.07	267	11.269	249	28.86	166	64.66	69	62.17	259
27	53.122	207	9.34	49	60.99	37	34.74	288	11.518	219	30.52	152	65.35	61	64.76	289
Sept. 6	53.329	175	8.85	17	61.36	31	37.62	302	11.737	188	32.04	136	65.96	53	67.65	313
16	53.504	140	8.68	12	61.67	25	40.64	311	11.925	154	33.40	117	66.49	44	70.78	330
26	53.644	105	8.80	41	61.92	19	43.75	313	12.079	121	34.57	97	66.93	33	74.08	341
Okt. 6	53.749	72	9.21	65	62.11	13	46.88	308	12.200	89	35.54	77	67.26	23	77.49	346
15	[11] 53.821	39	9.86	84	[12] 62.24	7	49.96	299	[13] 12.289	57	36.31	58	[15] 67.49	12	80.95	342
25	53.860	10	10.70	100	62.31	1	52.95	282	12.346	28	36.89	39	67.61	1	84.37	330
Nov. 4	53.870	18	11.70	109	62.32	5	55.77	258	12.374	1	37.28	20	67.62	9	87.67	312
14	53.852	43	12.79	113	62.27	11	58.35	228	12.373	27	37.48	4	67.53	21	90.79	285
24	53.809	65	13.92	113	62.16	17	60.63	192	12.346	52	37.52	13	67.32	31	93.64	249
Dez. 4	53.744	85	15.05	107	61.99	22	62.55	149	12.294	74	37.39	28	67.01	41	96.13	207
14	53.659	102	16.12	99	61.77	26	64.04	103	12.220	95	37.11	41	66.60	49	98.20	158
24	53.557	116	17.11	87	61.51	30	65.07	54	12.125	112	36.70	54	66.11	55	99.78	103
34	53.441		17.98		61.21		65.61		12.013		36.16		65.56		100.81	
Mittl. Ort	49.360		35.65		55.06		26.54		7.463		10.54		57.23		60.50	
sec δ, tg δ	+1.011		− 0.148		+2.000		+ 1.733		+1.036		+ 0.270		+3.385		+ 3.234	
a, *a′*	+3.0		+18.8		+3.9		+18.7		+3.2		+18.5		+4.8		+18.3	
b, *b′*	−0.01		− 0.35		+0.11		− 0.35		+0.02		− 0.38		+0.20		− 0.40	

Scheinbare Sternörter 1956

Obere Kulmination Greenwich

Tag	52) 51 Andromedae AR.		52) 51 Andromedae Dekl.		54) α Eridani AR.		54) α Eridani Dekl.		55) 43 Cassiopeiae AR.		55) 43 Cassiopeiae Dekl.		57) φ Persei AR.		57) φ Persei Dekl.	
1956	1h 35m		+48° 24′		1h 36m		−57° 27′		1h 39m		+67° 49′		1h 40m		+50° 28′	
	s		″		s		″		s		″		s		″	
Jan. 0	18.732	205	41.10	7 —	5.872	331	47.07	52 —	5.99	43	40.28	60	55.424	215	23.96	18 —
10	18.527	222	41.17	36	5.541	339	47.59	5	5.56	46	40.88	4 —	55.209	234	24.14	27
20	18.305	230	40.81	78	5.202	336	47.54	61	5.10	47	40.92	53	54.975	245	23.87	70
30	18.075	227	40.03	117	4.866	323	46.93	115	4.63	46	40.39	108	54.730	243	23.17	112
Febr. 9	17.848	213	38.86	151	4.543	300	45.78	165	4.17	43	39.31	157	54.487	228	22.05	148
19	17.635	186	37.35	179	4.243	268	44.13	210	3.74	38	37.74	201	54.259	202	20.57	178
29	17.449	149	35.56	199	3.975	225	42.03	252	3.36	31	35.73	235	54.057	164	18.79	200
März 10	17.300	100	33.57	211.	3.750	175	39.51	286	3.05	22	33.38	260	53.893	114	16.79	215
20	17.200	43 —	31.46	213	3.575	117	36.65	314	2.83	12	30.78	274	53.779	55 —	14.64	219
30	17.157	19	29.33	206	3.458	53 —	33.51	335	2.71	0	28.04	276	53.724	10	12.45	214
April 9	17.176	85	27.27	190	3.405	15	30.16	350	2.71	10	25.28	268	53.734	78	10.31	200
19	17.261	150	25.37	166	3.420	86	26.66	355	2.81	21	22.60	250	53.812	147	8.31	179
29	17.411	214	23.71	137	3.506	155	23.11	354	3.02	32	20.10	222	53.959	214	6.52	149
Mai 9	17.625	272	22.34	102	3.661	223	19.57	345	3.34	42	17.88	187	54.173	275	5.03	115
19	17.897	324	21.32	62	3.884	287	16.12	327	3.76	51	16.01	146	54.448	328	3.88	76
29	18.221	366	20.70	21 —	4.171	342	12.85	302	4.27	57	14.55	100	54.776	374	3.12	35 —
Juni 8	18.587	398	20.49	20	4.513	390	9.83	270	4.84	63	13.55	52	55.150	409	2.77	7
18	18.985	420	20.69	62	4.903	427	7.13	230	5.47	67	13.03	2 —	55.559	432	2.84	50
28	19.405	431	21.31	102	5.330	452	4.83	185	6.14	69	13.01	47	55.991	445	3.34	90
Juli 8	19.836	430	22.33	137	5.782	465	2.98	135	6.83	69	13.48	96	56.436	446	4.24	128
18	20.266	421	23.70	171	6.247	465	1.63	80	7.52	68	14.44	141	56.882	438	5.52	163
28	20.687	403	25.41	200	6.712	451	0.83	24 —	8.20	65	15.85	184	57.320	419	7.15	193
Aug. 7	21.090	376	27.41	223	7.163	426	0.59	33	8.85	62	17.69	221	57.739	393	9.08	218
17	21.466	342	29.64	241	7.589	388	0.92	90	9.47	56	19.90	253	58.132	361	11.26	240
27	21.808	304	32.05	255	7.977	340	1.82	143	10.03	50	22.43	282	58.493	323	13.66	255
Sept. 6	22.112	263	34.60	264	8.317	284	3.25	191	10.53	43	25.25	303	58.816	280	16.21	266
16	22.375	219	37.24	267	8.601	221	5.16	233	10.96	36	28.28	319	59.096	235	18.87	271
26	22.594	174	39.91	264	8.822	153	7.49	265	11.32	29	31.47	328	59.331	188	21.58	270
Okt. 6	22.768	128	42.55	258	8.975	82	10.14	288	11.61	20	34.75	330	59.519	141	24.28	265
15*	[15] 22.896	83	45.13	245	[15] 9.057	13 —	13.02	300	11.81 [16]	12	38.05	326	[16] 59.660	94	26.93	255
25	22.979	37 —	47.58	229	9.070	55	16.02	299	11.93	3 —	41.31	314	59.754	46 —	29.48	239
Nov. 4	23.016	7	49.87	207	9.015	117	19.01	288	11.96	5	44.45	295	59.800	1	31.87	219
14	23.009	50	51.94	180	8.898	175	21.89	264	11.91	13	47.40	268	59.799	47	34.06	193
24	22.959	91	53.74	149	8.723	225	24.53	231	11.78	22	50.08	234	59.752	90	35.99	161
Dez. 4	22.868	130	55.23	113	8.498	267	26.84	190	11.56	28	52.42	193	59.662	133	37.60	126
14	22.738	164	56.36	74	8.231	299	28.74	141	11.28	35	54.35	146	59.529	171	38.86	87
24	22.574	194	57.10	33	7.932	323	30.15	87	10.93	41	55.81	94	59.358	203	39.73	44
34	22.380		57.43		7.609		31.02		10.52		56.75		59.155		40.17	
Mittl. Ort	16.752		22.07		4.693		34.91		3.07		17.52		53.331		4.67	
sec δ, tg δ	+1.506		+ 1.127		+1.859		− 1.567		+2.649		+ 2.453		+1.571		+ 1.212	
a, *a′*	+3.7		+18.3		+2.2		+18.3		+4.4		+18.2		+3.8		+18.1	
b, *b′*	+0.07		− 0.40		−0.10		− 0.41		+0.15		− 0.42		+0.07		− 0.43	

* Bei Stern 55) und 57) lies Okt. 16.

Scheinbare Sternörter 1956

Obere Kulmination Greenwich

59) τ Ceti[1]

Tag	AR.		Dekl.	
1956	1h 42m		−16° 9′	
	s		″	
Jan. 0	2.729	131	68.58	82
10	2.598	142	69.40	57
20	2.456	146	69.97	31
30	2.310	145	70.28	3
Febr. 9	2.165	137	70.31	25
19	2.028	123	70.06	53
29	1.905	101	69.53	81
März 10	1.804	73	68.72	109
20	1.731	38	67.63	135
30	1.693	1	66.28	160
April 9	1.694	45	64.68	182
19	1.739	89	62.86	202
29	1.828	133	60.84	219
Mai 9	1.961	176	58.65	231
19	2.137	215	56.34	237
29	2.352	247	53.97	239
Juni 8	2.599	274	51.58	234
18	2.873	294	49.24	224
28	3.167	305	47.00	207
Juli 8	3.472	308	44.93	185
18	3.780	304	43.08	158
28	4.084	292	41.50	127
Aug. 7	4.376	274	40.23	93
17	4.650	249	39.30	55
27	4.899	220	38.75	18
Sept. 6	5.119	188	38.57	19
16	5.307	154	38.76	53
26	5.461	118	39.29	84
Okt. 6	5.579	83	40.13	111
16	5.662	50	41.24	130
25	17 5.712	18	42.54	145
Nov. 4	5.730	13	43.99	152
14	5.717	40	45.51	153
24	5.677	65	47.04	146
Dez. 4	5.612	89	48.50	135
14	5.523	109	49.85	118
24	5.414	125	51.03	98
34	5.289		52.01	
Mittl. Ort	1.387		66.75	
sec δ, tg δ	+1.041		− 0.290	
a, *a′*	+2.9		+18.1	
b, *b′*	−0.02		− 0.43	

60) ο Piscium

Tag	AR.		Dekl.	
1956	1h 43m		+8° 56′	
	s		″	
Jan. 0	5.500	112	20.10	65
10	5.388	125	19.45	68
20	5.263	131	18.77	68
30	5.132	133	18.09	67
Febr. 9	4.999	127	17.42	62
19	4.872	114	16.80	54
29	4.758	92	16.26	44
März 10	4.666	64	15.82	29
20	4.602	29	15.53	12
30	4.573	12	15.41	9
April 9	4.585	55	15.50	31
19	4.640	100	15.81	55
29	4.740	145	16.36	80
Mai 9	4.885	187	17.16	103
19	5.072	224	18.19	125
29	5.296	257	19.44	145
Juni 8	5.553	283	20.89	160
18	5.836	300	22.49	172
28	6.136	310	24.21	180
Juli 8	6.446	313	26.01	181
18	6.759	307	27.82	178
28	7.066	295	29.60	170
Aug. 7	7.361	276	31.30	159
17	7.637	253	32.89	143
27	7.890	226	34.32	124
Sept. 6	8.116	195	35.56	103
16	8.311	164	36.59	81
26	8.475	132	37.40	59
Okt. 6	8.607	100	37.99	37
16	8.707	69	38.36	18
25	17 8.776	39	38.54	1
Nov. 4	8.815	12	38.53	17
14	8.827	15	38.36	30
24	8.812	41	38.06	42
Dez. 4	8.771	65	37.64	51
14	8.706	86	37.13	58
24	8.620	104	36.55	64
34	8.516		35.91	
Mittl. Ort	3.986		13.38	
sec δ, tg δ	+1.012		+ 0.157	
a, *a′*	+3.2		+18.0	
b, *b′*	+0.01		− 0.43	

61) ε Sculptoris

Tag	AR.		Dekl.	
1956	1h 43m		−25° 15′	
	s		″	
Jan. 0	36.438	145	83.07	88
10	36.293	155	83.95	55
20	36.138	159	84.50	20
30	35.979	159	84.70	15
Febr. 9	35.820	151	84.55	51
19	35.669	135	84.04	85
29	35.534	113	83.19	118
März 10	35.421	84	82.01	149
20	35.337	48	80.52	178
30	35.289	7	78.74	203
April 9	35.282	38	76.71	226
19	35.320	84	74.45	244
29	35.404	131	72.01	257
Mai 9	35.535	175	69.44	265
19	35.710	216	66.79	267
29	35.926	252	64.12	262
Juni 8	36.178	281	61.50	251
18	36.459	303	58.99	234
28	36.762	317	56.65	211
Juli 8	37.079	322	54.54	181
18	37.401	319	52.73	146
28	37.720	309	51.27	108
Aug. 7	38.029	290	50.19	67
17	38.319	265	49.52	24
27	38.584	236	49.28	20
Sept. 6	38.820	202	49.48	61
16	39.022	166	50.09	99
26	39.188	129	51.08	133
Okt. 6	39.317	90	52.41	160
16	39.407	54	54.01	180
25	17 39.461	18	55.81	192
Nov. 4	39.479	15	57.73	196
14	39.464	46	59.69	192
24	39.418	73	61.61	181
Dez. 4	39.345	99	63.42	163
14	39.246	120	65.05	138
24	39.126	138	66.43	109
34	38.988		67.52	
Mittl. Ort	35.109		78.53	
sec δ, tg δ	+1.106		− 0.472	
a, *a′*	+2.8		+18.0	
b, *b′*	−0.03		− 0.44	

62) ζ Ceti

Tag	AR.		Dekl.	
1956	1h 49m		−10° 32′	
	s		″	
Jan. 0	18.642	119	66.03	87
10	18.523	131	66.90	68
20	18.392	138	67.58	47
30	18.254	140	68.05	26
Febr. 9	18.114	134	68.31	2
19	17.980	122	68.33	23
29	17.858	101	68.10	47
März 10	17.757	75	67.63	72
20	17.682	41	66.91	98
30	17.641	2	65.93	123
April 9	17.639	40	64.70	145
19	17.679	84	63.25	167
29	17.763	128	61.58	186
Mai 9	17.891	171	59.72	202
19	18.062	209	57.70	212
29	18.271	243	55.58	219
Juni 8	18.514	270	53.39	219
18	18.784	291	51.20	214
28	19.075	303	49.06	204
Juli 8	19.378	307	47.02	187
18	19.685	304	45.15	166
28	19.989	294	43.49	139
Aug. 7	20.283	277	42.10	110
17	20.560	254	41.00	77
27	20.814	228	40.23	44
Sept. 6	21.042	197	39.79	9
16	21.239	165	39.70	23
26	21.404	132	39.93	54
Okt. 6	21.536	99	40.47	79
16	21.635	67	41.26	101
25	18 21.702	35	42.27	118
Nov. 4	21.737	6	43.45	128
14	21.743	22	44.73	131
24	21.721	47	46.04	130
Dez. 4	21.674	72	47.34	125
14	21.602	93	48.59	113
24	21.509	112	49.72	99
34	21.397		50.71	
Mittl. Ort	17.215		66.03	
sec δ, tg δ	+1.017		− 0.186	
a, *a′*	+3.0		+17.8	
b, *b′*	−0.01		− 0.46	

[1] Die jährliche Parallaxe (0″.298) ist bereits berücksichtigt.

Scheinbare Sternörter 1956

Obere Kulmination Greenwich

Tag	64) α Trianguli AR.		64) α Trianguli Dekl.		63) ε Cassiopeiae AR.		63) ε Cassiopeiae Dekl.	
1956	1h 50m		+29° 21′		1h 51m		+63° 27′	
	s		″		s		″	
Jan. 0	35.740	131	68.40	26	15.06	34	37.63	63
10	35.609	148	68.14	50	14.72	37	38.26	9
20	35.461	158	67.64	73	14.35	38	38.35	—44
30	35.303	161	66.91	94	13.97	39	37.91	96
Febr. 9	35.142	155	65.97	110	13.58	36	36.95	144
19	34.987	140	64.87	122	13.22	33	35.51	185
29	34.847	114	63.65	128	12.89	27	33.66	219
März 10	34.733	82	62.37	129	12.62	20	31.47	244
20	34.651	41	61.08	122	12.42	12	29.03	258
30	34.610	—5	59.86	111	12.30	2	26.45	261
April 9	34.615	55	58.75	92	12.28	—7	23.84	254
19	34.670	107	57.83	69	12.35	17	21.30	237
29	34.777	158	57.14	42	12.52	26	18.93	212
Mai 9	34.935	205	56.72	12	12.78	34	16.81	180
19	35.140	248	56.60	—19	13.12	42	15.01	141
29	35.388	284	56.79	50	13.54	49	13.60	97
Juni 8	35.672	313	57.29	80	14.03	53	12.63	51
18	35.985	333	58.09	108	14.56	58	12.12	5
28	36.318	344	59.17	132	15.14	59	12.07	—43
Juli 8	36.662	348	60.49	154	15.73	60	12.50	88
18	37.010	342	62.03	170	16.33	59	13.38	132
28	37.352	330	63.73	183	16.92	58	14.70	172
Aug. 7	37.682	310	65.56	191	17.50	54	16.42	208
17	37.992	285	67.47	194	18.04	50	18.50	239
27	38.277	257	69.41	193	18.54	46	20.89	265
Sept. 6	38.534	226	71.34	188	19.00	40	23.54	285
16	38.760	192	73.22	180	19.40	34	26.39	301
26	38.952	158	75.02	169	19.74	27	29.40	309
Okt. 6	39.110	122	76.71	155	20.01	21	32.49	312
16	39.232	89	78.26	139	20.22	14	35.61	308
25	19 39.321	56	79.65	122	19 20.36	6	38.69	298
Nov. 4	39.377	22	80.87	103	20.42	0	41.67	280
14	39.399	—10	81.90	83	20.42	8	44.47	256
24	39.389	40	82.73	60	20.34	14	47.03	224
Dez. 4	39.349	70	83.33	38	20.20	21	49.27	187
14	39.279	97	83.71	13	19.99	26	51.14	143
24	39.182	122	83.84	—11	19.73	32	52.57	93
34	39.060		83.73		19.41		53.50	
Mittl. Ort	33.973		55.27		12.27		16.16	
sec δ, tg δ	+1.147		+ 0.563		+2.238		+ 2.002	
a, *a′*	+3.4		+17.8		+4.3		+17.7	
b, *b′*	+0.03		— 0.46		+0.12		— 0.47	

Tag	65) ξ Piscium AR.		65) ξ Piscium Dekl.		67) ψ Phoenicis AR.		67) ψ Phoenicis Dekl.	
1956	1h 51m		+2° 58′		1h 51m		—46° 30′	
	s		″		s		″	
Jan. 0	17.997	110	20.47	73	54.320	232	73.14	85
10	17.887	123	19.74	69	54.088	243	73.99	36
20	17.764	132	19.05	63	53.845	249	74.35	—16
30	17.632	134	18.42	54	53.596	245	74.19	66
Febr. 9	17.498	130	17.88	44	53.351	232	73.53	114
19	17.368	118	17.44	31	53.119	211	72.39	160
29	17.250	98	17.13	16	52.908	182	70.79	200
März 10	17.152	72	16.97	—2	52.726	145	68.79	237
20	17.080	37	16.99	21	52.581	100	66.42	269
30	17.043	—2	17.20	43	52.481	50	63.73	294
April 9	17.045	44	17.63	66	52.431	—5	60.79	314
19	17.089	89	18.29	89	52.436	62	57.65	327
29	17.178	133	19.18	112	52.498	121	54.38	332
Mai 9	17.311	175	20.30	133	52.619	177	51.06	331
19	17.486	214	21.63	152	52.796	229	47.75	321
29	17.700	247	23.15	167	53.025	277	44.54	305
Juni 8	17.947	273	24.82	178	53.302	317	41.49	280
18	18.220	292	26.60	185	53.619	348	38.69	248
28	18.512	304	28.45	186	53.967	371	36.21	210
Juli 8	18.816	308	30.31	182	54.338	383	34.11	167
18	19.124	305	32.13	175	54.721	384	32.44	118
28	19.429	293	33.88	161	55.105	376	31.26	65
Aug. 7	19.722	277	35.49	143	55.481	357	30.61	12
17	19.999	255	36.92	122	55.838	329	30.49	—43
27	20.254	228	38.14	99	56.167	294	30.92	95
Sept. 6	20.482	199	39.13	73	56.461	252	31.87	145
16	20.681	169	39.86	48	56.713	205	33.32	189
26	20.850	137	40.34	24	56.918	155	35.21	225
Okt. 6	20.987	105	40.58	0	57.073	102	37.46	253
16	21.092	75	40.58	21	57.175	49	39.99	272
25	19 21.167	45	40.37	39	19 57.224	—2	42.71	278
Nov. 4	21.212	17	39.98	52	57.222	49	45.49	274
14	21.229	—11	39.46	64	57.173	94	48.23	261
24	21.218	36	38.82	71	57.079	134	50.84	236
Dez. 4	21.182	61	38.11	75	56.945	170	53.20	203
14	21.121	84	37.36	77	56.775	199	55.23	163
24	21.037	101	36.59	77	56.576	222	56.86	116
34	20.936		35.82		56.354		58.02	
Mittl. Ort	16.479		16.00		53.004		63.03	
sec δ, tg δ	+1.001		+ 0.052		+1.453		— 1.054	
a, *a′*	+3.1		+17.7		+2.4		+17.7	
b, *b′*	0.00		— 0.47		—0.06		— 0.47	

Scheinbare Sternörter 1956

Obere Kulmination Greenwich

Tag	66) β Arietis AR.		66) β Arietis Dekl.		68) χ Eridani AR.		68) χ Eridani Dekl.		72) α Hydri AR.		72) α Hydri Dekl.		71) υ Ceti AR.		71) υ Ceti Dekl.	
1956	1h 52m		+20° 35′		1h 54m		−51° 49′		1h 57m		−61° 46′		1h 57m		−21° 16′	
	s		″		s		″		s		″		s		″	
Jan. 0	13.907	117	47.86	44	16.155	270	49.38	82	24.39	39	72.80	73	57.284	133	88.41	98
10	13.790	133	47.42	58	15.885	283	50.20	29	24.00	40	73.53	16	57.151	147	89.39	68
20	13.657	143	46.84	72	15.602	287	50.49	26	23.60	42	73.69	42	57.004	155	90.07	36
30	13.514	146	46.12	83	15.315	282	50.23	78	23.18	40	73.27	99	56.849	157	90.43	3
Febr. 9	13.368	141	45.29	90	15.033	268	49.45	129	22.78	38	72.28	152	56.692	152	90.46	29
19	13.227	127	44.39	94	14.765	244	48.16	176	22.40	34	70.76	201	56.540	140	90.17	61
29	13.100	106	43.45	93	14.521	212	46.40	218	22.06	31	68.75	245	56.400	120	89.56	93
März 10	12.994	75	42.52	88	14.309	170	44.22	255	21.75	25	66.30	282	56.280	92	88.63	124
20	12.919	39	41.64	76	14.139	121	41.67	287	21.50	19	63.48	313	56.188	59	87.39	153
30	12.880	4	40.88	61	14.018	66	38.80	312	21.31	11	60.35	336	56.129	19	85.86	179
April 9	12.884	51	40.27	41	13.952	6	35.68	331	21.20	4	56.99	353	56.110	25	84.07	202
19	12.935	98	39.86	17	13.946	57	32.37	343	21.16	4	53.46	362	56.135	70	82.05	222
29	13.033	146	39.69	9	14.003	121	28.94	346	21.20	12	49.84	363	56.205	116	79.83	239
Mai 9	13.179	191	39.78	35	14.124	182	25.48	343	21.32	19	46.21	355	56.321	161	77.44	249
19	13.370	232	40.13	63	14.306	241	22.05	330	21.51	27	42.66	340	56.482	202	74.95	254
29	13.602	266	40.76	90	14.547	293	18.75	311	21.78	34	39.26	316	56.684	238	72.41	254
Juni 8	13.868	293	41.66	113	14.840	338	15.64	285	22.12	40	36.10	284	56.922	268	69.87	247
18	14.161	313	42.79	135	15.178	374	12.79	251	22.52	45	33.26	246	57.190	292	67.40	234
28	14.474	324	44.14	152	15.552	399	10.28	209	22.97	48	30.80	201	57.482	308	65.06	214
Juli 8	14.798	328	45.66	165	15.951	415	8.19	163	23.45	51	28.79	150	57.790	314	62.92	189
18	15.126	324	47.31	174	16.366	418	6.56	111	23.96	51	27.29	95	58.104	314	61.03	158
28	15.450	311	49.05	178	16.784	411	5.45	57	24.47	51	26.34	38	58.418	305	59.45	123
Aug. 7	15.761	294	50.83	177	17.195	392	4.88	1	24.98	49	25.96	22	58.723	289	58.22	84
17	16.055	270	52.60	172	17.587	362	4.87	56	25.47	45	26.18	81	59.012	268	57.38	44
27	16.325	244	54.32	164	17.949	324	5.43	110	25.92	40	26.99	136	59.280	241	56.94	2
Sept. 6	16.569	213	55.96	152	18.273	278	6.53	160	26.32	35	28.35	188	59.521	210	56.92	39
16	16.782	182	57.48	138	18.551	226	8.13	205	26.67	28	30.23	233	59.731	177	57.31	76
26	16.964	150	58.86	122	18.777	169	10.18	242	26.95	20	32.56	270	59.908	141	58.07	111
Okt. 6	17.114	117	60.08	104	18.946	111	12.60	270	27.15	13	35.26	296	60.049	106	59.18	140
16	17.231	85	61.12	87	19.057	51	15.30	287	27.28	4	38.22	312	60.155	71	60.58	161
25	19 17.316	54	61.99	69	20 19.108	7	18.17	293	20 27.32	3	41.34	315	21 60.226	36	62.19	177
Nov. 4	17.370	24	62.68	52	19.101	62	21.10	287	27.29	11	44.49	306	60.262	4	63.96	184
14	17.394	6	63.20	34	19.039	113	23.97	271	27.18	18	47.55	285	60.266	26	65.80	184
24	17.388	34	63.54	16	18.926	159	26.68	244	27.00	24	50.40	254	60.240	55	67.64	175
Dez. 4	17.354	61	63.70	2	18.767	200	29.12	208	26.76	30	52.94	213	60.185	82	69.39	161
14	17.293	86	63.68	18	18.567	233	31.20	164	26.46	34	55.07	164	60.103	105	71.00	141
24	17.207	108	63.50	35	18.334	259	32.84	116	26.12	38	56.71	111	59.998	126	72.41	116
34	17.099		63.15		18.075		34.00		25.74		57.82		59.872		73.57	
Mittl. Ort	12.233		37.55		14.828		38.19		23.03		59.99		55.861		84.88	
sec δ, tg δ	+1.068		+ 0.376		+1.618		− 1.272		+2.115		− 1.864		+1.073		− 0.390	
a, *a′*	+3.3		+17.7		+2.3		+17.6		+1.9		+17.5		+2.8		+17.4	
b, *b′*	+0.02		− 0.47		−0.07		− 0.48		−0.11		− 0.49		−0.02		− 0.49	

Scheinbare Sternörter 1956

Obere Kulmination Greenwich

Tag	70) 50 Cassiopeiae AR.		70) 50 Cassiopeiae Dekl.	
1956	1h 59m		+72° 12′	
	s		″	
Jan. 0	41.75	53	57.60	97
10	41.22	58	58.57	40
20	40.64	60	58.97	19
30	40.04	60	58.78	77
Febr. 9	39.44	58	58.01	132
19	38.86	52	56.69	181
29	38.34	44	54.88	221
März 10	37.90	34	52.67	253
20	37.56	21	50.14	274
30	37.35	9	47.40	283
April 9	37.26	5	44.57	283
19	37.31	20	41.74	270
29	37.51	32	39.04	248
Mai 9	37.83	45	36.56	218
19	38.28	56	34.38	181
29	38.84	65	32.57	138
Juni 8	39.49	73	31.19	91
18	40.22	79	30.28	42
28	41.01	82	29.86	8
Juli 8	41.83	84	29.94	57
18	42.67	83	30.51	105
28	43.50	82	31.56	150
Aug. 7	44.32	77	33.06	192
17	45.09	72	34.98	229
27	45.81	66	37.27	262
Sept. 6	46.47	59	39.89	289
16	47.06	50	42.78	310
26	47.56	41	45.88	326
Okt. 6	47.97	30	49.14	334
16	48.27	21	52.48	335
25	[21] 48.48	10	55.83	329
Nov. 4	48.58	1	59.12	316
14	48.57	12	62.28	293
24	48.45	22	65.21	264
Dez. 4	48.23	33	67.85	226
14	47.90	42	70.11	181
24	47.48	49	71.92	130
34	46.99		73.22	
Mittl. Ort	37.89		35.30	
sec δ, tg δ	+3.273		+ 3.116	
a, *a′*	+5.2		+17.4	
b, *b′*	+0.18		− 0.50	

Tag	73) γ Andromedae *pr* AR.		73) γ Andromedae *pr* Dekl.	
1956	2h 1m		+42° 7′	
	s		″	
Jan. 0	13.381	163	26.95	14
10	13.218	185	27.09	22
20	13.033	200	26.87	58
30	12.833	204	26.29	91
Febr. 9	12.629	198	25.38	121
19	12.431	181	24.17	146
29	12.250	152	22.71	165
März 10	12.098	113	21.06	175
20	11.985	66	19.31	179
30	11.919	12	17.52	174
April 9	11.907	47	15.78	161
19	11.954	107	14.17	142
29	12.061	166	12.75	116
Mai 9	12.227	222	11.59	86
19	12.449	273	10.73	52
29	12.722	316	10.21	17
Juni 8	13.038	350	10.04	20
18	13.388	375	10.24	57
28	13.763	390	10.81	90
Juli 8	14.153	395	11.71	122
18	14.548	392	12.93	150
28	14.940	380	14.43	174
Aug. 7	15.320	361	16.17	194
17	15.681	335	18.11	209
27	16.016	304	20.20	220
Sept. 6	16.320	270	22.40	226
16	16.590	233	24.66	228
26	16.823	194	26.94	225
Okt. 6	17.017	155	29.19	219
16	17.172	115	31.38	209
25	[21] 17.287	75	33.47	194
Nov. 4	17.362	34	35.41	177
14	17.396	5	37.18	155
24	17.391	45	38.73	130
Dez. 4	17.346	82	40.03	101
14	17.264	118	41.04	69
24	17.146	150	41.73	35
34	16.996		42.08	
Mittl. Ort	11.305		10.65	
sec δ, tg δ	+1.348		+ 0.904	
a, *a′*	+3.7		+17.3	
b, *b′*	+0.05		− 0.50	

Tag	74) α Arietis AR.		74) α Arietis Dekl.	
1956	2h 4m		+23° 15′	
	s		″	
Jan. 0	43.006	116	29.80	33
10	42.890	135	29.47	50
20	42.755	147	28.97	66
30	42.608	153	28.31	80
Febr. 9	42.455	150	27.51	90
19	42.305	139	26.61	97
29	42.166	118	25.64	100
März 10	42.048	88	24.64	97
20	41.960	51	23.67	89
30	41.909	9	22.78	76
April 9	41.900	39	22.02	58
19	41.939	88	21.44	36
29	42.027	136	21.08	11
Mai 9	42.163	183	20.97	16
19	42.346	226	21.13	43
29	42.572	263	21.56	70
Juni 8	42.835	292	22.26	95
18	43.127	313	23.21	118
28	43.440	327	24.39	138
Juli 8	43.767	332	25.77	153
18	44.099	330	27.30	165
28	44.429	321	28.95	171
Aug. 7	44.750	304	30.66	174
17	45.054	282	32.40	172
27	45.336	257	34.12	167
Sept. 6	45.593	228	35.79	157
16	45.821	198	37.36	145
26	46.019	165	38.81	132
Okt. 6	46.184	133	40.13	117
16	46.317	102	41.30	100
25	[22] 46.419	69	42.30	83
Nov. 4	46.488	38	43.13	67
14	46.526	6	43.80	49
24	46.532	23	44.29	31
Dez. 4	46.509	53	44.60	13
14	46.456	81	44.73	5
24	46.375	105	44.68	23
34	46.270		44.45	
Mittl. Ort	41.220		19.11	
sec δ, tg δ	+1.088		+ 0.430	
a, *a′*	+3.4		+17.1	
b, *b′*	+0.02		− 0.52	

Tag	75) β Trianguli AR.		75) β Trianguli Dekl.	
1956	2h 6m		+34° 46′	
	s		″	
Jan. 0	56.985	137	62.62	2
10	56.848	158	62.60	30
20	56.690	173	62.30	59
30	56.517	179	61.71	85
Febr. 9	56.338	175	60.86	108
19	56.163	162	59.78	126
29	56.001	138	58.52	139
März 10	55.863	104	57.13	145
20	55.759	63	55.68	144
30	55.696	14	54.24	137
April 9	55.682	39	52.87	123
19	55.721	94	51.64	103
29	55.815	148	50.61	78
Mai 9	55.963	200	49.83	50
19	56.163	246	49.33	18
29	56.409	287	49.15	14
Juni 8	56.696	319	49.29	46
18	57.015	343	49.75	76
28	57.358	358	50.51	106
Juli 8	57.716	364	51.57	131
18	58.080	362	52.88	153
28	58.442	352	54.41	170
Aug. 7	58.794	335	56.11	185
17	59.129	312	57.96	193
27	59.441	284	59.89	197
Sept. 6	59.725	253	61.86	199
16	59.978	220	63.85	195
26	60.198	186	65.80	189
Okt. 6	60.384	150	67.69	179
16	60.534	114	69.48	168
25	[23] 60.648	78	71.16	152
Nov. 4	60.726	43	72.68	135
14	60.769	6	74.03	115
24	60.775	28	75.18	94
Dez. 4	60.747	63	76.12	69
14	60.684	95	76.81	43
24	60.589	124	77.24	14
34	60.465		77.38	
Mittl. Ort	55.012		48.59	
sec δ, tg δ	+1.218		+ 0.695	
a, *a′*	+3.6		+17.0	
b, *b′*	+0.04		− 0.53	

Obere Kulmination Greenwich

Tag	78) μ Fornacis AR.	Δ	78) μ Fornacis Dekl.	Δ	76) 55 Cassiopeiae AR.	Δ	76) 55 Cassiopeiae Dekl.	Δ
1956	2h 10m		−30° 55′		2h 10m		+66° 19′	
	s		″		s		″	
Jan. 0	59.680	156	52.39	111	63.33	37	31.37	94
10	59.524	172	53.50	72	62.96	41	32.31	40
20	59.352	182	54.22	32	62.55	44	32.71	15
30	59.170	185	54.54	9	62.11	44	32.56	69
Febr. 9	58.985	181	54.45	50	61.67	43	31.87	121
19	58.804	170	53.95	89	61.24	40	30.66	166
29	58.634	149	53.06	127	60.84	34	29.00	205
März 10	58.485	121	51.79	162	60.50	26	26.95	236
20	58.364	87	50.17	194	60.24	18	24.59	255
30	58.277	45	48.23	222	60.06	8	22.04	265
April 9	58.232	1	46.01	246	59.98	3	19.39	264
19	58.233	49	43.55	265	60.01	13	16.75	252
29	58.282	98	40.90	279	60.14	24	14.23	233
Mai 9	58.380	147	38.11	287	60.38	34	11.90	204
19	58.527	192	35.24	288	60.72	43	9.86	169
29	58.719	233	32.36	283	61.15	50	8.17	129
Juni 8	58.952	267	29.53	271	61.65	56	6.88	84
18	59.219	295	26.82	251	62.21	61	6.04	39
28	59.514	315	24.31	225	62.82	65	5.65	9
Juli 8	59.829	327	22.06	193	63.47	66	5.74	55
18	60.156	329	20.13	155	64.13	66	6.29	101
28	60.485	323	18.58	112	64.79	64	7.30	142
Aug. 7	60.808	310	17.46	67	65.43	62	8.72	181
17	61.118	290	16.79	20	66.05	59	10.53	215
27	61.408	263	16.59	29	66.64	53	12.68	246
Sept. 6	61.671	232	16.88	75	67.17	48	15.14	270
16	61.903	196	17.63	117	67.65	42	17.84	290
26	62.099	159	18.80	156	68.07	35	20.74	304
Okt. 6	62.258	121	20.36	187	68.42	27	23.78	311
16	62.379	81	22.23	211	68.69	20	26.89	313
25*	[24] 62.460	42	24.34	225	[24] 68.89	13	30.02	307
Nov. 4	62.502	5	26.59	231	69.02	4	33.09	295
14	62.507	30	28.90	228	69.06	5	36.04	274
24	62.477	64	31.18	215	69.01	12	38.78	247
Dez. 4	62.413	94	33.33	194	68.89	20	41.25	213
14	62.319	122	35.27	167	68.69	28	43.38	171
24	62.197	146	36.94	134	68.41	34	45.09	124
34	62.051		38.28		68.07		46.33	
Mittl. Ort	58.218		45.98		59.99		10.53	
sec δ, tg δ	+1.166		− 0.599		+2.490		+ 2.280	
a, *a′*	+2.6		+16.9		+4.7		+16.9	
b, *b′*	−0.03		− 0.54		+0.13		− 0.54	

Tag	80) 67 Ceti AR.	Δ	80) 67 Ceti Dekl.	Δ	85) ξ² Ceti AR.	Δ	85) ξ² Ceti Dekl.	Δ
1956	2h 14m		−6° 37′		2h 25m		+8° 15′	
	s		″		s		″	
Jan. 0	48.795	110	25.82	92	50.687	98	55.15	64
10	48.685	126	26.74	77	50.589	120	54.51	64
20	48.559	138	27.51	59	50.469	136	53.87	63
30	48.421	144	28.10	41	50.333	144	53.24	60
Febr. 9	48.277	144	28.51	20	50.189	145	52.64	55
19	48.133	135	28.71	1	50.044	139	52.09	47
29	47.998	118	28.70	23	49.905	123	51.62	38
März 10	47.880	94	28.47	47	49.782	99	51.24	24
20	47.786	63	28.00	70	49.683	67	51.00	9
30	47.723	25	27.30	95	49.616	30	50.91	9
April 9	47.698	17	26.35	118	49.586	13	51.00	29
19	47.715	61	25.17	140	49.599	57	51.29	50
29	47.776	105	23.77	160	49.656	104	51.79	73
Mai 9	47.881	149	22.17	178	49.760	149	52.52	94
19	48.030	190	20.39	192	49.909	190	53.46	115
29	48.220	225	18.47	202	50.099	227	54.61	133
Juni 8	48.445	256	16.45	206	50.326	258	55.94	148
18	48.701	279	14.39	205	50.584	281	57.42	159
28	48.980	294	12.34	199	50.865	298	59.01	165
Juli 8	49.274	303	10.35	188	51.163	307	60.66	167
18	49.577	304	8.47	170	51.470	309	62.33	165
28	49.881	297	6.77	148	51.779	303	63.98	158
Aug. 7	50.178	284	5.29	122	52.082	291	65.56	145
17	50.462	265	4.07	92	52.373	274	67.01	129
27	50.727	243	3.15	61	52.647	253	68.30	111
Sept. 6	50.970	216	2.54	29	52.900	228	69.41	90
16	51.186	186	2.25	4	53.128	201	70.31	68
26	51.372	156	2.29	33	53.329	172	70.99	46
Okt. 6	51.528	125	2.62	60	53.501	142	71.45	24
16	51.653	94	3.22	82	53.643	112	71.69	4
25*	[25] 51.747	64	4.04	101	[28] 53.755	83	71.73	13
Nov. 4	51.811	33	5.05	114	53.838	53	71.60	28
14	51.844	4	6.19	120	53.891	24	71.32	40
24	51.848	24	7.39	123	53.915	6	70.92	50
Dez. 4	51.824	51	8.62	119	53.909	34	70.42	56
14	51.773	76	9.81	112	53.875	62	69.86	61
24	51.697	99	10.93	102	53.813	88	69.25	64
34	51.598		11.95		53.725		68.61	
Mittl. Ort	47.209		26.57		48.934		49.96	
sec δ, tg δ	+1.007		− 0.116		+1.010		+ 0.145	
a, *a′*	+3.0		+16.7		+3.2		+16.1	
b, *b′*	−0.01		− 0.55		+0.01		− 0.59	

* Bei Stern 85) lies Okt. 26.

Scheinbare Sternörter 1956

Obere Kulmination Greenwich

Tag	90) μ Hydri				87) 36 H. Cassiopeiae				89) ν Arietis				91) δ Ceti			
	AR.		Dekl.		AR.		Dekl.		AR.		Dekl.		AR.		Dekl.	
1956	$2^h\ 32^m$		−79° 17′		$2^h\ 33^m$		+72° 37′		$2^h\ 36^m$		+21° 46′		$2^h\ 37^m$		+0° 8′	
	s		″		s		″		s		″		s		″	
Jan. 0	35.80	115	79.54	96	52.67	49	60.16	138	20.673	102	29.18	25	15.187	97	25.56	85
10	34.65	121	80.50	35	52.18	56	61.54	83	20.571	126	28.93	39	15.090	118	24.71	76
20	33.44	124	80.85	— 26	51.62	61	62.37	26	20.445	145	28.54	52	14.972	135	23.95	65
30	32.20	123	80.59	85	51.01	63	62.63	— 32	20.300	156	28.02	64	14.837	146	23.30	53
Febr. 9	30.97	119	79.74	141	50.38	62	62.31	89	20.144	160	27.38	74	14.691	149	22.77	39
19	29.78	112	78.33	193	49.76	59	61.42	141	19.984	154	26.64	80	14.542	144	22.38	23
29	28.66	102	76.40	239	49.17	51	60.01	187	19.830	138	25.84	83	14.398	131	22.15	7 —
März 10	27.64	90	74.01	278	48.66	43	58.14	226	19.692	114	25.01	81	14.267	108	22.08	12
20	26.74	75	71.23	311	48.23	32	55.88	254	19.578	80	24.20	76	14.159	79	22.20	31
30	25.99	59	68.12	337	47.91	19	53.34	272	19.498	40	23.44	65	14.080	43	22.51	53
April 9	25.40	41	64.75	355	47.72	6	50.62	280	19.458	— 6	22.79	51	14.037	2	23.04	75
19	24.99	23	61.20	365	47.66	— 9	47.82	277	19.464	54	22.28	33	14.035	— 42	23.79	97
29	24.76	4 —	57.55	367	47.75	23	45.05	263	19.518	103	21.95	11	14.077	88	24.76	118
Mai 9	24.72	16	53.88	361	47.98	37	42.42	241	19.621	151	21.84	— 12	14.165	133	25.94	137
19	24.88	35	50.27	346	48.35	49	40.01	210	19.772	196	21.96	37	14.298	174	27.31	154
29	25.23	53	46.81	323	48.84	60	37.91	174	19.968	236	22.33	61	14.472	211	28.85	168
Juni 8	25.76	70	43.58	293	49.44	69	36.17	133	20.204	269	22.94	83	14.683	244	30.53	177
18	26.46	84	40.65	255	50.13	76	34.84	87	20.473	295	23.77	105	14.927	270	32.30	183
28	27.30	96	38.10	210	50.89	82	33.97	40	20.768	314	24.82	122	15.197	287	34.13	183
Juli 8	28.26	106	36.00	159	51.71	85	33.57	— 7	21.082	324	26.04	135	15.484	299	35.96	178
18	29.32	113	34.41	103	52.56	87	33.64	55	21.406	327	27.39	146	15.783	303	37.74	167
28	30.45	115	33.38	45	53.43	86	34.19	101	21.733	323	28.85	152	16.086	299	39.41	153
Aug. 7	31.60	115	32.93	— 16	54.29	84	35.20	144	22.056	312	30.37	153	16.385	290	40.94	133
17	32.75	110	33.09	77	55.13	80	36.64	184	22.368	296	31.90	151	16.675	274	42.27	109
27	33.85	103	33.86	136	55.93	75	38.48	221	22.664	275	33.41	146	16.949	255	43.36	84
Sept. 6	34.88	91	35.22	190	56.68	69	40.69	251	22.939	250	34.87	136	17.204	231	44.20	56
16	35.79	76	37.12	238	57.37	61	43.20	278	23.189	223	36.23	124	17.435	206	44.76	28
26	36.55	59	39.50	278	57.98	53	45.98	299	23.412	195	37.47	112	17.641	177	45.04	0
Okt. 6	37.14	39	42.28	309	58.51	43	48.97	315	23.607	165	38.59	98	17.818	149	45.04	24
16	37.53	18 —	45.37	328	58.94	33	52.12	322	23.772	134	39.57	82	17.967	119	44.80	47
26	$_{29}$37.71	4	48.65	334	$_{30}$59.27	22	55.34	324	$_{30}$23.906	103	40.39	68	$_{31}$18.086	90	44.33	65
Nov. 4	37.67	25	51.99	327	59.49	11	58.58	319	24.009	71	41.07	54	18.176	60	43.68	80
14	37.42	47	55.26	309	59.60	— 1	61.77	304	24.080	39	41.61	39	18.236	29	42.88	89
24	36.95	66	58.35	278	59.59	12	64.81	282	24.119	7	42.00	25	18.265	0	41.99	95
Dez. 4	36.29	83	61.13	237	59.47	24	67.63	252	24.126	— 26	42.25	10	18.265	29	41.04	97
14	35.46	98	63.50	189	59.23	34	70.15	214	24.100	58	42.35	— 3	18.236	58	40.07	95
24	34.48	109	65.39	133	58.89	45	72.29	168	24.042	88	42.32	17	18.178	85	39.12	89
34	33.39		66.72		58.44		73.97		23.954		42.15		18.093		38.23	
Mittl. Ort	33.37		65.55		48.00		39.96		18.709		20.26		13.441		23.24	
sec δ, tg δ	+5.387		− 5.293		+3.349		+ 3.196		+1.077		+ 0.399		+1.000		+ 0.002	
a, *a*′	−1.3		+15.8		+5.7		+15.7		+3.4		+15.6		+3.1		+15.5	
b, *b*′	−0.28		− 0.62		+0.17		− 0.62		+0.02		− 0.63		0.00		− 0.63	

Scheinbare Sternörter 1956

Obere Kulmination Greenwich

Tag	93) ϑ Persei AR.		93) ϑ Persei Dekl.		97) π Ceti AR.		97) π Ceti Dekl.		98) μ Ceti AR.		98) μ Ceti Dekl.		101) β Fornacis AR.		101) β Fornacis Dekl.	
1956	2h 41m		+49° 2′		2h 42m		−14° 2′		2h 42m		+9° 55′		2h 47m		−32° 34′	
	s		″		s		″		s		″		s		″	
Jan. 0	13.531	168	53.45	67	3.290	109	40.69	116	35.424	92	51.23	60	16.568	150	90.16	144
10	13.363	203	54.12	29	3.181	131	41.85	92	35.332	116	50.63	60	16.418	173	91.60	104
20	13.160	229	54.41	10	3.050	147	42.77	68	35.216	134	50.03	61	16.245	191	92.64	63
30	12.931	246	54.31	51	2.903	158	43.45	40	35.082	146	49.42	59	16.054	202	93.27	19
Febr. 9	12.685	249	53.80	89	2.745	161	43.85	12	34.936	151	48.83	55	15.852	204	93.46	24
19	12.436	238	52.91	122	2.584	156	43.97	16	34.785	147	48.28	50	15.648	198	93.22	66
29	12.198	214	51.69	151	2.428	144	43.81	45	34.638	133	47.78	42	15.450	183	92.56	107
März 10	11.984	178	50.18	174	2.284	122	43.36	73	34.505	112	47.36	31	15.267	159	91.49	145
20	11.806	129	48.44	188	2.162	92	42.63	100	34.393	82	47.05	18	15.108	128	90.04	181
30	11.677	72	46.56	194	2.070	57	41.63	128	34.311	44	46.87	1	14.980	88	88.23	212
April 9	11.605	8	44.62	193	2.013	16	40.35	152	34.267	2	46.86	17	14.892	44	86.11	240
19	11.597	60	42.69	183	1.997	28	38.83	175	34.265	43	47.03	37	14.848	4	83.71	263
29	11.657	129	40.86	166	2.025	74	37.08	195	34.308	89	47.40	59	14.852	55	81.08	280
Mai 9	11.786	194	39.20	142	2.099	120	35.13	210	34.397	135	47.99	80	14.907	106	78.28	291
19	11.980	256	37.78	113	2.219	163	33.03	223	34.532	178	48.79	100	15.013	154	75.37	296
29	12.236	309	36.65	82	2.382	201	30.80	229	34.710	216	49.79	119	15.167	199	72.41	294
Juni 8	12.545	355	35.83	46	2.583	236	28.51	230	34.926	249	50.98	134	15.366	239	69.47	285
18	12.900	392	35.37	10	2.819	264	26.21	226	35.175	275	52.32	146	15.605	272	66.62	267
28	13.292	417	35.27	26	3.083	284	23.95	214	35.450	294	53.78	155	15.877	298	63.95	244
Juli 8	13.709	433	35.53	61	3.367	297	21.81	197	35.744	305	55.33	158	16.175	316	61.51	213
18	14.142	439	36.14	94	3.664	303	19.84	174	36.049	310	56.91	157	16.491	326	59.38	176
28	14.581	435	37.08	125	3.967	301	18.10	146	36.359	306	58.48	152	16.817	328	57.62	133
Aug. 7	15.016	423	38.33	152	4.268	293	16.64	114	36.665	297	60.00	142	17.145	322	56.29	87
17	15.439	404	39.85	174	4.561	279	15.50	77	36.962	283	61.42	128	17.467	307	55.42	38
27	15.843	377	41.59	194	4.840	260	14.73	40	37.245	264	62.70	110	17.774	288	55.04	13
Sept. 6	16.220	347	43.53	209	5.100	236	14.33	2	37.509	241	63.80	92	18.062	262	55.17	63
16	16.567	312	45.62	220	5.336	209	14.31	36	37.750	215	64.72	71	18.324	231	55.80	109
26	16.879	274	47.82	227	5.545	180	14.67	71	37.965	189	65.43	50	18.555	197	56.89	153
Okt. 6	17.153	232	50.09	230	5.725	150	15.38	102	38.154	160	65.93	29	18.752	160	58.42	190
16	17.385	190	52.39	228	5.875	118	16.40	128	38.314	131	66.22	10	18.912	122	60.32	219
26	$_1$17.575	144	54.67	222	$_1$5.993	86	17.68	148	$_1$38.445	101	66.32	7	$_2$19.034	83	62.51	239
Nov. 4	17.719	97	56.89	213	6.079	54	19.16	162	38.546	72	66.25	21	19.117	43	64.90	250
14	17.816	48	59.02	197	6.133	23	20.78	167	38.618	41	66.04	34	19.160	4	67.40	251
24	17.864	2	60.99	177	6.156	8	22.45	166	38.659	10	65.70	43	19.164	33	69.91	242
Dez. 4	17.862	52	62.76	152	6.148	39	24.11	160	38.669	20	65.27	50	19.131	70	72.33	224
14	17.810	100	64.28	123	6.109	69	25.71	147	38.649	51	64.77	55	19.061	104	74.57	198
24	17.710	146	65.51	89	6.040	96	27.18	129	38.598	79	64.22	59	18.957	134	76.55	167
34	17.564		66.40		5.944		28.47		38.519		63.63		18.823		78.22	
Mittl. Ort	10.893		37.70		1.606		38.66		33.565		46.10		14.911		83.15	
sec δ, tg δ	+1.526		+ 1.152		+1.031		− 0.250		+1.015		+ 0.175		+1.187		− 0.639	
a, *a′*	+4.1		+15.3		+2.9		+15.2		+3.2		+15.2		+2.5		+14.9	
b, *b′*	+0.06		− 0.65		−0.01		− 0.65		+0.01		− 0.65		−0.03		− 0.67	

Scheinbare Sternörter 1956

Obere Kulmination Greenwich

Tag	100) 41 Arietis AR.		100) 41 Arietis Dekl.		102) τ^2 Eridani AR.		102) τ^2 Eridani Dekl.	
1956	$2^h\ 47^m$		$+27°\ 4'$		$2^h\ 49^m$		$-21°\ 10'$	
	s		″		s		″	
Jan. 0	25.345	101	59.35	5	4.172	119	68.20	131
10	25.244	130	59.30	23	4.053	142	69.51	102
20	25.114	151	59.07	41	3.911	159	70.53	70
30	24.963	166	58.66	58	3.752	171	71.23	36
Febr. 9	24.797	171	58.08	74	3.581	175	71.59	2
19	24.626	167	57.34	86	3.406	171	71.61	33
29	24.459	152	56.48	95	3.235	158	71.28	67
März 10	24.307	128	55.53	99	3.077	137	70.61	99
20	24.179	94	54.54	97	2.940	108	69.62	130
30	24.085	52	53.57	92	2.832	72	68.32	160
April 9	24.033	6	52.65	81	2.760	30	66.72	186
19	24.027	45	51.84	65	2.730	15	64.86	210
29	24.072	96	51.19	46	2.745	62	62.76	229
Mai 9	24.168	147	50.73	23	2.807	109	60.47	244
19	24.315	194	50.50	2	2.916	153	58.03	252
29	24.509	236	50.52	26	3.069	195	55.51	257
Juni 8	24.745	272	50.78	52	3.264	231	52.94	254
18	25.017	300	51.30	75	3.495	261	50.40	244
28	25.317	321	52.05	96	3.756	284	47.96	228
Juli 8	25.638	334	53.01	115	4.040	299	45.68	206
18	25.972	339	54.16	130	4.339	307	43.62	177
28	26.311	336	55.46	140	4.646	308	41.85	144
Aug. 7	26.647	327	56.86	148	4.954	301	40.41	105
17	26.974	312	58.34	151	5.255	288	39.36	64
27	27.286	292	59.85	150	5.543	268	38.72	21
Sept. 6	27.578	269	61.35	147	5.811	246	38.51	23
16	27.847	242	62.82	140	6.057	219	38.74	65
26	28.089	214	64.22	131	6.276	188	39.39	104
Okt. 6	28.303	184	65.53	121	6.464	157	40.43	138
16	28.487	152	66.74	109	6.621	124	41.81	166
26	28.639	121	67.83	97	6.745	90	43.47	187
Nov. 4	^{2}28.760	87	68.80	84	^{3}6.835	55	45.34	199
14	28.847	53	69.64	70	6.890	22	47.33	205
24	28.900	18	70.34	55	6.912	11	49.38	201
Dez. 4	28.918	18	70.89	40	6.901	45	51.39	190
14	28.900	53	71.29	23	6.856	76	53.29	172
24	28.847	86	71.52	6	6.780	104	55.01	149
34	28.761		71.58		6.676		56.50	
Mittl. Ort	23.234		49.44		2.482		64.08	
sec δ, tg δ	+1.123		+ 0.511		+1.072		— 0.388	
a, *a′*	+3.5		+14.9		+2.7		+14.8	
b, *b′*	+0.03		— 0.67		—0.02		— 0.67	

Tag	103) τ Persei AR.		103) τ Persei Dekl.		104) η Eridani AR.		104) η Eridani Dekl.	
1956	$2^h\ 51^m$		$+52°\ 34'$		$2^h\ 54^m$		$-9°\ 3'$	
	s		″		s		″	
Jan. 0	10.298	179	77.99	88	18.318	97	80.68	112
10	10.119	220	78.87	49	18.221	121	81.80	93
20	9.899	252	79.36	6	18.100	140	82.73	72
30	9.647	271	79.42	37	17.960	154	83.45	51
Febr. 9	9.376	277	79.05	77	17.806	159	83.96	27
19	9.099	268	78.28	115	17.647	157	84.23	3
29	8.831	245	77.13	149	17.490	145	84.26	22
März 10	8.586	206	75.64	175	17.345	126	84.04	47
20	8.380	156	73.89	194	17.219	98	83.57	73
30	8.224	96	71.95	204	17.121	64	82.84	98
April 9	8.128	27	69.91	206	17.057	24	81.86	121
19	8.101	46	67.85	200	17.033	20	80.65	145
29	8.147	119	65.85	185	17.053	66	79.20	165
Mai 9	8.266	189	64.00	164	17.119	111	77.55	182
19	8.455	257	62.36	137	17.230	154	75.73	197
29	8.712	316	60.99	106	17.384	193	73.76	206
Juni 8	9.028	366	59.93	71	17.577	228	71.70	211
18	9.394	407	59.22	34	17.805	256	69.59	210
28	9.801	438	58.88	3	18.061	277	67.49	203
Juli 8	10.239	457	58.91	39	18.338	292	65.46	190
18	10.696	466	59.30	75	18.630	299	63.56	173
28	11.162	465	60.05	108	18.929	299	61.83	149
Aug. 7	11.627	455	61.13	138	19.228	293	60.34	122
17	12.082	437	62.51	164	19.521	281	59.12	90
27	12.519	412	64.15	187	19.802	263	58.22	55
Sept. 6	12.931	381	66.02	207	20.065	241	57.67	21
16	13.312	345	68.09	221	20.306	217	57.46	14
26	13.657	306	70.30	231	20.523	191	57.60	47
Okt. 6	13.963	263	72.61	237	20.714	161	58.07	77
16	14.226	216	74.98	240	20.875	132	58.84	103
26	14.442	168	77.38	236	21.007	101	59.87	123
Nov. 4	^{3}14.610	116	79.74	229	^{4}21.108	71	61.10	138
14	14.726	63	82.03	216	21.179	39	62.48	146
24	14.789	8	84.19	197	21.218	8	63.94	148
Dez. 4	14.797	49	86.16	174	21.226	24	65.42	144
14	14.748	103	87.90	146	21.202	55	66.86	136
24	14.645	154	89.36	110	21.147	83	68.22	122
34	14.491		90.46		21.064		69.44	
Mittl. Ort	7.414		62.17		16.549		79.84	
sec δ, tg δ	+1.646		+ 1.307		+1.013		— 0.160	
a, *a′*	+4.3		+14.7		+2.9		+14.5	
b, *b′*	+0.06		— 0.68		—0.01		— 0.69	

Scheinbare Sternörter 1956

Obere Kulmination Greenwich

Tag	106) ϑ Eridani *pr* AR.		106) ϑ Eridani *pr* Dekl.		107) α Ceti AR.		107) α Ceti Dekl.		105) 47 H. Cephei AR.		105) 47 H. Cephei Dekl.		108) γ Persei AR.		108) γ Persei Dekl.	
1956	$2^h\ 56^m$		$-40°\ 28'$		$2^h\ 59^m$		$+3°\ 55'$		$3^h\ 0^m$		$+79°\ 14'$		$3^h\ 1^m$		$+53°\ 20'$	
	s		″		s		″		s		″		s		″	
Jan. 0	37.227	178	57.16	158	60.465	86	8.58	77	17.06	77	70.38	186	38.711	174	24.00	100
10	37.049	205	58.74	114	60.379	111	7.81	73	16.29	89	72.24	132	38.537	218	25.00	60
20	36.844	224	59.88	66	60.268	132	7.08	65	15.40	99	73.56	74	38.319	253	25.60	19
30	36.620	237	60.54	18	60.136	147	6.43	56	14.41	105	74.30	13	38.066	276	25.79	24
Febr. 9	36.383	241	60.72	30	59.989	155	5.87	46	13.36	106	74.43	47	37.790	285	25.55	67
19	36.142	235	60.42	78	59.834	153	5.41	35	12.30	102	73.96	106	37.505	280	24.88	105
29	35.907	220	59.64	123	59.681	143	5.06	21	11.28	93	72.90	159	37.225	258	23.83	140
März 10	35.687	194	58.41	165	59.538	123	4.85	7	10.35	81	71.31	206	36.967	222	22.43	168
20	35.493	161	56.76	203	59.415	97	4.78	11	9.54	65	69.25	243	36.745	172	20.75	189
30	35.332	120	54.73	236	59.318	62	4.89	30	8.89	45	66.82	272	36.573	112	18.86	203
April 9	35.212	72	52.37	266	59.256	21	5.19	49	8.44	25	64.10	288	36.461	44	16.83	207
19	35.140	20	49.71	289	59.235	23	5.68	69	8.19	2	61.22	294	36.417	29	14.76	202
29	35.120	35	46.82	306	59.258	68	6.37	90	8.17	20	58.28	289	36.446	104	12.74	191
Mai 9	35.155	89	43.76	316	59.326	114	7.27	110	8.37	42	55.39	274	36.550	177	10.83	172
19	35.244	143	40.60	320	59.440	157	8.37	128	8.79	62	52.65	251	36.727	245	9.11	147
29	35.387	194	37.40	315	59.597	196	9.65	143	9.41	80	50.14	221	36.972	307	7.64	117
Juni 8	35.581	238	34.25	303	59.793	231	11.08	155	10.21	97	47.93	183	37.279	361	6.47	84
18	35.819	276	31.22	282	60.024	258	12.63	163	11.18	111	46.10	140	37.640	404	5.63	48
28	36.095	308	28.40	254	60.282	280	14.26	167	12.29	121	44.70	95	38.044	438	5.15	12
Juli 8	36.403	331	25.86	220	60.562	295	15.93	165	13.50	128	43.75	47	38.482	460	5.03	25
18	36.734	344	23.66	179	60.857	301	17.58	159	14.78	134	43.28	2	38.942	472	5.28	61
28	37.078	350	21.87	131	61.158	301	19.17	148	16.12	135	43.30	49	39.414	473	5.89	93
Aug. 7	37.428	347	20.56	80	61.459	295	20.65	132	17.47	134	43.79	97	39.887	465	6.82	124
17	37.775	334	19.76	27	61.754	283	21.97	113	18.81	130	44.76	142	40.352	450	8.06	152
27	38.109	314	19.49	28	62.037	267	23.10	91	20.11	125	46.18	183	40.802	428	9.58	175
Sept. 6	38.423	288	19.77	82	62.304	247	24.01	66	21.36	117	48.01	221	41.230	398	11.33	196
16	38.711	255	20.59	134	62.551	224	24.67	40	22.53	106	50.22	255	41.628	364	13.29	213
26	38.966	219	21.93	179	62.775	198	25.07	16	23.59	94	52.77	283	41.992	325	15.42	224
Okt. 6	39.185	178	23.72	219	62.973	171	25.23	8	24.53	79	55.60	307	42.317	283	17.66	233
16	39.363	135	25.91	250	63.144	144	25.15	30	25.32	64	58.67	323	42.600	237	19.99	236
26	39.498	90	28.41	271	63.288	114	24.85	48	25.96	47	61.90	333	42.837	188	22.35	236
Nov. 4*	[4]39.588	45	31.12	282	63.402	85	24.37	63	26.43	28	65.23	336	[6]43.025	135	24.71	231
14	39.633	0	33.94	282	[5]63.487	54	23.74	73	[5]26.71	9	68.59	329	43.160	81	27.02	219
24	39.633	43	36.76	271	63.541	22	23.01	80	26.80	12	71.88	314	43.241	24	29.21	203
Dez. 4	39.590	86	39.47	250	63.563	9	22.21	84	26.68	31	75.02	290	43.265	35	31.24	182
14	39.504	125	41.97	222	63.554	40	21.37	83	26.37	50	77.92	257	43.230	93	33.06	154
24	39.379	160	44.19	184	63.514	71	20.54	82	25.87	68	80.49	214	43.137	146	34.60	121
34	39.219		46.03		63.443		19.72		25.19		82.63		42.991		35.81	
Mittl. Ort	35.516		48.40		58.574		5.84		9.32		51.54		35.692		8.77	
sec δ, tg δ	+1.315		− 0.853		+1.002		+ 0.068		+5.360		+ 5.266		+1.675		+ 1.343	
a, *a′*	+2.3		+14.4		+3.1		+14.2		+8.1		+14.2		+4.4		+14.1	
b, *b′*	−0.04		− 0.70		0.00		− 0.71		+0.25		− 0.71		+0.06		− 0.71	

* Bei Stern 107), 105) und 108) lies Nov. 5.

Scheinbare Sternörter 1956

Obere Kulmination Greenwich

Tag	109) ρ Persei AR.	Δ	109) ρ Persei Dekl.	Δ	110) μ Horologii AR.	Δ	110) μ Horologii Dekl.	Δ	111) β Persei AR.	Δ	111) β Persei Dekl.	Δ	114) δ Arietis AR.	Δ	114) δ Arietis Dekl.	Δ
1956	$3^h\ 2^m$		+38° 40′		$3^h\ 2^m$		−59° 53′		$3^h\ 5^m$		+40° 47′		$3^h\ 9^m$		+19° 33′	
	s		″		s		″		s		″		s		″	
Jan. 0	23.339	114	28.41	45	36.306	335	99.76	165	20.350	118	27.96	55	8.592	82	48.70	24
10	23.225	148	28.86	17	35.971	373	101.41	111	20.232	154	28.51	25	8.510	112	48.46	34
20	23.077	177	29.03	12	35.598	399	102.52	54	20.078	184	28.76	5	8.398	136	48.12	43
30	22.900	196	28.91	41	35.199	413	103.06	4	19.894	204	28.71	36	8.262	154	47.69	51
Febr. 9	22.704	205	28.50	68	34.786	414	103.02	61	19.690	214	28.35	65	8.108	164	47.18	58
19	22.499	202	27.82	93	34.372	402	102.41	115	19.476	211	27.70	92	7.944	164	46.60	63
29	22.297	188	26.89	114	33.970	377	101.26	165	19.265	197	26.78	116	7.780	155	45.97	65
März 10	22.109	162	25.75	130	33.593	341	99.61	211	19.068	170	25.62	134	7.625	134	45.32	64
20	21.947	124	24.45	140	33.252	292	97.50	252	18.898	133	24.28	146	7.491	106	44.68	59
30	21.823	79	23.05	143	32.960	233	94.98	287	18.765	85	22.82	151	7.385	70	44.09	51
April 9	21.744	26	21.62	140	32.727	167	92.11	316	18.680	31	21.31	150	7.315	26	43.58	39
19	21.718	31	20.22	131	32.560	93	88.95	337	18.649	27	19.81	141	7.289	21	43.19	23
29	21.749	89	18.91	115	32.467	16	85.58	351	18.676	86	18.40	127	7.310	69	42.96	5
Mai 9	21.838	146	17.76	95	32.451	62	82.07	357	18.762	146	17.13	107	7.379	118	42.91	15
19	21.984	201	16.81	70	32.513	139	78.50	354	18.908	202	16.06	84	7.497	163	43.06	36
29	22.185	249	16.11	44	32.652	213	74.96	343	19.110	252	15.22	56	7.660	206	43.42	57
Juni 8	22.434	291	15.67	15	32.865	282	71.53	324	19.362	295	14.66	28	7.866	243	43.99	76
18	22.725	326	15.52	13	33.147	343	68.29	296	19.657	332	14.38	2	8.109	272	44.75	95
28	23.051	351	15.65	42	33.490	393	65.33	260	19.989	358	14.40	31	8.381	295	45.70	109
Juli 8	23.402	368	16.07	69	33.883	433	62.73	218	20.347	377	14.71	60	8.676	311	46.79	121
18	23.770	377	16.76	93	34.316	462	60.55	168	20.724	385	15.31	85	8.987	319	48.00	129
28	24.147	377	17.69	114	34.778	477	58.87	113	21.109	387	16.16	109	9.306	320	49.29	133
Aug. 7	24.524	370	18.83	133	35.255	479	57.74	54	21.496	381	17.25	129	9.626	315	50.62	132
17	24.894	357	20.16	148	35.734	467	57.20	6	21.877	367	18.54	146	9.941	304	51.94	129
27	25.251	338	21.64	158	36.201	443	57.26	68	22.244	348	20.00	158	10.245	288	53.23	121
Sept. 6	25.589	314	23.22	166	36.644	407	57.94	127	22.592	326	21.58	168	10.533	269	54.44	112
16	25.903	287	24.88	170	37.051	359	59.21	182	22.918	298	23.26	175	10.802	246	55.56	100
26	26.190	258	26.58	172	37.410	304	61.03	231	23.216	267	25.01	178	11.048	221	56.56	86
Okt. 6	26.448	225	28.30	170	37.714	239	63.34	272	23.483	234	26.79	178	11.269	195	57.42	72
16	26.673	191	30.00	165	37.953	168	66.06	303	23.717	200	28.57	175	11.464	166	58.14	58
26	26.864	154	31.65	160	38.121	96	69.09	323	23.917	162	30.32	170	11.630	137	58.72	44
Nov. 5	6 27.018	116	33.25	150	6 38.217	21	72.32	330	24.079	121	32.02	162	8 11.767	106	59.16	32
14	27.134	75	34.75	138	38.238	54	75.62	325	7 24.200	80	33.64	150	11.873	73	59.48	21
24	27.209	33	36.13	122	38.184	126	78.87	309	24.280	37	35.14	135	11.946	39	59.69	10
Dez. 4	27.242	9	37.35	105	38.058	192	81.96	280	24.317	9	36.49	118	11.985	4	59.79	0
14	27.233	53	38.40	85	37.866	254	84.76	243	24.308	53	37.67	96	11.989	31	59.79	10
24	27.180	94	39.25	60	37.612	307	87.19	197	24.255	96	38.63	71	11.958	66	59.69	19
34	27.086		39.85		37.305		89.16		24.159		39.34		11.892		59.50	
Mittl. Ort	20.880		16.37		34.397		87.85		17.809		15.61		6.478		41.94	
sec δ, tg δ	+1.281		+ 0.800		+1.994		− 1.726		+1.321		+ 0.863		+1.061		+ 0.355	
a, *a′*	+3.8		+14.0		+1.4		+14.0		+3.9		+13.8		+3.4		+13.6	
b, *b′*	+0.04		− 0.71		−0.08		− 0.72		+0.04		− 0.72		+0.02		− 0.73	

Scheinbare Sternörter 1956

Obere Kulmination Greenwich

Tag	1090) 79 G. Fornacis AR.		1090) 79 G. Fornacis Dekl.		115) 48 H. Cephei AR.		115) 48 H. Cephei Dekl.	
1956	$3^h\ 12^m$		$-35°\ 42'$		$3^h\ 14^m$		$+77°\ 34'$	
	s		″		s		″	
Jan. 0	57.980	149	81.43	171	46.96	61	51.42	195
10	57.831	178	83.14	130	46.35	73	53.37	144
20	57.653	201	84.44	87	45.62	83	54.81	88
30	57.452	217	85.31	41	44.79	89	55.69	30
Febr. 9	57.235	225	85.72	5	43.90	91	55.99	30
19	57.010	223	85.67	50	42.99	90	55.69	88
29	56.787	211	85.17	94	42.09	83	54.81	142
März 10	56.576	191	84.23	136	41.26	73	53.39	190
20	56.385	162	82.87	173	40.53	60	51.49	229
30	56.223	124	81.14	208	39.93	44	49.20	259
April 9	56.099	80	79.06	239	39.49	26	46.61	279
19	56.019	31	76.67	265	39.23	7	43.82	288
29	55.988	21	74.02	284	39.16	12	40.94	287
Mai 9	56.009	73	71.18	298	39.28	31	38.07	275
19	56.082	125	68.20	305	39.59	50	35.32	255
29	56.207	172	65.15	304	40.09	66	32.77	226
Juni 8	56.379	217	62.11	297	40.75	81	30.51	192
18	56.596	255	59.14	281	41.56	94	28.59	153
28	56.851	285	56.33	258	42.50	103	27.06	109
Juli 8	57.136	310	53.75	228	43.53	111	25.97	64
18	57.446	325	51.47	190	44.64	117	25.33	16
28	57.771	332	49.57	147	45.81	118	25.17	31
Aug. 7	58.103	331	48.10	100	46.99	119	25.48	77
17	58.434	323	47.10	48	48.18	117	26.25	121
27	58.757	307	46.62	5	49.35	112	27.46	163
Sept. 6	59.064	285	46.67	58	50.47	106	29.09	201
16	59.349	257	47.25	108	51.53	97	31.10	235
26	59.606	225	48.33	156	52.50	88	33.45	265
Okt. 6	59.831	190	49.89	197	53.38	76	36.10	290
16	60.021	152	51.86	230	54.14	63	39.00	309
26	60.173	112	54.16	254	54.77	48	42.09	321
Nov. 5	60.285	70	56.70	269	[9]55.25	33	45.30	326
14	[9]60.355	28	59.39	273	55.58	15	48.56	323
24	60.383	14	62.12	266	55.73	2	51.79	311
Dez. 4	60.369	55	64.78	251	55.71	19	54.90	290
14	60.314	93	67.29	226	55.52	36	57.80	261
24	60.221	131	69.55	195	55.16	53	60.41	222
34	60.090		71.50		54.63		62.63	
Mittl. Ort	56.190		73.73		39.75		33.92	
sec δ, tg δ	+1.232		− 0.719		+4.648		+ 4.539	
a, *a′*	+2.4		+13.3		+7.6		+13.2	
b, *b′*	−0.03		− 0.75		+0.20		− 0.75	

Tag	120) α Persei AR.		120) α Persei Dekl.		121) o Tauri AR.		121) o Tauri Dekl.	
1956	$3^h\ 21^m$		$+49°\ 42'$		$3^h\ 22^m$		$+8°\ 52'$	
	s		″		s		″	
Jan. 0	13.174	135	35.89	100	28.548	72	34.69	63
10	13.039	181	36.89	66	28.476	102	34.06	62
20	12.858	219	37.55	29	28.374	128	33.44	58
30	12.639	247	37.84	9	28.246	147	32.86	55
Febr. 9	12.392	261	37.75	47	28.099	159	32.31	49
19	12.131	262	37.28	84	27.940	161	31.82	43
29	11.869	248	36.44	117	27.779	155	31.39	35
März 10	11.621	220	35.27	144	27.624	138	31.04	25
20	11.401	177	33.83	165	27.486	112	30.79	12
30	11.224	125	32.18	180	27.374	80	30.67	3
April 9	11.099	64	30.38	186	27.294	40	30.70	19
19	11.035	2	28.52	185	27.254	4	30.89	37
29	11.037	72	26.67	175	27.258	49	31.26	56
Mai 9	11.109	141	24.92	160	27.307	96	31.82	75
19	11.250	206	23.32	139	27.403	141	32.57	93
29	11.456	266	21.93	112	27.544	182	33.50	110
Juni 8	11.722	318	20.81	84	27.726	218	34.60	124
18	12.040	362	19.97	52	27.944	249	35.84	135
28	12.402	397	19.45	19	28.193	273	37.19	142
Juli 8	12.799	422	19.26	14	28.466	290	38.61	145
18	13.221	437	19.40	45	28.756	300	40.06	143
28	13.658	442	19.85	75	29.056	303	41.49	138
Aug. 7	14.100	440	20.60	103	29.359	301	42.87	127
17	14.540	429	21.63	128	29.660	293	44.14	112
27	14.969	411	22.91	150	29.953	279	45.26	95
Sept. 6	15.380	388	24.41	168	30.232	262	46.21	76
16	15.768	360	26.09	183	30.494	242	46.97	54
26	16.128	328	27.92	195	30.736	219	47.51	32
Okt. 6	16.456	291	29.87	204	30.955	195	47.83	12
16	16.747	251	31.91	208	31.150	168	47.95	7
26	16.998	207	33.99	208	31.318	140	47.88	24
Nov. 5	17.205	161	36.07	206	31.458	110	47.64	38
14	[11]17.366	110	38.13	198	[11]31.568	79	47.26	49
24	17.476	57	40.11	185	31.647	47	46.77	57
Dez. 4	17.533	1	41.96	169	31.694	13	46.20	61
14	17.534	54	43.65	146	31.707	21	45.59	64
24	17.480	107	45.11	119	31.686	56	44.95	64
34	17.373		46.30		31.630		44.31	
Mittl. Ort	10.177		22.79		26.503		31.39	
sec δ, tg δ	+1.546		+ 1.179		+1.012		+ 0.156	
a, *a′*	+4.3		+12.8		+3.2		+12.7	
b, *b′*	+0.05		− 0.77		+0.01		− 0.77	

Scheinbare Sternörter 1956

Obere Kulmination Greenwich

Tag	122) 2 H. Camelop.				125) 5 Tauri				127) ε Eridani[1]				131) δ Persei			
	AR.		Dekl.		AR.		Dekl.		AR.		Dekl.		AR.		Dekl.	
1956	$3^h\ 25^m$		+59° 47′		$3^h\ 28^m$		+12° 47′		$3^h\ 30^m$		−9° 36′		$3^h\ 39^m$		+47° 38′	
	s		″		s		″		s		″		s		″	
Jan. 0	32.918	192	34.73	143	28.512	68	18.32	49	53.240	84	23.61	127	49.934	107	66.57	104
10	32.726	251	36.16	103	28.444	100	17.83	50	53.156	113	24.88	106	49.827	157	67.61	74
20	32.475	300	37.19	59	28.344	127	17.33	50	53.043	137	25.94	85	49.670	197	68.35	40
30	32.175	334	37.78	12	28.217	148	16.83	51	52.906	157	26.79	62	49.473	229	68.75	5
Febr. 9	31.841	353	37.90	35	28.069	160	16.32	50	52.749	169	27.41	37	49.244	249	68.80	30
19	31.488	353	37.55	80	27.909	165	15.82	47	52.580	171	27.78	11	48.995	255	68.50	65
29	31.135	335	36.75	123	27.744	158	15.35	43	52.409	166	27.89	15	48.740	247	67.85	97
März 10	30.800	298	35.52	159	27.586	142	14.92	37	52.243	150	27.74	40	48.493	223	66.88	125
20	30.502	245	33.93	188	27.444	118	14.55	28	52.093	126	27.34	67	48.270	187	65.63	146
30	30.257	179	32.05	211	27.326	84	14.27	16	51.967	95	26.67	92	48.083	140	64.17	162
April 9	30.078	102	29.94	223	27.242	45	14.11	2	51.872	56	25.75	116	47.943	83	62.55	171
19	29.976	17	27.71	227	27.197	0	14.09	14	51.816	14	24.59	139	47.860	21	60.84	172
29	29.959	69	25.44	222	27.197	46	14.23	31	51.802	31	23.20	160	47.839	45	59.12	166
Mai 9	30.028	156	23.22	210	27.243	94	14.54	51	51.833	76	21.60	178	47.884	112	57.46	154
19	30.184	239	21.12	190	27.337	139	15.05	69	51.909	121	19.82	193	47.996	176	55.92	136
29	30.423	315	19.22	165	27.476	181	15.74	86	52.030	163	17.89	204	48.172	235	54.56	113
Juni 8	30.738	381	17.57	133	27.657	218	16.60	102	52.193	200	15.85	208	48.407	289	53.43	88
18	31.119	438	16.24	99	27.875	249	17.62	115	52.393	232	13.77	208	48.696	333	52.55	59
28	31.557	484	15.25	63	28.124	274	18.77	125	52.625	257	11.69	203	49.029	370	51.96	30
Juli 8	32.041	517	14.62	25	28.398	292	20.02	131	52.882	277	9.66	191	49.399	398	51.66	1
18	32.558	540	14.37	14	28.690	304	21.33	133	53.159	288	7.75	174	49.797	415	51.67	29
28	33.098	549	14.51	50	28.994	307	22.66	130	53.447	294	6.01	151	50.212	425	51.96	57
Aug. 7	33.647	548	15.01	85	29.301	306	23.96	124	53.741	293	4.50	123	50.637	426	52.53	83
17	34.195	538	15.86	118	29.607	298	25.20	114	54.034	286	3.27	91	51.063	420	53.36	106
27	34.733	519	17.04	149	29.905	285	26.34	99	54.320	274	2.36	57	51.483	407	54.42	126
Sept. 6	35.252	491	18.53	176	30.190	269	27.33	84	54.594	257	1.79	20	51.890	388	55.68	144
16	35.743	458	20.29	200	30.459	250	28.17	66	54.851	237	1.59	16	52.278	364	57.12	159
26	36.201	417	22.29	219	30.709	228	28.83	48	55.088	214	1.75	51	52.642	336	58.71	171
Okt. 6	36.618	370	24.48	235	30.937	204	29.31	30	55.302	189	2.26	83	52.978	304	60.42	179
16	36.988	318	26.83	246	31.141	177	29.61	12	55.491	161	3.09	112	53.282	268	62.21	185
26	37.306	262	29.29	252	31.318	149	29.73	2	55.652	132	4.21	134	53.550	228	64.06	188
Nov. 5	$_{12}$37.568	199	31.81	253	$_{13}$31.467	120	29.71	16	$_{13}$55.784	101	5.55	150	53.778	183	65.94	187
14*	37.767	132	34.34	249	31.587	88	29.55	26	55.885	69	7.05	160	$_{15}$53.961	136	67.81	183
24	37.899	62	36.83	238	31.675	55	29.29	34	55.954	35	8.65	163	54.097	85	69.64	174
Dez. 4	37.961	12	39.21	220	31.730	20	28.95	40	55.989	2	10.28	160	54.182	30	71.38	160
14	37.949	84	41.41	196	31.750	15	28.55	45	55.991	33	11.88	151	54.212	25	72.98	142
24	37.865	156	43.37	165	31.735	51	28.10	47	55.958	67	13.39	138	54.187	79	74.40	120
34	37.709		45.02		31.684		27.63		55.891		14.77		54.108		75.60	
Mittl. Ort	29.229		20.25		26.395		14.24		51.322		21.72		46.901		55.30	
sec δ, tg δ	+1.987		+ 1.717		+1.025		+ 0.227		+1.014		− 0.169		+1.484		+ 1.097	
a, *a′*	+4.9		+12.5		+3.3		+12.3		+2.9		+12.1		+4.3		+11.5	
b, *b′*	+0.07		− 0.78		+0.01		− 0.79		−0.01		− 0.80		+0.04		− 0.82	

[1] Die jährliche Parallaxe (0″305) ist bereits berücksichtigt.

* Bei Stern 131) lies Nov. 15.

Scheinbare Sternörter 1956

Obere Kulmination Greenwich

Tag	134) ν Persei AR.	Δ	134) ν Persei Dekl.	Δ	141) β Reticuli AR.	Δ	141) β Reticuli Dekl.	Δ	139) η Tauri AR.	Δ	139) η Tauri Dekl.	Δ	140) τ⁶ Eridani AR.	Δ	140) τ⁶ Eridani Dekl.	Δ
1956	$3^h 42^m$		$+42° 26'$		$3^h 43^m$		$-64° 56'$		$3^h 44^m$		$+23° 58'$		$3^h 44^m$		$-23° 22'$	
	s		″		s		″		s		″		s		″	
Jan. 0	14.604	91	38.82	83	40.82	37	53.53	214	54.198	61	20.16	1	59.148	95	47.84	175
10	14.513	135	39.65	56	40.45	43	55.67	163	54.137	98	20.17	10	59.053	127	49.59	146
20	14.378	174	40.21	28	40.02	48	57.30	107	54.039	130	20.07	21	58.926	155	51.05	113
30	14.204	203	40.49	2	39.54	51	58.37	49	53.909	156	19.86	32	58.771	177	52.18	76
Febr. 9	14.001	223	40.47	33	39.03	53	58.86	8	53.753	172	19.54	43	58.594	192	52.94	39
19	13.778	229	40.14	61	38.50	52	58.78	65	53.581	179	19.11	52	58.402	197	53.33	2
29	13.549	223	39.53	89	37.98	51	58.13	119	53.402	175	18.59	61	58.205	192	53.35	36
März 10	13.326	202	38.64	112	37.47	47	56.94	170	53.227	161	17.98	66	58.013	179	52.99	72
20	13.124	170	37.52	130	37.00	43	55.24	215	53.066	136	17.32	67	57.834	157	52.27	106
30	12.954	128	36.22	142	36.57	37	53.09	255	52.930	102	16.65	65	57.677	126	51.21	140
April 9	12.826	76	34.80	147	36.20	30	50.54	290	52.828	61	16.00	59	57.551	87	49.81	170
19	12.750	19	33.33	147	35.90	22	47.64	318	52.767	14	15.41	50	57.464	45	48.11	196
29	12.731	42	31.86	139	35.68	13	44.46	339	52.753	35	14.91	37	57.419	1	46.15	220
Mai 9	12.773	103	30.47	126	35.55	4	41.07	351	52.788	85	14.54	20	57.420	49	43.95	239
19	12.876	162	29.21	109	35.51	5	37.56	356	52.873	134	14.34	3	57.469	96	41.56	252
29	13.038	217	28.12	87	35.56	14	34.00	352	53.007	180	14.31	16	57.565	141	39.04	260
Juni 8	13.255	266	27.25	62	35.70	23	30.48	339	53.187	220	14.47	35	57.706	183	36.44	260
18	13.521	308	26.63	37	35.93	31	27.09	317	53.407	255	14.82	52	57.889	219	33.84	255
28	13.829	341	26.26	10	36.24	38	23.92	288	53.662	283	15.34	69	58.108	249	31.29	242
Juli 8	14.170	367	26.16	17	36.62	45	21.04	250	53.945	304	16.03	83	58.357	273	28.87	223
18	14.537	384	26.33	42	37.07	49	18.54	203	54.249	318	16.86	94	58.630	290	26.64	195
28	14.921	393	26.75	66	37.56	52	16.51	152	54.567	325	17.80	102	58.920	300	24.69	163
Aug. 7	15.314	393	27.41	87	38.08	54	14.99	94	54.892	325	18.82	106	59.220	304	23.06	125
17	15.707	388	28.28	106	38.62	55	14.05	33	55.217	320	19.88	107	59.524	300	21.81	83
27	16.095	375	29.34	121	39.17	54	13.72	30	55.537	310	20.95	105	59.824	291	20.98	37
Sept. 6	16.470	359	30.55	134	39.71	51	14.02	92	55.847	296	22.00	100	60.115	277	20.61	10
16	16.829	337	31.89	145	40.22	48	14.94	153	56.143	278	23.00	93	60.392	257	20.71	57
26	17.166	311	33.34	152	40.70	41	16.47	208	56.421	257	23.93	84	60.649	235	21.28	101
Okt. 6	17.477	283	34.86	157	41.11	35	18.55	256	56.678	233	24.77	76	60.884	208	22.29	142
16	17.760	250	36.43	160	41.46	28	21.11	296	56.911	208	25.53	66	61.092	179	23.71	176
26	18.010	214	38.03	160	41.74	19	24.07	324	57.119	179	26.19	56	61.271	147	25.47	204
Nov. 5	18.224	175	39.63	158	41.93	10	27.31	341	57.298	148	26.75	48	61.418	113	27.51	223
15	18.399	132	41.21	152	[16]42.03	1	30.72	344	[17]57.446	114	27.23	39	61.531	77	29.74	235
24	[16]18.531	85	42.73	144	42.04	9	34.16	336	57.560	78	27.62	32	[17]61.608	39	32.09	236
Dez. 4	18.616	36	44.17	132	41.95	18	37.52	316	57.638	40	27.94	23	61.647	1	34.45	229
14	18.652	14	45.49	116	41.77	25	40.68	284	57.678	0	28.17	15	61.648	37	36.74	214
24	18.638	65	46.65	96	41.52	34	43.52	244	57.678	41	28.32	7	61.611	75	38.88	192
34	18.573		47.61		41.18		45.96		57.637		28.39		61.536		40.80	
Mittl. Ort	11.770		28.72		38.43		42.03		51.835		14.20		57.208		42.73	
sec δ, tg δ	+1.355		+ 0.914		+2.361		— 2.139		+1.094		+ 0.445		+1.089		— 0.432	
a, *a′*	+4.1		+11.3		+0.7		+11.2		+3.6		+11.1		+2.6		+11.1	
b, *b′*	+0.03		— 0.82		—0.08		— 0.83		+0.02		— 0.83		—0.02		— 0.83	

Scheinbare Sternörter 1956

Obere Kulmination Greenwich

Tag	138) γ Camelop.				143) 138 G. Eridani				146) γ Hydri				1105) +57° 752 Caml			
	AR.		Dekl.		AR.		Dekl.		AR.		Dekl.		AR.		Dekl.	
1956	3h 45m		+71° 11′		3h 47m		−36° 19′		3h 47m		−74° 21′		3h 50m		+57° 50′	
	s		″		s		″		s		″		s		″	
Jan. 0	46.22	30	72.13	201	50.321	130	64.29	204	57.07	65	99.10	211	11.772	143	59.06	153
10	45.92	41	74.14	159	50.191	165	66.33	165	56.42	75	101.21	158	11.629	207	60.59	118
20	45.51	49	75.73	111	50.026	196	67.98	122	55.67	81	102.79	101	11.422	260	61.77	78
30	45.02	54	76.84	57	49.830	219	69.20	77	54.86	86	103.80	44	11.162	302	62.55	36
Febr. 9	44.48	59	77.41	3	49.611	234	69.97	31	54.00	87	104.24	15	10.860	329	62.91	8
19	43.89	59	77.44	51	49.377	239	70.28	17	53.13	87	104.09	72	10.531	337	62.83	53
29	43.30	57	76.93	104	49.138	234	70.11	62	52.26	84	103.37	125	10.194	329	62.30	95
März 10	42.73	52	75.89	151	48.904	219	69.49	105	51.42	80	102.12	175	9.865	302	61.35	132
20	42.21	45	74.38	191	48.685	193	68.44	147	50.62	72	100.37	220	9.563	258	60.03	163
30	41.76	35	72.47	225	48.492	160	66.97	185	49.90	63	98.17	260	9.305	201	58.40	189
April 9	41.41	24	70.22	248	48.332	120	65.12	218	49.27	53	95.57	293	9.104	132	56.51	205
19	41.17	12	67.74	261	48.212	73	62.94	248	48.74	40	92.64	320	8.972	55	54.46	214
29	41.05	2	65.13	266	48.139	22	60.46	272	48.34	28	89.44	340	8.917	26	52.32	213
Mai 9	41.07	15	62.47	261	48.117	31	57.74	290	48.06	14	86.04	351	8.943	109	50.19	206
19	41.22	28	59.86	247	48.148	83	54.84	302	47.92	0	82.53	355	9.052	189	48.13	192
29	41.50	39	57.39	226	48.231	133	51.82	306	47.92	14	78.98	350	9.241	264	46.21	171
Juni 8	41.89	50	55.13	197	48.364	181	48.76	302	48.06	28	75.48	336	9.505	332	44.50	144
18	42.39	60	53.16	165	48.545	222	45.74	291	48.34	40	72.12	313	9.837	390	43.06	115
28	42.99	68	51.51	127	48.767	259	42.83	272	48.74	52	68.99	283	10.227	438	41.91	83
Juli 8	43.67	74	50.24	87	49.026	287	40.11	244	49.26	62	66.16	244	10.665	476	41.08	48
18	44.41	78	49.37	45	49.313	309	37.67	211	49.88	71	63.72	197	11.141	503	40.60	14
28	45.19	81	48.92	3	49.622	324	35.56	170	50.59	76	61.75	145	11.644	519	40.46	21
Aug. 7	46.00	83	48.89	39	49.946	329	33.86	123	51.35	80	60.30	87	12.163	524	40.67	54
17	46.83	82	49.28	81	50.275	328	32.63	72	52.15	82	59.43	26	12.687	521	41.21	86
27	47.65	80	50.09	119	50.603	320	31.91	19	52.97	81	59.17	37	13.208	510	42.07	115
Sept. 6	48.45	77	51.28	155	50.923	304	31.72	36	53.78	78	59.54	99	13.718	489	43.22	142
16	49.22	73	52.83	189	51.227	283	32.08	91	54.56	71	60.53	160	14.207	462	44.64	166
26	49.95	67	54.72	219	51.510	257	32.99	141	55.27	63	62.13	214	14.669	430	46.30	186
Okt. 6	50.62	61	56.91	245	51.767	225	34.40	187	55.90	52	64.27	262	15.099	390	48.16	204
16	51.23	52	59.36	265	51.992	190	36.27	225	56.42	39	66.89	300	15.489	346	50.20	218
26	51.75	44	62.01	281	52.182	152	38.52	256	56.81	26	69.89	328	15.835	295	52.38	228
Nov. 5	52.19	34	64.82	291	52.334	111	41.08	276	57.07	12	73.17	343	16.130	238	54.66	233
15	17 52.53	23	67.73	294	17 52.445	68	43.84	286	17 57.19	4	76.60	346	18 16.368	176	56.99	232
24	52.76	11	70.67	289	52.513	24	46.70	286	57.15	19	80.06	337	16.544	109	59.31	227
Dez. 4	52.87	0	73.56	275	52.537	21	49.56	275	56.96	33	83.43	315	16.653	38	61.58	215
14	52.87	13	76.31	253	52.516	65	52.31	254	56.63	46	86.58	282	16.691	34	63.73	197
24	52.74	24	78.84	224	52.451	106	54.85	225	56.17	59	89.40	241	16.657	105	65.70	172
34	52.50		81.08		52.345		57.10		55.58		91.81		16.552		67.42	
Mittl. Ort	40.64		58.00		48.360		56.65		53.95		87.15		8.030		46.97	
sec δ, tg δ	+3.103		+ 2.937		+1.241		− 0.735		+3.713		− 3.575		+1.879		+ 1.591	
a, a′	+6.3		+11.1		+2.2		+10.9		−0.9		+10.9		+4.9		+10.8	
b, b′	+0.11		− 0.83		−0.03		− 0.84		−0.13		− 0.84		+0.06		− 0.84	

Scheinbare Sternörter 1956

Obere Kulmination Greenwich

Tag	144) ζ Persei				147) ε Persei				149) γ Eridani				148) ξ Persei			
	AR.		Dekl.		AR.		Dekl.		AR.		Dekl.		AR.		Dekl.	
1956	$3^h\ 51^m$		$+31°\ 45'$		$3^h\ 54^m$		$+39°\ 53'$		$3^h\ 55^m$		$-13°\ 37'$		$3^h\ 56^m$		$+35°\ 39'$	
	s		″		s		″		s		″		s		″	
Jan. 0	24.171	63	23.82	38	56.431	73	13.46	77	60.497	69	59.89	153	8.894	65	66.12	58
10	24.108	104	24.20	21	56.358	118	14.23	54	60.428	103	61.42	130	8.829	107	66.70	39
20	24.004	140	24.41	4	56.240	158	14.77	30	60.325	133	62.72	106	8.722	146	67.09	17
30	23.864	168	24.45	15	56.082	189	15.07	3	60.192	156	63.78	78	8.576	176	67.26	4
Febr. 9	23.696	187	24.30	34	55.893	211	15.10	24	60.036	173	64.56	48	8.400	197	67.22	27
19	23.509	195	23.96	52	55.682	221	14.86	51	59.863	180	65.04	20	8.203	207	66.95	50
29	23.314	192	23.44	69	55.461	218	14.35	76	59.683	179	65.24	10	7.996	204	66.45	70
März 10	23.122	178	22.75	82	55.243	201	13.59	97	59.504	168	65.14	39	7.792	189	65.75	88
20	22.944	151	21.93	91	55.042	173	12.62	114	59.336	148	64.75	68	7.603	163	64.87	101
30	22.793	116	21.02	96	54.869	133	11.48	126	59.188	118	64.07	97	7.440	126	63.86	109
April 9	22.677	72	20.06	96	54.736	86	10.22	131	59.070	83	63.10	123	7.314	81	62.77	112
19	22.605	22	19.10	91	54.650	32	8.91	132	58.987	43	61.87	148	7.233	29	61.65	110
29	22.583	30	18.19	81	54.618	27	7.59	126	58.944	2	60.39	171	7.204	25	60.55	103
Mai 9	22.613	84	17.38	67	54.645	86	6.33	114	58.946	48	58.68	190	7.229	81	59.52	91
19	22.697	136	16.71	51	54.731	143	5.19	99	58.994	93	56.78	206	7.310	136	58.61	75
29	22.833	185	16.20	32	54.874	196	4.20	79	59.087	136	54.72	216	7.446	187	57.86	56
Juni 8	23.018	229	15.88	11	55.070	245	3.41	58	59.223	176	52.56	222	7.633	233	57.30	36
18	23.247	267	15.77	10	55.315	288	2.83	34	59.399	211	50.34	222	7.866	273	56.94	13
28	23.514	297	15.87	30	55.603	321	2.49	9	59.610	240	48.12	215	8.139	305	56.81	8
Juli 8	23.811	320	16.17	48	55.924	348	2.40	14	59.850	263	45.97	203	8.444	331	56.89	30
18	24.131	337	16.65	66	56.272	366	2.54	37	60.113	280	43.94	183	8.775	349	57.19	49
28	24.468	345	17.31	80	56.638	377	2.91	57	60.393	290	42.11	159	9.124	358	57.68	67
Aug. 7	24.813	347	18.11	92	57.015	380	3.48	77	60.683	293	40.52	129	9.482	361	58.35	81
17	25.160	343	19.03	100	57.395	376	4.25	93	60.976	292	39.23	94	9.843	358	59.16	94
27	25.503	334	20.03	106	57.771	367	5.18	106	61.268	284	38.29	56	10.201	349	60.10	104
Sept. 6	25.837	319	21.09	109	58.138	354	6.24	117	61.552	273	37.73	17	10.550	335	61.14	110
16	26.156	302	22.18	109	58.492	334	7.41	126	61.825	256	37.56	23	10.885	318	62.24	116
26	26.458	281	23.27	109	58.826	312	8.67	133	62.081	236	37.79	63	11.203	297	63.40	118
Okt. 6	26.739	256	24.36	106	59.138	285	10.00	136	62.317	213	38.42	99	11.500	272	64.58	118
16	26.995	229	25.42	102	59.423	256	11.36	139	62.530	188	39.41	131	11.772	244	65.76	118
26	27.224	200	26.44	97	59.679	223	12.75	139	62.718	160	40.72	156	12.016	213	66.94	116
Nov. 5	27.424	166	27.41	92	59.902	186	14.14	137	62.878	129	42.28	176	12.229	179	68.10	113
15	27.590	130	28.33	86	60.088	144	15.51	134	63.007	96	44.04	188	12.408	140	69.23	108
24	[18] 27.720	90	29.19	78	[19] 60.232	101	16.85	127	[20] 63.103	61	45.92	193	[20] 12.548	99	70.31	101
Dez. 4	27.810	48	29.97	70	60.333	53	18.12	117	63.164	25	47.85	189	12.647	54	71.32	93
14	27.858	4	30.67	59	60.386	3	19.29	105	63.189	13	49.74	180	12.701	7	72.25	82
24	27.862	40	31.26	47	60.389	46	20.34	88	63.176	49	51.54	165	12.708	40	73.07	67
34	27.822		31.73		60.343		21.22		63.127		53.19		12.668		73.74	
Mittl. Ort	21.611		16.55		53.617		4.81		58.485		56.75		6.206		58.38	
sec δ, tg δ	+1.176		+ 0.619		+1.303		+ 0.836		+1.029		— 0.243		+1.231		+ 0.718	
a, *a′*	+3.8		+10.7		+4.0		+10.4		+2.8		+10.3		+3.9		+10.3	
b, *b′*	+0.02		— 0.85		+0.03		— 0.85		—0.01		— 0.86		+0.02		— 0.86	

Scheinbare Sternörter 1956

Obere Kulmination Greenwich

Tag	150) λ Tauri AR.		150) λ Tauri Dekl.		151) ν Tauri AR.		151) ν Tauri Dekl.		153) 174 G. Eridani AR.		153) 174 G. Eridani Dekl.		152) 48 Persei AR.		152) 48 Persei Dekl.	
1956	3h 58m		+12° 22′		4h 0m		+5° 52′		4h 3m		−27° 45′		4h 5m		+47° 35′	
	s		″		s		″		s		″		s		″	
Jan. 0	16.574	49	5.53	50	50.911	48	8.39	79	50.555	91	81.60	198	30.660	80	58.54	117
10	16.525	85	5.03	50	50.863	84	7.60	73	50.464	128	83.58	167	30.580	133	59.71	91
20	16.440	116	4.53	48	50.779	116	6.87	65	50.336	159	85.25	130	30.447	181	60.62	62
30	16.324	142	4.05	47	50.663	140	6.22	56	50.177	185	86.55	91	30.266	219	61.24	29
Febr. 9	16.182	161	3.58	44	50.523	159	5.66	47	49.992	203	87.46	51	30.047	245	61.53	6
19	16.021	169	3.14	41	50.364	168	5.19	38	49.789	212	87.97	9	29.802	258	61.47	40
29	15.852	169	2.73	37	50.196	168	4.81	26	49.577	210	88.06	31	29.544	256	61.07	73
März 10	15.683	157	2.36	31	50.028	157	4.55	14	49.367	199	87.75	71	29.288	240	60.34	102
20	15.526	137	2.05	23	49.871	138	4.41	0	49.168	179	87.04	110	29.048	209	59.32	127
30	15.389	107	1.82	13	49.733	109	4.41	15	48.989	149	85.94	145	28.839	167	58.05	146
April 9	15.282	70	1.69	1	49.624	73	4.56	30	48.840	113	84.49	178	28.672	114	56.59	159
19	15.212	28	1.68	13	49.551	32	4.86	48	48.727	70	82.71	207	28.558	54	55.00	165
29	15.184	18	1.81	29	49.519	12	5.34	65	48.657	23	80.64	232	28.504	11	53.35	165
Mai 9	15.202	64	2.10	45	49.531	58	5.99	83	48.634	25	78.32	252	28.515	77	51.70	157
19	15.266	111	2.55	62	49.589	103	6.82	100	48.659	73	75.80	267	28.592	141	50.13	144
29	15.377	154	3.17	78	49.692	146	7.82	114	48.732	121	73.13	276	28.733	203	48.69	126
Juni 8	15.531	193	3.95	93	49.838	185	8.96	126	48.853	164	70.37	277	28.936	258	47.43	105
18	15.724	227	4.88	104	50.023	218	10.22	135	49.017	204	67.60	271	29.194	307	46.38	81
28	15.951	256	5.92	113	50.241	247	11.57	140	49.221	238	64.89	258	29.501	348	45.57	54
Juli 8	16.207	277	7.05	118	50.488	269	12.97	141	49.459	265	62.31	237	29.849	380	45.03	26
18	16.484	292	8.23	120	50.757	284	14.38	137	49.724	286	59.94	209	30.229	403	44.77	0
28	16.776	301	9.43	117	51.041	293	15.75	129	50.010	301	57.85	176	30.632	418	44.77	27
Aug. 7	17.077	304	10.60	110	51.334	296	17.04	116	50.311	307	56.09	135	31.050	425	45.04	52
17	17.381	301	11.70	100	51.630	294	18.20	99	50.618	308	54.74	89	31.475	424	45.56	74
27	17.682	293	12.70	86	51.924	287	19.19	79	50.926	303	53.85	42	31.899	416	46.30	96
Sept. 6	17.975	281	13.56	70	52.211	275	19.98	57	51.229	291	53.43	9	32.315	403	47.26	114
16	18.256	266	14.26	52	52.486	261	20.55	33	51.520	275	53.52	59	32.718	384	48.40	130
26	18.522	248	14.78	34	52.747	244	20.88	9	51.795	253	54.11	107	33.102	361	49.70	144
Okt. 6	18.770	227	15.12	16	52.991	224	20.97	14	52.048	228	55.18	152	33.463	332	51.14	156
16	18.997	203	15.28	1	53.215	199	20.83	35	52.276	199	56.70	190	33.795	301	52.70	164
26	19.200	178	15.27	16	53.414	174	20.48	54	52.475	168	58.60	221	34.096	263	54.34	170
Nov. 5	19.378	150	15.11	27	53.588	146	19.94	67	52.643	132	60.81	243	34.359	220	56.04	174
15	20 19.528	118	14.84	37	21 53.734	115	19.27	78	22 52.775	94	63.24	256	22 34.579	174	57.78	174
24	19.646	84	14.47	44	53.849	82	18.49	84	52.869	55	65.80	260	34.753	123	59.52	170
Dez. 4	19.730	48	14.03	48	53.931	46	17.65	86	52.924	13	68.40	254	34.876	67	61.22	161
14	19.778	9	13.55	50	53.977	9	16.79	86	52.937	28	70.94	239	34.943	9	62.83	148
24	19.787	28	13.05	50	53.986	28	15.93	83	52.909	69	73.33	216	34.952	48	64.31	131
34	19.759		12.55		53.958		15.10		52.840		75.49		34.904		65.62	
Mittl. Ort	14.335		2.91		48.739		7.34		48.542		75.58		27.471		49.36	
sec δ, tg δ	+1.024		+ 0.219		+1.005		+ 0.103		+1.130		−0.527		+1.483		+1.095	
a, *a′*	+3.3		+10.2		+3.2		+10.0		+2.5		+9.7		+4.4		+9.6	
b, *b′*	+0.01		− 0.86		0.00		− 0.87		−0.02		−0.87		+0.03		−0.88	

Obere Kulmination Greenwich

Tag	154) o¹ Eridani AR.	Δ	Dekl.	Δ	155) α Horologii AR.	Δ	Dekl.	Δ
1956	4h 9m		−6° 56′		4h 12m		−42° 23′	
	s		″		s		″	
Jan. 0	45.021		65.37		34.600		75.18	
10	44.970	51	66.71	134	34.465	135	77.55	237
20	44.882	88	67.88	117	34.287	178	79.52	197
30	44.763	119	68.86	98	34.072	215	81.04	152
Febr. 9	44.618	145	69.63	77	33.828	244	82.08	104
19	44.454	164	70.17	54	33.563	265	82.63	55
29	44.279	175	70.47	30	33.289	274	82.67	4
März 10	44.103	176	70.54	7	33.015	274	82.22	45
20	43.937	166	70.37	17	32.754	261	81.28	94
30	43.789	148	69.95	42	32.515	239	79.90	138
April 9	43.667	122	69.30	65	32.309	206	78.10	180
19	43.579	88	68.41	89	32.143	166	75.93	217
29	43.531	48	67.29	112	32.025	118	73.43	250
Mai 9	43.527	4	65.96	133	31.959	66	70.65	278
19	43.567	40	64.44	152	31.948	11	67.67	298
29	43.652	85	62.76	168	31.993	45	64.54	313
Juni 8	43.780	128	60.95	181	32.094	101	61.35	319
18	43.947	167	59.06	189	32.248	154	58.18	317
28	44.150	203	57.14	192	32.449	201	55.10	308
Juli 8	44.382	232	55.24	190	32.693	244	52.21	289
18	44.637	255	53.41	183	32.974	281	49.58	263
28	44.910	273	51.71	170	33.283	309	47.30	228
Aug. 7	45.195	285	50.20	151	33.613	330	45.43	187
17	45.485	290	48.94	126	33.957	344	44.04	139
27	45.774	289	47.96	98	34.306	349	43.18	86
Sept. 6	46.058	284	47.30	66	34.651	345	42.89	29
16	46.332	274	46.98	32	34.986	335	43.18	29
26	46.593	261	47.01	3	35.303	317	44.05	87
Okt. 6	46.836	243	47.39	38	35.595	292	45.48	143
16	47.060	224	48.10	71	35.857	262	47.41	193
26	47.260	200	49.09	99	36.083	226	49.78	237
Nov. 5	47.434	174	50.33	124	36.269	186	52.50	272
15	47.580	146	51.76	143	36.410	141	55.47	297
24*	[23] 47.694	114	53.31	155	[24] 36.504	94	58.58	311
Dez. 4	47.775	81	54.91	160	36.548	44	61.72	314
14	47.819	44	56.52	161	36.540	8	64.78	306
24	47.826	7	58.06	154	36.482	58	67.64	286
34	47.795	31	59.49	143	36.375	107	70.23	259
Mittl. Ort	42.923		63.38		32.493		66.89	
sec δ, tg δ	+1.007		−0.122		+1.354		−0.913	
a, *a′*	+2.9		+9.3		+2.0		+9.1	
b, *b′*	0.00		−0.89		−0.03		−0.89	

Tag	156) α Reticuli AR.	Δ	Dekl.	Δ	162) δ Tauri AR.	Δ	Dekl.	Δ
1956	4h 13m		−62° 34′		4h 20m		+17° 26′	
	s		″		s		″	
Jan. 0	53.70		71.20		26.014		29.92	
10	53.40	30	73.72	252	25.982	32	29.66	26
20	53.04	36	75.77	205	25.911	71	29.38	28
30	52.62	42	77.30	153	25.803	108	29.07	31
Febr. 9	52.17	45	78.27	97	25.665	138	28.75	32
19	51.69	48	78.67	40	25.504	161	28.40	35
29	51.20	49	78.51	16	25.329	175	28.03	37
März 10	50.71	49	77.79	72	25.152	177	27.65	38
20	50.25	46	76.55	124	24.982	170	27.27	38
30	49.82	43	74.82	173	24.831	151	26.92	35
April 9	49.44	38	72.65	217	24.707	124	26.61	31
19	49.12	32	70.08	257	24.619	88	26.36	25
29	48.87	25	67.18	290	24.573	46	26.22	14
Mai 9	48.69	18	64.02	316	24.572	1	26.20	2
19	48.60	9	60.66	336	24.618	46	26.31	11
29	48.59	1	57.19	347	24.712	94	26.57	26
Juni 8	48.68	9	53.69	350	24.851	139	26.98	41
18	48.84	16	50.25	344	25.031	180	27.53	55
28	49.07	23	46.96	329	25.248	217	28.21	68
Juli 8	49.38	31	43.90	306	25.495	247	29.00	79
18	49.76	38	41.17	273	25.767	272	29.87	87
28	50.18	42	38.84	233	26.057	290	30.79	92
Aug. 7	50.64	46	37.00	184	26.359	302	31.72	93
17	51.14	50	35.70	130	26.667	308	32.63	91
27	51.65	51	34.99	71	26.975	308	33.49	86
Sept. 6	52.15	50	34.91	8	27.280	305	34.26	77
16	52.64	49	35.46	55	27.576	296	34.93	67
26	53.11	47	36.64	118	27.860	284	35.47	54
Okt. 6	53.54	43	38.41	177	28.128	268	35.87	40
16	53.92	38	40.72	231	28.378	250	36.14	27
26	54.23	31	43.48	276	28.607	229	36.29	15
Nov. 5	54.47	24	46.60	312	28.812	205	36.33	4
15	54.63	16	49.96	336	28.988	176	36.27	6
24*	[24] 54.71	8	53.44	348	[26] 29.134	146	36.14	13
Dez. 4	54.70	1	56.92	348	29.245	111	35.96	18
14	54.60	10	60.28	336	29.317	72	35.75	21
24	54.42	18	63.39	311	29.350	33	35.51	24
34	54.17	25	66.17	278	29.340	10	35.25	26
Mittl. Ort	51.17		60.80		23.621		27.35	
sec δ, tg δ	+2.172		−1.928		+1.048		+0.314	
a, *a′*	+0.8		+9.0		+3.5		+8.4	
b, *b′*	−0.06		−0.89		+0.01		−0.91	

* Bei Stern 162) lies Nov. 25.

Scheinbare Sternörter 1956

Obere Kulmination Greenwich

Tag	164) ε Tauri AR.		164) ε Tauri Dekl.		171) α Doradus AR.		171) α Doradus Dekl.		168) α Tauri AR.		168) α Tauri Dekl.		169) ν Eridani AR.		169) ν Eridani Dekl.	
1956	4h 26m		+19° 5′		4h 33m		−55° 7′		4h 33m		+16° 25′		4h 34m		−3° 26′	
	s		″		s		″		s		″		s		″	
Jan. 0	5.056	27	6.80	19	4.972	192	76.12	271	25.988	21	22.50	32	9.298	30	29.45	128
10	5.029	68	6.61	20	4.780	249	78.83	229	25.967	63	22.18	32	9.268	70	30.73	114
20	4.961	106	6.41	24	4.531	299	81.12	180	25.904	101	21.86	32	9.198	104	31.87	97
30	4.855	138	6.17	27	4.232	338	82.92	128	25.803	132	21.54	33	9.094	135	32.84	79
Febr. 9	4.717	161	5.90	31	3.894	367	84.20	75	25.671	158	21.21	33	8.959	158	33.63	59
19	4.556	176	5.59	35	3.527	382	84.95	19	25.513	174	20.88	33	8.801	173	34.22	39
29	4.380	180	5.24	37	3.145	384	85.14	36	25.339	179	20.55	34	8.628	177	34.61	18
März 10	4.200	173	4.87	40	2.761	373	84.78	88	25.160	173	20.21	33	8.451	173	34.79	3
20	4.027	156	4.47	39	2.388	349	83.90	137	24.987	157	19.88	31	8.278	158	34.76	24
30	3.871	128	4.08	36	2.039	313	82.53	184	24.830	131	19.57	25	8.120	134	34.52	45
April 9	3.743	93	3.72	31	1.726	267	80.69	226	24.699	98	19.32	19	7.986	103	34.07	66
19	3.650	51	3.41	22	1.459	211	78.43	261	24.601	58	19.13	9	7.883	65	33.41	87
29	3.599	6	3.19	12	1.248	149	75.82	292	24.543	13	19.04	2	7.818	23	32.54	108
Mai 9	3.593	42	3.07	1	1.099	83	72.90	316	24.530	34	19.06	14	7.795	21	31.46	126
19	3.635	89	3.08	15	1.016	14	69.74	332	24.564	81	19.20	28	7.816	65	30.20	142
29	3.724	135	3.23	29	1.002	56	66.42	340	24.645	125	19.48	43	7.881	108	28.78	155
Juni 8	3.859	177	3.52	43	1.058	125	63.02	339	24.770	167	19.91	55	7.989	148	27.23	165
18	4.036	214	3.95	57	1.183	188	59.63	329	24.937	204	20.46	67	8.137	185	25.58	171
28	4.250	246	4.52	68	1.371	247	56.34	312	25.141	236	21.13	77	8.322	216	23.87	171
Juli 8	4.496	271	5.20	76	1.618	300	53.22	284	25.377	262	21.90	84	8.538	241	22.16	166
18	4.767	290	5.96	83	1.918	344	50.38	249	25.639	282	22.74	88	8.779	262	20.50	157
28	5.057	303	6.79	86	2.262	379	47.89	204	25.921	295	23.62	88	9.041	276	18.93	141
Aug. 7	5.360	310	7.65	84	2.641	404	45.85	154	26.216	303	24.50	85	9.317	284	17.52	121
17	5.670	311	8.49	81	3.045	420	44.31	98	26.519	306	25.35	79	9.601	288	16.31	96
27	5.981	308	9.30	75	3.465	424	43.33	37	26.825	304	26.14	69	9.889	286	15.35	68
Sept. 6	6.289	300	10.05	65	3.889	418	42.96	26	27.129	297	26.83	58	10.175	280	14.67	36
16	6.589	289	10.70	54	4.307	402	43.22	89	27.426	287	27.41	44	10.455	270	14.31	4
26	6.878	275	11.24	42	4.709	374	44.11	149	27.713	274	27.85	30	10.725	258	14.27	28
Okt. 6	7.153	257	11.66	31	5.083	338	45.60	205	27.987	258	28.15	16	10.983	240	14.55	59
16	7.410	236	11.97	19	5.421	294	47.65	253	28.245	237	28.31	3	11.223	220	15.14	87
26	7.646	212	12.16	10	5.715	241	50.18	294	28.482	215	28.34	9	11.443	197	16.01	111
Nov. 5	7.858	184	12.26	2	5.956	181	53.12	323	28.697	188	28.25	18	11.640	171	17.12	129
15	8.042	153	12.28	5	6.137	118	56.35	341	28.885	157	28.07	24	11.811	141	18.41	142
25	8.195	118	12.23	10	6.255	50	59.76	346	29.042	123	27.83	29	11.952	107	19.83	149
Dez. 4	[27] 8.313	80	12.13	12	[29] 6.305	18	63.22	340	[29] 29.165	85	27.54	31	[29] 12.059	70	21.32	149
14	8.393	38	12.01	15	6.287	88	66.62	321	29.250	45	27.23	32	12.129	32	22.81	145
24	8.431	4	11.86	17	6.199	154	69.83	293	29.295	1	26.91	33	12.161	9	24.26	136
34	8.427		11.69		6.045		72.76		29.296		26.58		12.152		25.62	
Mittl. Ort	2.616		4.23		2.569		66.93		23.567		20.83		7.097		27.52	
sec δ, tg δ	+1.058		+0.346		+1.749		−1.435		+1.043		+0.295		+1.002		−0.060	
a, *a′*	+3.5		+8.0		+1.3		+7.4		+3.4		+7.4		+3.0		+7.3	
b, *b′*	+0.01		−0.92		−0.04		−0.93		+0.01		−0.93		0.00		−0.93	

Scheinbare Sternörter 1956

Obere Kulmination Greenwich

Tag	172) 53 Eridani				174) τ Tauri				173) Grb 848 Caml				175) 4 Camelopard.			
	AR.		Dekl.		AR.		Dekl.		AR.		Dekl.		AR.		Dekl.	
1956	$4^h\ 36^m$		$-14°\ 23'$		$4^h\ 39^m$		$+22°\ 52'$		$4^h\ 42^m$		$+75°\ 51'$		$4^h\ 44^m$		$+56°\ 40'$	
	s		″		s		″		s		″		s		″	
Jan. 0	11.978	42	23.36	176	38.573	16	29.77	3	60.51	25	62.58	256	23.732	56	60.23	177
10	11.936	81	25.12	154	38.557	61	29.80	2	60.26	40	65.14	224	23.676	131	62.00	153
20	11.855	116	26.66	129	38.496	101	29.78	7	59.86	54	67.38	183	23.545	197	63.53	123
30	11.739	147	27.95	100	38.395	135	29.71	13	59.32	66	69.21	136	23.348	254	64.76	88
Febr. 9	11.592	171	28.95	71	38.260	163	29.58	20	58.66	75	70.57	83	23.094	298	65.64	49
19	11.421	184	29.66	41	38.097	180	29.38	28	57.91	80	71.40	28	22.796	324	66.13	8
29	11.237	190	30.07	9	37.917	187	29.10	34	57.11	81	71.68	29	22.472	334	66.21	34
März 10	11.047	185	30.16	21	37.730	182	28.76	41	56.30	78	71.39	84	22.138	325	65.87	74
20	10.862	170	29.95	51	37.548	165	28.35	44	55.52	73	70.55	134	21.813	299	65.13	110
30	10.692	147	29.44	81	37.383	140	27.91	46	54.79	63	69.21	179	21.514	257	64.03	142
April 9	10.545	115	28.63	108	37.243	106	27.45	44	54.16	51	67.42	217	21.257	200	62.61	167
19	10.430	78	27.55	135	37.137	64	27.01	40	53.65	36	65.25	246	21.057	134	60.94	186
29	10.352	36	26.20	159	37.073	19	26.61	33	53.29	21	62.79	266	20.923	60	59.08	197
Mai 9	10.316	8	24.61	180	37.054	30	26.28	23	53.08	4	60.13	276	20.863	17	57.11	201
19	10.324	54	22.81	197	37.084	79	26.05	11	53.04	12	57.37	277	20.880	96	55.10	198
29	10.378	98	20.84	210	37.163	125	25.94	3	53.16	29	54.60	270	20.976	171	53.12	189
Juni 8	10.476	139	18.74	217	37.288	169	25.97	16	53.45	45	51.90	254	21.147	243	51.23	173
18	10.615	176	16.57	220	37.457	208	26.13	29	53.90	58	49.36	233	21.390	307	49.50	154
28	10.791	210	14.37	215	37.665	241	26.42	42	54.48	72	47.03	205	21.697	363	47.96	130
Juli 8	11.001	237	12.22	205	37.906	269	26.84	52	55.20	83	44.98	172	22.060	411	46.66	103
18	11.238	258	10.17	188	38.175	289	27.36	59	56.03	92	43.26	136	22.471	450	45.63	76
28	11.496	275	8.29	165	38.464	305	27.95	66	56.95	99	41.90	97	22.921	477	44.87	47
Aug. 7	11.771	285	6.64	136	38.769	314	28.61	68	57.94	104	40.93	56	23.398	497	44.40	16
17	12.056	289	5.28	102	39.083	318	29.29	67	58.98	108	40.37	15	23.895	508	44.24	12
27	12.345	288	4.26	64	39.401	317	29.96	65	60.06	108	40.22	27	24.403	510	44.36	40
Sept. 6	12.633	283	3.62	24	39.718	311	30.61	60	61.14	108	40.49	68	24.913	504	44.76	68
16	12.916	273	3.38	19	40.029	301	31.21	52	62.22	105	41.17	108	25.417	492	45.44	93
26	13.189	259	3.57	60	40.330	289	31.73	45	63.27	101	42.25	147	25.909	472	46.37	117
Okt. 6	13.448	242	4.17	98	40.619	273	32.18	37	64.28	94	43.72	181	26.381	446	47.54	140
16	13.690	220	5.15	133	40.892	253	32.55	29	65.22	86	45.53	214	26.827	414	48.94	159
26	13.910	196	6.48	163	41.145	230	32.84	22	66.08	76	47.67	242	27.241	373	50.53	177
Nov. 5	14.106	167	8.11	186	41.375	203	33.06	17	66.84	64	50.09	266	27.614	324	52.30	191
15	14.273	136	9.97	201	41.578	171	33.23	13	67.48	51	52.75	282	27.938	268	54.21	201
25	14.409	100	11.98	209	[1]41.749	136	33.36	10	67.99	36	55.57	293	28.206	206	56.22	207
Dez. 4	[30]14.509	63	14.07	208	41.885	96	33.46	8	[1]68.35	19	58.50	295	[2]28.412	136	58.29	207
14	14.572	22	16.15	202	41.981	53	33.54	7	68.54	3	61.45	287	28.548	62	60.36	201
24	14.594	19	18.17	187	42.034	10	33.61	4	68.57	15	64.32	271	28.610	15	62.37	188
34	14.575		20.04		42.044		33.65		68.42		67.03		28.595		64.25	
Mittl. Ort	9.830		19.51		36.020		27.34		52.59		53.88		19.741		53.36	
sec δ, tg δ	+1.032		−0.257		+1.085		+0.422		+4.095		+3.971		+1.821		+1.521	
a, *a′*	+2.8		+7.2		+3.6		+6.9		+8.1		+6.6		+5.0		+6.5	
b, *b′*	−0.01		−0.93		+0.01		−0.94		+0.09		−0.94		+0.03		−0.95	

Scheinbare Sternörter 1956

Obere Kulmination Greenwich

Tag	178) α Camelopard. AR.		178) α Camelopard. Dekl.		180) π^5 Orionis AR.		180) π^5 Orionis Dekl.		181) ι Aurigae AR.		181) ι Aurigae Dekl.		183) ε Aurigae AR.		183) ε Aurigae Dekl.	
1956	4^h 49^m		+66° 16′		4^h 51^m		+2° 22′		4^h 54^m		+33° 5′		4^h 58^m		+43° 45′	
	s		″		s		″		s		″		s		″	
Jan. 0	44.82	10	22.55	222	59.714	12	11.11	106	10.279	6	57.02	58	51.626	10	41.10	117
10	44.72	20	24.77	196	59.702	53	10.05	95	10.273	56	57.60	50	51.616	68	42.27	103
20	44.52	29	26.73	160	59.649	91	9.10	82	10.217	103	58.10	39	51.548	122	43.30	84
30	44.23	36	28.33	120	59.558	124	8.28	69	10.114	144	58.49	24	51.426	170	44.14	62
Febr. 9	43.87	42	29.53	75	59.434	151	7.59	54	9.970	176	58.73	8	51.256	208	44.76	35
19	43.45	47	30.28	26	59.283	169	7.05	40	9.794	198	58.81	10	51.048	234	45.11	7
29	42.98	47	30.54	24	59.114	177	6.65	25	9.596	208	58.71	28	50.814	245	45.18	22
März 10	42.51	46	30.30	72	58.937	174	6.40	9	9.388	205	58.43	45	50.569	243	44.96	50
20	42.05	43	29.58	117	58.763	163	6.31	6	9.183	190	57.98	59	50.326	227	44.46	75
30	41.62	37	28.41	157	58.600	141	6.37	23	8.993	164	57.39	72	50.099	198	43.71	98
April 9	41.25	30	26.84	189	58.459	112	6.60	40	8.829	128	56.67	80	49.901	156	42.73	116
19	40.95	22	24.95	214	58.347	75	7.00	56	8.701	84	55.87	84	49.745	107	41.57	128
29	40.73	11	22.81	232	58.272	34	7.56	74	8.617	36	55.03	85	49.638	52	40.29	135
Mai 9	40.62	1	20.49	240	58.238	9	8.30	90	8.581	16	54.18	80	49.586	8	38.94	136
19	40.61	9	18.09	241	58.247	54	9.20	105	8.597	70	53.38	73	49.594	68	37.58	133
29	40.70	19	15.68	234	58.301	96	10.25	118	8.667	121	52.65	62	49.662	127	36.25	124
Juni 8	40.89	30	13.34	220	58.397	137	11.43	129	8.788	168	52.03	50	49.789	183	35.01	112
18	41.19	38	11.14	200	58.534	174	12.72	136	8.956	212	51.53	35	49.972	233	33.89	96
28	41.57	45	9.14	175	58.708	206	14.08	140	9.168	250	51.18	21	50.205	277	32.93	80
Juli 8	42.02	53	7.39	146	58.914	233	15.48	138	9.418	282	50.97	6	50.482	315	32.13	60
18	42.55	58	5.93	115	59.147	255	16.86	133	9.700	307	50.91	8	50.797	345	31.53	40
28	43.13	62	4.78	81	59.402	271	18.19	122	10.007	325	50.99	20	51.142	368	31.13	21
Aug. 7	43.75	65	3.97	46	59.673	282	19.41	107	10.332	339	51.19	31	51.510	384	30.92	2
17	44.40	67	3.51	10	59.955	287	20.48	88	10.671	345	51.50	40	51.894	394	30.90	16
27	45.07	68	3.41	25	60.242	288	21.36	65	11.016	346	51.90	47	52.288	397	31.06	33
Sept. 6	45.75	68	3.66	60	60.530	285	22.01	39	11.362	343	52.37	52	52.685	394	31.39	48
16	46.43	66	4.26	94	60.815	278	22.40	12	11.705	336	52.89	56	53.079	388	31.87	63
26	47.09	63	5.20	125	61.093	267	22.52	15	12.041	325	53.45	58	53.467	376	32.50	76
Okt. 6	47.72	60	6.45	155	61.360	254	22.37	41	12.366	309	54.03	61	53.843	358	33.26	88
16	48.32	56	8.00	183	61.614	236	21.96	66	12.675	290	54.64	62	54.201	337	34.14	99
26	48.88	50	9.83	206	61.850	215	21.30	87	12.965	267	55.26	64	54.538	309	35.13	110
Nov. 5	49.38	43	11.89	227	62.065	191	20.43	102	13.232	237	55.90	66	54.847	276	36.23	118
15	49.81	35	14.16	242	62.256	162	19.41	114	13.469	204	56.56	67	55.123	236	37.41	125
25	50.16	27	16.58	251	62.418	129	18.27	120	13.673	164	57.23	68	55.359	190	38.66	130
Dez. 4*	^{3}50.43	17	19.09	253	^{4}62.547	92	17.07	122	^{4}13.837	121	57.91	69	^{5}55.549	139	39.96	132
14	50.60	7	21.62	249	62.639	53	15.85	118	13.958	73	58.60	67	55.688	84	41.28	130
24	50.67	4	24.11	235	62.692	12	14.67	111	14.031	22	59.27	63	55.772	22	42.58	124
34	50.63		26.46		62.704		13.56		14.053		59.90		55.794		43.82	
Mittl. Ort	39.62		15.29		57.414		12.64		7.438		54.02		48.386		37.09	
sec δ, tg δ	+2.485		+2.275		+1.001		+0.041		+1.194		+0.652		+1.385		+0.958	
a, *a′*	+6.0		+6.1		+3.1		+5.9		+3.9		+5.7		+4.3		+5.3	
b, *b′*	+0.05		−0.95		0.00		−0.96		+0.01		−0.96		+0.02		−0.96	

* Bei Stern 183) lies Dez. 5.

Obere Kulmination Greenwich

Tag	182) β Camelopard.				184) ι Tauri				185) η Aurigae				186) ε Leporis			
	AR.		Dekl.		AR.		Dekl.		AR.		Dekl.		AR.		Dekl.	
1956	$4^h\ 59^m$		$+60°\ 22'$		$5^h\ 0^m$		$+21°\ 31'$		$5^h\ 3^m$		$+41°\ 10'$		$5^h\ 3^m$		$-22°\ 25'$	
	s		″		s		″		s		″		s		″	
Jan. 0	34.08	5	55.79	200	30.331	3	44.96	5	28.609	1	40.84	104	38.029	31	48.98	222
10	34.03	13	57.79	178	30.334	–43	44.91	6	28.608	58	41.88	92	37.998	75	51.20	197
20	33.90	21	59.57	149	30.291	86	44.85	7	28.550	112	42.80	77	37.923	116	53.17	166
30	33.69	27	61.06	113	30.205	124	44.78	11	28.438	158	43.57	56	37.807	151	54.83	133
Febr. 9	33.42	33	62.19	73	30.081	155	44.67	15	28.280	195	44.13	32	37.656	178	56.16	96
19	33.09	36	62.92	30	29.926	175	44.52	20	28.085	222	44.45	8	37.478	198	57.12	60
29	32.73	38	63.22	–14	29.751	186	44.32	26	27.863	234	44.53	–19	37.280	207	57.72	22
März 10	32.35	37	63.08	59	29.565	185	44.06	30	27.629	233	44.34	44	37.073	207	57.94	–15
20	31.98	35	62.49	99	29.380	173	43.76	34	27.396	219	43.90	68	36.866	196	57.79	52
30	31.63	31	61.50	135	29.207	151	43.42	35	27.177	191	43.22	88	36.670	176	57.27	87
April 9	31.32	24	60.15	166	29.056	119	43.07	34	26.986	153	42.34	104	36.494	147	56.40	120
19	31.08	18	58.49	189	28.937	80	42.73	31	26.833	106	41.30	116	36.347	111	55.20	152
29	30.90	10	56.60	206	28.857	37	42.42	25	26.727	53	40.14	122	36.236	71	53.68	179
Mai 9	30.80	1	54.54	214	28.820	–10	42.17	17	26.674	–4	38.92	123	36.165	27	51.89	204
19	30.79	–7	52.40	216	28.830	57	42.00	7	26.678	62	37.69	119	36.138	–19	49.85	223
29	30.86	15	50.24	210	28.887	103	41.93	–4	26.740	119	36.50	111	36.157	64	47.62	238
Juni 8	31.01	23	48.14	198	28.990	148	41.97	16	26.859	171	35.39	99	36.221	107	45.24	247
18	31.24	31	46.16	180	29.138	187	42.13	28	27.030	221	34.40	86	36.328	149	42.77	248
28	31.55	37	44.36	159	29.325	222	42.41	37	27.251	264	33.54	69	36.477	185	40.29	244
Juli 8	31.92	43	42.77	134	29.547	251	42.78	46	27.515	300	32.85	52	36.662	216	37.85	233
18	32.35	48	41.43	106	29.798	275	43.24	52	27.815	330	32.33	34	36.878	244	35.52	212
28	32.83	51	40.37	76	30.073	292	43.76	55	28.145	352	31.99	17	37.122	265	33.40	187
Aug. 7	33.34	53	39.61	46	30.365	304	44.31	57	28.497	368	31.82	0	37.387	280	31.53	155
17	33.87	56	39.15	15	30.669	311	44.88	55	28.865	378	31.82	16	37.667	290	29.98	115
27	34.43	56	39.00	–16	30.980	313	45.43	50	29.243	382	31.98	30	37.957	294	28.83	72
Sept. 6	34.99	56	39.16	46	31.293	311	45.93	44	29.625	381	32.28	42	38.251	294	28.11	26
16	35.55	55	39.62	76	31.604	305	46.37	36	30.006	374	32.70	55	38.545	289	27.85	–23
26	36.10	53	40.38	103	31.909	296	46.73	27	30.380	364	33.25	66	38.834	278	28.08	71
Okt. 6	36.63	51	41.41	129	32.205	283	47.00	18	30.744	349	33.91	76	39.112	264	28.79	116
16	37.14	48	42.70	154	32.488	266	47.18	10	31.093	328	34.67	85	39.376	244	29.95	158
26	37.62	43	44.24	176	32.754	245	47.28	4	31.421	302	35.52	93	39.620	221	31.53	194
Nov. 5	38.05	38	46.00	194	32.999	221	47.32	–1	31.723	271	36.45	102	39.841	192	33.47	222
15	38.43	32	47.94	209	33.220	190	47.31	5	31.994	234	37.47	108	40.033	160	35.69	243
25	38.75	25	50.03	219	33.410	156	47.26	6	32.228	191	38.55	112	40.193	123	38.12	253
Dez. 5	$_6$39.00	17	52.22	223	$_6$33.566	117	47.20	6	$_7$32.419	141	39.67	115	$_7$40.316	82	40.65	256
14	39.17	9	54.45	220	33.683	74	47.14	5	32.560	88	40.82	114	40.398	38	43.21	249
24	39.26	0	56.65	210	33.757	28	47.09	5	32.648	31	41.96	110	40.436	–6	45.70	234
34	39.26		58.75		33.785		47.04		32.679		43.06		40.430		48.04	
Mittl. Ort	29.65		50.07		27.746		44.03		25.466		37.54		35.820		43.80	
sec δ, tg δ	+2.023		+1.759		+1.075		+0.394		+1.329		+0.875		+1.082		—0.413	
a, *a′*	+5.3		+5.2		+3.6		+5.1		+4.2		+4.9		+2.5		+4.9	
b, *b′*	+0.03		—0.97		+0.01		—0.97		+0.01		—0.97		—0.01		—0.97	

Scheinbare Sternörter 1956

Obere Kulmination Greenwich

Tag	188) β Eridani AR.	Δ	188) β Eridani Dekl.	Δ	192) μ Aurigae AR.	Δ	192) μ Aurigae Dekl.	Δ	194) β Orionis AR.	Δ	194) β Orionis Dekl.	Δ	193) α Aurigae AR.	Δ	193) α Aurigae Dekl.	Δ
1956	$5^h 5^m$		$-5° 8'$		$5^h 10^m$		$+38° 25'$		$5^h 12^m$		$-8° 14'$		$5^h 13^m$		$+45° 57'$	
	s		″		s		″		s		″		s		″	
Jan. 0	43.348	7	33.53	148	27.847	9	66.02	90	27.575	4	67.31	165	29.467	7	22.87	131
10	43.341	49	35.01	132	27.856	47	66.92	81	27.571	47	68.96	148	29.474	56	24.18	118
20	43.292	88	36.33	113	27.809	99	67.73	68	27.524	88	70.44	126	29.418	115	25.36	101
30	43.204	124	37.46	93	27.710	146	68.41	51	27.436	122	71.70	104	29.303	167	26.37	78
Febr. 9	43.080	151	38.39	71	27.564	183	68.92	31	27.314	152	72.74	79	29.136	210	27.15	52
19	42.929	171	39.10	49	27.381	210	69.23	9	27.162	173	73.53	54	28.926	240	27.67	22
29	42.758	182	39.59	26	27.171	224	69.32	15	26.989	184	74.07	28	28.686	255	27.89	9
März 10	42.576	181	39.85	3	26.947	224	69.17	37	26.805	185	74.35	3	28.431	257	27.80	39
20	42.395	172	39.88	19	26.723	212	68.80	58	26.620	176	74.38	23	28.174	244	27.41	67
30	42.223	152	39.69	42	26.511	187	68.22	76	26.444	158	74.15	48	27.930	216	26.74	93
April 9	42.071	124	39.27	63	26.324	152	67.46	91	26.286	131	73.67	72	27.714	177	25.81	114
19	41.947	90	38.64	85	26.172	107	66.55	102	26.155	98	72.95	95	27.537	128	24.67	130
29	41.857	51	37.79	106	26.065	56	65.53	107	26.057	59	72.00	117	27.409	71	23.37	141
Mai 9	41.806	9	36.73	125	26.009	3	64.46	107	25.998	16	70.83	138	27.338	12	21.96	147
19	41.797	35	35.48	141	26.006	53	63.39	104	25.982	26	69.45	155	27.326	49	20.49	146
29	41.832	78	34.07	154	26.059	107	62.35	97	26.008	69	67.90	169	27.375	111	19.03	140
Juni 8	41.910	118	32.53	165	26.166	159	61.38	87	26.077	110	66.21	179	27.486	169	17.63	131
18	42.028	157	30.88	171	26.325	206	60.51	74	26.187	148	64.42	184	27.655	222	16.32	118
28	42.185	190	29.17	171	26.531	248	59.77	60	26.335	183	62.58	185	27.877	269	15.14	101
Juli 8	42.375	218	27.46	167	26.779	284	59.17	44	26.518	212	60.73	179	28.146	311	14.13	84
18	42.593	241	25.79	157	27.063	313	58.73	29	26.730	237	58.94	168	28.457	344	13.29	65
28	42.834	260	24.22	142	27.376	336	58.44	13	26.967	255	57.26	151	28.801	371	12.64	45
Aug. 7	43.094	274	22.80	121	27.712	352	58.31	0	27.222	270	55.75	128	29.172	390	12.19	25
17	43.368	281	21.59	95	28.064	362	58.31	13	27.492	280	54.47	100	29.562	403	11.94	7
27	43.649	285	20.64	66	28.426	368	58.44	25	27.772	284	53.47	68	29.965	410	11.87	12
Sept. 6	43.934	283	19.98	34	28.794	367	58.69	36	28.056	284	52.79	33	30.375	410	11.99	29
16	44.217	278	19.64	0	29.161	363	59.05	44	28.340	280	52.46	4	30.785	406	12.28	46
26	44.495	270	19.64	35	29.524	353	59.49	53	28.620	272	52.50	40	31.191	397	12.74	62
Okt. 6	44.765	258	19.99	68	29.877	340	60.02	61	28.892	261	52.90	77	31.588	382	13.36	76
16	45.023	242	20.67	98	30.217	322	60.63	69	29.153	246	53.67	110	31.970	361	14.12	91
26	45.265	221	21.65	124	30.539	298	61.32	75	29.399	226	54.77	138	32.331	335	15.03	104
Nov. 5	45.486	198	22.89	144	30.837	269	62.07	82	29.625	202	56.15	160	32.666	302	16.07	116
15	45.684	169	24.33	159	31.106	235	62.89	88	29.827	174	57.75	176	32.968	262	17.23	127
25	45.853	136	25.92	167	31.341	193	63.77	94	30.001	140	59.51	186	33.230	216	18.50	134
Dez. 5	45.989	99	27.59	169	31.534	146	64.71	96	30.141	104	61.37	188	33.446	163	19.84	139
14	7 46.088	60	29.28	165	8 31.680	94	65.67	97	9 30.245	63	63.25	184	9 33.609	104	21.23	140
24	46.148	17	30.93	155	31.774	40	66.64	94	30.308	20	65.09	173	33.713	42	22.63	136
34	46.165		32.48		31.814		67.58		30.328		66.82		33.755		23.99	
Mittl. Ort	41.075		30.52		24.790		63.63		25.305		63.75		26.080		19.93	
sec δ, tg δ	+1.004		−0.090		+1.277		+0.794		+1.010		−0.145		+1.438		+1.034	
a, *a′*	+3.0		+4.7		+4.1		+4.3		+2.9		+4.1		+4.4		+4.0	
b, *b′*	0.00		−0.97		+0.01		−0.98		0.00		−0.98		+0.01		−0.98	

Scheinbare Sternörter 1956

Obere Kulmination Greenwich

Tag	196) ϑ Doradus AR.		Dekl.		191) 19 H. Camelop. AR.		Dekl.	
1956	$5^h\ 13^m$		$-67°\ 13'$		$5^h\ 15^m$		$+79°\ 10'$	
	s		″		s		″	
Jan. 0	50.26	26	73.90	312	26.40	20	73.13	281
10	50.00	36	77.02	276	26.20	41	75.94	258
20	49.64	44	79.78	231	25.79	62	78.52	224
30	49.20	51	82.09	182	25.17	79	80.76	180
Febr. 9	48.69	56	83.91	128	24.38	93	82.56	129
19	48.13	60	85.19	73	23.45	102	83.85	75
29	47.53	61	85.92	17	22.43	107	84.60	18
März 10	46.92	60	86.09	38	21.36	107	84.78	40
20	46.32	59	85.71	92	20.29	103	84.38	96
30	45.73	55	84.79	141	19.26	92	83.42	147
April 9	45.18	50	83.38	188	18.34	79	81.95	191
19	44.68	43	81.50	229	17.55	63	80.04	228
29	44.25	35	79.21	266	16.92	44	77.76	257
Mai 9	43.90	27	76.55	296	16.48	23	75.19	276
19	43.63	17	73.59	319	16.25	2	72.43	286
29	43.46	7	70.40	334	16.23	19	69.57	288
Juni 8	43.39	3	67.06	341	16.42	40	66.69	280
18	43.42	12	63.65	339	16.82	59	63.89	265
28	43.54	22	60.26	327	17.41	77	61.24	244
Juli 8	43.76	30	56.99	306	18.18	94	58.80	217
18	44.06	38	53.93	275	19.12	107	56.63	184
28	44.44	46	51.18	237	20.19	119	54.79	149
Aug. 7	44.90	51	48.81	189	21.38	128	53.30	111
17	45.41	56	46.92	136	22.66	135	52.19	69
27	45.97	58	45.56	76	24.01	139	51.50	27
Sept. 6	46.55	59	44.80	12	25.40	140	51.23	16
16	47.14	59	44.68	53	26.80	139	51.39	58
26	47.73	56	45.21	117	28.19	136	51.97	100
Okt. 6	48.29	53	46.38	179	29.55	130	52.97	140
16	48.82	47	48.17	234	30.85	121	54.37	178
26	49.29	39	50.51	281	32.06	110	56.15	214
Nov. 5	49.68	32	53.32	320	33.16	96	58.29	244
15	50.00	22	56.52	347	34.12	79	60.73	270
25	50.22	11	59.99	360	34.91	61	63.43	288
Dez. 5	9 50.33	1	63.59	363	10 35.52	39	66.31	300
14	50.34	10	67.22	353	35.91	16	69.31	301
24	50.24	20	70.75	330	36.07	6	72.32	293
34	50.04		74.05		36.01		75.25	
Mittl. Ort	47.06		65.61		16.00		67.84	
sec δ, tg δ	+2.584		−2.383		+5.330		+5.235	
a, a′	0.0		+4.0		+9.9		+3.9	
b, b′	−0.03		−0.98		+0.07		−0.98	

Tag	201) γ Orionis AR.		Dekl.		202) β Tauri AR.		Dekl.	
1956	$5^h\ 22^m$		$+6°\ 18'$		$5^h\ 23^m$		$+28°\ 34'$	
	s		″		s		″	
Jan. 0	48.556	17	38.87	93	33.266	26	20.08	35
10	48.573	27	37.94	83	33.292	26	20.43	33
20	48.546	70	37.11	72	33.266	75	20.76	28
30	48.476	108	36.39	60	33.191	118	21.04	21
Febr. 9	48.368	140	35.79	48	33.073	154	21.25	12
19	48.228	162	35.31	37	32.919	180	21.37	0
29	48.066	176	34.94	26	32.739	197	21.37	11
März 10	47.890	179	34.68	14	32.542	200	21.26	24
20	47.711	172	34.54	3	32.342	191	21.02	35
30	47.539	154	34.51	9	32.151	171	20.67	45
April 9	47.385	129	34.60	22	31.980	142	20.22	52
19	47.256	95	34.82	35	31.838	104	19.70	57
29	47.161	56	35.17	49	31.734	59	19.13	57
Mai 9	47.105	15	35.66	63	31.675	12	18.56	55
19	47.090	28	36.29	75	31.663	37	18.01	50
29	47.118	71	37.04	87	31.700	85	17.51	43
Juni 8	47.189	113	37.91	98	31.785	132	17.08	34
18	47.302	150	38.89	105	31.917	175	16.74	24
28	47.452	185	39.94	109	32.092	213	16.50	13
Juli 8	47.637	214	41.03	110	32.305	246	16.37	4
18	47.851	238	42.13	107	32.551	274	16.33	5
28	48.089	258	43.20	100	32.825	295	16.38	13
Aug. 7	48.347	273	44.20	88	33.120	311	16.51	18
17	48.620	282	45.08	72	33.431	322	16.69	22
27	48.902	287	45.80	54	33.753	328	16.91	24
Sept. 6	49.189	289	46.34	32	34.081	330	17.15	25
16	49.478	287	46.66	8	34.411	328	17.40	24
26	49.765	281	46.74	15	34.739	322	17.64	23
Okt. 6	50.046	272	46.59	38	35.061	311	17.87	21
16	50.318	259	46.21	60	35.372	298	18.08	21
26	50.577	242	45.61	77	35.670	279	18.29	21
Nov. 5	50.819	220	44.84	92	35.949	255	18.50	22
15	51.039	193	43.92	102	36.204	225	18.72	24
25	51.232	162	42.90	107	36.429	190	18.96	27
Dez. 5	12 51.394	125	41.83	107	12 36.619	148	19.23	31
14	51.519	85	40.76	104	36.767	103	19.54	33
24	51.604	42	39.72	98	36.870	53	19.87	35
34	51.646		38.74		36.923		20.22	
Mittl. Ort	46.149		41.03		30.478		19.82	
sec δ, tg δ	+1.006		+0.111		+1.139		+0.545	
a, a′	+3.2		+3.2		+3.8		+3.2	
b, b′	0.00		−0.99		+0.01		−0.99	

Scheinbare Sternörter 1956

Obere Kulmination Greenwich

Tag	203) 17 Camelopard.				206) δ Orionis				207) α Leporis				212) β Doradus			
	AR.		Dekl.		AR.		Dekl.		AR.		Dekl.		AR.		Dekl.	
1956	5h 26m		+63° 1′		5h 29m		−0° 19′		5h 30m		−17° 50′		5h 33m		−62° 30′	
	s		″		s		″		s		″		s		″	
Jan. 0	5.28	1	63.25	220	47.773	18	51.49	131	49.563	0	73.47	217	17.38	16	73.33	329
10	5.27	10	65.45	203	47.791	26	52.80	117	49.563	45	75.64	196	17.22	25	76.62	296
20	5.17	19	67.48	178	47.765	68	53.97	101	49.518	88	77.60	169	16.97	33	79.58	256
30	4.98	27	69.26	146	47.697	107	54.98	84	49.430	126	79.29	140	16.64	39	82.14	209
Febr. 9	4.71	34	70.72	107	47.590	139	55.82	67	49.304	159	80.69	108	16.25	44	84.23	158
19	4.37	38	71.79	65	47.451	162	56.49	48	49.145	183	81.77	74	15.81	48	85.81	104
29	3.99	41	72.44	19	47.289	177	56.97	30	48.962	196	82.51	40	15.33	50	86.85	49
März 10	3.58	42	72.63	27	47.112	181	57.27	12	48.766	200	82.91	7	14.83	50	87.34	5
20	3.16	40	72.36	72	46.931	175	57.39	6	48.566	195	82.98	28	14.33	49	87.29	60
30	2.76	36	71.64	113	46.756	159	57.33	24	48.371	178	82.70	60	13.84	46	86.69	112
April 9	2.40	31	70.51	149	46.597	134	57.09	42	48.193	154	82.10	91	13.38	43	85.57	159
19	2.09	24	69.02	178	46.463	102	56.67	60	48.039	123	81.19	120	12.95	37	83.98	204
29	1.85	16	67.24	202	46.361	65	56.07	78	47.916	85	79.99	148	12.58	31	81.94	243
Mai 9	1.69	8	65.22	217	46.296	25	55.29	94	47.831	43	78.51	172	12.27	24	79.51	277
19	1.61	2	63.05	226	46.271	18	54.35	109	47.788	1	76.79	192	12.03	16	76.74	304
29	1.63	11	60.79	226	46.289	59	53.26	122	47.787	43	74.87	209	11.87	8	73.70	323
Juni 8	1.74	19	58.53	220	46.348	101	52.04	132	47.830	85	72.78	219	11.79	0	70.47	335
18	1.93	28	56.33	208	46.449	139	50.72	139	47.915	125	70.59	225	11.79	9	67.12	336
28	2.21	35	54.25	191	46.588	173	49.33	142	48.040	162	68.34	224	11.88	17	63.76	330
Juli 8	2.56	42	52.34	170	46.761	203	47.91	140	48.202	194	66.10	216	12.05	24	60.46	313
18	2.98	47	50.64	145	46.964	229	46.51	134	48.396	223	63.94	201	12.29	31	57.33	288
28	3.45	53	49.19	117	47.193	248	45.17	122	48.619	245	61.93	180	12.60	37	54.45	252
Aug. 7	3.98	56	48.02	88	47.441	264	43.95	105	48.864	263	60.13	151	12.97	42	51.93	209
17	4.54	58	47.14	57	47.705	276	42.90	85	49.127	277	58.62	118	13.39	46	49.84	157
27	5.12	60	46.57	26	47.981	282	42.05	59	49.404	285	57.44	79	13.85	49	48.27	100
Sept. 6	5.72	61	46.31	6	48.263	284	41.46	32	49.689	289	56.65	36	14.34	51	47.27	37
16	6.33	61	46.37	38	48.547	284	41.14	3	49.978	288	56.29	8	14.85	51	46.90	28
26	6.94	59	46.75	68	48.831	279	41.11	28	50.266	283	56.37	53	15.36	50	47.18	93
Okt. 6	7.53	58	47.43	99	49.110	271	41.39	57	50.549	273	56.90	98	15.86	47	48.11	155
16	8.11	55	48.42	128	49.381	258	41.96	85	50.822	259	57.88	139	16.33	43	49.66	214
26	8.66	50	49.70	155	49.639	241	42.81	108	51.081	240	59.27	173	16.76	38	51.80	265
Nov. 5	9.16	46	51.25	179	49.880	220	43.89	126	51.321	217	61.00	203	17.14	31	54.45	308
15	9.62	39	53.04	200	50.100	194	45.15	139	51.538	187	63.03	224	17.45	24	57.53	339
25	10.01	32	55.04	217	50.294	163	46.54	147	51.725	152	65.27	238	17.69	16	60.92	359
Dez. 5	10.33	24	57.21	227	50.457	127	48.01	149	51.877	114	67.65	243	17.85	7	64.51	366
14	[12] 10.57	14	59.48	231	[13] 50.584	87	49.50	145	[14] 51.991	72	70.08	238	[14] 17.92	2	68.17	360
24	10.71	5	61.79	227	50.671	43	50.95	137	52.063	26	72.46	226	17.90	11	71.77	344
34	10.76		64.06		50.714		52.32		52.089		74.72		17.79		75.21	
Mittl. Ort	0.42		60.09		45.416		48.37		47.289		68.69		14.40		66.04	
sec δ, tg δ	+2.205		+1.965		+1.000		−0.006		+1.051		−0.322		+2.167		−1.922	
a, *a′*	+5.7		+3.0		+3.1		+2.6		+2.6		+2.5		+0.5		+2.3	
b, *b′*	+0.02		−0.99		0.00		−0.99		0.00		−0.99		−0.01		−0.99	

Scheinbare Sternörter 1956

Obere Kulmination Greenwich

Tag	209) ι Orionis AR.		209) ι Orionis Dekl.		205) Grb 966 Caml AR.		205) Grb 966 Caml Dekl.		210) ε Orionis AR.		210) ε Orionis Dekl.		211) ζ Tauri AR.		211) ζ Tauri Dekl.	
1956	$5^h\ 33^m$		−5° 56′		$5^h\ 33^m$		+75° 0′		$5^h\ 33^m$		−1° 13′		$5^h\ 35^m$		+21° 6′	
	s		″		s		″		s		″		s		″	
Jan. 0	19.072	17	17.74	161	57.61	5	70.60	272	61.104	21	45.75	137	3.426	36	61.70	10
10	19.089	28	19.35	145	57.56	21	73.32	254	61.125	23	47.12	123	3.462	14	61.60	6
20	19.061	71	20.80	126	57.35	37	75.86	225	61.102	66	48.35	107	3.448	61	61.54	4
30	18.990	109	22.06	105	56.98	52	78.11	188	61.036	105	49.42	88	3.387	103	61.50	4
Febr. 9	18.881	141	23.11	82	56.46	62	79.99	143	60.931	137	50.30	69	3.284	139	61.46	5
19	18.740	165	23.93	58	55.84	71	81.42	92	60.794	162	50.99	51	3.145	167	61.41	8
29	18.575	180	24.51	35	55.13	75	82.34	39	60.632	176	51.50	32	2.978	183	61.33	12
März 10	18.395	185	24.86	11	54.38	77	82.73	16	60.456	182	51.82	12	2.795	189	61.21	16
20	18.210	180	24.97	12	53.61	74	82.57	70	60.274	176	51.94	6	2.606	182	61.05	20
30	18.030	163	24.85	36	52.87	69	81.87	120	60.098	161	51.88	25	2.424	166	60.85	23
April 9	17.867	140	24.49	58	52.18	60	80.67	165	59.937	137	51.63	44	2.258	140	60.62	24
19	17.727	109	23.91	79	51.58	49	79.02	204	59.800	105	51.19	63	2.118	106	60.38	23
29	17.618	72	23.12	100	51.09	35	76.98	234	59.695	69	50.56	80	2.012	65	60.15	20
Mai 9	17.546	32	22.12	120	50.74	21	74.64	256	59.626	29	49.76	97	1.947	22	59.95	15
19	17.514	10	20.92	136	50.53	6	72.08	270	59.597	13	48.79	113	1.925	24	59.80	9
29	17.524	52	19.56	151	50.47	10	69.38	274	59.610	56	47.66	126	1.949	69	59.71	1
Juni 8	17.576	93	18.05	161	50.57	25	66.64	272	59.666	96	46.40	135	2.018	114	59.70	7
18	17.669	131	16.44	167	50.82	40	63.92	262	59.762	134	45.05	143	2.132	154	59.77	16
28	17.800	166	14.77	169	51.22	53	61.30	245	59.896	169	43.62	145	2.286	191	59.93	23
Juli 8	17.966	197	13.08	166	51.75	64	58.85	221	60.065	199	42.17	144	2.477	222	60.16	29
18	18.163	223	11.42	156	52.39	76	56.64	194	60.264	225	40.73	136	2.699	249	60.45	34
28	18.386	244	9.86	141	53.15	85	54.70	163	60.489	246	39.37	124	2.948	271	60.79	35
Aug. 7	18.630	261	8.45	121	54.00	92	53.07	128	60.735	261	38.13	107	3.219	288	61.14	35
17	18.891	272	7.24	96	54.92	97	51.79	91	60.996	274	37.06	86	3.507	300	61.49	32
27	19.163	280	6.28	66	55.89	101	50.88	52	61.270	281	36.20	61	3.807	307	61.81	27
Sept. 6	19.443	283	5.62	34	56.90	103	50.36	13	61.551	284	35.59	31	4.114	310	62.08	19
16	19.726	283	5.28	1	57.93	104	50.23	27	61.835	283	35.28	1	4.424	310	62.27	11
26	20.009	279	5.29	37	58.97	102	50.50	67	62.118	280	35.27	30	4.734	306	62.38	3
Okt. 6	20.288	271	5.66	71	59.99	98	51.17	107	62.398	272	35.57	60	5.040	298	62.41	6
16	20.559	258	6.37	103	60.97	94	52.24	144	62.670	260	36.17	87	5.338	287	62.35	13
26	20.817	241	7.40	130	61.91	86	53.68	179	62.930	244	37.04	112	5.625	270	62.22	19
Nov. 5	21.058	220	8.70	153	62.77	76	55.47	212	63.174	223	38.16	132	5.895	249	62.03	23
15	21.278	194	10.23	169	63.53	66	57.59	239	63.397	197	39.48	146	6.144	223	61.80	24
25	21.472	162	11.92	179	64.19	53	59.98	261	63.594	166	40.94	153	6.367	190	61.56	23
Dez. 5	21.634	125	13.71	181	64.72	37	62.59	276	63.760	130	42.47	155	6.557	152	61.33	20
14*	14 21.759	85	15.52	178	14 65.09	22	65.35	282	14 63.890	90	44.02	152	6.709	109	61.13	16
24	21.844	42	17.30	169	65.31	6	68.17	280	63.980	46	45.54	143	15 6.818	62	60.97	11
34	21.886		18.99		65.37		70.97		64.026		46.97		6.880		60.86	
Mittl. Ort	16.750		13.99		49.71		67.62		58.748		42.42		0.782		62.96	
sec δ, tg δ	+1.005		−0.104		+3.868		+3.737		+1.000		−0.021		+1.072		+0.386	
a, *a′*	+2.9		+2.3		+8.0		+2.3		+3.0		+2.3		+3.6		+2.2	
b, *b′*	0.00		−0.99		+0.03		−0.99		0.00		−0.99		0.00		−0.99	

* Bei Stern 211) lies Dez. 15.

Scheinbare Sternörter 1956

Obere Kulmination Greenwich

Tag	215) α Columbae AR.		215) α Columbae Dekl.		216) o Aurigae AR.		216) o Aurigae Dekl.		219) ζ Leporis AR.		219) ζ Leporis Dekl.		220) ϰ Orionis AR.		220) ϰ Orionis Dekl.	
1956	5h 38m		−34° 5′		5h 42m		+49° 48′		5h 44m		−14° 50′		5h 45m		−9° 40′	
	s		″		s		″		s		″		s		″	
Jan. 0	5.578	22	53.14	283	32.989	43	34.23	156	59.924	18	18.06	210	42.425	24	66.17	186
10	5.556	73	55.97	256	33.032	28	35.79	148	59.942	29	20.16	190	42.449	21	68.03	167
20	5.483	121	58.53	223	33.004	95	37.27	134	59.913	73	22.06	166	42.428	65	69.70	146
30	5.362	164	60.76	184	32.909	157	38.61	114	59.840	113	23.72	139	42.363	106	71.16	122
Febr. 9	5.198	199	62.60	142	32.752	209	39.75	87	59.727	147	25.11	109	42.257	140	72.38	96
19	4.999	225	64.02	99	32.543	248	40.62	57	59.580	173	26.20	78	42.117	165	73.34	69
29	4.774	241	65.01	53	32.295	273	41.19	25	59.407	189	26.98	47	41.952	182	74.03	43
März 10	4.533	246	65.54	8	32.022	283	41.44	10	59.218	195	27.45	15	41.770	188	74.46	15
20	4.287	241	65.62	37	31.739	276	41.34	43	59.023	192	27.60	16	41.582	185	74.61	11
30	4.046	225	65.25	80	31.463	253	40.91	74	58.831	179	27.44	46	41.397	172	74.50	38
April 9	3.821	199	64.45	121	31.210	218	40.17	101	58.652	156	26.98	76	41.225	150	74.12	63
19	3.622	166	63.24	159	30.992	172	39.16	125	58.496	126	26.22	103	41.075	120	73.49	88
29	3.456	127	61.65	193	30.820	116	37.91	143	58.370	90	25.19	130	40.955	84	72.61	110
Mai 9	3.329	82	59.72	224	30.704	55	36.48	156	58.280	51	23.89	153	40.871	46	71.51	131
19	3.247	36	57.48	249	30.649	9	34.92	161	58.229	10	22.36	174	40.825	4	70.20	150
29	3.211	13	54.99	268	30.658	73	33.31	163	58.219	33	20.62	189	40.821	38	68.70	165
Juni 8	3.224	61	52.31	279	30.731	136	31.68	159	58.252	75	18.73	201	40.859	79	67.05	177
18	3.285	106	49.52	285	30.867	194	30.09	151	58.327	114	16.72	208	40.938	117	65.28	182
28	3.391	150	46.67	282	31.061	248	28.58	139	58.441	151	14.64	208	41.055	153	63.46	184
Juli 8	3.541	189	43.85	270	31.309	295	27.19	124	58.592	183	12.56	202	41.208	185	61.62	180
18	3.730	223	41.15	250	31.604	336	25.95	107	58.775	211	10.54	190	41.393	212	59.82	170
28	3.953	253	38.65	223	31.940	370	24.88	88	58.986	235	8.64	172	41.605	235	58.12	153
Aug. 7	4.206	278	36.42	187	32.310	397	24.00	70	59.221	255	6.92	146	41.840	254	56.59	132
17	4.484	296	34.55	144	32.707	416	23.30	49	59.476	269	5.46	115	42.094	267	55.27	104
27	4.780	309	33.11	96	33.123	430	22.81	28	59.745	279	4.31	79	42.361	277	54.23	71
Sept. 6	5.089	315	32.15	43	33.553	438	22.53	9	60.024	285	3.52	39	42.638	283	53.52	36
16	5.404	317	31.72	12	33.991	439	22.44	12	60.309	287	3.13	3	42.921	284	53.16	2
26	5.721	312	31.84	69	34.430	436	22.56	32	60.596	284	3.16	47	43.205	282	53.18	41
Okt. 6	6.033	301	32.53	124	34.866	426	22.88	51	60.880	277	3.63	89	43.487	275	53.59	78
16	6.334	284	33.77	175	35.292	410	23.39	71	61.157	266	4.52	128	43.762	265	54.37	114
26	6.618	261	35.52	219	35.702	387	24.10	90	61.423	249	5.80	162	44.027	249	55.51	145
Nov. 5	6.879	231	37.71	257	36.089	355	25.00	108	61.672	227	7.42	191	44.276	228	56.96	171
15	7.110	196	40.28	286	36.444	316	26.08	125	61.899	201	9.33	212	44.504	203	58.67	189
25	7.306	156	43.14	303	36.760	268	27.33	140	62.100	168	11.45	226	44.707	171	60.56	201
Dez. 5	7.462	110	46.17	310	37.028	213	28.73	150	62.268	130	13.71	231	44.878	135	62.57	205
15	$_{15}$7.572	60	49.27	308	$_{17}$37.241	150	30.23	158	$_{17}$62.398	88	16.02	228	$_{17}$45.013	94	64.62	202
24	7.632	8	52.35	294	37.391	82	31.81	159	62.486	45	18.30	219	45.107	50	66.64	193
34	7.640		55.29		37.473		33.40		62.531		20.49		45.157		68.57	
Mittl. Ort	3.251		47.21		29.328		33.69		57.620		13.41		40.104		61.88	
sec δ, tg δ	+1.208		−0.677		+1.550		+1.184		+1.034		−0.265		+1.014		−0.171	
a, *a′*	+2.2		+1.9		+4.7		+1.5		+2.7		+1.3		+2.8		+1.3	
b, *b′*	0.00		−1.00		+0.01		−1.00		0.00		−1.00		0.00		−1.00	

Obere Kulmination Greenwich

Tag	224) α Orionis AR.		224) α Orionis Dekl.		225) δ Aurigae AR.		225) δ Aurigae Dekl.		227) β Aurigae AR.		227) β Aurigae Dekl.		1162) +33° 1209 Auri AR.		1162) +33° 1209 Auri Dekl.	
1956	$5^h\ 52^m$		+7° 23′		$5^h\ 55^m$		+54° 16′		$5^h\ 56^m$		+44° 56′		$5^h\ 57^m$		+33° 8′	
	s		″		s		″		s		″		s		″	
Jan. 0	49.775	45	58.63	94	58.159	61	61.15	180	21.405	63	41.57	130	23.697	62	6.72	61
10	49.820	−1	57.69	82	58.220	−17	62.95	174	21.468	−3	42.87	126	23.759	6	7.33	62
20	49.819	47	56.87	71	58.203	93	64.69	160	21.465	67	44.13	117	23.765	−49	7.95	59
30	49.772	89	56.16	58	58.110	164	66.29	139	21.398	125	45.30	103	23.716	99	8.54	54
Febr. 9	49.683	126	55.58	47	57.946	224	67.68	112	21.273	176	46.33	83	23.617	143	9.08	43
19	49.557	153	55.11	35	57.722	270	68.80	79	21.097	216	47.16	59	23.474	178	9.51	30
29	49.404	171	54.76	24	57.452	301	69.59	43	20.881	243	47.75	31	23.296	200	9.81	15
März 10	49.233	180	54.52	13	57.151	315	70.02	6	20.638	254	48.06	3	23.096	211	9.96	−1
20	49.053	177	54.39	3	56.836	312	70.08	−32	20.384	252	48.09	−26	22.885	208	9.95	19
30	48.876	165	54.36	−7	56.524	292	69.76	68	20.132	234	47.83	54	22.677	195	9.76	35
April 9	48.711	143	54.43	18	56.232	255	69.08	101	19.898	205	47.29	78	22.482	169	9.41	48
19	48.568	113	54.61	29	55.977	208	68.07	130	19.693	164	46.51	100	22.313	135	8.93	59
29	48.455	78	54.90	40	55.769	151	66.77	152	19.529	116	45.51	117	22.178	93	8.34	68
Mai 9	48.377	38	55.30	52	55.618	85	65.25	170	19.413	62	44.34	128	22.085	46	7.66	73
19	48.339	−3	55.82	64	55.533	−17	63.55	180	19.351	−4	43.06	135	22.039	−2	6.93	74
29	48.342	45	56.46	74	55.516	53	61.75	185	19.347	54	41.71	137	22.041	52	6.19	72
Juni 8	48.387	86	57.20	82	55.569	122	59.90	185	19.401	111	40.34	136	22.093	100	5.47	69
18	48.473	125	58.02	90	55.691	187	58.05	180	19.512	165	38.98	130	22.193	146	4.78	63
28	48.598	159	58.92	93	55.878	247	56.25	170	19.677	214	37.68	120	22.339	187	4.15	56
Juli 8	48.757	191	59.85	94	56.125	302	54.55	156	19.891	259	36.48	110	22.526	225	3.59	48
18	48.948	218	60.79	92	56.427	348	52.99	139	20.150	296	35.38	97	22.751	256	3.11	39
28	49.166	240	61.71	84	56.775	389	51.60	120	20.446	329	34.41	82	23.007	283	2.72	32
Aug. 7	49.406	258	62.55	74	57.164	421	50.40	99	20.775	355	33.59	68	23.290	305	2.40	25
17	49.664	272	63.29	60	57.585	447	49.41	77	21.130	376	32.91	52	23.595	322	2.15	19
27	49.936	282	63.89	41	58.032	465	48.64	54	21.506	390	32.39	36	23.917	334	1.96	14
Sept. 6	50.218	287	64.30	21	58.497	477	48.10	31	21.896	399	32.03	22	24.251	341	1.82	10
16	50.505	290	64.51	−1	58.974	483	47.79	7	22.295	404	31.81	−6	24.592	345	1.72	5
26	50.795	289	64.50	24	59.457	482	47.72	18	22.699	403	31.75	10	24.937	345	1.67	2
Okt. 6	51.084	284	64.26	46	59.939	474	47.90	42	23.102	397	31.85	25	25.282	340	1.65	−2
16	51.368	276	63.80	66	60.413	459	48.32	66	23.499	385	32.10	41	25.622	331	1.67	7
26	51.644	262	63.14	83	60.872	436	48.98	90	23.884	367	32.51	58	25.953	316	1.74	13
Nov. 5	51.906	244	62.31	97	61.308	403	49.88	113	24.251	342	33.09	74	26.269	296	1.87	20
15	52.150	220	61.34	107	61.711	361	51.01	134	24.593	308	33.83	89	26.565	268	2.07	28
25	52.370	191	60.27	111	62.072	310	52.35	153	24.901	267	34.72	104	26.833	234	2.35	36
Dez. 5	52.561	155	59.16	110	62.382	249	53.88	168	25.168	217	35.76	116	27.067	193	2.71	46
15	52.716	116	58.06	107	62.631	181	55.56	178	25.385	161	36.92	125	27.260	145	3.17	53
24	19 52.832	70	56.99	99	20 62.812	105	57.34	183	20 25.546	99	38.17	131	20 27.405	92	3.70	59
34	52.902		56.00		62.917		59.17		25.645		39.48		27.497		4.29	
Mittl. Ort	47.313		61.94		54.169		61.66		17.999		42.65		20.742		8.61	
sec δ, tg δ	+1.008		+0.130		+1.713		+1.391		+1.413		+0.998		+1.194		+0.653	
a, a′	+3.2		+0.6		+4.9		+0.4		+4.4		+0.3		+3.9		+0.2	
b, b′	0.00		−1.00		0.00		−1.00		0.00		−1.00		0.00		−1.00	

Scheinbare Sternörter 1956

Obere Kulmination Greenwich

Tag	229) η Columbae				232) ν Orionis				1168) κ Aurigae				234) 22 H. Camelop.			
	AR.		Dekl.		AR.		Dekl.		AR.		Dekl.		AR.		Dekl.	
1956	$5^h\ 57^m$		$-42°\ 48'$		$6^h\ 5^m$		$+14°\ 46'$		$6^h\ 12^m$		$+29°\ 30'$		$6^h\ 14^m$		$+69°\ 19'$	
	s		″		s		″		s		″		s		″	
Jan. 0	50.354	22	66.11	319	6.076	62	28.08	53	37.282	77	54.97	36	6.11	10	77.62	253
10	50.332	80	69.30	293	6.138	13	27.55	44	37.359	22	55.33	41	6.21	4	80.15	247
20	50.252	135	72.23	260	6.151	36	27.11	34	37.381	32	55.74	43	6.17	16	82.62	231
30	50.117	185	74.83	220	6.115	80	26.77	27	37.349	82	56.17	41	6.01	27	84.93	205
Febr. 9	49.932	226	77.03	175	6.035	119	26.50	21	37.267	127	56.58	36	5.74	38	86.98	171
19	49.706	258	78.78	129	5.916	150	26.29	15	37.140	162	56.94	28	5.36	46	88.69	130
29	49.448	279	80.07	79	5.766	172	26.14	11	36.978	188	57.22	18	4.90	51	89.99	83
März 10	49.169	288	80.86	30	5.594	182	26.03	8	36.790	201	57.40	5	4.39	55	90.82	35
20	48.881	286	81.16	19	5.412	180	25.95	6	36.589	201	57.45	8	3.84	55	91.17	16
30	48.595	272	80.97	67	5.232	170	25.89	3	36.388	191	57.37	21	3.29	52	91.01	66
April 9	48.323	249	80.30	114	5.062	150	25.86	1	36.197	169	57.16	32	2.77	48	90.35	111
19	48.074	216	79.16	156	4.912	121	25.87	4	36.028	139	56.84	41	2.29	41	89.24	153
29	47.858	176	77.60	195	4.791	86	25.91	10	35.889	100	56.43	48	1.88	32	87.71	187
Mai 9	47.682	130	75.65	230	4.705	46	26.01	16	35.789	57	55.95	53	1.56	23	85.84	216
19	47.552	80	73.35	258	4.659	4	26.17	23	35.732	12	55.42	55	1.33	12	83.68	237
29	47.472	29	70.77	281	4.655	38	26.40	30	35.720	35	54.87	54	1.21	1	81.31	250
Juni 8	47.443	24	67.96	297	4.693	80	26.70	37	35.755	82	54.33	51	1.20	10	78.81	255
18	47.467	76	64.99	305	4.773	119	27.07	43	35.837	125	53.82	47	1.30	21	76.26	255
28	47.543	125	61.94	303	4.892	156	27.50	47	35.962	166	53.35	42	1.51	32	73.71	248
Juli 8	47.668	171	58.91	294	5.048	188	27.97	50	36.128	202	52.93	37	1.83	40	71.23	234
18	47.839	213	55.97	276	5.236	216	28.47	50	36.330	234	52.56	32	2.23	49	68.89	215
28	48.052	251	53.21	247	5.452	240	28.97	47	36.564	261	52.24	27	2.72	57	66.74	194
Aug. 7	48.303	283	50.74	212	5.692	260	29.44	40	36.825	284	51.97	23	3.29	63	64.80	167
17	48.586	309	48.62	168	5.952	275	29.84	33	37.109	302	51.74	22	3.92	68	63.13	137
27	48.895	329	46.94	116	6.227	287	30.17	20	37.411	315	51.52	20	4.60	72	61.76	105
Sept. 6	49.224	342	45.78	61	6.514	294	30.37	8	37.726	325	51.32	19	5.32	75	60.71	72
16	49.566	348	45.17	2	6.808	298	30.45	8	38.051	332	51.13	20	6.07	77	59.99	37
26	49.914	346	45.15	59	7.106	300	30.37	23	38.383	333	50.93	20	6.84	77	59.62	0
Okt. 6	50.260	338	45.74	119	7.406	297	30.14	38	38.716	332	50.73	19	7.61	77	59.62	37
16	50.598	322	46.93	176	7.703	290	29.76	51	39.048	326	50.54	17	8.38	74	59.99	74
26	50.920	298	48.69	227	7.993	278	29.25	62	39.374	314	50.37	14	9.12	71	60.73	110
Nov. 5	51.218	266	50.96	270	8.271	262	28.63	69	39.688	297	50.23	10	9.83	66	61.83	146
15	51.484	227	53.66	304	8.533	239	27.94	73	39.985	272	50.13	2	10.49	59	63.29	178
25	51.711	181	56.70	327	8.772	210	27.21	74	40.257	241	50.11	6	11.08	50	65.07	206
Dez. 5	51.892	128	59.97	339	8.982	174	26.47	71	40.498	202	50.17	15	11.58	40	67.13	229
15	52.020	72	63.36	340	9.156	133	25.76	65	40.700	157	50.32	25	11.98	30	69.42	245
24*	[20] 52.092	14	66.76	328	[22] 9.289	88	25.11	57	[24] 40.857	107	50.57	33	12.28	17	71.87	255
34	52.106		70.04		9.377		24.54		40.964		50.90		[25] 12.45		74.42	
Mittl. Ort	47.894		60.29		3.509		31.52		34.420		58.19		0.04		79.42	
sec δ, tg δ	+1.363		−0.927		+1.034		+0.264		+1.149		+0.566		+2.834		+2.652	
a, *a′*	+1.8		+0.2		+3.4		−0.4		+3.8		−1.1		+6.6		−1.2	
b, *b′*	0.00		−1.00		0.00		−1.00		0.00		−1.00		−0.01		−1.00	

* Bei Stern 234) lies Dez. 25.

Scheinbare Sternörter 1956

Obere Kulmination Greenwich

Tag	240) ζ Canis maj. AR.		240) ζ Canis maj. Dekl.		241) μ Geminorum AR.		241) μ Geminorum Dekl.	
1956	6h 18m		−30° 2′		6h 20m		+22° 32′	
	s		″		s		″	
Jan. 0	39.733	30	38.54	290	20.584	81	12.71	9
10	39.763	22	41.44	268	20.665	30	12.62	0
20	39.741	73	44.12	241	20.695	22	12.62	7
30	39.668	120	46.53	208	20.673	71	12.69	11
Febr. 9	39.548	160	48.61	171	20.602	114	12.80	12
19	39.388	193	50.32	130	20.488	148	12.92	11
29	39.195	215	51.62	89	20.340	174	13.03	7
März 10	38.980	228	52.51	46	20.166	187	13.10	3
20	38.752	230	52.97	4	19.979	189	13.13	2
30	38.522	221	53.01	38	19.790	181	13.11	8
April 9	38.301	203	52.63	78	19.609	162	13.03	13
19	38.098	176	51.85	117	19.447	133	12.90	17
29	37.922	144	50.68	152	19.314	99	12.73	19
Mai 9	37.778	105	49.16	184	19.215	59	12.54	19
19	37.673	63	47.32	211	19.156	17	12.35	17
29	37.610	20	45.21	234	19.139	27	12.18	15
Juni 8	37.590	24	42.87	251	19.166	70	12.03	12
18	37.614	68	40.36	260	19.236	111	11.91	7
28	37.682	109	37.76	264	19.347	150	11.84	4
Juli 8	37.791	148	35.12	258	19.497	184	11.80	1
18	37.939	184	32.54	245	19.681	214	11.79	2
28	38.123	215	30.09	223	19.895	241	11.81	2
Aug. 7	38.338	243	27.86	194	20.136	263	11.83	0
17	38.581	266	25.92	158	20.399	280	11.83	3
27	38.847	284	24.34	114	20.679	295	11.80	8
Sept. 6	39.131	298	23.20	66	20.974	305	11.72	14
16	39.429	306	22.54	13	21.279	312	11.58	22
26	39.735	310	22.41	41	21.591	315	11.36	28
Okt. 6	40.045	307	22.82	94	21.906	315	11.08	35
16	40.352	299	23.76	146	22.221	310	10.73	41
26	40.651	284	25.22	193	22.531	301	10.32	44
Nov. 5	40.935	263	27.15	234	22.832	286	9.88	45
15	41.198	234	29.49	266	23.118	264	9.43	42
25	41.432	199	32.15	288	23.382	234	9.01	37
Dez. 5	41.631	158	35.03	302	23.616	199	8.64	31
15	41.789	111	38.05	304	23.815	157	8.33	23
25	[26] 41.900	61	41.09	297	[26] 23.972	110	8.10	11
34	41.961		44.06		24.082		7.99	
Mittl. Ort	37.367		33.43		17.879		16.71	
sec δ, tg δ	+1.155		−0.578		+1.083		+0.415	
a, *a′*	+2.3		−1.6		+3.6		−1.8	
b, *b′*	0.00		−1.00		0.00		−1.00	

Tag	243) β Canis maj. AR.		243) β Canis maj. Dekl.		244) 8 ε Monocerotis AR.		244) 8 ε Monocerotis Dekl.	
1956	6h 20m		−17° 55′		6h 21m		+4° 36′	
	s		″		s		″	
Jan. 0	47.993	49	63.07	239	28.588	70	56.04	118
10	48.042	0	65.46	221	28.658	22	54.86	105
20	48.042	48	67.67	196	28.680	25	53.81	90
30	47.994	93	69.63	169	28.655	70	52.91	74
Febr. 9	47.901	131	71.32	138	28.585	109	52.17	58
19	47.770	163	72.70	106	28.476	141	51.59	43
29	47.607	185	73.76	71	28.335	164	51.16	29
März 10	47.422	197	74.47	38	28.171	176	50.87	16
20	47.225	200	74.85	4	27.995	179	50.71	2
30	47.025	191	74.89	29	27.816	171	50.69	11
April 9	46.834	174	74.60	61	27.645	154	50.80	23
19	46.660	150	73.99	92	27.491	128	51.03	36
29	46.510	118	73.07	121	27.363	97	51.39	48
Mai 9	46.392	82	71.86	146	27.266	60	51.87	60
19	46.310	42	70.40	169	27.206	22	52.47	72
29	46.268	2	68.71	189	27.184	19	53.19	82
Juni 8	46.266	38	66.82	203	27.203	58	54.01	91
18	46.304	78	64.79	211	27.261	96	54.92	96
28	46.382	116	62.68	214	27.357	131	55.88	100
Juli 8	46.498	150	60.54	211	27.488	164	56.88	99
18	46.648	182	58.43	201	27.652	192	57.87	96
28	46.830	209	56.42	183	27.844	217	58.83	88
Aug. 7	47.039	232	54.59	159	28.061	239	59.71	75
17	47.271	253	53.00	128	28.300	255	60.46	59
27	47.524	268	51.72	92	28.555	268	61.05	39
Sept. 6	47.792	280	50.80	51	28.823	279	61.44	15
16	48.072	288	50.29	7	29.102	286	61.59	9
26	48.360	291	50.22	38	29.388	290	61.50	34
Okt. 6	48.651	291	50.60	84	29.678	289	61.16	60
16	48.942	284	51.44	127	29.967	284	60.56	82
26	49.226	272	52.71	167	30.251	275	59.74	103
Nov. 5	49.498	255	54.38	199	30.526	261	58.71	119
15	49.753	231	56.37	226	30.787	240	57.52	130
25	49.984	201	58.63	243	31.027	213	56.22	136
Dez. 5	50.185	164	61.06	253	31.240	180	54.86	137
15	50.349	122	63.59	254	31.420	140	53.49	132
25	[26] 50.471	77	66.13	246	[26] 31.560	96	52.17	124
34	50.548		68.59		31.656		50.93	
Mittl. Ort	45.655		58.12		26.137		60.58	
sec δ, tg δ	+1.051		−0.324		+1.003		+0.081	
a, *a′*	+2.6		−1.8		+3.2		−1.9	
b, *b′*	0.00		−1.00		0.00		−1.00	

Scheinbare Sternörter 1956

Obere Kulmination Greenwich

Tag	242) ψ¹ Aurigae AR.		242) ψ¹ Aurigae Dekl.		245) α Carinae AR.		245) α Carinae Dekl.		246) 10 Monocerotis AR.		246) 10 Monocerotis Dekl.		249) ξ² Canis maj. AR.		249) ξ² Canis maj. Dekl.	
1956	6h 21m		+49° 18′		6h 22m		−52° 40′		6h 25m		−4° 43′		6h 33m		−22° 55′	
	s		″		s		″		s		″		s		″	
Jan. 0	34.255	100	42.27	153	61.187	18	20.11	353	49.506	67	65.03	173	15.004	56	48.23	267
10	34.355	26	43.80	154	61.169	90	23.64	330	49.573	19	66.76	157	15.060	5	50.90	248
20	34.381	45	45.34	148	61.079	158	26.94	299	49.592	28	68.33	139	15.065	45	53.38	224
30	34.336	112	46.82	135	60.921	218	29.93	261	49.564	73	69.72	118	15.020	91	55.62	194
Febr. 9	34.224	172	48.17	115	60.703	271	32.54	216	49.491	112	70.90	94	14.929	133	57.56	161
19	34.052	220	49.32	91	60.432	313	34.70	169	49.379	143	71.84	72	14.796	165	59.17	126
29	33.832	255	50.23	62	60.119	343	36.39	118	49.236	166	72.56	49	14.631	191	60.43	90
März 10	33.577	275	50.85	30	59.776	359	37.57	65	49.070	180	73.05	26	14.440	205	61.33	51
20	33.302	278	51.15	4	59.417	362	38.22	13	48.890	183	73.31	5	14.235	209	61.84	14
30	33.024	267	51.11	36	59.055	353	38.35	39	48.707	175	73.36	18	14.026	203	61.98	23
April 9	32.757	241	50.75	67	58.702	331	37.96	90	48.532	159	73.18	39	13.823	187	61.75	59
19	32.516	203	50.08	94	58.371	300	37.06	137	48.373	135	72.79	60	13.636	165	61.16	94
29	32.313	156	49.14	117	58.071	258	35.69	180	48.238	104	72.19	79	13.471	134	60.22	125
Mai 9	32.157	101	47.97	136	57.813	209	33.89	221	48.134	70	71.40	97	13.337	99	58.97	155
19	32.056	42	46.61	150	57.604	156	31.68	255	48.064	31	70.43	113	13.238	61	57.42	180
29	32.014	19	45.11	158	57.448	97	29.13	283	48.033	8	69.30	128	13.177	20	55.62	202
Juni 8	32.033	79	43.53	162	57.351	37	26.30	303	48.041	47	68.02	138	13.157	21	53.60	218
18	32.112	138	41.91	161	57.314	24	23.27	315	48.088	85	66.64	146	13.178	62	51.42	228
28	32.250	193	40.30	156	57.338	85	20.12	320	48.173	120	65.18	149	13.240	100	49.14	233
Juli 8	32.443	243	38.74	148	57.423	143	16.92	314	48.293	153	63.69	148	13.340	136	46.81	230
18	32.686	287	37.26	137	57.566	198	13.78	298	48.446	182	62.21	140	13.476	170	44.51	220
28	32.973	326	35.89	124	57.764	249	10.80	274	48.628	208	60.81	129	13.646	199	42.31	202
Aug. 7	33.299	359	34.65	109	58.013	293	8.06	241	48.836	230	59.52	112	13.845	226	40.29	177
17	33.658	385	33.56	93	58.306	333	5.65	197	49.066	248	58.40	88	14.071	248	38.52	145
27	34.043	407	32.63	75	58.639	364	3.68	147	49.314	262	57.52	62	14.319	267	37.07	106
Sept. 6	34.450	422	31.88	58	59.003	389	2.21	89	49.576	274	56.90	32	14.586	282	36.01	64
16	34.872	432	31.30	39	59.392	403	1.32	28	49.850	282	56.58	2	14.868	292	35.37	16
26	35.304	438	30.91	20	59.795	408	1.04	36	50.132	286	56.60	37	15.160	297	35.21	34
Okt. 6	35.742	436	30.71	1	60.203	404	1.40	100	50.418	286	56.97	70	15.457	298	35.55	83
16	36.178	428	30.72	22	60.607	390	2.40	162	50.704	281	57.67	103	15.755	294	36.38	130
26	36.606	414	30.94	44	60.997	364	4.02	218	50.985	273	58.70	132	16.049	284	37.68	174
Nov. 5	37.020	391	31.38	66	61.361	328	6.20	269	51.258	258	60.02	155	16.333	266	39.42	211
15	37.411	358	32.04	87	61.689	283	8.89	310	51.516	237	61.57	173	16.599	243	41.53	242
25	37.769	316	32.91	108	61.972	227	11.99	339	51.753	210	63.30	185	16.842	212	43.95	263
Dez. 5	38.085	266	33.99	126	62.199	165	15.38	358	51.963	177	65.15	189	17.054	175	46.58	275
15	38.351	206	35.25	141	62.364	97	18.96	365	52.140	137	67.04	187	17.229	132	49.33	279
25	[26] 38.557	138	36.66	151	[27] 62.461	26	22.61	360	[28] 52.277	92	68.91	179	[29] 17.361	84	52.12	273
34	38.695		38.17		62.487		26.21		52.369		70.70		17.445		54.85	
Mittl. Ort	30.609		45.53		58.464		15.10		47.125		60.20		12.654		43.30	
sec δ, tg δ	+1.534		+1.163		+1.649		−1.311		+1.003		−0.083		+1.086		−0.423	
a, *a′*	+4.6		−1.9		+1.3		−2.0		+3.0		−2.3		+2.5		−2.9	
b, *b′*	−0.01		−1.00		+0.01		−0.99		0.00		−0.99		0.00		−0.99	

Scheinbare Sternörter 1956

Obere Kulmination Greenwich

Tag	247) 8 Lyncis				251) γ Geminorum				250) 51 Aurigae				252) ν Puppis			
	AR.		Dekl.		AR.		Dekl.		AR.		Dekl.		AR.		Dekl.	
1956	$6^h\ 33^m$		$+61°\ 31'$		$6^h\ 35^m$		$+16°\ 26'$		$6^h\ 35^m$		$+39°\ 25'$		$6^h\ 36^m$		$-43°\ 9'$	
	s		″		s		″		s		″		s		″	
Jan. 0	45.06	13	17.03	215	^{0}12.795	92	13.77	49	^{0}39.789	110	49.05	93	^{0}27.325	28	27.40	339
10	45.19	3	19.18	216	12.887	42	13.28	39	39.899	48	49.98	100	27.353	34	30.79	320
20	45.22	6	21.34	208	12.929	9	12.89	27	39.947	14	50.98	100	27.319	93	33.99	291
30	45.16	16	23.42	190	12.920	57	12.62	18	39.933	74	51.98	96	27.226	149	36.90	257
Febr. 9	45.00	24	25.32	165	12.863	100	12.44	10	39.859	127	52.94	86	27.077	196	39.47	216
19	44.76	30	26.97	133	12.763	136	12.34	5	39.732	171	53.80	72	26.881	236	41.63	172
29	44.46	35	28.30	95	12.627	162	12.29	1	39.561	204	54.52	54	26.645	264	43.35	125
März 10	44.11	39	29.25	52	12.465	178	12.28	1	39.357	224	55.06	32	26.381	281	44.60	76
20	43.72	40	29.77	9	12.287	182	12.29	2	39.133	229	55.38	9	26.100	287	45.36	27
30	43.32	38	29.86	35	12.105	176	12.31	3	38.904	223	55.47	15	25.813	281	45.63	22
April 9	42.94	36	29.51	76	11.929	161	12.34	3	38.681	204	55.32	37	25.532	265	45.41	70
19	42.58	31	28.75	115	11.768	136	12.37	5	38.477	174	54.95	57	25.267	239	44.71	115
29	42.27	25	27.60	149	11.632	105	12.42	6	38.303	135	54.38	74	25.028	205	43.56	157
Mai 9	42.02	18	26.11	176	11.527	68	12.48	10	38.168	91	53.64	88	24.823	165	41.99	196
19	41.84	11	24.35	198	11.459	29	12.58	13	38.077	42	52.76	99	24.658	120	40.03	230
29	41.73	2	22.37	214	11.430	12	12.71	17	38.035	9	51.77	106	24.538	72	37.73	257
Juni 8	41.71	6	20.23	222	11.442	53	12.88	21	38.044	60	50.71	109	24.466	21	35.16	279
18	41.77	14	18.01	225	11.495	92	13.09	25	38.104	109	49.62	110	24.445	28	32.37	293
28	41.91	21	15.76	222	11.587	129	13.34	27	38.213	154	48.52	108	24.473	78	29.44	298
Juli 8	42.12	28	13.54	215	11.716	163	13.61	29	38.367	198	47.44	103	24.551	125	26.46	295
18	42.40	35	11.39	202	11.879	193	13.90	28	38.565	235	46.41	97	24.676	171	23.51	284
28	42.75	41	9.37	185	12.072	219	14.18	24	38.800	268	45.44	91	24.847	212	20.67	262
Aug. 7	43.16	45	7.52	166	12.291	242	14.42	19	39.068	297	44.53	83	25.059	249	18.05	231
17	43.61	49	5.86	144	12.533	261	14.61	11	39.365	320	43.70	74	25.308	282	15.74	193
27	44.10	53	4.42	119	12.794	276	14.72	0	39.685	340	42.96	67	25.590	309	13.81	147
Sept. 6	44.63	55	3.23	92	13.070	288	14.72	12	40.025	356	42.29	58	25.899	330	12.34	93
16	45.18	58	2.31	63	13.358	298	14.60	26	40.381	366	41.71	50	26.229	344	11.41	35
26	45.76	58	1.68	34	13.656	303	14.34	39	40.747	373	41.21	39	26.573	353	11.06	25
Okt. 6	46.34	58	1.34	2	13.959	305	13.95	52	41.120	376	40.82	28	26.926	353	11.31	86
16	46.92	58	1.32	30	14.264	304	13.43	64	41.496	372	40.54	17	27.279	345	12.17	146
26	47.50	55	1.62	62	14.568	296	12.79	73	41.868	364	40.37	3	27.624	329	13.63	201
Nov. 5	48.05	53	2.24	95	14.864	283	12.06	78	42.232	347	40.34	12	27.953	305	15.64	250
15	48.58	48	3.19	126	15.147	265	11.28	81	42.579	323	40.46	29	28.258	270	18.14	290
25	49.06	43	4.45	154	15.412	238	10.47	78	42.902	290	40.75	45	28.528	229	21.04	320
Dez. 5	49.49	35	5.99	179	15.650	204	9.69	73	43.192	249	41.20	61	28.757	180	24.24	340
15	49.84	28	7.78	199	15.854	165	8.96	66	43.441	200	41.81	76	28.937	124	27.64	348
25	^{30}50.12	18	9.77	212	^{30}16.019	120	8.30	55	^{30}43.641	143	42.57	89	^{30}29.061	64	31.12	345
34	50.30		11.89		16.139		7.75		43.784		43.46		29.125		34.57	
Mittl. Ort	40.37		21.20		10.198		18.75		36.626		53.82		24.802		22.78	
sec δ, tg δ	+2.097		+1.844		+1.043		+0.295		+1.295		+0.822		+1.371		−0.938	
a, a′	+5.5		−2.9		+3.5		−3.1		+4.2		−3.1		+1.8		−3.2	
b, b′	−0.02		−0.99		0.00		−0.99		−0.01		−0.99		+0.01		−0.99	

Scheinbare Sternörter 1956

Obere Kulmination Greenwich

Tag	248) 23 H. Camelop. AR.		Dekl.		254) ε Geminorum AR.		Dekl.	
1956	6h 38m		+79° 36′		6h 41m		+25° 10′	
	s		″		s		″	
Jan. 1	56.64	$\underline{23}$	58.16	290	16.257	105	30.06	4
10	[1] 56.87	3	61.06	289	[1] 16.362	$\underline{51}$	30.10	14
20	56.84	27	63.95	275	16.413	2	30.24	23
30	56.57	50	66.70	251	16.411	54	30.47	27
Febr. 9	56.07	71	69.21	217	16.357	101	30.74	29
19	55.36	88	71.38	174	16.256	140	31.03	27
29	54.48	101	73.12	125	16.116	169	31.30	23
März 10	53.47	109	74.37	70	15.947	186	31.53	16
20	52.38	112	75.07	$\underline{14}$	15.761	193	31.69	8
30	51.26	111	75.21	43	15.568	188	31.77	0
April 9	50.15	104	74.78	97	15.380	172	31.77	9
19	49.11	93	73.81	148	15.208	147	31.68	16
29	48.18	79	72.33	192	15.061	114	31.52	23
Mai 9	47.39	62	70.41	228	14.947	77	31.29	26
19	46.77	43	68.13	259	14.870	$\underline{36}$	31.03	29
29	46.34	23	65.54	280	14.834	8	30.74	30
Juni 8	46.11	$\underline{2}$	62.74	294	14.842	51	30.44	29
18	46.09	19	59.80	299	14.893	92	30.15	27
28	46.28	40	56.81	297	14.985	131	29.88	26
Juli 8	46.68	59	53.84	288	15.116	167	29.62	24
18	47.27	77	50.96	272	15.283	200	29.38	24
28	48.04	93	48.24	250	15.483	228	29.14	23
Aug. 7	48.97	108	45.74	224	15.711	252	28.91	24
17	50.05	120	43.50	194	15.963	272	28.67	26
27	51.25	130	41.56	158	16.235	290	28.41	30
Sept. 6	52.55	138	39.98	121	16.525	304	28.11	34
16	53.93	143	38.77	81	16.829	314	27.77	40
26	55.36	146	37.96	$\underline{37}$	17.143	321	27.37	44
Okt. 6	56.82	147	37.59	6	17.464	325	26.93	48
16	58.29	143	37.65	51	17.789	323	26.45	50
26	59.72	138	38.16	96	18.112	317	25.95	51
Nov. 5	61.10	129	39.12	139	18.429	304	25.44	48
15	62.39	116	40.51	180	18.733	284	24.96	42
25	63.55	101	42.31	217	19.017	258	24.54	35
Dez. 5	64.56	82	44.48	249	19.275	223	24.19	25
15	65.38	61	46.97	272	19.498	181	23.94	14
25	65.99	36	49.69	287	19.679	134	23.80	1
34	[31] 66.35		52.56		[31] 19.813		23.79	
Mittl. Ort	45.75		62.51		13.505		35.37	
sec δ, tg δ	+ 5.549		+5.458		+1.105		+0.470	
a, *a′*	+10.3		−3.4		+3.7		−3.6	
b, *b′*	− 0.06		−0.99		−0.01		−0.98	

Tag	256) ξ Geminorum AR.		Dekl.		257) α Canis maj.[1] AR.		Dekl.	
1956	6h 42m		+12° 56′		6h 43m		−16° 39′	
	s		″		s		″	
Jan. 1	51.712	97	35.44	74	14.799	67	20.79	244
10	[2] 51.809	$\underline{47}$	34.70	61	[2] 14.866	$\underline{17}$	23.23	227
20	51.856	3	34.09	48	14.883	31	25.50	203
30	51.853	51	33.61	36	14.852	77	27.53	177
Febr. 9	51.802	94	33.25	25	14.775	119	29.30	146
19	51.708	130	33.00	16	14.656	152	30.76	115
29	51.578	157	32.84	9	14.504	177	31.91	82
März 10	51.421	174	32.75	$\underline{3}$	14.327	192	32.73	50
20	51.247	180	32.72	2	14.135	197	33.23	$\underline{16}$
30	51.067	175	32.74	6	13.938	192	33.39	16
April 9	50.892	161	32.80	10	13.746	178	33.23	46
19	50.731	138	32.90	13	13.568	155	32.77	77
29	50.593	108	33.03	19	13.413	127	32.00	104
Mai 9	50.485	74	33.22	25	13.286	93	30.96	129
19	50.411	$\underline{35}$	33.47	29	13.193	55	29.67	152
29	50.376	4	33.76	34	13.138	$\underline{17}$	28.15	171
Juni 8	50.380	44	34.10	39	13.121	23	26.44	186
18	50.424	82	34.49	43	13.144	61	24.58	194
28	50.506	119	34.92	45	13.205	99	22.64	199
Juli 8	50.625	152	35.37	45	13.304	133	20.65	197
18	50.777	182	35.82	44	13.437	165	18.68	187
28	50.959	208	36.26	38	13.602	193	16.81	172
Aug. 7	51.167	231	36.64	31	13.795	218	15.09	150
17	51.398	251	36.95	20	14.013	240	13.59	121
27	51.649	267	37.15	$\underline{6}$	14.253	258	12.38	87
Sept. 6	51.916	280	37.21	9	14.511	272	11.51	47
16	52.196	291	37.12	26	14.783	282	11.04	$\underline{5}$
26	52.487	297	36.86	43	15.065	290	10.99	40
Okt. 6	52.784	301	36.43	60	15.355	291	11.39	84
16	53.085	299	35.83	75	15.646	288	12.23	127
26	53.384	294	35.08	87	15.934	280	13.50	166
Nov. 5	53.678	282	34.21	96	16.214	265	15.16	199
15	53.960	265	33.25	101	16.479	243	17.15	226
25	54.225	239	32.24	101	16.722	216	19.41	245
Dez. 5	54.464	207	31.23	97	16.938	181	21.86	255
15	54.671	168	30.26	90	17.119	140	24.41	256
25	[32] 54.839	124	29.36	80	[32] 17.259	95	26.97	251
34	54.963		28.56		17.354		29.48	
Mittl. Ort	49.168		40.80		12.450		15.56	
sec δ, tg δ	+1.026		+0.230		+1.044		−0.299	
a, *a′*	+3.4		−3.7		+2.7		−3.8	
b, *b′*	0.00		−0.98		0.00		−0.98	

[1] Ort des Hauptsterns; die jährliche Parallaxe (0″.377) ist bereits berücksichtigt.

Obere Kulmination Greenwich

Tag	1177) 16 Monocerotis				258) 18 Monocerotis				262) α Pictoris				261) ϑ Geminorum			
	AR.		Dekl.		AR.		Dekl.		AR.		Dekl.		AR.		Dekl.	
1956	$6^h\ 44^m$		+8° 37′		$6^h\ 45^m$		+2° 27′		$6^h\ 47^m$		−61° 53′		$6^h\ 49^m$		+34° 0′	
	s		″		s		″		s		″		s		″	
Jan. 1	^{2}10.887	95	61.83	100	^{2}36.373	92	37.31	138	^{3}47.56	1	41.05	372	^{3}56.363	122	52.42	58
10	10.982	46	60.83	86	36.465	43	35.93	123	47.55	10	44.77	356	56.485	64	53.00	66
20	11.028	3	59.97	72	36.508	6	34.70	106	47.45	19	48.33	330	56.549	4	53.66	73
30	11.025	51	59.25	58	36.502	52	33.64	89	47.26	28	51.63	296	56.553	53	54.39	74
Febr. 9	10.974	93	58.67	44	36.450	94	32.75	71	46.98	34	54.59	254	56.500	104	55.13	70
19	10.881	129	58.23	28	36.356	129	32.04	53	46.64	39	57.13	208	56.396	148	55.83	63
29	10.752	155	57.95	22	36.227	155	31.51	36	46.25	45	59.21	157	56.248	181	56.46	50
März 10	10.597	172	57.73	10	36.072	171	31.15	19	45.80	47	60.78	105	56.067	202	56.96	35
20	10.425	178	57.63	0	35.901	178	30.96	4	45.33	48	61.83	51	55.865	211	57.31	18
30	10.247	173	57.63	9	35.723	173	30.92	10	44.85	47	62.34	2	55.654	208	57.49	0
April 9	10.074	159	57.72	17	35.550	160	31.02	25	44.38	46	62.32	55	55.446	192	57.49	18
19	9.915	138	57.89	25	35.390	139	31.27	39	43.92	43	61.77	106	55.254	166	57.31	34
29	9.777	108	58.14	33	35.251	110	31.66	52	43.49	38	60.71	155	55.088	133	56.97	48
Mai 9	9.669	74	58.47	41	35.141	77	32.18	64	43.11	33	59.16	198	54.955	93	56.49	60
19	9.595	37	58.88	50	35.064	41	32.82	77	42.78	27	57.18	237	54.862	50	55.89	70
29	9.558	2	59.38	56	35.023	3	33.59	87	42.51	20	54.81	270	54.812	3	55.19	76
Juni 8	9.560	40	59.94	63	35.020	36	34.46	96	42.31	13	52.11	296	54.809	43	54.43	79
18	9.600	79	60.57	68	35.056	72	35.42	102	42.18	5	49.15	315	54.852	89	53.64	81
28	9.679	114	61.25	70	35.128	108	36.44	105	42.13	2	46.00	324	54.941	131	52.83	80
Juli 8	9.793	147	61.95	70	35.236	141	37.49	104	42.15	10	42.76	324	55.072	171	52.03	79
18	9.940	176	62.65	67	35.377	170	38.53	99	42.25	18	39.52	314	55.243	207	51.24	76
28	10.116	203	63.32	60	35.547	197	39.52	90	42.43	25	36.38	295	55.450	238	50.48	74
Aug. 7	10.319	226	63.92	50	35.744	219	40.42	78	42.68	31	33.43	265	55.688	267	49.74	70
17	10.545	245	64.42	37	35.963	240	41.20	60	42.99	37	30.78	225	55.955	290	49.04	67
27	10.790	262	64.79	20	36.203	256	41.80	39	43.36	42	28.53	178	56.245	309	48.37	64
Sept. 6	11.052	275	64.99	1	36.459	270	42.19	14	43.78	46	26.75	122	56.554	327	47.73	61
16	11.327	285	65.00	20	36.729	280	42.33	12	44.24	49	25.53	61	56.881	339	47.12	58
26	11.612	292	64.80	42	37.009	287	42.21	40	44.73	51	24.92	4	57.220	348	46.54	54
Okt. 6	11.904	296	64.38	63	37.296	291	41.81	68	45.24	51	24.96	70	57.568	353	46.00	48
16	12.200	295	63.75	83	37.587	290	41.13	93	45.75	50	25.66	135	57.921	353	45.52	42
26	12.495	289	62.92	99	37.877	285	40.20	115	46.25	47	27.01	197	58.274	347	45.10	33
Nov. 5	12.784	278	61.93	112	38.162	273	39.05	134	46.72	43	28.98	252	58.621	335	44.77	22
15	13.062	261	60.81	120	38.435	256	37.71	147	47.15	37	31.50	299	58.956	314	44.55	8
25	13.323	235	59.61	123	38.691	231	36.24	155	47.52	30	34.49	335	59.270	287	44.47	6
Dez. 5	13.558	204	58.38	122	38.922	199	34.69	157	47.82	23	37.84	361	59.557	250	44.53	21
15	13.762	165	57.16	116	39.121	162	33.12	152	48.05	14	41.45	375	59.807	204	44.74	37
25	13.927	122	56.00	108	39.283	117	31.60	144	48.19	4	45.20	376	60.011	154	45.11	51
34	^{32}14.049		54.92		^{33}39.400		30.16		^{33}48.23		48.96		^{34}60.165		45.62	
Mittl. Ort	8.396		67.22		33.942		42.67		44.39		37.38		53.396		58.36	
sec δ, tg δ	+1.011		+0.152		+1.001		+0.043		+2.123		−1.872		+1.206		+0.675	
a, *a′*	+3.3		−3.8		+3.1		−4.0		+0.6		−4.1		+4.0		−4.3	
b, *b′*	0.00		−0.98		0.00		−0.98		+0.03		−0.98		−0.01		−0.98	

Scheinbare Sternörter 1956

Obere Kulmination Greenwich

Tag	266) ϑ Canis maj.				260) 24 H. Camelop.				268) ε Canis maj.				269) ζ Geminorum			
	AR.		Dekl.		AR.		Dekl.		AR.		Dekl.		AR.		Dekl.	
1956	$6^h\ 52^m$		−11° 58′		$6^h\ 53^m$		+77° 1′		$6^h\ 56^m$		−28° 54′		$7^h\ 1^m$		+20° 37′	
	s		″		s		″		s		″		s		″	
Jan. 1	4 11.037	86	60.87	220	4 49.58	27	69.89	280	5 56.128	75	44.22	300	6 32.620	122	65.16	29
10	11.123	37	63.07	205	49.85	6	72.69	282	56.203	21	47.22	284	32.742	70	64.87	17
20	11.160	—12	65.12	184	49.91	—15	75.51	274	56.224	—32	50.06	260	32.812	16	64.70	4
30	11.148	59	66.96	159	49.76	33	78.25	255	56.192	82	52.66	231	32.828	—35	64.66	—5
Febr. 9	11.089	101	68.55	133	49.43	51	80.80	226	56.110	128	54.97	197	32.793	82	64.71	12
19	10.988	137	69.88	105	48.92	66	83.06	188	55.982	165	56.94	159	32.711	122	64.83	16
29	10.851	163	70.93	75	48.26	77	84.94	141	55.817	195	58.53	119	32.589	153	64.99	18
März 10	10.688	180	71.68	47	47.49	85	86.35	90	55.622	213	59.72	79	32.436	174	65.17	17
20	10.508	188	72.15	18	46.64	88	87.25	35	55.409	221	60.51	37	32.262	184	65.34	14
30	10.320	184	72.33	—11	45.76	89	87.60	—19	55.188	219	60.88	—4	32.078	182	65.48	10
April 9	10.136	173	72.22	37	44.87	84	87.41	73	54.969	208	60.84	43	31.896	171	65.58	6
19	9.963	152	71.85	64	44.03	76	86.68	124	54.761	188	60.41	83	31.725	150	65.64	2
29	9.811	125	71.21	89	43.27	66	85.44	169	54.573	160	59.58	119	31.575	121	65.66	—2
Mai 9	9.686	94	70.32	112	42.61	53	83.75	209	54.413	128	58.39	153	31.454	87	65.64	3
19	9.592	58	69.20	133	42.08	38	81.66	240	54.285	91	56.86	183	31.367	50	65.61	5
29	9.534	21	67.87	151	41.70	22	79.26	264	54.194	51	55.03	208	31.317	11	65.56	6
Juni 8	9.513	—18	66.36	164	41.48	6	76.62	281	54.143	10	52.95	228	31.306	—30	65.50	6
18	9.531	55	64.72	173	41.42	—11	73.81	290	54.133	—31	50.67	242	31.336	70	65.44	5
28	9.586	90	62.99	178	41.53	27	70.91	291	54.164	71	48.25	250	31.406	107	65.39	5
Juli 8	9.676	124	61.21	178	41.80	43	68.00	285	54.235	110	45.75	250	31.513	142	65.34	5
18	9.800	156	59.43	170	42.23	58	65.15	274	54.345	147	43.25	241	31.655	174	65.29	6
28	9.956	184	57.73	158	42.81	72	62.41	256	54.492	180	40.84	225	31.829	202	65.23	10
Aug. 7	10.140	209	56.15	138	43.53	83	59.85	233	54.672	210	38.59	201	32.031	227	65.13	14
17	10.349	231	54.77	113	44.36	93	57.52	206	54.882	238	36.58	169	32.258	250	64.99	21
27	10.580	250	53.64	82	45.29	103	55.46	175	55.120	261	34.89	129	32.508	269	64.78	28
Sept. 6	10.830	266	52.82	47	46.32	110	53.71	139	55.381	282	33.60	85	32.777	285	64.50	37
16	11.096	278	52.35	8	47.42	114	52.32	101	55.663	296	32.75	35	33.062	298	64.13	48
26	11.374	286	52.27	—32	48.56	117	51.31	61	55.959	306	32.40	—18	33.360	308	63.65	57
Okt. 6	11.660	291	52.59	73	49.73	119	50.70	19	56.265	312	32.58	72	33.668	314	63.08	66
16	11.951	290	53.32	113	50.92	118	50.51	—25	56.577	311	33.30	124	33.982	317	62.42	73
26	12.241	284	54.45	148	52.10	114	50.76	70	56.888	304	34.54	173	34.299	314	61.69	77
Nov. 5	12.525	273	55.93	179	53.24	108	51.46	113	57.192	289	36.27	217	34.613	305	60.92	79
15	12.798	255	57.72	204	54.32	99	52.59	156	57.481	267	38.44	253	34.918	289	60.13	76
25	13.053	229	59.76	221	55.31	88	54.15	194	57.748	236	40.97	280	35.207	266	59.37	71
Dez. 5	13.282	196	61.97	230	56.19	73	56.09	228	57.984	198	43.77	298	35.473	234	58.66	61
15	13.478	157	64.27	232	56.92	56	58.37	255	58.182	155	46.75	306	35.707	195	58.05	50
25	34 13.635	112	66.59	226	57.48	38	60.92	274	58.337	105	49.81	304	35.902	150	57.55	38
34*	13.747		68.85		35 57.86		63.66		35 58.442		52.85		37 36.052		57.17	
Mittl. Ort	8.683		55.72		40.73		75.99		53.748		39.71		29.974		71.64	
sec δ, tg δ	+1.022		−0.212		+4.458		+4.345		+1.142		−0.552		+1.069		+0.377	
a, *a′*	+2.8		−4.5		+8.7		−4.7		+2.4		−4.9		+3.6		−5.3	
b, *b′*	0.00		−0.97		−0.07		−0.97		+0.01		−0.97		−0.01		−0.96	

* Bei Stern 260), 268) und 269) lies Dez. 35.

Scheinbare Sternörter 1956

Obere Kulmination Greenwich

Tag	271) γ Canis maj. AR.		271) γ Canis maj. Dekl.		273) δ Canis maj. AR.		273) δ Canis maj. Dekl.		274) 63 Aurigae AR.		274) 63 Aurigae Dekl.		277) λ Geminorum AR.		277) λ Geminorum Dekl.	
1956	$7^h\ 1^m$		−15° 33′		$7^h\ 6^m$		−26° 19′		$7^h\ 8^m$		+39° 23′		$7^h\ 15^m$		+16° 37′	
	s		″		s		″		s		″		s		″	
Jan. 1	$_{6}$48.366	93	65.94	242	$_{8}$38.446	88	24.14	292	$_{8}$40.973	151	31.77	85	$_{10}$36.442	133	10.00	60
10	48.459	43	68.36	226	38.534	36	27.06	278	41.124	88	32.62	97	36.575	81	9.40	44
20	48.502	7	70.62	205	38.570	17	29.84	255	41.212	24	33.59	105	36.656	29	8.96	30
30	48.495	55	72.67	180	38.553	68	32.39	227	41.236	39	34.64	106	36.685	22	8.66	17
Febr. 9	48.440	98	74.47	151	38.485	113	34.66	194	41.197	96	35.70	102	36.663	70	8.49	6
19	48.342	135	75.98	121	38.372	152	36.60	159	41.101	145	36.72	92	36.593	110	8.43	2
29	48.207	163	77.19	90	38.220	182	38.19	121	40.956	185	37.64	77	36.483	142	8.45	9
März 10	48.044	182	78.09	58	38.038	201	39.40	82	40.771	211	38.41	58	36.341	165	8.54	12
20	47.862	190	78.67	27	37.837	212	40.22	43	40.560	224	38.99	37	36.176	177	8.66	14
30	47.672	189	78.94	5	37.625	212	40.65	3	40.336	225	39.36	13	35.999	178	8.80	15
April 9	47.483	179	78.89	36	37.413	201	40.68	35	40.111	214	39.49	11	35.821	168	8.95	14
19	47.304	159	78.53	64	37.212	183	40.33	73	39.897	190	39.38	34	35.653	151	9.09	13
29	47.145	134	77.89	92	37.029	158	39.60	107	39.707	157	39.04	53	35.502	125	9.22	13
Mai 9	47.011	104	76.97	118	36.871	126	38.53	140	39.550	118	38.51	72	35.377	94	9.35	13
19	46.907	69	75.79	141	36.745	92	37.13	170	39.432	74	37.79	87	35.283	59	9.48	14
29	46.838	32	74.38	160	36.653	54	35.43	195	39.358	27	36.92	99	35.224	22	9.62	14
Juni 8	46.806	5	72.78	176	36.599	14	33.48	214	39.331	22	35.93	108	35.202	17	9.76	15
18	46.811	43	71.02	187	36.585	26	31.34	229	39.353	69	34.85	113	35.219	54	9.91	16
28	46.854	79	69.15	192	36.611	64	29.05	237	39.422	115	33.72	116	35.273	90	10.07	15
Juli 8	46.933	114	67.23	192	36.675	102	26.68	237	39.537	158	32.56	116	35.363	124	10.22	14
18	47.047	145	65.31	186	36.777	137	24.31	231	39.695	197	31.40	115	35.487	156	10.36	11
28	47.192	175	63.45	173	36.914	171	22.00	217	39.892	233	30.25	113	35.643	184	10.47	6
Aug. 7	47.367	202	61.72	152	37.085	200	19.83	194	40.125	265	29.12	109	35.827	210	10.53	1
17	47.569	226	60.20	127	37.285	228	17.89	164	40.390	293	28.03	103	36.037	234	10.52	10
27	47.795	246	58.93	94	37.513	252	16.25	126	40.683	317	27.00	98	36.271	253	10.42	22
Sept. 6	48.041	263	57.99	57	37.765	272	14.99	84	41.000	337	26.02	92	36.524	271	10.20	34
16	48.304	277	57.42	16	38.037	288	14.15	36	41.337	355	25.10	84	36.795	285	9.86	48
26	48.581	288	57.26	28	38.325	301	13.79	15	41.692	367	24.26	75	37.080	298	9.38	63
Okt. 6	48.869	294	57.54	71	38.626	307	13.94	67	42.059	376	23.51	65	37.378	307	8.75	75
16	49.163	295	58.25	114	38.933	309	14.61	118	42.435	379	22.86	53	37.685	311	8.00	87
26	49.458	290	59.39	153	39.242	304	15.79	165	42.814	377	22.33	37	37.996	310	7.13	95
Nov. 5	49.748	280	60.92	187	39.546	291	17.44	208	43.191	367	21.96	21	38.306	304	6.18	101
15	50.028	262	62.79	215	39.837	272	19.52	244	43.558	348	21.75	2	38.610	291	5.17	101
25	50.290	236	64.94	235	40.109	243	21.96	271	43.906	321	21.73	19	38.901	269	4.16	98
Dez. 5	50.526	204	67.29	248	40.352	208	24.67	289	44.227	284	21.92	39	39.170	240	3.18	91
15	50.730	165	69.77	251	40.560	166	27.56	297	44.511	237	22.31	58	39.410	203	2.27	81
25	50.895	120	72.28	246	40.726	117	30.53	296	44.748	184	22.89	77	39.613	160	1.46	67
35	51.015		74.74		40.843		33.49		44.932		23.66		39.773		0.79	
Mittl. Ort	46.019		60.88		36.080		19.65		37.862		39.27		33.879		17.06	
sec δ, tg δ	+1.038		−0.279		+1.116		−0.495		+1.294		+0.821		+1.044		+0.299	
a, *a′*	+2.7		−5.3		+2.4		−5.7		+4.1		−5.9		+3.5		−6.5	
b, *b′*	0.00		−0.96		+0.01		−0.96		−0.02		−0.96		−0.01		−0.95	

Scheinbare Sternörter 1956

Obere Kulmination Greenwich

Tag	278) π Puppis AR.		278) π Puppis Dekl.		281) δ Volantis AR.		281) δ Volantis Dekl.		279) δ Geminorum AR.		279) δ Geminorum Dekl.		280) 19 Lyncis *sq* AR.		280) 19 Lyncis *sq* Dekl.	
1956	$7^h\ 15^m$		$-37°\ 0'$		$7^h\ 16^m$		$-67°\ 52'$		$7^h\ 17^m$		$+22°\ 3'$		$7^h\ 19^m$		$+55°\ 21'$	
	s		″		s		″		s		″		s		″	
Jan. 1	$_{10}$37.724	88	65.98	334	$_{10}$55.17	3	38.05	384	$_{10}$32.411	139	46.75	26	20.957	198	50.89	173
10*	37.812	30	69.32	322	55.20	9	41.89	375	32.550	87	46.49	11	$_{11}$21.155	115	52.62	186
20	37.842	28	72.54	299	55.11	19	45.64	356	32.637	33	46.38	2	21.270	30	54.48	190
30	37.814	83	75.53	270	54.92	30	49.20	327	32.670	20	46.40	14	21.300	54	56.38	187
Febr. 9	37.731	134	78.23	236	54.62	39	52.47	292	32.650	70	46.54	22	21.246	132	58.25	175
19	37.597	177	80.59	197	54.23	46	55.39	249	32.580	112	46.76	26	21.114	199	60.00	155
29	37.420	209	82.56	154	53.77	53	57.88	203	32.468	146	47.02	27	20.915	254	61.55	128
März 10	37.211	233	84.10	110	53.24	58	59.91	152	32.322	169	47.29	26	20.661	293	62.83	96
20	36.978	245	85.20	65	52.66	60	61.43	100	32.153	182	47.55	23	20.368	315	63.79	60
30	36.733	247	85.85	18	52.06	60	62.43	46	31.971	184	47.78	17	20.053	320	64.39	22
April 9	36.486	239	86.03	26	51.46	59	62.89	7	31.787	175	47.95	11	19.733	308	64.61	18
19	36.247	221	85.77	70	50.87	57	62.82	61	31.612	156	48.06	5	19.425	282	64.43	55
29	36.026	196	85.07	112	50.30	53	62.21	111	31.456	130	48.11	1	19.143	243	63.88	90
Mai 9	35.830	164	83.95	150	49.77	48	61.10	159	31.326	99	48.10	6	18.900	194	62.98	120
19	35.666	128	82.45	186	49.29	41	59.51	203	31.227	62	48.04	9	18.706	137	61.78	148
29	35.538	88	80.59	216	48.88	33	57.48	241	31.165	24	47.95	12	18.569	75	60.30	169
Juni 8	35.450	45	78.43	241	48.55	25	55.07	274	31.141	16	47.83	14	18.494	11	58.61	185
18	35.405	2	76.02	259	48.30	16	52.33	298	31.157	55	47.69	16	18.483	52	56.76	197
28	35.403	42	73.43	270	48.14	6	49.35	315	31.212	92	47.53	17	18.535	116	54.79	204
Juli 8	35.445	84	70.73	273	48.08	3	46.20	322	31.304	127	47.36	18	18.651	176	52.75	205
18	35.529	125	68.00	268	48.11	13	42.98	319	31.431	160	47.18	21	18.827	231	50.70	203
28	35.654	165	65.32	254	48.24	22	39.79	306	31.591	190	46.97	25	19.058	282	48.67	196
Aug. 7	35.819	200	62.78	231	48.46	31	36.73	284	31.781	216	46.72	30	19.340	329	46.71	187
17	36.019	234	60.47	198	48.77	39	33.89	250	31.997	240	46.42	36	19.669	370	44.84	174
27	36.253	264	58.49	159	49.16	47	31.39	208	32.237	261	46.06	43	20.039	406	43.10	159
Sept. 6	36.517	289	56.90	112	49.63	53	29.31	156	32.498	279	45.63	51	20.445	437	41.51	141
16	36.806	310	55.78	59	50.16	58	27.75	99	32.777	295	45.12	61	20.882	463	40.10	120
26	37.116	325	55.19	3	50.74	61	26.76	35	33.072	308	44.51	69	21.345	481	38.90	97
Okt. 6	37.441	334	55.16	56	51.35	63	26.41	31	33.380	317	43.82	77	21.826	495	37.93	71
16	37.775	337	55.72	113	51.98	63	26.72	97	33.697	321	43.05	82	22.321	501	37.22	44
26	38.112	331	56.85	168	52.61	60	27.69	162	34.018	322	42.23	85	22.822	498	36.78	14
Nov. 5	38.443	317	58.53	219	53.21	55	29.31	222	34.340	315	41.38	85	23.320	485	36.64	17
15	38.760	294	60.72	261	53.76	50	31.53	275	34.655	301	40.53	81	23.805	460	36.81	50
25	39.054	263	63.33	295	54.26	41	34.28	318	34.956	280	39.72	73	24.265	424	37.31	82
Dez. 5	39.317	222	66.28	319	54.67	32	37.46	351	35.236	250	38.99	62	24.689	375	38.13	112
15	39.539	175	69.47	333	54.99	22	40.97	373	35.486	212	38.37	49	25.064	314	39.25	140
25	39.714	121	72.80	336	55.21	10	44.70	382	35.698	168	37.88	33	25.378	243	40.65	164
35	39.835		76.16		55.31		48.52		35.866		37.55		25.621		42.29	
Mittl. Ort	35.275		62.32		51.47		36.19		29.763		54.20		17.018		59.71	
sec δ, tg δ	+1.252		−0.754		+2.655		−2.460		+1.079		+0.405		+1.760		+1.448	
a, *a′*	+2.1		−6.5		0.0		−6.6		+3.6		−6.7		+4.9		−6.8	
b, *b′*	+0.02		−0.95		+0.05		−0.94		−0.01		−0.94		−0.03		−0.94	

* Bei Stern 280) lies Jan. 11.

Scheinbare Sternörter 1956

Obere Kulmination Greenwich

Tag	282) ι Geminorum AR.		282) ι Geminorum Dekl.		285) β Canis min. AR.		285) β Canis min. Dekl.		286) ρ Geminorum AR.		286) ρ Geminorum Dekl.		284) Grb 1308 Caml AR.		284) Grb 1308 Caml Dekl.	
1956	$7^h\ 22^m$		$+27°\ 52'$		$7^h\ 24^m$		$+8°\ 22'$		$7^h\ 26^m$		$+31°\ 52'$		$7^h\ 26^m$		$+68°\ 33'$	
	s		″		s		″		s		″		s		″	
Jan. 1	62.481	151	66.05	9	48.324	135	39.35	113	19.829	161	16.83	34	24.69	28	20.79	235
11	62.632	97	66.14	24	48.459	85	38.22	98	19.990	103	17.17	49	24.97	16	23.14	247
20	^{12}62.729	39	66.38	37	^{12}48.544	34	37.24	81	^{13}20.093	44	17.66	61	^{13}25.13	2	25.61	250
30	62.768	—16	66.75	47	48.578	—16	36.43	65	20.137	—13	18.27	70	25.15	—10	28.11	244
Febr. 9	62.752	68	67.22	51	48.562	62	35.78	47	20.124	68	18.97	73	25.05	22	30.55	226
19	62.684	114	67.73	52	48.500	103	35.31	32	20.056	116	19.70	71	24.83	32	32.81	199
29	62.570	150	68.25	49	48.397	134	34.99	19	19.940	154	20.41	65	24.51	41	34.80	164
März 10	62.420	176	68.74	43	48.263	158	34.80	7	19.786	182	21.06	54	24.10	48	36.44	122
20	62.244	190	69.17	33	48.105	170	34.73	—3	19.604	197	21.60	41	23.62	51	37.66	76
30	62.054	193	69.50	21	47.935	172	34.76	12	19.407	201	22.01	26	23.11	52	38.42	27
April 9	61.861	185	69.71	10	47.763	164	34.88	20	19.206	193	22.27	10	22.59	51	38.69	—23
19	61.676	166	69.81	—3	47.599	149	35.08	27	19.013	175	22.37	—7	22.08	48	38.46	70
29	61.510	141	69.78	14	47.450	127	35.35	34	18.838	149	22.30	22	21.60	42	37.76	115
Mai 9	61.369	108	69.64	25	47.323	97	35.69	41	18.689	115	22.08	36	21.18	35	36.61	154
19	61.261	71	69.39	33	47.226	65	36.10	47	18.574	77	21.72	48	20.83	27	35.07	190
29	61.190	30	69.06	40	47.161	30	36.57	52	18.497	36	21.24	58	20.56	18	33.17	218
Juni 8	61.160	—10	68.66	45	47.131	—6	37.09	57	18.461	—6	20.66	65	20.38	8	30.99	240
18	61.170	50	68.21	49	47.137	42	37.66	60	18.467	49	20.01	71	20.30	—2	28.59	255
28	61.220	90	67.72	53	47.179	76	38.26	61	18.516	89	19.30	76	20.32	12	26.04	265
Juli 8	61.310	127	67.19	54	47.255	109	38.87	59	18.605	128	18.54	78	20.44	21	23.39	267
18	61.437	162	66.65	57	47.364	140	39.46	56	18.733	164	17.76	81	20.65	30	20.72	263
28	61.599	193	66.08	60	47.504	168	40.02	48	18.897	197	16.95	82	20.95	39	18.09	255
Aug. 7	61.792	221	65.48	62	47.672	193	40.50	37	19.094	227	16.13	83	21.34	46	15.54	241
17	62.013	246	64.86	66	47.865	217	40.87	24	19.321	254	15.30	85	21.80	53	13.13	223
27	62.259	269	64.20	69	48.082	238	41.11	6	19.575	277	14.45	86	22.33	59	10.90	201
Sept. 6	62.528	290	63.51	73	48.320	256	41.17	—13	19.852	299	13.59	87	22.92	65	8.89	175
16	62.818	306	62.78	76	48.576	272	41.04	34	20.151	317	12.72	87	23.57	69	7.14	144
26	63.124	320	62.02	80	48.848	285	40.70	56	20.468	332	11.85	86	24.26	72	5.70	112
Okt. 6	63.444	331	61.22	81	49.133	295	40.14	78	20.800	343	10.99	84	24.98	73	4.58	76
16	63.775	336	60.41	81	49.428	301	39.36	98	21.143	349	10.15	79	25.71	75	3.82	38
26	64.111	337	59.60	78	49.729	302	38.38	116	21.492	351	9.36	72	26.46	75	3.44	—3
Nov. 5	64.448	332	58.82	71	50.031	297	37.22	128	21.843	345	8.64	61	27.21	72	3.47	45
15	64.780	318	58.11	61	50.328	285	35.94	137	22.188	332	8.03	48	27.93	68	3.92	86
25	65.098	296	57.50	49	50.613	265	34.57	140	22.520	310	7.55	31	28.61	62	4.78	126
Dez. 5	65.394	266	57.01	34	50.878	237	33.17	138	22.830	279	7.24	14	29.23	56	6.04	164
15	65.660	226	56.67	17	51.115	203	31.79	132	23.109	238	7.10	—5	29.79	46	7.68	196
25	65.886	181	56.50	1	51.318	160	30.47	121	23.347	191	7.15	24	30.25	34	9.64	224
35	66.067		56.49		51.478		29.26		23.538		7.39		30.59		11.88	
Mittl. Ort	59.728		74.15		45.874		46.30		16.989		25.37		19.10		30.49	
sec δ, tg δ	+1.131		+0.529		+1.011		+0.147		+1.178		+0.622		+2.736		+2.546	
a, *a′*	+3.7		−7.1		+3.3		−7.2		+3.8		−7.4		+6.2		−7.4	
b, *b′*	−0.01		−0.94		0.00		−0.93		−0.02		−0.93		−0.06		−0.93	

Scheinbare Sternörter 1956

Obere Kulmination Greenwich

Tag	287) α Geminorum[1]				289) 25 Monocerotis				291) α Canis min.[2]				292) 24 Lyncis			
	AR.		Dekl.		AR.		Dekl.		AR.		Dekl.		AR.		Dekl.	
1956	$7^h\ 31^m$		$+31°\ 58'$		$7^h\ 35^m$		$-4°\ 0'$		$7^h\ 36^m$		$+5°\ 20'$		$7^h\ 39^m$		$+58°\ 48'$	
	s		″		s		″		s		″		s		″	
Jan. 1	50.460	166	64.01	31	7.730	135	47.14	189	62.286	139	13.17	137	21.783	244	45.46	182
11	50.626	109	64.32	48	7.865	86	49.03	175	62.425	90	11.80	122	22.027	155	47.28	200
20	$_{14}$50.735	50	64.80	61	$_{15}$7.951	35	50.78	156	$_{15}$62.515	39	10.58	103	$_{16}$22.182	62	49.28	209
30	50.785	8	65.41	70	7.986	13	52.34	134	62.554	10	9.55	85	22.244	31	51.37	208
Febr. 9	50.777	64	66.11	74	7.973	59	53.68	112	62.544	57	8.70	65	22.213	118	53.45	199
19	50.713	112	66.85	73	7.914	100	54.80	88	62.487	98	8.05	47	22.095	196	55.44	180
29	50.601	152	67.58	67	7.814	132	55.68	65	62.389	130	7.58	31	21.899	261	57.24	155
März 10	50.449	179	68.25	57	7.682	155	56.33	43	62.259	154	7.27	16	21.638	310	58.79	122
20	50.270	197	68.82	44	7.527	169	56.76	20	62.105	168	7.11	2	21.328	340	60.01	85
30	50.073	202	69.26	29	7.358	173	56.96	0	61.937	172	7.09	9	20.988	353	60.86	44
April 9	49.871	194	69.55	12	7.185	167	56.96	20	61.765	166	7.18	19	20.635	348	61.30	2
19	49.677	178	69.67	4	7.018	154	56.76	40	61.599	151	7.37	30	20.287	326	61.32	40
29	49.499	152	69.63	20	6.864	133	56.36	58	61.448	131	7.67	39	19.961	289	60.92	79
Mai 9	49.347	120	69.43	35	6.731	107	55.78	74	61.317	103	8.06	48	19.672	241	60.13	114
19	49.227	82	69.08	47	6.624	77	55.04	89	61.214	72	8.54	56	19.431	184	58.99	146
29	49.145	41	68.61	58	6.547	44	54.15	103	61.142	38	9.10	62	19.247	121	57.53	174
Juni 8	49.104	0	68.03	66	6.503	9	53.12	114	61.104	4	9.72	67	19.126	54	55.79	194
18	49.104	42	67.37	73	6.494	25	51.98	121	61.100	31	10.39	71	19.072	15	53.85	210
28	49.146	82	66.64	78	6.519	58	50.77	126	61.131	65	11.10	72	19.087	82	51.75	222
Juli 8	49.228	122	65.86	81	6.577	91	49.51	126	61.196	98	11.82	71	19.169	148	49.53	228
18	49.350	157	65.05	84	6.668	121	48.25	122	61.294	128	12.53	65	19.317	211	47.25	228
28	49.507	190	64.21	87	6.789	150	47.03	112	61.422	156	13.18	58	19.528	269	44.97	225
Aug. 7	49.697	221	63.34	88	6.939	177	45.91	98	61.578	182	13.76	46	19.797	322	42.72	217
17	49.918	248	62.46	90	7.116	202	44.93	78	61.760	207	14.22	30	20.119	371	40.55	205
27	50.166	273	61.56	92	7.318	224	44.15	54	61.967	228	14.52	12	20.490	415	38.50	191
Sept. 6	50.439	295	60.64	92	7.542	243	43.61	26	62.195	247	14.64	11	20.905	453	36.59	172
16	50.734	313	59.72	93	7.785	262	43.35	5	62.442	264	14.53	34	21.358	486	34.87	151
26	51.047	330	58.79	92	8.047	277	43.40	39	62.706	280	14.19	59	21.844	512	33.36	126
Okt. 6	51.377	342	57.87	89	8.324	288	43.79	72	62.986	290	13.60	84	22.356	532	32.10	99
16	51.719	349	56.98	85	8.612	295	44.51	105	63.276	297	12.76	107	22.888	543	31.11	68
26	52.068	351	56.13	78	8.907	297	45.56	134	63.573	299	11.69	127	23.431	546	30.43	34
Nov. 5	52.419	347	55.35	66	9.204	294	46.90	160	63.872	296	10.42	143	23.977	536	30.09	0
15	52.766	335	54.69	53	9.498	282	48.50	180	64.168	285	8.99	155	24.513	514	30.09	37
25	53.101	313	54.16	37	9.780	263	50.30	194	64.453	267	7.44	161	25.027	480	30.46	74
Dez. 5	53.414	283	53.79	18	10.043	236	52.24	201	64.720	240	5.83	160	25.507	430	31.20	109
15	53.697	243	53.61	2	10.279	201	54.25	201	64.960	206	4.23	155	25.937	367	32.29	142
25	53.940	196	53.63	21	10.480	160	56.26	194	65.166	164	2.68	144	26.304	292	33.71	170
35	54.136		53.84		10.640		58.20		65.330		1.24		26.596		35.41	
Mittl. Ort	47.631		72.93		5.383		40.95		59.878		20.37		17.641		56.28	
sec δ, tg δ	+1.179		+0.625		+1.002		−0.070		+1.004		+0.093		+1.931		+1.652	
a, *a′*	+3.8		−7.8		+3.0		−8.1		+3.2		−8.2		+5.1		−8.4	
b, *b′*	−0.02		−0.92		0.00		−0.92		0.00		−0.91		−0.05		−0.91	

[1] Ort des helleren Sterns.

[2] Ort des hellen Sterns; die jährliche Parallaxe (0″.291) ist bereits berücksichtigt.

Scheinbare Sternörter 1956

Obere Kulmination Greenwich

Tag	294) κ Geminorum AR.	Δ	294) κ Geminorum Dekl.	Δ	297) ζ Volantis AR.	Δ	297) ζ Volantis Dekl.	Δ	295) β Geminorum[1] AR.	Δ	295) β Geminorum[1] Dekl.	Δ	296) π Geminorum AR.	Δ	296) π Geminorum Dekl.	Δ
1956	7h 41m		+24° 29′		7h 42m		−72° 29′		7h 42m		+28° 7′		7h 44m		+33° 31′	
	s		″		s		″		s		″		s		″	
Jan. 1	50.227	168	69.67	19	26.83	10	62.59	386	40.250	170	53.42	4	43.166	183	21.61	36
11	50.395	114	69.48	1	26.93	5	66.45	384	40.420	116	53.46	22	43.349	126	21.97	54
20	[17] 50.509	58	69.47	14	[17] 26.88	18	70.29	372	[17] 40.536	58	53.68	37	[17] 43.475	65	22.51	70
30	50.567	3	69.61	28	26.70	32	74.01	349	40.594	1	54.05	49	43.540	5	23.21	80
Febr. 9	50.570	49	69.89	38	26.38	44	77.50	320	40.595	52	54.54	57	43.545	52	24.01	85
19	50.521	95	70.27	43	25.94	54	80.70	282	40.543	100	55.11	60	43.493	103	24.86	85
29	50.426	133	70.70	44	25.40	62	83.52	240	40.443	139	55.71	58	43.390	144	25.71	79
März 10	50.293	160	71.14	43	24.78	69	85.92	192	40.304	168	56.29	53	43.246	176	26.50	69
20	50.133	178	71.57	37	24.09	73	87.84	141	40.136	186	56.82	44	43.070	195	27.19	55
30	49.955	184	71.94	29	23.36	76	89.25	90	39.950	192	57.26	34	42.875	202	27.74	39
April 9	49.771	180	72.23	21	22.60	75	90.15	36	39.758	187	57.60	20	42.673	199	28.13	21
19	49.591	165	72.44	12	21.85	74	90.51	18	39.571	173	57.80	7	42.474	184	28.34	2
29	49.426	143	72.56	2	21.11	70	90.33	71	39.398	149	57.87	5	42.290	161	28.36	16
Mai 9	49.283	114	72.58	6	20.41	65	89.62	121	39.249	120	57.82	18	42.129	130	28.20	33
19	49.169	81	72.52	14	19.76	57	88.41	167	39.129	85	57.64	28	41.999	93	27.87	48
29	49.088	44	72.38	21	19.19	50	86.74	211	39.044	48	57.36	37	41.906	55	27.39	61
Juni 8	49.044	7	72.17	26	18.69	40	84.63	248	38.996	9	56.99	45	41.851	13	26.78	71
18	49.037	32	71.91	31	18.29	29	82.15	277	38.987	31	56.54	52	41.838	29	26.07	81
28	49.069	69	71.60	36	18.00	18	79.38	301	39.018	70	56.02	57	41.867	70	25.26	88
Juli 8	49.138	105	71.24	40	17.82	6	76.37	315	39.088	107	55.45	61	41.937	108	24.38	93
18	49.243	138	70.84	43	17.76	6	73.22	318	39.195	141	54.84	66	42.045	145	23.45	97
28	49.381	169	70.41	49	17.82	18	70.04	313	39.336	173	54.18	70	42.190	180	22.48	101
Aug. 7	49.550	198	69.92	55	18.00	30	66.91	296	39.509	203	53.48	74	42.370	212	21.47	103
17	49.748	224	69.37	60	18.30	41	63.95	270	39.712	230	52.74	79	42.582	240	20.44	105
27	49.972	248	68.77	68	18.71	52	61.25	232	39.942	254	51.95	84	42.822	266	19.39	107
Sept. 6	50.220	269	68.09	75	19.23	60	58.93	187	40.196	276	51.11	88	43.088	291	18.32	107
16	50.489	289	67.34	83	19.83	68	57.06	132	40.472	297	50.23	92	43.379	312	17.25	108
26	50.778	305	66.51	90	20.51	74	55.74	71	40.769	313	49.31	96	43.691	329	16.17	105
Okt. 6	51.083	318	65.61	95	21.25	77	55.03	6	41.082	327	48.35	97	44.020	345	15.12	101
16	51.401	328	64.66	98	22.02	77	54.97	60	41.409	336	47.38	97	44.365	355	14.11	96
26	51.729	332	63.68	98	22.79	76	55.57	126	41.745	340	46.41	93	44.720	359	13.15	87
Nov. 5	52.061	329	62.70	95	23.55	72	56.83	189	42.085	337	45.48	86	45.079	357	12.28	74
15	52.390	320	61.75	89	24.27	65	58.72	246	42.422	327	44.62	76	45.436	347	11.54	58
25	52.710	301	60.86	77	24.92	56	61.18	295	42.749	308	43.86	61	45.783	327	10.96	40
Dez. 5	53.011	274	60.09	64	25.48	45	64.13	334	43.057	281	43.25	45	46.110	297	10.56	18
15	53.285	239	59.45	47	25.93	32	67.47	362	43.338	243	42.80	26	46.407	260	10.38	3
25	53.524	194	58.98	28	26.25	19	71.09	380	43.581	198	42.54	7	46.667	214	10.41	24
35	53.718		58.70		26.44		74.89		43.779		42.47		46.881		10.65	
Mittl. Ort	47.588		78.68		22.51		62.45		37.538		62.77		40.335		31.52	
sec δ, tg δ	+1.099		+0.456		+3.326		−3.172		+1.134		+0.535		+1.200		+0.663	
a, *a′*	+3.6		−8.6		−0.7		−8.7		+3.7		−8.7		+3.9		−8.8	
b, *b′*	−0.01		−0.90		+0.09		−0.90		−0.02		−0.90		−0.02		−0.90	

[1] Die jährliche Parallaxe (0″.100) ist bereits berücksichtigt.

Scheinbare Sternörter 1956

Obere Kulmination Greenwich

Tag	300) Grb 1374 Caml AR.		300) Dekl.		303) χ Carinae AR.		303) Dekl.		305) χ Geminorum AR.		305) Dekl.		306) ζ Puppis AR.		306) Dekl.	
1956	7h 54m		+74° 1′		7h 55m		−52° 51′		8h 0m		+27° 54′		8h 2m		−39° 52′	
	s		″		s		″		s		″		s		″	
Jan. 1	64.90	43	66.60	243	42.306	135	49.29	377	51.744	191	58.88	6	4.630	146	43.50	349
11	65.33	27	69.03	263	42.441	61	53.06	374	51.935	138	58.82	15	4.776	87	46.99	344
20*	[20] 65.60	11	71.66	273	[20] 42.502	13	56.80	360	[21] 52.073	80	58.97	33	[22] 4.863	25	50.43	330
30	65.71	7	74.39	271	42.489	86	60.40	339	52.153	23	59.30	48	4.888	35	53.73	308
Febr. 9	65.64	23	77.10	259	42.403	153	63.79	309	52.176	32	59.78	59	4.853	91	56.81	278
19	65.41	37	79.69	235	42.250	212	66.88	271	52.144	82	60.37	64	4.762	140	59.59	243
29	65.04	50	82.04	202	42.038	261	69.59	230	52.062	123	61.01	64	4.622	182	62.02	204
März 10	64.54	59	84.06	161	41.777	298	71.89	184	51.939	155	61.65	62	4.440	214	64.06	161
20	63.95	67	85.67	114	41.479	322	73.73	135	51.784	176	62.27	54	4.226	234	65.67	117
30	63.28	70	86.81	63	41.157	335	75.08	84	51.608	186	62.81	43	3.992	245	66.84	70
April 9	62.58	71	87.44	10	40.822	336	75.92	33	51.422	185	63.24	31	3.747	246	67.54	25
19	61.87	68	87.54	43	40.486	326	76.25	19	51.237	174	63.55	18	3.501	237	67.79	21
29	61.19	62	87.11	93	40.160	306	76.06	68	51.063	155	63.73	5	3.264	220	67.58	66
Mai 9	60.57	55	86.18	140	39.854	278	75.38	115	50.908	128	63.78	8	3.044	197	66.92	108
19	60.02	46	84.78	182	39.576	241	74.23	161	50.780	96	63.70	21	2.847	167	65.84	147
29	59.56	35	82.96	218	39.335	198	72.62	201	50.684	61	63.49	32	2.680	132	64.37	184
Juni 8	59.21	23	80.78	247	39.137	151	70.61	237	50.623	25	63.17	41	2.548	95	62.53	214
18	58.98	10	78.31	269	38.986	100	68.24	265	50.598	13	62.76	49	2.453	55	60.39	239
28	58.88	3	75.62	285	38.886	46	65.59	285	50.611	51	62.27	57	2.398	13	58.00	258
Juli 8	58.91	15	72.77	294	38.840	9	62.74	299	50.662	87	61.70	64	2.385	29	55.42	269
18	59.06	28	69.83	296	38.849	66	59.75	303	50.749	121	61.06	69	2.414	71	52.73	270
28	59.34	39	66.87	292	38.915	121	56.72	296	50.870	154	60.37	76	2.485	113	50.03	264
Aug. 7	59.73	50	63.95	282	39.036	176	53.76	280	51.024	184	59.61	82	2.598	154	47.39	249
17	60.23	61	61.13	267	39.212	229	50.96	255	51.208	212	58.79	87	2.752	193	44.90	223
27	60.84	69	58.46	246	39.441	278	48.41	218	51.420	239	57.92	94	2.945	230	42.67	189
Sept. 6	61.53	78	56.00	220	39.719	321	46.23	173	51.659	264	56.98	100	3.175	264	40.78	148
16	62.31	85	53.80	190	40.040	360	44.50	121	51.923	285	55.98	106	3.439	294	39.30	98
26	63.16	91	51.90	156	40.400	392	43.29	62	52.208	305	54.92	109	3.733	320	38.32	44
Okt. 6	64.07	93	50.34	117	40.792	413	42.67	1	52.513	323	53.83	112	4.053	340	37.88	14
16	65.00	96	49.17	76	41.205	426	42.68	65	52.836	335	52.71	112	4.393	352	38.02	74
26	65.96	97	48.41	32	41.631	426	43.33	129	53.171	342	51.59	109	4.745	356	38.76	132
Nov. 5	66.93	96	48.09	15	42.057	415	44.62	190	53.513	343	50.50	102	5.101	352	40.08	187
15	67.89	92	48.24	63	42.472	390	46.52	245	53.856	337	49.48	91	5.453	336	41.95	237
25	68.81	85	48.87	109	42.862	353	48.97	292	54.193	320	48.57	76	5.789	311	44.32	278
Dez. 5	69.66	77	49.96	153	43.215	305	51.89	329	54.513	296	47.81	59	6.100	276	47.10	311
15	70.43	66	51.49	194	43.520	246	55.18	355	54.809	262	47.22	39	6.376	232	50.21	333
25	71.09	51	53.43	228	43.766	178	58.73	372	55.071	218	46.83	17	6.608	179	53.54	346
35	71.60		55.71		43.944		62.45		55.289		46.66		6.787		57.00	
Mittl. Ort	58.09		79.30		39.549		48.42		49.094		69.32		2.181		41.52	
sec δ, tg δ	+3.637		+3.496		+1.656		−1.320		+1.132		+ 0.530		+1.303		− 0.835	
a, *a′*	+7.2		−9.6		+1.5		−9.7		+3.7		−10.1		+2.1		−10.2	
b, *b′*	−0.11		−0.88		+0.04		−0.88		−0.02		− 0.86		+0.03		− 0.86	

* Bei Stern 305) und 306) lies Jan. 21.

Scheinbare Sternörter 1956

Obere Kulmination Greenwich

Tag	307) 27 Lyncis				308) ρ Puppis			
	AR.		Dekl.		AR.		Dekl.	
1956	8h 5m		+51° 37′		8h 5m		—24° 10′	
	s		″		s		″	
Jan. 1	12.802	253	54.64	131	42.455	154	38.39	294
11	13.055	180	55.95	155	42.609	103	41.33	286
21	13.235	101	57.50	171	42.712	50	44.19	269
30	[22] 13.336	22	59.21	179	[23] 42.762	— 4	46.88	247
Febr. 9	13.358	— 55	61.00	179	42.758	54	49.35	219
19	13.303	125	62.79	172	42.704	98	51.54	188
29	13.178	184	64.51	155	42.606	135	53.42	154
März 10	12.994	230	66.06	131	42.471	163	54.96	118
20	12.764	263	67.37	103	42.308	183	56.14	82
30	12.501	280	68.40	70	42.125	192	56.96	45
April 9	12.221	281	69.10	34	41.933	192	57.41	8
19	11.940	270	69.44	— 1	41.741	183	57.49	— 27
29	11.670	245	69.43	37	41.558	168	57.22	62
Mai 9	11.425	210	69.06	71	41.390	147	56.60	95
19	11.215	167	68.35	102	41.243	120	55.65	125
29	11.048	119	67.33	128	41.123	90	54.40	152
Juni 8	10.929	67	66.05	152	41.033	57	52.88	175
18	10.862	13	64.53	171	40.976	23	51.13	194
28	10.849	— 42	62.82	185	40.953	— 11	49.19	207
Juli 8	10.891	95	60.97	195	40.964	46	47.12	213
18	10.986	145	59.02	203	41.010	80	44.99	213
28	11.131	195	56.99	205	41.090	113	42.86	205
Aug. 7	11.326	240	54.94	204	41.203	146	40.81	190
17	11.566	282	52.90	200	41.349	177	38.91	167
27	11.848	321	50.90	192	41.526	206	37.24	137
Sept. 6	12.169	357	48.98	183	41.732	233	35.87	100
16	12.526	389	47.15	169	41.965	259	34.87	58
26	12.915	417	45.46	152	42.224	280	34.29	11
Okt. 6	13.332	439	43.94	133	42.504	298	34.18	— 38
16	13.771	456	42.61	108	42.802	310	34.56	88
26	14.227	466	41.53	81	43.112	317	35.44	136
Nov. 5	14.693	466	40.72	52	43.429	315	36.80	180
15	15.159	455	40.20	19	43.744	306	38.60	220
25	15.614	433	40.01	— 16	44.050	288	40.80	251
Dez. 5	16.047	398	40.17	51	44.338	261	43.31	274
15	16.445	351	40.68	84	44.599	224	46.05	289
25	16.796	291	41.52	116	44.823	182	48.94	294
35	17.087		42.68		45.005		51.88	
Mittl. Ort	9.346		67.44		40.157		34.51	
sec δ, tg δ	+1.611		+ 1.263		+1.096		— 0.449	
a, *a′*	+4.5		—10.4		+2.6		—10.4	
b, *b′*	—0.04		— 0.85		+0.02		— 0.85	

Tag	309) γ Velorum				311) 20 Puppis			
	AR.		Dekl.		AR.		Dekl.	
1956	8h 8m		—47° 12′		8h 11m		—15° 39′	
	s		″		s		″	
Jan. 1	13.127	155	22.83	367	20.826	164	21.14	257
11	13.282	89	26.50	365	20.990	114	23.71	247
21	13.371	20	30.15	353	21.104	63	26.18	230
30	[23] 13.391	— 45	33.68	333	[24] 21.167	12	28.48	207
Febr. 9	13.346	108	37.01	304	21.179	— 37	30.55	181
19	13.238	163	40.05	269	21.142	81	32.36	154
29	13.075	209	42.74	229	21.061	117	33.90	123
März 10	12.866	244	45.03	186	20.944	145	35.13	93
20	12.622	270	46.89	139	20.799	165	36.06	62
30	12.352	283	48.28	90	20.634	174	36.68	31
April 9	12.069	286	49.18	41	20.460	175	36.99	1
19	11.783	279	49.59	— 8	20.285	168	37.00	— 28
29	11.504	262	49.51	56	20.117	152	36.72	55
Mai 9	11.242	238	48.95	102	19.965	132	36.17	82
19	11.004	208	47.93	146	19.833	107	35.35	106
29	10.796	171	46.47	185	19.726	78	34.29	127
Juni 8	10.625	131	44.62	220	19.648	48	33.02	146
18	10.494	87	42.42	248	19.600	16	31.56	160
28	10.407	40	39.94	270	19.584	— 17	29.96	170
Juli 8	10.367	— 7	37.24	284	19.601	49	28.26	174
18	10.374	56	34.40	288	19.650	81	26.52	173
28	10.430	104	31.52	284	19.731	111	24.79	165
Aug. 7	10.534	152	28.68	271	19.842	142	23.14	150
17	10.686	199	25.97	246	19.984	170	21.64	130
27	10.885	242	23.51	212	20.154	197	20.34	103
Sept. 6	11.127	283	21.39	171	20.351	224	19.31	70
16	11.410	319	19.68	120	20.575	247	18.61	33
26	11.729	349	18.48	64	20.822	268	18.28	— 8
Okt. 6	12.078	372	17.84	3	21.090	286	18.36	51
16	12.450	387	17.81	59	21.376	299	18.87	95
26	12.837	392	18.40	121	21.675	307	19.82	136
Nov. 5	13.229	387	19.61	181	21.982	308	21.18	173
15	13.616	369	21.42	234	22.290	301	22.91	205
25	13.985	341	23.76	280	22.591	286	24.96	231
Dez. 5	14.326	301	26.56	318	22.877	262	27.27	248
15	14.627	250	29.74	345	23.139	229	29.75	258
25	14.877	193	33.19	360	23.368	189	32.33	258
35	15.070		36.79		23.557		34.91	
Mittl. Ort	10.549		21.92		18.562		16.11	
sec δ, tg δ	+1.472		— 1.080		+1.039		— 0.280	
a, *a′*	+1.9		—10.6		+2.8		—10.9	
b, *b′*	+0.04		— 0.85		+0.01		— 0.84	

Scheinbare Sternörter 1956

Obere Kulmination Greenwich

Tag	310) Br 1147 Caml AR.	Δ	310) Br 1147 Caml Dekl.	Δ	312) β Cancri AR.	Δ	312) β Cancri Dekl.	Δ
1956	8h 14m		+75° 53′		8h 14m		+9° 18′	
	s		″		s		″	
Jan. 1	11.20	54	25.24	238	10.143	182	72.37	123
11	11.74	37	27.62	263	10.325	134	71.14	106
21	12.11	17	30.25	278	10.459	83	70.08	86
30	[25] 12.28	1	33.03	281	[25] 10.542	31	69.22	66
Febr. 9	12.27	19	35.84	272	10.573	18	68.56	46
19	12.08	37	38.56	253	10.555	63	68.10	29
29	11.71	52	41.09	223	10.492	102	67.81	14
März 10	11.19	63	43.32	185	10.390	131	67.67	0
20	10.56	73	45.17	138	10.259	151	67.67	10
30	9.83	78	46.55	87	10.108	161	67.77	19
April 9	9.05	80	47.42	34	9.947	162	67.96	26
19	8.25	79	47.76	20	9.785	155	68.22	31
29	7.46	74	47.56	73	9.630	139	68.53	36
Mai 9	6.72	67	46.83	123	9.491	117	68.89	40
19	6.05	57	45.60	168	9.374	92	69.29	43
29	5.48	46	43.92	208	9.282	63	69.72	45
Juni 8	5.02	33	41.84	242	9.219	31	70.17	47
18	4.69	20	39.42	268	9.188	1	70.64	47
28	4.49	6	36.74	288	9.189	32	71.11	45
Juli 8	4.43	8	33.86	301	9.221	64	71.56	43
18	4.51	23	30.85	308	9.285	94	71.99	37
28	4.74	36	27.77	307	9.379	123	72.36	28
Aug. 7	5.10	48	24.70	300	9.502	150	72.64	17
17	5.58	60	21.70	288	9.652	177	72.81	4
27	6.18	72	18.82	270	9.829	202	72.85	13
Sept. 6	6.90	81	16.12	246	10.031	226	72.72	33
16	7.71	90	13.66	218	10.257	248	72.39	53
26	8.61	97	11.48	184	10.505	268	71.86	74
Okt. 6	9.58	103	9.64	146	10.773	286	71.12	96
16	10.61	107	8.18	104	11.059	300	70.16	115
26	11.68	108	7.14	58	11.359	309	69.01	133
Nov. 5	12.76	108	6.56	10	11.668	312	67.68	145
15	13.84	104	6.46	40	11.980	308	66.23	153
25	14.88	99	6.86	89	12.288	295	64.70	155
Dez. 5	15.87	90	7.75	137	12.583	274	63.15	153
15	16.77	78	9.12	181	12.857	244	61.62	144
25	17.55	63	10.93	220	13.101	206	60.18	132
35	18.18		13.13		13.307		58.86	
Mittl. Ort	3.95		39.85		7.790		81.11	
sec δ, tg δ	+4.103		+ 3.980		+1.013		+ 0.164	
a, a′	+7.5		−11.1		+3.3		−11.1	
b, b′	−0.15		− 0.83		−0.01		− 0.83	

Tag	314) 31 Lyncis AR.	Δ	314) 31 Lyncis Dekl.	Δ	315) ε Carinae AR.	Δ	315) ε Carinae Dekl.	Δ
1956	8h 19m		+43° 19′		8h 21m		−59° 21′	
	s		″		s		″	
Jan. 1	52.780	243	37.98	77	39.731	188	61.25	383
11	53.023	181	38.75	102	39.919	102	65.08	386
21	[26] 53.204	114	39.77	122	[27] 40.021	15	68.94	381
30	53.318	45	40.99	136	40.036	70	72.75	365
Febr. 9	53.363	22	42.35	144	39.966	150	76.40	340
19	53.341	84	43.79	143	39.816	221	79.80	307
29	53.257	137	45.22	134	39.595	282	82.87	269
März 10	53.120	179	46.56	121	39.313	331	85.56	226
20	52.941	210	47.77	101	38.982	367	87.82	178
30	52.731	227	48.78	76	38.615	389	89.60	128
April 9	52.504	231	49.54	49	38.226	399	90.88	77
19	52.273	223	50.03	20	37.827	396	91.65	23
29	52.050	205	50.23	9	37.431	382	91.88	29
Mai 9	51.845	178	50.14	37	37.049	357	91.59	79
19	51.667	143	49.77	63	36.692	323	90.80	128
29	51.524	104	49.14	87	36.369	281	89.52	174
Juni 8	51.420	62	48.27	109	36.088	231	87.78	214
18	51.358	18	47.18	126	35.857	177	85.64	249
28	51.340	27	45.92	141	35.680	117	83.15	276
Juli 8	51.367	71	44.51	153	35.563	54	80.39	295
18	51.438	113	42.98	162	35.509	12	77.44	306
28	51.551	154	41.36	168	35.521	80	74.38	307
Aug. 7	51.705	193	39.68	173	35.601	148	71.31	297
17	51.898	229	37.95	174	35.749	214	68.34	276
27	52.127	263	36.21	173	35.963	277	65.58	246
Sept. 6	52.390	295	34.48	171	36.240	337	63.12	206
16	52.685	325	32.77	164	36.577	389	61.06	157
26	53.010	351	31.13	156	36.966	434	59.49	101
Okt. 6	53.361	375	29.57	145	37.400	468	58.48	38
16	53.736	392	28.12	129	37.868	490	58.10	28
26	54.128	405	26.83	110	38.358	498	58.38	93
Nov. 5	54.533	409	25.73	88	38.856	491	59.31	157
15	54.942	404	24.85	61	39.347	469	60.88	217
25	55.346	389	24.24	33	39.816	430	63.05	270
Dez. 5	55.735	362	23.91	1	40.246	379	65.75	315
15	56.097	324	23.90	30	40.625	313	68.90	348
25	56.421	275	24.20	60	40.938	237	72.38	371
35	56.696		24.80		41.175		76.09	
Mittl. Ort	49.789		51.26		36.743		62.28	
sec δ, tg δ	+1.375		+ 0.943		+1.963		− 1.689	
a, a′	+4.1		−11.5		+1.2		−11.6	
b, b′	−0.04		− 0.82		+0.07		− 0.82	

Scheinbare Sternörter 1956

Obere Kulmination Greenwich

Tag	318) ϑ Chamael. AR.		318) ϑ Chamael. Dekl.		316) Br 1197 Hydra AR.		316) Br 1197 Hydra Dekl.		317) o Ursae maj. AR.		317) o Ursae maj. Dekl.		320) Grb 1450 Lynx AR.		320) Grb 1450 Lynx Dekl.	
1956	8h 21m		−77° 20′		8h 23m		−3° 45′		8h 26m		+60° 51′		8h 30m		+38° 9′	
	s		″		s		″		s		″		s		″	
Jan. 1	65.47	28	33.03	378	29.957	181	48.88	200	41.48	34	46.95	165	6.452	241	54.43	41
11	65.75	8	36.81	388	30.138	134	50.88	186	41.82	25	48.60	193	6.693	183	54.84	67
21	65.83	10	40.69	386	30.272	84	52.74	167	42.07	15	50.53	213	6.876	121	55.51	90
30	^{27}65.73	29	44.55	374	^{27}30.356	33	54.41	146	^{28}42.22	5	52.66	225	^{29}6.997	57	56.41	106
Febr. 9	65.44	46	48.29	354	30.389	16	55.87	122	42.27	4	54.91	225	7.054	6	57.47	118
19	64.98	61	51.83	325	30.373	60	57.09	99	42.23	14	57.16	217	7.048	64	58.65	122
29	64.37	74	55.08	290	30.313	97	58.08	74	42.09	22	59.33	198	6.984	115	59.87	120
März 10	63.63	86	57.98	249	30.216	127	58.82	52	41.87	28	61.31	172	6.869	156	61.07	111
20	62.77	93	60.47	203	30.089	147	59.34	30	41.59	33	63.03	138	6.713	185	62.18	96
30	61.84	99	62.50	154	29.942	159	59.64	9	41.26	36	64.41	98	6.528	203	63.14	77
April 9	60.85	102	64.04	102	29.783	161	59.73	11	40.90	37	65.39	57	6.325	208	63.91	56
19	59.83	102	65.06	49	29.622	155	59.62	28	40.53	36	65.96	12	6.117	203	64.47	32
29	58.81	101	65.55	5	29.467	143	59.34	46	40.17	34	66.08	32	5.914	188	64.79	7
Mai 9	57.80	96	65.50	58	29.324	123	58.88	62	39.83	31	65.76	73	5.726	164	64.86	17
19	56.84	89	64.92	109	29.201	99	58.26	76	39.52	26	65.03	113	5.562	135	64.69	41
29	55.95	80	63.83	156	29.102	72	57.50	88	39.26	20	63.90	148	5.427	100	64.28	62
Juni 8	55.15	69	62.27	201	29.030	44	56.62	99	39.06	14	62.42	179	5.327	62	63.66	81
18	54.46	57	60.26	240	28.986	14	55.63	106	38.92	8	60.63	205	5.265	22	62.85	97
28	53.89	43	57.86	270	28.972	17	54.57	111	38.84	1	58.58	225	5.243	17	61.88	113
Juli 8	53.46	28	55.16	294	28.989	48	53.46	112	38.83	6	56.33	241	5.260	57	60.75	126
18	53.18	11	52.22	309	29.037	77	52.34	109	38.89	12	53.92	252	5.317	96	59.49	135
28	53.07	6	49.13	313	29.114	106	51.25	101	39.01	19	51.40	256	5.413	133	58.14	144
Aug. 7	53.13	22	46.00	308	29.220	134	50.24	88	39.20	25	48.84	256	5.546	168	56.70	151
17	53.35	40	42.92	292	29.354	162	49.36	70	39.45	30	46.28	252	5.714	202	55.19	155
27	53.75	55	40.00	264	29.516	188	48.66	49	39.75	36	43.76	243	5.916	235	53.64	158
Sept. 6	54.30	70	37.36	227	29.704	212	48.17	22	40.11	41	41.33	230	6.151	266	52.06	160
16	55.00	82	35.09	180	29.916	237	47.95	8	40.52	46	39.03	213	6.417	294	50.46	159
26	55.82	93	33.29	126	30.153	258	48.03	40	40.98	49	36.90	190	6.711	320	48.87	156
Okt. 6	56.75	100	32.03	64	30.411	277	48.43	72	41.47	53	35.00	164	7.031	344	47.31	150
16	57.75	105	31.39	1	30.688	292	49.15	105	42.00	56	33.36	133	7.375	363	45.81	139
26	58.80	105	31.40	68	30.980	303	50.20	136	42.56	57	32.03	98	7.738	377	44.42	126
Nov. 5	59.85	102	32.08	133	31.283	307	51.56	163	43.13	58	31.05	61	8.115	384	43.16	109
15	60.87	96	33.41	194	31.590	303	53.19	184	43.71	57	30.44	19	8.499	381	42.07	88
25	61.83	86	35.35	251	31.893	291	55.03	199	44.28	55	30.25	23	8.880	370	41.19	62
Dez. 5	62.69	72	37.86	299	32.184	271	57.02	207	44.83	51	30.48	66	9.250	347	40.57	34
15	63.41	57	40.85	337	32.455	242	59.09	209	45.34	45	31.14	108	9.597	313	40.23	5
25	63.98	39	44.22	364	32.697	204	61.18	205	45.79	38	32.22	145	9.910	270	40.18	25
35	64.37		47.86		32.901		63.23		46.17		33.67		10.180		40.43	
Mittl. Ort	60.06		35.53		27.706		41.96		37.49		62.17		3.679		67.84	
sec δ, tg δ	+4.564		− 4.453		+1.002		− 0.066		+2.054		+ 1.794		+1.272		+ 0.786	
a, *a′*	−1.8		−11.6		+3.0		−11.7		+5.0		−12.0		+3.9		−12.2	
b, *b′*	+0.17		− 0.81		0.00		− 0.81		−0.07		− 0.80		−0.03		− 0.79	

Scheinbare Sternörter 1956

Obere Kulmination Greenwich

Tag	321) η Cancri				1227) o Velorum				327) α Pyxidis				326) δ Cancri			
	AR.	Diff.	Dekl.	Diff.	AR.	Diff.	Dekl.	Diff.	AR.	Diff.	Dekl.	Diff.	AR.	Diff.	Dekl.	Diff.
1956	8h 30m		+20° 35′		8h 39m		−52° 45′		8h 41m		−33° 1′		8h 42m		+18° 18′	
	s		″		s		″		s		″		s		″	
Jan. 1	12.387	209	20.12	63	4.626	208	52.59	372	51.645	194	38.22	327	13.541	217	51.15	82
11	12.596	160	19.49	41	4.834	136	56.31	378	51.839	141	41.49	327	13.758	169	50.33	60
21	12.756	106	19.08	19	4.970	61	60.09	374	51.980	84	44.76	316	13.927	117	49.73	36
30*	[29] 12.862	52	18.89	2	[31] 5.031	12	63.83	360	[1] 52.064	27	47.92	298	[1] 14.044	63	49.37	15
Febr. 9	12.914	2	18.91	18	5.019	82	67.43	337	52.091	27	50.90	274	14.107	11	49.22	4
19	12.912	50	19.09	32	4.937	147	70.80	308	52.064	78	53.64	244	14.118	39	49.26	20
29	12.862	93	19.41	41	4.790	201	73.88	271	51.986	120	56.08	210	14.079	81	49.46	31
März 10	12.769	127	19.82	46	4.589	247	76.59	230	51.866	155	58.18	173	13.998	116	49.77	40
20	12.642	150	20.28	48	4.342	280	78.89	185	51.711	181	59.91	134	13.882	141	50.17	44
30	12.492	165	20.76	46	4.062	303	80.74	137	51.530	198	61.25	93	13.741	157	50.61	45
April 9	12.327	168	21.22	41	3.759	314	82.11	87	51.332	204	62.18	51	13.584	163	51.06	43
19	12.159	163	21.63	36	3.445	315	82.98	37	51.128	203	62.69	10	13.421	159	51.49	40
29	11.996	150	21.99	28	3.130	306	83.35	14	50.925	193	62.79	31	13.262	148	51.89	34
Mai 9	11.846	129	22.27	21	2.824	287	83.21	63	50.732	178	62.48	70	13.114	131	52.23	28
19	11.717	105	22.48	13	2.537	261	82.58	110	50.554	156	61.78	107	12.983	108	52.51	22
29	11.612	75	22.61	5	2.276	229	81.48	155	50.398	131	60.71	141	12.875	81	52.73	15
Juni 8	11.537	44	22.66	3	2.047	190	79.93	196	50.267	102	59.30	172	12.794	51	52.88	9
18	11.493	12	22.63	9	1.857	147	77.97	230	50.165	69	57.58	198	12.743	21	52.97	1
28	11.481	21	22.54	17	1.710	100	75.67	258	50.096	36	55.60	217	12.722	10	52.98	6
Juli 8	11.502	54	22.37	25	1.610	49	73.09	279	50.060	1	53.43	231	12.732	41	52.92	13
18	11.556	85	22.12	33	1.561	4	70.30	290	50.059	35	51.12	238	12.773	72	52.79	22
28	11.641	115	21.79	42	1.565	59	67.40	294	50.094	72	48.74	236	12.845	102	52.57	32
Aug. 7	11.756	145	21.37	52	1.624	114	64.46	287	50.166	109	46.38	226	12.947	130	52.25	43
17	11.901	173	20.85	63	1.738	169	61.59	269	50.275	146	44.12	208	13.077	159	51.82	55
27	12.074	201	20.22	75	1.907	223	58.90	242	50.421	181	42.04	180	13.236	187	51.27	68
Sept. 6	12.275	226	19.47	87	2.130	274	56.48	205	50.602	216	40.24	145	13.423	214	50.59	83
16	12.501	251	18.60	100	2.404	322	54.43	158	50.818	249	38.79	103	13.637	239	49.76	98
26	12.752	274	17.60	112	2.726	363	52.85	104	51.067	279	37.76	55	13.876	263	48.78	112
Okt. 6	13.026	295	16.48	122	3.089	396	51.81	45	51.346	305	37.21	2	14.139	286	47.66	125
16	13.321	312	15.26	131	3.485	421	51.36	18	51.651	325	37.19	52	14.425	304	46.41	136
26	13.633	324	13.95	135	3.906	435	51.54	82	51.976	338	37.71	107	14.729	319	45.05	144
Nov. 5	13.957	330	12.60	137	4.341	436	52.36	145	52.314	343	38.78	160	15.048	327	43.61	147
15	14.287	330	11.23	133	4.777	424	53.81	205	52.657	339	40.38	208	15.375	328	42.14	146
25	14.617	319	9.90	125	5.201	399	55.86	257	52.996	325	42.46	249	15.703	320	40.68	139
Dez. 5	14.936	299	8.65	111	5.600	360	58.43	301	53.321	300	44.95	282	16.023	303	39.29	129
15	15.235	271	7.54	94	5.960	309	61.44	336	53.621	265	47.77	307	16.326	276	38.00	113
25	15.506	234	6.60	75	6.269	247	64.80	361	53.886	222	50.84	321	16.602	240	36.87	93
35	15.740		5.85		6.516		68.41		54.108		54.05		16.842		35.94	
Mittl. Ort	9.963		31.13		1.954		53.69		49.359		36.44		11.191		62.29	
sec δ, tg δ	+1.068		+ 0.376		+1.653		− 1.316		+1.193		− 0.650		+1.053		+ 0.331	
a, *a′*	+3.5		−12.2		+1.7		−12.8		+2.4		−13.0		+3.4		−13.0	
b, *b′*	−0.02		− 0.79		+0.06		− 0.77		+0.03		− 0.76		−0.01		− 0.76	

* Bei Stern 1227), 327) und 326) lies Jan. 31.

Scheinbare Sternörter 1956

Obere Kulmination Greenwich

Tag	328) ι Cancri AR.	Diff.	328) ι Cancri Dekl.	Diff.	334) ζ Hydrae AR.	Diff.	334) ζ Hydrae Dekl.	Diff.	336) 108 G. Carinae AR.	Diff.	336) 108 G. Carinae Dekl.	Diff.	337) α Cancri AR.	Diff.	337) α Cancri Dekl.	Diff.
1956	8h 44m		+28° 54′		8h 53m		+6° 6′		8h 54m		−60° 28′		8h 56m		+12° 1′	
	s		″		s		″		s		″		s		″	
Jan. 1	4.786	235	67.17	21	6.318	214	41.68	154	6.07	26	30.50	374	7.163	222	34.86	123
11	5.021	184	66.96	6	6.532	169	40.14	135	6.33	17	34.24	387	7.385	177	33.63	102
21	5.205	128	67.02	30	6.701	119	38.79	115	6.50	8	38.11	388	7.562	126	32.61	79
31	5.333	70	67.32	51	6.820	68	37.64	93	6.58	1	41.99	379	7.688	74	31.82	56
Febr. 9	5.403	13	67.83	67	6.888	18	36.71	70	6.57	9	45.78	361	7.762	23	31.26	35
19	5.416	41	68.50	79	6.906	29	36.01	48	6.48	16	49.39	334	7.785	25	30.91	15
29	5.375	88	69.29	84	6.877	70	35.53	29	6.32	24	52.73	302	7.760	67	30.76	2
März 10	5.287	126	70.13	84	6.807	104	35.24	12	6.08	29	55.75	262	7.693	103	30.78	15
20	5.161	154	70.97	79	6.703	129	35.12	3	5.79	34	58.37	219	7.590	128	30.93	26
30	5.007	172	71.76	71	6.574	145	35.15	15	5.45	37	60.56	171	7.462	145	31.19	33
April 9	4.835	179	72.47	58	6.429	151	35.30	26	5.08	39	62.27	121	7.317	153	31.52	37
19	4.656	176	73.05	43	6.278	150	35.56	34	4.69	40	63.48	69	7.164	152	31.89	41
29	4.480	165	73.48	28	6.128	142	35.90	42	4.29	39	64.17	16	7.012	143	32.30	41
Mai 9	4.315	146	73.76	11	5.986	126	36.32	47	3.90	37	64.33	36	6.869	129	32.71	41
19	4.169	121	73.87	5	5.860	107	36.79	52	3.53	35	63.97	87	6.740	109	33.12	40
29	4.048	93	73.82	20	5.753	83	37.31	55	3.18	32	63.10	135	6.631	85	33.52	38
Juni 8	3.955	61	73.62	36	5.670	57	37.86	57	2.86	27	61.75	179	6.546	58	33.90	35
18	3.894	27	73.26	49	5.613	30	38.43	58	2.59	23	59.96	219	6.488	31	34.25	32
28	3.867	7	72.77	61	5.583	2	39.01	57	2.36	18	57.77	252	6.457	3	34.57	26
Juli 8	3.874	41	72.16	73	5.581	27	39.58	53	2.18	11	55.25	278	6.454	27	34.83	21
18	3.915	75	71.43	85	5.608	55	40.11	47	2.07	4	52.47	295	6.481	56	35.04	13
28	3.990	107	70.58	94	5.663	84	40.58	39	2.03	2	49.52	304	6.537	84	35.17	3
Aug. 7	4.097	139	69.64	104	5.747	112	40.97	26	2.05	9	46.48	301	6.621	112	35.20	9
17	4.236	170	68.60	114	5.859	139	41.23	12	2.14	16	43.47	289	6.733	141	35.11	23
27	4.406	200	67.46	123	5.998	167	41.35	7	2.30	24	40.58	265	6.874	168	34.88	39
Sept. 6	4.606	228	66.23	130	6.165	193	41.28	27	2.54	30	37.93	231	7.042	195	34.49	58
16	4.834	257	64.93	138	6.358	220	41.01	51	2.84	36	35.62	188	7.237	222	33.91	77
26	5.091	282	63.55	144	6.578	245	40.50	75	3.20	41	33.74	136	7.459	248	33.14	96
Okt. 6	5.373	306	62.11	147	6.823	268	39.75	99	3.61	46	32.38	77	7.707	271	32.18	115
16	5.679	326	60.64	147	7.091	288	38.76	122	4.07	50	31.61	13	7.978	292	31.03	133
26	6.005	342	59.17	143	7.379	303	37.54	143	4.57	52	31.48	52	8.270	308	29.70	148
Nov. 5	6.347	351	57.74	136	7.682	313	36.11	160	5.09	52	32.00	118	8.578	319	28.22	158
15	6.698	352	56.38	123	7.995	316	34.51	172	5.61	51	33.18	181	8.897	321	26.64	164
25	7.050	344	55.15	106	8.311	309	32.79	179	6.12	48	34.99	238	9.218	316	25.00	165
Dez. 5	7.394	326	54.09	85	8.620	293	31.00	178	6.60	43	37.37	287	9.534	302	23.35	159
15	7.720	297	53.24	61	8.913	269	29.22	173	7.03	38	40.24	329	9.836	277	21.76	147
25	8.017	260	52.63	36	9.182	236	27.49	161	7.41	30	43.53	359	10.113	244	20.29	133
35	8.277		52.27		9.418		25.88		7.71		47.12		10.357		18.96	
Mittl. Ort	2.290		80.13		4.113		50.91		3.11		33.28		4.928		45.32	
sec δ, tg δ	+1.142		+ 0.553		+1.006		+ 0.107		+2.029		− 1.766		+1.022		+ 0.213	
a, *a′*	+3.6		−13.2		+3.2		−13.7		+1.4		−13.8		+3.3		−13.9	
b, *b′*	−0.02		− 0.75		0.00		− 0.73		+0.08		− 0.73		−0.01		− 0.72	

Scheinbare Sternörter 1956

Obere Kulmination Greenwich

Tag	335) ι Ursae maj.				339) Br 1268 Lynx				338) ρ Ursae maj.				341) κ Ursae maj.			
	AR.		Dekl.		AR.		Dekl.		AR.		Dekl.		AR.		Dekl.	
1956	8h 56m		+48° 12′		8h 57m		+41° 56′		8h 58m		+67° 47′		9h 0m		+47° 19′	
	s		″		s		″		s		″		s		″	
Jan. 1	15.203	302	40.46	79	50.148	280	74.22	44	40.80	48	52.57	171	40.696	304	38.70	71
11	15.505	239	41.25	112	50.428	223	74.66	76	41.28	36	54.28	207	41.000	242	39.41	105
21	15.744	169	42.37	139	50.651	159	75.42	104	41.64	25	56.35	234	41.242	174	40.46	133
31	15.913	94	43.76	161	50.810	92	76.46	126	41.89	13	58.69	253	6 41.416	101	41.79	156
Febr. 9	4 16.007	20	45.37	173	5 50.902	25	77.72	140	5 42.02	0	61.22	259	41.517	28	43.35	170
19	16.027	49	47.10	177	50.927	38	79.12	148	42.02	12	63.81	254	41.545	41	45.05	174
29	15.978	112	48.87	173	50.889	95	80.60	148	41.90	22	66.35	240	41.504	103	46.79	172
März 10	15.866	165	50.60	160	50.794	142	82.08	140	41.68	32	68.75	214	41.401	155	48.51	161
20	15.701	206	52.20	141	50.652	178	83.48	126	41.36	40	70.89	181	41.246	197	50.12	143
30	15.495	233	53.61	116	50.474	203	84.74	106	40.96	44	72.70	140	41.049	225	51.55	119
April 9	15.262	248	54.77	85	50.271	216	85.80	81	40.52	48	74.10	94	40.824	239	52.74	89
19	15.014	249	55.62	53	50.055	217	86.61	55	40.04	49	75.04	46	40.585	242	53.63	58
29	14.765	239	56.15	18	49.838	207	87.16	26	39.55	47	75.50	3	40.343	233	54.21	24
Mai 9	14.526	218	56.33	17	49.631	189	87.42	4	39.08	44	75.47	52	40.110	214	54.45	11
19	14.308	190	56.16	50	49.442	163	87.38	32	38.64	40	74.95	99	39.896	187	54.34	43
29	14.118	154	55.66	81	49.279	131	87.06	59	38.24	34	73.96	142	39.709	153	53.91	75
Juni 8	13.964	115	54.85	110	49.148	96	86.47	84	37.90	27	72.54	181	39.556	115	53.16	103
18	13.849	72	53.75	136	49.052	59	85.63	107	37.63	20	70.73	214	39.441	73	52.13	129
28	13.777	27	52.39	158	48.993	19	84.56	127	37.43	11	68.59	243	39.368	30	50.84	152
Juli 8	13.750	18	50.81	177	48.974	21	83.29	144	37.32	3	66.16	265	39.338	14	49.32	171
18	13.768	64	49.04	193	48.995	61	81.85	160	37.29	5	63.51	281	39.352	58	47.61	187
28	13.832	107	47.11	204	49.056	100	80.25	171	37.34	13	60.70	293	39.410	101	45.74	200
Aug. 7	13.939	151	45.07	212	49.156	139	78.54	181	37.47	22	57.77	297	39.511	144	43.74	209
17	14.090	194	42.95	218	49.295	175	76.73	188	37.69	30	54.80	295	39.655	186	41.65	215
27	14.284	234	40.77	219	49.470	212	74.85	193	37.99	37	51.85	290	39.841	226	39.50	218
Sept. 6	14.518	273	38.58	217	49.682	247	72.92	195	38.36	45	48.95	278	40.067	264	37.32	217
16	14.791	311	36.41	212	49.929	281	70.97	194	38.81	51	46.17	259	40.331	302	35.15	213
26	15.102	345	34.29	203	50.210	312	69.03	190	39.32	57	43.58	237	40.633	337	33.02	204
Okt. 6	15.447	377	32.26	190	50.522	342	67.13	181	39.89	62	41.21	209	40.970	369	30.98	193
16	15.824	405	30.36	171	50.864	367	65.32	170	40.51	67	39.12	175	41.339	397	29.05	176
26	16.229	426	28.65	149	51.231	387	63.62	154	41.18	70	37.37	136	41.736	419	27.29	154
Nov. 5	16.655	438	27.16	122	51.618	400	62.08	132	41.88	72	36.01	93	42.155	432	25.75	128
15	17.093	441	25.94	91	52.018	404	60.76	107	42.60	72	35.08	46	42.587	437	24.47	97
25	17.534	434	25.03	55	52.422	397	59.69	78	43.32	70	34.62	3	43.024	430	23.50	63
Dez. 5	17.968	413	24.48	18	52.819	379	58.91	44	44.02	66	34.65	53	43.454	411	22.87	26
15	18.381	379	24.30	20	53.198	349	58.47	10	44.68	61	35.18	101	43.865	379	22.61	13
25	18.760	333	24.50	58	53.547	308	58.37	25	45.29	53	36.19	147	44.244	334	22.74	51
35	19.093		25.08		53.855		58.62		45.82		37.66		44.578		23.25	
Mittl. Ort	12.251		56.82		47.425		89.88		36.34		70.85		37.811		55.25	
sec δ, tg δ	+1.501		+ 1.119		+1.345		+ 0.899		+2.647		+ 2.451		+1.475		+ 1.085	
a, *a′*	+4.1		−13.9		+3.9		−14.0		+5.4		−14.1		+4.1		−14.2	
b, *b′*	−0.05		− 0.72		−0.04		− 0.71		−0.11		− 0.71		−0.05		− 0.71	

Scheinbare Sternörter 1956

Obere Kulmination Greenwich

Tag	343) α Volantis AR.	Δ	343) α Volantis Dekl.	Δ	345) λ Velorum AR.	Δ	345) λ Velorum Dekl.	Δ	347) ϑ Hydrae AR.	Δ	347) ϑ Hydrae Dekl.	Δ	348) β Carinae AR.	Δ	348) β Carinae Dekl.	Δ
1956	9h 1m		−66° 13′		9h 6m		−43° 15′		9h 12m		+2° 29′		9h 12m		−69° 32′	
	s		″		s		″		s		″		s		″	
Jan. 1	48.81	31	8.51	372	24.881	232	13.83	349	6.665	227	54.52	179	47.25	36	3.77	365
11	49.12	20	12.23	388	25.113	174	17.32	356	6.892	184	52.73	162	47.61	25	7.42	385
21	49.32	10	16.11	394	25.287	112	20.88	354	7.076	136	51.11	142	47.86	13	11.27	394
31	$_{6}$49.42	1	20.05	388	25.399	48	24.42	342	$_{8}$7.212	86	49.69	119	$_{9}$47.99	1	15.21	392
Febr. 9	49.41	11	23.93	373	^{7}25.447	13	27.84	323	7.298	35	48.50	96	48.00	11	19.13	380
19	49.30	20	27.66	350	25.434	70	31.07	296	7.333	11	47.54	73	47.89	21	22.93	366
29	49.10	29	31.16	319	25.364	121	34.03	263	7.322	54	46.81	50	47.68	31	26.53	332
März 10	48.81	36	34.35	281	25.243	162	36.66	226	7.268	89	46.31	30	47.37	39	29.85	297
20	48.45	41	37.16	239	25.081	195	38.92	186	7.179	115	46.01	12	46.98	46	32.82	257
30	48.04	45	39.55	192	24.886	219	40.78	142	7.064	134	45.89	3	46.52	52	35.39	211
April 9	47.59	48	41.47	142	24.667	232	42.20	97	6.930	143	45.92	18	46.00	55	37.50	162
19	47.11	50	42.89	90	24.435	237	43.17	52	6.787	145	46.10	30	45.45	57	39.12	111
29	46.61	49	43.79	37	24.198	233	43.69	5	6.642	140	46.40	40	44.88	57	40.23	57
Mai 9	46.12	48	44.16	17	23.965	222	43.74	41	6.502	128	46.80	49	44.31	57	40.80	3
19	45.64	45	43.99	70	23.743	204	43.33	84	6.374	112	47.29	57	43.74	54	40.83	51
29	45.19	42	43.29	120	23.539	181	42.49	126	6.262	91	47.86	62	43.20	51	40.32	102
Juni 8	44.77	37	42.09	167	23.358	153	41.23	164	6.171	68	48.48	67	42.69	46	39.30	151
18	44.40	31	40.42	209	23.205	122	39.59	197	6.103	43	49.15	70	42.23	39	37.79	196
28	44.09	25	38.33	245	23.083	87	37.62	225	6.060	18	49.85	70	41.84	32	35.83	234
Juli 8	43.84	18	35.88	274	22.996	48	35.37	246	6.042	10	50.55	68	41.52	25	33.49	266
18	43.66	10	33.14	295	22.948	7	32.91	260	6.052	37	51.23	63	41.27	15	30.83	291
28	43.56	1	30.19	307	22.941	34	30.31	264	6.089	64	51.86	55	41.12	5	27.92	306
Aug. 7	43.55	8	27.12	308	22.975	78	27.67	261	6.153	91	52.41	43	41.07	5	24.86	309
17	43.63	17	24.04	298	23.053	123	25.06	247	6.244	120	52.84	28	41.12	15	21.77	304
27	43.80	25	21.06	277	23.176	168	22.59	225	6.364	148	53.12	8	41.27	25	18.73	287
Sept. 6	44.05	34	18.29	246	23.344	211	20.34	192	6.512	177	53.20	13	41.52	35	15.86	259
16	44.39	41	15.83	205	23.555	254	18.42	151	6.689	204	53.07	39	41.87	45	13.27	221
26	44.80	49	13.78	155	23.809	293	16.91	102	6.893	232	52.68	65	42.32	54	11.06	172
Okt. 6	45.29	54	12.23	97	24.102	327	15.89	48	7.125	257	52.03	92	42.86	60	9.34	116
16	45.83	59	11.26	33	24.429	355	15.41	10	7.382	280	51.11	120	43.46	66	8.18	54
26	46.42	61	10.93	33	24.784	374	15.51	70	7.662	299	49.91	144	44.12	69	7.64	12
Nov. 5	47.03	62	11.26	100	25.158	384	16.21	130	7.961	311	48.47	165	44.81	71	7.76	79
15	47.65	61	12.26	164	25.542	384	17.51	185	8.272	317	46.82	181	45.52	69	8.55	144
25	48.26	57	13.90	223	25.926	370	19.36	236	8.589	313	45.01	192	46.21	65	9.99	206
Dez. 5	48.83	52	16.13	277	26.296	346	21.72	278	8.902	301	43.09	195	46.86	60	12.05	261
15	49.35	44	18.90	320	26.642	309	24.50	313	9.203	280	41.14	194	47.46	53	14.66	308
25	49.79	36	22.10	354	26.951	263	27.63	337	9.483	248	39.20	185	47.99	42	17.74	346
35	50.15		25.64		27.214		31.00		9.731		37.35		48.41		21.20	
Mittl. Ort	45.49		12.34		22.523		14.59		4.547		63.32		43.65		8.53	
sec δ, tg δ	+2.480		− 2.269		+1.373		− 0.941		+1.001		+ 0.044		+2.860		− 2.680	
a, *a′*	+0.9		−14.3		+2.2		−14.6		+3.1		−14.9		+0.7		−14.9	
b, *b′*	+0.11		− 0.70		+0.05		− 0.69		0.00		− 0.67		+0.13		− 0.67	

Scheinbare Sternörter 1956

Obere Kulmination Greenwich

Tag	350) 83 Cancri AR.		350) 83 Cancri Dekl.		352) α Lyncis AR.		352) α Lyncis Dekl.		353) ϰ Velorum AR.		353) ϰ Velorum Dekl.		354) α Hydrae AR.		354) α Hydrae Dekl.	
1956	9h 16m		+17° 53′		9h 18m		+34° 34′		9h 20m		−54° 49′		9h 25m		−8° 28′	
	s		″		s		″		s		″		s		″	
Jan. 1	33.837	245	22.22	99	25.202	278	31.54	9	47.592	281	16.19	360	27.531	234	7.60	232
11	34.082	201	21.23	74	25.480	228	31.45	23	47.873	211	19.79	375	27.765	191	9.92	222
21	34.283	150	20.49	48	25.708	172	31.68	54	48.084	136	23.54	380	27.956	143	12.14	206
31	34.433	98	20.01	24	25.880	111	32.22	79	48.220	59	27.34	375	28.099	93	14.20	185
Febr. 10	34.531	45	19.77	1	25.991	51	33.01	100	48.279	15	31.09	361	28.192	44	16.05	163
19	10 34.576	5	19.76	19	10 26.042	7	34.01	115	11 48.264	85	34.70	338	12 28.236	3	17.68	137
29	34.571	51	19.95	34	26.035	60	35.16	122	48.179	147	38.08	309	28.233	46	19.05	122
März 10	34.520	88	20.29	46	25.975	106	36.38	122	48.032	201	41.17	273	28.187	82	20.17	85
20	34.432	119	20.75	53	25.869	141	37.60	116	47.831	245	43.90	233	28.105	110	21.02	60
30	34.313	139	21.28	56	25.728	167	38.76	106	47.586	277	46.23	188	27.995	129	21.62	36
April 9	34.174	150	21.84	55	25.561	181	39.82	89	47.309	298	48.11	141	27.866	141	21.98	13
19	34.024	153	22.39	53	25.380	185	40.71	70	47.011	311	49.52	91	27.725	145	22.11	9
29	33.871	148	22.92	47	25.195	181	41.41	47	46.700	312	50.43	41	27.580	142	22.02	29
Mai 9	33.723	136	23.39	40	25.014	167	41.88	25	46.388	304	50.84	9	27.438	133	21.73	49
19	33.587	119	23.79	33	24.847	148	42.13	1	46.084	289	50.75	59	27.305	119	21.24	67
29	33.468	98	24.12	25	24.699	124	42.14	21	45.795	266	50.16	107	27.186	101	20.57	82
Juni 8	33.370	73	24.37	16	24.575	95	41.93	44	45.529	235	49.09	152	27.085	81	19.75	95
18	33.297	47	24.53	7	24.480	64	41.49	65	45.294	200	47.57	192	27.004	59	18.80	107
28	33.250	19	24.60	2	24.416	31	40.84	84	45.094	158	45.65	227	26.945	34	17.73	114
Juli 8	33.231	9	24.58	13	24.385	2	40.00	101	44.936	112	43.38	255	26.911	8	16.59	119
18	33.240	37	24.45	24	24.387	37	38.99	118	44.824	61	40.83	276	26.903	18	15.40	118
28	33.277	67	24.21	35	24.424	70	37.81	133	44.763	6	38.07	288	26.921	46	14.22	113
Aug. 7	33.344	95	23.86	48	24.494	104	36.48	145	44.757	51	35.19	289	26.967	74	13.09	104
17	33.439	124	23.38	63	24.598	138	35.03	157	44.808	110	32.30	281	27.041	102	12.05	89
27	33.563	153	22.75	77	24.736	171	33.46	167	44.918	170	29.49	263	27.143	133	11.16	69
Sept. 6	33.716	182	21.98	93	24.907	205	31.79	175	45.088	229	26.86	234	27.276	163	10.47	43
16	33.898	211	21.05	110	25.112	237	30.04	181	45.317	287	24.52	194	27.439	193	10.04	14
26	34.109	239	19.95	126	25.349	269	28.23	184	45.604	339	22.58	147	27.632	222	9.90	20
Okt. 6	34.348	267	18.69	140	25.618	299	26.39	185	45.943	385	21.11	92	27.854	251	10.10	54
16	34.615	290	17.29	152	25.917	327	24.54	180	46.328	423	20.19	32	28.105	275	10.64	90
26	34.905	310	15.77	162	26.244	348	22.74	173	46.751	450	19.87	31	28.380	296	11.54	126
Nov. 5	35.215	325	14.15	166	26.592	365	21.01	160	47.201	463	20.18	96	28.676	311	12.80	158
15	35.540	332	12.49	165	26.957	373	19.41	141	47.664	464	21.14	158	28.987	317	14.38	186
25	35.872	330	10.84	160	27.330	372	18.00	118	48.128	449	22.72	216	29.304	316	16.24	208
Dez. 5	36.202	318	9.24	148	27.702	360	16.82	92	48.577	418	24.88	267	29.620	305	18.32	224
15	36.520	297	7.76	132	28.062	336	15.90	60	48.995	375	27.55	309	29.925	284	20.56	232
25	36.817	267	6.44	112	28.398	301	15.30	27	49.370	320	30.64	342	30.209	253	22.88	232
35	37.084		5.32		28.699		15.03		49.690		34.06		30.462		25.20	
Mittl. Ort	31.638		34.50		22.784		47.17		44.984		19.45		25.484		1.26	
sec δ, tg δ	+1.051		+ 0.323		+1.215		+ 0.689		+1.736		− 1.419		+1.011		− 0.149	
a, *a′*	+3.4		−15.2		+3.7		−15.3		+1.9		−15.4		+2.9		−15.7	
b, *b′*	−0.02		− 0.65		−0.03		− 0.65		+0.07		− 0.64		+0.01		− 0.62	

Scheinbare Sternörter 1956

Obere Kulmination Greenwich

Tag	356) ε Antliae				355) 23 Ursae maj.				358) ϑ Ursae maj.				357) 24 Ursae maj.			
	AR.		Dekl.		AR.		Dekl.		AR.		Dekl.		AR.		Dekl.	
1956	$9^h\ 27^m$		−35° 45′		$9^h\ 28^m$		+63° 14′		$9^h\ 29^m$		+51° 52′		$9^h\ 30^m$		+70° 0′	
	s		″		s		″		s		″		s		″	
Jan. 1	27.789	247	29.56	326	8.41	46	60.41	125	58.356	357	25.55	69	41.85	58	70.54	150
11	28.036	196	32.82	333	8.87	38	61.66	167	58.713	294	26.24	109	42.43	47	72.04	193
21	28.232	141	36.15	330	9.25	28	63.33	201	59.007	223	27.33	144	42.90	35	73.97	229
31	28.373	83	39.45	319	9.53	17	65.34	227	59.230	147	28.77	172	43.25	22	76.26	254
Febr. 10	28.456	26	42.64	301	9.70	8	67.61	244	59.377	68	30.49	192	43.47	8	78.80	268
19	$_{12}$28.482	27	45.65	276	$_{13}$9.78	3	70.05	249	$_{13}$59.445	9	32.41	201	$_{13}$43.55	5	81.48	272
29	28.455	75	48.41	246	9.75	13	72.54	242	59.436	80	34.42	202	43.50	18	84.20	263
März 10	28.380	116	50.87	213	9.62	21	74.96	227	59.356	142	36.44	192	43.32	29	86.83	244
20	28.264	148	53.00	175	9.41	28	77.23	202	59.214	193	38.36	176	43.03	38	89.27	214
30	28.116	173	54.75	137	9.13	34	79.25	168	59.021	231	40.12	152	42.65	46	91.41	177
April 9	27.943	187	56.12	96	8.79	37	80.93	128	58.790	256	41.64	121	42.19	50	93.18	134
19	27.756	194	57.08	55	8.42	39	82.21	85	58.534	267	42.85	86	41.69	54	94.52	85
29	27.562	194	57.63	13	8.03	39	83.06	38	58.267	265	43.71	48	41.15	54	95.37	35
Mai 9	27.368	187	57.76	27	7.64	37	83.44	8	58.002	254	44.19	10	40.61	52	95.72	17
19	27.181	174	57.49	68	7.27	34	83.36	54	57.748	232	44.29	28	40.09	48	95.55	67
29	27.007	155	56.81	105	6.93	31	82.82	99	57.516	202	44.01	65	39.61	43	94.88	115
Juni 8	26.852	134	55.76	139	6.62	26	81.83	139	57.314	166	43.36	101	39.18	38	93.73	159
18	26.718	109	54.37	170	6.36	19	80.44	177	57.148	127	42.35	133	38.80	30	92.14	198
28	26.609	80	52.67	196	6.17	14	78.67	209	57.021	83	41.02	161	38.50	21	90.16	233
Juli 8	26.529	48	50.71	216	6.03	8	76.58	236	56.938	38	39.41	187	38.29	13	87.83	261
18	26.481	15	48.55	229	5.95	0	74.22	259	56.900	8	37.54	209	38.16	5	85.22	285
28	26.466	20	46.26	234	5.95	6	71.63	276	56.908	55	35.45	226	38.11	5	82.37	302
Aug. 7	26.486	58	43.92	233	6.01	12	68.87	287	56.963	102	33.19	240	38.16	14	79.35	313
17	26.544	96	41.59	221	6.13	19	66.00	294	57.065	148	30.79	249	38.30	22	76.22	318
27	26.640	136	39.38	200	6.32	26	63.06	295	57.213	195	28.30	254	38.52	32	73.04	315
Sept. 6	26.776	177	37.38	172	6.58	32	60.11	289	57.408	240	25.76	255	38.84	40	69.89	309
16	26.953	216	35.66	135	6.90	38	57.22	280	57.648	284	23.21	252	39.24	47	66.80	295
26	27.169	253	34.31	91	7.28	44	54.42	263	57.932	328	20.69	244	39.71	56	63.85	276
Okt. 6	27.422	288	33.40	42	7.72	49	51.79	241	58.260	367	18.25	231	40.27	62	61.09	249
16	27.710	318	32.98	12	8.21	54	49.38	214	58.627	404	15.94	212	40.89	68	58.60	217
26	28.028	341	33.10	67	8.75	58	47.24	181	59.031	434	13.82	188	41.57	74	56.43	180
Nov. 5	28.369	355	33.77	122	9.33	60	45.43	142	59.465	456	11.94	159	42.31	76	54.63	135
15	28.724	361	34.99	174	9.93	61	44.01	98	59.921	468	10.35	125	43.07	78	53.28	88
25	29.085	356	36.73	221	10.54	62	43.03	51	60.389	468	9.10	85	43.85	78	52.40	36
Dez. 5	29.441	338	38.94	261	11.16	59	42.52	1	60.857	455	8.25	44	44.63	75	52.04	17
15	29.779	311	41.55	292	11.75	55	42.51	49	61.312	428	7.81	1	45.38	70	52.21	71
25	30.090	272	44.47	314	12.30	50	43.00	98	61.740	386	7.82	45	46.08	63	52.92	123
35	30.362		47.61		12.80		43.98		62.126		8.27		46.71		54.15	
Mittl. Ort	25.610		29.55		4.87		80.54		55.530		44.53		37.55		91.35	
sec δ, tg δ	+1.232		− 0.720		+2.222		+ 1.984		+1.620		+ 1.274		+2.927		+ 2.751	
a, *a′*	+2.5		−15.8		+4.7		−15.8		+4.1		−15.9		+5.3		−15.9	
b, *b′*	+0.04		− 0.62		−0.10		− 0.62		−0.07		− 0.61		−0.15		− 0.61	

Scheinbare Sternörter 1956

Obere Kulmination Greenwich

Tag	360) 10 Leonis min. AR.	Δ	Dekl.	Δ	366) ϑ Antliae AR.	Δ	Dekl.	Δ	367) ε Leonis AR.	Δ	Dekl.	Δ	368) υ Ursae maj. AR.	Δ	Dekl.	Δ
1956	9h 31m		+36° 35′		9h 42m		−27° 34′		9h 43m		+23° 58′		9h 47m		+59° 14′	
	s		″		s		″		s		″		s		″	
Jan. 1	34.378	296	21.60	7	16.337	253	3.72	300	23.535	276	25.48	80	55.645	436	27.67	88
11	34.674	246	21.53	27	16.590	208	6.72	304	23.811	233	24.68	50	56.081	367	28.55	132
21	34.920	190	21.80	60	16.798	158	9.76	298	24.044	183	24.18	20	56.448	287	29.87	172
31	35.110	129	22.40	88	16.956	104	12.74	286	24.227	130	23.98	9	56.735	198	31.59	203
Febr. 10	(13) 35.239	68	23.28	111	(16) 17.060	51	15.60	268	(16) 24.357	76	24.07	34	(18) 56.933	105	33.62	224
19	35.307	7	24.39	127	17.111	1	18.28	244	24.433	22	24.41	55	57.038	14	35.86	236
29	35.314	48	25.66	135	17.112	45	20.72	215	24.455	27	24.96	71	57.052	73	38.22	237
März 10	35.266	96	27.01	136	17.067	85	22.87	184	24.428	69	25.67	82	56.979	151	40.59	228
20	35.170	134	28.37	131	16.982	116	24.71	151	24.359	104	26.49	87	56.828	216	42.87	209
30	35.036	162	29.68	119	16.866	140	26.22	116	24.255	129	27.36	87	56.612	268	44.96	181
April 9	34.874	180	30.87	103	16.726	156	27.38	81	24.126	145	28.23	81	56.344	305	46.77	147
19	34.694	188	31.90	81	16.570	164	28.19	45	23.981	153	29.04	74	56.039	325	48.24	108
29	34.506	185	32.71	57	16.406	165	28.64	9	23.828	153	29.78	63	55.714	332	49.32	65
Mai 9	34.321	175	33.28	32	16.241	161	28.73	26	23.675	146	30.41	49	55.382	324	49.97	21
19	34.146	158	33.60	7	16.080	150	28.47	59	23.529	132	30.90	34	55.058	304	50.18	24
29	33.988	135	33.67	20	15.930	135	27.88	91	23.397	115	31.24	20	54.754	275	49.94	67
Juni 8	33.853	108	33.47	44	15.795	116	26.97	121	23.282	93	31.44	4	54.479	237	49.27	109
18	33.745	78	33.03	68	15.679	96	25.76	146	23.189	69	31.48	12	54.242	193	48.18	146
28	33.667	46	32.35	89	15.583	71	24.30	168	23.120	43	31.36	28	54.049	144	46.72	181
Juli 8	33.621	13	31.46	110	15.512	44	22.62	184	23.077	17	31.08	42	53.905	92	44.91	211
18	33.608	21	30.36	128	15.468	16	20.78	195	23.060	12	30.66	58	53.813	36	42.80	237
28	33.629	55	29.08	145	15.452	15	18.83	200	23.072	40	30.08	73	53.777	19	40.43	258
Aug. 7	33.684	90	27.63	159	15.467	47	16.83	196	23.112	70	29.35	89	53.796	77	37.85	274
17	33.774	124	26.04	172	15.514	82	14.87	185	23.182	100	28.46	103	53.873	134	35.11	284
27	33.898	160	24.32	182	15.596	117	13.02	166	23.282	130	27.43	119	54.007	191	32.27	290
Sept. 6	34.058	194	22.50	191	15.713	153	11.36	140	23.412	162	26.24	134	54.198	249	29.37	291
16	34.252	229	20.59	197	15.866	190	9.96	107	23.574	195	24.90	147	54.447	304	26.46	286
26	34.481	263	18.62	200	16.056	227	8.89	67	23.769	226	23.43	161	54.751	358	23.60	275
Okt. 6	34.744	295	16.62	200	16.283	260	8.22	21	23.995	257	21.82	171	55.109	409	20.85	259
16	35.039	325	14.62	195	16.543	290	8.01	26	24.252	285	20.11	179	55.518	456	18.26	237
26	35.364	351	12.67	185	16.833	315	8.27	76	24.537	311	18.32	182	55.974	495	15.89	208
Nov. 5	35.715	370	10.82	170	17.148	333	9.03	126	24.848	330	16.50	182	56.469	526	13.81	173
15	36.085	380	9.12	151	17.481	341	10.29	171	25.178	342	14.68	175	56.995	545	12.08	133
25	36.465	382	7.61	126	17.822	341	12.00	212	25.520	346	12.93	162	57.540	550	10.75	89
Dez. 5	36.847	373	6.35	96	18.163	329	14.12	246	25.866	340	11.31	145	58.090	540	9.86	40
15	37.220	351	5.39	62	18.492	308	16.58	273	26.206	323	9.86	123	58.630	513	9.46	10
25	37.571	318	4.77	28	18.800	274	19.31	292	26.529	295	8.63	96	59.143	469	9.56	60
35	37.889		4.49		19.074		22.23		26.824		7.67		59.612		10.16	
Mittl. Ort	32.005		38.23		14.288		2.22		21.415		39.97		52.644		48.63	
sec δ, tg δ	+1.246		+ 0.743		+1.128		− 0.522		+1.094		+ 0.445		+1.956		+ 1.681	
a, a′	+3.7		−16.0		+2.7		−16.5		+3.4		−16.6		+4.3		−16.8	
b, b′	−0.04		− 0.60		+0.03		− 0.57		−0.02		− 0.56		−0.09		− 0.54	

Scheinbare Sternörter 1956

Obere Kulmination Greenwich

Tag	370) 6 Sextantis AR.		370) Dekl.		372) Grb 1586 U Maj. AR.		372) Dekl.		375) φ Velorum AR.		375) Dekl.		378) π Leonis AR.		378) Dekl.	
1956	9h 49m		−4° 2′		9h 54m		+73° 4′		9h 55m		−54° 21′		9h 57m		+8° 14′	
	s		″		s		″		s		″		s		″	
Jan. 1	2.910	253	18.32	216	33.93	71	61.62	137	21.310	333	22.60	340	55.289	266	71.13	163
11	3.163	213	20.48	202	34.64	60	62.99	184	21.643	268	26.00	362	55.555	227	69.50	142
21	3.376	168	22.50	186	35.24	46	64.83	224	21.911	198	29.62	373	55.782	183	68.08	117
31	3.544	119	24.36	164	35.70	32	67.07	256	22.109	124	33.35	375	55.965	134	66.91	92
Febr. 10	3.663	70	26.00	140	36.02	16	69.63	276	22.233	51	37.10	368	56.099	83	65.99	66
19*	18 3.733	23	27.40	116	19 36.18	0	72.39	284	19 22.284	20	40.78	351	20 56.182	35	65.33	42
29	3.756	21	28.56	90	36.18	15	75.23	281	22.264	84	44.29	327	56.217	10	64.91	19
März 10	3.735	59	29.46	67	36.03	28	78.04	265	22.180	141	47.56	296	56.207	49	64.72	1
20	3.676	89	30.13	43	35.75	40	80.69	238	22.039	190	50.52	261	56.158	81	64.73	17
30	3.587	111	30.56	22	35.35	50	83.07	204	21.849	229	53.13	221	56.077	106	64.90	30
April 9	3.476	126	30.78	3	34.85	57	85.11	162	21.620	257	55.34	176	55.971	123	65.20	40
19	3.350	134	30.81	15	34.28	62	86.73	113	21.363	276	57.10	130	55.848	131	65.60	46
29	3.216	134	30.66	31	33.66	64	87.86	61	21.087	287	58.40	81	55.717	132	66.06	51
Mai 9	3.082	129	30.35	46	33.02	63	88.47	8	20.800	288	59.21	31	55.585	129	66.57	54
19	2.953	119	29.89	59	32.39	61	88.55	44	20.512	282	59.52	18	55.456	119	67.11	54
29	2.834	104	29.30	70	31.78	56	88.11	95	20.230	269	59.34	67	55.337	105	67.65	53
Juni 8	2.730	87	28.60	80	31.22	50	87.16	144	19.961	248	58.67	114	55.232	89	68.18	51
18	2.643	68	27.80	86	30.72	43	85.72	187	19.713	220	57.53	157	55.143	70	68.69	48
28	2.575	46	26.94	91	30.29	34	83.85	227	19.493	188	55.96	195	55.073	48	69.17	42
Juli 8	2.529	24	26.03	93	29.95	24	81.58	260	19.305	148	54.01	229	55.025	26	69.59	36
18	2.505	1	25.10	91	29.71	15	78.98	288	19.157	104	51.72	255	54.999	2	69.95	27
28	2.506	27	24.19	85	29.56	4	76.10	310	19.053	54	49.17	272	54.997	23	70.22	16
Aug. 7	2.533	53	23.34	75	29.52	6	73.00	325	18.999	1	46.45	281	55.020	50	70.38	3
17	2.586	82	22.59	61	29.58	17	69.75	333	18.998	57	43.64	280	55.070	77	70.41	13
27	2.668	111	21.98	42	29.75	28	66.42	336	19.055	117	40.84	269	55.147	107	70.28	31
Sept. 6	2.779	141	21.56	19	30.03	37	63.06	332	19.172	178	38.15	247	55.254	136	69.97	51
16	2.920	173	21.37	8	30.40	48	59.74	321	19.350	239	35.68	215	55.390	168	69.46	73
26	3.093	205	21.45	38	30.88	57	56.53	303	19.589	297	33.53	174	55.558	199	68.73	96
Okt. 6	3.298	235	21.83	69	31.45	66	53.50	278	19.886	350	31.79	124	55.757	231	67.77	119
16	3.533	263	22.52	101	32.11	74	50.72	247	20.236	397	30.55	67	55.988	260	66.58	141
26	3.796	287	23.53	132	32.85	81	48.25	210	20.633	434	29.88	6	56.248	286	65.17	160
Nov. 5	4.083	306	24.85	161	33.66	85	46.15	166	21.067	458	29.82	57	56.534	306	63.57	177
15	4.389	317	26.46	184	34.51	89	44.49	116	21.525	469	30.39	119	56.840	320	61.80	188
25	4.706	321	28.30	202	35.40	90	43.33	63	21.994	466	31.58	179	57.160	326	59.92	193
Dez. 5	5.027	314	30.32	215	36.30	88	42.70	7	22.460	446	33.37	234	57.486	321	57.99	192
15	5.341	297	32.47	219	37.18	83	42.63	50	22.906	413	35.71	281	57.807	308	56.07	184
25	5.638	271	34.66	218	38.01	76	43.13	105	23.319	365	38.52	318	58.115	282	54.23	172
35	5.909		36.84		38.77		44.18		23.684		41.70		58.397		52.51	
Mittl. Ort	0.957		10.82		29.57		84.18		18.870		27.26		53.350		82.01	
sec δ, tg δ	+1.002		− 0.071		+3.438		+ 3.289		+1.716		− 1.395		+1.010		+ 0.145	
a, *a′*	+3.0		−16.9		+5.4		−17.1		+2.1		−17.1		+3.2		−17.3	
b, *b′*	0.00		− 0.54		−0.19		− 0.52		+0.08		− 0.52		−0.01		− 0.51	

* Bei Stern 378) lies Febr. 20.

Scheinbare Sternörter 1956

Obere Kulmination Greenwich

Tag	379) η Leonis AR.		379) η Leonis Dekl.		380) α Leonis AR.		380) α Leonis Dekl.		381) λ Hydrae AR.		381) λ Hydrae Dekl.		382) 191 G. Velorum AR.		382) 191 G. Velorum Dekl.	
1956	10h 4m		+16° 58′		10h 6m		+12° 10′		10h 8m		−12° 8′		10h 12m		−41° 54′	
	s		″		s		″		s		″		s		″	
Jan. 1	58.084	280	27.40	126	3.733	274	46.79	148	28.382	266	14.47	247	55.177	307	9.40	318
11	58.364	242	26.14	98	4.007	237	45.31	123	28.648	228	16.94	241	55.484	259	12.58	334
21	58.606	196	25.16	69	4.244	192	44.08	98	28.876	184	19.35	229	55.743	203	15.92	343
31	58.802	146	24.47	40	4.436	144	43.10	70	29.060	136	21.64	212	55.946	144	19.35	341
Febr. 10	58.948	95	24.07	12	4.580	93	42.40	42	29.196	87	23.76	191	56.090	85	22.76	330
20	59.043	44	23.95	12	4.673	44	41.98	18	29.283	39	25.67	166	56.175	28	26.06	314
29	(22) 59.087	3	24.07	33	(22) 4.717	2	41.80	5	(23) 29.322	5	27.33	140	(24) 56.203	26	29.20	290
März 10	59.084	45	24.40	49	4.715	43	41.85	23	29.317	44	28.73	114	56.177	74	32.10	262
20	59.039	79	24.89	61	4.672	76	42.08	37	29.273	76	29.87	87	56.103	114	34.72	228
30	58.960	106	25.50	68	4.596	102	42.45	48	29.197	101	30.74	61	55.989	147	37.00	191
April 9	58.854	125	26.18	70	4.494	121	42.93	55	29.096	119	31.35	36	55.842	171	38.91	152
19	58.729	134	26.88	70	4.373	130	43.48	59	28.977	128	31.71	12	55.671	187	40.43	110
29	58.595	138	27.58	65	4.243	133	44.07	59	28.849	133	31.83	11	55.484	197	41.53	67
Mai 9	58.457	135	28.23	59	4.110	131	44.66	57	28.716	131	31.72	33	55.287	200	42.20	24
19	58.322	126	28.82	51	3.979	122	45.23	54	28.585	125	31.39	52	55.087	196	42.44	18
29	58.196	112	29.33	42	3.857	109	45.77	49	28.460	114	30.87	71	54.891	187	42.26	61
Juni 8	58.084	96	29.75	31	3.748	94	46.26	43	28.346	100	30.16	88	54.704	173	41.65	102
18	57.988	76	30.06	19	3.654	75	46.69	35	28.246	84	29.28	102	54.531	155	40.63	138
28	57.912	55	30.25	8	3.579	55	47.04	27	28.162	64	28.26	113	54.376	132	39.25	171
Juli 8	57.857	32	30.33	6	3.524	32	47.31	17	28.098	44	27.13	120	54.244	105	37.54	200
18	57.825	8	30.27	19	3.492	9	47.48	7	28.054	21	25.93	123	54.139	75	35.54	221
28	57.817	18	30.08	33	3.483	16	47.55	7	28.033	4	24.70	122	54.064	39	33.33	236
Aug. 7	57.835	45	29.75	49	3.499	42	47.48	21	28.037	31	23.48	116	54.025	1	30.97	243
17	57.880	74	29.26	66	3.541	70	47.27	37	28.068	60	22.32	103	54.024	41	28.54	241
27	57.954	102	28.60	83	3.611	99	46.90	55	28.128	90	21.29	86	54.065	86	26.13	230
Sept. 6	58.056	134	27.77	102	3.710	130	46.35	74	28.218	123	20.43	64	54.151	132	23.83	209
16	58.190	167	26.75	120	3.840	162	45.61	96	28.341	157	19.79	36	54.283	180	21.74	180
26	58.357	199	25.55	138	4.002	195	44.65	116	28.498	191	19.43	3	54.463	227	19.94	141
Okt. 6	58.556	231	24.17	155	4.197	226	43.49	136	28.689	224	19.40	32	54.690	273	18.53	95
16	58.787	263	22.62	170	4.423	257	42.13	156	28.913	256	19.72	70	54.963	313	17.58	44
26	59.050	290	20.92	182	4.680	284	40.57	171	29.169	283	20.42	107	55.276	347	17.14	12
Nov. 5	59.340	312	19.10	188	4.964	307	38.86	183	29.452	305	21.49	143	55.623	374	17.26	69
15	59.652	328	17.22	190	5.271	322	37.03	191	29.757	320	22.92	176	55.997	389	17.95	125
25	59.980	336	15.32	186	5.593	329	35.12	191	30.077	326	24.68	203	56.386	393	19.20	178
Dez. 5	60.316	333	13.46	176	5.922	327	33.21	187	30.403	322	26.71	224	56.779	385	20.98	227
15	60.649	319	11.70	160	6.249	314	31.34	175	30.725	308	28.95	237	57.164	363	23.25	267
25	60.968	297	10.10	138	6.563	291	29.59	158	31.033	283	31.32	245	57.527	330	25.92	299
35	61.265		8.72		6.854		28.01		31.316		33.77		57.857		28.91	
Mittl. Ort	56.141		40.72		1.819		58.85		26.506		9.27		53.098		12.14	
sec δ, tg δ	+1.046		+ 0.305		+1.023		+ 0.216		+1.023		− 0.215		+1.344		− 0.897	
a, *a′*	+3.3		−17.6		+3.2		−17.6		+2.9		−17.7		+2.5		−17.9	
b, *b′*	−0.02		− 0.48		−0.01		− 0.48		+0.01		− 0.47		+0.05		− 0.45	

Scheinbare Sternörter 1956

Obere Kulmination Greenwich

Tag	384) ζ Leonis AR.		384) ζ Leonis Dekl.		383) λ Ursae maj. AR.		383) λ Ursae maj. Dekl.		386) μ Ursae maj. AR.		386) μ Ursae maj. Dekl.		387) 30 H. Ursae maj. AR.		387) 30 H. Ursae maj. Dekl.	
1956	10h 14m		+23° 37′		10h 14m		+43° 7′		10h 19m		+41° 42′		10h 20m		+65° 46′	
	s		″		s		″		s		″		s		″	
Jan. 1	16.693	296	58.96	99	29.214	353	45.77	9	44.999	351	57.88	21	61.86	57	59.76	80
11	16.989	259	57.97	67	29.567	307	45.68	34	45.350	307	57.67	23	62.43	49	60.56	131
21	17.248	212	57.30	34	29.874	252	46.02	74	45.657	253	57.90	65	62.92	40	61.87	177
31	17.460	161	56.96	2	30.126	190	46.76	110	45.910	194	58.55	101	63.32	30	63.64	215
Febr. 10	17.621	108	56.94	27	30.316	125	47.86	141	46.104	130	59.56	131	63.62	19	65.79	245
20	17.729	55	57.21	52	30.441	59	49.27	163	26 46.234	66	60.87	155	26 63.81	8	68.24	262
29	24 17.784	6	57.73	72	24 30.500	3	50.90	176	46.300	4	62.42	171	63.89	3	70.86	268
März 10	17.790	39	58.45	87	30.497	60	52.66	182	46.304	51	64.13	177	63.86	13	73.54	263
20	17.751	76	59.32	95	30.437	109	54.48	178	46.253	99	65.90	176	63.73	22	76.17	247
30	17.675	106	60.27	98	30.328	148	56.26	166	46.154	138	67.66	165	63.51	29	78.64	222
April 9	17.569	127	61.25	96	30.180	176	57.92	148	46.016	166	69.31	149	63.22	36	80.86	187
19	17.442	139	62.21	89	30.004	194	59.40	124	45.850	185	70.80	127	62.86	39	82.73	146
29	17.303	144	63.10	78	29.810	202	60.64	96	45.665	195	72.07	100	62.47	42	84.19	101
Mai 9	17.159	143	63.88	66	29.608	201	61.60	64	45.470	194	73.07	70	62.05	43	85.20	53
19	17.016	135	64.54	51	29.407	193	62.24	32	45.276	186	73.77	38	61.62	41	85.73	3
29	16.881	123	65.05	34	29.214	177	62.56	2	45.090	172	74.15	6	61.21	39	85.76	46
Juni 8	16.758	107	65.39	18	29.037	156	62.54	36	44.918	153	74.21	27	60.82	36	85.30	93
18	16.651	87	65.57	0	28.881	130	62.18	68	44.765	130	73.94	59	60.46	31	84.37	138
28	16.564	66	65.57	18	28.751	102	61.50	98	44.635	103	73.35	89	60.15	27	82.99	180
Juli 8	16.498	43	65.39	36	28.649	71	60.52	126	44.532	73	72.46	117	59.88	20	81.19	217
18	16.455	18	65.03	53	28.578	38	59.26	153	44.459	41	71.29	144	59.68	14	79.02	249
28	16.437	8	64.50	71	28.540	3	57.73	176	44.418	8	69.85	168	59.54	7	76.53	276
Aug. 7	16.445	37	63.79	88	28.537	34	55.97	196	44.410	27	68.17	188	59.47	0	73.77	298
17	16.482	65	62.91	106	28.571	71	54.01	214	44.437	63	66.29	207	59.47	7	70.79	313
27	16.547	96	61.85	124	28.642	111	51.87	229	44.500	102	64.22	223	59.54	14	67.66	323
Sept. 6	16.643	129	60.61	141	28.753	151	49.58	240	44.602	141	61.99	235	59.68	21	64.43	326
16	16.772	163	59.20	157	28.904	192	47.18	246	44.743	183	59.64	243	59.89	29	61.17	325
26	16.935	197	57.63	171	29.096	234	44.72	250	44.926	224	57.21	248	60.18	36	57.92	315
Okt. 6	17.132	232	55.92	184	29.330	275	42.22	249	45.150	264	54.73	248	60.54	44	54.77	299
16	17.364	264	54.08	194	29.605	314	39.73	242	45.414	304	52.25	243	60.98	49	51.78	276
26	17.628	294	52.14	199	29.919	350	37.31	229	45.718	340	49.82	232	61.47	55	49.02	246
Nov. 5	17.922	319	50.15	200	30.269	379	35.02	211	46.058	369	47.50	215	62.02	61	46.56	210
15	18.241	337	48.15	195	30.648	400	32.91	185	46.427	392	45.35	192	62.63	64	44.46	166
25	18.578	347	46.20	183	31.048	411	31.06	155	46.819	404	43.43	162	63.27	65	42.80	117
Dez. 5	18.925	346	44.37	166	31.459	412	29.51	118	47.223	405	41.81	127	63.92	66	41.63	64
15	19.271	335	42.71	144	31.871	399	28.33	77	47.628	394	40.54	87	64.58	64	40.99	9
25	19.606	313	41.27	115	32.270	372	27.56	35	48.022	369	39.67	45	65.22	59	40.90	47
35	19.919		40.12		32.642		27.21		48.391		39.22		65.81		41.37	
Mittl. Ort	14.760		74.23		27.041		65.50		42.896		77.52		58.90		83.17	
sec δ, tg δ	+1.092		+ 0.438		+1.370		+ 0.937		+1.340		+ 0.892		+2.439		+ 2.224	
a, *a′*	+3.3		−17.9		+3.6		−18.0		+3.6		−18.2		+4.3		−18.2	
b, *b′*	−0.03		− 0.45		−0.06		− 0.44		−0.05		− 0.42		−0.13		− 0.42	

Scheinbare Sternörter 1956

Obere Kulmination Greenwich

Tag	391) I Carinae AR.		391) I Carinae Dekl.		389) μ Hydrae AR.		389) μ Hydrae Dekl.		392) α Antliae AR.		392) α Antliae Dekl.		390) β Leonis min. AR.		390) β Leonis min. Dekl.	
1956	10h 23m		−73° 48′		10h 23m		−16° 36′		10h 25m		−30° 50′		10h 25m		+36° 55′	
	s		″		s		″		s		″		s		″	
Jan. 1	35.32	65	17.77	310	59.450	279	43.66	259	10.023	295	34.62	293	22.667	337	41.15	47
11	35.97	53	20.87	346	59.729	243	46.25	257	10.318	255	37.55	304	23.004	296	40.68	5
21	36.50	41	24.33	373	59.972	199	48.82	250	10.573	207	40.59	305	23.300	247	40.63	35
31	36.91	26	28.06	388	60.171	151	51.32	235	10.780	155	43.64	300	23.547	190	40.98	71
Febr. 10	37.17	13	31.94	395	60.322	103	53.67	217	10.935	102	46.64	287	23.737	131	41.69	103
20	37.30	0	35.89	391	60.425	54	55.84	194	11.037	51	49.51	267	23.868	71	42.72	129
29	[27] 37.30	14	39.80	379	[27] 60.479	9	57.78	168	[27] 11.088	2	52.18	244	[27] 23.939	14	44.01	146
März 10	37.16	26	43.59	358	60.488	30	59.46	141	11.090	40	54.62	216	23.953	38	45.47	156
20	36.90	36	47.17	330	60.458	64	60.87	114	11.050	77	56.78	185	23.915	84	47.03	159
30	36.54	45	50.47	295	60.394	91	62.01	86	10.973	107	58.63	152	23.831	120	48.62	153
April 9	36.09	53	53.42	255	60.303	111	62.87	58	10.866	130	60.15	118	23.711	147	50.15	141
19	35.56	59	55.97	210	60.192	124	63.45	31	10.736	144	61.33	82	23.564	165	51.56	123
29	34.97	64	58.07	161	60.068	130	63.76	6	10.592	153	62.15	46	23.399	173	52.79	101
Mai 9	34.33	67	59.68	109	59.938	131	63.82	20	10.439	157	62.61	10	23.226	175	53.80	75
19	33.66	68	60.77	55	59.807	128	63.62	43	10.282	154	62.71	25	23.051	169	54.55	47
29	32.98	67	61.32	1	59.679	120	63.19	66	10.128	147	62.46	60	22.882	156	55.02	19
Juni 8	32.31	65	61.33	54	59.559	109	62.53	87	9.981	137	61.86	91	22.726	140	55.21	10
18	31.66	61	60.79	106	59.450	95	61.66	104	9.844	122	60.95	121	22.586	119	55.11	40
28	31.05	56	59.73	156	59.355	78	60.62	118	9.722	103	59.74	148	22.467	95	54.71	67
Juli 8	30.49	49	58.17	200	59.277	58	59.44	130	9.619	83	58.26	169	22.372	69	54.04	93
18	30.00	39	56.17	238	59.219	37	58.14	137	9.536	58	56.57	185	22.303	41	53.11	119
28	29.61	30	53.79	270	59.182	13	56.77	139	9.478	30	54.72	196	22.262	11	51.92	142
Aug. 7	29.31	18	51.09	293	59.169	14	55.38	135	9.448	0	52.76	199	22.251	22	50.50	163
17	29.13	5	48.16	304	59.183	43	54.03	126	9.448	35	50.77	195	22.273	55	48.87	182
27	29.08	8	45.12	306	59.226	74	52.77	110	9.483	71	48.82	183	22.328	90	47.05	199
Sept. 6	29.16	22	42.06	297	59.300	108	51.67	89	9.554	111	46.99	162	22.418	128	45.06	214
16	29.38	35	39.09	275	59.408	144	50.78	61	9.665	152	45.37	134	22.546	166	42.92	225
26	29.73	49	36.34	243	59.552	181	50.17	28	9.817	194	44.03	99	22.712	206	40.67	233
Okt. 6	30.22	61	33.91	200	59.733	216	49.89	8	10.011	234	43.04	58	22.918	245	38.34	237
16	30.83	71	31.91	148	59.949	250	49.97	47	10.245	272	42.46	11	23.163	283	35.97	237
26	31.54	79	30.43	89	60.199	281	50.44	88	10.517	305	42.35	39	23.446	318	33.60	230
Nov. 5	32.33	86	29.54	25	60.480	306	51.32	127	10.822	332	42.74	88	23.764	347	31.30	218
15	33.19	89	29.29	41	60.786	323	52.59	164	11.154	349	43.62	137	24.111	369	29.12	200
25	34.08	88	29.70	107	61.109	331	54.23	196	11.503	358	44.99	182	24.480	383	27.12	176
Dez. 5	34.96	85	30.77	171	61.440	330	56.19	223	11.861	354	46.81	222	24.863	385	25.36	144
15	35.81	80	32.48	229	61.770	318	58.42	242	12.215	339	49.03	255	25.248	375	23.92	109
25	36.61	70	34.77	280	62.088	295	60.84	253	12.554	313	51.58	280	25.623	354	22.83	70
35	37.31		37.57		62.383		63.37		12.867		54.38		25.977		22.13	
Mittl. Ort	31.69		26.49		57.631		39.89		8.127		34.91		20.681		59.94	
sec δ, tg δ	+3.586		− 3.444		+1.044		− 0.298		+1.165		− 0.597		+1.251		+ 0.752	
a, *a′*	+1.2		−18.3		+2.9		−18.3		+2.8		−18.4		+3.5		−18.4	
b, *b′*	+0.21		− 0.41		+0.02		− 0.41		+0.04		− 0.40		−0.05		− 0.40	

Scheinbare Sternörter 1956

Obere Kulmination Greenwich

Tag	393) 196 G. Carinae				394) 36 Ursae maj.				1273) 219 G. Velorum				395) 9 H. Draconis			
	AR.		Dekl.		AR.		Dekl.		AR.		Dekl.		AR.		Dekl.	
1956	10h 26m		−58° 30′		10h 27m		+56° 11′		10h 31m		−46° 46′		10h 31m		+75° 55′	
	s		″		s		″		s		″		s		″	
Jan. 1	17.941	406	44.76	319	51.803	447	62.36	34	7.394	344	30.00	311	28.48	90	61.13	103
11	18.347	341	47.95	347	52.250	393	62.70	84	7.738	294	33.11	334	29.38	79	62.16	157
21	18.688	268	51.42	368	52.643	326	63.54	131	8.032	238	36.45	347	30.17	65	63.73	206
31	18.956	191	55.10	377	52.969	250	64.85	170	8.270	176	39.92	352	30.82	49	65.79	245
Febr. 10	19.147	112	58.87	377	53.219	168	66.55	202	8.446	113	43.44	347	31.31	32	68.24	275
20	^{27}19.259	34	62.64	368	^{28}53.387	85	68.57	224	^{28}8.559	52	46.91	335	^{29}31.63	14	70.99	291
29	19.293	38	66.32	351	53.472	3	70.81	236	8.611	5	50.26	314	31.77	5	73.90	296
März 10	19.255	104	69.83	326	53.475	73	73.17	237	8.606	57	53.40	288	31.72	22	76.86	289
20	19.151	161	73.09	295	53.402	140	75.54	228	8.549	103	56.28	258	31.50	38	79.75	270
30	18.990	211	76.04	259	53.262	195	77.82	210	8.446	141	58.86	222	31.12	51	82.45	241
April 9	18.779	250	78.63	218	53.067	238	79.92	184	8.305	170	61.08	183	30.61	62	84.86	202
19	18.529	280	80.81	174	52.829	267	81.76	150	8.135	192	62.91	141	29.99	70	86.88	157
29	18.249	300	82.55	126	52.562	284	83.26	112	7.943	207	64.32	98	29.29	75	88.45	106
Mai 9	17.949	312	83.81	77	52.278	290	84.38	70	7.736	215	65.30	53	28.54	77	89.51	53
19	17.637	316	84.58	26	51.988	283	85.08	28	7.521	216	65.83	8	27.77	77	90.04	2
29	17.321	311	84.84	24	51.705	267	85.36	17	7.305	211	65.91	37	27.00	74	90.02	56
Juni 8	17.010	298	84.60	74	51.438	244	85.19	60	7.094	201	65.54	80	26.26	69	89.46	109
18	16.712	277	83.86	121	51.194	213	84.59	101	6.893	186	64.74	122	25.57	62	88.37	158
28	16.435	248	82.65	165	50.981	178	83.58	139	6.707	165	63.52	159	24.95	54	86.79	203
Juli 8	16.187	212	81.00	203	50.803	137	82.19	175	6.542	139	61.93	191	24.41	44	84.76	242
18	15.975	169	78.97	236	50.666	94	80.44	207	6.403	108	60.02	219	23.97	33	82.34	278
28	15.806	118	76.61	262	50.572	48	78.37	234	6.295	72	57.83	239	23.64	22	79.56	306
Aug. 7	15.688	61	73.99	278	50.524	2	76.03	258	6.223	31	55.44	250	23.42	10	76.50	329
17	15.627	1	71.21	284	50.526	52	73.45	276	6.192	13	52.94	254	23.32	3	73.21	344
27	15.628	69	68.37	282	50.578	104	70.69	290	6.205	63	50.40	247	23.35	15	69.77	353
Sept. 6	15.697	139	65.55	268	50.682	159	67.79	298	6.268	115	47.93	232	23.50	29	66.24	354
16	15.836	211	62.87	243	50.841	213	64.81	301	6.383	168	45.61	205	23.79	41	62.70	350
26	16.047	281	60.44	208	51.054	268	61.80	299	6.551	222	43.56	170	24.20	53	59.20	337
Okt. 6	16.328	347	58.36	163	51.322	322	58.81	290	6.773	273	41.86	127	24.73	65	55.83	317
16	16.675	407	56.73	111	51.644	373	55.91	274	7.046	321	40.59	76	25.38	76	52.66	289
26	17.082	456	55.62	52	52.017	420	53.17	252	7.367	361	39.83	20	26.14	85	49.77	255
Nov. 5	17.538	493	55.10	10	52.437	460	50.65	224	7.728	394	39.63	37	26.99	93	47.22	212
15	18.031	515	55.20	73	52.897	490	48.41	187	8.122	415	40.00	96	27.92	100	45.10	164
25	18.546	521	55.93	136	53.387	507	46.54	146	8.537	422	40.96	153	28.92	104	43.46	110
Dez. 5	19.067	509	57.29	195	53.894	511	45.08	99	8.959	417	42.49	206	29.96	104	42.36	51
15	19.576	480	59.24	248	54.405	498	44.09	49	9.376	398	44.55	251	31.00	101	41.85	8
25	20.056	437	61.72	292	54.903	470	43.60	4	9.774	366	47.06	289	32.01	95	41.93	68
35	20.493		64.64		55.373		43.64		10.140		49.95		32.96		42.61	
Mittl. Ort	15.523		51.41		49.430		84.88		5.321		34.44		24.50		85.79	
sec δ, tg δ	+1.915		− 1.633		+1.798		+ 1.494		+1.460		− 1.064		+4.116		+ 3.993	
a, *a′*	+2.2		−18.4		+3.9		−18.4		+2.5		−18.6		+5.1		−18.6	
b, *b′*	+0.10		− 0.40		−0.09		− 0.39		+0.07		− 0.38		−0.25		− 0.38	

Scheinbare Sternörter 1956

Obere Kulmination Greenwich

Tag	404) 33 Sextantis AR.		404) Dekl.		406) ϑ Carinae AR.		406) Dekl.		407) 42 Leonis min. AR.		407) Dekl.		409) 53 Leonis AR.		409) Dekl.	
1956	10h 39m		−1° 30′		10h 41m		−64° 9′		10h 43m		+30° 54′		10h 46m		+10° 46′	
	s		″		s		″		s		″		s		″	
Jan. 1	11.556	286	43.33	210	25.51	48	40.07	302	27.128	329	34.71	87	58.395	298	30.57	168
11	11.842	254	45.43	197	25.99	42	43.09	337	27.457	294	33.84	47	58.693	266	28.89	144
21	12.096	213	47.40	178	26.41	34	46.46	363	27.751	251	33.37	8	58.959	226	27.45	116
31	12.309	169	49.18	157	26.75	24	50.09	379	28.002	199	33.29	30	59.185	182	26.29	88
Febr. 10	12.478	121	50.75	132	26.99	16	53.88	384	28.201	145	33.59	64	59.367	134	25.41	58
20	12.599	74	52.07	106	27.15	7	57.72	380	28.346	90	34.23	92	59.501	85	24.83	30
März 1	[2] 12.673	30	53.13	80	[2] 27.22	2	61.52	368	[3] 28.436	36	35.15	115	[4] 59.586	40	24.53	5
10	12.703	10	53.93	56	27.20	10	65.20	348	28.472	13	36.30	130	59.626	2	24.48	17
20	12.693	45	54.49	34	27.10	17	68.68	320	28.459	56	37.60	139	59.624	39	24.65	35
30	12.648	72	54.83	13	26.93	23	71.88	287	28.403	91	38.99	140	59.585	69	25.00	50
April 9	12.576	93	54.96	5	26.70	29	74.75	249	28.312	119	40.39	134	59.516	91	25.50	59
19	12.483	108	54.91	20	26.41	32	77.24	205	28.193	138	41.73	123	59.425	107	26.09	64
29	12.375	116	54.71	33	26.09	36	79.29	157	28.055	148	42.96	107	59.318	117	26.73	68
Mai 9	12.259	118	54.38	45	25.73	38	80.86	109	27.907	153	44.03	87	59.201	120	27.41	67
19	12.141	116	53.93	55	25.35	38	81.95	57	27.754	150	44.90	65	59.081	118	28.08	64
29	12.025	110	53.38	62	24.97	39	82.52	5	27.604	143	45.55	41	58.963	113	28.72	60
Juni 8	11.915	101	52.76	67	24.58	38	82.57	48	27.461	131	45.96	16	58.850	104	29.32	53
18	11.814	88	52.09	72	24.20	36	82.09	97	27.330	114	46.12	9	58.746	92	29.85	46
28	11.726	74	51.37	74	23.84	33	81.12	145	27.216	96	46.03	34	58.654	77	30.31	36
Juli 8	11.652	57	50.63	73	23.51	29	79.67	189	27.120	75	45.69	59	58.577	61	30.67	26
18	11.595	38	49.90	70	23.22	25	77.78	225	27.045	51	45.10	83	58.516	42	30.93	14
28	11.557	16	49.20	63	22.97	18	75.53	256	26.994	26	44.27	107	58.474	20	31.07	0
Aug. 7	11.541	7	48.57	53	22.79	12	72.97	279	26.968	3	43.20	128	58.454	3	31.07	15
17	11.548	34	48.04	40	22.67	5	70.18	291	26.971	33	41.92	149	58.457	28	30.92	33
27	11.582	62	47.64	23	22.62	4	67.27	292	27.004	65	40.43	168	58.485	57	30.59	51
Sept. 6	11.644	94	47.41	2	22.66	13	64.35	285	27.069	100	38.75	187	58.542	89	30.08	71
16	11.738	127	47.39	23	22.79	21	61.50	265	27.169	138	36.88	202	58.631	122	29.37	94
26	11.865	162	47.62	49	23.00	30	58.85	234	27.307	175	34.86	215	58.753	157	28.43	116
Okt. 6	12.027	198	48.11	78	23.30	38	56.51	192	27.482	214	32.71	225	58.910	192	27.27	138
16	12.225	232	48.89	108	23.68	45	54.59	143	27.696	253	30.46	230	59.102	228	25.89	159
26	12.457	263	49.97	136	24.13	52	53.16	86	27.949	288	28.16	231	59.330	261	24.30	177
Nov. 5	12.720	290	51.33	162	24.65	57	52.30	24	28.237	320	25.85	226	59.591	290	22.53	192
15	13.010	311	52.95	184	25.22	60	52.06	41	28.557	344	23.59	214	59.881	312	20.61	201
25	13.321	323	54.79	202	25.82	61	52.47	104	28.901	360	21.45	197	60.193	326	18.60	205
Dez. 5	13.644	325	56.81	212	26.43	59	53.51	166	29.261	366	19.48	172	60.519	332	16.55	203
15	13.969	318	58.93	216	27.02	57	55.17	224	29.627	360	17.76	142	60.851	326	14.52	194
25	14.287	299	61.09	213	27.59	53	57.41	273	29.987	344	16.34	108	61.177	310	12.58	178
35	14.586		63.22		28.12		60.14		30.331		15.26		61.487		10.80	
Mittl. Ort	9.838		35.07		22.93		48.26		25.337		52.50		56.712		42.67	
sec δ, tg δ	+1.000		− 0.026		+2.295		− 2.065		+1.166		+ 0.599		+1.018		+ 0.190	
a, *a′*	+3.1		−18.8		+2.1		−18.9		+3.3		−18.9		+3.2		−19.0	
b, *b′*	0.00		− 0.35		+0.13		− 0.34		−0.04		− 0.33		−0.01		− 0.31	

Scheinbare Sternörter 1956

Obere Kulmination Greenwich

Tag	415) 239 G. Velorum AR.		415) Dekl.		416) β Ursae maj. AR.		416) Dekl.	
1956	10h 58m		−41° 59′		10h 59m		+56° 36′	
	s		″		s		″	
Jan. 1	9.636	352	18.28	289	13.925	474	43.55	2
11	9.988	310	21.17	311	14.399	429	43.57	56
21	10.298	261	24.28	325	14.828	370	44.13	107
31	10.559	208	27.53	331	15.198	299	45.20	153
Febr. 10	10.767	151	30.84	327	15.497	221	46.73	191
20	10.918	94	34.11	317	15.718	139	48.64	221
März 1	11.012	40	37.28	300	15.857	56	50.85	240
10	[6] 11.052	10	40.28	277	[7] 15.913	22	53.25	248
20	11.042	53	43.05	249	15.891	93	55.73	246
30	10.989	91	45.54	217	15.798	154	58.19	233
April 9	10.898	122	47.71	183	15.644	204	60.52	211
19	10.776	146	49.54	145	15.440	243	62.63	182
29	10.630	163	50.99	105	15.197	269	64.45	147
Mai 9	10.467	175	52.04	64	14.928	283	65.92	106
19	10.292	181	52.68	24	14.645	287	66.98	62
29	10.111	182	52.92	18	14.358	281	67.60	18
Juni 8	9.929	178	52.74	59	14.077	266	67.78	27
18	9.751	169	52.15	97	13.811	244	67.51	71
28	9.582	155	51.18	132	13.567	215	66.80	113
Juli 8	9.427	137	49.86	165	13.352	182	65.67	154
18	9.290	114	48.21	191	13.170	144	64.13	190
28	9.176	85	46.30	211	13.026	102	62.23	222
Aug. 7	9.091	51	44.19	226	12.924	56	60.01	250
17	9.040	13	41.93	231	12.868	7	57.51	275
27	9.027	30	39.62	227	12.861	44	54.76	293
Sept. 6	9.057	77	37.35	216	12.905	100	51.83	307
16	9.134	127	35.19	194	13.005	156	48.76	315
26	9.261	178	33.25	163	13.161	215	45.61	318
Okt. 6	9.439	229	31.62	124	13.376	273	42.43	313
16	9.668	278	30.38	79	13.649	330	39.30	301
26	9.946	322	29.59	27	13.979	384	36.29	284
Nov. 5	10.268	357	29.32	26	14.363	433	33.45	257
15	10.625	384	29.58	82	14.796	471	30.88	223
25	11.009	400	30.40	135	15.267	498	28.65	183
Dez. 5	11.409	402	31.75	185	15.765	512	26.82	137
15	11.811	391	33.60	230	16.277	511	25.45	85
25	12.202	368	35.90	266	16.788	492	24.60	31
35	12.570		38.56		17.280		24.29	
Mittl. Ort	7.781		22.38		11.938		67.19	
sec δ, tg δ	+1.345		− 0.900		+1.817		+ 1.518	
a, *a′*	+2.8		−19.3		+3.6		−19.3	
b, *b′*	+0.06		− 0.27		−0.10		− 0.26	

Tag	417) α Ursae maj. AR.		417) Dekl.		418) χ Leonis AR.		418) Dekl.	
1956	11h 1m		+61° 58′		11h 2m		+7° 33′	
	s		″		s		″	
Jan. 1	3.83	54	55.63	19	46.449	303	76.23	184
11	4.37	49	55.82	75	46.752	273	74.39	162
21	4.86	42	56.57	127	47.025	236	72.77	138
31	5.28	34	57.84	174	47.261	193	71.39	109
Febr. 10	5.62	25	59.58	213	47.454	147	70.30	80
20	5.87	15	61.71	242	47.601	100	69.50	52
März 1	6.02	6	64.13	259	[8] 47.701	55	68.98	25
10	[7] 6.08	3	66.72	266	47.756	13	68.73	2
20	6.05	11	69.38	261	47.769	24	68.71	19
30	5.94	19	71.99	246	47.745	54	68.90	35
April 9	5.75	25	74.45	221	47.691	78	69.25	48
19	5.50	30	76.66	188	47.613	96	69.73	57
29	5.20	33	78.54	149	47.517	107	70.30	63
Mai 9	4.87	34	80.03	105	47.410	113	70.93	65
19	4.53	36	81.08	59	47.297	115	71.58	65
29	4.17	35	81.67	10	47.182	111	72.23	64
Juni 8	3.82	33	81.77	38	47.071	106	72.87	60
18	3.49	30	81.39	85	46.965	96	73.47	54
28	3.19	27	80.54	130	46.869	85	74.01	47
Juli 8	2.92	23	79.24	171	46.784	70	74.48	39
18	2.69	19	77.53	209	46.714	54	74.87	29
28	2.50	13	75.44	243	46.660	34	75.16	17
Aug. 7	2.37	8	73.01	271	46.626	13	75.33	2
17	2.29	3	70.30	296	46.613	12	75.35	14
27	2.26	4	67.34	314	46.625	41	75.21	33
Sept. 6	2.30	10	64.20	326	46.666	71	74.88	54
16	2.40	17	60.94	333	46.737	104	74.34	76
26	2.57	24	57.61	332	46.841	140	73.58	100
Okt. 6	2.81	30	54.29	325	46.981	178	72.58	124
16	3.11	37	51.04	311	47.159	214	71.34	147
26	3.48	43	47.93	289	47.373	249	69.87	168
Nov. 5	3.91	49	45.04	259	47.622	279	68.19	186
15	4.40	53	42.45	221	47.901	305	66.33	200
25	4.93	57	40.24	178	48.206	321	64.33	208
Dez. 5	5.50	58	38.46	127	48.527	329	62.25	209
15	6.08	58	37.19	72	48.856	327	60.16	204
25	6.66	56	36.47	16	49.183	313	58.12	192
35	7.22		36.31		49.496		56.20	
Mittl. Ort	1.72		80.10		44.860		87.37	
sec δ, tg δ	+2.129		+ 1.880		+1.009		+ 0.133	
a, *a′*	+3.7		−19.4		+3.1		−19.4	
b, *b′*	−0.12		− 0.25		−0.01		− 0.25	

Scheinbare Sternörter 1956

Obere Kulmination Greenwich

Tag	420) ψ Ursae maj.				421) β Crateris				422) δ Leonis				423) ϑ Leonis			
	AR.		Dekl.		AR.		Dekl.		AR.		Dekl.		AR.		Dekl.	
1956	11h 7m		+44° 43′		11h 9m		−22° 35′		11h 11m		+20° 45′		11h 11m		+15° 39′	
	s		″		s		″		s		″		s		″	
Jan. 1	13.521	393	53.86	52	31.076	314	8.25	259	47.773	322	38.91	142	57.485	314	59.58	160
11	13.914	357	53.34	2	31.390	283	10.84	266	48.095	293	37.49	110	57.799	287	57.98	132
21	14.271	311	53.32	46	31.673	244	13.50	266	48.388	257	36.39	75	58.086	250	56.66	100
31	14.582	256	53.78	92	31.917	200	16.16	259	48.645	213	35.64	39	58.336	207	55.66	67
Febr. 10	14.838	194	54.70	131	32.117	153	18.75	246	48.858	164	35.25	5	58.543	161	54.99	34
20	15.032	130	56.01	163	32.270	105	21.21	228	49.022	115	35.20	28	58.704	113	54.65	3
März 1	15.162	66	57.64	187	32.375	59	23.49	206	49.137	67	35.48	55	58.817	65	54.62	24
10	^{9}15.228	5	59.51	202	^{9}32.434	17	25.55	182	^{10}49.204	22	36.03	77	^{10}58.882	22	54.86	47
20	15.233	50	61.53	208	32.451	21	27.37	155	49.226	19	36.80	94	58.904	16	55.33	66
30	15.183	97	63.61	203	32.430	52	28.92	127	49.207	53	37.74	104	58.888	49	55.99	79
April 9	15.086	135	65.64	190	32.378	77	30.19	99	49.154	80	38.78	108	58.839	76	56.78	86
19	14.951	164	67.54	171	32.301	97	31.18	70	49.074	101	39.86	108	58.763	95	57.64	90
29	14.787	185	69.25	145	32.204	111	31.88	42	48.973	115	40.94	102	58.668	109	58.54	89
Mai 9	14.602	196	70.70	115	32.093	120	32.30	14	48.858	123	41.96	93	58.559	116	59.43	84
19	14.406	199	71.85	80	31.973	125	32.44	13	48.735	125	42.89	80	58.443	119	60.27	76
29	14.207	196	72.65	44	31.848	125	32.31	40	48.610	123	43.69	65	58.324	117	61.03	66
Juni 8	14.011	186	73.09	6	31.723	122	31.91	64	48.487	118	44.34	49	58.207	112	61.69	55
18	13.825	172	73.15	30	31.601	115	31.27	88	48.369	109	44.83	31	58.095	104	62.24	41
28	13.653	153	72.85	67	31.486	106	30.39	108	48.260	97	45.14	12	57.991	92	62.65	26
Juli 8	13.500	129	72.18	102	31.380	93	29.31	125	48.163	82	45.26	8	57.899	79	62.91	11
18	13.371	103	71.16	136	31.287	76	28.06	139	48.081	65	45.18	29	57.820	62	63.02	5
28	13.268	74	69.80	166	31.211	57	26.67	147	48.016	45	44.89	48	57.758	43	62.97	23
Aug. 7	13.194	41	68.14	194	31.154	32	25.20	150	47.971	22	44.41	69	57.715	21	62.74	42
17	13.153	4	66.20	219	31.122	4	23.70	147	47.949	3	43.72	91	57.694	4	62.32	61
27	13.149	34	64.01	241	31.118	27	22.23	139	47.952	33	42.81	111	57.698	32	61.71	82
Sept. 6	13.183	75	61.60	259	31.145	62	20.84	122	47.985	64	41.70	133	57.730	63	60.89	102
16	13.258	121	59.01	272	31.207	102	19.62	99	48.049	99	40.37	153	57.793	97	59.87	124
26	13.379	167	56.29	282	31.309	142	18.63	70	48.148	136	38.84	173	57.890	134	58.63	146
Okt. 6	13.546	214	53.47	285	31.451	184	17.93	36	48.284	176	37.11	190	58.024	171	57.17	165
16	13.760	262	50.62	283	31.635	225	17.57	3	48.460	214	35.21	206	58.195	210	55.52	184
26	14.022	307	47.79	275	31.860	263	17.60	45	48.674	251	33.15	216	58.405	247	53.68	199
Nov. 5	14.329	347	45.04	259	32.123	296	18.05	87	48.925	285	30.99	223	58.652	279	51.69	210
15	14.676	381	42.45	236	32.419	323	18.92	128	49.210	312	28.76	223	58.931	307	49.59	216
25	15.057	405	40.09	206	32.742	339	20.20	167	49.522	333	26.53	217	59.238	326	47.43	215
Dez. 5	15.462	419	38.03	169	33.081	346	21.87	200	49.855	343	24.36	204	59.564	336	45.28	208
15	15.881	419	36.34	127	33.427	342	23.87	228	50.198	343	22.32	185	59.900	335	43.20	193
25	16.300	405	35.07	80	33.769	326	26.15	247	50.541	332	20.47	159	60.235	324	41.27	174
35	16.705		34.27		34.095		28.62		50.873		18.88		60.559		39.53	
Mittl. Ort	11.812		75.44		29.448		7.00		46.226		54.23		55.946		73.32	
sec δ, tg δ	+1.408		+ 0.991		+1.083		− 0.416		+1.069		+ 0.379		+1.039		+ 0.281	
a, *a′*	+3.4		−19.5		+3.0		−19.6		+3.2		−19.6		+3.2		−19.6	
b, *b′*	−0.06		− 0.23		+0.03		− 0.22		−0.02		− 0.21		−0.02		− 0.21	

Scheinbare Sternörter 1956

Obere Kulmination Greenwich

Tag	425) ν Ursae maj. AR.		425) ν Ursae maj. Dekl.		426) δ Crateris AR.		426) δ Crateris Dekl.		427) σ Leonis AR.		427) σ Leonis Dekl.		428) π Centauri AR.		428) π Centauri Dekl.	
1956	11h 16m		+33° 19′		11h 17m		−14° 32′		11h 18m		+6° 15′		11h 18m		−54° 14′	
	s		″		s		″		s		″		s		″	
Jan. 1	7.929	351	45.73	101	9.851	310	28.45	242	53.542	309	64.07	190	61.544	437	50.82	271
11	8.280	322	44.72	58	10.161	282	30.87	240	53.851	283	62.17	171	61.981	391	53.53	305
21	8.602	283	44.14	15	10.443	245	33.27	235	54.134	248	60.46	147	62.372	335	56.58	332
31	8.885	235	43.99	28	10.688	203	35.62	222	54.382	207	58.99	120	62.707	273	59.90	348
Febr. 10	9.120	183	44.27	66	10.891	158	37.84	204	54.589	162	57.79	90	62.980	206	63.38	356
20	9.303	128	44.93	101	11.049	113	39.88	184	54.751	116	56.89	61	63.186	139	66.94	354
März 1	9.431	74	45.94	128	11.162	68	41.72	160	54.867	72	56.28	34	63.325	73	70.48	345
11	9.505	22	47.22	148	11.230	27	43.32	135	54.939	30	55.94	9	63.398	11	73.93	329
20	9.527	23	48.70	159	11.257	10	44.67	109	54.969	7	55.85	12	63.409	45	77.22	305
30	9.504	64	50.29	164	11.247	40	45.76	84	54.962	39	55.97	31	63.364	95	80.27	277
April 9	9.440	96	51.93	160	11.207	66	46.60	60	54.923	65	56.28	44	63.269	138	83.04	244
19	9.344	120	53.53	150	11.141	85	47.20	36	54.858	83	56.72	55	63.131	174	85.48	206
29	9.224	138	55.03	134	11.056	99	47.56	13	54.775	97	57.27	62	62.957	204	87.54	165
Mai 9	9.086	149	56.37	114	10.957	108	47.69	9	54.678	106	57.89	65	62.753	225	89.19	121
19	8.937	153	57.51	89	10.849	113	47.60	29	54.572	110	58.54	67	62.528	241	90.40	74
29	8.784	151	58.40	63	10.736	114	47.31	48	54.462	109	59.21	66	62.287	250	91.14	28
Juni 8	8.633	145	59.03	35	10.622	112	46.83	65	54.353	106	59.87	64	62.037	253	91.42	20
18	8.488	135	59.38	5	10.510	106	46.18	81	54.247	99	60.51	59	61.784	248	91.22	66
28	8.353	121	59.43	24	10.404	98	45.37	95	54.148	91	61.10	52	61.536	236	90.56	110
Juli 8	8.232	105	59.19	53	10.306	86	44.42	104	54.057	78	61.62	44	61.300	219	89.46	152
18	8.127	84	58.66	81	10.220	72	43.38	112	53.979	64	62.06	35	61.081	192	87.94	188
28	8.043	62	57.85	108	10.148	54	42.26	115	53.915	47	62.41	23	60.889	158	86.06	219
Aug. 7	7.981	36	56.77	135	10.094	32	41.11	113	53.868	27	62.64	9	60.731	117	83.87	243
17	7.945	7	55.42	159	10 062	7	39.98	107	53.841	3	62.73	7	60.614	68	81.44	258
27	7.938	25	53.83	181	10.055	22	38.91	95	53.838	25	62.66	25	60.546	12	78.86	265
Sept. 6	7.963	61	52.02	202	10.077	55	37.96	78	53.863	55	62.41	47	60.534	48	76.21	260
16	8.024	99	50.00	221	10.132	91	37.18	55	53.918	88	61.94	69	60.582	114	73.61	246
26	8.123	140	47.79	236	10.223	131	36.63	28	54.006	125	61.25	93	60.696	182	71.15	222
Okt. 6	8.263	182	45.43	247	10.354	170	36.35	4	54.131	163	60.32	117	60.878	249	68.93	187
16	8.445	225	42.96	254	10.524	210	36.39	39	54.294	201	59.15	142	61.127	314	67.06	143
26	8.670	265	40.42	255	10.734	248	36.78	76	54.495	238	57.73	165	61.441	371	65.63	93
Nov. 5	8.935	303	37.87	250	10.982	281	37.54	112	54.733	271	56.08	184	61.812	420	64.70	37
15	9.238	334	35.37	238	11.263	307	38.66	146	55.004	298	54.24	199	62.232	458	64.33	22
25	9.572	357	32.99	220	11.570	326	40.12	178	55.302	318	52.25	209	62.690	480	64.55	83
Dez. 5	9.929	370	30.79	194	11.896	335	41.90	203	55.620	328	50.16	212	63.170	488	65.38	140
15	10.299	372	28.85	162	12.231	333	43.93	222	55.948	329	48.04	208	63.658	479	66.78	194
25	10.671	362	27.23	125	12.564	321	46.15	235	56.277	318	45.96	199	64.137	455	68.72	243
35	11.033		25.98		12.885		48.50		56.595		43.97		64.592		71.15	
Mittl. Ort	6.377		64.68		8.299		24.71		52.047		74.78		59.593		58.44	
sec δ, tg δ	+1.197		+ 0.658		+1.033		− 0.259		+1.006		+ 0.110		+1.712		− 1.389	
a, *a′*	+3.2		−19.7		+3.0		−19.7		+3.1		−19.7		+2.7		−19.7	
b, *b′*	−0.04		− 0.19		+0.02		− 0.19		−0.01		− 0.18		+0.09		− 0.18	

Scheinbare Sternörter 1956

Obere Kulmination Greenwich

Tag	429) Grb 1771 U Maj				433) λ Draconis				434) ξ Hydrae				436) λ Centauri			
	AR.		Dekl.		AR.		Dekl.		AR.		Dekl.		AR.		Dekl.	
1956	11h 20m		+64° 33′		11h 28m		+69° 33′		11h 30m		−31° 36′		11h 33m		−62° 46′	
	s		″		s		″		s		″		s		″	
Jan. 1	17.30	59	52.17	4	50.73	71	60.90	9	51.557	343	47.91	258	46.54	54	24.20	247
11	17.89	55	52.21	63	51.44	66	60.99	71	51.900	313	50.49	276	47.08	50	26.67	290
21	18.44	48	52.84	120	52.10	58	61.70	128	52.213	275	53.25	285	47.58	43	29.57	325
31	18.92	40	54.04	170	52.68	50	62.98	181	52.488	230	56.10	287	48.01	35	32.82	348
Febr. 10	19.32	30	55.74	213	53.18	38	64.79	224	52.718	181	58.97	281	48.36	27	36.30	363
20	19.62	20	57.87	245	53.56	26	67.03	258	52.899	133	61.78	269	48.63	19	39.93	370
März 1	19.82	11	60.32	267	53.82	13	69.61	281	53.032	85	64.47	253	48.82	12	43.63	366
11	19.93	0	62.99	277	53.95	1	72.42	291	[15] 53.117	40	67.00	231	[15] 48.94	3	47.29	356
20	[12] 19.93	9	65.76	276	[14] 53.96	10	75.33	289	53.157	1	69.31	207	48.97	4	50.85	339
30	19.84	17	68.52	263	53.86	21	78.22	276	53.156	36	71.38	179	48.93	10	54.24	313
April 9	19.67	25	71.15	241	53.65	30	80.98	253	53.120	65	73.17	150	48.83	16	57.37	282
19	19.42	31	73.56	209	53.35	38	83.51	219	53.055	90	74.67	118	48.67	21	60.19	247
29	19.11	34	75.65	170	52.97	44	85.70	179	52.965	109	75.85	87	48.46	25	62.66	206
Mai 9	18.77	38	77.35	127	52.53	48	87.49	134	52.856	123	76.72	54	48.21	29	64.72	162
19	18.39	39	78.62	79	52.05	50	88.83	84	52.733	133	77.26	21	47.92	32	66.34	114
29	18.00	40	79.41	29	51.55	50	89.67	31	52.600	138	77.47	11	47.60	34	67.48	64
Juni 8	17.60	38	79.70	20	51.05	50	89.98	21	52.462	140	77.36	44	47.26	34	68.12	14
18	17.22	36	79.50	70	50.55	48	89.77	72	52.322	138	76.92	74	46.92	35	68.26	36
28	16.86	33	78.80	117	50.07	44	89.05	123	52.184	131	76.18	102	46.57	34	67.90	86
Juli 8	16.53	29	77.63	163	49.63	40	87.82	169	52.053	121	75.16	128	46.23	31	67.04	133
18	16.24	25	76.00	203	49.23	34	86.13	213	51.932	107	73.88	149	45.92	29	65.71	176
28	15.99	19	73.97	240	48.89	29	84.00	251	51.825	88	72.39	166	45.63	25	63.95	213
Aug. 7	15.80	14	71.57	272	48.60	21	81.49	284	51.737	63	70.73	177	45.38	19	61.82	244
17	15.66	8	68.85	299	48.39	13	78.65	312	51.674	35	68.96	181	45.19	14	59.38	267
27	15.58	1	65.86	320	48.26	5	75.53	334	51.639	1	67.15	179	45.05	6	56.71	280
Sept. 6	15.57	6	62.66	336	48.21	3	72.19	349	51.638	39	65.36	168	44.99	2	53.91	283
16	15.63	13	59.30	344	48.24	12	68.70	358	51.677	81	63.68	149	45.01	10	51.08	275
26	15.76	20	55.86	347	48.36	22	65.12	360	51.758	127	62.19	123	45.11	19	48.33	255
Okt. 6	15.96	29	52.39	341	48.58	31	61.52	353	51.885	174	60.96	91	45.30	28	45.78	226
16	16.25	36	48.98	328	48.89	40	57.99	339	52.059	221	60.05	51	45.58	36	43.52	186
26	16.61	43	45.70	308	49.29	49	54.60	317	52.280	265	59.54	8	45.94	43	41.66	138
Nov. 5	17.04	49	42.62	278	49.78	57	51.43	285	52.545	303	59.46	38	46.37	50	40.28	82
15	17.53	55	39.84	241	50.35	64	48.58	247	52.848	335	59.84	86	46.87	56	39.46	22
25	18.08	60	37.43	197	50.99	70	46.11	200	53.183	356	60.70	131	47.43	58	39.24	41
Dez. 5	18.68	62	35.46	146	51.69	72	44.11	147	53.539	368	62.01	173	48.01	60	39.65	102
15	19.30	62	34.00	91	52.41	74	42.64	89	53.907	366	63.74	211	48.61	59	40.67	160
25	19.92	61	33.09	31	53.15	73	41.75	27	54.273	353	65.85	240	49.20	57	42.27	216
35	20.53		32.78		53.88		41.48		54.626		68.25		49.77		44.43	
Mittl. Ort	15.42		77.43		48.86		86.86		49.982		49.87		44.45		33.94	
sec δ, tg δ	+2.329		+ 2.103		+2.865		+ 2.685		+1.174		− 0.616		+2.186		− 1.944	
a, a′	+3.6		−19.7		+3.6		−19.9		+3.0		−19.9		+2.8		−19.9	
b, b′	−0.14		− 0.17		−0.18		− 0.14		+0.04		− 0.13		+0.13		− 0.11	

Scheinbare Sternörter 1956

Obere Kulmination Greenwich

Tag	437) υ Leonis AR.		437) υ Leonis Dekl.		440) 3 Draconis AR.		440) 3 Draconis Dekl.	
1956	11h 34m		−0° 34′		11h 40m		+66° 58′	
	s		″		s		″	
Jan. 1	43.102	313	58.71	210	3.68	65	52.79	13
11	43.415	289	60.81	197	4.33	61	52.66	49
21	43.704	257	62.78	178	4.94	54	53.15	108
31	43.961	218	64.56	156	5.48	47	54.23	162
Febr. 10	44.179	175	66.12	131	5.95	37	55.85	208
20	44.354	131	67.43	103	6.32	26	57.93	245
März 1	44.485	87	68.46	77	6.58	16	60.38	271
11	(16) 44.572	46	69.23	51	(17) 6.74	4	63.09	286
20	44.618	10	69.74	27	6.78	6	65.95	288
30	44.628	22	70.01	6	6.72	16	68.83	278
April 9	44.606	49	70.07	11	6.56	24	71.61	258
19	44.557	70	69.96	27	6.32	31	74.19	229
29	44.487	85	69.69	39	6.01	37	76.48	192
Mai 9	44.402	95	69.30	49	5.64	41	78.40	149
19	44.307	102	68.81	57	5.23	43	79.89	101
29	44.205	105	68.24	62	4.80	44	80.90	51
Juni 8	44.100	105	67.62	66	4.36	44	81.41	1
18	43.995	101	66.96	67	3.92	42	81.40	52
28	43.894	95	66.29	67	3.50	40	80.88	102
Juli 8	43.799	86	65.62	65	3.10	36	79.86	149
18	43.713	74	64.97	61	2.74	32	78.37	194
28	43.639	60	64.36	53	2.42	27	76.43	233
Aug. 7	43.579	40	63.83	43	2.15	21	74.10	269
17	43.539	18	63.40	31	1.94	14	71.41	299
27	43.521	9	63.09	14	1.80	7	68.42	323
Sept. 6	43.530	38	62.95	5	1.73	0	65.19	342
16	43.568	73	63.00	28	1.73	8	61.77	353
26	43.641	110	63.28	52	1.81	17	58.24	358
Okt. 6	43.751	149	63.80	80	1.98	26	54.66	355
16	43.900	189	64.60	108	2.24	33	51.11	344
26	44.089	227	65.68	134	2.57	42	47.67	325
Nov. 5	44.316	262	67.02	160	2.99	50	44.42	298
15	44.578	291	68.62	182	3.49	57	41.44	261
25	44.869	314	70.44	199	4.06	62	38.83	218
Dez. 5	45.183	326	72.43	211	4.68	65	36.65	167
15	45.509	329	74.54	215	5.33	67	34.98	110
25	45.838	320	76.69	213	6.00	66	33.88	50
35	46.158		78.82		6.66		33.38	
Mittl. Ort	41.687		50.41		2.10		78.65	
sec δ, tg δ	+1.000		− 0.010		+2.558		+ 2.355	
a, *a′*	+3.1		−19.9		+3.3		−20.0	
b, *b′*	0.00		− 0.11		−0.16		− 0.09	

Tag	441) χ Ursae maj. AR.		441) χ Ursae maj. Dekl.		444) β Leonis AR.		444) β Leonis Dekl.	
1956	11h 43m		+48° 0′		11h 46m		+14° 48′	
	s		″		s		″	
Jan. 1	45.374	425	61.59	77	50.279	325	51.55	177
11	45.799	398	60.82	23	50.604	304	49.78	148
21	46.197	358	60.59	31	50.908	272	48.30	116
31	46.555	306	60.90	82	51.180	234	47.14	82
Febr. 10	46.861	248	61.72	128	51.414	191	46.32	48
20	47.109	183	63.00	168	51.605	146	45.84	14
März 1	47.292	118	64.68	198	51.751	101	45.70	17
11	(18) 47.410	54	66.66	220	(19) 51.852	57	45.87	43
20	47.464	6	68.86	230	51.909	18	46.30	65
30	47.458	61	71.16	232	51.927	17	46.95	81
April 9	47.397	107	73.48	223	51.910	46	47.76	92
19	47.290	146	75.71	206	51.864	69	48.68	98
29	47.144	175	77.77	182	51.795	88	49.66	99
Mai 9	46.969	195	79.59	152	51.707	100	50.65	96
19	46.774	209	81.11	116	51.607	108	51.61	89
29	46.565	214	82.27	78	51.499	113	52.50	79
Juni 8	46.351	213	83.05	37	51.386	114	53.29	68
18	46.138	206	83.42	4	51.272	111	53.97	54
28	45.932	194	83.38	45	51.161	106	54.51	39
Juli 8	45.738	176	82.93	85	51.055	97	54.90	23
18	45.562	155	82.08	124	50.958	85	55.13	5
28	45.407	129	80.84	160	50.873	71	55.18	14
Aug. 7	45.278	98	79.24	193	50.802	54	55.04	33
17	45.180	64	77.31	224	50.748	31	54.71	54
27	45.116	25	75.07	250	50.717	5	54.17	75
Sept. 6	45.091	18	72.57	272	50.712	26	53.42	98
16	45.109	66	69.85	291	50.738	59	52.44	120
26	45.175	116	66.94	304	50.797	96	51.24	144
Okt. 6	45.291	169	63.90	311	50.893	136	49.80	165
16	45.460	223	60.79	312	51.029	177	48.15	185
26	45.683	275	57.67	305	51.206	218	46.30	203
Nov. 5	45.958	324	54.62	291	51.424	255	44.27	215
15	46.282	368	51.71	270	51.679	287	42.12	223
25	46.650	402	49.01	239	51.966	313	39.89	226
Dez. 5	47.052	426	46.62	201	52.279	329	37.63	220
15	47.478	436	44.61	158	52.608	335	35.43	208
25	47.914	432	43.03	108	52.943	331	33.35	189
35	48.346		41.95		53.274		31.46	
Mittl. Ort	44.022		84.33		48.966		64.99	
sec δ, tg δ	+1.495		+ 1.112		+1.034		+ 0.265	
a, *a′*	+3.2		−20.0		+3.1		−20.0	
b, *b′*	−0.07		− 0.07		−0.02		− 0.06	

Scheinbare Sternörter 1956

Obere Kulmination Greenwich

Tag	445) β Virginis[1] AR.		445) Dekl.		447) γ Ursae maj. AR.		447) Dekl.		450) ο Virginis AR.		450) Dekl.		452) δ Centauri AR.		452) Dekl.	
1956	$11^h 48^m$		+2° 0′		$11^h 51^m$		+53° 55′		$12^h 2^m$		+8° 58′		$12^h 6^m$		−50° 28′	
	s		″		s		″		s		″		s		″	
Jan. 1	25.472	319	36.72	206	32.753	471	57.87	68	59.266	325	27.12	194	5.678	447	30.51	224
11	25.791	297	34.66	190	33.224	444	57.19	9 —	59.591	306	25.18	172	6.125	416	32.75	261
21	26.088	267	32.76	169	33.668	402	57.10	47	59.897	278	23.46	144	6.541	375	35.36	291
31	26.355	230	31.07	145	34.070	348	57.57	101	60.175	242	22.02	114	6.916	325	38.27	311
Febr. 10	26.585	188	29.62	118	34.418	283	58.58	150	60.417	202	20.88	82	7.241	270	41.38	324
20	26.773	145	28.44	89	34.701	213	60.08	191	60.619	160	20.06	50	7.511	212	44.62	328
März 1	26.918	102	27.55	61	34.914	140	61.99	222	60.779	116	19.56	19 —	7.723	153	47.90	324
11	27.020	61	26.94	35	20 35.054	66 —	64.21	243	60.895	75	19.37	8	7.876	97	51.14	315
20*	19 27.081	23 —	26.59	11 —	35.120	3	66.64	254	60.970	36	19.45	32	7.973	44 —	54.29	298
30	27.104	10	26.48	9	35.117	65	69.18	254	23 61.006	2 —	19.77	52	24 8.017	6	57.27	277
April 9	27.094	36	26.57	27	35.052	121	71.72	243	61.008	28	20.29	66	8.011	50	60.04	250
19	27.058	59	26.84	40	34.931	167	74.15	224	60.980	51	20.95	76	7.961	88	62.54	219
29	26.999	76	27.24	50	34.764	203	76.39	196	60.929	71	21.71	82	7.873	123	64.73	185
Mai 9	26.923	88	27.74	59	34.561	230	78.35	162	60.858	85	22.53	85	7.750	152	66.58	147
19	26.835	97	28.33	63	34.331	247	79.97	124	60.773	97	23.38	83	7.598	175	68.05	107
29	26.738	102	28.96	65	34.084	256	81.21	81	60.676	103	24.21	79	7.423	195	69.12	65
Juni 8	26.636	103	29.61	66	33.828	257	82.02	37 —	60.573	106	25.00	72	7.228	208	69.77	21 —
18	26.533	101	30.27	65	33.571	251	82.39	9	60.467	107	25.72	65	7.020	215	69.98	22
28	26.432	97	30.92	62	33.320	239	82.30	53	60.360	105	26.37	54	6.805	218	69.76	64
Juli 8	26.335	90	31.54	57	33.081	219	81.77	97	60.255	100	26.91	42	6.587	212	69.12	105
18	26.245	80	32.11	49	32.862	196	80.80	139	60.155	91	27.33	29	6.375	199	68.07	143
28	26.165	66	32.60	41	32.666	167	79.41	178	60.064	80	27.62	14 —	6.176	180	66.64	177
Aug. 7	26.099	49	33.01	29	32.499	132	77.63	214	59.984	63	27.76	2	5.996	152	64.87	204
17	26.050	28	33.30	14 —	32.367	93	75.49	245	59.921	44	27.74	21	5.844	115	62.83	225
27	26.022	2 —	33.44	3	32.274	49	73.04	273	59.877	19 —	27.53	40	5.729	70	60.58	238
Sept. 6	26.020	28	33.41	22	32.225	0	70.31	296	59.858	10	27.13	62	5.659	18 —	58.20	242
16	26.048	61	33.19	45	32.225	53	67.35	314	59.868	43	26.51	85	5.641	40	55.78	236
26	26.109	99	32.74	69	32.278	111	64.21	326	59.911	80	25.66	109	5.681	104	53.42	220
Okt. 6	26.208	138	32.05	95	32.389	170	60.95	332	59.991	120	24.57	133	5.785	169	51.22	195
16	26.346	178	31.10	121	32.559	230	57.63	330	60.111	162	23.24	156	5.954	235	49.27	161
26	26.524	218	29.89	147	32.789	290	54.33	320	60.273	203	21.68	177	6.189	298	47.66	118
Nov. 5	26.742	255	28.42	170	33.079	346	51.13	304	60.476	242	19.91	196	6.487	354	46.48	69
15	26.997	286	26.72	190	33.425	396	48.09	278	60.718	276	17.95	210	6.841	401	45.79	16 —
25	27.283	310	24.82	204	33.821	436	45.31	244	60.994	303	15.85	218	7.242	436	45.63	39
Dez. 5	27.593	325	22.78	213	34.257	465	42.87	202	61.297	322	13.67	219	7.678	457	46.02	94
15	27.918	331	20.65	215	34.722	479	40.85	154	61.619	331	11.48	215	8.135	464	46.96	147
25	28.249	326	18.50	210	35.201	478	39.31	100	61.950	328	9.33	203	8.599	456	48.43	195
35	28.575		16.40		35.679		38.31		62.278		7.30		9.055		50.38	
Mittl. Ort	24.136		45.83		31.474		81.83		58.043		38.46		4.115		38.47	
sec δ, tg δ	+1.001		+ 0.035		+1.699		+ 1.373		+1.012		+ 0.158		+1.571		− 1.212	
a, *a′*	+3.1		−20.0		+3.1		−20.0		+3.1		−20.0		+3.1		−20.0	
b, *b′*	0.00		− 0.05		−0.09		− 0.04		−0.01		+ 0.01		+0.08		+ 0.03	

[1] Die jährliche Parallaxe (0.″101) ist bereits berücksichtigt.

* Bei Stern 450) und 452) lies März 21.

Obere Kulmination Greenwich

Tag	453) ε Corvi AR.	Δ	453) ε Corvi Dekl.	Δ	454) Br 1634 Caml AR.	Δ	454) Br 1634 Caml Dekl.	Δ
1956	12h 7m		−22° 22′		12h 10m		+77° 50′	
	s		″		s		″	
Jan. 1	52.760	342	30.64	230	10.48	114	71.36	22
11	53.102	320	32.94	241	11.62	108	71.14	43
21	53.422	290	35.35	245	12.70	101	71.57	107
31	53.712	254	37.80	242	13.71	89	72.64	165
Febr. 10	53.966	213	40.22	233	14.60	73	74.29	216
20	54.179	169	42.55	219	15.33	55	76.45	257
März 1	54.348	125	44.74	201	15.88	37	79.02	288
11	54.473	84	46.75	180	16.25	16	81.90	306
21	54.557	46	48.55	157	16.41	3	84.96	311
30	24 54.603	11	50.12	133	25 16.38	22	88.07	305
April 9	54.614	19	51.45	109	16.16	39	91.12	286
19	54.595	45	52.54	84	15.77	55	93.98	257
29	54.550	66	53.38	59	15.22	67	96.55	220
Mai 9	54.484	84	53.97	34	14.55	78	98.75	175
19	54.400	97	54.31	10	13.77	85	100.50	126
29	54.303	107	54.41	14	12.92	90	101.76	72
Juni 8	54.196	114	54.27	36	12.02	92	102.48	17
18	54.082	118	53.91	58	11.10	91	102.65	38
28	53.964	119	53.33	78	10.19	88	102.27	93
Juli 8	53.845	115	52.55	96	9.31	84	101.34	144
18	53.730	109	51.59	111	8.47	76	99.90	193
28	53.621	97	50.48	122	7.71	68	97.97	238
Aug. 7	53.524	79	49.26	129	7.03	58	95.59	277
17	53.445	58	47.97	131	6.45	46	92.82	311
27	53.387	31	46.66	127	5.99	34	89.71	338
Sept. 6	53.356	2	45.39	117	5.65	19	86.33	359
16	53.358	40	44.22	102	5.46	5	82.74	373
26	53.398	83	43.20	79	5.41	11	79.01	379
Okt. 6	53.481	127	42.41	51	5.52	26	75.22	377
16	53.608	173	41.90	19	5.78	43	71.45	367
26	53.781	219	41.71	18	6.21	58	67.78	348
Nov. 5	54.000	260	41.89	57	6.79	73	64.30	319
15	54.260	296	42.46	95	7.52	86	61.11	282
25	54.556	324	43.41	132	8.38	98	58.29	237
Dez. 5	54.880	343	44.73	166	9.36	107	55.92	184
15	55.223	350	46.39	195	10.43	112	54.08	125
25	55.573	346	48.34	217	11.55	114	52.83	61
35	55.919		50.51		12.69		52.22	
Mittl. Ort	51.446		30.31		9.62		98.23	
sec δ, tg δ	+1.081		− 0.412		+4.755		+ 4.649	
a, a′	+3.1		−20.0		+2.8		−20.0	
b, b′	+0.03		+ 0.03		−0.31		+ 0.04	

Tag	456) δ Ursae maj. AR.	Δ	456) δ Ursae maj. Dekl.	Δ	459) β Chamael. AR.	Δ	459) β Chamael. Dekl.	Δ
1956	12h 13m		+57° 15′		12h 15m		−79° 3′	
	s		″		s		″	
Jan. 1	16.358	508	72.34	83	46.12	127	51.54	166
11	16.866	486	71.51	23	47.39	118	53.20	221
21	17.352	448	71.28	38	48.57	107	55.41	269
31	17.800	396	71.66	95	49.64	94	58.10	309
Febr. 10	18.196	332	72.61	148	50.58	77	61.19	340
20	18.528	260	74.09	193	51.35	61	64.59	363
März 1	18.788	184	76.02	228	51.96	43	68.22	377
11	18.972	105	78.30	254	52.39	26	71.99	382
21	19.077	29	80.84	268	52.65	9	75.81	378
30	25 19.106	42	83.52	271	26 52.74	9	79.59	366
April 9	19.064	104	86.23	263	52.65	25	83.25	347
19	18.960	160	88.86	245	52.40	39	86.72	321
29	18.800	205	91.31	220	52.01	53	89.93	288
Mai 9	18.595	241	93.51	186	51.48	66	92.81	249
19	18.354	267	95.37	146	50.82	76	95.30	205
29	18.087	283	96.83	104	50.06	85	97.35	157
Juni 8	17.804	291	97.87	57	49.21	91	98.92	104
18	17.513	290	98.44	9	48.30	96	99.96	50
28	17.223	283	98.53	38	47.34	96	100.46	6
Juli 8	16.940	268	98.15	84	46.38	95	100.40	61
18	16.672	246	97.31	130	45.43	91	99.79	115
28	16.426	219	96.01	172	44.52	83	98.64	165
Aug. 7	16.207	185	94.29	211	43.69	72	96.99	210
17	16.022	146	92.18	246	42.97	58	94.89	247
27	15.876	99	89.72	278	42.39	42	92.42	278
Sept. 6	15.777	48	86.94	303	41.97	24	89.64	298
16	15.729	9	83.91	324	41.73	3	86.66	307
26	15.738	71	80.67	339	41.70	19	83.59	304
Okt. 6	15.809	136	77.28	346	41.89	40	80.55	290
16	15.945	204	73.82	346	42.29	62	77.65	264
26	16.149	271	70.36	339	42.91	81	75.01	226
Nov. 5	16.420	335	66.97	323	43.72	98	72.75	179
15	16.755	393	63.74	297	44.70	113	70.96	124
25	17.148	443	60.77	264	45.83	123	69.72	64
Dez. 5	17.591	480	58.13	222	47.06	129	69.08	0
15	18.071	504	55.91	173	48.35	132	69.08	64
25	18.575	511	54.18	117	49.67	129	69.72	127
35	19.086		53.01		50.96		70.99	
Mittl. Ort	15.372		96.88		43.35		64.59	
sec δ, tg δ	+1.850		+ 1.556		+5.273		− 5.177	
a, a′	+3.0		−20.0		+3.5		−20.0	
b, b′	−0.10		+ 0.06		+0.34		+ 0.07	

Scheinbare Sternörter 1956

Obere Kulmination Greenwich

Tag	460) η Virginis AR.		460) η Virginis Dekl.		462) α Crucis *med.* AR.		462) α Crucis *med.* Dekl.		466) 20 Comae AR.		466) 20 Comae Dekl.		465) δ Corvi AR.		465) δ Corvi Dekl.	
1956	12h 17m		—0° 25′		12h 24m		—62° 51′		12h 27m		+21° 7′		12h 27m		—16° 16′	
	s		″		s		″		s		″		s		″	
Jan. 1	40.346	326	28.57	210	10.05	60	9.13	186	31.674	342	67.28	181	36.191	338	16.53	219
11	40.672	309	30.67	198	10.65	56	10.99	233	32.016	327	65.47	146	36.529	321	18.72	225
21	40.981	283	32.65	180	11.21	52	13.32	274	32.343	303	64.01	108	36.850	295	20.97	223
31	41.264	250	34.45	157	11.73	45	16.06	305	32.646	271	62.93	67	37.145	263	23.20	215
Febr. 10	41.514	212	36.02	131	12.18	38	19.11	330	32.917	232	62.26	26	37.408	225	25.35	202
20	41.726	172	37.33	104	12.56	31	22.41	345	33.149	190	62.00	13	37.633	185	27.37	186
März 1	41.898	130	38.37	76	12.87	23	25.86	351	33.339	145	62.13	49	37.818	144	29.23	166
11	42.028	90	39.13	49	13.10	16	29.37	350	33.484	101	62.62	80	37.962	104	30.89	143
21	42.118	53	39.62	24	13.26	9	32.87	342	33.585	59	63.42	104	38.066	66	32.32	121
30	27 42.171	19	39.86	3	28 13.35	2	36.29	326	29 33.644	22	64.46	123	29 38.132	32	33.53	98
April 9	42.190	9	39.89	16	13.37	5	39.55	305	33.666	12	65.69	135	38.164	2	34.51	75
19	42.181	34	39.73	32	13.32	11	42.60	277	33.654	41	67.04	140	38.166	24	35.26	54
29	42.147	55	39.41	44	13.21	17	45.37	243	33.613	64	68.44	139	38.142	46	35.80	32
Mai 9	42.092	71	38.97	54	13.04	21	47.80	206	33.549	84	69.83	132	38.096	66	36.12	13
19	42.021	84	38.43	60	12.83	25	49.86	165	33.465	99	71.15	122	38.030	81	36.25	6
29	41.937	94	37.83	65	12.58	29	51.51	119	33.366	110	72.37	106	37.949	93	36.19	24
Juni 8	41.843	100	37.18	68	12.29	31	52.70	72	33.256	118	73.43	88	37.856	102	35.95	40
18	41.743	103	36.50	67	11.98	34	53.42	23	33.138	121	74.31	68	37.754	109	35.55	56
28	41.640	104	35.83	66	11.64	34	53.65	27	33.017	122	74.99	45	37.645	113	34.99	70
Juli 8	41.536	102	35.17	63	11.30	34	53.38	75	32.895	120	75.44	23	37.532	113	34.29	81
18	41.434	97	34.54	58	10.96	33	52.63	122	32.775	114	75.67	2	37.419	109	33.48	91
28	41.337	87	33.96	50	10.63	30	51.41	165	32.661	105	75.65	27	37.310	100	32.57	97
Aug. 7	41.250	73	33.46	40	10.33	26	49.76	203	32.556	90	75.38	53	37.210	88	31.60	100
17	41.177	55	33.06	27	10.07	22	47.73	234	32.466	71	74.85	78	37.122	70	30.60	99
27	41.122	32	32.79	12	9.85	15	45.39	257	32.395	48	74.07	104	37.052	45	29.61	93
Sept. 6	41.090	4	32.67	6	9.70	8	42.82	271	32.347	19	73.03	130	37.007	15	28.68	83
16	41.086	29	32.73	27	9.62	0	40.11	275	32.328	14	71.73	154	36.992	19	27.85	66
26	41.115	67	33.00	52	9.62	9	37.36	269	32.342	53	70.19	178	37.011	60	27.19	45
Okt. 6	41.182	108	33.52	78	9.71	18	34.67	250	32.395	94	68.41	200	37.071	104	26.74	19
16	41.290	150	34.30	104	9.89	27	32.17	221	32.489	139	66.41	220	37.175	148	26.55	11
26	41.440	192	35.34	130	10.16	36	29.96	182	32.628	184	64.21	235	37.323	194	26.66	44
Nov. 5	41.632	233	36.64	155	10.52	45	28.14	136	32.812	227	61.86	245	37.517	237	27.10	77
15	41.865	268	38.19	178	10.97	51	26.78	83	33.039	266	59.41	250	37.754	275	27.87	111
25	42.133	297	39.97	196	11.48	56	25.95	24	33.305	299	56.91	248	38.029	306	28.98	143
Dez. 5	42.430	318	41.93	207	12.04	59	25.71	36	33.604	324	54.43	238	38.335	328	30.41	171
15	42.748	328	44.00	214	12.63	61	26.07	94	33.928	338	52.05	222	38.663	339	32.12	193
25	43.076	328	46.14	212	13.24	61	27.01	151	34.266	342	49.83	197	39.002	339	34.05	210
35	43.404		48.26		13.85		28.52		34.608		47.86		39.341		36.15	
Mittl. Ort	39.181		20.70		8.41		20.10		30.654		82.42		35.017		14.43	
sec δ, tg δ	+1.000		— 0.007		+2.192		— 1.950		+1.072		+ 0.387		+1.042		— 0.292	
a, a′	+3.1		—20.0		+3.3		—19.9		+3.0		—19.9		+3.1		—19.9	
b, b′	0.00		+ 0.08		+0.13		+ 0.11		—0.03		+ 0.12		+0.02		+ 0.12	

Scheinbare Sternörter 1956

Obere Kulmination Greenwich

Tag	472) κ Draconis AR.	Diff.	472) κ Draconis Dekl.	Diff.	470) β Canum ven.[1] AR.	Diff.	470) β Canum ven.[1] Dekl.	Diff.	471) β Corvi AR.	Diff.	471) β Corvi Dekl.	Diff.	473) 24 Comae sq AR.	Diff.	473) 24 Comae sq Dekl.	Diff.
1956	12h 31m		+70° 1′		12h 31m		+41° 35′		12h 32m		−23° 9′		12h 32m		+18° 36′	
	s		″		s		″		s		″		s		″	
Jan. 1	37.36	74	23.79	72	40.263	396	25.67	140	5.450	350	12.71	217	56.355	338	54.28	187
11	38.10	72	23.07	7	40.659	381	24.27	88	5.800	333	14.88	229	56.693	326	52.41	155
21	38.82	67	23.00	58	41.040	356	23.39	35	6.133	308	17.17	236	57.019	302	50.86	119
31	39.49	61	23.58	120	41.396	319	23.04	19	6.441	274	19.53	235	57.321	271	49.67	80
Febr. 10	40.10	52	24.78	175	41.715	274	23.23	71	6.715	236	21.88	228	57.592	233	48.87	40
20	40.62	42	26.53	222	41.989	222	23.94	117	6.951	195	24.16	216	57.825	193	48.47	2
März 1	41.04	30	28.75	261	42.211	167	25.11	157	7.146	153	26.32	200	58.018	149	48.45	34
11	41.34	18	31.36	287	42.378	112	26.68	188	7.299	112	28.32	182	58.167	106	48.79	65
21	41.52	6	34.23	301	42.490	59	28.56	211	7.411	74	30.14	160	58.273	66	49.44	91
30	41.58	5	37.24	303	42.549	8	30.67	223	7.485	38	31.74	138	58.339	28	50.35	110
April 9	41.53	17	40.27	293	42.557	36	32.90	226	7.523	7	33.12	115	58.367	5	51.45	123
19	41.36	26	43.20	273	42.521	75	35.16	221	7.530	21	34.27	91	58.362	33	52.68	131
29	41.10	34	45.93	243	42.446	108	37.37	207	7.509	45	35.18	67	58.329	57	53.99	131
Mai 9	40.76	41	48.36	205	42.338	135	39.44	185	7.464	65	35.85	44	58.272	77	55.30	127
19	40.35	47	50.41	162	42.203	155	41.29	159	7.399	82	36.29	21	58.195	92	56.57	118
29	39.88	50	52.03	112	42.048	170	42.88	126	7.317	97	36.50	2	58.103	104	57.75	106
Juni 8	39.38	52	53.15	60	41.878	179	44.14	92	7.220	108	36.48	24	57.999	113	58.81	90
18	38.86	53	53.75	8	41.699	184	45.06	54	7.112	116	36.24	45	57.886	117	59.71	72
28	38.33	53	53.83	45	41.515	183	45.60	15	6.996	121	35.79	66	57.769	120	60.43	52
Juli 8	37.80	50	53.38	97	41.332	178	45.75	24	6.875	122	35.13	84	57.649	118	60.95	30
18	37.30	47	52.41	148	41.154	168	45.51	64	6.753	119	34.29	100	57.531	113	61.25	8
28	36.83	44	50.93	194	40.986	154	44.87	101	6.634	111	33.29	113	57.418	105	61.33	16
Aug. 7	36.39	38	48.99	236	40.832	136	43.86	138	6.523	98	32.16	122	57.313	92	61.17	40
17	36.01	32	46.63	275	40.696	110	42.48	172	6.425	79	30.94	125	57.221	74	60.77	64
27	35.69	24	43.88	308	40.586	80	40.76	204	6.346	54	29.69	125	57.147	52	60.13	89
Sept. 6	35.45	17	40.80	334	40.506	45	38.72	233	6.292	22	28.44	118	57.095	23	59.24	115
16	35.28	8	37.46	355	40.461	4	36.39	259	6.270	15	27.26	105	57.072	9	58.09	139
26	35.20	2	33.91	368	40.457	42	33.80	280	6.285	57	26.21	85	57.081	47	56.70	164
Okt. 6	35.22	12	30.23	374	40.499	91	31.00	296	6.342	103	25.36	61	57.128	89	55.06	186
16	35.34	22	26.49	372	40.590	143	28.04	306	6.445	151	24.75	31	57.217	133	53.20	207
26	35.56	33	22.77	361	40.733	196	24.98	311	6.596	198	24.44	3	57.350	177	51.13	223
Nov. 5	35.89	43	19.16	340	40.929	248	21.87	308	6.794	244	24.47	41	57.527	221	48.90	237
15	36.32	52	15.76	311	41.177	296	18.79	296	7.038	283	24.88	79	57.748	260	46.53	244
25	36.84	60	12.65	272	41.473	336	15.83	276	7.321	315	25.67	115	58.008	294	44.09	244
Dez. 5	37.44	66	9.93	225	41.809	368	13.07	247	7.636	338	26.82	148	58.302	318	41.65	238
15	38.10	72	7.68	170	42.177	387	10.60	212	7.974	351	28.30	179	58.620	334	39.27	223
25	38.82	74	5.98	110	42.564	396	8.48	168	8.325	352	30.09	203	58.954	339	37.04	202
35	39.56		4.88		42.960		6.80		8.677		32.12		59.293		35.02	
Mittl. Ort	36.89		49.88		39.377		46.72		4.267		13.04		55.362		68.52	
sec δ, tg δ	+2.928		+ 2.752		+1.337		+ 0.888		+1.088		− 0.428		+1.055		+ 0.337	
a, *a′*	+2.6		−19.9		+2.9		−19.9		+3.2		−19.8		+3.0		−19.8	
b, *b′*	−0.18		+ 0.14		−0.06		+ 0.14		+0.03		+ 0.14		−0.02		+ 0.14	

[1] Die jährliche Parallaxe (0.″108) ist bereits berücksichtigt.

H

Scheinbare Sternörter 1956

Obere Kulmination Greenwich

Tag	474) α Muscae AR.		474) α Muscae Dekl.		1325) 133 G. Centauri AR.		1325) 133 G. Centauri Dekl.		478) 76 Ursae maj. AR.		478) 76 Ursae maj. Dekl.		481) β Crucis AR.		481) β Crucis Dekl.	
1956	12h 34m		−68° 53′		12h 38m		−45° 54′		12h 39m		+62° 56′		12h 45m		−59° 26′	
	s		″		s		″		s		″		s		″	
Jan. 1	33.94	74	23.48	161	58.579	433	10.58	193	39.46	58	50.31	100	9.499	558	43.69	164
11	34.68	70	25.09	212	59.012	413	12.51	229	40.04	56	49.31	37	10.057	535	45.33	211
21	35.38	65	27.21	258	59.425	382	14.80	257	40.60	54	48.94	27	10.592	496	47.44	251
31	36.03	57	29.79	295	59.807	342	17.37	278	41.14	49	49.21	88	11.088	446	49.95	284
Febr. 10	36.60	49	32.74	324	60.149	296	20.15	292	41.63	42	50.09	145	11.534	389	52.79	308
20	37.09	40	35.98	345	60.445	246	23.07	297	42.05	34	51.54	196	11.923	325	55.87	325
März 1	37.49	31	39.43	357	60.691	194	26.04	296	42.39	26	53.50	236	12.248	259	59.12	332
11	37.80	22	43.00	361	60.885	144	29.00	289	42.65	16	55.86	266	12.507	192	62.44	334
21	38.02	13	46.61	357	61.029	95	31.89	276	42.81	8	58.52	285	12.699	127	65.78	328
31	38.15	4	50.18	345	61.124	50	34.65	258	42.89	1	61.37	292	12.826	65	69.06	315
April 9	[31] 38.19	5	53.63	327	[1] 61.174	8	37.23	236	[1] 42.88	9	64.29	287	[3] 12.891	5	72.21	296
19	38.14	12	56.90	302	61.182	31	39.59	211	42.79	16	67.16	272	12.896	50	75.17	271
29	38.02	20	59.92	271	61.151	66	41.70	181	42.63	22	69.88	247	12.846	101	77.88	243
Mai 9	37.82	26	62.63	234	61.085	96	43.51	148	42.41	28	72.35	214	12.745	148	80.31	208
19	37.56	33	64.97	194	60.989	124	44.99	114	42.13	31	74.49	175	12.597	189	82.39	170
29	37.23	37	66.91	149	60.865	146	46.13	78	41.82	35	76.24	130	12.408	224	84.09	129
Juni 8	36.86	41	68.40	99	60.719	165	46.91	39	41.47	36	77.54	82	12.184	255	85.38	84
18	36.45	44	69.39	49	60.554	180	47.30	0	41.11	37	78.36	31	11.929	278	86.22	38
28	36.01	46	69.88	3	60.374	189	47.30	39	40.74	38	78.67	19	11.651	292	86.60	9
Juli 8	35.55	46	69.85	54	60.185	193	46.91	76	40.36	36	78.48	69	11.359	298	86.51	56
18	35.09	44	69.31	105	59.992	189	46.15	112	40.00	34	77.79	119	11.061	295	85.95	101
28	34.65	42	68.26	152	59.803	178	45.03	144	39.66	32	76.60	165	10.766	279	84.94	143
Aug. 7	34.23	38	66.74	195	59.625	160	43.59	172	39.34	28	74.95	208	10.487	253	83.51	182
17	33.85	31	64.79	231	59.465	133	41.87	194	39.06	24	72.87	247	10.234	215	81.69	214
27	33.54	24	62.48	259	59.332	98	39.93	209	38.82	19	70.40	282	10.019	164	79.55	238
Sept. 6	33.30	14	59.89	279	59.234	54	37.84	216	38.63	13	67.58	312	9.855	104	77.17	255
16	33.16	3	57.10	288	59.180	3	35.68	215	38.50	6	64.46	335	9.751	32	74.62	261
26	33.13	7	54.22	286	59.177	54	33.53	205	38.44	1	61.11	352	9.719	47	72.01	259
Okt. 6	33.20	19	51.36	272	59.231	115	31.48	184	38.45	9	57.59	363	9.766	130	69.42	244
16	33.39	31	48.64	248	59.346	178	29.64	156	38.54	16	53.96	366	9.896	216	66.98	219
26	33.70	42	46.16	212	59.524	241	28.08	120	38.70	25	50.30	359	10.112	299	64.79	185
Nov. 5	34.12	51	44.04	168	59.765	299	26.88	77	38.95	33	46.71	344	10.411	376	62.94	142
15	34.63	61	42.36	115	60.064	349	26.11	30	39.28	40	43.27	320	10.787	444	61.52	92
25	35.24	68	41.21	58	60.413	390	25.81	21	39.68	47	40.07	286	11.231	498	60.60	38
Dez. 5	35.92	73	40.63	3	60.803	418	26.02	71	40.15	52	37.21	244	11.729	536	60.22	19
15	36.65	74	40.66	64	61.221	433	26.73	120	40.67	56	34.77	194	12.265	558	60.41	76
25	37.39	75	41.30	124	61.654	436	27.93	166	41.23	58	32.83	136	12.823	561	61.17	131
35	38.14		42.54		62.090		29.59		41.81		31.47		13.384		62.48	
Mittl. Ort	32.23		35.65		57.288		17.97		38.95		75.43		8.103		54.35	
sec δ, tg δ	+2.777		− 2.591		+1.437		− 1.032		+2.199		+ 1.959		+1.967		− 1.694	
a, *a′*	+3.6		−19.8		+3.3		−19.8		+2.6		−19.7		+3.5		−19.7	
b, *b′*	+0.17		+ 0.15		+0.07		+ 0.17		−0.13		+ 0.17		+0.11		+ 0.20	

Scheinbare Sternörter 1956

Obere Kulmination Greenwich

Tag	482) 150 G. Centauri				483) ε Ursae maj.				484) δ Virginis				486) 8 Draconis			
	AR.		Dekl.		AR.		Dekl.		AR.		Dekl.		AR.		Dekl.	
1956	12h 50m		−39° 56′		12h 52m		+56° 11′		12h 53m		+3° 37′		12h 53m		+65° 39′	
	s		″		s		″		s		″		s		″	
Jan. 1	60.639	405	17.71	188	6.392	494	30.25	130	24.054	329	61.48	206	43.94	63	71.18	111
11	61.044	391	19.59	220	6.886	486	28.95	71	24.383	318	59.42	191	44.57	62	70.07	48
21	61.435	364	21.79	243	7.372	462	28.24	8	24.701	300	57.51	170	45.19	59	69.59	18
31	61.799	329	24.22	260	7.834	423	28.16	53	25.001	272	55.81	143	45.78	54	69.77	82
Febr. 10	62.128	289	26.82	269	8.257	370	28.69	111	25.273	239	54.38	114	46.32	48	70.59	141
20	62.417	244	29.51	272	8.627	309	29.80	163	25.512	202	53.24	83	46.80	39	72.00	193
März 1	62.661	198	32.23	269	8.936	240	31.43	207	25.714	164	52.41	53	47.19	31	73.93	236
11	62.859	152	34.92	260	9.176	168	33.50	241	25.878	124	51.88	24	47.50	21	76.29	269
21	63.011	107	37.52	247	9.344	95	35.91	264	26.002	88	51.64	3	47.71	12	78.98	291
31	63.118	66	39.99	228	9.439	26	38.55	277	26.090	54	51.67	25	47.83	1	81.89	299
April 9	[4] 63.184	28	42.27	208	[4] 9.465	39	41.32	278	[5] 26.144	22	51.92	45	[5] 47.84	8	84.88	297
19	63.212	8	44.35	184	9.426	98	44.10	269	26.166	5	52.37	59	47.76	16	87.85	284
29	63.204	40	46.19	156	9.328	149	46.79	249	26.161	28	52.96	70	47.60	23	90.69	260
Mai 9	63.164	68	47.75	128	9.179	192	49.28	223	26.133	49	53.66	76	47.37	30	93.29	229
19	63.096	94	49.03	97	8.987	227	51.51	188	26.084	67	54.42	80	47.07	34	95.58	189
29	63.002	117	50.00	65	8.760	254	53.39	148	26.017	81	55.22	80	46.73	38	97.47	144
Juni 8	62.885	135	50.65	31	8.506	273	54.87	104	25.936	93	56.02	78	46.35	41	98.91	96
18	62.750	151	50.96	3	8.233	284	55.91	58	25.843	102	56.80	74	45.94	42	99.87	45
28	62.599	161	50.93	36	7.949	288	56.49	10	25.741	108	57.54	68	45.52	43	100.32	6
Juli 8	62.438	166	50.57	70	7.661	284	56.59	38	25.633	112	58.22	59	45.09	42	100.26	59
18	62.272	167	49.87	100	7.377	274	56.21	85	25.521	111	58.81	49	44.67	41	99.67	109
28	62.105	160	48.87	129	7.103	257	55.36	131	25.410	107	59.30	38	44.26	38	98.58	158
Aug. 7	61.945	146	47.58	152	6.846	233	54.05	175	25.303	98	59.68	25	43.88	34	97.00	202
17	61.799	125	46.06	171	6.613	201	52.30	215	25.205	84	59.93	9	43.54	30	94.98	244
27	61.674	95	44.35	184	6.412	163	50.15	251	25.121	64	60.02	9	43.24	25	92.54	280
Sept. 6	61.579	58	42.51	190	6.249	118	47.64	284	25.057	39	59.93	28	42.99	18	89.74	312
16	61.521	13	40.61	187	6.131	65	44.80	310	25.018	8	59.65	50	42.81	11	86.62	337
26	61.508	38	38.74	176	6.066	5	41.70	331	25.010	29	59.15	73	42.70	3	83.25	356
Okt. 6	61.546	94	36.98	158	6.061	59	38.39	347	25.039	70	58.42	99	42.67	4	79.69	368
16	61.640	153	35.40	131	6.120	126	34.92	354	25.109	113	57.43	123	42.71	14	76.01	373
26	61.793	210	34.09	97	6.246	196	31.38	354	25.222	158	56.20	147	42.85	23	72.28	367
Nov. 5	62.003	265	33.12	56	6.442	265	27.84	345	25.380	202	54.73	171	43.08	32	68.61	354
15	62.268	314	32.56	13	6.707	330	24.39	327	25.582	242	53.02	190	43.40	41	65.07	331
25	62.582	354	32.43	34	7.037	388	21.12	299	25.824	277	51.12	204	43.81	48	61.76	297
Dez. 5	62.936	384	32.77	80	7.425	435	18.13	263	26.101	303	49.08	213	44.29	54	58.79	256
15	63.320	401	33.57	123	7.860	469	15.50	217	26.404	320	46.95	217	44.83	59	56.23	205
25	63.721	406	34.80	164	8.329	489	13.33	165	26.724	327	44.78	211	45.42	62	54.18	148
35	64.127		36.44		8.818		11.68		27.051		42.67		46.04		52.70	
Mittl. Ort	59.469		23.62		5.921		54.04		23.119		70.22		43.76		96.36	
sec δ, tg δ	+1.304		− 0.837		+1.798		+ 1.494		+1.002		+ 0.064		+2.428		+ 2.212	
a, *a′*	+3.3		−19.5		+2.6		−19.5		+3.1		−19.5		+2.4		−19.5	
b, *b′*	+0.05		+ 0.22		−0.10		+ 0.23		0.00		+ 0.23		−0.14		+ 0.23	

Scheinbare Sternörter 1956

Obere Kulmination Greenwich

Tag	485) α Can. ven. *sq* AR.		Dekl.		488) ε Virginis AR.		Dekl.	
1956	$12^h\ 53^m$		$+38°\ 32'$		$12^h\ 59^m$		$+11°\ 11'$	
	s		″		s		″	
Jan. 1	59.009	383	60.25	167	59.984	332	31.64	203
11	59.392	376	58.58	118	60.316	324	29.61	180
21	59.768	356	57.40	66	60.640	306	27.81	151
31	60.124	325	56.74	12	60.946	279	26.30	117
Febr. 10	60.449	285	56.62	41	61.225	246	25.13	82
20	60.734	240	57.03	89	61.471	210	24.31	46
März 1	60.974	190	57.92	132	61.681	171	23.85	11
11	61.164	139	59.24	168	61.852	131	23.74	21
21	61.303	89	60.92	195	61.983	94	23.95	48
31	61.392	41	62.87	213	62.077	58	24.43	72
April 9	[5] 61.433	3	65.00	222	[6] 62.135	26	25.15	89
19	61.430	41	67.22	221	62.161	3	26.04	101
29	61.389	76	69.43	212	62.158	28	27.05	108
Mai 9	61.313	104	71.55	196	62.130	50	28.13	111
19	61.209	127	73.51	174	62.080	68	29.24	108
29	61.082	146	75.25	145	62.012	83	30.32	102
Juni 8	60.936	160	76.70	113	61.929	97	31.34	93
18	60.776	169	77.83	79	61.832	106	32.27	82
28	60.607	173	78.62	41	61.726	113	33.09	68
Juli 8	60.434	174	79.03	4	61.613	117	33.77	53
18	60.260	170	79.07	35	61.496	117	34.30	35
28	60.090	161	78.72	73	61.379	113	34.65	17
Aug. 7	59.929	146	77.99	111	61.266	105	34.82	2
17	59.783	127	76.88	145	61.161	92	34.80	23
27	59.656	101	75.43	179	61.069	72	34.57	46
Sept. 6	59.555	69	73.64	210	60.997	47	34.11	68
16	59.486	31	71.54	239	60.950	16	33.43	93
26	59.455	12	69.15	264	60.934	20	32.50	118
Okt. 6	59.467	60	66.51	283	60.954	61	31.32	142
16	59.527	111	63.68	299	61.015	105	29.90	166
26	59.638	164	60.69	308	61.120	150	28.24	187
Nov. 5	59.802	216	57.61	309	61.270	195	26.37	206
15	60.018	265	54.52	303	61.465	237	24.31	221
25	60.283	309	51.49	289	61.702	272	22.10	228
Dez. 5	60.592	343	48.60	265	61.974	301	19.82	231
15	60.935	368	45.95	234	62.275	320	17.51	226
25	61.303	380	43.61	194	62.595	329	15.25	213
35	61.683		41.67		62.924		13.12	
Mittl. Ort	58.312		80.08		59.131		42.88	
sec δ, tg δ	+1.279		+ 0.797		+1.019		+ 0.198	
a, *a′*	+2.8		−19.5		+3.0		−19.4	
b, *b′*	−0.05		+ 0.23		−0.01		+ 0.26	

Tag	490) ϑ Virginis AR.		Dekl.		492) β Comae[1] AR.		Dekl.	
1956	$13^h\ 7^m$		$-5°\ 18'$		$13^h\ 9^m$		$+28°\ 5'$	
	s		″		s		″	
Jan. 1	41.010	333	21.63	206	49.918	351	45.87	190
11	41.343	324	23.69	201	50.269	347	43.97	150
21	41.667	307	25.70	188	50.616	330	42.47	105
31	41.974	281	27.58	172	50.946	304	41.42	57
Febr. 10	42.255	251	29.30	151	51.250	270	40.85	10
20	42.506	215	30.81	126	51.520	232	40.75	37
März 1	42.721	178	32.07	100	51.752	189	41.12	80
11	42.899	141	33.07	75	51.941	145	41.92	116
21	43.040	105	33.82	49	52.086	101	43.08	146
31	43.145	72	34.31	27	52.187	61	44.54	168
April 9	[8] 43.217	41	34.58	7	[9] 52.248	23	46.22	182
19	43.258	13	34.65	11	52.271	12	48.04	189
29	43.271	12	34.54	26	52.259	41	49.93	188
Mai 9	43.259	34	34.28	38	52.218	68	51.81	179
19	43.225	53	33.90	47	52.150	90	53.60	165
29	43.172	70	33.43	55	52.060	109	55.25	145
Juni 8	43.102	84	32.88	61	51.951	123	56.70	123
18	43.018	96	32.27	64	51.828	135	57.93	96
28	42.922	106	31.63	66	51.693	142	58.89	66
Juli 8	42.816	111	30.97	66	51.551	147	59.55	36
18	42.705	114	30.31	65	51.404	147	59.91	5
28	42.591	113	29.66	61	51.257	142	59.96	28
Aug. 7	42.478	105	29.05	56	51.115	133	59.68	60
17	42.373	93	28.49	47	50.982	118	59.08	92
27	42.280	75	28.02	35	50.864	98	58.16	123
Sept. 6	42.205	51	27.67	21	50.766	71	56.93	153
16	42.154	19	27.46	3	50.695	38	55.40	181
26	42.135	18	27.43	18	50.657	0	53.59	208
Okt. 6	42.153	59	27.61	42	50.657	44	51.51	232
16	42.212	103	28.03	68	50.701	91	49.19	252
26	42.315	150	28.71	95	50.792	141	46.67	267
Nov. 5	42.465	195	29.66	122	50.933	189	44.00	276
15	42.660	237	30.88	146	51.122	235	41.24	279
25	42.897	273	32.34	169	51.357	276	38.45	274
Dez. 5	43.170	301	34.03	187	51.633	310	35.71	262
15	43.471	320	35.90	198	51.943	333	33.09	240
25	43.791	329	37.88	204	52.276	347	30.69	210
35	44.120		39.92		52.623		28.59	
Mittl. Ort	40.114		16.33		49.245		62.41	
sec δ, tg δ	+1.004		− 0.093		+1.134		+ 0.534	
a, *a′*	+3.1		−19.2		+2.9		−19.1	
b, *b′*	+0.01		+ 0.29		−0.03		+ 0.30	

[1] Die jährliche Parallaxe (0″.121) ist bereits berücksichtigt.

Scheinbare Sternörter 1956

Obere Kulmination Greenwich

Tag	495) γ Hydrae AR.	Δ	495) γ Hydrae Dekl.	Δ	496) ι Centauri AR.	Δ	496) ι Centauri Dekl.	Δ
1956	13h 16m		−22° 56′		13h 18m		−36° 28′	
	s		″		s		″	
Jan. 1	32.402	355	22.92	188	7.909	394	45.38	167
11	32.757	348	24.80	203	8.303	386	47.05	196
21	33.105	330	26.83	211	8.689	366	49.01	218
31	33.435	305	28.94	212	9.055	338	51.19	233
Febr. 10	33.740	273	31.06	208	9.393	303	53.52	242
20	34.013	236	33.14	199	9.696	264	55.94	245
März 1	34.249	199	35.13	185	9.960	223	58.39	242
11	34.448	162	36.98	170	10.183	180	60.81	234
21	34.610	124	38.68	151	10.363	139	63.15	222
31	34.734	89	40.19	131	10.502	100	65.37	207
April 10	34.823	56	41.50	112	10.602	62	67.44	188
19	(10) 34.879	26	42.62	91	(11) 10.664	28	69.32	168
29	34.905	1	43.53	71	10.692	5	71.00	145
Mai 9	34.904	27	44.24	51	10.687	35	72.45	121
19	34.877	49	44.75	31	10.652	63	73.66	94
29	34.828	70	45.06	11	10.589	88	74.60	66
Juni 8	34.758	88	45.17	8	10.501	110	75.26	37
18	34.670	104	45.09	28	10.391	129	75.63	8
28	34.566	116	44.81	45	10.262	145	75.71	21
Juli 8	34.450	125	44.36	63	10.117	156	75.50	51
18	34.325	131	43.73	79	9.961	161	74.99	80
28	34.194	130	42.94	92	9.800	161	74.19	104
Aug. 7	34.064	123	42.02	101	9.639	154	73.15	127
17	33.941	111	41.01	109	9.485	138	71.88	146
27	33.830	91	39.92	111	9.347	113	70.42	159
Sept. 6	33.739	65	38.81	108	9.234	82	68.83	166
16	33.674	30	37.73	99	9.152	42	67.17	165
26	33.644	11	36.74	85	9.110	5	65.52	158
Okt. 6	33.655	56	35.89	66	9.115	58	63.94	143
16	33.711	105	35.23	41	9.173	114	62.51	120
26	33.816	155	34.82	12	9.287	172	61.31	91
Nov. 5	33.971	205	34.70	20	9.459	228	60.40	55
15	34.176	251	34.90	55	9.687	279	59.85	16
25	34.427	290	35.45	89	9.966	322	59.69	25
Dez. 5	34.717	321	36.34	121	10.288	357	59.94	67
15	35.038	342	37.55	150	10.645	379	60.61	108
25	35.380	351	39.05	175	11.024	390	61.69	145
35	35.731		40.80		11.414		63.14	
Mittl. Ort	31.472		23.86		6.925		50.62	
sec δ, tg δ	+1.086		− 0.423		+1.244		− 0.739	
a, *a′*	+3.3		−18.9		+3.4		−18.9	
b, *b′*	+0.03		+ 0.33		+0.05		+ 0.33	

Tag	497) ζ Ursae maj. *pr* AR.	Δ	497) ζ Ursae maj. *pr* Dekl.	Δ	498) α Virginis AR.	Δ	498) α Virginis Dekl.	Δ
1956	13h 22m		+55° 8′		13h 22m		−10° 55′	
	s		″		s		″	
Jan. 1	9.514	475	54.03	167	53.118	337	59.15	197
11	9.989	477	52.36	107	53.455	331	61.12	200
21	10.466	463	51.29	44	53.786	316	63.12	194
31	10.929	434	50.85	18	54.102	292	65.06	183
Febr. 10	11.363	392	51.03	79	54.394	264	66.89	168
20	11.755	339	51.82	136	54.658	230	68.57	148
März 1	12.094	277	53.18	185	54.888	194	70.05	126
11	12.371	212	55.03	226	55.082	158	71.31	104
21	12.583	143	57.29	256	55.240	123	72.35	81
31	12.726	76	59.85	276	55.363	90	73.16	59
April 10	12.802	12	62.61	283	55.453	58	73.75	38
19	(12) 12.814	47	65.44	281	(12) 55.511	30	74.13	20
29	12.767	103	68.25	269	55.541	4	74.33	4
Mai 9	12.664	150	70.94	246	55.545	20	74.37	11
19	12.514	190	73.40	217	55.525	42	74.26	24
29	12.324	224	75.57	181	55.483	61	74.02	35
Juni 8	12.100	251	77.38	140	55.422	78	73.67	44
18	11.849	269	78.78	95	55.344	93	73.23	53
28	11.580	282	79.73	48	55.251	105	72.70	59
Juli 8	11.298	288	80.21	0	55.146	114	72.11	65
18	11.010	285	80.21	48	55.032	119	71.46	69
28	10.725	277	79.73	97	54.913	121	70.77	70
Aug. 7	10.448	260	78.76	142	54.792	116	70.07	70
17	10.188	236	77.34	184	54.676	105	69.37	66
27	9.952	203	75.50	225	54.571	88	68.71	59
Sept. 6	9.749	164	73.25	262	54.483	64	68.12	49
16	9.585	116	70.63	293	54.419	33	67.63	35
26	9.469	60	67.70	320	54.386	3	67.28	16
Okt. 6	9.409	1	64.50	340	54.389	45	67.12	5
16	9.410	69	61.10	353	54.434	91	67.17	30
26	9.479	139	57.57	359	54.525	139	67.47	58
Nov. 5	9.618	210	53.98	355	54.664	186	68.05	86
15	9.828	278	50.43	344	54.850	230	68.91	114
25	10.106	340	46.99	322	55.080	269	70.05	141
Dez. 5	10.446	394	43.77	289	55.349	299	71.46	162
15	10.840	436	40.88	249	55.648	320	73.08	180
25	11.276	464	38.39	200	55.968	332	74.88	193
35	11.740		36.39		56.300		76.81	
Mittl. Ort	9.404		76.74		52.280		56.10	
sec δ, tg δ	+1.750		+ 1.436		+1.018		− 0.193	
a, *a′*	+2.4		−18.8		+3.2		−18.7	
b, *b′*	−0.09		+ 0.35		+0.01		+ 0.35	

Scheinbare Sternörter 1956

Obere Kulmination Greenwich

Tag	499) Grb 2001 U Min AR.		499) Dekl.		500) 69 H. Ursae maj. AR.		500) Dekl.		501) ζ Virginis AR.		501) Dekl.		502) 17 H. Can. ven. AR.		502) Dekl.	
1956	13h 24m		+72° 36′		13h 26m		+60° 9′		13h 32m		−0° 22′		13h 32m		+37° 23′	
	s		″		s		″		s		″		s		″	
Jan. 1	59.57	80	45.69	136	50.19	52	57.83	163	27.633	329	24.51	204	50.354	373	67.74	201
11	60.37	81	44.33	70	50.71	53	56.20	101	27.962	325	26.55	194	50.727	374	65.73	153
21	61.18	80	43.63	3	51.24	52	55.19	37	28.287	312	28.49	177	51.101	363	64.20	101
31	61.98	76	43.60	63	51.76	49	54.82	28	28.599	292	30.26	155	51.464	342	63.19	46
Febr. 10	62.74	68	44.23	127	52.25	44	55.10	91	28.891	264	31.81	130	51.806	310	62.73	8
20	63.42	59	45.50	183	52.69	39	56.01	148	29.155	233	33.11	102	52.116	272	62.81	61
März 1	64.01	48	47.33	232	53.08	31	57.49	198	29.388	198	34.13	72	52.388	228	63.42	110
11	64.49	36	49.65	271	53.39	24	59.47	240	29.586	162	34.85	44	52.616	182	64.52	151
21	64.85	23	52.36	297	53.63	17	61.87	270	29.748	128	35.29	18	52.798	135	66.03	185
31	65.08	9	55.33	312	53.80	8	64.57	289	29.876	94	35.47	7	52.933	89	67.88	210
April 10	65.17	4	58.45	314	53.88	1	67.46	297	29.970	64	35.40	27	53.022	46	69.98	226
19	^{13}65.13	16	61.59	305	^{13}53.89	6	70.43	293	^{14}30.034	34	35.13	43	^{15}53.068	4	72.24	232
29	64.97	28	64.64	286	53.83	12	73.36	278	30.068	8	34.70	57	53.072	32	74.56	229
Mai 9	64.69	37	67.50	256	53.71	19	76.14	256	30.076	16	34.13	66	53.040	65	76.85	219
19	64.32	46	70.06	219	53.52	23	78.70	224	30.060	38	33.47	72	52.975	95	79.04	201
29	63.86	53	72.25	175	53.29	27	80.94	185	30.022	57	32.75	76	52.880	119	81.05	176
Juni 8	63.33	58	74.00	127	53.02	30	82.79	143	29.965	75	31.99	76	52.761	140	82.81	147
18	62.75	62	75.27	75	52.72	33	84.22	96	29.890	91	31.23	74	52.621	157	84.28	115
28	62.13	64	76.02	22	52.39	34	85.18	46	29.799	104	30.49	71	52.464	169	85.43	78
Juli 8	61.49	64	76.24	33	52.05	35	85.64	4	29.695	113	29.78	66	52.295	178	86.21	41
18	60.85	64	75.91	85	51.70	35	85.60	55	29.582	119	29.12	59	52.117	181	86.62	2
28	60.21	62	75.06	137	51.35	33	85.05	103	29.463	122	28.53	50	51.936	180	86.64	38
Aug. 7	59.59	57	73.69	186	51.02	32	84.02	151	29.341	118	28.03	40	51.756	173	86.26	77
17	59.02	52	71.83	230	50.70	29	82.51	196	29.223	109	27.63	28	51.583	159	85.49	114
27	58.50	46	69.53	271	50.41	25	80.55	237	29.114	94	27.35	13	51.424	139	84.35	152
Sept. 6	58.04	37	66.82	306	50.16	21	78.18	273	29.020	73	27.22	4	51.285	112	82.83	187
16	57.67	29	63.76	335	49.95	15	75.45	306	28.947	43	27.26	23	51.173	79	80.96	218
26	57.38	18	60.41	359	49.80	9	72.39	332	28.904	9	27.49	45	51.094	38	78.78	248
Okt. 6	57.20	7	56.82	374	49.71	2	69.07	351	28.895	32	27.94	69	51.056	9	76.30	273
16	57.13	5	53.08	381	49.69	6	65.56	365	28.927	76	28.63	94	51.065	60	73.57	293
26	57.18	18	49.27	380	49.75	13	61.91	369	29.003	123	29.57	118	51.125	114	70.64	308
Nov. 5	57.36	30	45.47	370	49.88	22	58.22	363	29.126	170	30.75	143	51.239	168	67.56	315
15	57.66	42	41.77	349	50.10	30	54.59	350	29.296	213	32.18	165	51.407	222	64.41	315
25	58.08	54	38.28	318	50.40	36	51.09	326	29.509	253	33.83	183	51.629	270	61.26	306
Dez. 5	58.62	64	35.10	279	50.76	43	47.83	292	29.762	285	35.66	197	51.899	311	58.20	288
15	59.26	72	32.31	230	51.19	47	44.91	249	30.047	309	37.63	204	52.210	343	55.32	261
25	59.98	78	30.01	172	51.66	51	42.42	197	30.356	322	39.67	206	52.553	363	52.71	225
35	60.76		28.29		52.17		40.45		30.678		41.73		52.916		50.46	
Mittl. Ort	60.54		70.58		50.32		81.20		26.907		17.98		49.981		86.13	
sec δ, tg δ	+3.348		+3.195		+2.011		+ 1.744		+1.000		− 0.006		+1.259		+ 0.765	
a, a′	+1.5		−18.7		+2.2		−18.6		+3.1		−18.4		+2.7		−18.4	
b, b′	−0.20		+ 0.36		−0.11		+ 0.37		0.00		+ 0.39		−0.05		+ 0.39	

Scheinbare Sternörter 1956

Obere Kulmination Greenwich

Tag	504) ε Centauri AR.		504) ε Centauri Dekl.		507) τ Bootis AR.		507) τ Bootis Dekl.		509) η Ursae maj. AR.		509) η Ursae maj. Dekl.		510) 89 Virginis AR.		510) 89 Virginis Dekl.	
1956	13h 37m		−53° 14′		13h 45m		+17° 40′		13h 45m		+49° 31′		13h 47m		−17° 54′	
	s		″		s		″		s		″		s		″	
Jan. 1	6.081	501	26.09	110	10.730	331	18.98	214	48.493	422	35.67	199	29.272	344	57.10	177
11	6.582	495	27.19	154	11.061	332	16.84	185	48.915	430	33.68	144	29.616	343	58.87	187
21	7.077	477	28.73	193	11.393	322	14.99	150	49.345	423	32.24	84	29.959	331	60.74	190
31	7.554	446	30.66	225	11.715	304	13.49	111	49.768	402	31.40	23	30.290	311	62.64	187
Febr. 10	8.000	407	32.91	250	12.019	278	12.38	69	50.170	370	31.17	39	30.601	286	64.51	179
20	8.407	362	35.41	270	12.297	247	11.69	26	50.540	328	31.56	97	30.887	255	66.30	167
März 1	8.769	312	38.11	281	12.544	212	11.43	15	50.868	279	32.53	149	31.142	222	67.97	151
11	9.081	260	40.92	286	12.756	175	11.58	52	51.147	224	34.02	195	31.364	187	69.48	134
21	9.341	208	43.78	287	12.931	138	12.10	86	51.371	166	35.97	231	31.551	153	70.82	115
31	9.549	155	46.65	280	13.069	102	12.96	112	51.537	109	38.28	256	31.704	119	71.97	95
April 10	[16]9.704	104	49.45	268	[18]13.171	68	14.08	132	[18]51.646	53	40.84	272	[18]31.823	87	72.92	77
19	9.808	56	52.13	252	13.239	36	15.40	146	51.699	1	43.56	276	31.910	58	73.69	59
29	9.864	8	54.65	232	13.275	6	16.86	154	51.700	48	46.32	270	31.968	29	74.28	41
Mai 9	9.872	37	56.97	207	13.281	21	18.40	155	51.652	92	49.02	256	31.997	3	74.69	25
19	9.835	80	59.04	178	13.260	45	19.95	149	51.560	132	51.58	232	32.000	23	74.94	10
29	9.755	120	60.82	145	13.215	67	21.44	140	51.428	165	53.90	202	31.977	46	75.04	4
Juni 8	9.635	156	62.27	110	13.148	87	22.84	126	51.263	194	55.92	166	31.931	67	75.00	18
18	9.479	188	63.37	71	13.061	104	24.10	109	51.069	217	57.58	126	31.864	87	74.82	31
28	9.291	214	64.08	31	12.957	118	25.19	89	50.852	234	58.84	82	31.777	104	74.51	44
Juli 8	9.077	234	64.39	10	12.839	129	26.08	67	50.618	245	59.66	38	31.673	118	74.07	54
18	8.843	246	64.29	51	12.710	136	26.75	43	50.373	251	60.04	9	31.555	128	73.53	65
28	8.597	249	63.78	91	12.574	139	27.18	17	50.122	249	59.95	55	31.427	132	72.88	73
Aug. 7	8.348	241	62.87	129	12.435	137	27.35	8	49.873	241	59.40	101	31.295	132	72.15	79
17	8.107	221	61.58	162	12.298	129	27.27	35	49.632	225	58.39	145	31.163	125	71.36	82
27	7.886	192	59.96	189	12.169	114	26.92	63	49.407	202	56.94	187	31.038	110	70.54	82
Sept. 6	7.694	150	58.07	211	12.055	94	26.29	91	49.205	171	55.07	224	30.928	88	69.72	78
16	7.544	96	55.96	225	11.961	65	25.38	118	49.034	131	52.83	260	30.840	57	68.94	70
26	7.448	34	53.71	230	11.896	31	24.20	146	48.903	83	50.23	291	30.783	21	68.24	57
Okt. 6	7.414	36	51.41	224	11.865	9	22.74	171	48.820	29	47.32	316	30.762	22	67.67	39
16	7.450	111	49.17	210	11.874	54	21.03	196	48.791	31	44.16	335	30.784	69	67.28	17
26	7.561	188	47.07	186	11.928	102	19.07	218	48.822	94	40.81	347	30.853	120	67.11	9
Nov. 5	7.749	262	45.21	154	12.030	151	16.89	235	48.916	160	37.34	351	30.973	170	67.20	38
15	8.011	332	43.67	114	12.181	198	14.54	248	49.076	224	33.83	345	31.143	217	67.58	67
25	8.343	391	42.53	69	12.379	240	12.06	254	49.300	283	30.38	331	31.360	260	68.25	96
Dez. 5	8.734	439	41.84	20	12.619	276	9.52	252	49.583	336	27.07	307	31.620	295	69.21	123
15	9.173	473	41.64	31	12.895	304	7.00	244	49.919	378	24.00	272	31.915	320	70.44	147
25	9.646	493	41.95	79	13.199	322	4.56	228	50.297	409	21.28	229	32.235	337	71.91	167
35	10.139		42.74		13.521		2.28		50.706		18.99		32.572		73.58	
Mittl. Ort	5.154		35.88		10.214		31.20		48.491		56.36		28.536		56.84	
sec δ, tg δ	+1.671		− 1.339		+1.050		+ 0.319		+1.541		+ 1.172		+1.051		− 0.323	
a, *a′*	+3.8		−18.3		+2.9		−18.0		+2.4		−17.9		+3.3		−17.9	
b, *b′*	+0.08		+ 0.41		−0.02		+ 0.44		−0.07		+ 0.45		+0.02		+ 0.45	

Scheinbare Sternörter 1956

Obere Kulmination Greenwich

Tag	513) η Bootis[1] AR.	Δ	513) η Bootis[1] Dekl.	Δ	512) ζ Centauri AR.	Δ	512) ζ Centauri Dekl.	Δ	517) 11 Bootis AR.	Δ	517) 11 Bootis Dekl.	Δ	516) τ Virginis AR.	Δ	516) τ Virginis Dekl.	Δ
1956	$13^h\ 52^m$		+18° 36′		$13^h\ 52^m$		−47° 4′		$13^h\ 59^m$		+27° 35′		$13^h\ 59^m$		+1° 45′	
	s		″		s		″		s		″		s		″	
Jan. 1	35.783	330	50.75	217	47.779	450	12.61	107	11.040	340	39.30	221	24.827	323	17.40	203
11	36.113	333	48.58	187	48.229	449	13.68	145	11.380	345	37.09	184	25.150	326	15.37	191
21	36.446	325	46.71	151	48.678	436	15.13	179	11.725	340	35.25	140	25.476	318	13.46	174
31	36.771	308	45.20	111	49.114	413	16.92	207	12.065	324	33.85	92	25.794	301	11.72	150
Febr. 10	37.079	283	44.09	68	49.527	381	18.99	228	12.389	300	32.93	41	26.095	279	10.22	122
20	37.362	253	43.41	25	49.908	342	21.27	243	12.689	269	32.52	8	26.374	251	9.00	92
März 1	37.615	218	43.16	18	50.250	299	23.70	252	12.958	234	32.60	55	26.625	219	8.08	61
11	37.833	182	43.34	56	50.549	256	26.22	256	13.192	196	33.15	98	26.844	187	7.47	31
21	38.015	145	43.90	89	50.805	211	28.78	254	13.388	156	34.13	134	27.031	153	7.16	2
31	38.160	109	44.79	118	51.016	165	31.32	248	13.544	117	35.47	163	27.184	121	7.14	23
April 10	38.269	75	45.97	138	51.181	121	33.80	237	13.661	80	37.10	185	27.305	90	7.37	44
20	20 38.344	42	47.35	152	20 51.302	78	36.17	222	21 13.741	43	38.95	198	21 27.395	60	7.81	61
29	38.386	12	48.87	160	51.380	37	38.39	203	13.784	10	40.93	203	27.455	32	8.42	74
Mai 9	38.398	16	50.47	160	51.417	4	40.42	181	13.794	21	42.96	201	27.487	6	9.16	83
19	38.382	41	52.07	156	51.413	42	42.23	157	13.773	49	44.97	191	27.493	18	9.99	87
29	38.341	64	53.63	145	51.371	79	43.80	128	13.724	75	46.88	176	27.475	41	10.86	89
Juni 8	38.277	85	55.08	131	51.292	113	45.08	97	13.649	98	48.64	155	27.434	62	11.75	88
18	38.192	102	56.39	113	51.179	144	46.05	64	13.551	118	50.19	130	27.372	81	12.63	83
28	38.090	118	57.52	91	51.035	170	46.69	29	13.433	135	51.49	102	27.291	98	13.46	78
Juli 8	37.972	130	58.43	69	50.865	191	46.98	7	13.298	148	52.51	71	27.193	112	14.24	70
18	37.842	138	59.12	43	50.674	206	46.91	43	13.150	157	53.22	40	27.081	123	14.94	60
28	37.704	141	59.55	17	50.468	212	46.48	78	12.993	162	53.62	6	26.958	128	15.54	49
Aug. 7	37.563	141	59.72	9	50.256	211	45.70	111	12.831	161	53.68	29	26.830	130	16.03	36
17	37.422	133	59.63	38	50.045	199	44.59	140	12.670	153	53.39	62	26.700	124	16.39	22
27	37.289	119	59.25	66	49.846	176	43.19	165	12.517	140	52.77	96	26.576	112	16.61	6
Sept. 6	37.170	99	58.59	95	49.670	143	41.54	185	12.377	119	51.81	130	26.464	94	16.67	12
16	37.071	72	57.64	123	49.527	99	39.69	197	12.258	90	50.51	161	26.370	68	16.55	33
26	36.999	37	56.41	150	49.428	46	37.72	201	12.168	55	48.90	192	26.302	35	16.22	54
Okt. 6	36.962	2	54.91	177	49.382	14	35.71	196	12.113	14	46.98	220	26.267	5	15.68	77
16	36.964	48	53.14	201	49.396	81	33.75	183	12.099	33	44.78	245	26.272	48	14.91	102
26	37.012	96	51.13	223	49.477	150	31.92	162	12.132	83	42.33	264	26.320	96	13.89	126
Nov. 5	37.108	145	48.90	241	49.627	218	30.30	132	12.215	135	39.69	280	26.416	144	12.63	150
15	37.253	192	46.49	253	49.845	281	28.98	95	12.350	186	36.89	288	26.560	190	11.13	170
25	37.445	236	43.96	259	50.126	338	28.03	54	12.536	233	34.01	289	26.750	232	9.43	188
Dez. 5	37.681	273	41.37	258	50.464	385	27.49	10	12.769	273	31.12	281	26.982	268	7.55	200
15	37.954	303	38.79	247	50.849	419	27.39	34	13.042	306	28.31	265	27.250	296	5.55	206
25	38.257	321	36.32	231	51.268	440	27.73	79	13.348	329	25.66	240	27.546	314	3.49	206
35	38.578		34.01		51.708		28.52		13.677		23.26		27.860		1.43	
Mittl. Ort	35.316		63.08		46.978		21.00		10.728		54.02		24.267		24.01	
sec δ, tg δ	+1.055		+ 0.337		+1.468		− 1.075		+1.128		+ 0.523		+1.000		+ 0.031	
a, *a′*	+2.9		−17.7		+3.8		−17.7		+2.7		−17.4		+3.1		−17.4	
b, *b′*	−0.02		+ 0.47		+0.06		+ 0.47		−0.03		+ 0.50		0.00		+ 0.50	

[1] Die jährliche Parallaxe (0″.112) ist bereits berücksichtigt.

Scheinbare Sternörter 1956

Obere Kulmination Greenwich

Tag	518) β Centauri AR.		518) β Centauri Dekl.		521) α Draconis AR.		521) α Draconis Dekl.		520) ϑ Centauri AR.		520) ϑ Centauri Dekl.		522) 12 *d* Bootis AR.		522) 12 *d* Bootis Dekl.	
1956	14h 0m		—60° 9′		14h 3m		+64° 34′		14h 4m		—36° 9′		14h 8m		+25° 17′	
	s		″		s		″		s		″		s		″	
Jan. 1	42.69	58	30.79	61	10.77	57	45.99	197	5.781	391	10.27	124	23.763	333	43.84	226
11	43.27	59	31.40	109	11.34	58	44.02	136	6.172	391	11.51	153	24.096	340	41.58	190
21	43.86	57	32.49	154	11.92	59	42.66	70	6.563	382	13.04	177	24.436	336	39.68	149
31	44.43	55	34.03	194	12.51	57	41.96	4	6.945	364	14.81	194	24.772	322	38.19	102
Febr. 10	44.98	50	35.97	226	13.08	54	41.92	63	7.309	337	16.75	205	25.094	300	37.17	54
20	45.48	46	38.23	254	13.62	48	42.55	125	7.646	306	18.80	211	25.394	271	36.63	5
März 1	45.94	41	40.77	274	14.10	41	43.80	182	7.952	271	20.91	213	25.665	238	36.58	41
11	46.35	35	43.51	288	14.51	34	45.62	229	8.223	233	23.04	210	25.903	202	36.99	84
21	46.70	28	46.39	295	14.85	26	47.91	267	8.456	195	25.14	202	26.105	165	37.83	121
31	46.98	23	49.34	296	15.11	16	50.58	294	8.651	158	27.16	191	26.270	126	39.04	152
April 10	47.21	17	52.30	291	15.27	8	53.52	308	8.809	121	29.07	179	26.396	90	40.56	175
20	47.38	10	55.21	280	15.35	1	56.60	311	8.930	85	30.86	164	26.486	55	42.31	189
29	[22] 47.48	5	58.01	265	[22] 15.34	9	59.71	304	[23] 9.015	51	32.50	146	[24] 26.541	22	44.20	196
Mai 9	47.53	1	60.66	244	15.25	16	62.75	285	9.066	17	33.96	128	26.563	9	46.16	195
19	47.52	7	63.10	218	15.09	23	65.60	258	9.083	15	35.24	106	26.554	37	48.11	188
29	47.45	13	65.28	188	14.86	29	68.18	224	9.068	47	36.30	84	26.517	64	49.99	175
Juni 8	47.32	17	67.16	153	14.57	34	70.42	182	9.021	77	37.14	61	26.453	88	51.74	157
18	47.15	22	68.69	113	14.23	38	72.24	136	8.944	103	37.75	35	26.365	109	53.31	133
28	46.93	26	69.82	72	13.85	41	73.60	87	8.841	127	38.10	9	26.256	126	54.64	107
Juli 8	46.67	29	70.54	29	13.44	43	74.47	36	8.714	148	38.19	18	26.130	142	55.71	79
18	46.38	31	70.83	16	13.01	44	74.83	16	8.566	162	38.01	44	25.988	153	56.50	49
28	46.07	32	70.67	61	12.57	43	74.67	68	8.404	171	37.57	70	25.835	159	56.99	16
Aug. 7	45.75	32	70.06	105	12.14	43	73.99	119	8.233	173	36.87	93	25.676	159	57.15	17
17	45.43	30	69.01	145	11.71	40	72.80	167	8.060	166	35.94	114	25.517	154	56.98	49
27	45.13	27	67.56	181	11.31	37	71.13	213	7.894	150	34.80	131	25.363	142	56.49	82
Sept. 6	44.86	22	65.75	210	10.94	32	69.00	254	7.744	125	33.49	142	25.221	123	55.67	115
16	44.64	16	63.65	232	10.62	27	66.46	291	7.619	91	32.07	149	25.098	96	54.52	147
26	44.48	9	61.33	246	10.35	21	63.55	322	7.528	47	30.58	148	25.002	62	53.05	178
Okt. 6	44.39	2	58.87	250	10.14	12	60.33	318	7.481	3	29.10	141	24.940	22	51.27	206
16	44.37	8	56.37	243	10.02	4	56.85	366	7.484	59	27.69	125	24.918	24	49.21	231
26	44.45	17	53.94	227	9.98	5	53.19	376	7.543	118	26.44	104	24.942	74	46.90	253
Nov. 5	44.62	27	51.67	200	10.03	15	49.43	376	7.661	177	25.40	75	25.016	126	44.37	269
15	44.89	35	49.67	165	10.18	24	45.67	368	7.838	234	24.65	43	25.142	175	41.68	280
25	45.24	42	48.02	122	10.42	33	41.99	348	8.072	284	24.22	7	25.317	223	38.88	283
Dez. 5	45.66	49	46.80	74	10.75	42	38.51	319	8.356	327	24.15	30	25.540	264	36.05	278
15	46.15	53	46.06	24	11.17	48	35.32	280	8.683	358	24.45	68	25.804	298	33.27	265
25	46.68	57	45.82	27	11.65	54	32.52	230	9.041	380	25.13	102	26.102	321	30.62	242
35	47.25		46.09		12.19		30.22		9.421		26.15		26.423		28.20	
Mittl. Ort	41.95		42.03		11.71		68.25		5.073		15.81		23.483		57.53	
sec δ, tg δ	+2.010		— 1.743		+2.330		+ 2.105		+1.238		— 0.731		+1.106		+ 0.473	
a, *a′*	+4.2		—17.3		+1.6		—17.2		+3.6		—17.2		+2.7		—17.0	
b, *b′*	+0.10		+ 0.50		—0.12		+ 0.51		+0.04		+ 0.52		—0.03		+ 0.53	

Scheinbare Sternörter 1956

Obere Kulmination Greenwich

Tag	524) 4 Ursae min. AR.		524) 4 Ursae min. Dekl.		523) κ Virginis AR.		523) κ Virginis Dekl.		526) α Bootis AR.		526) α Bootis Dekl.		525) ι Virginis AR.		525) ι Virginis Dekl.	
1956	14h 8m		+77° 44′		14h 10m		—10° 4′		14h 13m		+19° 24′		14h 13m		—5° 47′	
	s		″		s		″		s		″		s		″	
Jan. 1	55.90	101	52.10	180	33.234	329	13.84	180	39.501	322	26.83	229	42.753	324	32.71	189
11	56.91	107	50.30	117	33.563	332	15.64	181	39.823	329	24.54	200	43.077	328	34.60	186
21	57.98	109	49.13	49	33.895	326	17.45	177	40.152	326	22.54	164	43.405	322	36.46	176
31	59.07	107	48.64	18	34.221	311	19.22	166	40.478	312	20.90	123	43.727	308	38.22	162
Febr. 10	60.14	101	48.82	84	34.532	289	20.88	151	40.790	292	19.67	79	44.035	288	39.84	141
20	61.15	92	49.66	147	34.821	263	22.39	132	41.082	265	18.88	34	44.323	262	41.25	118
März 1	62.07	80	51.13	203	35.084	233	23.71	110	41.347	234	18.54	10	44.585	232	42.43	93
11	62.87	64	53.16	249	35.317	201	24.81	87	41.581	199	18.64	50	44.817	201	43.36	68
21	63.51	47	55.65	284	35.518	169	25.68	65	41.780	165	19.14	86	45.018	170	44.04	43
31	63.98	30	58.49	309	35.687	138	26.33	44	41.945	129	20.00	117	45.188	138	44.47	20
April 10	64.28	10	61.58	320	35.825	107	26.77	24	42.074	95	21.17	140	45.326	107	44.67	1
20	64.38	8	64.78	321	35.932	77	27.01	6	42.169	62	22.57	156	45.433	78	44.66	19
29	[24] 64.30	25	67.99	310	[24] 36.009	49	27.07	8	[25] 42.231	31	24.13	165	[25] 45.511	50	44.47	32
Mai 9	64.05	41	71.09	288	36.058	22	26.99	21	42.262	2	25.78	167	45.561	23	44.15	44
19	63.64	56	73.97	257	36.080	3	26.78	31	42.264	27	27.45	164	45.584	2	43.71	52
29	63.08	68	76.54	219	36.077	29	26.47	40	42.237	52	29.09	154	45.582	27	43.19	58
Juni 8	62.40	79	78.73	174	36.048	52	26.07	47	42.185	76	30.63	140	45.555	51	42.61	62
18	61.61	88	80.47	126	35.996	73	25.60	52	42.109	97	32.03	122	45.504	72	41.99	64
28	60.73	93	81.73	74	35.923	92	25.08	57	42.012	115	33.25	100	45.432	92	41.35	64
Juli 8	59.80	97	82.47	20	35.831	110	24.51	59	41.897	132	34.25	77	45.340	108	40.71	63
18	58.83	99	82.67	33	35.721	122	23.92	61	41.765	143	35.02	51	45.232	122	40.08	61
28	57.84	98	82.34	87	35.599	131	23.31	61	41.622	151	35.53	24	45.110	130	39.47	56
Aug. 7	56.86	96	81.47	139	35.468	134	22.70	60	41.471	152	35.77	5	44.980	133	38.91	51
17	55.90	90	80.08	188	35.334	131	22.10	56	41.319	149	35.72	33	44.847	131	38.40	43
27	55.00	83	78.20	232	35.203	120	21.54	50	41.170	139	35.39	63	44.716	121	37.97	33
Sept. 6	54.17	74	75.88	273	35.083	102	21.04	41	41.031	120	34.76	93	44.595	103	37.64	21
16	53.43	63	73.15	308	34.981	76	20.63	29	40.911	95	33.83	123	44.492	79	37.43	6
26	52.80	49	70.07	338	34.905	42	20.34	13	40.816	63	32.60	151	44.413	46	37.37	12
Okt. 6	52.31	35	66.69	361	34.863	3	20.21	6	40.753	24	31.09	179	44.367	7	37.49	32
16	51.96	18	63.08	375	34.860	43	20.27	27	40.729	21	29.30	205	44.360	38	37.81	55
26	51.78	1	59.33	381	34.903	91	20.54	52	40.750	70	27.25	228	44.398	86	38.36	78
Nov. 5	51.77	17	55.52	379	34.994	141	21.06	76	40.820	119	24.97	247	44.484	134	39.14	103
15	51.94	36	51.73	366	35.135	189	21.82	102	40.939	169	22.50	260	44.618	182	40.17	127
25	52.30	53	48.07	343	35.324	233	22.84	125	41.108	215	19.90	267	44.800	226	41.44	148
Dez. 5	52.83	69	44.64	310	35.557	270	24.09	147	41.323	254	17.23	268	45.026	264	42.92	167
15	53.52	83	41.54	267	35.827	299	25.56	164	41.577	287	14.55	259	45.290	293	44.59	179
25	54.35	96	38.87	215	36.126	318	27.20	175	41.864	311	11.96	242	45.583	313	46.38	186
35	55.31		36.72		36.444		28.95		42.175		9.54		45.896		48.24	
Mittl. Ort	59.19		75.13		32.661		11.39		39.181		38.59		42.221		28.94	
sec δ, tg δ	+4.715		+ 4.607		+1.016		— 0.178		+1.060		+ 0.352		+1.005		— 0.101	
a, *a′*	—0.2		—17.0		+3.2		—16.9		+2.8		—16.7		+3.1		—16.7	
b, *b′*	—0.26		+ 0.53		+0.01		+ 0.54		—0.02		+ 0.55		+0.01		+ 0.55	

Scheinbare Sternörter 1956

Obere Kulmination Greenwich

Tag	527) λ Bootis AR.		527) λ Bootis Dekl.		531) ϑ Bootis AR.		531) ϑ Bootis Dekl.		534) ρ Bootis AR.		534) ρ Bootis Dekl.		535) γ Bootis AR.		535) γ Bootis Dekl.	
1956	14h 14m		+46° 16′		14h 23m		+52° 2′		14h 29m		+30° 33′		14h 30m		+38° 29′	
	s		″		s		″		s		″		s		″	
Jan. 1	42.476	388	64.17	227	41.396	414	53.23	233	56.015•	332	35.24	238	18.227	350	43.60	241
11	42.864	403	61.90	177	41.810	434	50.90	180	56.347	344	32.86	199	18.577	366	41.19	197
21	43.267	404	60.13	119	42.244	439	49.10	120	56.691	346	30.87	155	18.943	368	39.22	145
31	43.671	392	58.94	59	42.683	430	47.90	56	57.037	337	29.32	104	19.311	360	37.77	89
Febr. 10	44.063	368	58.35	2	43.113	408	47.34	7	57.374	318	28.28	51	19.671	341	36.88	32
20	44.431	334	58.37	63	43.521	374	47.41	70	57.692	293	27.77	2	20.012	314	36.56	26
März 1	44.765	294	59.00	119	43.895	330	48.11	129	57.985	262	27.79	53	20.326	280	36.82	82
11	45.059	247	60.19	168	44.225	279	49.40	180	58.247	226	28.32	100	20.606	242	37.64	131
21	45.306	197	61.87	209	44.504	225	51.20	222	58.473	189	29.32	141	20.848	200	38.95	174
31	45.503	145	63.96	241	44.729	167	53.42	256	58.662	151	30.73	175	21.048	156	40.69	208
April 10	45.648	95	66.37	263	44.896	108	55.98	279	58.813	112	32.48	201	21.204	113	42.77	234
20	45.743	45	69.00	274	45.004	52	58.77	290	58.925	75	34.49	217	21.317	71	45.11	250
29	[25] 45.788	3	71.74	275	[27] 45.056	3	61.67	291	[29] 59.000	38	36.66	226	[29] 21.388	30	47.61	256
Mai 9	45.785	46	74.49	267	45.053	55	64.58	282	59.038	4	38.92	225	21.418	9	50.17	253
19	45.739	87	77.16	249	44.998	103	67.40	263	59.042	28	41.17	218	21.409	46	52.70	242
29	45.652	123	79.65	225	44.895	146	70.03	238	59.014	58	43.35	203	21.363	80	55.12	223
Juni 8	45.529	156	81.90	193	44.749	184	72.41	204	58.956	87	45.38	183	21.283	110	57.35	198
18	45.373	184	83.83	157	44.565	217	74.45	166	58.869	112	47.21	158	21.173	138	59.33	168
28	45.189	206	85.40	118	44.348	244	76.11	124	58.757	135	48.79	128	21.035	162	61.01	133
Juli 8	44.983	224	86.58	74	44.104	266	77.35	78	58.622	153	50.07	96	20.873	182	62.34	95
18	44.759	237	87.32	29	43.838	280	78.13	30	58.469	168	51.03	61	20.691	196	63.29	55
28	44.522	242	87.61	16	43.558	287	78.43	18	58.301	177	51.64	24	20.495	206	63.84	14
Aug. 7	44.280	241	87.45	61	43.271	287	78.25	66	58.124	181	51.88	12	20.289	210	63.98	28
17	44.039	232	86.84	106	42.984	279	77.59	113	57.943	179	51.76	49	20.079	206	63.70	70
27	43.807	215	85.78	149	42.705	261	76.46	159	57.764	169	51.27	86	19.873	194	63.00	111
Sept. 6	43.592	191	84.29	191	42.444	234	74.87	202	57.595	152	50.41	123	19.679	175	61.89	151
16	43.401	158	82.38	228	42.210	198	72.85	242	57.443	127	49.18	158	19.504	147	60.38	189
26	43.243	115	80.10	263	42.012	153	70.43	277	57.316	93	47.60	192	19.357	112	58.49	224
Okt. 6	43.128	66	77.47	292	41.859	99	67.66	308	57.223	53	45.68	222	19.245	68	56.25	256
16	43.062	10	74.55	317	41.760	38	64.58	332	57.170	6	43.46	249	19.177	18	53.69	283
26	43.052	50	71.38	334	41.722	29	61.26	350	57.164	45	40.97	272	19.159	37	50.86	304
Nov. 5	43.102	114	68.04	345	41.751	99	57.76	360	57.209	99	38.25	290	19.196	94	47.82	320
15	43.216	177	64.59	346	41.850	169	54.16	361	57.308	152	35.35	300	19.290	152	44.62	327
25	43.393	237	61.13	338	42.019	237	50.55	351	57.460	203	32.35	302	19.442	208	41.35	326
Dez. 5	43.630	291	57.75	320	42.256	298	47.04	332	57.663	249	29.33	297	19.650	258	38.09	314
15	43.921	337	54.55	292	42.554	351	43.72	302	57.912	288	26.36	281	19.908	301	34.95	294
25	44.258	372	51.63	255	42.905	394	40.70	261	58.200	317	23.55	257	20.209	333	32.01	264
35	44.630		49.08		43.299		38.09		58.517		20.98		20.542		29.37	
Mittl. Ort	42.661		82.79		41.870		72.46		55.959		49.41		18.335		59.68	
sec δ, tg δ	+1.447		+ 1.046		+1.626		+ 1.282		+1.161		+ 0.591		+1.278		+ 0.795	
a, *a′*	+2.3		−16.7		+2.1		−16.2		+2.6		−15.9		+2.4		−15.9	
b, *b′*	−0.06		+ 0.55		−0.07		+ 0.59		−0.03		+ 0.61		−0.04		+ 0.61	

Scheinbare Sternörter 1956

Obere Kulmination Greenwich

Tag	537) η Centauri AR.		537) η Centauri Dekl.		538) α Centauri[1] AR.		538) α Centauri[1] Dekl.	
1956	14h 32m		—41° 57′		14h 36m		—60° 39′	
	s		″		s		″	
Jan. 1	42.725	411	49.35	76	36.10	58	8.91	16
11	43.136	419	50.11	109	36.68	59	9.07	63
21	43.555	416	51.20	139	37.27	58	9.70	108
31	43.971	403	52.59	164	37.85	56	10.78	148
Febr. 10	44.374	381	54.23	182	38.41	53	12.26	185
20	44.755	353	56.05	195	38.94	50	14.11	214
März 1	45.108	320	58.00	205	39.44	45	16.25	237
11	45.428	284	60.05	209	39.89	39	18.62	255
21	45.712	247	62.14	208	40.28	33	21.17	267
31	45.959	208	64.22	204	40.61	28	23.84	272
April 10	46.167	169	66.26	197	40.89	21	26.56	273
20	46.336	131	68.23	187	41.10	16	29.29	268
30	46.467	91	70.10	174	41.26	9	31.97	257
Mai 9	[30] 46.558	53	71.84	158	[1] 41.35	3	34.54	241
19	46.611	14	73.42	140	41.38	3	36.95	221
29	46.625	23	74.82	120	41.35	9	39.16	195
Juni 8	46.602	60	76.02	96	41.26	15	41.11	166
18	46.542	95	76.98	70	41.11	20	42.77	131
28	46.447	127	77.68	43	40.91	25	44.08	94
Juli 8	46.320	154	78.11	14	40.66	29	45.02	52
18	46.166	176	78.25	15	40.37	32	45.54	10
28	45.990	192	78.10	46	40.05	34	45.64	34
Aug. 7	45.798	200	77.64	74	39.71	34	45.30	78
17	45.598	197	76.90	102	39.37	34	44.52	119
27	45.401	186	75.88	126	39.03	32	43.33	158
Sept. 6	45.215	163	74.62	145	38.71	27	41.75	191
16	45.052	130	73.17	159	38.44	22	39.84	219
26	44.922	86	71.58	166	38.22	16	37.65	238
Okt. 6	44.836	34	69.92	167	38.06	7	35.27	248
16	44.802	26	68.25	160	37.99	1	32.79	249
26	44.828	90	66.65	144	38.00	11	30.30	239
Nov. 5	44.918	155	65.21	122	38.11	21	27.91	219
15	45.073	218	63.99	93	38.32	29	25.72	191
25	45.291	276	63.06	60	38.61	38	23.81	155
Dez. 5	45.567	327	62.46	23	38.99	45	22.26	112
15	45.894	367	62.23	15	39.44	51	21.14	65
25	46.261	395	62.38	52	39.95	55	20.49	17
35	46.656		62.90		40.50		20.32	
Mittl. Ort	42.179		56.49		35.60		20.14	
sec δ, tg δ	+1.345		— 0.899		+2.041		— 1.779	
a, *a′*	+3.8		—15.8		+4.6		—15.5	
b, *b′*	+0.05		+ 0.62		+0.09		+ 0.63	

Tag	1382) 32 Bootis AR.		1382) 32 Bootis Dekl.		545) μ Virginis AR.		545) μ Virginis Dekl.	
1956	14h 39m		+11° 50′		14h 40m		—5° 28′	
	s		″		s		″	
Jan. 1	36.817	309	48.47	219	44.652	315	8.07	181
11	37.126	320	46.28	198	44.967	324	9.88	178
21	37.446	321	44.30	171	45.291	323	11.66	169
31	37.767	312	42.59	138	45.614	314	13.35	154
Febr. 10	38.079	296	41.21	100	45.928	298	14.89	135
20	38.375	274	40.21	61	46.226	276	16.24	111
März 1	38.649	248	39.60	21	46.502	250	17.35	85
11	38.897	218	39.39	17	46.752	223	18.20	60
21	39.115	188	39.56	52	46.975	193	18.80	35
31	39.303	156	40.08	83	47.168	163	19.15	12
April 10	39.459	124	40.91	107	47.331	134	19.27	9
20	39.583	94	41.98	125	47.465	105	19.18	26
30	39.677	64	43.23	139	47.570	76	18.92	41
Mai 9	[2] 39.741	34	44.62	145	[2] 47.646	48	18.51	51
19	39.775	6	46.07	147	47.694	21	18.00	60
29	39.781	21	47.54	143	47.715	6	17.40	64
Juni 8	39.760	47	48.97	135	47.709	33	16.76	67
18	39.713	72	50.32	122	47.676	58	16.09	68
28	39.641	94	51.54	108	47.618	81	15.41	66
Juli 8	39.547	114	52.62	90	47.537	102	14.75	64
18	39.433	130	53.52	71	47.435	119	14.11	61
28	39.303	142	54.23	49	47.316	132	13.50	56
Aug. 7	39.161	148	54.72	27	47.184	141	12.94	49
17	39.013	150	54.99	3	47.043	141	12.45	41
27	38.863	143	55.02	21	46.902	135	12.04	31
Sept. 6	38.720	129	54.81	47	46.767	122	11.73	20
16	38.591	108	54.34	73	46.645	100	11.53	6
26	38.483	78	53.61	99	46.545	69	11.47	12
Okt. 6	38.405	41	52.62	126	46.476	32	11.59	30
16	38.364	2	51.36	152	46.444	11	11.89	52
26	38.366	48	49.84	176	46.455	58	12.41	75
Nov. 5	38.414	98	48.08	198	46.513	108	13.16	98
15	38.512	147	46.10	216	46.621	158	14.14	120
25	38.659	194	43.94	229	46.779	203	15.34	141
Dez. 5	38.853	235	41.65	236	46.982	244	16.75	159
15	39.088	270	39.29	235	47.226	277	18.34	172
25	39.358	296	36.94	227	47.503	302	20.06	178
35	39.654		34.67		47.805		21.84	
Mittl. Ort	36.564		57.00		44.261		4.82	
sec δ, tg δ	+1.022		+ 0.210		+1.005		— 0.096	
a, *a′*	+2.9		—15.4		+3.2		—15.3	
b, *b′*	—0.01		+ 0.64		0.00		+ 0.65	

[1] Ort des helleren Sterns. Die jährliche Parallaxe (0″.756) ist bereits berücksichtigt.

Scheinbare Sternörter 1956

Obere Kulmination Greenwich

Tag	542) α Apodis AR.		542) α Apodis Dekl.		547) 109 Virginis AR.		547) 109 Virginis Dekl.		548) α² Librae AR.		548) α² Librae Dekl.		549) Grb 2164 Draco AR.		549) Grb 2164 Draco Dekl.	
1956	14h 42m		−78° 51′		14h 44m		+2° 4′		14h 48m		−15° 51′		14h 50m		+59° 27′	
	s		″		s		″		s		″		s		″	
Jan. 1	17.38	131	23.99	54	1.615	309	32.45	198	26.778	325	36.31	147	17.995	448	61.19	250
11	18.69	137	23.45	2	1.924	319	30.47	188	27.103	334	37.78	155	18.443	484	58.69	197
21	20.06	137	23.47	58	2.243	319	28.59	170	27.437	335	39.33	158	18.927	501	56.72	136
31	21.43	136	24.05	111	2.562	311	26.89	147	27.772	326	40.91	154	19.428	503	55.36	71
Febr. 10	22.79	131	25.16	159	2.873	295	25.42	120	28.098	310	42.45	145	19.931	488	54.65	3
20	24.10	122	26.75	204	3.168	274	24.22	89	28.408	290	43.90	134	20.419	458	54.62	63
März 1	25.32	113	28.79	241	3.442	250	23.33	58	28.698	265	45.24	118	20.877	414	55.25	125
11	26.45	100	31.20	273	3.692	221	22.75	25	28.963	237	46.42	101	21.291	361	56.50	181
21	27.45	87	33.93	298	3.913	192	22.50	4	29.200	208	47.43	83	21.652	300	58.31	229
31	28.32	73	36.91	316	4.105	162	22.54	31	29.408	179	48.26	65	21.952	232	60.60	266
April 10	29.05	57	40.07	327	4.267	133	22.85	53	29.587	149	48.91	48	22.184	162	63.26	294
20	29.62	40	43.34	331	4.400	103	23.38	72	29.736	119	49.39	33	22.346	92	66.20	310
30	30.02	23	46.65	329	4.503	74	24.10	87	29.855	91	49.72	19	22.438	22	69.30	314
Mai 9	30.25	7	49.94	318	4.577	46	24.97	95	29.946	61	49.91	7	22.460	46	72.44	307
19	30.32	11	53.12	302	4.623	19	25.92	100	30.007	31	49.98	4	22.414	108	75.51	292
29	30.21	28	56.14	277	4.642	9	26.92	102	30.038	3	49.94	13	22.306	167	78.43	267
Juni 8	29.93	43	58.91	246	4.633	35	27.94	100	30.041	25	49.81	22	22.139	220	81.10	234
18	29.50	57	61.37	210	4.598	60	28.94	95	30.016	53	49.59	29	21.919	267	83.44	196
28	28.93	71	63.47	167	4.538	83	29.89	87	29.963	79	49.30	37	21.652	306	85.40	153
Juli 8	28.22	81	65.14	120	4.455	104	30.76	79	29.884	102	48.93	43	21.346	338	86.93	105
18	27.41	89	66.34	69	4.351	122	31.55	67	29.782	121	48.50	48	21.008	362	87.98	56
28	26.52	94	67.03	15	4.229	134	32.22	56	29.661	137	48.02	54	20.646	377	88.54	5
Aug. 7	25.58	96	67.18	39	4.095	143	32.78	42	29.524	147	47.48	57	20.269	382	88.59	46
17	24.62	94	66.79	94	3.952	144	33.20	26	29.377	149	46.91	59	19.887	377	88.13	96
27	23.68	89	65.85	145	3.808	138	33.46	11	29.228	143	46.32	60	19.510	361	87.17	146
Sept. 6	22.79	79	64.40	192	3.670	126	33.57	8	29.085	130	45.72	57	19.149	335	85.71	192
16	22.00	65	62.48	233	3.544	104	33.49	28	28.955	108	45.15	51	18.814	296	83.79	235
26	21.35	49	60.15	266	3.440	75	33.21	49	28.847	77	44.64	42	18.518	246	81.44	273
Okt. 6	20.86	30	57.49	289	3.365	39	32.72	72	28.770	38	44.22	28	18.272	187	78.71	308
16	20.56	8	54.60	300	3.326	4	32.00	95	28.732	7	43.94	12	18.085	117	75.63	336
26	20.48	14	51.60	301	3.330	51	31.05	119	28.739	56	43.82	8	17.968	40	72.27	357
Nov. 5	20.62	37	48.59	290	3.381	99	29.86	141	28.795	107	43.90	32	17.928	43	68.70	369
15	20.99	60	45.69	267	3.480	148	28.45	162	28.902	159	44.22	55	17.971	127	65.01	372
25	21.59	80	43.02	234	3.628	195	26.83	180	29.061	207	44.77	79	18.098	210	61.29	366
Dez. 5	22.39	98	40.68	193	3.823	235	25.03	193	29.268	249	45.56	102	18.308	289	57.63	347
15	23.37	114	38.75	144	4.058	270	23.10	199	29.517	284	46.58	123	18.597	359	54.16	319
25	24.51	125	37.31	89	4.328	295	21.11	201	29.801	310	47.81	139	18.956	418	50.97	280
35	25.76		36.42		4.623		19.10		30.111		49.20		19.374		48.17	
Mittl. Ort	17.81		37.32		1.296		37.91		26.369		36.33		19.166		79.83	
sec δ, tg δ	+5.176		− 5.078		+1.001		+ 0.036		+1.040		− 0.284		+1.969		+ 1.696	
a, *a′*	+7.5		−15.2		+3.0		−15.1		+3.3		−14.9		+1.5		−14.8	
b, *b′*	+0.26		+ 0.65		0.00		+ 0.66		+0.01		+ 0.67		−0.08		+ 0.68	

Scheinbare Sternörter 1956

Obere Kulmination Greenwich

Tag	550) β Ursae min. AR.		Dekl.		551) Pi 14ʰ 221 Boot AR.		Dekl.		552) β Lupi AR.		Dekl.		555) β Bootis AR.		Dekl.	
1956	$14^h\ 50^m$		$+74°\ 19'$		$14^h\ 54^m$		$+14°\ 37'$		$14^h\ 55^m$		$-42°\ 57'$		$15^h\ 0^m$		$+40°\ 33'$	
	s		″		s		″		s		″		s		″	
Jan. 1	45.32	74	47.22	234	8.634	304	14.27	226	38.759	407	21.54	47	16.847	337	32.80	262
11	46.06	81	44.88	175	8.938	317	12.01	203	39.166	420	22.01	81	17.184	359	30.18	218
21	46.87	85	43.13	112	9.255	321	9.98	173	39.586	423	22.82	111	17.543	369	28.00	168
31	47.72	87	42.01	44	9.576	315	8.25	137	40.009	415	23.93	137	17.912	369	26.32	111
Febr. 10	48.59	85	41.57	24	9.891	302	6.88	98	40.424	398	25.30	158	18.281	357	25.21	52
20	49.44	80	41.81	91	10.193	283	5.90	56	40.822	375	26.88	174	18.638	336	24.69	8
März 1	50.24	72	42.72	152	10.476	258	5.34	14	41.197	345	28.62	184	18.974	308	24.77	66
11	50.96	63	44.24	208	10.734	230	5.20	27	41.542	312	30.46	192	19.282	274	25.43	121
21	51.59	51	46.32	253	10.964	200	5.47	65	41.854	277	32.38	195	19.556	234	26.64	168
31	52.10	38	48.85	289	11.164	170	6.12	97	42.131	240	34.33	194	19.790	193	28.32	208
April 10	52.48	24	51.74	312	11.334	138	7.09	123	42.371	202	36.27	190	19.983	150	30.40	238
20	52.72	9	54.86	324	11.472	107	8.32	143	42.573	164	38.17	184	20.133	107	32.78	259
30	52.81	4	58.10	324	11.579	76	9.75	158	42.737	124	40.01	174	20.240	63	35.37	270
Mai 9	[4] 52.77	17	61.34	314	[5] 11.655	46	11.33	164	[6] 42.861	83	41.75	163	[7] 20.303	21	38.07	271
19	52.60	30	64.48	293	11.701	16	12.97	165	42.944	43	43.38	147	20.324	19	40.78	263
29	52.30	42	67.41	264	11.717	12	14.62	160	42.987	2	44.85	129	20.305	58	43.41	248
Juni 8	51.88	52	70.05	227	11.705	41	16.22	151	42.989	39	46.14	109	20.247	94	45.89	225
18	51.36	60	72.32	185	11.664	67	17.73	137	42.950	76	47.23	87	20.153	127	48.14	196
28	50.76	68	74.17	137	11.597	91	19.10	121	42.874	113	48.10	60	20.026	158	50.10	162
Juli 8	50.08	73	75.54	86	11.506	113	20.31	100	42.761	146	48.70	33	19.868	183	51.72	125
18	49.35	76	76.40	34	11.393	132	21.31	79	42.615	173	49.03	5	19.685	204	52.97	84
28	48.59	79	76.74	19	11.261	146	22.10	55	42.442	194	49.08	26	19.481	220	53.81	41
Aug. 7	47.80	80	76.55	72	11.115	155	22.65	30	42.248	207	48.82	55	19.261	228	54.22	2
17	47.00	77	75.83	124	10.960	158	22.95	3	42.041	211	48.27	83	19.033	231	54.20	47
27	46.23	73	74.59	173	10.802	154	22.98	24	41.830	203	47.44	109	18.802	224	53.73	90
Sept. 6	45.50	69	72.86	219	10.648	141	22.74	51	41.627	184	46.35	132	18.578	209	52.83	132
16	44.81	61	70.67	261	10.507	121	22.23	79	41.443	154	45.03	150	18.369	185	51.51	174
26	44.20	52	68.06	298	10.386	93	21.44	108	41.289	113	43.53	161	18.184	152	49.77	212
Okt. 6	43.68	41	65.08	330	10.293	57	20.36	136	41.176	63	41.92	165	18.032	110	47.65	246
16	43.27	29	61.78	354	10.236	15	19.00	162	41.113	4	40.27	163	17.922	61	45.19	278
26	42.98	16	58.24	370	10.221	32	17.38	187	41.109	61	38.64	152	17.861	6	42.41	303
Nov. 5	42.82	1	54.54	379	10.253	81	15.51	210	41.170	127	37.12	135	17.855	53	39.38	322
15	42.81	15	50.75	377	10.334	132	13.41	227	41.297	193	35.77	111	17.908	113	36.16	333
25	42.96	29	46.98	365	10.466	179	11.14	240	41.490	255	34.66	81	18.021	172	32.83	336
Dez. 5	43.25	43	43.33	343	10.645	223	8.74	246	41.745	309	33.85	47	18.193	228	29.47	328
15	43.68	57	39.90	308	10.868	260	6.28	244	42.054	353	33.38	11	18.421	276	26.19	311
25	44.25	67	36.82	265	11.128	288	3.84	234	42.407	388	33.27	25	18.697	316	23.08	283
35	44.92		34.17		11.416		1.50		42.795		33.52		19.013		20.25	
Mittl. Ort	48.63		67.21		8.490		23.01		38.350		28.84		17.229		47.57	
sec δ, tg δ	+3.704		+ 3.566		+1.033		+ 0.261		+1.366		− 0.931		+1.316		+ 0.856	
a, *a′*	−0.2		−14.7		+2.8		−14.5		+3.9		−14.4		+2.3		−14.2	
b, *b′*	−0.17		+ 0.68		−0.01		+ 0.69		+0.04		+ 0.69		−0.04		+ 0.71	

Scheinbare Sternörter 1956

Obere Kulmination Greenwich

Tag	556) σ Librae AR.		556) σ Librae Dekl.		557) ψ Bootis AR.		557) ψ Bootis Dekl.	
1956	15h 1m		−25° 6′		15h 2m		+27° 6′	
	s		″		s		″	
Jan. 1	29.701	338	34.43	108	33.434	308	53.91	249
11	30.039	350	35.51	124	33.742	326	51.42	216
21	30.389	352	36.75	136	34.068	333	49.26	176
31	30.741	346	38.11	144	34.401	331	47.50	129
Febr. 10	31.087	333	39.55	146	34.732	320	46.21	78
20	31.420	313	41.01	143	35.052	301	45.43	27
März 1	31.733	289	42.44	138	35.353	276	45.16	24
11	32.022	262	43.82	129	35.629	247	45.40	74
21	32.284	233	45.11	119	35.876	214	46.14	117
31	32.517	204	46.30	107	36.090	181	47.31	154
April 10	32.721	173	47.37	95	36.271	146	48.85	184
20	32.894	142	48.32	83	36.417	111	50.69	205
30	33.036	111	49.15	71	36.528	76	52.74	218
Mai 9*	[7] 33.147	80	49.86	60	[7] 36.604	42	54.92	224
19	33.227	48	50.46	47	36.646	8	57.16	221
29	33.275	15	50.93	36	36.654	25	59.37	211
Juni 8	33.290	16	51.29	23	36.629	55	61.48	196
18	33.274	48	51.52	11	36.574	85	63.44	174
28	33.226	78	51.63	2	36.489	112	65.18	149
Juli 8	33.148	104	51.61	15	36.377	135	66.67	119
18	33.044	128	51.46	29	36.242	156	67.86	88
28	32.916	146	51.17	43	36.086	171	68.74	54
Aug. 7	32.770	158	50.74	54	35.915	181	69.28	19
17	32.612	163	50.20	66	35.734	184	69.47	17
27	32.449	160	49.54	76	35.550	181	69.30	53
Sept. 6	32.289	147	48.78	82	35.369	168	68.77	89
16	32.142	125	47.96	85	35.201	148	67.88	125
26	32.017	93	47.11	83	35.053	119	66.63	159
Okt. 6	31.924	52	46.28	77	34.934	82	65.04	191
16	31.872	6	45.51	67	34.852	39	63.13	221
26	31.866	47	44.84	50	34.813	10	60.92	248
Nov. 5	31.913	102	44.34	30	34.823	63	58.44	268
15	32.015	156	44.04	7	34.886	116	55.76	284
25	32.171	208	43.97	19	35.002	168	52.92	292
Dez. 5	32.379	253	44.16	46	35.170	216	50.00	292
15	32.632	292	44.62	71	35.386	257	47.08	283
25	32.924	321	45.33	93	35.643	290	44.25	265
35	33.245		46.26		35.933		41.60	
Mittl. Ort	29.323		37.22		33.519		65.53	
sec δ, tg δ	+1.104		− 0.469		+1.124		+ 0.512	
a, *a′*	+3.5		−14.1		+2.6		−14.0	
b, *b′*	+0.02		+ 0.71		−0.02		+ 0.72	

Tag	558) ζ Lupi AR.		558) ζ Lupi Dekl.		563) δ Bootis AR.		563) δ Bootis Dekl.	
1956	15h 9m		−51° 55′		15h 13m		+33° 28′	
	s		″		s		″	
Jan. 1	6.888	459	50.62	1	43.349	312	28.11	263
11	7.347	481	50.61	38	43.661	333	25.48	225
21	7.828	488	50.99	76	43.994	344	23.23	181
31	8.316	483	51.75	110	44.338	345	21.42	130
Febr. 10	8.799	468	52.85	140	44.683	336	20.12	76
20	9.267	445	54.25	165	45.019	319	19.36	19
März 1	9.712	415	55.90	186	45.338	296	19.17	37
11	10.127	379	57.76	201	45.634	266	19.54	90
21	10.506	340	59.77	213	45.900	233	20.44	137
31	10.846	298	61.90	220	46.133	198	21.81	177
April 10	11.144	254	64.10	222	46.331	161	23.58	209
20	11.398	207	66.32	221	46.492	123	25.67	232
30	11.605	160	68.53	217	46.615	84	27.99	247
Mai 9*	[9] 11.765	111	70.70	207	[10] 46.699	47	30.46	252
19	11.876	60	72.77	194	46.746	9	32.98	248
29	11.936	10	74.71	177	46.755	26	35.46	237
Juni 8	11.946	41	76.48	156	46.729	61	37.83	219
18	11.905	89	78.04	131	46.668	93	40.02	196
28	11.816	135	79.35	102	46.575	123	41.98	167
Juli 8	11.681	177	80.37	71	46.452	150	43.65	133
18	11.504	212	81.08	36	46.302	173	44.98	98
28	11.292	239	81.44	0	46.129	190	45.96	60
Aug. 7	11.053	257	81.44	36	45.939	202	46.56	20
17	10.796	264	81.08	73	45.737	206	46.76	20
27	10.532	257	80.35	107	45.531	204	46.56	60
Sept. 6	10.275	237	79.28	138	45.327	193	45.96	101
16	10.038	204	77.90	165	45.134	172	44.95	139
26	9.834	158	76.25	185	44.962	144	43.56	177
Okt. 6	9.676	99	74.40	199	44.818	106	41.79	212
16	9.577	32	72.41	203	44.712	61	39.67	244
26	9.545	43	70.38	198	44.651	11	37.23	271
Nov. 5	9.588	121	68.40	187	44.640	44	34.52	292
15	9.709	199	66.53	166	44.684	100	31.60	308
25	9.908	272	64.87	137	44.784	156	28.52	315
Dez. 5	10.180	337	63.50	105	44.940	207	25.37	313
15	10.517	392	62.45	67	45.147	253	22.24	302
25	10.909	435	61.78	26	45.400	290	19.22	280
35	11.344		61.52		45.690		16.42	
Mittl. Ort	6.612		59.69		43.633		40.56	
sec δ, tg δ	+1.622		− 1.277		+1.199		+ 0.661	
a, *a′*	+4.3		−13.6		+2.4		−13.3	
b, *b′*	+0.06		+ 0.73		−0.03		+ 0.75	

* Bei Stern 563) lies Mai 10.

Scheinbare Sternörter 1956

Obere Kulmination Greenwich

Tag	565) ι H. Ursae min.				564) β Librae				560) γ Triang. austr.				566) φ¹ Lupi			
	AR.		Dekl.		AR.		Dekl.		AR.		Dekl.		AR.		Dekl.	
1956	$15^h\ 14^m$		+67° 30′		$15^h\ 14^m$		−9° 13′		$15^h\ 14^m$		−68° 30′		$15^h\ 19^m$		−36° 6′	
	s		″		s		″		s		″		s		″	
Jan. 1	5.06	52	31.16	267	38.359	304	19.96	156	46.13	71	56.63	68	0.631	363	5.84	50
11	5.58	58	28.49	214	38.663	317	21.52	158	46.84	75	55.95	19	0.994	380	6.34	77
21	6.16	62	26.35	153	38.980	323	23.10	152	47.59	77	55.76	29	1.374	387	7.11	99
31	6.78	63	24.82	87	39.303	320	24.62	143	48.36	77	56.05	76	1.761	384	8.10	119
Febr. 10	7.41	63	23.95	19	39.623	309	26.05	128	49.13	75	56.81	120	2.145	372	9.29	132
20	8.04	60	23.76	49	39.932	293	27.33	109	49.88	72	58.01	159	2.517	355	10.61	143
März 1	8.64	56	24.25	114	40.225	272	28.42	87	50.60	67	59.60	194	2.872	333	12.04	149
11	9.20	50	25.39	174	40.497	248	29.29	65	51.27	62	61.54	223	3.205	305	13.53	151
21	9.70	42	27.13	224	40.745	222	29.94	43	51.89	56	63.77	247	3.510	276	15.04	151
31	10.12	34	29.37	267	40.967	196	30.37	21	52.45	48	66.24	265	3.786	246	16.55	149
April 10	10.46	25	32.04	298	41.163	168	30.58	3	52.93	41	68.89	278	4.032	212	18.04	143
20	10.71	15	35.02	316	41.331	141	30.61	14	53.34	33	71.67	284	4.244	179	19.47	137
30	10.86	5	38.18	325	41.472	111	30.47	28	53.67	25	74.51	285	4.423	144	20.84	129
Mai 10	10.91	4	41.43	322	(10) 41.583	82	30.19	38	(10) 53.92	16	77.36	280	(12) 4.567	107	22.13	120
19	(10) 10.87	12	44.65	309	41.665	53	29.81	46	54.08	6	80.16	270	4.674	70	23.33	109
29	10.75	22	47.74	286	41.718	23	29.35	52	54.14	2	82.86	252	4.744	33	24.42	96
Juni 8	10.53	29	50.60	255	41.741	7	28.83	55	54.12	11	85.38	228	4.777	6	25.38	81
18	10.24	36	53.15	217	41.734	35	28.28	57	54.01	20	87.66	200	4.771	44	26.19	65
28	9.88	42	55.32	175	41.699	64	27.71	58	53.81	27	89.66	165	4.727	79	26.84	47
Juli 8	9.46	47	57.07	127	41.635	91	27.13	57	53.54	34	91.31	126	4.648	113	27.31	26
18	8.99	51	58.34	76	41.544	113	26.56	56	53.20	41	92.57	82	4.535	143	27.57	5
28	8.48	53	59.10	25	41.431	132	26.00	54	52.79	45	93.39	37	4.392	166	27.62	18
Aug. 7	7.95	55	59.35	28	41.299	145	25.46	50	52.34	47	93.76	12	4.226	183	27.44	40
17	7.40	55	59.07	80	41.154	152	24.96	46	51.87	49	93.64	61	4.043	192	27.04	63
27	6.85	53	58.27	130	41.002	151	24.50	39	51.38	47	93.03	108	3.851	190	26.41	82
Sept. 6	6.32	50	56.97	180	40.851	142	24.11	31	50.91	43	91.95	152	3.661	178	25.59	100
16	5.82	46	55.17	225	40.709	123	23.80	22	50.48	38	90.43	192	3.483	156	24.59	115
26	5.36	40	52.92	267	40.586	97	23.58	9	50.10	31	88.51	225	3.327	122	23.44	123
Okt. 6	4.96	32	50.25	303	40.489	63	23.49	7	49.79	21	86.26	249	3.205	79	22.21	127
16	4.64	24	47.22	334	40.426	20	23.56	24	49.58	10	83.77	264	3.126	28	20.94	125
26	4.40	15	43.88	358	40.406	27	23.80	45	49.48	3	81.13	269	3.098	30	19.69	116
Nov. 5	4.25	4	40.30	372	40.433	76	24.25	65	49.51	15	78.44	263	3.128	91	18.53	100
15	4.21	7	36.58	379	40.509	128	24.90	87	49.66	27	75.81	247	3.219	152	17.53	80
25	4.28	18	32.79	374	40.637	176	25.77	108	49.93	39	73.34	220	3.371	210	16.73	55
Dez. 5	4.46	29	29.05	359	40.813	220	26.85	127	50.32	50	71.14	187	3.581	263	16.18	27
15	4.75	38	25.46	333	41.033	257	28.12	141	50.82	59	69.27	145	3.844	307	15.91	2
25	5.13	47	22.13	295	41.290	287	29.53	152	51.41	67	67.82	99	4.151	342	15.93	33
35	5.60		19.18		41.577		31.05		52.08		66.83		4.493		16.26	
Mittl. Ort	7.38		48.82		38.106		18.56		46.28		68.23		0.334		11.43	
sec δ, tg δ	+2.615		+ 2.416		+1.013		− 0.162		+2.731		− 2.541		+1.238		− 0.729	
a, a′	+0.7		−13.3		+3.2		−13.2		+5.6		−13.2		+3.8		−12.9	
b, b′	−0.11		+ 0.75		+0.01		+ 0.75		+0.11		+ 0.75		+0.03		+ 0.76	

Scheinbare Sternörter 1956

Obere Kulmination Greenwich

Tag	569) γ Ursae min. AR.		Dekl.		568) μ Bootis *pr* AR.		Dekl.		571) ι Draconis AR.		Dekl.		572) β Coronae bor. AR.		Dekl.	
1956	15h 20m		+71° 58′		15h 22m		+37° 31′		15h 23m		+59° 6′		15h 26m		+29° 15′	
	s		″		s		″		s		″		s		″	
Jan. 1	43.54	60	68.72	267	49.158	312	37.08	271	55.267	406	54.47	280	0.532	296	12.00	261
11	44.14	67	66.05	214	49.470	337	34.37	233	55.673	450	51.67	231	0.828	318	9.39	228
21	44.81	73	63.91	153	49.807	351	32.04	186	56.123	480	49.36	174	1.146	330	7.11	187
31	45.54	76	62.38	87	50.158	355	30.18	133	56.603	493	47.62	110	1.476	333	5.24	141
Febr. 10	46.30	76	61.51	19	50.513	349	28.85	75	57.096	490	46.52	44	1.809	327	3.83	89
20	47.06	74	61.32	49	50.862	334	28.10	16	57.586	472	46.08	24	2.136	313	2.94	35
März 1	47.80	68	61.81	115	51.196	311	27.94	42	58.058	441	46.32	90	2.449	292	2.59	19
11	48.48	61	62.96	174	51.507	282	28.36	97	58.499	397	47.22	150	2.741	266	2.78	70
21	49.09	52	64.70	226	51.789	248	29.33	147	58.896	344	48.72	203	3.007	236	3.48	117
31	49.61	42	66.96	269	52.037	211	30.80	189	59.240	285	50.75	248	3.243	204	4.65	158
April 10	50.03	30	69.65	299	52.248	173	32.69	224	59.525	220	53.23	282	3.447	171	6.23	191
20	50.33	19	72.64	320	52.421	133	34.93	248	59.745	152	56.05	305	3.618	135	8.14	216
30	50.52	6	75.84	329	52.554	92	37.41	263	59.897	82	59.10	318	3.753	100	10.30	232
Mai 10	[12] 50.58	5	79.13	325	[12] 52.646	52	40.04	269	[13] 59.979	15	62.28	319	[13] 3.853	63	12.62	239
19	50.53	17	82.38	313	52.698	12	42.73	266	59.994	51	65.47	311	3.916	28	15.01	239
29	50.36	28	85.51	291	52.710	28	45.39	254	59.943	115	68.58	292	3.944	7	17.40	231
Juni 8	50.08	37	88.42	260	52.682	64	47.93	236	59.828	173	71.50	265	3.937	40	19.71	217
18	49.71	47	91.02	222	52.618	100	50.29	211	59.655	228	74.15	232	3.897	74	21.88	195
28	49.24	54	93.24	179	52.518	133	52.40	180	59.427	276	76.47	192	3.823	105	23.83	170
Juli 8	48.70	60	95.03	131	52.385	162	54.20	145	59.151	316	78.39	148	3.718	133	25.53	141
18	48.10	65	96.34	82	52.223	186	55.65	108	58.835	350	79.87	100	3.585	157	26.94	107
28	47.45	68	97.16	29	52.037	206	56.73	67	58.485	374	80.87	51	3.428	176	28.01	73
Aug. 7	46.77	70	97.45	24	51.831	219	57.40	25	58.111	390	81.38	1	3.252	190	28.74	36
17	46.07	70	97.21	76	51.612	226	57.65	18	57.721	394	81.37	51	3.062	197	29.10	2
27	45.37	69	96.45	128	51.386	224	57.47	60	57.327	388	80.86	102	2.865	197	29.08	40
Sept. 6	44.68	65	95.17	176	51.162	214	56.87	103	56.939	370	79.84	152	2.668	189	28.68	78
16	44.03	60	93.41	222	50.948	193	55.84	145	56.569	339	78.32	197	2.479	171	27.90	116
26	43.43	52	91.19	264	50.755	165	54.39	184	56.230	297	76.35	241	2.308	145	26.74	153
Okt. 6	42.91	44	88.55	301	50.590	127	52.55	220	55.933	243	73.94	280	2.163	109	25.21	187
16	42.47	34	85.54	331	50.463	82	50.35	254	55.690	178	71.14	313	2.054	68	23.34	219
26	42.13	22	82.23	355	50.381	29	47.81	282	55.512	105	68.01	340	1.986	19	21.15	248
Nov. 5	41.91	10	78.68	371	50.352	27	44.99	304	55.407	24	64.61	360	1.967	34	18.67	271
15	41.81	4	74.97	377	50.379	85	41.95	320	55.383	60	61.01	370	2.001	88	15.96	288
25	41.85	17	71.20	373	50.464	144	38.75	327	55.443	145	57.31	370	2.089	142	13.08	299
Dez. 5	42.02	30	67.47	358	50.608	199	35.48	325	55.588	228	53.61	360	2.231	193	10.09	300
15	42.32	43	63.89	331	50.807	247	32.23	313	55.816	303	50.01	339	2.424	237	7.09	293
25	42.75	54	60.58	295	51.054	289	29.10	289	56.119	369	46.62	306	2.661	275	4.16	275
35	43.29		57.63		51.343		26.21		56.488		43.56		2.936		1.41	
Mittl. Ort	46.81		86.14		49.600		49.78		56.764		70.50		0.791		22.79	
sec δ, tg δ	+3.234		+ 3.076		+1.261		+ 0.768		+1.948		+ 1.672		+1.146		+ 0.560	
a, *a′*	−0.1		−12.8		+2.3		−12.7		+1.3		−12.6		+2.5		−12.5	
b, *b′*	−0.13		+ 0.77		−0.03		+ 0.77		−0.07		+ 0.78		−0.02		+ 0.78	

Scheinbare Sternörter 1956

Obere Kulmination Greenwich

Tag	573) ν^1 Bootis AR.		573) ν^1 Bootis Dekl.		578) α Coronae bor. AR.		578) α Coronae bor. Dekl.		577) γ Librae AR.		577) γ Librae Dekl.		1410) 115 G. Lupi AR.		1410) 115 G. Lupi Dekl.	
1956	$15^h 29^m$		+40° 58′		$15^h 32^m$		+26° 51′		$15^h 33^m$		−14° 38′		$15^h 33^m$		−44° 14′	
	s		″		s		″		s		″		s		″	
Jan. 1	20.228	315	42.94	278	49.149	289	32.26	259	3.815	301	38.87	128	10.838	392	55.53	3
11	20.543	343	40.16	239	49.438	312	29.67	228	4.116	318	40.15	133	11.230	414	55.56	34
21	20.886	361	37.77	190	49.750	324	27.39	190	4.434	327	41.48	135	11.644	426	55.90	64
31	21.247	367	35.87	135	50.074	328	25.49	146	4.761	326	42.83	130	12.070	426	56.54	91
Febr. 10	21.614	362	34.52	76	50.402	323	24.03	97	5.087	319	44.13	122	12.496	418	57.45	114
20	21.976	348	33.76	15	50.725	310	23.06	44	5.406	306	45.35	109	12.914	402	58.59	132
März 1	22.324	326	33.61	45	51.035	291	22.62	9	5.712	287	46.44	93	13.316	380	59.91	147
11	22.650	297	34.06	102	51.326	267	22.71	59	5.999	266	47.37	76	13.696	353	61.38	159
21	22.947	263	35.08	154	51.593	239	23.30	106	6.265	242	48.13	58	14.049	323	62.97	166
31	23.210	225	36.62	198	51.832	209	24.36	146	6.507	217	48.71	42	14.372	289	64.63	170
April 10	23.435	184	38.60	233	52.041	176	25.82	180	6.724	191	49.13	25	14.661	254	66.33	172
20	23.619	142	40.93	260	52.217	143	27.62	205	6.915	163	49.38	11	14.915	217	68.05	171
30	23.761	99	43.53	275	52.360	109	29.67	222	7.078	134	49.49	1	15.132	177	69.76	168
Mai 10	23.860	56	46.28	281	52.469	74	31.89	231	7.212	104	49.48	11	15.309	135	71.44	161
19	[14] 23.916	13	49.09	279	[15] 52.543	38	34.20	232	[15] 7.316	74	49.37	19	[15] 15.444	93	73.05	153
29	23.929	29	51.88	267	52.581	4	36.52	225	7.390	42	49.18	26	15.537	48	74.58	140
Juni 8	23.900	69	54.55	247	52.585	30	38.77	213	7.432	11	48.92	30	15.585	3	75.98	125
18	23.831	107	57.02	222	52.555	63	40.90	193	7.443	22	48.62	34	15.588	42	77.23	107
28	23.724	142	59.24	190	52.492	94	42.83	170	7.421	52	48.28	37	15.546	84	78.30	86
Juli 8	23.582	173	61.14	153	52.398	122	44.53	142	7.369	82	47.91	40	15.462	125	79.16	62
18	23.409	200	62.67	115	52.276	148	45.95	111	7.287	108	47.51	43	15.337	161	79.78	36
28	23.209	221	63.82	72	52.128	168	47.06	78	7.179	131	47.08	45	15.176	190	80.14	7
Aug. 7	22.988	236	64.54	28	51.960	183	47.84	42	7.048	148	46.63	46	14.986	212	80.21	21
17	22.752	244	64.82	17	51.777	192	48.26	7	6.900	157	46.17	47	14.774	224	80.00	51
27	22.508	242	64.65	61	51.585	192	48.33	30	6.743	159	45.70	46	14.550	225	79.49	80
Sept. 6	22.266	232	64.04	106	51.393	186	48.03	68	6.584	153	45.24	44	14.325	213	78.69	105
16	22.034	213	62.98	149	51.207	169	47.35	104	6.431	137	44.80	39	14.112	191	77.64	128
26	21.821	184	61.49	190	51.038	144	46.31	139	6.294	112	44.41	32	13.921	155	76.36	145
Okt. 6	21.637	145	59.59	227	50.894	111	44.92	174	6.182	77	44.09	21	13.766	108	74.91	157
16	21.492	98	57.32	262	50.783	70	43.18	206	6.105	36	43.88	7	13.658	53	73.34	162
26	21.394	45	54.70	292	50.713	22	41.12	235	6.069	11	43.81	9	13.605	11	71.72	159
Nov. 5	21.349	13	51.78	314	50.691	30	38.77	259	6.080	62	43.90	27	13.616	79	70.13	150
15	21.362	74	48.64	330	50.721	83	36.18	277	6.142	114	44.17	48	13.695	148	68.63	133
25	21.436	135	45.34	337	50.804	136	33.41	288	6.256	164	44.65	69	13.843	213	67.30	110
Dez. 5	21.571	193	41.97	334	50.940	186	30.53	293	6.420	211	45.34	89	14.056	273	66.20	82
15	21.764	246	38.63	322	51.126	230	27.60	287	6.631	250	46.23	106	14.329	325	65.38	51
25	22.010	289	35.41	298	51.356	268	24.73	272	6.881	282	47.29	120	14.654	367	64.87	18
35	22.299		32.43		51.624		22.01		7.163		48.49		15.021		64.69	
Mittl. Ort	20.817		55.85		49.395		42.12		3.615		39.25		10.645		62.78	
sec δ, tg δ	+1.325		+ 0.869		+1.121		+ 0.506		+1.034		− 0.261		+1.396		− 0.974	
a, *a′*	+2.2		−12.2		+2.5		−12.0		+3.4		−12.0		+4.1		−12.0	
b, *b′*	−0.04		+ 0.79		−0.02		+ 0.80		+0.01		+ 0.80		+0.04		+ 0.80	

Obere Kulmination Greenwich

Tag	582) α Serpentis AR.		582) α Serpentis Dekl.		583) β Serpentis AR.		583) β Serpentis Dekl.		590) ζ Ursae min. AR.		590) ζ Ursae min. Dekl.		584) κ Serpentis AR.		584) κ Serpentis Dekl.	
1956	15h 42m		+6° 33′		15h 44m		+15° 33′		15h 45m		+77° 55′		15h 46m		+18° 16′	
	s		″		s		″		s		″		s		″	
Jan. 1	5.901	277	41.38	203	9.185	275	23.14	233	29.07	75	35.12	280	45.272	273	27.41	241
11	6.178	297	39.35	191	9.460	296	20.81	212	29.82	88	32.32	231	45.545	296	25.00	218
21	6.475	307	37.44	171	9.756	308	18.69	184	30.70	99	30.01	174	45.841	309	22.82	188
31	6.782	310	35.73	145	10.064	313	16.85	149	31.69	106	28.27	110	46.150	314	20.94	152
Febr. 10	7.092	305	34.28	114	10.377	309	15.36	110	32.75	108	27.17	43	46.464	311	19.42	109
20	7.397	294	33.14	79	10.686	298	14.26	67	33.83	107	26.74	25	46.775	301	18.33	64
März 1	7.691	278	32.35	42	10.984	281	13.59	23	34.90	102	26.99	92	47.076	284	17.69	17
11	7.969	257	31.93	6	11.265	262	13.36	21	35.92	94	27.91	153	47.360	265	17.52	28
21	8.226	235	31.87	28	11.527	238	13.57	62	36.86	82	29.44	207	47.625	241	17.80	71
31	8.461	210	32.15	60	11.765	211	14.19	98	37.68	67	31.51	254	47.866	214	18.51	109
April 10	8.671	183	32.75	86	11.976	184	15.17	129	38.35	52	34.05	289	48.080	187	19.60	142
20	8.854	156	33.61	108	12.160	155	16.46	154	38.87	34	36.94	313	48.267	156	21.02	166
30	9.010	127	34.69	125	12.315	125	18.00	172	39.21	16	40.07	327	48.423	125	22.68	185
Mai 10	9.137	98	35.94	136	12.440	93	19.72	182	39.37	2	43.34	329	48.548	94	24.53	196
19	17 9.235	67	37.30	141	18 12.533	61	21.54	187	18 39.35	20	46.63	321	19 48.642	61	26.49	200
29	9.302	37	38.71	141	12.594	29	23.41	184	39.15	37	49.84	302	48.703	29	28.49	198
Juni 8	9.339	5	40.12	137	12.623	3	25.25	177	38.78	53	52.86	276	48.732	5	30.47	189
18	9.344	27	41.49	130	12.620	35	27.02	164	38.25	67	55.62	242	48.727	38	32.36	175
28	9.317	56	42.79	118	12.585	66	28.66	148	37.58	79	58.04	202	48.689	69	34.11	157
Juli 8	9.261	85	43.97	105	12.519	95	30.14	128	36.79	90	60.06	157	48.620	98	35.68	135
18	9.176	110	45.02	90	12.424	121	31.42	106	35.89	98	61.63	108	48.522	125	37.03	111
28	9.066	133	45.92	72	12.303	143	32.48	81	34.91	105	62.71	58	48.397	147	38.14	84
Aug. 7	8.933	149	46.64	53	12.160	160	33.29	54	33.86	109	63.29	5	48.250	165	38.98	56
17	8.784	160	47.17	33	12.000	170	33.83	26	32.77	110	63.34	47	48.085	175	39.54	25
27	8.624	163	47.50	13	11.830	174	34.09	2	31.67	108	62.87	98	47.910	180	39.79	5
Sept. 6	8.461	159	47.63	10	11.656	170	34.07	31	30.59	105	61.89	148	47.730	175	39.74	37
16	8.302	144	47.53	32	11.486	156	33.76	61	29.54	98	60.41	195	47.555	161	39.37	68
26	8.158	122	47.21	56	11.330	133	33.15	91	28.56	90	58.46	238	47.394	139	38.69	100
Okt. 6	8.036	92	46.65	81	11.197	102	32.24	121	27.66	79	56.08	278	47.255	109	37.69	131
16	7.944	53	45.84	105	11.095	64	31.03	149	26.87	64	53.30	312	47.146	70	36.38	161
26	7.891	9	44.79	129	11.031	20	29.54	176	26.23	48	50.18	338	47.076	25	34.77	188
Nov. 5	7.882	39	43.50	152	11.011	29	27.78	200	25.75	31	46.80	358	47.051	23	32.89	214
15	7.921	89	41.98	173	11.040	80	25.78	221	25.44	12	43.22	369	47.074	75	30.75	234
25	8.010	138	40.25	189	11.120	130	23.57	236	25.32	9	39.53	369	47.149	126	28.41	249
Dez. 5	8.148	184	38.36	202	11.250	177	21.21	245	25.41	28	35.84	360	47.275	173	25.92	257
15	8.332	224	36.34	208	11.427	220	18.76	247	25.69	47	32.24	338	47.448	216	23.35	257
25	8.556	258	34.26	207	11.647	254	16.29	240	26.16	65	28.86	305	47.664	253	20.78	249
35	8.814		32.19		11.901		13.89		26.81		25.81		47.917		18.29	
Mittl. Ort	5.892		46.08		9.294		29.86		35.05		50.55		45.432		34.61	
sec δ, tg δ	+1.007		+ 0.115		+1.038		+ 0.278		+4.783		+ 4.677		+1.053		+ 0.330	
a, *a′*	+2.9		−11.3		+2.8		−11.2		−2.1		−11.1		+2.7		−11.0	
b, *b′*	0.00		+ 0.82		−0.01		+ 0.83		−0.17		+ 0.83		−0.01		+ 0.84	

Scheinbare Sternörter 1956

Obere Kulmination Greenwich

Tag	585) μ Serpentis AR.		Dekl.		588) ε Serpentis AR.		Dekl.		589) β Triang. austr. AR.		Dekl.		593) ε Coronae bor. AR.		Dekl.	
1956	15h 47m		−3° 17′		15h 48m		+4° 36′		15h 51m		−63° 17′		15h 55m		+26° 59′	
	s		″		s		″		s		″		s		″	
Jan. 1	19.322	279	51.19	166	37.198	274	28.02	196	14.44	56	38.99	96	45.467	271	66.37	265
11	19.601	298	52.85	163	37.472	294	26.06	185	15.00	60	38.03	53	45.738	298	63.72	237
21	19.899	310	54.48	152	37.766	306	24.21	167	15.60	63	37.50	11	46.036	315	61.35	201
31	20.209	312	56.00	137	38.072	309	22.54	143	16.23	64	37.39	32	46.351	323	59.34	157
Febr. 10	20.521	307	57.37	115	38.381	305	21.11	114	16.87	63	37.71	71	46.674	322	57.77	109
20	20.828	297	58.52	91	38.686	295	19.97	82	17.50	62	38.42	108	46.996	314	56.68	56
März 1	21.125	282	59.43	64	38.981	280	19.15	47	18.12	60	39.50	140	47.310	300	56.12	3
11	21.407	262	60.07	36	39.261	261	18.68	12	18.72	56	40.90	170	47.610	279	56.09	49
21	21.669	241	60.43	9	39.522	239	18.56	21	19.28	52	42.60	194	47.889	255	56.58	98
31	21.910	217	60.52	16	39.761	215	18.77	52	19.80	47	44.54	215	48.144	228	57.56	140
April 10	22.127	193	60.36	38	39.976	190	19.29	78	20.27	42	46.69	230	48.372	197	58.96	177
20	22.320	166	59.98	57	40.166	162	20.07	100	20.69	35	48.99	241	48.569	165	60.73	205
30	22.486	138	59.41	71	40.328	135	21.07	115	21.04	29	51.40	248	48.734	132	62.78	225
Mai 10	22.624	109	58.70	82	40.463	105	22.22	127	21.33	22	53.88	249	48.866	97	65.03	237
19*	(19) 22.733	79	57.88	88	(19) 40.568	75	23.49	132	(20) 21.55	15	56.37	245	(21) 48.963	61	67.40	240
29	22.812	48	57.00	91	40.643	43	24.81	134	21.70	7	58.82	235	49.024	26	69.80	236
Juni 8	22.860	17	56.09	91	40.686	12	26.15	130	21.77	0	61.17	221	49.050	11	72.16	226
18	22.877	15	55.18	88	40.698	19	27.45	124	21.77	8	63.38	200	49.039	46	74.42	208
28	22.862	47	54.30	84	40.679	51	28.69	114	21.69	15	65.38	174	48.993	80	76.50	186
Juli 8	22.815	76	53.46	77	40.628	80	29.83	101	21.54	23	67.12	142	48.913	112	78.36	159
18	22.739	103	52.69	69	40.548	106	30.84	88	21.31	28	68.54	106	48.801	140	79.95	130
28	22.636	126	52.00	61	40.442	130	31.72	72	21.03	32	69.60	67	48.661	165	81.25	96
Aug. 7	22.510	144	51.39	51	40.312	147	32.44	55	20.71	37	70.27	24	48.496	184	82.21	61
17	22.366	156	50.88	40	40.165	159	32.99	36	20.34	39	70.51	21	48.312	196	82.82	25
27	22.210	160	50.48	28	40.006	164	33.35	17	19.95	40	70.30	64	48.116	201	83.07	13
Sept. 6	22.050	157	50.20	15	39.842	159	33.52	3	19.55	38	69.66	107	47.915	197	82.94	50
16	21.893	143	50.05	1	39.683	147	33.49	24	19.17	34	68.59	148	47.718	184	82.44	88
26	21.750	121	50.04	16	39.536	126	33.25	46	18.83	29	67.11	183	47.534	163	81.56	125
Okt. 6	21.629	91	50.20	33	39.410	95	32.79	70	18.54	23	65.28	210	47.371	132	80.31	160
16	21.538	52	50.53	53	39.315	57	32.09	93	18.31	15	63.18	231	47.239	93	78.71	194
26	21.486	8	51.06	73	39.258	14	31.16	117	18.16	5	60.87	242	47.146	47	76.77	224
Nov. 5	21.478	41	51.79	93	39.244	34	29.99	139	18.11	6	58.45	244	47.099	4	74.53	251
15	21.519	91	52.72	114	39.278	84	28.60	160	18.17	16	56.01	235	47.103	57	72.02	271
25	21.610	140	53.86	133	39.362	133	27.00	177	18.33	26	53.66	218	47.160	110	69.31	286
Dez. 5	21.750	186	55.19	148	39.495	179	25.23	190	18.59	36	51.48	192	47.270	162	66.45	292
15	21.936	226	56.67	159	39.674	220	23.33	197	18.95	44	49.56	160	47.432	208	63.53	289
25	22.162	259	58.26	165	39.894	254	21.36	199	19.39	51	47.96	121	47.640	248	60.64	277
35	22.421		59.91		40.148		19.37		19.90		46.75		47.888		57.87	
Mittl. Ort	19.246		49.05		37.196		32.00		14.70		49.00		45.826		74.87	
sec δ, tg δ	+1.002		−0.058		+1.003		+0.081		+2.225		−1.988		+1.122		+0.510	
a, *a′*	+3.1		−11.0		+3.0		−10.9		+5.3		−10.7		+2.5		−10.3	
b, *b′*	0.00		+0.84		0.00		+0.84		+0.07		+0.85		−0.02		+0.86	

* Bei Stern 589) und 593) lies Mai 20.

Scheinbare Sternörter 1956

Obere Kulmination Greenwich

Tag	594) δ Scorpii AR.		594) δ Scorpii Dekl.		598) ϑ Draconis AR.		598) ϑ Draconis Dekl.		597) β Scorpii pr AR.		597) β Scorpii pr Dekl.		603) δ Ophiuchi AR.		603) δ Ophiuchi Dekl.	
1956	15h 57m		−22° 29′		16h 1m		+58° 40′		16h 2m		−19° 41′		16h 12m		−3° 34′	
	s		″		s		″		s		″		s		″	
Jan. 1	43.742	300	50.45	78	1.803	350	43.21	306	52.547	291	9.67	88	2.182	263	58.40	157
11	44.042	321	51.23	91	2.153	404	40.15	264	52.838	313	10.55	98	2.445	286	59.97	154
21	44.363	334	52.14	100	2.557	445	37.51	211	53.151	326	11.53	104	2.731	300	61.51	145
31	44.697	338	53.14	103	3.002	470	35.40	151	53.477	331	12.57	105	3.031	307	62.96	130
Febr. 10	45.035	335	54.17	104	3.472	481	33.89	86	53.808	329	13.62	102	3.338	307	64.26	109
20	45.370	326	55.21	100	3.953	476	33.03	19	54.137	320	14.64	96	3.645	301	65.35	86
März 1	45.696	311	56.21	93	4.429	457	32.84	— 49	54.457	307	15.60	86	3.946	289	66.21	59
11	46.007	293	57.14	85	4.886	426	33.33	113	54.764	290	16.46	74	4.235	274	66.80	31
21	46.300	271	57.99	74	5.312	384	34.46	172	55.054	270	17.20	61	4.509	256	67.11	4
31	46.571	249	58.73	63	5.696	334	36.18	222	55.324	247	17.81	49	4.765	235	67.15	— 20
April 10	46.820	223	59.36	54	6.030	276	38.40	265	55.571	223	18.30	37	5.000	213	66.95	43
20	47.043	196	59.90	44	6.306	213	41.05	296	55.794	197	18.67	27	5.213	187	66.52	62
30	47.239	167	60.34	36	6.519	148	44.01	317	55.991	168	18.94	18	5.400	161	65.90	76
Mai 10	47.406	136	60.70	29	6.667	80	47.18	326	56.159	139	19.12	10	5.561	133	65.14	86
20	47.542	104	60.99	22	6.747	12	50.44	326	56.298	106	19.22	3	5.694	102	64.28	94
29	[21] 47.646	69	61.21	15	[22] 6.759	— 54	53.70	315	[23] 56.404	73	19.25	— 1	[25] 5.796	71	63.34	96
Juni 8	47.715	34	61.36	10	6.705	119	56.85	295	56.477	38	19.24	6	5.867	38	62.38	95
18	47.749	— 1	61.46	4	6.586	178	59.80	268	56.515	3	19.18	10	5.905	4	61.43	92
28	47.748	37	61.50	— 1	6.408	234	62.48	234	56.518	— 33	19.08	15	5.909	— 30	60.51	87
Juli 8	47.711	72	61.49	9	6.174	285	64.82	193	56.485	67	18.93	19	5.879	62	59.64	80
18	47.639	103	61.40	16	5.889	327	66.75	150	56.418	98	18.74	23	5.817	92	58.84	71
28	47.536	130	61.24	24	5.562	361	68.25	102	56.320	126	18.51	29	5.725	119	58.13	63
Aug. 7	47.406	152	61.00	32	5.201	387	69.27	52	56.194	148	18.22	33	5.606	141	57.50	52
17	47.254	167	60.68	40	4.814	403	69.79	1	56.046	163	17.89	39	5.465	157	56.98	41
27	47.087	173	60.28	47	4.411	406	69.80	— 50	55.883	171	17.50	43	5.308	165	56.57	29
Sept. 6	46.914	170	59.81	53	4.005	398	69.30	101	55.712	169	17.07	46	5.143	165	56.28	17
16	46.744	157	59.28	56	3.607	377	68.29	151	55.543	156	16.61	47	4.978	155	56.11	2
26	46.587	134	58.72	57	3.230	344	66.78	197	55.387	135	16.14	46	4.823	136	56.09	— 13
Okt. 6	46.453	101	58.15	55	2.886	297	64.81	241	55.252	104	15.68	41	4.687	109	56.22	29
16	46.352	60	57.60	49	2.589	240	62.40	280	55.148	63	15.27	34	4.578	73	56.51	47
26	46.292	12	57.11	38	2.349	171	59.60	314	55.085	17	14.93	22	4.505	30	56.98	67
Nov. 5	46.280	— 41	56.73	25	2.178	95	56.46	340	55.068	— 34	14.71	8	4.475	— 18	57.65	87
15	46.321	95	56.48	7	2.083	12	53.06	359	55.102	88	14.63	— 8	4.493	67	58.52	106
25	46.416	148	56.41	— 12	2.071	— 72	49.47	367	55.190	140	14.71	27	4.560	116	59.58	123
Dez. 5	46.564	198	56.53	30	2.143	157	45.80	365	55.330	189	14.98	46	4.676	164	60.81	139
15	46.762	242	56.83	50	2.300	236	42.15	353	55.519	233	15.44	63	4.840	206	62.20	150
25	47.004	278	57.33	69	2.536	309	38.62	327	55.752	269	16.07	81	5.046	241	63.70	156
35	47.282		58.02		2.845		35.35		56.021		16.88		5.287		65.26	
Mittl. Ort	43.618		52.95		3.585		55.98		52.449		11.59		2.196		57.00	
sec δ, tg δ	+1.082		− 0.414		+1.924		+1.644		+1.062		−0.358		+1.002		−0.063	
a, a′	+3.5		−10.2		+1.2		−9.9		+3.5		−9.8		+3.1		−9.1	
b, b′	+0.01		+ 0.86		−0.05		+0.87		+0.01		+0.87		0.00		+0.89	

Scheinbare Sternörter 1956

Obere Kulmination Greenwich

Tag	606) 19 Ursae min.				605) ε Ophiuchi				604) γ^2 Normae				608) τ Herculis			
	AR.		Dekl.		AR.		Dekl.		AR.		Dekl.		AR.		Dekl.	
1956	16h 11m		+75° 58′		16h 15m		−4° 35′		16h 16m		−50° 2′		16h 18m		+46° 24′	
	s		″		s		″		s		″		s		″	
Jan. 1	57.52	57	68.13	303	59.377	261	13.18	151	32.154	390	51.02	68	23.863	278	52.29	309
11	58.09	71	65.10	260	59.638	285	14.69	149	32.544	425	50.34	37	24.141	321	49.20	273
21	58.80	81	62.50	207	59.923	300	16.18	141	32.969	449	49.97	6	24.462	352	46.47	228
31	59.61	89	60.43	146	60.223	307	17.59	126	33.418	461	49.91	24	24.814	373	44.19	175
Febr. 10	60.50	94	58.97	80	60.530	308	18.85	108	33.879	464	50.15	53	25.187	382	42.44	115
20	61.44	94	58.17	13	60.838	302	19.93	84	34.343	458	50.68	77	25.569	380	41.29	51
März 1	62.38	91	58.04	55	61.140	291	20.77	58	34.801	443	51.45	100	25.949	370	40.78	12
11	63.29	87	58.59	120	61.431	276	21.35	32	35.244	423	52.45	118	26.319	349	40.90	75
21	64.16	78	59.79	178	61.707	259	21.67	7	35.667	398	53.63	135	26.668	322	41.65	134
31	64.94	66	61.57	230	61.966	239	21.74	18	36.065	368	54.98	149	26.990	289	42.99	186
April 10	65.60	54	63.87	271	62.205	216	21.56	40	36.433	334	56.47	159	27.279	250	44.85	230
20	66.14	40	66.58	303	62.421	192	21.16	59	36.767	297	58.06	167	27.529	207	47.15	264
30	66.54	25	69.61	323	62.613	166	20.57	72	37.064	254	59.73	173	27.736	162	49.79	290
Mai 10	66.79	10	72.84	333	62.779	137	19.85	83	37.318	209	61.46	174	27.898	114	52.69	304
20	66.89	6	76.17	331	62.916	107	19.02	89	37.527	161	63.20	173	28.012	64	55.73	309
29	[25] 66.83	21	79.48	320	[26] 63.023	76	18.13	92	[26] 37.688	109	64.93	169	[27] 28.076	15	58.82	304
Juni 8	66.62	36	82.68	299	63.099	42	17.21	91	37.797	55	66.62	160	28.091	34	61.86	290
18	66.26	49	85.67	270	63.141	8	16.30	89	37.852	1	68.22	147	28.057	82	64.76	269
28	65.77	61	88.37	235	63.149	26	15.41	84	37.853	54	69.69	131	27.975	128	67.45	241
Juli 8	65.16	71	90.72	194	63.123	59	14.57	77	37.799	106	71.00	109	27.847	170	69.86	207
18	64.45	81	92.66	149	63.064	90	13.80	70	37.693	155	72.09	85	27.677	208	71.93	168
28	63.64	87	94.15	100	62.974	118	13.10	61	37.538	196	72.94	57	27.469	240	73.61	127
Aug. 7	62.77	92	95.15	49	62.856	139	12.49	51	37.342	231	73.51	25	27.229	266	74.88	81
17	61.85	95	95.64	3	62.717	156	11.98	42	37.111	254	73.76	7	26.963	283	75.69	33
27	60.90	96	95.61	55	62.561	165	11.56	30	36.857	267	73.69	40	26.680	292	76.02	13
Sept. 6	59.94	94	95.06	106	62.396	166	11.26	19	36.590	265	73.29	73	26.388	290	75.89	62
16	59.00	90	94.00	155	62.230	156	11.07	6	36.325	248	72.56	105	26.098	278	75.27	110
26	58.10	84	92.45	203	62.074	138	11.01	8	36.077	219	71.51	131	25.820	255	74.17	156
Okt. 6	57.26	75	90.42	246	61.936	111	11.09	24	35.858	176	70.20	153	25.565	222	72.61	199
16	56.51	63	87.96	284	61.825	76	11.33	42	35.682	119	68.67	170	25.343	178	70.62	240
26	55.88	51	85.12	317	61.749	33	11.75	60	35.563	54	66.97	180	25.165	126	68.22	276
Nov. 5	55.37	36	81.95	343	61.716	15	12.35	80	35.509	18	65.17	181	25.039	67	65.46	306
15	55.01	20	78.52	360	61.731	64	13.15	98	35.527	93	63.36	174	24.972	2	62.40	329
25	54.81	2	74.92	368	61.795	114	14.13	116	35.620	168	61.62	161	24.970	63	59.11	344
Dez. 5	54.79	15	71.24	365	61.909	161	15.29	131	35.788	239	60.01	142	25.033	129	55.67	348
15	54.94	32	67.59	351	62.070	203	16.60	142	36.027	302	58.59	116	25.162	190	52.19	342
25	55.26	49	64.08	325	62.273	239	18.02	150	36.329	356	57.43	88	25.352	247	48.77	325
35	55.75		60.83		62.512		19.52		36.685		56.55		25.599		45.52	
Mittl. Ort	62.96		80.90		59.398		12.10		32.249		58.50		24.948		62.18	
sec δ, tg δ	+4.130		+4.008		+1.003		−0.080		+1.557		−1.194		+1.451		+1.051	
a, *a′*	−1.7		−9.1		+3.2		−8.8		+4.5		−8.7		+1.8		−8.6	
b, *b′*	−0.12		+0.89		0.00		+0.90		+0.03		+0.90		−0.03		+0.90	

Scheinbare Sternörter 1956

Obere Kulmination Greenwich

Tag	609) γ Herculis AR.	Diff.	609) γ Herculis Dekl.	Diff.	611) γ Apodis AR.	Diff.	611) γ Apodis Dekl.	Diff.
1956	16h 19m		+19° 15′		16h 26m		−78° 47′	
	s		″		s		″	
Jan. 1	58.306	249	13.17	246	35.72	105	58.32	197
11	58.555	276	10.71	225	36.77	119	56.35	153
21	58.831	294	8.46	197	37.96	129	54.82	106
31	59.125	306	6.49	162	39.25	136	53.76	57
Febr. 10	59.431	309	4.87	119	40.61	139	53.19	9
20	59.740	305	3.68	74	42.00	140	53.10	38
März 1	60.045	295	2.94	26	43.40	137	53.48	84
11	60.340	280	2.68	21	44.77	132	54.32	127
21	60.620	262	2.89	66	46.09	124	55.59	165
31	60.882	239	3.55	107	47.33	115	57.24	199
April 10	61.121	214	4.62	143	48.48	102	59.23	229
20	61.335	186	6.05	172	49.50	90	61.52	254
30	61.521	157	7.77	193	50.40	75	64.06	273
Mai 10	61.678	126	9.70	208	51.15	59	66.79	286
20	61.804	92	11.78	214	51.74	41	69.65	293
29	(27) 61.896	59	13.92	215	(29) 52.15	22	72.58	292
Juni 8	61.955	23	16.07	208	52.37	4	75.50	285
18	61.978	13	18.15	195	52.41	14	78.35	270
28	61.965	48	20.10	179	52.27	33	81.05	247
Juli 8	61.917	82	21.89	157	51.94	50	83.52	218
18	61.835	113	23.46	133	51.44	65	85.70	181
28	61.722	140	24.79	106	50.79	79	87.51	139
Aug. 7	61.582	162	25.85	77	50.00	88	88.90	92
17	61.420	179	26.62	46	49.12	96	89.82	40
27	61.241	188	27.08	14	48.16	100	90.22	14
Sept. 6	61.053	189	27.22	19	47.16	99	90.08	68
16	60.864	180	27.03	51	46.17	94	89.40	121
26	60.684	162	26.52	85	45.23	85	88.19	171
Okt. 6	60.522	136	25.67	117	44.38	72	86.48	215
16	60.386	101	24.50	148	43.66	54	84.33	251
26	60.285	58	23.02	178	43.12	36	81.82	279
Nov. 5	60.227	11	21.24	205	42.76	14	79.03	295
15	60.216	39	19.19	228	42.62	10	76.08	301
25	60.255	90	16.91	245	42.72	32	73.07	296
Dez. 5	60.345	140	14.46	255	43.04	55	70.11	280
15	60.485	186	11.91	259	43.59	76	67.31	255
25	60.671	225	9.32	253	44.35	94	64.76	221
35	60.896		6.79		45.29		62.55	
Mittl. Ort	58.614		18.76		38.09		68.53	
sec δ, tg δ	+1.059		+0.349		+5.149		−5.051	
a, *a′*	+2.7		−8.5		+9.3		−7.9	
b, *b′*	−0.01		+0.91		+0.13		+0.92	

Tag	616) α Scorpii AR.	Diff.	616) α Scorpii Dekl.	Diff.	619) A Draconis AR.	Diff.	619) A Draconis Dekl.	Diff.
1956	16h 26m		−26° 20′		16h 27m		+68° 51′	
	s		″		s		″	
Jan. 1	42.345	287	6.47	40	60.08	39	37.25	321
11	42.632	313	6.87	54	60.47	48	34.04	281
21	42.945	332	7.41	64	60.95	56	31.23	231
31	43.277	341	8.05	72	61.51	61	28.92	173
Febr. 10	43.618	343	8.77	77	62.12	64	27.19	109
20	43.961	338	9.54	78	62.76	65	26.10	41
März 1	44.299	329	10.32	75	63.41	65	25.69	28
11	44.628	315	11.07	71	64.06	61	25.97	94
21	44.943	298	11.78	66	64.67	56	26.91	156
31	45.241	277	12.44	59	65.23	50	28.47	211
April 10	45.518	255	13.03	54	65.73	43	30.58	257
20	45.773	229	13.57	48	66.16	33	33.15	293
30	46.002	202	14.05	44	66.49	24	36.08	319
Mai 10	46.204	171	14.49	40	66.73	13	39.27	333
20	46.375	137	14.89	36	66.86	4	42.60	337
29	(29) 46.512	101	15.25	32	(29) 66.90	7	45.97	331
Juni 8	46.613	64	15.57	29	66.83	16	49.28	314
18	46.677	24	15.86	24	66.67	26	52.42	290
28	46.701	16	16.10	19	66.41	34	55.32	259
Juli 8	46.685	54	16.29	13	66.07	42	57.91	221
18	46.631	90	16.42	5	65.65	49	60.12	177
28	46.541	123	16.47	4	65.16	54	61.89	131
Aug. 7	46.418	151	16.43	13	64.62	59	63.20	81
17	46.267	170	16.30	24	64.03	61	64.01	29
27	46.097	182	16.06	35	63.42	63	64.30	23
Sept. 6	45.915	184	15.71	45	62.79	63	64.07	75
16	45.731	176	15.26	54	62.16	60	63.32	126
26	45.555	157	14.72	59	61.56	57	62.06	176
Okt. 6	45.398	126	14.13	63	60.99	51	60.30	222
16	45.272	87	13.50	63	60.48	44	58.08	264
26	45.185	41	12.87	58	60.04	35	55.44	301
Nov. 5	45.144	11	12.29	49	59.69	25	52.43	332
15	45.155	67	11.80	38	59.44	15	49.11	354
25	45.222	122	11.42	22	59.29	2	45.57	367
Dez. 5	45.344	175	11.20	6	59.27	10	41.90	369
15	45.519	221	11.14	12	59.37	21	38.21	360
25	45.740	262	11.26	30	59.58	33	34.61	340
35	46.002		11.56		59.91		31.21	
Mittl. Ort	42.326		9.80		63.49		48.12	
sec δ, tg δ	+1.116		−0.495		+2.773		+2.587	
a, *a′*	+3.7		−7.9		−0.1		−7.8	
b, *b′*	+0.01		+0.92		−0.07		+0.92	

Scheinbare Sternörter 1956

Obere Kulmination Greenwich

Tag	618) β Herculis AR.	Diff.	618) β Herculis Dekl.	Diff.	1432) Pi 16h 140 Draco AR.	Diff.	1432) Pi 16h 140 Draco Dekl.	Diff.	621) σ Herculis AR.	Diff.	621) σ Herculis Dekl.	Diff.	622) ζ Ophiuchi AR.	Diff.	622) ζ Ophiuchi Dekl.	Diff.
1956	16h 28m		+21° 34′		16h 31m		+60° 54′		16h 32m		+42° 31′		16h 34m		−10° 28′	
	s		″		s		″		s		″		s		″	
Jan. 1	19.200	242	57.68	254	45.77	31	44.11	325	39.958	255	28.33	308	43.917	254	45.94	115
11	19.442	272	55.14	233	46.08	39	40.86	287	40.213	296	25.25	277	44.171	280	47.09	118
21	19.714	292	52.81	203	46.47	43	37.99	240	40.509	327	22.48	236	44.451	297	48.27	115
31	20.006	305	50.78	167	46.90	47	35.59	183	40.836	348	20.12	185	44.748	308	49.42	107
Febr. 10	20.311	309	49.11	124	47.37	50	33.76	120	41.184	360	18.27	129	45.056	310	50.49	94
20	20.620	308	47.87	76	47.87	51	32.56	53	41.544	361	16.98	68	45.366	308	51.43	77
März 1	20.928	299	47.11	26	48.38	49	32.03	15	41.905	353	16.30	5	45.674	301	52.20	58
11	21.227	285	46.85	23	48.87	48	32.18	82	42.258	339	16.25	57	45.975	288	52.78	38
21	21.512	268	47.08	70	49.35	44	33.00	144	42.597	316	16.82	115	46.263	273	53.16	17
31	21.780	246	47.78	113	49.79	39	34.44	199	42.913	287	17.97	168	46.536	256	53.33	2
April 10	22.026	222	48.91	150	50.18	34	36.43	247	43.200	254	19.65	213	46.792	235	53.31	20
20	22.248	194	50.41	180	50.52	28	38.90	285	43.454	217	21.78	250	47.027	213	53.11	35
30	22.442	165	52.21	204	50.80	21	41.75	312	43.671	176	24.28	277	47.240	188	52.76	46
Mai 10	22.607	132	54.25	220	51.01	13	44.87	328	43.847	133	27.05	295	47.428	159	52.30	55
20	22.739	99	56.45	226	51.14	7	48.15	334	43.980	87	30.00	302	47.587	129	51.75	61
29*	^{29}22.838	64	58.71	227	^{30}51.21	1	51.49	330	^{30}44.067	40	33.02	300	^{31}47.716	97	51.14	63
Juni 8	22.902	27	60.98	221	51.20	9	54.79	315	44.107	6	36.02	290	47.813	63	50.51	64
18	22.929	10	63.19	208	51.11	15	57.94	294	44.101	52	38.92	272	47.876	26	49.87	62
28	22.919	45	65.27	191	50.96	22	60.88	264	44.049	97	41.64	247	47.902	10	49.25	59
Juli 8	22.874	81	67.18	169	50.74	28	63.52	227	43.952	140	44.11	216	47.892	45	48.66	56
18	22.793	113	68.87	143	50.46	33	65.79	186	43.812	178	46.27	180	47.847	79	48.10	52
28	22.680	142	70.30	114	50.13	37	67.65	141	43.634	211	48.07	141	47.768	110	47.58	47
Aug. 7	22.538	166	71.44	84	49.76	41	69.06	92	43.423	238	49.48	97	47.658	135	47.11	42
17	22.372	183	72.28	51	49.35	44	69.98	42	43.185	258	50.45	53	47.523	155	46.69	37
27	22.189	193	72.79	18	48.91	45	70.40	10	42.927	270	50.98	7	47.368	167	46.32	32
Sept. 6	21.996	196	72.97	16	48.46	45	70.30	62	42.657	272	51.05	40	47.201	171	46.00	25
16	21.800	188	72.81	52	48.01	43	69.68	114	42.385	263	50.65	87	47.030	164	45.75	18
26	21.612	172	72.29	86	47.58	41	68.54	163	42.122	244	49.78	132	46.866	149	45.57	11
Okt. 6	21.440	146	71.43	121	47.17	36	66.91	210	41.878	214	48.46	177	46.717	123	45.46	0
16	21.294	111	70.22	153	46.81	31	64.81	253	41.664	175	46.69	217	46.594	89	45.46	12
26	21.183	70	68.69	185	46.50	25	62.28	291	41.489	127	44.52	255	46.505	47	45.58	26
Nov. 5	21.113	23	66.84	212	46.25	17	59.37	323	41.362	72	41.97	287	46.458	0	45.84	42
15	21.090	28	64.72	236	46.08	8	56.14	348	41.290	13	39.10	312	46.458	50	46.26	58
25	21.118	80	62.36	253	46.00	1	52.66	363	41.277	50	35.98	329	46.508	100	46.84	74
Dez. 5	21.198	130	59.83	264	46.01	10	49.03	368	41.327	111	32.69	338	46.608	148	47.58	90
15	21.328	176	57.19	268	46.11	18	45.35	361	41.438	170	29.31	335	46.756	193	48.48	102
25	21.504	218	54.51	262	46.29	27	41.74	342	41.608	223	25.96	323	46.949	230	49.50	112
35	21.722		51.89		46.56		38.32		41.831		22.73		47.179		50.62	
Mittl. Ort	19.579		63.20		47.99		54.15		40.936		36.55		43.963		46.42	
sec δ, tg δ	+1.075		+0.396		+2.057		+1.798		+1.357		+0.917		+1.017		−0.185	
a, a′	+2.6		−7.8		+0.8		−7.5		+1.9		−7.5		+3.3		−7.3	
b, b′	−0.01		+0.92		−0.04		+0.93		−0.02		+0.93		0.00		+0.93	

* Bei Stern 1432), 621) und 622) lies Mai 30.

Obere Kulmination Greenwich

Tag	626) η Herculis				625) α Triang. austr.				627) Grb 2377 Draco				628) ε Scorpii			
	AR.		Dekl.		AR.		Dekl.		AR.		Dekl.		AR.		Dekl.	
1956	16h 41m		+38° 59′		16h 43m		—68° 56′		16h 44m		+56° 51′		16h 47m		—34° 12′	
	s		″		s		″		s		″		s		″	
Jan. 1	22.251	241	70.72	304	58.21	58	50.64	181	25.589	276	27.30	329	18.460	289	50.05	16
11	22.492	280	67.68	276	58.79	66	48.83	143	25.865	336	24.01	295	18.749	321	49.89	— 2
21	22.772	311	64.92	237	59.45	71	47.40	104	26.201	386	21.06	251	19.070	343	49.91	19
31	23.083	332	62.55	190	60.16	76	46.36	62	26.587	423	18.55	197	19.413	358	50.10	32
Febr. 10	23.415	343	60.65	136	60.92	78	45.74	20	27.010	446	16.58	136	19.771	364	50.42	44
20	23.758	347	59.29	78	61.70	78	45.54	— 20	27.456	455	15.22	71	20.135	363	50.86	53
März 1	24.105	341	58.51	16	62.48	77	45.74	59	27.911	452	14.51	3	20.498	358	51.39	60
11	24.446	328	58.35	— 45	63.25	75	46.33	96	28.363	436	14.48	— 64	20.856	346	51.99	65
21	24.774	309	58.80	101	64.00	72	47.29	130	28.799	409	15.12	126	21.202	332	52.64	67
31	25.083	284	59.81	154	64.72	67	48.59	160	29.208	372	16.38	184	21.534	313	53.31	70
April 10	25.367	255	61.35	200	65.39	62	50.19	187	29.580	326	18.22	233	21.847	291	54.01	71
20	25.622	220	63.35	237	66.01	55	52.06	209	29.906	274	20.55	273	22.138	265	54.72	73
30	25.842	183	65.72	266	66.56	47	54.15	228	30.180	217	23.28	303	22.403	237	55.45	74
Mai 10	26.025	143	68.38	284	67.03	40	56.43	241	30.397	156	26.31	323	22.640	205	56.19	74
20	26.168	101	71.22	293	67.43	30	58.84	249	30.553	91	29.54	332	22.845	169	56.93	75
30	26.269	56	74.15	294	67.73	21	61.33	252	30.644	25	32.86	330	23.014	129	57.68	74
Juni 8	[1]26.325	12	77.09	286	[2]67.94	11	63.85	249	[2]30.669	— 39	36.16	320	[3]23.143	87	58.42	72
18	26.337	— 33	79.95	269	68.05	1	66.34	238	30.630	103	39.36	301	23.230	44	59.14	68
28	26.304	76	82.64	246	68.06	— 10	68.72	221	30.527	163	42.37	274	23.274	— 1	59.82	62
Juli 8	26.228	118	85.10	218	67.96	19	70.93	197	30.364	220	45.11	240	23.273	45	60.44	53
18	26.110	156	87.28	184	67.77	28	72.90	168	30.144	271	47.51	202	23.228	87	60.97	43
28	25.954	190	89.12	147	67.49	37	74.58	133	29.873	315	49.53	158	23.141	126	61.40	30
Aug. 7	25.764	218	90.59	106	67.12	44	75.91	92	29.558	351	51.11	111	23.015	159	61.70	15
17	25.546	239	91.65	63	66.68	48	76.83	48	29.207	377	52.22	63	22.856	184	61.85	— 2
27	25.307	252	92.28	18	66.20	51	77.31	1	28.830	392	52.85	11	22.672	200	61.83	20
Sept. 6	25.055	256	92.46	— 27	65.69	52	77.32	— 48	28.438	396	52.96	— 40	22.472	207	61.63	37
16	24.799	249	92.19	72	65.17	50	76.84	95	28.042	387	52.56	92	22.265	201	61.26	55
26	24.550	232	91.47	117	64.67	46	75.89	140	27.655	365	51.64	141	22.064	184	60.71	69
Okt. 6	24.318	205	90.30	161	64.21	39	74.49	181	27.290	331	50.23	189	21.880	155	60.02	82
16	24.113	169	88.69	201	63.82	31	72.68	215	26.959	283	48.34	234	21.725	115	59.20	90
26	23.944	124	86.68	238	63.51	20	70.53	241	26.676	225	46.00	274	21.610	67	58.30	94
Nov. 5	23.820	72	84.30	271	63.31	9	68.12	257	26.451	157	43.26	308	21.543	13	57.36	92
15	23.748	15	81.59	298	63.22	— 4	65.55	265	26.294	82	40.18	336	21.530	— 45	56.44	87
25	23.733	— 44	78.61	316	63.26	17	62.90	262	26.212	2	36.82	354	21.575	105	55.57	76
Dez. 5	23.777	103	75.45	327	63.43	30	60.28	251	26.210	— 78	33.28	362	21.680	162	54.81	62
15	23.880	159	72.18	327	63.73	41	57.77	229	26.288	158	29.66	359	21.842	215	54.19	46
25	24.039	211	68.91	317	64.14	51	55.48	201	26.446	232	26.07	345	22.057	260	53.73	27
35	24.250		65.74		64.65		53.47		26.678		22.62		22.317		53.46	
Mittl. Ort	23.128		77.82		59.22		59.41		27.483		35.81		18.532		54.55	
sec δ, tg δ	+1.287		+0.810		+2.784		—2.598		+1.829		+1.532		+1.209		—0.680	
a, *a′*	+2.1		—6.7		+6.4		—6.5		+1.1		—6.5		+3.9		—6.2	
b, *b′*	—0.02		+0.94		+0.06		+0.95		—0.03		+0.95		+0.01		+0.95	

Scheinbare Sternörter 1956

Obere Kulmination Greenwich

Tag	629) 49 Herculis AR.		629) 49 Herculis Dekl.		1444) 24 G. Arae AR.		1444) 24 G. Arae Dekl.	
1956	16h 50m		+15° 2′		16h 54m		−50° 34′	
	s		″		s		″	
Jan. 1	4.182	224	44.76	229	53.447	351	19.23	108
11	4.406	254	42.47	215	53.798	394	18.15	81
21	4.660	276	40.32	192	54.192	427	17.34	54
31	4.936	291	38.40	161	54.619	449	16.80	27
Febr. 10	5.227	299	36.79	125	55.068	460	16.53	0
20	5.526	300	35.54	84	55.528	464	16.53	26
März 1	5.826	296	34.70	39	55.992	459	16.79	49
11	6.122	286	34.31	5	56.451	447	17.28	70
21	6.408	272	34.36	48	56.898	429	17.98	89
31	6.680	256	34.84	89	57.327	407	18.87	106
April 10	6.936	235	35.73	124	57.734	379	19.93	122
20	7.171	211	36.97	153	58.113	346	21.15	135
30	7.382	185	38.50	177	58.459	309	22.50	145
Mai 10	7.567	156	40.27	193	58.768	265	23.95	155
20	7.723	125	42.20	201	59.033	218	25.50	160
30	7.848	90	44.21	205	59.251	166	27.10	162
Juni 8	^{4}7.938	55	46.26	201	^{5}59.417	111	28.72	160
18	7.993	19	48.27	192	59.528	52	30.32	155
28	8.012	19	50.19	178	59.580	6	31.87	145
Juli 8	7.993	55	51.97	161	59.574	65	33.32	131
18	7.938	89	53.58	139	59.509	120	34.63	111
28	7.849	121	54.97	116	59.389	170	35.74	87
Aug. 7	7.728	148	56.13	89	59.219	213	36.61	61
17	7.580	168	57.02	62	59.006	247	37.22	30
27	7.412	182	57.64	34	58.759	269	37.52	2
Sept. 6	7.230	188	57.98	4	58.490	277	37.50	36
16	7.042	184	58.02	26	58.213	272	37.14	68
26	6.858	171	57.76	57	57.941	251	36.46	100
Okt. 6	6.687	148	57.19	87	57.690	215	35.46	127
16	6.539	118	56.32	117	57.475	166	34.19	149
26	6.421	79	55.15	145	57.309	106	32.70	167
Nov. 5	6.342	34	53.70	172	57.203	38	31.03	176
15	6.308	14	51.98	196	57.165	36	29.27	178
25	6.322	64	50.02	215	57.201	112	27.49	174
Dez. 5	6.386	113	47.87	229	57.313	185	25.75	162
15	6.499	158	45.58	235	57.498	253	24.13	145
25	6.657	199	43.23	235	57.751	313	22.68	123
35	6.856		40.88		58.064		21.45	
Mittl. Ort	4.517		48.02		53.730		25.75	
sec δ, tg δ	+1.036		+0.269		+1.575		−1.216	
a, a′	+2.7		−6.0		+4.6		−5.6	
b, b′	−0.01		+0.95		+0.02		+0.96	

Tag	631) ζ Arae AR.		631) ζ Arae Dekl.		633) κ Ophiuchi AR.		633) κ Ophiuchi Dekl.	
1956	16h 54m		−55° 55′		16h 55m		+9° 26′	
	s		″		s		″	
Jan. 1	57.795	387	15.37	134	34.729	220	29.17	205
11	58.182	438	14.03	105	34.949	250	27.12	194
21	58.620	475	12.98	74	35.199	272	25.18	175
31	59.095	501	12.24	42	35.471	287	23.43	150
Febr. 10	59.596	515	11.82	12	35.758	295	21.93	118
20	60.111	519	11.70	19	36.053	296	20.75	83
März 1	60.630	515	11.89	48	36.349	293	19.92	43
11	61.145	502	12.37	73	36.642	284	19.49	3
21	61.647	482	13.10	96	36.926	272	19.46	35
31	62.129	456	14.06	119	37.198	256	19.81	71
April 10	62.585	425	15.25	138	37.454	238	20.52	104
20	63.010	386	16.63	155	37.692	216	21.56	131
30	63.396	343	18.18	169	37.908	190	22.87	152
Mai 10	63.739	293	19.87	179	38.098	163	24.39	167
20	64.032	239	21.66	187	38.261	133	26.06	176
30	64.271	179	23.53	189	38.394	100	27.82	178
Juni 8	^{5}64.450	116	25.42	188	^{5}38.494	64	29.60	176
18	64.566	50	27.30	181	38.558	29	31.36	169
28	64.616	16	29.11	170	38.587	8	33.05	158
Juli 8	64.600	82	30.81	154	38.579	45	34.63	142
18	64.518	145	32.35	131	38.534	80	36.05	124
28	64.373	200	33.66	105	38.454	111	37.29	105
Aug. 7	64.173	249	34.71	74	38.343	139	38.34	83
17	63.924	286	35.45	39	38.204	160	39.17	60
27	63.638	310	35.84	2	38.044	175	39.77	35
Sept. 6	63.328	320	35.86	35	37.869	182	40.12	11
16	63.008	312	35.51	73	37.687	179	40.23	14
26	62.696	289	34.78	109	37.508	167	40.09	41
Okt. 6	62.407	249	33.69	141	37.341	145	39.68	67
16	62.158	194	32.28	168	37.196	115	39.01	93
26	61.964	127	30.60	188	37.081	77	38.08	119
Nov. 5	61.837	50	28.72	200	37.004	33	36.89	143
15	61.787	33	26.72	206	36.971	14	35.46	166
25	61.820	118	24.66	203	36.985	63	33.80	184
Dez. 5	61.938	200	22.63	191	37.048	111	31.96	198
15	62.138	277	20.72	174	37.159	156	29.98	206
25	62.415	344	18.98	151	37.315	196	27.92	208
35	62.759		17.47		37.511		25.84	
Mittl. Ort	58.208		22.49		35.001		31.33	
sec δ, tg δ	+1.785		−1.478		+1.014		+0.166	
a, a′	+5.0		−5.6		+2.9		−5.6	
b, b′	+0.03		+0.96		0.00		+0.96	

Scheinbare Sternörter 1956

Obere Kulmination Greenwich

Tag	634) ε Herculis AR.		634) ε Herculis Dekl.		1449) 85 G. Ophiuchi AR.		1449) 85 G. Ophiuchi Dekl.	
1956	16h 58m		+30° 59′		17h 5m		−17° 33′	
	s		″		s		″	
Jan. 1	35.556	217	19.44	286	41.249	238	6.90	63
11	35.773	254	16.58	264	41.487	268	7.53	70
21	36.027	282	13.94	232	41.755	291	8.23	71
31	36.309	303	11.62	191	42.046	305	8.94	70
Febr. 10	36.612	316	9.71	144	42.351	314	9.64	64
20	36.928	321	8.27	90	42.665	316	10.28	56
März 1	37.249	319	7.37	34	42.981	314	10.84	44
11	37.568	310	7.03	22	43.295	306	11.28	32
21	37.878	297	7.25	76	43.601	296	11.60	18
31	38.175	277	8.01	127	43.897	283	11.78	5
April 10	38.452	253	9.28	172	44.180	265	11.83	6
20	38.705	227	11.00	209	44.445	245	11.77	16
30	38.932	195	13.09	237	44.690	223	11.61	22
Mai 10	39.127	161	15.46	259	44.913	195	11.39	28
20	39.288	124	18.05	270	45.108	166	11.11	30
30	^{6}39.412	85	20.75	273	^{8}45.274	132	10.81	31
Juni 8*	39.497	44	23.48	268	45.406	96	10.50	30
18	39.541	3	26.16	257	45.502	57	10.20	29
28	39.544	39	28.73	238	45.559	18	9.91	26
Juli 8	39.505	80	31.11	214	45.577	22	9.65	25
18	39.425	118	33.25	185	45.555	60	9.40	23
28	39.307	152	35.10	153	45.495	96	9.17	21
Aug. 7	39.155	181	36.63	117	45.399	127	8.96	22
17	38.974	204	37.80	78	45.272	152	8.74	22
27	38.770	220	38.58	39	45.120	170	8.52	22
Sept. 6	38.550	226	38.97	2	44.950	179	8.30	24
16	38.324	224	38.95	44	44.771	178	8.06	24
26	38.100	211	38.51	85	44.593	166	7.82	23
Okt. 6	37.889	189	37.66	125	44.427	144	7.59	21
16	37.700	157	36.41	164	44.283	112	7.38	16
26	37.543	116	34.77	201	44.171	72	7.22	10
Nov. 5	37.427	69	32.76	233	44.099	27	7.12	0
15	37.358	18	30.43	261	44.072	23	7.12	10
25	37.340	35	27.82	282	44.095	74	7.22	22
Dez. 5	37.375	90	25.00	296	44.169	125	7.44	36
15	37.465	141	22.04	300	44.294	171	7.80	48
25	37.606	189	19.04	295	44.465	212	8.28	58
35	37.795		16.09		44.677		8.86	
Mittl. Ort	36.237		24.26		41.354		8.92	
sec δ, tg δ	+1.167		+0.601		+1.049		−0.316	
a, *a′*	+2.3		−5.3		+3.5		−4.7	
b, *b′*	−0.01		+0.96		0.00		+0.97	

Tag	639) ζ Draconis AR.		639) ζ Draconis Dekl.		641) δ Herculis AR.		641) δ Herculis Dekl.	
1956	17h 8m		+65° 45′		17h 13m		+24° 53′	
	s		″		s		″	
Jan. 1	36.13	27	60.94	341	12.770	201	20.17	267
11	36.40	36	57.53	311	12.971	238	17.50	249
21	36.76	44	54.42	270	13.209	265	15.01	223
31	37.20	50	51.72	218	13.474	286	12.78	187
Febr. 10	37.70	54	49.54	158	13.760	300	10.91	145
20	38.24	57	47.96	94	14.060	307	9.46	97
März 1	38.81	58	47.02	26	14.367	307	8.49	45
11	39.39	57	46.76	42	14.674	301	8.04	8
21	39.96	55	47.18	108	14.975	291	8.12	59
31	40.51	50	48.26	168	15.266	276	8.71	107
April 10	41.01	45	49.94	222	15.542	257	9.78	149
20	41.46	38	52.16	266	15.799	233	11.27	186
30	41.84	30	54.82	300	16.032	206	13.13	214
Mai 10	42.14	22	57.82	325	16.238	175	15.27	236
20	42.36	14	61.07	339	16.413	142	17.63	248
30	^{8}42.50	5	64.46	342	16.555	105	20.11	253
Juni 8*	42.55	5	67.88	336	^{9}16.660	66	22.64	251
18	42.50	13	71.24	321	16.726	27	25.15	242
28	42.37	21	74.45	296	16.753	14	27.57	226
Juli 8	42.16	30	77.41	266	16.739	54	29.83	205
18	41.86	36	80.07	229	16.685	93	31.88	181
28	41.50	43	82.36	187	16.592	127	33.69	151
Aug. 7	41.07	48	84.23	142	16.465	158	35.20	120
17	40.59	52	85.65	92	16.307	183	36.40	86
27	40.07	54	86.57	41	16.124	201	37.26	50
Sept. 6	39.53	56	86.98	11	15.923	210	37.76	13
16	38.97	56	86.87	64	15.713	209	37.89	25
26	38.41	53	86.23	116	15.504	200	37.64	62
Okt. 6	37.88	50	85.07	166	15.304	180	37.02	100
16	37.38	44	83.41	213	15.124	152	36.02	136
26	36.94	37	81.28	257	14.972	114	34.66	171
Nov. 5	36.57	30	78.71	295	14.858	70	32.95	203
15	36.27	20	75.76	327	14.788	22	30.92	230
25	36.07	10	72.49	349	14.766	28	28.62	252
Dez. 5	35.97	0	69.00	362	14.794	80	26.10	268
15	35.97	11	65.38	364	14.874	129	23.42	275
25	36.08	21	61.74	354	15.003	174	20.67	274
35	36.29		58.20		15.177		17.93	
Mittl. Ort	39.23		67.43		13.340		23.30	
sec δ, tg δ	+2.437		+2.222		+1.102		+0.464	
a, *a′*	+0.2		−4.5		+2.5		−4.1	
b, *b′*	−0.03		+0.98		−0.01		+0.98	

* Bei Stern 641) lies Juni 9.

Scheinbare Sternörter 1956

Obere Kulmination Greenwich

Tag	643) π Herculis				1454) Pi 17h 68 Herc				644) ϑ Ophiuchi				645) β Arae			
	AR.		Dekl.		AR.		Dekl.		AR.		Dekl.		AR.		Dekl.	
1956	17h 13m		+36° 51′		17h 18m		+18° 5′		17h 19m		−24° 57′		17h 21m		−55° 29′	
	s		″		s		″		s		″		s		″	
Jan. 1	29.857	204	23.43	304	21.935	198	61.57	240	18.129	239	23.70	13	37.655	346	20.34	156
11	30.061	245	20.39	282	22.133	232	59.17	226	18.368	271	23.83	24	38.001	401	18.78	132
21	30.306	280	17.57	250	22.365	258	56.91	204	18.639	297	24.07	30	38.402	444	17.46	104
31	30.586	306	15.07	208	22.623	278	54.87	173	18.936	314	24.37	35	38.846	475	16.42	76
Febr. 10	30.892	324	12.99	158	22.901	291	53.14	135	19.250	325	24.72	36	39.321	497	15.66	47
20	31.216	333	11.41	101	23.192	298	51.79	93	19.575	330	25.08	35	39.818	508	15.19	18
März 1	31.549	334	10.40	43	23.490	298	50.86	47	19.905	330	25.43	32	40.326	510	15.01	9
11	31.883	330	9.97	17	23.788	294	50.39	1	20.235	325	25.75	27	40.836	504	15.10	35
21	32.213	317	10.14	76	24.082	284	50.40	47	20.560	316	26.02	22	41.340	492	15.45	60
31	32.530	299	10.90	130	24.366	272	50.87	90	20.876	304	26.24	16	41.832	473	16.05	84
April 10	32.829	275	12.20	179	24.638	254	51.77	130	21.180	288	26.40	12	42.305	446	16.89	105
20	33.104	247	13.99	220	24.892	233	53.07	163	21.468	269	26.52	8	42.751	414	17.94	124
30	33.351	215	16.19	252	25.125	209	54.70	189	21.737	246	26.60	7	43.165	375	19.18	142
Mai 10	33.566	179	18.71	276	25.334	181	56.59	209	21.983	219	26.67	6	43.540	330	20.60	157
20	33.745	138	21.47	291	25.515	149	58.68	221	22.202	188	26.73	6	43.870	278	22.17	169
30	33.883	96	24.38	296	25.664	115	60.89	226	22.390	153	26.79	8	44.148	221	23.86	177
Juni 9	$_{10}$33.979	51	27.34	293	$_{11}$25.779	79	63.15	225	$_{12}$22.543	115	26.87	10	$_{12}$44.369	158	25.63	180
18	34.030	7	30.27	281	25.858	40	65.40	216	22.658	75	26.97	11	44.527	92	27.43	179
28	34.037	39	33.08	264	25.898	1	67.56	203	22.733	32	27.08	13	44.619	24	29.22	174
Juli 8	33.998	84	35.72	239	25.899	39	69.59	185	22.765	11	27.21	13	44.643	43	30.96	162
18	33.914	125	38.11	209	25.860	76	71.44	164	22.754	53	27.34	11	44.600	109	32.58	145
28	33.789	163	40.20	175	25.784	111	73.08	138	22.701	92	27.45	8	44.491	171	34.03	123
Aug. 7	33.626	196	41.95	137	25.673	142	74.46	111	22.609	127	27.53	4	44.320	224	35.26	97
17	33.430	222	43.32	96	25.531	167	75.57	82	22.482	156	27.57	3	44.096	268	36.23	65
27	33.208	241	44.28	53	25.364	185	76.39	51	22.326	177	27.54	10	43.828	300	36.88	30
Sept. 6	32.967	250	44.81	9	25.179	195	76.90	18	22.149	188	27.44	19	43.528	317	37.18	7
16	32.717	250	44.90	35	24.984	196	77.08	14	21.961	189	27.25	26	43.211	318	37.11	45
26	32.467	240	44.55	81	24.788	187	76.94	47	21.772	179	26.99	33	42.893	303	36.66	81
Okt. 6	32.227	218	43.74	124	24.601	168	76.47	80	21.593	158	26.66	39	42.590	271	35.85	116
16	32.009	187	42.50	167	24.433	141	75.67	113	21.435	127	26.27	43	42.319	223	34.69	145
26	31.822	147	40.83	206	24.292	106	74.54	143	21.308	87	25.84	42	42.096	162	33.24	171
Nov. 5	31.675	100	38.77	242	24.186	63	73.11	173	21.221	40	25.42	40	41.934	90	31.53	189
15	31.575	48	36.35	272	24.123	16	71.38	198	21.181	12	25.02	34	41.844	11	29.64	199
25	31.527	9	33.63	296	24.107	32	69.40	219	21.193	65	24.68	26	41.833	72	27.65	202
Dez. 5	31.536	66	30.67	312	24.139	81	67.21	236	21.258	117	24.42	15	41.905	153	25.63	198
15	31.602	121	27.55	318	24.220	129	64.85	244	21.375	166	24.27	4	42.058	231	23.65	186
25	31.723	172	24.37	313	24.349	171	62.41	244	21.541	210	24.23	8	42.289	302	21.79	168
35	31.895		21.24		24.520		59.97		21.751		24.31		42.591		20.11	
Mittl. Ort	30.754		27.69		22.385		63.66		18.265		26.68		38.173		26.44	
sec δ, tg δ	+1.250		+0.750		+1.052		+0.327		+1.103		−0.465		+1.765		−1.455	
a, *a′*	+2.1		−4.0		+2.6		−3.6		+3.7		−3.5		+5.0		−3.3	
b, *b′*	−0.01		+0.98		0.00		+0.98		+0.01		+0.98		+0.02		+0.99	

Tag	648) δ Arae AR.		648) δ Arae Dekl.		651) α Arae AR.		651) α Arae Dekl.		653) β Draconis AR.		653) β Draconis Dekl.		652) λ Scorpii AR.		652) λ Scorpii Dekl.	
1956	17h 27m		−60° 38′		17h 28m		−49° 50′		17h 29m		+52° 19′		17h 30m		−37° 4′	
	s		″		s		″		s		″		s		″	
Jan. 1	6.50	38	52.19	186	25.777	303	31.39	133	24.466	196	55.89	338	36.835	255	21.03	63
11	6.88	45	50.33	159	26.080	352	30.06	111	24.662	256	52.51	315	37.090	293	20.40	49
21	7.33	49	48.74	131	26.432	391	28.95	88	24.918	308	49.36	280	37.383	324	19.91	34
31	7.82	54	47.43	100	26.823	419	28.07	65	25.226	349	46.56	234	37.707	346	19.57	20
Febr. 10	8.36	56	46.43	67	27.242	439	27.42	41	25.575	381	44.22	180	38.053	361	19.37	8
20	8.92	58	45.76	35	27.681	449	27.01	18	25.956	401	42.42	120	38.414	369	19.29	3
März 1	9.50	58	45.41	2	28.130	452	26.83	4	26.357	411	41.22	55	38.783	372	19.32	12
11	10.08	58	45.39	28	28.582	449	26.87	25	26.768	409	40.67	12	39.155	368	19.44	20
21	10.66	56	45.67	57	29.031	439	27.12	45	27.177	397	40.79	77	39.523	361	19.64	28
31	11.22	54	46.24	86	29.470	423	27.57	64	27.574	376	41.56	137	39.884	349	19.92	35
April 10	11.76	52	47.10	111	29.893	402	28.21	82	27.950	347	42.93	192	40.233	333	20.27	41
20	12.28	48	48.21	135	30.295	376	29.03	97	28.297	310	44.85	240	40.566	312	20.68	49
30	12.76	43	49.56	157	30.671	343	30.00	113	28.607	265	47.25	278	40.878	288	21.17	55
Mai 10	13.19	38	51.13	174	31.014	305	31.13	126	28.872	216	50.03	307	41.166	257	21.72	62
20	13.57	32	52.87	189	31.319	260	32.39	137	29.088	162	53.10	325	41.423	222	22.34	68
30	13.89	25	54.76	199	31.579	211	33.76	145	29.250	104	56.35	333	41.645	183	23.02	74
Juni 9	14.14	18	56.75	204	31.790	157	35.21	149	29.354	45	59.68	333	41.828	140	23.76	78
18	^{13}14.32	11	58.79	204	^{13}31.947	99	36.70	150	^{14}29.399	15	63.01	323	^{14}41.968	94	24.54	79
28	14.43	2	60.83	198	32.046	39	38.20	147	29.384	75	66.24	304	42.062	44	25.33	80
Juli 8	14.45	5	62.81	187	32.085	22	39.67	139	29.309	133	69.28	278	42.106	5	26.13	76
18	14.40	13	64.68	168	32.063	81	41.06	125	29.176	187	72.06	246	42.101	54	26.89	69
28	14.27	20	66.36	145	31.982	136	42.31	108	28.989	236	74.52	210	42.047	100	27.58	60
Aug. 7	14.07	26	67.81	116	31.846	186	43.39	85	28.753	279	76.62	167	41.947	140	28.18	46
17	13.81	32	68.97	81	31.660	226	44.24	59	28.474	313	78.29	122	41.807	175	28.64	31
27	13.49	35	69.78	42	31.434	256	44.83	30	28.161	338	79.51	74	41.632	200	28.95	13
Sept. 6	13.14	37	70.20	2	31.178	274	45.13	2	27.823	352	80.25	24	41.432	215	29.08	7
16	12.77	37	70.22	39	30.904	277	45.11	35	27.471	355	80.49	27	41.217	219	29.01	27
26	12.40	36	69.83	82	30.627	265	44.76	67	27.116	345	80.22	78	40.998	209	28.74	47
Okt. 6	12.04	33	69.01	121	30.362	239	44.09	97	26.771	324	79.44	128	40.789	189	28.27	65
16	11.71	27	67.80	155	30.123	197	43.12	123	26.447	289	78.16	176	40.600	155	27.62	80
26	11.44	20	66.25	185	29.926	144	41.89	145	26.158	244	76.40	222	40.445	111	26.82	92
Nov. 5	11.24	13	64.40	208	29.782	82	40.44	161	25.914	189	74.18	263	40.334	60	25.90	100
15	11.11	3	62.32	221	29.700	12	38.83	170	25.725	126	71.55	297	40.274	3	24.90	102
25	11.08	6	60.11	228	29.688	61	37.13	172	25.599	58	68.58	325	40.271	57	23.88	100
Dez. 5	11.14	15	57.83	225	29.749	133	35.41	168	25.541	14	65.33	343	40.328	116	22.88	93
15	11.29	25	55.58	215	29.882	201	33.73	158	25.555	85	61.90	350	40.444	171	21.95	84
25	11.54	32	53.43	198	30.083	264	32.15	143	25.640	154	58.40	348	40.615	222	21.11	71
35	11.86		51.45		30.347		30.72		25.794		54.92		40.837		20.40	
Mittl. Ort	7.25		58.48		26.170		36.76		26.161		59.71		37.053		25.17	
sec δ, tg δ	+2.040		−1.778		+1.551		−1.185		+1.636		+1.295		+1.253		−0.756	
a, *a′*	+5.4		−2.9		+4.6		−2.7		+1.4		−2.7		+4.1		−2.6	
b, *b′*	+0.02		+0.99		+0.01		+0.99		−0.01		+0.99		+0.01		+0.99	

Scheinbare Sternörter 1956

Obere Kulmination Greenwich

Tag	656) α Ophiuchi AR.		656) α Ophiuchi Dekl.		654) ϑ Scorpii AR.		654) ϑ Scorpii Dekl.		658) ξ Serpentis AR.		658) ξ Serpentis Dekl.		664) ω Draconis AR.		664) ω Draconis Dekl.	
1956	$17^h\ 32^m$		+12° 35′		$17^h\ 34^m$		—42° 58′		$17^h\ 35^m$		—15° 22′		$17^h\ 37^m$		+68° 46′	
	s		″		s		″		s		″		s		″	
Jan. 1	53.019	187	25.53	214	8.935	269	14.04	99	3.707	209	19.43	62	8.45	22	39.12	347
11	53.206	221	23.39	204	9.204	311	13.05	82	3.916	241	20.05	65	8.67	33	35.65	325
21	53.427	247	21.35	185	9.515	346	12.23	64	4.157	267	20.70	65	9.00	43	32.40	289
31	53.674	268	19.50	160	9.861	371	11.59	47	4.424	286	21.35	61	9.43	51	29.51	243
Febr. 10	53.942	282	17.90	128	10.232	389	11.12	29	4.710	299	21.96	53	9.94	57	27.08	189
20	54.224	290	16.62	90	10.621	398	10.83	12	5.009	306	22.49	41	10.51	61	25.19	126
März 1	54.514	293	15.72	49	11.019	402	10.71	2	5.315	308	22.90	27	11.12	64	23.93	59
11	54.807	292	15.23	6	11.421	400	10.73	17	5.623	306	23.17	13	11.76	65	23.34	8
21	55.099	285	15.17	35	11.821	392	10.90	31	5.929	300	23.30	2	12.41	63	23.42	75
31	55.384	274	15.52	76	12.213	380	11.21	43	6.229	291	23.28	17	13.04	59	24.17	139
April 10	55.658	261	16.28	112	12.593	362	11.64	55	6.520	278	23.11	30	13.63	54	25.56	195
20	55.919	242	17.40	143	12.955	341	12.19	67	6.798	262	22.81	40	14.17	47	27.51	245
30	56.161	220	18.83	167	13.296	313	12.86	79	7.060	242	22.41	47	14.64	40	29.96	286
Mai 10	56.381	195	20.50	187	13.609	281	13.65	88	7.302	217	21.94	53	15.04	31	32.82	316
20	56.576	166	22.37	198	13.890	242	14.53	97	7.519	190	21.41	54	15.35	21	35.98	336
30	56.742	133	24.35	203	14.132	200	15.50	106	7.709	157	20.87	54	15.56	11	39.34	346
Juni 9	^{14}56.875	97	26.38	203	^{15}14.332	153	16.56	110	^{15}7.866	121	20.33	51	^{16}15.67	1	42.80	346
18	56.972	59	28.41	196	14.485	101	17.66	112	7.987	84	19.82	48	15.68	10	46.26	337
28	57.031	20	30.37	186	14.586	49	18.78	111	8.071	43	19.34	42	15.58	20	49.63	318
Juli 8	57.051	19	32.23	170	14.635	6	19.89	107	8.114	1	18.92	37	15.38	29	52.81	293
18	57.032	58	33.93	151	14.629	59	20.96	97	8.115	39	18.55	32	15.09	38	55.74	261
28	56.974	94	35.44	129	14.570	109	21.93	84	8.076	77	18.23	28	14.71	45	58.35	223
Aug. 7	56.880	127	36.73	106	14.461	154	22.77	68	7.999	112	17.95	23	14.26	53	60.58	180
17	56.753	153	37.79	80	14.307	192	23.45	48	7.887	142	17.72	20	13.73	58	62.38	134
27	56.600	173	38.59	54	14.115	220	23.93	24	7.745	163	17.52	18	13.15	61	63.72	84
Sept. 6	56.427	186	39.13	26	13.895	237	24.17	1	7.582	177	17.34	16	12.54	64	64.56	32
16	56.241	189	39.39	3	13.658	241	24.16	26	7.405	181	17.18	14	11.90	65	64.88	20
26	56.052	182	39.36	31	13.417	232	23.90	53	7.224	174	17.04	11	11.25	63	64.68	73
Okt. 6	55.870	166	39.05	59	13.185	210	23.37	77	7.050	157	16.93	8	10.62	61	63.95	125
16	55.704	141	38.46	89	12.975	174	22.60	98	6.893	130	16.85	4	10.01	55	62.70	176
26	55.563	108	37.57	117	12.801	128	21.62	115	6.763	94	16.81	2	9.46	49	60.94	223
Nov. 5	55.455	67	36.40	143	12.673	73	20.47	127	6.669	52	16.83	11	8.97	41	58.71	265
15	55.388	22	34.97	167	12.600	11	19.20	133	6.617	6	16.94	20	8.56	31	56.06	301
25	55.366	25	33.30	188	12.589	53	17.87	134	6.611	44	17.14	30	8.25	20	53.05	331
Dez. 5	55.391	72	31.42	203	12.642	117	16.53	130	6.655	93	17.44	40	8.05	9	49.74	350
15	55.463	118	29.39	214	12.759	178	15.23	120	6.748	139	17.84	51	7.96	3	46.24	360
25	55.581	160	27.25	216	12.937	233	14.03	108	6.887	182	18.35	59	7.99	15	42.64	356
35	55.741		25.09		13.170		12.95		7.069		18.94		8.14		39.08	
Mittl. Ort	53.410		26.29		9.226		18.64		3.881		21.42		12.25		42.56	
sec δ, tg δ	+1.025		+0.223		+1.367		—0.932		+1.037		—0.275		+2.763		+2.575	
a, a′	+2.8		—2.4		+4.3		—2.3		+3.4		—2.2		—0.4		—2.0	
b, b′	0.00		+0.99		+0.01		+0.99		0.00		+0.99		—0.02		+1.00	

Scheinbare Sternörter 1956

Obere Kulmination Greenwich

Tag	663) ι Herculis				665) β Ophiuchi				661) η Pavonis				670) ψ Draconis *pr*			
	AR.	Δ	Dekl.	Δ	AR.	Δ	Dekl.	Δ	AR.	Δ	Dekl.	Δ	AR.	Δ	Dekl.	Δ
1956	17h 38m		+46° 1′		17h 41m		+4° 34′		17h 41m		—64° 42′		17h 42m		+72° 9′	
	s		″		s		″		s		″		s		″	
Jan. 1	11.902	178	41.17	329	17.518	184	63.18	171	23.57	39	14.09	216	38.19	21	72.75	349
11	12.080	231	37.88	308	17.702	216	61.47	164	23.96	47	11.93	191	38.40	36	69.26	327
21	12.311	277	34.80	277	17.918	243	59.83	152	24.43	54	10.02	163	38.76	47	65.99	293
31	12.588	313	32.03	235	18.161	264	58.31	132	24.97	59	8.39	132	39.23	57	63.06	249
Febr. 10	12.901	341	29.68	183	18.425	278	56.99	107	25.56	62	7.07	98	39.80	65	60.57	194
20	13.242	360	27.85	126	18.703	287	55.92	77	26.18	64	6.09	63	40.45	71	58.63	133
März 1	13.602	369	26.59	63	18.990	290	55.15	43	26.82	66	5.46	28	41.16	74	57.30	67
11	13.971	370	25.96	—1	19.280	289	54.72	7	27.48	66	5.18	—6	41.90	75	56.63	0
21	14.341	361	25.97	64	19.569	285	54.65	—27	28.14	65	5.24	39	42.65	74	56.63	67
31	14.702	346	26.61	123	19.854	276	54.92	61	28.79	63	5.63	71	43.39	69	57.30	131
April 10	15.048	323	27.84	178	20.130	265	55.53	91	29.42	60	6.34	102	44.08	64	58.61	188
20	15.371	293	29.62	226	20.395	248	56.44	117	30.02	55	7.36	129	44.72	56	60.49	238
30	15.664	257	31.88	264	20.643	228	57.61	138	30.57	51	8.65	155	45.28	46	62.87	280
Mai 10	15.921	215	34.52	293	20.871	204	58.99	153	31.08	45	10.20	177	45.74	36	65.67	311
20	16.136	169	37.45	313	21.075	177	60.52	163	31.53	39	11.97	195	46.10	25	68.78	332
30	16.305	120	40.58	323	21.252	146	62.15	166	31.92	31	13.92	210	46.35	12	72.10	343
Juni 9	[16] 16.425	69	43.81	324	[17] 21.398	111	63.81	166	[17] 32.23	22	16.02	218	[17] 46.47	1	75.53	344
18	16.494	15	47.05	315	21.509	74	65.47	161	32.45	14	18.20	220	46.48	—12	78.97	336
28	16.509	—39	50.20	300	21.583	35	67.08	151	32.59	5	20.40	218	46.36	24	82.33	320
Juli 8	16.470	91	53.20	276	21.618	—5	68.59	139	32.64	—4	22.58	208	46.12	35	85.53	295
18	16.379	141	55.96	246	21.613	44	69.98	123	32.60	14	24.66	192	45.77	46	88.48	264
28	16.238	187	58.42	212	21.569	80	71.21	106	32.46	21	26.58	168	45.31	54	91.12	226
Aug. 7	16.051	228	60.54	172	21.489	114	72.27	88	32.25	29	28.26	139	44.77	63	93.38	185
17	15.823	260	62.26	130	21.375	142	73.15	68	31.96	36	29.65	104	44.14	69	95.23	138
27	15.563	285	63.56	83	21.233	164	73.83	48	31.60	40	30.69	64	43.45	74	96.61	90
Sept. 6	15.278	300	64.39	36	21.069	177	74.31	27	31.20	43	31.33	21	42.71	77	97.51	39
16	14.978	305	64.75	—13	20.892	181	74.58	6	30.77	44	31.54	—24	41.94	77	97.90	—14
26	14.673	298	64.62	62	20.711	176	74.64	—16	30.33	43	31.30	69	41.17	77	97.76	67
Okt. 6	14.375	279	64.00	111	20.535	162	74.48	38	29.90	39	30.61	113	40.40	73	97.09	119
16	14.096	250	62.89	158	20.373	137	74.10	60	29.51	34	29.48	153	39.67	68	95.90	169
26	13.846	211	61.31	203	20.236	105	73.50	82	29.17	27	27.95	187	38.99	60	94.21	217
Nov. 5	13.635	162	59.28	244	20.131	66	72.68	104	28.90	17	26.08	214	38.39	51	92.04	260
15	13.473	106	56.84	279	20.065	22	71.64	125	28.73	8	23.94	235	37.88	40	89.44	297
25	13.367	45	54.05	307	20.043	—25	70.39	142	28.65	—2	21.59	245	37.48	28	86.47	327
Dez. 5	13.322	—17	50.98	327	20.068	71	68.97	157	28.67	13	19.14	247	37.20	15	83.20	348
15	13.339	81	47.71	338	20.139	116	67.40	167	28.80	24	16.67	241	37.05	0	79.72	358
25	13.420	142	44.33	336	20.255	158	65.73	172	29.04	33	14.26	227	37.05	14	76.14	357
35	13.562		40.97		20.413		64.01		29.37		11.99		37.19		72.57	
Mittl. Ort	13.232		43.87		17.824		62.89		24.61		20.00		42.92		75.58	
sec δ, tg δ	+1.440		+1.037		+1.003		+0.080		+2.340		—2.116		+3.266		+3.109	
a, *a′*	+1.7		—1.9		+3.0		—1.6		+5.9		—1.6		—1.1		—1.5	
b, *b′*	—0.01		+1.00		0.00		+1.00		+0.01		+1.00		—0.02		+1.00	

Scheinbare Sternörter 1956

Obere Kulmination Greenwich

Tag	667) μ Herculis[1] AR.		Dekl.		675) 35 Draconis AR.		Dekl.	
1956	17h 44m		+27° 44′		17h 51m		+76° 57′	
	s		″		s		″	
Jan. 1	43.380	170	41.80	278	17.99	22	70.29	345
11	43.550	210	39.02	263	18.21	40	66.84	325
21	43.760	243	36.39	238	18.61	57	63.59	294
31	44.003	269	34.01	204	19.18	71	60.65	252
Febr. 10	44.272	288	31.97	163	19.89	84	58.13	199
20	44.560	302	30.34	115	20.73	92	56.14	140
März 1	44.862	308	29.19	62	21.65	98	54.74	76
11	45.170	308	28.57	7	22.63	100	53.98	9
21	45.478	303	28.50	46	23.63	98	53.89	57
31	45.781	293	28.96	97	24.61	94	54.46	121
April 10	46.074	278	29.93	144	25.55	86	55.67	178
20	46.352	257	31.37	184	26.41	75	57.45	230
30	46.609	232	33.21	218	27.16	63	59.75	272
Mai 10	46.841	204	35.39	243	27.79	48	62.47	305
20	47.045	171	37.82	260	28.27	33	65.52	327
30	47.216	133	40.42	269	28.60	17	68.79	341
Juni 9	47.349	93	43.11	270	28.77	0	72.20	343
18*	[17] 47.442	52	45.81	263	[19] 28.77	17	75.63	337
28	47.494	9	48.44	250	28.60	33	79.00	323
Juli 8	47.503	35	50.94	231	28.27	49	82.23	300
18	47.468	76	53.25	207	27.78	62	85.23	271
28	47.392	116	55.32	178	27.16	75	87.94	235
Aug. 7	47.276	151	57.10	147	26.41	86	90.29	195
17	47.125	180	58.57	111	25.55	95	92.24	150
27	46.945	203	59.68	74	24.60	102	93.74	103
Sept. 6	46.742	217	60.42	36	23.58	106	94.77	52
16	46.525	222	60.78	4	22.52	108	95.29	1
26	46.303	217	60.74	43	21.44	106	95.30	51
Okt. 6	46.086	202	60.31	84	20.38	103	94.79	103
16	45.884	177	59.47	123	19.35	97	93.76	153
26	45.707	144	58.24	160	18.38	87	92.23	202
Nov. 5	45.563	103	56.64	194	17.51	75	90.21	246
15	45.460	57	54.70	226	16.76	61	87.75	284
25	45.403	7	52.44	251	16.15	45	84.91	315
Dez. 5	45.396	44	49.93	270	15.70	27	81.76	338
15	45.440	93	47.23	281	15.43	9	78.38	350
25	45.533	141	44.42	282	15.34	11	74.88	351
35	45.674		41.60		15.45		71.37	
Mittl. Ort	44.066		43.07		24.86		72.11	
sec δ, tg δ	+1.130		+0.526		+4.435		+4.321	
a, *a′*	+2.4		−1.3		−2.7		−0.8	
b, *b′*	0.00		+1.00		−0.01		+1.00	

Tag	671) ξ Draconis AR.		Dekl.		672) θ Herculis AR.		Dekl.	
1956	17h 52m		+56° 52′		17h 54m		+37° 15′	
	s		″		s		″	
Jan. 1	43.841	164	42.66	346	43.552	157	18.05	307
11	44.005	234	39.20	328	43.709	203	14.98	292
21	44.239	298	35.92	297	43.912	242	12.06	266
31	44.537	351	32.95	255	44.154	275	9.40	229
Febr. 10	44.888	393	30.40	203	44.429	301	7.11	184
20	45.281	425	28.37	144	44.730	319	5.27	132
März 1	45.706	444	26.93	80	45.049	329	3.95	74
11	46.150	450	26.13	13	45.378	333	3.21	14
21	46.600	445	26.00	54	45.711	329	3.07	46
31	47.045	427	26.54	117	46.040	320	3.53	103
April 10	47.472	400	27.71	176	46.360	304	4.56	155
20	47.872	363	29.47	227	46.664	282	6.11	201
30	48.235	317	31.74	269	46.946	254	8.12	239
Mai 10	48.552	263	34.43	304	47.200	222	10.51	270
20	48.815	205	37.47	327	47.422	184	13.21	290
30	49.020	141	40.74	340	47.606	143	16.11	302
Juni 9	49.161	73	44.14	344	47.749	98	19.13	306
18*	[20] 49.234	6	47.58	338	[20] 47.847	52	22.19	300
28	49.240	63	50.96	324	47.899	4	25.19	288
Juli 8	49.177	130	54.20	302	47.903	45	28.07	268
18	49.047	193	57.22	273	47.858	91	30.75	242
28	48.854	251	59.95	238	47.767	134	33.17	212
Aug. 7	48.603	302	62.33	198	47.633	174	35.29	176
17	48.301	344	64.31	153	47.459	206	37.05	138
27	47.957	377	65.84	106	47.253	232	38.43	97
Sept. 6	47.580	399	66.90	56	47.021	249	39.40	53
16	47.181	407	67.46	5	46.772	257	39.93	7
26	46.774	402	67.51	48	46.515	253	40.00	37
Okt. 6	46.372	385	67.03	100	46.262	239	39.63	83
16	45.987	353	66.03	151	46.023	215	38.80	128
26	45.634	310	64.52	200	45.808	182	37.52	171
Nov. 5	45.324	254	62.52	243	45.626	140	35.81	210
15	45.070	189	60.09	283	45.486	91	33.71	245
25	44.881	118	57.26	315	45.395	39	31.26	275
Dez. 5	44.763	41	54.11	338	45.356	17	28.51	296
15	44.722	38	50.73	351	45.373	71	25.55	310
25	44.760	116	47.22	353	45.444	123	22.45	312
35	44.876		43.69		45.567		19.33	
Mittl. Ort	45.941		44.25		44.528		18.93	
sec δ, tg δ	+1.830		+1.533		+1.256		+0.761	
a, *a′*	+1.0		−0.6		+2.1		−0.5	
b, *b′*	0.00		+1.00		0.00		+1.00	

[1] Die jährliche Parallaxe (0″.109) ist bereits berücksichtigt.

* Bei Stern 675), 671) und 672) lies Juni 19.

Scheinbare Sternörter 1956

Obere Kulmination Greenwich

Tag	676) γ Draconis AR.		676) γ Draconis Dekl.		673) ν Ophiuchi AR.		673) ν Ophiuchi Dekl.		677) 67 Ophiuchi AR.		677) 67 Ophiuchi Dekl.		679) γ Sagittarii AR.		679) γ Sagittarii Dekl.	
1956	17h 55m		+51° 29′		17h 56m		−9° 46′		17h 58m		+2° 55′		18h 2m		−30° 25′	
	s		″		s		″		s		″		s		″	
Jan. 1	33.264	157	34.87	340	35.924	182	10.00	86	26.055	170	56.61	157	58.563	205	32.40	42
11	33.421	217	31.47	322	36.106	216	10.86	86	26.225	203	55.04	153	58.768	242	31.98	34
21	33.638	272	28.25	293	36.322	243	11.72	82	26.428	231	53.51	142	59.010	275	31.64	27
31	33.910	318	25.32	253	36.565	265	12.54	73	26.659	253	52.09	124	59.285	300	31.37	21
Febr. 10	34.228	354	22.79	202	36.830	280	13.27	60	26.912	270	50.85	100	59.585	318	31.16	17
20	34.582	381	20.77	145	37.110	291	13.87	43	27.182	281	49.85	72	59.903	331	30.99	14
März 1	34.963	398	19.32	81	37.401	296	14.30	24	27.463	287	49.13	41	60.234	339	30.85	12
11	35.361	403	18.51	16	37.697	298	14.54	2	27.750	289	48.72	7	60.573	342	30.73	10
21	35.764	400	18.35	49	37.995	296	14.56	18	28.039	288	48.65	27	60.915	340	30.63	10
31	36.164	386	18.84	112	38.291	291	14.38	38	28.327	282	48.92	59	61.255	334	30.53	9
April 10	36.550	363	19.96	169	38.582	280	14.00	55	28.609	272	49.51	88	61.589	325	30.44	7
20	36.913	332	21.65	220	38.862	267	13.45	71	28.881	258	50.39	114	61.914	311	30.37	3
30	37.245	294	23.85	263	39.129	250	12.74	82	29.139	241	51.53	133	62.225	292	30.34	1
Mai 10	37.539	249	26.48	296	39.379	227	11.92	90	29.380	219	52.86	149	62.517	268	30.35	7
20	37.788	198	29.44	320	39.606	202	11.02	93	29.599	192	54.35	158	62.785	238	30.42	14
30	37.986	144	32.64	333	39.808	171	10.09	93	29.791	162	55.93	162	63.023	205	30.56	20
Juni 9	38.130	85	35.97	337	39.979	136	9.16	91	29.953	128	57.55	162	63.228	165	30.76	28
19	$_{20}$38.215	25	39.34	332	$_{21}$40.115	99	8.25	85	$_{21}$30.081	91	59.17	157	$_{22}$63.393	122	31.04	35
28	38.240	35	42.66	319	40.214	59	7.40	78	30.172	51	60.74	147	63.515	77	31.39	40
Juli 8	38.205	95	45.85	297	40.273	18	6.62	70	30.223	11	62.21	136	63.592	29	31.79	43
18	38.110	152	48.82	270	40.291	24	5.92	60	30.234	29	63.57	121	63.621	19	32.22	44
28	37.958	204	51.52	235	40.267	63	5.32	50	30.205	68	64.78	105	63.602	65	32.66	43
Aug. 7	37.754	251	53.87	197	40.204	99	4.82	42	30.137	103	65.83	87	63.537	107	33.09	38
17	37.503	290	55.84	154	40.105	131	4.40	33	30.034	134	66.70	68	63.430	144	33.47	31
27	37.213	320	57.38	107	39.974	155	4.07	24	29.900	157	67.38	49	63.286	173	33.78	22
Sept. 6	36.893	340	58.45	59	39.819	172	3.83	16	29.743	174	67.87	30	63.113	193	34.00	9
16	36.553	349	59.04	9	39.647	178	3.67	9	29.569	180	68.17	10	62.920	203	34.09	3
26	36.204	346	59.13	43	39.469	176	3.58	1	29.389	178	68.27	10	62.717	201	34.06	17
Okt. 6	35.858	330	58.70	94	39.293	163	3.57	8	29.211	166	68.17	31	62.516	187	33.89	30
16	35.528	302	57.76	144	39.130	140	3.65	16	29.045	145	67.86	52	62.329	161	33.59	42
26	35.226	262	56.32	192	38.990	108	3.81	26	28.900	114	67.34	72	62.168	127	33.17	51
Nov. 5	34.964	213	54.40	235	38.882	69	4.07	37	28.786	77	66.62	92	62.041	83	32.66	58
15	34.751	156	52.05	274	38.813	26	4.44	48	28.709	35	65.70	111	61.958	33	32.08	61
25	34.595	91	49.31	306	38.787	21	4.92	59	28.674	11	64.59	129	61.925	19	31.47	61
Dez. 5	34.504	23	46.25	330	38.808	68	5.51	70	28.685	57	63.30	143	61.944	73	30.86	58
15	34.481	46	42.95	343	38.876	113	6.21	79	28.742	101	61.87	153	62.017	126	30.28	53
25	34.527	115	39.52	345	38.989	155	7.00	85	28.843	142	60.34	158	62.143	173	29.75	46
35	34.642		36.07		39.144		7.85		28.985		58.76		62.316		29.29	
Mittl. Ort	34.939		36.08		36.147		11.78		26.366		55.58		58.800		35.46	
sec δ, tg δ	+1.606		+1.257		+1.015		−0.172		+1.001		+0.051		+1.160		−0.587	
a, *a′*	+1.4		−0.4		+3.3		−0.3		+3.0		−0.1		+3.9		+0.3	
b, *b′*	0.00		+1.00		0.00		+1.00		0.00		+1.00		0.00		+1.00	

Scheinbare Sternörter 1956

Obere Kulmination Greenwich

Tag	680) 72 Ophiuchi AR.	Δ	680) Dekl.	Δ	681) o Herculis AR.	Δ	681) Dekl.	Δ	682) μ Sagittarii AR.	Δ	682) Dekl.	Δ	685) 36 Draconis AR.	Δ	685) Dekl.	Δ
1956	18h 5m		+9° 33′		18h 5m		+28° 45′		18h 11m		−21° 4′		18h 13m		+64° 22′	
	s		″		s		″		s		″		s		″	
Jan. 1	15.337	158	23.10	191	48.727	147	19.08	278	7.624	181	17.36	12	35.50	12	56.32	352
11	15.495	193	21.19	184	48.874	189	16.30	266	7.805	218	17.48	14	35.62	23	52.80	338
21	15.688	223	19.35	170	49.063	224	13.64	244	8.023	248	17.62	16	35.85	30	49.42	312
31	15.911	246	17.65	148	49.287	253	11.20	213	8.271	271	17.78	15	36.15	38	46.30	274
Febr. 10	16.157	265	16.17	120	49.540	277	9.07	172	8.542	290	17.93	11	36.53	45	43.56	225
20	16.422	277	14.97	87	49.817	294	7.35	126	8.832	303	18.04	5	36.98	50	41.31	168
März 1	16.699	286	14.10	49	50.111	305	6.09	74	9.135	312	18.09	— 3	37.48	53	39.63	105
11	16.985	289	13.61	10	50.416	310	5.35	19	9.447	315	18.06	12	38.01	55	38.58	38
21	17.274	288	13.51	— 30	50.726	309	5.16	— 35	9.762	315	17.94	21	38.56	55	38.20	— 29
31	17.562	284	13.81	68	51.035	303	5.51	88	10.077	311	17.73	30	39.11	54	38.49	94
April 10	17.846	274	14.49	103	51.338	291	6.39	137	10.388	304	17.43	36	39.65	50	39.43	156
20	18.120	261	15.52	134	51.629	274	7.76	180	10.692	292	17.07	41	40.15	46	40.99	211
30	18.381	243	16.86	159	51.903	252	9.56	216	10.984	276	16.66	43	40.61	41	43.10	258
Mai 10	18.624	221	18.45	177	52.155	224	11.72	244	11.260	254	16.23	43	41.02	35	45.68	296
20	18.845	194	20.22	191	52.379	193	14.16	265	11.514	228	15.80	41	41.37	27	48.64	324
30	19.039	164	22.13	197	52.572	157	16.81	276	11.742	198	15.39	36	41.64	19	51.88	342
Juni 9	19.203	129	24.10	197	52.729	117	19.57	280	11.940	161	15.03	30	41.83	10	55.30	351
19	19.332	92	26.07	193	52.846	74	22.37	276	12.101	122	14.73	24	41.93	2	58.81	350
28	^{23}19.424	51	28.00	184	^{23}52.920	30	25.13	265	^{24}12.223	79	14.49	17	^{25}41.95	— 7	62.31	339
Juli 8	19.475	11	29.84	170	52.950	— 15	27.78	249	12.302	35	14.32	10	41.88	15	65.70	322
18	19.486	— 30	31.54	153	52.935	59	30.27	226	12.337	— 9	14.22	4	41.73	24	68.92	296
28	19.456	70	33.07	133	52.876	100	32.53	198	12.328	53	14.18	— 1	41.49	31	71.88	263
Aug. 7	19.386	105	34.40	111	52.776	139	34.51	168	12.275	94	14.19	3	41.18	38	74.51	226
17	19.281	136	35.51	89	52.637	172	36.19	133	12.181	128	14.22	4	40.80	43	76.77	183
27	19.145	161	36.40	64	52.465	197	37.52	97	12.053	156	14.26	3	40.37	48	78.60	137
Sept. 6	18.984	178	37.04	39	52.268	216	38.49	58	11.897	177	14.29	1	39.89	51	79.97	87
16	18.806	187	37.43	14	52.052	224	39.07	18	11.720	186	14.30	— 3	39.38	53	80.84	35
26	18.619	185	37.57	— 13	51.828	223	39.25	— 22	11.534	186	14.27	7	38.85	53	81.19	— 18
Okt. 6	18.434	174	37.44	39	51.605	212	39.03	64	11.348	174	14.20	10	38.32	51	81.01	71
16	18.260	153	37.05	66	51.393	190	38.39	104	11.174	153	14.10	13	37.81	49	80.30	125
26	18.107	124	36.39	91	51.203	160	37.35	143	11.021	122	13.97	14	37.32	44	79.05	175
Nov. 5	17.983	88	35.48	116	51.043	123	35.92	180	10.899	82	13.83	14	36.88	37	77.30	223
15	17.895	47	34.32	139	50.920	79	34.12	212	10.817	37	13.69	12	36.51	31	75.07	266
25	17.848	2	32.93	160	50.841	30	32.00	241	10.780	— 11	13.57	8	36.20	22	72.41	303
Dez. 5	17.846	— 44	31.33	175	50.811	— 19	29.59	262	10.791	60	13.49	2	35.98	13	69.38	331
15	17.890	89	29.58	187	50.830	69	26.97	276	10.851	108	13.47	— 4	35.85	3	66.07	348
25	17.979	131	27.71	193	50.899	117	24.21	281	10.959	153	13.51	9	35.82	— 7	62.59	355
35	18.110		25.78		51.016		21.40		11.112		13.60		35.89		59.04	
Mittl. Ort	15.724		22.14		49.457		18.81		7.843		19.86		38.50		55.73	
sec δ, tg δ	+1.014		+0.168		+1.141		+0.549		+1.072		−0.385		+2.313		+2.085	
a, *a′*	+2.8		+0.5		+2.3		+0.5		+3.6		+1.0		+0.3		+1.2	
b, *b′*	0.00		+1.00		0.00		+1.00		0.00		+1.00		+0.01		+1.00	

Scheinbare Sternörter 1956

Obere Kulmination Greenwich

Tag	688) η Serpentis AR.		688) η Serpentis Dekl.		689) ε Sagittarii AR.		689) ε Sagittarii Dekl.		690) 109 Herculis AR.		690) 109 Herculis Dekl.		695) χ Draconis[1] AR.		695) χ Draconis[1] Dekl.	
1956	18h 19m		−2° 54′		18h 21m		−34° 24′		18h 21m		+21° 44′		18h 21m		+72° 42′	
	s		″		s		″		s		″		s		″	
Jan. 1	1.604	153	40.63	120	14.806	191	23.76	76	48.701	135	55.90	247	46.06	11	53.08	352
11	1.757	188	41.83	118	14.997	233	23.00	68	48.836	173	53.43	239	46.17	25	49.56	339
21	1.945	218	43.01	110	15.230	268	22.32	62	49.009	208	51.04	221	46.42	38	46.17	315
31	2.163	241	44.11	96	15.498	297	21.70	54	49.217	236	48.83	194	46.80	49	43.02	280
Febr. 10	2.404	260	45.07	78	15.795	319	21.16	48	49.453	260	46.89	160	47.29	60	40.22	232
20	2.664	274	45.85	55	16.114	335	20.68	41	49.713	277	45.29	119	47.89	68	37.90	177
März 1	2.938	284	46.40	29	16.449	347	20.27	37	49.990	289	44.10	73	48.57	74	36.13	115
11	3.222	288	46.69	2	16.796	353	19.90	32	50.279	296	43.37	23	49.31	76	34.98	49
21	3.510	290	46.71	$\overline{26}$	17.149	355	19.58	26	50.575	299	43.14	$\overline{26}$	50.07	78	34.49	18
31	3.800	288	46.45	53	17.504	353	19.32	21	50.874	296	43.40	75	50.85	76	34.67	84
April 10	4.088	281	45.92	78	17.857	345	19.11	15	51.170	289	44.15	119	51.61	71	35.51	145
20	4.369	271	45.14	98	18.202	334	18.96	7	51.459	275	45.34	160	52.32	65	36.96	201
30	4.640	256	44.16	114	18.536	316	18.89	$\overline{2}$	51.734	257	46.94	193	52.97	57	38.97	250
Mai 10	4.896	236	43.02	127	18.852	293	18.91	11	51.991	235	48.87	220	53.54	47	41.47	288
20	5.132	213	41.75	134	19.145	265	19.02	23	52.226	206	51.07	239	54.01	37	44.35	318
30	5.345	183	40.41	136	19.410	230	19.25	33	52.432	175	53.46	251	54.38	24	47.53	338
Juni 9	5.528	149	39.05	135	19.640	191	19.58	43	52.607	137	55.97	256	54.62	12	50.91	349
19	[26] 5.677	113	37.70	129	[27] 19.831	146	20.01	52	[27] 52.744	97	58.53	252	[27] 54.74	$\overline{1}$	54.40	349
28	5.790	73	36.41	120	19.977	98	20.53	59	52.841	55	61.05	244	54.73	13	57.89	341
Juli 8	5.863	32	35.21	109	20.075	48	21.12	65	52.896	12	63.49	229	54.60	25	61.30	324
18	5.895	$\overline{10}$	34.12	97	20.123	$\overline{3}$	21.77	67	52.908	$\overline{31}$	65.78	210	54.35	37	64.54	301
28	5.885	50	33.15	83	20.120	53	22.44	65	52.877	74	67.88	186	53.98	48	67.55	269
Aug. 7	5.835	88	32.32	68	20.067	99	23.09	61	52.803	112	69.74	158	53.50	58	70.24	233
17	5.747	122	31.64	53	19.968	140	23.70	52	52.691	146	71.32	128	52.92	65	72.57	192
27	5.625	148	31.11	38	19.828	173	24.22	41	52.545	173	72.60	96	52.27	72	74.49	147
Sept. 6	5.477	168	30.73	24	19.655	198	24.63	27	52.372	193	73.56	63	51.55	77	75.96	97
16	5.309	178	30.49	9	19.457	212	24.90	10	52.179	203	74.19	27	50.78	79	76.93	46
26	5.131	179	30.40	$\overline{6}$	19.245	213	25.00	$\overline{8}$	51.976	206	74.46	$\overline{9}$	49.99	80	77.39	$\overline{6}$
Okt. 6	4.952	170	30.46	20	19.032	202	24.92	25	51.770	197	74.37	45	49.19	78	77.33	60
16	4.782	151	30.66	35	18.830	179	24.67	42	51.573	179	73.92	81	48.41	74	76.73	113
26	4.631	123	31.01	51	18.651	146	24.25	57	51.394	151	73.11	116	47.67	69	75.60	165
Nov. 5	4.508	88	31.52	65	18.505	104	23.68	69	51.243	118	71.95	149	46.98	61	73.95	213
15	4.420	48	32.17	80	18.401	54	22.99	78	51.125	77	70.46	180	46.37	50	71.82	257
25	4.372	5	32.97	94	18.347	1	22.21	82	51.048	32	68.66	207	45.87	39	69.25	295
Dez. 5	4.367	$\overline{41}$	33.91	106	18.346	$\overline{54}$	21.39	84	51.016	$\overline{15}$	66.59	227	45.48	26	66.30	324
15	4.408	85	34.97	115	18.400	107	20.55	82	51.031	60	64.32	242	45.22	13	63.06	345
25	4.493	126	36.12	120	18.507	158	19.73	78	51.091	106	61.90	249	45.09	$\overline{2}$	59.61	353
35	4.619		37.32		18.665		18.95		51.197		59.41		45.11		56.08	
Mittl. Ort	1.882		42.52		15.093		26.67		49.282		54.41		50.98		51.58	
sec δ, tg δ	+1.001		−0.051		+1.212		−0.685		+1.077		+0.399		+3.365		+3.213	
a, *a′*	+3.1		+1.7		+4.0		+1.9		+2.5		+1.9		−1.2		+1.9	
b, *b′*	0.00		+1.00		0.00		+1.00		0.00		+1.00		+0.02		+1.00	

[1] Die jährliche Parallaxe (0″.119) ist bereits berücksichtigt.

Scheinbare Sternörter 1956

Obere Kulmination Greenwich

Tag	691) α Telescopii				699) α Lyrae[1]				698) ζ Pavonis				703) 110 Herculis			
	AR.		Dekl.		AR.		Dekl.		AR.		Dekl.		AR.		Dekl.	
1956	18h 23m		−45° 59′		18h 35m		+38° 44′		18h 37m		−71° 27′		18h 43m		+20° 30′	
	s		″		s		″		s		″		s		″	
Jan. 1	42.189	213	37.59	145	25.816	110	32.16	306	52.41	32	66.42	280	45.437	113	13.21	236
11	42.402	264	36.14	136	25.926	159	29.10	298	52.73	45	63.62	268	45.550	151	10.85	231
21	42.666	307	34.78	124	26.085	203	26.12	278	53.18	56	60.94	247	45.701	187	8.54	217
31	42.973	343	33.54	109	26.288	242	23.34	248	53.74	64	58.47	222	45.888	217	6.37	193
Febr. 10	43.316	370	32.45	94	26.530	274	20.86	207	54.38	72	56.25	192	46.105	243	4.44	161
20	43.686	391	31.51	78	26.804	301	18.79	158	55.10	78	54.33	159	46.348	263	2.83	122
März 1	44.077	406	30.73	62	27.105	320	17.21	103	55.88	82	52.74	123	46.611	279	1.61	78
11	44.483	414	30.11	45	27.425	332	16.18	44	56.70	84	51.51	85	46.890	290	0.83	31
21	44.897	416	29.66	28	27.757	338	15.74	16	57.54	86	50.66	47	47.180	296	0.52	18
31	45.313	413	29.38	11	28.095	336	15.90	75	58.40	85	50.19	8	47.476	297	0.70	66
April 10	45.726	405	29.27	6	28.431	327	16.65	131	59.25	84	50.11	31	47.773	293	1.36	110
20	46.131	391	29.33	24	28.758	313	17.96	181	60.09	80	50.42	68	48.066	284	2.46	150
30	46.522	370	29.57	42	29.071	290	19.77	225	60.89	76	51.10	104	48.350	270	3.96	185
Mai 10	46.892	342	29.99	60	29.361	262	22.02	261	61.65	70	52.14	139	48.620	250	5.81	213
20	47.234	308	30.59	77	29.623	228	24.63	288	62.35	62	53.53	169	48.870	224	7.94	234
30	47.542	267	31.36	92	29.851	188	27.51	306	62.97	52	55.22	196	49.094	194	10.28	248
Juni 9	47.809	219	32.28	106	30.039	144	30.57	316	63.49	43	57.18	217	49.288	158	12.76	253
19	48.028	167	33.34	117	30.183	96	33.73	317	63.92	31	59.35	233	49.446	120	15.29	252
28*	[27] 48.195	111	34.51	124	[30] 30.279	46	36.90	309	64.23	19	61.68	243	[2] 49.566	77	17.81	246
Juli 8	48.306	51	35.75	127	30.325	5	39.99	295	[1] 64.42	7	64.11	245	49.643	34	20.27	232
18	48.357	9	37.02	125	30.320	55	42.94	274	64.49	6	66.56	239	49.677	10	22.59	215
28	48.348	67	38.27	120	30.265	104	45.68	247	64.43	18	68.95	225	49.667	54	24.74	192
Aug. 7	48.281	122	39.47	108	30.161	147	48.15	215	64.25	30	71.20	204	49.613	94	26.66	167
17	48.159	170	40.55	91	30.014	187	50.30	178	63.95	41	73.24	174	49.519	130	28.33	138
27	47.989	210	41.46	71	29.827	220	52.08	139	63.54	49	74.98	138	49.389	161	29.71	108
Sept. 6	47.779	239	42.17	46	29.607	243	53.47	96	63.05	56	76.36	95	49.228	183	30.79	74
16	47.540	256	42.63	19	29.364	257	54.43	51	62.49	60	77.31	48	49.045	197	31.53	41
26	47.284	258	42.82	11	29.107	262	54.94	5	61.89	61	77.79	2	48.848	203	31.94	6
Okt. 6	47.026	246	42.71	40	28.845	255	54.99	42	61.28	60	77.77	53	48.645	198	32.00	29
16	46.780	221	42.31	68	28.590	239	54.57	88	60.68	56	77.24	104	48.447	183	31.71	65
26	46.559	183	41.63	94	28.351	211	53.69	133	60.12	49	76.20	151	48.264	159	31.06	99
Nov. 5	46.376	133	40.69	115	28.140	175	52.36	177	59.63	40	74.69	192	48.105	129	30.07	132
15	46.243	77	39.54	133	27.965	132	50.59	217	59.23	28	72.77	229	47.976	91	28.75	163
25	46.166	14	38.21	145	27.833	84	48.42	251	58.95	16	70.48	255	47.885	49	27.12	190
Dez. 5	46.152	51	36.76	151	27.749	31	45.91	278	58.79	3	67.93	274	47.836	5	25.22	212
15	46.203	114	35.25	153	27.718	23	43.13	297	58.76	11	65.19	282	47.831	40	23.10	228
25	46.317	174	33.72	148	27.741	75	40.16	308	58.87	25	62.37	283	47.871	84	20.82	237
35	46.491		32.24		27.816		37.08		59.12		59.54		47.955		18.45	
Mittl. Ort	42.634		40.81		26.845		29.76		54.37		69.66		45.988		10.41	
sec δ, tg δ	+1.439		−1.035		+1.282		+0.802		+3.147		−2.983		+1.068		+0.374	
a, *a′*	+4.4		+2.1		+2.0		+3.1		+7.0		+3.3		+2.6		+3.8	
b, *b′*	−0.01		+0.99		+0.01		+0.99		−0.03		+0.99		0.00		+0.98	

[1] Die jährliche Parallaxe (0″.121) ist bereits berücksichtigt.

* Bei Stern 699), 698) und 703) lies Juni 29.

Scheinbare Sternörter 1956

Obere Kulmination Greenwich

Tag	704) λ Pavonis AR.		704) λ Pavonis Dekl.		705) β Lyrae AR.		705) β Lyrae Dekl.		707) o Draconis AR.		707) o Draconis Dekl.		706) σ Sagittarii AR.		706) σ Sagittarii Dekl.	
1956	18h 48m		−62° 14′		18h 48m		+33° 18′		18h 50m		+59° 19′		18h 52m		−26° 21′	
	s		″		s		″		s		″		s		″	
Jan. 1	7.62	23	24.08	243	26.384	97	41.15	287	30.802	59	67.14	344	31.977	144	9.26	38
11	7.85	32	21.65	235	26.481	142	38.28	281	30.861	139	63.70	341	32.121	184	8.88	36
21	8.17	38	19.30	220	26.623	184	35.47	265	31.000	214	60.29	323	32.305	218	8.52	37
31	8.55	44	17.10	201	26.807	220	32.82	238	31.214	283	57.06	293	32.523	247	8.15	37
Febr. 10	8.99	49	15.09	178	27.027	252	30.44	201	31.497	344	54.13	253	32.770	272	7.78	39
20	9.48	54	13.31	153	27.279	278	28.43	157	31.841	395	51.60	201	33.042	292	7.39	42
März 1	10.02	56	11.78	124	27.557	297	26.86	105	32.236	433	49.59	143	33.334	307	6.97	46
11	10.58	59	10.54	94	27.854	311	25.81	$\underline{50}$	32.669	461	48.16	80	33.641	317	6.51	50
21	11.17	59	9.60	63	28.165	320	25.31	7	33.130	475	47.36	$\underline{13}$	33.958	325	6.01	53
31	11.76	60	8.97	$\underline{31}$	28.485	321	25.38	63	33.605	476	47.23	53	34.283	328	5.48	56
April 10	12.36	59	8.66	2	28.806	316	26.01	117	34.081	465	47.76	116	34.611	327	4.92	57
20	12.95	58	8.68	34	29.122	306	27.18	166	34.546	441	48.92	175	34.938	321	4.35	56
30	13.53	55	9.02	65	29.428	289	28.84	208	34.987	406	50.67	226	35.259	310	3.79	53
Mai 10	14.08	51	9.67	96	29.717	265	30.92	243	35.393	360	52.93	271	35.569	293	3.26	46
20	14.59	46	10.63	124	29.982	235	33.35	271	35.753	305	55.64	306	35.862	270	2.80	39
30	15.05	40	11.87	150	30.217	200	36.06	289	36.058	243	58.70	331	36.132	241	2.41	29
Juni 9	15.45	33	13.37	172	30.417	160	38.95	300	36.301	175	62.01	347	36.373	207	2.12	17
19	15.78	26	15.09	188	30.577	116	41.95	302	36.476	102	65.48	354	36.580	168	1.95	$\underline{7}$
29	16.04	18	16.97	200	30.693	69	44.97	296	36.578	$\underline{26}$	69.02	351	36.748	123	1.88	5
Juli 8	^{4}16.22	9	18.97	207	^{4}30.762	$\underline{21}$	47.93	284	^{4}36.604	49	72.53	340	^{5}36.871	77	1.93	15
18	16.31	0	21.04	205	30.783	27	50.77	265	36.555	123	75.93	322	36.948	$\underline{29}$	2.08	24
28	16.31	9	23.09	197	30.756	74	53.42	241	36.432	193	79.15	296	36.977	20	2.32	30
Aug. 7	16.22	17	25.06	181	30.682	118	55.83	212	36.239	258	82.11	264	36.957	65	2.62	34
17	16.05	24	26.87	159	30.564	158	57.95	178	35.981	315	84.75	225	36.892	107	2.96	35
27	15.81	31	28.46	130	30.406	190	59.73	141	35.666	364	87.00	183	36.785	142	3.31	34
Sept. 6	15.50	36	29.76	95	30.216	215	61.14	102	35.302	400	88.83	137	36.643	170	3.65	28
16	15.14	39	30.71	55	30.001	232	62.16	60	34.902	425	90.20	87	36.473	187	3.93	21
26	14.75	41	31.26	$\underline{12}$	29.769	238	62.76	$\underline{17}$	34.477	436	91.07	$\underline{35}$	36.286	195	4.14	12
Okt. 6	14.34	40	31.38	32	29.531	234	62.93	26	34.041	434	91.42	18	36.091	190	4.26	2
16	13.94	37	31.06	76	29.297	220	62.67	71	33.607	418	91.24	72	35.901	175	4.28	7
26	13.57	32	30.30	118	29.077	197	61.96	114	33.189	387	90.52	126	35.726	150	4.21	17
Nov. 5	13.25	27	29.12	156	28.880	164	60.82	155	32.802	343	89.26	176	35.576	116	4.04	25
15	12.98	19	27.56	188	28.716	126	59.27	193	32.459	288	87.50	224	35.460	75	3.79	31
25	12.79	10	25.68	213	28.590	81	57.34	227	32.171	224	85.26	267	35.385	$\underline{28}$	3.48	35
Dez. 5	12.69	$\underline{1}$	23.55	232	28.509	$\underline{33}$	55.07	255	31.947	151	82.59	302	35.357	20	3.13	37
15	12.68	8	21.23	241	28.476	16	52.52	276	31.796	$\underline{73}$	79.57	327	35.377	67	2.76	37
25	12.76	17	18.82	244	28.492	65	49.76	286	31.723	8	76.30	343	35.444	113	2.39	37
35	12.93		16.38		28.557		46.90		31.731		72.87		35.557		2.02	
Mittl. Ort	8.70		26.59		27.223		37.72		33.098		62.72		32.233		11.53	
sec δ, tg δ	+2.147		−1.900		+1.197		+0.657		+1.961		+1.686		+1.116		−0.495	
a, *a′*	+5.6		+4.2		+2.2		+4.2		+0.9		+4.4		+3.7		+4.6	
b, *b′*	−0.03		+0.98		+0.01		+0.98		+0.02		+0.98		−0.01		+0.97	

Scheinbare Sternörter 1956

Obere Kulmination Greenwich

Tag	711) R Lyrae AR.		711) R Lyrae Dekl.	
1956	$18^h\ 53^m$		$+43°\ 53'$	
	s		″	
Jan. 1	58.471	79	18.19	317
11	58.550	133	15.02	313
21	58.683	183	11.89	296
31	58.866	229	8.93	269
Febr. 10	59.095	268	6.24	230
20	59.363	302	3.94	182
März 1	59.665	327	2.12	127
11	59.992	346	0.85	68
21	60.338	356	0.17	6 —
31	60.694	360	0.11	56
April 10	61.054	354	0.67	116
20	61.408	341	1.83	169
30	61.749	320	3.52	217
Mai 10	62.069	291	5.69	258
20	62.360	256	8.27	290
30	62.616	215	11.17	313
Juni 9	62.831	167	14.30	326
19	62.998	117	17.56	332
29	63.115	63	20.88	328
Juli 8	^{5}63.178	8 —	24.16	317
18	63.186	47	27.33	298
28	63.139	101	30.31	274
Aug. 7	63.038	149	33.05	242
17	62.889	194	35.47	207
27	62.695	232	37.54	167
Sept. 6	62.463	260	39.21	124
16	62.203	279	40.45	79
26	61.924	287	41.24	30 —
Okt. 6	61.637	286	41.54	19
16	61.351	272	41.35	69
26	61.079	247	40.66	117
Nov. 5	60.832	214	39.49	164
15	60.618	172	37.85	207
25	60.446	123	35.78	246
Dez. 5	60.323	70	33.32	279
15	60.253	15 —	30.53	302
25	60.238	43	27.51	316
35	60.281		24.35	
Mittl. Ort	59.686		13.97	
sec δ, tg δ	+1.388		+0.962	
a, *a′*	+1.8		+4.7	
b, *b′*	+0.01		+0.97	

Tag	709) ϑ Serpentis *pr* AR.		709) ϑ Serpentis *pr* Dekl.	
1956	$18^h\ 54^m$		$+4°\ 8'$	
	s		″	
Jan. 1	1.535	115	44.66	148
11	1.650	152	43.18	145
21	1.802	183	41.73	136
31	1.985	211	40.37	119
Febr. 10	2.196	234	39.18	97
20	2.430	253	38.21	70
März 1	2.683	268	37.51	38
11	2.951	279	37.13	5 —
21	3.230	286	37.08	30
31	3.516	289	37.38	63
April 10	3.805	289	38.01	95
20	4.094	282	38.96	123
30	4.376	272	40.19	145
Mai 10	4.648	256	41.64	163
20	4.904	234	43.27	175
30	5.138	208	45.02	182
Juni 9	5.346	176	46.84	183
19	5.522	140	48.67	179
29	5.662	101	50.46	170
Juli 8	^{5}5.763	58	52.16	159
18	5.821	16 —	53.75	143
28	5.837	27	55.18	127
Aug. 7	5.810	67	56.45	107
17	5.743	103	57.52	87
27	5.640	134	58.39	66
Sept. 6	5.506	158	59.05	46
16	5.348	174	59.51	24
26	5.174	180	59.75	3 —
Okt. 6	4.994	177	59.78	18
16	4.817	163	59.60	40
26	4.654	142	59.20	60
Nov. 5	4.512	112	58.60	80
15	4.400	77	57.80	99
25	4.323	37 —	56.81	117
Dez. 5	4.286	5	55.64	132
15	4.291	47	54.32	142
25	4.338	88	52.90	149
35	4.426		51.41	
Mittl. Ort	1.868		41.77	
sec δ, tg δ	+1.003		+0.072	
a, *a′*	+3.0		+4.7	
b, *b′*	0.00		+0.97	

Tag	708) λ Telescopii AR.		708) λ Telescopii Dekl.	
1956	$18^h\ 54^m$		$-52°\ 59'$	
	s		″	
Jan. 1	56.131	186	51.78	198
11	56.317	246	49.80	193
21	56.563	300	47.87	183
31	56.863	347	46.04	170
Febr. 10	57.210	386	44.34	153
20	57.596	417	42.81	135
März 1	58.013	441	41.46	115
11	58.454	458	40.31	94
21	58.912	468	39.37	70
31	59.380	473	38.67	46
April 10	59.853	470	38.21	22 —
20	60.323	459	37.99	4
30	60.782	442	38.03	30
Mai 10	61.224	415	38.33	55
20	61.639	380	38.88	80
30	62.019	336	39.68	103
Juni 9	62.355	286	40.71	124
19	62.641	227	41.95	140
29	62.868	163	43.35	154
Juli 8	^{5}63.031	95	44.89	162
18	63.126	25 —	46.51	164
28	63.151	44	48.15	161
Aug. 7	63.107	111	49.76	152
17	62.996	172	51.28	135
27	62.824	224	52.63	114
Sept. 6	62.600	264	53.77	86
16	62.336	292	54.63	55
26	62.044	303	55.18	20 —
Okt. 6	61.741	300	55.38	16
16	61.441	280	55.22	53
26	61.161	244	54.69	88
Nov. 5	60.917	197	53.81	120
15	60.720	138	52.61	147
25	60.582	72	51.14	169
Dez. 5	60.510	2 —	49.45	184
15	60.508	70	47.61	195
25	60.578	139	45.66	197
35	60.717		43.69	
Mittl. Ort	56.794		53.88	
sec δ, tg δ	+1.662		−1.327	
a, *a′*	+4.8		+4.8	
b, *b′*	−0.02		+0.97	

Tag	713) γ Lyrae AR.		713) γ Lyrae Dekl.	
1956	$18^h\ 57^m$		$+32°\ 37'$	
	s		″	
Jan. 1	16.948	88	45.00	282
11	17.036	132	42.18	277
21	17.168	174	39.41	263
31	17.342	211	36.78	238
Febr. 10	17.553	243	34.40	203
20	17.796	270	32.37	159
März 1	18.066	291	30.78	110
11	18.357	307	29.68	55 —
21	18.664	316	29.13	2
31	18.980	320	29.15	58
April 10	19.300	318	29.73	110
20	19.618	308	30.83	160
30	19.926	293	32.43	203
Mai 10	20.219	271	34.46	239
20	20.490	242	36.85	267
30	20.732	208	39.52	286
Juni 9	20.940	170	42.38	298
19	21.110	126	45.36	301
29	21.236	80	48.37	297
Juli 8	^{6}21.316	32 —	51.34	285
18	21.348	16	54.19	268
28	21.332	64	56.87	245
Aug. 7	21.268	109	59.32	215
17	21.159	149	61.47	183
27	21.010	182	63.30	147
Sept. 6	20.828	209	64.77	109
16	20.619	226	65.86	68
26	20.393	234	66.54	25 —
Okt. 6	20.159	232	66.79	18
16	19.927	220	66.61	62
26	19.707	197	65.99	105
Nov. 5	19.510	168	64.94	146
15	19.342	130	63.48	185
25	19.212	86	61.63	219
Dez. 5	19.126	40 —	59.44	247
15	19.086	7	56.97	268
25	19.093	57	54.29	281
35	19.150		51.48	
Mittl. Ort	17.757		40.94	
sec δ, tg δ	+1.187		+0.640	
a, *a′*	+2.2		+5.0	
b, *b′*	+0.01		+0.97	

Scheinbare Sternörter 1956

Obere Kulmination Greenwich

Tag	716) ζ Aquilae				717) λ Aquilae			
	AR.		Dekl.		AR.		Dekl.	
1956	19h 3m		+13° 47′		19h 3m		−4° 56′	
	s		″		s		″	
Jan. 1	22.754	98	51.68	198	54.511	113	57.41	93
11	22.852	136	49.70	194	54.624	149	58.34	90
21	22.988	170	47.76	184	54.773	180	59.24	83
31	23.158	200	45.92	164	54.953	209	60.07	71
Febr. 10	23.358	226	44.28	137	55.162	232	60.78	55
20	23.584	247	42.91	104	55.394	251	61.33	34
März 1	23.831	265	41.87	66	55.645	267	61.67	11
11	24.096	278	41.21	24	55.912	280	61.78	15
21	24.374	287	40.97	19	56.192	288	61.63	40
31	24.661	292	41.16	60	56.480	293	61.23	65
April 10	24.953	292	41.76	101	56.773	293	60.58	88
20	25.245	287	42.77	137	57.066	290	59.70	108
30	25.532	276	44.14	168	57.356	281	58.62	123
Mai 10	25.808	260	45.82	193	57.637	266	57.39	133
20	26.068	239	47.75	212	57.903	247	56.06	140
30	26.307	211	49.87	223	58.150	222	54.66	142
Juni 9	26.518	179	52.10	228	58.372	191	53.24	139
19	26.697	143	54.38	228	58.563	155	51.85	133
29	26.840	102	56.66	221	8 58.718	117	50.52	124
Juli 8	7 26.942	59	58.87	210	58.835	74	49.28	111
18	27.001	15	60.97	193	58.909	30	48.17	97
28	27.016	28	62.90	174	58.939	13	47.20	83
Aug. 7	26.988	69	64.64	151	58.926	54	46.37	67
17	26.919	107	66.15	127	58.872	93	45.70	53
27	26.812	139	67.42	99	58.779	125	45.17	37
Sept. 6	26.673	164	68.41	72	58.654	151	44.80	23
16	26.509	181	69.13	43	58.503	168	44.57	10
26	26.328	188	69.56	13	58.335	175	44.47	3
Okt. 6	26.140	187	69.69	16	58.160	174	44.50	15
16	25.953	176	69.53	46	57.986	163	44.65	27
26	25.777	155	69.07	75	57.823	141	44.92	39
Nov. 5	25.622	128	68.32	104	57.682	113	45.31	51
15	25.494	93	67.28	130	57.569	78	45.82	62
25	25.401	55	65.98	153	57.491	38	46.44	73
Dez. 5	25.346	13	64.45	174	57.453	2	47.17	82
15	25.333	29	62.71	189	57.455	45	47.99	89
25	25.362	71	60.82	198	57.500	86	48.88	93
35	25.433		58.84		57.586		49.81	
Mittl. Ort	23.185		48.06		54.777		60.25	
sec δ, tg δ	+1.030		+0.246		+1.004		−0.087	
a, *a′*	+2.8		+5.5		+3.2		+5.5	
b, *b′*	0.00		+0.96		0.00		+0.96	

Tag	718) α Coron. austr.				720) π Sagittarii			
	AR.		Dekl.		AR.		Dekl.	
1956	19h 6m		−37° 58′		19h 7m		−21° 5′	
	s		″		s		″	
Jan. 1	28.480	142	28.02	115	8.607	123	41.00	9
11	28.622	187	26.87	113	8.730	162	40.91	11
21	28.809	228	25.74	111	8.892	195	40.80	13
31	29.037	264	24.63	107	9.087	224	40.67	17
Febr. 10	29.301	293	23.56	102	9.311	250	40.50	24
20	29.594	318	22.54	96	9.561	270	40.26	31
März 1	29.912	337	21.58	91	9.831	287	39.95	41
11	30.249	352	20.67	83	10.118	300	39.54	51
21	30.601	363	19.84	75	10.418	309	39.03	60
31	30.964	369	19.09	66	10.727	315	38.43	68
April 10	31.333	370	18.43	55	11.042	316	37.75	74
20	31.703	365	17.88	42	11.358	313	37.01	78
30	32.068	354	17.46	28	11.671	304	36.23	79
Mai 10	32.422	338	17.18	13	11.975	290	35.44	77
20	32.760	313	17.05	5	12.265	270	34.67	72
30	33.073	282	17.10	22	12.535	243	33.95	64
Juni 9	33.355	244	17.32	38	12.778	212	33.31	54
19	33.599	201	17.70	54	12.990	175	32.77	43
29	8 33.800	151	18.24	69	8 13.165	132	32.34	30
Juli 8	33.951	99	18.93	80	13.297	88	32.04	19
18	34.050	45	19.73	88	13.385	41	31.85	7
28	34.095	11	20.61	92	13.426	6	31.78	3
Aug. 7	34.084	64	21.53	92	13.420	51	31.81	10
17	34.020	112	22.45	87	13.369	92	31.91	17
27	33.908	155	23.32	78	13.277	128	32.08	20
Sept. 6	33.753	188	24.10	64	13.149	157	32.28	21
16	33.565	211	24.74	47	12.992	175	32.49	19
26	33.354	222	25.21	27	12.817	185	32.68	17
Okt. 6	33.132	221	25.48	5	12.632	184	32.85	12
16	32.911	208	25.53	18	12.448	172	32.97	7
26	32.703	182	25.35	39	12.276	149	33.04	2
Nov. 5	32.521	146	24.96	60	12.127	119	33.06	2
15	32.375	102	24.36	77	12.008	82	33.04	4
25	32.273	52	23.59	91	11.926	40	33.00	7
Dez. 5	32.221	1	22.68	102	11.886	5	32.93	7
15	32.222	55	21.66	108	11.891	50	32.86	7
25	32.277	106	20.58	112	11.941	94	32.79	7
35	32.383		19.46		12.035		32.72	
Mittl. Ort	28.831		29.81		8.847		43.25	
sec δ, tg δ	+1.269		−0.781		+1.072		−0.386	
a, *a′*	+4.1		+5.7		+3.6		+5.8	
b, *b′*	−0.01		+0.96		−0.01		+0.96	

Scheinbare Sternörter 1956

Obere Kulmination Greenwich

Tag	723) δ Draconis AR.		723) δ Draconis Dekl.		724) ϑ Lyrae AR.		724) ϑ Lyrae Dekl.		725) ω Aquilae AR.		725) ω Aquilae Dekl.		726) ϰ Cygni AR.		726) ϰ Cygni Dekl.	
1956	19h 12m		+67° 34′		19h 14m		+38° 3′		19h 15m		+11° 30′		19h 16m		+53° 16′	
	s		″		s		″		s		″		s		″	
Jan. 1	29.51	1	70.05	342	49.406	61	21.18	295	44.599	89	57.13	182	3.418	31	78.42	330
11	29.50	9	66.63	344	49.467	110	18.23	294	44.688	125	55.31	179	3.449	98	75.12	331
21	29.59	19	63.19	334	49.577	155	15.29	282	44.813	159	53.52	170	3.547	161	71.81	320
31	29.78	30	59.85	310	49.732	197	12.47	259	44.972	189	51.82	152	3.708	221	68.61	295
Febr. 10	30.08	39	56.75	274	49.929	235	9.88	225	45.161	216	50.30	128	3.929	275	65.66	260
20	30.47	46	54.01	227	50.164	268	7.63	182	45.377	239	49.02	96	4.204	322	63.06	215
März 1	30.93	53	51.74	172	50.432	294	5.81	132	45.616	257	48.06	61	4.526	361	60.91	161
11	31.46	58	50.02	111	50.726	314	4.49	76	45.873	272	47.45	21	4.887	390	59.30	100
21	32.04	60	48.91	45	51.040	329	3.73	17	46.145	284	47.24	20	5.277	409	58.30	36
31	32.64	62	48.46	21	51.369	336	3.56	41	46.429	290	47.44	60	5.686	418	57.94	29
April 10	33.26	61	48.67	86	51.705	337	3.97	98	46.719	292	48.04	98	6.104	417	58.23	91
20	33.87	58	49.53	147	52.042	330	4.95	152	47.011	290	49.02	132	6.521	405	59.14	150
30	34.45	54	51.00	203	52.372	315	6.47	199	47.301	281	50.34	163	6.926	383	60.64	204
Mai 10	34.99	49	53.03	251	52.687	294	8.46	239	47.582	267	51.97	186	7.309	351	62.68	251
20	35.48	42	55.54	292	52.981	266	10.85	272	47.849	247	53.83	204	7.660	311	65.19	289
30	35.90	33	58.46	322	53.247	230	13.57	296	48.096	222	55.87	216	7.971	262	68.08	318
Juni 9	36.23	24	61.68	344	53.477	189	16.53	311	48.318	190	58.03	221	8.233	206	71.26	338
19	36.47	15	65.12	356	53.666	145	19.64	319	48.508	155	60.24	220	8.439	146	74.64	348
29	36.62	5	68.68	360	53.811	95	22.83	317	48.663	115	62.44	214	8.585	83	78.12	351
Juli 9	36.67	5	72.28	354	53.906	44	26.00	309	48.778	73	64.58	202	8.668	17	81.63	344
18	[10] 36.62	15	75.82	341	[10] 53.950	8	29.09	294	[11] 48.851	29	66.60	187	[11] 8.685	50	85.07	330
28	36.47	24	79.23	319	53.942	59	32.03	271	48.880	15	68.47	169	8.635	113	88.37	308
Aug. 7	36.23	33	82.42	291	53.883	107	34.74	244	48.865	57	70.16	146	8.522	173	91.45	279
17	35.90	41	85.33	257	53.776	151	37.18	212	48.808	95	71.62	123	8.349	227	94.24	245
27	35.49	48	87.90	217	53.625	189	39.30	175	48.713	128	72.85	98	8.122	274	96.69	207
Sept. 6	35.01	53	90.07	173	53.436	219	41.05	135	48.585	155	73.83	71	7.848	311	98.76	163
16	34.48	57	91.80	125	53.217	240	42.40	93	48.430	174	74.54	45	7.537	338	100.39	116
26	33.91	60	93.05	73	52.977	252	43.33	48	48.256	184	74.99	17	7.199	355	101.55	66
Okt. 6	33.31	60	93.78	20	52.725	253	43.81	2	48.072	183	75.16	11	6.844	358	102.21	14
16	32.71	59	93.98	35	52.472	244	43.83	45	47.889	174	75.05	38	6.486	348	102.35	38
26	32.12	56	93.63	91	52.228	225	43.38	92	47.715	157	74.67	66	6.138	327	101.97	92
Nov. 5	31.56	52	92.72	144	52.003	197	42.46	137	47.558	130	74.01	92	5.811	295	101.05	144
15	31.04	45	91.28	196	51.806	160	41.09	179	47.428	97	73.09	116	5.516	252	99.61	192
25	30.59	38	89.32	242	51.646	119	39.30	218	47.331	61	71.93	139	5.264	201	97.69	237
Dez. 5	30.21	28	86.90	283	51.527	72	37.12	250	47.270	21	70.54	159	5.063	142	95.32	275
15	29.93	19	84.07	315	51.455	23	34.62	275	47.249	21	68.95	173	4.921	79	92.57	305
25	29.74	9	80.92	335	51.432	28	31.87	292	47.270	60	67.22	181	4.842	13	89.52	324
35	29.65		77.57		51.460		28.95		47.330		65.41		4.829		86.28	
Mittl. Ort	32.91		63.00		50.349		15.50		44.988		53.09		5.108		71.73	
sec δ, tg δ	+2.622		+ 2.424		+1.270		+ 0.783		+1.021		+ 0.204		+1.673		+ 1.341	
a, *a′*	0.0		+ 6.2		+2.1		+ 6.4		+2.8		+ 6.5		+1.4		+ 6.5	
b, *b′*	+0.05		+ 0.95		+0.02		+ 0.95		0.00		+ 0.95		+0.03		+ 0.95	

Scheinbare Sternörter 1956

Obere Kulmination Greenwich

Tag	729) τ Draconis				728) α Sagittarii				730) δ Aquilae				734) Grb 2900 Draco			
	AR.		Dekl.		AR.		Dekl.		AR.		Dekl.		AR.		Dekl.	
1956	19h 16m		+73° 16′		19h 20m		−40° 41′		19h 23m		+3° 1′		19h 24m		+79° 30′	
	s		″		s		″		s		″		s		″	
Jan. 1	19.66		35.65		50.026		60.91		16.439		35.95		14.74		67.87	
11	19.58	8	32.26	339	50.152	126	59.56	135	16.527	88	34.62	133	14.51	23	64.57	330
21	19.65	7	28.83	343	50.326	174	58.20	136	16.652	125	33.31	131	14.52	1	61.20	337
31	19.86	21	25.49	334	50.544	218	56.86	134	16.809	157	32.08	123	14.76	24	57.88	332
Febr. 10	20.21	35	22.37	312	50.799	255	55.54	132	16.995	186	31.00	108	15.22	46	54.74	314
20	20.69	48	19.59	278	51.087	288	54.28	126	17.208	213	30.13	87	15.89	67	51.92	282
März 1	21.27	58	17.26	233	51.403	316	53.08	120	17.442	234	29.51	62	16.74	85	49.51	241
11	21.94	67	15.47	179	51.743	340	51.96	112	17.695	253	29.18	33	17.75	101	47.61	190
21	22.68	74	14.28	119	52.100	357	50.93	103	17.964	269	29.18	0	18.86	111	46.30	131
31	23.46	78	13.74	54	52.470	370	49.99	94	18.245	281	29.51	33	20.05	119	45.61	69
April 10	24.25	79	13.86	12	52.850	380	49.18	81	18.534	289	30.16	65	21.27	122	45.57	4
20	25.03	78	14.62	76	53.233	383	48.51	67	18.826	292	31.12	96	22.48	121	46.17	60
30	25.79	76	16.00	138	53.614	381	47.99	52	19.117	291	32.35	123	23.64	116	47.38	121
Mai 10	26.48	69	17.95	195	53.987	373	47.64	35	19.401	284	33.81	146	24.71	107	49.16	178
20	27.09	61	20.38	243	54.344	357	47.48	16	19.674	273	35.45	164	25.66	95	51.44	228
30	27.62	53	23.22	284	54.677	333	47.52	4	19.928	254	37.21	176	26.47	81	54.15	271
Juni 9	28.04	42	26.39	317	54.981	304	47.75	23	20.159	231	39.04	183	27.10	63	57.19	304
19	28.33	29	29.79	340	55.247	266	48.19	44	20.361	202	40.88	184	27.54	44	60.48	329
29	28.50	17	33.32	353	55.469	222	48.82	63	20.528	167	42.68	180	27.78	24	63.94	346
Juli 9	28.54	4	36.90	358	55.641	172	49.61	79	20.656	128	44.41	173	27.82	4	67.47	353
18	(11) 28.44	10	40.45	355	(12) 55.758	117	50.53	92	(12) 20.743	87	46.02	161	(13) 27.66	16	70.98	351
28	28.22	22	43.87	342	55.819	61	51.56	103	20.786	43	47.48	146	27.29	37	74.40	342
Aug. 7	27.88	34	47.10	323	55.822	3	52.64	108	20.785	1	48.77	129	26.73	56	77.65	325
17	27.42	46	50.05	295	55.769	53	53.73	109	20.742	43	49.87	110	26.00	73	80.66	301
27	26.86	56	52.68	263	55.664	105	54.77	104	20.660	82	50.77	90	25.11	89	83.37	271
Sept. 6	26.22	64	54.93	225	55.513	151	55.73	96	20.544	116	51.47	70	24.08	103	85.71	234
16	25.50	72	56.75	182	55.325	188	56.54	81	20.400	144	51.96	49	22.93	115	87.65	194
26	24.72	78	58.09	134	55.110	215	57.16	62	20.237	163	52.25	29	21.69	124	89.14	149
Okt. 6	23.92	80	58.92	83	54.880	230	57.57	41	20.063	174	52.33	8	20.40	129	90.14	100
16	23.11	81	59.22	30	54.648	232	57.73	16	19.888	175	52.21	12	19.08	132	90.62	48
26	22.30	81	58.98	24	54.428	220	57.63	10	19.721	167	51.90	31	17.76	132	90.56	6
Nov. 5	21.52	78	58.18	80	54.230	198	57.28	35	19.572	149	51.39	51	16.48	128	89.95	61
15	20.80	72	56.84	134	54.065	165	56.69	59	19.447	125	50.70	69	15.28	120	88.79	116
25	20.16	64	54.98	186	53.944	121	55.88	81	19.353	94	49.83	87	14.19	109	87.11	168
Dez. 5	19.61	55	52.64	234	53.873	71	54.89	99	19.296	57	48.80	103	13.24	95	84.95	216
15	19.18	43	49.88	276	53.854	19	53.75	114	19.278	18	47.63	117	12.45	79	82.35	260
25	18.88	30	46.80	308	53.890	36	52.51	124	19.300	22	46.36	127	11.87	58	79.39	296
35	18.71	17	43.48	332	53.980	90	51.21	130	19.362	62	45.03	133	11.50	37	76.18	321
Mittl. Ort	24.51		27.95		50.414		62.18		16.736		32.22		22.97		59.05	
sec δ, tg δ	+3.475		+3.328		+1.319		−0.860		+1.001		+0.053		+5.496		+5.404	
a, *a′*	−1.1		+6.6		+4.2		+6.9		+3.0		+7.1		−3.7		+7.2	
b, *b′*	+0.07		+0.94		−0.02		+0.94		0.00		+0.93		+0.13		+0.93	

Scheinbare Sternörter 1956

Obere Kulmination Greenwich

Tag	733) ι Cygni				732) β Cygni *pr*				736) 52 Sagittarii				738) ϑ Cygni			
	AR.		Dekl.		AR.		Dekl.		AR.		Dekl.		AR.		Dekl.	
1956	$19^h 28^m$		+51° 37′		$19^h 28^m$		+27° 51′		$19^h 34^m$		−24° 58′		$19^h 35^m$		+50° 6′	
	s		″		s		″		s		″		s		″	
Jan. 1	34.224	17	74.84	323	56.093	58	63.72	254	1.621	97	54.87	41	14.189	11	74.27	317
11	34.241	80	71.61	326	56.151	101	61.18	255	1.718	137	54.46	44	14.200	72	71.10	321
21	34.321	141	68.35	318	56.252	141	58.63	244	1.855	173	54.02	48	14.272	131	67.89	315
31	34.462	199	65.17	296	56.393	176	56.19	225	2.028	205	53.54	53	14.403	187	64.74	295
Febr. 10	34.661	253	62.21	264	56.569	210	53.94	195	2.233	233	53.01	58	14.590	239	61.79	263
20	34.914	299	59.57	221	56.779	239	51.99	158	2.466	257	52.43	65	14.829	285	59.16	222
März 1	35.213	339	57.36	168	57.018	264	50.41	113	2.723	278	51.78	72	15.114	325	56.94	171
11	35.552	370	55.68	110	57.282	283	49.28	64	3.001	296	51.06	78	15.439	356	55.23	113
21	35.922	393	54.58	47	57.565	298	48.64	12	3.297	309	50.28	85	15.795	379	54.10	51
31	36.315	405	54.11	16	57.863	309	48.52	41	3.606	320	49.43	89	16.174	393	53.59	11
April 10	36.720	407	54.27	79	58.172	312	48.93	92	3.926	325	48.54	91	16.567	397	53.70	74
20	37.127	399	55.06	139	58.484	309	49.85	140	4.251	327	47.63	90	16.964	392	54.44	134
30	37.526	381	56.45	193	58.793	301	51.25	182	4.578	322	46.73	88	17.356	377	55.78	188
Mai 10	37.907	354	58.38	241	59.094	286	53.07	218	4.900	311	45.85	81	17.733	352	57.66	235
20	38.261	318	60.79	280	59.380	263	55.25	247	5.211	295	45.04	72	18.085	318	60.01	275
30	38.579	273	63.59	311	59.643	235	57.72	269	5.506	270	44.32	61	18.403	277	62.76	307
Juni 9	38.852	222	66.70	333	59.878	200	60.41	282	5.776	241	43.71	47	18.680	228	65.83	330
19	39.074	164	70.03	346	60.078	161	63.23	288	6.017	204	43.24	32	18.908	173	69.13	344
29	39.238	104	73.49	350	60.239	118	66.11	287	6.221	162	42.92	17	19.081	114	72.57	348
Juli 9	39.342	40	76.99	345	60.357	72	68.98	278	6.383	117	42.75	2	19.195	53	76.05	345
18	14 39.382	25	80.44	333	14 60.429	24	71.76	264	15 6.500	69	42.73	12	16 19.248	10	79.50	333
28	39.357	87	83.77	314	60.453	23	74.40	244	6.569	20	42.85	24	19.238	72	82.83	315
Aug. 7	39.270	146	86.91	287	60.430	68	76.84	220	6.589	29	43.09	33	19.166	129	85.98	289
17	39.124	200	89.78	254	60.362	111	79.04	191	6.560	74	43.42	39	19.037	183	88.87	258
27	38.924	248	92.32	217	60.251	147	80.95	158	6.486	113	43.81	42	18.854	231	91.45	222
Sept. 6	38.676	287	94.49	175	60.104	177	82.53	123	6.373	146	44.23	42	18.623	269	93.67	180
16	38.389	315	96.24	130	59.927	198	83.76	87	6.227	171	44.65	39	18.354	298	95.47	135
26	38.074	333	97.54	80	59.729	211	84.63	48	6.056	185	45.04	32	18.056	317	96.82	88
Okt. 6	37.741	339	98.34	30	59.518	214	85.11	8	5.871	189	45.36	25	17.739	325	97.70	37
16	37.402	333	98.64	23	59.304	208	85.19	33	5.682	181	45.61	15	17.414	319	98.07	16
26	37.069	316	98.41	76	59.096	191	84.86	74	5.501	164	45.76	5	17.095	304	97.91	67
Nov. 5	36.753	287	97.65	128	58.905	167	84.12	112	5.337	137	45.81	5	16.791	278	97.24	119
15	36.466	248	96.37	177	58.738	136	83.00	150	5.200	103	45.76	13	16.513	241	96.05	169
25	36.218	200	94.60	223	58.602	99	81.50	183	5.097	64	45.63	21	16.272	196	94.36	214
Dez. 5	36.018	147	92.37	262	58.503	58	79.67	213	5.033	20	45.42	27	16.076	145	92.22	254
15	35.871	87	89.75	294	58.445	15	77.54	236	5.013	24	45.15	32	15.931	88	89.68	287
25	35.784	25	86.81	316	58.430	29	75.18	250	5.037	67	44.83	36	15.843	29	86.81	309
35	35.759		83.65		58.459		72.68		5.104		44.47		15.814		83.72	
Mittl. Ort	35.757		67.09		56.724		57.77		1.856		56.65		15.602		66.04	
sec δ, tg δ	+1.611		+1.263		+1.131		+0.529		+1.103		−0.466		+1.560		+1.197	
a, *a′*	+1.5		+7.6		+2.4		+7.6		+3.6		+8.0		+1.6		+8.1	
b, *b′*	+0.03		+0.93		+0.01		+0.93		−0.01		+0.92		+0.03		+0.91	

Scheinbare Sternörter 1956

Obere Kulmination Greenwich

Tag	740) 15 Cygni AR.		Dekl.		741) γ Aquilae AR.		Dekl.	
1956	19h 42m		+37° 14′		19h 44m		+10° 30′	
	s		″		s		″	
Jan. 1	40.439	30	56.96	282	9.683	62	22.30	168
11	40.469	78	54.14	286	9.745	98	20.62	167
21	40.547	123	51.28	279	9.843	132	18.95	159
31	40.670	166	48.49	261	9.975	164	17.36	144
Febr. 10	40.836	205	45.88	232	10.139	192	15.92	122
20	41.041	241	43.56	193	10.331	217	14.70	93
März 1	41.282	272	41.63	147	10.548	241	13.77	59
11	41.554	298	40.16	94	10.789	259	13.18	23
21	41.852	317	39.22	37	11.048	274	12.95	— 17
31	42.169	331	38.85	— 21	11.322	286	13.12	57
April 10	42.500	337	39.06	77	11.608	293	13.69	94
20	42.837	336	39.83	131	11.901	295	14.63	128
30	43.173	328	41.14	180	12.196	291	15.91	158
Mai 10	43.501	311	42.94	223	12.487	281	17.49	183
20	43.812	288	45.17	258	12.768	265	19.32	201
30	44.100	257	47.75	286	13.033	243	21.33	214
Juni 9	44.357	219	50.61	306	13.276	214	23.47	220
19	44.576	176	53.67	316	13.490	180	25.67	220
29	44.752	129	56.83	319	13.670	142	27.87	215
Juli 9	17 44.881	79	60.02	314	18 13.812	101	30.02	205
18*	44.960	26	63.16	303	13.913	56	32.07	191
28	44.986	— 26	66.19	284	13.969	12	33.98	172
Aug. 7	44.960	75	69.03	260	13.981	— 32	35.70	152
17	44.885	121	71.63	230	13.949	72	37.22	129
27	44.764	162	73.93	197	13.877	108	38.51	105
Sept. 6	44.602	196	75.90	159	13.769	139	39.56	79
16	44.406	221	77.49	119	13.630	160	40.35	53
26	44.185	238	78.68	75	13.470	174	40.88	27
Okt. 6	43.947	244	79.43	30	13.296	179	41.15	0
16	43.703	240	79.73	— 16	13.117	175	41.15	— 26
26	43.463	227	79.57	62	12.942	161	40.89	53
Nov. 5	43.236	204	78.95	108	12.781	139	40.36	77
15	43.032	174	77.87	152	12.642	112	39.59	102
25	42.858	137	76.35	192	12.530	78	38.57	124
Dez. 5	42.721	95	74.43	227	12.452	41	37.33	142
15	42.626	49	72.16	256	12.411	4	35.91	157
25	42.577	2	69.60	276	12.407	— 35	34.34	167
35	42.575		66.84		12.442		32.67	
Mittl. Ort	41.278		49.22		10.013		17.21	
sec δ, tg δ	+1.256		+0.760		+1.017		+0.185	
a, *a′*	+2.2		+8.7		+2.9		+8.8	
b, *b′*	+0.02		+0.90		+0.01		+0.90	

Tag	743) δ Sagittae AR.		Dekl.		745) α Aquilae[1] AR.		Dekl.	
1956	19h 45m		+18° 25′		19h 48m		+8° 44′	
	s		″		s		″	
Jan. 1	25.045	53	34.13	206	37.835	62	67.85	156
11	25.098	90	32.07	208	37.897	98	66.29	155
21	25.188	127	29.99	200	37.995	132	64.74	147
31	25.315	161	27.99	183	38.127	164	63.27	132
Febr. 10	25.476	191	26.16	159	38.291	192	61.95	110
20	25.667	218	24.57	126	38.483	217	60.85	83
März 1	25.885	243	23.31	88	38.700	239	60.02	50
11	26.128	263	22.43	46	38.939	258	59.52	14
21	26.391	279	21.97	1	39.197	274	59.38	— 23
31	26.670	292	21.96	— 45	39.471	286	59.61	61
April 10	26.962	299	22.41	89	39.757	293	60.22	97
20	27.261	300	23.30	130	40.050	296	61.19	130
30	27.561	295	24.60	167	40.346	292	62.49	158
Mai 10	27.856	285	26.27	198	40.638	283	64.07	181
20	28.141	268	28.25	222	40.921	267	65.88	199
30	28.409	244	30.47	239	41.188	245	67.87	210
Juni 9	28.653	214	32.86	251	41.433	217	69.97	215
19	28.867	179	35.37	254	41.650	184	72.12	214
29	29.046	139	37.91	251	41.834	146	74.26	208
Juli 9	18 29.185	96	40.42	243	41.980	104	76.34	198
18*	29.281	51	42.85	229	19 42.084	61	78.32	183
28	29.332	6	45.14	211	42.145	16	80.15	166
Aug. 7	29.338	— 39	47.25	189	42.161	— 28	81.81	144
17	29.299	81	49.14	164	42.133	68	83.25	122
27	29.218	117	50.78	136	42.065	104	84.47	99
Sept. 6	29.101	147	52.14	106	41.961	134	85.46	73
16	28.954	170	53.20	75	41.827	157	86.19	49
26	28.784	185	53.95	43	41.670	170	86.68	24
Okt. 6	28.599	190	54.38	10	41.500	176	86.92	0
16	28.409	185	54.48	— 23	41.324	172	86.92	— 26
26	28.224	173	54.25	57	41.152	158	86.66	50
Nov. 5	28.051	151	53.68	89	40.994	137	86.16	74
15	27.900	124	52.79	119	40.857	109	85.42	95
25	27.776	90	51.60	147	40.748	76	84.47	116
Dez. 5	27.686	53	50.13	172	40.672	41	83.31	133
15	27.633	14	48.41	191	40.631	2	81.98	147
25	27.619	— 25	46.50	204	40.629	— 36	80.51	156
35	27.644		44.46		40.665		78.95	
Mittl. Ort	25.469		28.15		38.141		62.90	
sec δ, tg δ	+1.054		+0.333		+1.012		+0.154	
a, *a′*	+2.7		+8.9		+2.9		+9.2	
b, *b′*	+0.01		+0.90		0.00		+0.89	

[1] Die jährliche Parallaxe (0″.208) ist bereits berücksichtigt.

* Bei Stern 745) lies Juli 19.

Scheinbare Sternörter 1956

Obere Kulmination Greenwich

Tag	749) β Aquilae AR.		749) β Aquilae Dekl.		748) ε Pavonis AR.		748) ε Pavonis Dekl.		752) γ Sagittae AR.		752) γ Sagittae Dekl.		751) ϑ^1 Sagittarii AR.		751) ϑ^1 Sagittarii Dekl.	
1956	19h 53m		+6° 17′		19h 55m		−73° 1′		19h 56m		+19° 22′		19h 56m		−35° 23′	
	s	Δ	″	Δ	s	Δ	″	Δ	s	Δ	″	Δ	s	Δ	″	Δ
Jan. 1	8.782	56	48.88	144	30.08	8	47.95	304	47.520	41	24.01	207	52.221	76	48.53	109
11	8.838	93	47.44	143	30.16	21	44.91	311	47.561	78	21.94	210	52.297	120	47.44	115
21	8.931	125	46.01	135	30.37	34	41.80	308	47.639	115	19.84	202	52.417	161	46.29	121
31	9.056	157	44.66	122	30.71	46	38.72	299	47.754	149	17.82	187	52.578	198	45.08	124
Febr. 10	9.213	186	43.44	101	31.17	57	35.73	284	47.903	181	15.95	164	52.776	232	43.84	126
20	9.399	211	42.43	75	31.74	65	32.89	261	48.084	210	14.31	132	53.008	262	42.58	128
März 1	9.610	234	41.68	45	32.39	73	30.28	233	48.294	235	12.99	94	53.270	288	41.30	127
11	9.844	253	41.23	11	33.12	80	27.95	202	48.529	258	12.05	52	53.558	311	40.03	126
21	10.097	270	41.12	—25	33.92	85	25.93	167	48.787	276	11.53	7	53.869	330	38.77	122
31	10.367	283	41.37	60	34.77	88	24.26	128	49.063	291	11.46	—40	54.199	345	37.55	116
April 10	10.650	292	41.97	94	35.65	90	22.98	89	49.354	299	11.86	84	54.544	355	36.39	109
20	10.942	295	42.91	125	36.55	90	22.09	46	49.653	303	12.70	126	54.899	360	35.30	97
30	11.237	293	44.16	151	37.45	89	21.63	3	49.956	300	13.96	165	55.259	359	34.33	84
Mai 10	11.530	285	45.67	172	38.34	86	21.60	—40	50.256	291	15.61	196	55.618	351	33.49	68
20	11.815	270	47.39	189	39.20	80	22.00	81	50.547	275	17.57	222	55.969	335	32.81	49
30	12.085	249	49.28	198	40.00	73	22.81	121	50.822	252	19.79	241	56.304	313	32.32	28
Juni 9	12.334	223	51.26	203	40.73	65	24.02	158	51.074	224	22.20	254	56.617	282	32.04	9
19	12.557	190	53.29	201	41.38	54	25.60	190	51.298	189	24.74	258	56.899	244	31.95	—12
29	12.747	153	55.30	195	41.92	42	27.50	217	51.487	150	27.32	257	57.143	200	32.07	34
Juli 9	12.900	111	57.25	184	42.34	29	29.67	237	51.637	107	29.89	250	57.343	151	32.41	52
19	$_{20}$13.011	68	59.09	170	$_{21}$42.63	16	32.04	250	$_{21}$51.744	61	32.39	237	$_{21}$57.494	98	32.93	68
28	13.079	24	60.79	153	42.79	2	34.54	254	51.805	16	34.76	220	57.592	44	33.61	81
Aug. 7	13.103	—21	62.32	132	42.81	—13	37.08	250	51.821	—29	36.96	197	57.636	—10	34.42	90
17	13.082	61	63.64	111	42.68	26	39.58	237	51.792	72	38.93	173	57.626	62	35.32	94
27	13.021	98	64.75	89	42.42	38	41.95	213	51.720	109	40.66	146	57.564	109	36.26	93
Sept. 6	12.923	129	65.64	65	42.04	49	44.08	182	51.611	141	42.12	115	57.455	149	37.19	88
16	12.794	152	66.29	43	41.55	58	45.90	143	51.470	166	43.27	83	57.306	180	38.07	76
26	12.642	168	66.72	20	40.97	63	47.33	98	51.304	182	44.10	52	57.126	201	38.83	62
Okt. 6	12.474	174	66.92	—3	40.34	67	48.31	48	51.122	189	44.62	18	56.925	210	39.45	44
16	12.300	169	66.89	26	39.67	67	48.79	—6	50.933	186	44.80	—16	56.715	207	39.89	24
26	12.131	158	66.63	48	39.00	65	48.73	61	50.747	175	44.64	50	56.508	193	40.13	2
Nov. 5	11.973	138	66.15	69	38.35	59	48.12	113	50.572	157	44.14	83	56.315	169	40.15	—20
15	11.835	111	65.46	89	37.76	50	46.99	163	50.415	130	43.31	114	56.146	135	39.95	40
25	11.724	80	64.57	107	37.26	41	45.36	207	50.285	98	42.17	143	56.011	95	39.55	59
Dez. 5	11.644	44	63.50	123	36.85	28	43.29	244	50.187	63	40.74	169	55.916	50	38.96	76
15	11.600	7	62.27	136	36.57	14	40.85	273	50.124	25	39.05	189	55.866	4	38.20	90
25	11.593	—31	60.91	144	36.43	2	38.12	293	50.099	—13	37.16	204	55.862	—43	37.30	100
35	11.624		59.47		36.41		35.19		50.112		35.12		55.905		36.30	
Mittl. Ort	9.054		43.96		32.39		46.64		47.929		17.36		52.510		49.02	
sec δ, tg δ	+1.006		+0.110		+3.426		−3.277		+1.060		+0.352		+1.227		−0.711	
a, *a′*	+2.9		+9.5		+6.9		+9.7		+2.7		+9.8		+3.9		+9.8	
b, *b′*	0.00		+0.88		−0.11		+0.88		+0.01		+0.87		−0.02		+0.87	

Scheinbare Sternörter 1956

Obere Kulmination Greenwich

Tag	754) δ Pavonis[1] AR.	Δ	Dekl.	Δ	756) ϑ Aquilae AR.	Δ	Dekl.	Δ	759) κ Cephei AR.	Δ	Dekl.	Δ	757) 31 o² Cygni AR.	Δ	Dekl.	Δ
1956	20h 4m		−66° 17′		20h 9m		−0° 56′		20h 10m		+77° 34′		20h 12m		+46° 36′	
	s		″		s		″		s		″		s		″	
Jan. 1	24.26	8	49.70	273	1.866	47	67.63	98	18.28	37	61.05	308	13.611	27	36.52	292
11	24.34	16	46.97	282	1.913	82	68.61	96	17.91	17	57.97	327	13.584	26	33.60	304
21	24.50	25	44.15	283	1.995	114	69.57	88	17.74	2	54.70	335	13.610	80	30.56	304
31	24.75	34	41.32	278	2.109	146	70.45	76	17.76	21	51.35	328	13.690	134	27.52	292
Febr. 10	25.09	42	38.54	266	2.255	174	71.21	58	17.97	40	48.07	309	13.824	184	24.60	269
20	25.51	48	35.88	249	2.429	201	71.79	37	18.37	58	44.98	278	14.008	231	21.91	235
März 1	25.99	54	33.39	226	2.630	225	72.16	11	18.95	73	42.20	236	14.239	273	19.56	190
11	26.53	58	31.13	201	2.855	245	72.27	17	19.68	85	39.84	184	14.512	310	17.66	137
21	27.11	63	29.12	170	3.100	264	72.10	45	20.53	95	38.00	126	14.822	340	16.29	81
31	27.74	65	27.42	137	3.364	279	71.65	74	21.48	102	36.74	63	15.162	363	15.48	21
April 10	28.39	67	26.05	102	3.643	291	70.91	102	22.50	105	36.11	0	15.525	376	15.27	41
20	29.06	67	25.03	64	3.934	297	69.89	125	23.55	103	36.11	64	15.901	381	15.68	100
30	29.73	67	24.39	24	4.231	297	68.64	146	24.58	100	36.75	126	16.282	376	16.68	155
Mai 10	30.40	65	24.15	15	4.528	292	67.18	161	25.58	94	38.01	181	16.658	362	18.23	205
20	31.05	62	24.30	54	4.820	281	65.57	171	26.52	83	39.82	231	17.020	339	20.28	248
30	31.67	57	24.84	93	5.101	262	63.86	177	27.35	72	42.13	274	17.359	306	22.76	284
Juni 9	32.24	51	25.77	129	5.363	238	62.09	177	28.07	58	44.87	309	17.665	265	25.60	312
19	32.75	43	27.06	160	5.601	207	60.32	172	28.65	42	47.96	335	17.930	219	28.72	330
29	33.18	35	28.66	188	5.808	171	58.60	163	29.07	26	51.31	352	18.149	167	32.02	341
Juli 9	33.53	25	30.54	211	5.979	131	56.97	150	29.33	9	54.83	361	18.316	110	35.43	343
19	^{23}33.78	16	32.65	225	^{24}6.110	87	55.47	136	^{24}29.42	9	58.44	362	^{25}18.426	51	38.86	338
28	33.94	5	34.90	233	6.197	43	54.11	118	29.33	26	62.06	355	18.477	8	42.24	324
Aug. 7	33.99	6	37.23	233	6.240	1	52.93	99	29.07	41	65.61	340	18.469	65	45.48	304
17	33.93	16	39.56	224	6.239	44	51.94	80	28.66	57	69.01	318	18.404	119	48.52	278
27	33.77	24	41.80	207	6.195	83	51.14	61	28.09	70	72.19	289	18.285	169	51.30	246
Sept. 6	33.53	32	43.87	180	6.112	115	50.53	42	27.39	82	75.08	253	18.116	211	53.76	210
16	33.21	40	45.67	146	5.997	140	50.11	24	26.57	93	77.61	214	17.905	244	55.86	169
26	32.81	44	47.13	107	5.857	158	49.87	7	25.64	100	79.75	169	17.661	269	57.55	124
Okt. 6	32.37	46	48.20	61	5.699	167	49.80	10	24.64	105	81.44	118	17.392	283	58.79	76
16	31.91	47	48.81	12	5.532	165	49.90	25	23.59	107	82.62	66	17.109	286	59.55	27
26	31.44	45	48.93	37	5.367	156	50.15	39	22.52	108	83.28	10	16.823	279	59.82	25
Nov. 5	30.99	41	48.56	87	5.211	138	50.54	54	21.44	104	83.38	48	16.544	262	59.57	76
15	30.58	35	47.69	133	5.073	113	51.08	66	20.40	98	82.90	105	16.282	236	58.81	126
25	30.23	27	46.36	175	4.960	83	51.74	78	19.42	89	81.85	159	16.046	201	57.55	173
Dez. 5	29.96	19	44.61	211	4.877	50	52.52	87	18.53	78	80.26	210	15.845	160	55.82	216
15	29.77	9	42.50	241	4.827	15	53.39	95	17.75	64	78.16	255	15.685	113	53.66	253
25	29.68	0	40.09	262	4.812	22	54.34	100	17.11	47	75.61	292	15.572	63	51.13	282
35	29.68		37.47		4.834		55.34		16.64		72.69		15.509		48.31	
Mittl. Ort	25.68		48.13		2.056		72.00		24.35		47.51		14.671		25.53	
sec δ, tg δ	+2.488		− 2.278		+1.000		− 0.017		+4.649		+ 4.541		+1.456		+ 1.058	
a, *a′*	+5.7		+10.4		+3.1		+10.7		−2.0		+10.8		+1.9		+10.9	
b, *b′*	−0.08		+ 0.86		0.00		+ 0.85		+0.16		+ 0.84		+0.04		+ 0.84	

[1] Die jährliche Parallaxe (0″.174) ist bereits berücksichtigt.

Scheinbare Sternörter 1956

Obere Kulmination Greenwich

Tag	758) 33 Cygni				760) 24 Vulpeculae				761) α² Capricorni				765) γ Cygni			
	AR.		Dekl.		AR.		Dekl.		AR.		Dekl.		AR.		Dekl.	
1956	20h 12m		+56° 25′		20h 14m		+24° 31′		20h 15m		—12° 40′		20h 20m		+40° 6′	
	s		″		s		″		s		″		s		″	
Jan. 1	20.877	68	69.10	308	53.589	16	72.38	222	36.692	47	54.69	28	38.079	19	64.53	272
11	20.809	1	66.02	322	53.605	55	70.16	228	36.739	83	54.97	23	38.060	28	61.81	283
21	20.810	70	62.80	324	53.660	93	67.88	223	36.822	117	55.20	14	38.088	75	58.98	284
31	20.880	139	59.56	315	53.753	130	65.65	211	36.939	147	55.34	4	38.163	122	56.14	273
Febr. 10	21.019	205	56.41	292	53.883	164	63.54	188	37.086	177	55.38	10	38.285	166	53.41	250
20	21.224	267	53.49	257	54.047	197	61.66	157	37.263	204	55.28	25	38.451	207	50.91	218
März 1	21.491	321	50.92	212	54.244	226	60.09	119	37.467	228	55.03	43	38.658	246	48.73	176
11	21.812	369	48.80	159	54.470	252	58.90	75	37.695	250	54.60	62	38.904	280	46.97	127
21	22.181	407	47.21	100	54.722	275	58.15	28	37.945	269	53.98	81	39.184	308	45.70	72
31	22.588	433	46.21	37	54.997	292	57.87	22	38.214	286	53.17	98	39.492	330	44.98	15
April 10	23.021	450	45.84	27	55.289	304	58.09	71	38.500	298	52.19	113	39.822	345	44.83	42
20	23.471	453	46.11	88	55.593	311	58.80	116	38.798	306	51.06	126	40.167	352	45.25	99
30	23.924	444	46.99	148	55.904	311	59.96	158	39.104	308	49.80	135	40.519	351	46.24	151
Mai 10	24.368	424	48.47	202	56.215	304	61.54	196	39.412	304	48.45	139	40.870	341	47.75	199
20	24.792	393	50.49	248	56.519	290	63.50	227	39.716	293	47.06	139	41.211	322	49.74	240
30	25.185	351	52.97	288	56.809	267	65.77	251	40.009	277	45.67	136	41.533	296	52.14	274
Juni 9	25.536	299	55.85	319	57.076	240	68.28	267	40.286	253	44.31	127	41.829	261	54.88	299
19	25.835	240	59.04	341	57.316	206	70.95	276	40.539	222	43.04	116	42.090	221	57.87	317
29	26.075	176	62.45	355	57.522	166	73.71	279	40.761	186	41.88	103	42.311	174	61.04	326
Juli 9	26.251	106	66.00	359	57.688	122	76.50	275	40.947	145	40.85	86	42.485	123	64.30	328
19	26.357	35	69.59	356	[26]57.810	76	79.25	264	[26]41.092	102	39.99	69	42.608	70	67.58	321
28	[25]26.392	36	73.15	345	57.886	29	81.89	248	41.194	55	39.30	52	[27]42.678	15	70.79	309
Aug. 7	26.356	104	76.60	326	57.915	18	84.37	228	41.249	8	38.78	35	42.693	37	73.88	290
17	26.252	169	79.86	301	57.897	62	86.65	203	41.257	35	38.43	19	42.656	88	76.78	264
27	26.083	228	82.87	269	57.835	103	88.68	174	41.222	76	38.24	5	42.568	134	79.42	234
Sept. 6	25.855	279	85.56	231	57.732	137	90.42	144	41.146	110	38.19	6	42.434	173	81.76	199
16	25.576	319	87.87	189	57.595	164	91.86	110	41.036	138	38.25	16	42.261	205	83.75	160
26	25.257	350	89.76	143	57.431	183	92.96	75	40.898	157	38.41	24	42.056	229	85.35	119
Okt. 6	24.907	368	91.19	94	57.248	193	93.71	38	40.741	168	38.65	28	41.827	243	86.54	73
16	24.539	374	92.13	40	57.055	195	94.09	1	40.573	167	38.93	32	41.584	246	87.27	27
26	24.165	367	92.53	15	56.860	187	94.10	37	40.406	158	39.25	35	41.338	241	87.54	21
Nov. 5	23.798	350	92.38	69	56.673	171	93.73	74	40.248	141	39.60	36	41.097	226	87.33	68
15	23.448	320	91.69	123	56.502	148	92.99	110	40.107	116	39.96	36	40.871	202	86.65	116
25	23.128	279	90.46	175	56.354	118	91.89	144	39.991	86	40.32	37	40.669	172	85.49	160
Dez. 5	22.849	231	88.71	222	56.236	86	90.45	174	39.905	51	40.69	36	40.497	136	83.89	201
15	22.618	174	86.49	263	56.150	49	88.71	198	39.854	15	41.05	35	40.361	94	81.88	235
25	22.444	111	83.86	294	56.101	10	86.73	216	39.839	21	41.40	33	40.267	51	79.53	262
35	22.333		80.92		56.091		84.57		39.860		41.73		40.216		76.91	
Mittl. Ort	22.504		57.03		54.022		64.13		36.839		57.48		38.852		53.74	
sec δ, tg δ	+1.809		+ 1.507		+1.099		+ 0.456		+1.025		— 0.225		+1.308		+ 0.843	
a, *a′*	+1.4		+10.9		+2.6		+11.1		+3.3		+11.2		+2.2		+11.5	
b, *b′*	+0.05		+ 0.84		+0.02		+ 0.83		—0.01		+ 0.83		+0.03		+ 0.82	

Scheinbare Sternörter 1956

Obere Kulmination Greenwich

Tag	764) α Pavonis AR.	Δ	764) α Pavonis Dekl.	Δ	1535) 42 Cygni AR.	Δ	1535) 42 Cygni Dekl.	Δ	767) ϑ Cephei AR.	Δ	767) ϑ Cephei Dekl.	Δ	768) ε Delphini AR.	Δ	768) ε Delphini Dekl.	Δ
1956	20h 22m		−56° 52′		20h 27m		+36° 18′		20h 28m		+62° 50′		20h 31m		+11° 9′	
	s		″		s		″		s		″		s		″	
Jan. 1	9.947	33	42.71	228	38.963	18	35.66	257	48.64	14	59.10	301	6.375	17	16.17	155
11	9.980	100	40.43	241	38.945	27	33.09	269	48.50	6	56.09	322	6.392	51	14.62	158
21	10.080	165	38.02	249	38.972	70	30.40	269	48.44	3	52.87	330	6.443	85	13.04	152
31	10.245	225	35.53	250	39.042	113	27.71	259	48.47	11	49.57	325	6.528	118	11.52	141
Febr. 10	10.470	281	33.03	246	39.155	155	25.12	238	48.58	20	46.32	308	6.646	149	10.11	122
20	10.751	331	30.57	237	39.310	195	22.74	207	48.78	28	43.24	277	6.795	179	8.89	96
März 1	11.082	376	28.20	225	39.505	231	20.67	167	49.06	35	40.47	237	6.974	206	7.93	65
11	11.458	415	25.95	208	39.736	265	19.00	119	49.41	41	38.10	186	7.180	231	7.28	29
21	11.873	448	23.87	187	40.001	292	17.81	68	49.82	46	36.24	128	7.411	253	6.99	8
31	12.321	475	22.00	162	40.293	314	17.13	12	50.28	50	34.96	67	7.664	273	7.07	47
April 10	12.796	495	20.38	135	40.607	330	17.01	43	50.78	53	34.29	3	7.937	287	7.54	85
20	13.291	506	19.03	105	40.937	339	17.44	98	51.31	53	34.26	61	8.224	297	8.39	120
30	13.797	508	17.98	72	41.276	340	18.42	148	51.84	53	34.87	122	8.521	301	9.59	152
Mai 10	14.305	501	17.26	37	41.616	333	19.90	194	52.37	51	36.09	179	8.822	298	11.11	180
20	14.806	482	16.89	2	41.949	316	21.84	233	52.88	47	37.88	230	9.120	288	12.91	200
30	15.288	454	16.87	33	42.265	293	24.17	266	53.35	42	40.18	273	9.408	272	14.91	216
Juni 9	15.742	413	17.20	69	42.558	262	26.83	290	53.77	37	42.91	309	9.680	249	17.07	226
19	16.155	362	17.89	101	42.820	224	29.73	307	54.14	29	46.00	336	9.929	219	19.33	228
29	16.517	303	18.90	131	43.044	181	32.80	316	54.43	22	49.36	355	10.148	184	21.61	225
Juli 9	16.820	234	20.21	156	43.225	132	35.96	318	54.65	14	52.91	365	10.332	144	23.86	218
19	17.054	159	21.77	176	43.357	82	39.14	311	54.79	6	56.56	366	10.476	101	26.04	205
28*	[27] 17.213	82	23.53	191	[29] 43.439	30	42.25	298	[29] 54.85	3	60.22	359	[30] 10.577	56	28.09	189
Aug. 7	17.295	3	25.44	197	43.469	22	45.23	280	54.82	11	63.81	344	10.633	11	29.98	169
17	17.298	75	27.41	196	43.447	70	48.03	255	54.71	19	67.25	323	10.644	33	31.67	146
27	17.223	147	29.37	188	43.377	115	50.58	226	54.52	26	70.48	294	10.611	71	33.13	123
Sept. 6	17.076	210	31.25	171	43.262	154	52.84	193	54.26	33	73.42	260	10.540	106	34.36	98
16	16.866	263	32.96	147	43.108	186	54.77	156	53.93	37	76.02	220	10.434	135	35.34	72
26	16.603	303	34.43	117	42.922	208	56.33	115	53.56	42	78.22	174	10.299	155	36.06	45
Okt. 6	16.300	326	35.60	80	42.714	223	57.48	73	53.14	45	79.96	125	10.144	166	36.51	18
16	15.974	332	36.40	39	42.491	228	58.21	28	52.69	45	81.21	72	9.978	169	36.69	8
26	15.642	323	36.79	3	42.263	223	58.49	17	52.24	46	81.93	17	9.809	163	36.61	33
Nov. 5	15.319	298	36.76	46	42.040	209	58.32	63	51.78	45	82.10	40	9.646	151	36.28	59
15	15.021	258	36.30	87	41.831	188	57.69	108	51.33	42	81.70	97	9.495	130	35.69	84
25	14.763	208	35.43	127	41.643	160	56.61	151	50.91	37	80.73	151	9.365	104	34.85	106
Dez. 5	14.555	148	34.16	162	41.483	126	55.10	188	50.54	33	79.22	203	9.261	74	33.79	125
15	14.407	83	32.54	191	41.357	88	53.22	222	50.21	26	77.19	248	9.187	41	32.54	142
25	14.324	14	30.63	214	41.269	47	51.00	248	49.95	19	74.71	285	9.146	8	31.12	153
35	14.310		28.49		41.222		48.52		49.76		71.86		9.138		29.59	
Mittl. Ort	10.710		40.54		39.593		24.95		50.72		44.96		6.586		9.37	
sec δ, tg δ	+1.830		− 1.533		+1.241		+ 0.735		+2.191		+ 1.950		+1.019		+ 0.197	
a, *a′*	+4.7		+11.7		+2.3		+12.0		+1.0		+12.1		+2.9		+12.3	
b, *b′*	−0.06		+ 0.81		+0.03		+ 0.80		+0.08		+ 0.80		+0.01		+ 0.79	

* Bei Stern 1535), 767) und 768) lies Juli 29.

Scheinbare Sternörter 1956

Obere Kulmination Greenwich

Tag	770) 73 Draconis				769) α Indi				1539) 29 Vulpeculae				773) υ Capricorni			
	AR.		Dekl.		AR.		Dekl.		AR.		Dekl.		AR.		Dekl.	
1956	$20^h 32^m$		$+74° 48'$		$20^h 34^m$		$-47° 26'$		$20^h 36^m$		$+21° 2'$		$20^h 37^m$		$-18° 17'$	
	s		″		s		″		s		″		s		″	
Jan. 1	2.16	34	30.58	295	28.370	23	49.30	177	33.002	1	53.23	198	32.687	27	39.83	7
11	1.82	20	27.63	320	28.393	76	47.53	192	33.003	37	51.25	204	32.714	64	39.76	17
21	1.62	4 —	24.43	332	28.469	126	45.61	202	33.040	73	49.21	203	32.778	97	39.59	26
31	1.58	12	21.11	332	28.595	174	43.59	208	33.113	108	47.18	191	32.875	129	39.33	37
Febr. 10	1.70	27	17.79	318	28.769	219	41.51	211	33.221	142	45.27	172	33.004	161	38.96	50
20	1.97	41	14.61	291	28.988	259	39.40	210	33.363	175	43.55	145	33.165	189	38.46	64
März 1	2.38	55	11.70	253	29.247	297	37.30	204	33.538	206	42.10	110	33.354	216	37.82	78
11	2.93	67	9.17	205	29.544	330	35.26	196	33.744	234	41.00	69	33.570	241	37.04	93
21	3.60	75	7.12	149	29.874	359	33.30	184	33.978	258	40.31	26 —	33.811	264	36.11	107
31	4.35	82	5.63	88	30.233	385	31.46	169	34.236	279	40.05	20	34.075	283	35.04	120
April 10	5.17	86	4.75	24 —	30.618	404	29.77	150	34.515	296	40.25	65	34.358	300	33.84	129
20	6.03	88	4.51	39	31.022	417	28.27	129	34.811	305	40.90	110	34.658	311	32.55	137
30	6.91	86	4.90	101	31.439	422	26.98	103	35.116	310	42.00	150	34.969	317	31.18	140
Mai 10	7.77	81	5.91	160	31.861	421	25.95	75	35.426	307	43.50	185	35.286	316	29.78	139
20	8.58	75	7.51	213	32.282	410	25.20	46	35.733	297	45.35	215	35.602	310	28.39	134
30	9.33	67	9.64	259	32.692	389	24.74	15 —	36.030	280	47.50	238	35.912	295	27.05	125
Juni 9	10.00	56	12.23	297	33.081	358	24.59	16	36.310	254	49.88	254	36.207	274	25.80	113
19	10.56	44	15.20	327	33.439	320	24.75	48	36.564	224	52.42	264	36.481	245	24.67	98
29	11.00	31	18.47	350	33.759	272	25.23	76	36.788	187	55.06	266	36.726	210	23.69	79
Juli 9	11.31	17	21.97	363	34.031	218	25.99	102	36.975	145	57.72	263	36.936	170	22.90	61
19	11.48	3 —	25.60	367	34.249	157	27.01	126	37.120	101	60.35	253	37.106	125	22.29	42
29	[30] 11.51	11	29.27	365	[31] 34.406	93	28.27	143	[31] 37.221	55	62.88	239	[31] 37.231	79	21.87	22
Aug. 7	11.40	24	32.92	353	34.499	27 —	29.70	155	37.276	8 —	65.27	220	37.310	31 —	21.65	5 —
17	11.16	38	36.45	335	34.526	36	31.25	160	37.284	36	67.47	196	37.341	15	21.60	11
27	10.78	49	39.80	309	34.490	96	32.85	158	37.248	78	69.43	170	37.326	59	21.71	25
Sept. 6	10.29	60	42.89	278	34.394	150	34.43	150	37.170	113	71.13	141	37.267	97	21.96	34
16	9.69	69	45.67	239	34.244	194	35.93	135	37.057	143	72.54	111	37.170	128	22.30	41
26	9.00	77	48.06	196	34.050	228	37.28	114	36.914	164	73.65	78	37.042	151	22.71	44
Okt. 6	8.23	81	50.02	147	33.822	249	38.42	86	36.750	177	74.43	45	36.891	166	23.15	46
16	7.42	85	51.49	95	33.573	257	39.28	55	36.573	182	74.88	10 —	36.725	169	23.61	43
26	6.57	86	52.44	40 —	33.316	251	39.83	20 —	36.391	178	74.98	24	36.556	163	24.04	39
Nov. 5	5.71	84	52.84	18	33.065	232	40.03	14	36.213	166	74.74	59	36.393	150	24.43	34
15	4.87	81	52.66	77	32.833	202	39.89	50	36.047	146	74.15	91	36.243	128	24.77	27
25	4.06	74	51.89	134	32.631	163	39.39	83	35.901	122	73.24	123	36.115	101	25.04	21
Dez. 5	3.32	66	50.55	187	32.468	117	38.56	114	35.779	92	72.01	151	36.014	69	25.25	14
15	2.66	55	48.68	236	32.351	67	37.42	140	35.687	59	70.50	175	35.945	33 —	25.39	7
25	2.11	43	46.32	276	32.284	14	36.02	164	35.628	24	68.75	192	35.912	2	25.46	0
35	1.68		43.56		32.270		34.38		35.604		66.83		35.914		25.46	
Mittl. Ort	6.58		15.15		28.797		47.35		33.303		44.51		32.789		41.69	
sec δ, tg δ	+3.815		+ 3.682		+1.479		− 1.089		+1.071		+ 0.385		+1.053		− 0.331	
a, a′	−0.8		+12.3		+4.2		+12.5		+2.7		+12.7		+3.4		+12.7	
b, b′	+0.15		+ 0.79		−0.05		+ 0.78		+0.02		+ 0.78		−0.01		+ 0.77	

Scheinbare Sternörter 1956

Obere Kulmination Greenwich

Tag	774) α Delphini AR.		774) α Delphini Dekl.		777) α Cygni AR.		777) α Cygni Dekl.		775) β Pavonis AR.		775) β Pavonis Dekl.		783) η Cephei AR.		783) η Cephei Dekl.	
1956	20h 37m		+15° 45′		20h 39m		+45° 7′		20h 40m		−66° 21′		20h 44m		+61° 39′	
	s		″		s		″		s		″		s		″	
Jan. 1	35.349	7	28.46	174	54.976	55	33.17	272	59.75	3	51.32	269	22.01	16	78.22	287
11	35.356	41	26.72	179	54.921	6	30.45	289	59.72	6	48.63	287	21.85	7	75.35	311
21	35.397	76	24.93	176	54.915	45	27.56	295	59.78	15	45.76	297	21.78	0	72.24	323
31	35.473	109	23.17	164	54.960	96	24.61	288	59.93	23	42.79	300	21.78	8	69.01	321
Febr. 10	35.582	142	21.53	146	55.056	146	21.73	270	60.16	31	39.79	296	21.86	16	65.80	308
20	35.724	173	20.07	119	55.202	194	19.03	241	60.47	39	36.83	287	22.02	24	62.72	281
März 1	35.897	202	18.88	86	55.396	240	16.62	202	60.86	46	33.96	270	22.26	32	59.91	243
11	36.099	229	18.02	49	55.636	280	14.60	154	61.32	51	31.26	249	22.58	38	57.48	195
21	36.328	253	17.53	9	55.916	315	13.06	100	61.83	56	28.77	223	22.96	43	55.53	141
31	36.581	273	17.44	34	56.231	342	12.06	43	62.39	61	26.54	193	23.39	48	54.12	80
April 10	36.854	289	17.78	75	56.573	363	11.63	17	63.00	63	24.61	159	23.87	50	53.32	17
20	37.143	300	18.53	114	56.936	375	11.80	75	63.63	66	23.02	122	24.37	51	53.15	47
30	37.443	304	19.67	151	57.311	377	12.55	131	64.29	66	21.80	82	24.88	52	53.62	108
Mai 10	37.747	303	21.18	182	57.688	369	13.86	182	64.95	66	20.98	40	25.40	51	54.70	165
20	38.050	293	23.00	207	58.057	353	15.68	228	65.61	64	20.58	2	25.91	47	56.35	218
30	38.343	277	25.07	227	58.410	327	17.96	266	66.25	61	20.60	44	26.38	43	58.53	263
Juni 9	38.620	253	27.34	239	58.737	292	20.62	296	66.86	55	21.04	85	26.81	38	61.16	301
19	38.873	224	29.73	246	59.029	250	23.58	320	67.41	49	21.89	123	27.19	32	64.17	331
29	39.097	188	32.19	246	59.279	201	26.78	334	67.90	42	23.12	159	27.51	25	67.48	352
Juli 9	39.285	148	34.65	240	59.480	148	30.12	340	68.32	32	24.71	188	27.76	17	71.00	364
19	39.433	105	37.05	229	59.628	92	33.52	338	68.64	23	26.59	212	27.93	9	74.64	369
29	[31] 39.538	60	39.34	214	[1] 59.720	34	36.90	330	68.87	13	28.71	229	[2] 28.02	1	78.33	365
Aug. 7	39.598	14	41.48	194	59.754	23	40.20	313	[1] 69.00	3	31.00	237	28.03	7	81.98	353
17	39.612	30	43.42	171	59.731	78	43.33	291	69.03	8	33.37	237	27.96	15	85.51	333
27	39.582	71	45.13	147	59.653	128	46.24	263	68.95	19	35.74	227	27.81	22	88.84	308
Sept. 6	39.511	105	46.60	119	59.525	172	48.87	230	68.76	27	38.01	210	27.59	28	91.92	275
16	39.406	135	47.79	92	59.353	210	51.17	191	68.49	35	40.11	182	27.31	34	94.67	238
26	39.271	156	48.71	62	59.143	239	53.08	150	68.14	40	41.93	147	26.97	38	97.05	194
Okt. 6	39.115	169	49.33	32	58.904	257	54.58	104	67.74	45	43.40	105	26.59	41	98.99	145
16	38.946	173	49.65	2	58.647	266	55.62	56	67.29	47	44.45	58	26.18	42	100.44	94
26	38.773	169	49.67	28	58.381	265	56.18	7	66.82	47	45.03	8	25.76	43	101.38	40
Nov. 5	38.604	156	49.39	57	58.116	254	56.25	44	66.35	45	45.11	43	25.33	43	101.78	17
15	38.448	138	48.82	86	57.862	235	55.81	95	65.90	40	44.68	94	24.90	40	101.61	75
25	38.310	113	47.96	113	57.627	207	54.86	143	65.50	34	43.74	141	24.50	37	100.86	130
Dez. 5	38.197	83	46.83	136	57.420	172	53.43	188	65.16	27	42.33	185	24.13	32	99.56	182
15	38.114	52	45.47	156	57.248	133	51.55	227	64.89	19	40.48	221	23.81	27	97.74	230
25	38.062	18	43.91	171	57.115	87	49.28	259	64.70	10	38.27	252	23.54	20	95.44	269
35	38.044		42.20		57.028		46.69		64.60		35.75		23.34		92.75	
Mittl. Ort	35.583		20.63		55.816		20.33		61.07		47.61		23.81		62.89	
sec δ, tg δ	+1.039		+ 0.282		+1.417		+ 1.004		+2.494		− 2.285		+2.107		+ 1.855	
a, *a′*	+2.8		+12.7		+2.0		+12.9		+5.4		+13.0		+1.2		+13.2	
b, *b′*	+0.01		+ 0.77		+0.04		+ 0.77		−0.10		+ 0.76		+0.08		+ 0.75	

Scheinbare Sternörter 1956

Obere Kulmination Greenwich

Tag	780) ε Cygni				781) ε Aquarii				785) β Indi				786) 32 Vulpeculae			
	AR.		Dekl.		AR.		Dekl.		AR.		Dekl.		AR.		Dekl.	
1956	20h 44m		+33° 48′		20h 45m		−9° 39′		20h 51m		−58° 36′		20h 52m		+27° 53′	
	s		″		s		″		s		″		s		″	
Jan. 1	25.250	28	27.58	239	17.615	18	25.72	42	22.387	25	82.17	230	40.637	25	32.30	217
11	25.222	13	25.19	252	17.633	52	26.14	35	22.362	42	79.87	250	40.612	12	30.13	227
21	25.235	54	22.67	255	17.685	84	26.49	27	22.404	110	77.37	263	40.624	51	27.86	230
31	25.289	95	20.12	247	17.769	115	26.76	14	22.514	174	74.74	270	40.675	88	25.56	222
Febr. 10	25.384	136	17.65	229	17.884	145	26.90	1	22.688	235	72.04	271	40.763	125	23.34	204
20	25.520	175	15.36	201	18.029	174	26.89	18	22.923	292	69.33	267	40.888	162	21.30	178
März 1	25.695	212	13.35	164	18.203	201	26.71	38	23.215	343	66.66	258	41.050	197	19.52	144
11	25.907	246	11.71	119	18.404	226	26.33	59	23.558	390	64.08	243	41.247	228	18.08	102
21	26.153	276	10.52	70	18.630	249	25.74	81	23.948	432	61.65	223	41.475	258	17.06	56
31	26.429	301	9.82	17	18.879	270	24.93	102	24.380	467	59.42	201	41.733	283	16.50	6
April 10	26.730	320	9.65	36	19.149	287	23.91	120	24.847	495	57.41	173	42.016	302	16.44	43
20	27.050	331	10.01	89	19.436	299	22.71	136	25.342	515	55.68	142	42.318	316	16.87	92
30	27.381	336	10.90	139	19.735	306	21.35	149	25.857	525	54.26	108	42.634	322	17.79	137
Mai 10	27.717	333	12.29	184	20.041	307	19.86	156	26.382	526	53.18	71	42.956	322	19.16	179
20	28.050	321	14.13	223	20.348	301	18.30	159	26.908	515	52.47	33	43.278	312	20.95	215
30	28.371	301	16.36	256	20.649	288	16.71	158	27.423	491	52.14	6	43.590	296	23.10	244
Juni 9	28.672	274	18.92	280	20.937	267	15.13	151	27.914	457	52.20	45	43.886	272	25.54	266
19	28.946	239	21.72	298	21.204	241	13.62	142	28.371	411	52.65	82	44.158	240	28.20	281
29	29.185	198	24.70	309	21.445	207	12.20	128	28.782	353	53.47	118	44.398	203	31.01	289
Juli 9	29.383	152	27.79	311	21.652	169	10.92	112	29.135	286	54.65	148	44.601	161	33.90	290
19	29.535	104	30.90	306	21.821	127	9.80	94	29.421	212	56.13	175	44.762	114	36.80	285
29	29.639	54	33.96	295	21.948	81	8.86	75	29.633	132	57.88	194	44.876	67	39.65	272
Aug. 7	[2] 29.693	3	36.91	277	[2] 22.029	36	8.11	56	[4] 29.765	49	59.82	207	[4] 44.943	19	42.37	255
17	29.696	46	39.68	255	22.065	9	7.55	37	29.814	34	61.89	212	44.962	28	44.92	234
27	29.650	90	42.23	228	22.056	51	7.18	20	29.780	112	64.01	209	44.934	72	47.26	207
Sept. 6	29.560	130	44.51	197	22.005	88	6.98	5	29.668	184	66.10	197	44.862	111	49.33	177
16	29.430	163	46.48	161	21.917	119	6.93	9	29.484	245	68.07	176	44.751	142	51.10	145
26	29.267	188	48.09	123	21.798	141	7.02	19	29.239	294	69.83	148	44.609	167	52.55	110
Okt. 6	29.079	204	49.32	82	21.657	155	7.21	29	28.945	328	71.31	114	44.442	184	53.65	72
16	28.875	211	50.14	41	21.502	161	7.50	36	28.617	346	72.45	73	44.258	191	54.37	34
26	28.664	210	50.55	3	21.341	156	7.86	40	28.271	346	73.18	29	44.067	191	54.71	5
Nov. 5	28.454	200	50.52	48	21.185	145	8.26	45	27.925	330	73.47	16	43.876	182	54.66	45
15	28.254	182	50.04	91	21.040	125	8.71	47	27.595	299	73.31	62	43.694	165	54.21	83
25	28.072	157	49.13	132	20.915	100	9.18	49	27.296	255	72.69	106	43.529	143	53.38	121
Dez. 5	27.915	127	47.81	169	20.815	72	9.67	49	27.041	200	71.63	146	43.386	116	52.17	155
15	27.788	93	46.12	203	20.743	39	10.16	49	26.841	139	70.17	182	43.270	85	50.62	184
25	27.695	56	44.09	230	20.704	6	10.65	46	26.702	73	68.35	212	43.185	50	48.78	207
35	27.639		41.79		20.698		11.11		26.629		66.23		43.135		46.71	
Mittl. Ort	25.737		16.26		17.689		29.05		23.155		78.44		40.970		21.59	
sec δ, tg δ	+1.203		+ 0.670		+1.014		− 0.170		+1.921		− 1.640		+1.131		+ 0.529	
a, *a′*	+2.4		+13.2		+3.2		+13.2		+4.7		+13.6		+2.6		+13.7	
b, *b′*	+0.03		+ 0.75		−0.01		+ 0.75		−0.07		+ 0.73		+0.02		+ 0.73	

Obere Kulmination Greenwich

Tag	788) ν Cygni AR.		788) ν Cygni Dekl.		790) ζ Microscopii AR.		790) ζ Microscopii Dekl.		793) 61 Cygni pr^1 AR.		793) 61 Cygni pr^1 Dekl.		795) Br 2777 Ceph AR.		795) Br 2777 Ceph Dekl.	
1956	20h 55m		+40° 59′		21h 0m		−38° 47′		21h 4m		+38° 31′		21h 6m		+77° 56′	
	s		″		s		″		s		″		s		″	
Jan. 1	31.229	59	62.45	253	9.395	3	78.52	124	54.750	47	68.75	234	19.69	58	73.14	263
11	31.170	15	59.92	271	9.392	40	77.28	142	54.703	6	66.41	250	19.11	41	70.51	297
21	31.155	31	57.21	278	9.432	82	75.86	156	54.697	37	63.91	257	18.70	22	67.54	319
31	31.186	77	54.43	273	9.514	123	74.30	168	54.734	82	61.34	254	18.48	3	64.35	328
Febr. 10	31.263	125	51.70	258	9.637	161	72.62	178	54.816	126	58.80	239	18.45	17	61.07	325
20	31.388	170	49.12	232	9.798	198	70.84	183	54.942	169	56.41	214	18.62	36	57.82	309
März 1	31.558	212	46.80	196	9.996	233	69.01	187	55.111	211	54.27	178	18.98	55	54.73	279
11	31.770	252	44.84	151	10.229	265	67.14	188	55.322	250	52.49	135	19.53	71	51.94	240
21	32.022	288	43.33	100	10.494	295	65.26	186	55.572	285	51.14	87	20.24	84	49.54	190
31	32.310	317	42.33	46	10.789	322	63.40	180	55.857	314	50.27	33	21.08	96	47.64	134
April 10	32.627	339	41.87	11	11.111	344	61.60	170	56.171	338	49.94	23	22.04	103	46.30	74
20	32.966	355	41.98	68	11.455	361	59.90	157	56.509	354	50.17	77	23.07	108	45.56	11
30	33.321	361	42.66	121	11.816	372	58.33	141	56.863	362	50.94	130	24.15	108	45.45	52
Mai 10	33.682	358	43.87	172	12.188	376	56.92	120	57.225	361	52.24	179	25.23	105	45.97	112
20	34.040	346	45.59	216	12.564	372	55.72	96	57.586	351	54.03	222	26.28	100	47.09	168
30	34.386	326	47.75	254	12.936	358	54.76	70	57.937	332	56.25	259	27.28	91	48.77	220
Juni 9	34.712	296	50.29	285	13.294	337	54.06	42	58.269	305	58.84	289	28.19	79	50.97	264
19	35.008	259	53.14	307	13.631	306	53.64	13	58.574	271	61.73	311	28.98	67	53.61	302
29	35.267	216	56.21	322	13.937	268	53.51	17	58.845	229	64.84	325	29.65	51	56.63	331
Juli 9	35.483	167	59.43	330	14.205	223	53.68	43	59.074	183	68.09	332	30.16	35	59.94	353
19	35.650	114	62.73	328	14.428	171	54.11	70	59.257	132	71.41	330	30.51	18	63.47	366
29	35.764	60	66.01	321	14.599	117	54.81	93	59.389	79	74.71	323	30.69	1	67.13	371
Aug. 7*	5 35.824	6	69.22	306	6 14.716	59	55.74	110	7 59.468	27	77.94	308	8 30.70	16	70.84	368
17	35.830	47	72.28	286	14.775	2	56.84	123	59.495	24	81.02	288	30.54	33	74.52	357
27	35.783	96	75.14	260	14.777	52	58.07	131	59.471	72	83.90	262	30.21	49	78.09	339
Sept. 6	35.687	139	77.74	228	14.725	101	59.38	132	59.399	115	86.52	232	29.72	63	81.48	314
16	35.548	176	80.02	192	14.624	143	60.70	126	59.284	152	88.84	197	29.09	75	84.62	282
26	35.372	206	81.94	153	14.481	176	61.96	114	59.132	181	90.81	158	28.34	86	87.44	244
Okt. 6	35.166	225	83.47	110	14.305	199	63.10	98	58.951	200	92.39	116	27.48	96	89.88	200
16	34.941	236	84.57	65	14.106	210	64.08	76	58.751	212	93.55	73	26.52	101	91.88	151
26	34.705	238	85.22	17	13.896	209	64.84	50	58.539	214	94.28	27	25.51	105	93.39	97
Nov. 5	34.467	230	85.39	31	13.687	199	65.34	23	58.325	208	94.55	19	24.46	107	94.36	40
15	34.237	215	85.08	79	13.488	178	65.57	6	58.117	193	94.36	66	23.39	104	94.76	19
25	34.022	192	84.29	126	13.310	149	65.51	34	57.924	172	93.70	110	22.35	100	94.57	79
Dez. 5	33.830	161	83.03	169	13.161	114	65.17	61	57.752	145	92.60	152	21.35	92	93.78	136
15	33.669	127	81.34	208	13.047	75	64.56	87	57.607	111	91.08	190	20.43	81	92.42	191
25	33.542	88	79.26	240	12.972	33	63.69	109	57.496	75	89.18	220	19.62	68	90.51	240
35	33.454		76.86		12.939		62.60		57.421		86.98		18.94		88.11	
Mittl. Ort	31.836		49.23		9.595		76.69		55.247		55.64		24.69		54.50	
sec δ, tg δ	+1.325		+ 0.869		+1.283		− 0.804		+1.278		+ 0.796		+4.789		+ 4.684	
a, *a′*	+2.2		+13.9		+3.8		+14.2		+2.3		+14.5		−1.2		+14.6	
b, *b′*	+0.04		+ 0.72		−0.04		+ 0.71		+0.04		+ 0.69		+0.23		+ 0.69	

[1] Die jährliche Parallaxe (0″.299) ist bereits berücksichtigt.

* Bei Stern 795) lies Aug. 8.

Scheinbare Sternörter 1956

Obere Kulmination Greenwich

Tag	794) ν Aquarii AR.		794) ν Aquarii Dekl.		797) ζ Cygni AR.		797) ζ Cygni Dekl.		800) α Equulei AR.		800) α Equulei Dekl.		803) α Cephei AR.		803) α Cephei Dekl.	
1956	21h 7m		−11° 32′		21h 11m		+30° 2′		21h 13m		+5° 3′		21h 17m		+62° 23′	
	s		″		s		″		s		″		s		″	
Jan. 1	11.895	1	60.64	29	3.401	45	56.15	213	37.409	14	60.39	113	30.25	21	73.25	262
11	11.894	31	60.93	21	3.356	9	54.02	228	37.395	17	59.26	113	30.04	14	70.63	293
21	11.925	63	61.14	10	3.347	28	51.74	233	37.412	47	58.13	109	29.90	7	67.70	313
31	11.988	94	61.24	2	3.375	67	49.41	229	37.459	78	57.04	98	29.83	2	64.57	320
Febr. 10	12.082	124	61.22	17	3.442	105	47.12	214	37.537	110	56.06	82	29.85	10	61.37	315
20	12.206	154	61.05	35	3.547	144	44.98	190	37.647	140	55.24	61	29.95	18	58.22	296
März 1	12.360	183	60.70	55	3.691	181	43.08	158	37.787	170	54.63	35	30.13	26	55.26	266
11	12.543	210	60.15	74	3.872	216	41.50	118	37.957	198	54.28	5	30.39	34	52.60	226
21	12.753	237	59.41	95	4.088	249	40.32	72	38.155	226	54.23	27	30.73	40	50.34	176
31	12.990	260	58.46	114	4.337	277	39.60	24	38.381	251	54.50	60	31.13	45	48.58	119
April 10	13.250	280	57.32	131	4.614	300	39.36	26	38.632	272	55.10	92	31.58	50	47.39	59
20	13.530	296	56.01	145	4.914	317	39.62	76	38.904	287	56.02	123	32.08	52	46.80	3
30	13.826	306	54.56	156	5.231	328	40.38	124	39.191	299	57.25	149	32.60	54	46.83	65
Mai 10	14.132	311	53.00	162	5.559	330	41.62	167	39.490	304	58.74	172	33.14	53	47.48	125
20	14.443	309	51.38	163	5.889	324	43.29	206	39.794	302	60.46	189	33.67	52	48.73	180
30	14.752	299	49.75	160	6.213	309	45.35	238	40.096	292	62.35	201	34.19	48	50.53	229
Juni 9	15.051	282	48.15	153	6.522	288	47.73	263	40.388	275	64.36	208	34.67	43	52.82	273
19	15.333	257	46.62	141	6.810	258	50.36	282	40.663	251	66.44	208	35.10	38	55.55	308
29	15.590	226	45.21	126	7.068	221	53.18	292	40.914	220	68.52	204	35.48	31	58.63	336
Juli 9	15.816	189	43.95	108	7.289	180	56.10	296	41.134	183	70.56	195	35.79	25	61.99	354
19	16.005	147	42.87	89	7.469	134	59.06	294	41.317	144	72.51	181	36.04	16	65.53	366
29	16.152	104	41.98	68	7.603	86	62.00	284	41.461	100	74.32	164	36.20	8	69.19	368
Aug. 8	(8) 16.256	57	41.30	48	(9) 7.689	38	64.84	269	(9) 41.561	56	75.96	145	(10) 36.28	0	72.87	363
17	16.313	11	40.82	29	7.727	10	67.53	249	41.617	12	77.41	124	36.28	9	76.50	350
27	16.324	31	40.53	10	7.717	56	70.02	225	41.629	30	78.65	102	36.19	15	80.00	330
Sept. 6	16.293	70	40.43	6	7.661	96	72.27	195	41.599	67	79.67	79	36.04	23	83.30	304
16	16.223	104	40.49	19	7.565	131	74.22	164	41.532	100	80.46	56	35.81	29	86.34	270
26	16.119	129	40.68	30	7.434	158	75.86	129	41.432	124	81.02	34	35.52	34	89.04	231
Okt. 6	15.990	146	40.98	38	7.276	177	77.15	91	41.308	142	81.36	13	35.18	38	91.35	186
16	15.844	155	41.36	43	7.099	189	78.06	53	41.166	152	81.49	8	34.80	40	93.21	137
26	15.689	155	41.79	46	6.910	192	78.59	13	41.014	152	81.41	28	34.40	42	94.58	84
Nov. 5	15.534	147	42.25	47	6.718	186	78.72	29	40.862	146	81.13	47	33.98	43	95.42	28
15	15.387	131	42.72	48	6.532	174	78.43	69	40.716	133	80.66	63	33.55	42	95.70	30
25	15.256	110	43.20	46	6.358	154	77.74	108	40.583	114	80.03	80	33.13	39	95.40	87
Dez. 5	15.146	84	43.66	44	6.204	131	76.66	144	40.469	91	79.23	94	32.74	36	94.53	142
15	15.062	55	44.10	39	6.073	102	75.22	176	40.378	64	78.29	105	32.38	31	93.11	194
25	15.007	24	44.49	36	5.971	69	73.46	203	40.314	36	77.24	112	32.07	26	91.17	240
35	14.983		44.85		5.902		71.43		40.278		76.12		31.81		88.77	
Mittl. Ort	11.901		63.60		3.677		44.15		37.427		53.76		31.76		55.31	
sec δ, tg δ	+1.021		− 0.204		+1.155		+ 0.578		+1.004		+ 0.089		+2.158		+ 1.913	
a, *a′*	+3.3		+14.6		+2.6		+14.8		+3.0		+15.0		+1.4		+15.2	
b, *b′*	−0.01		+ 0.68		+0.03		+ 0.67		0.00		+ 0.66		+0.10		+ 0.65	

Scheinbare Sternörter 1956

Obere Kulmination Greenwich

Tag	804) ι Pegasi				805) γ Pavonis[1]				806) ζ Capricorni				809) β Cephei			
	AR.		Dekl.		AR.		Dekl.		AR.		Dekl.		AR.		Dekl.	
1956	$21^h\ 20^m$		$+19°\ 36'$		$21^h\ 22^m$		$-65°\ 33'$		$21^h\ 24^m$		$-22°\ 35'$		$21^h\ 28^m$		$+70°\ 21'$	
	s		″		s		″		s		″		s		″	
Jan. 1	2.900	35	65.42	172	48.83	12	66.68	251	9.498	18	70.32	32	3.66	36	82.38	249
11	2.865	2	63.70	182	48.71	4	64.17	278	9.480	16	70.00	45	3.30	27	79.89	286
21	2.863	30	61.88	183	48.67	4	61.39	298	9.496	48	69.55	60	3.03	16	77.03	311
31	2.893	64	60.05	177	48.71	12	58.41	310	9.544	81	68.95	75	2.87	4	73.92	324
Febr. 10	2.957	98	58.28	162	48.83	20	55.31	316	9.625	114	68.20	90	2.83	8	70.68	325
20	3.055	132	56.66	140	49.03	28	52.15	314	9.739	145	67.30	104	2.91	19	67.43	311
März 1	3.187	166	55.26	110	49.31	35	49.01	305	9.884	177	66.26	120	3.10	31	64.32	285
11	3.353	198	54.16	75	49.66	42	45.96	291	10.061	207	65.06	133	3.41	42	61.47	248
21	3.551	229	53.41	35	50.08	47	43.05	272	10.268	236	63.73	145	3.83	51	58.99	201
31	3.780	256	53.06	8	50.55	53	40.33	245	10.504	262	62.28	155	4.34	59	56.98	147
April 10	4.036	279	53.14	51	51.08	57	37.88	215	10.766	286	60.73	163	4.93	64	55.51	88
20	4.315	297	53.65	93	51.65	60	35.73	180	11.052	305	59.10	166	5.57	69	54.63	26
30	4.612	309	54.58	133	52.25	63	33.93	142	11.357	320	57.44	165	6.26	71	54.37	37
Mai 10	4.921	314	55.91	169	52.88	63	32.51	101	11.677	327	55.79	161	6.97	70	54.74	98
20	5.235	311	57.60	199	53.51	63	31.50	56	12.004	327	54.18	152	7.67	68	55.72	156
30	5.546	300	59.59	224	54.14	62	30.94	12	12.331	321	52.66	139	8.35	64	57.28	208
Juni 9	5.846	282	61.83	243	54.76	58	30.82	33	12.652	305	51.27	121	8.99	58	59.36	255
19	6.128	257	64.26	254	55.34	53	31.15	77	12.957	282	50.06	102	9.57	50	61.91	294
29	6.385	225	66.80	260	55.87	47	31.92	118	13.239	252	49.04	79	10.07	41	64.85	326
Juli 9	6.610	187	69.40	259	56.34	39	33.10	155	13.491	215	48.25	55	10.48	32	68.11	350
19	6.797	145	71.99	252	56.73	31	34.65	188	13.706	173	47.70	31	10.80	21	71.61	366
29	6.942	101	74.51	240	57.04	21	36.53	214	13.879	126	47.39	7	11.01	11	75.27	373
Aug. 8	7.043	55	76.91	224	57.25	11	38.67	231	14.005	79	47.32	15	11.12	0	79.00	373
17	11 7.098	9	79.15	203	12 57.36	1	40.98	242	12 14.084	30	47.47	35	13 11.12	11	82.73	364
27	7.107	34	81.18	179	57.37	10	43.40	242	14.114	17	47.82	51	11.01	21	86.37	348
Sept. 6	7.073	72	82.97	153	57.27	19	45.82	232	14.097	60	48.33	64	10.80	31	89.85	325
16	7.001	106	84.50	125	57.08	27	48.14	214	14.037	97	48.97	71	10.49	39	93.10	295
26	6.895	132	85.75	95	56.81	34	50.28	186	13.940	127	49.68	76	10.10	47	96.05	258
Okt. 6	6.763	152	86.70	63	56.47	40	52.14	150	13.813	149	50.44	75	9.63	52	98.63	215
16	6.611	162	87.33	32	56.07	43	53.64	107	13.664	161	51.19	69	9.11	57	100.78	167
26	6.449	166	87.65	1	55.64	45	54.71	59	13.503	164	51.88	62	8.54	60	102.45	114
Nov. 5	6.283	161	87.64	33	55.19	44	55.30	8	13.339	159	52.50	51	7.94	62	103.59	58
15	6.122	150	87.31	65	54.75	43	55.38	45	13.180	145	53.01	38	7.32	61	104.17	1
25	5.972	133	86.66	94	54.32	38	54.93	96	13.035	126	53.39	24	6.71	59	104.16	61
Dez. 5	5.839	111	85.72	122	53.94	32	53.97	145	12.909	100	53.63	10	6.12	54	103.55	119
15	5.728	85	84.50	147	53.62	26	52.52	190	12.809	72	53.73	4	5.58	49	102.36	174
25	5.643	56	83.03	165	53.36	18	50.62	228	12.737	41	53.69	20	5.09	42	100.62	225
35	5.587		81.38		53.18		48.34		12.696		53.49		4.67		98.37	
Mittl. Ort	2.994		55.32		49.92		60.88		9.477		70.81		5.98		62.76	
sec δ, tg δ	+1.062		+ 0.356		+2.418		— 2.201		+1.083		— 0.416		+2.976		+ 2.803	
a, *a′*	+2.8		+15.4		+4.9		+15.5		+3.4		+15.6		+0.8		+15.8	
b, *b′*	+0.02		+ 0.64		—0.11		+ 0.63		—0.02		+ 0.63		+0.15		+ 0.62	

[1] Die jährliche Parallaxe (0″.113) ist bereits berücksichtigt.

Scheinbare Sternörter 1956

Obere Kulmination Greenwich

Tag	808) β Aquarii				811) 74 Cygni				810) ν Octantis				815) ε Pegasi			
	AR.		Dekl.		AR.		Dekl.		AR.		Dekl.		AR.		Dekl.	
1956	21h 29m		−5° 45′		21h 35m		+40° 12′		21h 36m		−77° 34′		21h 42m		+9° 40′	
	s		″		s		″		s		″		s		″	
Jan. 1	14.662	21	52.34	57	10.616	94	70.05	223	37.01	40	81.50	284	1.514	40	28.99	125
11	14.641	8	52.91	51	10.522	56	67.82	246	36.61	24	78.66	316	1.474	12	27.74	128
21	14.649	38	53.42	42	10.466	14	65.36	260	36.37	7	75.50	337	1.462	17	26.46	127
31	14.687	68	53.84	30	10.452	29	62.76	263	36.30	9	72.13	351	1.479	47	25.19	119
Febr. 10	14.755	98	54.14	14	10.481	75	60.13	254	36.39	25	68.62	356	1.526	79	24.00	105
20	14.853	128	54.28	6	10.556	121	57.59	236	36.64	41	65.06	352	1.605	111	22.95	84
März 1	14.981	159	54.22	27	10.677	166	55.23	207	37.05	56	61.54	341	1.716	143	22.11	59
11	15.140	188	53.95	51	10.843	211	53.16	169	37.61	68	58.13	323	1.859	175	21.52	29
21	15.328	216	53.44	75	11.054	252	51.47	124	38.29	81	54.90	297	2.034	206	21.23	4
31	15.544	243	52.69	100	11.306	288	50.23	73	39.10	91	51.93	267	2.240	235	21.27	40
April 10	15.787	266	51.69	122	11.594	319	49.50	20	40.01	100	49.26	230	2.475	260	21.67	75
20	16.053	285	50.47	143	11.913	342	49.30	35	41.01	107	46.96	190	2.735	281	22.42	109
30	16.338	299	49.04	159	12.255	358	49.65	89	42.08	111	45.06	144	3.016	297	23.51	140
Mai 10	16.637	307	47.45	171	12.613	363	50.54	139	43.19	113	43.62	96	3.313	306	24.91	168
20	16.944	307	45.74	179	12.976	361	51.93	186	44.32	113	42.66	47	3.619	308	26.59	190
30	17.251	301	43.95	181	13.337	348	53.79	227	45.45	111	42.19	4	3.927	302	28.49	208
Juni 9	17.552	287	42.14	179	13.685	326	56.06	261	46.56	105	42.23	54	4.229	289	30.57	219
19	17.839	265	40.35	172	14.011	295	58.67	288	47.61	96	42.77	103	4.518	268	32.76	224
29	18.104	237	38.63	160	14.306	258	61.55	308	48.57	85	43.80	148	4.786	240	35.00	224
Juli 9	18.341	203	37.03	145	14.564	214	64.63	320	49.42	72	45.28	190	5.026	206	37.24	218
19	18.544	163	35.58	126	14.778	164	67.83	325	50.14	57	47.18	224	5.232	167	39.42	208
29	18.707	120	34.32	107	14.942	113	71.08	322	50.71	40	49.42	252	5.399	126	41.50	194
Aug. 8	18.827	76	33.25	85	15.055	59	74.30	313	51.11	21	51.94	271	5.525	82	43.44	175
17	[13] 18.903	31	32.40	64	[15] 15.114	7	77.43	297	[15] 51.32	2	54.65	281	[17] 5.607	37	45.19	155
27	18.934	12	31.76	44	15.121	43	80.40	276	51.34	16	57.46	280	5.644	5	46.74	132
Sept. 6	18.922	52	31.32	24	15.078	90	83.16	249	51.18	35	60.26	270	5.639	45	48.06	108
16	18.870	85	31.08	6	14.988	131	85.65	218	50.83	52	62.96	247	5.594	78	49.14	84
26	18.785	112	31.02	9	14.857	164	87.83	183	50.31	66	65.43	215	5.516	107	49.98	60
Okt. 6	18.673	133	31.11	23	14.693	191	89.66	143	49.65	79	67.58	174	5.409	127	50.58	35
16	18.540	144	31.34	34	14.502	208	91.09	100	48.86	87	69.32	126	5.282	141	50.93	10
26	18.396	148	31.68	44	14.294	217	92.09	55	47.99	92	70.58	71	5.141	147	51.03	13
Nov. 5	18.248	143	32.12	50	14.077	218	92.64	9	47.07	94	71.29	12	4.994	146	50.90	35
15	18.105	133	32.62	56	13.859	211	92.73	38	46.13	91	71.41	48	4.848	137	50.55	57
25	17.972	115	33.18	60	13.648	197	92.35	86	45.22	84	70.93	107	4.711	124	49.98	77
Dez. 5	17.857	94	33.78	63	13.451	177	91.49	130	44.38	76	69.86	163	4.587	106	49.21	95
15	17.763	69	34.41	62	13.274	150	90.19	171	43.62	64	68.23	214	4.481	84	48.26	110
25	17.694	42	35.03	62	13.124	118	88.48	206	42.98	49	66.09	258	4.397	60	47.16	122
35	17.652		35.65		13.006		86.42		42.49		63.51		4.337		45.94	
Mittl. Ort	14.590		56.59		10.938		54.78		39.87		74.28		1.431		20.74	
sec δ, tg δ	+1.005		− 0.101		+1.310		+ 0.846		+4.652		− 4.543		+1.014		+ 0.170	
a, *a′*	+3.2		+15.9		+2.4		+16.2		+6.6		+16.3		+2.9		+16.5	
b, *b′*	−0.01		+ 0.61		+0.05		+ 0.59		−0.25		+ 0.59		+0.01		+ 0.57	

Scheinbare Sternörter 1956

Obere Kulmination Greenwich

Tag	819) δ Capricorni				821) π² Cygni				823) 16 Pegasi				822) γ Gruis			
	AR.		Dekl.		AR.		Dekl.		AR.		Dekl.		AR.		Dekl.	
1956	21ʰ 44ᵐ		−16° 19′		21ʰ 45ᵐ		+49° 6′		21ʰ 51ᵐ		+25° 43′		21ʰ 51ᵐ		−37° 33′	
	s		″		s		″		s		″		s		″	
Jan. 1	36.967	32	38.75	4	9.390	142	36.85	229	3.466	69	15.19	177	16.206	59	84.87	102
11	36.935	4	38.79	8	9.248	98	34.56	259	3.397	39	13.42	192	16.147	22	83.85	126
21	36.931	26	38.71	22	9.150	50	31.97	278	3.358	7	11.50	200	16.125	15	82.59	149
31	36.957	57	38.49	37	9.100	2	29.19	286	3.351	26	9.50	200	16.140	53	81.10	168
Febr. 10	37.014	87	38.12	54	9.102	56	26.33	284	3.377	63	7.50	190	16.193	91	79.42	184
20	37.101	119	37.58	72	9.158	113	23.49	269	3.440	100	5.60	171	16.284	129	77.58	198
März 1	37.220	150	36.86	90	9.271	169	20.80	242	3.540	138	3.89	145	16.413	166	75.60	208
11	37.370	182	35.96	108	9.440	222	18.38	206	3.678	174	2.44	111	16.579	204	73.52	215
21	37.552	211	34.88	126	9.662	273	16.32	162	3.852	210	1.33	72	16.783	240	71.37	218
31	37.763	240	33.62	142	9.935	317	14.70	110	4.062	244	0.61	29	17.023	273	69.19	218
April 10	38.003	266	32.20	155	10.252	354	13.60	54	4.306	273	0.32	17	17.296	304	67.01	212
20	38.269	288	30.65	166	10.606	383	13.06	3	4.579	297	0.49	62	17.600	331	64.89	202
30	38.557	305	28.99	172	10.989	401	13.09	61	4.876	314	1.11	107	17.931	351	62.87	189
Mai 10	38.862	315	27.27	174	11.390	410	13.70	116	5.190	324	2.18	148	18.282	364	60.98	170
20	39.177	320	25.53	171	11.800	406	14.86	168	5.514	326	3.66	185	18.646	371	59.28	147
30	39.497	316	23.82	164	12.206	392	16.54	214	5.840	320	5.51	216	19.017	368	57.81	121
Juni 9	39.813	303	22.18	152	12.598	369	18.68	255	6.160	305	7.67	241	19.385	356	56.60	90
19	40.116	285	20.66	137	12.967	334	21.23	289	6.465	283	10.08	260	19.741	334	55.70	59
29	40.401	258	19.29	117	13.301	291	24.12	314	6.748	253	12.68	272	20.075	305	55.11	26
Juli 9	40.659	223	18.12	95	13.592	242	27.26	332	7.001	217	15.40	277	20.380	267	54.85	8
19	40.882	185	17.17	72	13.834	187	30.58	343	7.218	176	18.17	276	20.647	221	54.93	40
29	41.067	142	16.45	48	14.021	129	34.01	346	7.394	132	20.93	269	20.868	172	55.33	70
Aug. 8	41.209	95	15.97	25	14.150	68	37.47	341	7.526	85	23.62	257	21.040	117	56.03	96
17*	[17] 41.304	49	15.72	2	[17] 14.218	9	40.88	329	7.611	38	26.19	240	21.157	61	56.99	118
27	41.353	5	15.70	17	14.227	48	44.17	311	[19] 7.649	6	28.59	218	[19] 21.218	7	58.17	134
Sept. 6	41.358	38	15.87	34	14.179	101	47.28	287	7.643	48	30.77	193	21.225	45	59.51	143
16	41.320	75	16.21	48	14.078	149	50.15	256	7.595	84	32.70	164	21.180	92	60.94	147
26	41.245	106	16.69	58	13.929	189	52.71	220	7.511	115	34.34	134	21.088	132	62.41	143
Okt. 6	41.139	128	17.27	63	13.740	222	54.91	179	7.396	140	35.68	101	20.956	162	63.84	132
16	41.011	144	17.90	66	13.518	245	56.70	136	7.256	156	36.69	67	20.794	183	65.16	115
26	40.867	150	18.56	64	13.273	259	58.06	88	7.100	164	37.36	31	20.611	194	66.31	94
Nov. 5	40.717	148	19.20	60	13.014	265	58.94	37	6.936	166	37.67	5	20.417	194	67.25	67
15	40.569	139	19.80	54	12.749	262	59.31	16	6.770	161	37.62	41	20.223	186	67.92	38
25	40.430	125	20.34	45	12.487	250	59.15	67	6.609	150	37.21	77	20.037	169	68.30	8
Dez. 5	40.305	104	20.79	37	12.237	230	58.48	118	6.459	134	36.44	110	19.868	145	68.38	23
15	40.201	80	21.16	26	12.007	203	57.30	166	6.325	113	35.34	140	19.723	117	68.15	54
25	40.121	53	21.42	15	11.804	169	55.64	208	6.212	89	33.94	166	19.606	83	67.61	82
35	40.068		21.57		11.635		53.56		6.123		32.28		19.523		66.79	
Mittl. Ort	36.848		40.39		9.875		19.30		3.455		2.61		16.214		81.66	
sec δ, tg δ	+1.042		− 0.293		+1.527		+ 1.155		+1.110		+ 0.482		+1.262		− 0.769	
a, *a′*	+3.3		+16.6		+2.2		+16.7		+2.7		+17.0		+3.6		+17.0	
b, *b′*	−0.02		+ 0.56		+0.06		+ 0.55		+0.03		+ 0.53		−0.04		+ 0.53	

* Bei Stern 823) und 822) lies Aug. 18.

Scheinbare Sternörter 1956

Obere Kulmination Greenwich

Tag	827) α Aquarii AR.	Δ	827) α Aquarii Dekl.	Δ
1956	$22^h\ 3^m$		—0° 31′	
	s		″	
Jan. 1	31.641	49	57.88	76
11	31.592	23	58.64	74
21	31.569	3	59.38	67
31	31.572	31	60.05	56
Febr. 10	31.603	61	60.61	41
20	31.664	92	61.02	21
März 1	31.756	124	61.23	1
11	31.880	156	61.22	26
21	32.036	187	60.96	54
31	32.223	218	60.42	82
April 10	32.441	245	59.60	108
20	32.686	270	58.52	134
30	32.956	289	57.18	156
Mai 10	33.245	302	55.62	174
20	33.547	308	53.88	187
30	33.855	307	52.01	196
Juni 9	34.162	297	50.05	198
19	34.459	281	48.07	196
29	34.740	256	46.11	188
Juli 9	34.996	225	44.23	176
19	35.221	190	42.47	161
29	35.411	149	40.86	142
Aug. 8	35.560	105	39.44	122
18	22 35.665	63	38.22	99
27	35.728	20	37.23	77
Sept. 6	35.748	21	36.46	54
16	35.727	56	35.92	33
26	35.671	86	35.59	14
Okt. 6	35.585	110	35.45	4
16	35.475	127	35.49	21
26	35.348	135	35.70	34
Nov. 5	35.213	136	36.04	47
15	35.077	132	36.51	58
25	34.945	122	37.09	66
Dez. 5	34.823	107	37.75	72
15	34.716	88	38.47	78
25	34.628	67	39.25	79
35	34.561		40.04	
Mittl. Ort	31.428		63.60	
sec δ, tg δ	+1.000		— 0.009	
a, *a′*	+3.1		+17.5	
b, *b′*	0.00		+ 0.49	

Tag	830) 20 Cephei AR.	Δ	830) 20 Cephei Dekl.	Δ
1956	$22^h\ 3^m$		+62° 34′	
	s		″	
Jan. 1	39.20	28	35.02	217
11	38.92	22	32.85	256
21	38.70	15	30.29	286
31	38.55	8	27.43	305
Febr. 10	38.47	1	24.38	311
20	38.48	9	21.27	304
März 1	38.57	18	18.23	285
11	38.75	26	15.38	255
21	39.01	33	12.83	215
31	39.34	40	10.68	165
April 10	39.74	46	9.03	110
20	40.20	50	7.93	51
30	40.70	53	7.42	9
Mai 10	41.23	54	7.51	69
20	41.77	54	8.20	127
30	42.31	53	9.47	180
Juni 9	42.84	50	11.27	229
19	43.34	45	13.56	271
29	43.79	39	16.27	306
Juli 9	44.18	33	19.33	333
19	44.51	26	22.66	352
29	44.77	18	26.18	365
Aug. 8	44.95	11	29.83	368
18	22 45.06	2	33.51	364
27	45.08	6	37.15	352
Sept. 6	45.02	13	40.67	333
16	44.89	20	44.00	308
26	44.69	25	47.08	275
Okt. 6	44.44	31	49.83	237
16	44.13	35	52.20	193
26	43.78	38	54.13	144
Nov. 5	43.40	40	55.57	90
15	43.00	40	56.47	33
25	42.60	40	56.80	24
Dez. 5	42.20	39	56.56	82
15	41.81	35	55.74	139
25	41.46	31	54.35	190
35	41.15		52.45	
Mittl. Ort	40.10		14.17	
sec δ, tg δ	+2.171		+ 1.927	
a, *a′*	+1.8		+17.5	
b, *b′*	+0.11		+ 0.49	

Tag	828) ι Aquarii AR.	Δ	828) ι Aquarii Dekl.	Δ
1956	$22^h\ 4^m$		—14° 4′	
	s		″	
Jan. 1	3.939	48	60.18	16
11	3.891	22	60.34	4
21	3.869	6	60.38	10
31	3.875	35	60.28	26
Febr. 10	3.910	65	60.02	44
20	3.975	97	59.58	62
März 1	4.072	128	58.96	82
11	4.200	160	58.14	102
21	4.360	192	57.12	121
31	4.552	223	55.91	139
April 10	4.775	251	54.52	156
20	5.026	276	52.96	168
30	5.302	296	51.28	178
Mai 10	5.598	309	49.50	182
20	5.907	317	47.68	183
30	6.224	316	45.85	177
Juni 9	6.540	307	44.08	167
19	6.847	290	42.41	153
29	7.137	267	40.88	136
Juli 9	7.404	235	39.52	114
19	7.639	199	38.38	91
29	7.838	157	37.47	67
Aug. 8	7.995	113	36.80	42
18	22 8.108	67	36.38	18
27	8.175	23	36.20	3
Sept. 6	8.198	20	36.23	23
16	8.178	57	36.46	39
26	8.121	90	36.85	51
Okt. 6	8.031	114	37.36	60
16	7.917	132	37.96	65
26	7.785	141	38.61	66
Nov. 5	7.644	143	39.27	64
15	7.501	137	39.91	61
25	7.364	127	40.52	54
Dez. 5	7.237	110	41.06	46
15	7.127	90	41.52	37
25	7.037	67	41.89	27
35	6.970		42.16	
Mittl. Ort	3.734		62.20	
sec δ, tg δ	+1.031		— 0.251	
a, *a′*	+3.2		+17.5	
b, *b′*	—0.01		+ 0.48	

Tag	829) α Gruis AR.	Δ	829) α Gruis Dekl.	Δ
1956	$22^h\ 5^m$		—47° 10′	
	s		″	
Jan. 1	28.013	99	35.28	140
11	27.914	57	33.88	171
21	27.857	14	32.17	198
31	27.843	30	30.19	220
Febr. 10	27.873	75	27.99	238
20	27.948	121	25.61	251
März 1	28.069	165	23.10	259
11	28.234	210	20.51	262
21	28.444	253	17.89	261
31	28.697	293	15.28	254
April 10	28.990	330	12.74	242
20	29.320	362	10.32	225
30	29.682	388	8.07	203
Mai 10	30.070	406	6.04	176
20	30.476	416	4.28	145
30	30.892	416	2.83	111
Juni 9	31.308	405	1.72	73
19	31.713	385	0.99	35
29	32.098	353	0.64	4
Juli 9	32.451	313	0.68	44
19	32.764	263	1.12	81
29	33.027	207	1.93	114
Aug. 8	33.234	147	3.07	143
18	23 33.381	83	4.50	166
27	33.464	20	6.16	183
Sept. 6	33.484	41	7.99	191
16	33.443	98	9.90	191
26	33.345	146	11.81	183
Okt. 6	33.199	185	13.64	167
16	33.014	215	15.31	144
26	32.799	232	16.75	114
Nov. 5	32.567	237	17.89	79
15	32.330	232	18.68	41
25	32.098	217	19.09	1
Dez. 5	31.881	193	19.10	40
15	31.688	163	18.70	79
25	31.525	127	17.91	116
35	31.398		16.75	
Mittl. Ort	28.118		29.82	
sec δ, tg δ	+1.471		— 1.079	
a, *a′*	+3.8		+17.6	
b, *b′*	—0.06		+ 0.48	

Obere Kulmination Greenwich

Tag	834) ϑ Pegasi AR.		834) ϑ Pegasi Dekl.		835) π Pegasi AR.		835) π Pegasi Dekl.	
1956	22h 7m		+5° 58′		22h 8m		+32° 57′	
	s		″		s		″	
Jan. 1	58.971	55	58.36	102	1.827	97	57.03	184
11	58.916	30	57.34	104	1.730	68	55.19	206
21	58.886	4	56.30	100	1.662	35	53.13	221
31	58.882	25	55.30	93	1.627	0	50.92	225
Febr. 10	58.907	54	54.37	80	1.627	40	48.67	221
20	58.961	86	53.57	60	1.667	81	46.46	206
März 1	59.047	119	52.97	37	1.748	123	44.40	182
11	59.166	152	52.60	10	1.871	164	42.58	150
21	59.318	184	52.50	21	2.035	205	41.08	112
31	59.502	215	52.71	52	2.240	244	39.96	67
April 10	59.717	245	53.23	84	2.484	278	39.29	19
20	59.962	269	54.07	115	2.762	305	39.10	30
30	60.231	289	55.22	143	3.067	327	39.40	79
Mai 10	60.520	303	56.65	167	3.394	340	40.19	125
20	60.823	309	58.32	187	3.734	345	41.44	167
30	61.132	308	60.19	201	4.079	340	43.11	206
Juni 9	61.440	299	62.20	211	4.419	327	45.17	237
19	61.739	281	64.31	214	4.746	305	47.54	263
29	62.020	258	66.45	211	5.051	275	50.17	282
Juli 9	62.278	228	68.56	205	5.326	240	52.99	293
19	62.506	191	70.61	193	5.566	197	55.92	298
29	62.697	151	72.54	177	5.763	151	58.90	296
Aug. 8	62.848	108	74.31	159	5.914	103	61.86	289
18	62.956	65	75.90	138	6.017	55	64.75	275
27	23 63.021	23	77.28	115	23 6.072	7	67.50	255
Sept. 6	63.044	17	78.43	92	6.079	37	70.05	233
16	63.027	53	79.35	69	6.042	77	72.38	205
26	62.974	84	80.04	46	5.965	111	74.43	173
Okt. 6	62.890	107	80.50	24	5.854	139	76.16	140
16	62.783	124	80.74	3	5.715	159	77.56	102
26	62.659	134	80.77	17	5.556	172	78.58	63
Nov. 5	62.525	136	80.60	36	5.384	179	79.21	23
15	62.389	133	80.24	52	5.205	177	79.44	18
25	62.256	124	79.72	68	5.028	170	79.26	60
Dez. 5	62.132	110	79.04	82	4.858	158	78.66	100
15	62.022	93	78.22	93	4.700	139	77.66	136
25	61.929	72	77.29	101	4.561	117	76.30	169
35	61.857		76.28		4.444		74.61	
Mittl. Ort	58.749		50.77		1.791		42.07	
sec δ, tg δ	+1.005		+ 0.105		+1.192		+ 0.648	
a, a′	+3.0		+17.7		+2.7		+17.7	
b, b′	+0.01		+ 0.47		+0.04		+ 0.47	

Tag	837) 24 Cephei AR.		837) 24 Cephei Dekl.		836) ζ Cephei AR.		836) ζ Cephei Dekl.	
1956	22h 8m		+72° 7′		22h 9m		+57° 58′	
	s		″		s		″	
Jan. 1	56.11	49	50.11	205	18.847	231	82.43	211
11	55.62	39	48.06	249	18.616	181	80.32	249
21	55.23	29	45.57	285	18.435	126	77.83	278
31	54.94	17	42.72	309	18.309	62	75.05	296
Febr. 10	54.77	5	39.63	320	18.247	7	72.09	302
20	54.72	8	36.43	318	18.254	79	69.07	295
März 1	54.80	22	33.25	304	18.333	151	66.12	276
11	55.02	34	30.21	277	18.484	222	63.36	245
21	55.36	46	27.44	239	18.706	289	60.91	206
31	55.82	56	25.05	192	18.995	349	58.85	158
April 10	56.38	65	23.13	139	19.344	401	57.27	103
20	57.03	71	21.74	81	19.745	442	56.24	46
30	57.74	75	20.93	19	20.187	470	55.78	13
Mai 10	58.49	77	20.74	42	20.657	485	55.91	72
20	59.26	77	21.16	101	21.142	487	56.63	129
30	60.03	75	22.17	158	21.629	475	57.92	181
Juni 9	60.78	70	23.75	210	22.104	450	59.73	228
19	61.48	63	25.85	255	22.554	414	62.01	269
29	62.11	55	28.40	295	22.968	367	64.70	302
Juli 9	62.66	46	31.35	326	23.335	311	67.72	328
19	63.12	35	34.61	350	23.646	248	71.00	347
29	63.47	25	38.11	367	23.894	181	74.47	358
Aug. 8	63.72	13	41.78	375	24.075	111	78.05	360
18	63.85	1	45.53	375	24.186	40	81.65	356
27	24 63.86	10	49.28	368	24 24.226	29	85.21	344
Sept. 6	63.76	21	52.96	354	24.197	94	88.65	325
16	63.55	30	56.50	330	24.103	154	91.90	299
26	63.25	40	59.80	301	23.949	207	94.89	267
Okt. 6	62.85	48	62.81	265	23.742	252	97.56	229
16	62.37	55	65.46	221	23.490	288	99.85	187
26	61.82	60	67.67	173	23.202	314	101.72	138
Nov. 5	61.22	63	69.40	120	22.888	330	103.10	86
15	60.59	65	70.60	62	22.558	337	103.96	31
25	59.94	65	71.22	1	22.221	332	104.27	26
Dez. 5	59.29	63	71.23	60	21.889	318	104.01	81
15	58.66	59	70.63	118	21.571	295	103.20	135
25	58.07	53	69.45	176	21.276	259	101.85	185
35	57.54		67.69		21.017		100.00	
Mittl. Ort	57.90		27.72		19.424		62.04	
sec δ, tg δ	+3.258		+ 3.101		+1.886		+ 1.599	
a, a′	+1.1		+17.7		+2.1		+17.8	
b, b′	+0.18		+ 0.47		+0.09		+ 0.46	

Scheinbare Sternörter 1956

Obere Kulmination Greenwich

Tag	840) ϑ Aquarii AR.		Dekl.		841) α Tucanae AR.		Dekl.		842) γ Aquarii AR.		Dekl.		844) β Lacertae AR.		Dekl.	
1956	22h 14m		−7° 59′		22h 15m		−60° 28′		22h 19m		−1° 36′		22h 21m		+52° 0′	
	s		″		s		″		s		″		s		″	
Jan. 1	31.016	55	67.57	44	29.86	19	54.87	191	23.297	59	29.45	71	49.269	192	48.96	197
11	30.961	31	68.01	36	29.67	13	52.96	228	23.238	36	30.16	66	49.077	154	46.99	234
21	30.930	4	68.37	24	29.54	6	50.68	260	23.202	10	30.82	58	48.923	109	44.65	262
31	30.926	23	68.61	10	29.48	1	48.08	284	23.192	17	31.40	48	48.814	57	42.03	279
Febr. 10	30.949	52	68.71	7	29.47	6	45.24	301	23.209	45	31.88	32	48.757	2	39.24	285
20	31.001	84	68.64	26	29.53	12	42.23	312	23.254	76	32.20	13	48.755	59	36.39	279
März 1	31.085	115	68.38	47	29.65	19	39.11	317	23.330	108	32.33	9	48.814	121	33.60	261
11	31.200	147	67.91	70	29.84	25	35.94	314	23.438	141	32.24	34	48.935	182	30.99	233
21	31.347	180	67.21	93	30.09	31	32.80	306	23.579	174	31.90	60	49.117	241	28.66	195
31	31.527	211	66.28	116	30.40	36	29.74	291	23.753	206	31.30	87	49.358	295	26.71	149
April 10	31.738	241	65.12	136	30.76	42	26.83	270	23.959	236	30.43	113	49.653	343	25.22	98
20	31.979	266	63.76	156	31.18	46	24.13	243	24.195	263	29.30	137	49.996	382	24.24	42
30	32.245	288	62.20	171	31.64	49	21.70	212	24.458	284	27.93	159	50.378	411	23.82	15
Mai 10	32.533	303	60.49	181	32.13	52	19.58	176	24.742	299	26.34	176	50.789	430	23.97	71
20	32.836	311	58.68	188	32.65	54	17.82	134	25.041	308	24.58	188	51.219	435	24.68	125
30	33.147	311	56.80	189	33.19	53	16.48	91	25.349	310	22.70	195	51.654	430	25.93	176
Juni 9	33.458	305	54.91	185	33.72	53	15.57	46	25.659	303	20.75	198	52.084	412	27.69	221
19	33.763	290	53.06	176	34.25	50	15.11	1	25.962	288	18.77	195	52.496	385	29.90	259
29	34.053	266	51.30	162	34.75	46	15.12	48	26.250	266	16.82	187	52.881	346	32.49	292
Juli 9	34.319	238	49.68	146	35.21	41	15.60	92	26.516	237	14.95	174	53.227	300	35.41	317
19	34.557	203	48.22	126	35.62	35	16.52	133	26.753	202	13.21	159	53.527	248	38.58	335
29	34.760	162	46.96	103	35.97	28	17.85	170	26.955	164	11.62	139	53.775	189	41.93	344
Aug. 8	34.922	119	45.93	80	36.25	20	19.55	200	27.119	122	10.23	117	53.964	128	45.37	347
18	35.041	76	45.13	56	36.45	11	21.55	223	27.241	78	9.06	95	54.092	67	48.84	342
27	^{25}35.117	32	44.57	33	^{25}36.56	3	23.78	238	^{26}27.319	35	8.11	72	^{27}54.159	6	52.26	331
Sept. 6	35.149	9	44.24	12	36.59	6	26.16	244	27.354	5	7.39	49	54.165	51	55.57	311
16	35.140	46	44.12	7	36.53	14	28.60	239	27.349	41	6.90	28	54.114	105	58.68	287
26	35.094	79	44.19	24	36.39	21	30.99	225	27.308	73	6.62	8	54.009	151	61.55	257
Okt. 6	35.015	103	44.43	37	36.18	26	33.24	201	27.235	99	6.54	9	53.858	192	64.12	220
16	34.912	121	44.80	47	35.92	31	35.25	169	27.136	116	6.63	25	53.666	225	66.32	179
26	34.791	132	45.27	55	35.61	34	36.94	129	27.020	128	6.88	38	53.441	248	68.11	134
Nov. 5	34.659	136	45.82	59	35.27	36	38.23	84	26.892	132	7.26	49	53.193	264	69.45	85
15	34.523	133	46.41	62	34.91	36	39.07	35	26.760	130	7.75	58	52.929	271	70.30	32
25	34.390	123	47.03	62	34.55	34	39.42	17	26.630	122	8.33	65	52.658	270	70.62	21
Dez. 5	34.267	110	47.65	60	34.21	31	39.25	68	26.508	111	8.98	70	52.388	260	70.41	73
15	34.157	93	48.25	56	33.90	28	38.57	117	26.397	94	9.68	73	52.128	241	69.68	125
25	34.064	72	48.81	52	33.62	22	37.40	162	26.303	75	10.41	74	51.887	216	68.43	173
35	33.992		49.33		33.40		35.78		26.228		11.15		51.671		66.70	
Mittl. Ort	30.753		71.19		30.33		47.06		23.009		34.91		49.481		29.12	
sec δ, tg δ	+1.010		− 0.141		+2.030		− 1.766		+1.000		− 0.028		+1.625		+ 1.280	
a, a′	+3.2		+18.0		+4.1		+18.0		+3.1		+18.1		+2.4		+18.2	
b, b′	−0.01		+ 0.44		−0.11		+ 0.44		0.00		+ 0.42		+0.08		+ 0.42	

Scheinbare Sternörter 1956

Obere Kulmination Greenwich

Tag	848) α Lacertae AR.		848) α Lacertae Dekl.		850) η Aquarii AR.		850) η Aquarii Dekl.		851) 31 Cephei AR.		851) 31 Cephei Dekl.		852) 10 Lacertae AR.		852) 10 Lacertae Dekl.	
1956	$22^h\ 29^m$		+50° 3′		$22^h\ 33^m$		−0° 20′		$22^h\ 34^m$		+73° 24′		$22^h\ 37^m$		+38° 49′	
	s		″		s		″		s		″		s		″	
Jan. 1	28.319	185	40.79	188	6.060	68	35.53	74	39.47	57	76.39	172	17.128	135	32.12	171
11	28.134	150	38.91	225	5.992	47	36.27	70	38.90	49	74.67	223	16.993	109	30.41	201
21	27.984	108	36.66	252	5.945	23	36.97	64	38.41	38	72.44	263	16.884	77	28.40	222
31	27.876	60	34.14	270	5.922	3	37.61	53	38.03	27	69.81	294	16.807	41	26.18	234
Febr. 10	27.816	8	31.44	277	5.925	31	38.14	38	37.76	14	66.87	312	16.766	0	23.84	238
20	27.808	48	28.67	272	5.956	62	38.52	20	37.62	1	63.75	319	16.766	44	21.46	230
März 1	27.856	108	25.95	255	6.018	94	38.72	2	37.63	14	60.56	311	16.810	91	19.16	212
11	27.964	167	23.40	229	6.112	128	38.70	27	37.77	29	57.45	291	16.901	139	17.04	185
21	28.131	224	21.11	192	6.240	161	38.43	54	38.06	42	54.54	260	17.040	186	15.19	150
31	28.355	277	19.19	147	6.401	195	37.89	81	38.48	54	51.94	218	17.226	231	13.69	107
April 10	28.632	325	17.72	97	6.596	227	37.08	107	39.02	64	49.76	169	17.457	272	12.62	61
20	28.957	365	16.75	43	6.823	255	36.01	133	39.66	73	48.07	114	17.729	307	12.01	12
30	29.322	395	16.32	13	7.078	278	34.68	156	40.39	79	46.93	55	18.036	335	11.89	39
Mai 10	29.717	414	16.45	68	7.356	296	33.12	174	41.18	82	46.38	5	18.371	355	12.28	89
20	30.131	423	17.13	122	7.652	307	31.38	188	42.00	83	46.43	66	18.726	366	13.17	136
30	30.554	420	18.35	171	7.959	310	29.50	197	42.83	82	47.09	123	19.092	366	14.53	178
Juni 9	30.974	405	20.06	216	8.269	306	27.53	201	43.65	78	48.32	177	19.458	357	16.31	217
19	31.379	380	22.22	254	8.575	293	25.52	199	44.43	73	50.09	226	19.815	339	18.48	249
29	31.759	346	24.76	287	8.868	273	23.53	193	45.16	65	52.35	270	20.154	312	20.97	274
Juli 9	32.105	303	27.63	311	9.141	246	21.60	181	45.81	56	55.05	306	20.466	276	23.71	293
19	32.408	252	30.74	329	9.387	212	19.79	166	46.37	46	58.11	335	20.742	236	26.64	305
29	32.660	197	34.03	339	9.599	175	18.13	148	46.83	35	61.46	357	20.978	190	29.69	310
Aug. 8	32.857	140	37.42	342	9.774	134	16.65	126	47.18	22	65.03	371	21.168	141	32.79	308
18	32.997	80	40.84	338	9.908	91	15.39	103	47.40	11	68.74	377	21.309	91	35.87	300
28	33.077	22	44.22	326	9.999	49	14.36	80	47.51	1	72.51	375	21.400	41	38.87	286
Sept. 6	33.099	33	47.48	308	10.048	8	13.56	58	47.50	14	76.26	366	21.441	6	41.73	267
16	33.066	86	50.56	284	10.056	29	12.98	35	47.36	24	79.92	348	21.435	51	44.40	242
26	32.980	131	53.40	255	10.027	61	12.63	15	47.12	34	83.40	324	21.384	90	46.82	213
Okt. 6	32.849	171	55.95	220	9.966	88	12.48	4	46.78	44	86.64	292	21.294	122	48.95	181
16	32.678	203	58.15	180	9.878	108	12.52	21	46.34	52	89.56	253	21.172	149	50.76	144
26	32.475	228	59.95	136	9.770	120	12.73	35	45.82	59	92.09	208	21.023	169	52.20	105
Nov. 5	32.247	243	61.31	88	9.650	127	13.08	47	45.23	64	94.17	156	20.854	182	53.25	62
15	32.004	252	62.19	37	9.523	128	13.55	57	44.59	68	95.73	101	20.672	188	53.87	19
25	31.752	252	62.56	15	9.395	123	14.12	65	43.91	69	96.74	41	20.484	188	54.06	26
Dez. 5	31.500	244	62.41	67	9.272	113	14.77	72	43.22	68	97.15	20	20.296	182	53.80	71
15	31.256	229	61.74	116	9.159	100	15.49	75	42.54	67	96.95	82	20.114	170	53.09	113
25	31.027	206	60.58	164	9.059	83	16.24	77	41.87	61	96.13	141	19.944	152	51.96	152
35	30.821		58.94		8.976		17.01		41.26		94.72		19.792		50.44	
Mittl. Ort	28.399		21.06		5.704		41.37		40.85		52.59		16.941		14.78	
sec δ, tg δ	+1.558		+ 1.194		+1.000		− 0.006		+3.503		+ 3.358		+1.284		+ 0.805	
a, a′	+2.5		+18.5		+3.1		+18.6		+1.4		+18.7		+2.7		+18.8	
b, b′	+0.07		+ 0.38		0.00		+ 0.37		+0.21		+ 0.36		+0.05		+ 0.35	

Scheinbare Sternörter 1956

Obere Kulmination Greenwich

Tag	855) ζ Pegasi AR.		855) ζ Pegasi Dekl.		856) β Gruis AR.		856) β Gruis Dekl.	
1956	22h 39m		+10° 36′		22h 40m		−47° 6′	
	s		″		s		″	
Jan. 1	16.331	77	13.46	109	2.973	138	61.69	117
11	16.254	58	12.37	114	2.835	103	60.52	153
21	16.196	34	11.23	116	2.732	64	58.99	186
31	16.162	8	10.07	112	2.668	23	57.13	214
Febr. 10	16.154	21	8.95	101	2.645	20	54.99	237
20	16.175	52	7.94	85	2.665	65	52.62	256
März 1	16.227	86	7.09	64	2.730	111	50.06	269
11	16.313	122	6.45	37	2.841	157	47.37	278
21	16.435	158	6.08	7	2.998	203	44.59	280
31	16.593	192	6.01	26	3.201	248	41.79	278
April 10	16.785	226	6.27	59	3.449	291	39.01	270
20	17.011	255	6.86	93	3.740	329	36.31	256
30	17.266	280	7.79	125	4.069	362	33.75	236
Mai 10	17.546	298	9.04	154	4.431	388	31.39	211
20	17.844	310	10.58	178	4.819	405	29.28	182
30	18.154	314	12.36	198	5.224	414	27.46	148
Juni 9	18.468	309	14.34	212	5.638	411	25.98	109
19	18.777	296	16.46	221	6.049	398	24.89	69
29	19.073	276	18.67	224	6.447	374	24.20	27
Juli 9	19.349	249	20.91	221	6.821	341	23.93	15
19	19.598	216	23.12	213	7.162	297	24.08	56
29	19.814	178	25.25	202	7.459	247	24.64	95
Aug. 8	19.992	137	27.27	185	7.706	190	25.59	130
18	20.129	95	29.12	167	7.896	129	26.89	159
28	20.224	52	30.79	145	8.025	66	28.48	183
Sept. 6	[31] 20.276	13	32.24	122	[31] 8.091	4	30.31	198
16	20.289	25	33.46	98	8.095	54	32.29	204
26	20.264	58	34.44	74	8.041	106	34.33	203
Okt. 6	20.206	85	35.18	49	7.935	151	36.36	192
16	20.121	105	35.67	26	7.784	187	38.28	174
26	20.016	120	35.93	3	7.597	212	40.02	147
Nov. 5	19.896	128	35.96	19	7.385	227	41.49	115
15	19.768	130	35.77	40	7.158	231	42.64	77
25	19.638	126	35.37	60	6.927	225	43.41	36
Dez. 5	19.512	119	34.77	77	6.702	210	43.77	7
15	19.393	108	34.00	92	6.492	188	43.70	49
25	19.285	92	33.08	106	6.304	161	43.21	89
35	19.193		32.02		6.143		42.32	
Mittl. Ort	15.954		4.23		2.906		55.06	
sec δ, tg δ	+1.017		+ 0.187		+1.469		− 1.077	
a, a′	+3.0		+18.8		+3.6		+18.8	
b, b′	+0.01		+ 0.34		−0.07		+ 0.34	

Tag	857) η Pegasi AR.		857) η Pegasi Dekl.		859) λ Pegasi AR.		859) λ Pegasi Dekl.	
1956	22h 40m		+29° 59′		22h 44m		+23° 20′	
	s		″		s		″	
Jan. 1	56.448	111	41.44	155	24.874	98	14.29	140
11	56.337	87	39.89	177	24.776	77	12.89	156
21	56.250	60	38.12	194	24.699	52	11.33	168
31	56.190	29	36.18	201	24.647	24	9.65	171
Febr. 10	56.161	6	34.17	199	24.623	8	7.94	168
20	56.167	43	32.18	190	24.631	43	6.26	156
März 1	56.210	85	30.28	171	24.674	81	4.70	136
11	56.295	127	28.57	143	24.755	120	3.34	109
21	56.422	170	27.14	110	24.875	160	2.25	77
31	56.592	210	26.04	70	25.035	198	1.48	39
April 10	56.802	247	25.34	26	25.233	234	1.09	1
20	57.049	281	25.08	19	25.467	267	1.10	42
30	57.330	308	25.27	64	25.734	293	1.52	84
Mai 10	57.638	327	25.91	108	26.027	312	2.36	122
20	57.965	338	26.99	148	26.339	324	3.58	158
30	58.303	341	28.47	186	26.663	328	5.16	190
Juni 9	58.644	334	30.33	217	26.991	323	7.06	216
19	58.978	319	32.50	243	27.314	310	9.22	235
29	59.297	295	34.93	262	27.624	288	11.57	250
Juli 9	59.592	265	37.55	274	27.912	259	14.07	258
19	59.857	227	40.29	281	28.171	225	16.65	260
29	60.084	186	43.10	281	28.396	186	19.25	256
Aug. 8	60.270	141	45.91	275	28.582	143	21.81	246
18	60.411	96	48.66	264	28.725	99	24.27	233
28	60.507	49	51.30	247	28.824	55	26.60	214
Sept. 6	[1] 60.556	4	53.77	226	[2] 28.879	13	28.74	193
16	60.560	36	56.03	202	28.892	27	30.67	169
26	60.524	70	58.05	174	28.865	60	32.36	142
Okt. 6	60.454	101	59.79	143	28.805	89	33.78	113
16	60.353	125	61.22	110	28.716	112	34.91	83
26	60.228	143	62.32	75	28.604	129	35.74	51
Nov. 5	60.085	154	63.07	38	28.475	139	36.25	20
15	59.931	158	63.45	1	28.336	143	36.45	12
25	59.773	158	63.46	37	28.193	142	36.33	44
Dez. 5	59.615	152	63.09	74	28.051	137	35.89	75
15	59.463	141	62.35	109	27.914	127	35.14	103
25	59.322	126	61.26	140	27.787	112	34.11	128
35	59.196		59.86		27.675		32.83	
Mittl. Ort	56.147		26.39		24.509		1.11	
sec δ, tg δ	+1.155		+ 0.577		+1.089		+ 0.431	
a, a′	+2.8		+18.9		+2.9		+19.0	
b, b′	+0.04		+ 0.34		+0.03		+ 0.32	

Scheinbare Sternörter 1956

Obere Kulmination Greenwich

Tag	860) ε Gruis				863) ι Cephei				1599) 69 G. Gruis				864) λ Aquarii			
	AR.		Dekl.		AR.		Dekl.		AR.		Dekl.		AR.		Dekl.	
1956	22h 45m		−51° 32′		22h 48m		+65° 58′		22h 48m		−39° 22′		22h 50m		−7° 48′	
	s		″		s		″		s		″		s		″	
Jan. 1	54.405	166	62.98	130	5.99	38	30.86	164	32.468	118	90.62	78	19.588	77	47.77	46
11	54.239	129	61.68	169	5.61	32	29.22	214	32.350	90	89.84	112	19.511	59	48.23	36
21	54.110	86	59.99	204	5.29	27	27.08	253	32.260	58	88.72	143	19.452	36	48.59	23
31	54.024	41	57.95	234	5.02	19	24.55	283	32.202	25	87.29	171	19.416	12	48.82	9
Febr. 10	53.983	6	55.61	259	4.83	10	21.72	302	32.177	12	85.58	196	19.404	16	48.91	9
20	53.989	55	53.02	277	4.73	1	18.70	308	32.189	51	83.62	216	19.420	45	48.82	28
März 1	54.044	106	50.25	290	4.72	9	15.62	301	32.240	91	81.46	233	19.465	77	48.54	50
11	54.150	157	47.35	297	4.81	19	12.61	282	32.331	132	79.13	246	19.542	112	48.04	72
21	54.307	207	44.38	299	5.00	28	9.79	252	32.463	174	76.67	254	19.654	146	47.32	96
31	54.514	257	41.39	294	5.28	37	7.27	212	32.637	215	74.13	257	19.800	181	46.36	119
April 10	54.771	304	38.45	283	5.65	45	5.15	165	32.852	255	71.56	256	19.981	214	45.17	141
20	55.075	346	35.62	266	6.10	52	3.50	110	33.107	292	69.00	249	20.195	245	43.76	160
30	55.421	383	32.96	244	6.62	56	2.40	53	33.399	322	66.51	237	20.440	272	42.16	176
Mai 10	55.804	412	30.52	216	7.18	60	1.87	6	33.721	347	64.14	219	20.712	292	40.40	188
20	56.216	432	28.36	183	7.78	61	1.93	65	34.068	366	61.95	196	21.004	306	38.52	195
30	56.648	441	26.53	145	8.39	61	2.58	121	34.434	374	59.99	168	21.310	313	36.57	197
Juni 9	57.089	441	25.08	105	9.00	59	3.79	174	34.808	374	58.31	136	21.623	311	34.60	194
19	57.530	429	24.03	61	9.59	56	5.53	222	35.182	363	56.95	101	21.934	302	32.66	186
29	57.959	404	23.42	16	10.15	51	7.75	265	35.545	344	55.94	63	22.236	284	30.80	173
Juli 9	58.363	370	23.26	28	10.66	45	10.40	300	35.889	314	55.31	24	22.520	260	29.07	155
19	58.733	324	23.54	72	11.11	38	13.40	328	36.203	277	55.07	15	22.780	229	27.52	135
29	59.057	270	24.26	112	11.49	30	16.68	350	36.480	233	55.22	53	23.009	193	26.17	112
Aug. 8	59.327	210	25.38	149	11.79	21	20.18	363	36.713	182	55.75	88	23.202	152	25.05	87
18	59.537	144	26.87	178	12.00	13	23.81	368	36.895	129	56.63	118	23.354	109	24.18	62
28	59.681	76	28.65	202	12.13	5	27.49	366	37.024	74	57.81	144	23.463	67	23.56	37
Sept. 6	[2] 59.757	9	30.67	218	[2] 12.18	4	31.15	357	[3] 37.098	20	59.25	163	[3] 23.530	26	23.19	14
16	59.766	55	32.85	224	12.14	12	34.72	340	37.118	32	60.88	174	23.556	13	23.05	8
26	59.711	114	35.09	220	12.02	20	38.12	316	37.086	79	62.62	178	23.543	47	23.13	26
Okt. 6	59.597	165	37.29	208	11.82	26	41.28	285	37.007	118	64.40	174	23.496	76	23.39	41
16	59.432	205	39.37	187	11.56	32	44.13	246	36.889	149	66.14	162	23.420	98	23.80	53
26	59.227	235	41.24	158	11.24	37	46.59	203	36.740	172	67.76	144	23.322	113	24.33	62
Nov. 5	58.992	254	42.82	122	10.87	40	48.62	154	36.568	186	69.20	118	23.209	123	24.95	66
15	58.738	261	44.04	81	10.47	43	50.16	99	36.382	191	70.38	88	23.086	126	25.61	69
25	58.477	256	44.85	36	10.04	45	51.15	42	36.191	187	71.26	55	22.960	124	26.30	68
Dez. 5	58.221	243	45.21	11	9.59	45	51.57	17	36.004	177	71.81	18	22.836	117	26.98	65
15	57.978	220	45.10	56	9.14	44	51.40	77	35.827	159	71.99	18	22.719	106	27.63	61
25	57.758	190	44.54	101	8.70	40	50.63	134	35.668	137	71.81	54	22.613	91	28.24	54
35	57.568		43.53		8.30		49.29		35.531		71.27		22.522		28.78	
Mittl. Ort	54.399		55.33		6.41		7.51		32.239		85.37		19.153		51.23	
sec δ, tg δ	+1.608		− 1.259		+2.456		+ 2.243		+1.294		− 0.821		+1.009		− 0.137	
a, *a′*	+3.6		+19.0		+2.1		+19.1		+3.4		+19.1		+3.1		+19.1	
b, *b′*	−0.08		+ 0.32		+0.14		+ 0.31		−0.05		+ 0.31		−0.01		+ 0.30	

Scheinbare Sternörter 1956

Obere Kulmination Greenwich

Tag	865) ρ Indi AR.	Diff.	865) ρ Indi Dekl.	Diff.	866) δ Aquarii AR.	Diff.	866) δ Aquarii Dekl.	Diff.	867) α Piscis austr.[1] AR.	Diff.	867) α Piscis austr.[1] Dekl.	Diff.	869) ο Andromedae AR.	Diff.	869) ο Andromedae Dekl.	Diff.
1956	22h 51m		−70° 17′		22h 52m		−16° 2′		22h 55m		−29° 50′		22h 59m		+42° 5′	
	s		″		s		″		s		″		s		″	
Jan. 1	36.82	40	103.98	194	19.421	83	78.08	17	13.761	100	84.26	37	53.801	161	40.14	154
11	36.42	33	102.04	241	19.338	62	78.25	1	13.661	76	83.89	65	53.640	138	38.60	189
21	36.09	24	99.63	279	19.276	40	78.24	20	13.585	50	83.24	92	53.502	109	36.71	215
31	35.85	16	96.84	310	19.236	14	78.04	38	13.535	21	82.32	118	53.393	73	34.56	233
Febr. 10	35.69	6	93.74	334	19.222	14	77.66	59	13.514	10	81.14	141	53.320	32	32.23	241
20	35.63	4	90.40	350	19.236	44	77.07	79	13.524	44	79.73	163	53.288	14	29.82	239
März 1	35.67	13	86.90	357	19.280	77	76.28	101	13.568	80	78.10	183	53.302	63	27.43	227
11	35.80	22	83.33	357	19.357	112	75.27	121	13.648	117	76.27	199	53.365	114	25.16	205
21	36.02	32	79.76	349	19.469	147	74.06	141	13.765	156	74.28	213	53.479	166	23.11	173
31	36.34	41	76.27	334	19.616	182	72.65	160	13.921	194	72.15	223	53.645	216	21.38	134
April 10	36.75	49	72.93	313	19.798	217	71.05	175	14.115	230	69.92	229	53.861	263	20.04	90
20	37.24	56	69.80	283	20.015	248	69.30	189	14.345	265	67.63	230	54.124	303	19.14	41
30	37.80	62	66.97	249	20.263	275	67.41	197	14.610	294	65.33	226	54.427	337	18.73	9
Mai 10	38.42	67	64.48	209	20.538	296	65.44	201	14.904	318	63.07	218	54.764	363	18.82	60
20	39.09	71	62.39	164	20.834	312	63.43	200	15.222	334	60.89	203	55.127	378	19.42	109
30	39.80	73	60.75	115	21.146	320	61.43	195	15.556	344	58.86	184	55.505	383	20.51	154
Juni 9	40.53	73	59.60	65	21.466	319	59.48	183	15.900	344	57.02	159	55.888	379	22.05	196
19	41.26	71	58.95	12	21.785	310	57.65	167	16.244	336	55.43	132	56.267	363	24.01	231
29	41.97	67	58.83	40	22.095	292	55.98	147	16.580	318	54.11	100	56.630	339	26.32	261
Juli 9	42.64	61	59.23	91	22.387	268	54.51	123	16.898	292	53.11	67	56.969	307	28.93	285
19	43.25	54	60.14	139	22.655	237	53.28	98	17.190	258	52.44	33	57.276	267	31.78	301
29	43.79	45	61.53	182	22.892	200	52.30	69	17.448	219	52.11	3	57.543	223	34.79	311
Aug. 8	44.24	35	63.35	219	23.092	159	51.61	41	17.667	174	52.14	36	57.766	173	37.90	313
18	44.59	23	65.54	249	23.251	115	51.20	14	17.841	125	52.50	67	57.939	123	41.03	310
28	44.82	11	68.03	269	23.366	70	51.06	12	17.966	77	53.17	93	58.062	72	44.13	301
Sept. 6	[3] 44.93	1	70.72	279	[4] 23.436	28	51.18	36	[4] 18.043	29	54.10	115	[5] 58.134	22	47.14	285
16	44.92	14	73.51	279	23.464	13	51.54	55	18.072	17	55.25	131	58.156	24	49.99	263
26	44.78	24	76.30	267	23.451	49	52.09	71	18.055	58	56.56	140	58.132	67	52.62	237
Okt. 6	44.54	34	78.97	245	23.402	79	52.80	81	17.997	93	57.96	143	58.065	103	54.99	207
16	44.20	43	81.42	212	23.323	102	53.61	87	17.904	120	59.39	138	57.962	135	57.06	172
26	43.77	50	83.54	171	23.221	120	54.48	88	17.784	141	60.77	129	57.827	159	58.78	133
Nov. 5	43.27	53	85.25	122	23.101	130	55.36	86	17.643	153	62.06	112	57.668	178	60.11	92
15	42.74	56	86.47	68	22.971	133	56.22	79	17.490	157	63.18	91	57.490	191	61.03	47
25	42.18	56	87.15	10	22.838	130	57.01	70	17.333	156	64.09	67	57.299	195	61.50	1
Dez. 5	41.62	54	87.25	49	22.708	124	57.71	58	17.177	147	64.76	41	57.104	195	61.51	44
15	41.08	50	86.76	107	22.584	112	58.29	44	17.030	133	65.17	12	56.909	189	61.07	90
25	40.58	45	85.69	160	22.472	96	58.73	30	16.897	116	65.29	17	56.720	176	60.17	132
35	40.13		84.09		22.376		59.03		16.781		65.12		56.544		58.85	
Mittl. Ort	37.67		93.66		19.000		79.00		13.412		81.18		53.453		21.40	
sec δ, tg δ	+2.968		− 2.794		+1.041		− 0.288		+1.153		− 0.574		+1.348		+ 0.903	
a, *a′*	+4.2		+19.2		+3.2		+19.2		+3.3		+19.2		+2.8		+19.4	
b, *b′*	−0.18		+ 0.29		−0.02		+ 0.29		−0.04		+ 0.28		+0.06		+ 0.26	

[1] Die jährliche Parallaxe (0.″135) ist bereits berücksichtigt.

Scheinbare Sternörter 1956

Obere Kulmination Greenwich

Tag	870) β Pegasi AR.		870) β Pegasi Dekl.		871) α Pegasi AR.		871) α Pegasi Dekl.		873) 88 Aquarii AR.		873) 88 Aquarii Dekl.		875) Br 3077 Cass[1] AR.		875) Br 3077 Cass[1] Dekl.	
1956	23h 1m		+27° 50′		23h 2m		+14° 58′		23h 7m		−21° 24′		23h 11m		+56° 55′	
	s		″		s		″		s		″		s		″	
Jan. 1	38.695	115	52.53	137	34.503	94	16.18	112	6.634	96	42.42	1	9.449	260	53.10	144
11	38.580	97	51.16	159	34.409	78	15.06	122	6.538	78	42.43	22	9.189	230	51.66	190
21	38.483	74	49.57	174	34.331	57	13.84	128	6.460	55	42.21	44	8.959	190	49.76	228
31	38.409	45	47.83	183	34.274	32	12.56	127	6.405	31	41.77	68	8.769	141	47.48	257
Febr. 10	38.364	14	46.00	184	34.242	4	11.29	121	6.374	2	41.09	90	8.628	83	44.91	276
20	38.350	23	44.16	176	34.238	27	10.08	107	6.372	28	40.19	113	8.545	17	42.15	283
März 1	38.373	62	42.40	159	34.265	62	9.01	89	6.400	61	39.06	133	8.528	53	39.32	278
11	38.435	104	40.81	136	34.327	99	8.12	64	6.461	98	37.73	154	8.581	125	36.54	262
21	38.539	146	39.45	104	34.426	137	7.48	34	6.559	134	36.19	173	8.706	198	33.92	234
31	38.685	188	38.41	67	34.563	176	7.14	2	6.693	171	34.46	189	8.904	268	31.58	197
April 10	38.873	228	37.74	27	34.739	211	7.12	33	6.864	208	32.57	201	9.172	331	29.61	153
20	39.101	264	37.47	15	34.950	245	7.45	69	7.072	242	30.56	211	9.503	387	28.08	103
30	39.365	294	37.62	59	35.195	273	8.14	104	7.314	272	28.45	215	9.890	433	27.05	48
Mai 10	39.659	317	38.21	100	35.468	295	9.18	135	7.586	296	26.30	215	10.323	466	26.57	7
20	39.976	331	39.21	140	35.763	311	10.53	164	7.882	314	24.15	209	10.789	487	26.64	63
30	40.307	339	40.61	175	36.074	318	12.17	189	8.196	325	22.06	198	11.276	494	27.27	116
Juni 9	40.646	336	42.36	206	36.392	316	14.06	208	8.521	328	20.08	183	11.770	488	28.43	166
19	40.982	324	44.42	230	36.708	308	16.14	221	8.849	321	18.25	161	12.258	469	30.09	212
29	41.306	305	46.72	250	37.016	290	18.35	229	9.170	306	16.64	137	12.727	439	32.21	252
Juli 9	41.611	278	49.22	262	37.306	266	20.64	232	9.476	283	15.27	109	13.166	398	34.73	286
19	41.889	244	51.84	269	37.572	235	22.96	228	9.759	253	14.18	79	13.564	347	37.59	313
29	42.133	206	54.53	269	37.807	199	25.24	219	10.012	217	13.39	47	13.911	291	40.72	332
Aug. 8	42.339	163	57.22	264	38.006	159	27.43	207	10.229	177	12.92	16	14.202	229	44.04	345
18	42.502	119	59.86	254	38.165	118	29.50	191	10.406	132	12.76	15	14.431	165	47.49	349
28	42.621	74	62.40	238	38.283	76	31.41	170	10.538	87	12.91	42	14.596	100	50.98	348
Sept. 6*	6 42.695	31	64.78	218	6 38.359	35	33.11	149	7 10.625	43	13.33	67	8 14.696	36	54.46	339
16	42.726	9	66.96	196	38.394	3	34.60	125	10.668	1	14.00	86	14.732	27	57.85	323
26	42.717	45	68.92	170	38.391	37	35.85	100	10.669	38	14.86	101	14.705	84	61.08	300
Okt. 6	42.672	77	70.62	142	38.354	66	36.85	76	10.631	71	15.87	110	14.621	135	64.08	271
16	42.595	102	72.04	110	38.288	89	37.61	50	10.560	97	16.97	114	14.486	181	66.79	236
26	42.493	123	73.14	78	38.199	107	38.11	25	10.463	117	18.11	112	14.305	220	69.15	196
Nov. 5	42.370	136	73.92	44	38.092	119	38.36	1	10.346	130	19.23	104	14.085	250	71.11	151
15	42.234	145	74.36	10	37.973	126	38.35	24	10.216	137	20.27	92	13.835	274	72.62	100
25	42.089	147	74.46	26	37.847	127	38.11	47	10.079	137	21.19	77	13.561	288	73.62	47
Dez. 5	41.942	146	74.20	60	37.720	125	37.64	69	9.942	132	21.96	59	13.273	294	74.09	7
15	41.796	139	73.60	93	37.595	117	36.95	89	9.810	123	22.55	38	12.979	291	74.02	62
25	41.657	128	72.67	122	37.478	106	36.06	105	9.687	110	22.93	18	12.688	277	73.40	115
35	41.529		71.45		37.372		35.01		9.577		23.11		12.411		72.25	
Mittl. Ort	38.232		37.75		33.996		5.42		6.164		41.51		9.205		30.76	
sec δ, tg δ	+1.131		+ 0.528		+1.035		+ 0.267		+1.074		— 0.392		+1.832		+ 1.535	
a, *a′*	+2.9		+19.4		+3.0		+19.4		+3.2		+19.5		+2.6		+19.6	
b, *b′*	+0.03		+ 0.25		+0.02		+ 0.25		—0.03		+ 0.23		+0.10		+ 0.21	

[1] Die jährliche Parallaxe (0″.146) ist bereits berücksichtigt.

* Bei Stern 873) und 875) lies Sept. 7.

Scheinbare Sternörter 1956

Obere Kulmination Greenwich

Tag	877) γ Tucanae AR.		877) γ Tucanae Dekl.		878) γ Piscium AR.		878) γ Piscium Dekl.		879) γ Sculptoris AR.		879) γ Sculptoris Dekl.		880) τ Pegasi AR.		880) τ Pegasi Dekl.	
1956	23h 14m		−58° 28′		23h 14m		+3° 2′		23h 16m		−32° 45′		23h 18m		+23° 29′	
	s		″		s		″		s		″		s		″	
Jan. 1	52.432	254	47.47	130	53.573	89	36.70	79	27.575	122	83.23	35	27.923	114	71.02	120
11	52.178	215	46.17	174	53.484	75	35.91	79	27.453	101	82.88	67	27.809	99	69.82	139
21	51.963	169	44.43	217	53.409	57	35.12	74	27.352	78	82.21	98	27.710	80	68.43	152
31	51.794	119	42.26	253	53.352	35	34.38	65	27.274	50	81.23	127	27.630	55	66.91	159
Febr. 10	51.675	64	39.73	282	53.317	9	33.73	53	27.224	19	79.96	154	27.575	26	65.32	159
20	51.611	7	36.91	305	53.308	20	33.20	37	27.205	14	78.42	178	27.549	7	63.73	151
März 1	51.604	54	33.86	321	53.328	52	32.83	16	27.219	52	76.64	199	27.556	44	62.22	136
11	51.658	115	30.65	330	53.380	87	32.67	7	27.271	90	74.65	218	27.600	84	60.86	114
21	51.773	178	27.35	333	53.467	123	32.74	34	27.361	130	72.47	232	27.684	126	59.72	85
31	51.951	239	24.02	328	53.590	161	33.08	61	27.491	172	70.15	243	27.810	167	58.87	51
April 10	52.190	298	20.74	317	53.751	196	33.69	90	27.663	212	67.72	248	27.977	207	58.36	14
20	52.488	354	17.57	299	53.947	230	34.59	117	27.875	249	65.24	249	28.184	245	58.22	26
30	52.842	402	14.58	274	54.177	260	35.76	142	28.124	283	62.75	244	28.429	276	58.48	65
Mai 10	53.244	443	11.84	244	54.437	284	37.18	165	28.407	312	60.31	235	28.705	302	59.13	103
20	53.687	475	9.40	207	54.721	301	38.83	182	28.719	333	57.96	218	29.007	319	60.16	138
30	54.162	494	7.33	167	55.022	311	40.65	196	29.052	346	55.78	197	29.326	329	61.54	171
Juni 9	54.656	502	5.66	121	55.333	313	42.61	204	29.398	351	53.81	172	29.655	331	63.25	198
19	55.158	497	4.45	74	55.646	307	44.65	207	29.749	347	52.09	141	29.986	323	65.23	220
29	55.655	478	3.71	24	55.953	292	46.72	204	30.096	333	50.68	107	30.309	306	67.43	237
Juli 9	56.133	446	3.47	26	56.245	271	48.76	196	30.429	311	49.61	70	30.615	284	69.80	246
19	56.579	401	3.73	75	56.516	243	50.72	184	30.740	280	48.91	33	30.899	253	72.26	251
29	56.980	345	4.48	120	56.759	209	52.56	167	31.020	242	48.58	5	31.152	217	74.77	250
Aug. 8	57.325	280	5.68	162	56.968	172	54.23	148	31.262	199	48.63	42	31.369	177	77.27	243
18	57.605	207	7.30	198	57.140	132	55.71	126	31.461	152	49.05	75	31.546	136	79.70	231
28	57.812	130	9.28	226	57.272	91	56.97	104	31.613	102	49.80	106	31.682	93	82.01	216
Sept. 7	9 57.942	52	11.54	245	9 57.363	50	58.01	79	10 31.715	53	50.86	130	10 31.775	51	84.17	197
17	57.994	27	13.99	255	57.413	13	58.80	56	31.768	5	52.16	148	31.826	12	86.14	175
27	57.967	100	16.54	255	57.426	22	59.36	34	31.773	38	53.64	160	31.838	24	87.89	150
Okt. 6	57.867	166	19.09	244	57.404	51	59.70	13	31.735	76	55.24	164	31.814	56	89.39	123
16	57.701	222	21.53	223	57.353	75	59.83	6	31.659	109	56.88	160	31.758	82	90.62	95
26	57.479	268	23.76	193	57.278	94	59.77	23	31.550	134	58.48	150	31.676	103	91.57	66
Nov. 5	57.211	300	25.69	155	57.184	106	59.54	38	31.416	150	59.98	132	31.573	118	92.23	36
15	56.911	319	27.24	110	57.078	114	59.16	51	31.266	160	61.30	110	31.455	129	92.59	6
25	56.592	326	28.34	60	56.964	117	58.65	62	31.106	162	62.40	83	31.326	135	92.65	25
Dez. 5	56.266	320	28.94	8	56.847	115	58.03	70	30.944	159	63.23	53	31.191	135	92.40	54
15	55.946	303	29.02	45	56.732	110	57.33	76	30.785	150	63.76	21	31.056	132	91.86	83
25	55.643	277	28.57	96	56.622	100	56.57	80	30.635	136	63.97	13	30.924	125	91.03	108
35	55.366		27.61		56.522		55.77		30.499		63.84		30.799		89.95	
Mittl. Ort	52.430		37.72		52.991		29.85		27.134		78.92		27.326		57.43	
sec δ, tg δ	+1.913		− 1.630		+1.001		+ 0.053		+1.189		− 0.644		+1.090		+ 0.435	
a, a′	+3.5		+19.7		+3.1		+19.7		+3.2		+19.7		+3.0		+19.7	
b, b′	−0.11		+ 0.20		0.00		+ 0.20		−0.04		+ 0.19		+0.03		+ 0.18	

Obere Kulmination Greenwich

Tag	882) 4 Cassiopeiae				884) ϰ Piscium				885) 70 Pegasi				888) 248 G. Aquarii			
	AR.		Dekl.		AR.		Dekl.		AR.		Dekl.		AR.		Dekl.	
1956	$23^h\ 22^m$		+62° 2′		$23^h\ 24^m$		+1° 0′		$23^h\ 26^m$		+12° 31′		$23^h\ 33^m$		−7° 42′	
	s		″		s		″		s		″		s		″	
Jan. 1	52.64	34	51.66	126	41.169	95	58.42	73	56.275	102	13.87	97	16.522	98	25.90	51
11	52.30	31	50.40	176	41.074	81	57.69	71	56.173	90	12.90	106	16.424	87	26.41	39
21	51.99	26	48.64	220	40.993	65	56.98	64	56.083	72	11.84	110	16.337	71	26.80	26
31	51.73	21	46.44	254	40.928	44	56.34	55	56.011	51	10.74	109	16.266	50	27.06	9
Febr. 10	51.52	14	43.90	278	40.884	19	55.79	41	55.960	26	9.65	102	16.216	27	27.15	8
20	51.38	7	41.12	291	40.865	9	55.38	24	55.934	4	8.63	91	16.189	1	27.07	29
März 1	51.31	2	38.21	292	40.874	41	55.14	3	55.938	37	7.72	73	16.190	33	26.78	51
11	51.33	10	35.29	280	40.915	76	55.11	19	55.975	74	6.99	50	16.223	67	26.27	74
21	51.43	19	32.49	257	40.991	112	55.30	45	56.049	112	6.49	23	16.290	103	25.53	97
31	51.62	27	29.92	224	41.103	150	55.75	72	56.161	151	6.26	7	16.393	141	24.56	120
April 10	51.89	35	27.68	182	41.253	187	56.47	99	56.312	190	6.33	39	16.534	179	23.36	143
20	52.24	42	25.86	133	41.440	221	57.46	124	56.502	226	6.72	73	16.713	214	21.93	163
30	52.66	47	24.53	80	41.661	252	58.70	148	56.728	258	7.45	104	16.927	246	20.30	179
Mai 10	53.13	51	23.73	25	41.913	278	60.18	169	56.986	283	8.49	134	17.173	273	18.51	193
20	53.64	54	23.48	32	42.191	297	61.87	185	57.269	303	9.83	161	17.446	294	16.58	202
30	54.18	55	23.80	87	42.488	308	63.72	197	57.572	314	11.44	183	17.740	308	14.56	204
Juni 9	54.73	55	24.67	140	42.796	312	65.69	202	57.886	317	13.27	201	18.048	313	12.52	202
19	55.28	53	26.07	190	43.108	307	67.71	204	58.203	312	15.28	213	18.361	311	10.50	195
29	55.81	50	27.97	233	43.415	295	69.75	200	58.515	299	17.41	219	18.672	300	8.55	183
Juli 9	56.31	46	30.30	271	43.710	275	71.75	190	58.814	279	19.60	221	18.972	282	6.72	165
19	56.77	40	33.01	303	43.985	248	73.65	176	59.093	251	21.81	216	19.254	256	5.07	145
29	57.17	34	36.04	327	44.233	216	75.41	159	59.344	219	23.97	208	19.510	225	3.62	121
Aug. 8	57.51	27	39.31	344	44.449	179	77.00	138	59.563	181	26.05	194	19.735	189	2.41	95
18	57.78	20	42.75	355	44.628	140	78.38	115	59.744	142	27.99	177	19.924	149	1.46	68
28	57.98	13	46.30	357	44.768	100	79.53	91	59.886	101	29.76	157	20.073	109	0.78	41
Sept. 7	^{11}58.11	6	49.87	353	^{12}44.868	59	80.44	67	^{12}59.987	61	31.33	136	^{14}20.182	68	0.37	14
16	58.17	2	53.40	340	44.927	21	81.11	44	60.048	23	32.69	113	20.250	30	0.23	8
26	58.15	9	56.80	322	44.948	13	81.55	22	60.071	12	33.82	89	20.280	7	0.31	30
Okt. 6	58.06	14	60.02	296	44.935	43	81.77	1	60.059	42	34.71	65	20.273	38	0.61	47
16	57.92	20	62.98	264	44.892	69	81.78	17	60.017	67	35.36	42	20.235	64	1.08	61
26	57.72	26	65.62	224	44.823	88	81.61	32	59.950	88	35.78	19	20.171	86	1.69	70
Nov. 5	57.46	29	67.86	180	44.735	102	81.29	46	59.862	103	35.97	3	20.085	101	2.39	76
15	57.17	33	69.66	131	44.633	112	80.83	56	59.759	114	35.94	24	19.984	112	3.15	79
25	56.84	35	70.97	76	44.521	116	80.27	64	59.645	119	35.70	44	19.872	117	3.94	78
Dez. 5	56.49	36	71.73	20	44.405	115	79.63	71	59.526	120	35.26	62	19.755	118	4.72	74
15	56.13	36	71.93	38	44.290	112	78.92	75	59.406	118	34.64	79	19.637	114	5.46	67
25	55.77	36	71.55	94	44.178	104	78.17	76	59.288	111	33.85	92	19.523	108	6.13	60
35	55.41		70.61		44.074		77.41		59.177		32.93		19.415		6.73	
Mittl. Ort	52.32		28.02		40.533		52.30		55.614		3.87		15.861		28.99	
sec δ, tg δ	+2.133		+ 1.884		+1.000		+ 0.018		+1.024		+ 0.222		+1.009		− 0.135	
a, *a′*	+2.7		+19.8		+3.1		+19.8		+3.0		+19.8		+3.1		+19.9	
b, *b′*	+0.12		+ 0.16		0.00		+ 0.15		+0.01		+ 0.14		−0.01		+ 0.12	

Scheinbare Sternörter 1956

Obere Kulmination Greenwich

Tag	890) λ Andromedae AR.		890) λ Andromedae Dekl.		891) ι Andromedae AR.		891) ι Andromedae Dekl.		893) γ Cephei AR.		893) γ Cephei Dekl.		892) ι Piscium AR.		892) ι Piscium Dekl.	
1956	$23^h\ 35^m$		$+46°\ 13'$		$23^h\ 35^m$		$+43°\ 1'$		$23^h\ 37^m$		$+77°\ 23'$		$23^h\ 37^m$		$+5°\ 23'$	
	s		″		s		″		s		″		s		″	
Jan. 1	24.808	196	31.24	122	58.954	181	47.27	121	31.27	86	38.53	84	41.833	100	23.22	83
11	24.612	181	30.02	162	58.773	165	46.06	158	30.41	81	37.69	144	41.733	89	22.39	83
21	24.431	156	28.40	196	58.608	143	44.48	189	29.60	71	36.25	197	41.644	75	21.56	81
31	24.275	124	26.44	222	58.465	113	42.59	213	28.89	59	34.28	243	41.569	56	20.75	75
Febr. 10	24.151	84	24.22	238	58.352	77	40.46	228	28.30	45	31.85	278	41.513	32	20.00	65
20	24.067	37	21.84	245	58.275	33	38.18	233	27.85	27	29.07	301	41.481	4	19.35	50
März 1	24.030	14	19.39	242	58.242	16	35.85	228	27.58	10	26.06	313	41.477	28	18.85	31
11	24.044	70	16.97	228	58.258	69	33.57	213	27.48	9	22.93	311	41.505	63	18.54	8
21	24.114	128	14.69	203	58.327	123	31.44	188	27.57	29	19.82	296	41.568	101	18.46	17
31	24.242	186	12.66	171	58.450	177	29.56	155	27.86	46	16.86	271	41.669	139	18.63	45
April 10	24.428	241	10.95	132	58.627	230	28.01	117	28.32	63	14.15	236	41.808	178	19.08	73
20	24.669	291	9.63	86	58.857	277	26.84	72	28.95	77	11.79	191	41.986	214	19.81	102′
30	24.960	333	8.77	38	59.134	318	26.12	25	29.72	90	9.88	140	42.200	246	20.83	129
Mai 10	25.293	368	8.39	12	59.452	352	25.87	24	30.62	98	8.48	85	42.446	274	22.12	152
20	25.661	392	8.51	62	59.804	375	26.11	72	31.60	105	7.63	27	42.720	295	23.64	173
30	26.053	405	9.13	111	60.179	388	26.83	119	32.65	107	7.36	31	43.015	308	25.37	190
Juni 9	26.458	409	10.24	155	60.567	392	28.02	161	33.72	107	7.67	89	43.323	313	27.27	200
19	26.867	400	11.79	195	60.959	384	29.63	200	34.79	104	8.56	143	43.636	311	29.27	205
29	27.267	381	13.74	231	61.343	367	31.63	233	35.83	99	9.99	194	43.947	300	31.32	206
Juli 9	27.648	354	16.05	261	61.710	341	33.96	260	36.82	91	11.93	240	44.247	282	33.38	201
19	28.002	319	18.66	284	62.051	307	36.56	281	37.73	80	14.33	280	44.529	257	35.39	191
29	28.321	276	21.50	300	62.358	266	39.37	295	38.53	69	17.13	314	44.786	225	37.30	176
Aug. 8	28.597	229	24.50	311	62.624	221	42.32	303	39.22	56	20.27	341	45.011	191	39.06	159
18	28.826	178	27.61	313	62.845	174	45.35	305	39.78	42	23.68	361	45.202	152	40.65	138
28	29.004	127	30.74	310	63.019	124	48.40	300	40.20	27	27.29	373	45.354	112	42.03	116
Sept. 7	[14] 29.131	75	33.84	302	[15] 63.143	74	51.40	290	[15] 40.47	13	31.02	378	[15] 45.466	73	43.19	93
16	29.206	25	36.86	286	63.217	27	54.30	273	40.60	2	34.80	374	45.539	35	44.12	69
26	29.231	22	39.72	265	63.244	17	57.03	253	40.58	17	38.54	364	45.574	0	44.81	46
Okt. 6	29.209	64	42.37	240	63.227	58	59.56	226	40.41	31	42.18	345	45.574	30	45.27	24
16	29.145	102	44.77	208	63.169	93	61.82	196	40.10	44	45.63	318	45.544	57	45.51	4
26	29.043	134	46.85	173	63.076	123	63.78	161	39.66	56	48.81	283	45.487	77	45.55	14
Nov. 5	28.909	162	48.58	134	62.953	149	65.39	122	39.10	67	51.64	241	45.410	94	45.41	30
15	28.747	183	49.92	90	62.804	169	66.61	81	38.43	77	54.05	192	45.316	105	45.11	45
25	28.564	198	50.82	45	62.635	183	67.42	37	37.66	83	55.97	137	45.211	112	44.66	58
Dez. 5	28.366	208	51.27	3	62.452	191	67.79	8	36.83	88	57.34	77	45.099	115	44.08	68
15	28.158	210	51.24	50	62.261	194	67.71	53	35.95	91	58.11	15	44.984	113	43.40	76
25	27.948	207	50.74	97	62.067	190	67.18	97	35.04	89	58.26	48	44.871	109	42.64	82
35	27.741		49.77		61.877		66.21		34.15		57.78		44.762		41.82	
Mittl. Ort	24.144		10.91		58.269		27.76		31.24		12.48		41.115		15.69	
sec δ, tg δ	+1.445		+ 1.044		+1.368		+ 0.933		+4.579		+ 4.469		+1.004		+ 0.094	
a, *a′*	+2.9		+19.9		+2.9		+19.9		+2.5		+19.9		+3.1		+19.9	
b, *b′*	+0.07		+ 0.11		+0.06		+ 0.10		+0.30		+ 0.10		+0.01		+ 0.10	

Scheinbare Sternörter 1956

Obere Kulmination Greenwich

Tag	894) ω² Aquarii				895) 41 H. Cephei				896) δ Sculptoris				898) φ Pegasi			
	AR.		Dekl.		AR.		Dekl.		AR.		Dekl.		AR.		Dekl.	
1956	23h 40m		−14° 46′		23h 45m		+67° 33′		23h 46m		−28° 21′		23h 50m		+18° 52′	
	s		″		s		″		s		″		s		″	
Jan. 1	27.140	106	77.45	34	48.09	45	69.23	90	38.851	129	88.85	1	15.563	117	45.40	98
11	27.034	94	77.79	15	47.64	42	68.33	146	38.722	116	88.84	32	15.446	108	44.42	113
21	26.940	79	77.94	5	47.22	38	66.87	196	38.606	98	88.52	64	15.338	95	43.29	123
31	26.861	58	77.89	26	46.84	32	64.91	237	38.508	75	87.88	93	15.243	76	42.06	129
Febr. 10	26.803	35	77.63	48	46.52	24	62.54	269	38.433	50	86.95	122	15.167	52	40.77	128
20	26.768	7	77.15	71	46.28	14	59.85	290	38.383	20	85.73	148	15.115	22	39.49	121
März 1	26.761	25	76.44	93	46.14	5	56.95	299	38.363	14	84.25	174	15.093	12	38.28	108
11	26.786	59	75.51	117	46.09	6	53.96	295	38.377	52	82.51	195	15.105	50	37.20	88
21	26.845	97	74.34	139	46.15	16	51.01	280	38.429	92	80.56	214	15.155	90	36.32	63
31	26.942	135	72.95	159	46.31	27	48.21	252	38.521	133	78.42	229	15.245	133	35.69	34
April 10	27.077	173	71.36	178	46.58	37	45.69	217	38.654	175	76.13	240	15.378	175	35.35	1
20	27.250	210	69.58	193	46.95	46	43.52	173	38.829	214	73.73	247	15.553	214	35.34	34
30	27.460	244	67.65	205	47.41	53	41.79	122	39.043	251	71.26	248	15.767	250	35.68	68
Mai 10	27.704	272	65.60	211	47.94	59	40.57	68	39.294	283	68.78	244	16.017	279	36.36	103
20	27.976	295	63.49	214	48.53	63	39.89	11	39.577	309	66.34	234	16.296	303	37.39	134
30	28.271	311	61.35	211	49.16	66	39.78	45	39.886	327	64.00	218	16.599	318	38.73	162
Juni 9	28.582	318	59.24	201	49.82	66	40.23	100	40.213	337	61.82	197	16.917	325	40.35	186
19	28.900	316	57.23	188	50.48	65	41.23	152	40.550	338	59.85	170	17.242	323	42.21	205
29	29.216	308	55.35	169	51.13	62	42.75	200	40.888	330	58.15	140	17.565	313	44.26	219
Juli 9	29.524	291	53.66	145	51.75	57	44.75	243	41.218	314	56.75	106	17.878	296	46.45	226
19	29.815	265	52.21	119	52.32	52	47.18	280	41.532	289	55.69	69	18.174	270	48.71	228
29	30.080	235	51.02	91	52.84	45	49.98	311	41.821	256	55.00	31	18.444	240	50.99	226
Aug. 8	30.315	199	50.11	60	53.29	38	53.09	335	42.077	219	54.69	6	18.684	205	53.25	218
18	30.514	160	49.51	29	53.67	29	56.44	351	42.296	177	54.75	43	18.889	166	55.43	206
28	30.674	118	49.22	0	53.96	20	59.95	361	42.473	131	55.18	75	19.055	126	57.49	189
Sept. 7	16 30.792	76	49.22	27	54.16	12	63.56	363	42.604	86	55.93	105	19.181	86	59.38	171
16*	30.868	36	49.49	52	17 54.28	3	67.19	358	17 42.690	40	56.98	129	18 19.267	48	61.09	150
26	30.904	1	50.01	71	54.31	5	70.77	344	42.730	2	58.27	146	19.315	12	62.59	127
Okt. 6	30.903	35	50.72	86	54.26	13	74.21	324	42.728	40	59.73	156	19.327	20	63.86	103
16	30.868	63	51.58	97	54.13	20	77.45	297	42.688	73	61.29	159	19.307	49	64.89	78
26	30.805	86	52.55	102	53.93	28	80.42	261	42.615	101	62.88	155	19.258	72	65.67	53
Nov. 5	30.719	103	53.57	102	53.65	33	83.03	220	42.514	121	64.43	144	19.186	91	66.20	28
15	30.616	115	54.59	97	53.32	38	85.23	173	42.393	136	65.87	127	19.095	106	66.48	3
25	30.501	121	55.56	89	52.94	42	86.96	120	42.257	144	67.14	106	18.989	116	66.51	22
Dez. 5	30.380	124	56.45	78	52.52	46	88.16	62	42.113	147	68.20	79	18.873	123	66.29	46
15	30.256	121	57.23	64	52.06	47	88.78	3	41.966	146	68.99	51	18.750	125	65.83	68
25	30.135	115	57.87	47	51.59	46	88.81	55	41.820	138	69.50	20	18.625	124	65.15	88
35	30.020		58.34		51.13		88.26		41.682		69.70		18.501		64.27	
Mittl. Ort	26.465		78.09		47.47		44.35		38.215		85.15		14.745		33.30	
sec δ, tg δ	+1.034		− 0.264		+2.620		+ 2.422		+1.137		− 0.540		+1.057		+ 0.342	
a, *a′*	+3.1		+20.0		+2.9		+20.0		+3.1		+20.0		+3.1		+20.0	
b, *b′*	−0.02		+ 0.09		+0.16		+ 0.06		−0.04		+ 0.06		+0.02		+ 0.04	

* Bei Stern 895), 896) und 898) lies Sept. 17.

Scheinbare Sternörter 1956

Obere Kulmination Greenwich

Tag	899) ρ Cassiopeiae AR.		Dekl.		900) 27 Piscium AR.		Dekl.		902) ω Piscium AR.		Dekl.		903) ε Tucanae AR.		Dekl.	
1956	$23^h\ 52^m$		+57° 15′		$23^h\ 56^m$		−3° 47′		$23^h\ 57^m$		+6° 37′		$23^h\ 57^m$		−65° 48′	
	s		″		s		″		s		″		s		″	
Jan. 1	11.229		39.84		26.001		56.12		3.821		18.84		38.76		90.84	
11	10.940	289	38.88	96	25.894	107	56.75	63	3.714	107	18.04	80	38.35	41	89.81	103
21	10.668	272	37.43	145	25.796	98	57.29	54	3.614	100	17.21	83	37.97	38	88.24	157
31	10.424	244	35.54	189	25.711	85	57.72	43	3.526	88	16.40	81	37.65	32	86.17	207
Febr. 10	10.219	205	33.29	225	25.641	70	58.01	29	3.455	71	15.63	77	37.38	27	83.67	250
20	10.063	156	30.76	253	25.593	48	58.14	13	3.405	50	14.96	67	37.17	21	80.79	288
März 1	9.968	95	28.08	268	25.571	22	58.09	5	3.381	24	14.42	54	37.03	14	77.62	317
11	9.941	27	25.35	273	25.580	9	57.83	26	3.389	8	14.05	37	36.97	6	74.23	339
21	9.986	45	22.68	267	25.623	43	57.34	49	3.432	43	13.89	16	36.98	1	70.69	354
31	10.107	121	20.18	250	25.702	79	56.61	73	3.513	81	13.99	10	37.08	10	67.07	362
April 10	10.303	196	17.96	222	25.821	119	55.63	98	3.634	121	14.35	36	37.26	18	63.47	360
20	10.571	268	16.10	186	25.979	158	54.41	122	3.794	160	15.00	65	37.52	26	59.95	352
30	10.905	334	14.68	142	26.174	195	52.97	144	3.993	199	15.93	93	37.86	34	56.59	336
Mai 10	11.295	390	13.74	94	26.404	230	51.32	165	4.227	234	17.14	121	38.27	41	53.47	312
20	11.731	436	13.32	42	26.665	261	49.51	181	4.491	264	18.59	145	38.74	47	50.64	283
30	12.201	470	13.43	11	26.949	284	47.57	194	4.779	288	20.26	167	39.26	52	48.18	246
Juni 9	12.691	490	14.08	65	27.250	301	45.55	202	5.083	304	22.10	184	39.83	57	46.14	204
19	13.188	497	15.23	115	27.560	310	43.51	204	5.396	313	24.06	196	40.42	59	44.57	157
29	13.678	490	16.86	163	27.872	312	41.50	201	5.710	314	26.10	204	41.02	60	43.52	105
Juli 9	14.150	472	18.93	207	28.176	304	39.57	193	6.015	305	28.16	206	41.62	60	43.00	52
19	14.592	442	21.38	245	28.465	289	37.78	179	6.305	290	30.19	203	42.19	57	43.02	2
29	14.993	401	24.15	277	28.732	267	36.15	163	6.573	268	32.13	194	42.73	54	43.59	57
Aug. 8	15.346	353	27.18	303	28.971	239	34.74	141	6.812	239	33.94	181	43.21	48	44.68	109
18	15.643	297	30.40	322	29.177	206	33.57	117	7.018	206	35.59	165	43.62	41	46.26	158
28	15.881	238	33.74	334	29.346	169	32.66	91	7.187	169	37.05	146	43.95	33	48.27	201
Sept. 7	16.057	176	37.13	339	29.476	130	32.01	65	7.317	130	38.28	123	44.19	24	50.64	237
17	16.171	114	40.50	337	29.567	91	31.62	39	7.409	92	39.28	100	44.33	14	53.29	265
26	$_{19}$16.222	51	43.79	329	$_{20}$29.620	53	31.48	14	$_{20}$7.464	55	40.05	77	$_{20}$44.38	5	56.11	282
Okt. 6	16.214	8	46.93	314	29.637	17	31.57	9	7.484	20	40.59	54	44.33	5	59.00	289
16	16.150	64	49.85	292	29.622	15	31.86	29	7.472	12	40.91	32	44.19	14	61.84	284
26	16.034	116	52.49	264	29.579	43	32.31	45	7.432	40	41.02	11	43.96	23	64.51	267
Nov. 5	15.871	163	54.79	230	29.513	66	32.88	57	7.369	63	40.95	7	43.66	30	66.91	240
15	15.668	203	56.69	190	29.428	85	33.55	67	7.288	81	40.70	25	43.30	36	68.95	204
25	15.430	238	58.14	145	29.330	98	34.29	74	7.192	96	40.31	39	42.90	40	70.53	158
Dez. 5	15.164	266	59.10	96	29.222	108	35.05	76	7.087	105	39.78	53	42.47	43	71.59	106
15	14.879	285	59.54	44	29.109	113	35.81	76	6.975	112	39.14	64	42.02	45	72.10	51
25	14.583	296	59.43	11	28.994	115	36.55	74	6.861	114	38.42	72	41.58	44	72.02	8
35	14.286	297	58.78	65	28.882	112	37.24	69	6.747	114	37.62	80	41.15	43	71.36	66
Mittl. Ort	10.415		16.80		25.197		60.28		2.983		11.04		38.66		78.83	
sec δ, tg δ	+1.849		+ 1.555		+1.002		− 0.066		+1.007		+ 0.116		+2.442		− 2.227	
a, *a′*	+3.0		+20.0		+3.1		+20.0		+3.1		+20.0		+3.1		+20.0	
b, *b′*	+0.10		+ 0.03		0.00		+ 0.02		+0.01		+ 0.01		−0.15		+ 0.01	

Na) 43 Hev. Cephei $4^{m}.52$

Tag	Januar				Februar				März				April			
	AR.	Dekl.	☾ Glieder		AR.	Dekl.	☾ Glieder		AR.	Dekl.	☾ Glieder		AR.	Dekl.	☾ Glieder	
	$1^h\ 2^m$ s	+86° 1′ ″	in s 0.01	in ″ 0.01	$1^h\ 2^m$ s	+86° 1′ ″	in s 0.01	in ″ 0.01	$1^h\ 2^m$ s	+86° 1′ ″	in s 0.01	in ″ 0.01	$1^h\ 2^m$ s	+86° 1′ ″	in s 0.01	in ″ 0.01
1	27.78	46.18	− 1	+11	18.67	45.67	− 6	− 1	11.92	40.04	− 2	− 5	9.17	30.81	+ 8	−2
2	27.49	46.26	− 5	+ 9	18.40	45.55	− 4	− 4	11.75	39.78	+ 1	− 6	9.18	30.50	+ 8	0
3	27.20	46.33	− 7	+ 5	18.12	45.42	− 1	− 6	11.58	39.51	+ 4	− 5	9.19	30.18	+ 7	+3
4	26.90	46.40	− 7	+ 1	17.84	45.29	+ 3	− 6	11.42	39.24	+ 7	− 3	9.21	29.87	+ 5	+5
5	26.61	46.46	− 6	− 2	17.57	45.15	+ 6	− 4	11.26	38.97	+ 8	− 1	9.23	29.55	+ 2	+6
6	26.31	46.52	− 3	− 5	17.30	45.01	+ 8	− 2	11.11	38.70	+ 8	+ 2	9.26	29.24	− 2	+6
7	26.02	46.57	+ 1	− 6	17.03	44.86	+ 8	0	10.96	38.42	+ 7	+ 4	*9.30	28.93	− 5	+5
8	25.73	46.61	+ 4	− 5	16.77	44.71	+ 8	+ 3	10.82	38.14	+ 4	+ 6	9.34	28.62	− 8	+2
9	25.43	46.64	+ 6	− 4	16.51	44.55	+ 6	+ 5	10.69	37.86	+ 1	+ 7	9.38	28.31	−10	−1
10	25.13	46.67	+ 8	− 2	16.26	44.38	+ 3	+ 6	10.56	37.57	− 3	+ 6	9.44	28.00	−10	−5
11	24.83	46.69	+ 8	+ 1	16.00	44.21	− 1	+ 6	10.43	37.28	− 6	+ 4	9.49	27.69	− 7	−8
12	24.53	46.71	+ 7	+ 3	15.76	44.03	− 4	+ 5	10.32	36.99	− 9	+ 1	9.56	27.39	− 4	−9
13	24.23	46.72	+ 5	+ 5	15.51	43.85	− 7	+ 3	10.21	36.69	−10	− 2	9.63	27.08	0	−9
14	23.93	46.72	+ 2	+ 6	15.26	43.66	− 9	0	10.10	36.39	− 9	− 6	9.70	26.77	+ 5	−7
15	23.63	46.72	− 2	+ 6	15.02	43.47	−10	− 4	10.00	36.09	− 6	− 9	9.78	26.47	+ 8	−3
16	23.33	46.71	− 6	+ 4	14.79	43.28	− 8	− 7	9.90	35.79	− 2	−10	9.87	26.17	+ 9	+1
17	23.03	46.69	− 9	+ 2	14.55	43.08	− 5	−10	9.81	35.49	+ 2	− 9	9.96	25.87	+ 8	+5
18	22.73	46.67	−10	− 2	14.32	42.87	− 1	−10	9.73	35.19	+ 6	− 6	10.06	25.57	+ 5	+8
19	22.44	46.64	−10	− 6	14.10	42.66	+ 3	− 9	9.65	34.88	+ 8	− 2	10.17	25.28	+ 1	+9
20	22.14	46.60	− 8	− 9	13.88	42.44	+ 7	− 5	9.58	34.58	+ 8	+ 2	10.28	24.99	− 3	+8
21	21.85	46.56	− 4	−11	13.67	42.22	+ 8	− 1	9.51	34.27	+ 7	+ 6	10.39	24.70	− 6	+6
22	21.55	46.51	+ 1	−11	13.46	41.99	+ 8	+ 4	9.45	33.96	+ 3	+ 9	10.51	24.41	− 7	+2
23	21.26	46.45	+ 5	− 8	13.25	41.76	+ 6	+ 7	9.40	33.64	− 1	+ 9	10.64	24.13	− 7	−1
24	20.97	46.39	+ 8	− 4	13.04	41.53	+ 2	+ 9	9.35	33.33	− 4	+ 8	10.77	23.85	− 5	−4
25	20.68	46.32	+ 9	+ 1	12.84	41.29	− 2	+ 9	9.30	33.02	− 7	+ 5	10.91	23.56	− 2	−6
26	20.38	46.25	+ 8	+ 6	12.65	41.05	− 5	+ 7	9.26	32.70	− 7	+ 1	11.05	23.29	+ 2	−6
27	20.10	46.17	+ 5	+ 9	12.46	40.80	− 7	+ 4	9.23	32.39	− 6	− 2	11.20	23.01	+ 5	−5
28	19.81	46.08	0	+10	12.27	40.55	− 7	0	9.21	32.07	− 4	− 5	11.35	22.74	+ 7	−3
29	19.52	45.99	− 4	+ 9	12.09	40.30	− 5	− 3	9.19	31.76	0	− 6	11.51	22.47	+ 8	−1
30	19.24	45.89	− 6	+ 6	11.92	40.04	− 2	− 5	9.17	31.44	+ 3	− 6	11.67	22.21	+ 8	+2
31	18.96	45.78	− 7	+ 3					9.17	31.13	+ 6	− 5	11.84	21.95	+ 6	+4
32	18.67	45.67	− 6	− 1					9.17	30.81	+ 8	− 2				

δ	sec δ	tg δ	δ	sec δ	tg δ	δ	sec δ	tg δ
+86° 1′ 20″	+14.416	+14.381	+86° 1′ 30″	+14.426	+14.391	+86° 1′ 40″	+14.436	+14.401
30	+14.426	+14.391	40	+14.436	+14.401	50	+14.446	+14.411

$\alpha_{1956.0} = 1^h\ 2^m\ 20^s.38$ $\delta_{1956.0} = +86°\ 1'\ 20''.11$

* Tag der doppelten unteren Kulmination: April 7.

Scheinbare Sternörter 1956

Obere Kulmination Greenwich

Na) 43 Hev. Cephei $4^{m}.52$

Tag	Mai			Juni			Juli			August		
	AR.	Dekl.	☾ Glieder	AR.	Dekl.	☾ Glieder	AR.	Dekl.	☾ Glieder	AR.	Dekl.	☾ Glieder
	$1^h\ 2^m$ s	+86° 1′ ″	in 0.01 s | 0.01 ″	$1^h\ 2^m$ s	+86° 1′ ″	in 0.01 s | 0.01 ″	$1^h\ 2^m$ s	+86° 1′ ″	in 0.01 s | 0.01 ″	$1^h\ 2^m$ s	+86° 1′ ″	in 0.01 s | 0.01 ″
1	11.84	21.95	+ 6 + 4	19.16	15.91	− 6 + 4	28.63	14.73	−10 − 5	38.47	18.64	+1 −10
2	12.01	21.69	+ 4 + 6	19.45	15.79	− 9 + 1	28.96	14.78	− 9 − 8	38.77	18.85	+5 − 8
3	12.19	21.44	0 + 6	19.74	15.67	−10 − 2	29.29	14.83	− 6 −10	39.06	19.06	+7 − 4
4	12.37	21.19	− 4 + 5	20.03	15.56	−10 − 6	29.62	14.89	− 2 −11	39.35	19.27	+8 + 1
5	12.56	20.94	− 7 + 3	20.33	15.46	− 7 − 9	29.94	14.95	+ 3 − 9	39.63	19.49	+7 + 5
6	12.75	20.70	− 9 0	20.63	15.36	− 4 −10	30.27	15.02	+ 6 − 6	39.92	19.71	+3 + 8
7	12.94	20.46	−10 − 3	20.93	15.27	+ 1 −10	30.60	15.09	+ 8 − 1	40.20	19.94	−1 + 9
8	13.14	20.22	− 9 − 7	21.24	15.19	+ 5 − 7	30.93	15.17	+ 8 + 4	40.48	20.17	−4 + 8
9	13.35	19.99	− 6 − 9	21.54	15.11	+ 8 − 3	31.25	15.26	+ 6 + 8	40.76	20.41	−7 + 5
10	13.56	19.76	− 2 −10	21.85	15.03	+ 9 + 2	31.58	15.35	+ 2 +10	41.03	20.65	−7 + 2
11	13.77	19.54	+ 3 − 8	22.16	14.96	+ 7 + 7	31.90	15.45	− 2 +10	41.30	20.89	−6 − 2
12	13.99	19.32	+ 7 − 5	22.48	14.90	+ 4 +10	32.23	15.55	− 5 + 8	41.57	21.14	−3 − 4
13	14.22	19.11	+ 9 0	22.79	14.84	0 +10	32.55	15.66	− 7 + 4	41.84	21.39	+1 − 5
14	14.45	18.90	+ 9 + 4	23.10	14.78	− 3 + 9	32.88	15.77	− 7 0	42.10	21.64	+4 − 5
15	14.68	18.69	+ 7 + 8	23.42	14.74	− 6 + 6	33.20	15.89	− 5 − 3	42.36	21.90	+7 − 3
16	14.91	18.49	+ 3 +10	23.74	14.69	− 7 + 2	33.52	16.01	− 2 − 5	42.62	22.16	+9 − 1
17	15.15	18.29	− 1 +10	24.06	14.66	− 6 − 1	33.84	16.14	+ 2 − 5	42.87	22.43	+9 + 2
18	15.39	18.10	− 5 + 8	24.38	14.63	− 4 − 4	34.16	16.27	+ 5 − 4	43.12	22.71	+7 + 4
19	15.64	17.91	− 7 + 4	24.70	14.60	0 − 5	34.47	16.41	+ 7 − 2	43.37	22.98	+5 + 6
20	15.89	17.73	− 7 0	25.02	14.58	+ 3 − 6	34.79	16.55	+ 8 0	43.61	23.26	+2 + 7
21	16.15	17.55	− 6 − 3	25.35	14.57	+ 6 − 4	35.11	16.70	+ 8 + 2	43.85	23.55	−1 + 6
22	16.41	17.38	− 3 − 5	25.68	14.56	+ 7 − 2	35.42	16.85	+ 7 + 4	44.09	23.84	−5 + 5
23	16.67	17.21	0 − 6	26.00	14.56	+ 8 0	35.73	17.01	+ 4 + 6	44.32	24.12	−7 + 2
24	16.93	17.05	+ 4 − 5	26.33	14.56	+ 7 + 3	36.05	17.17	+ 1 + 6	44.56	24.42	−9 − 1
25	17.20	16.89	+ 6 − 4	26.65	14.56	+ 5 + 5	36.35	17.33	− 3 + 6	44.78	24.71	−9 − 4
26	17.47	16.73	+ 8 − 2	26.98	14.58	+ 3 + 6	36.66	17.50	− 6 + 4	45.01	25.01	−8 − 8
27	17.74	16.58	+ 8 + 1	27.31	14.60	− 1 + 6	36.97	17.68	− 8 + 1	45.23	25.31	−4 −10
28	18.02	16.44	+ 7 + 3	27.63	14.62	− 4 + 5	37.27	17.86	− 9 − 3	45.45	25.62	−1 −10
29	18.30	16.30	+ 5 + 5	27.96	14.65	− 7 + 3	37.57	18.05	− 9 − 6	45.66	25.93	+3 − 9
30	18.58	16.16	+ 2 + 6	28.30	14.69	− 9 − 1	37.88	18.24	− 7 − 9	45.87	26.24	+6 − 5
31	18.87	16.03	− 2 + 6	28.63	14.73	−10 − 5	38.17	18.44	− 3 −11	46.08	26.56	+8 − 1
32	19.16	15.91	− 6 + 4				38.47	18.64	+ 1 −10	46.29	26.88	+7 + 3

δ	sec δ	tg δ	δ	sec δ	tg δ
+86° 1′ 10″	+14.406	+14.371	+86° 1′ 20″	+14.416	+14.381
20	+14.416	+14.381	30	+14.426	+14.391

$\alpha_{1956.0} = 1^h\ 2^m\ 20^s.38$ $\delta_{1956.0} = +86°\ 1'\ 20''.11$

Scheinbare Sternörter 1956

Obere Kulmination Greenwich

Na) 43 **Hev. Cephei** $4^{m}_{.}52$

Tag	September AR.	September Dekl.	September ☾ Glieder	Oktober AR.	Oktober Dekl.	Oktober ☾ Glieder	November AR.	November Dekl.	November ☾ Glieder	Dezember AR.	Dezember Dekl.	Dezember ☾ Glieder
	$1^{h}\,2^{m}$	+86° 1′	in s 0.01 | ″ 0.01	$1^{h}\,2^{m}$	+86° 1′	in s 0.01 | ″ 0.01	$1^{h}\,2^{m}$	+86° 1′	in s 0.01 | ″ 0.01	$1^{h}\,2^{m}$	+86° 1′	in s 0.01 | ″ 0.01
	s	″		s	″		s	″		s	″	
1	46.29	26.88	+7 + 3	50.53	37.45	−1 +8	50.55	49.34	−4 − 5	46.20	58.63	+5 − 5
2	46.49	27.20	+5 + 7	50.61	37.82	−5 +7	50.47	49.69	−1 − 6	45.99	58.88	+7 − 3
3	46.69	27.52	+1 + 8	50.68	38.20	−7 +4	50.39	50.04	+3 − 6	45.78	59.13	+8 0
4	46.88	27.85	−3 + 8	50.74	38.57	−7 0	50.30	50.39	+6 − 4	45.56	59.37	+8 + 2
5	47.07	28.18	−6 + 6	50.80	38.95	−6 −3	50.21	50.73	+8 − 2	45.33	59.60	+7 + 5
6	47.25	28.51	−7 + 3	50.86	39.32	−4 −5	50.11	51.07	+9 + 1	45.11	59.83	+4 + 6
7	47.43	28.85	−7 − 1	{ 50.91 / 50.95	39.70 / 40.08	0 −6 / +4 −5 }	50.01	51.41	+8 + 4	44.88	60.06	+1 + 7
8	47.61	29.19	−5 − 4	50.99	40.46	+7 −3	49.90	51.75	+6 + 6	44.64	60.28	−3 + 6
9	47.78	29.53	−2 − 5	51.03	40.84	+9 0	49.79	52.09	+3 + 7	44.41	60.50	−6 + 4
10	47.95	29.87	+2 − 5	51.06	41.22	+9 +2	49.67	52.42	−1 + 7	44.17	60.71	−8 + 1
11	48.12	30.21	+6 − 4	51.09	41.60	+7 +5	49.55	52.76	−4 + 5	43.93	60.92	−9 − 3
12	48.28	30.56	+8 − 2	51.11	41.98	+5 +6	49.43	53.08	−7 + 3	43.68	61.12	−9 − 6
13	48.44	30.91	+9 + 1	51.13	42.35	+1 +7	49.30	53.41	−9 0	43.43	61.31	−7 − 9
14	48.59	31.26	+8 + 4	51.14	42.73	−2 +6	49.16	53.73	−9 − 4	43.18	61.50	−3 −10
15	48.74	31.61	+6 + 6	51.15	43.10	−5 +5	49.02	54.05	−8 − 7	42.93	61.69	+1 −10
16	48.88	31.97	+4 + 7	51.15	43.48	−8 +2	48.88	54.36	−5 − 9	42.67	61.86	+5 − 7
17	49.02	32.32	0 + 7	51.15	43.85	−9 −1	48.73	54.67	−1 −10	42.41	62.03	+8 − 3
18	49.16	32.68	−3 + 6	51.14	44.22	−9 −5	48.57	54.98	+3 − 8	42.14	62.20	+8 + 1
19	49.29	33.04	−6 + 4	51.13	44.59	−7 −8	48.41	55.29	+6 − 5	41.88	62.36	+7 + 6
20	49.42	33.40	−8 + 1	51.11	44.97	−3 −9	48.25	55.59	+8 − 1	41.61	62.52	+4 + 9
21	49.55	33.76	−9 − 3	51.09	45.34	+1 −9	48.08	55.89	+8 + 4	41.34	62.67	0 + 9
22	49.67	34.12	−8 − 6	51.07	45.71	+4 −7	47.91	56.18	+6 + 7	41.06	62.82	−4 + 8
23	49.78	34.48	−6 − 9	51.04	46.08	+7 −4	47.74	56.47	+2 + 9	40.79	62.95	−6 + 5
24	49.89	34.85	−2 −10	51.00	46.45	+8 +1	47.56	56.75	−2 + 9	40.51	63.08	−7 + 1
25	50.00	35.22	+2 − 9	50.96	46.81	+7 +5	47.38	57.03	−5 + 7	40.23	63.21	−6 − 2
26	50.10	35.59	+5 − 6	50.92	47.18	+4 +7	47.19	57.31	−7 + 3	39.95	63.33	−3 − 5
27	50.19	35.96	+7 − 2	50.87	47.54	0 +8	47.00	57.58	−7 0	39.66	63.44	0 − 6
28	50.28	36.33	+8 + 2	50.81	47.90	−4 +8	46.80	57.85	−5 − 4	39.37	63.54	+4 − 5
29	50.37	36.70	+6 + 5	50.75	48.26	−6 +5	46.60	58.12	−2 − 6	39.08	63.64	+7 − 3
30	50.45	37.08	+2 + 8	50.69	48.62	−8 +1	46.40	58.38	+1 − 6	38.80	63.74	+8 − 1
31	50.53	37.45	−1 + 8	50.62	48.98	−7 −2	46.20	58.63	+5 − 5	38.51	63.82	+8 + 2
32				50.55	49.34	−4 −5				38.22	63.90	+7 + 4

δ	sec δ	tg δ	δ	sec δ	tg δ	δ	sec δ	tg δ
+86° 1′ 20″	+14.416	+14.381	+86° 1′ 40″	+14.436	+14.401	+86° 2′ 0″	+14.456	+14.421
30	+14.426	+14.391	50	+14.446	+14.411	10	+14.466	+14.431

$\alpha_{1956.0} = 1^{h}\,2^{m}\,20^{s}_{.}38$ $\qquad$ $\delta_{1956.0} = +86°\,1'\,20''_{.}11$

Scheinbare Sternörter 1956

Obere Kulmination Greenwich

Nb) α Ursae minoris $2^{m}_{.}12$ var.

Tag	Januar AR.	Januar Dekl.	Januar ☾ Glieder		Februar AR.	Februar Dekl.	Februar ☾ Glieder		März AR.	März Dekl.	März ☾ Glieder		April AR.	April Dekl.	April ☾ Glieder	
	$1^h 53^m$ s	+ 89° 3′ ″	in s 0.01	″ 0.01	$1^h 52^m$ s	+ 89° 3′ ″	in s 0.01	″ 0.01	$1^h 52^m$ s	+ 89° 3′ ″	in s 0.01	″ 0.01	$1^h 52^m$ s	+ 89° 3′ ″	in s 0.01	″ 0.01
1	42.17	54.25	0	+11	63.29	56.10	−26	0	29.75	52.28	−11	−5	9.69	43.93	+31	−4
2	41.01	54.41	−15	+10	62.01	56.05	−18	−3	28.80	52.07	+3	−6	9.41	43.62	+34	−1
3	39.85	54.56	−25	+7	60.74	56.00	−5	−5	27.86	51.85	+16	−6	9.16	43.31	+31	+1
4	38.67	54.70	−27	+3	59.47	55.94	+9	−6	26.94	51.63	+27	−5	8.93	43.00	+23	+4
5	37.49	54.84	−23	−1	58.21	55.87	+21	−6	26.03	51.40	+33	−3	8.73	42.68	+11	+6
6	36.29	54.97	−13	−4	56.95	55.80	+30	−4	25.15	51.17	+34	0	8.55	42.37	−4	+7
7	35.09	55.09	0	−6	55.70	55.72	+33	−2	24.28	50.93	+29	+3	8.40	42.05	−19	+6
8	33.87	55.21	+13	−6	54.45	55.64	+32	+1	23.44	50.69	+19	+5	8.27	41.74	−31	+4
9	32.65	55.32	+24	−5	53.21	55.55	+25	+3	22.61	50.45	+6	+6	8.17	41.43	−39	+1
10	31.42	55.43	+30	−3	51.98	55.45	+14	+5	21.81	50.20	−10	+7	8.09	41.11	−40	−3
11	30.18	55.53	+32	−1	50.76	55.35	−1	+7	21.02	49.95	−24	+6	8.04	40.80	−33	−6
12	28.93	55.62	+28	+2	49.55	55.24	−15	+6	20.26	49.69	−35	+3	8.01	40.48	−19	−8
13	27.68	55.71	+20	+4	48.34	55.13	−29	+5	19.51	49.43	−40	0	8.01	40.17	−2	−9
14	26.42	55.79	+8	+5	47.15	55.01	−38	+2	18.79	49.16	−38	−4	8.03	39.85	+16	−8
15	25.15	55.86	−6	+6	45.97	54.88	−42	−2	18.09	48.89	−28	−7	8.08	39.54	+29	−5
16	23.88	55.93	−22	+5	44.79	54.75	−36	−6	17.41	48.61	−13	−9	8.15	39.22	+36	−1
17	22.61	55.99	−34	+3	43.63	54.61	−24	−9	16.75	48.34	+5	−9	8.25	38.91	+33	+4
18	21.33	56.04	−42	0	42.48	54.46	−8	−10	16.11	48.06	+21	−8	8.37	38.59	+23	+7
19	20.05	56.09	−42	−4	41.34	54.31	+10	−9	15.50	47.79	+32	−4	*8.52	38.28	+7	+9
20	18.76	56.13	−34	−8	40.21	54.15	+26	−7	14.91	47.51	+35	0	8.69	37.97	−8	+9
21	17.48	56.16	−19	−10	39.10	53.99	+34	−3	14.34	47.22	+29	+5	8.89	37.65	−21	+7
22	16.19	56.19	−1	−11	38.00	53.82	+33	+2	13.80	46.93	+17	+8	9.11	37.34	−29	+4
23	14.89	56.21	+18	−9	36.92	53.65	+25	+6	13.28	46.64	+1	+9	9.36	37.03	−28	0
24	13.60	56.23	+32	−5	35.85	53.47	+11	+9	12.79	46.35	−14	+8	9.63	36.73	−22	−3
25	12.31	56.24	+37	0	34.79	53.29	−5	+10	12.32	46.05	−26	+6	9.92	36.42	−9	−6
26	11.02	56.24	+33	+4	33.75	53.10	−19	+8	11.87	45.75	−29	+3	10.24	36.12	+5	−7
27	9.73	56.23	+22	+8	32.73	52.90	−27	+5	11.45	45.45	−26	−1	10.58	35.81	+17	−6
28	8.44	56.22	+6	+10	31.72	52.70	−28	+1	11.05	45.15	−17	−4	10.94	35.51	+26	−5
29	7.15	56.20	−11	+10	30.73	52.49	−23	−2	10.67	44.85	−4	−6	11.33	35.21	+32	−3
30	5.86	56.17	−23	+8	29.75	52.28	−11	−5	10.32	44.55	+10	−7	11.74	34.92	+32	0
31	4.57	56.14	−28	+4					9.99	44.24	+22	−6	12.17	34.62	+27	+3
32	3.29	56.10	−26	0					9.69	43.93	+31	−4				

δ	sec δ	tg δ	δ	sec δ	tg δ	δ	sec δ	tg δ
+89° 3′ 30″	+60.848	+60.840	+89° 3′ 40″	+61.028	+61.020	+89° 3′ 50″	+61.209	+61.201
40	+61.028	+61.020	50	+61.209	+61.201	60	+61.391	+61.383

$\alpha_{1956.0} = 1^h\ 52^m\ 51^s\!.43$ $\delta_{1956.0} = +89°\ 3'\ 30''\!.15$

* Tag der doppelten unteren Kulmination: April 19.

Obere Kulmination Greenwich

Nb) α Ursae minoris $2^m.12$ var.

Tag	Mai AR.	Mai Dekl.	Mai ☾ Glieder	Juni AR.	Juni Dekl.	Juni ☾ Glieder	Juli AR.	Juli Dekl.	Juli ☾ Glieder	August AR.	August Dekl.	August ☾ Glieder
	$1^h 52^m$	+ 89° 3′	in s 0.01 | ″ 0.01	$1^h 52^m$	+ 89° 3′	in s 0.01 | ″ 0.01	$1^h 53^m$	+ 89° 3′	in s 0.01 | ″ 0.01	$1^h 53^m$	+ 89° 3′	in s 0.01 | ″ 0.01
	s	″		s	″		s	″		s	″	
1	12.17	34.62	+27 + 3	35.97	26.94	−22 + 5	12.66	23.49	−42 − 2	55.45	24.93	0 −11
2	12.63	34.32	+17 + 5	37.02	26.75	−34 + 3	14.02	23.46	−39 − 6	56.81	25.06	+16 − 9
3	13.11	34.03	+ 2 + 6	38.09	26.57	−42 0	15.38	23.43	−27 − 9	58.17	25.19	+28 − 5
4	13.61	33.75	−13 + 6	39.17	26.39	−42 − 4	16.74	23.41	−11 −11	59.52	25.33	+33 − 1
5	14.14	33.46	−27 + 5	40.27	26.22	−34 − 7	18.11	23.39	+ 8 −10	60.86	25.47	+28 + 4
6	14.69	33.18	−38 + 2	41.38	26.05	−19 −10	19.48	23.38	+23 − 7	62.20	25.62	+17 + 8
7	15.26	32.89	−42 − 1	42.51	25.88	− 1 −10	20.85	23.37	+33 − 3	63.53	25.78	+ 1 +10
8	15.85	32.61	−40 − 5	43.65	25.72	+18 − 8	22.23	23.37	+34 + 2	64.85	25.94	−14 + 9
9	16.46	32.34	−27 − 8	44.80	25.57	+31 − 5	23.61	23.37	+26 + 7	66.17	26.10	−25 + 7
10	17.10	32.07	−10 − 9	45.96	25.42	+37 0	24.99	23.38	+13 + 9	67.48	26.27	−29 + 3
11	17.76	31.80	+ 9 − 9	47.13	25.28	+32 + 5	26.37	23.40	− 4 +10	68.79	26.44	−25 0
12	18.44	31.53	+25 − 6	48.32	25.14	+22 + 9	27.76	23.42	−18 + 9	70.09	26.62	−14 − 4
13	19.14	31.26	+35 − 2	49.52	25.01	+ 6 +10	29.15	23.44	−27 + 6	71.38	26.80	0 − 5
14	19.86	31.00	+36 + 2	50.73	24.88	−10 +10	30.54	23.47	−27 + 2	72.67	26.99	+15 − 6
15	20.60	30.74	+29 + 7	51.95	24.76	−22 + 8	31.93	23.51	−20 − 2	73.94	27.18	+27 − 4
16	21.35	30.48	+16 + 9	53.18	24.64	−28 + 4	33.32	23.55	− 8 − 4	75.21	27.38	+34 − 2
17	22.13	30.23	− 1 +10	54.42	24.53	−25 0	34.72	23.60	+ 5 − 6	76.47	27.58	+36 0
18	22.93	29.98	−16 + 9	55.67	24.42	−16 − 3	36.11	23.65	+19 − 6	77.72	27.78	+32 + 3
19	23.75	29.74	−26 + 6	56.93	24.32	− 4 − 5	37.50	23.71	+29 − 4	78.96	27.99	+22 + 5
20	24.58	29.50	−28 + 2	58.20	24.22	+10 − 6	38.90	23.77	+34 − 2	80.19	28.20	+10 + 6
21	25.44	29.26	−23 − 2	59.48	24.13	+22 − 5	40.29	23.84	+33 + 1	81.42	28.42	− 3 + 7
22	26.31	29.03	−13 − 5	60.76	24.04	+29 − 4	41.68	23.91	+28 + 3	82.64	28.64	−17 + 6
23	27.20	28.80	0 − 6	62.05	23.96	+33 − 1	43.07	23.99	+19 + 5	83.84	28.87	−29 + 4
24	28.11	28.58	+13 − 6	63.35	23.88	+31 + 1	44.45	24.07	+ 6 + 6	85.04	29.10	−37 + 1
25	29.04	28.36	+24 − 5	64.66	23.81	+24 + 3	45.84	24.16	− 9 + 6	86.22	29.34	−39 − 2
26	29.98	28.14	+31 − 3	65.98	23.74	+14 + 5	47.22	24.26	−22 + 5	87.40	29.58	−34 − 6
27	30.94	27.93	+31 − 1	67.30	23.68	− 1 + 6	48.60	24.36	−33 + 3	88.56	29.82	−22 − 9
28	31.91	27.72	+29 + 2	68.63	23.62	−15 + 6	49.98	24.47	−39 − 1	89.72	30.07	− 7 −10
29	32.90	27.52	+21 + 4	69.97	23.57	−28 + 4	51.35	24.58	−39 − 4	90.86	30.32	+ 9 − 9
30	33.91	27.32	+ 9 + 6	71.31	23.53	−39 + 1	52.72	24.69	−32 − 8	91.98	30.57	+23 − 7
31	34.93	27.13	− 6 + 6	72.66	23.49	−42 − 2	54.09	24.81	−18 −10	93.10	30.83	+31 − 3
32	35.97	26.94	−22 + 5				55.45	24.93	0 −11	94.20	31.09	+30 + 2

δ	sec δ	tg δ	δ	sec δ	tg δ
+89° 3′ 20″	+60.669	+60.661	+89° 3′ 30″	+60.848	+60.840
30	+60.848	+60.840	40	+61.028	+61.020

$\alpha_{1956.0} = 1^h\ 52^m\ 51^s.43$ $\delta_{1956.0} = +89°\ 3'\ 30''.15$

Scheinbare Sternörter 1956

Obere Kulmination Greenwich

Nb) α Ursae minoris $2^{m}.12$ var.

Tag	September AR.	September Dekl.	September ☾ Glieder	Oktober AR.	Oktober Dekl.	Oktober ☾ Glieder	November AR.	November Dekl.	November ☾ Glieder	Dezember AR.	Dezember Dekl.	Dezember ☾ Glieder
	$1^h 54^m$ s	+ 89° 3′ ″	in s 0.01 | ″ 0.01	$1^h 55^m$ s	+ 89° 3′ ″	in s 0.01 | ″ 0.01	$1^h 55^m$ s	+ 89° 3′ ″	in s 0.01 | ″ 0.01	$1^h 54^m$ s	+ 89° 4′ ″	in s 0.01 | ″ 0.01
1	34.20	31.09	+30 +2	0.77	40.44	− 3 +8	11.28	52.17	−19 −4	61.27	2.51	+17 − 6
2	35.30	31.36	+21 +6	1.40	40.79	−17 +8	11.27	52.54	− 6 −6	60.61	2.81	+28 − 4
3	36.38	31.63	+ 7 +8	2.02	41.15	−27 +5	11.23	52.91	+ 9 −6	59.92	3.11	+33 − 2
4	37.44	31.90	− 9 +9	2.61	41.50	−30 +1	11.17	53.28	+22 −6	59.21	3.41	+34 + 1
5	38.50	32.18	−22 +7	3.19	41.85	−26 −2	11.08	53.64	+31 −4	58.49	3.70	+29 + 3
6	39.54	32.46	−29 +4	3.75	42.21	−14 −5	10.98	54.01	+36 −1	57.74	3.99	+19 + 5
7	40.57	32.74	−28 +1	4.29	42.57	0 −6	10.85	54.38	+33 +2	56.98	4.27	+ 6 + 7
8	41.59	33.03	−20 −3	4.81	42.93	+15 −6	10.70	54.74	+26 +4	56.19	4.55	− 8 + 6
9	42.59	33.32	− 7 −5	5.31	43.29	+27 −5	10.53	55.10	+15 +6	55.39	4.83	−22 + 5
10	43.58	33.62	+ 8 −6	5.80	43.65	+34 −2	10.34	55.46	0 +7	54.56	5.10	−33 + 3
11	44.55	33.92	+21 −6	6.26	44.01	+36 +1	10.12	55.82	−15 +6	53.72	5.37	−39 − 1
12	45.51	34.22	+32 −4	6.71	44.38	+32 +3	9.89	56.18	−27 +4	52.87	5.63	−38 − 4
13	46.46	34.53	+36 −1	7.13	44.75	+22 +5	9.63	56.53	−36 +1	51.99	5.89	−31 − 8
14	47.39	34.83	+34 +2	7.54	45.12	+ 8 +7	9.35	56.88	−39 −2	51.10	6.14	−17 −10
15	48.31	35.13	+28 +4	7.92	45.49	− 6 +7	9.05	57.23	−35 −5	50.18	6.39	0 −10
16	49.21	35.44	+17 +6	8.28	45.86	−20 +6	8.72	57.58	−24 −8	49.25	6.63	+16 − 8
17	50.10	35.76	+ 2 +7	8.63	46.23	−31 +4	8.38	57.93	− 8 −9	48.31	6.87	+29 − 5
18	50.97	36.08	−12 +7	8.95	46.60	−37 0	8.01	58.27	+ 9 −9	47.34	7.11	+33 0
19	51.82	36.40	−24 +5	9.26	46.97	−37 −3	7.62	58.61	+23 −6	46.36	7.34	+29 + 4
20	52.66	36.72	−34 +2	9.54 / 9.80	47.34 / 47.71	−30 −6 / −17 −9	7.21	58.95	+32 −2	45.36	7.56	+18 + 8
21	53.48	37.05	−38 −1	10.04	48.08	− 1 −9	6.78	59.29	+32 +2	44.35	7.78	+ 2 +10
22	54.28	37.38	−35 −4	10.26	48.46	+14 −8	6.33	59.63	+25 +6	43.32	7.99	−13 + 9
23	55.07	37.72	−26 −7	10.46	48.83	+27 −5	5.85	59.96	+12 +9	42.28	8.20	−24 + 6
24	55.84	38.05	−12 −9	10.63	49.20	+32 −1	5.35	60.29	− 5 +9	41.22	8.40	−28 + 3
25	56.60	38.38	+ 4 −9	10.79	49.57	+29 +3	4.84	60.62	−19 +8	40.15	8.60	−25 − 1
26	57.34	38.72	+18 −7	10.92	49.94	+19 +7	4.30	60.94	−27 +5	39.06	8.79	−15 − 4
27	58.06	39.06	+28 −4	11.04	50.32	+ 3 +8	3.73	61.26	−28 +1	37.96	8.98	− 1 − 6
28	58.77	39.41	+31 0	11.13	50.69	−11 +8	3.15	61.58	−23 −3	36.85	9.16	+13 − 6
29	59.45	39.75	+25 +4	11.20	51.06	−24 +6	2.54	61.89	−11 −5	35.72	9.33	+25 − 5
30	60.12	40.09	+13 +7	11.25	51.43	−30 +3	1.92	62.20	+ 3 −6	34.58	9.50	+32 − 2
31	60.77	40.44	− 3 +8	11.28	51.80	−28 −1	1.27	62.51	+17 −6	33.43	9.66	+34 0
32				11.28	52.17	−19 −4				32.27	9.82	+30 + 3

δ	sec δ	tg δ	δ	sec δ	tg δ	δ	sec δ	tg δ
+89° 3′ 30″	+60.848	+60.840	+89° 3′ 50″	+61.209	+61.201	+89° 4′ 0″	+61.391	+61.383
40	+61.028	+61.020	60	+61.391	+61.383	10	+61.574	+61.566

$\alpha_{1956.0} = 1^h\ 52^m\ 51^s.43$ $\delta_{1956.0} = +89°\ 3'\ 30''.15$

Scheinbare Sternörter 1956

Obere Kulmination Greenwich

Nc) Grb 750 Cepheus $6^{m}.70$

Tag	Januar AR.	Januar Dekl.	Januar ☾ Glieder		Februar AR.	Februar Dekl.	Februar ☾ Glieder		März AR.	März Dekl.	März ☾ Glieder		April AR.	April Dekl.	April ☾ Glieder	
	$4^h 21^m$	+ 85° 26′	in s 0.01	in ″ 0.01	$4^h 21^m$	+ 85° 26′	in s 0.01	in ″ 0.01	$4^h 21^m$	+ 85° 26′	in s 0.01	in ″ 0.01	$4^h 21^m$	+ 85° 26′	in s 0.01	in ″ 0.01
	s	″			s	″			s	″			s	″		
1	64.58	5.65	+ 6	+ 9	59.44	12.63	− 5	+ 4	52.21	14.43	− 5	− 3	44.83	10.77	+ 3	− 7
2	64.48	5.94	+ 3	+ 10	59.21	12.77	− 5	0	51.95	14.39	− 3	− 6	44.63	10.57	+ 5	− 6
3	64.37	6.22	− 1	+ 9	58.98	12.91	− 4	− 4	51.69	14.36	− 1	− 8	44.44	10.36	+ 6	− 3
4	64.26	6.50	− 3	+ 6	58.75	13.04	− 2	− 6	51.43	14.31	+ 2	− 8	44.25	10.15	+ 7	0
5	64.15	6.78	− 5	+ 2	58.52	13.17	0	− 8	51.17	14.26	+ 4	− 7	44.06	9.94	+ 6	+ 3
6	64.03	7.05	− 5	− 2	58.29	13.30	+ 3	− 7	50.91	14.21	+ 6	− 5	43.87	9.72	+ 3	+ 6
7	63.91	7.32	− 3	− 5	58.06	13.41	+ 5	− 6	50.65	14.14	+ 7	− 2	43.69	9.50	0	+ 8
8	63.78	7.59	− 1	− 7	57.82	13.52	+ 6	− 4	50.40	14.08	+ 6	+ 2	43.52	9.27	− 3	+ 8
9	63.64	7.85	+ 1	− 8	57.58	13.63	+ 7	− 1	50.15	14.00	+ 5	+ 5	43.34	9.04	− 7	+ 6
10	63.51	8.11	+ 3	− 7	57.34	13.73	+ 6	+ 3	49.90	13.92	+ 2	+ 7	43.18	8.81	− 9	+ 3
11	63.36	8.36	+ 5	− 5	57.09	13.82	+ 4	+ 6	49.65	13.84	− 1	+ 8	43.01	8.57	− 10	− 1
12	63.21	8.61	+ 6	− 2	56.84	13.91	+ 1	+ 7	49.40	13.75	− 5	+ 7	42.85	8.33	− 8	− 4
13	63.06	8.85	+ 6	0	56.59	13.99	− 3	+ 8	49.15	13.65	− 8	+ 5	42.70	8.08	− 6	− 7
14	62.90	9.09	+ 5	+ 3	56.34	14.07	− 6	+ 7	48.90	13.55	− 9	+ 2	42.55	7.83	− 2	− 9
15	62.74	9.33	+ 2	+ 6	56.09	14.14	− 9	+ 4	48.65	13.44	− 9	− 2	42.40	7.58	+ 2	− 8
16	62.58	9.56	− 1	+ 8	55.83	14.20	− 10	0	48.41	13.33	− 8	− 6	42.25	7.33	+ 6	− 5
17	62.41	9.79	− 4	+ 8	55.58	14.26	− 10	− 4	48.16	13.21	− 4	− 9	42.11	7.07	+ 8	− 1
18	62.24	10.02	− 8	+ 6	55.32	14.31	− 7	− 7	47.92	13.08	0	− 9	41.98	6.81	+ 8	+ 3
19	62.06	10.23	− 10	+ 3	55.07	14.35	− 4	− 9	47.69	12.95	+ 4	− 8	41.85	6.54	+ 7	+ 7
20	61.88	10.45	− 11	− 2	54.81	14.39	+ 1	− 9	47.45	12.82	+ 7	− 4	41.72	6.28	+ 4	+ 9
21	61.70	10.66	− 9	− 6	54.55	14.42	+ 5	− 7	47.22	12.67	+ 8	0	41.60	6.00	0	+ 9
22	61.51	10.86	− 6	− 9	54.29	14.44	+ 7	− 3	46.99	12.53	+ 8	+ 4	41.49	5.73	− 3	+ 7
23	61.32	11.06	− 2	− 10	54.03	14.46	+ 8	+ 2	46.76	12.37	+ 6	+ 8	41.38	5.45	− 5	+ 4
24	61.12	11.25	+ 3	− 9	53.77	14.48	+ 7	+ 6	46.54	12.21	+ 2	+ 9	41.27	5.17	− 6	0
25	60.92	11.44	+ 7	− 5	53.51	14.48	+ 5	+ 9	46.31	12.05	− 1	+ 8	41.17	4.89	− 5	− 4
26	60.72	11.63	+ 9	− 1	53.25	14.49	+ 1	+ 9	46.09	11.88	− 4	+ 6	41.07	4.61	− 3	− 6
27	60.51	11.81	+ 9	+ 4	52.99	14.48	− 2	+ 8	45.87	11.71	− 5	+ 3	40.98	4.32	0	− 8
28	60.31	11.98	+ 7	+ 8	52.73	14.47	− 4	+ 5	45.66	11.53	− 5	− 1	40.89	4.04	+ 2	− 8
29	60.09	12.15	+ 4	+ 10	52.47	14.45	− 5	+ 1	45.45	11.35	− 4	− 5	40.81	3.75	+ 4	− 7
30	59.88	12.32	0	+ 9	52.21	14.43	− 5	− 3	45.24	11.16	− 2	− 7	40.73	3.46	+ 6	− 4
31	59.66	12.47	− 3	+ 7					45.03	10.97	+ 1	− 8	40.66	3.17	+ 6	− 1
32	59.44	12.63	− 5	+ 4					44.83	10.77	+ 3	− 7				

δ	sec δ	tg δ	δ	sec δ	tg δ
+85° 26′ 0″	+12.560	+12.520	+85° 26′ 10″	+12.567	+12.528
10	+12.567	+12.528	20	+12.575	+12.535 •

$\alpha_{1956.0} = 4^h\ 21^m\ 43^s.20$ $\delta_{1956.0} = +85°\ 25'\ 53''.91$

Scheinbare Sternörter 1956

Obere Kulmination Greenwich

Nc) Grb 750 Cepheus $6^{m}.70$

Tag	Mai AR.	Mai Dekl.	Mai ☾ Glieder s	Mai ☾ Glieder ″	Juni AR.	Juni Dekl.	Juni ☾ Glieder s	Juni ☾ Glieder ″	Juli AR.	Juli Dekl.	Juli ☾ Glieder s	Juli ☾ Glieder ″	August AR.	August Dekl.	August ☾ Glieder s	August ☾ Glieder ″
	$4^h 21^m$	+ 85° 25′	in 0.01	in 0.01	$4^h 21^m$	+ 85° 25′	in 0.01	in 0.01	$4^h 21^m$	+ 85° 25′	in 0.01	in 0.01	$4^h 21^m$	+ 85° 25′	in 0.01	in 0.01
	s	″	s	″	s	″	s	″	s	″	s	″	s	″	s	″
1	40.66	63.17	+ 6	−1	40.87	53.81	− 1	+ 8	45.40	45.95	− 9	+ 4	53.40	41.06	− 6	− 9
2	40.59	62.88	+ 6	+2	40.96	53.51	− 4	+ 8	45.62	45.73	−11	0	53.69	40.97	− 2	−10
3	40.53	62.58	+ 4	+5	41.05	53.22	− 8	+ 6	45.84	45.51	−10	− 4	53.99	40.88	+ 2	− 8
4	40.47	62.28	+ 1	+7	41.14	52.93	−10	+ 3	46.06	45.30	− 8	− 7	54.29	40.80	+ 6	− 5
5	40.42	61.98	− 2	+8	41.24	52.64	−11	− 2	46.28	45.09	− 4	− 9	54.59	40.73	+ 8	0
6	40.37	61.69	− 6	+7	41.35	52.35	− 9	− 5	46.51	44.89	0	− 9	54.89	40.66	+ 8	+ 4
7	40.32	61.39	− 9	+5	41.46	52.07	− 6	− 8	46.74	44.69	+ 5	− 7	55.19	40.59	+ 6	+ 8
8	40.29	61.08	−10	+1	41.57	51.78	− 2	− 9	46.97	44.50	+ 8	− 3	55.49	40.53	+ 3	+10
9	40.25	60.78	−10	−3	41.69	51.50	+ 3	− 8	47.21	44.31	+ 9	+ 2	55.80	40.48	0	+ 9
10	40.22	60.48	− 7	−7	41.82	51.22	+ 7	− 5	47.45	44.12	+ 8	+ 6	56.11	40.43	− 3	+ 7
11	40.20	60.17	− 3	−9	41.95	50.95	+ 9	0	47.69	43.94	+ 5	+ 9	56.42	40.38	− 5	+ 3
12	40.18	59.87	+ 1	−9	42.08	50.67	+ 9	+ 4	47.94	43.76	+ 2	+10	56.73	40.34	− 5	− 1
13	40.17	59.56	+ 5	−7	42.22	50.40	+ 7	+ 8	48.19	43.58	− 1	+ 8	57.04	40.30	− 3	− 5
14	40.16	59.26	+ 8	−3	42.36	50.12	+ 4	+10	48.44	43.41	− 4	+ 5	57.35	40.26	− 1	− 7
15	40.16	58.95	+ 9	+2	42.51	49.86	0	+ 9	48.69	43.24	− 5	+ 1	57.66	40.23	+ 2	− 8
16	40.16	58.65	+ 8	+6	42.66	49.59	− 3	+ 7	48.95	43.08	− 4	− 3	57.97	40.21	+ 5	− 7
17	40.17	58.34	+ 6	+9	42.81	49.33	− 5	+ 3	49.21	42.92	− 2	− 6	58.28	40.19	+ 6	− 5
18	40.18	58.04	+ 2	+9	42.97	49.07	− 5	− 1	49.47	42.77	0	− 7	58.60	40.17	+ 7	− 2
19	40.20	57.73	− 1	+8	43.13	48.81	− 4	− 4	49.74	42.62	+ 3	− 7	58.92	40.16	+ 7	+ 1
20	40.22	57.43	− 4	+5	43.30	48.55	− 2	− 7	50.01	42.47	+ 5	− 6	59.23	40.16	+ 6	+ 4
21	40.25	57.12	− 5	+2	43.47	48.30	+ 1	− 8	50.28	42.33	+ 6	− 4	59.55	40.16	+ 3	+ 6
22	40.28	56.82	− 5	−2	43.65	48.05	+ 3	− 7	50.55	42.19	+ 7	− 1	59.87	40.16	0	+ 7
23	40.32	56.51	− 4	−5	43.83	47.80	+ 5	− 6	50.82	42.05	+ 6	+ 2	60.18	40.17	− 3	+ 7
24	40.36	56.21	− 1	−7	44.01	47.56	+ 6	− 3	51.10	41.92	+ 5	+ 4	60.50	40.18	− 6	+ 6
25	40.41	55.90	+ 1	−8	44.20	47.32	+ 6	0	51.38	41.80	+ 2	+ 6	60.82	40.20	− 9	+ 3
26	40.46	55.60	+ 3	−7	44.39	47.08	+ 6	+ 2	51.66	41.68	− 1	+ 7	61.14	40.23	−10	0
27	*40.51	55.30	+ 5	−5	44.58	46.85	+ 3	+ 5	51.94	41.56	− 5	+ 7	61.45	40.25	− 9	− 4
28	40.58	55.00	+ 6	−2	44.78	46.62	0	+ 7	52.23	41.45	− 8	+ 5	61.77	40.29	− 7	− 7
29	40.64	54.70	+ 6	+1	44.98	46.39	− 3	+ 7	52.52	41.35	−10	+ 2	62.09	40.33	− 4	− 9
30	40.71	54.40	+ 5	+3	45.19	46.17	− 6	+ 6	52.81	41.25	−11	− 2	62.41	40.37	0	− 9
31	40.79	54.10	+ 2	+6	45.40	45.95	− 9	+ 4	53.10	41.15	− 9	− 6	62.73	40.42	+ 4	− 6
32	40.87	53.81	− 1	+8					53.40	41.06	− 6	− 9	63.05	40.47	+ 7	− 2

δ	sec δ	tg δ	δ	sec δ	tg δ	δ	sec δ	tg δ
+85° 25′ 40″	+12.545	+12.505	+85° 25′ 50″	+12.552	+12.512	+85° 26′ 0″	+12.560	+12.520
50	+12.552	+12.512	60	+12.560	+12.520	10	+12.567	+12.528

$\alpha_{1956.0} = 4^h\ 21^m\ 43^s.20$ $\delta_{1956.0} = +85°\ 25'\ 53''.91$

* Tag der doppelten unteren Kulmination: Mai 27.

Obere Kulmination Greenwich

Nc) Grb 750 Cepheus $6^m\!.70$

Tag	September AR.	September Dekl.	September ☾ Glieder	Oktober AR.	Oktober Dekl.	Oktober ☾ Glieder	November AR.	November Dekl.	November ☾ Glieder	Dezember AR.	Dezember Dekl.	Dezember ☾ Glieder
	$4^h 22^m$	+ 85° 25′	in s 0.01 / ″ 0.01	$4^h 22^m$	+ 85° 25′	in s 0.01 / ″ 0.01	$4^h 22^m$	+ 85° 25′	in s 0.01 / ″ 0.01	$4^h 22^m$	+ 85° 26′	in s 0.01 / ″ 0.01
	s	″		s	″		s	″		s	″	
1	3.05	40.47	+7 −2	12.24	44.09	+4 +7	19.82	51.55	−6 +3	23.79	1.37	0 −7
2	3.37	40.52	+7 +2	12.53	44.28	+1 +9	20.01	51.84	−6 −1	23.84	1.70	+ 2 −8
3	3.69	40.58	+6 +6	12.81	44.47	−2 +8	20.20	52.13	−5 −4	23.89	2.03	+ 5 −6
4	4.01	40.65	+3 +9	13.09	44.66	−5 +5	20.39	52.43	−2 −7	23.93	2.36	+ 7 −4
5	4.33	40.72	0 +9	13.37	44.86	−6 +2	20.57	52.72	+1 −8	23.97	2.69	+ 7 −1
6	4.65	40.79	−3 +7	13.64	45.06	−5 −2	20.75	53.02	+4 −7	24.00	3.03	+ 7 +2
7	4.96	40.87	−5 +4	13.92	45.27	−3 −5	20.92	53.33	+6 −6	24.03	3.36	+ 5 +5
8	5.27	40.96	−5 0	14.19	45.48	−1 −7	21.09	53.63	+7 −3	24.05	3.69	+ 2 +7
9	5.59	41.05	−4 −3	14.46	45.70	+2 −8	21.25	53.94	+7 0	24.07	4.02	− 1 +7
10	5.90	41.14	−2 −6	14.72	45.92	+5 −7	21.41	54.25	+6 +3	24.08	4.35	− 5 +7
11	6.21	41.23	+1 −8	14.99	46.14	+7 −5	21.57	54.56	+4 +6	24.09	4.68	− 8 +5
12	6.53	41.33	+4 −7	15.25	46.37	+8 −2	21.73	54.87	+1 +7	24.09	5.00	−10 +2
13	6.84	41.44	+6 −6	15.51	46.59	+7 +1	21.88	55.18	−3 +7	24.09	5.33	−10 −2
14	7.15	41.55	+7 −3	15.77	46.83	+5 +5	22.02	55.50	−6 +6	24.08	5.65	− 9 −6
15	7.46	41.66	+8 0	16.02	47.06	+3 +7	22.16	55.81	−8 +4	24.06	5.98	− 6 −8
16	7.77	41.78	+7 +3	16.27	47.30	0 +8	22.29	56.13	−9 0	24.04	6.30	− 2 −9
17	8.07	41.91	+4 +5	16.51	47.54	−4 +7	22.42	56.45	−9 −4	24.01	6.62	+ 3 −8
18	8.38	42.04	+2 +7	16.76	47.79	−7 +5	22.54	56.78	−7 −7	23.98	6.94	+ 6 −4
19	8.69	42.17	−2 +8	16.99	48.04	−9 +2	22.66	57.10	−3 −8	23.94	7.26	+ 8 0
20	8.99	42.31	−5 +7	17.23	48.29	−9 −1	22.78	57.42	+1 −8	23.90	7.58	+ 8 +4
21	9.29	42.45	−7 +4	17.46	48.54	−8 −5	22.89	57.75	+4 −6	23.86	7.90	+ 6 +8
22	9.60	42.60	−9 +1	17.70	48.80	−6 −7	23.00	58.07	+7 −2	23.81	8.21	+ 3 +9
23	9.90	42.74	−9 −3	17.92	49.06	−2 −8	23.10	58.40	+8 +2	23.75	8.52	− 1 +9
24	10.20	42.90	−8 −6	18.15	49.32	+2 −8	23.19	58.73	+7 +5	23.69	8.83	− 3 +6
25	10.49	43.06	−5 −8	18.37	49.59	+5 −5	23.29	59.05	+4 +8	23.62	9.13	− 5 +2
26	10.79	43.22	−1 −9	18.59	49.86	+7 −1	{ 23.37 23.45 }	59.38 59.72	+1 +9 −2 +8 }	23.55	9.43	− 5 −1
27	11.08	43.38	+3 −7	18.80	50.14	+7 +3	23.53	60.05	−5 +5	23.47	9.73	− 3 −5
28	11.37	43.56	+6 −4	19.01	50.41	+6 +7	23.60	60.38	−6 +1	23.39	10.03	− 1 −7
29	11.66	43.73	+7 0	19.22	50.70	+3 +8	23.67	60.71	−5 −3	23.30	10.33	+ 2 −7
30	11.95	43.91	+7 +4	19.42	50.98	−1 +8	23.73	61.04	−3 −6	23.21	10.62	+ 4 −6
31	12.24	44.09	+4 +7	19.62	51.26	−4 +6	23.79	61.37	0 −7	23.12	10.91	+ 6 −5
32				19.82	51.55	−6 +3				23.02	11.20	+ 7 −2

δ	sec δ	tg δ	δ	sec δ	tg δ	δ	sec δ	tg δ
+85° 25′ 40″	+12.545	+12.505	+85° 26′ 0″	+12.560	+12.520	+85° 26′ 10″	+12.567	+12.528
50	+12.552	+12.512	10	+12.567	+12.528	20	+12.575	+12.535

$\alpha_{1956.0} = 4^h\ 21^m\ 43^s\!.20$ $\delta_{1956.0} = +85°\ 25'\ 53''\!.91$

Scheinbare Sternörter 1956

Obere Kulmination Greenwich

Nd) 51 Hev. Cephei $5\overset{m}{.}26$

Tag	Januar AR.	Januar Dekl.	Januar ☾ Glieder	Februar AR.	Februar Dekl.	Februar ☾ Glieder	März AR.	März Dekl.	März ☾ Glieder	April AR.	April Dekl.	April ☾ Glieder
	$7^h 21^m$ s	$+87° 6'$ ″	in s 0.01 | ″ 0.01	$7^h 21^m$ s	$+87° 6'$ ″	in s 0.01 | ″ 0.01	$7^h 20^m$ s	$+87° 7'$ ″	in s 0.01 | ″ 0.01	$7^h 20^m$ s	$+87° 7'$ ″	in s 0.01 | ″ 0.01
1	13.60	44.58	+16 − 1	14.75	54.43	− 2 +6	68.43	1.95	− 8 +1	56.71	5.67	− 3 − 8
2	13.77	44.87	+15 + 3	14.64	54.72	− 6 +3	68.12	2.15	− 9 −2	56.30	5.69	+ 1 − 8
3	13.93	45.17	+12 + 6	14.52	55.02	− 8 −1	67.79	2.34	− 7 −6	55.88	5.71	+ 5 − 7
4	14.09	45.47	+ 7 + 7	14.39	55.32	− 8 −4	67.46	2.53	− 5 −8	55.47	5.73	+ 8 − 4
5	14.23	45.77	+ 1 + 7	14.26	55.61	− 6 −6	67.13	2.72	− 1 −8	55.06	5.74	+ 9 − 1
6	14.37	46.07	− 4 + 5	14.12	55.90	− 3 −8	66.79	2.90	+ 3 −8	54.65	5.74	+ 9 + 3
7	14.50	46.38	− 7 + 2	13.97	56.19	0 −8	66.45	3.08	+ 6 −6	54.24	5.74	+ 7 + 6
8	14.62	46.68	− 9 − 2	13.81	56.48	+ 4 −7	66.10	3.25	+ 9 −3	53.83	5.73	+ 3 + 9
9	14.73	46.99	− 8 − 5	13.64	56.76	+ 7 −5	65.75	3.42	+10 0	53.42	5.71	− 2 +10
10	14.83	47.30	− 5 − 7	13.47	57.04	+ 9 −2	65.39	3.58	+ 9 +4	53.00	5.69	− 7 + 9
11	14.93 15.01	47.60 47.91	− 2 − 8 + 1 − 8	13.28	57.32	+ 9 +2	65.03	3.73	+ 6 +7	52.58	5.66	−12 + 6
12	15.09	48.23	+ 5 − 6	13.09	57.60	+ 7 +5	64.66	3.88	+ 1 +9	52.17	5.62	−14 + 2
13	15.15	48.54	+ 7 − 4	12.89	57.87	+ 4 +8	64.29	4.02	− 4 +9	51.75	5.58	−13 − 2
14	15.21	48.85	+ 9 0	12.68	58.14	− 1 +9	63.91	4.16	− 9 +8	51.34	5.53	− 9 − 6
15	15.26	49.16	+ 8 + 3	12.47	58.41	− 6 +9	63.53	4.29	−13 +5	50.93	5.48	− 4 − 8
16	15.30	49.47	+ 6 + 7	12.25	58.68	−11 +7	63.15	4.42	−14 0	50.52	5.43	+ 3 − 8
17	15.33	49.78	+ 2 + 9	12.02	58.94	−14 +3	62.77	4.54	−12 −4	50.11	5.36	+ 9 − 7
18	15.36	50.09	− 4 +10	11.79	59.19	−15 −1	62.38	4.66	− 8 −7	49.71	5.29	+13 − 3
19	15.37	50.41	− 9 + 9	11.55	59.45	−12 −5	61.99	4.77	− 2 −8	49.31	5.22	+14 + 1
20	15.37	50.72	−14 + 6	11.30	59.69	− 7 −8	61.60	4.87	+ 4 −8	48.91	5.14	+12 + 4
21	15.37	51.03	−16 + 2	11.04	59.94	0 −8	61.20	4.97	+10 −6	48.52	5.05	+ 8 + 7
22	15.35	51.34	−15 − 2	10.77	60.18	+ 6 −7	60.80	5.06	+13 −2	48.13	4.96	+ 3 + 7
23	15.33	51.66	−10 − 6	10.50	60.41	+11 −4	60.40	5.15	+13 +2	47.74	4.86	− 2 + 6
24	15.30	51.97	− 4 − 9	10.22	60.64	+14 0	59.99	5.23	+11 +5	47.35	4.76	− 6 + 4
25	15.26	52.28	+ 3 − 9	9.94	60.87	+13 +4	59.58	5.31	+ 6 +7	46.97	4.65	− 9 0
26	15.22	52.60	+10 − 7	9.65	61.10	+10 +6	59.18	5.38	+ 1 +7	46.59	4.54	− 9 − 3
27	15.16	52.90	+14 − 3	9.35	61.32	+ 5 +7	58.77	5.44	− 4 +6	46.21	4.42	− 7 − 6
28	15.10	53.21	+15 + 1	9.05	61.53	− 1 +6	58.36	5.50	− 7 +3	45.84	4.29	− 5 − 7
29	15.02	53.52	+13 + 5	8.75	61.74	− 5 +4	57.95	5.55	− 9 −1	45.47	4.16	− 1 − 8
30	14.94	53.82	+ 9 + 7	8.43	61.95	− 8 +1	57.54	5.60	− 9 −4	45.10	4.03	+ 3 − 7
31	14.85	54.12	+ 3 + 7				57.12	5.64	− 6 −7	44.74	3.88	+ 6 − 5
32	14.75	54.43	− 2 + 6				56.71	5.67	− 3 −8			

δ	sec δ	tg δ	δ	sec δ	tg δ	δ	sec δ	tg δ
+87° 6′ 40″	+19.842	+19.816	+87° 6′ 50″	+19.861	+19.835	+87° 7′ 0″	+19.880	+19.855
50	+19.861	+19.835	60	+19.880	+19.855	10	+19.899	+19.874

$\alpha_{1956.0} = 7^h\ 20^m\ 38\overset{s}{.}78$ $\qquad$ $\delta_{1956.0} = +87°\ 6'\ 53\overset{''}{.}56$

Scheinbare Sternörter 1956

Obere Kulmination Greenwich

Nd) 51 Hev. Cephei $5^{m}_{\cdot}26$

Tag	Mai AR.	Mai Dekl.	Mai ☾ Glieder	Juni AR.	Juni Dekl.	Juni ☾ Glieder	Juli AR.	Juli Dekl.	Juli ☾ Glieder	August AR.	August Dekl.	August ☾ Glieder
	$7^h 20^m$	+ 87° 6′	in s 0.01 | ″ 0.01	$7^h 20^m$	+ 87° 6′	in s 0.01 | ″ 0.01	$7^h 20^m$	+ 87° 6′	in s 0.01 | ″ 0.01	$7^h 20^m$	+ 87° 6′	in s 0.01 | ″ 0.01
	s	″		s	″		s	″		s	″	
1	44.74	63.88	+ 6 − 5	35.94	57.23	+ 6 + 7	33.37	48.05	− 7 + 9	37.50	38.06	−15 − 2
2	44.38	63.73	+ 8 − 2	35.75	56.95	+ 1 + 9	33.40	47.72	−12 + 8	37.74	37.75	−11 − 6
3	44.02	63.58	+ 9 + 1	35.57	56.67	− 4 +10	33.43	47.39	−15 + 4	37.99	37.45	− 4 − 8
4	43.67	63.42	+ 8 + 5	35.39	56.39	− 9 + 9	33.47	47.07	−16 0	38.24	37.14	+ 3 − 8
5	43.32	63.26	+ 5 + 8	35.22	56.11	−13 + 6	33.52	46.74	−13 − 4	38.50	36.84	+ 9 − 5
6	42.97	63.10	0 +10	35.06	55.82	−15 + 2	33.57	46.41	− 7 − 7	38.77	36.55	+13 − 2
7	42.63	62.93	− 6 +10	34.91	55.53	−14 − 2	33.64	46.08	0 − 8	39.04	36.25	+14 + 2
8	42.30	62.75	−11 + 8	34.76	55.24	−10 − 6	33.71	45.76	+ 7 − 7	39.31	35.96	+12 + 5
9	41.97	62.57	−14 + 4	34.62	54.95	− 3 − 8	33.78	45.43	+12 − 4	39.60	35.67	+ 7 + 7
10	41.65	62.38	−14 0	34.49	54.65	+ 4 − 9	33.87	45.10	+15 − 1	39.89	35.38	+ 2 + 7
11	41.33	62.19	−11 − 4	34.37	54.35	+10 − 6	33.96	44.77	+14 + 3	40.18	35.10	− 3 + 5
12	41.02	61.99	− 6 − 8	34.25	54.05	+14 − 3	*34.06	44.44	+10 + 6	40.48	34.81	− 7 + 2
13	40.71	61.79	0 − 9	34.14	53.75	+15 + 1	34.16	44.11	+ 5 + 7	40.78	34.53	− 8 − 2
14	40.41	61.59	+ 7 − 8	34.03	53.45	+13 + 5	34.28	43.78	0 + 6	41.09	34.25	− 7 − 5
15	40.11	61.38	+12 − 5	33.93	53.14	+ 8 + 7	34.40	43.46	− 5 + 4	41.41	33.98	− 4 − 8
16	39.81	61.17	+15 − 1	33.84	52.83	+ 3 + 7	34.52	43.13	− 7 0	41.73	33.70	− 1 − 9
17	39.53	60.95	+14 + 3	33.76	52.52	− 3 + 5	34.66	42.81	− 8 − 3	42.06	33.43	+ 3 − 8
18	39.25	60.73	+10 + 6	33.69	52.21	− 6 + 3	34.80	42.48	− 6 − 6	42.39	33.16	+ 7 − 6
19	38.97	60.50	+ 5 + 7	33.62	51.90	− 8 − 1	34.95	42.16	− 3 − 8	42.73	32.89	+ 9 − 4
20	38.70	60.27	0 + 7	33.56	51.59	− 8 − 4	35.10	41.84	0 − 8	43.08	32.63	+10 − 1
21	38.44	60.04	− 5 + 5	33.51	51.27	− 6 − 7	35.27	41.52	+ 4 − 7	43.43	32.37	+ 9 + 3
22	38.18	59.80	− 8 + 2	33.46	50.95	− 3 − 8	35.44	41.20	+ 7 − 6	43.78	32.11	+ 7 + 6
23	37.93	59.56	− 9 − 2	33.42	50.63	+ 1 − 8	35.62	40.88	+ 9 − 3	44.14	31.86	+ 3 + 8
24	37.68	59.31	− 8 − 5	33.39	50.31	+ 4 − 7	35.80	40.56	+ 9 0	44.50	31.60	− 2 + 9
25	37.44	59.07	− 5 − 7	33.36	49.99	+ 7 − 5	35.99	40.24	+ 8 + 4	44.87	31.36	− 7 + 8
26	37.21	58.81	− 2 − 8	33.35	49.67	+ 8 − 2	36.18	39.92	+ 5 + 7	45.25	31.11	−12 + 6
27	36.98	58.56	+ 1 − 7	33.34	49.35	+ 9 + 2	36.39	39.61	+ 1 + 9	45.62	30.87	−14 + 3
28	36.76	58.30	+ 5 − 6	33.33	49.03	+ 7 + 5	36.60	39.29	− 5 + 9	46.01	30.63	−15 − 1
29	36.54	58.04	+ 7 − 3	33.34	48.70	+ 3 + 8	36.81	38.98	−10 + 8	46.40	30.40	−12 − 4
30	36.33	57.77	+ 8 0	33.35	48.37	− 2 +10	37.03	38.67	−14 + 5	46.79	30.17	− 7 − 7
31	36.13	57.50	+ 8 + 3	33.37	48.05	− 7 + 9	37.26	38.37	−16 + 2	47.19	29.94	− 1 − 8
32	35.94	57.23	+ 6 + 7				37.50	38.06	−15 − 2	47.59	29.71	+ 6 − 6

δ	sec δ	tg δ	δ	sec δ	tg δ	δ	sec δ	tg δ
+87° 6′ 20″	+19.804	+19.778	+87° 6′ 40″	+19.842	+19.816	+87° 7′ 0″	+19.880	+19.855
30	+19.823	+19.797	50	+19.861	+19.835	10	+19.899	+19.874

$\alpha_{1956.0} = 7^h\ 20^m\ 38^s_{\cdot}78$ $\delta_{1956.0} = +87°\ 6'\ 53''_{\cdot}56$

* Tag der doppelten unteren Kulmination: Juli 12.

Scheinbare Sternörter 1956

Obere Kulmination Greenwich

Nd) 51 Hev. Cephei $5^{m}\!.26$

Tag	September AR.	September Dekl.	September ☾ Glieder	Oktober AR.	Oktober Dekl.	Oktober ☾ Glieder	November AR.	November Dekl.	November ☾ Glieder	Dezember AR.	Dezember Dekl.	Dezember ☾ Glieder
	$7^h 20^m$	$+87° 6'$	in 0.01 s | 0.01 ″	$7^h 21^m$	$+87° 6'$	in 0.01 s | 0.01 ″	$7^h 21^m$	$+87° 6'$	in 0.01 s | 0.01 ″	$7^h 21^m$	$+87° 6'$	in 0.01 s | 0.01 ″
	s	″		s	″		s	″		s	″	
1	47.59	29.71	+ 6 −6	1.24	24.71	+11 +3	16.81	23.85	− 4 +6	30.24	27.56	− 9 −3
2	48.00	29.48	+10 −3	1.73	24.61	+ 9 +6	17.30	23.90	− 7 +3	30.63	27.76	− 7 −6
3	48.40	29.26	+12 0	2.23	24.51	+ 4 +7	17.79	23.95	− 9 0	31.00	27.96	− 4 −8
4	48.82	29.05	+12 +4	2.72	24.42	− 1 +7	18.28	24.02	− 8 −4	31.37	28.17	0 −8
5	49.24	28.84	+ 8 +7	3.22	24.34	− 5 +5	18.76	24.08	− 6 −7	31.74	28.38	+ 4 −8
6	49.66	28.63	+ 3 +8	3.72	24.25	− 8 +2	19.25	24.15	− 2 −8	32.10	28.59	+ 7 −6
7	50.08	28.42	− 2 +6	4.22	24.18	− 9 −2	19.73	24.23	+ 2 −9	32.45	28.81	+ 9 −3
8	50.52	28.22	− 6 +4	4.73	24.11	− 7 −5	20.21	24.31	+ 6 −7	32.80	29.03	+10 +1
9	50.95	28.03	− 8 0	5.23	24.04	− 4 −8	20.68	24.40	+ 8 −5	33.14	29.26	+ 8 +4
10	51.39	27.84	− 8 −4	5.74	23.98	0 −9	21.15	24.49	+10 −2	33.48	29.49	+ 5 +7
11	51.83	27.65	− 6 −7	6.24	23.92	+ 4 −8	21.63	24.59	+ 9 +2	33.81	29.73	0 +8
12	52.27	27.46	− 2 −8	6.75	23.87	+ 7 −7	22.09	24.69	+ 7 +5	34.13	29.96	− 5 +9
13	52.72	27.28	+ 2 −8	7.25	23.82	+10 −4	22.56	24.80	+ 4 +8	34.45	30.21	−10 +8
14	53.17	27.10	+ 6 −7	7.76	23.77	+10 0	23.02	24.91	− 1 +9	34.75	30.45	−14 +5
15	53.62	26.93	+ 8 −5	8.27	23.74	+ 9 +3	23.48	25.03	− 6 +9	35.05	30.70	−15 +1
16	54.08	26.76	+10 −2	8.77	23.70	+ 6 +6	23.93	25.15	−11 +7	35.35	30.95	−13 −2
17	54.54	26.59	+10 +1	9.28	23.67	+ 2 +8	24.38	25.28	−13 +3	35.63	31.21	− 9 −6
18	55.00	26.43	+ 8 +5	9.79	23.65	− 3 +9	24.83	25.41	−14 0	35.91	31.47	− 3 −8
19	55.47	26.27	+ 5 +7	10.29	23.63	− 8 +8	25.27	25.55	−11 −4	36.18	31.73	+ 3 −8
20	55.94	26.12	0 +9	10.80	23.62	−12 +5	25.71	25.69	− 6 −7	36.45	32.00	+ 9 −6
21	56.41	25.97	− 5 +9	11.31	23.61	−13 +2	26.15	25.84	0 −8	36.71	32.26	+13 −2
22	56.88	25.82	−10 +7	11.81	23.61	−13 −2	26.58	25.99	+ 6 −7	36.96	32.54	+14 +2
23	57.35	25.68	−13 +4	12.31	23.61	− 9 −5	27.01	26.14	+11 −4	37.20	32.81	+11 +5
24	57.83	25.54	−14 0	12.82	23.61	− 4 −8	27.43	26.30	+13 0	37.43	33.09	+ 7 +7
25	58.31	25.41	−12 −3	13.32	23.63	+ 2 −8	27.85	26.47	+12 +3	37.66	33.37	+ 1 +7
26	58.79	25.28	− 8 −6	13.82	23.64	+ 8 −6	28.26	26.64	+ 9 +6	37.88	33.65	− 4 +5
27	59.28	25.16	− 3 −7	14.32	23.66	+11 −3	28.66	26.81	+ 4 +7	38.09	33.93	− 7 +2
28	59.77	25.04	+ 3 −7	14.82	23.69	+12 +1	29.06	26.99	− 1 +7	38.29	34.22	− 8 −1
29	60.26	24.93	+ 9 −5	15.31	23.72	+10 +5	29.46	27.18	− 6 +4	38.48	34.51	− 7 −5
30	60.75	24.82	+11 −1	15.81	23.76	+ 6 +7	29.85	27.37	− 8 +1	38.67	34.80	− 4 −7
31	61.24	24.71	+11 +3	16.31	23.80	+ 1 +8	30.24	27.56	− 9 −3	38.85	35.10	− 1 −8
32				16.81	23.85	− 4 +6				39.02	35.39	+ 3 −8

δ	sec δ	tg δ	δ	sec δ	tg δ
+87° 6′ 20″	+19.804	+19.778	+87° 6′ 30″	+19.823	+19.797
30	+19.823	+19.797	40	+19.842	+19.816

$\alpha_{1956.0} = 7^h\ 20^m\ 38^s\!.78$ $\delta_{1956.0} = +87°\ 6'\ 53''\!.56$

Scheinbare Sternörter 1956

Obere Kulmination Greenwich

Ne) 1 Hev. Draconis $4^{m}.58$

Tag	Januar AR.	Januar Dekl.	Januar ☾ Glieder	Februar AR.	Februar Dekl.	Februar ☾ Glieder	März AR.	März Dekl.	März ☾ Glieder	April AR.	April Dekl.	April ☾ Glieder
	$9^h 31^m$	+ 81° 31′	in s 0.01 | ″ 0.01	$9^h 31^m$	+ 81° 31′	in s 0.01 | ″ 0.01	$9^h 31^m$	+ 81° 31′	in s 0.01 | ″ 0.01	$9^h 31^m$	+ 81° 31′	in s 0.01 | ″ 0.01
	s	″		s	″		s	″		s	″	
1	7.15	3.32	+5 − 7	10.09	10.49	+2 + 5	10.33	19.41	−3 + 4	7.97	27.25	−3 − 6
2	7.28	3.49	+6 − 3	10.14	10.77	0 + 6	10.29	19.71	−4 + 1	7.86	27.44	−1 − 7
3	7.41	3.66	+5 + 1	10.19	11.06	−2 + 5	10.25	20.00	−4 − 2	7.75	27.63	0 − 7
4	7.54	3.84	+4 + 4	10.23	11.35	−3 + 2	10.20	20.29	−3 − 5	7.64	27.81	+2 − 6
5	7.66	4.02	+1 + 5	10.27	11.64	−4 0	10.15	20.58	−2 − 7	7.53	27.99	+3 − 4
6	7.78	4.21	0 + 5	10.32	11.93	−4 − 3	10.10	20.87	0 − 7	7.42	28.17	+4 − 1
7	7.91	4.40	−2 + 4	10.35	12.22	−3 − 6	10.05	21.15	+1 − 7	7.30	28.34	+4 + 3
8	8.02	4.59	−3 + 1	10.39	12.51	−1 − 7	10.00	21.43	+3 − 5	7.18	28.50	+3 + 6
9	8.14	4.79	−4 − 1	10.42	12.81	0 − 7	9.94	21.71	+3 − 3	7.06	28.66	+1 + 9
10	8.25	5.00	−3 − 4	10.45	13.10	+2 − 6	9.88	21.99	+4 + 1	6.94	28.82	−1 +10
11	8.36	5.21	−2 − 6	10.47	13.40	+3 − 4	9.82	22.26	+3 + 4	6.82	28.97	−3 + 9
12	8.47	5.42	−1 − 7	10.49	13.70	+4 − 1	9.75	22.54	+2 + 7	6.70	29.11	−4 + 7
13	8.58	5.64	+1 − 7	{10.51 {10.52	14.01 14.31	+4 + 2} +3 + 6}	9.68	22.80	0 + 9	6.57	29.25	−5 + 3
14	8.68	5.87	+2 − 5	10.53	14.61	+1 + 8	9.61	23.07	−2 +10	6.45	29.39	−4 − 2
15	8.78	6.10	+3 − 3	10.55	14.91	−1 +10	9.54	23.33	−4 + 8	6.32	29.52	−3 − 5
16	8.88	6.33	+4 0	10.55	15.21	−3 +10	9.47	23.59	−5 + 5	6.19	29.64	−1 − 8
17	8.98	6.57	+3 + 4	10.56	15.51	−4 + 8	9.39	23.85	−5 + 1	6.07	29.76	+2 − 9
18	9.07	6.81	+2 + 7	10.56	15.82	−5 + 4	9.31	24.10	−4 − 3	5.94	29.87	+4 − 7
19	9.16	7.05	0 +10	10.56	16.12	−5 0	9.23	24.35	−2 − 6	5.81	29.97	+5 − 4
20	9.25	7.30	−2 +11	10.55	16.42	−4 − 4	9.14	24.60	0 − 8	5.68	30.07	+5 − 1
21	9.33	7.55	−4 +10	10.54	16.72	−2 − 7	9.06	24.84	+2 − 8	5.55	30.17	+4 + 3
22	9.42	7.80	−5 + 7	10.53	17.03	+1 − 8	8.97	25.08	+4 − 6	5.41	30.26	+2 + 5
23	9.50	8.06	−6 + 3	10.51	17.33	+3 − 7	8.88	25.32	+5 − 3	5.28	30.34	0 + 6
24	9.58	8.32	−5 − 2	10.49	17.63	+5 − 5	8.78	25.55	+5 + 1	5.15	30.42	−2 + 5
25	9.65	8.58	−3 − 6	10.48	17.93	+5 − 2	8.69	25.78	+4 + 4	5.01	30.50	−3 + 3
26	9.72	8.84	0 − 8	10.45	18.23	+5 + 2	8.59	26.00	+2 + 6	4.88	30.56	−4 + 1
27	9.79	9.11	+2 − 9	10.43	18.53	+3 + 5	8.49	26.22	0 + 6	4.75	30.63	−4 − 2
28	9.86	9.38	+4 − 7	10.40	18.82	+1 + 6	8.39	26.43	−2 + 5	4.61	30.68	−3 − 5
29	9.92	9.66	+6 − 4	10.37	19.12	−1 + 5	8.29	26.64	−3 + 2	4.48	30.73	−2 − 7
30	9.98	9.93	+5 − 1	10.33	19.41	−3 + 4	8.18	26.85	−4 − 1	4.35	30.78	0 − 7
31	10.04	10.21	+4 + 3				8.08	27.05	−4 − 3	4.21	30.82	+1 − 7
32	10.09	10.49	+2 + 5				7.97	27.25	−3 − 6			

δ	sec δ	tg δ	δ	sec δ	tg δ	δ	sec δ	tg δ
+81° 31′ 0″	+6.779	+6.704	+81° 31′ 20″	+6.783	+6.709	+81° 31′ 30″	+6.785	+6.711
10	+6.781	+6.707	30	+6.785	+6.711	40	+6.787	+6.713

$\alpha_{1956.0} = 9^h\ 30^m\ 58^s.54$ $\delta_{1956.0} = +81°\ 31'\ 24''.59$

N

Scheinbare Sternörter 1956

Obere Kulmination Greenwich

Ne) 1 Hev. Draconis $4^m.58$

Tag	Mai AR.	Mai Dekl.	Mai ☾ Glieder	Juni AR.	Juni Dekl.	Juni ☾ Glieder
	$9^h\,31^m$	$+81°\,31'$	in s 0.01 | ″ 0.01	$9^h\,30^m$	$+81°\,31'$	in s 0.01 | ″ 0.01
	s	″		s	″	
1	4.21	30.82	+1 −7	60.22	29.24	+3 +4
2	4.08	30.85	+3 −5	60.10	29.10	+2 +7
3	3.94	30.88	+3 −2	59.98	28.96	0 +10
4	3.81	30.90	+4 +2	59.87	28.81	−2 +11
5	3.67	30.92	+3 +5	59.76	28.66	−4 +10
6	3.54	30.93	+2 +8	59.65	28.51	−5 +7
7	3.41	30.93	0 +10	59.54	28.34	−5 +3
8	3.27	30.93	−2 +10	59.43	28.18	−5 −2
9	3.14	30.93	−4 +8	59.32	28.01	−3 −6
10	3.01	30.91	−5 +5	59.22	27.83	0 −9
11	2.87	30.90	−5 0	59.12	27.65	+3 −9
12	2.74	30.87	−4 −4	59.02	27.46	+5 −7
13	2.60	30.84	−1 −7	58.92	27.27	+6 −4
14	2.47	30.81	+1 −9	58.82	27.07	+5 −1
15	2.33	30.77	+3 −8	58.72	26.88	+4 +3
16	2.20	30.72	+5 −6	58.63	26.67	+2 +5
17	2.07	30.67	+5 −3	58.53	26.46	0 +5
18	1.94	30.61	+5 +1	58.44	26.25	−2 +4
19	1.81	30.55	+3 +4	58.35	26.04	−3 +2
20	1.68	30.48	+1 +6	58.26	25.81	−4 −1
21	1.55	30.41	−1 +6	58.17	25.59	−3 −3
22	1.43	30.33	−3 +4	58.09	25.36	−2 −5
23	1.30	30.24	−3 +2	58.01	25.13	−1 −7
24	1.18	30.15	−4 −1	57.92	24.89	0 −7
25	1.05	30.06	−3 −4	57.85	24.66	+2 −6
26	0.93	29.96	−2 −6	57.77	24.41	+3 −4
27	0.81	29.85	−1 −7	57.69	24.16	+3 −1
28	0.69	29.74	+1 −7	57.62	23.91	+3 +2
29	0.57	29.63	+2 −5	57.55	23.66	+3 +6
30	0.45	29.50	+3 −3	57.47	23.39	+1 +9
31	0.33	29.38	+4 0	57.41	23.13	−1 +11
32	0.22	29.24	+3 +4			

Tag	Juli AR.	Juli Dekl.	Juli ☾ Glieder	August AR.	August Dekl.	August ☾ Glieder
	$9^h\,30^m$	$+81°\,31'$	in s 0.01 | ″ 0.01	$9^h\,30^m$	$+81°\,31'$	in s 0.01 | ″ 0.01
	s	″		s	″	
1	57.41	23.13	−1 +11	56.33	13.63	−6 +3
2	57.34	22.86	−3 +11	56.33	13.29	−5 −1
3	57.27	22.59	−5 +9	56.33	12.95	−3 −5
4	57.21	22.32	−6 +5	56.33	12.62	0 −7
5	57.15	22.05	−5 +1	56.34	12.28	+2 −8
6	57.09	21.77	−5 −4	56.35	11.93	+4 −6
7	57.03	21.49	−2 −7	56.36	11.59	+5 −3
8	56.98	21.20	+1 −9	56.37	11.25	+5 0
9	56.93	20.92	+4 −8	56.39	10.90	+4 +4
10	56.88	20.62	+5 −6	56.41	10.56	+2 +5
11	56.83	20.33	+6 −2	56.43	10.21	0 +5
12	56.79	20.03	+5 +2	56.45	9.86	−2 +4
13	56.74	19.73	+3 +4	56.47	9.52	−3 +1
14	56.70	19.43	+1 +5	*56.49	9.17	−4 −2
15	56.66	19.13	−1 +5	56.52	8.82	−3 −5
16	56.62	18.82	−3 +3	56.55	8.47	−2 −7
17	56.59	18.51	−3 0	56.58	8.13	0 −8
18	56.55	18.20	−3 −3	56.62	7.78	+1 −8
19	56.52	17.89	−3 −5	56.66	7.43	+2 −6
20	56.50	17.57	−1 −7	56.70	7.08	+3 −4
21	56.47	17.25	0 −7	56.74	6.73	+4 −1
22	56.45	16.93	+1 −7	56.78	6.38	+3 +3
23	56.43	16.61	+3 −5	56.82	6.03	+2 +6
24	56.40	16.29	+3 −3	56.87	5.68	+1 +8
25	56.39	15.96	+4 +1	56.92	5.33	−1 +10
26	56.37	15.63	+3 +4	56.97	4.99	−3 +10
27	56.36	15.30	+2 +7	57.03	4.64	−5 +8
28	56.35	14.97	0 +9	57.08	4.30	−5 +4
29	56.34	14.64	−2 +10	57.14	3.95	−5 0
30	56.33	14.31	−4 +9	57.20	3.61	−4 −4
31	56.33	13.97	−5 +7	57.27	3.27	−2 −6
32	56.33	13.63	−6 +3	57.33	2.92	+1 −7

δ	sec δ	tg δ	δ	sec δ	tg δ	δ	sec δ	tg δ
+81° 31′ 0″	+6.779	+6.704	+81° 31′ 20″	+6.783	+6.709	+81° 31′ 30″	+6.785	+6.711
10	+6.781	+6.707	30	+6.785	+6.711	40	+6.787	+6.713

$\alpha_{1956.0} = 9^h\ 30^m\ 58^s.54$ $\delta_{1956.0} = +81°\ 31'\ 24''.59$

* Tag der doppelten unteren Kulmination: Aug. 14

Scheinbare Sternörter 1956

Obere Kulmination Greenwich

Ne) 1 Hev. Draconis $4^m\!.58$

Tag	September AR.	September Dekl.	September ☾ Glieder	Oktober AR.	Oktober Dekl.	Oktober ☾ Glieder	November AR.	November Dekl.	November ☾ Glieder	Dezember AR.	Dezember Dekl.	Dezember ☾ Glieder
	$9^h\,30^m$	+81° 30′	in 0.01 s, 0.01 ″	$9^h\,31^m$	+81° 30′	in 0.01 s, 0.01 ″	$9^h\,31^m$	+81° 30′	in 0.01 s, 0.01 ″	$9^h\,31^m$	+81° 30′	in 0.01 s, 0.01 ″
	s	″		s	″		s	″		s	″	
1	57.33	62.92	+1 −7	0.17	53.37	+5 −2	4.61	46.28	0 +6	9.63	43.73	−3 +1
2	57.39	62.58	+3 −6	0.29	53.09	+4 +2	4.77	46.12	−2 +5	9.80	43.74	−3 −2
3	57.46	62.24	+5 −4	0.41	52.81	+3 +5	4.93	45.97	−3 +3	9.96	43.74	−3 −5
4	57.53	61.90	+5 0	0.54	52.53	+1 +6	5.09	45.82	−4 0	10.13	43.76	−2 −7
5	57.60	61.56	+4 +3	0.67	52.26	−1 +6	5.25	45.67	−3 −3	10.29	43.78	0 −8
6	57.68	61.22	+2 +5	0.80	51.99	−3 +4	5.42	45.53	−2 −6	10.46	43.80	+2 −7
7	57.75	60.88	0 +6	0.93	51.72	−4 +1	5.59	45.40	−1 −8	10.62	43.83	+3 −5
8	57.83	60.55	−1 +5	1.06	51.46	−4 −2	5.75	45.27	+1 −8	10.78	43.87	+4 −3
9	57.91	60.22	−3 +3	1.19	51.20	−3 −5	5.92	45.14	+2 −7	10.94	43.91	+4 0
10	58.00	59.89	−4 0	1.33	50.94	−2 −7	6.09	45.02	+3 −5	11.10	43.96	+3 +4
11	58.08	59.56	−3 −3	1.46	50.68	0 −8	6.25	44.90	+4 −2	11.26	44.01	+2 +7
12	58.17	59.23	−2 −6	1.60	50.43	+1 −8	6.42	44.79	+4 +2	11.42	44.07	0 +9
13	58.26	58.90	−1 −8	1.74	50.19	+3 −6	6.59	44.68	+3 +5	11.58	44.13	−2 +10
14	58.35	58.58	0 −8	1.88	49.94	+4 −3	6.76	44.58	+1 +8	11.73	44.20	−4 +9
15	58.44	58.26	+2 −7	2.02	49.70	+4 0	6.92	44.49	−1 +9	11.89	44.28	−5 +6
16	58.54	57.94	+3 −5	2.16	49.47	+3 +3	7.09	44.40	−3 +9	12.04	44.36	−5 +3
17	58.63	57.62	+4 −2	2.30	49.24	+2 +6	7.26	44.32	−4 +8	12.20	44.45	−4 −2
18	58.73	57.30	+4 +1	2.45	49.02	+1 +8	7.43	44.24	−5 +4	12.35	44.54	−2 −5
19	58.83	56.98	+3 +4	2.60	48.80	−1 +9	7.60	44.17	−5 0	12.50	44.64	0 −8
20	58.93	56.67	+2 +7	2.75	48.58	−3 +9	7.77	44.10	−3 −4	12.65	44.74	+2 −8
21	59.03	56.36	0 +9	2.90	48.36	−5 +6	7.94	44.04	−1 −7	12.80	44.85	+4 −6
22	59.14	56.05	−2 +9	3.05	48.15	−5 +3	8.10	43.98	+1 −8	12.95	44.97	+5 −3
23	59.25	55.74	−4 +8	3.20	47.94	−4 −1	8.27	43.93	+3 −7	13.09	45.09	+5 0
24	59.36	55.43	−5 +5	3.35	47.73	−3 −5	8.44	43.89	+5 −5	13.24	45.21	+4 +4
25	59.47	55.13	−5 +2	3.51	47.54	−1 −7	8.61	43.85	+5 −1	13.38	45.34	+2 +5
26	59.58	54.83	−4 −2	3.66	47.34	+2 −7	8.78	43.81	+4 +2	13.52	45.48	0 +6
27	59.69	54.53	−2 −5	3.82	47.15	+4 −6	8.95	43.79	+3 +5	13.66	45.62	−2 +4
28	59.81	54.24	0 −7	3.97	46.97	+5 −3	9.12	43.77	+1 +6	13.80	45.77	−3 +1
29	59.93	53.95	+2 −7	4.13	46.79	+5 0	9.29	43.75	−1 +6	13.93	45.93	−4 −2
30	60.05	53.66	+4 −5	4.29	46.62	+4 +4	9.46	43.74	−3 +4	14.07	46.09	−3 −4
31	60.17	53.37	+5 −2	4.45	46.45	+2 +6	9.63	43.73	−3 +1	14.20	46.25	−2 −7
32				4.61	46.28	0 +6				14.33	46.42	0 −8

δ	sec δ	tg δ	δ	sec δ	tg δ	δ	sec δ	tg δ
+81° 30′ 40″	+6.774	+6.700	+81° 30′ 50″	+6.776	+6.702	81° 31′ 0″	+6.779	+6.704
50	+6.776	+6.702	60	+6.779	+6.704	10	+6.781	+6.707

$\alpha_{1956.0} = 9^h\,30^m\,58\overset{s}{.}54$ $\delta_{1956.0} = +81°\,31'\,24\overset{''}{.}59$

Scheinbare Sternörter 1956

Obere Kulmination Greenwich

Nf) 30 Hev. Camelopardalis $5^{m}_{.}34$

Tag	Januar AR.	Januar Dekl.	Januar ☾ Glieder in s 0.01	Januar ☾ Glieder in ″ 0.01	Februar AR.	Februar Dekl.	Februar ☾ Glieder in s 0.01	Februar ☾ Glieder in ″ 0.01	März AR.	März Dekl.	März ☾ Glieder in s 0.01	März ☾ Glieder in ″ 0.01	April AR.	April Dekl.	April ☾ Glieder in s 0.01	April ☾ Glieder in ″ 0.01
	10h 26m s	+ 82° 46′ ″			10h 26m s	+ 82° 46′ ″			10h 26m s	+ 82° 46′ ″			10h 26m s	+ 82° 47′ ″		
1	0.50	37.37	+5	−9	4.80	43.07	+3	+4	6.21	51.80	−3	+4	4.51	0.75	−4	−4
2	0.67	37.47	+6	−5	4.89	43.32	+1	+5	6.20	52.11	−4	+2	4.40	1.00	−2	−6
3	0.84	37.58	+6	−1	4.98	43.58	−1	+5	6.19	52.42	−4	0	4.30	1.24	0	−7
4	1.01	37.70	+5	+2	5.07	43.85	−3	+3	6.18	52.73	−4	−3	4.20	1.48	+1	−7
5	1.18	37.82	+2	+4	5.16	44.12	−4	+1	6.16	53.04	−3	−5	4.09	1.72	+3	−5
6	1.35	37.95	0	+5	5.24	44.39	−4	−2	6.14	53.35	−1	−7	3.98	1.95	+4	−2
7	1.51	38.08	−2	+4	5.32	44.66	−4	−4	6.12	53.66	0	−7	3.87	2.18	+4	+1
8	1.67	38.22	−4	+3	5.40	44.93	−2	−6	6.09	53.96	+2	−6	3.75	2.40	+4	+5
9	1.83	38.36	−4	0	5.47	45.21	−1	−7	6.06	54.27	+4	−4	3.64	2.62	+2	+8
10	1.99	38.51	−4	−2	5.54	45.49	+1	−7	6.03	54.57	+4	−1	3.52	2.84	0	+9
11	2.14	38.67	−3	−4	5.60	45.77	+3	−5	5.99	54.88	+4	+2	3.39	3.05	−2	+10
12	2.29	38.83	−2	−6	5.67	46.06	+4	−3	5.95	55.18	+3	+6	3.27	3.26	−4	+8
13	2.44	39.00	0	−6	5.72	46.35	+4	0	5.91	55.48	+1	+8	3.14	3.46	−5	+5
14	2.59	39.17	+1	−6	5.78	46.64	+4	+4	5.86	55.78	−1	+10	3.01	3.66	−5	0
15	2.73	39.35	+3	−4	5.83	46.93	+3	+7	5.81	56.08	−3	+9	2.89	3.85	−4	−4
16	2.87	39.53	+4	−1	5.88	47.22	+1	+9	5.76	56.38	−5	+7	2.75	4.04	−2	−7
17	3.01	39.72	+4	+2	5.93	47.52	−2	+10	5.70	56.67	−6	+3	2.62	4.23	+1	−9
18	3.15	39.91	+4	+6	5.97	47.82	−4	+9	5.65	56.96	−5	−1	2.49	4.40	+3	−8
19	3.29	40.10	+2	+9	6.01	48.12	−5	+6	5.58	57.25	−3	−5	2.35	4.58	+5	−6
20	3.42	40.31	0	+11	6.05	48.42	−6	+2	5.52	57.53	−1	−8	2.21	4.75	+6	−3
21	3.55	40.51	−3	+11	6.08	48.72	−5	−2	5.45	57.82	+2	−8	2.08	4.91	+5	+1
22	3.68	40.72	−5	+9	6.11	49.02	−3	−6	5.38	58.10	+4	−7	1.94	5.07	+3	+4
23	3.80	40.94	−6	+5	6.14	49.33	0	−8	5.30	58.38	+5	−5	1.79	5.22	+1	+6
24	3.92	41.16	−6	0	6.16	49.64	+3	−8	5.22	58.65	+5	−1	1.65	5.37	−1	+6
25	4.04	41.39	−4	−4	6.18	49.95	+5	−7	5.14	58.92	+4	+2	1.50	5.52	−3	+4
26	4.16	41.62	−2	−8	6.19	50.26	+6	−4	5.06	59.20	+2	+5	1.35	5.65	−4	+2
27	4.27	41.85	+1	−10	6.20 / 6.21	50.56 / 50.87	+5 / +4	0 / +3	4.97	59.46	0	+6	1.21	5.79	−4	0
28	4.39	42.08	+4	−9	6.21	51.18	+2	+5	4.88	59.73	−2	+5	1.06	5.91	−4	−3
29	4.49	42.32	+6	−6	6.21	51.49	−1	+5	4.79	59.99	−3	+4	0.91	6.03	−3	−5
30	4.60	42.56	+6	−3	6.21	51.80	−3	+4	4.70	60.25	−4	+1	0.76	6.15	−1	−6
31	4.70	42.81	+5	+1					4.60	60.50	−4	−2	0.61	6.26	0	−6
32	4.80	43.07	+3	+4					4.51	60.75	−4	−4				

δ	sec δ	tg δ	δ	sec δ	tg δ	δ	sec δ	tg δ
+82° 46′ 30″	+7.951	+7.888	+82° 46′ 50″	+7.957	+7.894	+82° 47′ 0″	+7.960	+7.897
40	+7.954	+7.891	60	+7.960	+7.897	10	+7.963	+7.900

$\alpha_{1956.0} = 10^{h}\ 25^{m}\ 53^{s}_{.}50$ $\delta_{1956.0} = +82°\ 47'\ 1''_{.}99$

Scheinbare Sternörter 1956

Obere Kulmination Greenwich

Nf) 30 Hev. Camelopardalis $5^{m}.34$

Tag	Mai AR.	Mai Dekl.	Mai ☾ Glieder	Juni AR.	Juni Dekl.	Juni ☾ Glieder	Juli AR.	Juli Dekl.	Juli ☾ Glieder	August AR.	August Dekl.	August ☾ Glieder
	$10^h 25^m$	$+82° 47'$	in 0.01^s | $0.01''$	$10^h 25^m$	$+82° 47'$	in 0.01^s | $0.01''$	$10^h 25^m$	$+82° 46'$	in 0.01^s | $0.01''$	$10^h 25^m$	$+82° 46'$	in 0.01^s | $0.01''$
	s	″		s	″		s	″		s	″	
1	60.61	6.26	0 − 6	55.75	6.88	+4 + 2	51.65	62.47	0 +10	49.11	53.87	−6 + 5
2	60.45	6.36	+2 − 5	55.60	6.81	+3 + 6	51.54	62.25	−2 +11	49.06	53.55	−6 + 1
3	60.30	6.46	+4 − 3	55.45	6.74	+2 + 9	51.43	62.03	−4 +10	49.02	53.22	−4 − 3
4	60.15	6.56	+4 0	55.29	6.66	0 +11	51.32	61.80	−5 + 7	48.98	52.89	−1 − 7
5	60.00	6.65	+4 + 4	55.14	6.57	−3 +11	51.21	61.56	−6 + 3	48.94	52.56	+2 − 8
6	59.84	6.73	+3 + 7	54.99	6.48	−5 + 8	51.11	61.33	−5 − 2	48.90	52.22	+4 − 7
7	59.69	6.81	+1 + 9	54.84	6.38	−6 + 5	51.01	61.08	−3 − 6	48.87	51.89	+6 − 5
8	59.53	6.88	−1 +10	54.69	6.27	−5 0	50.91	60.84	0 − 8	48.84	51.55	+6 − 2
9	59.38	6.94	−3 + 9	54.55	6.16	−4 − 4	50.81	60.59	+3 − 9	48.81	51.20	+5 + 2
10	59.22	7.00	−5 + 6	54.40	6.05	−1 − 8	50.71	60.33	+5 − 7	48.78	50.86	+3 + 4
11	59.06	7.06	−6 + 2	54.25	5.93	+2 − 9	50.61	60.07	+6 − 4	48.76	50.51	0 + 5
12	58.90	7.11	−5 − 2	54.11	5.80	+4 − 9	50.52	59.81	+6 0	48.74	50.17	−2 + 4
13	58.74	7.15	−3 − 6	53.97	5.67	+6 − 6	50.43	59.54	+4 + 3	48.72	49.82	−3 + 2
14	58.58	7.19	0 − 9	53.82	5.53	+6 − 3	50.33	59.27	+2 + 5	48.70	49.47	−4 0
15	58.43	7.22	+3 − 9	53.68	5.39	+5 + 1	50.25	59.00	−1 + 5	48.68	49.12	−4 − 3
16	58.27	7.25	+5 − 8	53.54	5.25	+3 + 4	50.16	58.72	−3 + 4	48.67	48.77	−3 − 6
17	58.11	7.27	+6 − 5	53.41	5.10	+1 + 5	50.08	58.44	−4 + 2	48.66	48.41	−1 − 7
18	57.95	7.28	+5 − 1	53.27	4.94	−2 + 5	50.00	58.16	−4 − 1	48.65	48.06	0 − 8
19	57.80	7.29	+4 + 2	53.14	4.78	−3 + 3	49.92	57.87	−4 − 4	48.65	47.70	+2 − 7
20	57.64	7.30	+2 + 5	53.01	4.62	−4 + 1	49.84	57.58	−3 − 6	48.65	47.34	+3 − 5
21	57.48	7.29	0 + 5	52.88	4.45	−4 − 2	49.77	57.29	−1 − 7	48.65	46.98	+4 − 2
22	57.32	7.28	−2 + 5	52.75	4.27	−4 − 4	49.70	56.99	+1 − 7	48.65	46.62	+4 + 1
23	57.16	7.27	−4 + 3	52.62	4.09	−2 − 6	49.63	56.69	+2 − 6	48.66	46.26	+4 + 4
24	57.00	7.25	−4 0	52.49	3.91	−1 − 7	49.56	56.39	+3 − 4	48.66	45.90	+2 + 7
25	56.84	7.23	−4 − 2	52.37	3.72	+1 − 6	49.49	56.08	+4 − 1	48.67	45.54	0 + 9
26	56.68	7.19	−3 − 4	52.24	3.52	+2 − 5	49.43	55.77	+4 + 2	48.69	45.18	−2 +10
27	56.52	7.16	−2 − 6	52.12	3.32	+4 − 2	49.37	55.46	+3 + 6	48.70	44.82	−4 + 9
28	56.37	7.11	0 − 6	52.00	3.12	+4 + 1	49.31	55.15	+1 + 9	*48.72	44.45	−5 + 6
29	56.21	7.06	+1 − 6	51.88	2.91	+4 + 4	49.26	54.83	−1 +10	48.74	44.08	−6 + 2
30	56.06	7.01	+3 − 4	51.77	2.69	+2 + 8	49.21	54.52	−3 +10	48.76	43.72	−5 − 2
31	55.90	6.95	+4 − 1	51.65	2.47	0 +10	49.16	54.19	−5 + 8	48.79	43.35	−3 − 5
32	55.75	6.88	+4 + 2				49.11	53.87	−6 + 5	48.82	42.99	0 − 7

δ	sec δ	tg δ	δ	sec δ	tg δ	δ	sec δ	tg δ
+82° 46′ 40″	+7.954	+7.891	+82° 46′ 50″	+7.957	+7.894	+82° 47′ 0″	+7.960	+7.897
50	+7.957	+7.894	60	+7.960	+7.897	10	+7.963	+7.900

$\alpha_{1956.0} = 10^h\ 25^m\ 53^s.50$ $\delta_{1956.0} = +82°\ 47'\ 1''.99$

* Tag der doppelten unteren Kulmination: Aug. 28.

Scheinbare Sternörter 1956

Obere Kulmination Greenwich

Nf) 30 Hev. Camelopardalis $5^m\!.34$

Tag	September AR.	September Dekl.	September ☾ Glieder	Oktober AR.	Oktober Dekl.	Oktober ☾ Glieder	November AR.	November Dekl.	November ☾ Glieder	Dezember AR.	Dezember Dekl.	Dezember ☾ Glieder
	$10^h 25^m$	+82° 46′	in s 0.01 | ″ 0.01	$10^h 25^m$	+82° 46′	in s 0.01 | ″ 0.01	$10^h 25^m$	+82° 46′	in s 0.01 | ″ 0.01	$10^h 26^m$	+82° 46′	in s 0.01 | ″ 0.01
	s	″		s	″		s	″		s	″	
1	48.82	42.99	0 −7	50.81	32.28	+5 −3	54.98	23.20	0 + 6	0.40	18.33	−4 + 2
2	48.85	42.62	+3 −7	50.91	31.94	+5 0	55.14	22.96	−2 + 6	0.59	18.25	−4 − 1
3	48.88	42.26	+5 −5	51.01	31.61	+4 +3	55.31	22.73	−3 + 4	0.78	18.18	−4 − 4
4	48.92	41.89	+6 −2	51.12	31.28	+2 +5	55.47	22.51	−4 + 1	0.97	18.11	−3 − 6
5	48.96	41.53	+5 +1	51.23	30.95	0 +6	55.64	22.28	−4 − 2	1.16	18.05	−1 − 7
6	49.00	41.16	+3 +4	51.34	30.62	−2 +5	55.81	22.07	−4 − 5	1.35	18.00	+1 − 7
7	49.04	40.80	+1 +5	51.46	30.30	−4 +3	55.98	21.86	−2 − 7	1.55	17.95	+2 − 6
8	49.09	40.43	−1 +5	51.58	29.97	−4 0	56.15	21.65	0 − 8	1.74	17.91	+4 − 4
9	49.14	40.07	−3 +4	51.70	29.66	−4 −3	56.33	21.45	+1 − 7	1.93	17.87	+4 − 1
10	49.19	39.70	−4 +1	51.82	29.34	−3 −6	56.51	21.25	+3 − 6	2.12	17.84	+4 + 3
11	49.24	39.34	−4 −2	51.94	29.02	−1 −7	56.68	21.05	+4 − 3	2.32	17.81	+3 + 6
12	49.30	38.97	−4 −5	52.06	28.71	0 −8	56.86	20.86	+4 0	2.51	17.79	+1 + 9
13	49.35	38.61	−2 −7	52.19	28.40	+2 −7	57.04	20.68	+4 + 4	2.70	17.78	−1 +10
14	49.41	38.25	0 −8	52.32	28.10	+4 −5	57.22	20.50	+2 + 7	2.89	17.78	−3 +10
15	49.48	37.89	+1 −8	52.45	27.80	+4 −2	57.40	20.33	0 + 9	3.08	17.78	−5 + 8
16	49.54	37.53	+3 −6	52.59	27.50	+4 +2	57.58	20.16	−2 +10	3.26	17.79	−5 + 4
17	49.61	37.17	+4 −4	52.72	27.20	+3 +5	57.76	20.00	−4 + 9	3.45	17.80	−5 0
18	49.68	36.81	+4 −1	52.86	26.91	+2 +8	57.95	19.85	−5 + 6	3.64	17.82	−4 − 4
19	49.75	36.46	+4 +3	53.00	26.62	0 +9	58.13	19.70	−5 + 2	3.82	17.85	−1 − 7
20	49.83	36.10	+3 +6	53.15	26.34	−2 +9	58.31	19.55	−4 − 2	4.01	17.88	+2 − 8
21	49.91	35.74	+1 +8	53.29	26.06	−4 +7	58.50	19.41	−2 − 6	4.19	17.92	+4 − 7
22	49.98	35.39	−1 +9	53.44	25.78	−5 +4	58.69	19.28	0 − 8	4.37	17.96	+6 − 5
23	50.07	35.04	−3 +9	53.58	25.50	−5 +1	58.87	19.15	+3 − 8	4.56	18.01	+6 − 2
24	50.15	34.69	−5 +7	53.73	25.23	−4 −3	59.06	19.03	+4 − 6	4.74	18.07	+4 + 2
25	50.24	34.34	−5 +3	53.88	24.96	−2 −6	59.25	18.91	+5 − 3	4.92	18.13	+2 + 4
26	50.33	33.99	−5 0	54.03	24.70	+1 −8	59.44	18.80	+5 0	5.10	18.20	0 + 5
27	50.42	33.64	−3 −4	54.19	24.44	+3 −7	59.63	18.69	+4 + 3	5.28	18.28	−2 + 5
28	50.51	33.30	−1 −7	54.34	24.19	+5 −5	59.83	18.59	+1 + 5	5.45	18.36	−3 + 3
29	50.61	32.96	+2 −7	54.50	23.94	+5 −2	60.02	18.50	−1 + 6	5.63	18.45	−4 0
30	50.71	32.62	+4 −6	54.66	23.69	+4 +2	60.21	18.41	−3 + 4	5.81	18.54	−4 − 3
31	50.81	32.28	+5 −3	54.82	23.44	+3 +5	60.40	18.33	−4 + 2	5.98	18.64	−3 − 5
32				54.98	23.20	0 +6				6.15	18.75	−1 − 7

δ	sec δ	tg δ	δ	sec δ	tg δ	δ	sec δ	tg δ
+82° 46′ 10″	+7.945	+7.882	+82° 46′ 30″	+7.951	+7.888	+82° 46′ 40″	+7.954	+7.891
20	+7.948	+7.885	40	+7.954	+7.891	50	+7.957	+7.894

$\alpha_{1956.0} = 10^h\ 25^m\ 53^s\!.50$ $\delta_{1956.0} = +82°\ 47'\ 1''\!.99$

Obere Kulmination Greenwich

Ng) ε Ursae minoris $4^m\!.40$

Tag	Januar AR.	Januar Dekl.	☾ Glieder in s 0.01	☾ Glieder in ″ 0.01	Februar AR.	Februar Dekl.	☾ Glieder in s 0.01	☾ Glieder in ″ 0.01	März AR.	März Dekl.	☾ Glieder in s 0.01	☾ Glieder in ″ 0.01	April AR.	April Dekl.	☾ Glieder in s 0.01	☾ Glieder in ″ 0.01
	$16^h 50^m$ s	+82° 6′ ″			$16^h 50^m$ s	+82° 6′ ″			$16^h 50^m$ s	+82° 6′ ″			$16^h 50^m$ s	+82° 6′ ″		
1	12.74	37.04	−3	−7	15.72	28.45	+2	−6	20.07	25.02	+2	0	24.82	27.35	−1	+8
2	12.80	36.71	−1	−9	15.85	28.25	+2	−2	20.23	25.00	+1	+4	24.96	27.53	−2	+7
3	12.85	36.38	0	−10	15.98	28.05	+2	+2	20.39	24.98	0	+7	25.09	27.71	−2	+5
4	12.92	36.05	+1	−8	16.12	27.86	+1	+5	20.55	24.97	0	+8	25.22	27.89	−2	+2
5	12.98	35.73	+2	−4	16.26	27.67	0	+7	20.71	24.97	−1	+8	25.35	28.08	−2	−1
6	13.05	35.41	+2	−1	16.39	27.49	−1	+8	20.87	24.97	−2	+6	25.48	28.27	−1	−4
7	13.12	35.09	+1	+3	16.53	27.31	−2	+7	21.04	24.99	−2	+4	25.61	28.47	0	−7
8	13.19	34.78	+1	+6	16.67	27.14	−2	+6	21.20	25.00	−2	+1	25.73	28.67	+1	−8
9	13.27	34.47	0	+7	16.82	26.98	−2	+3	21.36	25.03	−2	−2	25.86	28.88	+2	−8
10	13.35	34.16	−1	+8	16.96	26.82	−2	0	21.52	25.06	−1	−5	25.98	29.09	+3	−6
11	13.43	33.86	−2	+7	17.11	26.67	−2	−4	21.68	25.10	0	−8	26.10	29.31	+3	−3
12	13.51	33.56	−2	+5	17.26	26.53	−1	−6	21.83	25.14	+1	−8	26.22	29.54	+3	+1
13	13.60	33.26	−2	+2	17.41	26.39	0	−8	21.99	25.20	+2	−7	26.34	29.77	+2	+5
14	13.69	32.97	−2	−1	17.56	26.26	+2	−8	22.15	25.25	+3	−5	26.45	30.00	+1	+8
15	13.78	32.68	−1	−4	17.71	26.13	+3	−6	22.30	25.32	+3	−1	26.56	30.24	−1	+9
16	13.87	32.39	0	−7	17.86	26.01	+3	−3	22.46	25.39	+3	+3	26.67	30.48	−2	+8
17	13.97	32.11	+1	−8	18.01	25.90	+3	+1	22.61	25.46	+2	+6	26.78	30.72	−3	+5
18	14.07	31.83	+2	−8	18.17	25.79	+3	+5	22.77	25.55	+1	+9	26.89	30.97	−3	0
19	14.17	31.56	+3	−5	18.32	25.69	+2	+8	22.92	25.64	−1	+9	26.99	31.22	−3	−4
20	14.28	31.29	+4	−2	18.48	25.60	0	+9	23.07	25.73	−2	+7	27.09	31.48	−2	−7
21	14.38	31.03	+3	+2	18.63	25.51	−1	+9	23.23	25.83	−3	+3	27.19	31.74	−1	−9
22	14.49	30.77	+3	+6	18.79	25.43	−2	+6	23.38	25.94	−3	−1	27.28	32.01	+1	−8
23	14.61	30.52	+1	+9	18.95	25.36	−3	+2	23.52	26.06	−2	−5	27.37	32.28	+1	−6
24	14.72	30.27	0	+10	19.11	25.29	−3	−3	23.67	26.18	−1	−8	27.46	32.55	+2	−3
25	14.84	30.03	−2	+8	19.27	25.23	−2	−7	23.82	26.31	0	−9	27.55	32.82	+2	+1
26	14.96	29.79	−3	+4	19.43	25.17	−1	−9	23.97	26.44	+1	−8	27.64	33.10	+1	+4
27	15.08	29.55	−3	0	19.59	25.12	0	−9	24.12	26.58	+2	−5	27.72	33.38	0	+7
28	15.20	29.32	−3	−5	19.75	25.08	+1	−7	24.26	26.72	+2	−1	27.80	33.67	0	+8
29	15.33	29.09	−2	−8	19.91	25.05	+2	−4	24.40	26.87	+2	+2	27.88	33.96	−1	+8
30	15.46	28.87	0	−10	20.07	25.02	+2	0	24.54	27.03	+1	+6	27.96	34.25	−2	+6
31	15.59	28.66	+1	−9					24.68	27.19	0	+8	28.04	34.54	−2	+4
32	15.72	28.45	+2	−6					24.82	27.35	−1	+8				

δ	sec δ	tg δ	δ	sec δ	tg δ
+82° 6′ 20″	+7.281	+7.212	+82° 6′ 30″	+7.283	+7.214
30	+7.283	+7.214	40	+7.286	+7.217

$\alpha_{1956.0} = 16^h\ 50^m\ 24^s\!.09$ $\delta_{1956.0} = +82°\ 6'\ 45''\!.79$

Scheinbare Sternörter 1956

Obere Kulmination Greenwich

Ng) ε Ursae minoris $4^{m}.40$

Tag	Mai AR.	Mai Dekl.	☾ Glieder		Juni AR.	Juni Dekl.	☾ Glieder		Juli AR.	Juli Dekl.	☾ Glieder		August AR.	August Dekl.	☾ Glieder	
	$16^h 50^m$	+ 82° 6′	in s 0.01	in ″ 0.01	$16^h 50^m$	+ 82° 6′	in s 0.01	in ″ 0.01	$16^h 50^m$	+ 82° 6′	in s 0.01	in ″ 0.01	$16^h 50^m$	+ 82° 7′	in s 0.01	in ″ 0.01
	s	″			s	″			s	″			s	″		
1	28.04	34.54	−2	+4	28.99	44.50	0	−7	27.32	54.05	+4	−3	23.46	0.76	+1	+9
2	28.11	34.84	−2	+1	28.97	44.83	+1	−8	27.22	54.32	+4	+1	23.31	0.91	0	+9
3	28.18	35.14	−2	−3	28.95	45.16	+2	−7	27.13	54.59	+3	+5	23.16	1.06	−2	+7
4	28.24	35.45	−1	−6	28.93 28.91	45.49 45.82	+3 +4	−5 −2	27.03	54.85	+2	+8	23.01	1.20	−3	+4
5	28.30	35.76	0	−8	28.88	46.14	+3	+2	26.93	55.12	0	+9	22.85	1.34	−3	−1
6	28.36	36.06	+2	−8	28.85	46.47	+3	+6	26.83	55.37	−1	+8	22.70	1.47	−2	−5
7	28.42	36.37	+3	−7	28.82	46.79	+1	+8	26.72	55.63	−2	+6	22.54	1.60	−1	−8
8	28.48	36.68	+3	−4	28.79	47.12	0	+9	26.62	55.88	−3	+1	22.38	1.72	0	−9
9	28.53	37.00	+3	0	28.75	47.44	−2	+7	26.51	56.13	−3	−3	22.22	1.83	+1	−8
10	28.58	37.31	+3	+4	28.72	47.76	−3	+4	26.39	56.37	−2	−7	22.06	1.94	+2	−5
11	28.63	37.63	+2	+7	28.67	48.08	−3	−1	26.28	56.61	−1	−9	21.89	2.05	+2	−1
12	28.67	37.95	0	+9	28.63	48.40	−3	−5	26.16	56.85	0	−9	21.73	2.15	+1	+3
13	28.71	38.27	−1	+8	28.58	48.72	−2	−8	26.04	57.09	+1	−7	21.56	2.25	+1	+6
14	28.75	38.59	−2	+6	28.54	49.04	−1	−9	25.92	57.32	+2	−4	21.40	2.34	0	+8
15	28.79	38.91	−3	+2	28.48	49.35	+1	−8	25.80	57.54	+2	0	21.23	2.43	−1	+8
16	28.82	39.24	−3	−3	28.43	49.66	+1	−6	25.68	57.77	+1	+4	21.06	2.51	−2	+7
17	28.85	39.56	−2	−6	28.37	49.97	+2	−2	25.55	57.99	0	+7	20.90	2.59	−3	+4
18	28.88	39.88	−1	−9	28.31	50.28	+1	+2	25.43	58.20	−1	+8	20.73	2.66	−3	+1
19	28.90	40.21	0	−9	28.25	50.58	+1	+5	25.30	58.41	−2	+8	20.55	2.73	−2	−2
20	28.93	40.54	+1	−7	28.19	50.89	0	+7	25.17	58.61	−2	+6	20.38	2.79	−1	−5
21	28.95	40.87	+2	−4	28.12	51.18	−1	+8	25.03	58.81	−2	+3	20.21	2.85	0	−7
22	28.96	41.20	+2	0	28.05	51.48	−2	+7	24.90	59.01	−2	+1	20.04	2.90	+1	−8
23	28.98	41.53	+2	+3	27.98	51.78	−2	+5	24.76	59.20	−2	−2	19.87	2.95	+2	−7
24	28.99	41.86	+1	+6	27.91	52.08	−2	+3	24.63	59.39	−1	−5	19.70	3.00	+3	−6
25	29.00	42.19	0	+8	27.83	52.37	−2	0	24.49	59.58	0	−7	19.52	3.04	+3	−3
26	29.01	42.52	−1	+8	27.75	52.66	−2	−3	24.35	59.76	+1	−8	19.35	3.07	+3	+1
27	29.01	42.85	−2	+7	27.67	52.94	−1	−6	24.20	59.94	+2	−7	19.17	3.10	+3	+5
28	29.02	43.18	−2	+4	27.58	53.23	+1	−7	24.06	60.11	+3	−5	19.00	3.12	+2	+8
29	29.01	43.51	−2	+2	27.50	53.50	+2	−7	23.91	60.28	+3	−1	18.82	3.14	0	+9
30	29.01	43.84	−2	−1	27.41	53.78	+3	−6	23.76	60.44	+3	+3	18.64	3.15	−1	+8
31	29.00	44.17	−1	−4	27.32	54.05	+4	−3	23.61	60.60	+3	+7	18.46	3.16	−2	+5
32	28.99	44.50	0	−7					23.46	60.76	+1	+9	18.28	3.16	−3	+1

δ	sec δ	tg δ	δ	sec δ	tg δ	δ	sec δ	tg δ
+82° 6′ 30″	+7.283	+7.214	+82° 6′ 50″	+7.288	+7.219	+82° 7′ 0″	+7.291	+7.222
40	+7.286	+7.217	60	+7.291	+7.222	10	+7.293	+7.225

$\alpha_{1956.0} = 16^h\ 50^m\ 24^s.09$ $\delta_{1956.0} = +82°\ 6'\ 45''.79$

• Obere Kulmination Greenwich

Ng) ε Ursae minoris $4^m_.40$

Tag	September				Oktober				November				Dezember			
	AR.	Dekl.	☾ Glieder		AR.	Dekl.	☾ Glieder		AR.	Dekl.	☾ Glieder		AR.	Dekl.	☾ Glieder	
	$16^h 50^m$	$+82° 7'$	in s 0.01	in ″ 0.01	$16^h 50^m$	$+82° 6'$	in s 0.01	in ″ 0.01	$16^h 50^m$	$+82° 6'$	in s 0.01	in ″ 0.01	$16^h 50^m$	$+82° 6'$	in s 0.01	in ″ 0.01
	s	″			s	″			s	″			s	″		
1	18.28	3.16	−3	+1	13.03	60.93	−1	−8	8.55	54.20	+2	−2	6.18	44.59	0	+6
2	18.11	3.16	−2	−3	12.86	60.78	0	−9	8.43	53.92	+2	+2	6.14	44.25	−1	+8
3	17.93	3.16	−1	−7	12.69	60.62	+1	−7	8.32	53.64	+1	+5	*6.11	43.90	−2	+7
4	17.75	3.15	0	−9	12.53	60.46	+2	−4	8.21	53.35	0	+7	6.08	43.54	−2	+6
5	17.57	3.13	+1	−8	12.37	60.30	+2	−1	8.10	53.06	−1	+8	6.05	43.19	−2	+3
6	17.40	3.11	+2	−6	12.21	60.13	+1	+3	7.99	52.76	−2	+7	6.03	42.84	−2	+1
7	17.22	3.08	+2	−3	12.05	59.95	+1	+6	7.89	52.47	−3	+5	6.01	42.48	−2	−3
8	17.04	3.05	+2	+1	11.89	59.77	0	+8	7.79	52.16	−3	+2	5.99	42.13	−1	−5
9	16.86	3.01	+1	+5	11.73	59.59	−1	+8	7.69	51.86	−2	−1	5.98	41.77	0	−7
10	16.68	2.97	0	+7	11.58	59.40	−2	+7	7.59	51.55	−2	−4	5.97	41.42	+1	−8
11	16.50	2.92	−1	+8	11.42	59.21	−3	+4	7.50	51.24	−1	−6	5.96	41.07	+2	−7
12	16.33	2.87	−2	+7	11.27	59.01	−3	+1	7.40	50.93	0	−8	5.95	40.72	+3	−5
13	16.15	2.81	−3	+5	11.12	58.81	−2	−2	7.31	50.62	+2	−8	5.95	40.37	+3	−1
14	15.97	2.75	−3	+3	10.97	58.60	−1	−5	7.23	50.30	+3	−6	5.95	40.02	+3	+3
15	15.80	2.68	−2	0	10.82	58.39	0	−7	7.14	49.98	+3	−3	5.96	39.67	+2	+6
16	15.62	2.61	−2	−4	10.67	58.18	+1	−8	7.06	49.66	+3	0	5.96	39.31	+1	+8
17	15.44	2.53	−1	−6	10.52	57.96	+2	−7	6.98	49.34	+3	+4	5.98	38.95	0	+8
18	15.27	2.45	0	−8	10.38	57.74	+3	−5	6.90	49.01	+2	+7	5.99	38.60	−2	+7
19	15.09	2.36	+1	−8	10.24	57.51	+3	−2	6.83	48.68	0	+8	6.01	38.24	−2	+3
20	14.92	2.27	+2	−6	10.10	57.28	+3	+2	6.76	48.35	−1	+8	6.03	37.89	−3	−1
21	14.74	2.17	+3	−4	9.96	57.05	+2	+5	6.69	48.02	−2	+5	6.05	37.54	−2	−5
22	14.57	2.07	+3	0	9.82	56.81	+1	+8	6.62	47.68	−3	+1	6.08	37.19	−1	−8
23	14.39	1.96	+3	+3	9.69	56.57	0	+8	6.56	47.35	−3	−3	6.10	36.84	0	−9
24	14.22	1.85	+2	+6	9.55	56.32	−1	+7	6.50	47.01	−2	−6	6.14	36.50	+1	−8
25	14.05	1.73	+1	+8	9.42	56.07	−2	+4	6.45	46.67	−1	−8	6.17	36.15	+2	−5
26	13.87	1.61	−1	+8	9.29	55.81	−3	0	6.39	46.33	0	−9	6.21	35.81	+2	−1
27	13.70	1.48	−2	+6	9.16	55.55	−2	−4	6.35	45.98	+1	−7	6.25	35.47	+1	+3
28	13.54	1.35	−2	+3	9.04	55.29	−1	−7	6.30	45.64	+2	−3	6.30	35.14	+1	+6
29	13.37	1.21	−2	−1	8.91	55.02	0	−9	6.26	45.29	+2	0	6.35	34.80	0	+7
30	13.20	1.07	−2	−5	8.79	54.75	+1	−8	6.22	44.94	+1	+4	6.40	34.46	−1	+7
31	13.03	0.93	−1	−8	8.67	54.48	+2	−6	6.18	44.59	0	+6	6.45	34.13	−2	+6
32					8.55	54.20	+2	−2					6.51	33.80	−2	+4

δ	sec δ	tg δ	δ	sec δ	tg δ	δ	sec δ	tg δ
+82° 6′ 30″	+7.283	+7.214	+82° 6′ 50″	+7.288	+7.219	+82° 7′ 0″	+7.291	+7.222
40	+7.286	+7.217	60	+7.291	+7.222	10	+7.293	+7.225

$\alpha_{1956.0} = 16^h\ 50^m\ 24^s_.09$ $\delta_{1956.0} = +82°\ 6'\ 45''_.79$

* Tag der doppelten unteren Kulmination: Dez. 3.

Scheinbare Sternörter 1956

Obere Kulmination Greenwich •

Nh) δ Ursae minoris $4^{m}\!.44$

Tag	Januar AR.	Januar Dekl.	Januar ☾ Glieder	Februar AR.	Februar Dekl.	Februar ☾ Glieder	März AR.	März Dekl.	März ☾ Glieder	April AR.	April Dekl.	April ☾ Glieder
	$17^h 45^m$	+86° 36′	in s 0.01 | ″ 0.01	$17^h 45^m$	+86° 36′	in s 0.01 | ″ 0.01	$17^h 46^m$	+86° 36′	in s 0.01 | ″ 0.01	$17^h 46^m$	+86° 36′	in s 0.01 | ″ 0.01
	s	″		s	″		s	″		s	″	
1	52.42	26.21	−10 −5	56.54	16.81	+ 2 −7	5.21	11.57	+5 −1	16.33	11.63	0 +8
2	52.45	25.87	− 7 −8	56.77	16.56	+ 4 −3	5.56	11.48	+5 +3	16.68	11.73	−2 +8
3	52.49	25.54	− 4 −9	57.01	16.31	+ 5 +1	5.92	11.39	+4 +6	17.02	11.84	−4 +7
4	52.53	25.20	0 −8	57.26	16.07	+ 4 +4	6.27	11.31	+1 +8	17.36	11.96	−6 +4
5	52.58	24.87	+ 3 −5	57.51	15.83	+ 3 +7	6.63	11.24	−1 +8	17.70	12.08	−6 0
6	52.64	24.54	+ 5 −2	57.77	15.60	0 +8	6.99	11.17	−3 +7	18.04	12.20	−5 −3
7	52.70	24.21	+ 5 +2	58.03	15.37	− 2 +8	7.34	11.11	−5 +5	18.37	12.34	−3 −6
8	52.77	23.89	+ 4 +5	58.29	15.14	− 4 +7	7.70	11.05	−6 +2	18.70	12.47	−1 −8
9	52.85	23.56	+ 2 +7	58.57	14.92	− 6 +4	8.06	11.00	−6 −1	19.02	12.62	+3 −9
10	52.94	23.24	0 +8	58.84	14.71	− 6 +1	8.42	10.96	−5 −4	19.35	12.77	+6 −8
11	53.03	22.92	− 2 +8	59.12	14.50	− 6 −2	8.78	10.93	−2 −7	19.66	12.92	+8 −5
12	53.13	22.60	− 4 +6	59.41	14.29	− 4 −6	9.15	10.90	+1 −9	19.98	13.08	+9 −1
13	53.24	22.29	− 5 +3	59.70	14.09	− 1 −8	9.51	10.87	+4 −9	20.29	13.25	+8 +3
14	53.36	21.97	− 6 0	60.00	13.90	+ 2 −9	9.87	10.86	+7 −7	20.60	13.42	+6 +7
15	53.48	21.66	− 5 −4	60.30	13.71	+ 6 −8	10.24	10.85	+9 −3	20.91	13.60	+2 +9
16	53.61	21.35	− 3 −7	60.60	13.53	+ 8 −6	10.61	10.84	+9 +1	21.21	13.78	−2 +8
17	53.74	21.04	0 −9	60.91	13.35	+10 −2	10.97	10.84	+8 +5	21.51	13.96	−6 +6
18	53.88	20.73	+ 4 −9	61.22	13.18	+ 9 +2	11.34	10.85	+5 +8	21.80	14.15	−8 +2
19	54.03	20.43	+ 7 −7	61.53	13.01	+ 7 +6	11.70	10.87	+1 +9	22.09	14.35	−9 −2
20	54.19	20.13	+10 −4	61.85	12.85	+ 4 +9	12.06	10.89	−3 +8	22.37	14.55	−7 −6
21	54.35	19.84	+11 0	62.17	12.70	0 +9	12.43	10.91	−7 +5	22.65	14.75	−4 −8
22	54.52	19.54	+ 9 +4	62.50	12.55	− 4 +7	12.79	10.95	−8 +1	22.93	14.96	−1 −8
23	54.69	19.26	+ 6 +8	62.83	12.41	− 7 +3	13.14	10.99	−8 −3	23.20	15.18	+2 −7
24	54.87	18.97	+ 2 +9	63.17	12.27	− 8 −1	13.50	11.04	−6 −7	23.47	15.40	+5 −4
25	55.06	18.69	− 3 +9	63.50	12.14	− 8 −5	13.86	11.09	−3 −8	23.73	15.62	+6 0
26	55.25	18.41	− 7 +6	63.84	12.01	− 5 −8	14.22	11.15	0 −8	23.99	15.85	+5 +4
27	55.45	18.13	− 9 +2	64.18	11.89	− 2 −9	14.58	11.21	+3 −6	24.25	16.08	+4 +6
28	55.66	17.86	− 9 −3	64.52	11.78	+ 1 −7	14.93	11.28	+5 −2	24.50	16.32	+1 +8
29	55.87	17.59	− 8 −7	64.87	11.67	+ 4 −4	15.28	11.36	+6 +1	24.74	16.56	−1 +8
30	56.09	17.33	− 5 −9	65.21	11.57	+ 5 −1	15.63	11.44	+5 +5	24.98	16.80	−3 +7
31	56.31	17.07	− 1 −9				15.98	11.53	+3 +7	25.21	17.05	−5 +5
32	56.54	16.81	+ 2 −7				16.33	11.63	0 +8			

δ	sec δ	tg δ	δ	sec δ	tg δ
+86° 36′ 10″	+16.875	+16.846	+86° 36′ 20″	+16.889	+16.860
20	+16.889	+16.860	30	+16.903	+16.873

$\alpha_{1956.0} = 17^h\ 46^m\ 21^s\!.71$ $\delta_{1956.0} = +86°\ 36'\ 28''\!.51$

Obere Kulmination Greenwich

Nh) δ Ursae minoris $4^{m}.44$

Tag	Mai AR.	Mai Dekl.	Mai ☾ Glieder	Juni AR.	Juni Dekl.	Juni ☾ Glieder	Juli AR.	Juli Dekl.	Juli ☾ Glieder	August AR.	August Dekl.	August ☾ Glieder
	$17^h 46^m$ s	+86° 36′ ″	in s 0.01 ‖ ″ 0.01	$17^h 46^m$ s	+86° 36′ ″	in s 0.01 ‖ ″ 0.01	$17^h 46^m$ s	+86° 36′ ″	in s 0.01 ‖ ″ 0.01	$17^h 46^m$ s	+86° 36′ ″	in s 0.01 ‖ ″ 0.01
1	25.21	17.05	− 5 +5	29.59	26.19	− 2 −6	27.87	36.22	+ 9 −6	20.52	44.58	+ 6 +7
2	25.44	17.30	− 6 +2	29.63	26.52	0 −9	27.71	36.53	+11 −2	20.21	44.80	+ 2 +9
3	25.66	17.56	− 6 −2	29.66	26.85	+ 4 −9	27.55	36.84	+10 +2	19.89	45.02	− 2 +8
4	25.88	17.82	− 4 −5	29.69	27.18	+ 7 −7	27.38	37.14	+ 8 +6	19.57	45.23	− 6 +5
5	26.09	18.08	− 2 −8	29.71	27.50	+10 −4	27.21	37.45	+ 4 +8	19.24	45.44	− 8 +1
6	26.30	18.35	+ 2 −9	29.73	27.83	+10 0	27.03	37.75	0 +9	18.91	45.64	− 8 −3
7	26.50	18.62	+ 5 −8	29.74	28.16	+ 9 +4	26.85	38.04	− 5 +7	18.57	45.84	− 7 −7
8	26.70	18.89	+ 8 −6	29.74	28.49	+ 6 +7	26.66	38.34	− 8 +3	18.23	46.03	− 4 −9
9	26.89	19.17	+10 −3	29.73	28.81	+ 2 +9	26.46	38.63	− 9 −1	17.89	46.22	0 −8
10	27.07	19.45	+ 9 +2	29.72	29.14	− 3 +8	26.26	38.92	− 9 −5	17.54	46.41	+ 3 −6
11	27.25	19.73	+ 7 +6	29.71	29.47	− 7 +5	26.05	39.21	− 6 −8	17.19	46.59	+ 4 −2
12	27.42	20.02	+ 4 +8	29.68	29.80	− 9 +1	25.84	39.49	− 3 −9	16.84	46.77	+ 5 +2
13	27.59	20.31	− 1 +9	29.65	30.13	−10 −3	25.62	39.78	+ 1 −7	16.48	46.94	+ 4 +5
14	27.75	20.60	− 5 +7	29.61	30.46	− 8 −7	25.40	40.06	+ 3 −4	16.12	47.12	+ 1 +8
15	27.91	20.89	− 8 +4	29.57	30.79	− 5 −9	25.17	40.34	+ 5 0	15.76	47.28	− 1 +8
16	28.06	21.19	− 9 0	29.52	31.12	− 1 −8	24.93	40.61	+ 4 +3	15.39	47.44	− 4 +8
17	28.20	21.48	− 9 −4	29.47	31.45	+ 2 −6	24.69	40.88	+ 3 +6	15.02	47.60	− 6 +6
18	28.34	21.78	− 6 −7	{29.40 29.33	31.77 32.10	+ 4 −3 + 5 +1}	24.45	41.15	+ 1 +8	14.64	47.76	− 7 +3
19	28.47	22.09	− 3 −8	29.26	32.42	+ 4 +4	24.20	41.42	− 2 +8	14.27	47.90	− 7 0
20	28.59	22.39	+ 1 −7	29.18	32.75	+ 2 +7	23.94	41.68	− 4 +7	13.88	48.05	− 6 −3
21	28.71	22.70	+ 4 −5	29.09	33.07	0 +8	23.68	41.94	− 6 +5	13.50	48.19	− 3 −6
22	28.82	23.01	+ 5 −1	28.99	33.39	− 2 +8	23.42	42.19	− 6 +2	13.12	48.33	− 1 −8
23	28.92	23.32	+ 5 +2	28.89	33.71	− 4 +6	23.15	42.44	− 6 −1	12.73	48.46	+ 3 −8
24	29.02	23.64	+ 4 +5	28.79	34.03	− 5 +4	22.88	42.70	− 5 −4	12.34	48.59	+ 6 −7
25	29.11	23.95	+ 2 +7	28.68	34.35	− 6 +1	22.60	42.94	− 2 −7	11.95	48.72	+ 8 −5
26	29.20	24.27	0 +8	28.56	34.67	− 5 −2	22.32	43.19	+ 1 −8	11.55	48.83	+10 −1
27	29.28	24.58	− 2 +8	28.43	34.98	− 3 −5	22.03	43.43	+ 4 −8	11.16	48.95	+ 9 +3
28	29.36	24.90	− 4 +6	28.30	35.30	− 1 −7	21.74	43.67	+ 7 −6	10.76	49.06	+ 7 +6
29	29.42	25.22	− 6 +3	28.16	35.61	+ 3 −8	21.44	43.90	+10 −3	10.35	49.16	+ 4 +8
30	29.48	25.54	− 6 0	28.02	35.92	+ 6 −8	21.14	44.13	+11 0	9.95	49.26	0 +8
31	29.54	25.87	− 5 −3	27.87	36.22	+ 9 −6	20.83	44.36	+ 9 +4	9.54	49.35	− 4 +6
32	29.59	26.19	− 2 −6				20.52	44.58	+ 6 +7	9.13	49.44	− 7 +3

δ	sec δ	tg δ	δ	sec δ	tg δ	δ	sec δ	tg δ
+86° 36′ 10″	+16.875	+16.846	+86 36′ 20″	+16.889	+16.860	+86° 36′ 40″	+16.917	+16.887
20	+16.889	+16.860	30	+16.903	+16.873	50	+16.931	+16.901

$\alpha_{1956.0} = 17^h\ 46^m\ 21^s.71$ $\delta_{1956.0} = +86°\ 36'\ 28''.51$

Scheinbare Sternörter 1956

Obere Kulmination Greenwich

Nh) δ Ursae minoris $4^m.44$

Tag	September AR.	September Dekl.	September ☾ Glieder		Oktober AR.	Oktober Dekl.	Oktober ☾ Glieder		November AR.	November Dekl.	November ☾ Glieder		Dezember AR.	Dezember Dekl.	Dezember ☾ Glieder	
	$17^h 45^m$	+86° 36′	in 0.01 s	in 0.01 ″	$17^h 45^m$	+86° 36′	in 0.01 s	in 0.01 ″	$17^h 45^m$	+86° 36′	in 0.01 s	in 0.01 ″	$17^h 45^m$	+86° 36′	in 0.01 s	in 0.01 ″
	s	″			s	″			s	″			s	″		
1	69.13	49.44	-7	+3	56.46	49.89	-5	-7	44.32	45.75	+5	-3	36.15	37.92	+4	+6
2	68.73	49.53	-8	-2	56.04	49.83	-2	-8	43.98	45.54	+6	+1	35.97	37.61	+1	+8
3	68.31	49.61	-7	-5	55.62	49.77	+1	-8	43.64	45.33	+5	+4	35.79	37.30	-2	+8
4	67.90	49.69	-4	-8	55.20	49.70	+4	-5	43.30	45.12	+3	+7	35.62	36.99	-4	+7
5	67.49	49.76	-1	-8	54.78	49.62	+5	-2	42.97	44.90	0	+8	35.46	36.67	-6	+5
6	67.07	49.83	+2	-7	54.37	49.54	+5	+2	42.64	44.68	-3	+8	35.30	36.35	-7	+2
7	66.65	49.89	+4	-4	53.95	49.45	+4	+5	42.32	44.45	-5	+7	35.15	36.03	-6	-1
8	66.24	49.94	+5	0	53.54	49.36	+1	+8	42.00	44.22	-7	+4	35.01	35.71	-5	-4
9	65.81	49.99	+4	+4	53.13	49.26	-1	+8	41.69	43.98	-7	+1	34.87	35.38	-2	-7
10	65.39	50.04	+2	+7	52.72	49.16	-4	+8	41.38	43.74	-6	-3	34.74	35.05	+1	-8
11	64.97	50.08	0	+8	52.31	49.06	-6	+6	41.08	43.50	-4	-6	34.61	34.73	+4	-8
12	64.55	50.12	-3	+8	51.90	48.95	-7	+3	40.78	43.26	-1	-8	34.50	34.40	+7	-6
13	64.13	50.15	-5	+7	51.49	48.83	-7	-1	40.49	43.01	+2	-8	34.39	34.07	+9	-3
14	63.71	50.18	-7	+4	51.09	48.71	-5	-4	40.20	42.76	+5	-7	34.29	33.74	+10	0
15	63.28	50.20	-7	+1	50.69	48.59	-3	-7	39.92	42.50	+8	-5	34.19	33.41	+9	+4
16	62.86	50.22	-6	-2	50.29	48.46	0	-8	39.64	42.23	+9	-2	34.11	33.07	+6	+7
17	62.43	50.23	-5	-5	49.90	48.32	+3	-8	39.37	41.97	+9	+2	*34.03	32.74	+2	+8
18	62.01	50.24	-2	-7	49.51	48.18	+6	-7	39.10	41.70	+7	+6	33.95	32.41	-3	+8
19	61.58	50.24	+1	-8	49.12	48.04	+8	-4	38.84	41.42	+3	+8	33.89	32.07	-6	+5
20	61.15	50.24	+4	-8	48.73	47.89	+9	0	38.58	41.15	0	+8	33.83	31.73	-8	+1
21	60.73	50.23	+7	-6	48.34	47.74	+8	+3	38.33	40.87	-4	+6	33.78	31.40	-8	-3
22	60.31	50.22	+9	-3	47.96	47.58	+6	+6	38.09	40.59	-7	+3	33.73	31.06	-6	-7
23	59.88	50.21	+9	+1	47.58	47.42	+2	+8	37.85	40.31	-8	-1	33.70	30.73	-4	-8
24	59.46	50.19	+8	+5	47.20	47.26	-2	+8	37.62	40.02	-7	-5	33.67	30.39	0	-8
25	59.03	50.16	+5	+7	46.83	47.08	-5	+5	37.39	39.73	-5	-7	33.64	30.05	+3	-6
26	58.61	50.13	+1	+8	46.46	46.91	-7	+2	37.17	39.43	-2	-8	33.63	29.71	+5	-2
27	58.18	50.09	-3	+7	46.10	46.73	-8	-2	36.95	39.14	+2	-7	33.62	29.38	+5	+2
28	57.75	50.05	-6	+4	45.73	46.54	-6	-6	36.74	38.83	+4	-4	33.62	29.04	+4	+5
29	57.32	50.00	-7	0	45.38	46.35	-3	-8	36.54	38.53	+5	-1	33.63	28.70	+2	+7
30	56.89	49.95	-7	-4	45.02	46.15	0	-8	36.34	38.23	+5	+3	33.64	28.36	-1	+8
31	56.46	49.89	-5	-7	44.67	45.95	+3	-6	36.15	37.92	+4	+6	33.66	28.03	-4	+7
32					44.32	45.75	+5	-3					33.69	27.69	-6	+6

δ	sec δ	tg δ	δ	sec δ	tg δ	δ	sec δ	tg δ
+86° 36′ 20″	+16.889	+16.860	+86° 36′ 30″	+16.903	+16.873	+86° 36′ 40″	+16.917	+16.887
30	+16.903	+16.873	40	+16.917	+16.887	50	+16.931	+16.901

$\alpha_{1956.0} = 17^h\ 46^m\ 21^s.71$ $\delta_{1956.0} = +86°\ 36'\ 28''.51$

* Tag der doppelten unteren Kulmination: Dez. 17.

Ni) λ Ursae minoris $6^m_.55$

Tag	Januar			Februar			März			April		
	AR.	Dekl.	☾ Glieder	AR.	Dekl.	☾ Glieder	AR.	Dekl.	☾ Glieder	AR.	Dekl.	☾ Glieder
	$18^h\ 11^m$	+ 89° 3′	in s 0.01 | ″ 0.01	$18^h\ 11^m$	+ 89° 2′	in s 0.01 | ″ 0.01	$18^h\ 12^m$	+ 89° 2′	in s 0.01 | ″ 0.01	$18^h\ 13^m$	+ 89° 2′	in s 0.01 | ″ 0.01
	s	″		s	″		s	″		s	″	
1	47.90	13.54	−40 −4	57.56	63.98	+ 5 −7	25.47	58.02	+20 −2	4.46	56.96	+ 5 +8
2	47.82	13.22	−32 −7	58.26	63.71	+15 − 4	26.65	57.89	+21 +2	5.72	57.03	− 5 +8
3	47.77	12.89	−19 −8	58.99	63.44	+20 0	27.84	57.77	+18 +5	6.97	57.10	−14 +7
4	47.75	12.57	− 4 −8	59.73	63.18	+20 +4	29.04	57.66	+10 +8	8.21	57.18	−21 +4
5	47.75	12.24	+ 9 −6	60.50	62.92	+14 +6	30.26	57.55	0 +8	9.45	57.26	−25 +1
6	47.78	11.91	+17 −2	61.29	62.67	+ 6 +8	31.48	57.45	−10 +8	10.68	57.35	−23 −3
7	47.84	11.59	+20 +2	62.10	62.42	− 4 +8	32.71	57.35	−18 +6	11.90	57.45	−17 −6
8	47.92	11.26	+18 +5	62.93	62.18	−13 +7	33.94	57.26	−23 +3	13.11	57.55	− 6 −8
9	48.03	10.94	+12 +7	63.77	61.94	−20 +5	35.18	57.18	−25 0	14.32	57.66	+ 7 −9
10	48.16	10.61	+ 4 +8	64.64	61.70	−24 +2	36.43	57.10	−22 −4	15.52	57.77	+20 −8
11	48.32	10.29	− 6 +8	65.53	61.47	−23 −2	37.68	57.03	−13 −7	16.71	57.89	+31 −6
12	48.51	9.97	−14 +6	66.44	61.24	−18 −5	38.94	56.96	− 2 −9	17.88	58.01	+37 −2
13	48.72	9.65	−20 +4	67.36	61.02	− 9 −8	40.20	56.90	+12 −9	19.05	58.14	+35 +2
14	48.96	9.33	−22 +1	68.30	60.80	+ 4 −9	41.47	56.85	+25 −7	20.21	58.28	+26 +6
15	49.23	9.01	−20 −3	69.26	60.58	+18 −9	42.74	56.80	+34 −4	21.36	58.42	+11 +8
16	49.52	8.70	−14 −6	70.24	60.37	+31 −7	44.01	56.76	+38 0	22.50	58.56	− 6 +8
17	49.84	8.39	− 3 −9	71.23	60.17	+38 −3	45.29	56.73	+33 +4	23.62	58.71	−21 +7
18	50.18	8.08	+11 −9	72.24	59.97	+39 +1	46.57	56.70	+23 +7	24.74	58.87	−32 +3
19	50.55	7.77	+26 −8	73.27	59.78	+33 +5	47.85	56.68	+ 7 +9	25.84	59.03	−36 −1
20	50.94	7.46	+38 −5	74.31	59.59	+20 +8	49.13	56.66	−10 +8	26.93	59.20	−31 −5
21	51.36	7.16	+42 −1	75.37	59.41	+ 2 +9	50.41	56.65	−24 +6	28.00	59.37	−21 −7
22	51.81	6.86	+39 +3	76.44	59.23	−15 +7	51.70	56.65	−33 +2	29.06	59.55	− 8 −8
23	52.28	6.56	+29 +7	77.52	59.06	−28 +4	52.98	56.65	−34 −2	30.11	59.73	+ 6 −7
24	52.77	6.26	+13 +9	78.62	58.90	−35 0	54.27	56.66	−28 −6	31.14	59.92	+17 −4
25	53.29	5.96	− 6 +9	79.73	58.74	−33 −4	55.55	56.68	−16 −8	32.16	60.11	+22 −1
26	53.83	5.67	−23 +7	80.85	58.58	−25 −7	56.83	56.70	− 2 −8	33.16	60.31	+22 +3
27	54.39	5.39	−35 +3	81.99	58.43	−12 −8	58.11	56.73	+10 −6	34.15	60.51	+18 +6
28	54.98	5.10	−39 −2	83.14	58.29	+ 1 −8	59.39	56.76	+19 −3	35.12	60.72	+10 +8
29	55.59	4.81	−34 −6	84.30	58.15	+13 −5	60.66	56.80	+23 +1	36.08	60.93	0 +8
30	56.23	4.53	−23 −8	85.47	58.02	+20 −2	61.93	56.85	+21 +4	37.02	61.15	−10 +8
31	56.89	4.25	− 9 −8				63.20	56.90	+14 +7	37.94	61.37	−18 +6
32	57.56	3.98	+ 5 −7				64.46	56.96	+ 5 +8			

δ	sec δ	tg δ	δ	sec δ	tg δ	δ	sec δ	tg δ
+89° 2′ 50″	+60.138	+60.130	+89° 3′ 0″	+60.314	+60.306	+89° 3′ 10″	+60.491	+60.483
60	+60.314	+60.306	10	+60.491	+60.483	20	+60.669	+60.661

$\alpha_{1956.0} = 18^h\ 13^m\ 35^s.91$ $\delta_{1956.0} = +89°\ 3'\ 12''.67$

Scheinbare Sternörter 1956

Obere Kulmination Greenwich

Ni) λ Ursae minoris $6^{m}.55$

Tag	Mai AR.	Mai Dekl.	Mai ☾ Glieder	Juni AR.	Juni Dekl.	Juni ☾ Glieder	Juli AR.	Juli Dekl.	Juli ☾ Glieder	August AR.	August Dekl.	August ☾ Glieder
	18h 13m	+89° 3′	in s 0.01 | ″ 0.01	18h 13m	+89° 3′	in s 0.01 | ″ 0.01	18h 13m	+89° 3′	in s 0.01 | ″ 0.01	18h 12m	+89° 3′	in s 0.01 | ″ 0.01
	s	″		s	″		s	″		s	″	
1	37.94	1.37	−18 +6	57.02	9.89	−13 −6	54.81	19.88	+33 −7	91.72	28.83	+29 +7
2	38.85	1.59	−23 +3	57.30	10.20	−2 −9	54.37	20.20	+41 −3	90.67	29.08	+14 +8
3	39.74	1.82	−23 −1	57.55	10.51	+12 −9	53.91	20.51	+43 +1	89.61	29.32	−4 +7
4	40.62	2.05	−19 −5	57.78	10.83	+26 −8	53.43	20.83	+36 +5	88.53	29.56	−21 +6
5	41.47	2.29	−10 −7	57.98	11.15	+37 −5	52.93	21.14	+21 +8	87.43	29.80	−31 +2
6	42.31	2.53	+2 −9	58.16	11.47	+41 −1	52.41	21.46	+3 +9	86.32	30.03	−34 −2
7	43.13	2.77	+16 −9	58.32	11.79	+38 +3	51.86	21.77	−15 +8	85.19	30.26	−30 −6
8	43.93	3.02	+29 −7	58.45	12.11	+27 +7	51.29	22.07	−30 +4	84.05	30.49	−19 −8
9	44.71	3.27	+37 −4	58.56	12.43	+10 +9	50.70	22.38	−37 0	82.90	30.71	−5 −8
10	45.47	3.52	+38 +1	58.65	12.76	−9 +8	50.10	22.68	−36 −4	81.73	30.93	+8 −6
11	46.22	3.78	+31 +5	58.72	13.08	−25 +6	49.47	22.99	−28 −7	80.54	31.14	+16 −3
12	46.94	4.04	+18 +8	58.76	13.41	−36 +2	48.82	23.29	−14 −9	79.34	31.35	+19 +1
13	47.65	4.31	0 +9	58.78	13.73	−39 −2	48.15	23.59	0 −8	78.13	31.56	+16 +4
14	48.33	4.58	−17 +8	58.78	14.05	−34 −6	47.46	23.88	+11 −5	76.90	31.76	+9 +7
15	48.99	4.85	−31 +5	58.76	14.38	−22 −8	46.75	24.18	+18 −1	75.66	31.96	−1 +8
16	49.63	5.12	−38 +1	58.71	14.70	−8 −8	46.02	24.48	+19 +3	74.40	32.16	−11 +8
17	50.26	5.40	−37 −3	58.64	15.03	+6 −7	45.27	24.77	+14 +6	73.13	32.35	−20 +7
18	50.86	5.68	−28 −7	58.54	15.35	+16 −3	44.50	25.05	+6 +8	71.85	32.54	−25 +5
19	51.44	5.97	−15 −8	58.42	15.68	+20 0	43.71	25.34	−3 +8	70.55	32.73	−26 +2
20	52.00	6.26	0 −8	58.28	16.00	+19 +4	42.89	25.62	−13 +7	69.25	32.91	−24 −2
21	52.54	6.55	+12 −5	58.12	16.33	+13 +7	42.06	25.91	−20 +5	67.93	33.09	−17 −5
22	53.06	6.85	+20 −2	57.93	16.65	+5 +8	41.21	26.19	−24 +3	66.60	33.26	−6 −7
23	53.56	7.14	+22 +2	57.72	16.98	−5 +8	40.34	26.46	−24 0	65.26	33.43	+6 −9
24	54.03	7.43	+19 +5	57.49	17.30	−13 +7	39.46	26.73	−20 −4	63.91	33.59	+20 −8
25	54.48	7.73	+12 +7	{ 57.23 56.95	17.63 17.95	−20 +5 −23 +2 }	38.55	27.01	−12 −6	62.55	33.75	+31 −7
26	54.91	8.04	+3 +8	56.65	18.28	−22 −2	37.63	27.28	−1 −8	61.17	33.91	+38 −2
27	55.32	8.34	−6 +8	56.33	18.60	−17 −5	36.69	27.55	+13 −8	59.78	34.06	+39 +2
28	55.71	8.65	−15 +6	55.98	18.92	−7 −7	35.73	27.81	+27 −7	58.39	34.21	+33 +5
29	56.07	8.95	−21 +4	55.61	19.24	+6 −9	34.75	28.07	+37 −5	56.98	34.35	+20 +8
30	56.41	9.26	−23 +1	55.22	19.56	+20 −9	33.76	28.33	+42 −1	55.57	34.49	+4 +8
31	56.73	9.57	−20 −3	54.81	19.88	+33 −7	32.75	28.58	+40 +3	54.14	34.63	−12 +7
32	57.02	9.89	−13 −6				31.72	28.83	+29 +7	52.71	34.76	−25 +3

δ	sec δ	tg δ	δ	sec δ	tg δ	δ	sec δ	tg δ
+89° 3′ 0″	+60.314	+60.306	+89° 3′ 20″	+60.669	+60.661	+89° 3′ 30″	+60.848	+60.840
10	+60.491	+60.483	30	+60.848	+60.840	40	+61.028	+61.020

$\alpha_{1956.0} = 18^{h}\ 13^{m}\ 35^{s}.91$ $\delta_{1956.0} = +89°\ 3'\ 12''.67$

Scheinbare Sternörter 1956

Obere Kulmination Greenwich

Ni) λ Ursae minoris $6^{m}.55$

Tag	September AR.	September Dekl.	September ☾ Glieder		Oktober AR.	Oktober Dekl.	Oktober ☾ Glieder		November AR.	November Dekl.	November ☾ Glieder		Dezember AR.	Dezember Dekl.	Dezember ☾ Glieder	
	$18^h 12^m$	+ 89° 3′	in s 0.01	in ″ 0.01	$18^h 11^m$	+ 89° 3′	in s 0.01	in ″ 0.01	$18^h 10^m$	+ 89° 3′	in s 0.01	in ″ 0.01	$18^h 10^m$	+ 89° 3′	in s 0.01	in ″ 0.01
	s	″			s	″			s	″			s	″		
1	52.71	34.76	−25	+3	67.16	36.50	−23	−6	81.35	33.68	+19	−4	48.02	26.84	+17	+5
2	51.27	34.89	−31	−1	65.61	36.48	−12	−8	80.01	33.51	+23	0	47.20	26.55	+ 8	+8
3	49.82	35.01	−29	−5	64.06	36.46	+ 2	−8	78.69	33.34	+21	+4	46.40	26.27	− 3	+8
4	48.36	35.13	−21	−8	62.51	36.43	+13	−6	77.37	33.16	+14	+7	45.63	25.99	−13	+7
5	46.90	35.24	− 8	−8	60.97	36.40	+20	−2	76.07	32.98	+ 4	+8	44.88	25.70	−21	+6
6	45.43	35.35	+ 5	−7	59.43	36.36	+22	+2	74.78	32.79	− 7	+9	44.15	25.40	−25	+3
7	43.95	35.45	+15	−4	57.89	36.32	+18	+5	73.51	32.60	−17	+7	43.45	25.10	−26	0
8	42.46	35.55	+20	−1	56.35	36.27	+ 9	+8	72.25	32.41	−24	+5	42.77	24.80	−21	−4
9	40.97	35.64	+19	+3	54.82	36.22	− 2	+8	71.01	32.21	−27	+2	42.12	24.50	−13	−6
10	39.47	35.73	+13	+6	53.29	36.17	−13	+8	69.78	32.01	−25	−2	41.49	24.20	− 1	−8
11	37.96	35.81	+ 4	+8	51.76	36.11	−22	+6	68.57	31.80	−19	−5	40.88	23.89	+13	−8
12	36.45	35.89	− 7	+9	50.24	36.04	−27	+3	67.37	31.59	− 9	−7	40.30	23.58	+26	−7
13	34.94	35.97	−17	+7	48.72	35.97	−28	0	66.19	31.38	+ 4	−8	39.74	23.27	+36	−4
14	33.42	36.04	−24	+5	47.21	35.89	−24	−3	65.02	31.16	+18	−8	39.20	22.96	+40	−1
15	31.90	36.11	−28	+2	45.71	35.81	−16	−6	63.87	30.94	+29	−6	38.69	22.65	+35	+3
16	30.37	36.17	−26	−1	44.21	35.72	− 5	−8	62.73	30.71	+36	−3	38.20	22.33	+27	+6
17	28.84	36.22	−21	−5	42.72	35.63	+ 9	−8	61.62	30.48	+37	+1	37.74	22.01	+11	+8
18	27.30	36.27	−12	−7	41.24	35.53	+21	−7	60.52	30.24	+30	+5	37.31	21.69	− 7	+8
19	25.76	36.32	+ 1	−8	39.76	35.43	+31	−5	59.44	30.00	+17	+7	36.90	21.37	−22	+5
20	24.22	36.36	+14	−8	38.29	35.33	+36	−1	58.38	29.76	+ 2	+8	36.52	21.05	−33	+2
21	22.68	36.40	+26	−6	36.83	35.22	+34	+3	57.34	29.51	−14	+7	36.16	20.72	−35	−2
22	21.13	36.43	+34	−4	35.37	35.10	+26	+6	56.31	29.26	−27	+4	35.83	20.40	−29	−6
23	19.58	36.46	+37	0	33.93	34.98	+12	+8	55.31	29.00	−34	0	35.53	20.07	−18	−8
24	18.03	36.48	+33	+4	32.49	34.85	− 4	+8	54.33	28.74	−32	−3	*35.25	19.75	− 4	−8
25	16.48	36.50	+23	+7	31.06	34.72	−18	+6	53.37	28.48	−23	−7	35.00	19.42	+ 9	−6
26	14.93	36.51	+ 9	+8	29.64	34.58	−29	+3	52.43	28.21	−11	−8	34.77	19.09	+17	−3
27	13.37	36.52	− 7	+7	28.23	34.44	−32	−1	51.50	27.94	+ 3	−7	34.57	18.76	+20	+1
28	11.82	36.52	−21	+5	26.84	34.30	−27	−5	50.60	27.67	+15	−5	34.39	18.43	+17	+4
29	10.26	36.52	−29	+1	25.45	34.15	−17	−8	49.72	27.40	+21	−1	34.24	18.10	+10	+7
30	8.71	36.51	−29	−3	24.07	34.00	− 3	−8	48.86	27.12	+22	+2	34.12	17.77	0	+8
31	7.16	36.50	−23	−6	22.71	33.84	+ 9	−7	48.02	26.84	+17	+5	34.03	17.44	−11	+8
32					21.35	33.68	+19	−4					33.96	17.11	−19	+6

δ	sec δ	tg δ	δ	sec δ	tg δ	δ	sec δ	tg δ
+89° 3′ 10″	+60.491	+60.483	+89° 3′ 20″	+60.669	+60.661	+89° 3′ 30″	+60.848	+60.840
20	+60.669	+60.661	30	+60.848	+60.840	40	+61.028	+61.020

$\alpha_{1956.0} = 18^h\ 13^m\ 35^s.91$ $\delta_{1956.0} = +89°\ 3'\ 12''.67$

* Tag der doppelten unteren Kulmination: Dez. 24.

Scheinbare Sternörter 1956

Obere Kulmination Greenwich

Nk) 76 Draconis $5^m_{.}69$

Tag	Januar AR.	Januar Dekl.	Januar ☾ Glieder	Februar AR.	Februar Dekl.	Februar ☾ Glieder	März AR.	März Dekl.	März ☾ Glieder	April AR.	April Dekl.	April ☾ Glieder
	20h 45m	+ 82° 22′	in s 0.01 | ″ 0.01	20h 45m	+ 82° 22′	in s 0.01 | ″ 0.01	20h 45m	+ 82° 22′	in s 0.01 | ″ 0.01	20h 45m	+ 82° 22′	in s 0.01 | ″ 0.01
	s	″		s	″		s	″		s	″	
1	44.31	29.41	-4 + 3	42.58	20.08	-2 - 6	43.67	10.94	+1 - 4	47.34	4.18	+3 + 6
2	44.21	29.15	-4 - 1	*42.57	19.75	0 - 5	43.75	10.65	+2 - 1	47.48	4.04	+2 + 7
3	44.11	28.89	-4 - 4	42.57	19.42	+1 - 3	43.84	10.38	+3 + 2	47.64	3.91	+1 + 8
4	44.02	28.62	-3 - 6	42.57	19.09	+2 0	43.93	10.10	+3 + 5	47.79	3.79	0 + 7
5	43.93	28.35	-1 - 6	42.57	18.76	+3 + 3	44.02	9.83	+2 + 7	47.94	3.67	-1 + 4
6	43.84	28.08	0 - 4	42.58	18.43	+3 + 6	44.11	9.56	+2 + 8	48.10	3.56	-2 + 1
7	43.75	27.80	+2 - 2	42.59	18.10	+2 + 7	44.21	9.30	+1 + 8	48.25	3.45	-3 - 2
8	43.67	27.52	+3 + 1	42.60	17.77	+1 + 8	44.31	9.03	-1 + 6	48.41	3.35	-3 - 6
9	43.59	27.24	+3 + 4	42.62	17.45	0 + 7	44.41	8.78	-2 + 3	48.57	3.26	-2 - 9
10	43.51	26.95	+3 + 6	42.64	17.12	-1 + 5	44.51	8.53	-3 0	48.72	3.17	-1 -10
11	43.44	26.66	+2 + 7	42.66	16.80	-2 + 2	44.62	8.28	-3 - 4	48.88	3.09	0 -10
12	43.37	26.37	+1 + 7	42.69	16.47	-3 - 1	44.73	8.03	-3 - 7	49.05	3.02	+2 - 7
13	43.30	26.07	0 + 6	42.72	16.15	-3 - 5	44.84	7.80	-2 - 9	49.21	2.95	+3 - 3
14	43.24	25.77	-1 + 4	42.75	15.83	-3 - 8	44.95	7.56	-1 -10	49.37	2.89	+3 + 1
15	43.18	25.47	-2 + 1	42.78	15.51	-1 -10	45.07	7.33	+1 - 9	49.53	2.83	+3 + 5
16	43.12	25.17	-3 - 3	42.82	15.19	0 -10	45.18	7.10	+2 - 6	49.70	2.78	+2 + 8
17	43.06	24.86	-3 - 6	42.86	14.87	+2 - 8	45.30	6.88	+3 - 2	49.86	2.74	+1 + 9
18	43.01	24.55	-2 - 9	42.90	14.56	+3 - 5	45.42	6.66	+4 + 2	50.02	2.70	-1 + 8
19	42.95	24.24	-1 -10	42.95	14.24	+4 - 1	45.55	6.45	+3 + 6	50.19	2.67	-3 + 5
20	42.91	23.93	+1 -10	43.00	13.93	+4 + 4	45.67	6.25	+2 + 8	50.35	2.64	-4 + 1
21	42.86	23.62	+2 - 8	43.06	13.62	+3 + 7	45.80	6.04	0 + 8	50.51	2.62	-4 - 3
22	42.82	23.31	+4 - 3	43.11	13.31	+1 + 8	45.93	5.85	-2 + 6	50.68	2.61	-3 - 5
23	42.78	22.99	+4 + 1	43.18	13.00	-1 + 8	46.06	5.66	-3 + 3	50.84	2.61	-2 - 7
24	42.75	22.67	+3 + 5	43.24	12.70	-2 + 5	46.20	5.47	-4 - 1	51.01	2.61	0 - 6
25	42.72	22.35	+2 + 8	43.30	12.40	-4 + 2	46.34	5.29	-4 - 4	51.18	2.61	+1 - 4
26	42.69	22.03	0 + 9	43.37	12.10	-4 - 2	46.48	5.11	-3 - 6	51.34	2.63	+2 - 1
27	42.66	21.71	-2 + 7	43.44	11.80	-3 - 5	46.61	4.94	-1 - 6	51.51	2.64	+3 + 2
28	42.64	21.38	-3 + 4	43.51	11.51	-2 - 6	46.76	4.78	0 - 5	51.67	2.67	+3 + 5
29	42.62	21.06	-4 0	43.59	11.22	-1 - 6	46.90	4.62	+2 - 3	51.84	2.70	+2 + 7
30	42.60	20.73	-4 - 3	43.67	10.94	+1 - 4	47.04	4.47	+3 0	52.00	2.74	+2 + 8
31	42.59	20.41	-3 - 5				47.19	4.32	+3 + 3	52.17	2.78	+1 + 7
32	42.58	20.08	-2 - 6				47.34	4.18	+3 + 6			

δ	sec δ	tg δ	δ	sec δ	tg δ	δ	sec δ	tg δ
+82° 22′ 0″	+7.528	+7.462	+82° 22′ 10″	+7.531	+7.464	+82° 22′ 20″	+7.534	+7.467
10	+7.531	+7.464	20	+7.534	+7.467	30	+7.536	+7.470

$\alpha_{1956.0} = 20^h\ 45^m\ 53^s_{.}63$ $\delta_{1956.0} = +82°\ 22'\ 12''_{.}27$

* Tag der doppelten unteren Kulmination: Febr. 2.

Scheinbare Sternörter 1956

Obere Kulmination Greenwich

Nk) 76 Draconis $5^m.69$

Tag	Mai AR.	Mai Dekl.	Mai ☾ Glieder	Juni AR.	Juni Dekl.	Juni ☾ Glieder	Juli AR.	Juli Dekl.	Juli ☾ Glieder	August AR.	August Dekl.	August ☾ Glieder
	$20^h 45^m$	+82° 22′	in s 0.01 | ″ 0.01	$20^h 45^m$	+82° 22′	in s 0.01 | ″ 0.01	$20^h 45^m$	+82° 22′	in s 0.01 | ″ 0.01	$20^h 45^m$	+82° 22′	in s 0.01 | ″ 0.01
	s	″		s	″		s	″		s	″	
1	52.17	2.78	+1 +7	56.91	7.04	−3 −3	59.98	15.43	−1 −10	60.83	26.37	+4 −3
2	52.33	2.84	−1 +5	57.04	7.26	−3 −7	60.05	15.76	0 −10	{ 60.81 / 60.79	26.74 / 27.11	+4 +1 / +3 +5
3	52.50	2.89	−2 +3	57.17	7.49	−2 −9	60.11	16.09	+2 −9	60.77	27.47	+2 +7
4	52.66	2.96	−3 −1	57.30	7.72	−1 −10	60.17	16.42	+3 −6	60.74	27.84	0 +8
5	52.83	3.03	−3 −5	57.43	7.96	+1 −10	60.23	16.76	+4 −1	60.71	28.20	−2 +6
6	52.99	3.10	−3 −8	57.55	8.20	+2 −7	60.29	17.10	+4 +3	60.68	28.56	−3 +3
7	53.15	3.18	−2 −10	57.67	8.44	+3 −3	60.34	17.44	+3 +7	60.65	28.93	−4 −1
8	53.32	3.27	0 −10	57.79	8.69	+4 +1	60.39	17.78	+1 +9	60.62	29.29	−4 −4
9	53.48	3.36	+1 −9	57.91	8.94	+3 +6	60.44	18.13	−1 +8	60.59	29.64	−3 −6
10	53.64	3.46	+3 −5	58.03	9.20	+2 +8	60.49	18.47	−2 +6	60.55	30.00	−1 −6
11	53.80	3.56	+4 −1	58.15	9.46	0 +9	60.53	18.82	−4 +2	60.51	30.36	0 −5
12	53.96	3.67	+4 +4	58.26	9.73	−2 +7	60.57	19.17	−4 −2	60.46	30.72	+2 −2
13	54.11	3.79	+3 +7	58.37	10.00	−3 +5	60.61	19.52	−3 −5	60.41	31.08	+3 +1
14	54.27	3.91	+1 +9	58.48	10.27	−4 +1	60.65	19.87	−2 −6	60.36	31.44	+3 +5
15	54.43	4.04	−1 +9	58.59	10.55	−4 −3	60.68	20.23	−1 −6	60.31	31.79	+3 +7
16	54.58	4.17	−2 +6	58.70	10.83	−3 −5	60.71	20.58	+1 −4	60.25	32.15	+2 +8
17	54.74	4.31	−3 +3	58.80	11.11	−2 −6	60.74	20.94	+2 −1	60.20	32.50	+1 +8
18	54.89	4.45	−4 −1	58.90	11.40	0 −5	60.76	21.30	+3 +3	60.14	32.85	0 +7
19	55.04	4.60	−3 −4	59.00	11.69	+1 −3	60.79	21.65	+3 +6	60.08	33.20	−2 +4
20	55.20	4.76	−2 −6	59.09	11.99	+2 0	60.81	22.01	+2 +7	60.01	33.55	−3 +1
21	55.35	4.92	−1 −6	59.18	12.28	+3 +3	60.82	22.38	+1 +8	59.95	33.89	−3 −2
22	55.49	5.09	+1 −4	59.27	12.59	+3 +6	60.84	22.74	0 +8	59.88	34.24	−3 −5
23	55.64	5.26	+2 −2	59.36	12.89	+2 +7	60.85	23.10	−1 +6	59.80	34.58	−2 −8
24	55.79	5.44	+3 +1	59.45	13.20	+1 +8	60.86	23.46	−2 +3	59.73	34.93	−1 −9
25	55.94	5.62	+3 +4	59.53	13.51	0 +7	60.86	23.83	−2 0	59.65	35.27	0 −9
26	56.08	5.81	+3 +6	59.61	13.82	−1 +5	60.87	24.19	−3 −4	59.57	35.60	+2 −8
27	56.22	6.00	+2 +7	59.69	14.14	−2 +2	60.87	24.55	−3 −7	59.49	35.94	+3 −5
28	56.36	6.20	+1 +7	59.77	14.46	−3 −2	60.86	24.92	−2 −9	59.40	36.27	+4 −1
29	56.50	6.40	0 +6	59.84	14.78	−3 −5	60.86	25.28	−1 −10	59.32	36.60	+4 +3
30	56.64	6.61	−1 +4	59.91	15.10	−2 −8	60.85	25.64	+1 −10	59.23	36.93	+3 +6
31	56.78	6.82	−2 +1	59.98	15.43	−1 −10	60.84	26.01	+2 −7	59.14	37.25	+1 +7
32	56.91	7.04	−3 −3				60.83	26.37	+4 −3	59.05	37.58	−1 +6

δ	sec δ	tg δ	δ	sec δ	tg δ	δ	sec δ	tg δ
+82° 22′ 0″	+7.528	+7.462	+82° 22′ 20″	+7.534	+7.467	+82° 22′ 30″	+7.536	+7.470
10	+7.531	+7.464	30	+7.536	+7.470	40	+7.539	+7.473

$\alpha_{1956.0} = 20^h\ 45^m\ 53^s.63$ $\delta_{1956.0} = +82°\ 22'\ 12''.27$

o

Scheinbare Sternörter 1956

Obere Kulmination Greenwich

Nk) 76 Draconis $5^{m}.69$

Tag	September AR.	September Dekl.	September ☾ Glieder	Oktober AR.	Oktober Dekl.	Oktober ☾ Glieder	November AR.	November Dekl.	November ☾ Glieder	Dezember AR.	Dezember Dekl.	Dezember ☾ Glieder
	$20^h 45^m$	+82° 22′	in 0.01 s, 0.01 ″	$20^h 45^m$	+82° 22′	in 0.01 s, 0.01 ″	$20^h 45^m$	+82° 22′	in 0.01 s, 0.01 ″	$20^h 45^m$	+82° 22′	in 0.01 s, 0.01 ″
	s	″		s	″		s	″		s	″	
1	59.05	37.58	−1 +6	55.31	45.90	−3 −2	50.18	50.49	0 −6	45.07	49.92	+3 +2
2	58.95	37.90	−2 +4	55.17	46.12	−3 −5	50.01	50.55	+2 −3	44.91	49.81	+3 +5
3	58.85	38.22	−3 +1	55.02	46.34	−2 −6	49.83	50.61	+2 0	44.75	49.70	+2 +7
4	58.75	38.53	−4 −3	54.87	46.55	−1 −7	49.66	50.66	+3 +3	44.60	49.58	+1 +8
5	58.65	38.85	−3 −6	54.71	46.76	+1 −5	49.48	50.71	+3 +6	44.44	49.45	0 +8
6	58.54	39.16	−2 −7	54.56	46.96	+2 −2	49.31	50.75	+2 +8	44.29	49.32	−1 +6
7	58.44	39.47	0 −6	54.40	47.16	+3 +1	49.13	50.79	+1 +8	44.14	49.18	−2 +3
8	58.33	39.78	+1 −3	54.24	47.35	+3 +5	48.96	50.82	0 +7	44.00	49.04	−3 0
9	58.22	40.08	+2 0	54.08	47.54	+2 +7	48.78	50.84	−1 +5	43.85	48.89	−3 −3
10	58.11	40.38	+3 +3	53.92	47.72	+2 +8	48.60	50.86	−2 +2	43.70	48.74	−3 −7
11	57.99	40.68	+3 +6	53.76	47.90	+1 +8	48.43	50.87	−3 −1	43.56	48.58	−2 −9
12	57.88	40.97	+2 +8	53.60	48.07	−1 +7	48.25	50.88	−3 −5	43.42	48.42	0 −10
13	57.76	41.27	+1 +8	53.43	48.24	−2 +4	48.07	50.88	−2 −8	43.28	48.25	+1 −9
14	57.64	41.55	0 +8	53.27	48.41	−3 +1	47.90	50.88	−1 −9	43.14	48.07	+2 −7
15	57.51	41.84	−1 +6	53.10	48.57	−3 −3	47.73	50.87	0 −9	43.00	47.89	+3 −3
16	57.39	42.12	−2 +3	52.94	48.72	−3 −6	47.56	50.85	+1 −8	42.86	47.71	+4 +1
17	57.26	42.40	−3 −1	52.77	48.87	−2 −8	47.39	50.83	+3 −5	42.73	47.51	+3 +5
18	57.13	42.67	−3 −4	52.60	49.02	−1 −9	47.22	50.80	+3 −1	42.60	47.31	+2 +8
19	57.00	42.94	−2 −7	52.43	49.16	0 −9	47.05	50.77	+3 +3	42.47	47.11	0 +8
20	56.87	43.21	−2 −9	52.26	49.29	+2 −7	46.88	50.73	+3 +6	42.34	46.91	−2 +6
21	56.74	43.48	0 −9	52.09	49.42	+3 −3	46.71	50.69	+1 +8	42.21	46.70	−3 +3
22	56.60	43.74	+1 −8	51.92	49.55	+3 +1	46.54	50.64	−1 +7	42.09	46.48	−4 0
23	56.47	43.99	+2 −5	51.75	49.67	+3 +4	46.37	50.58	−2 +5	41.97	46.26	−4 −4
24	56.33	44.25	+3 −2	51.58	49.78	+2 +7	46.21	50.52	−3 +2	41.85	46.04	−3 −6
25	56.19	44.50	+3 +2	51.41	49.89	+1 +7	46.04	50.45	−4 −2	41.73	45.81	−1 −6
26	56.05	44.74	+3 +5	51.24	49.99	−1 +6	45.88	50.38	−3 −5	41.62	45.57	0 −5
27	55.90	44.98	+2 +7	51.06	50.09	−3 +4	45.71	50.30	−2 −6	41.50	45.33	+2 −2
28	55.76	45.21	0 +7	50.88	50.18	−3 0	45.55	50.21	0 −6	41.40	45.09	+3 +1
29	55.61	45.44	−2 +5	50.71	50.26	−3 −4	45.39	50.12	+1 −4	41.29	44.84	+3 +4
30	55.46	45.67	−3 +2	50.53	50.34	−3 −6	45.23	50.02	+2 −1	41.18	44.59	+3 +7
31	55.31	45.90	−3 −2	50.36	50.42	−1 −7	45.07	49.92	+3 +2	41.08	44.33	+2 +8
32				50.18	50.49	0 −6				40.98	44.07	+1 +8

δ	sec δ	tg δ	δ	sec δ	tg δ	δ	sec δ	tg δ
+82° 22′ 30″	+7.536	+7.470	+82° 22′ 40″	+7.539	+7.473	+82° 22′ 50″	+7.542	+7.475
40	+7.539	+7.473	50	+7.542	+7.475	60	+7.545	+7.478

$\alpha_{1956.0} = 20^h\ 45^m\ 53^s.63$ $\delta_{1956.0} = +82°\ 22'\ 12''.27$

Obere Kulmination Greenwich

Sa) 4 G. Octantis $5^m_{\cdot}63$

Tag	Januar AR.	Januar Dekl.	Januar ☾ Glieder		Februar AR.	Februar Dekl.	Februar ☾ Glieder		März AR.	März Dekl.	März ☾ Glieder		April AR.	April Dekl.	April ☾ Glieder	
	$1^h 39^m$	−84° 59′	in s 0.01	in ″ 0.01	$1^h 39^m$	−84° 59′	in s 0.01	in ″ 0.01	$1^h 39^m$	−84° 59′	in s 0.01	in ″ 0.01	$1^h 39^m$	−84° 59′	in s 0.01	in ″ 0.01
	s	″			s	″			s	″			s	″		
1	46.27	48.12	+2	+11	38.16	45.99	+4	0	31.73	39.26	+1	−5	27.50	28.80	−6	−4
2	46.00	48.15	+4	+10	37.91	45.83	+2	−3	31.54	38.96	−2	−6	27.42	28.43	−6	−1
3	45.74	48.17	+6	+6	37.66	45.66	0	−6	31.36	38.66	−4	−6	27.34	28.06	−5	+2
4	45.48	48.18	+5	+2	37.41	45.49	−3	−6	31.18	38.36	−6	−5	27.27	27.69	−3	+5
5	45.22	48.18	+4	−1	37.17	45.31	−5	−6	31.00	38.05	−6	−2	27.20	27.32	−1	+6
6	44.95	48.18	+1	−4	36.93	45.12	−6	−4	30.83	37.74	−6	0	27.14	26.94	+2	+7
7	44.69	48.17	−1	−6	36.69	44.93	−6	−1	30.66	37.43	−4	+3	27.08	26.57	+4	+6
8	44.42	48.15	−3	−6	36.45	44.74	−5	+1	30.49	37.11	−2	+5	27.02	26.20	+6	+4
9	44.16	48.13	−5	−5	36.21	44.54	−4	+4	30.33	36.79	0	+7	26.97	25.83	+7	0
10	43.89	48.11	−6	−3	35.97	44.33	−1	+6	30.17	36.47	+3	+6	26.92	25.45	+6	−3
11	43.63	48.07	−6	−1	35.74	44.12	+1	+7	30.01	36.15	+5	+5	26.87	25.08	+4	−7
12	43.36	48.04	−4	+2	35.51	43.91	+4	+6	29.86	35.82	+6	+3	26.83	24.70	+1	−9
13	43.10	47.99	−3	+4	35.28	43.69	+6	+4	29.71	35.49	+6	−1	26.79	24.33	−2	−9
14	42.83	47.94	0	+6	35.05	43.46	+7	+1	29.56	35.16	+5	−5	26.76	23.95	−4	−8
15	42.57	47.88	+2	+6	34.83	43.23	+7	−2	29.42	34.82	+3	−8	26.73	23.58	−6	−5
16	42.30	47.82	+5	+5	34.61	43.00	+5	−6	29.27	34.48	0	−9	*26.71	23.20	−6	0
17	42.04	47.75	+6	+3	34.39	42.76	+2	−9	29.14	34.14	−3	−9	26.68	22.83	−5	+4
18	41.77	47.67	+7	0	34.17	42.52	−1	−10	29.00	33.80	−5	−7	26.67	22.45	−2	+8
19	41.51	47.59	+6	−4	33.95	42.27	−4	−9	28.87	33.45	−6	−4	26.65	22.08	+1	+9
20	41.25	47.50	+4	−8	33.73	42.01	−6	−7	28.74	33.11	−6	+1	26.64	21.70	+3	+9
21	40.99	47.41	+1	−10	33.52	41.76	−6	−2	28.62	32.76	−4	+5	26.63	21.33	+5	+7
22	40.72	47.31	−2	−11	33.31	41.50	−5	+3	28.50	32.41	−1	+8	26.63	20.95	+6	+4
23	40.46	47.20	−5	−9	33.10	41.23	−3	+7	28.38	32.05	+2	+9	26.63	20.58	+5	0
24	40.20	47.09	−6	−5	32.90	40.96	0	+9	28.27	31.70	+4	+8	26.64	20.21	+3	−3
25	39.94	46.97	−6	0	32.69	40.68	+3	+10	28.16	31.34	+5	+6	26.65	19.84	0	−6
26	39.68	46.85	−5	+5	32.50	40.41	+5	+8	28.06	30.98	+5	+2	26.66	19.46	−2	−7
27	39.43	46.72	−2	+9	32.30	40.12	+6	+5	27.95	30.62	+4	−1	26.68	19.09	−4	−6
28	39.17	46.59	+1	+10	32.11	39.84	+5	+1	27.86	30.26	+2	−4	26.70	18.73	−5	−4
29	38.92	46.45	+4	+10	31.92	39.55	+3	−2	27.76	29.89	0	−6	26.73	18.36	−6	−2
30	38.66	46.30	+5	+7	31.73	39.26	+1	−5	27.67	29.53	−3	−6	26.75	17.99	−6	+1
31	38.41	46.15	+5	+4					27.58	29.16	−5	−6	26.79	17.63	−4	+3
32	38.16	45.99	+4	0					27.50	28.80	−6	−4				

δ	sec δ	tg δ	δ	sec δ	tg δ	δ	sec δ	tg δ
−84° 59′ 10″	+11.442	−11.398	−84° 59′ 20″	+11.448	−11.405	−84° 59′ 40″	+11.461	−11.417
20	+11.448	−11.405	30	+11.455	−11.411	50	+11.467	−11.424

$\alpha_{1956.0} = 1^h\ 39^m\ 45^s_{\cdot}12$ $\delta_{1956.0} = -84^\circ\ 59'\ 33''_{\cdot}52$

* Tag der doppelten unteren Kulmination: April 16.

Scheinbare Sternörter 1956

Obere Kulmination Greenwich

Sa) 4 G. Octantis $5^m\!.63$

Tag	Mai AR.	Mai Dekl.	Mai ☾ Glieder in s 0.01	Mai ☾ Glieder in ″ 0.01	Juni AR.	Juni Dekl.	Juni ☾ Glieder in s 0.01	Juni ☾ Glieder in ″ 0.01	Juli AR.	Juli Dekl.	Juli ☾ Glieder in s 0.01	Juli ☾ Glieder in ″ 0.01	August AR.	August Dekl.	August ☾ Glieder in s 0.01	August ☾ Glieder in ″ 0.01
	$1^h\,39^m$	−84° 59′			$1^h\,39^m$	−84° 59′			$1^h\,39^m$	−84° 58′			$1^h\,39^m$	−84° 58′		
	s	″			s	″			s	″			s	″		
1	26.79	17.63	−4	+3	29.61	7.34	+5	+5	35.16	60.64	+7	−3	42.35	58.70	−2	−11
2	26.82	17.26	−2	+5	29.76	7.05	+6	+3	35.38	60.49	+5	−7	42.58	58.73	−4	−9
3	26.86	16.90	+1	+6	29.91	6.77	+7	−1	35.60	60.35	+3	−10	42.82	58.77	−6	−5
4	26.91	16.54	+3	+6	30.06	6.49	+6	−4	35.82	60.21	0	−11	43.05	58.81	−6	0
5	26.95	16.18	+6	+5	30.22	6.21	+4	−8	36.05	60.08	−3	−10	43.28	58.86	−4	+5
6	27.01	15.82	+7	+2	30.38	5.94	+1	−10	36.27	59.95	−5	−7	43.51	58.91	−1	+8
7	27.06	15.47	+7	−2	30.54	5.68	−2	−10	36.50	59.83	−6	−2	43.74	58.97	+2	+10
8	27.12	15.11	+5	−6	30.70	5.41	−5	−8	36.72	59.72	−5	+3	43.97	59.04	+4	+9
9	27.18	14.76	+3	−8	30.87	5.16	−6	−4	36.95	59.61	−3	+7	44.20	59.11	+5	+6
10	27.25	14.41	0	−10	31.03	4.90	−6	+1	37.18	59.51	0	+10	44.42	59.19	+5	+3
11	27.32	14.06	−3	−9	31.21	4.65	−5	+6	37.41	59.41	+3	+10	44.65	59.27	+4	−1
12	27.39	13.71	−5	−6	31.38	4.41	−2	+9	37.64	59.32	+5	+9	44.88	59.36	+2	−4
13	27.47	13.37	−6	−2	31.56	4.17	+1	+10	37.87	59.23	+6	+5	45.10	59.45	−1	−5
14	27.55	13.03	−6	+3	31.74	3.93	+4	+10	38.11	59.15	+5	+1	45.32	59.55	−4	−6
15	27.64	12.69	−4	+7	31.92	3.70	+5	+7	38.34	59.08	+3	−2	45.54	59.66	−5	−4
16	27.73	12.35	−1	+10	32.10	3.47	+5	+4	38.58	59.01	+1	−5	45.76	59.77	−6	−2
17	27.82	12.01	+2	+10	32.29	3.25	+4	0	38.81	58.95	−2	−6	45.97	59.89	−6	+1
18	27.92	11.68	+4	+8	32.48	3.03	+2	−4	39.05	58.89	−4	−5	46.19	60.01	−5	+3
19	28.02	11.35	+5	+5	32.67	2.82	0	−6	39.28	58.84	−6	−4	46.40	60.14	−3	+5
20	28.12	11.02	+5	+1	32.87	2.61	−3	−6	39.52	58.79	−6	−1	46.61	60.28	−1	+7
21	28.23	10.70	+4	−2	33.07	2.40	−5	−5	39.75	58.75	−5	+1	46.82	60.42	+2	+7
22	28.34	10.38	+1	−5	33.27	2.20	−6	−3	39.99	58.72	−4	+3	47.03	60.57	+4	+6
23	28.45	10.06	−1	−6	33.47	2.01	−6	−1	40.22	58.69	−2	+5	47.23	60.72	+6	+4
24	28.57	9.74	−3	−6	33.68	1.82	−5	+2	40.46	58.67	0	+6	47.44	60.87	+6	+1
25	28.68	9.43	−5	−5	33.88	1.63	−3	+4	40.69	58.65	+3	+6	47.64	61.03	+6	−3
26	28.81	9.12	−6	−3	34.09	1.45	−1	+5	40.93	58.64	+5	+5	47.83	61.20	+4	−7
27	28.93	8.81	−5	0	34.30	1.28	+1	+6	41.17	58.64	+6	+2	48.03	61.37	+2	−9
28	29.06	8.51	−4	+2	34.51	1.11	+4	+6	41.40	58.64	+7	−1	48.22	61.55	−1	−10
29	29.19	8.21	−3	+4	34.72	0.95	+6	+4	41.64	58.64	+6	−5	48.41	61.73	−3	−9
30	29.33	7.92	0	+6	34.94	0.79	+7	+1	41.88	58.66	+4	−8	48.60	61.92	−5	−6
31	29.47	7.62	+2	+6	35.16	0.64	+7	−3	42.11	58.68	+1	−10	48.78	62.11	−6	−2
32	29.61	7.34	+5	+5					42.35	58.70	−2	−11	48.96	62.31	−5	+2

δ	sec δ	tg δ	δ	sec δ	tg δ	δ	sec δ	tg δ
−84° 58′ 50″	+11.429	−11.386	−84° 59′ 0″	+11.436	−11.392	−84° 59′ 10″	+11.442	−11.398
60	+11.436	−11.392	10	+11.442	−11.398	20	+11.448	−11.405

$\alpha_{1956.0} = 1^h\ 39^m\ 45^s\!.12$ $\delta_{1956.0} = -84°\ 59'\ 33''\!.52$

Obere Kulmination Greenwich

Sa) 4 G. Octantis $5^m.63$

Tag	September AR.	September Dekl.	September ☾ Glieder	Oktober AR.	Oktober Dekl.	Oktober ☾ Glieder	November AR.	November Dekl.	November ☾ Glieder	Dezember AR.	Dezember Dekl.	Dezember ☾ Glieder
	$1^h 39^m$ s	−84° 59′ ″	in s 0.01 ″ 0.01	$1^h 39^m$ s	−84° 59′ ″	in s 0.01 ″ 0.01	$1^h 39^m$ s	−84° 59′ ″	in s 0.01 ″ 0.01	$1^h 39^m$ s	−84° 59′ ″	in s 0.01 ″ 0.01
1	48.96	2.31	−5 +2	52.78	10.12	+2 +8	52.55	20.35	+3 −4	48.22	28.33	−4 −6
2	49.14	2.51	−2 +6	52.84	10.42	+4 +7	52.47	20.66	0 −6	48.02	28.53	−6 −4
3	49.31	2.72	0 +8	52.90	10.73	+5 +5	52.38	20.97	−3 −6	47.81	28.72	−6 −1
4	49.48	2.93	+3 +9	52.96	11.04	+5 +1	52.29	21.27	−5 −5	47.61	28.92	−6 +1
5	49.65	3.15	+5 +7	53.01	11.36	+4 −2	52.19	21.58	−6 −3	47.40	29.10	−4 +4
6	49.82	3.37	+6 +4	53.06	11.67	+1 −5	52.09	21.88	−6 0	47.18	29.28	−2 +6
7	49.98	3.59	+5 0	53.10	11.99	−1 −6	51.98	22.18	−5 +2	46.97	29.46	0 +7
8	50.15	3.82	+3 −3	53.14	12.31	−4 −6	51.87	22.48	−4 +5	46.75	29.63	+3 +6
9	50.30	4.05	0 −5	53.17	12.63	−5 −4	51.76	22.78	−2 +6	46.53	29.80	+5 +5
10	50.46	4.29	−3 −6	53.20	12.95	−6 −2	51.64	23.07	+1 +7	46.30	29.96	+6 +2
11	50.61	4.53	−5 −5	53.22	13.27	−6 +1	51.51	23.36	+4 +6	46.07	30.11	+6 −1
12	50.75	4.78	−6 −3	53.24	13.60	−5 +4	51.39	23.64	+5 +4	45.84	30.26	+6 −5
13	50.89	5.03	−6 0	53.25	13.92	−3 +6	51.25	23.92	+6 +1	45.61	30.40	+4 −8
14	51.03	5.29	−5 +2	53.26	14.24	0 +7	51.12	24.20	+6 −2	45.38	30.53	+1 −10
15	51.16	5.55	−4 +5	53.27	14.57	+3 +7	50.98	24.48	+5 −6	45.15	30.66	−2 −10
16	51.29	5.81	−2 +6	{53.27 53.27	14.89 15.21	+5 +6 +6 +3}	50.83	24.75	+3 −9	44.91	30.79	−4 −8
17	51.42	6.07	+1 +7	53.26	15.54	+6 0	50.68	25.02	0 −10	44.67	30.91	−6 −4
18	51.54	6.34	+3 +6	53.25	15.86	+6 −4	50.53	25.28	−3 −9	44.43	31.02	−5 +1
19	51.66	6.61	+5 +5	53.23	16.19	+4 −7	50.37	25.54	−5 −6	44.18	31.13	−4 +5
20	51.78	6.89	+6 +2	53.20	16.52	+1 −9	50.21	25.80	−6 −2	43.94	31.23	−1 +8
21	51.89	7.17	+6 −2	53.17	16.84	−2 −9	50.05	26.05	−5 +3	43.69	31.32	+2 +10
22	52.00	7.45	+5 −5	53.14	17.17	−4 −8	49.88	26.30	−3 +6	43.44	31.41	+4 +9
23	52.10	7.74	+3 −8	53.10	17.49	−5 −5	49.71	26.54	0 +9	43.19	31.49	+5 +6
24	52.20	8.03	0 −9	53.06	17.81	−5 0	49.54	26.78	+3 +9	42.94	31.57	+5 +3
25	52.30	8.32	−3 −9	53.01	18.14	−4 +4	49.36	27.01	+5 +7	42.69	31.64	+4 −1
26	52.39	8.61	−5 −7	52.96	18.46	−2 +7	49.18	27.24	+5 +4	42.44	31.71	+2 −4
27	52.48	8.91	−6 −4	52.90	18.77	+1 +8	49.00	27.47	+5 +1	42.18	31.77	−1 −6
28	52.56	9.20	−5 +1	52.84	19.09	+4 +8	48.81	27.69	+3 −3	41.93	31.82	−4 −6
29	52.64	9.51	−3 +5	52.78	19.41	+5 +6	48.62	27.91	+1 −5	41.67	31.87	−5 −4
30	52.71	9.81	−1 +7	52.71	19.73	+6 +3	48.42	28.12	−2 −6	41.41	31.91	−6 −2
31	52.78	10.12	+2 +8	52.63	20.04	+5 −1	48.22	28.33	−4 −6	41.15	31.94	−6 +1
32				52.55	20.35	+3 −4				40.89	31.97	−5 +3

δ	sec δ	tg δ	δ	sec δ	tg δ	δ	sec δ	tg δ
−84° 59′ 0″	+11.436	−11.392	−84° 59′ 10″	+11.442	−11.398	−84° 59′ 30″	+11.455	−11.411
10	+11.442	−11.398	20	+11.448	−11.405	40	+11.461	−11.417

$\alpha_{1956.0} = 1^h\ 39^m\ 45^s.12$ $\delta_{1956.0} = -84°\ 59'\ 33''.52$

Scheinbare Sternörter 1956

Obere Kulmination Greenwich

Sb) ξ Mensae $5^m.85$

Tag	Januar AR.	Januar Dekl.	Januar ☾ Glieder in		Februar AR.	Februar Dekl.	Februar ☾ Glieder in		März AR.	März Dekl.	März ☾ Glieder in		April AR.	April Dekl.	April ☾ Glieder in	
	$5^h\ 3^m$	−82° 32′	s 0.01	″ 0.01	$5^h\ 3^m$	−82° 32′	s 0.01	″ 0.01	$5^h\ 3^m$	−82° 32′	s 0.01	″ 0.01	$5^h\ 3^m$	−82° 32′	s 0.01	″ 0.01
	s	″			s	″			s	″			s	″		
1	55.09	6.45	−2	+8	50.85	13.88	+2	+4	45.49	16.52	+2	−2	39.60	14.42	−1	−8
2	55.00	6.74	−1	+10	50.68	14.05	+2	+1	45.29	16.53	+1	−5	39.43	14.28	−2	−7
3	54.89	7.04	0	+9	50.51	14.21	+2	−3	45.10	16.54	0	−7	39.25	14.13	−2	−4
4	54.79	7.33	+1	+6	50.34	14.36	+1	−6	44.90	16.54	−1	−8	39.07	13.97	−2	−1
5	54.68	7.62	+2	+3	50.16	14.51	0	−8	44.70	16.53	−2	−8	38.90	13.81	−2	+3
6	54.57	7.90	+2	−1	49.99	14.66	−1	−8	44.51	16.52	−2	−6	38.73	13.65	−1	+6
7	54.46	8.19	+1	−4	49.81	14.80	−2	−7	44.31	16.51	−2	−3	38.56	13.48	0	+8
8	54.34	8.46	+1	−7	49.63	14.93	−2	−5	44.12	16.49	−2	0	38.39	13.31	+1	+8
9	54.22	8.74	0	−8	49.46	15.06	−2	−2	43.93	16.46	−2	+4	38.23	13.13	+2	+8
10	54.10	9.01	−1	−8	49.28	15.19	−2	+2	43.73	16.43	−1	+7	38.06	12.95	+3	+5
11	53.98	9.28	−2	−6	49.09	15.31	−1	+5	43.54	16.39	0	+8	37.90	12.76	+4	+1
12	53.85	9.54	−2	−4	48.91	15.42	0	+7	43.35	16.35	+2	+8	37.74	12.57	+3	−3
13	53.72	9.80	−2	−1	48.73	15.53	+1	+8	43.15	16.30	+3	+7	37.58	12.38	+2	−6
14	53.59	10.06	−2	+3	48.55	15.63	+2	+8	42.96	16.25	+3	+4	37.42	12.18	+1	−9
15	53.45	10.31	−1	+6	48.36	15.73	+3	+6	42.77	16.19	+4	0	37.26	11.97	−1	−8
16	53.32	10.56	0	+8	48.17	15.82	+4	+2	42.58	16.13	+3	−5	37.11	11.77	−2	−7
17	53.18	10.80	+2	+8	47.99	15.90	+4	−2	42.39	16.06	+2	−8	36.96	11.55	−3	−3
18	53.04	11.04	+3	+7	47.80	15.98	+3	−6	42.20	15.98	0	−9	36.81	11.34	−3	+2
19	52.89	11.27	+4	+4	47.61	16.06	+1	−9	42.01	15.90	−1	−8	36.66	11.12	−3	+6
20	52.75	11.50	+4	0	47.42	16.13	0	−9	41.82	15.82	−2	−5	36.51	10.90	−2	+8
21	52.60	11.72	+3	−4	47.23	16.19	−2	−8	41.63	15.73	−3	−1	36.36	10.67	0	+9
22	52.45	11.94	+2	−7	47.03	16.25	−3	−4	41.44	15.63	−3	+3	36.22	10.44	+1	+8
23	52.30	12.16	+1	−9	46.84	16.31	−3	0	41.25	15.53	−2	+7	36.08	10.21	+2	+5
24	52.15	12.37	−1	−9	46.65	16.36	−3	+5	41.06	15.43	−1	+9	35.94	9.97	+2	+1
25	51.99	12.58	−2	−6	46.45	16.40	−2	+8	40.87	15.32	0	+9	35.80	9.73	+2	−3
26	51.84	12.78	−3	−2	46.26	16.43	−1	+9	40.69	15.20	+1	+7	35.67	9.49	+1	−6
27	51.68	12.98	−3	+2	46.07	16.46	+1	+8	40.51	15.09	+2	+3	35.54	9.24	0	−8
28	51.52	13.17	−3	+6	45.87	16.49	+2	+6	40.32	14.96	+2	0	35.41	8.99	−1	−8
29	51.35	13.35	−2	+9	45.68	16.51	+2	+2	40.14	14.83	+2	−4	35.28	8.74	−2	−7
30	51.19	13.54	0	+9	45.49	16.52	+2	−2	39.96	14.70	+1	−7	35.15	8.48	−2	−5
31	51.02	13.71	+1	+8					39.78	14.57	0	−8	35.02	8.22	−2	−2
32	50.85	13.88	+2	+4					39.60	14.42	−1	−8				

δ	sec δ	tg δ	δ	sec δ	tg δ
−82° 32′ 0″	+7.695	−7.630	−82° 32′ 10″	+7.698	−7.633
10	+7.698	−7.633	20	+7.701	−7.636

$\alpha_{1956.0} = 5^h\ 3^m\ 48^s.18$ $\delta_{1956.0} = -82°\ 31'\ 57''.20$

Obere Kulmination Greenwich

Sb) ξ Mensae $5^m_.85$

Tag	Mai AR.	Mai Dekl.	Mai ☾ Glieder	Juni AR.	Juni Dekl.	Juni ☾ Glieder	Juli AR.	Juli Dekl.	Juli ☾ Glieder	August AR.	August Dekl.	August ☾ Glieder
.	$5^h\ 3^m$	−82° 31′	in s 0.01 | ″ 0.01	$5^h\ 3^m$	−82° 31′	in s 0.01 | ″ 0.01	$5^h\ 3^m$	−82° 31′	in s 0.01 | ″ 0.01	$5^h\ 3^m$	−82° 31′	in s 0.01 | ″ 0.01
	s	″		s	″		s	″		s	″	
1	35.02	68.22	−2 −2	32.39	58.94	0 +8	32.41	49.16	+3 +5	34.99	40.70	+2 −8
2	34.90	67.96	−2 +1	32.35	58.61	+2 +8	32.45	48.85	+4 +2	35.11	40.49	+1 −9
3	34.78	67.69	−2 +4	32.31	58.28	+3 +7	32.50	48.54	+4 −2	35.23	40.28	−1 −8
4	34.66	67.42	0 +7	32.28	57.95	+4 +4	32.55	48.23	+3 −6	35.36	40.07	−2 −6
5	34.54	67.15	+1 +8	32.25	57.63	+4 0	32.60	47.93	+2 −9	35.48	39.87	−3 −2
6	34.43	66.87	+2 +8	32.22	57.30	+3 −4	32.66	47.62	0 −9	35.61	39.67	−3 +3
7	34.32	66.59	+3 +6	*32.19	56.97	+2 −7	32.72	47.32	−2 −8	35.74	39.48	−2 +7
8	34.21	66.31	+4 +3	32.17	56.64	+1 −9	32.78	47.02	−3 −4	35.87	39.29	−1 +9
9	34.11	66.03	+4 −1	32.15	56.31	−1 −8	32.84	46.72	−3 0	36.01	39.11	0 +9
10	34.00	65.74	+3 −5	32.13	55.98	−2 −6	32.91	46.43	−3 +5	36.14	38.93	+1 +7
11	33.90	65.46	+1 −8	32.11	55.65	−3 −2	32.98	46.13	−2 +8	36.28	38.75	+2 +4
12	33.80	65.16	0 −9	32.10	55.32	−3 +3	33.05	45.84	−1 +9	36.42	38.58	+2 0
13	33.71	64.87	−2 −8	32.09	54.99	−3 +7	33.12	45.55	0 +8	36.56	38.42	+1 −4
14	33.62	64.57	−3 −4	32.08	54.66	−2 +9	33.20	45.26	+1 +6	36.70	38.26	0 −7
15	33.52	64.28	−3 0	32.08	54.33	0 +9	33.28	44.98	+2 +2	36.85	38.11	−1 −8
16	33.44	63.97	−3 +4	32.08	54.00	+1 +7	33.36	44.70	+2 −2	36.99	37.96	−2 −8
17	33.35	63.67	−2 +8	32.08	53.68	+2 +4	33.44	44.42	+1 −5	37.14	37.82	−2 −6
18	33.27	63.37	−1 +9	32.09	53.35	+2 0	33.53	44.15	0 −7	37.28	37.68	−3 −3
19	33.19	63.06	0 +8	32.09	53.02	+2 −4	33.62	43.88	−1 −8	37.43	37.55	−2 0
20	33.11	62.75	+1 +6	32.10	52.69	+1 −6	33.71	43.61	−2 −7	37.58	37.42	−2 +3
21	33.03	62.45	+2 +2	32.11	52.37	0 −8	33.80	43.35	−2 −5	37.73	37.30	−1 +6
22	32.96	62.13	+2 −1	32.13	52.04	−1 −8	33.90	43.09	−2 −2	37.88	37.18	0 +7
23	32.89	61.82	+1 −5	32.15	51.72	−2 −7	34.00	42.83	−2 +1	38.04	37.07	+1 +8
24	32.82	61.50	+1 −7	32.17	51.39	−2 −4	34.10	42.58	−2 +4	38.19	36.97	+2 +7
25	32.76	61.19	0 −8	32.20	51.07	−2 −1	34.21	42.33	−1 +6	38.34	36.87	+3 +5
26	32.70	60.87	−1 −8	32.23	50.75	[illegible]	34.31	42.08	0 +8	38.50	36.78	+4 +1
27	32.64	60.55	−2 −6	32.26	50.43	−1 +5	34.42	41.84	+2 +8	38.66	36.70	+3 −3
28	32.59	60.23	−2 −3	32.29	50.11	0 +7	34.53	41.60	+3 +6	38.82	36.62	+3 −6
29	32.53	59.91	−2 0	32.33	49.80	+1 +8	34.64	41.37	+4 +3	38.98	36.54	+1 −8
30	32.48	59.58	−2 +3	32.36	49.48	+2 +8	34.76	41.14	+4 0	39.14	36.47	0 −9
31	32.44	59.26	−1 +6	32.41	49.16	+3 +5	34.87	40.92	+3 −4	39.30	36.41	−2 −7
32	32.39	58.94	0 +8				34.99	40.70	+2 −8	39.46	36.35	−3 −3

δ	sec δ	tg δ	δ	sec δ	tg δ	δ	sec δ	tg δ
−82° 31′ 30″	+7.687	−7.621	−82° 31′ 40″	+7.690	−7.624	−82° 32′ 0″	+7.695	−7.630
40	+7.690	−7.624	50	+7.692	−7.627	10	+7.698	−7.633

$\alpha_{1956.0} = 5^h\ 3^m\ 48^s_.18$ $\delta_{1956.0} = -82°\ 31'\ 57''_.20$

* Tag der doppelten unteren Kulmination: Juni 7.

Scheinbare Sternörter 1956

Obere Kulmination Greenwich

Sb) ξ Mensae $5^{m}_{.}85$

Tag	September AR.	September Dekl.	September ☾ Glieder		Oktober AR.	Oktober Dekl.	Oktober ☾ Glieder		November AR.	November Dekl.	November ☾ Glieder		Dezember AR.	Dezember Dekl.	Dezember ☾ Glieder	
	$5^h\ 3^m$	$-82°\ 31'$	in s 0.01	in ″ 0.01	$5^h\ 3^m$	$-82°\ 31'$	in s 0.01	in ″ 0.01	$5^h\ 3^m$	$-82°\ 31'$	in s 0.01	in ″ 0.01	$5^h\ 3^m$	$-82°\ 31'$	in s 0.01	in ″ 0.01
	s	″			s	″			s	″			s	″		
1	39.46	36.35	-3	-3	44.31	37.55	-2	+7	48.27	44.27	+2	+4	49.75	54.12	+1	-5
2	39.62	36.30	-3	+1	44.47	37.68	0	+9	48.36	44.56	+2	0	49.75	54.47	0	-7
3	39.79	36.26	-2	+5	44.62	37.83	+1	+8	48.45	44.85	+2	-3	49.75	54.82	-1	-8
4	39.95	36.22	-1	+8	44.77	37.97	+2	+6	48.54	45.15	+1	-6	49.74	55.17	-2	-7
5	40.11	36.19	0	+9	44.92	38.13	+2	+3	48.62	45.45	0	-8	49.73	55.52	-2	-5
6	40.27	36.17	+1	+8	45.07	38.29	+2	-1	48.70	45.76	-1	-8	49.72	55.87	-3	-2
7	40.44	36.15	+2	+5	45.21	38.45	+1	-5	48.78	46.06	-2	-7	49.70 49.68	56.22 56.57	-3 -2	+1 +4
8	40.60	36.13	+2	+1	45.36	38.62	0	-7	48.86	46.38	-3	-4	49.66	56.92	-1	+6
9	40.77	36.12	+2	-3	45.51	38.80	-1	-8	48.93	46.69	-3	-1	49.63	57.27	0	+8
10	40.93	36.12	+1	-6	45.65	38.98	-2	-8	49.00	47.01	-2	+2	49.61	57.61	+2	+8
11	41.10	36.13	0	-8	45.79	39.17	-2	-6	49.06	47.32	-1	+5	49.57	57.96	+3	+6
12	41.26	36.14	-1	-8	45.93	39.36	-3	-3	49.13	47.65	0	+7	49.54	58.31	+4	+3
13	41.43	36.16	-2	-7	46.07	39.56	-3	0	49.19	47.97	+1	+8	49.50	58.65	+4	0
14	41.59	36.18	-3	-4	46.20	39.77	-2	+4	49.24	48.30	+2	+7	49.46	58.99	+3	-4
15	41.75	36.21	-3	-1	46.33	39.98	-1	+6	49.30	48.63	+3	+5	49.41	59.33	+2	-7
16	41.92	36.25	-2	+2	46.46	40.19	0	+8	49.35	48.96	+4	+2	49.36	59.67	+1	-9
17	42.08	36.29	-2	+5	46.59	40.41	+1	+8	49.40	49.29	+3	-2	49.31	60.01	-1	-8
18	42.24	36.34	-1	+7	46.72	40.64	+2	+7	49.45	49.63	+3	-5	49.25	60.35	-2	-5
19	42.41	36.40	+1	+8	46.85	40.87	+3	+4	49.49	49.97	+1	-8	49.19	60.69	-3	-1
20	42.57	36.46	+2	+8	46.97	41.10	+4	0	49.53	50.31	0	-8	49.13	61.02	-3	+3
21	42.73	36.53	+3	+6	47.09	41.34	+3	-3	49.57	50.65	-2	-7	49.06	61.35	-2	+7
22	42.90	36.60	+3	+3	47.21	41.59	+2	-6	49.60	50.99	-3	-4	48.99	61.68	-1	+9
23	43.06	36.69	+3	-1	47.33	41.83	+1	-8	49.63	51.34	-3	0	48.92	62.00	0	+9
24	43.22	36.77	+3	-5	47.45	42.09	-1	-8	49.66	51.68	-3	+4	48.84	62.33	+1	+7
25	43.38	36.87	+2	-7	47.56	42.35	-2	-6	49.68	52.03	-2	+7	48.77	62.65	+2	+3
26	43.54	36.97	0	-8	47.67	42.61	-3	-2	49.70	52.37	0	+9	48.69	62.96	+2	-1
27	43.69	37.07	-1	-8	47.78	42.87	-3	+2	49.72	52.72	+1	+8	48.61	63.28	+1	-4
28	43.85	37.18	-2	-5	47.88	43.15	-2	+6	49.73	53.07	+2	+5	48.52	63.59	0	-7
29	44.01	37.30	-3	-1	47.98	43.42	-1	+8	49.74	53.42	+2	+2	48.43	63.90	-1	-8
30	44.16	37.42	-3	+3	48.08	43.70	0	+9	49.75	53.77	+2	-2	48.34	64.21	-2	-7
31	44.31	37.55	-2	+7	48.18	43.98	+1	+7	49.75	54.12	+1	-5	48.24	64.51	-2	-6
32					48.27	44.27	+2	+4					48.14	64.81	-3	-3

δ	sec δ	tg δ	δ	sec δ	tg δ	δ	sec δ	tg δ
−82° 31′ 30″	+7.687	−7.621	−82° 31′ 50″	+7.692	−7.627	−82° 32′ 0″	+7.695	−7.630
40	+7.690	−7.624	60	+7.695	−7.630	10	+7.698	−7.633

$\alpha_{1956.0} = 5^h\ 3^m\ 48^s_{.}18$ $\delta_{1956.0} = -82°\ 31'\ 57''_{.}20$

Scheinbare Sternörter 1956

Obere Kulmination Greenwich

Sc) ζ Octantis $5^m.38$

Tag	Januar AR.	Januar Dekl.	Januar ☾ Glieder	Februar AR.	Februar Dekl.	Februar ☾ Glieder
	$9^h\ 3^m$	— 85° 29′	in s 0.01 | ″ 0.01	$9^h\ 3^m$	— 85° 29′	in s 0.01 | ″ 0.01
	s	″		s	″	
1	40.92	18.79	-6 - 6	42.71	30.20	-4 + 6
2	41.05	19.13	-8 - 2	42.69	30.59	-1 + 6
3	41.17	19.47	-7 + 2	42.66	30.97	+1 + 4
4	41.29	19.81	-6 + 4	42.63	31.36	+4 + 2
5	41.41	20.16	-3 + 6	42.59	31.75	+5 - 1
6	41.52	20.51	0 + 5	{ 42.55 42.51	32.13 32.52	+ 6 -4 + 5 -6 }
7	41.63	20.86	+2 + 3	42.46	32.90	+3 - 7
8	41.74	21.22	+4 + 1	42.40	33.28	+1 - 7
9	41.84	21.58	+5 - 2	42.34	33.67	-1 - 6
10	41.93	21.94	+5 - 5	42.27	34.05	-3 - 4
11	42.02	22.30	+4 - 6	42.20	34.42	-5 - 1
12	42.10	22.66	+3 - 7	42.12	34.80	-5 + 3
13	42.18	23.02	+1 - 7	42.04	35.18	-5 + 6
14	42.25	23.39	-2 - 5	41.95	35.56	-4 + 9
15	42.32	23.75	-4 - 2	41.86	35.94	-1 +10
16	42.38	24.12	-5 + 1	41.77	36.31	+2 + 9
17	42.44	24.50	-5 + 5	41.67	36.68	+5 + 7
18	42.50	24.87	-5 + 8	41.57	37.05	+7 + 3
19	42.55	25.24	-3 +10	41.46	37.42	+7 - 1
20	42.59	25.62	0 +11	41.35	37.79	+6 - 5
21	42.63	26.00	+3 + 9	41.23	38.16	+4 - 7
22	42.66	26.38	+6 + 6	41.11	38.52	0 - 8
23	42.69	26.76	+7 + 2	40.99	38.88	-3 - 7
24	42.71	27.14	+7 - 3	40.86	39.24	-6 - 4
25	42.73	27.52	+5 - 7	40.73	39.60	-7 0
26	42.71	27.90	+2 - 9	40.59	39.96	-7 + 3
27	42.75	28.29	-1 - 9	40.45	40.31	-5 + 5
28	42.75	28.67	-5 - 7	40.31	40.66	-2 + 6
29	42.75	29.05	-7 - 3	40.16	41.01	0 + 5
30	42.74	29.44	-8 + 1	40.01	41.35	+3 + 3
31	42.73	29.82	-7 + 4			
32	42.71	30.20	-4 + 6			

Tag	März AR.	März Dekl.	März ☾ Glieder	April AR.	April Dekl.	April ☾ Glieder
	$9^h\ 3^m$	— 85° 29′	in s 0.01 | ″ 0.01	$9^h\ 3^m$	— 85° 29′	in s 0.01 | ″ 0.01
	s	″		s	″	
1	40.01	41.35	+3 + 3	33.55	50.45	+5 - 6
2	39.85	41.69	+5 0	33.30	50.68	+3 - 7
3	39.69	42.03	+6 - 3	33.05	50.91	+1 - 7
4	39.52	42.37	+5 - 5	32.79	51.13	-2 - 6
5	39.35	42.70	+4 - 7	32.54	51.35	-4 - 3
6	39.18	43.03	+2 - 8	32.28	51.56	-5 0
7	39.00	43.36	0 - 7	32.02	51.77	-5 + 4
8	38.82	43.69	-2 - 5	31.75	51.97	-5 + 7
9	38.64	44.01	-4 - 2	31.49	52.17	-4 + 9
10	38.45	44.33	-5 + 1	31.22	52.37	-1 +10
11	38.26	44.65	-5 + 5	30.95	52.56	+2 + 9
12	38.07	44.96	-4 + 8	30.68	52.75	+5 + 6
13	37.87	45.27	-2 +10	30.41	52.93	+6 + 2
14	37.67	45.58	0 +10	30.14	53.11	+6 - 3
15	37.46	45.88	+3 + 8	29.86	53.28	+5 - 6
16	37.26	46.18	+6 + 4	29.59	53.45	+2 - 8
17	37.04	46.48	+7 0	29.31	53.61	-1 - 8
18	36.83	46.77	+6 - 4	29.03	53.76	-4 - 6
19	36.61	47.06	+4 - 7	28.76	53.92	-6 - 3
20	36.39	47.34	+1 - 8	28.48	54.06	-7 + 1
21	36.17	47.63	-2 - 8	28.19	54.20	-6 + 4
22	35.95	47.90	-5 - 5	27.91	54.34	-4 + 6
23	35.72	48.18	-7 - 2	27.63	54.47	-2 + 6
24	35.49	48.45	-7 + 2	27.35	54.60	+1 + 5
25	35.25	48.72	-6 + 5	27.06	54.72	+4 + 3
26	35.01	48.98	-3 + 6	26.78	54.83	+5 0
27	34.77	49.23	0 + 6	26.49	54.94	+6 - 3
28	34.53	49.49	+2 + 4	26.20	55.05	+5 - 5
29	34.28	49.74	+4 + 2	25.92	55.15	+4 - 7
30	34.04	49.98	+5 - 1	25.63	55.24	+2 - 7
31	33.79	50.22	+6 - 4	25.34	55.33	0 - 6
32	33.55	50.45	+5 - 6			

δ	sec δ	tg δ	δ	sec δ	tg δ	δ	sec δ	tg δ
−85° 29′ 10″	+12.706	−12.667	−85° 29′ 30″	+12.722	−12.683	−85° 29′ 50″	+12.738	−12.698
20	+12.714	−12.675	40	+12.730	−12.690	60	+12.745	−12.706

$\alpha_{1956.0} = 9^h\ 3^m\ 28^s.45$ $\delta_{1956.0} = -85°\ 29'\ 24''.17$

Scheinbare Sternörter 1956

Obere Kulmination Greenwich

Sc) ζ Octantis 5ᵐ.38

Tag	Mai AR.	Mai Dekl.	Mai ☾ Glieder	Juni AR.	Juni Dekl.	Juni ☾ Glieder	Juli AR.	Juli Dekl.	Juli ☾ Glieder	August AR.	August Dekl.	August ☾ Glieder
	$9^h\ 3^m$ s	−85° 29′ ″	in 0.01 s | 0.01 ″	$9^h\ 3^m$ s	−85° 29′ ″	in 0.01 s | 0.01 ″	$9^h\ 3^m$ s	−85° 29′ ″	in 0.01 s | 0.01 ″	$9^h\ 3^m$ s	−85° 29′ ″	in 0.01 s | 0.01 ″
1	25.34	55.33	0 − 6	16.66	55.49	−5 + 5	9.86	51.00	−1 +11	6.18	42.83	+7 + 2
2	25.06	55.42	−3 − 4	16.40	55.41	−4 + 8	9.68	50.78	+2 +10	6.13	42.53	+7 − 2
3	24.77	55.50	−4 − 1	16.14	55.32	−3 +10	9.51	50.56	+5 + 8	6.09	42.23	+5 − 6
4	24.48	55.57	−5 + 2	15.88	55.23	0 +11	9.33	50.33	+7 + 4	6.05	41.93	+2 − 8
5	24.19	55.64	−5 + 6	15.63	55.14	+3 + 9	9.17	50.11	+7 − 1	6.01	41.63	−2 − 7
6	23.91	55.70	−4 + 9	15.37	55.04	+6 + 6	9.00	49.87	+6 − 5	5.99	41.33	−5 − 5
7	23.62	55.76	−2 +10	15.12	54.93	+7 + 2	8.84	49.64	+4 − 8	*5.96	41.03	−7 − 2
8	23.33	55.81	+1 +10	14.87	54.82	+7 − 3	8.68	49.40	0 − 9	5.94	40.72	−7 + 2
9	23.04	55.86	+4 + 7	14.62	54.71	+5 − 7	8.53	49.16	−3 − 7	5.93	40.41	−6 + 4
10	22.76	55.90	+6 + 4	14.38	54.59	+2 − 9	8.38	48.91	−6 − 5	5.92	40.11	−4 + 6
11	22.47	55.94	+7 − 1	14.13	54.46	−2 − 9	8.23	48.66	−7 − 1	5.92	39.80	−1 + 6
12	22.19	55.97	+6 − 5	13.89	54.33	−5 − 6	8.09	48.41	−7 + 3	5.92	39.49	+2 + 4
13	21.90	56.00	+3 − 8	13.65	54.19	−7 − 3	7.95	48.15	−5 + 5	5.93	39.19	+4 + 1
14	21.61	56.02	0 − 9	13.42	54.05	−8 + 1	7.82	47.90	−3 + 6	5.94	38.88	+5 − 3
15	21.33	56.03	−3 − 8	13.18	53.91	−6 + 4	7.69	47.63	+1 + 5	5.95	38.57	+5 − 6
16	21.05	56.04	−6 − 5	12.95	53.76	−4 + 6	7.57	47.37	+3 + 2	5.97	38.27	+4 − 8
17	20.76	56.05	−7 − 1	12.73	53.61	−1 + 6	7.45	47.10	+5 0	6.00	37.96	+2 − 8
18	20.48	56.05	−7 + 2	12.50	53.45	+2 + 4	7.33	46.83	+5 − 4	6.03	37.65	0 − 8
19	20.20	56.04	−5 + 5	12.28	53.28	+4 + 2	7.22	46.56	+5 − 6	6.06	37.35	−2 − 6
20	19.92	56.03	−3 + 6	12.06	53.12	+5 − 1	7.11	46.29	+3 − 7	6.10	37.04	−4 − 3
21	19.64	56.02	0 + 6	11.84	52.95	+5 − 4	7.01	46.01	+1 − 8	6.15	36.74	−5 0
22	19.37	56.00	+3 + 4	11.63	52.77	+5 − 6	6.91	45.73	0 − 7	6.20	36.44	−5 + 3
23	19.09	55.97	+4 + 1	11.42	52.59	+3 − 7	6.82	45.45	−2 − 5	6.25	36.14	−5 + 6
24	18.81	55.94	+5 − 2	11.21	52.41	+1 − 7	6.73	45.17	−4 − 2	6.31	35.83	−3 + 9
25	18.54	55.90	+5 − 5	11.01	52.22	−1 − 6	6.65	44.88	−5 + 1	6.38	35.53	0 +10
26	18.26	55.86	+4 − 6	10.81	52.03	−3 − 4	6.57	44.59	−5 + 5	6.45	35.24	+2 +10
27	17.99	55.81	+2 − 7	10.61	51.83	−5 − 1	6.49	44.30	−4 + 8	6.52	34.94	+5 + 7
28	17.72	55.75	+1 − 7	10.42	51.63	−5 + 3	6.42	44.01	−2 +10	6.60	34.64	+7 + 3
29	17.45	55.70	−2 − 5	10.23	51.42	−5 + 6	6.35	43.72	+1 +10	6.69	34.35	+7 − 1
30	17.19	55.63	−3 − 3	10.04	51.21	−4 + 9	6.29	43.43	+4 + 9	6.78	34.05	+6 − 5
31	16.92	55.56	−5 + 1	9.86	51.00	−1 +11	6.23	43.13	+6 + 6	6.87	33.76	+4 − 7
32	16.66	55.49	−5 + 5				6.18	42.83	+7 + 2	6.97	33.47	0 − 7

δ	sec δ	tg δ	δ	sec δ	tg δ	δ	sec δ	tg δ
−85° 29′ 30″	+12.722	−12.683	−85° 29′ 40″	+12.730	−12.690	−85° 29′ 50″	+12.738	−12.698
40	+12.730	−12.690	50	+12.738	−12.698	60	+12.745	−12.706

$\alpha_{1956.0} = 9^h\ 3^m\ 28^s.45$ $\delta_{1956.0} = -85°\ 29'\ 24''.17$

* Tag der doppelten unteren Kulmination: Aug. 7.

Scheinbare Sternörter 1956

Obere Kulmination Greenwich

Sc) ζ Octantis $5^{m}.38$

Tag	September AR.	September Dekl.	September ☾ Glieder		Oktober AR.	Oktober Dekl.	Oktober ☾ Glieder		November AR.	November Dekl.	November ☾ Glieder		Dezember AR.	Dezember Dekl.	Dezember ☾ Glieder	
	$9^h\ 3^m$ s	$-85°\ 29'$ ″	in 0.01 s	in 0.01 ″	$9^h\ 3^m$ s	$-85°\ 29'$ ″	in 0.01 s	in 0.01 ″	$9^h\ 3^m$ s	$-85°\ 29'$ ″	in 0.01 s	in 0.01 ″	$9^h\ 3^m$ s	$-85°\ 29'$ ″	in 0.01 s	in 0.01 ″
1	6.97	33.47	0	−7	11.97	26.21	−6	−1	20.09	23.33	−1	+6	28.30	26.34	+5	0
2	7.08	33.18	−3	−6	12.20	26.03	−6	+3	20.37	23.34	+2	+5	28.55	26.54	+5	−3
3	7.18	32.89	−6	−3	12.43	25.86	−5	+5	20.65	23.35	+4	+2	28.79	26.74	+5	−6
4	7.30	32.61	−7	+1	12.67	25.69	−3	+7	20.94	23.37	+5	−1	29.03	26.95	+3	−7
5	7.42	32.33	−6	+4	12.90	25.53	0	+6	21.22	23.40	+5	−4	29.27	27.17	+2	−8
6	7.54	32.05	−4	+6	13.14	25.37	+3	+4	21.50	23.43	+5	−7	29.51	27.39	−1	−7
7	7.66	31.78	−2	+6	13.38	25.22	+5	+1	21.79	23.47	+3	−8	29.74	27.61	−3	−5
8	7.80	31.51	+1	+5	13.62	25.07	+5	−3	22.07	23.52	+1	−8	29.97	27.84	−4	−2
9	7.93	31.24	+4	+2	13.87	24.93	+5	−6	22.36	23.57	−1	−7	30.20	28.08	−5	+1
10	8.07	30.97	+5	−1	14.12	24.79	+4	−8	22.64	23.63	−3	−4	30.42	28.32	−5	+5
11	8.21	30.71	+5	−4	14.37	24.66	+2	−8	22.93	23.69	−5	−1	30.64	28.57	−4	+7
12	8.36	30.44	+5	−7	14.63	24.54	0	−8	23.21	23.76	−5	+3	30.86	28.82	−2	+10
13	8.52	30.19	+3	−8	14.89	24.42	−3	−6	23.49	23.84	−5	+6	31.07	29.07	+1	+10
14	8.67	29.93	+1	−8	15.15	24.31	−4	−3	23.77	23.93	−3	+9	31.28	29.33	+4	+9
15	8.84	29.68	−1	−7	15.41	24.20	−5	+1	24.05	24.02	−1	+10	31.48	29.60	+6	+5
16	9.00	29.43	−3	−5	15.67	24.10	−5	+4	24.33	24.12	+2	+9	31.69	29.87	+7	+2
17	9.17	29.19	−5	−2	15.93	24.01	−4	+7	24.61	24.22	+4	+7	31.88	30.14	+6	−3
18	9.35	28.95	−5	+2	16.20	23.92	−3	+9	24.88	24.33	+6	+3	32.08	30.42	+5	−6
19	9.53	28.71	−5	+5	16.47	23.84	0	+9	25.16	24.45	+6	−1	32.27	30.71	+2	−8
20	9.71	28.48	−4	+8	16.74	23.76	+3	+8	25.43	24.58	+6	−4	32.46	31.00	−2	−8
21	9.90	28.25	−2	+9	17.01	23.69	+5	+5	25.70	24.71	+3	−7	32.64	31.30	−5	−5
22	10.09	28.03	+1	+9	17.29	23.62	+6	+2	25.97	24.84	0	−8	32.81	31.59	−7	−2
23	10.29	27.81	+4	+7	17.56	23.56	+6	−2	26.24	24.99	−3	−7	32.99	31.90	−7	+1
24	10.48	27.59	+6	+4	17.84	23.51	+5	−6	26.50	25.14	−5	−4	33.16	32.20	−6	+4
25	10.69	27.38	+7	0	18.12	23.47	+2	−7	26.77	25.29	−7	0	33.32	32.51	−3	+6
26	10.89	27.17	+6	−3	18.39	23.43	−1	−7	27.03	25.45	−6	+3	33.48	32.82	−1	+6
27	11.10	26.97	+4	−6	18.67	23.40	−4	−5	27.29	25.62	−5	+5	33.63	33.14	+2	+4
28	11.31	26.77	+1	−7	18.96	23.37	−6	−2	27.54	25.79	−2	+6	33.78	33.46	+4	+1
29	11.53	26.58	−2	−6	19.24	23.35	−6	+1	27.80	25.97	+1	+5	33.93	33.78	+5	−2
30	11.75	26.39	−5	−4	19.52	23.34	−6	+4	28.05	26.15	+3	+3	34.07	34.11	+5	−5
31	11.97	26.21	−6	−1	19.80	23.33	−4	+6	28.30	26.34	+5	0	34.21	34.44	+4	−8
32					20.09	23.33	−1	+6					34.34	34.77	+2	−8

δ	sec δ	tg δ	δ	sec δ	tg δ
−85° 29′ 20″	+12.714	−12.675	−85° 29′ 30″	+12.722	−12.683
30	+12.722	−12.683	40	+12.730	−12.690

$\alpha_{1956.0} = 9^h\ 3^m\ 28^s.45$ $\delta_{1956.0} = -85°\ 29'\ 24''.17$

Scheinbare Sternörter 1956

Obere Kulmination Greenwich

Sd) ι Octantis $5^{m}.38$

Tag	Januar AR.	Januar Dekl.	Januar ☾ Glieder	Februar AR.	Februar Dekl.	Februar ☾ Glieder	März AR.	März Dekl.	März ☾ Glieder	April AR.	April Dekl.	April ☾ Glieder
	$12^h 50^m$ s	−84° 52′ ″	in s 0.01 | ″ 0.01	$12^h 50^m$ s	−84° 52′ ″	in s 0.01 | ″ 0.01	$12^h 50^m$ s	−84° 53′ ″	in s 0.01 | ″ 0.01	$12^h 50^m$ s	−84° 53′ ″	in s 0.01 | ″ 0.01
1	11.29	51.89	+1 −11	19.26	56.91	−6 − 1	24.78	5.67	−3 +4	27.55	17.14	+5 +3
2	11.56	51.96	−2 −10	19.50	57.16	−4 + 3	24.92	6.02	−1 +6	27.59	17.51	+6 +1
3	11.84	52.04	−5 − 7	19.72	57.41	−2 + 5	25.06	6.37	+2 +5	27.61	17.89	+6 −2
4	12.11	52.13	−6 − 3	19.95	57.67	+1 + 6	25.20	6.72	+5 +4	27.64 27.66	18.27 18.65	+5 −4 +3 −6
5	12.38	52.22	−5 + 1	20.17	57.93	+3 + 5	25.33	7.08	+6 +2	27.68	19.02	0 −6
6	12.65	52.32	−4 + 4	20.39	58.20	+5 + 3	25.46	7.44	+6 −1	27.69	19.40	−3 −6
7	12.92	52.42	−1 + 5	20.61	58.46	+6 + 1	25.58	7.79	+6 −3	27.70	19.78	−5 −4
8	13.20	52.54	+2 + 5	20.82	58.74	+6 − 2	25.71	8.15	+4 −5	27.70	20.15	−7 0
9	13.47	52.65	+4 + 5	21.03	59.02	+5 − 4	25.82	8.51	+2 −6	27.71	20.52	−8 +3
10	13.73	52.78	+6 + 3	21.24	59.30	+4 − 5	25.94	8.88	−1 −6	27.70	20.89	−7 +6
11	14.00	52.91	+6 0	21.45	59.58	+1 − 6	26.05	9.24	−4 −5	27.70	21.26	−5 +9
12	14.27	53.04	+6 − 2	21.65	59.88	−2 − 6	26.16	9.61	−6 −3	27.69	21.63	−1 +9
13	14.53	53.18	+4 − 4	21.85	60.17	−4 − 4	26.26	9.98	−7 +1	27.68	22.00	+2 +8
14	14.80	53.33	+2 − 5	22.05	60.47	−7 − 1	26.36	10.35	−7 +4	27.66	22.37	+5 +5
15	15.06	53.48	0 − 6	22.24	60.77	−8 + 3	26.46	10.72	−6 +7	27.64	22.74	+6 +1
16	15.32	53.64	−3 − 5	22.43	61.07	−7 + 6	26.55	11.09	−3 +9	27.62	23.10	+7 −3
17	15.58	53.81	−6 − 3	22.62	61.38	−5 + 9	26.64	11.46	0 +9	27.59	23.46	+5 −7
18	15.84	53.98	−7 + 1	22.80	61.69	−2 +10	26.73	11.84	+3 +7	27.56	23.82	+2 −9
19	16.10	54.15	−8 + 4	22.98	62.01	+1 + 9	26.81	12.21	+6 +4	27.53	24.18	−1 −9
20	16.35	54.34	−7 + 8	23.16	62.32	+4 + 7	26.89	12.59	+7 0	27.49	24.54	−3 −7
21	16.61	54.52	−4 +10	23.34	62.65	+6 + 3	26.96	12.96	+6 −4	27.45	24.90	−5 −4
22	16.86	54.71	−1 +11	23.51	62.97	+6 − 2	27.04	13.34	+4 −7	27.41	25.25	−6 0
23	17.11	54.91	+2 + 9	23.68	63.30	+5 − 6	27.10	13.72	+1 −9	27.36	25.60	−5 +3
24	17.35	55.11	+5 + 6	23.85	63.63	+3 − 9	27.17	14.10	−2 −8	27.31	25.95	−3 +5
25	17.60	55.32	+7 + 1	24.01	63.96	0 − 9	27.23	14.48	−4 −6	27.26	26.30	0 +6
26	17.84	55.53	+7 − 4	24.17	64.30	−3 − 8	27.29	14.86	−6 −3	27.20	26.65	+2 +6
27	18.09	55.75	+5 − 8	24.33	64.64	−5 − 5	27.34	15.24	−5 +1	27.14	26.99	+5 +4
28	18.32	55.97	+2 −10	24.48	64.98	−6 − 2	27.39	15.62	−4 +4	27.07	27.33	+6 +2
29	18.56	56.20	−1 −10	24.63	65.32	−5 + 2	27.44	16.00	−2 +6	27.01	27.67	+6 −1
30	18.80	56.43	−4 − 8	24.78	65.67	−3 + 4	27.48	16.38	+1 +6	26.93	28.01	+6 −3
31	19.03	56.67	−6 − 4				27.52	16.76	+4 +5	26.86	28.34	+4 −5
32	19.26	56.91	−6 − 1				27.55	17.14	+5 +3			

δ	sec δ	tg δ	δ	sec δ	tg δ	δ	sec δ	tg δ
−84° 52′ 50″	+11.207	−11.162	−84° 53′ 10″	+11.219	−11.174	−84° 53′ 20″	+11.225	−11.180
60	+11.213	−11.168	20	+11.225	−11.180	30	+11.231	−11.186

$\alpha_{1956.0} = 12^h\, 50^m\, 8^s.12$ $\delta_{1956.0} = -84°\, 53'\, 5''.95$

Obere Kulmination Greenwich

Sdj ι Octantis $5^{m}.38$

Tag	Mai AR.	Mai Dekl.	Mai ☾ Glieder	Juni AR.	Juni Dekl.	Juni ☾ Glieder	Juli AR.	Juli Dekl.	Juli ☾ Glieder	August AR.	August Dekl.	August ☾ Glieder
	$12^h 50^m$	−84° 53′	in s 0.01 | ″ 0.01	$12^h 50^m$	−84° 53′	in s 0.01 | ″ 0.01	$12^h 50^m$	−84° 53′	in s 0.01 | ″ 0.01	$12^h 50^m$	−84° 53′	in s 0.01 | ″ 0.01
	s	″		s	″		s	″		s	″	
1	26.86	28.34	+4 − 5	23.06	37.03	−6 − 3	17.31	41.34	−8 + 7	10.74	40.57	+2 + 9
2	26.78	28.67	+2 − 6	22.89	37.25	−7 + 1	17.10	41.40	−6 + 9	10.54	40.45	+5 + 6
3	26.70	29.00	−1 − 6	22.72	37.46	−8 + 4	16.89	41.46	−3 +11	10.34	40.33	+6 + 1
4	26.61	29.33	−4 − 4	22.55	37.67	−7 + 8	16.67	41.51	0 +10	10.14	40.21	+6 − 3
5	26.53	29.65	−6 − 2	22.38	37.87	−4 +10	16.46	41.55	+4 + 7	9.94	40.08	+4 − 7
6	26.43	29.97	−8 + 2	22.20	38.07	−1 +10	16.25	41.59	+6 + 3	9.75	39.94	+1 − 9
7	26.34	30.29	−8 + 6	22.03	38.26	+2 + 8	16.03	41.62	+7 − 2	9.55	39.80	−2 − 9
8	26.24	30.60	−6 + 8	21.85	38.45	+5 + 5	15.82	41.64	+6 − 6	9.36	39.66	−4 − 7
9	26.14	30.91	−3 +10	21.67	38.63	+7 0	15.61	41.66	+3 − 9	9.17	39.51	−6 − 3
10	26.04	31.22	0 + 9	21.49	38.81	+7 − 4	15.39	41.68	0 −10	8.99	39.35	−5 0
11	25.94	31.52	+4 + 7	21.31	38.98	+5 − 8	15.18	41.69	−3 − 9	8.80	39.19	−4 + 3
12	25.83	31.82	+6 + 3	21.12	39.15	+2 −10	14.96	41.69	−5 − 6	8.61	39.02	−1 + 5
13	25.72	32.12	+7 − 2	20.93	39.31	−1 −10	14.74	41.69	−6 − 2	8.43	38.85	+2 + 5
14	25.60	32.41	+6 − 6	20.74	39.47	−4 − 8	14.53	41.68	−5 + 1	8.25	38.67	+4 + 4
15	25.49	32.70	+4 − 9	20.55	39.62	−5 − 4	14.31	41.67	−3 + 4	8.08	38.49	+6 + 2
16	25.36	32.99	+1 −10	20.35	39.77	−5 0	14.10	41.65	0 + 5	7.90	38.31	+7 − 1
17	25.24	33.27	−2 − 9	20.16	39.91	−4 + 3	13.89	41.62	+3 + 5	7.73	38.12	+6 − 3
18	25.11	33.55	−5 − 6	19.96	40.05	−2 + 5	13.67	41.59	+5 + 3	7.56	37.93	+5 − 5
19	24.98	33.82	−6 − 2	19.77	40.18	+1 + 6	13.46	41.56	+6 + 1	7.39	37.73	+3 − 6
20	24.85	34.10	−5 + 1	19.57	40.30	+3 + 5	13.25	41.51	+6 − 2	7.23	37.53	0 − 7
21	24.72	34.36	−3 + 4	19.37	40.42	+5 + 3	13.03	41.46	+6 − 4	7.07	37.32	−3 − 6
22	24.58	34.63	−1 + 6	19.17	40.54	+6 + 1	12.82	41.41	+4 − 5	6.91	37.11	−5 − 3
23	24.44	34.89	+2 + 6	18.97	40.65	+6 − 2	12.61	41.35	+2 − 6	6.76	36.89	−6 − 1
24	24.30	35.15	+4 + 5	18.76	40.75	+5 − 4	12.40	41.28	−1 − 6	6.61	36.67	−7 + 3
25	24.15	35.40	+5 + 3	18.56	40.85	+3 − 5	12.18	41.21	−3 − 5	6.46	36.45	−7 + 6
26	24.00	35.64	+6 0	18.36	40.95	+1 − 6	11.97	41.14	−6 − 2	6.31	36.22	−5 + 9
27	23.85	35.89	+6 − 2	18.15	41.03	−2 − 5	11.77	41.05	−7 + 1	6.17	35.99	−2 +10
28	23.70	36.13	+5 − 4	17.94	41.12	−5 − 3	11.56	40.97	−7 + 5	6.03	35.75	+1 + 9
29	23.54	36.36	+2 − 6	17.73	41.20	−7 − 1	11.35	40.88	−6 + 8	5.89	35.51	+4 + 7
30	23.38	36.59	0 − 6	17.52	41.27	−8 + 3	11.15	40.78	−4 +10	5.75	35.26	+6 + 3
31	23.22	36.81	−3 − 5	17.31	41.34	−8 + 7	10.94	40.68	−1 +11	5.62	35.01	+6 − 1
32	23.06	37.03	−6 − 3				10.74	40.57	+2 + 9	5.49	34.76	+5 − 5

δ	sec δ	tg δ	δ	sec δ	tg δ	δ	sec δ	tg δ
−84° 53′ 20″	+11.225	−11.180	−84° 53′ 30″	+11.231	−11.186	−84° 53′ 40″	+11.237	−11.193
30	+11.231	−11.186	40	+11.237	−11.193	50	+11.243	−11.199

$\alpha_{1956.0} = 12^h\ 50^m\ 8^s.12$ $\delta_{1956.0} = -84°\ 53'\ 5''.95$

Scheinbare Sternörter 1956

Obere Kulmination Greenwich

Sd) ι Octantis $5^m_{\cdot}38$

Tag	September AR.	September Dekl.	September ☾ Glieder	Oktober AR.	Oktober Dekl.	Oktober ☾ Glieder	November AR.	November Dekl.	November ☾ Glieder	Dezember AR.	Dezember Dekl.	Dezember ☾ Glieder
	$12^h\,50^m$ s	$-84°\,53'$ ″	in s 0.01 | ″ 0.01	$12^h\,50^m$ s	$-84°\,53'$ ″	in s 0.01 | ″ 0.01	$12^h\,50^m$ s	$-84°\,53'$ ″	in s 0.01 | ″ 0.01	$12^h\,50^m$ s	$-84°\,53'$ ″	in s 0.01 | ″ 0.01
1	5.49	34.76	+5 −5	3.48	25.98	−3 −7	5.65	16.70	−5 +4	11.51	10.74	+2 +5
2	5.37	34.50	+2 −8	3.48	25.67	−5 −5	5.79	16.44	−2 +6	11.75	10.62	+5 +4
3	5.25	34.24	−1 −8	*3.49	25.35	−6 −1	5.94	16.18	+1 +6	12.00	10.51	+6 +1
4	5.13	33.98	−4 −7	3.50	25.04	−5 +2	6.09	15.93	+3 +5	12.24	10.41	+7 −2
5	5.02	33.71	−5 −4	3.51	24.73	−4 +4	6.24	15.67	+5 +3	12.49	10.31	+6 −4
6	4.91	33.44	−6 −1	3.53	24.41	−1 +6	6.40	15.43	+7 0	12.74	10.21	+4 −6
7	4.80	33.17	−5 +2	3.55	24.10	+2 +6	6.56	15.18	+7 −3	12.99	10.13	+2 −6
8	4.70	32.89	−2 +5	3.58	23.79	+4 +4	6.73	14.94	+5 −5	13.24	10.05	−1 −6
9	4.60	32.61	0 +5	3.61	23.47	+6 +2	6.90	14.70	+4 −6	13.50	9.97	−3 −5
10	4.50	32.33	+3 +5	3.65	23.16	+7 −1	7.07	14.47	+1 −7	13.76	9.90	−6 −2
11	4.41	32.04	+5 +3	3.69	22.85	+6 −4	7.25	14.24	−2 −6	14.02	9.84	−7 +1
12	4.32	31.76	+7 0	3.74	22.54	+5 −6	7.43	14.02	−4 −4	14.28	9.79	−7 +5
13	4.24	31.47	+7 −3	3.80	22.23	+3 −7	7.62	13.80	−6 −1	14.54	9.74	−6 +8
14	4.16	31.18	+6 −5	3.85	21.92	0 −7	7.81	13.59	−7 +2	14.81	9.69	−4 +10
15	4.08	30.88	+4 −6	3.92	21.62	−3 −5	8.00	13.38	−7 +6	15.07	9.65	−1 +10
16	4.01	30.59	+1 −7	3.98	21.31	−5 −3	8.19	13.18	−5 +8	15.34	9.62	+2 +8
17	3.94	30.29	−1 −6	4.05	21.01	−7 0	8.39	12.98	−3 +9	15.60	9.59	+5 +5
18	3.88	29.99	−4 −5	4.13	20.70	−7 +4	8.59	12.78	+1 +9	15.87	9.57	+6 +1
19	3.82	29.69	−6 −2	4.21	20.40	−6 +7	8.80	12.59	+4 +6	16.14	9.56	+6 −4
20	3.77	29.39	−7 +1	4.29	20.10	−4 +9	9.01	12.41	+6 +3	16.41	9.55	+4 −7
21	3.72	29.09	−7 +5	4.38	19.80	−1 +9	9.22	12.23	+6 −2	16.68	9.55	+1 −9
22	3.68	28.79	−5 +8	4.47	19.51	+2 +8	9.44	12.06	+5 −6	16.95	9.56	−2 −9
23	3.64	28.48	−3 +9	4.57	19.21	+4 +5	9.66	11.89	+3 −8	17.22	9.57	−4 −6
24	3.60	28.18	0 +9	4.67	18.92	+6 +1	9.88	11.73	0 −9	17.50	9.59	−5 −3
25	3.57	27.87	+3 +7	4.78	18.64	+6 −3	10.11	11.57	−3 −7	17.77	9.62	−5 +1
26	3.54	27.56	+5 +4	4.89	18.35	+4 −6	10.33	11.42	−5 −5	18.04	9.65	−4 +4
27	3.52	27.25	+6 0	5.01	18.07	+2 −8	10.56	11.27	−6 −1	18.31	9.69	−1 +5
28	3.50	26.94	+5 −4	5.13	17.79	−1 −8	10.79	11.13	−5 +2	18.59	9.74	+2 +5
29	3.49	26.62	+3 −7	5.25	17.51	−4 −6	11.03	10.99	−3 +5	18.86	9.79	+4 +4
30	3.48	26.30	0 −8	5.38	17.24	−5 −3	11.27	10.86	0 +6	19.13	9.85	+6 +2
31	3.48	25.98	−3 −7	5.51	16.97	−6 +1	11.51	10.74	+2 +5	19.40	9.91	+7 −1
32				5.65	16.70	−5 +4				19.68	9.99	+6 −3

δ	sec δ	tg δ	δ	sec δ	tg δ	δ	sec δ	tg δ
−84° 53′ 0″	+11.213	−11.168	−84° 53′ 20″	+11.225	−11.180	−84° 53′ 30″	+11.231	−11.186
10	+11.219	−11.174	30	+11.231	−11.186	40	+11.237	−11.193

$\alpha_{1956.0} = 12^h\ 50^m\ 8^s_{\cdot}12$ $\delta_{1956.0} = -84°\ 53'\ 5''_{\cdot}95$

* Tag der doppelten unteren Kulmination: Okt. 3

Scheinbare Sternörter 1956

Obere Kulmination Greenwich

Se) 20 G. Octantis $6^{m}\!.52$

Tag	Januar AR.	Januar Dekl.	Januar ☾ Glieder	Februar AR.	Februar Dekl.	Februar ☾ Glieder
	$15^h\,4^m$	$-87°\,58'$	in 0.01s | 0.01″	$15^h\,4^m$	$-87°\,58'$	in 0.01s | 0.01″
	s	″		s	″	
1	15.09	3.71	+11 −10	36.35	2.11	−11 −4
2	15.71	3.57	+3 −11	37.06	2.15	−11 0
3	16.35	3.44	−4 −10	37.78	2.20	−8 +3
4	16.98	3.31	−9 −6	38.50	2.25	−3 +6
5	17.63	3.19	−11 −2	39.22	2.31	+3 +7
6	18.28	3.07	−10 +1	39.93	2.37	+8 +7
7	18.93	2.96	−6 +5	40.65	2.44	+13 +5
8	19.59	2.86	−1 +6	41.37	2.51	+15 +3
9	20.25	2.76	+5 +7	42.08	2.59	+14 0
10	20.92	2.67	+10 +6	42.79	2.67	+12 −3
11	21.59	2.59	+13 +4	43.50	2.76	+7 −5
12	22.26	2.51	+14 +2	44.21	2.86	0 −7
13	22.94	2.43	+13 −1	44.92	2.96	−6 −7
14	23.62	2.36	+10 −3	45.63	3.06	−13 −6
15	24.31	2.30	+4 −6	46.34	3.17	−18 −3
16	25.00	2.24	−3 −7	47.04	3.29	−20 +1
17	25.69	2.19	−10 −6	47.74	3.41	−19 +5
18	26.39	2.15	−16 −4	48.43	3.53	−13 +8
19	27.09	2.11	−20 −1	49.13	3.67	−6 +10
20	27.79	2.07	−21 +3	49.82	3.80	+3 +9
21	28.49	2.04	−18 +7	50.51	3.94	+11 +7
22	29.20	2.02	−11 +9	51.20	4.09	+15 +3
23	29.90	2.00	−2 +10	51.88	4.24	+16 −2
24	30.62	1.99	+7 +9	52.56	4.40	+13 −6
25	31.33	1.99	+14 +5	53.24	4.56	+7 −9
26	32.05	1.99	+17 +1	53.91	4.73	0 −10
27	32.76	1.99	+17 −4	54.58	4.90	−6 −8
28	33.48	2.01	+13 −8	55.24	5.08	−11 −5
29	34.19	2.02	+6 −10	55.90	5.26	−12 −1
30	34.91	2.05	−2 −10	56.55	5.44	−10 +2
31	35.63	2.08	−8 −8			
32	36.35	2.11	−11 −4			

Tag	März AR.	März Dekl.	März ☾ Glieder	April AR.	April Dekl.	April ☾ Glieder
	$15^h\,4^m$	$-87°\,58'$	in 0.01s | 0.01″	$15^h\,5^m$	$-87°\,58'$	in 0.01s | 0.01″
	s	″		s	″	
1	56.55	5.44	−10 +2	14.10	13.10	+9 +7
2	57.20	5.63	−6 +5	14.56	13.39	+13 +5
3	57.85	5.82	0 +7	15.01	13.70	+15 +2
4	58.49	6.02	+6 +7	15.45	14.00	+14 −1
5	59.13	6.22	+11 +6	15.88	14.31	+11 −4
6	59.76	6.43	+14 +4	16.31	14.61	+6 −6
7	60.39	6.64	+15 +1	16.73	14.93	−1 −7
8	61.01	6.85	+13 −2	17.13	15.24	−8 −7
9	61.62	7.07	+9 −5	17.53	15.55	−15 −5
10	62.23	7.29	+3 −7	17.93	15.87	−19 −2
11	62.84	7.52	−4 −7	18.31	16.19	−20 +1
12	63.44	7.75	−11 −6	18.68	16.50	−17 +5
13	64.03	7.99	−16 −4	19.05	16.83	−10 +8
14	64.62	8.23	−19 −1	19.41	17.15	−2 +9
15	65.21	8.47	−19 +3	19.76	17.48	+6 +8
16	65.79	8.72	−15 +7	20.10	17.81	+13 +5
17	66.36	8.96	−8 +9	20.44	18.13	+17 +1
18	66.92	9.22	+1 +9	20.76	18.46	+16 −3
19	67.48	9.47	+9 +7	21.07	18.80	+12 −7
20	68.03	9.73	+14 +4	21.38	19.13	+6 −9
21	68.58	9.99	+17 0	21.68	19.46	−2 −9
22	69.12	10.26	+15 −4	21.96	19.80	−8 −7
23	69.65	10.53	+10 −8	22.24	20.13	−12 −4
24	70.17	10.80	+3 −9	22.51	20.47	−12 0
25	70.69	11.08	−4 −9	22.77	20.81	−10 +3
26	71.20	11.36	−10 −6	23.02	21.15	−5 +6
27	71.70	11.64	−12 −3	23.26	21.49	+1 +7
28	72.20	11.93	−11 +1	23.49	21.83	+7 +7
29	72.68	12.22	−8 +4	23.71	22.17	+11 +6
30	73.16	12.51	−3 +6	23.92	22.51	+14 +4
31	73.64	12.80	+4 +7	24.12	22.85	+14 +1
32	74.10	13.10	+9 +7			

δ	sec δ	tg δ	δ	sec δ	tg δ	δ	sec δ	tg δ
−87° 58′ 0″	+28.184	−28.166	−87° 58′ 10″	+28.223	−28.205	−87° 58′ 20″	+28.261	−28.244
10	+28.223	−28.205	20	+28.261	−28.244	30	+28.300	−28.282

$\alpha_{1956.0} = 15^h\ 4^m\ 24^s\!.37$ $\qquad \delta_{1956.0} = -87°\ 58'\ 17''\!.12$

Scheinbare Sternörter 1956

Obere Kulmination Greenwich

Se) 20 G. Octantis $6^m_.52$

Tag	Mai AR.	Mai Dekl.	Mai ☾ Glieder	Juni AR.	Juni Dekl.	Juni ☾ Glieder	Juli AR.	Juli Dekl.	Juli ☾ Glieder	August AR.	August Dekl.	August ☾ Glieder
	$15^h\ 5^m$ s	$\overline{87°\ 58'}$ ″	in s 0.01 | ″ 0.01	$15^h\ 5^m$ s	$\overline{87°\ 58'}$ ″	in s 0.01 | ″ 0.01	$15^h\ 5^m$ s	$\overline{87°\ 58'}$ ″	in s 0.01 | ″ 0.01	$15^h\ 4^m$ s	$\overline{87°\ 58'}$ ″	in s 0.01 | ″ 0.01
1	24.12	22.85	+14 + 1	25.47	33.60	−10 − 6	17.95	41.84	−21 + 1	63.33	46.42	− 3 +10
2	24.32	23.20	+12 − 2	25.35	33.92	−16 − 4	17.57	42.06	−20 + 5	62.79	46.48	+ 6 + 8
3	24.50	23.54	+ 8 − 5	25.22	34.23	−20 − 1	17.18	42.27	−15 + 8	62.24	46.54	+12 + 5
4	24.68	23.88	+ 2 − 7	25.08	34.55	−21 + 3	16.79	42.48	− 7 +10	61.69	46.60	+15 0
5	24.84	24.22	− 6 − 7	24.93	34.85	−18 + 6	16.38	42.69	+ 2 +10	61.14	46.64	+14 − 4
6	25.00	24.57	−13 − 6	24.78	35.16	−11 + 9	15.97	42.89	+10 + 7	60.59	46.68	+10 − 8
7	25.14	24.91	−18 − 3	24.61	35.46	− 2 +10	15.56	43.09	+16 + 3	60.03	46.72	+ 3 −10
8	25.28 25.40	25.26 25.60	−21 0 −19 + 4	24.43	35.76	+ 7 + 8	15.14	43.28	+17 − 2	59.48	46.75	− 4 − 9
9	25.52	25.94	−14 + 7	24.25	36.06	+14 + 5	14.71	43.47	+14 − 7	58.92	46.77	− 9 − 7
10	25.62	26.28	− 6 + 9	24.05	36.36	+18 0	14.27	43.65	+ 9 − 9	58.36	46.79	−11 − 3
11	25.72	26.63	+ 3 + 9	23.85	36.65	+17 − 5	13.83	43.83	+ 1 −10	57.80	46.80	−10 + 1
12	25.80	26.97	+11 + 6	23.64	36.94	+13 − 8	13.38	44.01	− 6 − 9	57.24	46.80	− 6 + 4
13	25.88	27.31	+16 + 2	23.42	37.23	+ 6 −10	12.92	44.18	−10 − 6	56.67	46.80	0 + 6
14	25.95	27.65	+18 − 2	23.18	37.52	− 2 −10	12.46	44.34	−11 − 2	56.11	46.80	+ 6 + 7
15	26.00	27.99	+15 − 6	22.94	37.80	− 8 − 7	11.99	44.50	− 8 + 2	55.55	46.78	+13 + 6
16	26.05	28.33	+10 − 9	22.69	38.08	−11 − 4	11.52	44.66	− 4 + 5	54.99	46.76	+15 + 4
17	26.09	28.67	+ 2 −10	22.43	38.35	−11 0	11.04	44.81	+ 2 + 6	54.42	46.74	+16 + 1
18	26.11	29.01	− 5 − 9	22.17	38.63	− 8 + 4	10.56	44.95	+ 8 + 6	53.86	46.71	+15 − 2
19	26.13	29.35	−10 − 6	21.89	38.89	− 2 + 6	10.07	45.09	+13 + 5	53.30	46.67	+11 − 4
20	26.14	29.68	−12 − 2	21.61	39.16	+ 3 + 7	9.58	45.23	+15 + 3	52.74	46.63	+ 6 − 6
21	26.14	30.01	−10 + 2	21.32	39.42	+ 9 + 6	9.08	45.36	+15 0	52.18	46.59	− 1 − 7
22	26.12	30.35	− 7 + 5	21.02	39.68	+12 + 5	8.58	45.48	+13 − 2	51.62	46.54	− 7 − 6
23	26.10	30.68	− 1 + 7	20.71	39.94	+14 + 2	8.07	45.60	+ 9 − 4	51.06	46.48	−13 − 5
24	26.07	31.01	+ 5 + 7	20.39	40.19	+14 0	7.56	45.71	+ 3 − 6	50.51	46.41	−18 − 2
25	26.03	31.34	+10 + 6	20.06	40.44	+11 − 3	7.04	45.82	− 4 − 7	49.95	46.34	−19 + 2
26	25.98	31.67	+13 + 4	19.73	40.68	+ 7 − 5	6.52	45.92	−10 − 6	49.40	46.27	−18 + 5
27	25.92	32.00	+14 + 2	19.39	40.92	0 − 6	6.00	46.01	−16 − 4	48.85	46.19	−13 + 8
28	25.85	32.32	+13 − 1	19.04	41.16	− 7 − 6	5.47	46.11	−20 0	48.30	46.10	− 6 +10
29	25.77	32.65	+10 − 4	18.68	41.39	−14 − 5	4.94	46.19	−20 + 3	47.76	46.01	+ 2 + 9
30	25.68	32.97	+ 4 − 6	18.32	41.62	−19 − 2	4.41	46.27	−17 + 7	47.21	45.91	+ 9 + 7
31	25.58	33.29	− 3 − 7	17.95	41.84	−21 + 1	3.87	46.35	−11 + 9	46.67	45.80	+14 + 3
32	25.47	33.60	−10 − 6				3.33	46.42	− 3 +10	46.13	45.69	+14 − 2

δ	sec δ	tg δ	δ	sec δ	tg δ	δ	sec δ	tg δ
−87° 58′ 20″	+28.261	−28.244	−87° 58′ 30″	+28.300	−28.282	−87° 58′ 40″	+28.339	−28.321
30	+28.300	−28.282	40	+28.339	−28.321	50	+28.378	−28.360

$\alpha_{1956.0} = 15^h\ 4^m\ 3^s_.724$ $\delta_{1956.0} = -87°\ 58'\ 17''_.12$

Scheinbare Sternörter 1956

Obere Kulmination Greenwich

Se) 20 G. Octantis $6^m\!.52$

Tag	September AR.	September Dekl.	September ☾ Glieder	Oktober AR.	Oktober Dekl.	Oktober ☾ Glieder	November AR.	November Dekl.	November ☾ Glieder	Dezember AR.	Dezember Dekl.	Dezember ☾ Glieder
	$15^h\,4^m$	$-87°\,58'$	in s ″ 0.01 0.01	$15^h\,4^m$	$-87°\,58'$	in s ″ 0.01 0.01	$15^h\,4^m$	$-87°\,58'$	in s ″ 0.01 0.01	$15^h\,4^m$	$-87°\,58'$	in s ″ 0.01 0.01
	s	″		s	″		s	″		s	″	
1	46.13	45.69	+14 −2	32.55	39.98	0 −9	27.02	30.70	−12 +1	32.47	21.45	+ 1 +7
2	45.60	45.57	+11 −6	32.21	39.72	− 6 −8	27.02	30.38	− 9 +4	32.83	21.18	+ 7 +7
3	45.07	45.45	+ 5 −8	31.89	39.46	−11 −5	27.04	30.05	− 3 +6	33.20	20.90	+12 +5
4	44.55	45.32	− 2 −9	31.57	39.19	−13 −2	27.07	29.73	+ 3 +7	33.59	20.64	+15 +3
5	44.03	45.19	− 8 −8	31.26	38.92	−11 +2	27.11	29.41	+ 9 +6	33.98	20.37	+16 0
6	43.51	45.05	−12 −5	30.96	38.65	− 6 +5	*27.17	29.09	+14 +5	34.38	20.11	+14 −2
7	43.00	44.91	−12 −1	30.68	38.37	0 +7	27.24	28.76	+16 +2	34.80	19.85	+10 −5
8	42.49	44.76	− 9 +3	30.40	38.09	+ 6 +7	27.32	28.44	+16 −1	35.22	19.60	+ 3 −6
9	41.99	44.61	− 4 +6	30.13	37.81	+12 +6	27.41	28.12	+13 −4	35.66	19.35	− 3 −7
10	41.49	44.45	+ 3 +7	29.87	37.52	+16 +3	27.51	27.80	+ 8 −6	36.11	19.10	−10 −6
11	41.00	44.29	+ 9 +6	29.62	37.23	+17 +1	27.63	27.48	+ 1 −7	36.56	18.86	−16 −3
12	40.51	44.12	+14 +5	29.39	36.94	+15 −2	27.76	27.16	− 6 −7	37.02	18.63	−20 0
13	40.03	43.94	+16 +2	29.16	36.64	+11 −5	27.90	26.85	−13 −5	37.49	18.39	−20 +3
14	39.56	43.76	+16 −1	28.95	36.34	+ 5 −7	28.05	26.53	−17 −2	37.98	18.16	−17 +7
15	39.09	43.58	+13 −3	28.74	36.04	− 2 −7	28.22	26.22	−19 +1	38.47	17.94	−10 +9
16	38.62	43.39	+ 9 −6	28.55	35.74	− 9 −6	28.39	25.90	−18 +4	38.97	17.72	− 2 +9
17	38.17	43.19	+ 2 −7	28.36	35.44	−14 −4	28.58	25.59	−13 +7	39.48	17.51	+ 6 +8
18	37.71	42.99	− 4 −7	28.19	35.14	−18 −1	28.79	25.28	− 6 +9	39.99	17.30	+13 +5
19	37.27	42.79	−11 −6	28.03	34.83	−19 +2	29.00	24.97	+ 3 +8	40.52	17.09	+16 0
20	36.83	42.58	−16 −3	27.88	34.52	−16 +6	29.23	24.66	+10 +6	41.06	16.89	+15 −4
21	36.40	42.37	−18 0	27.74	34.21	−10 +8	29.46	24.36	+15 +3	41.60	16.69	+10 −8
22	35.98	42.15	−18 +4	27.62	33.89	− 2 +9	29.71	24.05	+16 −2	42.15	16.50	+ 3 −9
23	35.56	41.92	−14 +7	27.51	33.58	+ 5 +8	29.97	23.75	+13 −6	42.71	16.31	− 3 −9
24	35.16	41.70	− 8 +9	27.41	33.27	+12 +5	30.25	23.46	+ 7 −8	43.27	16.13	− 9 −6
25	34.76	41.46	0 +9	27.32	32.95	+15 +1	30.53	23.16	0 −9	43.84	15.95	−12 −3
26	34.37	41.23	+ 7 +7	27.24	32.63	+14 −3	30.83	22.87	− 7 −8	44.42	15.78	−11 +1
27	33.99	40.99	+12 +4	27.17	32.31	+10 −7	31.13	22.58	−11 −5	45.01	15.62	− 7 +4
28	33.62	40.74	+14 0	27.12	31.99	+ 3 −8	31.45	22.29	−12 −1	45.61	15.46	− 1 +6
29	33.26	40.49	+12 −4	27.07	31.67	− 3 −8	31.78	22.01	−10 +3	46.21	15.30	+ 6 +7
30	32.90	40.24	+ 7 −7	27.04	31.35	− 9 −6	32.12	21.73	− 5 +5	46.82	15.15	+11 +6
31	32.55	39.98	0 −9	27.02	31.03	−13 −3	32.47	21.45	+ 1 +7	47.43	15.00	+15 +4
32				27.02	30.70	−12 +1				48.05	14.86	+16 +1

δ	sec δ	tg δ	δ	sec δ	tg δ	δ	sec δ	tg δ
−87° 58′ 10″	+28.223	−28.205	−87° 58′ 20″	+28.261	−28.244	−87° 58′ 40″	+28.339	−28.321
20	+28.261	−28.244	30	+28.300	−28.282	50	+28.378	−28.360

$\alpha_{1956.0} = 15^h\,4^m\,24^s\!.37$ $\delta_{1956.0} = -87°\,58'\,17''\!.12$

* Tag der doppelten unteren Kulmination: Nov. 6.

Scheinbare Sternörter 1956

Obere Kulmination Greenwich

Sj) 26 G. Octantis $6^{m}_{.}13$

Tag	Januar AR.	Januar Dekl.	Januar ☾ Glieder	Februar AR.	Februar Dekl.	Februar ☾ Glieder	März AR.	März Dekl.	März ☾ Glieder	April AR.	April Dekl.	April ☾ Glieder
	$16^h 43^m$ s	−86° 17′ ″	in s 0.01 | ″ 0.01	$16^h 44^m$ s	−86° 17′ ″	in s 0.01 | ″ 0.01	$16^h 44^m$ s	−86° 17′ ″	in s 0.01 | ″ 0.01	$16^h 44^m$ s	−86° 17′ ″	in s 0.01 | ″ 0.01
1	55.60	25.49	+10 −7	5.58	19.49	−4 −6	17.14	18.12	−6 0	29.26	21.20	+2 +8
2	55.86	25.23	+7 −9	5.96	19.37	−6 −2	17.55	18.15	−5 +4	29.62	21.37	+5 +7
3	56.12	24.98	+2 −10	6.34	19.26	−6 +2	17.96	18.19	−3 +6	29.98	21.54	+7 +5
4	56.38	24.73	−2 −8	6.72	19.15	−4 +5	18.36	18.23	0 +8	30.33	21.72	+8 +2
5	56.65	24.48	−5 −4	7.10	19.05	−2 +7	18.77	18.27	+3 +8	30.68	21.90	+7 −1
6	56.93	24.24	−6 −1	7.49	18.95	+1 +8	19.18	18.32	+6 +6	31.03	22.09	+6 −4
7	57.21	24.00	−5 +3	7.88	18.86	+4 +7	19.58	18.37	+8 +4	31.38	22.28	+3 −7
8	57.50	23.77	−3 +6	8.27	18.77	+6 +5	19.99	18.43	+8 +1	31.72	22.47	−1 −8
9	57.79	23.54	−1 +8	8.66	18.69	+8 +3	20.39	18.49	+7 −3	32.06	22.67	−5 −8
10	58.08	23.31	+2 +8	9.05	18.61	+8 0	20.79	18.56	+5 −6	32.39	22.87	−9 −6
11	58.38	23.09	+5 +7	9.44	18.54	+6 −4	21.20	18.63	+1 −8	32.73	23.07	−11 −3
12	58.68	22.87	+6 +4	9.84	18.47	+3 −6	21.60	18.71	−3 −8	33.05	23.28	−11 +2
13	58.99	22.66	+7 +2	10.24	18.41	0 −8	21.99	18.79	−7 −7	33.38	23.49	−9 +5
14	59.30	22.45	+7 −1	10.64	18.35	−4 −8	22.39	18.88	−10 −5	33.70	23.70	−5 +8
15	59.62	22.25	+5 −5	11.04	18.30	−8 −6	22.79	18.97	−11 −1	34.02	23.92	0 +9
16	59.94	22.05	+2 −7	11.44	18.25	−11 −3	23.19	19.07	−11 +3	34.33	24.14	+5 +7
17	60.27	21.86	−2 −8	11.84	18.21	−12 +1	23.58	19.17	−8 +7	34.64	24.36	+9 +4
18	60.60	21.67	−7 −8	12.25	18.17	−11 +5	23.97	19.27	−4 +9	34.95	24.59	+10 0
19	60.93	21.48	−10 −5	12.65	18.14	−7 +8	24.36	19.38	+1 +9	35.25	24.82	+10 −4
20	61.27	21.30	−13 −2	13.06	18.11	−3 +9	24.75	19.49	+6 +7	35.55	25.05	+7 −7
21	61.61	21.12	−13 +3	13.46	18.09	+3 +9	25.14	19.61	+9 +3	35.84	25.29	+3 −9
22	61.96	20.95	−10 +7	13.87	18.08	+7 +5	25.53	19.74	+10 −1	36.14	25.53	−1 −8
23	62.30	20.78	−6 +9	14.28	18.07	+10 +1	25.91	19.86	+9 −5	36.42	25.77	−4 −6
24	62.66	20.62	0 +10	14.69	18.06	+10 −3	26.29	19.99	+6 −8	36.71	26.01	−6 −3
25	63.01	20.46	+5 +8	15.10	18.06	+8 −7	26.67	20.13	+2 −9	36.99	26.26	−7 +1
26	63.37	20.31	+9 +4	15.51	18.06	+5 −9	27.05	20.27	−2 −8	37.26	26.51	−5 +5
27	63.73	20.16	+11 −1	15.92	18.07	0 −9	27.42	20.41	−5 −5	37.54	26.76	−3 +7
28	64.09	20.01	+11 −5	16.33	18.08	−3 −7	27.80	20.56	−7 −1	37.80	27.02	0 +8
29	64.46	19.87	+8 −8	16.73	18.10	−6 −3	28.17	20.71	−6 +3	38.06	27.28	+3 +8
30	64.83	19.74	+4 −10	17.14	18.12	−6 0	28.53	20.87	−4 +6	38.32	27.54	+6 +6
31	65.20	19.61	−1 −9				28.90	21.03	−2 +8	38.58	27.80	+7 +4
32	65.58	19.49	−4 −6				29.26	21.20	+2 +8			

δ	sec δ	tg δ	δ	sec δ	tg δ
−86° 17′ 10″	+15.438	−15.406	−86° 17′ 20″	+15.450	−15.417
20	+15.450	−15.417	30	+15.461	−15.429

$\alpha_{1956.0} = 16^h\,44^m\,5^s.53$ $\delta_{1956.0} = -86°\,17'\,35''.31$

Scheinbare Sternörter 1956

Obere Kulmination Greenwich

Sf) 26 G. Octantis $6^m\!.13$

Tag	Mai AR.	Mai Dekl.	Mai ☾ Glieder	Juni AR.	Juni Dekl.	Juni ☾ Glieder	Juli AR.	Juli Dekl.	Juli ☾ Glieder	August AR.	August Dekl.	August ☾ Glieder
	$16^h\ 44^m$	$-86°\ 17'$	in s 0.01 | ″ 0.01	$16^h\ 44^m$	$-86°\ 17'$	in s 0.01 | ″ 0.01	$16^h\ 44^m$	$-86°\ 17'$	in s 0.01 | ″ 0.01	$16^h\ 44^m$	$-86°\ 17'$	in s 0.01 | ″ 0.01
	s	″		s	″		s	″		s	″	
1	38.58	27.80	+ 7 +4	43.99	36.87	+ 2 − 7	44.14	46.25	−12 −3	39.09	53.57	− 6 +9
2	38.82	28.07	+ 7 0	{44.08 / 44.17	37.18 / 37.49	− 3 − 8 / − 7 − 7}	44.05	46.53	−13 +1	38.85	53.75	− 1 +9
3	39.07	28.34	+ 6 −3	44.25	37.80	−10 − 5	43.96	46.81	−12 +5	38.61	53.92	+ 4 +7
4	39.31	28.61	+ 4 −6	44.32	38.11	−12 − 2	43.86	47.09	− 8 +8	38.37	54.09	+ 8 +3
5	39.55	28.88	0 −8	44.39	38.42	−12 + 3	43.76	47.36	− 3 +9	38.12	54.25	+10 −1
6	39.78	29.16	− 4 −8	44.45	38.73	−10 + 6	43.65	47.63	+ 2 +8	37.87	54.41	+ 9 −5
7	40.01	29.44	− 8 −7	44.51	39.04	− 5 + 9	43.53	47.90	+ 7 +6	37.62	54.56	+ 6 −8
8	40.23	29.72	−11 −4	44.56	39.35	0 + 9	43.42	48.16	+10 +1	37.36	54.71	+ 2 −9
9	40.44	30.00	−12 0	44.60	39.66	+ 6 + 7	43.29	48.43	+11 −3	37.10	54.85	− 2 −8
10	40.66	30.28	−11 +4	44.64	39.97	+ 9 + 4	43.16	48.69	+ 9 −7	36.84	54.99	− 5 −5
11	40.86	30.56	− 7 +7	44.67	40.28	+11 − 1	43.03	48.95	+ 5 −9	36.57	55.12	− 6 −1
12	41.06	30.85	− 2 +9	44.70	40.59	+10 − 5	42.89	49.20	+ 1 −9	36.30	55.25	− 5 +3
13	41.26	31.14	+ 3 +8	44.72	40.90	+ 8 − 8	42.75	49.45	− 3 −7	36.03	55.37	− 3 +6
14	41.45	31.43	+ 8 +6	44.74	41.21	+ 4 −10	42.60	49.70	− 5 −4	35.75	55.49	0 +8
15	41.64	31.72	+11 +2	44.75	41.51	− 1 − 8	42.44	49.95	− 6 +1	35.47	55.60	+ 4 +8
16	41.82	32.02	+11 −3	44.75	41.82	− 4 − 6	42.28	50.19	− 5 +4	35.19	55.70	+ 6 +7
17	41.99	32.31	+ 9 −6	44.75	42.12	− 6 − 2	42.12	50.43	− 2 +6	34.90	55.81	+ 8 +4
18	42.16	32.61	+ 6 −9	44.75	42.43	− 6 + 2	41.95	50.66	+ 1 +8	34.62	55.90	+ 9 +1
19	42.33	32.91	+ 1 −9	44.73	42.73	− 4 + 5	41.77	50.90	+ 4 +8	34.33	55.99	+ 8 −2
20	42.49	33.20	− 3 −7	44.72	43.03	− 1 + 7	41.59	51.12	+ 6 +6	34.04	56.08	+ 6 −5
21	42.64	33.50	− 5 −4	44.69	43.33	+ 2 + 8	41.41	51.35	+ 8 +3	33.74	56.16	+ 3 −7
22	42.79	33.81	− 7 0	44.66	43.63	+ 4 + 7	41.22	51.57	+ 8 0	33.44	56.24	− 1 −8
23	42.94	34.11	− 6 +3	44.63	43.93	+ 6 + 5	41.03	51.79	+ 7 −3	33.14	56.31	− 5 −7
24	43.08	34.41	− 4 +6	44.59	44.23	+ 7 + 3	40.83	52.00	+ 4 −5	32.84	56.37	− 9 −6
25	43.21	34.72	− 1 +8	44.54	44.52	+ 7 0	40.63	52.22	+ 1 −7	32.54	56.43	−11 −2
26	43.34	35.02	+ 2 +8	44.49	44.81	+ 6 − 3	40.42	52.42	− 3 −8	32.24	56.48	−12 +1
27	43.46	35.33	+ 5 +7	44.43	45.10	+ 3 − 6	40.21	52.62	− 7 −7	31.94	56.53	−11 +5
28	43.58	35.64	+ 7 +4	44.36	45.39	− 1 − 7	39.99	52.82	−10 −4	31.63	56.57	− 7 +8
29	43.69	35.95	+ 7 +2	44.29	45.68	− 5 − 7	39.77	53.02	−12 −1	31.32	56.61	− 3 +9
30	43.80	36.25	+ 7 −2	44.22	45.97	− 9 − 6	39.55	53.20	−12 +3	31.02	56.64	+ 2 +8
31	43.90	36.56	+ 5 −4	44.14	46.25	−12 − 3	39.32	53.39	−10 +7	30.71	56.66	+ 6 +5
32	43.99	36.87	+ 2 −7				39.09	53.57	− 6 +9	30.40	56.68	+ 8 +1

δ	sec δ	tg δ	δ	sec δ	tg δ	δ	sec δ	tg δ
−86° 17′ 20″	+15.450	−15.417	−86° 17′ 30″	+15.461	−15.429	−86° 17′ 50″	+15.485	−15.452
30	+15.461	−15.429	40	+15.473	−15.441	60	+15.496	−15.464

$\alpha_{1956.0} = 16^h\ 44^m\ 5^s\!.53$ $\delta_{1956.0} = -86°\ 17'\ 35''\!.31$

Scheinbare Sternörter 1956

Obere Kulmination Greenwich

Sf) 26 G. Octantis $6^{m}\!.13$

Tag	September AR.	September Dekl.	September ☾ Glieder	Oktober AR.	Oktober Dekl.	Oktober ☾ Glieder	November AR.	November Dekl.	November ☾ Glieder	Dezember AR.	Dezember Dekl.	Dezember ☾ Glieder
	$16^h\,44^m$	$-86°\,17'$	in s 0.01 | ″ 0.01	$16^h\,44^m$	$-86°\,17'$	in s 0.01 | ″ 0.01	$16^h\,44^m$	$-86°\,17'$	in s 0.01 | ″ 0.01	$16^h\,44^m$	$-86°\,17'$	in s 0.01 | ″ 0.01
	s	″		s	″		s	″		s	″	
1	30.40	56.68	+ 8 +1	21.28	54.54	+ 4 −8	14.57	47.45	− 7 −2	13.35	38.01	− 3 +6
2	30.09	56.69	+ 9 −3	21.00	54.38	0 −9	14.44	47.16	− 7 +2	*13.41	37.69	+ 1 +8
3	29.78	56.70	+ 7 −7	20.73	54.21	− 3 −7	14.31	46.87	− 5 +5	13.48	37.36	+ 4 +7
4	29.47	56.70	+ 3 −9	20.45	54.04	− 6 −4	14.19	46.57	− 2 +7	13.56	37.04	+ 7 +6
5	29.15	56.70	− 1 −9	20.19	53.87	− 7 0	14.08	46.28	+ 2 +8	13.64	36.72	+ 8 +3
6	28.84	56.69	− 4 −6	19.92	53.69	− 6 +3	13.97	45.98	+ 5 +7	13.73	36.40	+ 8 0
7	28.53	56.67	− 6 −3	19.66	53.50	− 3 +6	13.86	45.67	+ 8 +5	13.83	36.08	+ 7 −3
8	28.22	56.65	− 6 +1	19.40	53.31	0 +8	13.76	45.37	+ 9 +2	13.93	35.77	+ 5 −5
9	27.90	56.62	− 4 +5	19.15	53.12	+ 4 +8	13.67	45.06	+ 8 −1	14.04	35.45	+ 1 −7
10	27.59	56.59	− 1 +7	18.90	52.92	+ 7 +6	13.58	44.75	+ 7 −4	14.16	35.14	− 3 −8
11	27.28	56.55	+ 2 +8	18.65	52.71	+ 9 +4	13.51	44.44	+ 3 −6	14.28	34.82	− 7 −6
12	26.96	56.51	+ 5 +7	18.41	52.50	+ 9 +1	13.43	44.12	0 −8	14.41	34.51	−10 −4
13	26.65	56.45	+ 8 +5	18.17	52.29	+ 8 −2	13.37	43.81	− 4 −8	14.55	34.20	−12 −1
14	26.34	56.40	+ 9 +2	17.94	52.07	+ 6 −5	13.31	43.49	− 8 −6	14.69	33.90	−12 +3
15	26.03	56.33	+ 9 −1	17.71	51.85	+ 2 −7	13.26	43.18	−11 −3	14.84	33.59	− 9 +6
16	25.72	56.26	+ 7 −4	17.49	51.62	− 2 −8	13.21	42.86	−11 +1	15.00	33.29	− 5 +8
17	25.42	56.19	+ 4 −6	17.27	51.39	− 6 −7	13.18	42.54	−10 +4	15.16	32.99	0 +9
18	25.11	56.11	+ 1 −7	17.05	51.15	− 9 −5	13.14	42.22	− 7 +7	15.33	32.69	+ 5 +7
19	24.80	56.02	− 3 −8	16.84	50.91	−11 −2	13.12	41.90	− 2 +8	15.51	32.39	+ 8 +3
20	24.50	55.93	− 7 −6	16.63	50.67	−11 +2	13.10	41.58	+ 2 +8	15.69	32.10	+10 −1
21	24.20	55.83	−10 −4	16.43	50.42	− 9 +6	13.09	41.25	+ 7 +5	15.88	31.81	+ 9 −5
22	23.90	55.73	−11 0	16.24	50.17	− 5 +8	13.09	40.93	+ 9 +1	16.08	31.52	+ 6 −8
23	23.60	55.62	−11 +4	16.05	49.91	− 1 +8	13.09	40.61	+10 −3	16.28	31.23	+ 2 −9
24	23.30	55.50	− 8 +7	15.86	49.65	+ 4 +7	13.10	40.28	+ 8 −6	16.48	30.95	− 2 −8
25	23.01	55.38	− 4 +8	15.68	49.39	+ 7 +4	13.11	39.96	+ 4 −8	16.69	30.67	− 5 −5
26	22.71	55.26	+ 1 +8	15.51	49.12	+ 9 0	13.13	39.64	0 −9	16.91	30.39	− 6 −1
27	22.42	55.12	+ 5 +6	15.34	48.85	+ 9 −4	13.16	39.31	− 4 −7	17.13	30.12	− 6 +3
28	22.13	54.99	+ 8 +3	15.17	48.58	+ 6 −7	13.20	38.99	− 6 −3	17.36	29.85	− 3 +6
29	21.85	54.84	+ 9 −2	15.01	48.30	+ 2 −9	13.24	38.66	− 7 0	17.60	29.58	0 +7
30	21.56	54.69	+ 7 −6	14.86	48.02	− 2 −8	13.29	38.33	− 5 +4	17.84	29.32	+ 3 +7
31	21.28	54.54	+ 4 −8	14.71	47.74	− 5 −5	13.35	38.01	− 3 +6	18.09	29.06	+ 6 +6
32				14.57	47.45	− 7 −2				18.34	28.80	+ 8 +4

δ	sec δ	tg δ	δ	sec δ	tg δ	δ	sec δ	tg δ
−86° 17′ 20″	+15.450	−15.417	−86° 17′ 40″	+15.473	−15.441	−86° 17′ 50″	+15.485	−15.452
30	+15.461	−15.429	50	+15.485	−15.452	60	+15.496	−15.464

$\alpha_{1956.0} = 16^h\,44^m\,5^s\!.53$ $\delta_{1956.0} = -86°\,17'\,35''\!.31$

* Tag der doppelten unteren Kulmination: Dez. 2.

Scheinbare Sternörter 1956

Obere Kulmination Greenwich

Sg) χ Octantis $5^{m}.22$

Tag	Januar AR.	Januar Dekl.	☾ Glieder		Februar AR.	Februar Dekl.	☾ Glieder		März AR.	März Dekl.	☾ Glieder		April AR.	April Dekl.	☾ Glieder	
	$18^h 28^m$	$-87° 38'$	in s 0.01	in ″ 0.01	$18^h 29^m$	$-87° 38'$	in s 0.01	in ″ 0.01	$18^h 29^m$	$-87° 38'$	in s 0.01	in ″ 0.01	$18^h 29^m$	$-87° 38'$	in s 0.01	in ″ 0.01
	s	″			s	″			s	″			s	″		
1	57.68	52.15	+19	−3	7.16	42.58	−2	−7	22.32	36.45	−9	−2	41.54	34.10	−3	+8
2	57.85	51.82	+15	−6	7.60	42.31	−7	−4	22.92	36.31	−10	+2	42.16	34.10	+2	+8
3	58.02	51.49	+9	−8	8.05	42.05	−9	0	23.51	36.16	−9	+5	42.79	34.11	+6	+7
4	58.21	51.15	+2	−8	8.50	41.79	−9	+3	24.11	36.02	−5	+7	43.42	34.12	+9	+5
5	58.40	50.82	−4	−6	8.96	41.54	−7	+6	24.71	35.89	−1	+8	44.05	34.14	+11	+1
6	58.61	50.49	−8	−3	9.43	41.29	−3	+8	25.32	35.76	+4	+8	44.67	34.16	+11	−2
7	58.83	50.15	−10	+1	9.91	41.04	+1	+8	25.92	35.64	+8	+6	45.29	34.18	+8	−6
8	59.05	49.83	−9	+4	10.39	40.80	+5	+7	26.53	35.52	+10	+4	45.91	34.21	+4	−8
9	59.29	49.50	−6	+7	10.88	40.56	+9	+5	27.14	35.40	+11	0	46.53	34.24	−2	−9
10	59.53	49.17	−2	+8	11.37	40.32	+11	+2	27.76	35.29	+10	−4	47.14	34.28	−9	−9
11	59.78	48.85	+2	+8	11.87	40.09	+11	−1	28.37	35.19	+7	−7	47.76	34.33	−14	−6
12	60.05	48.53	+6	+6	12.37	39.86	+9	−5	28.99	35.09	+2	−9	48.37	34.37	−17	−2
13	60.32	48.20	+9	+4	12.88	39.63	+5	−7	29.61	34.99	−5	−9	48.98	34.42	−16	+2
14	60.60	47.89	+10	+1	13.40	39.41	−1	−9	30.23	34.90	−11	−8	49.59	34.48	−12	+6
15	60.89	47.57	+10	−3	13.92	39.19	−7	−9	30.85	34.82	−15	−5	50.20	34.54	−6	+8
16	61.19	47.25	+7	−6	14.45	38.98	−13	−7	31.47	34.74	−17	−1	50.80	34.61	+2	+9
17	61.50	46.94	+2	−8	14.98	38.77	−17	−3	32.10	34.66	−16	+3	51.40	34.68	+9	+7
18	61.82	46.63	−4	−9	15.52	38.57	−18	+1	32.72	34.59	−11	+7	52.00	34.76	+15	+4
19	62.15	46.32	−11	−9	16.06	38.37	−15	+5	33.35	34.52	−4	+9	52.59	34.84	+16	0
20	62.49	46.02	−16	−6	16.61	38.17	−10	+8	33.98	34.46	+4	+8	53.18	34.92	+15	−4
21	62.83	45.71	−19	−2	17.16	37.98	−2	+9	34.60	34.40	+11	+6	53.77	35.01	+10	−7
22	63.18	45.41	−18	+2	17.72	37.79	+6	+8	35.23	34.35	+15	+2	54.35	35.10	+4	−8
23	63.54	45.12	−14	+6	18.28	37.61	+13	+5	35.87	34.31	+16	−2	54.93	35.20	−2	−7
24	63.91	44.82	−6	+9	18.85	37.43	+16	+1	36.50	34.27	+13	−6	55.51	35.30	−7	−5
25	64.29	44.53	+2	+9	19.42	37.26	+16	−4	37.13	34.23	+8	−8	56.08	35.41	−10	−1
26	64.68	44.24	+10	+7	19.99	37.09	+12	−7	37.76	34.20	+2	−8	56.65	35.52	−11	+3
27	65.07	43.95	+16	+3	20.57	36.92	+6	−8	38.39	34.17	−4	−6	57.22	35.64	−9	+5
28	65.47	43.67	+18	−1	21.15	36.76	0	−8	39.02	34.14	−8	−3	57.78	35.76	−5	+7
29	65.88	43.39	+16	−5	21.74	36.61	−6	−5	39.65	34.12	−10	0	58.33	35.88	−1	+8
30	66.30	43.12	+11	−8	22.32	36.45	−9	−2	40.28	34.11	−10	+4	58.89	36.01	+4	+8
31	66.73	42.84	+5	−8					40.91	34.10	−7	+7	59.43	36.14	+8	+6
32	67.16	42.58	−2	−7					41.54	34.10	−3	+8				

δ	sec δ	tg δ	δ	sec δ	tg δ	δ	sec δ	tg δ
−87° 38′ 30″	+24.302	−24.281	−87° 38′ 40″	+24.331	−24.310	−87° 38′ 50″	+24.359	−24.339
40	+24.331	−24.310	50	+24.359	−24.339	60	+24.388	−24.368

$\alpha_{1956.0} = 18^h\ 29^m\ 19^s.26$ $\delta_{1956.0} = -87°\ 38'\ 56''.32$

Scheinbare Sternörter 1956

Obere Kulmination Greenwich

Sg) χ Octantis $5^m.22$

Tag	Mai AR.	Mai Dekl.	Mai ☾ Glieder	Juni AR.	Juni Dekl.	Juni ☾ Glieder	Juli AR.	Juli Dekl.	Juli ☾ Glieder	August AR.	August Dekl.	August ☾ Glieder
	$18^h 29^m$	−87° 38′	in 0.01 s, 0.01 ″	$18^h 30^m$	−87° 38′	in 0.01 s, 0.01 ″	$18^h 30^m$	−87° 38′	in 0.01 s, 0.01 ″	$18^h 30^m$	−87° 38′	in 0.01 s, 0.01 ″
	s	″		s	″		s	″		s	″	
1	59.43	36.14	+ 8 +6	13.66	42.15	+ 7 -6	20.67	50.71	-14 -7	18.89	59.65	-14 +6
2	59.98	36.28	+10 +3	14.02	42.39	+ 2 -9	20.75	51.01	-19 -4	18.68	59.92	- 7 +8
3	60.52	36.42	+11 -1	14.36	42.64	- 5 -9	20.82	51.31	-19 0	18.47	60.18	+ 1 +8
4	61.05	36.57	+ 9 -4	14.70	42.89	-11 -9	20.89	51.60	-17 +4	18.25	60.44	+ 9 +6
5	61.58	36.72	+ 5 -7	15.03	43.15	-16 -6	20.94	51.90	-10 +7	18.02	60.69	+14 +2
6	62.10	36.88	0 -9	15.35	43.41	-19 -2	20.99	52.20	- 2 +9	17.78	60.95	+16 -2
7	62.62	37.03	- 7 -9	15.66	43.67	-18 +2	21.02	52.49	+ 6 +8	17.53	61.20	+14 -6
8	63.14	37.20	-13 -8	15.96	43.93	-13 +6	21.05	52.79	+13 +5	17.28	61.45	+ 9 -8
9	63.64	37.36	-17 -4	16.26	44.19	- 6 +8	21.07	53.09	+17 +1	17.01	61.70	+ 3 -8
10	64.15	37.53	-17 0	16.55	44.45	+ 3 +9	21.08	53.38	+17 -3	16.74	61.94	- 3 -6
11	64.65	37.70	-15 +4	16.83	44.72	+11 +7	21.08	53.68	+13 -7	16.46	62.18	- 7 -3
12	65.14	37.88	- 9 +7	17.10	44.99	+16 +3	21.07	53.97	+ 7 -8	16.17	62.41	- 9 +1
13	65.63	38.06	- 1 +9	17.36	45.26	+18 -1	21.05	54.27	+ 1 -7	15.88	62.65	- 8 +5
14	66.11	38.24	+ 7 +8	17.61	45.53	+16 -5	21.02	54.56	- 5 -5	15.57	62.87	- 5 +7
15	66.59	38.43	+14 +5	17.86	45.81	+11 -7	20.98	54.85	- 8 -1	15.26	63.10	0 +8
16	67.06	38.62	+17 +1	18.10	46.09	+ 4 -8	20.93	55.15	- 9 +2	14.94	63.32	+ 4 +8
17	67.52	38.82	+17 -3	18.33	46.37	- 2 -7	20.87	55.44	- 7 +5	14.62	63.54	+ 8 +7
18	67.98	39.01	+13 -6	18.54	46.65	- 7 -4	20.80	55.73	- 4 +8	14.28	63.75	+11 +4
19	68.43	39.22	+ 8 -8	18.75	46.93	- 9 0	20.72	56.02	+ 1 +8	13.94	63.96	+12 +1
20	68.87	39.42	+ 1 -7	18.95	47.21	- 9 +4	20.64	56.31	+ 5 +8	13.60	64.17	+11 -2
21	69.31	39.63	- 5 -5	19.14	47.50	- 7 +6	20.54	56.59	+ 8 +6	13.24	64.37	+ 8 -5
22	69.74	39.84	- 9 -2	19.33	47.79	- 3 +8	20.44	56.88	+11 +3	12.87	64.57	+ 4 -7
23	70.16	40.06	-10 +1	19.50	48.08	+ 1 +8	20.33	57.17	+11 0	12.50	64.76	- 2 -8
24	70.58	40.28	- 9 +4	19.67	48.37	+ 6 +7	20.20	57.45	+10 -3	12.13	64.95	- 8 -8
25	70.99	40.50	- 6 +7	19.82	48.66	+ 9 +5	20.07	57.73	+ 6 -6	11.74	65.14	-14 -6
26	71.40	40.73	- 2 +8	19.97	48.95	+10 +2	19.93	58.01	+ 1 -8	11.35	65.32	-18 -3
27	71.79	40.96	+ 2 +8	20.11	49.24	+10 -1	19.78	58.29	- 5 -9	10.96	65.50	-18 +1
28	72.18	41.19	+ 6 +6	20.24	49.53	+ 8 -5	19.62	58.56	-12 -8	10.56	65.67	-16 +5
29	72.56	41.43	+ 9 +4	20.36 20.47	49.82 50.12	+ 4 -7 - 2 -9	19.45	58.84	-17 -5	10.15	65.84	-10 +7
30	72.94	41.66	+10 +1	20.57	50.42	- 8 -9	19.27	59.11	-19 -2	9.74	66.00	- 2 +8
31	73.30	41.90	+10 -2	20.67	50.71	-14 -7	19.09	59.38	-18 +3	9.32	66.16	+ 5 +7
32	73.66	42.15	+ 7 -6				18.89	59.65	-14 +6	8.89	66.31	+11 +4

δ	sec δ	tg δ	δ	sec δ	tg δ	δ	sec δ	tg δ
-87° 38′ 30″	+24.302	-24.281	-87° 38′ 40″	+24.331	-24.310	-87° 39′ 0″	+24.388	-24.368
40	+24.331	-24.310	50	+24.359	-24.339	10	+24.417	-24.396

$\alpha_{1956.0} = 18^h\ 29^m\ 19^s.26$ $\delta_{1956.0} = -87°\ 38'\ 56''.32$

Obere Kulmination Greenwich

Sg) χ Octantis $5^{m}.22$

Tag	September AR.	September Dekl.	September ☾ Glieder		Oktober AR.	Oktober Dekl.	Oktober ☾ Glieder		November AR.	November Dekl.	November ☾ Glieder		Dezember AR.	Dezember Dekl.	Dezember ☾ Glieder	
	$18^h 29^m$	−87° 39′	in s 0.01	in ″ 0.01	$18^h 29^m$	−87° 39′	in s 0.01	in ″ 0.01	$18^h 29^m$	−87° 38′	in s 0.01	in ″ 0.01	$18^h 29^m$	−87° 38′	in s 0.01	in ″ 0.01
	s	″			s	″			s	″			s	″		
1	68.89	6.31	+11	+4	54.41	8.39	+11	−6	39.65	64.97	−8	−4	30.83	57.08	−8	+5
2	68.46	6.46	+14	0	53.90	8.37	+6	−8	39.24	64.77	−10	0	30.68	56.77	−4	+7
3	68.02	6.61	+14	−4	53.39	8.35	0	−8	38.84	64.57	−10	+3	30.54	56.45	+1	+8
4	67.58	6.75	+10	−7	52.88	8.31	−6	−6	38.45	64.36	−7	+6	30.41	56.13	+5	+8
5	67.14	6.88	+5	−8	52.38	8.27	−9	−3	38.06	64.14	−3	+8	30.28	55.81	+9	+6
6	66.69	7.01	−2	−7	51.87	8.23	−10	+1	37.68	63.92	+3	+8	30.17	55.48	+11	+3
7	66.24	7.13	−7	−5	51.36	8.18	−9	+5	37.31	63.70	+7	+7	30.07	55.16	+12	0
8	65.78	7.25	−9	−1	50.85	8.12	−5	+7	36.94	63.47	+11	+5	29.97	54.83	+10	−3
9	65.32	7.36	−9	+3	50.35	8.06	0	+8	36.58	63.23	+12	+2	29.89	54.50	+6	−6
10	64.85	7.47	−7	+6	49.84	7.99	+5	+8	36.23	62.99	+12	−2	29.82	54.17	+1	−8
11	64.38	7.57	−3	+8	49.34	7.91	+9	+7	35.88	62.75	+9	−5	29.76	53.84	−5	−8
12	63.90	7.67	+2	+9	48.84	7.83	+12	+4	35.55	62.50	+5	−7	29.71	53.51	−11	−8
13	63.42	7.76	+7	+8	48.35	7.74	+13	+1	35.22	62.25	−1	−8	29.67	53.17	−16	−5
14	62.94	7.84	+11	+6	47.86	7.65	+11	−3	34.90	61.99	−7	−8	29.64	52.84	−18	−2
15	62.45	7.92	+12	+3	47.37	7.55	+8	−6	34.59	61.73	−13	−7	29.62	52.50	−17	+3
16	61.97	8.00	+12	−1	46.88	7.44	+3	−8	34.29	61.47	−16	−4	29.61	52.17	−13	+6
17	61.48	8.06	+10	−4	46.40	7.33	−3	−8	33.99	61.20	−17	0	29.61	51.83	−6	+8
18	60.98	8.13	+6	−7	45.91	7.21	−9	−8	33.71	60.93	−14	+4	29.63	51.49	+2	+8
19	60.49	8.18	+1	−8	45.44	7.09	−14	−5	33.43	60.65	−9	+7	29.65	51.15	+10	+6
20	59.99	8.23	−5	−8	44.96	6.96	−17	−2	33.16	60.37	−2	+8	29.68	50.81	+15	+2
21	59.49	8.27	−11	−7	44.49	6.82	−16	+2	32.91	60.09	+6	+7	29.73	50.47	+16	−2
22	58.98	8.31	−15	−4	44.02	6.68	−12	+5	32.66	59.80	+12	+4	29.78	50.13	+14	−6
23	58.48	8.35	−17	−1	43.56	6.53	−6	+7	32.42	59.52	+15	+1	29.85	49.79	+9	−7
24	57.98	8.37	−16	+3	43.11	6.38	+1	+8	32.19	59.22	+15	−3	29.92	49.45	+2	−8
25	57.47	8.39	−11	+6	42.66	6.22	+8	+6	31.96	58.93	+11	−6	30.01	49.11	−4	−6
26	56.96	8.41	−5	+8	42.21	6.06	+13	+3	31.75	58.63	+6	−7	30.10	48.77	−8	−3
27	56.45	8.42	+3	+7	41.77	5.89	+14	−1	31.55	58.33	−1	−7	30.21	48.43	−9	+1
28	55.94	8.42	+9	+5	41.34	5.72	+13	−5	31.36	58.02	−6	−5	*30.33	48.09	−8	+4
29	55.43	8.42	+13	+1	40.91	5.54	+8	−7	31.17	57.71	−10	−2	30.46	47.75	−5	+7
30	54.92	8.41	+14	−2	40.48	5.36	+2	−8	31.00	57.40	−10	+2	30.60	47.41	−1	+8
31	54.41	8.39	+11	−6	40.06	5.17	−4	−7	30.83	57.08	−8	+5	30.75	47.08	+4	+8
32					39.65	4.97	−8	−4					30.91	46.74	+8	+7

δ	sec δ	tg δ	δ	sec δ	tg δ	δ	sec δ	tg δ
−87° 38′ 40″	+24.331	−24.310	−87° 38′ 50″	+24.359	−24.339	−87° 39′ 0″	+24.388	−24.368
50	+24.359	−24.339	60	+24.388	−24.368	10	+24.417	−24.396

$\alpha_{1956.0} = 18^h\ 29^m\ 19^s.26$ $\delta_{1956.0} = -87°\ 38'\ 56''.32$

* Tag der doppelten unteren Kulmination: Dez. 28.

Scheinbare Sternörter 1956

Obere Kulmination Greenwich

Sh) σ Octantis $5^m.48$

Tag	Januar AR.	Januar Dekl.	Januar ☾ Glieder	Februar AR.	Februar Dekl.	Februar ☾ Glieder	März AR.	März Dekl.	März ☾ Glieder	April AR.	April Dekl.	April ☾ Glieder
	$20^h\ 21^m$ s	$\overline{89°\ 7'}$ ″	in 0.01 s | 0.01 ″	$20^h\ 21^m$ s	$\overline{89°\ 6'}$ ″	in 0.01 s | 0.01 ″	$20^h\ 22^m$ s	$\overline{89°\ 6'}$ ″	in 0.01 s | 0.01 ″	$20^h\ 22^m$ s	$\overline{89°\ 6'}$ ″	in 0.01 s | 0.01 ″
1	35.58	12.97	+49 + 2	37.62	61.75	+ 9 − 6	0.31	51.93	−17 − 4	40.33	44.31	−24 + 6
2	35.26	12.62	+48 − 2	38.09	61.38	− 8 − 5	1.39	51.63	−27 − 1	41.79	44.13	−13 + 8
3	34.96	12.27	+37 − 5	38.59	61.02	−21 − 3	2.48	51.33	−30 + 2	43.27	43.95	− 1 + 8
4	34.69	11.92	+20 − 6	39.11	60.66	−29 + 1	3.60	51.04	−27 + 5	44.75	43.78	+12 + 7
5	34.44	11.57	+ 2 − 6	39.65	60.30	−29 + 4	4.73	50.75	−19 + 7	46.24	43.61	+23 + 4
6	34.22	11.22	−13 − 4	40.22	59.94	−24 + 6	5.88	50.46	− 7 + 8	47.73	43.45	+29 + 1
7	34.03	10.86	−24 − 1	40.81	59.58	−14 + 8	7.04	50.17	+ 6 + 7	49.23	43.29	+30 − 3
8	33.86	10.50	−29 + 2	41.42	59.22	− 3 + 8	8.22	49.89	+17 + 6	50.73	43.14	+25 − 6
9	33.72	10.14	−28 + 5	42.06	58.87	+ 9 + 7	9.41	49.61	+27 + 3	52.24	42.99	+13 − 9
10	33.60	9.78	−21 + 7	42.72	58.52	+20 + 5	10.62	49.34	+31 − 1	53.76	42.85	− 2 −10
11	33.51	9.42	−11 + 7	43.40	58.17	+28 + 1	11.84	49.07	+29 − 4	55.28	42.71	−19 − 9
12	33.45	9.06	+ 1 + 7	44.11	57.82	+30 − 2	13.07	48.80	+21 − 7	56.80	42.58	−33 − 6
13	33.41	8.69	+12 + 6	44.83	57.47	+26 − 5	14.32	48.54	+ 8 − 9	58.33	42.45	−40 − 2
14	33.40	8.33	+21 + 3	45.58	57.13	+16 − 8	15.58	48.28	− 9 −10	59.86	42.32	−39 + 2
15	33.41	7.97	+27 0	46.35	56.79	0 −10	16.86	48.03	−25 − 8	61.40	42.20	−29 + 5
16	33.45	7.60	+28 − 3	47.14	56.45	−16 −10	18.15	47.78	−37 − 5	62.94	42.09	−12 + 8
17	33.52	7.24	+22 − 7	47.95	56.11	−33 − 8	19.46	47.53	−42 − 1	64.48	41.98	+ 7 + 9
18	33.61	6.87	+ 9 −10	48.78	55.77	−43 − 4	20.77	47.29	−38 + 3	66.03	41.87	+26 + 7
19	33.73	6.51	− 8 −11	49.64	55.44	−44 0	22.10	47.05	−26 + 7	67.57	41.77	+39 + 4
20	33.88	6.14	−25 −10	50.51	55.11	−37 + 4	23.44	46.81	− 7 + 8	69.12	41.68	+42 0
21	34.05	5.77	−40 − 7	51.41	54.79	−21 + 7	24.79	46.58	+13 + 8	70.67	41.59	+37 − 4
22	34.25	5.40	−47 − 2	52.32	54.46	0 + 8	26.16	46.35	+30 + 6	72.23	41.51	+25 − 6
23	34.47	5.04	−44 + 2	53.26	54.13	+20 + 7	27.53	46.13	+40 + 2	73.78	41.43	+ 9 − 7
24	34.72	4.67	−32 + 6	54.21	53.81	+36 + 5	28.92	45.91	+41 − 2	75.33	41.35	− 8 − 6
25	35.00	4.30	−12 + 9	55.18	53.50	+43 + 1	30.31	45.69	+33 − 5	76.88	41.28	−21 − 4
26	35.30	3.93	+10 + 9	56.17	53.18	+41 − 3	31.71	45.48	+20 − 7	78.43	41.21	−29 0
27	*35.63	3.57	+30 + 7	57.18	52.87	+30 − 5	33.12	45.27	+ 2 − 7	79.99	41.15	−31 + 3
28	35.98	3.20	+43 + 4	58.21	52.55	+15 − 7	34.55	45.07	−13 − 5	81.54	41.10	−27 + 5
29	36.35	2.84	+46 0	59.25	52.24	− 3 − 6	35.98	44.87	−24 − 2	83.09	41.05	−18 + 7
30	36.75	2.47	+41 − 4	60.31	51.93	−17 − 4	37.42	44.68	−30 + 1	84.64	41.00	− 7 + 8
31	37.17	2.11	+27 − 6				38.87	44.49	−30 + 4	86.19	40.96	+ 6 + 7
32	37.62	1.75	+ 9 − 6				40.33	44.31	−24 + 6			

δ	sec δ	tg δ	δ	sec δ	tg δ	δ	sec δ	tg δ
−89° 6′ 40″	+64.460	−64.453	−89° 6′ 50″	+64.662	−64.655	−89° 7′ 10″	+65.070	−65.063
50	+64.662	−64.655	60	+64.866	−64.858	20	+65.276	−65.269

$\alpha_{1956.0} = 20^h\ 22^m\ 36^s.48$ $\delta_{1956.0} = -89°\ 7'\ 10''.09$

* Tag der doppelten unteren Kulmination: Jan. 27.

Obere Kulmination Greenwich

Sh) σ Octantis $5^{m}.48$

Tag	Mai AR.	Mai Dekl.	Mai ☾ Glieder	Juni AR.	Juni Dekl.	Juni ☾ Glieder	Juli AR.	Juli Dekl.	Juli ☾ Glieder	August AR.	August Dekl.	August ☾ Glieder
	$20^h 23^m$	− 89° 6′	in s ″ 0.01 0.01	$20^h 24^m$	− 89° 6′	in s ″ 0.01 0.01	$20^h 24^m$	− 89° 6′	in s ″ 0.01 0.01	$20^h 24^m$	− 89° 6′	in s ″ 0.01 0.01
	s	″		s	″		s	″		s	″	
1	26.19	40.96	+ 6 + 7	11.56	42.23	+27 − 4	44.59	47.63	− 1 −10	59.62	56.40	−44 +2
2	27.73	40.93	+17 + 5	12.88	42.35	+21 − 7	45.41	47.87	−19 −10	59.69	56.70	−31 +5
3	29.28	40.90	+26 + 2	14.19	42.47	+ 8 −10	46.21	48.11	−34 − 8	59.73	56.99	−12 +8
4	30.82	40.88	+29 − 2	15.49	42.60	− 8 −11	46.99	48.36	−45 − 5	59.75	57.29	+ 9 +8
5	32.36	40.86	+27 − 5	16.77	42.73	−25 − 9	47.75	48.61	−46 0	59.74	57.59	+29 +6
6	33.90	40.84	+17 − 8	18.04	42.87	−39 − 6	48.48	48.86	−38 + 4	59.71	57.89	+41 +2
7	35.43	40.83	+ 3 −10	19.30	43.01	−44 − 2	49.20	49.11	−21 + 7	59.65	58.19	+44 −2
8	36.96	40.83	−14 −10	20.54	43.16	−41 + 2	49.89	49.36	0 + 8	59.57	58.49	+37 −5
9	38.48	40.83	−29 − 8	21.77	43.31	−29 + 6	50.56	49.62	+22 + 8	59.46	58.79	+24 −6
10	40.00	40.83	−40 − 4	22.98	43.46	− 9 + 9	51.21	49.89	+38 + 5	59.32	59.08	+ 5 −6
11	41.51	40.84	−42 0	24.18	43.62	+12 + 9	51.83	50.15	+45 + 1	59.16	59.38	−11 −4
12	43.02	40.86	−35 + 4	25.36	43.78	+32 + 7	52.44	50.42	+43 − 3	58.98	59.67	−22 −2
13	44.52	40.88	−19 + 8	26.52	43.95	+44 + 4	53.02	50.68	+33 − 5	58.77	59.97	−27 +2
14	46.02	40.91	+ 1 + 9	27.67	44.12	+46 0	53.58	50.95	+16 − 6	58.53	60.26	−26 +5
15	47.51	40.94	+21 + 8	28.81	44.30	+40 − 4	54.12	51.23	− 2 − 6	58.27	60.56	−18 +7
16	49.00	40.98	+37 + 6	29.93	44.48	+25 − 6	54.63	51.50	−17 − 3	57.98	60.85	− 7 +9
17	50.47	41.02	+44 + 2	31.03	44.66	+ 8 − 6	55.12	51.78	−25 0	57.67	61.14	+ 6 +8
18	51.94	41.07	+42 − 2	32.12	44.85	− 9 − 5	55.58	52.05	−28 + 3	57.33	61.43	+17 +6
19	53.40	41.12	+32 − 5	33.19	45.04	−22 − 2	56.02	52.33	−24 + 6	56.97	61.72	+26 +4
20	54.85	41.18	+16 − 6	34.24	45.24	−28 + 1	56.44	52.62	−15 + 8	56.58	62.01	+30 +1
21	56.30	41.24	− 1 − 6	35.28	45.44	−28 + 4	56.83	52.90	− 4 + 8	56.17	62.29	+29 −3
22	57.73	41.31	−16 − 4	36.29	45.64	−22 + 6	57.20	53.19	+ 8 + 7	55.73	62.57	+23 −6
23	59.16	41.38	−26 − 1	37.29	45.85	−13 + 8	57.55	53.47	+18 + 6	55.27	62.85	+12 −8
24	60.58	41.45	−30 + 2	38.27	46.06	− 1 + 8	57.87	53.76	+25 + 3	54.78	63.14	− 3 −9
25	61.99	41.53	−28 + 5	39.23	46.27	+10 + 7	58.17	54.05	+28 − 1	54.27	63.42	−19 −9
26	63.39	41.62	−21 + 7	40.18	46.49	+19 + 4	58.44	54.34	+27 − 4	53.73	63.70	−34 −7
27	64.77	41.71	−11 + 8	41.10	46.71	+26 + 1	58.68	54.63	+18 − 7	53.17	63.97	−43 −4
28	66.15	41.80	+ 2 + 7	42.00	46.94	+28 − 2	58.90 59.10	54.92 55.22	+ 5 − 9 −11 −10	52.59	64.24	−44 0
29	67.52	41.90	+13 + 6	42.88	47.17	+23 − 5	59.27	55.51	−27 − 9	51.98	64.51	−36 +4
30	68.88	42.01	+22 + 3	43.74	47.40	+13 − 8	59.41	55.81	−41 − 6	51.35	64.78	−21 +7
31	70.22	42.12	+27 0	44.59	47.63	− 1 −10	59.53	56.10	−47 − 2	50.69	65.05	− 1 +7
32	71.56	42.23	+27 − 4				59.62	56.40	−44 + 2	50.01	65.31	+19 +6

δ	sec δ	tg δ	δ	sec δ	tg δ	δ	sec δ	tg δ
−89° 6′ 40″	+64.460	−64.453	−89° 6′ 50″	+64.662	−64.655	−89° 7′ 0″	+64.866	−64.858
50	+64.662	−64.655	60	+64.866	−64.858	10	+65.070	−65.063

$\alpha_{1956.0} = 20^h\ 22^m\ 36^s.48$ $\delta_{1956.0} = -89°\ 7'\ 10''.09$

Scheinbare Sternörter 1956

Obere Kulmination Greenwich

Sh) σ Octantis $5^{m}.48$

Tag	September AR.	September Dekl.	September ☾ Glieder	Oktober AR.	Oktober Dekl.	Oktober ☾ Glieder	November AR.	November Dekl.	November ☾ Glieder	Dezember AR.	Dezember Dekl.	Dezember ☾ Glieder
	$20^h 24^m$ s	$-89° 7'$ ″	in s 0.01 | ″ 0.01	$20^h 23^m$ s	$-89° 7'$ ″	in s 0.01 | ″ 0.01	$20^h 23^m$ s	$-89° 7'$ ″	in s 0.01 | ″ 0.01	$20^h 22^m$ s	$-89° 6'$ ″	in s 0.01 | ″ 0.01
1	50.01	5.31	+19 +6	80.24	11.44	+37 −3	38.12	12.75	−11 −6	60.54	68.37	−29 + 2
2	49.31	5.57	+33 +3	78.99	11.57	+29 −6	36.73	12.69	−24 −3	59.51	68.14	−25 + 6
3	48.59	5.83	+40 0	77.73	11.70	+15 −7	35.35	12.63	−30 0	58.50	67.90	−15 + 8
4	47.85	6.08	+38 −4	76.46	11.82	− 1 −7	33.97	12.56	−29 +4	57.50	67.66	− 3 + 8
5	47.08	6.33	+26 −6	75.17	11.93	−16 −5	32.60	12.48	−22 +7	56.52	67.41	+ 9 + 8
6	46.29	6.58	+11 −7	73.87	12.04	−27 −1	31.23	12.40	−11 +8	55.57	67.16	+19 + 6
7	45.48	6.82	− 6 −6	72.57	12.14	−29 +2	29.87	12.31	+ 1 +8	54.63	66.90	+27 + 3
8	44.64	7.06	−19 −3	71.25	12.24	−26 +5	28.52	12.21	+14 +7	53.72	66.64	+30 − 1
9	43.79	7.30	−27 0	69.93	12.33	−17 +8	27.17	12.11	+23 +5	52.82	66.37	+27 − 4
10	42.91	7.53	−28 +4	68.59	12.42	− 5 +9	25.83	12.00	+30 +2	51.95	66.10	+18 − 7
11	42.01	7.76	−22 +7	67.25	12.50	+ 7 +8	24.50	11.89	+31 −2	51.10	65.82	+ 5 − 9
12	41.09	7.99	−11 +8	65.90	12.57	+19 +6	23.19	11.77	+25 −5	50.27	65.54	−11 −10
13	40.16	8.21	+ 1 +8	64.54	12.64	+28 +4	21.88	11.64	+14 −8	49.46	65.26	−27 − 9
14	39.20	8.43	+13 +7	63.18	12.70	+32 0	20.58	11.51	0 −9	48.68	64.97	−38 − 6
15	38.22	8.64	+23 +5	61.81	12.76	+30 −3	19.29	11.37	−16 −9	47.92	64.68	−44 − 2
16	37.22	8.85	+30 +2	60.43	12.81	+22 −6	18.02	11.23	−30 −7	47.18	64.39	−40 + 2
17	36.21	9.05	+31 −1	59.05	12.85	+10 −8	16.75	11.08	−39 −4	46.46	64.09	−28 + 6
18	35.17	9.25	+27 −5	57.67	12.89	− 5 −9	15.50	10.92	−41 0	45.77	63.79	−10 + 8
19	34.12	9.45	+17 −7	56.28	12.92	−21 −8	14.26	10.76	−33 +4	45.10	63.48	+11 + 8
20	33.05	9.64	+ 4 −9	54.89	12.95	−34 −6	13.03	10.59	−19 +7	44.46	63.17	+29 + 6
21	31.96	9.83	−12 −9	53.50	12.97	−40 −2	11.82	10.42	0 +8	43.84	62.86	+41 + 3
22	30.86	10.01	−27 −8	52.10	12.98	−38 +2	10.62	10.24	+20 +7	43.25	62.54	+43 − 1
23	29.74	10.19	−38 −5	50.70	12.99	−28 +5	9.44	10.05	+34 +5	42.68	62.22	+35 − 4
24	28.60	10.36	−42 −1	49.30	12.99	−13 +7	8.27	9.86	+40 +1	42.13	61.90	+21 − 6
25	27.45	10.53	−38 +3	47.90	12.98	+ 6 +7	7.12	9.66	+39 −3	41.61	61.57	+ 4 − 6
26	26.28	10.70	−25 +6	46.50	12.97	+24 +6	5.98	9.46	+28 −6	41.11	61.24	−13 − 5
27	25.10	10.86	− 8 +7	45.09	12.95	+35 +3	4.86	9.25	+12 −7	40.64	60.91	−24 − 2
28	23.91	11.01	+11 +7	43.69	12.92	+39 −1	3.75	9.04	− 5 −6	40.20	60.58	−28 + 2
29	22.70	11.16	+27 +5	42.30	12.89	+33 −4	2.66	8.82	−19 −4	39.78	60.25	−26 + 5
30	21.48	11.30	+37 +1	40.90	12.85	+21 −7	1.59	8.60	−27 −1	39.39	59.91	−18 + 7
31	20.24	11.44	+37 −3	39.51	12.80	+ 5 −7	0.54	8.37	−29 +2	39.02	59.56	− 6 + 8
32				38.12	12.75	−11 −6				38.68	59.22	+ 5 + 8

δ	sec δ	tg δ	δ	sec δ	tg δ	δ	sec δ	tg δ
−89° 6′ 50″	+64.662	−64.655	−89° 7′ 0″	+64.866	−64.858	−89° 7′ 10″	+65.070	−65.063
60	+64.866	−64.858	10	+65.070	−65.063	20	+65.276	−65.269

$\alpha_{1956.0} = 20^h\ 22^m\ 36^s.48$ $\delta_{1956.0} = -89°\ 7'\ 10''.09$

Obere Kulmination Greenwich

Si) β Octantis $4^{m}.34$

Tag	Januar AR.	Januar Dekl.	Januar ☾ Glieder	Februar AR.	Februar Dekl.	Februar ☾ Glieder	März AR.	März Dekl.	März ☾ Glieder	April AR.	April Dekl.	April ☾ Glieder
	$22^h 41^m$	− 81° 36′	in s 0.01 | ″ 0.01	$22^h 41^m$	− 81° 36′	in s 0.01 | ″ 0.01	$22^h 41^m$	− 81° 36′	in s 0.01 | ″ 0.01	$22^h 41^m$	− 81° 36′	in s 0.01 | ″ 0.01
	s	″		s	″		s	″		s	″	
1	37.62	58.10	+5 + 8	35.13	49.28	+2 − 4	34.71	38.67	−1 − 5	36.36	27.28	− 4 + 2
2	37.51	57.88	+6 + 4	35.08	48.94	0 − 5	*34.73	38.29	−3 − 4	36.44	26.94	− 3 + 5
3	37.40	57.66	+5 0	35.03	48.60	−2 − 5	34.75	37.91	−4 − 2	36.53	26.60	− 1 + 6
4	37.29	57.43	+3 − 3	34.99	48.25	−3 − 3	34.77	37.53	−4 + 1	36.62	26.26	0 + 7
5	37.19	57.20	+1 − 5	34.95	47.90	−4 − 1	34.80	37.15	−3 + 4	36.71	25.93	+ 2 + 6
6	37.09	56.96	−1 − 5	34.91	47.55	−4 + 2	34.83	36.77	−2 + 6	36.80	25.59	+ 3 + 4
7	36.99	56.71	−3 − 4	34.88	47.20	−3 + 5	34.86	36.40	−1 + 7	36.90	25.27	+ 4 + 1
8	36.89	56.47	−4 − 2	34.85	46.84	−2 + 6	34.90	36.02	+1 + 7	37.00	24.94	+ 4 − 2
9	36.79	56.21	−4 0	34.82	46.48	0 + 7	34.94	35.64	+3 + 6	37.10	24.62	+ 3 − 6
10	36.70	55.95	−4 + 3	34.79	46.12	+2 + 6	34.98	35.27	+4 + 3	37.20	24.30	+ 1 − 8
11	36.60	55.69	−3 + 5	34.76	45.76	+3 + 5	35.02	34.89	+4 0	37.30	23.98	− 1 −10
12	36.51	55.43	−1 + 6	34.73	45.40	+4 + 2	35.06	34.51	+4 − 4	37.40	23.66	− 3 − 9
13	36.42	55.15	+1 + 6	34.71	45.04	+4 − 1	35.10	34.14	+2 − 7	37.51	23.35	− 4 − 7
14	36.34	54.88	+2 + 5	34.69	44.67	+3 − 5	35.15	33.76	+1 − 9	37.62	23.04	− 5 − 3
15	36.25	54.60	+3 + 3	34.68	44.30	+2 − 8	35.20	33.39	−1 −10	37.73	22.73	− 4 + 1
16	36.17	54.31	+4 0	34.66	43.93	0 −10	35.25	33.02	−3 − 9	37.84	22.43	− 3 + 5
17	36.09	54.03	+4 − 3	34.65	43.56	−2 −10	35.31	32.65	−5 − 6	37.95	22.13	− 1 + 8
18	36.01	53.73	+3 − 7	34.64	43.19	−4 − 9	35.36	32.28	−5 − 2	38.06	21.84	+ 2 + 9
19	35.93	53.44	+1 −10	34.64	42.82	−5 − 5	35.42	31.91	−4 + 2	38.18	21.55	+ 4 + 8
20	35.86	53.14	−1 −11	34.63	42.45	−5 − 1	35.48	31.55	−2 + 6	38.29	21.26	+ 5 + 5
21	35.78	52.84	−3 −10	34.63	42.07	−4 + 4	35.54	31.18	0 + 8	38.41	20.97	+ 5 + 2
22	35.71	52.53	−5 − 8	34.63	41.69	−1 + 7	35.61	30.82	+3 + 8	38.53	20.69	+ 4 − 2
23	35.64	52.22	−5 − 4	34.63	41.32	+1 + 9	35.67	30.45	+4 + 7	38.66	20.41	+ 2 − 5
24	35.58	51.91	−4 + 1	34.63	40.94	+3 + 8	35.74	30.09	+5 + 4	38.78	20.14	0 − 6
25	35.51	51.59	−3 + 6	34.64	40.56	+5 + 6	35.81	29.73	+5 0	38.91	19.87	− 2 − 5
26	35.45	51.27	0 + 9	34.65	40.18	+5 + 3	35.88	29.37	+3 − 3	39.03	19.60	− 3 − 4
27	35.39	50.94	+2 + 9	34.66	39.81	+4 − 1	35.96	29.02	+1 − 5	39.16	19.34	− 4 − 2
28	35.33	50.62	+4 + 8	34.68	39.43	+3 − 4	36.03	28.67	−1 − 6	39.29	19.08	− 4 + 1
29	35.28	50.29	+5 + 5	34.69	39.05	+1 − 5	36.11	28.32	−2 − 5	39.42	18.83	− 3 + 4
30	35.23	49.95	+5 + 2	34.71	38.67	−1 − 5	36.19	27.97	−4 − 3	39.55	18.58	− 2 + 6
31	35.18	49.62	+4 − 2				36.27	27.63	−4 0	39.69	18.34	0 + 7
32	35.13	49.28	+2 − 4				36.36	27.28	−4 + 2			

δ	sec δ	tg δ	δ	sec δ	tg δ	δ	sec δ	tg δ
−81° 36′ 10″	+6.848	−6.774	−81° 36′ 30″	+6.852	−6.779	−81° 36′ 50″	+6.857	−6.783
20	+6.850	−6.777	40	+6.854	−6.781	60	+6.859	−6.786

$\alpha_{1956.0} = 22^h\ 41^m\ 41^s.18$ $\delta_{1956.0} = -81°\ 36'\ 47''.61$

* Tag der doppelten unteren Kulmination: März 2.

Scheinbare Sternörter 1956

Obere Kulmination Greenwich

Si) β Octantis $4^{m}.34$

Tag	Mai AR.	Mai Dekl.	Mai ☾ Glieder	Juni AR.	Juni Dekl.	Juni ☾ Glieder	Juli AR.	Juli Dekl.	Juli ☾ Glieder	August AR.	August Dekl.	August ☾ Glieder
	$22^h\,41^m$ s	−81° 36′ ″	in s 0.01 | ″ 0.01	$22^h\,41^m$ s	−81° 36′ ″	in s 0.01 | ″ 0.01	$22^h\,41^m$ s	−81° 36′ ″	in s 0.01 | ″ 0.01	$22^h\,41^m$ s	−81° 36′ ″	in s 0.01 | ″ 0.01
1	39.69	18.34	0 + 7	44.25	13.03	+4 0	48.83	12.66	+2 − 9	52.59	17.20	−5 − 8
2	39.82	18.10	+1 + 6	44.40	12.94	+4 − 3	48.97	12.73	0 −11	52.68	17.42	−5 − 4
3	39.95	17.86	+3 + 5	44.56	12.85	+3 − 7	49.11	12.81	−3 −11	52.77	17.64	−4 + 1
4	40.09	17.63	+4 + 2	44.72	12.77	+1 −10	49.25	12.89	−4 − 9	52.86	17.87	−3 + 5
5	40.23	17.40	+4 − 1	44.87	12.70	−1 −11	49.39	12.98	−5 − 6	52.95	18.09	0 + 8
6	40.37	17.18	+3 − 5	45.03	12.63	−3 −10	49.53	13.07	−5 − 1	53.03	18.33	+2 + 8
7	40.50	16.96	+2 − 8	45.19	12.56	−5 − 8	49.66	13.17	−4 + 3	53.11	18.56	+4 + 7
8	40.64	16.75	0 −10	45.34	12.51	−5 − 3	49.80	13.28	−1 + 7	53.19	18.80	+5 + 4
9	40.79	16.54	−2 −10	45.50	12.45	−4 + 2	49.93	13.38	+1 + 9	53.26	19.04	+5 + 1
10	40.93	16.33	−4 − 9	45.66	12.40	−2 + 6	50.07	13.50	+4 + 9	53.33	19.29	+4 − 3
11	41.07	16.13	−5 − 5	45.81	12.36	0 + 9	50.20	13.62	+5 + 7	53.40	19.54	+2 − 5
12	41.22	15.93	−5 0	45.97	12.32	+3 +10	50.33	13.74	+5 + 3	53.47	19.79	−1 − 5
13	41.36	15.74	−3 + 4	46.12	12.29	+4 + 8	50.46	13.87	+4 0	53.54	20.04	−2 − 4
14	41.51	15.55	−1 + 8	46.27	12.27	+5 + 5	50.59	14.01	+3 − 3	53.60	20.30	−3 − 2
15	41.66	15.37	+1 + 9	46.43	12.25	+5 + 2	50.72	14.15	+1 − 5	53.66	20.56	−4 + 1
16	41.81	15.19	+3 + 9	46.58	12.23	+4 − 2	50.84	14.29	−1 − 5	53.72	20.83	−3 + 4
17	41.96	15.01	+5 + 7	46.74	12.22	+2 − 4	50.96	14.44	−3 − 3	53.78	21.09	−2 + 6
18	42.11	14.84	+5 + 3	46.89	12.22	0 − 5	51.08	14.59	−4 − 1	53.83	21.36	−1 + 7
19	42.26	14.68	+4 0	47.04	12.22	−2 − 5	51.20	14.75	−4 + 2	53.88	21.63	+1 + 7
20	42.41	14.52	+3 − 3	47.19	12.23	−3 − 3	51.32	14.91	−3 + 5	53.93	21.90	+2 + 6
21	42.56	14.37	+1 − 5	47.35	12.24	−4 0	51.44	15.08	−2 + 6	53.98	22.18	+3 + 4
22	42.71	14.22	−1 − 6	47.50	12.26	−4 + 2	51.55	15.25	0 + 7	54.02	22.46	+4 + 1
23	42.86	14.08	−3 − 4	47.65	12.28	−3 + 5	51.66	15.42	+1 + 7	54.06	22.74	+4 − 2
24	43.01	13.94	−4 − 2	47.80	12.31	−1 + 6	51.77	15.60	+2 + 5	54.10	23.02	+3 − 5
25	43.16	13.81	−4 0	47.95	12.35	0 + 7	51.88	15.79	+3 + 3	54.14	23.30	+1 − 8
26	43.32	13.68	−3 + 3	48.10	12.39	+1 + 6	51.99	15.97	+4 0	54.17	23.59	−1 −10
27	43.47	13.56	−2 + 5	48.25	12.43	+3 + 4	52.09	16.17	+3 − 4	54.20	23.88	−3 −10
28	43.63	13.44	−1 + 6	48.39	12.48	+4 + 1	52.19	16.37	+2 − 7	54.23	24.17	−4 − 8
29	43.78	13.33	+1 + 6	48.54	12.54	+4 − 2	52.29	16.57	0 −10	54.25	24.46	−5 − 5
30	43.94	13.22	+2 + 5	48.68	12.60	+3 − 5	52.39	16.77	−2 −11	54.27	24.75	−5 − 1
31	44.09	13.12	+3 + 3	48.83	12.66	+2 − 9	52.49	16.99	−4 −10	54.29	25.04	−3 + 3
32	44.25	13.03	+4 0				52.59	17.20	−5 − 8	54.31 54.32	25.34 25.64	−1 + 6 +1 + 8

δ	sec δ	tg δ
−81° 36′ 10″	+6.848	−6.774
20	+6.850	−6.777

δ	sec δ	tg δ
−81° 36′ 20″	+6.850	−6.777
30	+6.852	−6.779

$\alpha_{1956.0} = 22^h\,41^m\,41^s.18$ $\delta_{1956.0} = -81°\,36'\,47''.61$

Scheinbare Sternörter 1956

Obere Kulmination Greenwich

Si) β Octantis $4^{m}.34$

Tag	September AR.	September Dekl.	September ☾ Glieder		Oktober AR.	Oktober Dekl.	Oktober ☾ Glieder		November AR.	November Dekl.	November ☾ Glieder		Dezember AR.	Dezember Dekl.	Dezember ☾ Glieder	
	$22^h\,41^m$	— 81° 36′	in s 0.01	in ″ 0.01	$22^h\,41^m$	— 81° 36′	in s 0.01	in ″ 0.01	$22^h\,41^m$	— 81° 36′	in s 0.01	in ″ 0.01	$22^h\,41^m$	— 81° 36′	in s 0.01	in ″ 0.01
	s	″			s	″			s	″			s	″		
1	54.31 54.32	25.34 25.64	−1 +1	+ 6 + 8	53.44	34.42	+5	+ 2	50.29	41.17	0	− 6	46.13	42.91	−4	− 1
2	54.33	25.93	+3	+ 7	53.37	34.69	+4	− 1	50.17	41.31	−2	− 5	45.98	42.87	−4	+ 2
3	54.34	26.23	+5	+ 5	53.30	34.96	+3	− 4	50.04	41.45	−3	− 3	45.84	42.83	−3	+ 4
4	54.35	26.53	+5	+ 1	53.22	35.23	+1	− 6	49.90	41.58	−4	0	45.70	42.78	−2	+ 6
5	54.35	26.83	+4	− 2	53.14	35.49	−1	− 6	49.77	41.71	−4	+ 3	45.56	42.72	0	+ 7
6	54.35	27.12	+2	− 4	53.06	35.75	−3	− 4	49.64	41.83	−3	+ 5	45.42	42.66	+1	+ 7
7	54.35	27.42	0	− 5	52.98	36.01	−4	− 2	49.50	41.95	−1	+ 7	45.28	42.59	+3	+ 6
8	54.34	27.72	−2	− 5	52.90	36.26	−4	+ 1	49.37	42.06	0	+ 8	45.14	42.52	+4	+ 3
9	54.33	28.02	−3	− 3	52.82	36.51	−3	+ 4	49.23	42.16	+2	+ 7	45.00	42.44	+4	0
10	54.32	28.32	−4	0	52.73	36.76	−2	+ 7	49.09	42.26	+3	+ 5	44.86	42.35	+3	− 4
11	54.31	28.62	−4	+ 3	52.64	37.00	−1	+ 8	48.95	42.35	+4	+ 2	44.73	42.26	+2	− 7
12	54.29	28.92	−3	+ 5	52.55	37.24	+1	+ 8	48.81	42.44	+4	− 2	44.59	42.16	0	− 9
13	54.27	29.22	−1	+ 7	52.45	37.48	+3	+ 6	48.67	42.52	+3	− 5	44.45	42.05	−2	−11
14	54.24	29.52	0	+ 8	52.35	37.71	+4	+ 4	48.53	42.59	+2	− 8	44.32	41.94	−3	−10
15	54.22	29.81	+2	+ 7	52.25	37.94	+4	+ 1	48.39	42.66	0	−10	44.19	41.82	−5	− 7
16	54.19	30.11	+3	+ 5	52.15	38.16	+3	− 3	48.25	42.73	−2	−10	44.06	41.70	−5	− 3
17	54.16	30.41	+4	+ 3	52.05	38.39	+2	− 6	48.11	42.78	−4	− 8	43.93	41.57	−4	+ 1
18	54.13	30.71	+4	− 1	51.95	38.60	+1	− 8	47.97	42.83	−5	− 5	43.80	41.43	−2	+ 5
19	54.09	31.00	+3	− 4	51.84	38.82	−1	−10	47.83	42.88	−4	0	43.67	41.29	0	+ 8
20	54.05	31.30	+2	− 7	51.73	39.03	−3	− 9	47.69	42.92	−3	+ 4	43.54	41.14	+2	+ 9
21	54.01	31.59	0	− 9	51.62	39.24	−4	− 7	47.55	42.95	−1	+ 7	43.42	40.98	+4	+ 7
22	53.96	31.89	−2	−10	51.51	39.44	−5	− 3	47.41	42.98	+1	+ 8	43.30	40.82	+5	+ 4
23	53.92	32.17	−4	− 9	51.40	39.63	−4	+ 1	47.27	43.00	+3	+ 8	43.17	40.65	+5	+ 1
24	53.87	32.46	−5	− 6	51.28	39.82	−3	+ 5	47.12	43.01	+4	+ 6	43.05	40.48	+3	− 3
25	53.81	32.75	−5	− 2	51.16	40.01	0	+ 7	46.98	43.01	+5	+ 2	42.93	40.30	+1	− 5
26	53.76	33.03	−4	+ 2	51.04	40.19	+2	+ 8	46.84	43.01	+4	− 1	42.81	40.12	−1	− 5
27	53.70	33.31	−2	+ 5	50.92	40.36	+4	+ 7	46.70	43.01	+2	− 4	42.69	39.93	−2	− 4
28	53.64	33.60	0	+ 7	50.80	40.53	+5	+ 4	46.55	42.99	0	− 6	42.58	39.74	−3	− 2
29	53.58	33.87	+2	+ 7	50.68	40.70	+4	0	46.41	42.97	−1	− 6	42.46	39.54	−4	+ 1
30	53.51	34.15	+4	+ 6	50.55	40.86	+3	− 3	46.27	42.94	−3	− 4	42.35	39.34	−3	+ 4
31	53.44	34.42	+5	+ 2	50.42	41.02	+2	− 5	46.13	42.91	−4	− 1	42.23	39.13	−2	+ 6
32					50.29	41.17	0	− 6					42.13	38.91	−1	+ 7

δ	sec δ	tg δ	δ	sec δ	tg δ	δ	sec δ	tg δ
−81° 36′ 20″	+6.850	−6.777	−81° 36′ 30″	+6.852	−6.779	−81° 36′ 40″	+6.854	−6.781
30	+6.852	−6.779	40	+6.854	−6.781	50	+6.857	−6.783

$\alpha_{1956.0} = 22^h\,41^m\,41^s.18$ $\delta_{1956.0} = -81°\,36'\,47''.61$

Scheinbare Sternörter 1956

Obere Kulmination Greenwich

Sk) τ Octantis $5^m.56$

Tag	Januar			Februar			März			April		
	AR.	Dekl.	☾ Glieder	AR.	Dekl.	☾ Glieder	AR.	Dekl.	☾ Glieder	AR.	Dekl.	☾ Glieder
	$23^h 21^m$ s	$-87° 43'$ "	in s 0.01 | " 0.01	$23^h 21^m$ s	$-87° 43'$ "	in s 0.01 | " 0.01	$23^h 21^m$ s	$-87° 43'$ "	in s 0.01 | " 0.01	$23^h 21^m$ s	$-87° 43'$ "	in s 0.01 | " 0.01
1	61.57	40.91	+13 + 9	48.96	32.80	+ 9 − 3	43.69	22.26	− 1 − 6	45.85	10.33	−14 + 1
2	61.08	40.71	+16 + 6	48.66	32.47	+ 3 − 5	43.64	21.87	− 8 − 5	46.04	9.97	−12 + 4
3	60.59	40.52	+16 + 2	48.37	32.14	− 4 − 5	43.59	21.48	−12 − 3	46.25	9.60	− 8 + 5
4	60.10	40.32	+13 − 2	48.09	31.80	−10 − 4	43.55	21.09	−14 0	46.46	9.24	− 3 + 6
5	59.62	40.12	+ 7 − 4	47.82	31.46	−13 − 2	43.52	20.70	−14 + 2	46.68	8.88	+ 3 + 6
6	59.14	39.91	0 − 5	47.55	31.12	−14 + 1	43.50	20.31	−11 + 5	46.91	8.52	+ 8 + 5
7	58.67	39.70	− 7 − 5	47.29	30.78	−13 + 3	43.49	19.92	− 6 + 6	47.14	8.16	+13 + 2
8	58.21	39.48	−11 − 3	47.05	30.43	− 9 + 5	43.48	19.53	− 1 + 7	47.38	7.81	+14 − 1
9	57.75	39.25	−13 − 1	46.81	30.08	− 4 + 6	43.49	19.14	+ 5 + 6	47.63	7.46	+14 − 5
10	57.30	39.02	−14 + 1	46.57	29.73	+ 2 + 6	43.50	18.75	+10 + 4	47.89	7.11	+10 − 8
11	56.85	38.79	−12 + 4	46.35	29.37	+ 7 + 5	43.52	18.36	+14 + 1	48.15	6.76	+ 4 − 9
12	56.41	38.55	− 7 + 5	46.14	29.01	+12 + 3	*43.55	17.97	+14 − 2*	48.42	6.42	− 4 −10
13	55.97	38.30	− 2 + 6	45.93	28.65	+14 0	43.59	17.58	+12 − 6	48.70	6.08	−10 − 8
14	55.54	38.05	+ 3 + 6	45.73	28.29	+14 − 4	43.64	17.19	+ 8 − 8	48.99	5.74	−14 − 5
15	55.12	37.80	+ 9 + 4	45.54	27.93	+11 − 7	43.69	16.80	+ 1 −10	49.28	5.40	−15 0
16	54.70	37.54	+13 + 2	45.36	27.56	+ 6 − 9	43.75	16.41	− 6 − 9	49.58	5.07	−12 + 4
17	54.29	37.27	+14 − 2	45.18	27.19	− 2 −10	43.82	16.02	−12 − 7	49.88	4.73	− 7 + 8
18	53.89	37.01	+13 − 6	45.02	26.82	− 9 − 9	43.90	15.63	−15 − 3	50.19	4.41	+ 1 + 9
19	53.49	36.73	+ 9 − 9	44.86	26.45	−14 − 6	43.99	15.25	−15 + 1	50.51	4.08	+ 8 + 9
20	53.10	36.45	+ 3 −11	44.71	26.07	−16 − 2	44.08	14.86	−11 + 5	50.84	3.76	+13 + 6
21	52.71	36.17	− 5 −11	44.57	25.70	−14 + 2	44.18	14.48	− 4 + 8	51.17	3.44	+15 + 3
22	52.33	35.89	−12 − 9	44.44	25.32	− 9 + 6	44.30	14.09	+ 3 + 9	51.50	3.13	+14 − 1
23	51.96	35.59	−16 − 5	44.32	24.94	− 1 + 8	44.42	13.71	+10 + 8	51.85	2.82	+10 − 4
24	51.60	35.30	−16 0	44.20	24.56	+ 6 + 9	44.54	13.33	+14 + 5	52.20	2.51	+ 4 − 5
25	51.24	35.00	−13 + 5	44.09	24.18	+13 + 7	44.68	12.95	+15 + 1	52.56	2.21	− 3 − 6
26	50.89	34.70	− 6 + 8	44.00	23.80	+16 + 4	44.82	12.57	+13 − 2	52.92	1.91	− 9 − 5
27	50.55	34.39	+ 2 +10	43.91	23.41	+15 + 1	44.98	12.19	+ 7 − 4	53.28	1.61	−13 − 3
28	50.22	34.08	+10 + 9	43.83	23.03	+11 − 3	45.14	11.82	+ 1 − 6	53.66	1.32	−14 0
29	49.89	33.76	+15 + 7	43.76	22.64	+ 5 − 5	45.30	11.44	− 5 − 5	54.04	1.03	−13 + 2
30	49.57	33.44	+17 + 3	43.69	22.26	− 1 − 6	45.48	11.07	−11 − 4	54.42	0.75	−10 + 5
31	49.26	33.12	+14 0				45.66	10.70	−14 − 2	54.81	0.46	− 6 + 6
32	48.96	32.80	+ 9 − 3				45.85	10.33	−14 + 1			

δ	sec δ	tg δ	δ	sec δ	tg δ	δ	sec δ	tg δ
−87° 43′ 0″	+25.100	−25.080	−87° 43′ 20″	+25.161	−25.141	−87° 43′ 30″	+25.192	−25.172
10	+25.130	−25.110	30	+25.192	−25.172	40	+25.222	−25.203

$\alpha_{1956.0} = 23^h\ 22^m\ 14^s.15$ $\delta_{1956.0} = -87°\ 43'\ 28''.78$

* Tag der doppelten unteren Kulmination: März 12.

Obere Kulmination Greenwich

Sk) τ Octantis $5^m.56$

Tag	Mai AR.	Mai Dekl.	Mai ☾ Glieder	Juni AR.	Juni Dekl.	Juni ☾ Glieder
	$23^h 21^m$	$-87° 42'$	in s 0.01 | ″ 0.01	$23^h 22^m$	$-87° 42'$	in s 0.01 | ″ 0.01
	s	″		s	″	
1	54.81	60.46	− 6 + 6	9.14	53.93	+13 + 1
2	55.21	60.19	0 + 6	9.66	53.80	+15 − 2
3	55.61	59.91	+ 6 + 5	10.18	53.67	+13 − 6
4	56.02	59.64	+11 + 3	10.70	53.55	+ 9 − 9
5	56.43	59.37	+14 0	11.22	53.44	+ 3 −11
6	56.85	59.11	+14 − 3	11.74	53.33	− 5 −11
7	57.27	58.85	+12 − 6	12.27	53.22	−11 − 9
8	57.69	58.60	+ 7 − 9	12.79	53.12	−15 − 5
9	58.12	58.35	0 −10	13.32	53.03	−15 0
10	58.56	58.11	− 8 − 9	13.84	52.94	−12 + 5
11	59.00	57.87	−13 − 6	14.37	52.85	− 6 + 9
12	59.44	57.63	−15 − 2	14.90	52.77	+ 3 +10
13	59.89	57.40	−14 + 3	15.43	52.70	+10 + 9
14	60.35	57.17	− 8 + 7	15.96	52.63	+15 + 7
15	60.81	56.95	− 2 + 9	16.49	52.57	+16 + 3
16	61.27	56.73	+ 5 +10	17.03	52.52	+14 − 1
17	61.74	56.52	+11 + 8	17.56	52.47	+ 9 − 4
18	62.21	56.31	+15 + 5	18.09	52.42	+ 2 − 5
19	62.69	56.11	+15 + 1	18.62	52.38	− 5 − 5
20	63.16	55.91	+12 − 2	19.15	52.35	−10 − 4
21	63.65	55.72	+ 6 − 5	19.68	52.32	−13 − 1
22	64.13	55.53	− 1 − 6	20.21	52.30	−14 + 1
23	64.62	55.35	− 6 − 5	20.74	52.29	−12 + 3
24	65.11	55.17	−11 − 3	21.27	52.28	− 9 + 5
25	65.60	55.00	−14 − 1	21.80	52.27	− 4 + 6
26	66.10	54.83	−14 + 2	22.33	52.27	+ 1 + 6
27	66.60	54.67	−11 + 4	22.85	52.28	+ 7 + 6
28	67.11	54.51	− 7 + 5	23.37	52.29	+11 + 3
29	67.61	54.36	− 2 + 6	23.89	52.31	+13 − 1
30	68.12	54.21	+ 3 + 6	24.41	52.33	+13 − 4
31	68.63	54.07	+ 8 + 4	24.93	52.36	+10 − 8
32	69.14	53.93	+13 + 1			

Tag	Juli AR.	Juli Dekl.	Juli ☾ Glieder	August AR.	August Dekl.	August ☾ Glieder
	$23^h 22^m$	$-87° 42'$	in s 0.01 | ″ 0.01	$23^h 22^m$	$-87° 42'$	in s 0.01 | ″ 0.01
	s	″		s	″	
1	24.93	52.36	+10 − 8	39.25	55.96	−12 − 9
2	25.45	52.40	+ 5 −10	39.63	56.15	−15 − 5
3	25.96	52.44	− 2 −11	40.01	56.35	−15 − 1
4	26.47	52.49	− 9 −10	40.38	56.55	−12 + 4
5	26.98	52.54	−14 − 7	40.74	56.76	− 5 + 7
6	27.49	52.60	−16 − 3	41.09	56.97	+ 3 + 9
7	27.99	52.66	−14 + 2	41.44	57.19	+10 + 8
8	28.49	52.73	− 9 + 6	41.78	57.41	+15 + 6
9	28.99	52.80	− 1 + 9	42.11	57.64	+16 + 2
10	29.48	52.88	+ 7 + 9	42.43	57.87	+13 − 1
11	29.97	52.97	+13 + 8	42.75	58.10	+ 8 − 4
12	30.46	53.06	+16 + 5	43.06	58.34	+ 1 − 5
13	30.95	53.15	+16 + 1	43.36	58.58	− 6 − 4
14	31.43	53.25	+11 − 2	43.65	58.82	−11 − 3
15	31.90	53.36	+ 5 − 4	43.94	59.07	−14 0
16	32.38	53.47	− 2 − 5	44.22	59.32	−14 + 3
17	32.84	53.59	− 8 − 4	44.48	59.57	−11 + 5
18	33.30	53.71	−12 − 2	44.74	59.83	− 7 + 7
19	33.76	53.84	−14 + 1	45.00	60.09	− 2 + 7
20	34.22	53.97	−13 + 3	45.24	60.35	+ 4 + 7
21	34.66	54.11	−10 + 5	45.47	60.62	+ 9 + 5
22	35.11	54.25	− 5 + 6	45.70	60.89	+12 + 2
23	35.55	54.40	0 + 7	45.92	61.16	+14 − 1
24	35.98	54.56	+ 5 + 6	46.12	61.44	+13 − 4
25	36.41	54.72	+ 9 + 4	46.32	61.71	+ 9 − 8
26	36.84	54.88	+13 + 1	46.51	61.99	+ 4 −10
27	37.25	55.05	+13 − 2	46.69	62.28	− 3 −10
28	37.66	55.22	+12 − 6	46.87	62.56	− 9 − 9
29	38.07	55.40	+ 7 − 9	47.03	62.85	−14 − 7
30	38.47	55.58	+ 1 −11	47.18	63.14	−15 − 3
31	38.86	55.77	− 6 −11	47.32	63.43	−14 + 2
32	39.25	55.96	−12 − 9	47.46	63.73	− 8 + 5

δ	sec δ	tg δ	δ	sec δ	tg δ
−87° 42′ 50″	+25.069	−25.049	−87° 43′ 0″	+25.100	−25.080
60	+25.100	−25.080	10	+25.130	−25.110

$\alpha_{1956.0} = 23^h 22^m 14^s.15$ $\delta_{1956.0} = -87° 43' 28''.78$

Scheinbare Sternörter 1956

Obere Kulmination Greenwich

Sk) τ Octantis $5^m\!.56$

Tag	September AR.	September Dekl.	September ☾ Glieder	Oktober AR.	Oktober Dekl.	Oktober ☾ Glieder	November AR.	November Dekl.	November ☾ Glieder	Dezember AR.	Dezember Dekl.	Dezember ☾ Glieder
	$23^h 22^m$ s	−87° 43′ ″	in s 0.01 | ″ 0.01	$23^h 22^m$ s	−87° 43′ ″	in s 0.01 | ″ 0.01	$23^h 22^m$ s	−87° 43′ ″	in s 0.01 | ″ 0.01	$23^h 22^m$ s	−87° 43′ ″	in s 0.01 | ″ 0.01
1	47.46	3.73	−8 +5	46.68	13.22	+14 +4	36.74	21.04	+2 −6	21.36	24.16	−12 −3
2	47.59	4.03	−1 +7	46.50	13.52	+15 0	36.29	21.23	−4 −6	20.81	24.16	−14 0
3	47.70	4.33	+7 +8	46.30	13.81	+12 −3	35.84	21.41	−10 −4	20.25	24.16	−13 +3
4	47.81	4.63	+13 +6	46.10	14.10	+6 −5	35.38	21.58	−13 −1	19.70	24.16	−10 +5
5	47.90	4.93	+16 +3	45.88	14.39	0 −6	34.92	21.76	−14 +1	19.14	24.15	−6 +7
6	47.99	5.23	+14 0	45.66	14.68	−7 −5	34.45	21.92	−13 +4	18.59	24.13	0 +7
7	48.06	5.53	+10 −3	45.42	14.97	−12 −3	33.98	22.08	−9 +6	18.03	24.10	+5 +6
8	48.13	5.84	+4 −5	45.18	15.26	−14 0	33.50	22.24	−3 +7	17.48	24.07	+10 +4
9	48.19	6.15	−3 −5	44.92	15.54	−14 +3	33.01	22.39	+2 +7	16.92	24.03	+13 +1
10	48.23	6.45	−9 −4	44.66	15.82	−11 +5	32.52	22.53	+8 +6	16.36	23.99	+13 −2
11	{48.27 / 48.29}	6.76 / 7.07	−13 −1 / −14 +1	44.39	16.10	−7 +7	32.02	22.67	+12 +3	15.81	23.94	+11 −6
12	48.31	7.38	−13 +4	44.10	16.37	−1 +8	31.52	22.80	+14 0	15.25	23.88	+7 −9
13	48.31	7.69	−9 +6	43.81	16.64	+5 +7	31.02	22.93	+13 −4	14.70	23.81	+1 −10
14	48.31	8.00	−4 +7	43.51	16.91	+10 +5	30.51	23.05	+10 −7	14.15	23.74	−5 −10
15	48.29	8.31	+2 +7	43.20	17.17	+13 +2	30.00	23.16	+5 −9	13.60	23.67	−11 −8
16	48.27	8.62	+7 +6	42.89	17.43	+14 −1	29.48	23.27	−2 −10	13.06	23.58	−15 −4
17	48.23	8.93	+11 +4	42.56	17.68	+12 −5	28.96	23.37	−8 −9	12.51	23.49	−15 0
18	48.19	9.24	+13 +1	42.23	17.94	+8 −8	28.43	23.47	−13 −6	11.97	23.39	−11 +4
19	48.13	9.55	+13 −3	41.89	18.18	+3 −9	27.90	23.56	−15 −2	11.43	23.29	−5 +8
20	48.07	9.86	+11 −6	41.54	18.43	−4 −9	27.37	23.64	−13 +2	10.89	23.18	+3 +9
21	47.99	10.17	+6 −9	41.18	18.67	−10 −8	26.83	23.72	−8 +6	10.35	23.06	+10 +8
22	47.91	10.48	0 −10	40.81	18.91	−14 −5	26.29	23.79	−1 +8	9.82	22.94	+15 +5
23	47.81	10.79	−7 −9	40.44	19.14	−14 −1	25.75	23.85	+6 +8	9.29	22.81	+15 +2
24	47.70	11.10	−12 −7	40.06	19.37	−12 +4	25.21	23.91	+12 +7	8.77	22.67	+13 −2
25	47.59	11.40	−15 −4	39.67	19.59	−6 +7	24.66	23.97	+15 +4	8.24	22.53	+8 −4
26	47.46	11.71	−14 0	39.27	19.81	+1 +8	24.12	24.01	+15 0	7.73	22.39	+1 −5
27	47.33	12.01	−10 +4	38.87	20.03	+8 +8	23.57	24.06	+11 −3	7.21	22.23	−6 −5
28	47.18	12.32	−4 +7	38.46	20.24	+13 +5	23.02	24.09	+5 −5	6.70	22.07	−11 −3
29	47.03	12.62	+4 +8	38.04	20.45	+15 +2	22.47	24.12	−2 −6	6.19	21.91	−13 0
30	46.86	12.92	+10 +6	37.61	20.65	+13 −2	21.92	24.14	−8 −5	5.69	21.74	−13 +2
31	46.68	13.22	+14 +4	37.18	20.85	+9 −4	21.36	24.16	−12 −3	5.19	21.56	−11 +5
32				36.74	21.04	+2 −6				4.69	21.38	−7 +7

δ	sec δ	tg δ	δ	sec δ	tg δ	δ	sec δ	tg δ
−87° 43′ 0″	+25.100	−25.080	−87° 43′ 10″	+25.130	−25.110	−87° 43′ 20″	+25.161	−25.141
10	+25.130	−25.110	20	+25.161	−25.141	30	+25.192	−25.172

$\alpha_{1956.0} = 23^h\ 22^m\ 14^s\!.15$ $\delta_{1956.0} = -87°\ 43'\ 28''\!.78$

Polnahe Sterne 1956

Koordinaten der scheinbaren Örter für 12^{h} Sternzeit Greenwich

Tag	BD +89° 1 Gr. $10^{\mathrm{m}}.56$		BD +89° 3 Gr. $9^{\mathrm{m}}.06$		BD +89° 37 Gr. $10^{\mathrm{m}}.06$		CPD −89° 38 Gr. $9^{\mathrm{m}}.5$		Kurzperiod. Nutationsglieder*	
1956	x	y	x	y	x	y	x	y	in x	in y Einh. 0.″01
Jan. 0	−627.″68	+76.″90	−431.″27	+862.″38	−1408.″18	−349.″67	+282.″57	−311.″96	−10	+ 1
1	627.69	76.57	431.28	862.05	1408.19	350.00	282.70	312.29	−10	− 3
2	627.70	76.24	431.29	861.72	1408.20	350.33	282.84	312.62	− 9	− 7
3	627.70	75.92	431.29	861.40	1408.20	350.66	282.98	312.95	− 5	− 9
4	627.69	75.59	431.29	861.07	1408.20	350.98	283.13	313.28	− 1	− 8
5	−627.68	+75.27	−431.28	+860.75	−1408.19	−351.31	+283.28	−313.60	+ 2	− 6
6	627.66	74.94	431.26	860.42	1408.17	351.63	283.44	313.92	+ 4	− 3
7	627.64	74.62	431.23	860.10	1408.14	351.96	283.61	314.24	+ 5	+ 1
8	627.60	74.30	431.20	859.78	1408.11	352.28	283.78	314.56	+ 5	+ 4
9	627.57	73.98	431.16	859.46	1408.07	352.60	283.96	314.87	+ 3	+ 7
10	−627.52	+73.66	−431.12	+859.14	−1408.03	−352.92	+284.14	−315.18	+ 1	+ 8
11	627.47	73.34	431.07	858.82	1407.98	353.24	284.33	315.49	− 1	+ 8
12	627.41	73.02	431.01	858.51	1407.92	353.56	284.52	315.80	− 4	+ 6
13	627.34	72.71	430.95	858.19	1407.86	353.87	284.72	316.10	− 5	+ 4
14	627.27	72.39	430.88	857.88	1407.79	354.19	284.93	316.40	− 6	+ 1
15	−627.19	+72.08	−430.80	+857.57	−1407.71	−354.50	+285.14	−316.70	− 5	− 2
16	627.11	71.77	430.72	857.26	1407.63	354.81	285.36	317.00	− 4	− 6
17	627.02	71.46	430.63	856.96	1407.54	355.12	285.58	317.29	− 1	− 8
18	626.92	71.16	430.53	856.65	1407.44	355.42	285.81	317.58	+ 3	− 9
19	626.82	70.85	430.43	856.35	1407.34	355.73	286.04	317.87	+ 6	− 8
20	−626.71	+70.55	−430.32	+856.05	−1407.23	−356.03	+286.28	−318.15	+ 9	− 6
21	626.59	70.25	430.20	855.75	1407.11	356.33	286.52	318.43	+11	− 2
22	626.47	69.96	430.08	855.46	1406.99	356.63	286.77	318.71	+10	+ 3
23	626.35	69.66	429.96	855.16	1406.87	356.92	287.02	318.98	+ 8	+ 6
24	626.21	69.37	429.82	854.87	1406.73	357.21	287.28	319.25	+ 4	+ 9
25	−626.07	+69.09	−429.68	+854.59	−1406.59	−357.50	+287.54	−319.51	− 1	+ 9
26	625.93	68.80	429.54	854.30	1406.45	357.78	287.81	319.78	− 5	+ 7
27	625.78	68.52	429.39	854.02	1406.30	358.06	288.08	320.03	− 9	+ 3
28	625.62	68.25	429.23	853.75	1406.14	358.34	288.36	320.29	−10	− 1
29	625.46	67.97	429.07	853.47	1405.98	358.62	288.64	320.54	− 9	− 5
30	−625.29	+67.70	−428.90	+853.20	−1405.81	−358.89	+288.92	−320.79	− 6	− 8
31	625.12	67.43	428.73	852.93	1405.64	359.16	289.21	321.03	− 3	− 9
Febr. 1	624.94	67.17	428.55	852.67	1405.46	359.42	289.50	321.27	+ 1	− 7
2	624.75	66.91	428.36	852.41	1405.27	359.68	289.80	321.51	+ 4	− 4
3	624.56	66.66	428.18	852.16	1405.08	359.93	290.10	321.74	+ 5	− 1
4	−624.37	+66.41	−427.98	+851.91	−1404.89	−360.19	+290.41	−321.97	+ 5	+ 3
5	624.17	66.16	427.78	851.66	1404.69	360.43	290.71	322.19	+ 4	+ 6
6	−623.96	+65.92	−427.58	+851.42	−1404.48	−360.67	+291.03	−322.41	+ 2	+ 8
Mittl. Ort	−600.″65	+77.″14	−404.″19	+862.″59	−1381.″19	−349.″37	+295.″99	−306.″45		

* Die Vorzeichen gelten für die drei nördlichen Sterne; für den südlichen sind sie umzukehren.

Polnahe Sterne 1956

Koordinaten der scheinbaren Örter für 12h Sternzeit Greenwich

Tag	BD +89° 1 Gr. 10m56		BD +89° 3 Gr. 9m06		BD +89° 37 Gr. 10m06		CPD –89° 38 Gr. 9m5		Kurzperiod. Nutations-glieder.*	
1956	*x*	*y*	*x*	*y*	*x*	*y*	*x*	*y*	in *x*	in *y*
	"	"	"	"	"	"	"	"	Einh. 0."01	
Febr. 6	-623.96	+65.92	-427.58	+851.42	-1404.48	-360.67	+291.03	-322.41	+ 2	+ 8
7	623.75	65.68	427.37	851.18	1404.27	360.91	291.34	322.62	− 1	+ 8
8	623.54	65.45	427.16	850.95	1404.06	361.15	291.67	322.83	− 3	+ 7
9	623.32	65.22	426.94	850.72	1403.84	361.38	291.99	323.04	− 5	+ 5
10	623.09	64.99	426.71	850.49	1403.61	361.61	292.32	323.24	− 6	+ 2
11	-622.86	+64.77	-426.48	+850.27	-1403.38	-361.83	+292.65	-323.44	− 6	− 1
12	622.63	64.56	426.25	850.06	1403.15	362.04	292.98	323.63	− 5	− 5
13	622.39	64.35	426.01	849.85	1402.91	362.26	293.31	323.82	− 3	− 7
14	622.15	64.14	425.77	849.64	1402.67	362.46	293.65	324.01	+ 1	− 9
15	621.90	63.94	425.52	849.44	1402.42	362.66	293.99	324.19	+ 4	− 9
16	-621.65	+63.75	-425.27	+849.25	-1402.17	-362.86	+294.34	-324.36	+ 8	− 7
17	621.40	63.56	425.02	849.06	1401.92	363.05	294.69	324.53	+10	− 3
18	621.14	63.37	424.76	848.87	1401.66	363.24	295.04	324.70	+10	+ 1
19	620.88	63.19	424.50	848.69	1401.40	363.42	295.39	324.86	+ 9	+ 5
20	620.61	63.02	424.23	848.52	1401.13	363.59	295.75	325.02	+ 5	+ 8
21	-620.34	+62.85	-423.96	+848.35	-1400.86	-363.76	+296.11	-325.17	+ 1	+ 9
22	620.07	62.69	423.69	848.19	1400.59	363.92	296.47	325.31	− 3	+ 8
23	619.80	62.53	423.42	848.03	1400.32	364.08	296.83	325.46	− 7	+ 5
24	619.52	62.38	423.14	847.88	1400.04	364.23	297.19	325.59	− 9	+ 1
25	619.24	62.23	422.86	847.74	1399.76	364.38	297.56	325.72	− 8	− 4
26	-618.95	+62.09	-422.57	+847.60	-1399.47	-364.52	+297.93	-325.85	− 7	− 7
27	618.66	61.95	422.28	847.46	1399.18	364.66	298.30	325.97	− 4	− 8
28	618.37	61.82	421.99	847.33	1398.89	364.79	298.67	326.09	0	− 8
29	618.08	61.70	421.70	847.21	1398.60	364.91	299.05	326.20	+ 3	− 6
März 1	617.78	61.58	421.40	847.09	1398.30	365.03	299.43	326.31	+ 5	− 2
2	-617.49	+61.47	-421.11	+846.98	-1398.01	-365.14	+299.81	-326.41	+ 5	+ 2
3	617.19	61.37	420.81	846.88	1397.71	365.24	300.19	326.51	+ 5	+ 5
4	616.88	61.27	420.50	846.78	1397.40	365.34	300.57	326.60	+ 3	+ 7
5	616.58	61.17	420.20	846.68	1397.10	365.44	300.95	326.69	0	+ 8
6	616.27	61.09	419.89	846.60	1396.79	365.52	301.33	326.77	− 2	+ 8
7	-615.97	+61.01	-419.59	+846.52	-1396.49	-365.60	+301.71	-326.85	− 5	+ 6
8	615.66	60.93	419.28	846.44	1396.18	365.68	302.10	326.92	− 6	+ 4
9	615.34	60.86	418.96	846.37	1395.86	365.75	302.48	326.99	− 6	0
10	615.03	60.80	418.65	846.31	1395.55	365.81	302.87	327.05	− 6	− 4
11	614.72	60.74	418.34	846.25	1395.24	365.87	303.26	327.11	− 4	− 7
12	-614.40	+60.70	-418.02	+846.21	-1394.92	-365.92	+303.65	-327.16	− 1	− 8
13	614.09	60.65	417.71	846.16	1394.60	365.97	304.04	327.21	+ 3	− 9
14	-613.77	+60.62	-417.39	+846.13	-1394.29	-366.00	+304.43	-327.25	+ 6	− 8
Mittl. Ort	-600."65	+77."14	-404."19	+862."59	-1381."19	-349."37	+295."99	-306."45		

* Die Vorzeichen gelten für die drei nördlichen Sterne; für den südlichen sind sie umzukehren.

Koordinaten der scheinbaren Örter für 12h Sternzeit Greenwich

Tag	BD +89° 1 Gr. 10m56		BD +89° 3 Gr. 9m06		BD +89° 37 Gr. 10m06		CPD −89° 38 Gr. 9m5		Kurzperiod. Nutations-glieder*	
1956	x	y	x	y	x	y	x	y	in x	in y
	"	"	"	"	"	"	"	"	Einh. 0."01	
März 14	−613.77	+60.62	−417.39	+846.13	−1394.29	−366.00	+304.43	−327.25	+ 6	− 8
15	613.46	60.58	417.08	846.09	1393.97	366.04	304.82	327.29	+ 9	− 5
16	613.14	60.56	416.76	846.07	1393.65	366.06	305.20	327.33	+10	− 1
17	612.82	60.54	416.44	846.05	1393.34	366.08	305.59	327.35	+ 9	+ 4
18	612.51	60.53	416.13	846.04	1393.02	366.09	305.98	327.38	+ 6	+ 7
19	−612.19	+60.52	−415.81	+846.03	−1392.70	−366.10	+306.37	−327.40	+ 2	+10
20	611.87	60.52	415.49	846.03	1392.38	366.10	306.76	327.41	− 2	+ 8
21	611.55	60.53	415.17	846.04	1392.06	366.09	307.15	327.42	− 6	+ 6
22	611.23	60.54	414.85	846.05	1391.74	366.08	307.54	327.42	− 8	+ 2
22	610.92	60.56	414.54	846.07	1391.43	366.06	307.93	327.42	− 9	− 2
23	−610.60	+60.59	−414.22	+846.10	−1391.11	−366.03	+308.31	−327.41	− 7	− 6
24	610.28	60.62	413.90	846.13	1390.79	366.00	308.70	327.40	− 4	− 8
25	609.97	60.66	413.59	846.17	1390.48	365.96	309.09	327.39	− 1	− 8
26	609.65	60.70	413.27	846.21	1390.16	365.92	309.47	327.36	+ 2	− 7
27	609.34	60.75	412.96	846.26	1389.85	365.87	309.86	327.34	+ 5	− 4
28	−609.02	+60.81	−412.64	+846.32	−1389.53	−365.81	+310.25	−327.31	+ 6	0
29	608.71	60.87	412.33	846.38	1389.22	365.75	310.63	327.27	+ 5	+ 4
30	608.40	60.94	412.02	846.45	1388.91	365.68	311.01	327.23	+ 4	+ 7
31	608.09	61.01	411.71	846.52	1388.60	365.61	311.40	327.18	+ 1	+ 8
April 1	607.78	61.09	411.41	846.60	1388.29	365.53	311.78	327.13	− 1	+ 8
2	−607.47	+61.18	−411.10	+846.69	−1387.98	−365.44	+312.16	−327.08	− 4	+ 7
3	607.17	61.27	410.80	846.78	1387.68	365.35	312.53	327.02	− 5	+ 5
4	606.87	61.37	410.50	846.88	1387.38	365.25	312.91	326.95	− 6	+ 2
5	606.57	61.47	410.20	846.98	1387.08	365.15	313.28	326.88	− 6	− 2
6	606.27	61.58	409.91	847.09	1386.78	365.04	313.66	326.81	− 5	− 5
7	−605.97	+61.70	−409.61	+847.21	−1386.48	−364.92	+314.03	−326.73	− 2	− 8
8	605.68	61.82	409.32	847.33	1386.19	364.80	314.40	326.65	+ 1	− 9
9	605.39	61.95	409.03	847.46	1385.90	364.67	314.77	326.56	+ 5	− 8
10	605.10	62.08	408.74	847.59	1385.61	364.54	315.14	326.47	+ 8	− 6
11	604.82	62.22	408.45	847.73	1385.32	364.40	315.50	326.37	+ 9	− 2
12	−604.54	+62.36	−408.17	+847.88	−1385.04	−364.26	+315.86	−326.27	+ 9	+ 2
13	604.26	62.51	407.89	848.03	1384.76	364.11	316.22	326.17	+ 7	+ 6
14	603.98	62.66	407.62	848.18	1384.49	363.96	316.58	326.06	+ 3	+ 8
15	603.71	62.82	407.34	848.34	1384.21	363.80	316.94	325.94	− 1	+ 9
16	603.44	62.98	407.07	848.51	1383.94	363.64	317.30	325.82	− 5	+ 7
17	−603.17	+63.15	−406.80	+848.68	−1383.67	−363.47	+317.65	−325.70	− 8	+ 4
18	602.91	63.33	406.54	848.85	1383.41	363.29	318.00	325.57	− 9	− 1
19	−602.65	+63.51	−406.28	+849.03	−1383.15	−363.11	+318.35	−325.44	− 8	− 5
Mittl. Ort	−600.″65	+77.″14	−404.″19	+862.″59	−1381.″19	−349.″37	+295.″99	−306.″45		

* Die Vorzeichen gelten für die drei nördlichen Sterne; für den südlichen sind sie umzukehren.

Polnahe Sterne 1956

Koordinaten der scheinbaren Örter für 12h Sternzeit Greenwich

Tag	BD +89° 1 Gr. 10m56		BD +89° 3 Gr. 9m06		BD +89° 37 Gr. 10m06		CPD −89° 38 Gr. 9m5		Kurzperiod. Nutations-glieder*	
1956	x	y	x	y	x	y	x	y	in x	in y
	"	"	"	"	"	"	"	"	Einh. 0".01	
April 19	−602.65	+63.51	−406.28	+849.03	−1383.15	−363.11	+318.35	−325.44	− 8	− 5
20	602.39	63.70	406.02	849.21	1382.89	362.92	318.69	325.30	− 6	− 7
21	602.14	63.89	405.77	849.40	1382.64	362.73	319.03	325.16	− 2	− 8
22	601.89	64.08	405.52	849.60	1382.39	362.54	319.37	325.01	+ 1	− 8
23	601.65	64.28	405.28	849.79	1382.15	362.34	319.71	324.87	+ 4	− 5
24	−601.40	+64.48	−405.04	+850.00	−1381.90	−362.14	+320.04	−324.71	+ 6	− 2
25	601.17	64.69	404.80	850.20	1381.67	361.93	320.37	324.55	+ 6	+ 2
26	600.93	64.90	404.57	850.41	1381.43	361.72	320.70	324.39	+ 5	+ 5
27	600.71	65.12	404.34	850.63	1381.21	361.50	321.02	324.23	+ 3	+ 8
28	600.48	65.34	404.12	850.85	1380.98	361.28	321.34	324.06	0	+ 8
29	−600.26	+65.57	−403.90	+851.08	−1380.76	−361.05	+321.66	−323.88	− 2	+ 8
30	600.04	65.80	403.69	851.31	1380.54	360.83	321.97	323.71	− 5	+ 6
Mai 1	599.83	66.03	403.48	851.54	1380.33	360.59	322.28	323.52	− 6	+ 3
2	599.63	66.27	403.27	851.78	1380.13	360.36	322.59	323.34	− 6	0
3	599.42	66.51	403.07	852.02	1379.92	360.11	322.89	323.15	− 5	− 4
4	−599.23	+66.76	−402.87	+852.27	−1379.73	−359.87	+323.19	−322.96	− 3	− 7
5	599.03	67.01	402.68	852.52	1379.53	359.62	323.49	322.76	0	− 9
6	598.84	67.26	402.49	852.77	1379.34	359.37	323.78	322.56	+ 4	− 9
7	598.66	67.52	402.31	853.03	1379.16	359.11	324.07	322.36	+ 7	− 7
8	598.48	67.78	402.13	853.29	1378.98	358.85	324.36	322.15	+ 9	− 4
9	−598.31	+68.04	−401.96	+853.55	−1378.81	−358.59	+324.64	−321.94	+10	0
10	598.14	68.31	401.79	853.82	1378.64	358.32	324.92	321.72	+ 8	+ 4
11	597.98	68.58	401.63	854.09	1378.47	358.05	325.19	321.50	+ 5	+ 7
12	597.82	68.85	401.47	854.36	1378.32	357.78	325.46	321.28	+ 1	+ 9
13	597.67	69.13	401.32	854.63	1378.16	357.50	325.73	321.06	− 4	+ 8
14	−597.52	+69.41	−401.17	+854.91	−1378.01	−357.22	+325.99	−320.83	− 8	+ 5
15	597.38	69.69	401.03	855.19	1377.87	356.94	326.25	320.60	−10	+ 1
16	597.24	69.97	400.89	855.47	1377.73	356.66	326.50	320.37	− 9	− 3
17	597.11	70.26	400.76	855.76	1377.60	356.37	326.75	320.13	− 7	− 6
18	596.98	70.55	400.63	856.05	1377.47	356.08	327.00	319.89	− 4	− 8
19	−596.86	+70.84	−400.51	+856.34	−1377.35	−355.79	+327.24	−319.65	− 1	− 8
20	596.74	71.14	400.40	856.64	1377.23	355.49	327.47	319.40	+ 3	− 6
21	596.63	71.43	400.29	856.93	1377.12	355.20	327.70	319.15	+ 5	− 3
22	596.53	71.73	400.18	857.23	1377.02	354.90	327.93	318.90	+ 6	+ 1
23	596.43	72.03	400.09	857.53	1376.92	354.60	328.15	318.64	+ 5	+ 4
24	−596.34	+72.33	−399.99	+857.83	−1376.82	−354.30	+328.37	−318.38	+ 3	+ 7
25	596.25	72.64	399.91	858.14	1376.73	353.99	328.58	318.12	+ 1	+ 8
26	−596.17	+72.94	−399.83	+858.44	−1376.65	−353.69	+328.79	−317.86	− 2	+ 8
Mittl. Ort	−600.65	+77.14	−404.19	+862.59	−1381.19	−349.37	+295.99	−306.45		

* Die Vorzeichen gelten für die drei nördlichen Sterne; für den südlichen sind sie umzukehren.

Polnahe Sterne 1956

Koordinaten der scheinbaren Örter für 12h Sternzeit Greenwich

Tag	BD +89° 1 Gr. 10m.56		BD +89° 3 Gr. 9m.06		BD +89° 37 Gr. 10m.06		CPD –89° 38 Gr. 9m.5		Kurzperiod. Nutations-glieder*	
1956	x	y	x	y	x	y	x	y	in x Einh. 0".01	in y Einh. 0".01
	"	"	"	"	"	"	"	"		
Mai 26	-596.17	+72.94	-399.83	+858.44	-1376.65	-353.69	+328.79	-317.86	- 2	+ 8
27	596.09	73.25	399.75	858.75	1376.57	353.38	328.99	317.60	- 4	+ 6
28	596.02	73.56	399.68	859.06	1376.50	353.07	329.19	317.33	- 5	+ 4
29	595.96	73.87	399.62	859.37	1376.44	352.76	329.38	317.06	- 6	+ 1
30	595.90	74.18	399.56	859.68	1376.38	352.45	329.57	316.79	- 5	- 2
31	-595.84	+74.50	-399.51	+860.00	-1376.32	-352.13	+329.75	-316.51	- 4	- 6
Juni 1	595.79	74.81	399.46	860.31	1376.27	351.82	329.93	316.24	- 1	- 8
2	595.75	75.13	399.42	860.63	1376.23	351.50	330.10	315.96	+ 3	- 9
3	595.71	75.44	399.38	860.94	1376.19	351.19	330.27	315.68	+ 6	- 8
4	595.68	75.76	399.35	861.26	1376.16	350.87	330.43	315.40	+ 9	- 6
5	-595.66	+76.08	-399.32	+861.58	-1376.14	-350.55	+330.59	-315.11	+11	- 2
6	595.64	76.40	399.30	861.90	1376.12	350.23	330.74	314.83	+10	+ 2
7	595.62	76.72	399.29	862.22	1376.10	349.91	330.89	314.54	+ 7	+ 6
8	595.61	77.04	399.28	862.54	1376.09	349.59	331.03	314.25	+ 3	+ 8
9	595.61	77.36	399.28	862.86	1376.09	349.27	331.17	313.96	- 2	+ 9
10	-595.62	+77.68	-399.29	+863.18	-1376.09	-348.95	+331.30	-313.67	- 6	+ 7
11	595.63	78.00	399.30	863.50	1376.10	348.63	331.42	313.37	- 9	+ 3
12	595.65	78.33	399.32	863.83	1376.12	348.30	331.54	313.08	-10	- 1
13	595.67	78.65	399.34	864.15	1376.14	347.98	331.66	312.78	- 9	- 5
14	595.70	78.97	399.37	864.47	1376.16	347.66	331.77	312.49	- 6	- 8
15	-595.73	+79.29	-399.40	+864.79	-1376.19	-347.34	+331.87	-312.19	- 2	- 8
16	595.77	79.61	399.44	865.11	1376.23	347.02	331.97	311.89	+ 1	- 7
17	595.81	79.93	399.48	865.43	1376.27	346.70	332.06	311.59	+ 4	- 4
18	595.86	80.25	399.53	865.75	1376.32	346.38	332.15	311.29	+ 5	0
19	595.92	80.57	399.59	866.07	1376.37	346.06	332.23	310.99	+ 5	+ 3
20	-595.98	+80.89	-399.65	+866.39	-1376.43	-345.74	+332.30	-310.68	+ 3	+ 6
21	596.04	81.21	399.72	866.70	1376.50	345.42	332.37	310.38	+ 1	+ 8
22	596.12	81.53	399.79	867.02	1376.57	345.10	332.43	310.08	- 1	+ 8
23	596.19	81.84	399.87	867.34	1376.65	344.79	332.49	309.77	- 3	+ 7
24	596.28	82.16	399.95	867.65	1376.73	344.47	332.54	309.47	- 5	+ 5
25	-596.37	+82.48	-400.04	+867.97	-1376.82	-344.15	+332.59	-309.16	- 6	+ 2
26	596.46	82.79	400.14	868.29	1376.91	343.84	332.63	308.86	- 6	- 1
27	596.56	83.11	400.24	868.60	1377.01	343.52	332.67	308.55	- 5	- 5
28	596.67	83.42	400.35	868.91	1377.12	343.21	332.70	308.24	- 2	- 7
29	596.78	83.74	400.46	869.23	1377.23	342.90	332.72	307.94	+ 1	- 9
30	-596.89	+84.05	-400.57	+869.54	-1377.34	-342.59	+332.74	-307.63	+ 5	- 9
Juli 1	597.01	84.36	400.69	869.85	1377.46	342.28	332.75	307.32	+ 8	- 7
2	-597.14	+84.66	-400.82	+870.15	-1377.59	-341.97	+332.76	-307.02	+10	- 4
	"	"	"	"	"	"	"	"		
Mittl. Ort	-600.65	+77.14	-404.19	+862.59	-1381.19	-349.37	+295.99	-306.45		

* Die Vorzeichen gelten für die drei nördlichen Sterne; für den südlichen sind sie umzukehren.

Polnahe Sterne 1956

Koordinaten der scheinbaren Örter für 12^{h} Sternzeit Greenwich

Tag	BD +89° 1 Gr. 10^{m}56		BD +89° 3 Gr. 9^{m}06		BD +89° 37 Gr. 10^{m}06		CPD −89° 38 Gr. 9^{m}5		Kurzperiod. Nutations-glieder*	
1956	x	y	x	y	x	y	x	y	in x Einh.	in y 0″01
	″	″	″	″	″	″	″	″		
Juli 2	−597.14	+84.66	−400.82	+870.15	−1377.59	−341.97	+332.76	−307.02	+10	− 4
3	597.27	84.97	400.95	870.46	1377.72	341.67	332.76	306.71	+11	+ 1
4	597.41	85.27	401.09	870.76	1377.86	341.36	332.76	306.41	+10	+ 5
5	597.56	85.58	401.24	871.07	1378.01	341.06	332.75	306.11	+ 6	+ 8
6	597.71	85.88	401.39	871.37	1378.16	340.76	332.73	305.80	+ 2	+ 9
7	−597.86	+86.18	−401.54	+871.67	−1378.31	−340.46	+332.71	−305.50	− 3	+ 8
8	598.02	86.48	401.70	871.97	1378.47	340.16	332.68	305.20	− 7	+ 5
9	598.18	86.77	401.86	872.26	1378.63	339.87	332.65	304.90	− 9	+ 1
10	598.35	87.06	402.03	872.55	1378.80	339.58	332.61	304.60	− 9	− 4
11	598.52	87.36	402.21	872.85	1378.97	339.28	332.56	304.30	− 7	− 7
12	−598.70	+87.64	−402.39	+873.13	−1379.15	−339.00	+332.51	−304.00	− 4	− 9
13	598.89	87.93	402.57	873.42	1379.33	338.71	332.46	303.71	0	− 8
14	599.07	88.22	402.76	873.71	1379.52	338.42	332.40	303.41	+ 3	− 5
15	599.27	88.50	402.96	873.99	1379.71	338.14	332.33	303.12	+ 4	− 2
16	599.47	88.78	403.16	874.27	1379.91	337.86	332.26	302.83	+ 5	+ 2
17	−599.67	+89.06	−403.36	+874.55	−1380.11	−337.58	+332.18	−302.54	+ 4	+ 5
18	599.88	89.34	403.57	874.83	1380.32	337.31	332.10	302.25	+ 2	+ 8
19	600.09	89.61	403.78	875.10	1380.53	337.04	332.01	301.97	− 1	+ 8
20	600.31	89.88	404.00	875.37	1380.75	336.77	331.91	301.69	− 3	+ 8
21	600.53	90.14	404.23	875.63	1380.97	336.50	331.81	301.40	− 5	+ 6
22	−600.76	+90.41	−404.45	+875.90	−1381.19	−336.24	+331.70	−301.13	− 6	+ 3
23	600.99	90.67	404.69	876.16	1381.42	335.98	331.59	300.85	− 6	0
24	601.23	90.93	404.92	876.42	1381.66	335.72	331.47	300.57	− 5	− 3
25	601.47	91.18	405.16	876.67	1381.90	335.46	331.35	300.30	− 3	− 6
26	601.71	91.43	405.41	876.92	1382.14	335.21	331.22	300.03	0	− 8
27	−601.96	+91.68	−405.66	+877.17	−1382.39	−334.96	+331.09	−299.76	+ 3	− 8
28	602.21	91.93	405.91	877.42	1382.64	334.71	330.95	299.49	+ 7	− 7
29	602.47	92.17	406.17	877.66	1382.90	334.47	330.81	299.23	+ 9	− 5
30	602.73	92.41	406.43	877.90	1383.16	334.23	330.66	298.97	+11	− 1
31	602.99	92.65	406.70	878.14	1383.42	333.99	330.51	298.72	+10	+ 3
Aug. 1	−603.26	+92.88	−406.96	+878.37	−1383.69	−333.76	+330.35	−298.46	+ 8	+ 6
2	603.53	93.11	407.24	878.60	1383.96	333.53	330.19	298.21	+ 4	+ 8
3	603.81	93.34	407.52	878.82	1384.24	333.30	330.02	297.96	0	+ 8
4	604.09	93.56	407.80	879.05	1384.52	333.08	329.85	297.72	− 5	+ 6
5	604.37	93.78	408.08	879.26	1384.80	332.86	329.67	297.48	− 8	+ 2
6	−604.66	+94.00	−408.37	+879.48	−1385.09	−332.64	+329.49	−297.24	− 9	− 2
7	604.95	94.21	408.66	879.69	1385.38	332.43	329.30	297.01	− 8	− 6
8	−605.25	+94.42	−408.96	+879.90	−1385.68	−332.22	+329.11	−296.78	− 5	− 8
Mittl. Ort	−600.65″	+77.14″	−404.19″	+862.59″	−1381.19″	−349.37″	+295.99″	−306.45″		

* Die Vorzeichen gelten für die drei nördlichen Sterne; für den südlichen sind sie umzukehren.

Koordinaten der scheinbaren Örter für 12^h Sternzeit Greenwich

Tag	BD +89° 1 Gr. 10ᵐ56		BD +89° 3 Gr. 9ᵐ06		BD +89° 37 Gr. 10ᵐ06		CPD −89° 38 Gr. 9ᵐ5		Kurzperiod. Nutationsglieder*	
1956	x	y	x	y	x	y	x	y	in x Einh. 0″01	in y
	″	″	″	″	″	″	″	″		
Aug. 8	−605.25	+94.42	−408.96	+879.90	−1385.68	−332.22	+329.11	−296.78	− 5	− 8
9	605.54	94.63	409.26	880.11	1385.98	332.01	328.91	296.55	− 2	− 9
10	605.85	94.83	409.56	880.31	1386.28	331.81	328.71	296.33	+ 2	− 7
11	606.15	95.03	409.87	880.51	1386.58	331.61	328.51	296.11	+ 4	− 3
12	606.46	95.22	410.18	880.70	1386.89	331.42	328.30	295.90	+ 5	0
13	−606.77	+95.41	−410.49	+880.89	−1387.20	−331.23	+328.08	−295.69	+ 4	+ 4
14	607.09	95.59	410.80	881.07	1387.51	331.05	327.86	295.48	+ 2	+ 7
15	607.41	95.77	411.12	881.25	1387.83	330.87	327.64	295.28	0	+ 8
16	607.73	95.95	411.44	881.43	1388.15	330.69	327.41	295.08	− 3	+ 8
17	608.05	96.12	411.76	881.60	1388.47	330.52	327.18	294.89	− 5	+ 7
18	−608.38	+96.29	−412.09	+881.77	−1388.80	−330.35	+326.94	−294.70	− 6	+ 4
19	608.71	96.46	412.42	881.94	1389.13	330.18	326.70	294.51	− 7	+ 1
20	609.04	96.62	412.75	882.10	1389.46	330.02	326.46	294.33	− 6	− 2
21	609.38	96.78	413.09	882.26	1389.79	329.86	326.21	294.16	− 5	− 5
22	609.72	96.93	413.43	882.41	1390.13	329.71	325.96	293.99	− 2	− 7
23	−610.06	+97.08	−413.77	+882.56	−1390.47	−329.56	+325.71	−293.82	+ 1	− 8
24	610.40	97.23	414.11	882.70	1390.81	329.42	325.45	293.66	+ 5	− 8
25	610.74	97.37	414.45	882.84	1391.15	329.28	325.19	293.50	+ 8	− 6
26	611.09	97.51	414.80	882.98	1391.50	329.14	324.93	293.35	+10	− 3
27	611.44	97.64	415.15	883.11	1391.85	329.01	324.66	293.20	+10	+ 1
28	−611.79	+97.77	−415.50	+883.24	−1392.20	−328.88	+324.39	−293.06	+ 9	+ 5
29	612.15	97.89	415.86	883.36	1392.56	328.76	324.12	292.92	+ 6	+ 7
30	612.50	98.01	416.21	883.48	1392.91	328.64	323.84	292.79	+ 2	+ 8
31	612.86	98.13	416.57	883.60	1393.27	328.52	323.57	292.66	− 3	+ 7
Sept. 1	613.22	98.24	416.93	883.71	1393.63	328.41	323.29	292.54	− 6	+ 4
2	−613.58	+98.34	−417.29	+883.81	−1393.99	−328.31	+323.00	−292.42	− 8	0
3	613.95	98.44	417.66	883.91	1394.36	328.21	322.72	292.31	− 8	− 4
4	614.31	98.54	418.02	884.01	1394.72	328.11	322.43	292.21	− 6	− 7
5	614.68	98.63	418.39	884.10	1395.09	328.02	322.14	292.11	− 2	− 8
6	615.05	98.72	418.76	884.19	1395.46	327.93	321.84	292.02	+ 1	− 8
7	−615.42	+98.80	−419.13	+884.27	−1395.83	−327.85	+321.55	−291.93	+ 4	− 5
8	615.79	98.88	419.50	884.35	1396.20	327.77	321.25	291.85	+ 5	− 1
9	616.16	98.95	419.88	884.42	1396.57	327.70	320.95	291.77	+ 5	+ 3
10	616.54	99.02	420.25	884.49	1396.95	327.63	320.65	291.70	+ 4	+ 6
11	616.91	99.09	420.63	884.56	1397.32	327.56	320.35	291.64	+ 1	+ 8
12	−617.29	+99.15	−421.00	+884.62	−1397.70	−327.50	+320.04	−291.58	− 2	+ 9
13	617.66	99.20	421.38	884.67	1398.07	327.45	319.74	291.53	− 4	+ 8
14	−618.04	+99.25	−421.76	+884.72	−1398.45	−327.40	+319.43	−291.48	− 6	+ 5
Mittl. Ort	−600.65″	+77.14″	−404.19″	+862.59″	−1381.19″	−349.37″	+295.99″	−306.45″		

* Die Vorzeichen gelten für die drei nördlichen Sterne; für den südlichen sind sie umzukehren.

Polnahe Sterne 1956

Koordinaten der scheinbaren Örter für 12^h Sternzeit Greenwich

Tag	BD +89° 1 Gr. $10^m.56$		BD +89° 3 Gr. $9^m.06$		BD +89° 37 Gr. $10^m.06$		CPD −89° 38 Gr. $9^m.5$		Kurzperiod. Nutations-glieder*	
1956	x	y	x	y	x	y	x	y	in x	in y
	″	″	″	″	″	″	″	″	Einh. 0″.01	
Sept. 14	−618.04	+99.25	−421.76	+884.72	−1398.45	−327.40	+319.43	−291.48	− 6	+ 5
15	618.42	99.30	422.14	884.77	1398.83	327.35	319.12	291.44	− 7	+ 3
16	618.80	99.34	422.52	884.81	1399.21	327.31	318.81	291.40	− 7	− 1
17	619.18	99.38	422.90	884.85	1399.59	327.27	318.50	291.37	− 6	− 4
18	619.56	99.41	423.28	884.88	1399.97	327.24	318.19	291.35	− 3	− 7
19	−619.94	+99.44	−423.67	+884.91	−1400.35	−327.21	+317.87	−291.33	0	− 8
20	620.32	99.46	424.05	884.93	1400.73	327.19	317.56	291.32	+ 3	− 8
21	620.71	99.47	424.43	884.95	1401.12	327.18	317.25	291.31	+ 6	− 7
22	621.09	99.49	424.82	884.96	1401.50	327.16	316.93	291.31	+ 9	− 4
23	621.47	99.49	425.20	884.97	1401.88	327.16	316.62	291.32	+10	0
24	−621.86	+99.49	−425.58	+884.97	−1402.27	−327.16	+316.31	−291.33	+ 9	+ 4
25	622.24	99.49	425.97	884.97	1402.65	327.16	315.99	291.35	+ 6	+ 7
26	622.62	99.48	426.35	884.96	1403.03	327.17	315.68	291.38	+ 3	+ 8
27	623.01	99.47	426.74	884.95	1403.42	327.18	315.36	291.41	− 2	+ 8
28	623.39	99.46	427.12	884.94	1403.80	327.19	315.05	291.45	− 5	+ 5
29	−623.77	+99.43	−427.50	+884.91	−1404.18	−327.22	+314.74	−291.49	− 7	+ 2
30	624.16	99.41	427.89	884.89	1404.57	327.24	314.42	291.54	− 7	− 2
Okt. 1	624.54	99.38	428.27	884.86	1404.95	327.27	314.11	291.60	− 6	− 6
2	624.92	99.34	428.65	884.82	1405.33	327.31	313.80	291.66	− 3	− 8
3	625.30	99.30	429.03	884.78	1405.71	327.35	313.49	291.73	0	− 8
4	−625.68	+99.25	−429.41	+884.73	−1406.09	−327.40	+313.18	−291.80	+ 3	− 6
5	626.06	99.20	429.79	884.68	1406.47	327.45	312.87	291.88	+ 5	− 3
6	626.44	99.15	430.17	884.63	1406.85	327.51	312.56	291.97	+ 6	+ 1
7	626.82	99.09	430.55	884.57	1407.23	327.57	312.26	292.06	+ 5	+ 4
8	627.20	99.02	430.92	884.50	1407.61	327.63	311.95	292.16	+ 3	+ 7
9	−627.57	+98.95	−431.30	+884.43	−1407.98	−327.70	+311.65	−292.26	0	+ 8
10	627.95	98.88	431.67	884.36	1408.36	327.78	311.35	292.37	− 3	+ 8
11	628.32	98.80	432.05	884.28	1408.73	327.86	311.05	292.49	− 5	+ 7
12	628.69	98.71	432.42	884.19	1409.10	327.94	310.76	292.61	− 7	+ 4
13	629.06	98.62	432.79	884.10	1409.47	328.03	310.46	292.74	− 7	0
14	−629.43	+98.53	−433.16	+884.01	−1409.84	−328.13	+310.17	−292.87	− 6	− 3
15	629.80	98.43	433.53	883.91	1410.21	328.23	309.88	293.01	− 4	− 6
16	630.17	98.33	433.90	883.81	1410.58	328.33	309.59	293.16	− 1	− 8
17	630.53	98.22	434.26	883.70	1410.94	328.44	309.31	293.31	+ 2	− 8
18	630.89	98.10	434.62	883.59	1411.30	328.56	309.03	293.46	+ 5	− 8
19	−631.25	+97.98	−434.98	+883.47	−1411.66	−328.68	+308.75	−293.62	+ 8	− 5
20	631.61	97.86	435.34	883.35	1412.02	328.80	308.47	293.79	+ 9	− 2
21	−631.97	+97.73	−435.70	+883.22	−1412.38	−328.93	+308.20	−293.96	+ 9	+ 2
Mittl. Ort	−600″.65	+77″.14	−404″.19	+862″.59	−1381″.19	−349″.37	+295″.99	−306″.45		

* Die Vorzeichen gelten für die drei nördlichen Sterne; für den südlichen sind sie umzukehren.

Polnahe Sterne 1956

Koordinaten der scheinbaren Örter für 12^{h} Sternzeit Greenwich

Tag	BD +89° 1 Gr. $10^{\mathrm{m}}.56$		BD +89° 3 Gr. $9^{\mathrm{m}}.06$		BD +89° 37 Gr. $10^{\mathrm{m}}.06$		CPD −89° 38 Gr. $9^{\mathrm{m}}.5$		Kurzperiod. Nutations-glieder*	
1956	x	y	x	y	x	y	x	y	in x	in y
	″	″	″	″	″	″	″	″	Einh. 0.″01	
Okt. 21	−631.97	+97.73	−435.70	+883.22	−1412.38	−328.93	+308.20	−293.96	+ 9	+ 2
22	632.32	97.60	436.05	883.09	1412.73	329.06	307.93	294.14	+ 7	+ 6
23	632.67	97.47	436.40	882.95	1413.08	329.19	307.66	294.33	+ 4	+ 8
24	633.02	97.33	436.75	882.81	1413.43	329.33	307.40	294.52	0	+ 8
25	633.37	97.18	437.10	882.67	1413.78	329.48	307.14	294.71	− 4	+ 6
26	−633.72	+97.03	−437.45	+882.52	−1414.12	−329.63	+306.89	−294.91	− 7	+ 3
27	634.06	96.88	437.79	882.37	1414.47	329.79	306.63	295.11	− 8	− 1
28	634.40	96.72	438.13	882.21	1414.80	329.95	306.39	295.32	− 7	− 5
29	634.73	96.55	438.46	882.04	1415.14	330.11	306.14	295.54	− 5	− 7
30	635.07	96.39	438.80	881.88	1415.47	330.28	305.91	295.76	− 1	− 8
31	−635.40	+96.21	−439.13	+881.70	−1415.80	−330.45	+305.67	−295.98	+ 2	− 7
Nov. 1	635.73	96.04	439.46	881.53	1416.13	330.63	305.44	296.21	+ 5	− 4
2	636.05	95.86	439.78	881.35	1416.45	330.81	305.21	296.45	+ 6	− 1
3	636.37	95.67	440.10	881.16	1416.77	331.00	304.99	296.69	+ 5	+ 3
4	636.69	95.48	440.42	880.97	1417.09	331.19	304.77	296.93	+ 4	+ 6
5	−637.00	+95.28	−440.74	+880.77	−1417.40	−331.39	+304.56	−297.18	+ 1	+ 8
6	637.32	95.09	441.05	880.58	1417.71	331.59	304.35	297.43	− 2	+ 8
7	637.62	94.88	441.36	880.37	1418.02	331.79	304.14	297.69	− 4	+ 7
8	637.93	94.68	441.66	880.17	1418.32	332.00	303.95	297.95	− 6	+ 5
9	638.22	94.46	441.96	879.95	1418.62	332.21	303.75	298.21	− 7	+ 2
10	−638.52	+94.25	−442.26	+879.74	−1418.92	−332.43	+303.56	−298.48	− 7	− 2
11	638.81	94.03	442.55	879.52	1419.21	332.65	303.38	298.75	− 5	− 5
12	639.10	93.81	442.84	879.30	1419.50	332.87	303.20	299.03	− 3	− 7
13	639.38	93.58	443.12	879.07	1419.79	333.10	303.03	299.31	+ 1	− 8
14	639.66	93.35	443.40	878.84	1420.07	333.33	302.86	299.59	+ 4	− 8
15	−639.94	+93.11	−443.68	+878.61	−1420.35	−333.57	+302.70	−299.88	+ 7	− 6
16	640.21	92.88	443.95	878.37	1420.62	333.81	302.54	300.17	+ 9	− 3
17	640.48	92.63	444.22	878.13	1420.89	334.05	302.39	300.46	+10	+ 1
18	640.74	92.39	444.48	877.88	1421.15	334.30	302.25	300.76	+ 8	+ 4
19	641.00	92.14	444.74	877.63	1421.41	334.55	302.11	301.06	+ 5	+ 7
20	−641.25	+91.89	−444.99	+877.38	−1421.66	−334.80	+301.98	−301.36	+ 1	+ 8
21	641.50	91.63	445.24	877.13	1421.91	335.06	301.85	301.67	− 3	+ 7
22	641.74	91.37	445.48	876.87	1422.15	335.32	301.73	301.97	− 7	+ 4
23	641.98	91.11	445.72	876.61	1422.39	335.58	301.61	302.29	− 8	+ 1
24	642.22	90.84	445.96	876.34	1422.63	335.85	301.50	302.60	− 8	− 3
25	−642.45	+90.57	−446.19	+876.07	−1422.86	−336.12	+301.40	−302.92	− 6	− 7
26	642.67	90.30	446.42	875.80	1423.09	336.39	301.30	303.24	− 3	− 8
27	−642.89	+90.02	−446.64	+875.52	−1423.31	−336.67	+301.21	−303.56	0	− 8
Mittl. Ort	−600.″65	+77.″14	−404.″19	+862.″59	−1381.″19	−349.″37	+295.″99	−306.″45		

* Die Vorzeichen gelten für die drei nördlichen Sterne; für den südlichen sind sie umzukehren.

Polnahe Sterne 1956

Koordinaten der scheinbaren Örter für 12h Sternzeit Greenwich

Tag	BD +89° 1 Gr. 10^{m}56		BD +89° 3 Gr. 9^{m}06		BD +89° 37 Gr. 10^{m}06		CPD −89° 38 Gr. 9^{m}5		Kurzperiod. Nutationsglieder*	
1956	x	y	x	y	x	y	x	y	in x	in y
	″	″	″	″	″	″	″	″	Einh. 0.″01	
Nov. 27	−642.89	+90.02	−446.64	+875.52	−1423.31	−336.67	+301.21	−303.56	0	− 8
28	643.11	89.74	446.85	875.24	1423.52	336.95	301.12	303.88	+ 3	− 6
29	643.31	89.46	447.06	874.96	1423.73	337.23	301.05	304.20	+ 5	− 2
30	643.52	89.17	447.26	874.68	1423.93	337.52	300.97	304.53	+ 6	+ 2
Dez. 1	643.71	88.88	447.46	874.39	1424.13	337.81	300.91	304.86	+ 4	+ 5
2	−643.90	+88.59	−447.65	+874.10	−1424.32	−338.10	+300.84	−305.19	+ 2	+ 7
3	644.09	88.30	447.84	873.81	1424.51	338.39	300.79	305.52	− 1	+ 8
4	644.27	88.00	448.02	873.51	1424.69	338.69	300.74	305.86	− 3	+ 8
5	644.45	87.70	448.20	873.21	1424.87	338.99	300.70	306.20	− 5	+ 6
6	644.62	87.40	448.37	872.91	1425.04	339.29	300.67	306.53	− 7	+ 3
7	−644.78	+87.10	−448.53	+872.61	−1425.20	−339.59	+300.64	−306.87	− 7	0
8	644.94	86.80	448.69	872.31	1425.36	339.90	300.62	307.21	− 6	− 3
9	645.10	86.49	448.85	872.00	1425.51	340.21	300.60	307.55	− 4	− 6
10	645.24	86.18	448.99	871.69	1425.66	340.51	300.60	307.89	0	− 8
11	645.38	85.87	449.13	871.38	1425.80	340.83	300.59	308.23	+ 3	− 8
12	−645.52	+85.56	−449.27	+871.07	−1425.93	−341.14	+300.60	−308.57	+ 6	− 7
13	645.65	85.25	449.40	870.76	1426.06	341.45	300.61	308.91	+ 9	− 5
14	645.77	84.93	449.52	870.44	1426.18	341.77	300.63	309.25	+10	− 1
15	645.89	84.61	449.64	870.12	1426.30	342.09	300.65	309.59	+10	+ 3
16	646.00	84.29	449.75	869.80	1426.40	342.41	300.68	309.93	+ 7	+ 6
17	−646.10	+83.97	−449.85	+869.48	−1426.51	−342.73	+300.72	−310.27	+ 3	+ 8
18	646.20	83.65	449.95	869.16	1426.60	343.05	300.76	310.61	− 1	+ 8
19	646.29	83.33	450.04	868.84	1426.70	343.38	300.81	310.95	− 5	+ 6
20	646.37	83.00	450.13	868.51	1426.78	343.70	300.87	311.30	− 8	+ 2
21	646.45	82.68	450.20	868.19	1426.86	344.03	300.93	311.64	− 9	− 2
22	−646.52	+82.35	−450.28	+867.86	−1426.93	−344.35	+301.00	−311.98	− 8	− 6
23	646.58	82.02	450.34	867.54	1427.00	344.68	301.08	312.32	− 5	− 8
24	646.64	81.69	450.40	867.21	1427.06	345.01	301.16	312.66	− 1	− 8
25	646.70	81.37	450.47	866.89	1427.13	345.34	301.23	313.00	+ 2	− 7
26	646.76	81.04	450.52	866.56	1427.18	345.66	301.32	313.34	+ 4	− 3
27	−646.80	+80.71	−450.56	+866.24	−1427.22	−345.99	+301.42	−313.67	+ 5	0
28	646.82	80.38	450.59	865.91	1427.25	346.33	301.54	314.01	+ 5	+ 4
29	646.84	80.05	450.60	865.58	1427.26	346.66	301.67	314.34	+ 3	+ 7
30	646.86	79.72	450.62	865.25	1427.28	346.99	301.79	314.67	0	+ 8
31	646.87	79.40	450.63	864.92	1427.29	347.31	301.92	315.00	− 3	+ 8
32	−646.88	+79.07	−450.64	+864.59	−1427.30	−347.64	+302.05	−315.33	− 5	+ 7
Mittl. Ort	−600.″65	+77.″14	−404.″19	+862.″59	−1381.″19	−349.″37	+295.″99	−306.″45		

* Die Vorzeichen gelten für die drei nördlichen Sterne; für den südlichen sind sie umzukehren.

Formeln

zur Reduktion auf den scheinbaren Ort

$$
\begin{aligned}
A = {} & t-(0.34213+0.00034\,T)\sin \text{☊} + 0.00415 \sin 2\,\text{☊} - 0.02525 \sin 2\,L_{\odot} \\
& + 0.00250 \sin M_{\odot} - 0.00099 \sin (2\,L_{\odot} + M_{\odot}) + 0.00042 \sin (2\,L_{\odot} - M_{\odot}) \\
& + 0.00024 \sin (2\,L_{\odot} - \text{☊}) + 0.00010 \sin (2\,L_{\text{☾}} - 2\,M_{\text{☾}} - \text{☊}) \\
& + 0.00008 \sin (2\,L_{\odot} - 2\,L_{\text{☾}} + 2\,M_{\text{☾}}) \\
A' = {} & -0.00405 \sin 2\,L_{\text{☾}} + 0.00135 \sin M_{\text{☾}} - 0.00067 \sin (2\,L_{\text{☾}} - \text{☊}) \\
& - 0.00052 \sin (2\,L_{\text{☾}} + M_{\text{☾}}) + 0.00030 \sin (2\,L_{\text{☾}} - 2\,L_{\odot} - M_{\text{☾}}) \\
& + 0.00022 \sin (2\,L_{\text{☾}} - M_{\text{☾}}) + 0.00012 \sin (2\,L_{\text{☾}} - 2\,L_{\odot}) \\
& + 0.00012 \sin (M_{\text{☾}} + \text{☊}) + 0.00012 \sin (M_{\text{☾}} - \text{☊}) \\
& - 0.00010 \sin (4\,L_{\text{☾}} - 2\,L_{\odot} - M_{\text{☾}}) - 0.00008 \sin (2\,L_{\text{☾}} + M_{\text{☾}} - \text{☊}) \\
B = {} & -(9''\!.210 + 0''\!.001\,T) \cos \text{☊} + 0''\!.090 \cos 2\,\text{☊} - 0''\!.551 \cos 2\,L_{\odot} \\
& - 0''\!.022 \cos (2\,L_{\odot} + M_{\odot}) + 0''\!.009 \cos (2\,L_{\odot} - M_{\odot}) \\
& + 0''\!.007 \cos (2\,L_{\odot} - \text{☊}) + 0''\!.003 \cos (2\,L_{\text{☾}} - 2\,M_{\text{☾}} - \text{☊}) \\
B' = {} & -0''\!.089 \cos 2\,L_{\text{☾}} - 0''\!.018 \cos (2\,L_{\text{☾}} - \text{☊}) - 0''\!.011 \cos (2\,L_{\text{☾}} + M_{\text{☾}}) \\
& + 0''\!.005 \cos (2\,L_{\text{☾}} - M_{\text{☾}}) + 0''\!.003 \cos (M_{\text{☾}} + \text{☊}) - 0''\!.003 \cos (M_{\text{☾}} - \text{☊}) \\
& - 0''\!.002 \cos (4\,L_{\text{☾}} - 2\,L_{\odot} - M_{\text{☾}}) - 0''\!.002 \cos (2\,L_{\text{☾}} + M_{\text{☾}} - \text{☊}) \\
C = {} & -20''\!.47 \cos \odot \cos \varepsilon \\
D = {} & -20''\!.47 \sin \odot \\
E = {} & -(0^{s}\!.0029 - 0^{s}\!.0004\,T) \sin \text{☊}
\end{aligned}
$$

T Zeit seit 1900.0 in Einheiten von 100 tropischen Jahren,
t Zeit seit Beginn des annus fictus in Bruchteilen des tropischen Jahres;
$t = 0$ für 1956 Januar $1^{d}\!.3765$ Weltzeit.

$a = m + \frac{1}{15}\,n \sin \alpha \operatorname{tg} \delta$	$a' = n \cos \alpha$
$b = \frac{1}{15} \cos \alpha \operatorname{tg} \delta$	$b' = -\sin \alpha$
$c = \frac{1}{15} \cos \alpha \sec \delta$	$c' = \operatorname{tg} \varepsilon \cos \delta - \sin \alpha \sin \delta$
$d = \frac{1}{15} \sin \alpha \sec \delta$	$d' = \cos \alpha \sin \delta$

Für 1956.0 gilt: $m = +3^{s}\!.0734$, $n = +20''\!.042$, $\varepsilon = 23^\circ\, 26'\, 42''\!.03$

$$
\begin{aligned}
\alpha_{\text{app.}} &= \alpha_{1956.0} + t\,\mu_\alpha + Aa + Bb + Cc + Dd + E + [A'a + B'b] \\
\delta_{\text{app.}} &= \delta_{1956.0} + t\,\mu_\delta + Aa' + Bb' + Cc' + Dd' + [A'a' + B'b']
\end{aligned}
$$

μ_α, μ_δ jährliche Eigenbewegung in Rektaszension, bez. Deklination.

Setzt man

$f = mA + E$	$f' = mA'$	$i = C \operatorname{tg} \varepsilon$
$g \sin G = B$	$g' \sin G' = B'$	$h \sin H = C$
$g \cos G = nA$	$g' \cos G' = nA'$	$h \cos H = D,$

so wird:

$$
\begin{aligned}
\alpha_{\text{app.}} = {} & \alpha_{1956.0} + t\,\mu_\alpha + f + \tfrac{1}{15}\,g \sin (G + \alpha) \operatorname{tg} \delta + \tfrac{1}{15}\,h \sin (H + \alpha) \sec \delta \\
& + [f' + \tfrac{1}{15}\,g' \sin (G' + \alpha) \operatorname{tg} \delta] \\
\delta_{\text{app.}} = {} & \delta_{1956.0} + t\,\mu_\delta + g \cos (G + \alpha) + h \cos (H + \alpha) \sin \delta + i \cos \delta \\
& + [g' \cos (G' + \alpha)]
\end{aligned}
$$

Tag	Sternzeit Greenwich	t	f	log g	G	log h	H	log i	i
	0h Weltzeit								
1956	h	a	s		h m		h m		"
Jan. 0	6.6	−0.0038	+1.040	0.8618	1 26.1	1.3104	23 28.7	0.0824n	−1.209
1	6.6	−0.0010	1.051	0.8658	1 25.4	1.3102	23 24.9	0.1307n	1.351
2	6.7	+0.0017	1.062	0.8698	1 24.6	1.3100	23 21.1	0.1744n	1.494
3	6.8	0.0044	1.073	0.8737	1 23.8	1.3097	23 17.4	0.2138n	1.636
4	6.8	0.0072	1.084	0.8776	1 23.1	1.3095	23 13.6	0.2499n	1.778
5	6.9	0.0099	1.095	0.8814	1 22.3	1.3092	23 9.8	0.2831n	1.919
6	7.0	0.0127	+1.106	0.8851	1 21.6	1.3089	23 6.1	0.3137n	−2.059
7	7.0	0.0154	1.117	0.8888	1 20.8	1.3086	23 2.3	0.3422n	2.199
8	7.1	0.0181	1.127	0.8924	1 20.0	1.3083	22 58.5	0.3688n	2.338
9	7.2	0.0209	1.138	0.8960	1 19.2	1.3079	22 54.7	0.3939n	2.477
10	7.2	0.0236	1.149	0.8995	1 18.5	1.3076	22 50.9	0.4173n	2.614
11	7.3	0.0263	1.159	0.9030	1 17.7	1.3072	22 47.1	0.4395n	2.751
12	7.4	0.0291	+1.170	0.9064	1 17.0	1.3068	22 43.3	0.4604n	−2.887
13	7.4	0.0318	1.180	0.9098	1 16.2	1.3063	22 39.5	0.4803n	3.022
14	7.5	0.0346	1.190	0.9131	1 15.4	1.3059	22 35.6	0.4993n	3.157
15	7.6	0.0373	1.201	0.9163	1 14.6	1.3055	22 31.8	0.5171n	3.289
16	7.6	0.0400	1.211	0.9195	1 13.9	1.3050	22 28.0	0.5342n	3.421
17	7.7	0.0428	1.221	0.9227	1 13.1	1.3045	22 24.1	0.5505n	3.552
18	7.8	0.0455	+1.231	0.9258	1 12.4	1.3040	22 20.3	0.5660n	−3.681
19	7.8	0.0483	1.241	0.9288	1 11.6	1.3035	22 16.4	0.5809n	3.810
20	7.9	0.0510	1.251	0.9318	1 10.9	1.3029	22 12.5	0.5952n	3.937
21	8.0	0.0537	1.261	0.9347	1 10.2	1.3024	22 8.6	0.6088n	4.063
22	8.0	0.0565	1.270	0.9376	1 9.4	1.3018	22 4.8	0.6220n	4.188
23	8.1	0.0592	1.280	0.9405	1 8.7	1.3013	22 0.8	0.6347n	4.312
24	8.2	0.0619	+1.290	0.9433	1 8.0	1.3007	21 56.9	0.6468n	−4.434
25	8.2	0.0647	1.299	0.9460	1 7.3	1.3001	21 53.0	0.6584n	4.554
26	8.3	0.0674	1.308	0.9487	1 6.6	1.2995	21 49.1	0.6696n	4.673
27	8.4	0.0702	1.318	0.9514	1 5.9	1.2989	21 45.1	0.6804n	4.791
28	8.4	0.0729	1.327	0.9540	1 5.2	1.2983	21 41.2	0.6908n	4.907
29	8.5	0.0756	1.336	0.9566	1 4.5	1.2977	21 37.2	0.7009n	5.022
30	8.5	0.0784	+1.345	0.9591	1 3.8	1.2970	21 33.3	0.7105n	−5.134
31	8.6	0.0811	1.353	0.9616	1 3.2	1.2964	21 29.3	0.7197n	5.245
Febr. 1	8.7	0.0838	1.362	0.9641	1 2.5	1.2957	21 25.3	0.7288n	5.355
2	8.7	0.0866	1.371	0.9665	1 1.9	1.2951	21 21.3	0.7374n	5.463
3	8.8	0.0893	1.379	0.9689	1 1.2	1.2944	21 17.3	0.7458n	5.569
4	8.9	0.0921	1.388	0.9713	1 0.6	1.2938	21 13.2	0.7538n	5.673
5	8.9	0.0948	+1.396	0.9736	1 0.0	1.2931	21 9.2	0.7616n	−5.776
6	9.0	0.0975	1.405	0.9758	0 59.4	1.2924	21 5.2	0.7691n	5.876
7	9.1	0.1003	1.413	0.9780	0 58.8	1.2918	21 1.1	0.7763n	5.975
8	9.1	0.1030	1.421	0.9802	0 58.2	1.2911	20 57.0	0.7833n	6.072
9	9.2	0.1057	1.429	0.9824	0 57.6	1.2905	20 52.9	0.7901n	6.167
10	9.3	0.1085	+1.436	0.9845	0 57.0	1.2898	20 48.8	0.7966n	−6.261

Tag	0h Weltzeit										
	f′	g′	G′	Allgemeine Präzession seit 1956.0	Nutation in Länge		Mittlere Schiefe	Nutation in Schiefe		j	k
					Δψ	Δψ′		Δε	Δε′		
1956	s in 0.001	in 0.01	h	″	″	in 0.01	23° 26′ ″	″	in 0.01	in 0.001	
Jan. 0	+15	+10	0.8	−0.19	+17.20	+25	42.03	−2.67	− 2	32	89
1	+16	11	23.2	−0.05	17.24	+27	42.03	2.67	+ 2	32	89
2	+14	11	21.7	+0.09	17.29	+23	42.02	2.67	+ 6	32	89
3	+ 9	10	20.3	0.22	17.33	+15	42.02	2.68	+ 9	33	89
4	+ 3	9	19.0	0.36	17.37	+ 6	42.02	2.68	+ 8	33	89
5	− 2	7	17.2	0.50	17.41	− 4	42.02	2.68	+ 7	33	89
6	− 6	+ 5	14.8	+0.64	+17.45	−10	42.02	−2.67	+ 4	34	89
7	− 8	5	12.1	0.77	17.49	−13	42.02	2.67	0	34	89
8	− 7	6	9.4	0.91	17.52	−12	42.02	2.67	− 4	34	89
9	− 5	7	7.9	1.05	17.56	− 9	42.02	2.67	− 6	34	89
10	− 2	8	6.7	1.19	17.60	− 4	42.01	2.66	− 8	35	89
11	+ 2	8	5.5	1.32	17.63	+ 3	42.01	2.66	− 8	35	89
12	+ 5	+ 8	4.4	+1.46	+17.67	+ 8	42.01	−2.66	− 7	35	89
13	+ 8	7	2.9	1.60	17.70	+12	42.01	2.65	− 5	35	88
14	+ 9	6	1.0	1.74	17.73	+15	42.01	2.65	− 2	36	88
15	+ 9	6	22.7	1.87	17.76	+14	42.01	2.64	+ 2	36	88
16	+ 6	7	20.6	2.01	17.79	+11	42.01	2.63	+ 5	36	88
17	+ 2	8	18.8	2.15	17.82	+ 4	42.01	2.63	+ 8	37	88
18	− 3	+ 9	17.2	+2.29	+17.84	− 5	42.00	−2.62	+ 9	37	88
19	− 9	10	15.8	2.43	17.87	−14	42.00	2.61	+ 9	37	88
20	−13	11	14.3	2.56	17.89	−22	42.00	2.60	+ 6	37	88
21	−16	11	12.9	2.70	17.92	−27	42.00	2.59	+ 3	38	88
22	−16	11	11.3	2.84	17.94	−27	42.00	2.58	− 2	38	88
23	−13	10	9.7	2.98	17.96	−21	42.00	2.58	− 6	38	87
24	− 7	+10	7.9	+3.11	+17.98	−12	42.00	−2.57	− 9	38	87
25	0	9	5.9	3.25	17.99	0	41.99	2.56	− 9	39	87
26	+ 7	9	3.8	3.39	18.01	+12	41.99	2.55	− 7	39	87
27	+13	9	1.7	3.53	18.02	+21	41.99	2.54	− 4	39	87
28	+15	10	23.7	3.66	18.04	+24	41.99	2.52	+ 1	39	87
29	+14	10	22.1	3.80	18.05	+23	41.99	2.51	+ 5	40	87
30	+10	+10	20.7	+3.94	+18.05	+17	41.99	−2.50	+ 8	40	87
31	+ 5	9	19.3	4.08	18.06	+ 8	41.99	2.49	+ 9	40	86
Febr. 1	− 1	8	17.8	4.21	18.06	− 1	41.99	2.48	+ 8	40	86
2	− 5	6	15.7	4.35	18.07	− 8	41.98	2.47	+ 5	40	86
3	− 8	5	12.9	4.49	18.07	−12	41.98	2.46	+ 1	41	86
4	− 8	6	10.1	4.63	18.07	−13	41.98	2.45	− 3	41	86
5	− 6	+ 7	8.3	+4.76	+18.07	−10	41.98	−2.43	− 6	41	86
6	− 3	8	6.9	4.90	18.07	− 5	41.98	2.42	− 8	41	86
7	+ 1	8	5.7	5.04	18.06	+ 2	41.98	2.41	− 8	42	86
8	+ 5	8	4.5	5.18	18.06	+ 8	41.98	2.40	− 8	42	85
9	+ 8	8	3.1	5.32	18.05	+13	41.98	2.39	− 6	42	85
10	+ 9	+ 7	1.5	+5.45	+18.04	+15	41.97	−2.38	− 3	42	85

Reduktionsgrößen 1956

Tag	0h Weltzeit								
	Sternzeit Greenwich	t	f	log g	G	log h	H	log i	i
1956	h	a	s		h m		h m		″
Febr. 10	9.3	0.1085	+1.436	0.9845	0 57.0	1.2898	20 48.8	0.7966n	−6.261
11	9.3	0.1112	1.444	0.9866	0 56.5	1.2891	20 44.7	0.8028n	6.351
12	9.4	0.1140	1.452	0.9886	0 56.0	1.2885	20 40.6	0.8090n	6.441
13	9.5	0.1167	1.459	0.9906	0 55.4	1.2878	20 36.5	0.8148n	6.528
14	9.5	0.1194	1.467	0.9926	0 54.9	1.2872	20 32.4	0.8203n	6.612
15	9.6	0.1222	1.474	0.9945	0 54.4	1.2866	20 28.2	0.8258n	6.695
16	9.7	0.1249	+1.482	0.9965	0 53.9	1.2859	20 24.1	0.8310n	−6.776
17	9.7	0.1277	1.489	0.9984	0 53.5	1.2853	20 19.9	0.8360n	6.855
18	9.8	0.1304	1.496	1.0002	0 53.0	1.2847	20 15.7	0.8407n	6.930
19	9.9	0.1331	1.503	1.0020	0 52.6	1.2841	20 11.5	0.8454n	7.005
20	9.9	0.1359	1.510	1.0038	0 52.1	1.2835	20 7.3	0.8498n	7.077
21	10.0	0.1386	1.517	1.0056	0 51.7	1.2829	20 3.1	0.8542n	7.148
22	10.1	0.1413	+1.523	1.0074	0 51.3	1.2823	19 58.9	0.8582n	−7.215
23	10.1	0.1441	1.530	1.0091	0 50.9	1.2817	19 54.7	0.8621n	7.280
24	10.2	0.1468	1.536	1.0108	0 50.5	1.2812	19 50.4	0.8659n	7.343
25	10.3	0.1496	1.543	1.0125	0 50.2	1.2807	19 46.2	0.8694n	7.403
26	10.3	0.1523	1.549	1.0141	0 49.9	1.2802	19 41.9	0.8729n	7.462
27	10.4	0.1550	1.556	1.0157	0 49.5	1.2797	19 37.7	0.8762n	7.519
28	10.5	0.1578	+1.562	1.0174	0 49.2	1.2792	19 33.4	0.8792n	−7.572
29	10.5	0.1605	1.568	1.0190	0 48.9	1.2787	19 29.2	0.8822n	7.624
März 1	10.6	0.1632	1.574	1.0205	0 48.6	1.2782	19 24.9	0.8849n	7.672
2	10.7	0.1660	1.581	1.0221	0 48.3	1.2778	19 20.6	0.8876n	7.719
3	10.7	0.1687	1.587	1.0237	0 48.1	1.2774	19 16.3	0.8900n	7.763
4	10.8	0.1715	1.592	1.0252	0 47.8	1.2770	19 12.0	0.8924n	7.805
5	10.8	0.1742	+1.598	1.0268	0 47.6	1.2766	19 7.7	0.8945n	−7.844
6	10.9	0.1769	1.604	1.0283	0 47.4	1.2763	19 3.4	0.8966n	7.882
7	11.0	0.1797	1.610	1.0298	0 47.2	1.2760	18 59.1	0.8985n	7.916
8	11.0	0.1824	1.616	1.0312	0 47.0	1.2756	18 54.7	0.9003n	7.948
9	11.1	0.1851	1.621	1.0327	0 46.9	1.2753	18 50.4	0.9019n	7.978
10	11.2	0.1879	1.627	1.0342	0 46.7	1.2751	18 46.1	0.9034n	8.006
11	11.2	0.1906	+1.633	1.0356	0 46.6	1.2748	18 41.8	0.9047n	−8.030
12	11.3	0.1934	1.638	1.0370	0 46.5	1.2746	18 37.4	0.9060n	8.053
13	11.4	0.1961	1.644	1.0385	0 46.4	1.2744	18 33.1	0.9070n	8.073
14	11.4	0.1988	1.649	1.0399	0 46.3	1.2742	18 28.8	0.9080n	8.091
15	11.5	0.2016	1.655	1.0414	0 46.2	1.2741	18 24.4	0.9088n	8.106
16	11.6	0.2043	1.660	1.0428	0 46.2	1.2740	18 20.1	0.9094n	8.118
17	11.6	0.2071	+1.666	1.0442	0 46.1	1.2739	18 15.8	0.9100n	−8.129
18	11.7	0.2098	1.671	1.0456	0 46.1	1.2738	18 11.4	0.9104n	8.136
19	11.8	0.2125	1.677	1.0471	0 46.1	1.2737	18 7.1	0.9107n	8.141
20	11.8	0.2153	1.682	1.0485	0 46.1	1.2737	18 2.8	0.9108n	8.143
21	11.9	0.2180	1.688	1.0499	0 46.1	1.2737	17 58.4	0.9108n	8.144
22	12.0	0.2207	+1.693	1.0513	0 46.1	1.2737	17 54.1	0.9107n	−8.142

Tag	f'	g'	G'	Allgemeine Präzession seit 1956.0	Nutation in Länge $\Delta\psi$	Nutation in Länge $\Delta\psi'$	Mittlere Schiefe	Nutation in Schiefe $\Delta\varepsilon$	Nutation in Schiefe $\Delta\varepsilon'$	j	k
	0h Weltzeit										
1956	s in 0.001	s in 0.01	h	"	"	s in 0.01	23° 26′ "	"	s in 0.01	in 0.001	
Febr. 10	+ 9	+ 7	1.5	+ 5.45	+18.04	+15	41.97	−2.38	− 3	42	85
11	+10	6	23.4	5.59	18.03	+16	41.97	2.37	+ 1	42	85
12	+ 8	7	21.2	5.73	18.02	+13	41.97	2.36	+ 4	43	85
13	+ 4	8	19.4	5.87	18.00	+ 7	41.97	2.34	+ 7	43	85
14	− 1	9	17.8	6.00	17.99	− 1	41.97	2.33	+ 9	43	85
15	− 6	10	16.3	6.14	17.97	−10	41.97	2.32	+ 9	43	85
16	−11	+10	14.9	+ 6.28	+17.95	−18	41.97	−2.31	+ 7	43	84
17	−15	10	13.4	6.42	17.93	−24	41.97	2.30	+ 4	44	84
18	−16	10	11.8	6.55	17.91	−26	41.96	2.29	− 1	44	84
19	−14	10	10.2	6.69	17.88	−22	41.96	2.28	− 5	44	84
20	− 9	10	8.5	6.83	17.86	−15	41.96	2.28	− 8	44	84
21	− 2	9	6.7	6.97	17.83	− 4	41.96	2.27	− 9	44	84
22	+ 4	+ 8	4.7	+ 7.10	+17.81	+ 7	41.96	−2.26	− 8	44	84
23	+10	8	2.4	7.24	17.78	+17	41.96	2.25	− 5	45	84
24	+13	9	0.4	7.38	17.75	+22	41.96	2.24	− 1	45	83
25	+13	9	22.6	7.52	17.72	+22	41.96	2.24	+ 3	45	83
26	+10	10	21.0	7.66	17.68	+17	41.95	2.23	+ 7	45	83
27	+ 6	9	19.6	7.79	17.65	+10	41.95	2.22	+ 8	45	83
28	0	+ 8	18.1	+ 7.93	+17.61	+ 1	41.95	−2.22	+ 8	45	83
29	− 5	7	16.3	8.07	17.58	− 7	41.95	2.21	+ 6	46	83
März 1	− 7	6	13.8	8.21	17.54	−12	41.95	2.21	+ 3	46	83
2	− 8	6	11.1	8.34	17.50	−14	41.95	2.20	− 1	46	83
3	− 7	7	8.8	8.48	17.46	−11	41.95	2.20	− 5	46	83
4	− 4	8	7.4	8.62	17.42	− 7	41.94	2.20	− 7	46	83
5	0	+ 9	6.1	+ 8.76	+17.38	− 1	41.94	−2.19	− 9	46	83
6	+ 4	8	4.9	8.89	17.34	+ 6	41.94	2.19	− 8	47	82
7	+ 7	8	3.6	9.03	17.30	+11	41.94	2.19	− 6	47	82
8	+ 9	7	2.0	9.17	17.25	+15	41.94	2.19	− 4	47	82
9	+10	6	0.1	9.31	17.21	+16	41.94	2.19	0	47	82
10	+ 9	7	21.9	9.44	17.16	+14	41.94	2.19	+ 3	47	82
11	+ 6	+ 7	20.0	+ 9.58	+17.12	+10	41.94	−2.19	+ 6	47	82
12	+ 1	8	18.4	9.72	17.07	+ 2	41.93	2.19	+ 8	48	82
13	− 4	9	16.9	9.86	17.02	− 7	41.93	2.20	+ 9	48	82
14	− 9	10	15.4	9.99	16.98	−15	41.93	2.20	+ 8	48	82
15	−13	10	13.9	10.13	16.93	−21	41.93	2.20	+ 5	48	82
16	−15	10	12.3	10.27	16.88	−24	41.93	2.21	+ 1	48	82
17	−14	+10	10.6	+10.41	+16.83	−22	41.93	−2.21	− 3	48	82
18	−10	9	8.8	10.55	16.79	−16	41.93	2.22	− 7	49	82
19	− 4	9	7.0	10.68	16.74	− 6	41.93	2.23	− 9	49	82
20	+ 3	9	5.1	10.82	16.69	+ 5	41.92	2.23	− 8	49	82
21	+ 9	8	3.1	10.96	16.64	+14	41.92	2.24	− 6	49	82
22	+13	+ 9	1.0	+11.10	+16.59	+21	41.92	−2.25	− 2	49	82

Reduktionsgrößen 1956

Tag	0h Weltzeit								
	Sternzeit Greenwich	t	f	log g	G	log h	H	log i	i
1956	h	a	s		h m		h m		″
März 22	12.0	0.2207	+1.693	1.0513	0 46.1	1.2737	17 54.1	0.9107n	−8.142
23	12.0	0.2235	1.699	1.0527	0 46.2	1.2738	17 49.8	0.9105n	8.138
24	12.1	0.2262	1.704	1.0541	0 46.2	1.2738	17 45.5	0.9102n	8.132
25	12.2	0.2290	1.710	1.0555	0 46.3	1.2739	17 41.1	0.9097n	8.122
26	12.2	0.2317	1.715	1.0569	0 46.4	1.2741	17 36.8	0.9090n	8.110
27	12.3	0.2344	1.720	1.0583	0 46.5	1.2742	17 32.5	0.9083n	8.096
28	12.4	0.2372	+1.726	1.0598	0 46.6	1.2744	17 28.2	0.9074n	−8.079
29	12.4	0.2399	1.731	1.0612	0 46.7	1.2746	17 23.9	0.9063n	8.060
30	12.5	0.2426	1.737	1.0626	0 46.8	1.2748	17 19.7	0.9051n	8.038
31	12.6	0.2454	1.743	1.0641	0 46.9	1.2750	17 15.4	0.9039n	8.015
April 1	12.6	0.2481	1.748	1.0656	0 47.1	1.2752	17 11.1	0.9024n	7.988
2	12.7	0.2509	1.754	1.0670	0 47.2	1.2755	17 6.8	0.9009n	7.960
3	12.8	0.2536	+1.760	1.0685	0 47.4	1.2758	17 2.6	0.8992n	−7.929
4	12.8	0.2563	1.765	1.0700	0 47.5	1.2761	16 58.3	0.8974n	7.896
5	12.9	0.2591	1.771	1.0714	0 47.7	1.2765	16 54.1	0.8954n	7.860
6	13.0	0.2618	1.777	1.0729	0 47.9	1.2768	16 49.8	0.8933n	7.822
7	13.0	0.2645	1.783	1.0745	0 48.1	1.2772	16 45.6	0.8910n	7.781
8	13.1	0.2673	1.789	1.0760	0 48.3	1.2776	16 41.4	0.8887n	7.740
9	13.1	0.2700	+1.795	1.0775	0 48.5	1.2780	16 37.2	0.8863n	−7.696
10	13.2	0.2728	1.801	1.0791	0 48.7	1.2785	16 33.0	0.8835n	7.648
11	13.3	0.2755	1.807	1.0807	0 48.9	1.2789	16 28.8	0.8808n	7.599
12	13.3	0.2782	1.813	1.0822	0 49.2	1.2794	16 24.7	0.8778n	7.548
13	13.4	0.2810	1.819	1.0838	0 49.4	1.2799	16 20.5	0.8747n	7.494
14	13.5	0.2837	1.825	1.0854	0 49.7	1.2804	16 16.4	0.8715n	7.439
15	13.5	0.2864	+1.832	1.0870	0 49.9	1.2809	16 12.2	0.8682n	−7.382
16	13.6	0.2892	1.838	1.0886	0 50.1	1.2814	16 8.1	0.8646n	7.322
17	13.7	0.2919	1.844	1.0902	0 50.4	1.2819	16 4.0	0.8609n	7.260
18	13.7	0.2947	1.851	1.0918	0 50.6	1.2825	15 59.9	0.8570n	7.195
19	13.8	0.2974	1.858	1.0935	0 50.9	1.2831	15 55.8	0.8530n	7.129
20	13.9	0.3001	1.864	1.0951	0 51.1	1.2836	15 51.7	0.8489n	7.061
21	13.9	0.3029	+1.871	1.0968	0 51.4	1.2842	15 47.7	0.8445n	−6.991
22	14.0	0.3056	1.878	1.0985	0 51.7	1.2848	15 43.6	0.8400n	6.918
23	14.1	0.3084	1.885	1.1002	0 51.9	1.2854	15 39.6	0.8353n	6.844
24	14.1	0.3111	1.892	1.1020	0 52.2	1.2860	15 35.6	0.8305n	6.769
25	14.2	0.3138	1.899	1.1037	0 52.4	1.2866	15 31.6	0.8255n	6.691
26	14.3	0.3166	1.906	1.1055	0 52.7	1.2872	15 27.6	0.8203n	6.611
27	14.3	0.3193	+1.913	1.1072	0 52.9	1.2878	15 23.6	0.8149n	−6.530
28	14.4	0.3220	1.920	1.1090	0 53.2	1.2884	15 19.6	0.8093n	6.446
29	14.5	0.3248	1.928	1.1108	0 53.5	1.2891	15 15.7	0.8035n	6.360
30	14.5	0.3275	1.935	1.1126	0 53.7	1.2897	15 11.8	0.7975n	6.274
Mai 1	14.6	0.3303	1.943	1.1144	0 54.0	1.2903	15 7.8	0.7913n	6.185
2	14.7	0.3330	+1.950	1.1162	0 54.2	1.2910	15 3.9	0.7849n	−6.094

Tag	0h Weltzeit										
	f'	g'	G'	Allgemeine Präzession seit 1956.0	Nutation in Länge $\Delta\psi$	Nutation in Länge $\Delta\psi'$	Mittlere Schiefe	Nutation in Schiefe $\Delta\varepsilon$	Nutation in Schiefe $\Delta\varepsilon'$	j	k
1956	s in 0.001	″ in 0.01	h	″	″	″ in 0.01	23° 26′ ″	″	″ in 0.01	in 0.001	
März 22	+13	+ 9	1.0	+11.10	+16.59	+21	41.92	−2.25	− 2	49	82
23	+13	9	23.1	11.23	16.54	+22	41.92	2.26	+ 2	49	82
24	+11	9	21.4	11.37	16.49	+18	41.92	2.27	+ 6	50	82
25	+ 7	9	19.9	11.51	16.44	+11	41.92	2.28	+ 8	50	82
26	+ 1	8	18.5	11.65	16.40	+ 2	41.92	2.29	+ 8	50	82
27	− 4	7	16.7	11.78	16.35	− 6	41.92	2.30	+ 7	50	82
28	− 7	+ 6	14.5	+11.92	+16.30	−12	41.91	−2.32	+ 4	50	82
29	− 9	6	11.9	12.06	16.25	−15	41.91	2.33	0	50	82
30	− 8	7	9.7	12.20	16.21	−14	41.91	2.34	− 4	50	82
31	− 6	8	8.0	12.33	16.16	− 9	41.91	2.36	− 7	51	82
April 1	− 2	8	6.7	12.47	16.11	− 4	41.91	2.37	− 8	51	82
2	+ 2	8	5.4	12.61	16.07	+ 3	41.91	2.39	− 8	51	82
3	+ 6	+ 8	4.2	+12.75	+16.02	+ 9	41.91	−2.40	− 7	51	82
4	+ 8	7	2.7	12.89	15.98	+14	41.91	2.42	− 5	51	83
5	+10	6	0.8	13.02	15.94	+16	41.90	2.44	− 1	52	83
6	+ 9	6	22.6	13.16	15.89	+15	41.90	2.46	+ 2	52	83
7	+ 7	7	20.6	13.30	15.85	+11	41.90	2.47	+ 6	52	83
8	+ 3	8	18.8	13.44	15.81	+ 5	41.90	2.49	+ 8	52	83
9	− 3	+ 9	17.3	+13.57	+15.77	− 4	41.90	−2.51	+ 9	52	83
10	− 8	10	15.9	13.71	15.73	−13	41.90	2.53	+ 8	52	83
11	−12	10	14.4	13.85	15.69	−20	41.90	2.55	+ 6	53	83
12	−14	10	12.8	13.99	15.66	−24	41.89	2.57	+ 2	53	83
13	−14	9	11.1	14.12	15.62	−23	41.89	2.60	− 2	53	83
14	−10	9	9.3	14.26	15.58	−17	41.89	2.62	− 6	53	83
15	− 5	+ 9	7.4	+14.40	+15.55	− 8	41.89	−2.64	− 8	53	83
16	+ 2	9	5.5	14.54	15.52	+ 3	41.89	2.66	− 8	54	83
17	+ 8	9	3.5	14.67	15.48	+13	41.89	2.68	− 7	54	84
18	+13	9	1.5	14.81	15.45	+21	41.89	2.71	− 4	54	84
19	+14	9	23.6	14.95	15.42	+23	41.89	2.73	+ 1	54	84
20	+12	9	22.0	15.09	15.39	+20	41.88	2.76	+ 5	54	84
21	+ 8	+ 9	20.5	+15.22	+15.37	+14	41.88	−2.78	+ 7	55	84
22	+ 3	9	19.0	15.36	15.34	+ 5	41.88	2.80	+ 8	55	84
23	− 2	7	17.3	15.50	15.32	− 3	41.88	2.83	+ 7	55	84
24	− 6	6	15.2	15.64	15.29	−10	41.88	2.85	+ 5	55	84
25	− 9	6	12.7	15.78	15.27	−14	41.88	2.88	+ 1	55	84
26	− 8	6	10.4	15.91	15.25	−14	41.88	2.91	− 3	56	84
27	− 7	+ 7	8.5	+16.05	+15.23	−11	41.88	−2.93	− 6	56	85
28	− 4	8	7.2	16.19	15.22	− 6	41.87	2.96	− 8	56	85
29	0	8	5.9	16.33	15.20	+ 1	41.87	2.98	− 8	56	85
30	+ 4	8	4.7	16.46	15.18	+ 7	41.87	3.01	− 8	57	85
Mai 1	+ 7	7	3.3	16.60	15.17	+12	41.87	3.04	− 6	57	85
2	+ 9	+ 7	1.6	+16.74	+15.15	+15	41.87	−3.06	− 3	57	85

Reduktionsgrößen 1956

Tag	0h Weltzeit								
	Stern-zeit Green-wich	*t*	*f*	log *g*	*G*	log *h*	*H*	log *i*	*i*
1956	h	a	s		h m		h m		″
Mai 2	14.7	0.3330	+1.950	1.1162	0 54.2	1.2910	15 3.9	0.7849*n*	−6.094
3	14.7	0.3357	1.958	1.1181	0 54.5	1.2916	15 0.0	0.7783*n*	6.002
4	14.8	0.3385	1.966	1.1199	0 54.7	1.2922	14 56.1	0.7714*n*	5.908
5	14.9	0.3412	1.974	1.1218	0 54.9	1.2929	14 52.3	0.7643*n*	5.812
6	14.9	0.3439	1.982	1.1236	0 55.2	1.2935	14 48.4	0.7570*n*	5.715
7	15.0	0.3467	1.990	1.1255	0 55.4	1.2941	14 44.5	0.7494*n*	5.616
8	15.1	0.3494	+1.998	1.1274	0 55.6	1.2947	14 40.7	0.7416*n*	−5.516
9	15.1	0.3522	2.006	1.1293	0 55.8	1.2954	14 36.9	0.7334*n*	5.413
10	15.2	0.3549	2.015	1.1312	0 56.0	1.2960	14 33.1	0.7251*n*	5.310
11	15.3	0.3576	2.023	1.1331	0 56.2	1.2966	14 29.3	0.7164*n*	5.205
12	15.3	0.3604	2.032	1.1350	0 56.4	1.2972	14 25.5	0.7075*n*	5.099
13	15.4	0.3631	2.040	1.1369	0 56.7	1.2978	14 21.7	0.6983*n*	4.992
14	15.4	0.3658	+2.049	1.1389	0 56.9	1.2984	14 18.0	0.6886*n*	−4.882
15	15.5	0.3686	2.058	1.1408	0 57.1	1.2990	14 14.2	0.6787*n*	4.772
16	15.6	0.3713	2.067	1.1428	0 57.2	1.2996	14 10.5	0.6684*n*	4.660
17	15.6	0.3741	2.075	1.1447	0 57.4	1.3001	14 6.8	0.6577*n*	4.547
18	15.7	0.3768	2.084	1.1466	0 57.6	1.3007	14 3.1	0.6467*n*	4.433
19	15.8	0.3795	2.094	1.1486	0 57.7	1.3013	13 59.4	0.6353*n*	4.318
20	15.8	0.3823	+2.103	1.1505	0 57.8	1.3018	13 55.7	0.6234*n*	−4.201
21	15.9	0.3850	2.112	1.1525	0 58.0	1.3023	13 52.0	0.6110*n*	4.083
22	16.0	0.3878	2.121	1.1545	0 58.1	1.3028	13 48.3	0.5982*n*	3.965
23	16.0	0.3905	2.131	1.1565	0 58.2	1.3033	13 44.7	0.5849*n*	3.845
24	16.1	0.3932	2.140	1.1585	0 58.3	1.3038	13 41.0	0.5710*n*	3.724
25	16.2	0.3960	2.149	1.1604	0 58.4	1.3043	13 37.4	0.5565*n*	3.602
26	16.2	0.3987	+2.159	1.1624	0 58.5	1.3048	13 33.7	0.5415*n*	−3.479
27	16.3	0.4014	2.169	1.1644	0 58.6	1.3052	13 30.1	0.5257*n*	3.355
28	16.4	0.4042	2.178	1.1664	0 58.7	1.3056	13 26.5	0.5092*n*	3.230
29	16.4	0.4069	2.188	1.1684	0 58.8	1.3061	13 22.9	0.4919*n*	3.104
30	16.5	0.4097	2.198	1.1703	0 58.8	1.3065	13 19.3	0.4739*n*	2.978
31	16.6	0.4124	2.208	1.1723	0 58.9	1.3069	13 15.7	0.4550*n*	2.851
Juni 1	16.6	0.4151	+2.218	1.1742	0 58.9	1.3072	13 12.1	0.4350*n*	−2.723
2	16.7	0.4179	2.228	1.1762	0 59.0	1.3076	13 8.5	0.4140*n*	2.594
3	16.8	0.4206	2.238	1.1782	0 59.0	1.3080	13 4.9	0.3918*n*	2.465
4	16.8	0.4233	2.248	1.1801	0 59.0	1.3083	13 1.4	0.3683*n*	2.335
5	16.9	0.4261	2.258	1.1821	0 59.0	1.3086	12 57.8	0.3432*n*	2.204
6	17.0	0.4288	2.268	1.1840	0 59.0	1.3089	12 54.3	0.3166*n*	2.073
7	17.0	0.4316	+2.278	1.1860	0 59.0	1.3092	12 50.7	0.2880*n*	−1.941
8	17.1	0.4343	2.288	1.1879	0 59.0	1.3094	12 47.2	0.2574*n*	1.809
9	17.2	0.4370	2.299	1.1899	0 58.9	1.3097	12 43.7	0.2243*n*	1.676
10	17.2	0.4398	2.309	1.1918	0 58.9	1.3099	12 40.2	0.1884*n*	1.543
11	17.3	0.4425	2.319	1.1937	0 58.9	1.3101	12 36.6	0.1489*n*	1.409
12	17.4	0.4452	+2.330	1.1956	0 58.8	1.3103	12 33.1	0.1055*n*	−1.275

Tag	f′	g′	G′	Allgemeine Präzession seit 1956.0	Nutation in Länge Δψ	Nutation in Länge Δψ′	Mittlere Schiefe	Nutation in Schiefe Δε	Nutation in Schiefe Δε′	j	k
1956	s in 0.001	s in 0.01	h	″	″	s in 0.01	23° 26′ ″	″	s in 0.01	in 0.001	
Mai 2	+ 9	+ 7	1.6	+16.74	+15.15	+15	41.87	−3.06	− 3	57	85
3	+ 9	6	23.5	16.88	15.14	+15	41.87	3.09	+ 1	57	85
4	+ 7	7	21.2	17.01	15.13	+12	41.87	3.12	+ 4	58	85
5	+ 4	8	19.2	17.15	15.13	+ 6	41.87	3.14	+ 7	58	86
6	− 1	9	17.7	17.29	15.12	− 2	41.86	3.17	+ 9	58	86
7	− 7	10	16.3	17.43	15.11	−11	41.86	3.20	+ 9	58	86
8	−12	+10	14.8	+17.56	+15.11	−19	41.86	−3.22	+ 7	59	86
9	−15	10	13.3	17.70	15.11	−24	41.86	3.25	+ 4	59	86
10	−15	10	11.7	17.84	15.11	−25	41.86	3.28	− 1	59	86
11	−12	9	9.9	17.98	15.11	−20	41.86	3.30	− 5	59	86
12	− 7	9	8.0	18.12	15.11	−11	41.86	3.33	− 8	60	86
13	0	9	6.0	18.25	15.11	0	41.86	3.35	− 9	60	86
14	+ 7	+ 9	4.0	+18.39	+15.11	+11	41.85	−3.38	− 8	60	87
15	+12	9	2.0	18.53	15.12	+20	41.85	3.41	− 5	60	87
16	+15	10	0.2	18.67	15.13	+24	41.85	3.43	− 1	61	87
17	+14	10	22.5	18.80	15.13	+23	41.85	3.46	+ 4	61	87
18	+11	10	21.0	18.94	15.14	+18	41.85	3.48	+ 7	61	87
19	+ 6	9	19.6	19.08	15.15	+ 9	41.85	3.51	+ 8	61	87
20	0	+ 8	18.0	+19.22	+15.17	0	41.85	−3.53	+ 8	62	87
21	− 5	6	15.9	19.35	15.18	− 8	41.84	3.56	+ 5	62	88
22	− 8	6	13.4	19.49	15.19	−13	41.84	3.58	+ 2	62	88
23	− 8	6	10.9	19.63	15.21	−14	41.84	3.60	− 2	63	88
24	− 7	7	8.9	19.77	15.23	−12	41.84	3.63	− 5	63	88
25	− 5	8	7.5	19.90	15.24	− 7	41.84	3.65	− 7	63	88
26	− 1	+ 8	6.2	+20.04	+15.26	− 1	41.84	−3.67	− 8	63	88
27	+ 3	8	5.0	20.18	15.28	+ 5	41.84	3.69	− 8	64	88
28	+ 6	7	3.7	20.32	15.30	+10	41.84	3.72	− 6	64	88
29	+ 8	7	2.3	20.46	15.33	+14	41.83	3.74	− 4	64	88
30	+ 9	6	0.2	20.59	15.35	+15	41.83	3.76	0	65	88
31	+ 8	6	21.8	20.73	15.37	+13	41.83	3.78	+ 3	65	89
Juni 1	+ 5	+ 7	19.7	+20.87	+15.40	+ 8	41.83	−3.80	+ 6	65	89
2	0	8	18.1	21.01	15.42	+ 1	41.83	3.82	+ 8	66	89
3	− 5	10	16.6	21.14	15.45	− 9	41.83	3.84	+ 9	66	89
4	−11	10	15.2	21.28	15.48	−18	41.83	3.85	+ 8	66	89
5	−15	11	13.8	21.42	15.50	−24	41.83	3.87	+ 5	66	89
6	−16	11	12.4	21.56	15.53	−27	41.82	3.89	+ 1	67	89
7	−15	+10	10.7	+21.69	+15.56	−24	41.82	−3.91	− 3	67	89
8	−10	10	8.9	21.83	15.59	−17	41.82	3.92	− 7	67	89
9	− 4	9	7.0	21.97	15.62	− 6	41.82	3.94	− 9	68	89
10	+ 4	9	4.9	22.11	15.65	+ 6	41.82	3.95	− 8	68	89
11	+10	9	2.7	22.24	15.68	+17	41.82	3.97	− 6	68	89
12	+14	+10	0.8	+22.38	+15.71	+24	41.82	−3.98	− 2	69	89

Column group heading: 0h Weltzeit

Reduktionsgrößen 1956

Tag	0h Weltzeit								
	Sternzeit Greenwich	t	f	log g	G	log h	H	log i	i
1956	h	a	s		h m		h m		"
Juni 12	17.4	0.4452	+2.330	1.1956	0 58.8	1.3103	12 33.1	0.1055n	−1.275
13	17.4	0.4480	2.340	1.1975	0 58.8	1.3105	12 29.6	0.0569n	1.140
14	17.5	0.4507	2.350	1.1994	0 58.7	1.3106	12 26.1	0.0026n	1.006
15	17.6	0.4535	2.361	1.2013	0 58.6	1.3107	12 22.6	9.9400n	0.871
16	17.6	0.4562	2.371	1.2032	0 58.5	1.3109	12 19.0	9.8669n	0.736
17	17.7	0.4589	2.382	1.2050	0 58.4	1.3110	12 15.5	9.7789n	0.601
18	17.7	0.4617	+2.392	1.2069	0 58.3	1.3110	12 12.0	9.6684n	−0.466
19	17.8	0.4644	2.402	1.2087	0 58.2	1.3111	12 8.5	9.5185n	0.330
20	17.9	0.4672	2.413	1.2105	0 58.1	1.3111	12 5.0	9.2900n	0.195
21	17.9	0.4699	2.423	1.2124	0 58.0	1.3111	12 1.5	8.7709n	−0.059
22	18.0	0.4726	2.434	1.2142	0 57.9	1.3111	11 58.0	8.8865	+0.077
23	18.1	0.4754	2.444	1.2160	0 57.7	1.3111	11 54.5	9.3263	0.212
24	18.1	0.4781	+2.455	1.2178	0 57.6	1.3111	11 51.0	9.5416	+0.348
25	18.2	0.4808	2.465	1.2196	0 57.4	1.3110	11 47.5	9.6839	0.483
26	18.3	0.4836	2.476	1.2213	0 57.3	1.3109	11 44.0	9.7917	0.619
27	18.3	0.4863	2.486	1.2231	0 57.1	1.3108	11 40.5	9.8774	0.754
28	18.4	0.4891	2.497	1.2248	0 57.0	1.3107	11 37.0	9.9484	0.888
29	18.5	0.4918	2.507	1.2265	0 56.8	1.3106	11 33.5	0.0099	1.023
30	18.5	0.4945	+2.517	1.2282	0 56.6	1.3104	11 30.0	0.0637	+1.158
Juli 1	18.6	0.4973	2.528	1.2299	0 56.4	1.3103	11 26.5	0.1113	1.292
2	18.7	0.5000	2.538	1.2316	0 56.2	1.3101	11 23.0	0.1538	1.425
3	18.7	0.5027	2.548	1.2333	0 56.0	1.3099	11 19.4	0.1926	1.558
4	18.8	0.5055	2.559	1.2350	0 55.8	1.3096	11 15.9	0.2281	1.691
5	18.9	0.5082	2.569	1.2366	0 55.6	1.3094	11 12.4	0.2608	1.823
6	18.9	0.5110	+2.579	1.2382	0 55.4	1.3091	11 8.9	0.2911	+1.955
7	19.0	0.5137	2.589	1.2398	0 55.2	1.3089	11 5.3	0.3195	2.087
8	19.1	0.5164	2.599	1.2414	0 55.0	1.3086	11 1.8	0.3458	2.217
9	19.1	0.5192	2.609	1.2430	0 54.7	1.3083	10 58.3	0.3705	2.347
10	19.2	0.5219	2.619	1.2446	0 54.5	1.3079	10 54.7	0.3938	2.476
11	19.3	0.5246	2.629	1.2461	0 54.3	1.3076	10 51.2	0.4158	2.605
12	19.3	0.5274	+2.639	1.2476	0 54.0	1.3072	10 47.6	0.4366	+2.733
13	19.4	0.5301	2.649	1.2491	0 53.8	1.3068	10 44.0	0.4564	2.860
14	19.5	0.5329	2.659	1.2506	0 53.5	1.3064	10 40.5	0.4752	2.987
15	19.5	0.5356	2.669	1.2521	0 53.3	1.3060	10 36.9	0.4932	3.113
16	19.6	0.5383	2.678	1.2536	0 53.1	1.3056	10 33.3	0.5103	3.238
17	19.7	0.5411	2.688	1.2550	0 52.8	1.3052	10 29.7	0.5266	3.362
18	19.7	0.5438	+2.698	1.2565	0 52.6	1.3047	10 26.1	0.5422	+3.485
19	19.8	0.5466	2.707	1.2579	0 52.3	1.3043	10 22.5	0.5571	3.607
20	19.8	0.5493	2.717	1.2593	0 52.0	1.3038	10 18.9	0.5716	3.729
21	19.9	0.5520	2.726	1.2607	0 51.8	1.3033	10 15.2	0.5852	3.848
22	20.0	0.5548	2.735	1.2621	0 51.5	1.3028	10 11.6	0.5985	3.967
23	20.0	0.5575	+2.745	1.2634	0 51.3	1.3023	10 8.0	0.6113	+4.086

Tag	0h Weltzeit										
	f'	g'	G'	Allgemeine Präzession seit 1956.0	Nutation in Länge $\Delta\psi$	Nutation in Länge $\Delta\psi'$	Mittlere Schiefe	Nutation in Schiefe $\Delta\varepsilon$	Nutation in Schiefe $\Delta\varepsilon'$	j	k
1956	s in 0.001	s in 0.01	h	"	"	s in 0.01	23° 26' "	"	s in 0.01	in 0.001	
Juni 12	+14	+10	0.8	+22.38	+15.71	+24	41.82	−3.98	− 2	69	89
13	+15	10	23.1	22.52	15.75	+25	41.82	4.00	+ 2	69	89
14	+13	10	21.6	22.66	15.78	+21	41.81	4.01	+ 6	69	89
15	+ 8	10	20.2	22.79	15.81	+14	41.81	4.02	+ 8	69	89
16	+ 2	8	18.7	22.93	15.84	+ 4	41.81	4.03	+ 8	70	89
17	− 3	7	16.9	23.07	15.88	− 5	41.81	4.04	+ 6	70	89
18	− 6	+ 5	14.5	+23.21	+15.91	−11	41.81	−4.06	+ 3	70	89
19	− 8	5	11.5	23.35	15.94	−13	41.81	4.07	− 1	71	89
20	− 7	6	9.1	23.48	15.98	−12	41.81	4.07	− 4	71	89
21	− 5	7	7.6	23.62	16.01	− 7	41.80	4.08	− 7	71	89
22	− 1	8	6.4	23.76	16.05	− 2	41.80	4.09	− 8	72	89
23	+ 3	8	5.2	23.90	16.08	+ 4	41.80	4.10	− 8	72	89
24	+ 6	+ 8	4.0	+24.03	+16.11	+10	41.80	−4.11	− 7	72	89
25	+ 8	7	2.6	24.17	16.15	+14	41.80	4.11	− 4	72	89
26	+ 9	6	0.8	24.31	16.18	+15	41.80	4.12	− 1	73	89
27	+ 9	6	22.7	24.45	16.21	+14	41.80	4.12	+ 2	73	89
28	+ 6	7	20.5	24.58	16.25	+10	41.80	4.13	+ 5	73	89
29	+ 2	8	18.7	24.72	16.28	+ 3	41.79	4.13	+ 8	74	89
30	− 3	+ 9	17.1	+24.86	+16.31	− 5	41.79	−4.14	+ 9	74	89
Juli 1	− 9	10	15.6	25.00	16.34	−15	41.79	4.14	+ 8	74	89
2	−14	11	14.3	25.13	16.37	−23	41.79	4.14	+ 6	74	89
3	−17	11	12.8	25.27	16.40	−27	41.79	4.14	+ 2	75	89
4	−16	11	11.4	25.41	16.44	−27	41.79	4.14	− 2	75	89
5	−13	10	9.8	25.55	16.47	−22	41.79	4.14	− 6	75	89
6	− 7	+ 9	8.1	+25.69	+16.50	−12	41.79	−4.14	− 8	76	89
7	0	9	6.0	25.82	16.52	0	41.78	4.14	− 9	76	89
8	+ 7	8	3.8	25.96	16.55	+12	41.78	4.14	− 7	76	89
9	+12	9	1.6	26.10	16.58	+20	41.78	4.14	− 4	76	89
10	+15	10	23.7	26.24	16.61	+24	41.78	4.14	+ 1	77	89
11	+14	10	22.0	26.37	16.63	+22	41.78	4.13	+ 5	77	89
12	+10	+10	20.7	+26.51	+16.66	+16	41.78	−4.13	+ 8	77	89
13	+ 5	9	19.3	26.65	16.68	+ 8	41.78	4.13	+ 9	78	88
14	− 1	7	17.7	26.79	16.70	− 1	41.78	4.12	+ 7	78	88
15	− 5	6	15.5	26.92	16.72	− 8	41.77	4.12	+ 4	78	88
16	− 7	5	12.5	27.06	16.75	−12	41.77	4.12	+ 1	78	88
17	− 7	6	9.6	27.20	16.77	−11	41.77	4.11	− 3	79	88
18	− 5	+ 7	7.8	+27.34	+16.78	− 8	41.77	−4.10	− 6	79	88
19	− 1	8	6.4	27.47	16.80	− 2	41.77	4.10	− 8	79	88
20	+ 2	8	5.3	27.61	16.82	+ 4	41.77	4.09	− 8	79	88
21	+ 6	8	4.1	27.75	16.84	+10	41.77	4.08	− 7	80	88
22	+ 8	7	2.8	27.89	16.85	+14	41.77	4.08	− 5	80	88
23	+10	+ 7	1.2	+28.02	+16.86	+16	41.76	−4.07	− 2	80	88

Reduktionsgrößen 1956

Tag	0h Weltzeit								
	Sternzeit Greenwich	t	f	log g	G	log h	H	log i	i
1956	h	s	s		h m		h m		"
Juli 23	20.0	0.5575	+2.745	1.2634	0 51.3	1.3023	10 8.0	0.6113	+4.086
24	20.1	0.5602	2.754	1.2648	0 51.0	1.3018	10 4.3	0.6235	4.202
25	20.2	0.5630	2.763	1.2661	0 50.7	1.3012	10 0.6	0.6353	4.318
26	20.2	0.5657	2.772	1.2674	0 50.5	1.3007	9 57.0	0.6466	4.432
27	20.3	0.5685	2.781	1.2687	0 50.2	1.3001	9 53.3	0.6576	4.546
28	20.4	0.5712	2.790	1.2699	0 49.9	1.2996	9 49.6	0.6681	4.657
29	20.4	0.5739	+2.798	1.2712	0 49.7	1.2990	9 45.9	0.6783	+4.768
30	20.5	0.5767	2.807	1.2725	0 49.4	1.2984	9 42.2	0.6882	4.878
31	20.6	0.5794	2.816	1.2737	0 49.2	1.2978	9 38.4	0.6978	4.986
Aug. 1	20.6	0.5821	2.824	1.2749	0 48.9	1.2973	9 34.7	0.7070	5.093
2	20.7	0.5849	2.833	1.2760	0 48.7	1.2966	9 31.0	0.7159	5.199
3	20.8	0.5876	2.841	1.2772	0 48.4	1.2960	9 27.2	0.7245	5.303
4	20.8	0.5904	+2.849	1.2784	0 48.1	1.2954	9 23.4	0.7329	+5.406
5	20.9	0.5931	2.857	1.2795	0 47.9	1.2948	9 19.6	0.7408	5.506
6	21.0	0.5958	2.866	1.2807	0 47.6	1.2942	9 15.9	0.7487	5.606
7	21.0	0.5986	2.874	1.2818	0 47.4	1.2936	9 12.0	0.7562	5.704
8	21.1	0.6013	2.882	1.2829	0 47.1	1.2930	9 8.2	0.7634	5.800
9	21.2	0.6040	2.890	1.2840	0 46.9	1.2924	9 4.4	0.7705	5.895
10	21.2	0.6068	+2.897	1.2850	0 46.6	1.2917	9 0.5	0.7774	+5.989
11	21.3	0.6095	2.905	1.2861	0 46.4	1.2911	8 56.7	0.7840	6.081
12	21.4	0.6123	2.913	1.2871	0 46.2	1.2904	8 52.8	0.7904	6.171
13	21.4	0.6150	2.920	1.2882	0 45.9	1.2898	8 48.9	0.7964	6.258
14	21.5	0.6177	2.928	1.2892	0 45.7	1.2892	8 45.0	0.8024	6.345
15	21.6	0.6205	2.935	1.2902	0 45.5	1.2886	8 41.1	0.8081	6.429
16	21.6	0.6232	+2.942	1.2912	0 45.2	1.2879	8 37.2	0.8137	+6.512
17	21.7	0.6260	2.949	1.2921	0 45.0	1.2873	8 33.3	0.8191	6.594
18	21.8	0.6287	2.956	1.2931	0 44.8	1.2867	8 29.4	0.8243	6.673
19	21.8	0.6314	2.963	1.2941	0 44.6	1.2861	8 25.4	0.8293	6.750
20	21.9	0.6342	2.970	1.2950	0 44.4	1.2855	8 21.4	0.8342	6.826
21	22.0	0.6369	2.977	1.2959	0 44.2	1.2849	8 17.4	0.8388	6.900
22	22.0	0.6396	+2.984	1.2968	0 44.0	1.2844	8 13.4	0.8433	+6.971
23	22.1	0.6424	2.991	1.2977	0 43.8	1.2838	8 9.4	0.8476	7.041
24	22.1	0.6451	2.997	1.2986	0 43.6	1.2832	8 5.4	0.8518	7.109
25	22.2	0.6479	3.004	1.2995	0 43.4	1.2827	8 1.4	0.8559	7.176
26	22.3	0.6506	3.010	1.3004	0 43.2	1.2821	7 57.3	0.8597	7.239
27	22.3	0.6533	3.017	1.3013	0 43.1	1.2816	7 53.3	0.8634	7.301
28	22.4	0.6561	+3.023	1.3021	0 42.9	1.2811	7 49.2	0.8669	+7.361
29	22.5	0.6588	3.029	1.3030	0 42.7	1.2806	7 45.1	0.8703	7.419
30	22.5	0.6615	3.035	1.3038	0 42.6	1.2801	7 41.1	0.8736	7.474
31	22.6	0.6643	3.042	1.3046	0 42.4	1.2796	7 37.0	0.8766	7.527
Sept. 1	22.7	0.6670	3.048	1.3054	0 42.3	1.2791	7 32.9	0.8796	7.579
2	22.7	0.6698	+3.054	1.3062	0 42.2	1.2787	7 28.7	0.8825	+7.629

Tag	0ʰ Weltzeit										
	f'	g'	G'	Allgemeine Präzession seit 1956.0	Nutation in Länge $\Delta\psi$	$\Delta\psi'$	Mittlere Schiefe	Nutation in Schiefe $\Delta\varepsilon$	$\Delta\varepsilon'$	j	k
1956	s in 0.001	s in 0.01	h	"	"	s in 0.01	23° 26′ "	"	s in 0.01	in 0.001	
Juli 23	+10	+ 7	1.2	+28.02	+16.86	+16	41.76	−4.07	− 2	80	88
24	+ 9	6	23.4	28.16	16.88	+15	41.76	4.06	+ 1	80	87
25	+ 7	6	21.2	28.30	16.89	+12	41.76	4.05	+ 4	81	87
26	+ 4	7	19.3	28.44	16.90	+ 6	41.76	4.04	+ 7	81	87
27	− 1	8	17.7	28.58	16.90	− 2	41.76	4.03	+ 8	81	87
28	− 6	9	16.2	28.71	16.91	−11	41.76	4.03	+ 8	81	87
29	−12	+10	14.7	+28.85	+16.92	−19	41.76	−4.02	+ 7	81	87
30	−15	11	13.4	28.99	16.92	−25	41.75	4.01	+ 4	82	87
31	−17	11	11.9	29.13	16.93	−27	41.75	4.00	0	82	87
Aug. 1	−15	11	10.5	29.26	16.93	−24	41.75	3.99	− 4	82	87
2	−10	10	8.9	29.40	16.93	−17	41.75	3.98	− 7	82	86
3	− 4	9	7.1	29.54	16.93	− 6	41.75	3.97	− 9	83	86
4	+ 3	+ 8	5.0	+29.68	+16.93	+ 5	41.75	−3.96	− 8	83	86
5	+ 9	8	2.6	29.81	16.92	+15	41.75	3.95	− 5	83	86
6	+13	8	0.4	29.95	16.92	+21	41.75	3.94	− 1	83	86
7	+13	9	22.5	30.09	16.91	+22	41.74	3.93	+ 4	84	86
8	+11	10	21.0	30.23	16.90	+17	41.74	3.92	+ 7	84	86
9	+ 6	9	19.6	30.36	16.89	+10	41.74	3.91	+ 9	84	86
10	0	+ 8	18.1	+30.50	+16.88	+ 1	41.74	−3.90	+ 8	84	85
11	− 4	6	16.3	30.64	16.87	− 7	41.74	3.89	+ 6	84	85
12	− 7	5	13.6	30.78	16.86	−11	41.74	3.88	+ 2	85	85
13	− 7	5	10.6	30.91	16.84	−12	41.74	3.87	− 2	85	85
14	− 6	7	8.2	31.05	16.83	− 9	41.74	3.86	− 5	85	85
15	− 2	8	6.7	31.19	16.81	− 4	41.73	3.85	− 8	85	85
16	+ 2	+ 9	5.5	+31.33	+16.79	+ 3	41.73	−3.83	− 9	85	85
17	+ 6	9	4.3	31.47	16.77	+ 9	41.73	3.82	− 8	86	85
18	+ 9	8	3.0	31.60	16.75	+15	41.73	3.81	− 6	86	84
19	+10	7	1.6	31.74	16.72	+17	41.73	3.80	− 3	86	84
20	+10	7	23.9	31.88	16.70	+17	41.73	3.80	0	86	84
21	+ 9	7	21.9	32.02	16.68	+14	41.73	3.79	+ 3	86	84
22	+ 6	+ 7	20.0	+32.15	+16.65	+ 9	41.73	−3.78	+ 6	86	84
23	+ 1	8	18.3	32.29	16.62	+ 2	41.72	3.77	+ 8	87	84
24	− 4	9	16.8	32.43	16.59	− 7	41.72	3.76	+ 8	87	84
25	−10	9	15.3	32.57	16.56	−16	41.72	3.75	+ 7	87	84
26	−13	10	13.9	32.70	16.53	−22	41.72	3.75	+ 5	87	84
27	−15	10	12.4	32.84	16.50	−25	41.72	3.74	+ 1	87	83
28	−15	+10	10.9	+32.98	+16.46	−25	41.72	−3.73	− 3	88	83
29	−12	10	9.4	33.12	16.43	−19	41.72	3.72	− 6	88	83
30	− 6	9	7.7	33.25	16.39	−10	41.72	3.72	− 8	88	83
31	+ 1	8	5.8	33.39	16.35	+ 1	41.71	3.71	− 8	88	83
Sept. 1	+ 7	7	3.6	33.53	16.31	+11	41.71	3.71	− 6	88	83
2	+11	+ 7	1.3	+33.67	+16.27	+18	41.71	−3.70	− 2	88	83

Reduktionsgrößen 1956

Tag	0h Weltzeit								
	Sternzeit Greenwich	t	f	log g	G	log h	H	log i	i
1956	h	a	s		h m		h m		″
Sept. 2	22.7	0.6698	+3.054	1.3062	0 42.2	1.2787	7 28.7	0.8825	+7.629
3	22.8	0.6725	3.060	1.3070	0 42.0	1.2782	7 24.6	0.8851	7.675
4	22.9	0.6752	3.065	1.3078	0 41.9	1.2778	7 20.5	0.8877	7.721
5	22.9	0.6780	3.071	1.3086	0 41.8	1.2774	7 16.3	0.8900	7.763
6	23.0	0.6807	3.077	1.3094	0 41.7	1.2770	7 12.1	0.8923	7.804
7	23.1	0.6834	3.083	1.3102	0 41.6	1.2767	7 8.0	0.8945	7.843
8	23.1	0.6862	+3.088	1.3109	0 41.5	1.2763	7 3.8	0.8964	+7.878
9	23.2	0.6889	3.094	1.3117	0 41.4	1.2760	6 59.6	0.8983	7.913
10	23.3	0.6917	3.100	1.3124	0 41.3	1.2757	6 55.4	0.9000	7.944
11	23.3	0.6944	3.105	1.3132	0 41.2	1.2754	6 51.2	0.9017	7.974
12	23.4	0.6971	3.111	1.3139	0 41.2	1.2751	6 47.0	0.9031	8.000
13	23.5	0.6999	3.116	1.3147	0 41.1	1.2749	6 42.8	0.9044	8.025
14	23.5	0.7026	+3.122	1.3154	0 41.0	1.2747	6 38.5	0.9057	+8.048
15	23.6	0.7053	3.127	1.3161	0 41.0	1.2745	6 34.3	0.9067	8.067
16	23.7	0.7081	3.132	1.3169	0 41.0	1.2743	6 30.1	0.9077	8.086
17	23.7	0.7108	3.138	1.3176	0 40.9	1.2741	6 25.8	0.9085	8.101
18	23.8	0.7136	3.143	1.3183	0 40.9	1.2740	6 21.6	0.9092	8.114
19	23.9	0.7163	3.148	1.3190	0 40.9	1.2739	6 17.3	0.9099	8.126
20	23.9	0.7190	+3.154	1.3198	0 40.9	1.2738	6 13.1	0.9103	+8.134
21	0.0	0.7218	3.159	1.3205	0 40.9	1.2737	6 8.8	0.9106	8.139
22	0.1	0.7245	3.164	1.3212	0 40.9	1.2737	6 4.5	0.9108	8.143
23	0.1	0.7273	3.170	1.3220	0 40.9	1.2737	6 0.3	0.9109	8.145
24	0.2	0.7300	3.175	1.3227	0 40.9	1.2737	5 56.0	0.9108	8.143
25	0.3	0.7327	3.180	1.3234	0 40.9	1.2737	5 51.7	0.9106	8.140
26	0.3	0.7355	+3.185	1.3242	0 40.9	1.2738	5 47.5	0.9103	+8.134
27	0.4	0.7382	3.191	1.3249	0 41.0	1.2739	5 43.2	0.9099	8.127
28	0.4	0.7409	3.196	1.3256	0 41.0	1.2740	5 38.9	0.9093	8.116
29	0.5	0.7437	3.201	1.3263	0 41.1	1.2741	5 34.6	0.9086	8.102
30	0.6	0.7464	3.207	1.3271	0 41.1	1.2743	5 30.4	0.9078	8.087
Okt. 1	0.6	0.7492	3.212	1.3278	0 41.2	1.2745	5 26.1	0.9069	8.070
2	0.7	0.7519	+3.217	1.3286	0 41.3	1.2747	5 21.8	0.9058	+8.050
3	0.8	0.7546	3.223	1.3294	0 41.3	1.2749	5 17.6	0.9046	8.027
4	0.8	0.7574	3.228	1.3301	0 41.4	1.2751	5 13.3	0.9032	8.002
5	0.9	0.7601	3.234	1.3309	0 41.5	1.2754	5 9.0	0.9017	7.975
6	1.0	0.7628	3.239	1.3316	0 41.6	1.2757	5 4.7	0.9001	7.945
7	1.0	0.7656	3.245	1.3324	0 41.7	1.2760	5 0.5	0.8983	7.912
8	1.1	0.7683	+3.250	1.3332	0 41.8	1.2763	4 56.2	0.8964	+7.878
9	1.2	0.7711	3.256	1.3340	0 41.9	1.2767	4 52.0	0.8944	7.842
10	1.2	0.7738	3.261	1.3348	0 42.0	1.2770	4 47.7	0.8923	7.804
11	1.3	0.7765	3.267	1.3356	0 42.1	1.2774	4 43.5	0.8900	7.762
12	1.4	0.7793	3.273	1.3364	0 42.2	1.2779	4 39.2	0.8875	7.718
13	1.4	0.7820	+3.279	1.3372	0 42.4	1.2783	4 35.0	0.8849	+7.672

Tag	0h Weltzeit										
	f′	g′	G′	Allgemeine Präzession seit 1956.0	Nutation in Länge Δψ	Nutation in Länge Δψ′	Mittlere Schiefe	Nutation in Schiefe Δε	Nutation in Schiefe Δε′	j	k
1956	s in 0.001	s in 0.01	h	″	″	s in 0.01	23° 26′ ″	″	s in 0.01	in 0.001	
Sept. 2	+11	+ 7	1.3	+33.67	+16.27	+18	41.71	−3.70	− 2	88	83
3	+12	8	23.1	33.81	16.23	+20	41.71	3.70	+ 2	89	83
4	+10	9	21.3	33.94	16.19	+17	41.71	3.69	+ 6	89	83
5	+ 6	9	19.9	34.08	16.15	+11	41.71	3.69	+ 8	89	83
6	+ 1	8	18.5	34.22	16.11	+ 2	41.71	3.69	+ 8	89	83
7	− 3	7	16.7	34.36	16.06	− 6	41.70	3.69	+ 7	89	83
8	− 7	+ 6	14.5	+34.49	+16.02	−11	41.70	−3.68	+ 4	89	83
9	− 8	5	11.6	34.63	15.97	−13	41.70	3.68	− 1	90	83
10	− 7	6	9.1	34.77	15.93	−11	41.70	3.68	− 4	90	82
11	− 4	8	7.2	34.91	15.88	− 6	41.70	3.68	− 7	90	82
12	0	9	5.9	35.04	15.83	+ 1	41.70	3.68	− 9	90	82
13	+ 5	9	4.7	35.18	15.78	+ 8	41.70	3.68	− 8	90	82
14	+ 8	+ 9	3.4	+35.32	+15.73	+14	41.70	−3.68	− 7	90	82
15	+10	8	2.0	35.46	15.68	+17	41.69	3.68	− 4	90	82
16	+11	7	0.4	35.59	15.63	+18	41.69	3.69	− 1	91	82
17	+10	7	22.5	35.73	15.58	+16	41.69	3.69	+ 3	91	82
18	+ 7	7	20.7	35.87	15.53	+11	41.69	3.69	+ 5	91	82
19	+ 3	8	19.0	36.01	15.48	+ 5	41.69	3.70	+ 7	91	82
20	− 2	+ 9	17.3	+36.14	+15.43	− 4	41.69	−3.70	+ 8	91	82
21	− 8	9	15.8	36.28	15.38	−12	41.69	3.71	+ 8	91	82
22	−12	9	14.3	36.42	15.33	−19	41.69	3.72	+ 5	91	82
23	−14	10	12.9	36.56	15.28	−23	41.68	3.72	+ 2	92	82
24	−14	10	11.3	36.70	15.23	−24	41.68	3.73	− 2	92	82
25	−12	9	9.7	36.83	15.18	−19	41.68	3.74	− 5	92	82
26	− 7	+ 9	8.1	+36.97	+15.12	−12	41.68	−3.75	− 7	92	82
27	− 1	8	6.3	37.11	15.07	− 2	41.68	3.76	− 8	92	82
28	+ 5	8	4.2	37.25	15.02	+ 9	41.68	3.77	− 7	92	82
29	+10	7	1.9	37.38	14.97	+16	41.68	3.78	− 3	93	82
30	+12	8	23.7	37.52	14.92	+19	41.68	3.79	+ 1	93	82
Okt. 1	+11	8	21.9	37.66	14.87	+18	41.67	3.80	+ 4	93	82
2	+ 7	+ 9	20.3	+37.80	+14.82	+12	41.67	−3.82	+ 7	93	82
3	+ 3	8	18.7	37.93	14.77	+ 4	41.67	3.83	+ 8	93	82
4	− 3	8	17.1	38.07	14.72	− 4	41.67	3.84	+ 7	93	82
5	− 7	6	15.2	38.21	14.67	−11	41.67	3.86	+ 5	94	82
6	− 9	6	12.6	38.35	14.63	−14	41.67	3.87	+ 1	94	82
7	− 8	6	10.1	38.48	14.58	−13	41.67	3.89	− 3	94	82
8	− 6	+ 7	8.1	+38.62	+14.53	− 9	41.67	−3.91	− 6	94	82
9	− 2	8	6.5	38.76	14.49	− 3	41.66	3.92	− 8	94	83
10	+ 3	9	5.2	38.90	14.44	+ 5	41.66	3.94	− 8	94	83
11	+ 7	9	3.9	39.04	14.40	+11	41.66	3.96	− 7	95	83
12	+10	8	2.6	39.17	14.36	+16	41.66	3.98	− 5	95	83
13	+11	+ 8	1.0	+39.31	+14.31	+18	41.66	−4.00	− 2	95	83

Reduktionsgrößen 1956

Tag	0h Weltzeit								
	Sternzeit Greenwich	t	f	log g	G	log h	H	log i	i
1956	h	a	s		h m		h m		"
Okt. 13	1.4	0.7820	+3.279	1.3372	0 42.4	1.2783	4 35.0	0.8849	+7.672
14	1.5	0.7847	3.285	1.3381	0 42.5	1.2787	4 30.8	0.8821	7.622
15	1.6	0.7875	3.291	1.3389	0 42.6	1.2792	4 26.6	0.8792	7.572
16	1.6	0.7902	3.297	1.3397	0 42.8	1.2796	4 22.4	0.8761	7.518
17	1.7	0.7930	3.303	1.3406	0 42.9	1.2802	4 18.2	0.8729	7.463
18	1.8	0.7957	3.309	1.3414	0 43.1	1.2807	4 14.0	0.8696	7.406
19	1.8	0.7984	+3.315	1.3423	0 43.2	1.2812	4 9.8	0.8661	+7.347
20	1.9	0.8012	3.322	1.3432	0 43.4	1.2817	4 5.6	0.8624	7.284
21	2.0	0.8039	3.328	1.3441	0 43.5	1.2823	4 1.4	0.8585	7.219
22	2.0	0.8067	3.334	1.3450	0 43.7	1.2828	3 57.3	0.8545	7.153
23	2.1	0.8094	3.341	1.3459	0 43.8	1.2834	3 53.1	0.8503	7.085
24	2.2	0.8121	3.347	1.3468	0 44.0	1.2840	3 48.9	0.8459	7.013
25	2.2	0.8149	+3.354	1.3477	0 44.2	1.2846	3 44.8	0.8414	+6.940
26	2.3	0.8176	3.361	1.3487	0 44.3	1.2852	3 40.7	0.8366	6.865
27	2.4	0.8203	3.368	1.3496	0 44.5	1.2858	3 36.6	0.8317	6.787
28	2.4	0.8231	3.375	1.3506	0 44.7	1.2865	3 32.4	0.8266	6.708
29	2.5	0.8258	3.382	1.3516	0 44.8	1.2871	3 28.3	0.8213	6.627
30	2.6	0.8286	3.389	1.3525	0 45.0	1.2877	3 24.3	0.8158	6.544
31	2.6	0.8313	+3.396	1.3535	0 45.2	1.2883	3 20.2	0.8100	+6.457
Nov. 1	2.7	0.8340	3.403	1.3545	0 45.3	1.2890	3 16.1	0.8041	6.369
2	2.7	0.8368	3.411	1.3555	0 45.5	1.2896	3 12.0	0.7980	6.280
3	2.8	0.8395	3.418	1.3565	0 45.7	1.2903	3 8.0	0.7916	6.189
4	2.9	0.8422	3.426	1.3576	0 45.8	1.2909	3 3.9	0.7849	6.094
5	2.9	0.8450	3.434	1.3586	0 46.0	1.2916	2 59.9	0.7781	5.999
6	3.0	0.8477	+3.441	1.3597	0 46.2	1.2923	2 55.9	0.7710	+5.902
7	3.1	0.8505	3.449	1.3607	0 46.3	1.2929	2 51.9	0.7637	5.803
8	3.1	0.8532	3.457	1.3618	0 46.5	1.2936	2 47.9	0.7560	5.701
9	3.2	0.8559	3.465	1.3629	0 46.7	1.2942	2 43.9	0.7480	5.598
10	3.3	0.8587	3.474	1.3640	0 46.8	1.2949	2 39.9	0.7398	5.493
11	3.3	0.8614	3.482	1.3651	0 47.0	1.2955	2 35.9	0.7313	5.387
12	3.4	0.8641	+3.490	1.3662	0 47.1	1.2962	2 32.0	0.7226	+5.280
13	3.5	0.8669	3.499	1.3673	0 47.3	1.2968	2 28.0	0.7135	5.170
14	3.5	0.8696	3.507	1.3684	0 47.4	1.2974	2 24.1	0.7040	5.058
15	3.6	0.8724	3.516	1.3695	0 47.5	1.2980	2 20.1	0.6942	4.945
16	3.7	0.8751	3.525	1.3707	0 47.7	1.2987	2 16.2	0.6839	4.830
17	3.7	0.8778	3.534	1.3718	0 47.8	1.2993	2 12.3	0.6735	4.715
18	3.8	0.8806	+3.543	1.3730	0 47.9	1.2999	2 8.4	0.6625	+4.597
19	3.9	0.8833	3.552	1.3741	0 48.1	1.3005	2 4.5	0.6511	4.478
20	3.9	0.8861	3.561	1.3753	0 48.2	1.3010	2 0.6	0.6392	4.357
21	4.0	0.8888	3.570	1.3765	0 48.3	1.3016	1 56.7	0.6269	4.235
22	4.1	0.8915	3.579	1.3777	0 48.4	1.3022	1 52.9	0.6141	4.112
23	4.1	0.8943	+3.589	1.3788	0 48.5	1.3027	1 49.0	0.6006	+3.987

Tag	f′	g′	G′	Allgemeine Präzession seit 1956.0	Nutation in Länge Δψ	Nutation in Länge Δψ′	Mittlere Schiefe	Nutation in Schiefe Δε	Nutation in Schiefe Δε′	j	k
	0h Weltzeit										
1956	s in 0.001	in 0.s01	h	″	″	in 0.s01	23° 26′ ″	″	in 0.s01	in 0.001	
Okt. 13	+11	+ 8	1.0	+39.31	+14.31	+18	41.66	−4.00	− 2	95	83
14	+10	7	23.2	39.45	14.27	+17	41.66	4.02	+ 1	95	83
15	+ 8	7	21.2	39.59	14.23	+13	41.66	4.04	+ 5	95	83
16	+ 4	8	19.5	39.72	14.19	+ 7	41.65	4.06	+ 7	95	83
17	− 1	8	17.8	39.86	14.15	− 1	41.65	4.08	+ 8	96	83
18	− 6	9	16.3	40.00	14.12	−10	41.65	4.10	+ 8	96	83
19	−11	+ 9	14.8	+40.14	+14.08	−18	41.65	−4.12	+ 6	96	83
20	−14	9	13.3	40.27	14.05	−22	41.65	4.15	+ 3	96	84
21	−14	9	11.8	40.41	14.01	−23	41.65	4.17	− 1	96	84
22	−12	9	10.1	40.55	13.98	−20	41.65	4.19	− 4	97	84
23	− 8	9	8.4	40.69	13.95	−13	41.65	4.22	− 7	97	84
24	− 2	8	6.6	40.82	13.92	− 3	41.64	4.24	− 8	97	84
25	+ 4	+ 8	4.6	+40.96	+13.89	+ 7	41.64	−4.27	− 7	97	84
26	+ 9	8	2.4	41.10	13.86	+15	41.64	4.29	− 4	97	84
27	+12	8	0.3	41.24	13.84	+20	41.64	4.32	− 1	98	84
28	+12	8	22.4	41.37	13.81	+19	41.64	4.34	+ 3	98	84
29	+ 9	9	20.7	41.51	13.79	+14	41.64	4.37	+ 7	98	85
30	+ 4	8	19.2	41.65	13.77	+ 7	41.64	4.39	+ 8	98	85
31	− 1	+ 8	17.6	+41.79	+13.75	− 2	41.64	−4.42	+ 8	99	85
Nov. 1	− 6	7	15.7	41.93	13.73	− 9	41.63	4.45	+ 5	99	85
2	− 8	6	13.4	42.06	13.72	−14	41.63	4.47	+ 2	99	85
3	− 9	6	10.9	42.20	13.70	−15	41.63	4.50	− 2	99	85
4	− 7	7	8.7	42.34	13.69	−11	41.63	4.53	− 5	99	85
5	− 3	8	7.1	42.48	13.68	− 6	41.63	4.55	− 8	100	85
6	+ 1	+ 9	5.8	+42.61	+13.67	+ 1	41.63	−4.58	− 9	100	86
7	+ 5	9	4.5	42.75	13.66	+ 8	41.63	4.61	− 8	100	86
8	+ 9	8	3.1	42.89	13.65	+14	41.63	4.63	− 6	100	86
9	+11	8	1.6	43.03	13.65	+17	41.62	4.66	− 3	101	86
10	+11	7	23.8	43.16	13.64	+17	41.62	4.69	0	101	86
11	+ 9	7	21.9	43.30	13.64	+15	41.62	4.72	+ 4	101	86
12	+ 5	+ 7	20.0	+43.44	+13.64	+ 9	41.62	−4.74	+ 6	101	86
13	+ 1	8	18.3	43.58	13.64	+ 1	41.62	4.77	+ 8	102	86
14	− 5	9	16.7	43.71	13.64	− 8	41.62	4.80	+ 8	102	87
15	−10	10	15.2	43.85	13.65	−16	41.62	4.82	+ 7	102	87
16	−13	10	13.8	43.99	13.65	−22	41.62	4.85	+ 4	103	87
17	−15	10	12.3	44.13	13.66	−24	41.61	4.88	+ 1	103	87
18	−14	+10	10.6	+44.27	+13.67	−23	41.61	−4.90	− 3	103	87
19	−10	9	9.0	44.40	13.68	−16	41.61	4.93	− 6	103	87
20	− 4	8	7.2	44.54	13.69	− 6	41.61	4.95	− 8	104	87
21	+ 3	8	5.1	44.68	13.71	+ 5	41.61	4.98	− 8	104	87
22	+ 9	8	3.0	44.82	13.72	+14	41.61	5.01	− 6	104	88
23	+12	+ 8	0.9	+44.95	+13.74	+20	41.61	−5.03	− 2	104	88

Reduktionsgrößen 1956

Tag	0h Weltzeit								
	Sternzeit Greenwich	*t*	*f*	log *g*	*G*	log *h*	*H*	log *i*	*i*
1956	h	a	s		h m		h m		″
Nov. 23	4.1	0.8943	+3.589	1.3788	0 48.5	1.3027	1 49.0	0.6006	+3.987
24	4.2	0.8970	3.598	1.3800	0 48.6	1.3033	1 45.2	0.5867	3.861
25	4.3	0.8997	3.608	1.3812	0 48.7	1.3038	1 41.3	0.5722	3.734
26	4.3	0.9025	3.618	1.3824	0 48.8	1.3043	1 37.5	0.5570	3.606
27	4.4	0.9052	3.627	1.3836	0 48.9	1.3048	1 33.7	0.5412	3.477
28	4.5	0.9080	3.637	1.3848	0 49.0	1.3052	1 29.8	0.5245	3.346
29	4.5	0.9107	+3.647	1.3860	0 49.1	1.3057	1 26.0	0.5070	+3.214
30	4.6	0.9134	3.657	1.3873	0 49.2	1.3061	1 22.2	0.4887	3.081
Dez. 1	4.7	0.9162	3.667	1.3885	0 49.2	1.3066	1 18.4	0.4694	2.947
2	4.7	0.9189	3.677	1.3897	0 49.3	1.3070	1 14.6	0.4492	2.813
3	4.8	0.9216	3.687	1.3909	0 49.3	1.3074	1 10.8	0.4276	2.677
4	4.9	0.9244	3.698	1.3922	0 49.4	1.3077	1 7.0	0.4050	2.541
5	4.9	0.9271	+3.708	1.3934	0 49.4	1.3081	1 3.3	0.3808	+2.403
6	5.0	0.9299	3.718	1.3946	0 49.4	1.3084	0 59.5	0.3549	2.264
7	5.0	0.9326	3.729	1.3958	0 49.5	1.3088	0 55.7	0.3274	2.125
8	5.1	0.9353	3.739	1.3970	0 49.5	1.3091	0 52.0	0.2980	1.986
9	5.2	0.9381	3.750	1.3983	0 49.5	1.3093	0 48.2	0.2660	1.845
10	5.2	0.9408	3.760	1.3995	0 49.5	1.3096	0 44.4	0.2315	1.704
11	5.3	0.9435	+3.771	1.4007	0 49.5	1.3099	0 40.7	0.1937	+1.562
12	5.4	0.9463	3.781	1.4019	0 49.5	1.3102	0 36.9	0.1523	1.420
13	5.4	0.9490	3.792	1.4031	0 49.5	1.3103	0 33.2	0.1065	1.278
14	5.5	0.9518	3.803	1.4044	0 49.5	1.3105	0 29.4	0.0550	1.135
15	5.6	0.9545	3.814	1.4056	0 49.4	1.3106	0 25.7	9.9965	0.992
16	5.6	0.9572	3.824	1.4068	0 49.4	1.3107	0 21.9	9.9284	0.848
17	5.7	0.9600	+3.835	1.4080	0 49.4	1.3108	0 18.2	9.8476	+0.704
18	5.8	0.9627	3.846	1.4092	0 49.3	1.3109	0 14.5	9.7482	0.560
19	5.8	0.9655	3.857	1.4104	0 49.3	1.3110	0 10.7	9.6180	0.415
20	5.9	0.9682	3.867	1.4116	0 49.2	1.3111	0 7.0	9.4330	0.271
21	6.0	0.9709	3.878	1.4128	0 49.2	1.3111	0 3.2	9.1004	+0.126
22	6.0	0.9737	3.889	1.4140	0 49.1	1.3111	23 59.5	8.2788*n*	−0.019
23	6.1	0.9764	+3.900	1.4152	0 49.0	1.3111	23 55.8	9.2148*n*	−0.164
24	6.2	0.9791	3.911	1.4164	0 49.0	1.3111	23 52.0	9.4886*n*	0.308
25	6.2	0.9819	3.922	1.4175	0 48.9	1.3110	23 48.3	9.6561*n*	0.453
26	6.3	0.9846	3.933	1.4187	0 48.8	1.3109	23 44.6	9.7760*n*	0.597
27	6.4	0.9874	3.943	1.4199	0 48.7	1.3108	23 40.8	9.8704*n*	0.742
28	6.4	0.9901	3.954	1.4210	0 48.6	1.3107	23 37.1	9.9474*n*	0.886
29	6.5	0.9928	+3.965	1.4221	0 48.5	1.3106	23 33.3	0.0128*n*	−1.030
30	6.6	0.9956	3.976	1.4233	0 48.4	1.3104	23 29.6	0.0697*n*	1.174
31	6.6	0.9983	3.986	1.4244	0 48.3	1.3102	23 25.8	0.1196*n*	1.317
32	6.7	1.0010	+3.997	1.4255	0 48.2	1.3101	23 22.1	0.1641*n*	−1.459

Tag	0h Weltzeit										
	f'	g'	G'	Allgemeine Präzession seit 1956.0	Nutation in Länge $\Delta\psi$	$\Delta\psi'$	Mittlere Schiefe	Nutation in Schiefe $\Delta\varepsilon$	$\Delta\varepsilon'$	j	k
1956	s in 0.001	s in 0.01	h	"	"	s in 0.01	23° 26' "	"	s in 0.01	in 0.001	
Nov. 23	+12	+ 8	0.9	+44.95	+13.74	+20	41.61	−5.03	− 2	104	88
24	+13	9	23.0	45.09	13.76	+21	41.60	5.05	+ 2	105	88
25	+11	9	21.3	45.23	13.78	+18	41.60	5.08	+ 6	105	88
26	+ 7	9	19.9	45.37	13.80	+11	41.60	5.10	+ 8	105	88
27	+ 1	8	18.3	45.50	13.82	+ 2	41.60	5.12	+ 8	106	88
28	− 4	7	16.6	45.64	13.84	− 6	41.60	5.15	+ 6	106	88
29	− 7	+ 6	14.3	+45.78	+13.87	−12	41.60	−5.17	+ 3	106	88
30	− 9	6	11.5	45.92	13.89	−14	41.60	5.19	− 1	106	88
Dez. 1	− 8	7	9.2	46.05	13.92	−12	41.60	5.21	− 4	107	88
2	− 4	7	7.5	46.19	13.94	− 7	41.59	5.23	− 7	107	88
3	0	8	6.1	46.33	13.97	− 1	41.59	5.25	− 8	107	89
4	+ 4	8	4.9	46.47	14.00	+ 6	41.59	5.27	− 8	108	89
5	+ 7	+ 8	3.6	+46.60	+14.03	+12	41.59	−5.29	− 7	108	89
6	+10	7	2.1	46.74	14.07	+16	41.59	5.31	− 4	108	89
7	+10	7	0.5	46.88	14.10	+17	41.59	5.33	− 1	109	89
8	+ 9	7	22.5	47.02	14.13	+15	41.59	5.35	+ 3	109	89
9	+ 6	7	20.6	47.16	14.17	+11	41.59	5.36	+ 5	109	89
10	+ 2	8	18.7	47.29	14.20	+ 4	41.58	5.38	+ 7	109	89
11	− 3	+ 9	17.1	+47.43	+14.24	− 5	41.58	−5.39	+ 8	110	89
12	− 9	10	15.6	47.57	14.27	−14	41.58	5.41	+ 8	110	89
13	−13	10	14.2	47.71	14.31	−22	41.58	5.42	+ 6	110	89
14	−15	10	12.8	47.84	14.35	−25	41.58	5.43	+ 2	111	89
15	−15	10	11.3	47.98	14.39	−25	41.58	5.45	− 2	111	89
16	−12	10	9.8	48.12	14.43	−20	41.58	5.46	− 5	111	89
17	− 7	+ 9	8.0	+48.26	+14.46	−11	41.58	−5.47	− 8	112	89
18	0	8	6.0	48.39	14.50	0	41.57	5.48	− 8	112	89
19	+ 7	8	3.8	48.53	14.54	+11	41.57	5.49	− 7	112	89
20	+11	8	1.6	48.67	14.58	+19	41.57	5.50	− 3	113	89
21	+13	9	23.7	48.81	14.62	+22	41.57	5.51	+ 1	113	89
22	+12	9	22.0	48.94	14.66	+20	41.57	5.52	+ 5	113	89
23	+ 9	+ 9	20.6	+49.08	+14.70	+15	41.57	−5.52	+ 7	114	89
24	+ 3	8	19.1	49.22	14.74	+ 6	41.57	5.53	+ 8	114	89
25	− 2	7	17.4	49.36	14.78	− 3	41.56	5.54	+ 7	114	89
26	− 6	6	15.1	49.50	14.82	−10	41.56	5.54	+ 4	114	89
27	− 8	5	12.4	49.63	14.86	−13	41.56	5.55	+ 1	115	89
28	− 7	6	9.7	49.77	14.90	−12	41.56	5.55	− 3	115	89
29	− 5	+ 7	7.7	+49.91	+14.94	− 8	41.56	−5.55	− 6	115	89
30	− 1	8	6.3	50.05	14.98	− 2	41.56	5.55	− 8	116	89
31	+ 3	8	5.1	50.18	15.01	+ 5	41.56	5.56	− 8	116	89
32	+ 7	+ 8	3.8	+50.32	+15.05	+11	41.56	−5.56	− 7	116	89

Reduktionsgrößen 1956

für 12h Sternzeit Greenwich

Weltzeit	t	A		A′	B		B′	C		D	
1956	a			in 0.00001	″		in 0.″001	″		″	
Jan. 0.225	-0.0032	+0.33846	358	+513	+2.670	2	+13	− 2.861	328	+20.231	58
1.223	-0.0004	0.34204	356	+520	2.672	1	−33	3.189	328	20.173	66
2.220	+0.0023	0.34560	355	+424	2.673	1	−67	3.517	327	20.107	71
3.217	0.0050	0.34915	354	+258	2.674	0	−86	3.844	326	20.036	77
4.214	0.0078	0.35269	353	+ 68	2.674	0	−82	4.170	324	19.959	84
5.212	0.0105	0.35622	351	−102	2.674	1	−61	4.494	322	19.875	90
6.209	0.0132	+0.35973	349	−212	+2.673	1	−28	− 4.816	322	+19.785	96
7.206	0.0160	0.36322	348	−257	2.672	2	+ 9	5.138	319	19.689	102
8.204	0.0187	0.36670	346	−232	2.670	3	+44	5.457	318	19.587	109
9.201	0.0214	0.37016	343	−154	2.667	4	+68	5.775	316	19.478	115
10.198	0.0242	0.37359	342	− 44	2.663	4	+81	6.091	315	19.363	121
11.195	0.0269	0.37701	340	+ 71	2.659	4	+80	6.406	312	19.242	126
12.193	0.0296	+0.38041	338	+176	+2.655	5	+64	− 6.718	309	+19.116	133
13.190	0.0323	0.38379	335	+254	2.650	6	+40	7.027	309	18.983	139
14.187	0.0351	0.38714	333	+288	2.644	7	+10	7.336	305	18.844	145
15.184	0.0378	0.39047	330	+267	2.637	6	−24	7.641	302	18.699	151
16.182	0.0405	0.39377	329	+187	2.631	7	−57	7.943	301	18.548	156
17.179	0.0433	0.39706	326	+ 49	2.624	7	−80	8.244	297	18.392	162
18.176	0.0460	+0.40032	322	−127	+2.617	7	−89	− 8.541	296	+18.230	168
19.173	0.0487	0.40354	320	−310	2.610	9	−82	8.837	292	18.062	173
20.171	0.0515	0.40674	317	−460	2.601	9	−57	9.129	289	17.889	179
21.168	0.0542	0.40991	314	−538	2.592	9	−19	9.418	286	17.710	185
22.165	0.0569	0.41305	312	−517	2.583	9	+27	9.704	283	17.525	191
23.163	0.0596	0.41617	309	−398	2.574	10	+64	9.987	281	17.334	195
24.160	0.0624	+0.41926	306	−193	+2.564	10	+87	−10.268	276	+17.139	201
25.157	0.0651	0.42232	302	+ 48	2.554	10	+90	10.544	274	16.938	206
26.154	0.0678	0.42534	298	+272	2.544	11	+69	10.818	270	16.732	211
27.152	0.0706	0.42832	297	+430	2.533	10	+31	11.088	266	16.521	216
28.149	0.0733	0.43129	294	+488	2.523	11	−13	11.354	263	16.305	222
29.146	0.0760	0.43423	290	+440	2.512	11	−52	11.617	258	16.083	226
30.143	0.0788	+0.43713	287	+308	+2.501	12	−80	−11.875	256	+15.857	231
31.141	0.0815	0.44000	284	+131	2.489	11	−86	12.131	251	15.626	237
Febr. 1.138	0.0842	0.44284	280	− 46	2.478	11	−73	12.382	248	15.389	240
2.135	0.0870	0.44564	277	−180	2.467	11	−43	12.630	243	15.149	245
3.133	0.0897	0.44841	273	−250	2.456	12	− 6	12.873	249	14.904	250
4.130	0.0924	0.45114	270	−249	2.444	11	+32	13.112	235	14.654	255
5.127	0.0951	+0.45384	267	−183	+2.433	12	+62	−13.347	231	+14.399	259
6.124	0.0979	0.45651	264	− 78	2.421	11	+79	13.578	227	14.140	263
7.122	0.1006	0.45915	261	+ 45	2.410	11	+84	13.805	222	13.877	268
8.119	0.1033	0.46176	258	+161	2.399	12	+72	14.027	218	13.609	271
9.116	0.1061	0.46434	254	+254	2.387	12	+51	14.245	214	13.338	276
10.113	0.1088	+0.46688		+305	+2.375		+22	−14.459		+13.062	

Reduktionsgrößen 1956

für 12ʰ Sternzeit Greenwich

Weltzeit	*t*	*A*		*A'*	*B*		*B'*	*C*		*D*	
1956	a			in 0.00001	″		in 0.″001	″		″	
Febr. 10.113	0.1088	+0.46688	251	+305	+2.375	11	+22	−14.459	209	+13.062	280
11.111	0.1115	0.46939	248	+302	2.364	10	−12	14.668	205	12.782	283
12.108	0.1143	0.47187	245	+243	2.354	11	−46	14.873	199	12.499	288
13.105	0.1170	0.47432	242	+127	2.343	11	−71	15.072	195	12.211	290
14.103	0.1197	0.47674	239	− 37	2.332	10	−87	15.267	190	11.921	295
15.100	0.1224	0.47913	235	−217	2.322	10	−85	15.457	185	11.626	298
16.097	0.1252	+0.48148	232	−378	+2.312	10	−66	−15.642	179	+11.328	301
17.094	0.1279	0.48380	230	−485	2.302	9	−32	15.821	176	11.027	305
18.092	0.1306	0.48610	226	−510	2.293	10	+ 9	15.997	170	10.722	308
19.089	0.1334	0.48836	224	−436	2.283	9	+47	16.167	166	10.414	310
20.086	0.1361	0.49060	221	−273	2.274	8	+78	16.333	160	10.104	314
21.083	0.1388	0.49281	218	− 56	2.266	8	+90	16.493	154	9.790	317
22.081	0.1416	+0.49499	217	+162	+2.258	8	+76	−16.647	150	+ 9.473	320
23.078	0.1443	0.49716	214	+338	2.250	8	+47	16.797	145	9.153	321
24.075	0.1470	0.49930	210	+435	2.242	7	+ 5	16.942	139	8.832	325
25.072	0.1498	0.50140	206	+410	2.235	6	−37	17.081	134	8.507	327
26.070	0.1525	0.50346	205	+333	2.229	6	−69	17.215	129	8.180	330
27.067	0.1552	0.50551	204	+177	2.223	6	−83	17.344	123	7.850	332
28.064	0.1579	+0.50755	202	+ 1	+2.217	5	−79	−17.467	117	+ 7.518	334
29.062	0.1607	0.50957	199	−151	2.212	5	−57	17.584	113	7.184	335
März 1.059	0.1634	0.51156	197	−245	2.207	3	−23	17.697	107	6.849	338
2.056	0.1661	0.51353	195	−270	2.204	3	+16	17.804	101	6.511	340
3.053	0.1689	0.51548	193	−225	2.201	3	+50	17.905	96	6.171	341
4.051	0.1716	0.51741	191	−133	2.198	3	+73	18.001	91	5.830	343
5.048	0.1743	+0.51932	189	− 7	+2.195	2	+83	−18.092	85	+ 5.487	345
6.045	0.1771	0.52121	188	+120	2.193	1	+79	18.177	80	5.142	346
7.042	0.1798	0.52309	187	+231	2.192	1	+64	18.257	74	4.796	347
8.040	0.1825	0.52496	186	+300	2.191	0	+35	18.331	68	4.449	348
9.037	0.1852	0.52682	184	+323	2.191	1	0	18.399	62	4.101	350
10.034	0.1880	0.52866	182	+283	2.192	1	−35	18.461	57	3.751	350
11.032	0.1907	+0.53048	181	+183	+2.193	2	−65	−18.518	52	+ 3.401	351
12.029	0.1934	0.53229	181	+ 39	2.195	3	−84	18.570	46	3.050	352
13.026	0.1962	0.53410	180	−137	2.198	3	−89	18.616	40	2.698	352
14.023	0.1989	0.53590	179	−303	2.201	4	−76	18.656	35	2.346	353
15.021	0.2016	0.53769	178	−430	2.205	4	−47	18.691	29	1.993	353
16.018	0.2044	0.53947	177	−481	2.209	5	− 7	18.720	23	1.640	354
17.015	0.2071	+0.54124	178	−439	+2.214	6	+35	−18.743	17	+ 1.286	354
18.012	0.2098	0.54302	177	−310	2.220	7	+68	18.760	12	0.932	354
19.010	0.2126	0.54479	178	−117	2.227	7	+96	18.772	6	0.578	354
20.007	0.2153	0.54657	177	+ 99	2.234	7	+82	18.778	1	+ 0.224	354
21.004	0.2180	0.54834	177	+296	2.241	9	+59	18.779	−5	− 0.130	353
22.001	0.2207	+0.55011		+404	+2.250		+22	−18.774		− 0.483	

Reduktionsgrößen 1956

für 12^h Sternzeit Greenwich

Weltzeit	t	A		A′	B		B′	C		D	
1956	a			in 0.00001	″		in 0.″001	″		″	
März 22.001	0.2207	+0.55011	176	+404	+2.250	10	+22	−18.774	10	− 0.483	354
22.999	0.2235	0.55187	177	+433	2.260	10	−20	18.764	16	0.837	353
23.996	0.2262	0.55364	177	+362	2.270	10	−57	18.748	22	1.190	352
24.993	0.2289	0.55541	177	+223	2.280	11	−79	18.726	27	1.542	351
25.991	0.2317	0.55718	178	+ 49	2.291	11	−83	18.699	33	1.893	351
26.988	0.2344	0.55896	179	−116	2.302	12	−66	18.666	38	2.244	350
27.985	0.2371	+0.56075	179	−232	+2.314	13	−37	−18.628	43	− 2.594	349
28.982	0.2399	0.56254	180	−286	2.327	14	0	18.585	49	2.943	348
29.980	0.2426	0.56434	181	−267	2.341	15	+36	18.536	55	3.291	347
30.977	0.2453	0.56615	182	−190	2.356	15	+65	18.481	61	3.638	345
31.974	0.2480	0.56797	184	− 73	2.371	16	+80	18.420	65	3.983	344
April 1.971	0.2508	0.56981	184	+ 59	2.387	16	+84	18.355	71	4.327	342
2.969	0.2535	+0.57165	185	+177	+2.403	16	+71	−18.284	76	− 4.669	341
3.966	0.2562	0.57350	187	+269	2.419	17	+48	18.208	81	5.010	340
4.963	0.2590	0.57537	188	+315	2.436	17	+15	18.127	87	5.350	338
5.961	0.2617	0.57725	190	+301	2.453	18	−20	18.040	92	5.688	336
6.958	0.2644	0.57915	191	+225	2.471	20	−53	17.948	97	6.024	334
7.955	0.2672	0.58106	193	+ 95	2.491	19	−77	17.851	102	6.358	331
8.952	0.2699	+0.58299	196	− 74	+2.510	20	−89	−17.749	108	− 6.689	329
9.950	0.2726	0.58495	197	−247	2.530	21	−83	17.641	113	7.018	328
10.947	0.2754	0.58692	198	−389	2.551	21	−61	17.528	117	7.346	325
11.944	0.2781	0.58890	201	−466	2.572	21	−23	17.411	122	7.671	322
12.941	0.2808	0.59091	203	−455	2.593	22	+19	17.289	128	7.993	321
13.939	0.2835	0.59294	204	−351	2.615	22	+56	17.161	133	8.314	317
14.936	0.2863	+0.59498	206	−169	+2.637	23	+80	−17.028	137	− 8.631	315
15.933	0.2890	0.59704	210	+ 48	2.660	22	+85	16.891	142	8.946	312
16.930	0.2917	0.59914	213	+252	2.682	23	+70	16.749	147	9.258	309
17.928	0.2945	0.60127	214	+398	2.705	24	+36	16.602	152	9.567	307
18.925	0.2972	0.60341	216	+454	2.729	25	− 6	16.450	156	9.874	303
19.922	0.2999	0.60557	219	+410	2.754	24	−45	16.294	161	10.177	301
20.920	0.3027	+0.60776	221	+286	+2.778	24	−72	−16.133	165	−10.478	296
21.917	0.3054	0.60997	225	+118	2.802	25	−83	15.968	171	10.774	294
22.914	0.3081	0.61222	227	− 58	2.827	25	−75	15.797	174	11.068	290
23.911	0.3108	0.61449	228	−197	2.852	25	−49	15.623	179	11.358	287
24.909	0.3136	0.61677	231	−276	2.877	26	−15	15.444	183	11.645	283
25.906	0.3163	0.61908	235	−284	2.903	25	+23	15.261	187	11.928	280
26.903	0.3190	+0.62143	237	−229	+2.928	26	+54	−15.074	191	−12.208	276
27.900	0.3218	0.62380	239	−128	2.954	26	+75	14.883	196	12.484	273
28.898	0.3245	0.62619	242	− 6	2.980	27	+82	14.687	200	12.757	269
29.895	0.3272	0.62861	246	+120	3.007	26	+77	14.487	204	13.026	264
30.892	0.3300	0.63107	249	+224	3.033	27	+59	14.283	208	13.290	262
Mai 1.890	0.3327	+0.63356		+288	+3.060		+29	−14.075		−13.552	

Reduktionsgrößen 1956

für 12ʰ Sternzeit Greenwich

Weltzeit	t	A	Diff.	A′	B	Diff.	B′	C	Diff.	D	Diff.
1956	a			in 0.00001	″		in 0.″001	″		″	
Mai 1.890	0.3327	+0.63356		+288	+3.060		+29	−14.075		−13.552	
2.887	0.3354	0.63607	251	+300	3.086	26	− 4	13.864	211	13.809	257
3.884	0.3382	0.63860	253	+250	3.113	27	−42	13.647	217	14.061	252
4.881	0.3409	0.64117	257	+140	3.139	26	−70	13.428	219	14.311	250
5.879	0.3436	0.64376	259	− 16	3.166	27	−87	13.204	224	14.555	244
6.876	0.3463	0.64637	261	−195	3.192	26	−90	12.978	226	14.796	241
7.873	0.3491	+0.64901	264	−360	+3.219	27	−73	−12.748	230	−15.032	236
8.870	0.3518	0.65169	268	−470	3.246	27	−41	12.514	234	15.263	231
9.868	0.3545	0.65440	271	−493	3.273	27	+ 1	12.277	237	15.490	227
10.865	0.3573	0.65713	273	−422	3.299	26	+42	12.036	241	15.713	223
11.862	0.3600	0.65989	276	−256	3.325	26	+74	11.792	244	15.931	218
12.859	0.3627	0.66267	278	− 35	3.351	26	+87	11.544	248	16.145	214
13.857	0.3655	+0.66548	281	+182	+3.377	26	+78	−11.294	250	−16.354	209
14.854	0.3682	0.66831	283	+378	3.403	26	+51	11.040	254	16.559	205
15.851	0.3709	0.67116	285	+474	3.429	26	+13	10.784	256	16.758	199
16.849	0.3736	0.67405	289	+472	3.454	25	−30	10.524	260	16.953	195
17.846	0.3764	0.67696	291	+373	3.479	25	−63	10.262	262	17.143	190
18.843	0.3791	0.67990	294	+208	3.504	25	−80	9.998	264	17.328	185
19.840	0.3818	+0.68288	298	+ 27	+3.528	24	−79	− 9.730	268	−17.508	180
20.838	0.3846	0.68587	299	−135	3.553	25	−58	9.460	270	17.683	175
21.835	0.3873	0.68887	300	−239	3.577	24	−27	9.187	273	17.853	170
22.832	0.3900	0.69189	302	−277	3.600	23	+ 9	8.912	275	18.019	166
23.829	0.3928	0.69495	306	−245	3.623	23	+44	8.634	278	18.179	160
24.827	0.3955	0.69803	308	−160	3.646	23	+68	8.354	280	18.333	154
25.824	0.3982	+0.70113	310	− 44	+3.668	22	+81	− 8.072	282	−18.482	149
26.821	0.4010	0.70425	312	+ 75	3.690	22	+79	7.787	285	18.627	145
27.819	0.4037	0.70739	314	+183	3.712	22	+64	7.500	287	18.766	139
28.816	0.4064	0.71055	316	+261	3.733	21	+42	7.212	288	18.900	134
29.813	0.4091	0.71373	318	+294	3.754	21	+ 9	6.922	290	19.028	128
30.810	0.4119	0.71693	320	+268	3.775	21	−23	6.630	292	19.152	124
31.808	0.4146	+0.72014	321	+180	+3.795	20	−56	− 6.335	295	−19.270	118
Juni 1.805	0.4173	0.72337	323	+ 41	3.814	19	−81	6.040	295	19.383	113
2.802	0.4201	0.72661	324	−136	3.832	18	−89	5.742	298	19.490	107
3.799	0.4228	0.72987	326	−314	3.851	19	−80	5.444	298	19.591	101
4.797	0.4255	0.73314	327	−456	3.869	18	−56	5.144	300	19.687	96
5.794	0.4283	0.73643	329	−525	3.887	18	−20	4.843	301	19.778	91
6.791	0.4310	+0.73974	331	−500	+3.904	17	+23	− 4.539	304	−19.863	85
7.789	0.4337	0.74307	333	−371	3.920	16	+62	4.235	304	19.943	80
8.786	0.4364	0.74642	335	−164	3.936	16	+83	3.930	305	20.017	74
9.783	0.4392	0.74975	333	+ 78	3.951	15	+86	3.624	306	20.085	68
10.780	0.4419	0.75309	334	+297	3.966	15	+67	3.316	308	20.147	62
11.778	0.4446	+0.75644	335	+448	+3.980	14	+28	− 3.008	308	−20.205	58

Reduktionsgrößen 1956

für 12^h Sternzeit Greenwich

Weltzeit	t	A		A′	B		B′	C		D	
1956	a			in 0.00001	″		in 0.″001	″		″	
Juni 11.778	0.4446	+0.75644	336	+448	+3.980	13	+28	−3.008	308	−20.205	52
12.775	0.4474	0.75980	337	+499	3.993	13	−14	2.700	309	20.257	46
13.772	0.4501	0.76317	338	+444	4.006	12	−53	2.391	310	20.303	41
14.769	0.4528	0.76655	339	+305	4.018	12	−79	2.081	311	20.344	35
15.767	0.4556	0.76994	340	+123	4.030	12	−83	1.770	311	20.379	29
16.764	0.4583	0.77334	338	− 57	4.042	10	−70	1.459	311	20.408	23
17.761	0.4610	+0.77672	339	−198	+4.052	10	−39	−1.148	311	−20.431	18
18.758	0.4638	0.78011	340	−251	4.062	9	− 3	0.837	312	20.449	12
19.756	0.4665	0.78351	341	−242	4.071	8	+33	0.525	312	20.461	7
20.753	0.4692	0.78692	340	−173	4.079	9	+63	−0.213	312	20.468	1
21.750	0.4719	0.79032	339	− 63	4.088	9	+78	+0.099	312	20.469	4
22.748	0.4747	0.79371	340	+ 55	4.097	7	+80	0.411	312	20.465	10
23.745	0.4774	+0.79711	339	+168	+4.104	5	+71	+0.723	311	−20.455	16
24.742	0.4801	0.80050	339	+254	4.109	6	+49	1.034	311	20.439	22
25.739	0.4829	0.80389	338	+295	4.115	5	+21	1.345	311	20.417	27
26.737	0.4856	0.80727	339	+289	4.120	5	−10	1.656	310	20.390	33
27.734	0.4883	0.81066	338	+224	4.125	5	−45	1.966	310	20.357	38
28.731	0.4911	0.81404	337	+102	4.130	4	−69	2.276	309	20.319	44
29.728	0.4938	+0.81741	337	− 60	+4.134	3	−86	+2.585	309	−20.275	50
30.726	0.4965	0.82078	336	−230	4.137	2	−86	2.894	307	20.225	55
Juli 1.723	0.4992	0.82414	334	−409	4.139	2	−68	3.201	306	20.170	61
2.720	0.5020	0.82748	333	−519	4.141	0	−36	3.507	305	20.109	66
3.718	0.5047	0.83081	332	−546	4.141	0	+ 6	3.812	305	20.043	72
4.715	0.5074	0.83413	332	−477	4.141	0	+46	4.117	304	19.971	77
5.712	0.5102	+0.83745	331	−301	+4.141	0	+76	+4.421	302	−19.894	82
6.709	0.5129	0.84076	328	− 75	4.141	1	+86	4.723	302	19.812	88
7.707	0.5156	0.84404	327	+162	4.140	1	+77	5.025	299	19.724	94
8.704	0.5184	0.84731	326	+358	4.139	2	+47	5.324	298	19.630	100
9.701	0.5211	0.85057	324	+466	4.137	2	+ 6	5.622	296	19.530	104
10.698	0.5238	0.85381	323	+466	4.135	3	−36	5.918	296	19.426	109
11.696	0.5266	+0.85704	321	+366	+4.132	3	−70	+6.214	292	−19.317	115
12.693	0.5293	0.86025	319	+205	4.129	4	−86	6.506	291	19.202	120
13.690	0.5320	0.86344	317	+ 23	4.125	4	−79	6.797	290	19.082	126
14.687	0.5347	0.86661	315	−129	4.121	5	−54	7.087	289	18.956	132
15.685	0.5375	0.86976	313	−221	4.116	6	−17	7.376	285	18.824	135
16.682	0.5402	0.87289	312	−237	4.110	5	+19	7.661	284	18.689	141
17.679	0.5429	+0.87601	310	−186	+4.105	6	+52	+7.945	282	−18.548	146
18.677	0.5457	0.87911	307	− 85	4.099	6	+75	8.227	279	18.402	152
19.674	0.5484	0.88218	304	+ 40	4.093	7	+84	8.506	276	18.250	157
20.671	0.5511	0.88522	303	+159	4.086	8	+75	8.782	275	18.093	162
21.668	0.5539	0.88825	302	+253	4.078	8	+57	9.057	272	17.931	166
22.666	0.5566	+0.89127		+308	+4.070		+31	+9.329		−17.765	

Reduktionsgrößen 1956

für 12h Sternzeit Greenwich

Weltzeit	t	A	Δ	A′	B	Δ	B′	C	Δ	D	Δ
1956	h			in 0.00001	″		in ″0.001	″		″	
Juli 22.666	0.5566	+0.89127	299	+308	+4.070	7	+31	+ 9.329	270	−17.765	172
23.663	0.5593	0.89426	295	+312	4.063	8	+ 1	9.599	267	17.593	176
24.660	0.5620	0.89721	292	+267	4.055	8	−30	9.866	264	17.417	181
25.657	0.5648	0.90013	290	+168	4.047	9	−61	10.130	262	17.236	186
26.655	0.5675	0.90303	289	+ 23	4.038	9	−78	10.392	258	17.050	191
27.652	0.5702	0.90592	287	−152	4.029	9	−84	10.650	257	16.859	196
28.649	0.5730	+0.90879	283	−327	+4.020	9	−73	+10.907	253	−16.663	200
29.647	0.5757	0.91162	280	−465	4.011	9	−49	11.160	250	16.463	204
30.644	0.5784	0.91442	278	−540	4.002	10	−12	11.410	246	16.259	210
31.641	0.5812	0.91720	275	−516	3.992	10	+29	11.656	244	16.049	213
Aug. 1.638	0.5839	0.91995	272	−399	3.982	10	+64	11.900	240	15.836	218
2.636	0.5866	0.92267	270	−205	3.972	10	+82	12.140	238	15.618	223
3.633	0.5894	+0.92537	267	+ 23	+3.962	11	+82	+12.378	233	−15.395	227
4.630	0.5921	0.92804	264	+239	3.951	11	+61	12.611	230	15.168	231
5.627	0.5948	0.93068	261	+386	3.940	10	+23	12.841	226	14.937	236
6.625	0.5975	0.93329	259	+436	3.930	10	−17	13.067	224	14.701	239
7.622	0.6003	0.93588	256	+387	3.920	11	−59	13.291	219	14.462	243
8.619	0.6030	0.93844	254	+255	3.909	10	−81	13.510	216	14.219	249
9.616	0.6057	+0.94098	251	+ 80	+3.899	11	−85	+13.726	212	−13.970	252
10.614	0.6085	0.94349	248	− 83	3.888	10	−68	13.938	209	13.718	256
11.611	0.6112	0.94597	244	−200	3.878	10	−34	14.147	205	13.462	259
12.608	0.6139	0.94841	242	−244	3.868	10	+ 4	14.352	199	13.203	263
13.606	0.6167	0.95083	240	−210	3.858	10	+42	14.551	197	12.940	268
14.603	0.6194	0.95323	237	−120	3.848	10	+70	14.748	192	12.672	270
15.600	0.6221	+0.95560	234	+ 9	+3.838	10	+82	+14.940	188	−12.402	275
16.597	0.6248	0.95794	231	+137	3.828	10	+82	15.128	185	12.127	277
17.595	0.6276	0.96025	228	+247	3.818	10	+66	15.313	179	11.850	281
18.592	0.6303	0.96253	226	+322	3.808	9	+41	15.492	176	11.569	284
19.589	0.6330	0.96479	223	+342	3.799	9	+ 9	15.668	172	11.285	288
20.586	0.6358	0.96702	221	+312	3.790	9	−22	15.840	166	10.997	291
21.584	0.6385	+0.96923	218	+229	+3.781	9	−51	+16.006	163	−10.706	295
22.581	0.6412	0.97141	216	+ 96	3.772	8	−72	16.169	158	10.411	297
23.578	0.6440	0.97357	213	− 64	3.764	8	−82	16.327	153	10.114	301
24.576	0.6467	0.97570	211	−235	3.756	8	−77	16.480	149	9.813	302
25.573	0.6494	0.97781	208	−388	3.748	8	−59	16.629	145	9.511	306
26.570	0.6522	0.97989	206	−486	3.740	7	−26	16.774	140	9.205	308
27.567	0.6549	+0.98195	204	−505	+3.733	7	+12	+16.914	134	− 8.897	312
28.565	0.6576	0.98399	202	−436	3.726	6	+48	17.048	130	8.585	314
29.562	0.6603	0.98601	200	−282	3.720	6	+74	17.178	125	8.271	316
30.559	0.6631	0.98801	197	− 78	3.714	5	+83	17.303	121	7.955	319
31.556	0.6658	0.98998	196	+131	3.709	5	+71	17.424	115	7.636	321
Sept. 1.554	0.6685	+0.99194		+300	+3.704		+39	+17.539		− 7.315	

Reduktionsgrößen 1956

für 12h Sternzeit Greenwich

Weltzeit	t	A		A′	B		B′	C		D	
1956	a			in 0.00001	″		in 0.″001	″		″	
Sept. 1.554	0.6685	+0.99194	194	+300	+3.704	4	+39	+17.539	111	−7.315	323
2.551	0.6713	0.99388	192	+388	3.700	4	− 1	17.650	106	6.992	326
3.548	0.6740	0.99580	190	+377	3.696	4	−42	17.756	101	6.666	327
4.545	0.6767	0.99770	188	+279	3.692	4	−73	17.857	95	6.339	328
5.543	0.6795	0.99958	186	+123	3.688	3	−83	17.952	90	6.011	332
6.540	0.6822	1.00144	185	− 46	3.685	2	−76	18.042	86	5.679	334
7.537	0.6849	+1.00329	183	−181	+3.683	1	−50	+18.128	81	−5.345	334
8.535	0.6876	1.00512	182	−252	3.682	2	−13	18.209	75	5.011	337
9.532	0.6904	1.00694	181	−250	3.680	1	+28	18.284	69	4.674	338
10.529	0.6931	1.00875	179	−176	3.679	−1	+59	18.353	65	4.336	339
11.526	0.6958	1.01054	178	− 53	3.680	1	+79	18.418	60	3.997	340
12.524	0.6986	1.01232	177	+ 87	3.681	1	+85	18.478	54	3.657	342
13.521	0.7013	+1.01409	175	+214	+3.682	1	+76	+18.532	49	−3.315	343
14.518	0.7040	1.01584	175	+310	3.683	3	+53	18.581	43	2.972	344
15.515	0.7068	1.01759	175	+356	3.686	3	+25	18.624	38	2.628	345
16.513	0.7095	1.01934	174	+345	3.689	3	− 9	18.662	33	2.283	346
17.510	0.7122	1.02108	172	+281	3.692	4	−42	18.695	28	1.937	347
18.507	0.7150	1.02280	172	+164	3.696	5	−66	18.723	22	1.590	347
19.505	0.7177	+1.02452	171	+ 7	+3.701	5	−81	+18.745	17	−1.243	347
20.502	0.7204	1.02623	173	−161	3.706	6	−82	18.762	10	0.896	348
21.499	0.7231	1.02796	173	−318	3.712	7	−67	18.772	6	0.548	349
22.496	0.7259	1.02969	172	−431	3.719	7	−40	18.778	1	−0.199	349
23.494	0.7286	1.03141	171	−476	3.726	8	− 2	18.779	−5	+0.150	349
24.491	0.7313	1.03312	171	−437	3.734	10	+36	18.774	10	0.499	350
25.488	0.7341	+1.03483	171	−316	+3.744	10	+66	+18.764	16	+0.849	349
26.485	0.7368	1.03654	172	−135	3.754	9	+80	18.748	22	1.198	349
27.483	0.7395	1.03826	172	+ 77	3.763	10	+76	18.726	27	1.547	348
28.480	0.7423	1.03998	173	+245	3.773	11	+52	18.699	32	1.895	348
29.477	0.7450	1.04171	173	+357	3.784	12	+16	18.667	38	2.243	348
30.475	0.7477	1.04344	174	+373	3.796	13	−22	18.629	43	2.591	348
Okt. 1.472	0.7504	+1.04518	175	+304	+3.809	13	−61	+18.586	49	+2.939	346
2.469	0.7532	1.04693	176	+166	3.822	13	−80	18.537	55	3.285	345
3.466	0.7559	1.04869	176	− 2	3.835	14	−80	18.482	60	3.630	345
4.464	0.7586	1.05045	178	−158	3.849	16	−62	18.422	65	3.975	344
5.461	0.7614	1.05223	179	−255	3.865	16	−31	18.357	71	4.319	343
6.458	0.7641	1.05402	180	−283	3.881	16	+11	18.286	76	4.662	342
7.455	0.7668	+1.05582	182	−235	+3.897	17	+44	+18.210	81	+5.004	341
8.453	0.7696	1.05764	183	−126	3.914	17	+72	18.129	87	5.345	339
9.450	0.7723	1.05947	184	+ 13	3.931	18	+84	18.042	93	5.684	337
10.447	0.7750	1.06131	187	+154	3.949	18	+81	17.949	98	6.021	336
11.444	0.7778	1.06318	190	+272	3.967	18	+65	17.851	103	6.357	335
12.442	0.7805	+1.06508		+343	+3.985		+37	+17.748		+6.692	

Reduktionsgrößen 1956

für 12h Sternzeit Greenwich

Weltzeit	t	A		A′	B		B′	C		D	
1956	a			in 0.00001	″		in 0.″001	″		″	
Okt. 12.442	0.7805	+1.06508	190	+343	+3.985	20	+37	+17.748	108	+ 6.692	332
13.439	0.7832	1.06698	191	+359	4.005	20	+ 3	17.640	114	7.024	330
14.436	0.7859	1.06889	194	+314	4.025	21	−29	17.526	120	7.354	328
15.434	0.7887	1.07083	196	+215	4.046	22	−59	17.406	124	7.682	327
16.431	0.7914	1.07279	199	+ 71	4.068	21	−78	17.282	131	8.009	324
17.428	0.7941	1.07478	200	− 94	4.089	22	−84	17.151	133	8.333	322
18.425	0.7969	+1.07678	203	−262	+4.111	23	−75	+17.018	139	+ 8.655	320
19.423	0.7996	1.07881	205	−393	4.134	23	−51	16.879	146	8.975	317
20.420	0.8023	1.08086	207	−463	4.157	23	−17	16.733	150	9.292	315
21.417	0.8051	1.08293	209	−447	4.180	24	+22	16.583	155	9.607	311
22.414	0.8078	1.08502	213	−347	4.204	23	+55	16.428	160	9.918	309
23.412	0.8105	1.08715	217	−179	4.227	24	+76	16.268	165	10.227	306
24.409	0.8132	+1.08932	219	+ 22	+4.251	25	+80	+16.103	171	+10.533	303
25.406	0.8160	1.09151	220	+212	4.276	25	+62	15.932	174	10.836	300
26.404	0.8187	1.09371	224	+350	4.301	25	+30	15.758	180	11.136	296
27.401	0.8214	1.09595	226	+398	4.326	26	− 9	15.578	185	11.432	294
28.398	0.8242	1.09821	229	+353	4.352	26	−49	15.393	190	11.726	289
29.395	0.8269	1.10050	233	+234	4.378	26	−73	15.203	194	12.015	287
30.393	0.8296	+1.10283	236	+ 65	+4.404	26	−81	+15.009	198	+12.302	283
31.390	0.8324	1.10519	238	−102	4.430	27	−71	14.811	204	12.585	279
Nov. 1.387	0.8351	1.10757	242	−229	4.457	27	−43	14.607	208	12.864	276
2.384	0.8378	1.10999	246	−288	4.484	27	− 6	14.399	213	13.140	271
3.382	0.8406	1.11245	249	−272	4.511	26	+31	14.186	216	13.411	268
4.379	0.8433	1.11494	250	−188	4.537	27	+62	13.970	221	13.679	264
5.376	0.8460	+1.11744	254	− 62	+4.564	27	+79	+13.749	225	+13.943	260
6.373	0.8487	1.11998	257	+ 82	4.591	27	+84	13.524	230	14.203	256
7.371	0.8515	1.12255	260	+209	4.618	27	+74	13.294	234	14.459	251
8.368	0.8542	1.12515	264	+304	4.645	27	+50	13.060	238	14.710	246
9.365	0.8569	1.12779	267	+347	4.672	27	+21	12.822	242	14.956	242
10.363	0.8597	1.13046	270	+332	4.699	27	−15	12.580	246	15.198	238
11.360	0.8624	+1.13316	273	+254	+4.726	27	−47	+12.334	250	+15.436	232
12.357	0.8651	1.13589	277	+126	4.753	27	−71	12.084	254	15.668	229
13.354	0.8679	1.13866	280	− 39	4.780	27	−84	11.830	257	15.897	224
14.352	0.8706	1.14146	283	−213	4.807	26	−81	11.573	262	16.121	218
15.349	0.8733	1.14429	285	−364	4.833	27	−63	11.311	264	16.339	214
16.346	0.8760	1.14714	288	−463	4.860	26	−32	11.047	269	16.553	209
17.343	0.8788	+1.15002	292	−481	+4.886	26	+ 5	+10.778	271	+16.762	204
18.341	0.8815	1.15294	295	−408	4.912	25	+43	10.507	275	16.966	199
19.338	0.8842	1.15589	298	−256	4.937	25	+71	10.232	279	17.165	193
20.335	0.8870	1.15887	300	− 50	4.962	25	+81	9.953	281	17.358	188
21.333	0.8897	1.16187	303	+159	4.987	25	+72	9.672	284	17.546	183
22.330	0.8924	+1.16490		+330	+5.012		+43	+ 9.388		+17.729	

Reduktionsgrößen 1956

für 12h Sternzeit Greenwich

Weltzeit	*t*	*A*	Δ	*A'*	*B*	Δ	*B'*	*C*	Δ	*D*	Δ
1956	a			in 0.00001	″		in 0.″001	″		″	
Nov. 22.330	0.8924	+1.16490	307	+330	+5.012	24	+43	+9.388	288	+17.729	177
23.327	0.8952	1.16797	309	+421	5.036	25	+ 6	9.100	290	17.906	172
24.324	0.8979	1.17106	312	+412	5.061	25	−33	8.810	294	18.078	166
25.322	0.9006	1.17418	315	+314	5.086	23	−66	8.516	296	18.244	160
26.319	0.9034	1.17733	319	+155	5.109	22	−81	8.220	299	18.404	155
27.316	0.9061	1.18052	320	− 23	5.131	23	−76	7.921	301	18.559	149
28.313	0.9088	+1.18372	321	−171	+5.154	23	−55	+7.620	304	+18.708	144
29.311	0.9115	1.18693	324	−263	5.177	21	−20	7.316	306	18.852	138
30.308	0.9143	1.19017	326	−274	5.198	20	+17	7.010	308	18.990	132
Dez. 1.305	0.9170	1.19343	329	−218	5.218	21	+50	6.702	311	19.122	126
2.302	0.9197	1.19672	331	−110	5.239	20	+74	6.391	313	19.248	120
3.300	0.9225	1.20003	333	+ 28	5.259	19	+82	6.078	314	19.368	114
4.297	0.9252	+1.20336	335	+158	+5.278	19	+77	+5.764	317	+19.482	108
5.294	0.9279	1.20671	336	+264	5.297	18	+59	5.447	319	19.590	101
6.292	0.9307	1.21007	337	+327	5.315	17	+32	5.128	321	19.691	96
7.289	0.9334	1.21344	340	+333	5.332	18	0	4.807	321	19.787	90
8.286	0.9361	1.21684	342	+282	5.350	17	−33	4.486	323	19.877	83
9.283	0.9388	1.22026	343	+176	5.367	15	−61	4.163	325	19.960	77
10.281	0.9416	+1.22369	345	+ 23	+5.382	15	−79	+3.838	326	+20.037	71
11.278	0.9443	1.22714	346	−150	5.397	15	−83	3.512	327	20.108	65
12.275	0.9470	1.23060	347	−320	5.412	14	−73	3.185	327	20.173	58
13.272	0.9498	1.23407	348	−453	5.426	12	−47	2.858	329	20.231	52
14.270	0.9525	1.23755	348	−514	5.438	12	−12	2.529	331	20.283	46
15.267	0.9552	1.24103	350	−481	5.450	12	+28	2.198	331	20.329	39
16.264	0.9580	+1.24453	351	−362	+5.462	12	+60	+1.867	331	+20.368	33
17.262	0.9607	1.24804	351	−167	5.474	11	+80	1.536	332	20.401	26
18.259	0.9634	1.25155	351	+ 56	5.485	10	+80	1.204	332	20.427	20
19.256	0.9662	1.25506	351	+262	5.495	9	+59	0.872	333	20.447	14
20.253	0.9689	1.25857	352	+399	5.504	8	+22	0.539	333	20.461	7
21.251	0.9716	1.26209	352	+441	5.512	7	−19	+0.206	333	20.468	1
22.248	0.9743	+1.26561	353	+382	+5.519	7	−57	−0.127	332	+20.469	6
23.245	0.9771	1.26914	352	+248	5.526	6	−78	0.459	333	20.463	12
24.242	0.9798	1.27266	351	+ 71	5.532	5	−81	0.792	333	20.451	18
25.240	0.9825	1.27617	351	− 95	5.537	5	−65	1.125	332	20.433	25
26.237	0.9853	1.27968	351	−210	5.542	4	−34	1.457	332	20.408	31
27.234	0.9880	1.28319	350	−257	5.546	4	+ 3	1.789	331	20.377	38
28.231	0.9907	+1.28669	349	−225	+5.550	3	+40	−2.120	331	+20.339	44
29.229	0.9935	1.29018	348	−133	5.553	2	+68	2.451	330	20.295	51
30.226	0.9962	1.29366	348	− 5	5.555	1	+80	2.781	328	20.244	57
31.223	0.9989	1.29714	347	+128	5.556	0	+80	3.109	328	20.187	63
32.221	1.0016	+1.30061		+240	+5.556		+65	−3.437		+20.124	

Reduktionsgrößen 1956

für 12^h Sternzeit Greenwich

Weltzeit		t	log A	log B	log C	log D	E
1956		a					s
Jan.	0.2	−0.0032	9.52951	0.42651	0.45652n	1.30602	+0.0026
	10.2	+0.0242	9.57240	0.42537	0.78469n	1.28697	26
	20.2	0.0515	9.60932	0.41514	0.96042n	1.25259	26
	30.1	0.0788	9.64061	0.39811	1.07463n	1.20022	26
Febr.	9.1	0.1061	9.66684	0.37785	1.15366n	1.12509	26
	19.1	+0.1334	9.68874	0.35851	1.20863n	1.01762	+0.0026
	29.1	0.1607	9.70720	0.34479	1.24512n	0.85637	26
März	10.0	0.1880	9.72318	0.34084	1.26626n	0.57415	25
	20.0	0.2153	9.73765	0.34908	1.27365n	9.35025	25
	30.0	0.2426	9.75154	0.36940	1.26802n	0.51733n	25
April	9.0	+0.2699	9.76566	0.39967	1.24917n	0.82536n	+0.0025
	18.9	0.2972	9.78061	0.43600	1.21617n	0.99449n	25
	28.9	0.3245	9.79671	0.47422	1.16693n	1.10575n	25
Mai	8.9	0.3518	9.81404	0.51135	1.09740n	1.18364n	25
	18.8	0.3791	9.83245	0.54456	0.99991n	1.23875n	25
	28.8	+0.4064	9.85159	0.57206	0.85806n	1.27646n	+0.0025
Juni	7.8	0.4337	9.87103	0.59329	0.62685n	1.29979n	25
	17.8	0.4610	9.89026	0.60767	0.05994n	1.31029n	25
	27.7	0.4883	9.90884	0.61542	0.29358	1.30871n	25
Juli	7.7	0.5156	9.92636	0.61700	0.70114	1.29500n	24
	17.7	+0.5429	9.94251	0.61331	0.90009	1.26830n	+0.0024
	27.7	0.5702	9.95709	0.60520	1.02735	1.22683n	24
Aug.	6.6	0.5975	9.97002	0.59439	1.11618	1.16735n	24
	16.6	0.6248	9.98134	0.58297	1.17978	1.08375n	24
	26.6	0.6522	9.99118	0.57287	1.22464	0.96402n	24
Sept.	5.5	+0.6795	9.99982	0.56679	1.25411	0.77895n	+0.0024
	15.5	0.7068	0.00757	0.56656	1.27007	0.41963n	24
	25.5	0.7341	0.01487	0.57334	1.27333	9.92891	24
Okt.	5.5	0.7614	0.02211	0.58715	1.26380	0.63538	23
	15.4	0.7887	0.02972	0.60703	1.24070	0.88547	23
	25.4	+0.8160	0.03803	0.63104	1.20227	1.03487	+0.0023
Nov.	4.4	0.8433	0.04725	0.65677	1.14520	1.13605	23
	14.4	0.8706	0.05746	0.68187	1.06345	1.20739	23
	24.3	0.8979	0.06858	0.70424	0.94498	1.25715	23
Dez.	4.3	0.9252	0.08040	0.72247	0.76072	1.28963	23
	14.3	+0.9525	0.09256	0.73544	0.40295	1.30713	+0.0023
	24.2	0.9798	0.10471	0.74288	9.89873n	1.31071	22
	34.2	+1.0071	0.11645	0.74468	0.61183n	1.30057	+0.0022

Reduktionsgrößen 1956

Übertragung mittlerer Sternörter
von dem Äquinoktium t_1 auf $t_2 = 1956.0$

t_1	$m^s(t_2-t_1)$	$n^s(t_2-t_1)$	$n''(t_2-t_1)$	$\log n^s(t_2-t_1)$	$\log n''(t_2-t_1)$
	m s	s	"		
1755	+10 17.372	+268.678	+4030.17	2.429232	3.605323
1790	8 29.926	221.877	3328.16	2.346112	3.522204
1800	7 59.221	208.506	3127.60	2.319119	3.495211
1810	7 28.515	195.137	2927.05	2.290340	3.466430
1825	6 42.455	175.083	2626.24	2.243244	3.419334
1830	+ 6 27.098	+168.398	+2525.98	2.226337	3.402430
1835	6 11.743	161.714	2425.71	2.208748	3.384839
1840	5 56.387	155.030	2325.45	2.190416	3.366507
1845	5 41.030	148.346	2225.19	2.171276	3.347367
1850	5 25.673	141.662	2124.94	2.151253	3.327347
1855	+ 5 10.316	+134.979	+2024.68	2.130266	3.306356
1860	4 54.958	128.295	1924.43	2.108210	3.284302
1865	4 39.600	121.612	1824.18	2.084976	3.261068
1870	4 24.242	114.929	1723.93	2.060430	3.236520
1875	4 8.883	108.246	1623.69	2.034412	3.210503
1880	+ 3 53.523	+101.563	+1523.44	2.006736	3.182825
1885	3 38.163	94.880	1423.20	1.97717	3.153266
1890	3 22.803	88.197	1322.96	1.94545	3.121547
1895	3 7.442	81.515	1222.72	1.91124	3.087327
1900	2 52.080	74.833	1122.49	1.87409	3.050182
1905	+ 2 36.718	+ 68.150	+1022.26	1.83347	3.009561
1910	2 21.356	61.468	922.02	1.78865	2.96474
1915	2 5.993	54.786	821.79	1.73867	2.91476
1920	1 50.629	48.105	721.57	1.68219	2.85828
1925	1 35.266	41.423	621.34	1.61724	2.79333
1930	+ 1 19.901	+ 34.741	+ 521.12	1.54084	2.71694
1935	1 4.536	28.060	420.90	1.44809	2.62418
1940	0 49.171	21.379	320.68	1.32999	2.50607
1945	0 33.806	14.698	220.47	1.16726	2.34335
1950	0 18.440	8.017	120.25	0.90401	2.08009
1955	+ 0 3.073	+ 1.336	+ 20.04	0.12581	1.30190
1960	− 0 12.294	− 5.345	− 80.17	0.72795*n*	1.90401*n*

Sind α_1, δ_1 die Koordinaten für t_1 und α_2, δ_2 jene für $t_2 = 1956.0$, ist ferner α', δ' der genäherte Sternort für die Zeit

$$\frac{1}{2}(t_1 + t_2),$$

so ist

$$\alpha_2 = \alpha_1 + m^s(t_2-t_1) + [n^s(t_2-t_1)] \sin \alpha' \operatorname{tg} \delta'$$
$$\delta_2 = \delta_1 + [n''(t_2-t_1)] \cos \alpha'$$

Reduktionsgrößen 1956

Übertragung mittlerer Polsternörter

von dem Äquinoktium t_1 auf $t_2 = 1956.0$

t_1	$90° - (N)$		$(m) + (N) - 90°$		(n)
	′ ″	m s	′ ″	m s	′ ″
1755	+77 8.84	+5 8.589	+77 12.11	+5 8.807	+67 9.84
1790	63 43.42	4 14.895	63 45.64	4 15.042	55 27.97
1800	59 53.25	3 59.550	59 55.22	3 59.682	52 7.44
1810	56 3.07	3 44.204	56 4.79	3 44.319	48 46.92
1825	50 17.75	3 21.183	50 19.14	3 21.276	43 46.15
1830	+48 22.63	+3 13.509	+48 23.92	+3 13.595	+42 5.89
1835	46 27.51	3 5.834	46 28.70	3 5.913	40 25.64
1840	44 32.39	2 58.159	44 33.48	2 58.232	38 45.39
1845	42 37.26	2 50.484	42 38.26	2 50.550	37 5.14
1850	40 42.12	2 42.808	40 43.03	2 42.868	35 24.89
1855	+38 46.98	+2 35.132	+38 47.81	+2 35.187	+33 44.64
1860	36 51.83	2 27.456	36 52.58	2 27.505	32 4.39
1865	34 56.68	2 19.779	34 57.36	2 19.823	30 24.15
1870	33 1.52	2 12.102	33 2.13	2 12.141	28 43.91
1875	31 6.36	2 4.424	31 6.90	2 4.460	27 3.66
1880	+29 11.20	+1 56.746	+29 11.67	+1 56.778	+25 23.42
1885	27 16.03	1 49.068	27 16.44	1 49.096	23 43.18
1890	25 20.85	1 41.390	25 21.20	1 41.413	22 2.95
1895	23 25.67	1 33.711	23 25.97	1 33.731	20 22.71
1900	21 30.48	1 26.031	21 30.73	1 26.049	18 42.48
1905	+19 35.29	+1 18.352	+19 35.49	+1 18.366	+17 2.25
1910	17 40.09	1 10.672	17 40.25	1 10.683	15 22.02
1915	15 44.88	1 2.992	15 45.01	1 3.001	13 41.79
1920	13 49.67	0 55.311	13 49.77	0 55.318	12 1.57
1925	11 54.46	0 47.630	11 54.53	0 47.636	10 21.34
1930	+ 9 59.24	+0 39.949	+ 9 59.28	+0 39.953	+ 8 41.12
1935	8 4.01	0 32.267	8 4.04	0 32.269	7 0.90
1940	6 8.78	0 24.586	6 8.79	0 24.586	5 20.68
1945	4 13.54	0 16.903	4 13.55	0 16.904	3 40.47
1950	2 18.29	0 9.220	2 18.30	0 9.220	2 0.25
1955	+ 0 23.05	+0 1.537	+ 0 23.05	+0 1.537	+ 0 20.04
1960	− 1 32.20	−0 6.147	− 1 32.20	−0 6.146	− 1 20.17

Sind α_1, δ_1 die Koordinaten für t_1 und α_2, δ_2 jene für $t_2 = 1956.0$, so hat man

zur Reduktion von dem Äquinoktium t_1 auf t_2:

$$a_1 = \alpha_1 + [90° - (N)]$$

$$p_1 = \left(\operatorname{tang} \delta_1 + \cos a_1 \operatorname{tang} \tfrac{1}{2}(n)\right) \sin (n)$$

$$\operatorname{tang} \Delta a_1 = \frac{p_1 \sin a_1}{1 - p_1 \cos a_1}$$

$$\alpha_2 = a_1 + [(m) + (N) - 90°] + \Delta a_1$$

$$\operatorname{tang} \tfrac{1}{2}(\delta_2 - \delta_1) = \cos\left(a_1 + \tfrac{1}{2}\Delta a_1\right) \sec \tfrac{1}{2}\Delta a_1 \operatorname{tang} \tfrac{1}{2}(n)$$

zur Reduktion von dem Äquinoktium t_2 auf t_1:

$$a_2 = \alpha_2 - [(m) + (N) - 90°]$$

$$p_2 = -\left(\operatorname{tang} \delta_2 - \cos a_2 \operatorname{tang} \tfrac{1}{2}(n)\right) \sin (n)$$

$$\operatorname{tang} \Delta a_2 = \frac{p_2 \sin a_2}{1 - p_2 \cos a_2}$$

$$\alpha_1 = a_2 - [90° - (N)] + \Delta a_2$$

$$\operatorname{tang} \tfrac{1}{2}(\delta_1 - \delta_2) = -\cos\left(a_2 + \tfrac{1}{2}\Delta a_2\right) \sec \tfrac{1}{2}\Delta a_2 \operatorname{tang} \tfrac{1}{2}(n)$$

Reduktion von Koordinatendifferenzen scheinbarer Örter auf Differenzen mittlerer Örter für den Jahresanfang

Sind $\Delta\alpha$ und $\Delta\delta$ die gemessenen Koordinatendifferenzen der scheinbaren Örter im Sinne Objekt minus Stern, $d\Delta\alpha$ und $d\Delta\delta$ die an ihnen anzubringenden Korrektionen, um Koordinatendifferenzen zu erhalten, die sich auf das mittlere Äquinoktium des Jahresanfangs beziehen, so wird

$$d\Delta\alpha = (d\Delta\alpha)_1 + (d\Delta\alpha)_2$$
$$d\Delta\delta = (d\Delta\delta)_1 + (d\Delta\delta)_2.$$

wobei

$$(d\Delta\alpha)_1 = -j\cos(G+\alpha)\frac{\operatorname{tg}\delta}{15}\Delta\alpha^{\mathrm{m}} - j\sin(G+\alpha)\frac{\sec^2\delta}{225}\Delta\delta'$$
$$(d\Delta\alpha)_2 = -k\cos(H+\alpha)\frac{\sec\delta}{15}\Delta\alpha^{\mathrm{m}} - k\sin(H+\alpha)\frac{\operatorname{tg}\delta\sec\delta}{225}\Delta\delta'$$
$$(d\Delta\delta)_1 = j\sin(G+\alpha)\Delta\alpha^{\mathrm{m}}$$
$$(d\Delta\delta)_2 = k\sin(H+\alpha)\sin\delta\Delta\alpha^{\mathrm{m}} - k\cos(H+\alpha)\frac{\cos\delta}{15}\Delta\delta' + [0.0003\, i\sin\delta\Delta\delta']$$

Hierin bezeichnen $(d\Delta\alpha)_1$ und $(d\Delta\delta)_1$ den Einfluß der Präzession und Nutation, $(d\Delta\alpha)_2$ und $(d\Delta\delta)_2$ den Einfluß der Aberration.

Die Größen G, H, j, k, i sind auf S. 252* — 269* zu finden. Die Faktoren $\frac{1}{15}\operatorname{tg}\delta$, $\frac{1}{225}\sec^2\delta$, $\frac{1}{15}\sec\delta$, $\frac{1}{225}\operatorname{tg}\delta\sec\delta$, $\sin\delta$, $\frac{1}{15}\cos\delta$ entnehme man der Zusammenstellung auf S. 283*. Die numerischen Werte der Funktionen sinus und cosinus sind auf S. 284* enthalten. $\Delta\alpha^{\mathrm{m}}$ bedeutet die in Zeitminuten ausgedrückte gemessene Rektaszensionsdifferenz, $\Delta\delta'$ ist die in Bogenminuten ausgedrückte gemessene Deklinationsdifferenz. Die Größen $d\Delta\alpha$ und $d\Delta\delta$ ergeben sich in Zeit- bzw. Bogensekunden. Das in eckige Klammern gesetzte Glied $0.0003\, i\sin\delta\Delta\delta'$ in der Formel für $(d\Delta\delta)_2$ beträgt für $\Delta\delta' = 10'$ im Maximum $0''.02$ und kann daher in den meisten Fällen unberücksichtigt bleiben.

δ	$\frac{1}{15}$ tg δ	$\frac{1}{225}$ sec² δ	$\frac{1}{15}$ sec δ	$\frac{1}{225}$ tg δ sec δ	sin δ	$\frac{1}{15}$ cos δ	tg δ	$\frac{1}{15}$ sec² δ	δ
0°	0.000	0.004	0.067	0.000	0.00	0.07	0.00	0.07	0°
5	0.006	0.004	0.067	0.000	0.09	0.07	0.09	0.07	5
10	0.012	0.005	0.068	0.001	0.17	0.07	0.18	0.07	10
15	0.018	0.005	0.069	0.001	0.26	0.06	0.27	0.07	15
20	0.024	0.005	0.071	0.002	0.34	0.06	0.36	0.08	20
25	0.031	0.005	0.074	0.002	0.42	0.06	0.47	0.08	25
30	0.038	0.006	0.077	0.003	0.50	0.06	0.58	0.09	30
35	0.047	0.007	0.081	0.004	0.57	0.05	0.70	0.10	35
40	0.056	0.008	0.087	0.005	0.64	0.05	0.84	0.11	40
40	0.056	0.008	0.087	0.005	0.64	0.05	0.84	0.11	40
42	0.060	0.008	0.090	0.005	0.67	0.05	0.90	0.12	42
44	0.064	0.009	0.093	0.006	0.69	0.05	0.97	0.13	44
46	0.069	0.009	0.096	0.007	0.72	0.05	1.04	0.14	46
48	0.074	0.010	0.100	0.007	0.74	0.04	1.11	0.15	48
50	0.079	0.011	0.104	0.008	0.77	0.04	1.19	0.16	50
52	0.085	0.012	0.108	0.009	0.79	0.04	1.28	0.18	52
54	0.092	0.013	0.113	0.010	0.81	0.04	1.38	0.19	54
56	0.099	0.014	0.119	0.012	0.83	0.04	1.48	0.21	56
58	0.107	0.016	0.126	0.013	0.85	0.04	1.60	0.24	58
60	0.115	0.018	0.133	0.015	0.87	0.03	1.73	0.27	60
60	0.115	0.018	0.133	0.015	0.87	0.03	1.73	0.27	60
61	0.120	0.019	0.138	0.017	0.87	0.03	1.80	0.28	61
62	0.125	0.020	0.142	0.018	0.88	0.03	1.88	0.30	62
63	0.131	0.022	0.147	0.019	0.89	0.03	1.96	0.32	63
64	0.137	0.023	0.152	0.021	0.90	0.03	2.05	0.35	64
65	0.143	0.025	0.158	0.023	0.91	0.03	2.14	0.37	65
66	0.150	0.027	0.164	0.025	0.91	0.03	2.25	0.40	66
67	0.157	0.029	0.171	0.027	0.92	0.03	2.36	0.44	67
68	0.165	0.032	0.178	0.029	0.93	0.02	2.48	0.48	68
69	0.174	0.035	0.186	0.032	0.93	0.02	2.61	0.52	69
70	0.183	0.038	0.195	0.036	0.94	0.02	2.75	0.57	70
71	0.194	0.042	0.205	0.040	0.95	0.02	2.90	0.63	71
72	0.205	0.047	0.216	0.044	0.95	0.02	3.08	0.70	72
73	0.218	0.052	0.228	0.050	0.96	0.02	3.27	0.78	73
74	0.232	0.058	0.242	0.056	0.96	0.02	3.49	0.88	74
75	0.249	0.066	0.258	0.064	0.97	0.02	3.73	1.00	75
75.0°	0.249	0.066	0.258	0.064	0.97	0.02	3.73	1.00	75.0°
75.5	0.258	0.071	0.266	0.069	0.97	0.02	3.87	1.06	75.5
76.0	0.267	0.076	0.276	0.074	0.97	0.02	4.01	1.14	76.0
76.5	0.278	0.082	0.286	0.079	0.97	0.02	4.17	1.22	76.5
77.0	0.289	0.088	0.296	0.086	0.97	0.01	4.33	1.32	77.0
77.5	0.301	0.095	0.308	0.093	0.98	0.01	4.51	1.42	77.5
78.0	0.314	0.103	0.321	0.101	0.98	0.01	4.70	1.54	78.0
78.5	0.328	0.112	0.334	0.110	0.98	0.01	4.92	1.68	78.5
79.0	0.343	0.122	0.349	0.120	0.98	0.01	5.14	1.83	79.0
79.5	0.360	0.134	0.366	0.132	0.98	0.01	5.40	2.01	79.5
80.0	0.378	0.147	0.384	0.145	0.98	0.01	5.67	2.21	80.0

Sinus

	0^h	1^h	2^h	3^h	4^h	5^h	
0^m	0.000	0.259	0.500	0.707	0.866	0.966	60
1	0.004	0.263	0.504	0.710	0.868	0.967	59
2	0.009	0.267	0.508	0.713	0.870	0.968	58
3	0.013	0.271	0.511	0.716	0.872	0.969	57
4	0.017	0.276	0.515	0.719	0.875	0.970	56
5	0.022	0.280	0.519	0.722	0.877	0.971	55
6	0.026	0.284	0.522	0.725	0.879	0.972	54
7	0.031	0.288	0.526	0.728	0.881	0.973	53
8	0.035	0.292	0.530	0.731	0.883	0.974	52
9	0.039	0.297	0.534	0.734	0.885	0.975	51
10	0.044	0.301	0.537	0.737	0.887	0.976	50
11	0.048	0.305	0.541	0.740	0.889	0.977	49
12	0.052	0.309	0.545	0.743	0.891	0.978	48
13	0.057	0.313	0.548	0.746	0.893	0.979	47
14	0.061	0.317	0.552	0.749	0.895	0.980	46
15	0.065	0.321	0.556	0.752	0.897	0.981	45
16	0.070	0.326	0.559	0.755	0.899	0.982	44
17	0.074	0.330	0.563	0.758	0.901	0.982	43
18	0.078	0.334	0.566	0.760	0.903	0.983	42
19	0.083	0.338	0.570	0.763	0.904	0.984	41
20	0.087	0.342	0.574	0.766	0.906	0.985	40
21	0.092	0.346	0.577	0.769	0.908	0.986	39
22	0.096	0.350	0.581	0.772	0.910	0.986	38
23	0.100	0.354	0.584	0.774	0.912	0.987	37
24	0.105	0.358	0.588	0.777	0.914	0.988	36
25	0.109	0.362	0.591	0.780	0.915	0.988	35
26	0.113	0.367	0.595	0.783	0.917	0.989	34
27	0.118	0.371	0.598	0.785	0.919	0.990	33
28	0.122	0.375	0.602	0.788	0.921	0.990	32
29	0.126	0.379	0.605	0.791	0.922	0.991	31
30	0.131	0.383	0.609	0.793	0.924	0.991	30
31	0.135	0.387	0.612	0.796	0.926	0.992	29
32	0.139	0.391	0.616	0.799	0.927	0.993	28
33	0.143	0.395	0.619	0.801	0.929	0.993	27
34	0.148	0.399	0.623	0.804	0.930	0.994	26
35	0.152	0.403	0.626	0.806	0.932	0.994	25
36	0.156	0.407	0.629	0.809	0.934	0.995	24
37	0.161	0.411	0.633	0.812	0.935	0.995	23
38	0.165	0.415	0.636	0.814	0.937	0.995	22
39	0.169	0.419	0.639	0.817	0.938	0.996	21
40	0.174	0.423	0.643	0.819	0.940	0.996	20
41	0.178	0.427	0.646	0.822	0.941	0.997	19
42	0.182	0.431	0.649	0.824	0.943	0.997	18
43	0.187	0.434	0.653	0.827	0.944	0.997	17
44	0.191	0.438	0.656	0.829	0.946	0.998	16
45	0.195	0.442	0.659	0.831	0.947	0.998	15
46	0.199	0.446	0.663	0.834	0.948	0.998	14
47	0.204	0.450	0.666	0.836	0.950	0.998	13
48	0.208	0.454	0.669	0.839	0.951	0.999	12
49	0.212	0.458	0.672	0.841	0.952	0.999	11
50	0.216	0.462	0.676	0.843	0.954	0.999	10
51	0.221	0.466	0.679	0.846	0.955	0.999	9
52	0.225	0.469	0.682	0.848	0.956	0.999	8
53	0.229	0.473	0.685	0.850	0.958	1.000	7
54	0.233	0.477	0.688	0.853	0.959	1.000	6
55	0.238	0.481	0.692	0.855	0.960	1.000	5
56	0.242	0.485	0.695	0.857	0.961	1.000	4
57	0.246	0.489	0.698	0.859	0.962	1.000	3
58	0.250	0.492	0.701	0.862	0.964	1.000	2
59	0.255	0.496	0.704	0.864	0.965	1.000	1
60	0.259	0.500	0.707	0.866	0.966	1.000	0^m
	5^h	4^h	3^h	2^h	1^h	0^h	

Cosinus

Reduktionsgrößen 1956

Übertragung von Rektaszensions- und Deklinationsdifferenzen vom mittleren Äquinoktium 1956.0 auf das Normaläquinoktium 1950.0

α	a_1	a_2	d_1	α	α	a_1	a_2	d_1	α
h m				h m	h m				h m
0 0	−0.0350−	−0.0000+	+0.000−	24 0	6 0	+0.0000+	−0.0350+	+0.525−	18 0
10	0349	0015	023	23 50	10	0015	0349	524	17 50
20	0348	0030	046	40	20	0030	0348	523	40
30	0347	0046	068	30	30	0046	0347	520	30
40	0344	0061	091	20	40	0061	0344	517	20
0 50	0342	0076	114	10	6 50	0076	0342	512	10
1 0	−0.0338−	−0.0091+	+0.136−	23 0	7 0	+0.0091+	−0.0338+	+0.507−	17 0
10	0334	0105	158	22 50	10	0105	0334	500	16 50
20	0329	0120	179	40	20	0120	0329	493	40
30	0323	0134	201	30	30	0134	0323	485	30
40	0317	0148	222	20	40	0148	0317	475	20
1 50	0310	0162	242	10	7 50	0162	0310	465	10
2 0	−0.0303−	−0.0175+	+0.262−	22 0	8 0	+0.0175+	−0.0303+	+0.454−	16 0
10	0295	0188	282	21 50	10	0188	0295	442	15 50
20	0287	0201	301	40	20	0201	0287	430	40
30	0278	0213	319	30	30	0213	0278	416	30
40	0268	0225	337	20	40	0225	0268	402	20
2 50	0258	0236	354	10	8 50	0236	0258	387	10
3 0	−0.0247−	−0.0247+	+0.371−	21 0	9 0	+0.0247+	−0.0247+	+0.371−	15 0
10	0236	0258	387	20 50	10	0258	0236	354	14 50
20	0225	0268	402	40	20	0268	0225	337	40
30	0213	0278	416	30	30	0278	0213	319	30
40	0201	0287	430	20	40	0287	0201	301	20
3 50	0188	0295	442	10	9 50	0295	0188	282	10
4 0	−0.0175−	−0.0303+	+0.454−	20 0	10 0	+0.0303+	−0.0175+	+0.262−	14 0
10	0162	0310	465	19 50	10	0310	0162	242	13 50
20	0148	0317	475	40	20	0317	0148	222	40
30	0134	0323	485	30	30	0323	0134	201	30
40	0120	0329	493	20	40	0329	0120	179	20
4 50	0105	0334	500	10	10 50	0334	0105	158	10
5 0	−0.0091−	−0.0338+	+0.507−	19 0	11 0	+0.0338+	−0.0091+	+0.136−	13 0
10	0076	0342	512	18 50	10	0342	0076	114	12 50
20	0061	0344	517	40	20	0344	0061	091	40
30	0046	0347	520	30	30	0347	0046	068	30
40	0030	0348	523	20	40	0348	0030	046	20
5 50	0015	0349	524	10	11 50	0349	0015	023	10
6 0	−0.0000−	−0.0350+	+0.525−	18 0	12 0	+0.0350+	−0.0000+	+0.000−	12 0

Für α zwischen 12^h und 24^h gelten die Vorzeichen zur Rechten.

$$\Delta\alpha_{1950.0} = \Delta\alpha_{1956.0} + a_1 \cdot \mathrm{tg}\,\delta \cdot \Delta\alpha^m + a_2 \cdot \tfrac{1}{15}\sec^2\delta \cdot \Delta\delta'$$

$$\Delta\delta_{1950.0} = \Delta\delta_{1956.0} + d_1 \cdot \Delta\alpha^m$$

$\Delta\alpha^m$ bedeutet die Rektaszensionsdifferenz in Zeitminuten, $\Delta\delta'$ ist die Deklinationsdifferenz in Bogenminuten.

Die Werte von $\mathrm{tg}\,\delta$ und $\frac{1}{15}\sec^2\delta$ sind auf S. 283* enthalten.

Reduktionsgrößen 1956

Reduktion vom mittleren Äquinoktium 1950.0 auf das wahre Äquinoktium der Epoche

0^h Weltzeit	*f*	*log g*	*G*	0^h Weltzeit	*f*	*log g*	*G*
1956	s		h m s	1956	s		h m s
Jan. −2	+19.458	2.10348	0 4 49	Juli 1	+20.968	2.13604	0 6 56
+3	19.513	2.10471	0 4 49	6	21.019	2.13710	0 6 55
8	19.567	2.10591	0 4 48	11	21.069	2.13814	0 6 54
13	19.620	2.10707	0 4 45	16	21.118	2.13914	0 6 51
18	19.671	2.10820	0 4 41	21	21.166	2.14012	0 6 47
23	+19.720	2.10928	0 4 35	26	+21.212	2.14106	0 6 42
28	19.767	2.11030	0 4 29	31	21.255	2.14195	0 6 37
Febr. 2	19.811	2.11127	0 4 23	Aug. 5	21.297	2.14280	0 6 31
7	19.853	2.11218	0 4 16	10	21.337	2.14360	0 6 25
12	19.892	2.11303	0 4 10	15	21.375	2.14436	0 6 19
17	+19.929	2.11383	0 4 4	20	+21.410	2.14507	0 6 14
22	19.963	2.11458	0 3 59	25	21.444	2.14575	0 6 9
27	19.996	2.11528	0 3 54	30	21.475	2.14639	0 6 5
März 3	20.026	2.11595	0 3 52	Sept. 4	21.505	2.14699	0 6 2
8	20.055	2.11658	0 3 50	9	21.534	2.14757	0 6 0
13	+20.084	2.11719	0 3 51	14	+21.561	2.14812	0 6 0
18	20.111	2.11779	0 3 53	19	21.588	2.14866	0 6 1
23	20.138	2.11838	0 3 57	24	21.615	2.14919	0 6 4
28	20.166	2.11897	0 4 2	29	21.641	2.14973	0 6 8
April 2	20.194	2.11958	0 4 9	Okt. 4	21.668	2.15027	0 6 14
7	+20.223	2.12021	0 4 18	9	+21.696	2.15084	0 6 21
12	20.253	2.12085	0 4 28	14	21.725	2.15142	0 6 30
17	20.284	2.12154	0 4 39	19	21.755	2.15203	0 6 40
22	20.318	2.12226	0 4 51	24	21.787	2.15269	0 6 50
27	20.353	2.12303	0 5 4	29	21.822	2.15338	0 7 2
Mai 2	+20.390	2.12383	0 5 17	Nov. 3	+21.858	2.15413	0 7 13
7	20.430	2.12468	0 5 30	8	21.897	2.15492	0 7 26
12	20.472	2.12557	0 5 43	13	21.939	2.15575	0 7 38
17	20.515	2.12651	0 5 55	18	21.982	2.15663	0 7 50
22	20.561	2.12748	0 6 7	23	22.029	2.15756	0 8 1
27	+20.609	2.12849	0 6 18	28	+22.077	2.15852	0 8 11
Juni 1	20.658	2.12953	0 6 28	Dez. 3	22.127	2.15951	0 8 20
6	20.708	2.13060	0 6 36	8	22.179	2.16053	0 8 28
11	20.759	2.13169	0 6 43	13	22.232	2.16157	0 8 34
16	20.811	2.13278	0 6 49	18	22.286	2.16263	0 8 38
21	+20.863	2.13387	0 6 53	23	+22.340	2.16369	0 8 41
26	20.916	2.13496	0 6 55	28	22.394	2.16474	0 8 42
Juli 1	+20.968	2.13604	0 6 56	33	+22.448	2.16578	0 8 42

Red. in $\alpha = f + \frac{1}{15} g \sin (G + \alpha) \operatorname{tg} \delta$ + Korr. nach S. 287*

Red. in $\delta = g \cos (G + \alpha)$ + Korr. nach S. 287*

Korrektion der Reduktion vom mittleren Äquinoktium 1950.0 auf das jedesmalige wahre Äquinoktium (s. S. 286*), berechnet für 1956.0, mit Hinzufügung ihrer einjährigen Änderung

Für Rektaszension (in 0ˢ.001)

α	δ +60°		+50°		+30°		+10°		−10°		−30°		−50°		−60°	
0ʰ	+10	+3	+7	+2	+3	+1	+1	0	−1	0	−3	−1	−6	−2	−9	−3
1	+13	+4	+9	+3	+4	+1	+2	+1	0	0	−2	−1	−4	−1	−5	−2
2	+15	+5	+10	+3	+5	+2	+2	+1	+1	0	−1	0	−1	0	−1	0
3	+15	+5	+9	+3	+4	+1	+2	+1	+1	0	0	0	0	0	+2	+1
4	+12	+4	+7	+2	+4	+1	+2	+1	+1	0	+1	0	+1	0	+3	+1
5	+7	+2	+4	+1	+2	+1	+1	0	+1	0	+1	0	+1	0	+2	+1
6	0	0	0	0	0	0	0	0	0	0	0	0	0	0	+1	0
7	−6	−2	−4	−1	−1	0	−1	0	0	0	0	0	0	0	−1	0
8	−12	−4	−7	−2	−3	−1	−1	0	0	0	0	0	0	0	−2	−1
9	−15	−5	−9	−3	−4	−1	−2	−1	0	0	+1	0	0	0	−1	0
10	−15	−5	−9	−3	−4	−1	−2	−1	0	0	+1	0	+2	+1	+1	0
11	−13	−4	−8	−3	−4	−1	−1	0	+1	0	+2	+1	+4	+1	+5	+2
12	−9	−3	−6	−2	−3	−1	−1	0	+1	0	+3	+1	+7	+2	+10	+3
13	−5	−2	−4	−1	−2	−1	0	0	+2	+1	+4	+1	+9	+3	+13	+4
14	−1	0	−1	0	−1	0	+1	0	+2	+1	+5	+2	+10	+3	+15	+5
15	+2	+1	0	0	0	0	+1	0	+2	+1	+4	+1	+9	+3	+15	+5
16	+3	+1	+1	0	+1	0	+1	0	+2	+1	+4	+1	+7	+2	+12	+4
17	+2	+1	+1	0	+1	0	+1	0	+1	0	+2	+1	+4	+1	+7	+2
18	+1	0	0	0	0	0	0	0	0	0	0	0	0	0	0	0
19	−1	0	0	0	0	0	0	0	−1	0	−1	0	−4	−1	−6	−2
20	−2	−1	0	0	0	0	0	0	−1	0	−3	−1	−7	−2	−12	−4
21	−1	0	0	0	+1	0	0	0	−2	−1	−4	−1	−9	−3	−15	−5
22	+1	0	+2	+1	+1	0	0	0	−2	−1	−4	−1	−9	−3	−15	−5
23	+5	+2	+4	+1	+2	+1	+1	0	−1	0	−4	−1	−8	−3	−13	−4
24	+10	+3	+7	+2	+3	+1	+1	0	−1	0	−3	−1	−6	−2	−9	−3

Für Deklination (in 0″.01)

α	δ +60°		+50°		+30°		+10°		−10°		−30°		−50°		−60°	
0ʰ	0	0	0	0	0	0	0	0	0	0	0	0	0	0	0	0
1	−3	−1	−3	−1	−2	−1	−2	−1	−2	−1	−2	−1	−2	−1	−2	−1
2	−6	−2	−5	−2	−5	−2	−4	−1	−4	−1	−4	−1	−3	−1	−3	−1
3	−9	−3	−8	−3	−7	−2	−6	−2	−6	−2	−5	−2	−4	−1	−3	−1
4	−12	−4	−10	−3	−9	−3	−8	−3	−7	−2	−6	−2	−4	−1	−3	−1
5	−14	−5	−12	−4	−10	−3	−8	−3	−7	−2	−6	−2	−4	−1	−2	−1
6	−14	−5	−12	−4	−10	−3	−9	−3	−7	−2	−6	−2	−4	−1	−2	−1
7	−13	−4	−12	−4	−10	−3	−8	−3	−7	−2	−6	−2	−4	−1	−2	−1
8	−11	−4	−10	−3	−8	−3	−7	−2	−6	−2	−5	−2	−4	−1	−2	−1
9	−9	−3	−8	−3	−7	−2	−6	−2	−5	−2	−5	−2	−4	−1	−3	−1
10	−5	−2	−5	−2	−4	−1	−4	−1	−4	−1	−3	−1	−3	−1	−2	−1
11	−2	−1	−2	−1	−2	−1	−2	−1	−2	−1	−2	−1	−2	−1	−2	−1
12	0	0	0	0	0	0	0	0	0	0	0	0	0	0	0	0
13	+2	+1	+2	+1	+2	+1	+2	+1	+2	+1	+2	+1	+3	+1	+3	+1
14	+3	+1	+3	+1	+4	+1	+4	+1	+4	+1	+5	+2	+5	+2	+6	+2
15	+3	+1	+4	+1	+5	+2	+5	+2	+6	+2	+7	+2	+8	+3	+9	+3
16	+3	+1	+4	+1	+6	+2	+7	+2	+8	+3	+9	+3	+10	+3	+12	+4
17	+2	+1	+4	+1	+6	+2	+7	+2	+8	+3	+10	+3	+12	+4	+14	+5
18	+2	+1	+4	+1	+6	+2	+7	+2	+9	+3	+10	+3	+12	+4	+14	+5
19	+2	+1	+4	+1	+6	+2	+7	+2	+8	+3	+10	+3	+12	+4	+13	+4
20	+2	+1	+4	+1	+5	+2	+6	+2	+7	+2	+8	+3	+10	+3	+11	+4
21	+3	+1	+4	+1	+5	+2	+5	+2	+6	+2	+7	+2	+8	+3	+9	+3
22	+2	+1	+3	+1	+3	+1	+4	+1	+4	+1	+4	+1	+5	+2	+5	+2
23	+2	+1	+2	+1	+2	+1	+2	+1	+2	+1	+2	+1	+2	+1	+2	+1
24	0	0	0	0	0	0	0	0	0	0	0	0	0	0	0	0

α	0h; 12h		1h; 13h		2h; 14h		3h; 15h		4h; 16h		5h; 17h		α
m	— A +	— D +	— A +	— D +	— A +	— D +	— A +	— D +	— A +	— D +	— A +	— D +	m
	s	″	s	″	s	″	s	″	s	″	s	″	
0		120.25	2.070	116.18	4.004	104.18	5.665	85.09	6.940	60.20	7.742	31.20	0
1	0.030	120.25	2.104	116.05	4.034	103.92	5.690	84.72	6.957	59.75	7.751	30.70	1
2	0.065	120.25	2.138	115.91	4.065	103.65	5.714	84.35	6.975	59.29	7.760	30.19	2
3	0.100	120.25	2.171	115.77	4.095	103.39	5.739	83.97	6.992	58.83	7.769	29.68	3
4	0.135	120.24	2.205	115.62	4.125	103.12	5.763	83.59	7.009	58.37	7.778	29.17	4
5	0.170	120.23	2.239	115.48	4.155	102.85	5.787	83.21	7.026	57.91	7.786	28.67	5
6	0.204	120.22	2.272	115.33	4.184	102.57	5.812	82.83	7.043	57.45	7.794	28.16	6
7	0.239	120.20	2.306	115.18	4.214	102.30	5.836	82.45	7.060	56.99	7.802	27.65	7
8	0.274	120.18	2.339	115.03	4.244	102.02	5.859	82.07	7.076	56.53	7.810	27.14	8
9	0.309	120.16	2.373	114.87	4.274	101.74	5.883	81.69	7.093	56.07	7.818	26.62	9
10	0.344	120.14	2.406	114.71	4.303	101.46	5.907	81.30	7.109	55.60	7.826	26.11	10
11	0.379	120.12	2.440	114.55	4.332	101.18	5.931	80.91	7.125	55.13	7.834	25.60	11
12	0.414	120.09	2.473	114.39	4.362	101.89	5.954	80.52	7.141	54.67	7.841	25.08	12
13	0.449	120.07	2.506	114.23	4.391	100.61	5.978	80.13	7.157	54.20	7.848	24.57	13
14	0.484	120.04	2.540	114.07	4.420	100.32	6.001	79.74	7.173	53.73	7.855	24.05	14
15	0.519	120.00	2.573	113.90	4.450	100.03	6.024	79.35	7.188	53.26	7.862	23.54	15
16	0.553	119.97	2.606	113.73	4.479	99.74	6.047	78.95	7.204	52.79	7.869	23.02	16
17	0.588	119.93	2.639	113.56	4.508	99.44	6.070	78.56	7.219	52.32	7.875	22.51	17
18	0.623	119.89	2.672	113.39	4.537	99.15	6.093	78.16	7.234	51.84	7.882	21.99	18
19	0.658	119.85	2.704	113.21	4.565	98.85	6.115	77.76	7.249	51.37	7.888	21.48	19
20	0.693	119.80	2.737	113.03	4.594	98.55	6.138	77.36	7.264	50.89	7.894	20.96	20
21	0.728	119.76	2.770	112.85	4.623	98.25	6.160	76.96	7.279	50.41	7.900	20.44	21
22	0.763	119.71	2.803	112.67	4.651	97.95	6.183	76.56	7.294	49.94	7.906	19.93	22
23	0.798	119.66	2.836	112.49	4.679	97.64	6.205	76.15	7.308	49.46	7.912	19.41	23
24	0.832	119.61	2.868	112.30	4.708	97.33	6.227	75.74	7.322	48.98	7.918	18.89	24
25	0.867	119.55	2.901	112.11	4.736	97.02	6.249	75.33	7.336	48.50	7.923	18.38	25
26	0.902	119.50	2.934	111.92	4.764	96.71	6.271	74.92	7.350	48.02	7.928	17.86	26
27	0.937	119.44	2.966	111.73	4.792	96.40	6.293	74.51	7.364	47.54	7.933	17.34	27
28	0.971	119.37	2.998	111.53	4.820	96.09	6.314	74.10	7.378	47.06	7.938	16.82	28
29	1.006	119.31	3.031	111.33	4.848	95.77	6.336	73.69	7.392	46.57	7.943	16.30	29
30	1.041	119.24	3.063	111.13	4.876	95.45	6.357	73.27	7.405	46.09	7.948	15.78	30
31	1.076	119.17	3.095	110.93	4.904	95.13	6.378	72.85	7.418	45.61	7.953	15.26	31
32	1.110	119.10	3.128	110.73	4.931	94.81	6.399	72.44	7.432	45.12	7.957	14.74	32
33	1.145	119.03	3.160	110.52	4.959	94.49	6.420	72.02	7.445	44.63	7.961	14.22	33
34	1.180	118.95	3.192	110.31	4.987	94.16	6.441	71.60	7.458	44.15	7.965	13.70	34
35	1.214	118.87	3.224	110.10	5.014	93.83	6.462	71.18	7.471	43.66	7.969	13.18	35
36	1.249	118.79	3.256	109.89	5.041	93.50	6.483	70.75	7.483	43.17	7.973	12.65	36
37	1.284	118.71	3.288	109.68	5.068	93.17	6.503	70.33	7.496	42.68	7.976	12.13	37
38	1.318	118.62	3.320	109.46	5.095	92.84	6.524	69.90	7.508	42.19	7.980	11.61	38
39	1.353	118.53	3.351	109.24	5.122	92.51	6.544	69.47	7.520	41.70	7.983	11.08	39
40	1.387	118.44	3.383	109.02	5.149	92.17	6.564	69.04	7.532	41.21	7.986	10.56	40
41	1.421	118.35	3.415	108.80	5.176	91.83	6.584	68.61	7.544	40.72	7.989	10.04	41
42	1.456	118.26	3.446	108.57	5.202	91.49	6.604	68.18	7.556	40.22	7.992	9.52	42
43	1.490	118.16	3.478	108.35	5.229	91.15	6.624	67.75	7.567	39.73	7.995	8.99	43
44	1.525	118.06	3.510	108.12	5.256	90.81	6.643	67.31	7.579	39.23	7.997	8.47	44
45	1.559	117.96	3.541	107.89	5.282	90.47	6.663	66.88	7.590	38.74	8.000	7.95	45
46	1.593	117.86	3.572	107.65	5.308	90.12	6.682	66.44	7.601	38.24	8.002	7.43	46
47	1.627	117.75	3.604	107.42	5.334	89.77	6.701	66.00	7.612	37.74	8.004	6.90	47
48	1.662	117.64	3.635	107.18	5.360	89.42	6.720	65.56	7.623	37.24	8.006	6.38	48
49	1.696	117.53	3.666	106.94	5.386	89.07	6.739	65.12	7.634	36.74	8.007	5.85	49
50	1.730	117.42	3.697	106.70	5.412	88.71	6.758	64.68	7.644	36.24	8.009	5.33	50
51	1.764	117.31	3.728	106.46	5.438	88.36	6.777	64.24	7.655	35.74	8.011	4.81	51
52	1.798	117.19	3.759	106.21	5.463	88.00	6.795	63.79	7.665	35.24	8.012	4.28	52
53	1.832	117.07	3.790	105.97	5.489	87.65	6.814	63.35	7.675	34.74	8.013	3.76	53
54	1.866	116.95	3.821	105.72	5.515	87.29	6.832	62.90	7.685	34.23	8.014	3.23	54
55	1.900	116.83	3.852	105.47	5.540	86.93	6.851	62.46	7.695	33.73	8.015	2.71	55
56	1.934	116.70	3.882	105.21	5.565	86.56	6.869	62.01	7.705	33.23	8.016	2.18	56
57	1.968	116.58	3.913	104.96	5.590	86.20	6.887	61.56	7.714	32.72	8.016	1.66	57
58	2.002	116.45	3.943	104.70	5.615	85.83	6.905	61.11	7.724	32.21	8.017	1.13	58
59	2.036	116.32	3.974	104.44	5.640	85.46	6.922	60.65	7.733	31.71	8.017	0.61	59
60	2.070	116.18	4.004	104.18	5.665	85.09	6.940	60.20	7.742	31.20	8.017	0.08	60

α	6^h; 18^h		7^h; 19^h		8^h; 20^h		9^h; 21^h		10^h; 22^h		11^h; 23^h		α
m	−A+	+D−	−A+	+D−	−A+	+D−	−A+	+D−	−A+	+D−	−A+	+D−	
	s	″	s	″	s	″	s	″	s	″	s	″	
0	8.017	—	7.745	31.05	6.946	60.06	5.673	84.98	4.013	104.10	2.080	116.14	0
1	8.017	0.44	7.736	31.56	6.928	60.51	5.648	85.35	3.983	104.36	2.046	116.28	1
2	8.017	0.97	7.727	32.06	6.911	60.97	5.623	85.72	3.952	104.62	2.012	116.41	2
3	8.017	1.49	7.717	32.57	6.893	61.42	5.598	86.09	3.922	104.88	1.978	116.54	3
4	8.016	2.02	7.708	33.07	6.875	61.87	5.573	86.45	3.892	105.14	1.944	116.67	4
5	8.016	2.54	7.698	33.58	6.857	62.32	5.548	86.82	3.861	105.39	1.910	116.80	5
6	8.015	3.06	7.688	34.08	6.838	62.76	5.523	87.18	3.830	105.64	1.876	116.92	6
7	8.014	3.59	7.678	34.58	6.820	63.21	5.497	87.54	3.800	105.89	1.842	117.04	7
8	8.013	4.11	7.668	35.08	6.801	63.65	5.472	87.90	3.769	106.14	1.808	117.16	8
9	8.011	4.64	7.658	35.58	6.783	64.10	5.446	88.26	3.738	106.39	1.774	117.28	9
10	8.010	5.16	7.647	36.08	6.764	64.54	5.420	88.61	3.707	106.63	1.740	117.39	10
11	8.008	5.69	7.637	36.58	6.745	64.98	5.394	88.96	3.676	106.87	1.706	117.50	11
12	8.007	6.21	7.626	37.08	6.726	65.42	5.368	89.32	3.645	107.11	1.672	117.61	12
13	8.005	6.74	7.615	37.58	6.707	65.86	5.342	89.67	3.614	107.35	1.638	117.72	13
14	8.003	7.26	7.604	38.08	6.688	66.30	5.316	90.02	3.582	107.59	1.603	117.83	14
15	8.001	7.78	7.593	38.58	6.668	66.74	5.290	90.36	3.551	107.82	1.569	117.93	15
16	7.998	8.31	7.582	39.07	6.649	67.18	5.264	90.71	3.520	108.05	1.535	118.03	16
17	7.996	8.83	7.570	39.57	6.629	67.61	5.237	91.05	3.488	108.28	1.500	118.13	17
18	7.993	9.35	7.559	40.06	6.610	68.05	5.211	91.39	3.456	108.51	1.466	118.23	18
19	7.990	9.88	7.547	40.56	6.590	68.48	5.184	91.73	3.425	108.73	1.432	118.32	19
20	7.987	10.40	7.535	41.05	6.570	68.91	5.157	92.07	3.393	108.95	1.397	118.41	20
21	7.984	10.92	7.523	41.54	6.550	69.34	5.130	92.41	3.361	109.17	1.363	118.50	21
22	7.981	11.45	7.511	42.04	6.530	69.77	5.103	92.74	3.330	109.39	1.328	118.59	22
23	7.977	11.97	7.499	42.53	6.510	70.20	5.077	93.07	3.298	109.61	1.294	118.68	23
24	7.974	12.49	7.486	43.02	6.489	70.62	5.050	93.40	3.266	109.83	1.259	118.76	24
25	7.970	13.01	7.474	43.51	6.469	71.05	5.022	93.73	3.234	110.04	1.225	118.84	25
26	7.966	13.54	7.461	43.99	6.448	71.47	4.995	94.06	3.202	110.25	1.190	118.92	26
27	7.962	14.06	7.448	44.48	6.427	71.89	4.968	94.39	3.170	110.46	1.156	119.00	27
28	7.958	14.58	7.435	44.97	6.406	72.31	4.940	94.71	3.138	110.67	1.121	119.07	28
29	7.954	15.10	7.422	45.46	6.385	72.72	4.913	95.03	3.105	110.87	1.087	119.14	29
30	7.949	15.62	7.409	45.94	6.364	73.14	4.885	95.35	3.073	111.07	1.052	119.21	30
31	7.944	16.14	7.396	46.43	6.343	73.56	4.857	95.67	3.041	111.27	1.017	119.28	31
32	7.940	16.66	7.382	46.91	6.321	73.97	4.829	95.99	3.008	111.47	0.983	119.35	32
33	7.935	17.18	7.368	47.39	6.300	74.39	4.802	96.30	2.976	111.67	0.948	119.41	33
34	7.930	17.70	7.354	47.88	6.278	74.80	4.774	96.62	2.944	111.86	0.913	119.47	34
35	7.925	18.22	7.340	48.36	6.256	75.21	4.745	96.93	2.911	112.05	0.878	119.53	35
36	7.919	18.73	7.326	48.84	6.234	75.62	4.717	97.24	2.878	112.24	0.844	119.59	36
37	7.914	19.25	7.312	49.32	6.212	76.03	4.689	97.55	2.846	112.43	0.809	119.64	37
38	7.908	19.77	7.298	49.80	6.190	76.43	4.660	97.85	2.813	112.61	0.774	119.69	38
39	7.902	20.28	7.283	50.27	6.167	76.84	4.632	98.16	2.780	112.79	0.739	119.74	39
40	7.896	20.80	7.268	50.75	6.145	77.24	4.603	98.46	2.747	112.97	0.704	119.79	40
41	7.890	21.32	7.253	51.23	6.122	77.64	4.574	98.76	2.714	113.15	0.669	119.84	41
42	7.884	21.83	7.238	51.70	6.100	78.04	4.546	99.06	2.681	113.33	0.634	119.88	42
43	7.877	22.35	7.223	52.17	6.077	78.44	4.517	99.36	2.649	113.50	0.599	119.92	43
44	7.871	22.86	7.208	52.65	6.054	78.84	4.488	99.65	2.616	113.67	0.565	119.96	44
45	7.864	23.38	7.193	53.12	6.031	79.23	4.459	99.95	2.583	113.84	0.530	120.00	45
46	7.857	23.89	7.177	53.59	6.008	79.62	4.430	100.24	2.549	114.01	0.495	120.03	46
47	7.850	24.41	7.162	54.06	5.985	80.01	4.400	100.53	2.516	114.18	0.460	120.06	47
48	7.843	24.92	7.146	54.53	5.961	80.40	4.371	100.81	2.483	114.34	0.425	120.09	48
49	7.836	25.44	7.130	54.99	5.938	80.79	4.342	101.10	2.449	114.50	0.390	120.12	49
50	7.828	25.95	7.114	55.46	5.914	81.18	4.312	101.38	2.416	114.66	0.355	120.14	50
51	7.820	26.46	7.098	55.93	5.890	81.57	4.283	101.66	2.383	114.82	0.320	120.16	51
52	7.813	26.98	7.082	56.39	5.867	81.95	4.253	101.94	2.349	114.98	0.285	120.18	52
53	7.805	27.49	7.065	56.85	5.843	82.34	4.223	102.22	2.316	115.13	0.250	120.20	53
54	7.797	28.00	7.049	57.31	5.819	82.72	4.193	102.49	2.283	115.28	0.215	120.22	54
55	7.789	28.51	7.032	57.77	5.795	83.10	4.164	102.77	2.249	115.43	0.180	120.23	55
56	7.780	29.02	7.015	58.23	5.771	83.48	4.134	103.04	2.215	115.58	0.145	120.24	56
57	7.772	29.53	6.998	58.69	5.747	83.86	4.104	103.31	2.182	115.72	0.110	120.25	57
58	7.763	30.04	6.981	59.15	5.722	84.23	4.074	103.57	2.148	115.86	0.075	120.25	58
59	7.754	30.54	6.964	59.61	5.698	84.61	4.043	103.84	2.114	116.00	0.040	120.25	59
60	7.745	31.05	6.946	60.06	5.673	84.98	4.013	104.10	2.080	116.14	0.005	120.25	60

Reduktionsgrößen 1956

Übertragung von Sternörtern vom mittleren Äquinoktium 1956.0 auf das Normaläquinoktium 1950.0

α	B	α	α	B	α
h m	s	h m	h m	s	h m
0 0	—18.440	12 0	6 0	—18.440	18 0
10	18.440	10	10	18.440	10
20	18.440	20	20	18.440	20
30	18.440	30	30	18.440	30
40	18.440	40	40	18.440	40
50	18.440	50	50	18.439	50
1 0	—18.441	13 0	7 0	—18.439	19 0
10	18.441	10	10	18.439	10
20	18.441	20	20	18.439	20
30	18.441	30	30	18.439	30
40	18.441	40	40	18.439	40
50	18.441	50	50	18.439	50
2 0	—18.441	14 0	8 0	—18.439	20 0
10	18.441	10	10	18.439	10
20	18.441	20	20	18.439	20
30	18.441	30	30	18.439	30
40	18.441	40	40	18.439	40
50	18.441	50	50	18.439	50
3 0	—18.441	15 0	9 0	—18.439	21 0
10	18.441	10	10	18.439	10
20	18.441	20	20	18.439	20
30	18.441	30	30	18.439	30
40	18.441	40	40	18.439	40
50	18.441	50	50	18.439	50
4 0	—18.441	16 0	10 0	—18.439	22 0
10	18.441	10	10	18.439	10
20	18.441	20	20	18.439	20
30	18.441	30	30	18.439	30
40	18.441	40	40	18.439	40
50	18.441	50	50	18.439	50
5 0	—18.441	17 0	11 0	—18.439	23 0
10	18.440	10	10	18.439	10
20	18.440	20	20	18.440	20
30	18.440	30	30	18.440	30
40	18.440	40	40	18.440	40
50	18.440	50	50	18.440	50
6 0	—18.440	18 0	12 0	—18.440	24 0

C	ΔC	P	C	ΔC	P
s	s		s	s	
0	e0.000	e0.0000	350	e0.076	e0.1909
10	000	0055	360	082	1963
20	000	0109	370	089	2018
30	000	0164	380	097	2072
40	000	0218	390	104	2127
50	e0.000	e0.0273	400	e0.113	e0.2181
60	000	0327	410	121	2236
70	001	0382	420	131	2290
80	001	0436	430	140	2345
90	001	0491	440	150	2399
100	e0.002	e0.0545	450	e0.161	e0.2454
110	002	0600	460	172	2508
120	003	0654	470	183	2563
130	004	0709	480	195	2617
140	005	0764	490	207	2672
150	e0.006	e0.0818	500	e0.220	e0.2726
160	007	0873	510	234	2781
170	009	0927	520	248	2835
180	010	0982	530	262	2890
190	012	1036	540	277	2944
200	e0.014	e0.1091	550	e0.293	e0.2999
210	016	1145	560	309	3053
220	019	1200	570	326	3107
230	022	1254	580	344	3162
240	025	1309	590	362	3216
250	e0.028	e0.1363	600	e0.380	e0.3271
260	031	1418	610	400	3325
270	035	1473	620	420	3380
280	039	1527	630	440	3434
290	043	1582	640	462	3489
300	e0.048	e0.1636	650	e0.484	e0.3543
310	053	1691	660	506	3598
320	058	1745	670	529	3652
330	063	1800	680	553	3707
340	069	1854	690	578	3761
350	e0.076	e0.1909	700	e0.604	e0.3815

e bedeutet: Vorzeichen entgegengesetzt dem Vorzeichen des Arguments.

$$\alpha_{1950.0} = \alpha_{1956.0} + B + C + \Delta C, \text{ wobei } C = A \cdot \operatorname{tg}(\delta_{1956.0} + D)$$
$$\delta_{1950.0} = \delta_{1956.0} + D + R, \text{ wobei } R = A \cdot P$$

A und D sind aus der Tafel S. 288* u. 289* mit dem Argument $\alpha_{1956.0}$ zu entnehmen. Für die Werte von α zwischen 0^h und 12^h gelten die Vorzeichen zur Linken, für die Werte von α zwischen 12^h und 24^h gelten die Vorzeichen zur Rechten. B, ΔC und P sind in der obenstehenden Tafel enthalten. Die Vorzeichen von ΔC und P sind dem Vorzeichen von C entgegengesetzt.

Finsternisse, Sternbedeckungen, Mösting A., Rotation der Sonne, des Mars und des Jupiter, Trabanten

Konstellationen, Hilfstafeln

1956

Sonnen- und Mondfinsternisse 1956

Im Jahre 1956 finden zwei Sonnenfinsternisse und zwei Mondfinsternisse statt.

I. Partielle Mondfinsternis 1956 Mai 24
in Berlin nicht sichtbar

Opposition in Rektaszension	Mai 24,	$15^h\,36^m\,20.9^s$	Weltzeit
Rektaszension des Mondes		$16^h\,5^m\,34.29^s$	
Stündliche Änderung		2 11.55	
Rektaszension der Sonne		4 5 34.29	
Stündliche Änderung		10.08	
Deklination des Mondes		$-21^\circ\,16'\,40.2''$	
Stündliche Änderung		$-$ 3 3.9	
Deklination der Sonne		+ 20 50 32.7	
Stündliche Änderung		+ 27.4	
Äquatorialhorizontalparallaxe des Mondes		$55'\,3.0''$	
,, der Sonne		8.7	
Halbmesser des Mondes		$14'\,59.3''$	
,, der Sonne		15 47.4	
Eintritt des Mondes in den Halbschatten	Mai 24,	$12^h\,35.3^m$	Weltzeit
Eintritt des Mondes in den Kernschatten	,, 24,	13 48.7	,,
Mitte der Finsternis	,, 24,	15 31.3	,,
Austritt des Mondes aus dem Kernschatten	,, 24,	17 13.8	,,
Austritt des Mondes aus dem Halbschatten	,, 24,	18 27.3	,,

Der Mond steht zu den Zeiten der ersten und letzten Berührung mit dem Kernschatten im Zenit der Orte, deren geographische Lage ist:

208° 54′ westliche Länge von Greenwich, 21° 11′ südliche Breite
258 27 ,, ,, ,, ,, 21 22 ,, ,,

Positionswinkel des Eintritts = 67°
,, ,, Austritts = 303°
Größe der Finsternis in Einheiten des Monddurchmessers = 0.970

Die Finsternis ist sichtbar in Afrika mit Ausnahme der nordwestlichen Gebiete, in Kleinasien mit Ausnahme des äußersten nordwestlichen Teiles, in der südöstlichen Sowjetunion, in Asien, auf den Aleuten im Indischen Ozean, in Australien, in der Antarktis und im Stillen Ozean.

Totale Sonnenfinsternis

1956 Juni 8

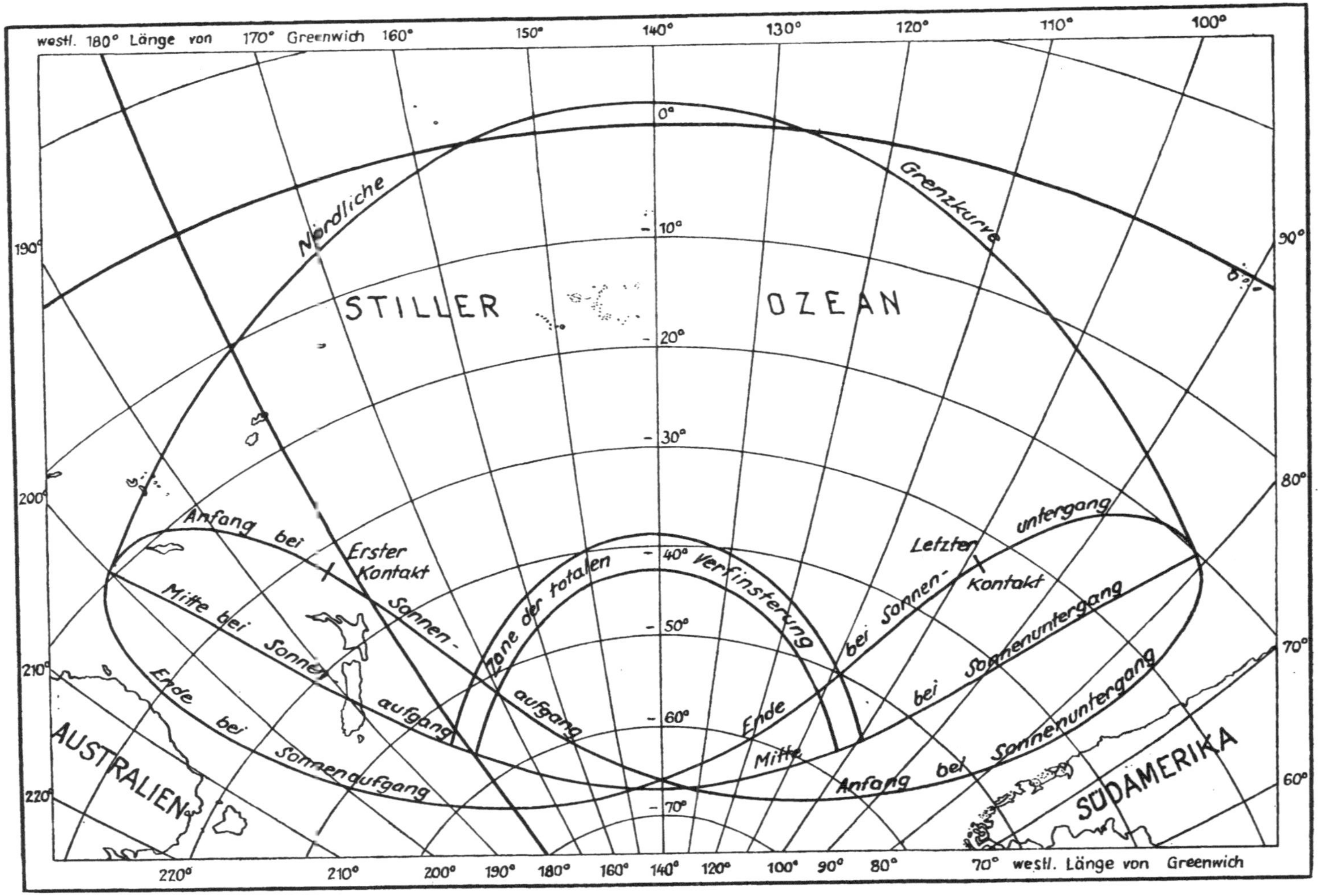

Zu Seite 293*

II. Totale Sonnenfinsternis 1956 Juni 8
in Berlin nicht sichtbar

	h m s	
Konjunktion in Rektaszension	Juni 8, 21 20 42.6	Weltzeit

	h m s
Rektaszension des Mondes	5 7 54.61
Stündliche Änderung	2 41.30
Rektaszension der Sonne	5 7 54.61
Stündliche Änderung	10.34
	° ′ ″
Deklination des Mondes	+ 22 0 5.0
Stündliche Änderung	— 2.4
Deklination der Sonne	+ 22 54 13.8
Stündliche Änderung	+ 12.9
	′ ″
Äquatorialhorizontalparallaxe des Mondes	60 44.1
,, der Sonne	8.7
	′ ″
Halbmesser des Mondes	16 32.2
,, der Sonne	15 45.2

		Weltzeit	Westl. Länge v. Greenwich	Geogr. Breite
		h m	° ′	° ′
Anfang der Finsternis	Juni 8,	19 10.8	182 28	—32 18
Beginn der zentralen Verfinsterung	,, 8,	20 34.0	180 58	—55 25
Zentrale Verfinsterung im wahren Mittag	,, 8,	21 20.7	140 26	—40 47
Ende der zentralen Verfinsterung	,, 8,	22 6.1	100 32	—55 59
Ende der Finsternis	,, 8,	23 29.3	98 30	—33 1

Verlauf der Zentrallinie

Weltzeit	Westl. Länge v. Greenwich	Geogr. Breite	Dauer der totalen Verfinsterung	Weltzeit	Westl. Länge v. Greenwich	Geogr. Breite	Dauer der totalen Verfinsterung
h m	° ′	° ′	m s	h m	° ′	° ′	m s
20 34.0	180 58	—55 25	—	21 20	140 45.9	—40 46.9	4 44.7
35	174 24.9	51 56.5	3 26.2	25	138 22.4	40 52.8	4 44.1
40	165 41.8	47 35.4	3 50.5	30	135 56.4	41 8.2	4 42.1
45	160 44.8	45 23.2	4 5.3	35	133 25.3	41 33.7	4 38.5
50	156 55.5	43 53.5	4 16.6	21 40	130 45.7	—42 10.6	4 33.4
55	153 40.9	42 48.4	4 25.5	45	127 52.8	43 1.0	4 26.6
21 0	150 47.3	—42 0.6	4 32.5	50	124 39.2	44 8.7	4 18.0
5	148 7.1	41 26.2	4 37.8	55	120 51.5	45 41.0	4 6.9
10	145 35.7	41 3.2	4 41.6	22 0	115 57.6	—47 55.6	3 52.4
15	143 9.6	40 50.3	4 43.9	5	107 29.7	52 14.2	3 28.8
21 20	140 45.9	—40 46.9	4 44.7	22 6.1	100 32	—55 59	—

Die Finsternis ist sichtbar auf Neuseeland und im südlichen Stillen Ozean.

Elemente der totalen Sonnenfinsternis 1956 Juni 8

Weltzeit	x	y	log sin d	log cos d	μ	l(a)	l(i)
h m					° ′ ″		
19 10	−1.258026	−0.885541	9.590054	9.964353	107 45 3.5	0.532989	−0.012863
20	1.161796	0.886124	9.590065	9.964351	110 15 3.2	0.532987	0.012865
30	1.065562	0.886714	9.590077	9.964349	112 45 2.9	0.532984	0.012868
40	0.969325	0.887310	9.590087	9.964347	115 15 2.6	0.532980	0.012872
50	0.873085	0.887912	9.590098	9.964346	117 45 2.3	0.532976	0.012877
20 0	−0.776842	−0.888521	9.590109	9.964344	120 15 2.0	0.532970	−0.012882
10	0.680596	0.889136	9.590119	9.964342	122 45 1.7	0.532965	0.012888
20	0.584348	0.889757	9.590130	9.964340	125 15 1.4	0.532958	0.012894
30	0.488098	0.890385	9.590140	9.964338	127 45 1.1	0.532951	0.012901
40	0.391846	0.891019	9.590152	9.964336	130 15 0.8	0.532943	0.012909
50	0.295593	0.891660	9.590163	9.964334	132 45 0.4	0.532934	0.012918
21 0	−0.199338	−0.892306	9.590173	9.964332	135 15 0.1	0.532925	−0.012927
10	0.103082	0.892959	9.590184	9.964330	137 44 59.8	0.532915	0.012937
20	−0.006826	0.893617	9.590195	9.964328	140 14 59.5	0.532904	0.012948
30	+0.089431	0.894282	9.590205	9.964327	142 44 59.2	0.532892	0.012959
40	0.185688	0.894953	9.590216	9.964325	145 14 58.9	0.532880	0.012972
50	0.281945	0.895630	9.590227	9.964323	147 44 58.6	0.532867	0.012984
22 0	+0.378202	−0.896313	9.590238	9.964321	150 14 58.3	0.532854	−0.012998
10	0.474458	0.897002	9.590248	9.964319	152 44 58.0	0.532840	0.013012
20	0.570714	0.897697	9.590259	9.964317	155 14 57.7	0.532825	0.013027
30	0.666968	0.898399	9.590270	9.964315	157 44 57.4	0.532809	0.013042
40	0.763221	0.899107	9.590280	9.964313	160 14 57.0	0.532793	0.013059
50	0.859472	0.899821	9.590291	9.964311	162 44 56.7	0.532776	0.013076
23 0	+0.955722	−0.900542	9.590302	9.964309	165 14 56.4	0.532758	−0.013093
10	1.051970	0.901269	9.590313	9.964307	167 44 56.1	0.532740	0.013112
20	1.148215	0.902003	9.590322	9.964306	170 14 55.8	0.532721	0.013131
23 30	+1.244457	−0.902743	9.590333	9.964304	172 44 55.5	0.532701	−0.013150

Welt-zeit	x′ für 1m	log x′	y′ für 1m	log y′	tg f(a)	log tg f(a)	tg f(i)	log tg f(i)
h m								
19 0	+0.0096224	7.98328	−0.0000574	5.75891n	+0.0046049	7.66322	+0.0045820	7.66106
20 0	0.0096245	7.98338	0.0000612	5.78675n	0.0046049	7.66322	0.0045820	7.66106
21 0	0.0096256	7.98343	0.0000650	5.81291n	0.0046049	7.66322	0.0045820	7.66106
22 0	0.0096257	7.98343	0.0000686	5.83632n	0.0046049	7.66322	0.0045819	7.66105
23 0	0.0096249	7.98340	0.0000724	5.85974n	0.0046048	7.66321	0.0045819	7.66105
24 0	+0.0096231	7.98332	−0.0000761	5.88139n	+0.0046048	7.66321	+0.0045819	7.66105

III. Totale Mondfinsternis 1956 November 18
in Berlin sichtbar

Opposition in Rektaszension	Nov. 18,	$6^h\ 52^m\ 3^s.5$	Weltzeit
Rektaszension des Mondes		$3^h\ 34^m\ 22^s.93$	
Stündliche Änderung		2 27.08	
Rektaszension der Sonne		15 34 22.93	
Stündliche Änderung		10.38	
Deklination des Mondes		$+19°\ 31'\ 40''.2$	
Stündliche Änderung		+ 5 6.2	
Deklination der Sonne		— 19 14 23.2	
Stündliche Änderung		— 35.7	
Äquatorialhorizontalparallaxe des Mondes		$58'\ 44''.1$	
,, der Sonne		8.9	
Halbmesser des Mondes		$15'\ 59''.5$	
,, der Sonne		16 11.0	
Eintritt des Mondes in den Halbschatten	Nov. 18,	$3^h\ 59^m.9$	Weltzeit
Eintritt des Mondes in den Kernschatten	,, 18,	5 2.6	,,
Beginn der totalen Verfinsterung	,, 18,	6 8.0	,,
Mitte der Finsternis	,, 18,	6 47.6	,,
Ende der totalen Verfinsterung	,, 18,	7 27.3	,,
Austritt des Mondes aus dem Kernschatten	,, 18,	8 32.7	,,
Austritt des Mondes aus dem Halbschatten	,, 18,	9 35.3	,,

Der Mond steht zu den Zeiten der ersten und letzten Berührung mit dem Kernschatten im Zenit der Orte, deren geographische Lage ist:

80° 24′ westliche Länge von Greenwich, 19° 22′ nördliche Breite
130 55 ,, ,, ,, ,, 19 40 ,, ,,

Positionswinkel des Eintritts = 99°
,, des Austritts = 245°

Größe der Finsternis in Einheiten des Monddurchmessers = 1.323

Die Finsternis ist sichtbar im Nördlichen Eismeer, an der Nordküste Asiens, im Stillen Ozean, in Nord- und Südamerika, im Atlantischen Ozean mit Ausnahme seines südwestlichen Teiles, in Europa mit Ausnahme des südöstlichen Teiles der Sowjetunion, im nordwestlichen Teil Afrikas und an der Nordostküste von Australien.

Sonnen- und Mondfinsternisse 1956

IV. Partielle Sonnenfinsternis 1956 Dezember 2 in Berlin zum Teil sichtbar

Konjunktion in Rektaszension	Dez. 2, 7h 54m 1s.4	Weltzeit
Rektaszension des Mondes	16h 33m 59s.67	
Stündliche Änderung	2 15.01	
Rektaszension der Sonne	16 33 59.67	
Stündliche Änderung	10.82	
Deklination des Mondes	− 20° 57′ 33″.7	
Stündliche Änderung	− 1 45.9	
Deklination der Sonne	− 21 58 19.9	
Stündliche Änderung	− 22.2	
Äquatorialhorizontalparallaxe des Mondes	55′ 43″.4	
,, der Sonne	8.9	
Halbmesser des Mondes	15′ 10″.3	
,, der Sonne	16 13.5	

		Weltzeit h m	Westl. Länge v. Greenwich ° ′	Geogr. Breite ° ′
Anfang der Finsternis	Dez. 2,	5 51.6	338 31	+42 54
Größte Phase	,, 2,	8 0.0	295 28	+67 52
Ende der Finsternis	,, 2,	10 8.5	263 15	+38 9

Größte Phase in Einheiten des Sonnendurchmessers = 0.805

Die Finsternis ist sichtbar in Europa mit Ausnahme von Spanien, Portugal, England und Norwegen, im Mittelmeer und dem nördlichen Afrika, in Arabien und dem nördlichen Teil des Indischen Ozeans und in Asien mit Ausnahme der östlichen, südöstlichen und nordöstlichen Teile.

Partielle Sonnenfinsternis

1956 Dezember 2

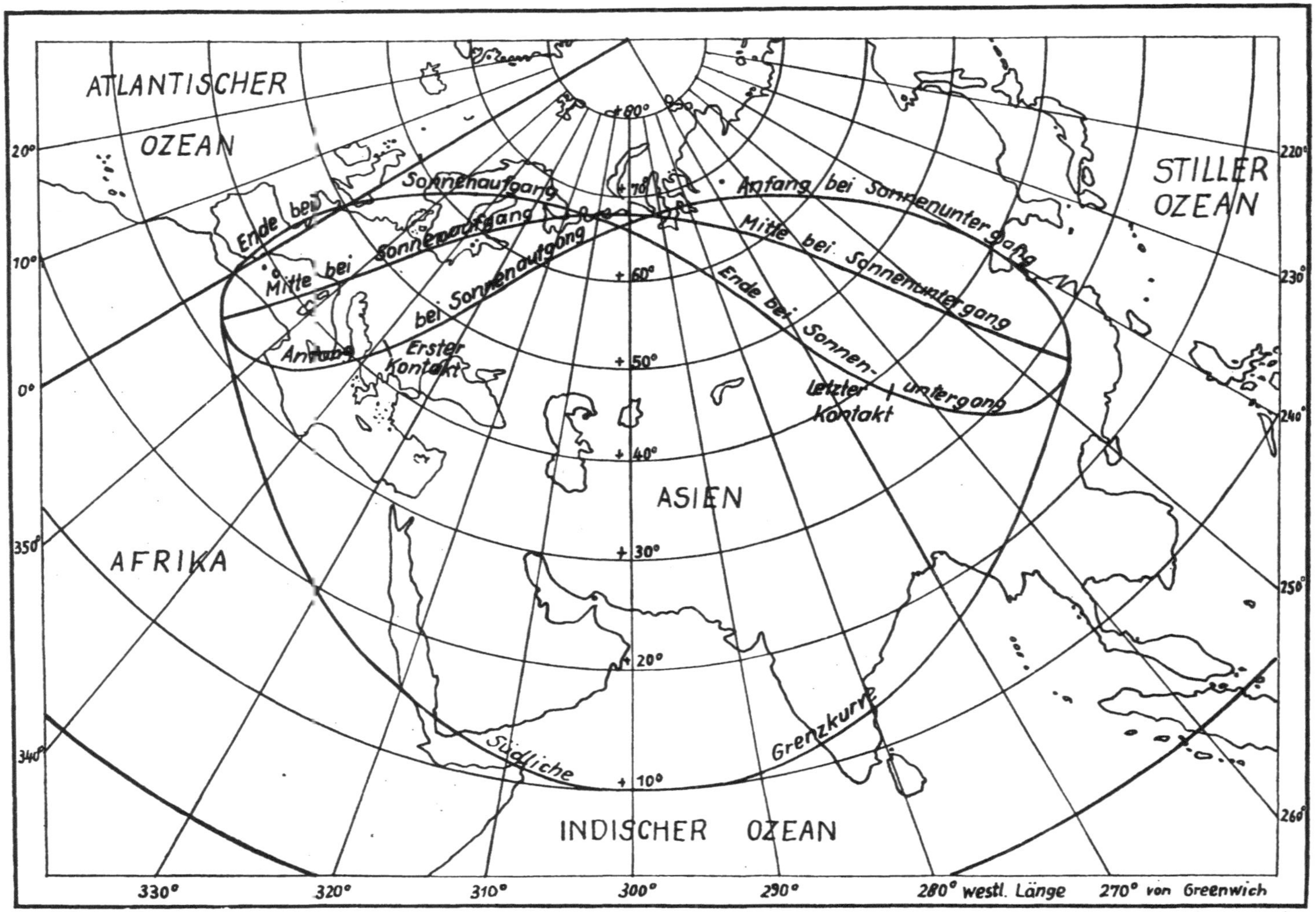

Zu Seite 296*

Elemente der partiellen Sonnenfinsternis 1956 Dezember 2

Weltzeit	x	y	log sin d	log cos d	μ	f(a)
h m					° ′ ″	
5 50	−1.078385	+1.145012	9.572867n	9.967281	270 8 28.3	0.564649
6 0	−0.991439	+1.140823	9.572885n	9.967278	272 38 26.7	0.564675
10	0.904492	1.136640	9.572905n	9.967275	275 8 25.2	0.564699
20	0.817544	1.132462	9.572924n	9.967272	277 38 23.6	0.564723
30	0.730594	1.128290	9.572943n	9.967269	280 8 22.0	0.564747
40	0.643643	1.124124	9.572962n	9.967266	282 38 20.4	0.564770
50	0.556692	1.119963	9.572982n	9.967262	285 8 18.8	0.564792
7 0	−0.469740	+1.115809	9.573000n	9.967260	287 38 17.3	0.564814
10	0.382788	1.111661	9.573021n	9.967257	290 8 15.7	0.564835
20	0.295836	1.107519	9.573039n	9.967254	292 38 14.1	0.564856
30	0.208883	1.103383	9.573058n	9.967250	295 8 12.5	0.564876
40	0.121931	1.099253	9.573077n	9.967247	297 38 10.9	0.564895
50	−0.034979	1.095129	9.573097n	9.967244	300 8 9.4	0.564914
8 0	+0.051973	+1.091010	9.573115n	9.967241	302 38 7.8	0.564932
10	0.138923	1.086896	9.573135n	9.967238	305 8 6.2	0.564950
20	0.225874	1.082788	9.573154n	9.967235	307 38 4.6	0.564967
30	0.312823	1.078686	9.573172n	9.967232	310 8 3.0	0.564983
40	0.399771	1.074590	9.573192n	9.967229	312 38 1.4	0.564999
50	0.486717	1.070499	9.573210n	9.967226	315 7 59.9	0.565014
9 0	+0.573662	+1.066415	9.573230n	9.967222	317 37 58.3	0.565029
10	0.660605	1.062336	9.573249n	9.967219	320 7 56.7	0.565043
20	0.747547	1.058262	9.573268n	9.967216	322 37 55.1	0.565056
30	0.834486	1.054195	9.573287n	9.967213	325 7 53.5	0.565069
40	0.921423	1.050133	9.573306n	9.967210	327 37 51.9	0.565082
50	1.008358	1.046078	9.573325n	9.967207	330 7 50.4	0.565093
10 0	+1.095290	+1.042028	9.573344n	9.967204	332 37 48.8	0.565105
10 10	+1.182220	+1.037985	9.573364n	9.967201	335 7 47.2	0.565115

Weltzeit	x′ für 1m	log x′ für 1m	y′ für 1m	log y′ für 1m	tg f(a)	log tg f(a)
h m						
5 0	+0.0086934	7.93919	−0.0004219	6.62521n	+0.0047439	7.67614
6 0	0.0086946	7.93925	0.0004186	6.62180n	0.0047440	7.67615
7 0	0.0086952	7.93928	0.0004151	6.61815n	0.0047440	7.67615
8 0	0.0086951	7.93928	0.0004116	6.61448n	0.0047440	7.67615
9 0	0.0086944	7.93924	0.0004082	6.61087n	0.0047441	7.67615
10 0	0.0086931	7.93918	0.0004046	6.60703n	0.0047441	7.67615
11 0	+0.0086911	7.93908	−0.0004012	6.60336n	+0.0047441	7.67615

Sonnenfinsternis 1956 Dezember 2

Geograph. Breite	Anfang der Finsternis									Größte Phase					Geograph. Breite
	Östliche Länge von Greenwich									Östl. Länge v. Greenwich					
	20ᵐ	30ᵐ	40ᵐ	50ᵐ	60ᵐ	70ᵐ	80ᵐ	90ᵐ	100ᵐ	20ᵐ	30ᵐ	40ᵐ	50ᵐ	60ᵐ	
	Weltzeit									Weltzeit					
								5ʰ	5ʰ			6ʰ	6ʰ	6ʰ	
								m	m			m	m	m	
44°	—	—	—	—	—	—	—	51.7	52.0	—	—	47.1	48.6	50.4	44°
45	—	—	—	—	—	—	—	—	52.3	—	—	48.1	49.7	51.4	45
46	—	—	—	—	—	—	—	—	52.7	—	—	49.2	50.8	52.5	46
47	—	—	—	—	—	—	—	—	53.0	—	—	—	51.9	53.6	47
48	—	—	—	—	—	—	—	—	—	—	—	—	53.0	54.7	48
49													54.2	55.8	49
50													55.4	57.0	50
51														58.3	51
52														59.5	52
53														60.8	53
54															54
55															55
56															56
57															57
58															58
59															59
60															60
	Winkel P									Betrag der größten Phase					
								°	°						
44°	—	—	—	—	—	—	—	314.8	313.2	—	—	0.32	0.35	0.37	44°
46	—	—	—	—	—	—	—	—	310.6	—	—	0.36	0.38	0.41	46
48													0.42	0.44	48
50													0.46	0.48	50
52														0.51	52
54															54
56															56
58															58
60															60
	Winkel Q														
								°	°						
44°	—	—	—	—	—	—	—	356.4	353.8						44°
46	—	—	—	—	—	—	—	—	349.4						46
48															48
50															50
52															52
54															54
56															56
58															58
60															60

Sonnenfinsternis 1956 Dezember 2

Geograph. Breite	Größte Phase					Ende der Finsternis									Geograph. Breite
	Östl. Länge v. Greenwich					Östliche Länge von Greenwich									
	60m	70m	80m	90m	100m	20m	30m	40m	50m	60m	70m	80m	90m	100m	
	Weltzeit					Weltzeit									
	6h m	6h m	6h m	6h m	6h m	7h m	7h m	7h m	7h m	7h m	7h m	8h m	8h m	8h m	
44°	50.4	52.3	54.5	56.9	59.5	37.5	41.4	45.6	49.9	54.4	59.1	4.0	9.1	14.4	44°
45	51.4	53.3	55.5	57.9	60.4	40.2	44.0	48.0	52.2	56.5	61.1	5.9	10.8	15.9	45
46	52.5	54.4	56.5	58.8	61.4	42.8	46.4	50.3	54.4	58.6	63.1	7.7	12.5	17.5	46
47	53.6	55.5	57.6	59.9	62.4	45.3	48.8	52.6	56.5	60.6	64.9	9.4	14.1	18.9	47
48	54.7	56.6	58.6	60.9	63.4	47.7	51.1	54.8	58.6	62.6	66.8	11.1	15.7	20.4	48
49	55.8	57.7	59.8	62.0	64.5	50.0	53.4	56.9	60.6	64.5	68.6	12.8	17.2	21.7	49
50	57.0	58.9	60.9	63.1	65.5	52.3	55.6	59.0	62.6	66.4	70.3	14.4	18.7	23.1	50
51	58.3	60.1	62.1	64.3	66.6	54.5	57.7	61.0	64.5	68.2	72.0	16.0	20.1	24.4	51
52	59.5	61.3	63.3	65.4	67.8	56.7	59.8	63.0	66.4	69.9	73.6	17.5	21.5	25.6	52
53	60.8	62.5	64.5	66.6	68.9	58.8	61.8	64.9	68.2	71.7	75.3	19.0	22.9	26.8	53
54	—	63.8	65.7	67.8	70.1	60.9	63.8	66.8	70.0	73.3	76.8	20.4	24.2	28.0	54
55	—	65.1	67.0	69.0	71.2	62.9	65.7	68.7	71.8	75.0	78.4	21.9	25.5	29.2	55
56	—	66.4	68.3	70.3	72.4	64.9	67.6	70.5	73.5	76.6	79.9	23.2	26.7	30.3	56
57	—	—	69.6	71.5	73.7	66.9	69.5	72.3	75.2	78.2	81.3	24.6	28.0	31.4	57
58	—	—	70.9	72.8	74.9	—	71.4	74.0	76.8	79.7	82.8	25.9	29.2	32.5	58
59	—	—	—	74.1	76.1	—	73.2	75.7	78.4	81.3	84.2	27.2	30.4	33.6	59
60	—	—	—	75.4	77.4	—	—	77.4	80.0	82.8	85.6	28.5	31.5	34.6	60
	Betrag der größten Phase					Winkel P									
						°	°	°	°	°	°	°	°	°	
44°	0.37	0.39	0.41	0.43	0.46	55.9	57.7	59.5	61.2	62.8	64.3	65.8	67.1	68.4	44°
46	0.41	0.43	0.45	0.47	0.49	58.9	60.6	62.2	63.7	65.2	66.6	67.9	69.1	70.3	46
48	0.44	0.46	0.48	0.50	0.52	61.7	63.2	64.6	66.0	67.4	68.7	69.9	71.0	72.0	48
50	0.48	0.50	0.51	0.53	0.55	64.1	65.5	66.8	68.1	69.4	70.5	71.6	72.7	73.6	50
52	0.51	0.53	0.54	0.56	0.58	66.3	67.6	68.8	70.0	71.1	72.2	73.2	74.2	75.0	52
54	—	0.56	0.57	0.59	0.61	68.3	69.5	70.6	71.7	72.7	73.7	74.6	75.5	76.3	54
56	—	0.58	0.60	0.61	0.63	70.1	71.2	72.2	73.2	74.2	75.1	75.9	76.7	77.4	56
58	—	—	0.62	0.64	0.65	—	72.7	73.7	74.6	75.4	76.3	77.0	77.7	78.4	58
60	—	—	—	0.66	0.67	—	—	74.9	75.7	76.5	77.3	78.0	78.6	79.2	60
						Winkel Q									
						°	°	°	°	°	°	°	°	°	
44°						93.8	94.1	94.1	94.0	93.6	93.0	92.2	91.2	89.9	44°
46						94.7	94.8	94.8	94.5	94.1	93.5	92.7	91.6	90.4	46
48						95.4	95.4	95.2	94.9	94.5	93.8	93.0	91.9	90.7	48
50						95.8	95.7	95.5	95.2	94.7	94.0	93.2	92.2	91.0	50
52						96.0	95.9	95.7	95.3	94.8	94.1	93.3	92.3	91.2	52
54						96.1	96.0	95.7	95.3	94.7	94.1	93.3	92.3	91.2	54
56						96.1	95.9	95.6	95.2	94.6	94.0	93.2	92.3	91.2	56
58						—	95.7	95.3	94.9	94.4	93.7	93.0	92.1	91.2	58
60						—	—	95.0	94.5	94.0	93.4	92.7	91.9	91.0	60

Sternbedeckungen 1956

Elemente der in Mitteleuropa sichtbaren Sternbedeckungen

Stern					Konjunktion in Rektaszension					Alter des Mondes
Name	NZC	Gr.	α app.	δ app.	Weltzeit	Stundenw. H	Y	x′	y′	
Januar										
		m	h m s	° ′ ″	d h m	h m				d
ω Leonis *m.* ..	1397	5.5	9 26 8.19	+ 9 14 47.3	1 1 59.1	—0 48.2	+0.8983	0.5675	—0.2129	17.8
19 Sextantis ..	1495	5.9	10 10 32.85	+ 4 49 47.9	1 21 42.8	—5 45.7	+1.0193	0.5538	—0.2249	18.6
370 B. Virginis .	1852	6.0	12 52 2.15	—11 24 41.2	5 3 23.1	—2 34.1	+0.9038	0.5303	—0.1966	21.8
BD—11°3398	1858	6.5	12 54 55.51	—11 49 49.5	5 4 48.8	—1 11.1	+1.0718	0.5303	—0.1952	21.9
83 Virginis ...	1967	5.7	13 42 8.00	—15 57 32.5	6 4 4.9	—2 38.3	+1.2744	0.5322	—0.1687	22.9
85 Virginis ...	1970	6.2	13 43 13.55	—15 32 52.4	6 4 37.1	—2 7.2	+0.7401	0.5323	—0.1680	22.9
51 Aquarii *m.* .	3287	5.8	22 21 49.58	— 5 3 33.3	16 17 31.2	+2 49.9	+0.3157	0.5166	+0.2119	3.6
BD—1°4393	3397	7.4	23 5 30.65	— 0 31 58.7	17 16 22.2	+1 1.0	+0.3301	0.5181	+0.2175	4.6
BD+3°4909*m.*	3524	6.9	23 54 32.58	+ 4 28 54.2	18 17 34.8	+1 28.7	+0.4156	0.5247	+0.2148	5.6
104 Piscium ...	244	6.9	1 36 54.95	+14 3 54.4	20 18 59.0	+1 18.6	+0.2104	0.5526	+0.1787	7.7
27 Arietis	371	6.4	2 28 29.26	+17 30 44.2	21 17 45.7	—0 42.5	+0.3617	0.5703	+0.1457	8.6
36 Arietis	402	6.5	2 41 53.15	+17 34 50.6	21 23 27.0	+4 46.4	+1.0900	0.5749	+0.1357	8.9
BD+19°537 *pr.*	500	7.0	3 25 30.94	+20 18 50.2	22 17 23.5	—1 57.9	+0.4229	0.5888	+0.0996	9.6
BD+20°573	503	7.2	3 26 17.51	+20 28 28.2	22 17 42.2	—1 39.9	+0.2913	0.5891	+0.0989	9.6
14 H.¹ Tauri ..	525	6.4	3 36 28.60	+20 46 30.6	22 21 46.3	+2 14.8	+0.3708	0.5920	+0.0898	9.8
22 H.¹ Tauri ..	534	6.0	3 41 56.40	+20 47 32.8	22 23 56.3	+4 19.7	+0.5419	0.5936	+0.0848	9.9
247 B. Tauri ...	665	5.7	4 25 26.17	+21 31 27.3	23 16 50.6	—3 26.8	+0.8870	0.6040	+0.0430	10.6
74 *f* Geminorum	1158	5.2	7 36 59.05	+17 46 25.3	26 16 55.9	—6 21.2	+0.6783	0.6022	—0.1449	13.6
237 B. Leonis ..	1582	6.3	10 50 0.46	+ 1 15 18.2	30 2 2.6	—0 14.2	+0.6632	0.5538	—0.2309	17.0
Februar										
		m	h m s	° ′ ″	d h m	h m				d
21 *q* Virginis ..	1800	5.4	12 31 32.39	— 9 12 45.7	1 1 41.3	—2 9.2	+0.7929	0.5400	—0.2087	19.0
δ Scorpii	2290	2.5	15 57 44.86	—22 29 53.4	5 3 50.2	—3 10.4	+0.8548	0.5450	—0.0640	23.1
19 Piscium ...	3501	5.3	23 44 8.87	+ 3 14 36.8	14 17 42.0	+3 32.8	+0.4007	0.5267	+0.2161	2.8
BD+11°172	197	7.0	1 19 39.17	+12 22 32.9	16 16 22.8	+0 45.8	+0.2687	0.5464	+0.1865	4.8
BD+16°281	348	6.8	2 20 8.68	+16 40 19.0	17 19 52.1	+3 19.1	+0.4412	0.5631	+0.1502	5.9
δ Arietis	465	4.5	3 9 7.97	+19 33 46.8	18 16 55.4	—0 23.2	+0.2303	0.5765	+0.1125	6.8
BD+19°523	489	7.2	3 21 30.73	+19 45 10.5	18 22 5.4	+4 35.3	+0.5886	0.5797	+0.1020	7.0
51 Tauri	631	5.6	4 15 48.61	+21 28 26.8	19 20 9.2	+1 48.4	+0.5398	0.5916	+0.0523	7.9
53 Tauri	633	5.4	4 16 52.12	+21 2 17.6	19 20 34.5	+2 12.7	+1.0050	0.5918	+0.0513	8.0
56 Tauri	634	5.3	4 17 2.09	+21 40 11.0	19 20 38.5	+2 16.6	+0.3659	0.5918	+0.0512	8.0
247 B. Tauri ...	665	5.7	4 25 25.78	+21 31 26.7	19 23 58.6	+5 28.9	+0.6705	0.5932	+0.0431	8.1
108 Tauri	784	6.2	5 12 51.02	+22 14 9.8	20 18 34.2	—0 39.9	+0.3142	0.5993	—0.0038	8.9
109 *n* Tauri	792	5.1	5 16 40.08	+22 3 9.7	20 20 3.2	+0 45.5	+0.4904	0.5996	—0.0077	8.9
o Tauri	817	4.8	5 25 1.68	+21 54 3.6	20 23 17.9	+3 52.3	+0.6041	0.6002	—0.0161	9.1
BD+21°1203	969	7.1	6 18 39.08	+21 9 10.3	21 20 2.5	—0 13.3	+0.4626	0.6009	—0.0694	9.9
15 Geminorum	989	6.6	6 25 11.73	+20 49 0.8	21 22 34.6	+2 12.7	+0.6147	0.6006	—0.0757	10.0
16 Geminorum	991	6.1	6 25 22.17	+20 31 24.3	21 22 38.6	+2 16.6	+0.9031	0.6006	—0.0759	10.0
ν Geminorum	995	4.1	6 26 23.57	+20 14 25.4	21 23 2.4	+2 39.4	+1.1559	0.6006	—0.0769	10.1
BD+18°1610	1124	6.9	7 23 23.55	+18 14 1.3	22 21 19.5	+0 3.2	+0.8464	0.5952	—0.1290	11.0
29 Cancri	1271	5.9	8 26 12.93	+14 21 15.8	23 22 36.6	+0 21.6	+0.8030	0.5846	—0.1773	12.0
ω Leonis *m.* ..	1397	5.5	9 26 8.95	+ 9 14 42.0	24 23 44.9	+0 34.1	+0.9880	0.5726	—0.2103	13.1
März										
		m	h m s	° ′ ″	d h m	h m				d
BD+15°305	313	7.5	2 5 40.57	+15 35 50.3	15 18 55.7	+4 23.4	+0.3308	0.5642	+0.1599	3.2
54 Arietis	457	6.5	3 5 52.24	+18 37 41.7	16 20 48.7	+5 20.5	+0.7785	0.5784	+0.1147	4.3
ι Tauri	752	4.7	5 0 29.41	+21 31 44.0	18 19 16.0	+2 0.8	+0.7545	0.5943	+0.0086	6.2
330 B. Tauri ...	755	6.3	5 1 45.73	+21 13 5.0	18 19 46.3	+2 29.9	+1.0746	0.5944	+0.0073	6.2
105 Tauri	766	6.0	5 5 19.10	+21 38 53.5	18 21 10.7	+3 51.0	+0.6446	0.5946	+0.0038	6.3
BD+20°1302	935	6.9	6 8 47.47	+20 54 54.9	19 22 16.1	+3 57.0	+0.6986	0.5941	—0.0582	7.3
5 Cancri	1210	5.9	7 59 2.34	+16 34 30.5	21 18 52.8	—1 9.3	+0.2486	0.5801	—0.1536	9.2
60 Cancri	1332	5.7	8 53 34.10	+11 47 29.3	22 17 59.3	—2 53.4	+1.0982	0.5702	—0.1889	10.2
α Cancri	1341	4.3	8 56 7.57	+12 1 31.3	22 19 5.6	—1 49.5	+0.6526	0.5698	—0.1903	10.2
κ Cancri	1359	5.1	9 5 24.56	+10 50 32.3	22 23 7.1	+2 3.4	+1.0716	0.5681	—0.1952	10.4
14 Sextantis ..	1482	6.3	10 4 32.19	+ 5 49 18.5	24 1 19.1	+3 20.5	+0.7061	0.5586	—0.2181	11.5
237 B. Leonis ..	1582	6.3	10 50 0.91	+ 1 15 13.5	24 22 2.6	—0 38.1	+0.7393	0.5533	—0.2254	12.3
55 Leonis	1587	6.0	10 53 29.43	+ 0 57 59.9	24 23 38.5	+0 54.7	+0.6714	0.5530	—0.2256	12.4

Elemente der in Mitteleuropa sichtbaren Sternbedeckungen

Stern					Konjunktion in Rektaszension					Alter des Mondes
Name	NZC	Gr.	α app.	δ app.	Weltzeit	Stundenw. H	Y	x′	y′	
					April					
		m	h m s	° ′ ″	d h m	h m				d
31 B.Capricorni	2986	6.4	20 26 16.37	—15 53 12.3	5 3 59.1	—3 33.5	+1.1323	0.5259	+0.1572	23.6
BD+21°707	725	6.9	4 46 8.00	+21 14 22.0	14 19 23.5	+4 9.2	+0.7569	0.5999	+0.0219	3.7
BD+20°1105*m*.	881	5.9	5 45 46.12	+20 51 18.8	15 18 39.9	+2 29.7	+0.9699	0.5988	—0.0367	4.7
BD+16°1580	1190	7.1	7 51 29.43	+16 8 57.5	17 21 15.1	+3 7.5	+0.9337	0.5786	—0.1467	6.8
ι Cancri	1197	6.0	7 54 31.60	+15 54 23.8	17 22 31.4	+4 20.9	+0.9917	0.5780	—0.1489	6.8
A¹ Cancri	1309	5.7	8 40 49.15	+12 50 11.2	18 18 17.4	—0 36.1	+0.8549	0.5676	—0.1790	7.7
A² Cancri	1318	5.7	8 44 33.57	+12 16 8.6	18 19 55.2	+0 58.2	+1.1385	0.5668	—0.1812	7.7
BD+13°1994	1320	6.8	8 46 16.65	+12 42 24.8	18 20 40.1	+1 41.6	+0.5573	0.5664	—0.1821	7.8
60 Cancri	1332	5.7	8 53 33.70	+11 47 30.2	18 23 51.6	+4 46.3	+0.9010	0.5648	—0.1861	7.9
BD+3°2379	1543	6.6	10 29 22.50	+ 3 3 58.9	20 19 22.8	—1 11.2	+0.8765	0.5484	—0.2187	9.7
BD+2°2334	1551	6.7	10 32 52.60	+ 2 25 38.3	20 21 1.0	+0 23.8	+1.1750	0.5480	—0.2192	9.8
BD—1°2521	1655	6.7	11 22 46.19	— 1 58 31.7	21 20 33.4	—0 49.9	+0.5265	0.5445	—0.2202	10.8
87 *e* Leonis ...	1670	5.1	11 28 6.76	— 2 45 58.0	21 23 5.6	+1 37.5	+0.7870	0.5443	—0.2197	10.9
					Mai					
		m	h m s	° ′ ″	d h m	h m				d
ζ Tauri	847	3.0	5 35 1.94	+21 7 0.0	12 21 50.6	+7 38.2	+0.7374	0.6091	—0.0275	2.4
84 B. Cancri ..	1281	6.4	8 31 20.61	+13 24 21.7	15 19 54.5	+2 57.3	+0.8662	0.5739	—0.1747	5.3
ω Leonis *m*. ..	1397	5.5	9 26 8.08	+ 9 14 43.9	16 19 50.3	+2 2.1	+0.5580	0.5594	—0.2014	6.3
BD+3°2365*m*.	1527	6.8	10 23 44.49	+ 3 8 54.8	17 22 13.9	+3 32.5	+1.2485	0.5474	—0.2166	7.4
84 B. Sextantis	1528	6.6	10 23 54.47	+ 4 9 6.9	17 22 18.5	+3 37.0	+0.2013	0.5473	—0.2166	7.4
49B.*RW* Virginis	1745	7.0—8.2	12 5 2.30	— 6 31 35.0	19 22 37.8	+2 23.0	+0.8089	0.5393	—0.2100	9.4
					Juni					
		m	h m s	° ′ ″	d h m	h m				d
13 B. Virginis .	1713	5.8	11 48 49.58	— 5 5 36.9	15 20 21.5	+2 9.0	+0.9740	0.5408	—0.2143	6.9
266 B. Sagittarii	2863	6.1	19 33 56.35	—18 56 52.9	24 23 51.4	—1 30.1	+1.0684	0.5344	+0.1222	16.1
267 B. Sagittarii	2865	5.9	19 34 34.32	—18 19 36.2	25 0 10.2	—1 11.9	+0.4163	0.5342	+0.1226	16.1
ϰ Aquarii ...	3320	5.3	22 35 31.80	— 4 27 0.8	28 22 18.5	—5 49.1	+1.2998	0.5126	+0.2044	20.0
207 B. Aquarii .	3326	6.4	22 38 34.47	— 3 46 42.5	28 23 55.9	—4 14.5	+0.8957	0.5128	+0.2049	20.1
ϰ Piscium ...	3453	4.9	23 24 43.44	+ 1 1 9.7	30 0 22.5	—4 30.0	+0.7181	0.5167	+0.2078	21.1
9 Piscium ...	3455	6.4	23 25 2.38	+ 0 53 8.0	30 0 32.4	—4 20.4	+0.8975	0.5167	+0.2078	21.1
					Juli					
		m	h m s	° ′ ″	d h m	h m				d
π Arietis	416	5.4	2 46 52.05	+17 17 3.0	4 0 33.2	—7 25.7	+0.9636	0.5775	+0.1279	25.1
226 B. Sagittarii	2825	6.4	19 19 6.96	—19 18 53.5	21 22 36.7	—0 43.8	+0.6072	0.5372	+0.1099	13.7
46 *c*¹Capricorni	3185	5.3	21 42 43.59	— 9 16 44.9	25 0 0.8	—1 31.2	+0.9006	0.5163	+0.1907	16.8
47 *c*² Capricorni	3187	6.2	21 43 59.53	— 9 28 24.3	25 0 41.1	—0 52.1	+1.2433	0.5162	+0.1911	16.8
					August					
		m	h m s	° ′ ″	d h m	h m				d
ζ Tauri	847	3.0	5 35 3.11	+21 7 1.0	3 4 3.3	—4 44.9	+0.6132	0.6074	—0.0249	26.0
14 Sagittarii ..	2635	5.7	18 11 41.60	—21 43 31.0	16 20 18.9	—0 12.0	+0.7335	0.5449	+0.0536	10.3
195 B. Sagitt. *m*.	2798	6.3	19 7 16.92	—19 52 17.6	17 23 0.3	+1 38.2	+0.7281	0.5380	+0.0989	11.5
22 Piscium ...	3512	5.8	23 49 46.70	+ 2 41 34.6	24 0 54.1	—0 46.5	+1.2197	0.5222	+0.2041	17.5
51 Piscium ...	68	5.7	0 30 11.47	+ 6 43 10.5	24 21 35.3	—4 42.4	+1.0044	0.5288	+0.1958	18.4
19 Arietis	326	6.0	2 10 42.94	+15 4 45.6	26 22 7.2	—5 43.0	+0.6026	0.5533	+0.1495	20.4
53 Arietis	455	6.1	3 5 0.50	+17 42 53.9	27 22 23.2	—6 17.3	+1.0113	0.5683	+0.1114	21.4
					September					
		m	h m s	° ′ ″	d h m	h m				d
11 G. Sagittarii	2580	6.6	17 53 46.15	—21 56 57.7	12 18 50.5	+0 23.7	+0.8530	0.5478	+0.0375	8.0
128 B. Sagittarii	2720	6.4	18 42 45.15	—21 2 44.5	13 18 2.5	—1 9.5	+1.2108	0.5410	+0.0782	9.0
133 B. Sagittarii	2729	6.9	18 45 19.73	—20 19 17.1	13 19 16.8	+0 2.4	+0.5087	0.5406	+0.0802	9.0
29 Sagittarii ..	2734	5.4	18 47 7.50	—20 22 26.1	13 20 8.6	+0 52.6	+0.6367	0.5403	+0.0816	9.0
267 B. Sagittarii	2865	5.9	19 34 34.43	—18 19 34.9	14 19 17.9	—0 41.8	+0.6851	0.5332	+0.1173	10.0
27 G.Capricorni	2995	6.2	20 28 40.74	—15 11 57.7	15 22 29.5	+1 40.3	+0.9043	0.5259	+0.1523	11.1
207 B. Aquarii .	3326	6.4	22 38 35.70	— 3 46 33.2	18 18 11.3	—4 36.7	+0.6244	0.5198	+0.2019	14.0
6 G. Piscium .	3370	6.2	22 56 3.87	— 2 37 22.5	19 3 20.6	+4 16.6	+1.2228	0.5208	+0.2041	14.3
51 Piscium ...	68	5.7	0 30 11.86	+ 6 43 13.5	21 3 34.6	+3 4.3	+0.8802	0.5338	+0.1954	16.3
π Arietis	416	5.4	2 46 54.43	+17 17 14.0	23 19 45.4	—6 51.0	+0.2994	0.5660	+0.1243	19.0
53 Arietis	455	6.1	3 5 1.21	+17 42 56.9	24 3 41.2	+0 47.9	+0.7817	0.5702	+0.1106	19.4
χ¹ Orionis	894	4.6	5 51 50.36	+20 16 9.9	27 0 42.6	—4 46.1	+0.8150	0.5912	—0.0385	22.2
ι Cancri	1197	6.0	7 54 32.63	+15 54 23.3	29 2 32.2	—4 51.0	+0.5737	0.5837	—0.1435	24.3
60 Cancri	1332	5.7	8 53 34.10	+11 47 31.3	30 3 15.9	—5 2.3	+0.6561	0.5764	—0.1819	25.3
α Cancri	1341	4.3	8 56 7.55	+12 1 33.1	30 4 21.1	—3 59.4	+0.2232	0.5760	—0.1833	25.4

Sternbedeckungen 1956

Elemente der in Mitteleuropa sichtbaren Sternbedeckungen

Stern					Konjunktion in Rektaszension					Alter des Mondes
Name	NZC	Gr.	α app.	δ app.	Weltzeit	Stundenw. H	Y	x′	y′	
Oktober										
		m	h m s	° ′ ″	d h m	h m				d
52 Ophiuchi ..	2529	6.6	17 32 42.75	—22 0 55.9	9 17 13.5	+0 53.9	+0.8865	0.5548	+0.0196	5.5
BD—21°5025	2679	7.4	18 27 17.04	—20 58 50.2	10 18 34.1	+1 24.2	+0.8527	0.5456	+0.0657	6.6
43 *d* Sagittarii.	2814	5.0	19 15 7.33	—19 1 47.1	11 17 31.4	—0 22.6	+0.6516	0.5368	+0.1028	7.5
BD—19°5387	2816	6.8	19 15 40.23	—18 56 27.8	11 17 47.5	—0 7.1	+0.5813	0.5366	+0.1032	7.5
226 B. Sagittarii	2825	6.4	19 19 6.16	—19 18 54.3	11 19 28.1	+1 30.4	+1.1696	0.5360	+0.1057	7.6
87B.(Capricorni)	3051	7.0	20 50 9.37	—13 21 49.2	13 17 20.0	—2 1.2	+0.8248	0.5217	+0.1624	9.5
117 G.Capricorni	3184	7.1	21 42 38.61	— 9 13 57.0	14 20 43.6	+0 34.4	+1.0435	0.5180	+0.1852	10.7
46 c^1 Capricorni	3185	5.3	21 42 43.61	— 9 16 42.9	14 20 46.2	+0 36.9	+1.1024	0.5180	+0.1852	10.7
51 Aquarii *m*. .	3287	5.8	22 21 53.53	— 5 3 9.5	15 17 23.2	—3 21.9	+0.4051	0.5181	+0.1966	11.5
BD—5°5790	3290	7.3	22 23 53.37	— 5 23 39.9	15 18 26.2	—2 20.6	+0.9857	0.5182	+0.1970	11.6
π Arietis	416	5.4	2 46 54.92	+17 17 16.0	21 2 18.6	+1 29.7	+0.1995	0.5731	+0.1243	16.9
175 B.(Arietis) .	497	6.4	3 24 37.26	+18 36 29.2	21 18 21.8	—7 2.2	+0.5933	0.5814	+0.0948	17.6
14 Tauri	533	6.3	3 41 19.33	+19 31 52.0	22 1 19.9	—0 19.7	+0.2516	0.5845	+0.0807	17.9
129 H.[1] Tauri ..	700	5.7	4 35 44.83	+20 35 59.3	22 23 35.2	—2 55.1	+0.4148	0.5919	+0.0320	18.8
372 B. Tauri ...	837	6.1	5 31 6.50	+20 26 41.5	23 21 49.0	—5 33.0	+0.7082	0.5942	—0.0198	19.7
162 B. Geminor.	1141	5.6	7 29 20.24	+17 10 40.7	25 21 40.5	—7 31.9	+0.5053	0.5837	—0.1234	21.7
A^1 Cancri	1309	5.7	8 40 50.45	+12 50 8.7	27 3 51.2	—2 27.7	+0.4036	0.5718	—0.1720	23.0
A^2 Cancri	1318	5.7	8 44 34.82	+12 16 6.4	27 5 28.0	—0 54.4	+0.6988	0.5713	—0.1741	23.0
ω Leonis *m*. ..	1397	5.5	9 26 9.26	+ 9 14 41.6	27 23 38.3	—7 22.7	+0.4025	0.5648	—0.1944	23.8
3 Leonis	1398	5.9	9 26 11.81	+ 8 22 36.7	27 23 39.4	—7 21.6	+1.2781	0.5648	—0.1944	23.8
November										
		m	h m s	° ′ ″	d h m	h m				d
30 G. Sagittarii	2614	6.2	18 4 35.92	—21 26 55.6	6 16 30.9	+1 29.7	+0.8880	0.5537	+0.0478	4.0
BD—2°5858	3371	6.4	22 56 11.66	— 1 38 17.8	12 20 11.2	+0 42.7	+0.3772	0.5167	+0.1999	10.1
22 Piscium ...	3512	5.8	23 49 46.82	+ 2 41 37.1	14 0 4.4	+3 46.9	+1.2720	0.5253	+0.2001	11.3
51 Piscium ...	68	5.7	0 30 11.88	+ 6 43 14.5	14 20 23.7	—0 30.9	+0.9501	0.5353	+0.1930	12.2
π Piscium ...	240	5.6	1 34 50.58	+11 55 27.9	16 3 13.9	+5 19.8	+1.0571	0.5550	+0.1689	13.4
19 Arietis	326	6.0	2 10 44.12	+15 4 51.8	16 19 25.2	—3 2.2	+0.3358	0.5666	+0.1489	14.1
175 B. (Arietis) .	497	6.4	3 24 37.64	+18 36 30.0	18 2 52.4	+3 16.2	+0.5773	0.5877	+0.0950	15.4
106 *l* Tauri	765	5.3	5 5 17.46	+20 21 46.5	19 18 58.9	—6 11.3	+0.8259	0.6030	+0.0040	17.1
351 B. Tauri ...	793	6.2	5 16 43.82	+20 5 26.0	19 23 26.5	—1 54.4	+1.0932	0.6034	—0.0069	17.3
372 B. Tauri ...	837	6.1	5 31 7.19	+20 26 40.9	20 5 2.6	+3 28.2	+0.6583	0.6036	—0.0206	17.5
68 Orionis	940	5.7	6 9 30.22	+19 48 2.3	20 20 0.1	—6 10.2	+0.7260	0.6020	—0.0566	18.1
162 B. Geminor.	1141	5.6	7 29 21.08	+17 10 37.8	22 3 41.5	+0 16.5	+0.4442	0.5907	—0.1250	19.5
ω Leonis *m*. ..	1397	5.5	9 26 10.11	+ 9 14 37.0	24 5 2.5	—0 11.2	+0.3440	0.5653	—0.1945	21.5
3 Leonis	1398	5.9	9 26 12.66	+ 8 22 32.1	24 5 3.6	—0 10.1	+1.2181	0.5654	—0.1945	21.5
19 Sextantis ..	1495	5.9	10 10 34.65	+ 4 49 36.9	25 0 54.7	—5 0.1	+0.8122	0.5574	—0.2079	22.3
Dezember										
		m	h m s	° ′ ″	d h m	h m				d
ν Aquarii	3093	4.5	21 7 15.13	—11 32 44.0	7 18 25.2	+2 23.9	+0.4120	0.5183	+0.1695	5.5
ϰ Aquarii	3320	5.3	22 35 32.19	— 4 26 55.0	9 17 32.8	+0 11.0	+1.2567	0.5113	+0.1956	7.4
207 B. Aquarii .	3326	6.4	22 38 34.89	— 3 46 36.2	9 19 11.0	+1 46.4	+0.8368	0.5114	+0.1960	7.5
ϰ Piscium ...	3453	4.9	23 24 44.34	+ 1 1 19.0	10 19 51.5	+1 44.8	+0.4570	0.5151	+0.1990	8.5
9 Piscium ...	3455	6.4	23 25 3.29	+ 0 53 17.2	10 20 1.5	+1 54.5	+0.6364	0.5151	+0.1991	8.5
BD+5°25 ..	29	7.2	0 13 26.93	+ 5 36 25.3	11 21 15.5	+2 24.3	+0.4872	0.5244	+0.1943	9.6
210 B. Piscium .	173	6.6	1 9 15.00	+10 3 57.1	13 1 1.0	+5 18.6	+0.9025	0.5405	+0.1784	10.7
14 Tauri	533	6.3	3 41 19.93	+19 31 52.9	15 20 3.5	—2 0.0	+0.2240	0.5916	+0.0815	13.5
129 H.[1] Tauri ..	700	5.7	4 35 45.72	+20 35 59.4	16 17 36.9	—5 17.5	+0.3804	0.6039	+0.0326	14.4
110 B. Geminor.	1072	6.2	6 59 57.68	+17 48 58.1	19 0 46.7	—0 22.9	+1.1626	0.6064	—0.1023	16.7
1 Cancri	1197	6.0	7 54 35.07	+15 54 14.1	19 22 8.6	—3 52.1	+0.3856	0.5967	—0.1458	17.6
30 B. Cancri ..	1234	6.1	8 8 36.01	+14 45 19.6	20 3 44.6	+1 30.8	+0.6774	0.5937	—0.1556	17.9
BD+14°1850	1237	6.4	8 9 59.86	+14 7 52.8	20 4 18.3	+2 3.2	+1.2072	0.5934	—0.1566	17.9
60 Cancri	1332	5.7	8 53 36.55	+11 47 19.5	20 22 7.8	—4 48.0	+0.4967	0.5831	—0.1826	18.6
ϰ Cancri	1359	5.1	9 5 26.90	+10 50 22.5	21 3 4.6	—0 2.2	+0.5221	0.5801	—0.1884	18.8
25 B. Sextantis	1453	6.3	9 51 29.03	+ 6 9 33.4	21 22 46.0	—5 3.6	+1.2965	0.5692	—0.2058	19.6
14 Sextantis ..	1482	6.3	10 4 34.01	+ 5 49 9.7	22 4 29.4	+0 27.7	+0.4505	0.5664	—0.2092	19.9
237 B. Leonis ..	1582	6.3	10 50 2.38	+ 1 15 6.2	23 0 47.5	—3 56.4	+0.7307	0.5580	—0.2151	20.7
55 Leonis	1587	6.0	10 53 30.88	+ 0 57 52.8	23 2 21.9	—2 25.2	+0.6827	0.5574	—0.2152	20.8
62 p^3 Leonis ..	1605	6.2	11 1 25.71	+ 0 13 45.2	23 5 57.7	+1 3.3	+0.6543	0.5563	—0.2152	20.9
550 B.Virginis *m*.	1949	5.8	13 32 23.55	—12 59 39.4	26 3 54.7	—3 19.2	+0.3404	0.5516	—0.1698	23.9

Sternbedeckungen 1956

Ein- und Austritte für Berlin-Babelsberg

$\lambda = -0^h\ 52^m.4 \qquad \varphi = +52^\circ\ 24'.4$

Tag	NZC	Stern	Größe	Phase	Weltzeit	P	a	b	Alter des Mondes
1956			m		h m	°	m	m	d
Jan. 1	1397	ω Leonis *m.*	5.5	A.	2 39.3	254	—1.8	+0.2	17.8
5	1852	370 B. Virginis	6.0	A.	3 24.5	267	—1.6	+1.0	21.8
5	1858	BD—11°3398	6.5	A.	5 23.8	257	—1.9	+0.1	21.9
6	1970	85 Virginis	6.2	A.	4 38.5	311	—1.0	—0.2	22.9
17	3397	BD—1°4393	7.4	E.	17 17.0	347	—	—	4.6
18	3524	BD+3°4909 *m.*	6.9	E.	18 5.2	33	—0.7	+0.7	5.6
21	371	27 Arietis	6.4	E.	17 31.3	27	—0.9	+2.4	8.6
22	500	BD+19°537 *pr.*	7.0	E.	16 36.1	40	—0.7	+2.4	9.6
22	503	BD+20°573	7.2	E.	17 24.5	0	—	—	9.6
22	525	14 H.[1] Tauri	6.4	E.	22 17.5	45	—1.0	+0.2	9.8
23	534	22 H.[1] Tauri	6.0	E.	20 34.0	61	—0.3	—0.8	9.9
23	665	247 B. Tauri	5.7	E.	15 48.5	152	—	—	10.6
30	1582	237 B. Leonis	6.3	A.	2 36.5	333	—0.7	—1.8	17.0
Febr. 1	1800	21 *q* Virginis	5.4	A.	1 49.0	293	—1.3	+0.1	19.0
14	3501	19 Piscium	5.3	E.	18 30.0	41	—0.2	—0.1	2.8
16	197	BD+11°172	7.0	E.	17 1.6	358	—	—	4.8
17	348	BD+16°281	6.8	E.	20 31.1	53	—0.6	—0.5	5.9
18	489	BD+19°523	7.2	E.	22 42.2	70	—0.1	—1.0	7.0
19	631	51 Tauri	5.6	E.	20 24.8	86	—1.0	—1.1	7.9
19	634	56 Tauri	5.3	E.	21 12.2	39	—1.2	+0.5	8.0
20	784	108 Tauri	6.2	E.	18 11.2	48	—1.4	+2.0	8.9
20	792	109 *n* Tauri	5.1	E.	20 0.8	84	—1.3	—0.5	8.9
20	817	o Tauri	4.8	E.	23 52.6	69	—0.4	—1.0	9.1
21	969	BD+21°1203	7.1	E.	19 39.8	84	—1.5	+0.1	9.9
21	989	15 Geminorum	6.6	E.	22 55.2	87	—0.8	—1.2	10.0
21	991	16 Geminorum	6.1	E.	23 15.8	150	0.0	—2.8	10.0
22	1124	BD+18°1610	6.9	E.	21 28.9	163	—0.5	—3.3	11.0
23	1271	29 Cancri	5.9	E.	22 35.8	133	—0.9	—1.7	12.0
24	1397	ω Leonis *m.*	5.5	E.	23 59.9	154	—0.6	—2.2	13.1
März 15	313	BD+15°305	7.5	E.	19 59.3	2	—	—	3.2
18	752	ι Tauri	4.7	E.	19 41.6	128	—0.5	—2.4	6.2
18	766	105 Tauri	6.0	E.	21 44.2	81	—0.3	—1.3	6.3
19	935	BD+20°1302	6.9	E.	22 49.8	82	—0.2	—1.3	7.4
22	1341	α Cancri	4.3	E.	18 12.7	126	—1.1	—0.4	10.2
22	1359	κ Cancri	5.1	E.	23 45.5	152	—0.2	—2.3	10.4
April 14	725	BD+21°707	6.9	E.	19 57.7	102	0.0	—1.6	3.7
17	1190	BD+16°1580	7.1	E.	21 50.5	123	—0.2	—1.9	6.8
17	1197	1 Cancri	6.0	E.	23 10.6	121	+0.1	—1.7	6.8
18	1320	BD+13°1994	6.8	E.	21 5.4	45	—	—	7.8
20	1543	BD+3°2379	6.6	E.	18 52.7	148	—0.9	—1.2	9.7
21	1655	BD—1°2521	6.7	E.	20 0.1	54	—	—	10.7
21	1670	87 *e* Leonis	5.1	E.	23 21.5	73	—1.3	—1.0	10.9

Sternbedeckungen 1956

Ein- und Austritte für Berlin-Babelsberg

$\lambda = -0^h\ 52^m.4 \qquad \varphi = +52^\circ\ 24'.4$

Tag	NZC	Stern	Größe	Phase	Weltzeit	P	a	b	Alter des Mondes
1956			m		h m	°	m	m	d
Mai 15	1281	84 B. Cancri	6.4	E.	20 25.0	105	−0.4	−1.7	5.3
19	1745	49 B. *RW.* Virginis	7.0–8.2	E.	23 6.7	65	−0.9	−1.2	9.4
Juni 15	1713	13 B. Virginis	5.8	E.	20 45.2	105	−0.8	−1.6	7.0
28	3326	207 B. Aquarii	6.4	A.	23 27.3	272	−0.8	+1.6	20.1
30	3455	9 Piscium	6.4	A.	0 2.9	268	−0.7	+1.7	21.1
Juli 25	3185	46 *c*¹ Capricorni	5.3	A.	0 25.9	248	−1.5	+0.6	16.8
Aug. 3	847	ζ Tauri	3.0	E.	2 37.4	80	−0.1	+1.6	26.0
16	2635	14 Sagittarii	5.7	E.	20 12.5	33	−1.2	+0.7	10.4
24	68	51 Piscium	5.7	A.	20 58.7	241	−0.4	+1.9	18.4
27	455	53 Arietis	6.1	A.	21 40.7	230	+0.3	+1.9	21.5
Sept. 12	2580	11 G. Sagittarii	6.6	E.	18 42.4	68	−1.4	−0.3	8.0
13	2734	29 Sagittarii	5.4	E.	20 32.7	24	−0.4	+0.6	9.0
14	2865	267 B. Sagittarii	5.9	E.	19 12.7	13	—	—	10.0
15	2995	27 G. Capricorni	6.2	E.	22 46.4	104	−1.4	−1.9	11.1
27	894	χ¹ Orionis	4.6	A.	0 6.1	229	−0.1	+2.5	22.2
29	1197	1 Cancri	6.0	A.	2 1.9	280	−0.5	+1.2	24.3
30	1332	60 Cancri	5.7	A.	2 44.2	265	−0.4	+1.6	25.3
Okt. 9	2529	52 Ophiuchi	6.6	E.	17 14.3	80	−1.3	−0.7	5.5
10	2679	BD−21°5025	7.4	E.	18 44.9	80	−1.1	−1.0	6.6
11	2814	43 *d* Sagittarii	5.0	E.	17 42.1	3	—	—	7.5
14	3184	117 G. Capricorni	7.1	E.	20 48.7	134	—	—	10.7
15	3290	BD−5°5790	7.3	E.	17 10.0	70	−1.1	+1.6	11.6
22	700	129 H.¹Tauri	5.7	A.	23 24.1	303	−1.5	−0.3	18.8
23	837	372 B. Tauri	6.1	A.	21 16.0	265	−0.2	+1.5	19.7
27	1309	A¹ Cancri	5.7	A.	3 40.4	321	−1.0	−1.0	23.0
Nov. 12	3371	BD−2°5858	6.4	E.	20 58.5	349	—	—	10.1
14	68	51 Piscium	5.7	E.	19 56.6	124	—	—	12.2
19	765	106 *l* Tauri	5.3	A.	18 23.7	251	+0.1	+1.7	17.1
20	940	68 Orionis	5.7	A.	19 26.3	265	0.0	+1.5	18.1
22	1141	162 B. Geminorum	5.6	A.	4 24.0	331	−0.6	−2.6	19.5
25	1495	19 Sextantis	5.9	A.	0 13.6	227	−0.4	+4.2	22.3
Dez. 9	3326	207 B. Aquarii	6.4	E.	19 31.2	109	−1.4	−2.4	7.5
10	3455	9 Piscium	6.4	E.	20 23.2	74	−1.0	−0.9	8.5
10	3453	ϰ Piscium	4.9	E.	20 24.5	38	−0.7	+0.3	8.5
11	29	BD+5°25	7.2	E.	21 49.1	55	−0.7	−0.4	9.5
19	1197	1 Cancri	6.0	A.	21 38.6	317	−0.9	−0.2	17.6
20	1234	30 B. Cancri	6.1	A.	4 55.3	310	−0.4	−2.0	17.8
20	1332	60 Cancri	5.7	A.	21 34.7	298	−0.5	+0.7	18.6
21	1359	ϰ Cancri	5.1	A.	3 38.3	337	−0.5	−2.3	18.8
23	1582	237 B. Leonis	6.3	A.	0 25.1	263	−0.9	+1.7	20.7
23	1587	55 Leonis	6.0	A.	2 23.6	292	−1.2	+0.1	20.8

Sternbedeckungen 1956

Ein- und Austritte für Frankfurt a. M.

$\lambda = -0^h\,34^m\!.6 \qquad \varphi = +50°\,7'\!.0$

Tag	NZC	Stern	Größe	Phase	Weltzeit	*P*	*a*	*b*	Alter des Mondes
1956			m		h m	°	m	m	d
Jan. 1	1397	ω Leonis *m.*	5.5	A.	2 28.1	238	−2.6	+1.7	17.8
5	1852	370 B. Virginis	6.0	A.	3 14.0	253	−1.8	+1.8	21.8
5	1858	BD−11°3398	6.5	A.	5 12.8	245	−2.5	+1.0	21.9
6	1970	85 Virginis	6.2	A.	4 33.7	302	−1.2	+0.1	22.9
16	3287	51 Aquarii *m.*	5.8	E.	18 30.1	17	−0.1	+1.2	3.6
17	3397	BD−1°4393	7.4	E.	17 8.2	355	—	—	4.6
18	3524	BD+3°4909 *m.*	6.9	E.	18 0.1	38	−0.9	+0.7	5.6
20	244	104 Piscium	6.9	E.	19 45.5	357	—	—	7.7
21	371	27 Arietis	6.4	E.	17 21.6	31	−0.9	+2.4	8.6
22	500	BD+19°537 *pr.*	7.0	E.	16 27.6	42	−0.7	+2.4	9.6
22	503	BD+20°573	7.2	E.	17 11.3	9	—	—	9.6
22	525	14 H.[1]Tauri	6.4	E.	22 12.7	56	−1.1	−0.1	9.8
23	534	22 H.[1]Tauri	6.0	E.	0 34.9	71	−0.3	−1.0	9.9
30	1582	237 B. Leonis	6.3	A.	2 36.8	323	−0.9	−1.6	17.0
Febr. 1	1800	21 *q* Virginis	5.4	A.	1 42.6	283	−1.4	+0.4	19.0
14	3501	19 Piscium	5.3	E.	18 29.1	48	−0.3	−0.2	2.8
17	348	BD+16°281	6.8	E.	20 29.9	62	−0.6	−0.6	5.9
18	465	δ Arietis	4.5	E.	16 56.8	5	—	—	6.8
18	489	BD+19°523	7.2	E.	22 44.2	79	−0.1	−1.2	7.0
19	631	51 Tauri	5.6	E.	20 22.8	95	−1.1	−1.3	7.9
19	634	56 Tauri	5.3	E.	21 6.4	52	−1.2	0.0	8.0
20	665	247 B. Tauri	5.7	E.	0 35.6	78	+0.1	−1.1	8.1
20	784	108 Tauri	6.2	E.	18 0.6	56	−1.5	+1.7	8.9
20	792	109 *n* Tauri	5.1	E.	19 56.1	93	−1.4	−0.7	8.9
20	817	o Tauri	4.8	E.	23 53.5	78	−0.4	−1.2	9.1
21	969	BD+21°1203	7.1	E.	19 33.1	93	−1.5	−0.1	9.9
21	989	15 Geminorum	6.6	E.	22 54.4	97	−0.9	−1.4	10.0
21	991	16 Geminorum	6.1	E.	23 23.5	165	+0.3	−3.7	10.0
23	1271	29 Cancri	5.9	E.	22 35.9	144	−0.9	−2.0	12.0
25	1397	ω Leonis *m.*	5.5	E.	0 3.3	167	−0.3	−2.7	13.1
März 15	313	BD+15°305	7.5	E.	19 52.4	24	−0.5	+0.9	3.2
18	752	ι Tauri	4.7	E.	19 45.5	141	−0.5	−3.0	6.2
18	766	105 Tauri	6.0	E.	21 45.8	89	−0.3	−1.4	6.3
19	935	BD+20°1302	6.9	E.	22 51.7	91	−0.3	−1.4	7.4
21	1210	5 Cancri	5.9	E.	18 13.6	40	—	—	9.2
22	1341	α Cancri	4.3	E.	18 9.0	136	−1.1	−0.7	10.2
22	1359	κ Cancri	5.1	E.	23 50.2	161	−0.1	−2.6	10.4
24	1482	14 Sextantis	6.3	E.	2 2.8	46	—	—	11.5
April 14	725	BD+21°707	6.9	E.	20 1.4	111	0.0	−1.8	3.7
17	1190	BD+16°1580	7.1	E.	21 54.4	131	−0.2	−2.0	6.8
17	1197	1 Cancri	6.0	E.	23 15.2	127	+0.1	−1.8	6.8
18	1320	BD+13°1994	6.8	E.	20 56.6	62	−1.8	−0.2	7.8
20	1543	BD+3°2379	6.6	E.	18 52.6	160	−0.7	−1.8	9.7
21	1655	BD−1°2521	6.7	E.	19 45.4	73	−2.1	+1.3	10.7

Sternbedeckungen 1956

Ein- und Austritte für Frankfurt a. M.

$\lambda = -0^h\,34^m.6 \qquad \varphi = +50°\,7'.0$

Tag	NZC	Stern	Größe	Phase	Weltzeit	P	a	b	Alter des Mondes
1956			m		h m	°	m	m	d
April 21	1670	87 *e* Leonis	5.1	E.	23 17.6	81	−1.5	−1.0	10.9
Mai 15	1281	84 B. Cancri	6.4	E.	20 26.9	112	−0.5	−1.7	5.3
17	1527	BD+3°2365 *m.*	6.8	E.	23 16.7	168	0.0	−2.5	7.4
19	1745	49 B. *RW* Virginis	7.0–8.2	E.	23 4.9	71	−1.1	−1.1	9.4
Juni 15	1713	13 B. Virginis	5.8	E.	20 44.9	109	−1.0	−1.6	7.0
28	3326	207 B. Aquarii	6.4	A.	23 20.3	271	−0.7	+1.6	20.1
29	3455	9 Piscium	6.4	A.	23 56.1	267	−0.6	+1.7	21.1
Juli 25	3185	46 c^1 Capricorni	5.3	A.	0 17.4	249	−1.6	+0.8	16.8
Aug. 3	847	ζ Tauri	3.0	E.	2 33.5	81	0.0	+1.5	26.0
16	2635	14 Sagittarii	5.7	E.	20 4.8	34	−1.4	+1.0	10.3
17	2798	195 B. Sagittarii	6.3	E.	23 17.6	60	−0.9	−0.5	11.5
24	68	51 Piscium	5.7	A.	20 52.9	241	−0.3	+1.9	18.4
Sept. 12	2580	11 G. Sagittarii	6.6	E.	18 36.2	68	−1.6	−0.1	8.0
13	2734	29 Sagittarii	5.4	E.	20 29.0	23	−0.6	+0.8	9.0
14	2865	267 B. Sagittarii	5.9	E.	19 5.0	12	—	—	10.0
15	2995	27 G. Capricorni	6.2	E.	22 44.0	105	−1.6	−1.8	11.1
27	894	χ^1 Orionis	4.6	A.	0 0.0	226	0.0	+2.6	22.2
29	1197	1 Cancri	6.0	A.	1 57.0	275	−0.4	+1.3	24.3
30	1332	60 Cancri	5.7	A.	2 38.8	259	−0.3	+1.8	25.3
Okt. 10	2679	BD−21°5025	7.4	E.	18 41.6	80	−1.3	−0.8	6.6
11	2814	43 *d* Sagittarii	5.0	E.	17 35.3	2	—	—	7.5
14	3184	117 G. Capricorni	7.1	E.	20 42.4	133	—	—	10.7
15	3290	BD−5°5790	7.3	E.	17 1.6	70	−1.0	+1.7	11.6
22	533	14 Tauri	6.3	A.	1 49.5	323	—	—	17.9
22	700	129 $H.^1$Tauri	5.7	A.	23 17.8	300	−1.4	+0.1	18.8
23	837	372 B. Tauri	6.1	A.	21 11.9	264	−0.1	+1.5	19.7
27	1309	A^1 Cancri	5.7	A.	3 37.3	311	−1.1	−0.5	23.0
Nov. 6	2614	30 G. Sagittarii	6.2	E.	16 39.5	87	−1.3	−1.0	4.0
12	3371	BD−2°5858	6.4	E.	20 50.5	355	—	—	10.1
14	68	51 Piscium	5.7	E.	19 48.5	124	—	—	12.2
19	765	106 *l* Tauri	5.3	A.	18 20.6	250	+0.2	+1.6	17.1
20	940	68 Orionis	5.7	A.	19 23.2	264	+0.1	+1.4	18.1
22	1141	162 B. Geminorum	5.6	A.	4 26.3	319	−0.9	−2.2	19.5
Dez. 7	3093	ν Aquarii	4.5	E.	19 17.6	20	0.0	+1.0	5.4
9	3326	207 B. Aquarii	6.4	E.	19 29.9	112	−1.8	−2.6	7.5
10	3453	κ Piscium	4.9	E.	20 20.4	42	−0.8	+0.4	8.5
10	3455	9 Piscium	6.4	E.	20 20.6	78	−1.2	−0.9	8.5
11	29	BD+5°25	7.2	E.	21 46.6	61	−0.8	−0.4	9.6
19	1197	1 Cancri	6.0	A.	21 35.1	310	−0.8	+0.1	17.6
20	1234	30 B. Cancri	6.1	A.	4 57.4	302	−0.6	−1.8	17.9
20	1332	60 Cancri	5.7	A.	21 30.8	291	−0.4	+0.8	18.6
21	1359	κ Cancri	5.1	A.	3 40.1	325	−0.8	−2.0	18.8
23	1582	237 B. Leonis	6.3	A.	0 16.6	252	−0.9	+2.3	20.7
23	1587	55 Leonis	6.0	A.	2 17.3	282	−1.3	+0.5	20.8

Sternbedeckungen 1956

Ein- und Austritte für München

$\lambda = -0^h\ 46^m.4 \qquad \varphi = +48°\ 8'.8$

Tag	NZC	Stern	Größe	Phase	Weltzeit	P	a	b	Alter des Mondes
1956			m		h m	°	m	m	d
Jan. 1	1397	ω Leonis *m.*	5.5	A.	2 32.6	236	—	—	17.8
5	1852	370 B. Virginis	6.0	A.	3 16.1	252	−2.1	+1.8	21.8
5	1858	BD−11°3398	6.5	A.	5 18.5	246	−2.6	+0.9	21.9
6	1970	85 Virginis	6.2	A.	4 37.3	302	−1.3	−0.1	22.9
16	3287	51 Aquarii *m.*	5.8	E.	18 28.7	28	−0.2	+0.6	3.6
17	3397	BD−1°4393	7.4	E.	17 3.1	11	−0.3	+2.1	4.6
18	3524	BD+3°4909*m.*	6.9	E.	18 1.9	47	−1.0	+0.4	5.6
20	244	104 Piscium	6.9	E.	19 40.1	14	−1.0	+2.7	7.7
21	371	27 Arietis	6.4	E.	17 20.4	41	−1.2	+2.0	8.6
22	500	BD+19°537*pr.*	7.0	E.	16 25.5	51	−0.9	+2.1	9.6
22	503	BD+20°573	7.2	E.	17 4.6	24	−0.6	+3.3	9.6
22	525	14 H.[1]Tauri	6.4	E.	22 16.3	60	−1.1	−0.3	9.8
23	534	22 H.[1]Tauri	6.0	E.	0 37.5	73	−0.2	−1.0	9.9
30	1582	237 B. Leonis	6.3	A.	2 42.8	323	−0.9	−1.7	17.0
Febr. 1	1800	21 *q* Virginis	5.4	A.	1 46.1	282	−1.5	+0.3	19.0
5	2290	δ Scorpii	2.5	A.	3 32.5	271	−1.3	+1.2	23.0
14	3501	19 Piscium	5.3	E.	18 30.7	55	−0.3	−0.4	2.8
17	348	BD+16°281	6.8	E.	20 33.0	67	−0.6	−0.8	5.9
18	465	δ Arietis	4.5	E.	16 50.7	21	−1.1	+3.4	6.8
18	489	BD+19°523	7.2	E.	22 46.7	81	−0.1	−1.1	7.0
19	631	51 Tauri	5.6	E.	20 28.7	99	−1.0	−1.5	7.9
19	634	56 Tauri	5.3	E.	21 10.0	57	−1.1	−0.2	8.0
20	784	108 Tauri	6.2	E.	18 2.1	64	−1.6	+1.3	8.9
20	792	109 *n* Tauri	5.1	E.	20 1.9	97	−1.4	−0.9	8.9
20	817	o Tauri	4.8	E.	23 56.8	80	−0.3	−1.2	9.1
21	969	BD+21°1203	7.1	E.	19 38.1	99	−1.6	−0.4	9.9
21	989	15 Geminorum	6.6	E.	22 59.6	98	−0.8	−1.4	10.0
21	991	16 Geminorum	6.1	E.	23 29.9	168	+0.6	−3.9	10.0
23	1271	29 Cancri	5.9	E.	22 42.5	145	−0.8	−2.2	12.0
25	1397	ω Leonis *m.*	5.5	E.	0 9.7	167	−0.3	−2.8	13.1
März 15	313	BD+15°305	7.5	E.	19 52.5	30	−0.4	+0.5	3.2
18	752	ι Tauri	4.7	E.	19 52.9	145	−0.3	−3.3	6.2
18	766	105 Tauri	6.0	E.	21 49.4	91	−0.2	−1.4	6.3
19	935	BD+20°1302	6.9	E.	22 55.3	91	−0.2	−1.4	7.4
21	1210	5 Cancri	5.9	E.	18 12.2	50	−2.1	+3.2	9.2
22	1341	α Cancri	4.3	E.	18 13.9	142	−1.1	−1.1	10.2
22	1359	κ Cancri	5.1	E.	23 55.6	162	−0.1	−2.6	10.4
24	1482	14 Sextantis	6.3	E.	2 6.2	48	—	—	11.5
April 5	2986	31 B. Capricorni	6.4	A.	3 20.1	222	−1.1	+2.2	23.6
14	725	BD+21°707	6.9	E.	20 4.9	113	+0.1	−1.7	3.7
17	1190	BD+16°1580	7.1	E.	21 58.8	131	−0.1	−2.0	6.8
17	1197	1 Cancri	6.0	E.	23 18.4	128	+0.2	−1.8	6.8
18	1320	BD+13°1994	6.8	E.	21 2.3	63	−1.7	−0.3	7.8
20	1543	BD+3°2379	6.6	E.	18 58.3	163	−0.6	−2.1	9.7
21	1655	BD−1°2521	6.7	E.	19 49.3	74	−2.2	+1.1	10.7
21	1670	87 *e* Leonis	5.1	E.	23 23.9	81	−1.4	−1.1	10.9

Sternbedeckungen 1956

Ein- und Austritte für München

$\lambda = -0^h\, 46^m\!.4 \qquad \varphi = +48^\circ\; 8'\!.8$

Tag	NZC	Stern	Größe	Phase	Weltzeit	P	a	b	Alter des Mondes
1956			m		h m	°	m	m	d
Mai 15	1281	84 B. Cancri	6.4	E.	20 31.6	112	−0.4	−1.7	5.3
19	1745	49 B. *RW* Virginis ..	7.0—8.2	E.	23 10.2	72	−1.0	−1.1	9.4
Juni 15	1713	13 B. Virginis	5.8	E.	20 50.9	110	−0.9	−1.7	7.0
28	3326	207 B. Aquarii	6.4	A.	23 19.2	268	−0.8	+1.6	20.1
29	3453	κ Piscium	4.9	A.	23 33.1	314	—	—	21.1
29	3455	9 Piscium	6.4	A.	23 54.7	264	−0.7	+1.7	21.1
Juli 25	3185	46 c¹ Capricorni ...	5.3	A.	0 20.5	243	−1.6	+0.9	16.8
Aug. 3	847	ζ Tauri	3.0	E.	2 30.8	88	−0.1	+1.3	26.0
16	2635	14 Sagittarii	5.7	E.	20 7.3	39	−1.5	+0.9	10.3
17	2798	195 B. Sagittarii	6.3	E.	23 21.7	68	−1.0	−0.7	11.5
24	68	51 Piscium	5.7	A.	20 49.9	238	−0.3	+2.0	18.4
Sept. 12	2580	11 G. Sagittarii	6.6	E.	18 41.2	73	−1.7	−0.2	8.0
13	2734	29 Sagittarii	5.4	E.	20 29.7	32	−0.7	+0.5	9.0
14	2865	267 B. Sagittarii	5.9	E.	19 4.1	20	−1.1	+1.8	10.0
15	2995	27 G. Capricorni ...	6.2	E.	22 53.3	116	−1.9	−2.5	11.1
26	894	χ¹ Orionis	4.6	A.	23 54.1	215	+0.2	+3.2	22.2
29	1197	1 Cancri	6.0	A.	1 55.5	268	−0.4	+1.5	24.3
30	1332	60 Cancri	5.7	A.	2 35.8	251	−0.3	+2.1	25.3
30	1341	α Cancri	4.3	E.	2 55.7	45	−0.3	+4.0	25.4
30	1341	α Cancri	4.3	A.	3 25.4	348	−0.8	−2.4	25.4
Okt. 9	2529	52 Ophiuchi	6.6	E.	17 15.3	84	−1.5	−0.7	5.5
10	2679	BD−21°5025 .	7.4	E.	18 47.3	86	−1.3	−1.0	6.6
11	2814	43 *d* Sagittarii	5.0	E.	17 32.0	14	—	—	7.5
15	3290	BD−5°5790 ..	7.3	E.	17 1.3	74	−1.1	+1.6	11.6
21	416	π Arietis	5.4	A.	3 25.6	334	—	—	16.9
22	533	14 Tauri	6.3	A.	2 1.2	311	−1.7	−2.8	17.9
22	700	129 H.¹Tauri	5.7	A.	23 21.7	290	−1.5	+0.3	18.8
23	837	372 B. Tauri	6.1	A.	21 9.1	257	−0.1	+1.6	19.7
27	1309	A¹ Cancri	5.7	A.	3 41.8	306	−1.3	−0.5	23.0
Nov. 6	2614	30 G. Sagittarii	6.2	E.	16 45.8	93	−1.4	−1.2	4.0
12	3371	BD−2°5858 ..	6.4	E.	20 45.0	11	−0.4	+2.2	10.1
19	765	106 *l* Tauri	5.3	A.	18 16.7	244	+0.2	+1.7	17.1
20	940	68 Orionis	5.7	A.	19 19.9	257	+0.1	+1.5	18.1
22	1141	162 B. Geminorum ..	5.6	A.	4 33.1	317	−0.8	−2.2	19.5
Dez. 7	3093	ν Aquarii	4.5	E.	19 16.6	30	−0.2	+0.5	5.5
9	3326	207 B. Aquarii	6.4	E.	19 42.4	128	—	—	7.5
10	3453	κ Piscium	4.9	E.	20 22.6	51	−0.9	+0.1	8.5
10	3455	9 Piscium	6.4	E.	20 26.2	87	−1.2	−1.3	8.5
11	29	BD+5°25	7.2	E.	21 50.3	68	−0.8	−0.7	9.6
19	1197	1 Cancri	6.0	A.	21 37.3	302	−0.9	+0.2	17.6
20	1234	30 B. Cancri	6.1	A.	5 2.7	301	−0.5	−1.8	17.9
20	1332	60 Cancri	5.7	A.	21 30.4	284	−0.5	+1.0	18.6
21	1359	κ Cancri	5.1	A.	3 46.6	324	−0.8	−2.0	18.8
23	1582	237 B. Leonis	6.3	A.	0 14.6	245	−1.1	+2.7	20.7
23	1587	55 Leonis	6.0	A.	2 20.3	279	−1.5	+0.5	20.8

Mond 1956

0h Weltzeit	Mondbewegung ☊	$L_☾$	$\tilde{\omega}_☾$	$M_☾$	Lage des Mondäquators gegen den Erdäquator i	Δ	☊′	$\Delta-☋$
1956	°	°	°	°	°	°	°	°
Jan. —8	256.5675	15.2802	91.927	283.353	23.846	73.178	3.704	356.606
+2	256.0379	147.0441	93.041	54.003	23.860	72.659	3.694	356.616
12	255.5084	278.8081	94.155	184.653	23.873	72.139	3.684	356.626
22	254.9788	50.5721	95.269	315.303	23.887	71.620	3.673	356.636
Febr. 1	254.4493	182.3360	96.383	85.953	23.900	71.101	3.662	356.646
11	253.9198	314.1000	97.497	216.603	23.914	70.582	3.650	356.657
21	253.3902	85.8640	98.611	347.253	23.927	70.063	3.638	356.668
März 2	252.8607	217.6279	99.725	117.903	23.940	69.545	3.626	356.679
12	252.3312	349.3919	100.839	248.553	23.954	69.027	3.614	356.691
22	251.8016	121.1559	101.953	19.202	23.967	68.509	3.601	356.703
April 1	251.2721	252.9198	103.067	149.852	23.980	67.991	3.588	356.715
11	250.7425	24.6838	104.181	280.502	23.993	67.474	3.575	356.727
21	250.2130	156.4478	105.295	51.152	24.006	66.957	3.561	356.740
Mai 1	249.6835	288.2117	106.410	181.802	24.019	66.440	3.548	356.753
11	249.1539	59.9757	107.524	312.452	24.032	65.924	3.534	356.766
21	248.6244	191.7397	108.638	83.102	24.045	65.408	3.519	356.779
31	248.0948	323.5036	109.752	213.752	24.058	64.892	3.504	356.792
Juni 10	247.5653	95.2676	110.866	344.402	24.071	64.376	3.489	356.806
20	247.0358	227.0316	111.980	115.052	24.084	63.860	3.474	356.820
30	246.5062	358.7955	113.094	245.702	24.096	63.345	3.459	356.834
Juli 10	245.9767	130.5595	114.208	16.352	24.109	62.830	3.443	356.849
20	245.4472	262.3235	115.322	147.002	24.122	62.316	3.427	356.864
30	244.9176	34.0875	116.436	277.652	24.134	61.801	3.411	356.879
Aug. 9	244.3881	165.8514	117.550	48.302	24.147	61.287	3.394	356.894
19	243.8585	297.6154	118.664	178.951	24.159	60.773	3.377	356.910
29	243.3290	69.3794	119.778	309.601	24.171	60.259	3.360	356.926
Sept. 8	242.7995	201.1433	120.892	80.251	24.184	59.746	3.343	356.942
18	242.2699	332.9073	122.006	210.901	24.196	59.232	3.325	356.958
28	241.7404	104.6713	123.120	341.551	24.208	58.719	3.307	356.974
Okt. 8	241.2108	236.4352	124.234	112.201	24.220	58.206	3.289	356.991
18	240.6813	8.1992	125.348	242.851	24.232	57.693	3.271	357.008
28	240.1518	139.9632	126.462	13.501	24.244	57.181	3.252	357.025
Nov. 7	239.6222	271.7271	127.576	144.151	24.256	56.669	3.233	357.043
17	239.0927	43.4911	128.690	274.801	24.268	56.157	3.214	357.060
27	238.5632	175.2551	129.804	45.451	24.280	55.645	3.195	357.078
Dez. 7	238.0336	307.0190	130.918	176.101	24.291	55.134	3.175	357.096
17	237.5041	78.7830	132.032	306.751	24.303	54.623	3.155	357.115
27	236.9745	210.5470	133.146	77.401	24.314	54.112	3.135	357.133
37	236.4450	342.3109	134.260	208.050	24.326	53.601	3.115	357.152

Tägliche Änderungen

d	Δ☊ °
1	—0.0530
2	0.1059
3	0.1589
4	0.2118
5	0.2648
6	—0.3177
7	0.3707
8	0.4236
9	0.4766
10	—0.5295

d	$\Delta L_☾$ °
1	13.1764
2	26.3528
3	39.5292
4	52.7056
5	65.8820
6	79.0584
7	92.2348
8	105.4112
9	118.5876
10	131.7640

d	$\Delta \tilde{\omega}_☾$ °
1	+ 0.111
2	0.223
3	0.334
4	0.446
5	0.557
6	+ 0.668
7	0.780
8	0.891
9	1.003
10	+ 1.114

d	$\Delta M_☾$ °
1	13.065
2	26.130
3	39.195
4	52.260
5	65.325
6	78.390
7	91.455
8	104.520
9	117.585
10	130.650

Mondkrater Mösting A. 1956

Tag	0h Weltzeit								
	$\alpha_{☾}-\alpha_k$			$\delta_{☾}-\delta_k$			log sin p_k		
1956	s	s	s	″	″	″			
Jan. 0	−8.46	−0.26	+0.46	+172.6	+31.1	− 7.9	8.24992	−541	−188
1	−8.72	−0.02	+0.24	+203.7	+20.2	−10.9	8.24451	−667	−126
2	−8.74	+0.02	+0.04	+223.9	+ 8.5	−11.7	8.23784	−724	− 57
3	−8.72	−0.03	−0.05	+232.4	− 2.7	−11.2	8.23060	−720	+ 4
4	−8.75	−0.11	−0.08	+229.7	−12.5	− 9.8	8.22340	−668	+ 52
5	−8.86	−0.16	−0.05	+217.2	−20.7	− 8.2	8.21672	−583	+ 85
6	−9.02		+0.05	+196.5		− 6.5	8.21089		+104
	s	s	s	″	″	″			
Jan. 21	+2.51	−1.00	−0.47	− 14.6	+15.1	+ 3.1	8.22834	+608	+ 21
22	+1.51	−1.40	−0.40	+ 0.5	+19.5	+ 4.4	8.23442	+591	− 17
23	+0.11	−1.65	−0.25	+ 20.0	+25.0	+ 5.5	8.24033	+522	− 69
24	−1.54	−1.66	−0.01	+ 45.0	+31.2	+ 6.2	8.24555	+397	−125
25	−3.20	−1.42	+0.24	+ 76.2	+35.8	+ 4.6	8.24952	+220	−177
26	−4.62	−1.06	+0.36	+112.0	+36.8	+ 1.0	8.25172	+ 7	−213
27	−5.68	−0.74	+0.32	+148.8	+33.3	− 3.5	8.25179	−218	−225
28	−6.42	−0.55	+0.19	+182.1	+25.7	− 7.6	8.24961	−423	−205
29	−6.97	−0.49	+0.06	+207.8	+15.4	−10.3	8.24538	−583	−160
30	−7.46	−0.51	−0.02	+223.2	+ 4.0	−11.4	8.23955	−684	−101
31	−7.97	−0.54	−0.03	+227.2	− 7.1	−11.1	8.23271	−721	− 37
Febr. 1	−8.51	−0.54	0.00	+220.1	−17.0	− 9.9	8.22550	−698	+ 23
2	−9.05	−0.45	+0.09	+203.1	−25.1	− 8.1	8.21852	−629	+ 69
3	−9.50	−0.21	+0.24	+178.0	−31.1	− 6.0	8.21223	−528	+101
4	−9.71		+0.35	+146.9		− 3.6	8.20695		+123
	s	s	s	″	″	″			
Febr. 20	−1.40	−1.00	+0.05	+ 39.8	+28.5	+ 4.1	8.23705	+380	− 40
21	−2.40	−0.84	+0.16	+ 68.3	+31.6	+ 3.1	8.24085	+303	− 77
22	−3.24	−0.64	+0.20	+ 99.9	+32.4	+ 0.8	8.24388	+190	−113
23	−3.88	−0.51	+0.13	+132.3	+30.5	− 1.9	8.24578	+ 42	−148
24	−4.39	−0.49	+0.02	+162.8	+25.7	− 4.8	8.24620	−127	−169
25	−4.88	−0.56	−0.07	+188.5	+18.3	− 7.4	8.24493	−297	−170
26	−5.44	−0.70	−0.14	+206.8	+ 9.0	− 9.3	8.24196	−450	−153
27	−6.14	−0.84	−0.14	+215.8	− 1.4	−10.4	8.23746	−563	−113
28	−6.98	−0.90	−0.06	+214.4	−11.6	−10.2	8.23183	−627	− 64
29	−7.88	−0.84	+0.06	+202.8	−20.9	− 9.3	8.22556	−639	− 12
März 1	−8.72	−0.63	+0.21	+181.9	−28.6	− 7.7	8.21917	−601	+ 38
2	−9.35	−0.25	+0.38	+153.3	−33.6	− 5.0	8.21316	−521	+ 80
3	−9.60	+0.27	+0.52	+119.7	−35.8	− 2.2	8.20795	−410	+111
4	−9.33	+0.83	+0.56	+ 83.9	−35.0	+ 0.8	8.20385	−281	+129
5	−8.50		+0.48	+ 48.9		+ 3.3	8.20104		+138
	s	s	s	″	″	″			
März 20	−4.09	−0.20	+0.31	+ 95.5	+31.4	− 0.2	8.23841	+111	− 56
21	−4.29	−0.02	+0.18	+126.9	+28.7	− 2.7	8.23952	+ 40	− 71
22	−4.31		+0.01	+155.6		− 4.9	8.23992		− 85

Tag	0h Weltzeit								
	$\alpha_☾ - \alpha_k$			$\delta_☾ - \delta_k$			log sin p_k		
1956	s	s	s	″	″	″			
März 22	−4.31	−0.01	+0.01	+155.6	+23.8	− 4.9	8.23992	− 45	− 85
23	−4.32	−0.16	−0.15	+179.4	+17.5	− 6.3	8.23947	−145	−100
24	−4.48	−0.40	−0.24	+196.9	+ 9.7	− 7.8	8.23802	−252	−107
25	−4.88	−0.66	−0.26	+206.6	+ 1.1	− 8.6	8.23550	−355	−103
26	−5.54	−0.88	−0.22	+207.7	− 7.9	− 9.0	8.23195	−442	− 87
27	−6.42	−0.98	−0.10	+199.8	−17.0	− 9.1	8.22753	−502	− 60
28	−7.40	−0.90	+0.08	+182.8	−25.0	− 8.0	8.22251	−525	− 23
29	−8.30	−0.60	+0.30	+157.8	−31.4	− 6.4	8.21726	−510	+ 15
30	−8.90	−0.12	+0.48	+126.4	−35.1	− 3.7	8.21216	−456	+ 54
31	−9.02	+0.49	+0.61	+ 91.3	−35.6	− 0.5	8.20760	−369	+ 87
April 1	−8.53	+1.08	+0.59	+ 55.7	−33.0	+ 2.6	8.20391	−255	+114
2	−7.45	+1.53	+0.45	+ 22.7	−28.1	+ 4.9	8.20136	−125	+130
3	−5.92	+1.77	+0.24	− 5.4	−21.8	+ 6.3	8.20011	+ 15	+140
4	−4.15		0.00	− 27.2		+ 6.9	8.20026		+138
	s	s	s	″	″	″			
April 18	−5.67	+0.28	+0.16	+156.2	+24.6	− 5.7	8.23812	−168	− 55
19	−5.39	+0.23	−0.05	+180.8	+17.3	− 7.3	8.23644	−215	− 47
20	−5.16	+0.02	−0.21	+198.1	+ 9.3	− 8.0	8.23429	−259	− 44
21	−5.14	−0.26	−0.28	+207.4	+ 1.2	− 8.1	8.23170	−303	− 44
22	−5.40	−0.55	−0.29	+208.6	− 7.1	− 8.3	8.22867	−345	− 42
23	−5.95	−0.77	−0.22	+201.5	−15.2	− 8.1	8.22522	−382	− 37
24	−6.72	−0.84	−0.07	+186.3	−22.9	− 7.7	8.22140	−408	− 26
25	−7.56	−0.70	+0.14	+163.4	−29.4	− 6.5	8.21732	−415	− 7
26	−8.26	−0.35	+0.35	+134.0	−34.0	− 4.6	8.21317	−401	+ 14
27	−8.61	+0.20	+0.55	+100.0	−35.6	− 1.6	8.20916	−361	+ 40
28	−8.41	+0.81	+0.61	+ 64.4	−34.3	+ 1.3	8.20555	−294	+ 67
29	−7.60	+1.34	+0.53	+ 30.1	−30.0	+ 4.3	8.20261	−201	+ 93
30	−6.26	+1.71	+0.37	+ 0.1	−23.8	+ 6.2	8.20060	− 88	+113
Mai 1	−4.55	+1.83	+0.12	− 23.7	−16.7	+ 7.1	8.19972	+ 40	+128
2	−2.72	+1.75	−0.08	− 40.4	− 9.6	+ 7.1	8.20012	+176	+136
3	−0.97	+1.49	−0.26	− 50.0	− 3.5	+ 6.1	8.20188	+310	+134
4	+0.52		−0.37	− 53.5		+ 4.8	8.20498		+124
	s	s	s	″	″	″			
Mai 18	−6.38	−0.05	−0.20	+214.8	+ 2.0	− 9.1	8.23195	−420	− 12
19	−6.43	−0.28	−0.23	+216.8	− 6.8	− 8.8	8.22775	−417	+ 3
20	−6.71	−0.51	−0.23	+210.0	−15.0	− 8.2	8.22358	−407	+ 10
21	−7.22	−0.62	−0.11	+195.0	−22.3	− 7.3	8.21951	−391	+ 16
22	−7.84	−0.60	+0.02	+172.7	−28.7	− 6.4	8.21560	−371	+ 20
23	−8.44	−0.35	+0.25	+144.0	−33.5	− 4.8	8.21189	−346	+ 25
24	−8.79	+0.09	+0.44	+110.5	−35.7	− 2.2	8.20843	−314	+ 32
25	−8.70	+0.63	+0.54	+ 74.8	−35.3	+ 0.4	8.20529	−270	+ 44
26	−8.07	+1.19	+0.56	+ 39.5	−31.9	+ 3.4	8.20259	−210	+ 60
27	−6.88	+1.60	+0.41	+ 7.6	−26.2	+ 5.7	8.20049	−133	+ 77
28	−5.28	+1.82	+0.22	− 18.6	−19.0	+ 7.2	8.19916	− 39	+ 94
29	−3.46		+0.02	− 37.6		+ 7.4	8.19877		+109

Tag	0h Weltzeit								
	$\alpha_{☾} - \alpha_k$			$\delta_{☾} - \delta_k$			log sin p_k		
1956	s	s	s	″	″	″			
Mai 29	− 3.46	+1.84	+0.02	− 37.6	−11.6	+ 7.4	8.19877	+ 70	+109
30	− 1.62	+1.67	−0.17	− 49.2	− 4.8	+ 6.8	8.19947	+192	+122
31	+ 0.05	+1.39	−0.28	− 54.0	+ 1.1	+ 5.9	8.20139	+319	+127
Juni 1	+ 1.44	+1.02	−0.37	− 52.9	+ 5.5	+ 4.4	8.20458	+443	+124
2	+ 2.46		−0.46	− 47.4		+ 3.2	8.20901		+112
	s	s	s	″	″	″			
Juni 16	− 7.87	−0.47	−0.13	+220.5	−13.9	− 9.2	8.22658	−550	+ 25
17	− 8.34	−0.56	−0.09	+206.6	−22.0	− 8.1	8.22108	−503	+ 47
18	− 8.90	−0.52	+0.04	+184.6	−28.7	− 6.7	8.21605	−445	+ 58
19	− 9.42	−0.30	+0.22	+155.9	−33.6	− 4.9	8.21160	−384	+ 61
20	− 9.72	+0.07	+0.37	+122.3	−36.4	− 2.8	8.20776	−321	+ 63
21	− 9.65	+0.58	+0.51	+ 85.9	−36.4	0.0	8.20455	−261	+ 60
22	− 9.07	+1.10	+0.52	+ 49.5	−33.7	+ 2.7	8.20194	−199	+ 62
23	− 7.97	+1.53	+0.43	+ 15.8	−28.5	+ 5.2	8.19995	−135	+ 64
24	− 6.44	+1.79	+0.26	− 12.7	−21.6	+ 6.9	8.19860	− 64	+ 71
25	− 4.65	+1.86	+0.07	− 34.3	−14.1	+ 7.5	8.19796	+ 15	+ 79
26	− 2.79	+1.76	−0.10	− 48.4	− 6.8	+ 7.3	8.19811	+104	+ 89
27	− 1.03	+1.54	−0.22	− 55.2	− 0.3	+ 6.5	8.19915	+205	+101
28	+ 0.51	+1.24	−0.30	− 55.5	+ 5.1	+ 5.4	8.20120	+312	+107
29	+ 1.75	+0.87	−0.37	− 50.4	+ 9.1	+ 4.0	8.20432	+424	+112
30	+ 2.62	+0.48	−0.39	− 41.3	+12.0	+ 2.9	8.20856	+530	+106
Juli 1	+ 3.10	+0.04	−0.44	− 29.3	+14.0	+ 2.0	8.21386	+623	+ 93
2	+ 3.14		−0.47	− 15.3		+ 1.7	8.22009		+ 65
	s	s	s	″	″	″			
Juli 15	− 9.84	−0.67	+0.11	+195.7	−28.0	− 7.9	8.22089	−595	+ 61
16	−10.51	−0.42	+0.25	+167.7	−33.9	− 5.9	8.21494	−514	+ 81
17	−10.93	−0.01	+0.41	+133.8	−37.2	− 3.3	8.20980	−421	+ 93
18	−10.94	+0.51	+0.52	+ 96.6	−37.8	− 0.6	8.20559	−326	+ 95
19	−10.43	+1.05	+0.54	+ 58.8	−35.5	+ 2.3	8.20233	−235	+ 91
20	− 9.38	+1.49	+0.44	+ 23.3	−30.6	+ 4.9	8.19998	−150	+ 85
21	− 7.89	+1.78	+0.29	− 7.3	−24.1	+ 6.5	8.19848	− 72	+ 78
22	− 6.11	+1.87	+0.09	− 31.4	−16.6	+ 7.5	8.19776	+ 3	+ 75
23	− 4.24	+1.80	−0.07	− 48.0	− 9.1	+ 7.5	8.19779	+ 75	+ 72
24	− 2.44	+1.58	−0.22	− 57.1	− 2.3	+ 6.8	8.19854	+147	+ 72
25	− 0.86	+1.31	−0.27	− 59.4	+ 3.7	+ 6.0	8.20001	+224	+ 77
26	+ 0.45	+0.99	−0.32	− 55.7	+ 8.5	+ 4.8	8.20225	+305	+ 81
27	+ 1.44	+0.66	−0.33	− 47.2	+12.2	+ 3.7	8.20530	+389	+ 84
28	+ 2.10	+0.32	−0.34	− 35.0	+14.8	+ 2.6	8.20919	+474	+ 85
29	+ 2.42	−0.02	−0.34	− 20.2	+16.9	+ 2.1	8.21393	+554	+ 80
30	+ 2.40	−0.36	−0.34	− 3.3	+18.7	+ 1.8	8.21947	+617	+ 63
31	+ 2.04		−0.31	+ 15.4		+ 2.0	8.22564		+ 35

Tag	0h Weltzeit								
	$\alpha_{☾} - \alpha_k$			$\delta_{☾} - \delta_k$			log sin p_k		
1956	s	s	s	″	″	″			
Aug. 14	—11.90	+0.29	+0.60	+106.4	—39.0	— 1.5	8.20973	—457	+108
15	—11.61	+0.91	+0.62	+ 67.4	—37.3	+ 1.7	8.20516	—341	+116
16	—10.70	+1.42	+0.51	+ 30.1	—32.9	+ 4.4	8.20175	—225	+116
17	— 9.28	+1.77	+0.35	— 2.8	—26.4	+ 6.5	8.19950	—114	+111
18	— 7.51	+1.89	+0.12	— 29.2	—18.9	+ 7.5	8.19836	— 16	+ 98
19	— 5.62	+1.83	—0.06	— 48.1	—11.3	+ 7.6	8.19820	+ 70	+ 86
20	— 3.79	+1.62	—0.21	— 59.4	— 4.3	+ 7.0	8.19890	+144	+ 74
21	— 2.17	+1.31	—0.31	— 63.7	+ 2.0	+ 6.3	8.20034	+207	+ 63
22	— 0.86	+0.99	—0.32	— 61.7	+ 7.2	+ 5.2	8.20241	+263	+ 56
23	+ 0.13	+0.64	—0.35	— 54.5	+11.4	+ 4.2	8.20504	+315	+ 52
24	+ 0.77	+0.33	—0.31	— 43.1	+14.7	+ 3.3	8.20819	+365	+ 50
25	+ 1.10	+0.05	—0.28	— 28.4	+17.5	+ 2.8	8.21184	+413	+ 48
26	+ 1.15	—0.20	—0.25	— 10.9	+19.8	+ 2.3	8.21597	+460	+ 47
27	+ 0.95	—0.36	—0.16	+ 8.9	+21.9	+ 2.1	8.22057	+498	+ 38
28	+ 0.59	—0.47	—0.11	+ 30.8	+23.8	+ 1.9	8.22555	+524	+ 26
29	+ 0.12	—0.51	—0.04	+ 54.6	+25.4	+ 1.6	8.23079	+524	0
30	— 0.39		—0.01	+ 80.0		+ 1.2	8.23603		— 33
	s	s	s	″	″	″			
Sept. 12	—11.46	+1.23	+0.66	+ 37.1	—35.0	+ 3.8	8.20559	—347	+125
13	—10.23	+1.68	+0.45	+ 2.1	—28.8	+ 6.2	8.20212	—217	+130
14	— 8.55	+1.90	+0.22	— 26.7	—21.2	+ 7.6	8.19995	— 86	+131
15	— 6.65	+1.89	—0.01	— 47.9	—13.3	+ 7.9	8.19909	+ 33	+119
16	— 4.76	+1.69	—0.20	— 61.2	— 5.9	+ 7.4	8.19942	+139	+106
17	— 3.07	+1.37	—0.32	— 67.1	+ 0.5	+ 6.4	8.20081	+224	+ 85
18	— 1.70	+1.00	—0.37	— 66.6	+ 5.8	+ 5.3	8.20305	+290	+ 66
19	— 0.70	+0.60	—0.40	— 60.8	+10.3	+ 4.5	8.20595	+335	+ 45
20	— 0.10	+0.23	—0.37	— 50.5	+13.8	+ 3.5	8.20930	+362	+ 27
21	+ 0.13	—0.10	—0.33	— 36.7	+17.1	+ 3.3	8.21292	+376	+ 14
22	+ 0.03	—0.34	—0.24	— 19.6	+20.0	+ 2.9	8.21668	+380	+ 4
23	0.31	—0.48	—0.14	+ 0.4	+22.7	+ 2.7	8.22048	+379	— 1
24	— 0.79	—0.49	—0.01	+ 23.1	+25.2	+ 2.5	8.22427	+372	— 7
25	— 1.28	—0.38	+0.11	+ 48.3	+27.0	+ 1.8	8.22799	+362	— 10
26	— 1.66	—0.22	+0.16	+ 75.3	+27.4	+ 0.4	8.23161	+344	— 18
27	— 1.88	—0.08	+0.14	+102.7	+26.6	— 0.8	8.23505	+311	— 33
28	— 1.96		0.00	+129.3		— 2.3	8.23816		— 52
	s	s	s	″	″	″			
Okt. 12	— 7.24	+1.92	+0.09	— 45.8	—15.4	+ 8.3	8.20042	— 63	+139
13	— 5.32	+1.80	—0.12	— 61.2	— 7.6	+ 7.8	8.19979	+ 73	+136
14	— 3.52	+1.52	—0.28	— 68.8	— 0.6	+ 7.0	8.20052	+199	+126
15	— 2.00	+1.15	—0.37	— 69.4	+ 5.0	+ 5.6	8.20251	+306	+107
16	— 0.85	+0.70	—0.45	— 64.4	+ 9.5	+ 4.5	8.20557	+387	+ 81
17	— 0.15		—0.44	— 54.9		+ 3.6	8.20944		+ 50

Mondkrater Mösting A. 1956

Tag	0h Weltzeit								
	$\alpha_☾ - \alpha_k$			$\delta_☾ - \delta_k$			log sin p_k		
1956	s	s	s	″	″	″			
Okt. 17	-0.15	+0.26	-0.44	- 54.9	+13.1	+ 3.6	8.20944	+437	+ 50
18	+0.11	-0.16	-0.42	- 41.8	+16.0	+ 2.9	8.21381	+456	+ 19
19	-0.05	-0.53	-0.37	- 25.8	+19.1	+ 3.1	8.21837	+445	- 11
20	-0.58	-0.76	-0.23	- 6.7	+22.2	+ 3.1	8.22282	+407	- 38
21	-1.34	-0.84	-0.08	+ 15.5	+25.4	+ 3.2	8.22689	+352	- 55
22	-2.18	-0.72	+0.12	+ 40.9	+28.2	+ 2.8	8.23041	+288	- 64
23	-2.90	-0.45	+0.27	+ 69.1	+29.6	+ 1.4	8.23329	+219	- 69
24	-3.35	-0.13	+0.32	+ 98.7	+29.0	- 0.6	8.23548	+156	- 63
25	-3.48	+0.08	+0.21	+127.7	+26.1	- 2.9	8.23704	+ 96	- 60
26	-3.40	+0.12	+0.04	+153.8	+21.4	- 4.7	8.23800	+ 41	- 55
27	-3.28		-0.15	+175.2		- 5.9	8.23841		- 56
	s	s	s	″	″	″			
Nov. 11	-2.11	+1.37	-0.32	- 70.0	+ 4.5	+ 6.4	8.20072	+238	+140
12	-0.74	+0.98	-0.39	- 65.5	+ 9.3	+ 4.8	8.20310	+365	+127
13	+0.24	+0.54	-0.44	- 56.2	+13.0	+ 3.7	8.20675	+469	+104
14	+0.78	+0.07	-0.47	- 43.2	+15.8	+ 2.8	8.21144	+543	+ 74
15	+0.85	-0.39	-0.46	- 27.4	+18.0	+ 2.2	8.21687	+576	+ 33
16	+0.46	-0.78	-0.39	- 9.4	+20.5	+ 2.5	8.22263	+564	- 12
17	-0.32	-1.07	-0.29	+ 11.1	+23.6	+ 3.1	8.22827	+508	- 56
18	-1.39	-1.14	-0.07	+ 34.7	+27.1	+ 3.5	8.23335	+412	- 96
19	-2.53	-0.99	+0.15	+ 61.8	+29.9	+ 2.8	8.23747	+289	-123
20	-3.52	-0.67	+0.32	+ 91.7	+31.0	+ 1.1	8.24036	+154	-135
21	-4.19	-0.33	+0.34	+122.7	+29.4	- 1.6	8.24190	+ 24	-130
22	-4.52	-0.10	+0.23	+152.1	+24.9	- 4.5	8.24214	- 89	-113
23	-4.62	-0.05	+0.05	+177.0	+18.4	- 6.5	8.24125	-179	- 90
24	-4.67	-0.17	-0.12	+195.4	+10.7	- 7.7	8.23946	-243	- 64
25	-4.84	-0.40	-0.23	+206.1	+ 2.6	- 8.1	8.23703	-286	- 43
26	-5.24		-0.29	+208.7		- 8.1	8.23417		- 29
	s	s	s	″	″	″			
Dez. 11	+1.19	+0.50	-0.39	- 43.4	+16.3	+ 2.9	8.20630	+506	+124
12	+1.69	+0.07	-0.43	- 27.1	+18.3	+ 2.0	8.21136	+605	+ 99
13	+1.76	-0.34	-0.41	- 8.8	+19.9	+ 1.6	8.21741	+669	+ 64
14	+1.42	-0.74	-0.40	+ 11.1	+21.6	+ 1.7	8.22410	+683	+ 14
15	+0.68	-1.04	-0.30	+ 32.7	+23.8	+ 2.2	8.23093	+642	- 41
16	-0.36	-1.20	-0.16	+ 56.5	+26.7	+ 2.9	8.23735	+541	-101
17	-1.56	-1.16	+0.04	+ 83.2	+29.3	+ 2.6	8.24276	+389	-152
18	-2.72	-0.96	+0.20	+112.5	+30.1	+ 0.8	8.24665	+203	-186
19	-3.68	-0.75	+0.21	+142.6	+28.2	- 1.9	8.24868	+ 5	-198
20	-4.43	-0.59	+0.16	+170.8	+23.1	- 5.1	8.24873	-177	-182
21	-5.02	-0.57	+0.02	+193.9	+15.4	- 7.7	8.24696	-328	-151
22	-5.59	-0.66	-0.09	+209.3	+ 6.5	- 8.9	8.24368	-432	-104
23	-6.25	-0.80	-0.14	+215.8	- 3.1	- 9.6	8.23936	-491	- 59
24	-7.05	-0.94	-0.14	+212.7	-12.3	- 9.2	8.23445	-511	- 20
25	-7.99		-0.09	+200.4		- 8.6	8.22934		+ 11

0h Weltzeit	P	B0	L0
1956	Rotation Nr. 1368		
Jan. 0	+ 2°.98	−2°.87	98°.96
1	2.50	2.99	85.78
2	2.01	3.10	72.61
3	1.52	3.22	59.44
4	1.04	3.34	46.27
5	0.55	3.45	33.10
6	+ 0.06	−3.56	19.93
7	− 0.42	−3.67	6.76
	Rotation Nr. 1369		
Jan. 8	− 0°.91	−3°.78	353°.60
9	1.39	3.89	340.43
10	1.87	4.00	327.26
11	2.35	4.11	314.09
12	2.83	4.21	300.92
13	3.31	4.32	287.75
14	− 3.78	−4.42	274.58
15	4.26	4.52	261.42
16	4.73	4.62	248.25
17	5.20	4.72	235.09
18	5.66	4.82	221.92
19	6.13	4.91	208.75
20	− 6.59	−5.01	195.58
21	7.04	5.10	182.42
22	7.50	5.19	169.25
23	7.95	5.28	156.08
24	8.40	5.37	142.92
25	8.84	5.45	129.75
26	− 9.28	−5.54	116.58
27	9.72	5.62	103.42
28	10.15	5.70	90.25
29	10.58	5.78	77.08
30	11.00	5.85	63.92
31	11.42	5.93	50.75
Febr. 1	−11.84	−6.00	37.58
2	12.25	6.07	24.42
3	−12.66	−6.14	11.25
	Rotation Nr. 1370		
Febr. 4	−13°.06	−6°.21	358°.09
5	13.45	6.28	344.92
6	13.84	6.34	331.75
7	14.23	6.40	318.59
8	14.61	6.46	305.42
9	−14.99	−6.52	292.25

0h Weltzeit	P	B0	L0
1956	Rotation Nr. 1370		
Febr. 9	−14°.99	−6°.52	292°.25
10	15.36	6.57	279.09
11	15.73	6.62	265.92
12	16.09	6.68	252.75
13	16.45	6.73	239.59
14	16.80	6.77	226.42
15	−17.14	−6.82	213.25
16	17.48	6.86	200.08
17	17.82	6.90	186.92
18	18.15	6.94	173.75
19	18.47	6.97	160.58
20	18.78	7.01	147.41
21	−19.09	−7.04	134.24
22	19.40	7.07	121.07
23	19.70	7.10	107.90
24	19.99	7.12	94.73
25	20.28	7.14	81.56
26	20.56	7.16	68.39
27	−20.83	−7.18	55.22
28	21.10	7.20	42.04
29	21.36	7.21	28.87
März 1	21.62	7.22	15.70
2	−21.87	−7.23	2.52
	Rotation Nr. 1371		
März 3	−22°.11	−7°.24	349°.35
4	22.34	7.25	336.18
5	22.57	7.25	323.00
6	22.80	7.25	309.83
7	23.02	7.25	296.65
8	23.23	7.24	283.48
9	−23.43	−7.24	270.30
10	23.63	7.23	257.12
11	23.82	7.22	243.95
12	24.00	7.21	230.77
13	24.18	7.19	217.59
14	24.35	7.18	204.41
15	−24.51	−7.16	191.23
16	24.67	7.13	178.05
17	24.82	7.11	164.87
18	24.97	7.08	151.68
19	25.11	7.06	138.50
20	25.23	7.03	125.32
21	−25.35	−6.99	112.13
22	−25.47	−6.96	98.95

0h Weltzeit	P	B0	L0
1956	Rotation Nr. 1371		
März 22	−25°.47	−6°.96	98°.95
23	25.58	6.92	85.76
24	25.68	6.89	72.57
25	25.78	6.85	59.39
26	25.87	6.80	46.20
27	25.95	6.76	33.01
28	−26.02	−6.71	19.82
29	−26.09	−6.66	6.63
	Rotation Nr. 1372		
März 30	−26°.15	−6°.61	353°.44
31	26.20	6.56	340.25
April 1	26.24	6.51	327.06
2	26.28	6.45	313.86
3	26.31	6.39	300.67
4	26.33	6.33	287.47
5	−26.35	−6.27	274.28
6	26.36	6.21	261.08
7	26.37	6.14	247.88
8	26.36	6.08	234.68
9	26.35	6.01	221.48
10	26.33	5.94	208.29
11	−26.30	−5.87	195.09
12	26.26	5.79	181.88
13	26.22	5.72	168.68
14	26.17	5.64	155.48
15	26.12	5.56	142.28
16	26.05	5.48	129.07
17	−25.98	−5.40	115.87
18	25.90	5.31	102.66
19	25.82	5.23	89.45
20	25.72	5.14	76.25
21	25.62	5.06	63.04
22	25.51	4.97	49.83
23	−25.40	−4.88	36.62
24	25.27	4.78	23.40
25	−25.14	−4.69	10.19
	Rotation Nr. 1373		
April 26	−25°.00	−4°.60	356°.98
27	24.86	4.50	343.77
28	24.71	4.40	330.55
29	24.55	4.31	317.34
30	24.38	4.21	304.12
Mai 1	−24.21	−4.11	290.90

Rotation der Sonne 1956

1956 Rotation Nr. 1373

0h Weltzeit	P	B0	L0
Mai 1	−24.21°	−4.11°	290.90°
2	24.03	4.00	277.69
3	23.84	3.90	264.47
4	23.64	3.80	251.25
5	23.44	3.69	238.03
6	23.23	3.59	224.81
7	−23.01	−3.48	211.59
8	22.79	3.37	198.37
9	22.56	3.26	185.15
10	22.32	3.15	171.92
11	22.07	3.04	158.70
12	21.82	2.93	145.48
13	−21.56	−2.82	132.25
14	21.30	2.71	119.03
15	21.03	2.59	105.80
16	20.75	2.48	92.58
17	20.47	2.37	79.35
18	20.18	2.25	66.12
19	−19.88	−2.13	52.90
20	19.57	2.02	39.67
21	19.26	1.90	26.44
22	−18.95	−1.78	13.21

Rotation Nr. 1374

0h Weltzeit	P	B0	L0
Mai 23	−18.63°	−1.67°	359.98°
24	18.30	1.55	346.75
25	17.96	1.43	333.52
26	17.62	1.31	320.29
27	17.28	1.19	307.05
28	16.93	1.07	293.82
29	−16.57	−0.95	280.58
30	16.21	0.83	267.35
31	15.85	0.71	254.12
Juni 1	15.48	0.59	240.88
2	15.10	0.47	227.65
3	14.72	0.35	214.42
4	−14.33	−0.23	201.18
5	13.94	−0.11	187.95
6	13.55	+0.01	174.71
7	13.15	0.13	161.48
8	12.75	0.25	148.24
9	12.34	0.38	135.01
10	−11.93	+0.50	121.77
11	11.52	0.62	108.54
12	−11.10	+0.74	95.30

1956 Rotation Nr. 1374

0h Weltzeit	P	B0	L0
Juni 12	−11.10°	+0.74°	95.30°
13	10.68	0.86	82.06
14	10.25	0.98	68.83
15	9.82	1.10	55.59
16	9.39	1.21	42.35
17	8.96	1.33	29.12
18	− 8.52	+1.45	15.88
19	− 8.08	+1.57	2.64

Rotation Nr. 1375

0h Weltzeit	P	B0	L0
Juni 20	−7.64°	+1.69°	349.41°
21	7.20	1.80	336.17
22	6.76	1.92	322.93
23	6.31	2.03	309.69
24	5.87	2.15	296.46
25	5.43	2.26	283.22
26	−4.98	+2.38	269.98
27	4.52	2.49	256.74
28	4.06	2.60	243.51
29	3.61	2.72	230.27
30	3.15	2.83	217.03
Juli 1	2.70	2.94	203.80
2	−2.24	+3.05	190.56
3	1.79	3.16	177.33
4	1.33	3.27	164.09
5	0.88	3.37	150.85
6	−0.42	3.48	137.62
7	+0.03	3.58	124.38
8	+0.49	+3.69	111.15
9	0.94	3.79	97.92
10	1.39	3.89	84.68
11	1.84	3.99	71.45
12	2.29	4.09	58.21
13	2.74	4.19	44.98
14	+3.19	+4.29	31.75
15	3.64	4.39	18.52
16	+4.08	+4.48	5.28

Rotation Nr. 1376

0h Weltzeit	P	B0	L0
Juli 17	+4.52°	+4.58°	352.05°
18	4.96	4.67	338.82
19	5.40	4.76	325.59
20	5.83	4.85	312.36
21	6.27	4.94	299.13
22	+6.70	+5.03	285.90

1956 Rotation Nr. 1376

0h Weltzeit	P	B0	L0
Juli 22	+ 6.70°	+5.03°	285.90°
23	7.13	5.12	272.67
24	7.55	5.20	259.44
25	7.97	5.28	246.21
26	8.39	5.37	232.98
27	8.81	5.45	219.75
28	+ 9.23	+5.53	206.52
29	9.64	5.60	193.29
30	10.04	5.68	180.07
31	10.44	5.75	166.84
Aug. 1	10.84	5.83	153.62
2	11.24	5.90	140.39
3	+11.64	+5.97	127.17
4	12.03	6.04	113.94
5	12.42	6.10	100.72
6	12.80	6.17	87.50
7	13.18	6.23	74.27
8	13.55	6.29	61.05
9	+13.92	+6.35	47.83
10	14.29	6.41	34.61
11	14.65	6.46	21.39
12	+15.01	+6.52	8.17

Rotation Nr. 1377

0h Weltzeit	P	B0	L0
Aug. 13	+15.36°	+6.57°	354.95°
14	15.71	6.62	341.73
15	16.05	6.67	328.51
16	16.39	6.72	315.30
17	16.72	6.76	302.08
18	17.05	6.80	288.86
19	+17.38	+6.85	275.64
20	17.70	6.89	262.43
21	18.01	6.92	249.21
22	18.32	6.96	236.00
23	18.63	6.99	222.78
24	18.93	7.02	209.57
25	+19.22	+7.05	196.36
26	19.51	7.08	183.14
27	19.79	7.10	169.93
28	20.07	7.13	156.72
29	20.35	7.15	143.51
30	20.62	7.17	130.30
31	+20.88	+7.19	117.09
Sept. 1	21.13	7.20	103.88
2	+21.38	+7.21	90.67

Rotation der Sonne 1956

1956 Rotation Nr. 1377

0h Weltzeit	P	B_0	L_0
Sept. 2	+21.38°	+7.21°	90.67°
3	21.63	7.22	77.46
4	21.87	7.23	64.26
5	22.11	7.24	51.05
6	22.34	7.25	37.84
7	22.56	7.25	24.64
8	+22.78	+7.25	11.43

Rotation Nr. 1378

0h Weltzeit	P	B_0	L_0
Sept. 9	+22.99°	+7.25°	358.23°
10	23.19	7.25	345.02
11	23.39	7.24	331.82
12	23.58	7.23	318.62
13	23.77	7.22	305.41
14	23.96	7.21	292.21
15	+24.13	+7.20	279.01
16	24.30	7.18	265.81
17	24.46	7.16	252.60
18	24.62	7.14	239.40
19	24.77	7.12	226.20
20	24.91	7.09	213.00
21	+25.05	+7.07	199.80
22	25.18	7.04	186.60
23	25.30	7.01	173.40
24	25.42	6.98	160.21
25	25.53	6.94	147.01
26	25.63	6.90	133.81
27	+25.73	+6.86	120.61
28	25.82	6.82	107.42
29	25.91	6.78	94.22
30	25.98	6.74	81.02
Okt. 1	26.05	6.69	67.83
2	26.12	6.64	54.63
3	+26.17	+6.59	41.44
4	26.22	6.54	28.24
5	26.26	6.48	15.05
6	+26.30	+6.42	1.86

Rotation Nr. 1379

0h Weltzeit	P	B_0	L_0
Okt. 7	+26.33°	+6.36°	348.67°
8	26.35	6.30	335.47
9	26.36	6.24	322.28
10	26.36	6.18	309.09
11	+26.36	+6.11	295.90

1956 Rotation Nr. 1379

0h Weltzeit	P	B_0	L_0
Okt. 11	+26.36°	+6.11°	295.90°
12	26.35	6.04	282.70
13	26.34	5.97	269.51
14	26.31	5.90	256.32
15	26.28	5.83	243.13
16	26.24	5.75	229.94
17	+26.19	+5.67	216.75
18	26.14	5.59	203.56
19	26.08	5.51	190.37
20	26.01	5.43	177.18
21	25.93	5.35	163.99
22	25.85	5.26	150.80
23	+25.75	+5.17	137.61
24	25.65	5.08	124.42
25	25.54	4.99	111.24
26	25.43	4.90	98.05
27	25.30	4.81	84.87
28	25.17	4.71	71.68
29	+25.03	+4.61	58.49
30	24.89	4.52	45.30
31	24.73	4.42	32.12
Nov. 1	24.56	4.32	18.93
2	+24.39	+4.21	5.74

Rotation Nr. 1380

0h Weltzeit	P	B_0	L_0
Nov. 3	+24.21°	+4.11°	352.56°
4	24.03	4.01	339.37
5	23.83	3.90	326.19
6	23.63	3.79	313.00
7	23.42	3.68	299.82
8	23.20	3.57	286.64
9	+22.97	+3.46	273.45
10	22.74	3.35	260.27
11	22.50	3.24	247.08
12	22.25	3.12	233.90
13	21.99	3.01	220.72
14	21.72	2.89	207.53
15	+21.45	+2.77	194.35
16	21.17	2.66	181.17
17	20.89	2.54	167.99
18	20.59	2.42	154.80
19	20.29	2.30	141.62
20	19.98	2.18	128.44
21	+19.66	+2.05	115.26
22	+19.34	+1.93	102.08

1956 Rotation Nr. 1380

0h Weltzeit	P	B_0	L_0
Nov. 22	+19.34°	+1.93°	102.08°
23	19.01	1.81	88.90
24	18.67	1.68	75.72
25	18.33	1.56	62.54
26	17.98	1.43	49.36
27	17.62	1.31	36.18
28	+17.25	+1.18	23.00
29	+16.88	+1.06	9.82

Rotation Nr. 1381

0h Weltzeit	P	B_0	L_0
Nov. 30	+16.51°	+0.93°	356.64°
Dez. 1	16.13	0.80	343.46
2	15.74	0.68	330.28
3	15.34	0.55	317.11
4	14.94	0.42	303.93
5	14.53	0.29	290.75
6	+14.12	+0.16	277.57
7	13.71	+0.04	264.39
8	13.29	−0.09	251.22
9	12.86	0.22	238.04
10	12.43	0.35	224.87
11	11.99	0.48	211.69
12	+11.55	−0.60	198.52
13	11.11	0.73	185.34
14	10.66	0.86	172.16
15	10.21	0.99	158.99
16	9.75	1.11	145.81
17	9.29	1.24	132.64
18	+ 8.83	−1.37	119.46
19	8.36	1.49	106.29
20	7.89	1.62	93.12
21	7.42	1.74	79.94
22	6.94	1.87	66.77
23	6.47	1.99	53.60
24	+ 6.00	−2.12	40.42
25	5.52	2.24	27.25
26	5.04	2.36	14.08
27	+ 4.55	−2.48	0.91

Rotation Nr. 1382

0h Weltzeit	P	B_0	L_0
Dez. 28	+ 4.07°	−2.60°	347.74°
29	3.59	2.72	334.56
30	3.10	2.84	321.39
31	2.61	2.96	308.22
32	+ 2.13	−3.08	295.05

Rotation des Mars 1956

0h Weltzeit		Durchgangszeit des Nullmeridians	0h Weltzeit		Durchgangszeit des Nullmeridians	0h Weltzeit		Durchgangszeit des Nullmeridians
Tag	Länge des Zentralmeridians		Tag	Länge des Zentralmeridians		Tag	Länge des Zentralmeridians	
1956	°	Weltzeit h m	1956	°	Weltzeit h m	1956	°	Weltzeit h m
Jan. 1	200.75	10 54.7	Febr. 12	153.25	14 9.9	März 25	106.19	17 23.4
2	191.02	11 34.7	13	143.56	14 49.7	26	96.49	18 3.2
3	181.30	12 14.6	14	133.87	15 29.5	24	86.79	18 43.1
4	171.59	12 54.6	15	124.18	16 9.4	28	77.09	19 23.0
5	161.87	13 34.5	16	114.49	16 49.2	29	67.38	20 2.9
6	152.15	14 14.4	17	104.80	17 29.0	30	57.68	20 42.7
7	142.44	14 54.4	18	95.11	18 8.9	31	47.98	21 22.6
8	132.73	15 34.3	19	85.42	18 48.7	April 1	38.28	22 2.5
9	123.01	16 14.2	20	75.73	19 28.5	2	28.58	22 42.4
10	113.30	16 54.1	21	66.05	20 8.3	3	18.87	23 22.3
11	103.59	17 34.1	22	56.36	20 48.2	4	9.16	— —
12	93.88	18 14.0	23	46.67	21 28.0	5	359.46	0 2.2
13	84.17	18 53.9	24	36.98	22 7.8	6	349.75	0 42.1
14	74.46	19 33.8	25	27.29	22 47.7	7	340.04	1 22.1
15	64.76	20 13.7	26	17.60	23 27.5	8	330.33	2 2.0
16	55.05	20 53.6	27	7.91	— —	9	320.62	2 41.9
17	45.35	21 33.5	28	358.22	0 7.3	10	310.92	3 21.8
18	35.64	22 13.4	29	348.53	0 47.1	11	301.21	4 1.7
19	25.94	22 53.2	März 1	338.84	1 27.0	12	291.50	4 41.6
20	16.24	23 33.1	2	329.15	2 6.8	13	281.78	5 21.5
21	6.54	— —	3	319.46	2 46.6	14	272.07	6 1.5
22	356.84	0 13.0	4	309.77	3 26.5	15	262.36	6 41.4
23	347.13	0 52.9	5	300.08	4 6.3	16	252.65	7 21.3
24	337.43	1 32.8	6	290.39	4 46.1	17	242.94	8 1.2
25	327.74	2 12.6	7	280.70	5 26.0	18	233.23	8 41.2
26	318.04	2 52.5	8	271.00	6 5.8	19	223.51	9 21.1
27	308.34	3 32.3	9	261.31	6 45.7	20	213.80	10 1.0
28	298.65	4 12.2	10	251.62	7 25.5	21	204.08	10 40.9
29	288.95	4 52.1	11	241.93	8 5.4	22	194.37	11 20.9
30	279.26	5 31.9	12	232.24	8 45.2	23	184.65	12 0.8
31	269.56	6 11.8	13	222.54	9 25.0	24	174.94	12 40.8
Febr. 1	259.86	6 51.6	14	212.85	10 4.9	25	165.22	13 20.7
2	250.17	7 31.5	15	203.15	10 44.7	26	155.51	14 0.7
3	240.48	8 11.3	16	193.46	11 24.6	27	145.79	14 40.6
4	230.78	8 51.2	17	183.76	12 4.4	28	136.07	15 20.5
5	221.09	9 31.0	18	174.07	12 44.3	29	126.36	16 0.5
6	211.40	10 10.8	19	164.37	13 24.2	30	116.64	16 40.4
7	201.71	10 50.7	20	154.68	14 4.0	Mai 1	106.92	17 20.4
8	192.01	11 30.5	21	144.98	14 43.9	2	97.20	18 0.3
9	182.32	12 10.4	22	135.28	15 23.7	3	87.49	18 40.3
10	172.63	12 50.2	23	125.58	16 3.6	4	77.77	19 20.2
11	162.94	13 30.0	24	115.89	16 43.5	5	68.05	20 0.2

Rotation des Mars 1956

0h Weltzeit		Durchgangszeit des Nullmeridians	0h Weltzeit		Durchgangszeit des Nullmeridians	0h Weltzeit		Durchgangszeit des Nullmeridians
Tag	Länge des Zentralmeridians		Tag	Länge des Zentralmeridians		Tag	Länge des Zentralmeridians	
1956	°	Weltzeit h m	1956	°	Weltzeit h m	1956	°	Weltzeit h m
Mai 6	58.33	20 40.1	Juni 17	11.29	23 53.2	Juli 29	332.83	1 51.5
7	48.62	21 20.1	18	1.66	— —	30	323.56	2 29.6
8	38.90	22 0.0	19	352.03	0 32.7	31	314.30	3 7.6
9	29.18	22 40.0	20	342.41	1 12.3	Aug. 1	305.06	3 45.5
10	19.47	23 19.9	21	332.79	1 51.8	2	295.83	4 23.4
11	9.75	23 59.9	22	323.18	2 31.3	3	286.61	5 1.2
12	0.03	— —	23	313.57	3 10.8	4	277.40	5 39.0
13	350.32	0 39.8	24	303.97	3 50.3	5	268.21	6 16.7
14	340.60	1 19.7	25	294.37	4 29.7	6	259.04	6 54.4
15	330.89	1 59.7	26	284.77	5 9.1	7	249.88	7 31.9
16	321.18	2 39.6	27	275.19	5 48.5	8	240.73	8 9.5
17	311.47	3 19.5	28	265.61	6 27.9	9	231.60	8 46.9
18	301.76	3 59.4	29	256.04	7 7.2	10	222.48	9 24.4
19	292.05	4 39.3	30	246.47	7 46.5	11	213.37	10 1.7
20	282.34	5 19.3	Juli 1	236.91	8 25.8	12	204.28	10 39.0
21	272.63	5 59.2	2	227.35	9 5.0	13	195.21	11 16.2
22	262.92	6 39.1	3	217.81	9 44.2	14	186.15	11 53.3
23	253.22	7 19.0	4	208.27	10 23.4	15	177.10	12 30.4
24	243.51	7 58.9	5	198.74	11 2.6	16	168.06	13 7.4
25	233.81	8 38.7	6	189.22	11 41.7	17	159.04	13 44.4
26	224.11	9 18.6	7	179.70	12 20.7	18	150.04	14 21.4
27	214.41	9 58.5	8	170.20	12 59.8	19	141.04	14 58.2
28	204.71	10 38.4	9	160.70	13 38.8	20	132.06	15 35.0
29	195.01	11 18.2	10	151.21	14 17.8	21	123.09	16 11.8
30	185.32	11 58.1	11	141.73	14 56.7	22	114.14	16 48.5
31	175.63	12 37.9	12	132.26	15 35.6	23	105.20	17 25.1
Juni 1	165.93	13 17.7	13	122.79	16 14.4	24	96.26	18 1.7
2	156.24	13 57.5	14	113.34	16 53.2	25	87.35	18 38.3
3	146.56	14 37.3	15	103.90	17 31.9	26	78.44	19 14.8
4	136.88	15 17.2	16	94.47	18 10.7	27	69.54	19 51.2
5	127.20	15 56.9	17	85.05	18 49.3	28	60.65	20 27.6
6	117.52	16 36.7	18	75.64	19 28.0	29	51.78	21 4.0
7	107.84	17 16.5	19	66.23	20 6.5	30	42.91	21 40.3
8	98.17	17 56.2	20	56.84	20 45.1	31	34.05	22 16.7
9	88.51	18 35.9	21	47.46	21 23.6	Sept. 1	25.20	22 53.0
10	78.84	19 15.6	22	38.09	22 2.0	2	16.35	23 29.2
11	69.18	19 55.3	23	28.73	22 40.4	3	7.52	— —
12	59.52	20 35.0	24	19.39	23 18.7	4	358.69	0 5.4
13	49.87	21 14.7	25	10.05	23 57.0	5	349.86	0 41.6
14	40.22	21 54.3	26	0.73	— —	6	341.04	1 17.7
15	30.57	22 34.0	27	351.42	0 35.2	7	332.22	1 53.9
16	20.93	23 13.6	28	342.12	1 13.4	8	323.40	2 30.1

Rotation des Mars 1956

0h Weltzeit		Durch-gangszeit des Null-meridians	0h Weltzeit		Durch-gangszeit das Null-meridians	0h Weltzeit		Durch-gangszeit des Null-meridians
Tag	Länge des Zentral-meridians		Tag	Länge des Zentral-meridians		Tag	Länge des Zentral-meridians	
1956	°	Weltzeit h m	1956	°	Weltzeit h m	1956	°	Weltzeit h m
Sept. 9	314.59	3 6.2	Okt. 21	297.12	4 18.2	Dez. 2	258.92	6 55.4
10	305.77	3 42.4	22	287.85	4 56.2	3	249.27	7 35.1
11	296.95	4 18.5	23	278.58	5 34.3	4	239.62	8 14.8
12	288.14	4 54.7	24	269.29	6 12.5	5	229.95	8 54.5
13	279.32	5 30.8	25	259.98	6 50.7	6	220.29	9 34.3
14	270.50	6 7.0	26	250.67	7 29.0	7	210.62	10 14.0
15	261.67	6 43.2	27	241.34	8 7.3	8	200.94	10 53.8
16	252.84	7 19.4	28	232.00	8 45.6	9	191.26	11 33.6
17	244.01	7 55.6	29	222.65	9 24.1	10	181.58	12 13.4
18	235.17	8 31.9	30	213.29	10 2.5	11	171.89	12 53.3
19	226.32	9 8.2	31	203.92	10 41.1	12	162.20	13 33.1
20	217.47	9 44.5	Nov. 1	194.53	11 19.6	13	152.50	14 13.0
21	208.61	10 20.9	2	185.13	11 58.3	14	142.80	14 52.9
22	199.74	10 57.3	3	175.72	12 36.9	15	133.09	15 32.8
23	190.86	11 33.7	4	166.30	13 15.6	16	123.39	16 12.7
24	181.97	12 10.2	5	156.87	13 54.4	17	113.67	16 52.6
25	173.07	12 46.7	6	147.43	14 33.2	18	103.96	17 32.6
26	164.16	13 23.3	7	137.97	15 12.1	19	94.24	18 12.5
27	155.24	13 59.9	8	128.51	15 51.0	20	84.52	18 52.5
28	146.31	14 36.5	9	119.04	16 29.9	21	74.80	19 32.5
29	137.37	15 13.3	10	109.56	17 8.9	22	65.08	20 12.5
30	128.41	15 50.0	11	100.07	17 47.9	23	55.35	20 52.5
Okt. 1	119.44	16 26.9	12	90.57	18 27.0	24	45.62	21 32.5
2	110.44	17 3.7	13	81.06	19 6.1	25	35.88	22 12.5
3	101.45	17 40.7	14	71.54	19 45.2	26	26.15	22 52.5
4	92.45	18 17.7	15	62.01	20 24.4	27	16.41	23 32.6
5	83.43	18 54.8	16	52.47	21 3.6	28	6.67	— —
6	74.40	19 31.9	17	42.93	21 42.8	29	356.93	0 12.6
7	65.35	20 9.1	18	33.38	22 22.1	30	347.18	0 52.7
8	56.28	20 46.3	19	23.82	23 1.4	31	337.44	1 32.8
9	47.20	21 23.6	20	14.26	23 40.8	32	327.69	2 12.8
10	38.10	22 1.0	21	4.68	— —	33	317.94	2 52.9
11	28.99	22 38.5	22	355.10	0 20.1			
12	19.87	23 16.0	23	345.51	0 59.6			
13	10.73	23 53.5	24	335.91	1 39.0			
14	1.58	— —	25	326.31	2 18.5			
15	352.41	0 31.1	26	316.70	2 57.9			
16	343.23	1 8.8	27	307.09	3 37.5			
17	334.04	1 46.6	28	297.47	4 17.0			
18	324.83	2 24.4	29	287.84	4 56.6			
19	315.61	3 2.2	30	278.21	5 36.2			
20	306.37	3 40.2	Dez. 1	268.57	6 15.8			

Rotation des Jupiter 1956

Länge des Zentralmeridians der beleuchteten Scheibe für 0^h Weltzeit

Tag	System I	System II	Red. auf volle Scheibe	Tag	System I	System II	Red. auf volle Scheibe	Tag	System I	System II	Red. auf volle Scheibe
1956	°	°	°	1956	°	°	°	1956	°	°	°
Jan. 0	222.2	71.9	—0.3	Febr. 21	159.7	332.5	0.0	April 13	92.2	228.3	+0.4
1	20.2	222.2	0.3	22	317.7	122.9	0.0	14	250.0	18.5	0.4
2	178.1	12.6	0.3	23	115.7	273.3	0.0	15	47.9	168.7	0.4
3	336.1	163.0	0.3	24	273.7	63.7	0.0	16	205.7	318.9	0.4
4	134.1	313.4	0.3	25	71.7	214.1	0.0	17	3.5	109.1	0.4
5	292.1	103.7	—0.3	26	229.7	4.5	0.0	18	161.3	259.3	+0.4
6	90.1	254.1	0.3	27	27.7	154.8	0.0	19	319.1	49.5	0.4
7	248.2	44.5	0.2	28	185.7	305.2	0.0	20	116.9	199.7	0.4
8	46.3	194.9	0.2	29	343.7	95.6	0.0	21	274.8	349.8	0.4
9	204.3	345.2	0.2	März 1	141.7	245.9	0.0	22	72.6	140.0	0.5
10	2.3	135.6	—0.2	2	299.7	36.3	0.0	23	230.4	290.2	+0.5
11	160.3	286.0	0.2	3	97.7	186.7	+0.1	24	28.2	80.4	0.5
12	318.3	76.4	0.2	4	255.7	337.0	0.1	25	186.0	230.5	0.5
13	116.4	226.8	0.2	5	53.7	127.4	0.1	26	343.8	20.7	0.5
14	274.4	17.2	0.2	6	211.6	277.7	0.1	27	141.5	170.9	0.5
15	72.4	167.6	—0.2	7	9.6	68.1	0.1	28	299.3	321.0	+0.5
16	230.4	318.0	0.2	8	167.6	218.4	+0.1	29	97.1	111.2	0.5
17	28.5	108.4	0.2	9	325.5	8.7	0.1	30	254.9	261.3	0.5
18	186.5	258.8	0.2	10	123.5	159.1	0.1	Mai 1	52.7	51.5	0.5
19	344.5	49.2	0.1	11	281.5	309.4	0.1	2	210.5	201.6	0.5
20	142.5	199.6	—0.1	12	79.5	99.8	0.1	3	8.2	351.8	+0.5
21	300.6	350.0	0.1	13	237.4	250.1	+0.1	4	166.0	141.9	0.5
22	98.6	140.4	0.1	14	35.4	40.4	0.1	5	323.8	292.0	0.5
23	256.6	290.8	0.1	15	193.3	190.7	0.1	6	121.5	82.2	0.5
24	54.7	81.2	0.1	16	351.3	341.0	0.1	7	279.3	232.3	0.5
25	212.7	231.6	—0.1	17	149.2	131.4	0.2	8	77.0	22.4	+0.5
26	10.7	22.0	0.1	18	307.2	281.7	+0.2	9	234.8	172.6	0.5
27	168.8	172.4	0.1	19	105.1	72.0	0.2	10	32.6	322.7	0.5
28	326.8	322.8	0.1	20	263.0	222.3	0.2	11	190.3	112.8	0.5
29	124.9	113.2	0.1	21	61.0	12.5	0.2	12	348.1	262.9	0.5
30	282.9	263.6	0.1	22	218.9	162.8	0.2	13	145.8	53.1	+0.5
31	80.9	54.0	—0.1	23	16.8	313.1	+0.2	14	303.6	203.2	0.5
Febr. 1	239.0	204.4	0.0	24	174.7	103.4	0.2	15	101.3	353.3	0.5
2	37.0	354.8	0.0	25	332.6	253.7	0.2	16	259.0	143.4	0.5
3	195.0	145.2	0.0	26	130.5	44.0	0.2	17	56.8	293.5	0.5
4	353.1	295.7	0.0	27	288.4	194.2	0.2	18	214.5	83.6	+0.5
5	151.1	86.1	0.0	28	86.3	344.5	+0.3	19	12.2	233.7	0.5
6	309.2	236.5	0.0	29	244.2	134.8	0.3	20	170.0	23.8	0.5
7	107.2	26.9	0.0	30	42.1	285.0	0.3	21	327.7	173.9	0.5
8	265.2	177.3	0.0	31	200.0	75.3	0.3	22	125.4	324.0	0.5
9	63.3	327.7	0.0	April 1	357.9	225.6	0.3	23	283.1	114.1	+0.5
10	221.3	118.1	0.0	2	155.8	15.8	+0.3	24	80.9	264.2	0.5
11	19.4	268.5	0.0	3	313.6	166.1	0.3	25	238.6	54.3	0.5
12	177.4	58.9	0.0	4	111.5	316.3	0.3	26	36.3	204.4	0.5
13	335.4	209.3	0.0	5	269.4	106.5	0.3	27	194.0	354.5	0.5
14	133.5	359.7	0.0	6	67.2	256.8	0.3	28	351.7	144.5	+0.5
15	291.5	150.1	0.0	7	225.1	47.0	+0.3	29	149.4	294.6	0.5
16	89.5	300.5	0.0	8	23.0	197.2	0.4	30	307.2	84.7	0.5
17	247.6	90.9	0.0	9	180.8	347.5	0.4	31	104.9	234.8	0.5
18	45.6	241.3	0.0	10	338.7	137.7	0.4	Juni 1	262.6	24.9	0.5
19	203.6	31.7	0.0	11	136.5	287.9	0.4	2	60.3	174.9	0.5
20	1.6	182.1	0.0	12	294.3	78.1	+0.4	3	218.0	325.0	+0.5

Rotation des Jupiter 1956

Länge des Zentralmeridians der beleuchteten Scheibe für 0^h Weltzeit

Tag	System I	System II	Red. auf volle Scheibe	Tag	System I	System II	Red. auf volle Scheibe	Tag	System I	System II	Red. auf volle Scheibe
1956	°	°	°	1956	°	°	°	1956	°	°	°
Juni 4	15.7	115.1	+0.5	Juli 26	294.9	357.5	+0.1	Nov. 11	47.9	6.5	−0.3
5	173.4	265.1	0.5	27	92.5	147.6	0.1	12	205.7	156.7	0.3
6	331.1	55.2	0.5	28	250.2	297.6	0.1	13	3.5	306.9	0.3
7	128.8	205.3	0.4	29	47.9	87.6	0.1	14	161.3	97.0	0.3
8	286.5	355.4	0.4	30	205.5	237.7	0.1	15	319.2	247.2	0.3
9	84.2	145.4	+0.4	31	3.2	27.7	+0.1	16	117.0	37.4	−0.3
10	241.9	295.5	0.4	Aug. 1	160.9	177.7	0.1	17	274.9	187.6	0.3
11	39.6	85.6	0.4	2	318.5	327.8	0.1	18	72.7	337.8	0.4
12	197.2	235.6	0.4	3	116.2	117.8	0.1	19	230.6	128.0	0.4
13	354.9	25.7	0.4	4	273.9	267.9	0.1	20	28.2	278.2	0.4
14	152.6	175.7	+0.4	5	71.5	57.9	+0.1	21	186.1	68.4	−0.4
15	310.3	325.8	0.4	..	.....	.....	...	22	343.9	218.6	0.4
16	108.0	115.8	0.4	Okt. 2	217.4	121.2	−0.1	23	141.7	8.8	0.4
17	265.7	265.9	0.4	3	15.1	271.3	0.1	24	299.6	159.0	0.4
18	63.4	56.0	0.4	4	172.8	61.4	0.1	25	97.4	309.2	0.4
19	221.1	206.0	+0.4	5	330.6	211.5	0.1	26	255.2	99.4	−0.4
20	18.7	356.1	0.4	6	128.3	1.6	0.1	27	53.1	249.6	0.4
21	176.4	146.1	0.4	7	286.0	151.7	−0.1	28	210.9	39.8	0.4
22	334.1	296.2	0.4	8	83.8	301.8	0.1	29	8.8	190.0	0.4
23	131.8	86.2	0.4	9	241.5	91.9	0.1	30	166.6	340.2	0.4
24	289.5	236.3	+0.3	10	39.2	242.0	0.1	Dez. 1	324.5	130.5	−0.4
25	87.1	26.3	0.3	11	197.0	32.1	0.1	2	122.3	280.7	0.4
26	244.8	176.4	0.3	12	354.7	182.3	−0.1	3	280.2	70.9	0.4
27	42.5	326.4	0.3	13	152.5	332.4	0.1	4	78.0	221.1	0.4
28	200.2	116.4	0.3	14	310.2	122.5	0.1	5	235.9	11.3	0.4
29	357.8	266.5	+0.3	15	108.0	272.6	0.1	6	33.7	161.6	−0.4
30	155.5	56.5	0.3	16	265.7	62.7	0.1	7	191.6	311.8	0.4
Juli 1	313.2	206.6	0.3	17	63.5	212.8	−0.1	8	349.5	102.1	0.5
2	110.9	356.6	0.3	18	221.2	3.0	0.1	9	147.3	252.3	0.5
3	268.5	146.7	0.3	19	19.0	153.1	0.2	10	305.2	42.5	0.5
4	66.2	296.7	+0.3	20	176.7	303.2	0.2	11	103.1	192.8	−0.5
5	223.9	86.8	0.3	21	334.5	93.3	0.2	12	261.0	343.0	0.5
6	21.5	236.8	0.3	22	132.2	243.5	−0.2	13	58.8	133.3	0.5
7	179.2	26.8	0.3	23	290.0	33.6	0.2	14	216.7	283.5	0.5
8	336.9	176.9	0.3	24	87.8	183.7	0.2	15	14.6	73.8	0.5
9	134.5	326.9	+0.2	25	245.5	333.9	0.2	16	172.5	224.0	−0.5
10	292.2	116.9	0.2	26	43.3	124.0	0.2	17	330.4	14.3	0.5
11	89.9	267.0	0.2	27	201.1	274.2	−0.2	18	128.3	164.5	0.5
12	247.5	57.0	0.2	28	358.9	64.3	0.2	19	286.2	314.8	0.5
13	45.2	207.1	0.2	29	156.6	214.4	0.2	20	84.1	105.1	0.5
14	202.9	357.1	+0.2	30	314.4	4.6	0.2	21	242.0	255.4	−0.5
15	0.6	147.1	0.2	31	112.2	154.7	0.2	22	39.9	45.6	0.5
16	158.2	297.2	0.2	Nov. 1	270.0	304.9	−0.2	23	197.8	195.9	0.5
17	315.9	87.2	0.2	2	67.8	95.0	0.2	24	355.7	346.2	0.5
18	113.5	237.2	0.2	3	225.5	245.2	0.3	25	153.6	136.5	0.5
19	271.2	27.3	+0.2	4	23.3	35.3	0.3	26	311.5	286.7	−0.5
20	68.9	177.3	0.2	5	181.1	185.5	0.3	27	109.4	77.0	0.5
21	226.5	327.4	0.2	6	338.9	335.7	−0.3	28	267.4	227.3	0.5
22	24.2	117.4	0.2	7	136.7	125.8	0.3	29	65.3	17.6	0.5
23	181.9	267.4	0.1	8	294.5	276.0	0.3	30	223.2	167.9	0.5
24	339.5	57.5	0.1	9	92.3	66.2	0.3	31	21.1	318.2	0.5
25	137.2	207.5	+0.1	10	250.1	216.3	−0.3	32	179.0	108.5	−0.5

Jupitertrabanten 1956

Verfinsterungen: E. = Eintritte, A. = Austritte (in Weltzeit)

Januar

Tag	Weltzeit h m	Trab.
0	11 26.1	I E.
1	19 16.1	III E.
	22 53.9	III A.
2	5 54.5	I E.
	16 49.6	II E.
3	21 31.6	IV E.
4	0 22.8	I E.
	2 23.8	IV A.
5	18 51.3	I E.
6	6 7.1	II E.
7	13 19.6	I E.
8	23 14.1	III E.
9	7 48.0	I E.
	19 24.2	II E.
11	2 16.4	I E.
12	20 44.8	I E.
13	8 41.6	II E.
14	15 13.2	I E.
16	3 13.0	III E.
	9 41.6	I E.
	21 58.7	II E.
18	4 10.0	I E.
19	22 38.5	I E.
20	11 16.0	II E.
	15 31.4	IV E.
	20 22.2	IV A.
21	17 6.9	I E.
23	7 11.3	III E.
	11 35.4	I E.
24	0 33.1	II E.
25	6 3.8	I E.
27	0 32.3	I E.
	13 50.4	II E.
28	19 0.7	I E.
30	11 9.8	III E.
	13 29.3	I E.
31	3 7.5	II E.

Februar

Tag	Weltzeit h m	Trab.
1	7 57.7	I E.
3	2 26.3	I E.
	16 24.8	II E.
4	20 54.8	I E.
6	9 32.2	IV E.
	15 7.8	III E.
	15 23.3	I E.
7	5 41.9	II E.
8	9 51.8	I E.
10	4 20.4	I E.
10	18 59.2	II E.
11	22 48.9	I E.
13	17 17.5	I E.
	19 5.9	III E.
14	8 16.3	II E.
15	11 46.0	I E.
17	8 32.9	I A.
18	0 25.8	II A.
19	3 1.5	I A.
20	21 30.1	I A.
21	2 40.7	III A.
	13 42.9	II A.
22	15 58.7	I A.
23	8 20.9	IV A.
24	10 27.4	I A.
25	3 0.0	II A.
26	4 56.0	I A.
27	23 24.7	I A.
28	6 39.5	III A.
	16 17.1	II A.
29	17 53.3	I A.

März

Tag	Weltzeit h m	Trab.
2	12 22.0	I A.
3	5 34.2	II A.
4	6 50.6	I A.
6	1 19.3	I A.
	10 39.0	III A.
	18 51.3	II A.
7	19 48.0	I A.
9	14 16.7	I A.
10	8 8.5	II A.
	21 35.7	IV E.
11	2 20.5	IV A.
	8 45.4	I A.
13	3 14.2	I A.
	14 38.1	III A.
	21 25.6	II A.
14	21 42.8	I A.
16	16 11.6	I A.
17	10 42.8	II A.
18	10 40.3	I A.
20	5 9.1	I A.
	18 37.1	III A.
	23 59.9	II A.
21	23 37.8	I A.
23	18 6.6	I A.
24	13 17.1	II A.
25	12 35.3	I A.
27	7 4.1	I A.
	15 38.6	IV E.
	20 20.5	IV A.
	22 35.7	III A.
28	2 34.3	II A.
29	1 32.8	I A.
30	20 1.6	I A.
31	15 51.5	II A.

April

Tag	Weltzeit h m	Trab.
1	14 30.4	I A.
3	8 59.2	I A.
	23 0.1	III E.
4	2 34.3	III A.
	5 8.7	II A.
5	3 28.0	I A.
6	21 56.8	I A.
7	18 25.9	II A.
8	16 25.6	I A.
10	10 54.4	I A.
11	2 59.7	III E.
	6 33.6	III A.
	7 43.1	II A.
12	5 23.2	I A.
13	9 42.3	IV E.
	14 21.2	IV A.
	23 52.0	I A.
14	21 0.4	II A.
15	18 20.8	I A.
17	12 49.7	I A.
18	6 59.3	III E.
	10 17.6	II A.
	10 32.9	III A.
19	7 18.4	I A.
21	1 47.3	I A.
	23 34.9	II A.
22	20 16.1	I A.
24	14 45.0	I A.
25	10 59.8	III E.
	12 52.2	II A.
	14 32.9	III A.
26	9 13.7	I A.
28	3 42.6	I A.
29	2 9.4	II A.
	22 11.4	I A.
30	3 45.6	IV E.
	8 21.2	IV A.

Mai

Tag	Weltzeit h m	Trab.
1	16 40.3	I A.
2	14 59.7	III E.
	15 26.7	II A.
	18 32.4	III A.
3	11 9.1	I A.
5	5 38.0	I A.
6	4 44.0	II A.
7	0 6.7	I A.
8	18 35.6	I A.
9	18 1.3	II A.
	18 59.5	III E.
	22 31.8	III A.
10	13 4.4	I A.
12	7 33.3	I A.
13	7 18.7	II A.
14	2 2.1	I A.
15	20 31.0	I A.
16	20 36.0	II A.
	21 49.4	IV E.
	22 58.8	III E.
17	2 21.3	IV A.
	2 30.6	III A.
	14 59.8	I A.
19	9 28.6	I A.
20	9 53.4	II A.
21	3 57.4	I A.
22	22 26.2	I A.
23	23 10.7	II A.
24	2 58.0	III E.
	6 29.4	III A.
	16 55.0	I A.
26	11 23.9	I A.
27	12 28.1	II A.
28	5 52.6	I A.
30	0 21.5	I A.
31	1 45.5	II A.
	6 57.6	III E.
	10 28.6	III A.
	18 50.2	I A.

Juni

Tag	Weltzeit h m	Trab.
2	13 19.1	I A.
	15 53.4	IV E.
	20 21.1	IV A.
3	15 2.9	II A.
4	7 47.8	I A.
6	2 16.7	I A.
7	4 20.4	II A.

Jupitertrabanten 1956

Verfinsterungen: E. = Eintritte, A. = Austritte (in Weltzeit)

Juni

Tag	Weltzeit h m	Trab.
7	10 57.3	III E.
	14 27.8	III A.
	20 45.4	I A.
9	15 14.3	I A.
10	17 37.8	II A.
11	9 43.0	I A.
13	4 11.8	I A.
14	6 55.3	II A.
	14 57.6	III E.
	18 27.6	III A.
	22 40.6	I A.
16	17 9.4	I A.
17	20 12.8	II A.
18	11 38.1	I A.
19	9 56.9	IV E.
	14 20.2	IV A.
20	6 6.9	I A.
21	9 30.3	II A.
	18 57.2	III E.
	22 26.7	III A.
22	0 35.6	I A.
23	19 4.4	I A.
24	22 47.8	II A.
25	13 33.1	I A.
27	8 1.9	I A.
28	12 5.3	II A.
	22 56.8	III E.
29	2 25.7	III A.
	2 30.6	I A.
30	20 59.3	I A.

Juli

Tag	Weltzeit h m	Trab.
2	1 22.9	II A.
	15 28.0	I A.
4	9 56.8	I A.
5	14 40.4	II A.
6	2 55.7	III E.
	4 0.5	IV E.
	4 25.4	I A.
	6 24.0	III A.
	8 19.1	IV A.
7	22 54.2	I A.
9	3 58.0	II A.
	17 22.8	I A.
11	11 51.6	I A.
12	17 15.6	II A.
13	6 20.2	I A.
	10 22.3	III A.
15	0 49.0	I A.
16	6 33.2	II A.
	19 17.6	I A.
18	13 46.3	I A.
19	19 50.9	II A.
20	8 14.9	I A.
	14 20.9	III A.
22	2 43.6	I A.
	22 3.9	IV E.
23	2 17.3	IV A.
	9 8.5	II A.
	21 12.2	I A.
25	15 40.9	I A.
26	22 26.2	II A.
27	10 9.5	I A.
	18 19.5	III A.
29	4 38.2	I A.

September

Tag	Weltzeit h m	Trab.
21	16 22.2	II E.
	23 5.8	I E.
22	22 42.4	III E.
23	17 34.2	I E.
25	5 39.8	II E.
	12 2.6	I E.
27	6 31.0	I E.
	22 12.9	IV E.
28	18 58.2	II E.
29	0 59.4	I E.
30	2 40.6	III E.
	19 27.8	I E.

Oktober

Tag	Weltzeit h m	Trab.
2	8 15.8	II E.
	13 56.2	I E.
4	8 24.6	I E.
5	21 34.2	II E.
6	2 52.9	I E.
7	6 38.6	III E.
	21 21.3	I E.
9	10 51.7	II E.
	15 49.6	I E.
11	10 18.0	I E.
13	0 10.1	II E.
	4 46.3	I E.
14	10 36.0	III E.
	16 14.6	IV E.
	19 55.8	IV A.
	23 14.7	I E.
16	13 27.7	II E.
16	17 43.0	I E.
18	12 11.4	I E.
20	2 46.1	II E.
	6 39.7	I E.
21	14 33.3	III E.
22	1 8.0	I E.
23	16 3.7	II E.
	19 36.3	I E.
25	14 4.6	I E.
27	5 22.1	II E.
	8 32.9	I E.
28	18 31.1	III E.
	21 50.0	III A.
29	3 1.2	I E.
30	18 39.7	II E.
	21 29.4	I E.
31	10 15.6	IV E.
	13 49.2	IV A.

November

Tag	Weltzeit h m	Trab.
1	15 57.8	I E.
3	7 58.1	II E.
	10 26.0	I E.
4	22 28.9	III E.
5	1 47.0	III A.
	4 54.3	I E.
6	21 15.6	II E.
	23 22.5	I E.
8	17 50.8	I E.
10	10 34.1	II E.
	12 19.1	I E.
12	2 27.2	III E.
	5 44.7	III A.
	6 47.3	I E.
13	23 51.6	II E.
14	1 15.6	I E.
15	19 43.8	I E.
17	4 16.3	IV E.
	7 41.5	IV A.
	13 10.1	II E.
	14 12.1	I E.
19	6 24.9	III E.
	8 40.3	I E.
	9 41.6	III A.
21	2 27.6	II E.
	3 8.5	I E.
22	21 36.8	I E.
24	15 46.0	II E.
	16 5.0	I E.
26	10 22.3	III E.
	10 33.2	I E.
	13 38.3	III A.
28	5 1.4	I E.
	5 3.5	II E.
29	23 29.6	I E.

Dezember

Tag	Weltzeit h m	Trab.
1	17 57.9	I E.
	18 21.9	II E.
3	12 26.1	I E.
	14 19.2	III E.
	17 34.5	III A.
	22 17.4	IV E.
4	1 33.6	IV A.
5	6 54.3	I E.
	7 39.3	II E.
7	1 22.5	I E.
8	19 50.7	I E.
	20 57.7	II E.
10	14 18.9	I E.
	18 16.1	III E.
	21 30.7	III A.
12	8 47.1	I E.
	10 15.1	II E.
14	3 15.3	I E.
15	21 43.5	I E.
	23 33.5	II E.
17	16 11.6	I E.
	22 13.5	III E.
18	1 27.4	III A.
19	10 39.9	I E.
	12 50.9	II E.
20	16 18.3	IV E.
	19 25.0	IV A.
21	5 8.1	I E.
22	23 36.4	I E.
23	2 9.2	II E.
24	18 4.6	I E.
25	2 11.0	III E.
	5 24.2	III A.
26	12 32.8	I E.
	15 26.6	II E.
28	7 1.0	I E.
30	1 29.2	I E.
	4 44.9	II E.
31	19 57.4	I E.
32	6 9.1	III E.
	9 21.4	III A.

Jupitertrabanten 1956

JANUAR

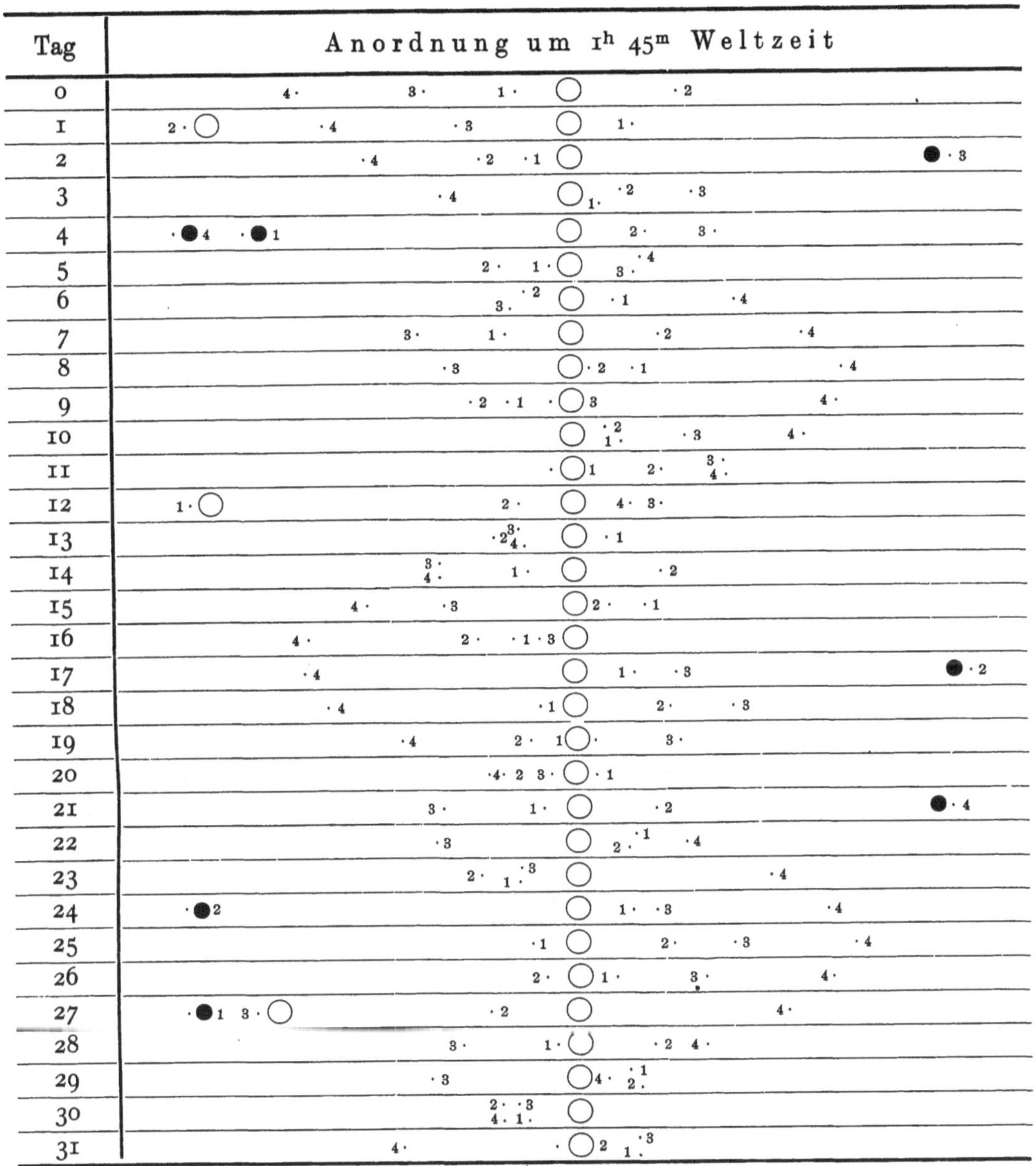

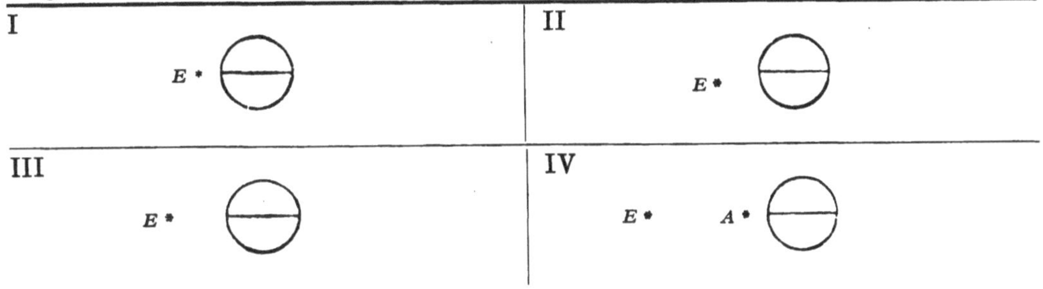

Jupitertrabanten 1956

FEBRUAR

Tag	Anordnung um 0h 15m Weltzeit
1	4· ·1 ○ ·2 ·3
2	2·○ 4· ○ 1· 3·
3	·4 ·2 ·3○1.
4	·4 3· ○ ·2 1○·
5	·4 ·3 ○·1 2·
6	·3 ·4 2. 1. ○
7	·2 ○ ·3 ·4 1
8	1· ○ ·2 ·4 ·3
9	2○· 1· 3· ·4
10	·2 ·1 ○ 3· ·4
11	3· ○1· ·2 4·
12	3· ○ 2· 4· ●·1
13	·3 2· 1·○ 4·
14	·2 ○·3 ·1 4·
15	1· 4·○ ·2 ·3
16	4· ○2· 1· 3·
17	4· 2· ·1 ○ 3·
18	4· 3· ○ 1· ●·2
19	4· 3· ·○1 2·
20	·4 ·3 2· 1·○
21	·●3 ·4 ·2 ○ ·1
22	·4 1· ○ ·2 ·3
23	·○4 2. ·1 3·
24	2· ·1 ○ 3· ·4
25	·●2 3· ○ 1· ·4
26	3· ·1○ 2· ·4
27	·3 2· ○ ·4 1○·
28	·2 ·○3 ·1 4·
29	1· ○ ·2 ·3 4·

I

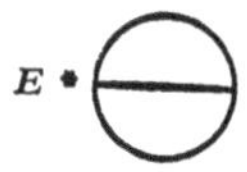

II

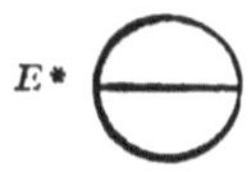

III

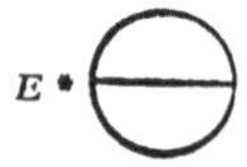

IV

Jupitertrabanten 1956

MÄRZ

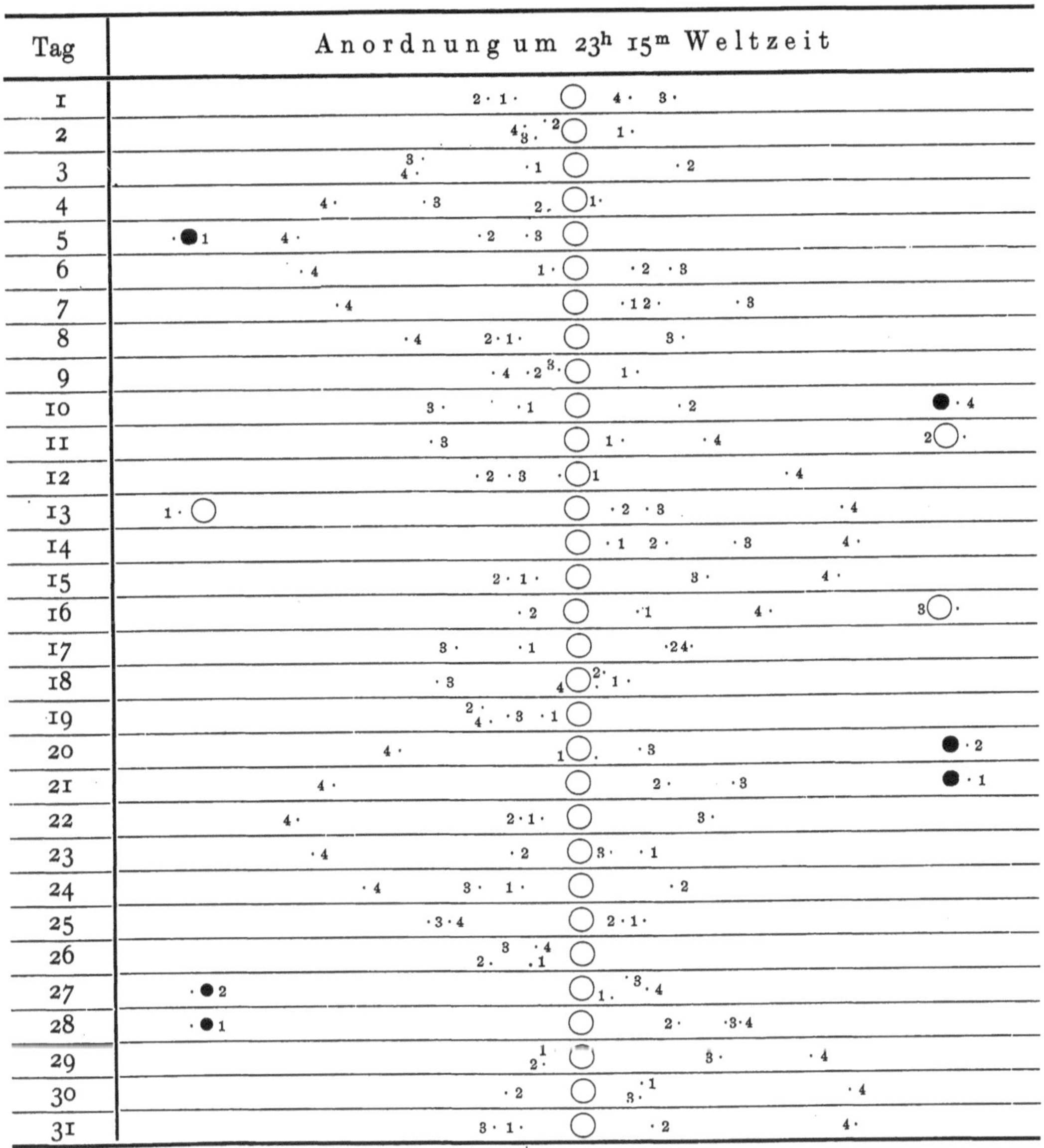

I

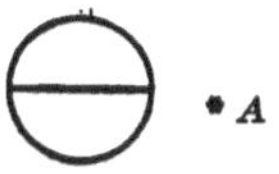

II

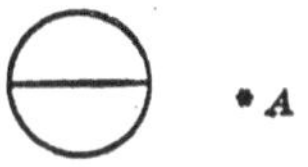

III

IV

Jupitertrabanten 1956

APRIL

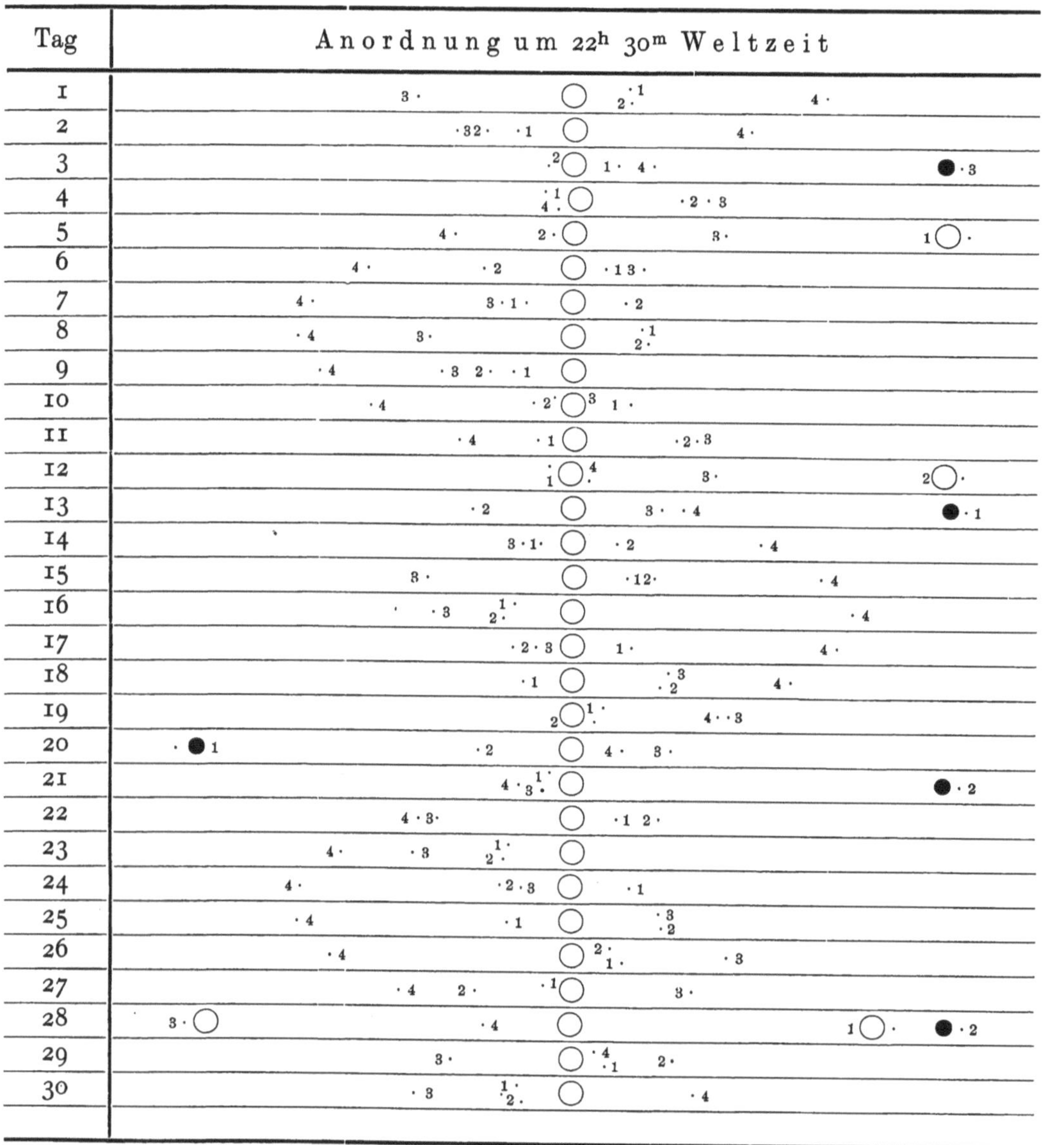

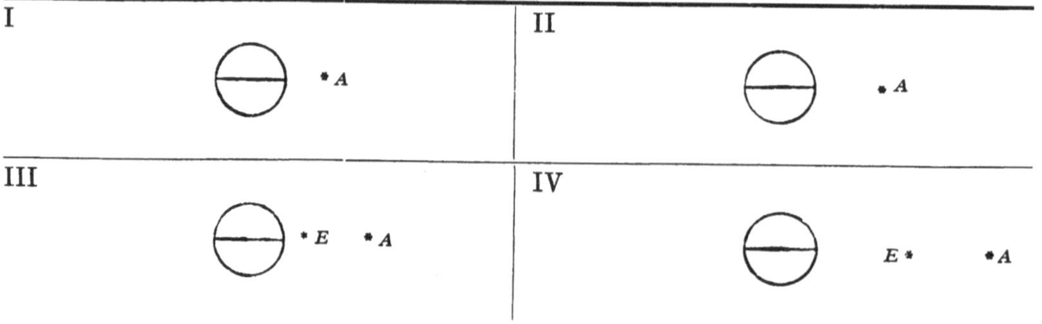

Jupitertrabanten 1956

MAI

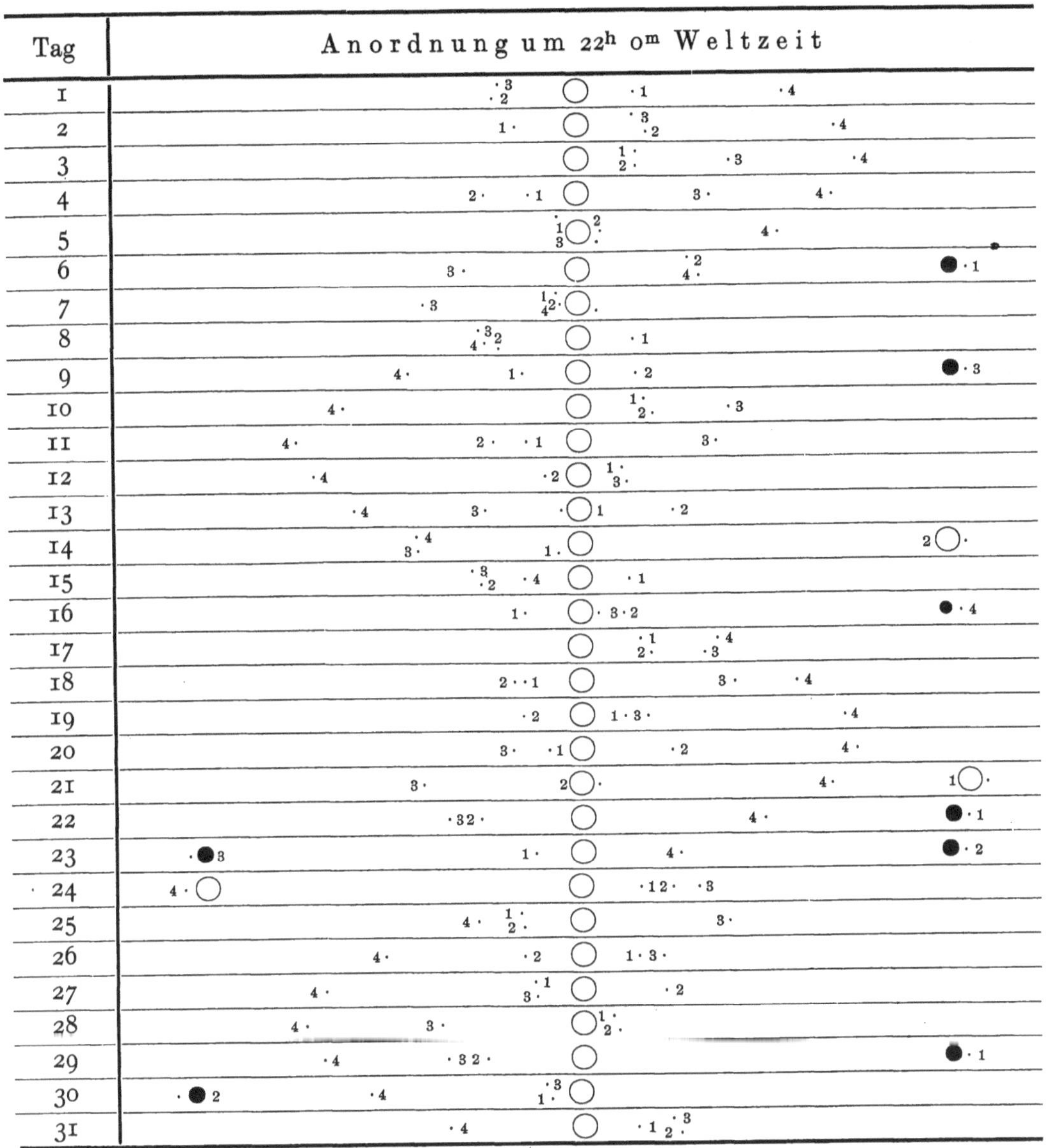

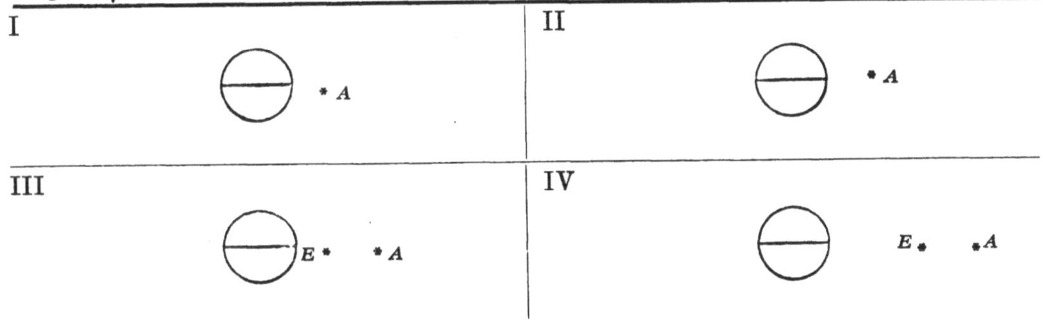

Jupitertrabanten 1956

JUNI

Tag	Anordnung um 21^h 15^m Weltzeit
1	1 · 2 · ·4 ○ · 3
2	· 2 ○ ·4 ·1 3 ·
3	· 1 3 · ○ · 2 · 4
4	3 · ○ 1 · 2 · · 4
5	· 3 2 · · 1○ · 4
6	1 · ○ · 3 · 2○ 4 ·
7	○ · 1 · 3 · 2 4 ·
8	1 · 2 · ○ · 3 4 ·
9	· 2 ○ · 1 4 · 3 ·
10	· 1 4 · ○ · 2 3○ ·
11	3 · 4 · ○ 1.2.
12	4 · · 3 2 · · 1 ○
13	4 · · 3 · 2 1○ ·
14	· 4 ○ · 3 · 2 ● · 1
15	· 4 1 · ○ · 3 2○ ·
16	· 4 · 2 ○ · 1 3 ·
17	· 4 1 · ○ 3 · · 2
18	3 · · ○4 1 · 2 ·
19	3 · 2 · · 1 ○ · 4
20	· 3 · 2 ○ 1 · · 4
21	· ●1 ○ · 2 · 4 ● · 3
22	1 · ○2. · 3 · 4
23	2 · ○ · 1 · 3 4 ·
24	1 · ○ 3 · 4 · ● · 2
25	3 · ○ · 1 2 · 4 ·
26	3 · 2 · 1 ○ 4 ·
27	· 3 · 2 4 · ○ 1 ·
28	4 · · 1○ · 2 ● · 3
29	4 · ○ 2 · · 3 1○ ·
30	4 · 2 · ○ · 1 3 ·

I

II

III

IV

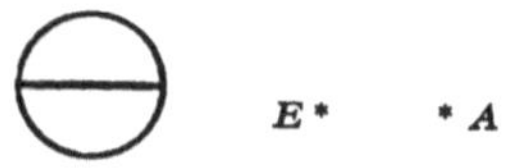

Jupitertrabanten 1956

JULI

Tag	Anordnung um 20h 30m Weltzeit
1	·4 1· ·○2 3·
2	·4 3· ○ ·12·
3	·4 3· 1· 2·○
4	·3 ·4 .2 ○ 1·
5	·●4 ·1·3○ ·2
6	○1· 2· ·4 ·3
7	·●1 2· ○ 3· ·4
8	1·2○ 3· ·4
9	3· ○ ·1 ·2 ·4
10	2·○ 3· 1· ○ 4·
11	·3 ·2 ○ 1· 4·
12	·3 ·1 ○ ·2 4·
13	○ 1· 4. 2· ·3
14	2· 4· ·○1 ·3
15	1·○ 4· ·2 ○ 3·
16	3·○ 4· ○ ·1 ·2
17	4· 3· ·1· 2○·
18	·4 ·3 ·2 ○ ·1
19	·4 ·3 ·1 ○ ·2
20	·4 ○ 1· ·3 2·
21	·42· ·1○ ·3
22	·2 1○·4 3·
23	3○· ·2·4 ●·1
24	3· 1· ○2· ·4
25	·3 2· ○ ·1 ·4
26	·31· ○ ·4 ●·2
27	○ ·3 1· 2· 4·
28	·1 2· ○ ·3 4·
29	·2 ○1· 4·3.

I

II

III

IV

Jupitertrabanten 1956

SEPTEMBER

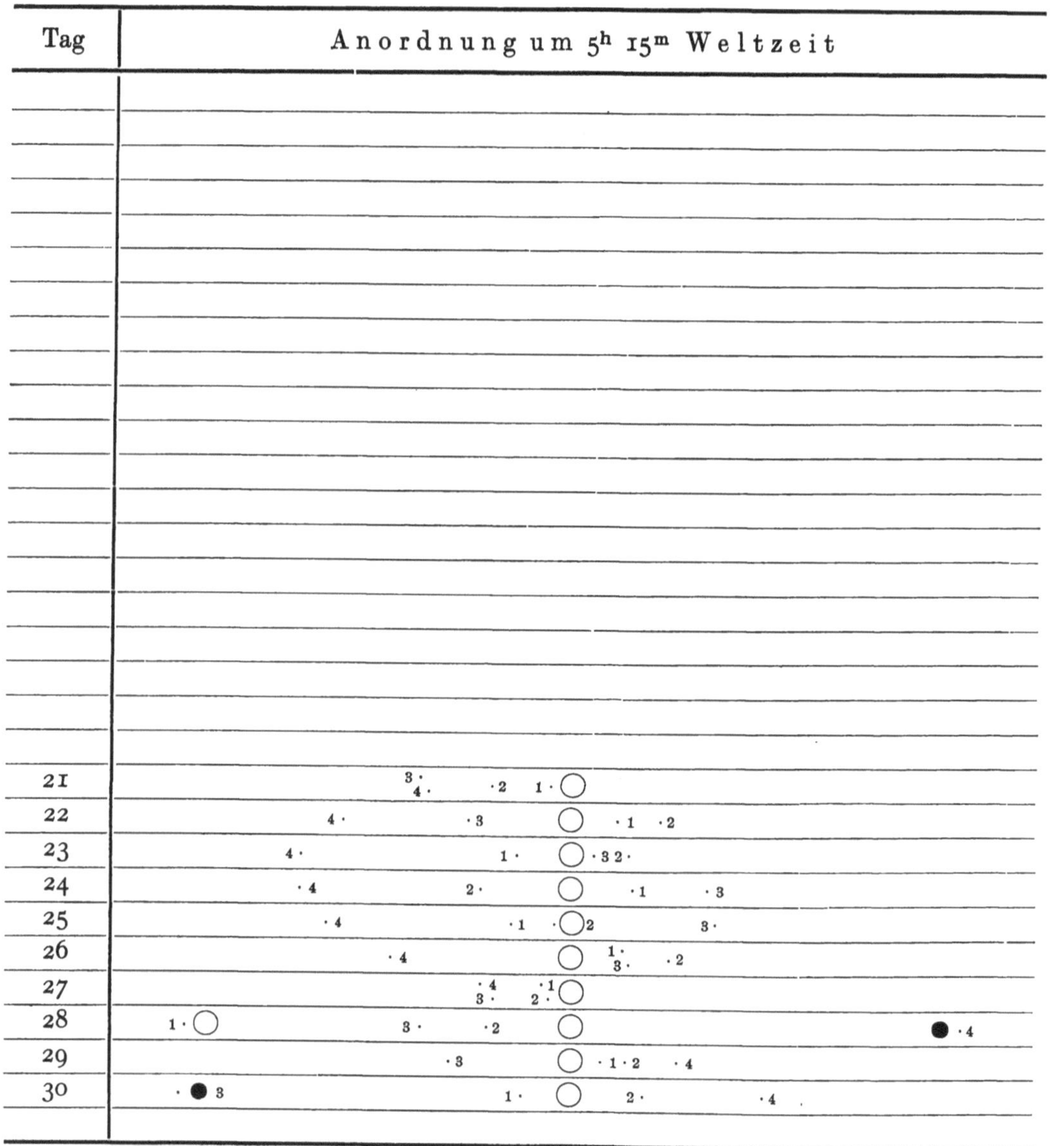

I

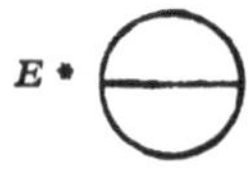

II

III

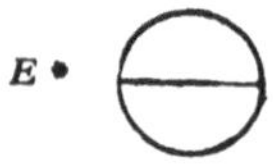

IV

Jupitertrabanten 1956

OKTOBER

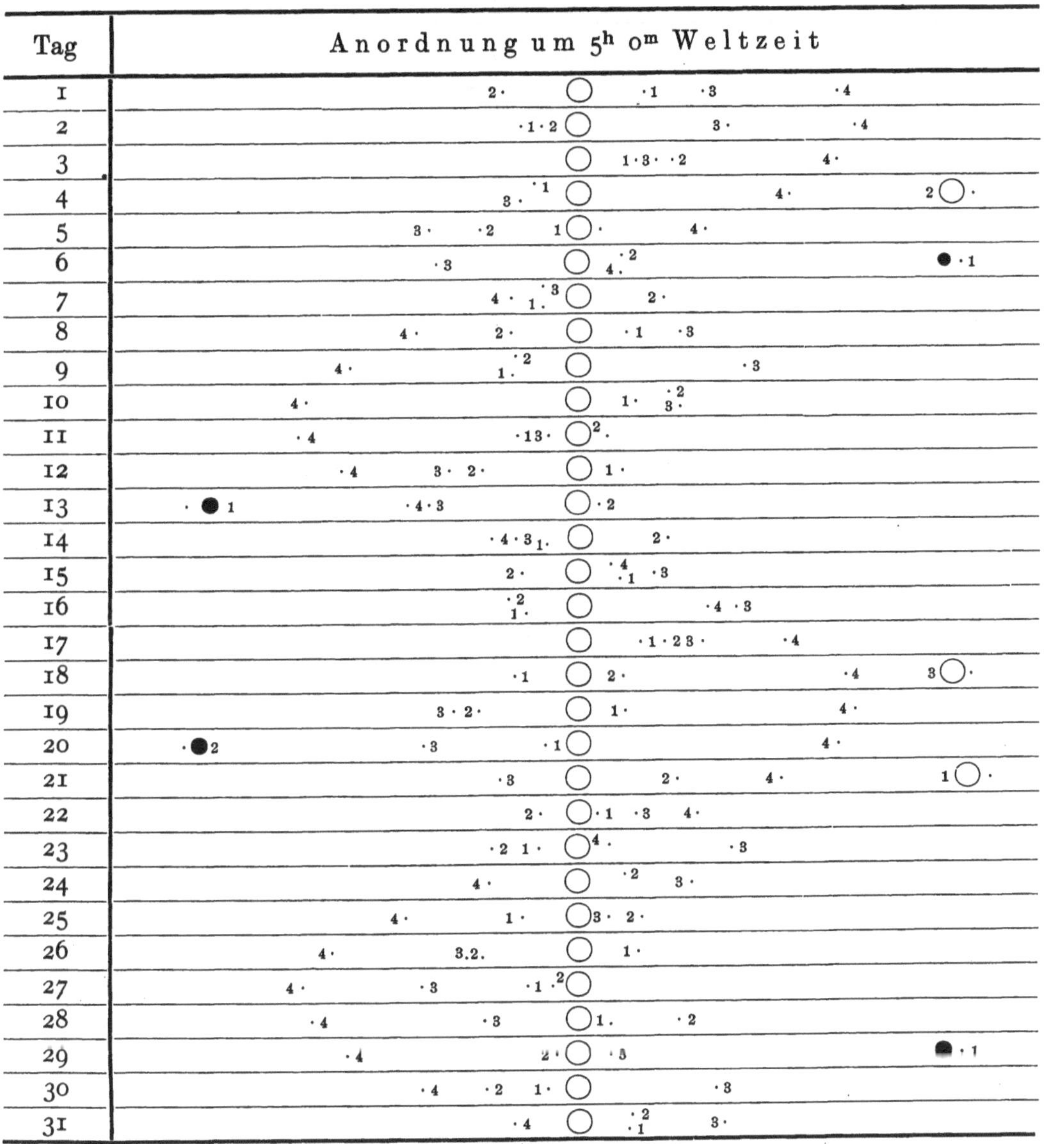

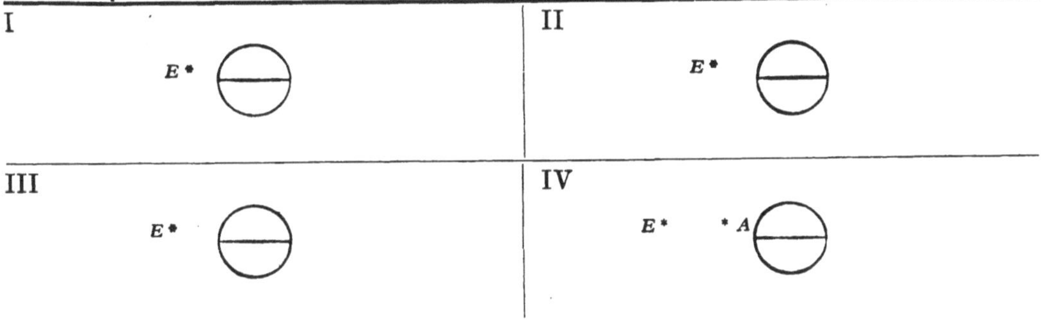

Jupitertrabanten 1956

NOVEMBER

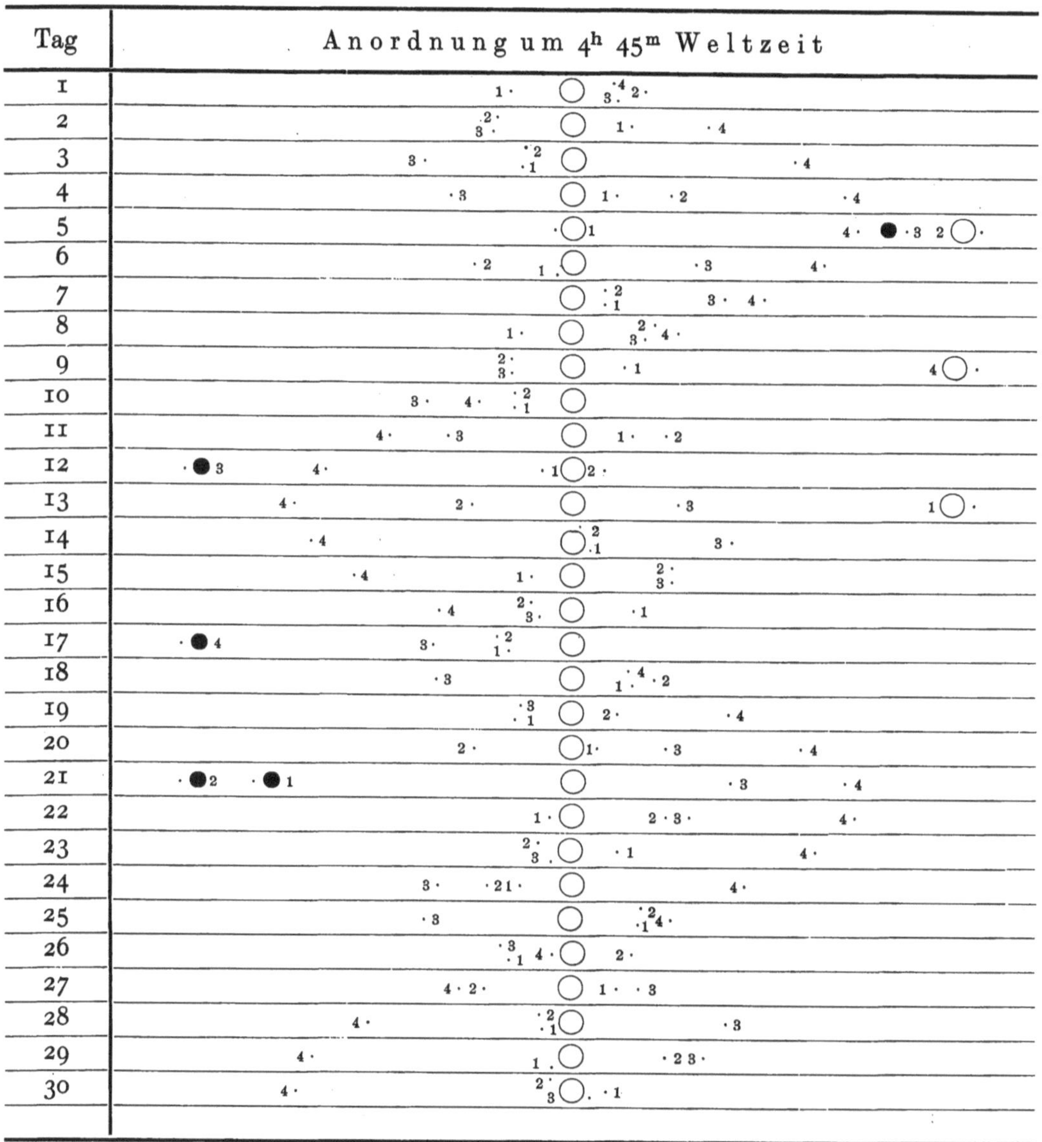

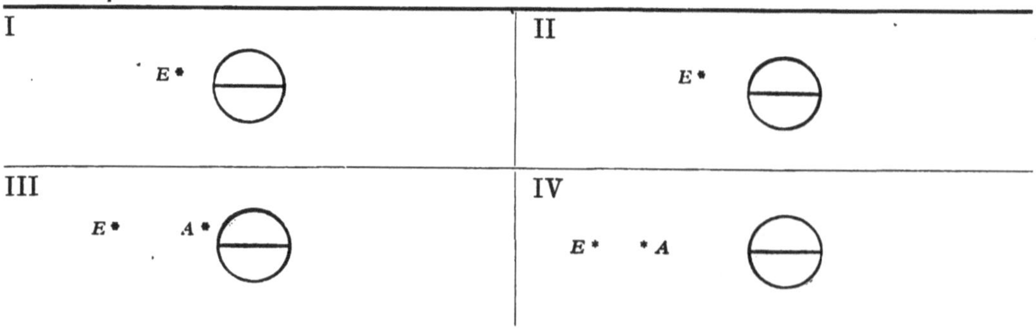

Jupitertrabanten 1956

DEZEMBER

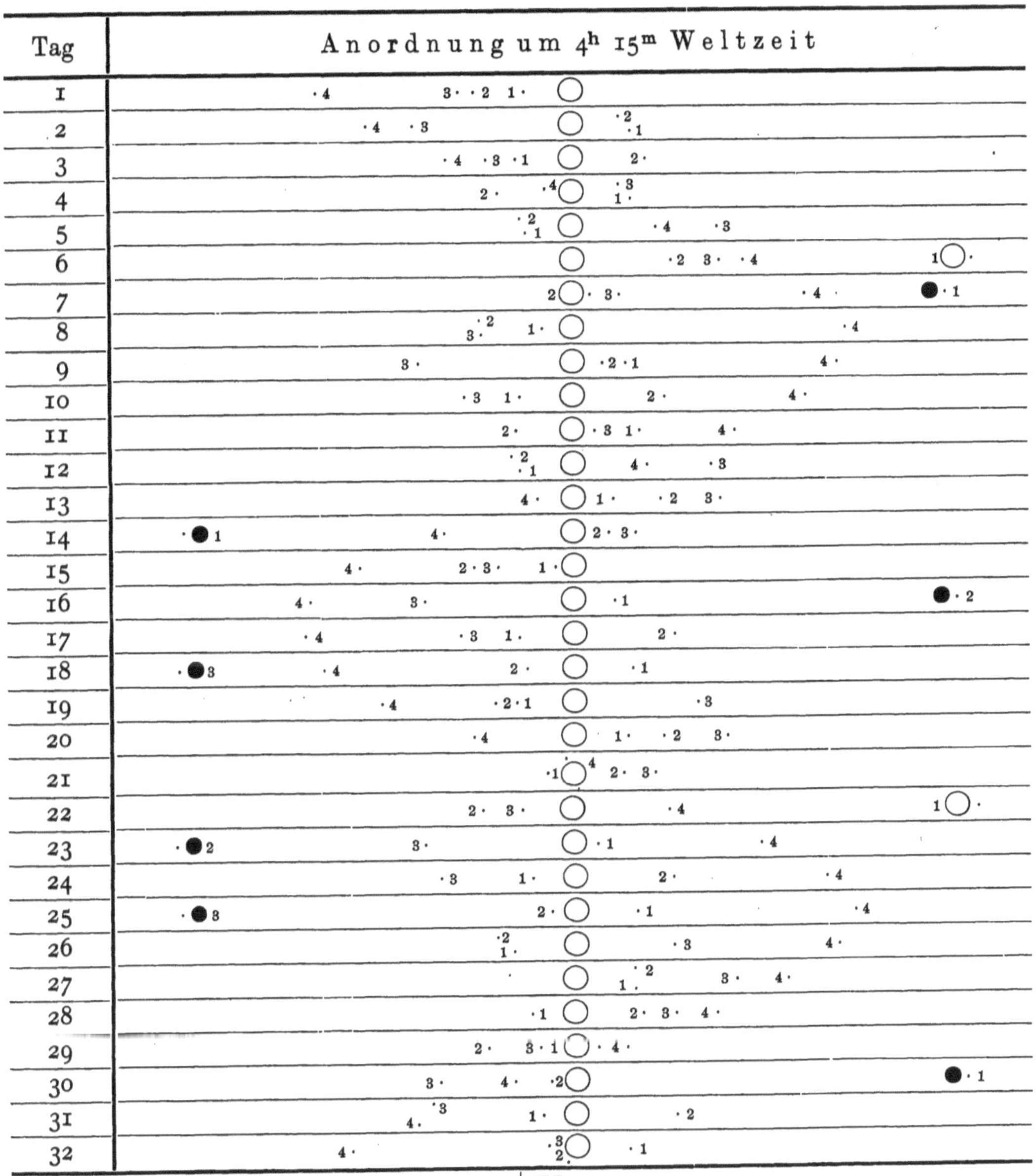

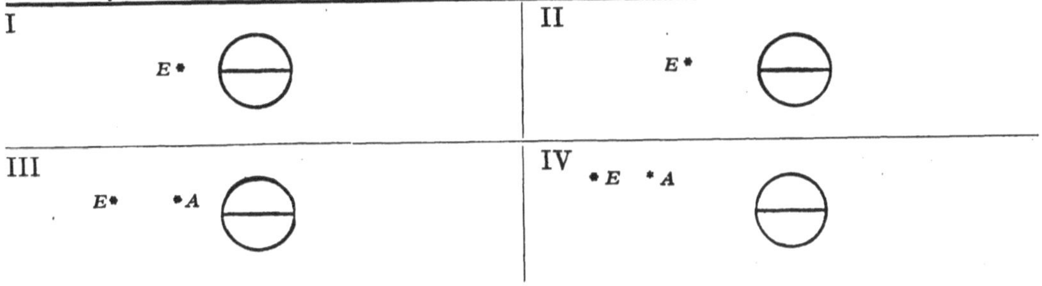

Saturn und Saturnsring 1956

0ʰ Weltzeit	α	β	pα	a	b	U′	B′	P′
1956	″	″	″	″	″	°	°	°
Jan. —2	15.57	14.23	—0.01	35.07	+14.40	63.931	+23.432	—11.940
+6	15.70	14.35	0.02	35.36	14.60	64.192	23.488	11.828
14	15.85	14.50	0.02	35.70	14.80	64.453	23.544	11.715
22	16.02	14.65	0.03	36.08	15.01	64.715	23.599	11.601
30	16.21	14.82	0.03	36.50	15.23	64.976	23.654	11.487
Febr. 7	16.41	15.01	—0.04	36.96	+15.45	65.238	+23.708	—11.373
15	16.62	15.21	0.04	37.44	15.67	65.500	23.762	11.259
23	16.84	15.41	0.04	37.94	15.90	65.762	23.815	11.144
März 2	17.07	15.62	0.04	38.46	16.12	66.024	23.868	11.029
10	17.30	15.83	0.04	38.98	16.33	66.286	23.921	10.914
18	17.53	16.04	—0.04	39.49	+16.53	66.548	+23.973	—10.799
26	17.75	16.24	0.03	39.98	16.71	66.811	24.025	10.683
April 3	17.95	16.43	0.03	40.44	16.87	67.074	24.076	10.567
11	18.14	16.59	0.02	40.86	17.00	67.336	24.127	10.451
19	18.30	16.73	0.01	41.22	17.10	67.599	24.177	10.335
27	18.43	16.85	—0.01	41.51	+17.16	67.863	+24.227	—10.219
Mai 5	18.52	16.94	0.00	41.72	17.19	68.126	24.276	10.102
13	18.58	16.99	0.00	41.85	17.18	68.389	24.325	9.985
21	18.60	17.00	0.00	41.89	17.13	68.653	24.373	9.868
29	18.58	16.98	0.00	41.84	17.05	68.916	24.421	9.750
Juni 6	18.52	16.92	0.00	41.71	+16.94	69.180	+24.469	— 9.633
14	18.42	16.83	+0.01	41.49	16.80	69.444	24.516	9.515
22	18.29	16.71	0.01	41.19	16.63	69.708	24.562	9.397
30	18.13	16.56	0.02	40.83	16.45	69.972	24.608	9.278
Juli 8	17.94	16.39	0.03	40.42	16.26	70.237	24.653	9.160
16	17.74	16.21	0.03	39.97	+16.07	70.501	+24.698	— 9.041
24	17.53	16.01	+0.04	39.48	15.88	70.766	24.743	8.922
Aug. 1	17.30	15.81	0.04	38.97	15.69	71.030	24.787	8.803
9	17.07	15.60	0.04	38.45	15.51	71.295	24.831	8.683
17	16.84	15.39	0.04	37.94	15.34	71.560	24.874	8.564
25	16.62	15.19	0.04	37.44	+15.19	71.825	+24.917	— 8.444
Sept. 2	16.41	14.99	+0.04	36.96	15.05	72.090	24.959	8.324
10	16.20	14.81	0.04	36.50	14.93	72.355	25.001	8.204
18	16.01	14.64	0.03	36.07	14.83	72.621	25.042	8.083
26	15.84	14.49	0.03	35.68	14.75	72.886	25.083	7.963
Okt. 4	15.68	14.35	0.02	35.33	+14.69	73.152	+25.123	— 7.842
12	15.55	14.22	+0.02	35.02	14.64	73.418	25.163	7.721
20	15.43	14.12	0.01	34.75	14.62	73.684	25.202	7.600
28	15.33	14.03	+0.01	34.54	14.61	73.949	25.241	7.479
Nov. 5	15.26	13.97	0.00	34.37	14.62	74.215	25.279	7.357
13	15.20	13.92	0.00	34.25	+14.64	74.482	+25.317	— 7.236
21	15.17	13.90	0.00	34.18	14.69	74.748	25.355	7.114
29	15.17	13.90	0.00	34.16	14.75	75.014	25.392	6.992
Dez. 7	15.18	13.91	0.00	34.20	14.82	75.281	25.428	6.870
15	15.22	13.95	0.00	34.29	14.92	75.547	25.464	6.747
23	15.28	14.01	—0.01	34.43	15.03	75.814	25.500	6.625
31	15.37	14.09	—0.01	34.61	+15.15	76.081	+25.535	— 6.502

Saturn und Saturnsring 1956

0h Weltzeit	U	B	P	log (Δ)/Δ	0h Weltzeit	U	B	P	log (Δ)/Δ
1956	°	°	°		1956	°	°	°	
Jan. —2	108.952	+24.251	+2.270	9.94999	Juni 30	107.149	+23.760	+2.054	0.01610
+2	109.387	24.317	2.321	9.95173	Juli 4	106.959	23.740	2.032	0.01396
6	109.807	24.379	2.371	9.95360	8	106.792	23.724	2.012	0.01167
10	110.211	24.436	2.418	9.95560	12	106.650	23.713	1.995	0.00926
14	110.598	24.489	2.463	9.95773	16	106.533	23.708	1.981	0.00673
18	110.966	+24.537	+2.506	9.95998	20	106.443	+23.708	+1.970	0.00411
22	111.314	24.581	2.547	9.96235	24	106.379	23.712	1.963	0.00140
26	111.641	24.620	2.585	9.96481	28	106.342	23.722	1.959	9.99862
30	111.946	24.655	2.620	9.96737	Aug. 1	106.333	23.738	1.958	9.99579
Febr. 3	112.227	24.685	2.652	9.97002	5	106.352	23.759	1.960	9.99292
7	112.483	+24.711	+2.682	9.97275	9	106.398	+23.784	+1.966	9.99001
11	112.713	24.733	2.709	9.97554	13	106.473	23.815	1.975	9.98710
15	112.917	24.750	2.732	9.97838	17	106.575	23.850	1.988	9.98418
19	113.093	24.763	2.752	9.98127	21	106.704	23.890	2.004	9.98128
23	113.242	24.771	2.769	9.98419	25	106.859	23.935	2.022	9.97840
27	113.362	+24.775	+2.782	9.98712	29	107.041	+23.984	+2.043	9.97555
März 2	113.453	24.776	2.793	9.99005	Sept. 2	107.248	24.037	2.068	9.97275
6	113.514	24.773	2.800	9.99298	6	107.480	24.094	2.096	9.97001
10	113.546	24.766	2.804	9.99588	10	107.737	24.154	2.127	9.96733
14	113.548	24.755	2.804	9.99874	14	108.017	24.218	2.160	9.96473
18	113.521	+24.740	+2.801	0.00154	18	108.320	+24.284	+2.196	9.96221
22	113.465	24.722	2.794	0.00427	22	108.644	24.352	2.234	9.95979
26	113.380	24.701	2.784	0.00692	26	108.988	24.422	2.275	9.95747
30	113.267	24.676	2.771	0.00946	30	109.352	24.494	2.318	9.95526
April 3	113.128	24.648	2.754	0.01188	Okt. 4	109.735	24.568	2.364	9.95316
7	112.963	+24.617	+2.735	0.01418	8	110.136	+24.643	+2.411	9.95118
11	112.773	24.583	2.713	0.01633	12	110.554	24.718	2.460	9.94934
15	112.560	24.547	2.688	0.01832	16	110.987	24.794	2.511	9.94762
19	112.326	24.508	2.661	0.02013	20	111.433	24.870	2.564	9.94605
23	112.073	24.467	2.632	0.02175	24	111.892	24.946	2.618	9.94461
27	111.803	+24.424	+2.600	0.02318	28	112.364	+25.021	+2.673	9.94332
Mai 1	111.518	24.379	2.567	0.02441	Nov. 1	112.847	25.095	2.729	9.94218
5	111.220	24.333	2.532	0.02542	5	113.339	25.169	2.786	9.94120
9	110.912	24.286	2.496	0.02621	9	113.839	25.241	2.844	9.94037
13	110.596	24.238	2.459	0.02677	13	114.346	25.311	2.902	9.93970
17	110.276	+24.190	+2.422	0.02710	17	114.858	+25.380	+2.961	9.93919
21	109.953	24.143	2.384	0.02720	21	115.375	25.446	3.020	9.93884
25	109.631	24.096	2.346	0.02706	25	115.894	25.510	3.079	9.93866
29	109.311	24.049	2.308	0.02670	29	116.415	25.571	3.139	9.93864
Juni 2	108.997	24.004	2.271	0.02610	Dez. 3	116.936	25.630	3.198	9.93878
6	108.691	+23.960	+2.235	0.02528	7	117.456	+25.686	+3.257	9.93909
10	108.395	23.919	2.200	0.02424	11	117.974	25.740	3.315	9.93956
14	108.112	23.880	2.167	0.02300	15	118.487	25.790	3.372	9.94020
18	107.844	23.845	2.136	0.02155	19	118.995	25.837	3.428	9.94099
22	107.593	23.812	2.106	0.01991	23	119.496	25.881	3.484	9.94195
26	107.361	23.784	2.079	0.01809	27	119.989	25.921	3.539	9.94306
30	107.149	+23.760	+2.054	0.01610	31	120.472	+25.959	+3.592	9.94433

Saturnstrabanten 1956

0h Weltzeit	L	M	L	M	L	L	M	L	M
1956	MIMAS		ENCELADUS		TETHYS	DIONE		RHEA	
	°	°	°	°	°	°	°	°	°
Jan. —10	89.662	199.82	117.980	342.1	132.602	127.801	190.4	38.416	213.1
+ 6	81.587	175.73	1.677	220.4	303.766	72.359	133.6	233.456	48.0
22	73.513	151.65	245.374	98.7	114.931	16.918	76.8	68.495	242.8
Febr. 7	65.440	127.57	129.072	336.9	286.095	321.476	20.1	263.535	77.7
23	57.367	103.49	12.771	215.2	97.260	266.035	323.3	98.574	272.6
März 10	49.295	79.39	256.471	93.5	268.424	210.593	266.5	293.614	107.5
26	41.223	55.30	140.171	331.8	79.589	155.151	209.7	128.653	302.4
April 11	33.151	31.22	23.872	210.1	250.753	99.709	152.9	323.693	137.3
27	25.081	7.14	267.574	88.4	61.917	44.267	96.1	158.732	332.2
Mai 13	17.011	343.06	151.277	326.7	233.082	348.825	39.3	353.771	167.1
29	8.941	318.97	34.981	205.0	44.246	293.383	342.6	188.811	2.0
Juni 14	0.872	294.89	278.686	83.3	215.410	237.941	285.8	23.850	196.9
30	352.804	270.81	162.391	321.6	26.575	182.499	229.0	218.890	31.8
Juli 16	344.736	246.72	46.098	199.9	197.739	127.057	172.3	53.929	226.7
Aug. 1	336.669	222.65	289.806	78.2	8.903	71.615	115.5	248.969	61.5
17	328.602	198.56	173.515	316.5	180.067	16.172	58.7	84.008	256.4
Sept. 2	320.536	174.49	57.225	194.8	351.231	320.730	1.9	279.048	91.3
18	312.470	150.40	300.936	73.1	162.395	265.287	305.1	114.087	286.2
Okt. 4	304.405	126.33	184.648	311.4	333.559	209.845	248.3	309.127	121.1
20	296.341	102.25	68.361	189.7	144.723	154.402	191.4	144.166	316.0
Nov. 5	288.277	78.18	312.075	68.1	315.887	98.960	134.6	339.206	150.9
21	280.214	54.10	195.790	306.4	127.051	43.517	77.8	174.245	345.8
Dez. 7	272.151	30.01	79.506	184.7	298.215	348.074	21.1	9.285	180.7
23	264.089	5.94	323.223	63.0	109.379	292.631	324.3	204.324	15.6
39	256.028	341.86	206.940	301.3	280.543	237.188	267.4	39.364	210.5

0h Weltzeit	L	M	L	M	e	log a	L	M
1956	TITAN		HYPERION				JAPETUS	
	°	°	°	°			°	°
Jan. —10	159.489	331.84	345.806	12.31	0.07935	2.33036	267.419	311.32
+ 6	160.722	333.05	257.062	284.61	0.08012	2.33058	340.028	23.92
22	161.955	334.26	168.104	196.66	0.08094	2.33081	52.638	96.52
Febr. 7	163.187	335.47	78.926	108.47	0.08178	2.33105	125.247	169.12
23	164.420	336.68	349.521	20.08	0.08263	2.33129	197.857	241.73
März 10	165.653	337.89	259.895	291.44	0.08346	2.33152	270.466	314.33
26	166.886	339.10	170.056	202.57	0.08425	2.33173	343.075	26.93
April 11	168.119	340.31	80.018	113.49	0.08500	2.33193	55.685	99.53
27	169.351	341.51	349.799	24.22	0.08571	2.33211	128.294	172.13
Mai 13	170.584	342.72	259.425	294.78	0.08635	2.33227	200.904	244.74
29	171.817	343.93	168.923	205.21	0.08692	2.33239	273.513	317.34
Juni 14	173.050	345.14	78.321	115.53	0.08740	2.33248	346.122	29.94
30	174.283	346.35	347.652	25.77	0.08779	2.33254	58.732	102.54
Juli 16	175.515	347.56	256.953	295.98	0.08808	2.33256	131.341	175.14
Aug. 1	176.748	348.77	166.259	206.19	0.08828	2.33254	203.951	247.75
17	177.981	349.98	75.604	116.44	0.08839	2.33249	276.560	320.35
Sept. 2	179.214	351.19	345.021	26.75	0.08841	2.33241	349.169	32.95
18	180.447	352.40	254.543	297.19	0.08834	2.33229	61.779	105.55
Okt. 4	181.679	353.61	164.201	207.77	0.08820	2.33214	134.388	178.15
20	182.912	354.82	74.021	118.50	0.08800	2.33196	206.998	250.76
Nov. 5	184.145	356.03	344.025	29.42	0.08774	2.33176	279.607	323.36
21	185.378	357.23	254.232	300.55	0.08744	2.33154	352.216	35.96
Dez. 7	186.611	358.44	164.655	211.92	0.08713	2.33131	64.826	108.56
23	187.843	359.65	75.300	123.53	0.08680	2.33107	137.435	181.16
39	189.076	0.86	346.170	35.36	0.08647	2.33084	210.045	253.77

Bewegung der mittleren Länge *L* und der mittleren Anomalie *M*

Zeit	Mimas		Enceladus		Tethys	Dione		Rhea		Titan		Japetus	
	L	*M*	*L*	*M*	*L*	*L*	*M*	*L*	*M*	*L*	*M*	*L*	*M*
d	°	°	°	°	°	°	°	°	°	°	°	°	°
1	21.9958	20.995	262.7317	262.39	190.6978	131.5348	131.45	79.6900	79.68	22.5771	22.576	4.5381	4.537
2	43.9915	41.990	165.4634	164.79	21.3955	263.0697	262.90	159.3799	159.36	45.1541	45.151	9.0762	9.075
3	65.9873	62.985	68.1951	67.18	212.0933	34.6045	34.35	239.0699	239.04	67.7312	67.727	13.6143	13.612
4	87.9830	83.980	330.9268	329.58	42.7910	166.1394	165.80	318.7599	318.73	90.3083	90.302	18.1524	18.150
5	109.9788	104.975	233.6585	231.97	233.4888	297.6742	297.25	38.4498	38.41	112.8853	112.878	22.6905	22.687
6	131.9745	125.970	136.3901	134.36	64.1865	69.2090	68.70	118.1398	118.09	135.4624	135.454	27.2286	27.225
7	153.9703	146.965	39.1218	36.76	254.8843	200.7439	200.15	197.8298	197.77	158.0394	158.029	31.7667	31.762
8	175.9660	167.960	301.8535	299.15	85.5820	332.2787	331.60	277.5197	277.45	180.6165	180.605	36.3047	36.300
9	197.9618	188.955	204.5852	201.54	276.2798	103.8136	103.05	357.2097	357.13	203.1936	203.181	40.8428	40.837
10	219.9575	209.950	107.3169	103.94	106.9775	235.3484	234.50	76.8997	76.81	225.7706	225.756	45.3809	45.375
11	241.9533	230.945	10.0486	6.33	297.6753	6.8832	5.95	156.5897	156.49	248.3477	248.332	49.9190	49.912
12	263.9490	251.940	272.7803	268.73	128.3730	138.4181	137.40	236.2796	236.18	270.9248	270.907	54.4571	54.450
13	285.9448	272.935	175.5120	171.12	319.0708	269.9529	268.85	315.9696	315.86	293.5018	293.483	58.9952	58.987
14	307.9405	293.930	78.2437	73.51	149.7685	41.4878	40.30	35.6596	35.54	316.0789	316.059	63.5333	63.525
15	329.9363	314.925	340.9754	335.91	340.4663	173.0226	171.75	115.3495	115.22	338.6559	338.634	68.0714	68.062
16	351.9320	335.920	243.7070	238.30	171.1640	304.5575	303.20	195.0395	194.90	361.2330	361.210	72.6095	72.600
d	°	°	°	°	°	°	°	°	°	°	°	°	°
0.1	38.1996	38.100	26.2732	26.24	19.0698	13.1535	13.14	7.9690	7.97	2.2577	2.258	0.4538	0.454
0.2	76.3992	76.199	52.5463	52.48	38.1396	26.3070	26.29	15.9380	15.94	4.5154	4.515	0.9076	0.907
0.3	114.5987	114.299	78.8195	78.72	57.2093	39.4605	39.43	23.9070	23.90	6.7731	6.773	1.3614	1.361
0.4	152.7983	152.398	105.0927	104.96	76.2791	52.6140	52.58	31.8760	31.87	9.0308	9.030	1.8152	1.815
0.5	190.9979	190.498	131.3658	131.20	95.3489	65.7675	65.72	39.8450	39.84	11.2885	11.288	2.2690	2.269
0.6	229.1975	228.597	157.6390	157.44	114.4187	78.9209	78.87	47.8140	47.81	13.5462	13.545	2.7229	2.722
0.7	267.3970	266.697	183.9122	183.68	133.4884	92.0744	92.01	55.7830	55.78	15.8039	15.803	3.1767	3.176
0.8	305.5966	304.796	210.1854	209.92	152.5582	105.2279	105.16	63.7520	63.75	18.0616	18.060	3.6305	3.630
0.9	343.7962	342.896	236.4585	236.15	171.6280	118.3814	118.30	71.7210	71.71	20.3194	20.318	4.0843	4.084
1.0	381.9958	380.995	262.7317	262.39	190.6978	131.5349	131.45	79.6900	79.68	22.5771	22.576	4.5381	4.537
d	°	°	°	°	°	°	°	°	°	°	°	°	°
0.01	3.8200	3.810	2.6273	2.62	1.9070	1.3153	1.31	0.7969	0.80	0.2258	0.226	0.0454	0.045
0.02	7.6399	7.620	5.2546	5.25	3.8140	2.6307	2.63	1.5938	1.59	0.4515	0.452	0.0908	0.091
0.03	11.4599	11.430	7.8820	7.87	5.7209	3.9460	3.94	2.3907	2.39	0.6773	0.677	0.1361	0.136
0.04	15.2798	15.240	10.5093	10.50	7.6279	5.2614	5.26	3.1876	3.19	0.9031	0.903	0.1815	0.181
0.05	19.0998	19.050	13.1366	13.12	9.5349	6.5767	6.57	3.9845	3.98	1.1289	1.129	0.2269	0.227
0.06	22.9197	22.860	15.7639	15.74	11.4419	7.8921	7.89	4.7814	4.78	1.3546	1.355	0.2723	0.272
0.07	26.7397	26.670	18.3912	18.37	13.3488	9.2074	9.20	5.5783	5.58	1.5804	1.580	0.3177	0.318
0.08	30.5597	30.480	21.0185	20.99	15.2558	10.5228	10.52	6.3752	6.38	1.8062	1.806	0.3630	0.363
0.09	34.3796	34.290	23.6459	23.62	17.1628	11.8381	11.83	7.1721	7.17	2.0319	2.032	0.4084	0.408
0.10	38.1996	38.100	26.2732	26.24	19.0698	13.1535	13.14	7.9690	7.97	2.2577	2.258	0.4538	0.454
d	°	°	°	°	°	°	°	°	°	°	°	°	°
0.001	0.3820	0.381	0.2627	0.26	0.1907	0.1315	0.13	0.0797	0.08	0.0226	0.023	0.0045	0.005
0.002	0.7640	0.762	0.5255	0.52	0.3814	0.2631	0.26	0.1594	0.16	0.0452	0.045	0.0091	0.009
0.003	1.1460	1.143	0.7882	0.79	0.5721	0.3946	0.39	0.2391	0.24	0.0677	0.068	0.0136	0.014
0.004	1.5280	1.524	1.0509	1.05	0.7628	0.5261	0.53	0.3188	0.32	0.0903	0.090	0.0182	0.018
0.005	1.9100	1.905	1.3137	1.31	0.9535	0.6577	0.66	0.3984	0.40	0.1129	0.113	0.0227	0.023
0.006	2.2920	2.286	1.5764	1.57	1.1442	0.7892	0.79	0.4781	0.48	0.1355	0.135	0.0272	0.027
0.007	2.6740	2.667	1.8391	1.84	1.3349	0.9207	0.92	0.5578	0.56	0.1580	0.158	0.0318	0.032
0.008	3.0560	3.048	2.1019	2.10	1.5256	1.0523	1.05	0.6375	0.64	0.1806	0.181	0.0363	0.036
0.009	3.4380	3.429	2.3646	2.36	1.7163	1.1838	1.18	0.7172	0.72	0.2032	0.203	0.0408	0.041
0.010	3.8200	3.810	2.6273	2.62	1.9070	1.3153	1.31	0.7969	0.80	0.2258	0.226	0.0454	0.045

Saturnstrabanten 1956

0h Weltzeit	ϑ Mimas	ϑ Encel.	ϑ Tethys	ϑ Dione	ϑ Rhea	γ Rhea	N Saturnsring	I Saturnsring	ω Saturnsring
1956	°	°	°	°	°	′	°	°	°
Jan. —10	40.8	176.3	202.4	165.1	67.0	18.79	128.670	6.664	41.317
+ 6	24.8	169.6	199.2	163.8	66.5	18.79	128.672	6.664	41.316
22	8.8	162.9	196.0	162.4	66.0	18.78	128.673	6.663	41.315
Febr. 7	352.8	156.2	192.9	161.1	65.5	18.78	128.675	6.663	41.313
23	336.8	149.5	189.7	159.7	65.0	18.77	128.677	6.663	41.312
März 10	320.8	142.8	186.5	158.3	64.5	18.77	128.679	6.663	41.310
26	304.8	136.1	183.4	157.0	64.0	18.76	128.681	6.662	41.309
April 11	288.8	129.4	180.2	155.6	63.5	18.76	128.683	6.662	41.308
27	272.8	122.7	177.0	154.3	63.0	18.75	128.685	6.662	41.307
Mai 13	256.8	116.0	173.9	152.9	62.5	18.75	128.687	6.662	41.305
29	240.8	109.3	170.7	151.6	62.0	18.74	128.688	6.662	41.304
Juni 14	224.8	102.6	167.5	150.2	61.5	18.74	128.690	6.662	41.303
30	208.8	96.0	164.4	148.8	61.0	18.73	128.692	6.661	41.301
Juli 16	192.8	89.3	161.2	147.5	60.5	18.73	128.694	6.661	41.300
Aug. 1	176.8	82.6	158.0	146.1	60.0	18.72	128.696	6.661	41.299
17	160.8	75.9	154.9	144.8	59.5	18.72	128.698	6.661	41.297
Sept. 2	144.8	69.2	151.7	143.4	59.0	18.72	128.700	6.661	41.296
18	128.8	62.5	148.5	142.0	58.5	18.71	128.701	6.660	41.295
Okt. 4	112.8	55.8	145.4	140.7	58.0	18.71	128.703	6.660	41.293
20	96.8	49.1	142.2	139.3	57.5	18.70	128.705	6.660	41.292
Nov. 5	80.8	42.4	139.0	138.0	57.1	18.70	128.707	6.660	41.291
21	64.8	35.7	135.9	136.6	56.6	18.70	128.709	6.660	41.290
Dez. 7	48.8	29.0	132.7	135.2	56.1	18.69	128.711	6.660	41.288
23	32.8	22.3	129.5	133.9	55.6	18.69	128.713	6.659	41.287
39	16.8	15.7	126.4	132.5	55.1	18.69	128.715	6.659	41.286

$\log \frac{1}{1+\zeta}$ in Einheiten der 5. Dezimale

u—U	u—U	Mimas	Encel.	Tethys	Dione	Rhea	u—U	u—U
0°	360°	−6+	−7+	−9+	−11+	−16+	180°	180°
10	350	−6+	−7+	−9+	−11+	−16+	170	190
20	340	−5+	−7+	−8+	−11+	−15+	160	200
30	330	−5+	−6+	−8+	−10+	−14+	150	210
40	320	−4+	−6+	−7+	− 9+	−12+	140	220
50	310	−3+	−5+	−6+	− 8+	−10+	130	230
60	300	−3+	−4+	−4+	− 6+	− 8+	120	240
70	290	−2+	−3+	−3+	− 4+	− 6+	110	250
80	280	−1+	−1+	−2+	− 2+	− 3+	100	260
90	270	0	0	0	0	0	90	270

Saturnstrabanten 1956

0h Weltzeit	TITAN			HYPERION			JAPETUS		
	U	B	P	U	B	P	U	B	P
1956	°	°	°	°	°	°	°	°	°
Jan. −2	113.848	+24.115	+2.855	111.113	+24.387	+2.605	191.048	+15.665	+15.126
+6	114.705	24.235	2.954	111.975	24.510	2.709	191.868	15.616	15.095
14	115.498	24.338	3.045	112.773	24.616	2.805	192.624	15.565	15.063
22	116.216	24.423	3.127	113.495	24.704	2.891	193.307	15.513	15.032
30	116.848	24.491	3.199	114.132	24.774	2.966	193.907	15.461	15.002
Febr. 7	117.386	+24.542	+3.260	114.675	+24.827	+3.030	194.416	+15.412	+14.975
15	117.822	24.577	3.309	115.115	24.863	3.082	194.826	15.366	14.952
23	118.148	24.596	3.345	115.446	24.883	3.121	195.131	15.324	14.934
März 2	118.360	24.599	3.369	115.662	24.886	3.146	195.328	15.289	14.920
10	118.454	24.588	3.379	115.760	24.875	3.157	195.413	15.260	14.914
18	118.430	+24.563	+3.376	115.739	+24.850	+3.154	195.386	+15.239	+14.914
26	118.290	24.524	3.360	115.602	24.811	3.137	195.249	15.227	14.920
April 3	118.039	24.474	3.331	115.355	24.759	3.108	195.007	15.224	14.932
11	117.685	24.413	3.291	115.004	24.697	3.066	194.668	15.228	14.949
19	117.239	24.342	3.240	114.561	24.624	3.013	194.241	15.241	14.970
27	116.717	+24.262	+3.181	114.042	+24.542	+2.952	193.742	+15.260	+14.994
Mai 5	116.136	24.177	3.114	113.463	24.455	2.883	193.187	15.285	15.020
13	115.513	24.088	3.043	112.843	24.363	2.809	192.592	15.316	15.046
21	114.871	23.998	2.969	112.203	24.271	2.732	191.978	15.350	15.072
29	114.230	23.910	2.896	111.565	24.180	2.656	191.365	15.387	15.095
Juni 6	113.610	+23.828	+2.824	110.948	+24.095	+2.581	190.773	+15.427	+15.117
14	113.032	23.754	2.757	110.373	24.018	2.512	190.221	15.467	15.137
22	112.514	23.691	2.697	109.858	23.953	2.450	189.727	15.507	15.153
30	112.071	23.642	2.646	109.418	23.902	2.397	189.305	15.548	15.167
Juli 8	111.716	23.610	2.605	109.065	23.869	2.354	188.968	15.587	15.178
16	111.458	+23.596	+2.575	108.810	+23.854	+2.324	188.726	+15.625	+15.186
24	111.305	23.602	2.557	108.661	23.859	2.306	188.586	15.661	15.192
Aug. 1	111.261	23.628	2.553	108.621	23.885	2.302	188.552	15.695	15.195
9	111.328	23.674	2.561	108.692	23.931	2.311	188.625	15.726	15.197
17	111.507	23.739	2.582	108.873	23.996	2.333	188.806	15.753	15.196
25	111.793	+23.821	+2.617	109.163	+24.079	+2.369	189.091	+15.776	+15.192
Sept. 2	112.184	23.919	2.663	109.558	24.178	2.417	189.476	15.794	15.185
10	112.675	24.031	2.721	110.053	24.292	2.478	189.957	15.807	15 174
18	113.260	24.155	2.790	110.642	24.418	2.550	190.527	15.813	15.159
26	113.931	24.288	2.868	111.318	24.553	2.632	191.178	15.811	15.140
Okt. 4	114.680	+24.427	+2.955	112.072	+24.695	+2.723	191.902	+15.803	+15.116
12	115.500	24.570	3.050	112.896	24.841	2.823	192.692	15.786	15.086
20	116.382	24.714	3.152	113.783	24.988	2.929	193.538	15.760	15.049
28	117.315	24.856	3.259	114.721	25.133	3.041	194.431	15.726	15.007
Nov. 5	118.291	24.995	3.370	115.702	25.275	3.157	195.361	15.683	14.959
13	119.299	+25.128	+3.484	116.716	+25.411	+3.277	196.318	+15.631	+14.904
21	120.329	25.253	3.599	117.751	25.539	3.398	197.293	15.570	14.843
29	121.370	25.369	3.714	118.798	25.658	3.519	198.275	15.501	14.776
Dez. 7	122.413	25.475	3.829	119.846	25.767	3.640	199.255	15.426	14.704
15	123.444	25.569	3.941	120.883	25.863	3.758	200.222	15.344	14.628
23	124.453	25.651	4.049	121.898	25.948	3.872	201.166	15.257	14.549
31	125.430	+25.721	+4.153	122.881	+26.021	+3.982	202.076	+15.167	+14.469

Saturnstrabanten 1956

0^h Weltzeit	HYPERION $\alpha_{tr}-\alpha_{pl}$	Diff.	HYPERION $\delta_{tr}-\delta_{pl}$	Diff.
1956	s	s	″	″
Jan. 0	+10.2	+3.5	+55	−39
2	+13.7	−0.2	+16	−44
4	+13.5	−4.5	−28	−35
6	+ 9.0	−7.5	−63	−13
8	+ 1.5	−8.2	−76	+17
10	− 6.7	−5.3	−59	+42
12	−12.0	−0.4	−17	+50
14	−12.4	+4.2	+33	+38
16	− 8.2	+7.0	+71	+15
18	− 1.2	+7.4	+86	−10
20	+ 6.2	+5.7	+76	−30
22	+11.9	+2.6	+46	−44
24	+14.5	−1.7	+ 2	−44
26	+12.8	−5.8	−42	−31
28	+ 7.0	−8.3	−73	− 3
30	− 1.3	−7.9	−76	+28
Febr. 1	− 9.2	−3.9	−48	+49
3	−13.1	+1.2	+ 1	+49
5	−11.9	+5.6	+50	+32
7	− 6.3	+7.5	+82	+ 7
9	+ 1.2	+7.3	+89	−18
11	+ 8.5	+5.0	+71	−37
13	+13.5	+1.4	+34	−47
15	+14.9	−3.1	−13	−43
17	+11.8	−7.2	−56	−24
19	+ 4.6	−9.0	−80	+ 7
21	− 4.4	−7.1	−73	+39
23	−11.5	−2.3	−34	+53
25	−13.8	+3.0	+19	+47
27	−10.8	+6.6	+66	+25
29	− 4.2	+8.0	+91	− 1
März 2	+ 3.8	+7.0	+90	−27
4	+10.8	+4.2	+63	−43
6	+15.0	−0.1	+20	−50
8	+14.9	−4.8	−30	−40
10	+10.1	−8.5	−70	−14
12	+ 1.6	−9.1	−84	+20
14	− 7.5	−5.9	−64	+47
16	−13.4	−0.4	−17	+56
18	−13.8	+4.6	+39	+42
20	− 9.2	+7.7	+81	+16
22	− 1.5		+97	

0^h Weltzeit	HYPERION $\alpha_{tr}-\alpha_{pl}$	Diff.	HYPERION $\delta_{tr}-\delta_{pl}$	Diff.
1956	s	s	″	″
März 22	− 1.5	+8.1	+ 97	−11
24	+ 6.6	+6.5	+ 86	−34
26	+13.1	+2.9	+ 52	−49
28	+16.0	−1.8	+ 3	−49
30	+14.2	−6.5	− 46	−35
April 1	+ 7.7	−9.4	− 81	− 3
3	− 1.7	−8.7	− 84	+33
5	−10.4	−4.3	− 51	+54
7	−14.7	+1.6	+ 3	+54
9	−13.1	+6.2	+ 57	+35
11	− 6.9	+8.3	+ 92	+ 7
13	+ 1.4	+8.1	+ 99	−21
15	+ 9.5	+5.5	+ 78	−41
17	+15.0	+1.3	+ 37	−52
19	+16.3	−3.6	− 15	−47
21	+12.7	−8.1	− 62	−25
23	+ 4.6	−9.9	− 87	+10
25	− 5.3	−7.6	− 77	+43
27	−12.9	−2.1	− 34	+58
29	−15.0	+3.5	+ 24	+50
Mai 1	−11.5	+7.4	+ 74	+25
3	− 4.1	+8.7	+ 99	− 4
5	+ 4.6	+7.4	+ 95	−29
7	+12.0	+4.3	+ 66	−47
9	+16.3	−0.5	+ 19	−52
11	+15.8	−5.5	− 33	−41
13	+10.3	−9.2	− 74	−14
15	+ 1.1	−9.7	− 88	+23
17	− 8.6	−5.9	− 65	+51
19	−14.5	+0.1	− 14	+58
21	−14.4	+5.3	+ 44	+41
23	− 9.1	+8.2	+ 85	+16
25	− 0.9	+8.5	+101	−14
27	+ 7.6	+6.5	+ 87	−36
29	+14.1	+2.6	+ 51	−50
31	+16.7	−2.3	+ 1	−50
Juni 2	+14.4	−7.1	− 49	−33
4	+ 7.3	−9.8	− 82	− 1
6	− 2.5	−8.7	− 83	+35
8	−11.2	−3.8	− 48	+55
10	−15.0	+2.1	+ 7	+53
12	−12.9		+ 60	

0^h Weltzeit	HYPERION $\alpha_{tr}-\alpha_{pl}$	Diff.	HYPERION $\delta_{tr}-\delta_{pl}$	Diff.
1956	s	s	″	″
Juni 12	−12.9	+6.6	+60	+32
14	− 6.3	+8.5	+92	+ 5
16	+ 2.2	+7.9	+97	−22
18	+10.1	+5.2	+75	−41
20	+15.3	+0.9	+34	−51
22	+16.2	−4.0	−17	−44
24	+12.2	−8.3	−61	−23
26	+ 3.9	−9.7	−84	+11
28	− 5.8	−7.1	−73	+43
30	−12.9	−1.7	−30	+55
Juli 2	−14.6	+3.8	+25	+47
4	−10.8	+7.4	+72	+22
6	− 3.4	+8.3	+94	− 4
8	+ 4.9	+7.0	+90	−28
10	+11.9	+3.8	+62	−45
12	+15.7	−0.7	+17	−49
14	+15.0	−5.4	−32	−38
16	+ 9.6	−8.9	−70	−12
18	+ 0.7	−9.1	−82	+22
20	− 8.4	−5.3	−60	+48
22	−13.7	+0.2	−12	+53
24	−13.5	+5.1	+41	+38
26	− 8.4	+7.7	+79	+14
28	− 0.7	+7.8	+93	−12
30	+ 7.1	+6.0	+81	−33
Aug. 1	+13.1	+2.4	+48	−46
3	+15.5	−2.2	+ 2	−46
5	+13.3	−6.5	−44	−30
7	+ 6.8	−9.0	−74	− 2
9	− 2.2	−8.0	−76	+31
11	−10.2	−3.6	−45	+50
13	−13.8	+1.8	+ 5	+48
15	−12.0	+5.9	+53	+31
17	− 6.1	+7.7	+84	+ 5
19	+ 1.6	+7.2	+89	−18
21	+ 8.8	+4.9	+71	−37
23	+13.7	+1.1	+34	−46
25	+14.8	−3.4	−12	−41
27	+11.4	−7.3	−53	−23
29	+ 4.1	−8.8	−76	+ 8
31	− 4.7	−6.7	−68	+37
Sept. 2	−11.4		−31	

0h Weltzeit	HYPERION $\alpha_{tr} - \alpha_{pl}$		$\delta_{tr} - \delta_{pl}$	
1956	s	s	″	″
Sept. 2	−11.4	−2.0	−31	+51
4	−13.4	+3.1	+20	+43
6	−10.3	+6.4	+63	+23
8	− 3.9	+7.4	+86	− 1
10	+ 3.5	+6.5	+85	−24
12	+10.0	+3.9	+61	−40
14	+13.9	+0.1	+21	−45
16	+14.0	−4.7	−24	−37
18	+ 9.3	−7.8	−61	−15
20	+ 1.5	−8.3	−76	+17
22	− 6.8	−5.4	−59	+43
24	−12.2	−0.4	−16	+49
26	−12.6	+4.0	+33	+37
28	− 8.6	+6.6	+70	+17
30	− 2.0	+7.2	+87	− 8
Okt. 2	+ 5.2	+5.8	+79	−28
4	+11.0	+2.8	+51	−42
6	+13.8	−1.2	+ 9	−44
8	+12.6	−5.4	−35	−32
10	+ 7.2	−8.1	−67	− 6
12	− 0.9	−7.7	−73	+25
14	− 8.6	−4.0	−48	+46
16	−12.6	+0.8	− 2	+47
18	−11.8	+4.8	+45	+32
20	− 7.0	+6.8	+77	+10
22	− 0.2	+6.9	+87	−14
24	+ 6.7	+5.1	+73	−32
26	+11.8	+1.8	+41	−44
28	+13.6	−? 3	− 3	−42
30	+11.3	−6.2	−45	−27
Nov. 1	+ 5.1	−8.3	−72	+ 4
3	+ 3.2		−68	
	s	s	″	″
Dez. 17	− 7.6	−4.7	−53	+44
19	−12.3	−0.1	− 9	+49
21	−12.4	+4.0	+40	+35
23	− 8.4	+6.4	+75	+15
25	− 2.0	+7.1	+90	−10
27	+ 5.1	+5.7	+80	−31
29	+10.8	+2.7	+49	−45
31	+13.5		+ 4	

0h Weltzeit	JAPETUS $\alpha_{tr} - \alpha_{pl}$		$\delta_{tr} - \delta_{pl}$	
1956	s	s	″	″
Jan. 0	+24.7	−3.2	−159	− 5
2	+21.5	−3.7	−164	0
4	+17.8	−4.2	−164	+ 4
6	+13.6	−4.6	−160	+ 8
8	+ 9.0	−4.8	−152	+12
10	+ 4.2	−5.0	−140	+16
12	− 0.8	−5.0	−124	+19
14	− 5.8	−4.9	−105	+22
16	−10.7	−4.7	− 83	+24
18	−15.4	−4.3	− 59	+26
20	−19.7	−3.8	− 33	+26
22	−23.5	−3.3	− 7	+27
24	−26.8	−2.7	+ 20	+26
26	−29.5	−2.0	+ 46	+26
28	−31.5	−1.3	+ 72	+24
30	−32.8	−0.5	+ 96	+22
Febr. 1	−33.3	+0.2	+118	+19
3	−33.1	+0.9	+137	+16
5	−32.2	+1.7	+153	+13
7	−30.5	+2.4	+166	+ 9
9	−28.1	+3.0	+175	+ 6
11	−25.1	+3.6	+181	+ 1
13	−21.5	+4.2	+182	− 3
15	−17.3	+4.5	+179	− 7
17	−12.8	+4.9	+172	−11
19	− 7.9	+5.1	+161	−15
21	− 2.8	+5.2	+146	−18
23	+ 2.4	+5.2	+128	−21
25	+ 7.6	+5.0	+107	−24
27	+12.6	+4.7	+ 83	−26
29	+17.3	+4.4	+ 57	−28
März 2	+21.7	+3.9	+ 29	−29
4	+25.6	+3.2	0	−29
6	+28.8	+2.5	− 29	−29
8	+31.3	+1.8	− 58	−27
10	+33.1	+0.8	− 85	−25
12	+33.9	0.0	−110	−22
14	+33.9	−1.0	−132	−19
16	+32.9	−1.8	−151	−15
18	+31.1	−2.8	−166	−10
20	+28.3	−3.5	−176	− 6
22	+24.8		−182	

Saturnstrabanten 1956

JAPETUS

0h Weltzeit	$\alpha_{tr}-\alpha_{pl}$		$\delta_{tr}-\delta_{pl}$	
1956	s	s	″	″
März 22	+24.8	−4.3	−182	− 1
24	+20.5	−4.9	−183	+ 4
26	+15.6	−5.3	−179	+10
28	+10.3	−5.7	−169	+14
30	+ 4.6	−5.8	−155	+19
April 1	− 1.2	−5.8	−136	+22
3	− 7.0	−5.6	−114	+25
5	−12.6	−5.4	− 89	+28
7	−18.0	−4.9	− 61	+30
9	−22.9	−4.4	− 31	+30
11	−27.3	−3.7	− 1	+31
13	−31.0	−2.9	+ 30	+30
15	−33.9	−2.1	+ 60	+29
17	−36.0	−1.2	+ 89	+27
19	−37.2	−0.3	+116	+24
21	−37.5	+0.6	+140	+21
23	−36.9	+1.5	+161	+17
25	−35.4	+2.3	+178	+13
27	−33.1	+3.1	+191	+ 8
29	−30.0	+3.9	+199	+ 4
Mai 1	−26.1	+4.5	+203	− 2
3	−21.6	+5.0	+201	− 6
5	−16.6	+5.4	+195	−11
7	−11.2	+5.7	+184	−15
9	− 5.5	+5.8	+169	−19
11	+ 0.3	+5.9	+150	−23
13	+ 6.2	+5.7	+127	−26
15	+11.9	+5.4	+101	−29
17	+17.3	+4.9	+ 72	−31
19	+22.2	+4.4	+ 41	−32
21	+26.6	+3.7	+ 9	−32
23	+30.3	+2.8	− 23	−32
25	+33.1	+2.0	− 55	−30
27	+35.1	+1.0	− 85	−28
29	+36.1	0.0	−113	−25
31	+36.1	−1.0	−138	−21
Juni 2	+35.1	−2.0	−159	−16
4	+33.1	−2.9	−175	−12
6	+30.2	−3.7	−187	− 6
8	+26.5	−4.5	−193	− 1
10	+22.0	−5.1	−194	+ 5
12	+16.9		−189	

0h Weltzeit	$\alpha_{tr}-\alpha_{pl}$		$\delta_{tr}-\delta_{pl}$	
1956	s	s	″	″
Juni 12	+16.9	−5.6	−189	+10
14	+11.3	−5.9	−179	+15
16	+ 5.4	−6.0	−164	+19
18	− 0.6	−6.0	−145	+23
20	− 6.6	−5.7	−122	+27
22	−12.3	−5.4	− 95	+29
24	−17.7	−4.9	− 66	+31
26	−22.6	−4.3	− 35	+31
28	−26.9	−3.6	− 4	+31
30	−30.5	−2.8	+ 27	+30
Juli 2	−33.3	−1.9	+ 57	+29
4	−35.2	−1.0	+ 86	+27
6	−36.2	−0.2	+113	+24
8	−36.4	+0.6	+137	+20
10	−35.8	+1.5	+157	+17
12	−34.3	+2.3	+174	+12
14	−32.0	+3.0	+186	+ 8
16	−29.0	+3.7	+194	+ 3
18	−25.3	+4.3	+197	− 1
20	−21.0	+4.7	+196	− 6
22	−16.3	+5.1	+190	−10
24	−11.2	+5.3	+180	−14
26	− 5.9	+5.3	+166	−18
28	− 0.6	+5.4	+148	−22
30	+ 4.8	+5.2	+126	−24
Aug. 1	+10.0	+4.9	+102	−27
3	+14.9	+4.5	+ 75	−28
5	+19.4	+4.0	+ 47	−29
7	+23.4	+3.4	+ 18	−29
9	+26.8	+2.7	− 11	−29
11	+29.5	+2.0	− 40	−28
13	+31.5	+1.1	− 68	−26
15	+32.6	+0.2	− 94	−23
17	+32.8	−0.6	−117	−20
19	+32.2	−1.5	−137	−16
21	+30.7	−2.2	−153	−12
23	+28.5	−3.0	−165	− 8
25	+25.5	−3.7	−173	− 3
27	+21.8	−4.2	−176	+ 2
29	+17.6	−4.7	−174	+ 6
31	+12.9	−5.0	−168	+11
Sept. 2	+ 7.9		−157	

0h Weltzeit	$\alpha_{tr}-\alpha_{pl}$		$\delta_{tr}-\delta_{pl}$	
1956	s	s	″	″
Sept. 2	+ 7.9	−5.2	−157	+15
4	+ 2.7	−5.2	−142	+18
6	− 2.5	−5.1	−124	+21
8	− 7.6	−4.9	−103	+24
10	−12.5	−4.5	− 79	+26
12	−17.0	−4.1	− 53	+27
14	−21.1	−3.6	− 26	+27
16	−24.7	−2.9	+ 1	+27
18	−27.6	−2.2	+ 28	+26
20	−29.8	−1.6	+ 54	+25
22	−31.4	−0.7	+ 79	+23
24	−32.1	−0.2	+102	+20
26	−32.3	+0.6	+122	+18
28	−31.7	+1.3	+140	+14
30	−30.4	+2.0	+154	+10
Okt. 2	−28.4	+2.6	+164	+ 7
4	−25.8	+3.2	+171	+ 3
6	−22.6	+3.6	+174	0
8	−19.0	+4.0	+174	− 4
10	−15.0	+4.3	+170	− 8
12	−10.7	+4.6	+162	−12
14	− 6.1	+4.7	+150	−15
16	− 1.4	+4.7	+135	−18
18	+ 3.3	+4.6	+117	−20
20	+ 7.9	+4.4	+ 97	−23
22	+12.3	+4.1	+ 74	−24
24	+16.4	+3.7	+ 50	−25
26	+20.1	+3.2	+ 25	−26
28	+23.3	+2.7	− 1	−26
30	+26.0	+2.0	− 27	−25
Nov. 1	+28.0	+1.3	− 52	−24
3	+29.3		− 76	
	s	s	″	″
Dez. 17	−31.5	+0.7	+118	+16
19	−30.8	+1.3	+134	+13
21	−29.5	+2.0	+147	+ 9
23	−27.5	+2.6	+156	+ 6
25	−24.9	+3.1	+162	+ 3
27	−21.8	+3.6	+165	− 1
29	−18.2	+4.0	+164	− 5
31	−14.2		+159	

Östliche Elongationen (in Weltzeit)

MIMAS

		h			h			h			h			h
Jan.	0	17.2	Febr.	16	20.2	April	3	23.0	Mai	21	1.7	Juli	7	4.4
	1	15.8		17	18.8		4	21.6		22	0.3		8	3.0
	2	14.4		18	17.4		5	20.2		22	22.9		9	1.7
	3	13.0		19	16.0		6	18.8		23	21.5		10	0.3
	4	11.7		20	14.7		7	17.5		24	20.1		10	22.9
	5	10.3		21	13.3		8	16.1		25	18.8		11	21.5
	6	8.9		22	11.9		9	14.7		26	17.4		12	20.1
	7	7.5		23	10.5		10	13.3		27	16.0		13	18.8
	8	6.1		24	9.1		11	11.9		28	14.6		14	17.4
	9	4.8		25	7.7		12	10.5		29	13.2		15	16.0
	10	3.4		26	6.3		13	9.1		30	11.8		16	14.6
	11	2.0		27	4.9		14	7.7		31	10.4		17	13.2
	12	0.6		28	3.6		15	6.3	Juni	1	9.0		18	11.8
	12	23.3		29	2.2		16	5.0		2	7.6		19	10.4
	13	21.9	März	1	0.8		17	3.6		3	6.3		20	9.0
	14	20.5		1	23.4		18	2.2		4	4.9		21	7.7
	15	19.1		2	22.1		19	0.8		5	3.5		22	6.3
	16	17.8		3	20.7		19	23.4		6	2.1		23	4.9
	17	16.4		4	19.3		20	22.0		7	0.7		24	3.5
	18	15.0		5	17.9		21	20.6		7	23.3		25	2.2
	19	13.6		6	16.5		22	19.2		8	21.9		26	0.8
	20	12.3		7	15.2		23	17.9		9	20.5		26	23.4
	21	10.9		8	13.8		24	16.5		10	19.2		27	22.0
	22	9.5		9	12.4		25	15.1		11	17.8		28	20.6
	23	8.1		10	11.0		26	13.7		12	16.4		29	19.3
	24	6.7		11	9.6		27	12.3		13	15.0		30	17.9
	25	5.3		12	8.2		28	10.9		14	13.6		31	16.5
	26	3.9		13	6.8		29	9.5		15	12.2	Aug.	1	15.1
	27	2.6		14	5.4		30	8.1		16	10.8		2	13.7
	28	1.2		15	4.1	Mai	1	6.7		17	9.4		3	12.3
	28	23.8		16	2.7		2	5.4		18	8.0		4	11.0
	29	22.4		17	1.3		3	4.0		19	6.7		5	9.6
	30	21.1		17	23.9		4	2.6		20	5.3		6	8.2
	31	19.7		18	22.6		5	1.2		21	3.9		7	6.8
Febr.	1	18.3		19	21.2		5	23.9		22	2.5		8	5.5
	2	16.9		20	19.8		6	22.5		23	1.2		9	4.1
	3	15.5		21	18.4		7	21.1		23	23.8		10	2.7
	4	14.2		22	17.0		8	19.7		24	22.4		11	1.3
	5	12.8		23	15.7		9	18.3		25	21.0		12	0.0
	6	11.4		24	14.3		10	17.0		26	19.6		12	22.6
	7	10.0		25	12.9		11	15.6		27	18.3		13	21.2
	8	8.6		26	11.5		12	14.2		28	16.9		14	19.8
	9	7.2		27	10.1		13	12.8		29	15.5		15	18.5
	10	5.8		28	8.7		14	11.4		30	14.1		16	17.1
	11	4.4		29	7.3		15	10.0	Juli	1	12.7		17	15.7
	12	3.1		30	5.9		16	8.6		2	11.3		18	14.3
	13	1.7		31	4.6		17	7.2		3	9.9		19	12.9
	14	0.3	April	1	3.2		18	5.9		4	8.5		20	11.6
	14	22.9		2	1.8		19	4.5		5	7.2		21	10.2
	15	21.6		3	0.4		20	3.1		6	5.8		22	8.8

Östliche Elongationen (in Weltzeit)

MIMAS

	h
Aug. 23	7.4
24	6.1
25	4.7
26	3.3
27	1.9
28	0.6
28	23.2
29	21.8
30	20.4
31	19.1
Sept. 1	17.7
2	16.3
3	14.9
4	13.5
5	12.2
6	10.8
7	9.4
8	8.0
9	6.7
10	5.3
11	3.9
12	2.5
13	1.2
13	23.8
14	22.4
15	21.0
16	19.7
17	18.3
18	16.9
19	15.5
20	14.1
21	12.8
22	11.4
23	10.0
24	8.6
25	7.3
26	5.9
27	4.5
28	3.1
29	1.8
30	0.4
30	23.0
Okt. 1	21.6
2	20.3
3	18.9
4	17.5
5	16.1
6	14.8
7	13.4
8	12.0

	h
Okt. 9	10.6
10	9.3
11	7.9
12	6.5
13	5.2
14	3.8
15	2.4
16	1.1
16	23.7
17	22.3
18	20.9
19	19.6
20	18.2
21	16.8
22	15.4
23	14.1
24	12.7
25	11.3
26	9.9
27	8.6
28	7.2
29	5.8
30	4.4
31	3.1
Nov. 1	1.7
2	0.3
2	22.9
3	21.6
4	20.2

	h
Dez. 16	7.7
17	6.3
18	5.0
19	3.6
20	2.2
21	0.8
21	23.5
22	22.1
23	20.7
24	19.3
25	17.9
26	16.6
27	15.2
28	13.8
29	12.4
30	11.1
31	9.7

ENCELADUS

	h
Jan. 1	8.0
2	16.9
4	1.8
5	10.7
6	19.6
8	4.5
9	13.4
10	22.3
12	7.2
13	16.1
15	1.0
16	9.8
17	18.7
19	3.6
20	12.5
21	21.4
23	6.3
24	15.2
26	0.1
27	9.0
28	17.9
30	2.8
31	11.6
Febr. 1	20.5
3	5.4
4	14.3
5	23.2
7	8.1
8	17.0
10	1.9
11	10.8
12	19.7
14	4.6
15	13.5
16	22.3
18	7.2
19	16.1
21	1.0
22	9.9
23	18.8
25	3.7
26	12.6
27	21.5
29	6.3
März 1	15.2
3	0.1
4	9.0
5	17.9
7	2.8
8	11.6

	h
März 9	20.5
11	5.4
12	14.3
13	23.2
15	8.0
16	16.9
18	1.8
19	10.7
20	19.6
22	4.5
23	13.3
24	22.2
26	7.1
27	16.0
29	0.8
30	9.7
31	18.6
April 2	3.5
3	12.3
4	21.2
6	6.1
7	15.0
8	23.8
10	8.7
11	17.6
13	2.5
14	11.3
15	20.2
17	5.1
18	14.0
19	22.8
21	7.7
22	16.6
24	1.5
25	10.3
26	19.2
28	4.1
29	13.0
30	21.8
Mai 2	6.7
3	15.6
5	0.5
6	9.3
7	18.2
9	3.1
10	12.0
11	20.8
13	5.7
14	14.6
15	23.4

	h
Mai 17	8.3
18	17.2
20	2.1
21	10.9
22	19.8
24	4.7
25	13.6
26	22.4
28	7.3
29	16.2
31	1.1
Juni 1	10.0
2	18.9
4	3.7
5	12.6
6	21.5
8	6.4
9	15.3
11	0.2
12	9.0
13	17.9
15	2.8
16	11.7
17	20.5
19	5.4
20	14.3
21	23.2
23	8.0
24	16.9
26	1.8
27	10.7
28	19.5
30	4.4
Juli 1	13.3
2	22.2
4	7.1
5	15.9
7	0.8
8	9.7
9	18.6
11	3.5
12	12.4
13	21.2
15	6.1
16	15.0
17	23.9
19	8.8
20	17.7
22	2.6
23	11.5

Östliche Elongationen (in Weltzeit)

ENCELADUS

		h			h
Juli	24	20.4	Okt.	1	9.1
	26	5.2		2	18.0
	27	14.1		4	2.9
	28	23.0		5	11.8
	30	7.9		6	20.7
	31	16.8		8	5.6
Aug.	2	1.7		9	14.5
	3	10.6		10	23.4
	4	19.5		12	8.3
	6	4.4		13	17.2
	7	13.3		15	2.1
	8	22.2		16	11.0
	10	7.0		17	19.9
	11	15.9		19	4.8
	13	0.8		20	13.7
	14	9.7		21	22.6
	15	18.6		23	7.5
	17	3.5		24	16.4
	18	12.4		26	1.3
	19	21.3		27	10.2
	21	6.2		28	19.1
	22	15.1		30	4.0
	24	0.0		31	12.9
	25	8.9	Nov.	1	21.8
	26	17.7		3	6.7
	28	2.6		4	15.6
	29	11.5			
	30	20.4			
Sept.	1	5.3			
	2	14.2			
	3	23.1			
	5	8.0			
	6	16.9			
	8	1.8			
	9	10.7			
	10	19.6			
	12	4.5			
	13	13.4			h
	14	22.3	Dez.	17	3.5
	16	7.2		18	12.4
	17	16.1		19	21.3
	19	1.0		21	6.2
	20	9.9		22	15.1
	21	18.8		24	0.0
	23	3.7		25	8.9
	24	12.6		26	17.8
	25	21.5		28	2.7
	27	6.4		29	11.6
	28	15.3		30	20.5
	30	0.2		32	5.4

TETHYS

		h			h			h
Jan.	1	17.7	April	5	3.3	Juli	8	11.9
	3	15.0		7	0.6		10	9.3
	5	12.4		8	21.9		12	6.6
	7	9.7		10	19.2		14	3.9
	9	7.0		12	16.5		16	1.2
	11	4.4		14	13.8		17	22.5
	13	1.7		16	11.1		19	19.8
	14	23.0		18	8.4		21	17.1
	16	20.3		20	5.7		23	14.4
	18	17.6		22	3.0		25	11.7
	20	15.0		24	0.3		27	9.0
	22	12.3		25	21.6		29	6.3
	24	9.6		27	18.9		31	3.6
	26	6.9		29	16.2	Aug.	2	0.9
	28	4.3	Mai	1	13.5		3	22.2
	30	1.6		3	10.8		5	19.5
	31	22.9		5	8.1		7	16.8
Febr.	2	20.2		7	5.3		9	14.1
	4	17.6		9	2.6		11	11.5
	6	14.9		10	23.9		13	8.8
	8	12.2		12	21.2		15	6.1
	10	9.5		14	18.5		17	3.4
	12	6.8		16	15.8		19	0.7
	14	4.1		18	13.1		20	22.0
	16	1.4		20	10.4		22	19.4
	17	22.8		22	7.7		24	16.7
	19	20.1		24	4.9		26	14.0
	21	17.4		26	2.2		28	11.3
	23	14.7		27	23.5		30	8.7
	25	12.0		29	20.8	Sept.	1	6.0
	27	9.3		31	18.1		3	3.3
	29	6.6	Juni	2	15.4		5	0.6
März	2	3.9		4	12.7		6	22.0
	4	1.3		6	10.0		8	19.3
	5	22.6		8	7.2		10	16.6
	7	19.9		10	4.5		12	14.0
	9	17.2		12	1.8		14	11.3
	11	14.5		13	23.1		16	8.7
	13	11.8		15	20.4		18	6.0
	15	9.1		17	17.7		20	3.3
	17	6.4		19	15.0		22	0.6
	19	3.7		21	12.3		23	22.0
	21	1.0		23	9.6		25	19.3
	22	22.3		25	6.8		27	16.6
	24	19.6		27	4.1		29	13.9
	26	16.9		29	1.4	Okt.	1	11.3
	28	14.2		30	22.7		3	8.6
	30	11.5	Juli	2	20.0		5	5.9
April	1	8.8		4	17.3		7	3.2
	3	6.1		6	14.6		9	0.6

Östliche Elongationen (in Weltzeit)

TETHYS

Datum	h
Okt. 10	21.9
12	19.2
14	16.6
16	13.9
18	11.3
20	8.6
22	5.9
24	3.3
26	0.6
27	21.9
29	19.3
31	16.6
Nov. 2	13.9
4	11.3

Datum	h
Dez. 16	0.7
17	22.1
19	19.4
21	16.8
23	14.1
25	11.4
27	8.8
29	6.1
31	3.4

DIONE

Datum	h
Jan. 1	13.2
4	7.0
7	0.7
9	18.4
12	12.1
15	5.9
17	23.6
20	17.4
23	11.1
26	4.8
28	22.5
31	16.2
Febr. 3	10.0
Febr. 6	3.7
8	21.4
11	15.1
14	8.8
17	2.5
19	20.2
22	13.9
25	7.6
28	1.3
März 1	19.0
4	12.7
7	6.3
10	0.0
12	17.7
15	11.4
18	5.1
20	22.7
23	16.4
26	10.1
29	3.8
31	21.5
April 3	15.1
6	8.8
9	2.4
11	20.1
14	13.7
17	7.4
20	1.0
22	18.7
25	12.3
28	6.0
30	23.6
Mai 3	17.3
6	10.9
9	4.6
11	22.2
14	15.9
17	9.5
20	3.2
22	20.8
25	14.5
28	8.1
31	1.8
Juni 2	19.4
5	13.1
8	6.7
11	0.4
13	18.0
16	11.7
19	5.3
Juni 21	23.0
24	16.6
27	10.3
30	3.9
Juli 2	21.6
5	15.3
8	9.0
11	2.6
13	20.3
16	14.0
19	7.7
22	1.4
24	19.1
27	12.7
30	6.4
Aug. 2	0.1
4	17.8
7	11.5
10	5.2
12	22.9
15	16.6
18	10.3
21	4.0
23	21.7
26	15.4
29	9.2
Sept. 1	2.9
3	20.6
6	14.3
9	8.0
12	1.7
14	19.5
17	13.2
20	6.9
23	0.6
25	18.3
28	12.1
Okt. 1	5.8
3	23.6
6	17.3
9	11.1
12	4.8
14	22.6
17	16.3
20	10.1
23	3.8
25	21.6
28	15.3
31	9.1
Nov. 3	2.8

DIONE

Datum	h
Dez. 16	22.7
19	16.5
22	10.2
25	4.0
27	21.7
30	15.5
33	9.2

RHEA

Datum	h
Jan. 1	2.7
5	15.3
10	3.8
14	16.3
19	4.9
23	17.4
28	5.9
Febr. 1	18.4
6	6.9
10	19.4
15	7.9
19	20.4
24	8.9
28	21.3
März 4	9.8
8	22.2
13	10.6
17	23.0
22	11.4
26	23.8
31	12.2
April 5	0.6
9	12.9
14	1.3
18	13.6
23	1.9
27	14.2

RHEA

Datum	h
Mai 2	2.5
6	14.9
11	3.2
15	15.5
20	3.8
24	16.1
29	4.4
Juni 2	16.7
7	5.1
11	17.4
16	5.7
20	18.1
25	6.4
29	18.8
Juli 4	7.1
8	19.5
13	7.8
17	20.2
22	8.6
26	21.1
31	9.5
Aug. 4	21.9
9	10.4
13	22.8
18	11.3
22	23.8
27	12.3
Sept. 1	0.7
5	13.2
10	1.7
14	14.3
19	2.8
23	15.3
28	3.8
Okt. 2	16.4
7	4.9
11	17.5
16	6.1
20	18.7
25	7.3
29	19.9
Nov. 3	8.4
7	21.0

Datum	h
Dez. 18	14.5
23	3.1
27	15.7
32	4.2

Elongationen und Konjunktionen (in Weltzeit)

TITAN

		h
Jan.	0	1.2 WE
	4	3.7 OK
	7	23.4 ÖE
	11	21.1 UK
	16	1.7 WE
	23	23.5 ÖE
	27	21.3 UK
Febr.	1	1.8 WE
	5	3.9 OK
	8	23.3 ÖE
	12	21.0 UK
	17	1.5 WE
	21	3.4 OK
	24	22.7 ÖE
	28	20.3 UK
März	4	0.7 WE
	8	2.4 OK
	11	21.6 ÖE
	15	19.2 UK
	19	23.3 WE
	24	0.9 OK
	27	20.0 ÖE
	31	17.4 UK
April	4	21.5 WE
	8	23.0 OK
	12	18.1 ÖE
	16	15.3 UK
	20	19.3 WE
	24	20.7 OK
	28	15.7 ÖE
Mai	2	12.9 UK
	6	16.7 WE
	10	18.2 OK
	14	13.2 ÖE
	18	10.2 UK
	22	13.9 WE
	26	15.6 OK
	30	10.6 ÖE
Juni	3	7.5 UK
	7	11.2 WE
	11	13.0 OK
	15	8.1 ÖE
	19	5.0 UK
	23	8.7 WE
	27	10.7 OK

		h
Juli	1	5.9 ÖE
	5	2.8 UK
	9	6.6 WE
	13	8.7 OK
	17	4.0 ÖE
	21	1.0 UK
	25	4.9 WE
	29	7.1 OK
Aug.	2	2.6 ÖE
	5	23.6 UK
	10	3.7 WE
	14	6.0 OK
	18	1.6 ÖE
	21	22.8 UK
	26	3.0 WE
	30	5.4 OK
Sept.	3	1.0 ÖE
	6	22.4 UK
	11	2.7 WE
	15	5.1 OK
	19	0.8 ÖE
	22	22.4 UK
	27	2.8 WE
Okt.	1	5.3 OK
	5	1.0 ÖE
	8	22.7 UK
	13	3.3 WE
	17	5.7 OK
	21	1.5 ÖE
	24	23.4 UK
	29	4.1 WE
Nov.	2	6.4 OK

		h
Dez.	16	7.1 WE
	20	8.9 OK
	24	4.4 ÖE
	28	3.0 UK
	32	8.0 WE

HYPERION

		h
Jan.	3	5.2 ÖE
	8	11.3 UK
	13	1.7 WE
	18	11.0 OK
	24	14.8 ÖE
	29	19.6 UK
Febr.	3	9.8 WE
	8	20.1 OK
	14	23.8 ÖE
	20	3.6 UK
	24	17.7 WE
März	1	4.6 OK
	7	8.2 ÖE
	12	11.3 UK
	17	1.0 WE
	22	12.3 OK
	28	15.8 ÖE
April	2	18.4 UK
	7	7.9 WE
	12	19.3 OK
	18	22.8 ÖE
	24	1.1 UK
	28	14.3 WE
Mai	4	1.7 OK
	10	5.3 ÖE
	15	7.6 UK
	19	20.7 WE
	25	8.0 OK
	31	11.9 ÖE
Juni	5	14.4 UK
	10	3.4 WE
	15	14.7 OK
	21	19.0 ÖE
	26	21.8 UK
Juli	1	10.8 WE
	6	22.3 OK
	13	3.1 ÖE
	18	5.9 UK
	22	19.1 WE
	28	7.2 OK
Aug.	3	12.3 ÖE
	8	14.9 UK
	13	4.4 WE
	18	17.2 OK
	24	22.5 ÖE

HYPERION

		h
Aug.	30	0.7 UK
Sept.	3	14.5 WE
	9	4.3 OK
	15	9.6 ÖE
	20	11.2 UK
	25	1.3 WE
	30	16.3 OK
Okt.	6	21.3 ÖE
	11	21.9 UK
	16	12.5 WE
	22	4.8 OK
	28	9.2 ÖE
Nov.	2	8.8 UK

		h
Dez.	19	21.7 WE
	25	17.6 OK
	31	18.7 ÖE

JAPETUS

		h
Jan.	12	15.1 UK
Febr.	2	0.4 WE
	23	1.7 OK
März	13	17.0 ÖE
April	1	12.0 UK
	21	8.1 WE
Mai	11	20.3 OK
	31	3.6 ÖE
Juni	18	17.5 UK
Juli	8	11.6 WE
	29	5.6 OK
Aug.	17	23.6 ÖE
Sept.	6	0.5 UK
	26	8.0 WE
Okt.	17	15.3 OK

		h
Dez.	16	19.1 WE

ÖE = Östliche Elongation
WE = Westliche Elongation
OK = Obere Konjunktion
UK = Untere Konjunktion

Konstellationen 1956

Weltzeit 1956		h	m	
Jan.	1	23	24	♃ ☌ ☾
	2	13		Erde i. kleinst. Abst. v. ☉
	6	10	22	♆ ☌ ☾
	8	11	14	♂ ☌ ☾
	8	18	20	♄ ☌ ☾
	11	18		☿ gr. östl. Elong. 19° 1′
	14	21		♂ ☌ ♄; ♂ 1° 33′ südl.
	14	22	11	☿ ☌ ☾
	16	8	37	♀ ☌ ☾
	18	5		☿ stationär in AR.
	19	9		☿ im Perihel
	21	9		⛢ ☍ ☉
	21	11		♆ □ ☉
	27	5	37	⛢ ☌ ☾
	27	14		☿ untere ☌ ☉
	29	6	3	♃ ☌ ☾
Febr.	2	0		♆ stationär in AR.
	2	18	3	♆ ☌ ☾
	5	5	1	♄ ☌ ☾
	6	7	1	♂ ☌ ☾
	8	5		☿ stationär in AR.
	9	21	43	☿ ☌ ☾
	15	11	3	♀ ☌ ☾
	16	5		♃ ☍ ☉
	17	1		♇ ☍ ☉
	21	10		☿ gr. westl. Elong. 26° 34′
	22	4		♄ □ ☉
	23	13	55	⛢ ☌ ☾
	25	10	57	♃ ☌ ☾
März	1	2	36	♆ ☌ ☾
	3	8		☿ im Aphel
	3	14	44	♄ ☌ ☾
	6	5	11	♂ ☌ ☾
	10	23	56	☿ ☌ ☾
	12	11		♄ stationär in AR.
	16	3	41	♀ ☌ ☾
	20	15	21	☉ tritt in ♈, Frühlingsanf.
	21	20	11	⛢ ☌ ☾
	23	14	41	♃ ☌ ☾
	27	5		♀ im Perihel
	28	11	2	♆ ☌ ☾
	30	22	55	♄ ☌ ☾

Weltzeit 1956		h	m	
April	4	4	56	♂ ☌ ☾
	5	13		⛢ stationär in AR.
	6	4		☿ obere ☌ ☉
	11	16	31	☿ ☌ ☾
	12	18		♀ gr. östl. Elong. 45° 47′
	14	14	1	♀ ☌ ☾
	16	8		☿ im Perihel
	17	19		♃ stationär in AR.
	18	1	42	⛢ ☌ ☾
	18	9		⛢ □ ☉
	19	3		♆ ☍ ☉
	19	19	15	♃ ☌ ☾
	24	18	11	♆ ☌ ☾
	27	4	51	♄ ☌ ☾
	29	16		♂ □ ☉
Mai	2	22		☿ gr. östl. Elong. 20° 56′
	3	4	19	♂ ☌ ☾
	11	19	40	☿ ☌ ☾
	13	7		♃ □ ☉
	13	13	11	♀ ☌ ☾
	14	23		☿ stationär in AR.
	15	8	42	⛢ ☌ ☾
	16	2		♀ in größter Helligkeit
	17	2	59	♃ ☌ ☾
	20	14		♄ ☍ ☉
	21	23	42	♆ ☌ ☾
	24	—	—	Partielle Mondfinsternis
	24	8	34	♄ ☌ ☾
	26	0		☿ untere ☌ ☉
	30	8		☿ im Aphel
	31	12		♀ stationär in AR.
Juni	1	0	28	♂ ☌ ☾
	7	4		☿ stationär in AR.
	7	18	10	☿ ☌ ☾
	8	—	—	Totale Sonnenfinsternis
	10	4	35	♀ ☌ ☾
	11	18	34	⛢ ☌ ☾
	13	15	8	♃ ☌ ☾
	18	4	27	♆ ☌ ☾
	20	8		☿ gr. westl. Elong. 22° 46′
	20	11	12	♄ ☌ ☾
	21	10	24	☉ tritt in ♋, Sommersanf.
	22	6		♀ untere ☌ ☉
	29	13	37	♂ ☌ ☾

Weltzeit 1956		h	m	
Juli	3	20		☿ ☌ ♀; ☿ 3° 21′ nördl.
	5	1		Erde i. gr. Abst. v. ☉
	6	17	12	♀ ☌ ☾
	7	4	32	☿ ☌ ☾
	9	6	59	♅ ☌ ☾
	9	22		♆ stationär in AR.
	11	7	26	♃ ☌ ☾
	13	7		☿ im Perihel
	13	20		♀ stationär in AR.
	15	10	4	♆ ☌ ☾
	17	14	45	♄ ☌ ☾
	17	17		♀ im Aphel
	19	21		☿ obere ☌ ☉
	20	11		♆ □ ☉
	22	6		☿ ☌ ♅; ☿ 1° 11′ nördl.
	25	15		♅ ☌ ☉
	27	14	28	♂ ☌ ☾
	29	0		♀ in größter Helligkeit
	31	10		♄ stationär in AR.
Aug.	3	12	40	♀ ☌ ☾
	5	20	30	♅ ☌ ☾
	7	22	24	☿ ☌ ☾
	8	2	34	♃ ☌ ☾
	9	18		☿ ☌ ♃; ☿ 0° 10′ südl.
	11	17	49	♆ ☌ ☾
	11	18		♂ stationär in AR.
	13	21	5	♄ ☌ ☾
	19	12		♄ □ ☉
	21	10		♇ ☌ ☉
	21	16		♂ im Perihel
	23	21	5	♂ ☌ ☾
	26	7		☿ im Aphel
	31	5		☿ gr. östl. Elong. 27° 13′
	31	18		♀ gr. westl. Elong. 45° 55′
Sept.	1	12	29	♀ ☌ ☾
	2	9	9	♅ ☌ ☾
	4	16		♃ ☌ ☉
	4	22	49	♃ ☌ ☾
	6	17	19	☿ ☌ ☾
	7	5		♂ der Erde am nächsten
	8	3	52	♆ ☌ ☾
	10	7	1	♄ ☌ ☾
	10	22		♂ ☍ ☉
	13	8		☿ stationär in AR.
	14	6		♀ ☌ ♅; ♀ 2° 15′ südl.
	19	14	2	♂ ☌ ☾
	23	1	36	☉ tritt in ♎, Herbstanf.
	26	13		☿ untere ☌ ☉
	29	19	18	♅ ☌ ☾

Weltzeit 1956		h	m	
Okt.	1	1	51	♀ ☌ ☾
	2	18	19	♃ ☌ ☾
	3	9	8	☿ ☌ ☾
	4	21		☿ stationär in AR.
	5	15	10	♆ ☌ ☾
	7	19	58	♄ ☌ ☾
	9	7		☿ im Perihel
	12	2		☿ gr. westl. Elong. 18° 4′
	12	23		♂ stationär in AR.
	16	15	29	♂ ☌ ☾
	23	14		♆ ☌ ☉
	25	14		♀ ☌ ♃; ♀ 0° 13′ nördl.
	27	2	30	♅ ☌ ☾
	30	9		♅ □ ☉
	30	11	25	♃ ☌ ☾
	30	20	35	♀ ☌ ☾
	31	17		☿ ☌ ♆; ☿ 0° 29′ südl.
Nov.	2	2	0	♆ ☌ ☾
	2	6	9	☿ ☌ ☾
	4	10	22	♄ ☌ ☾
	7	3		♀ im Perihel
	12	12		♅ stationär in AR.
	12	21		☿ obere ☌ ☉
	13	11	34	♂ ☌ ☾
	18	—	—	Totale Mondfinsternis
	22	6		☿ im Aphel
	22	6		☿ ☌ ♄; ☿ 2° 50′ südl.
	23	8	10	♅ ☌ ☾
	26	15		♀ ☌ ♆; ♀ 0° 11′ nördl.
	27	1	6	♃ ☌ ☾
	27	15		♄ ☌ ☉
	29	10	55	♆ ☌ ☾
	29	17	25	♀ ☌ ☾
Dez.	2	—	—	Partielle Sonnenfinsternis
	2	0	25	♄ ☌ ☾
	3	7	13	☿ ☌ ☾
	11	19	41	♂ ☌ ☾
	20	14	42	♅ ☌ ☾
	21	21	0	☉ tritt in ♑, Wintersanf.
	22	17		♃ □ ☉
	24	11	32	♃ ☌ ☾
	25	0		☿ gr. östl. Elong. 19° 53′
	26	17	48	♆ ☌ ☾
	26	21		♀ ☌ ♄; ♀ 0° 30′ südl.
	29	12	54	♄ ☌ ☾
	29	19	17	♀ ☌ ☾
	32	6		☿ stationär in AR.

Sonnenaufgang 1956

Mittlere Ortszeit

Meridian von Greenwich

Tag	Geographische Breite													
	−10°	0°	+10°	+20°	+30°	+35°	+40°	+45°	+50°	+52°	+54°	+56°	+58°	+60°
1956	h m	h m	h m	h m	h m	h m	h m	h m	h m	h m	h m	h m	h m	h m
Jan. 0	5 42	5 59	6 16	6 35	6 56	7 8	7 22	7 38	7 59	8 9	8 19	8 32	8 46	9 3
1	5 42	6 0	6 17	6 35	6 56	7 8	7 22	7 39	7 59	8 9	8 19	8 32	8 46	9 3
2	5 43	6 0	6 17	6 35	6 56	7 8	7 22	7 39	7 59	8 8	8 19	8 32	8 46	9 3
3	5 43	6 1	6 17	6 36	6 56	7 9	7 22	7 39	7 59	8 8	8 19	8 31	8 45	9 2
4	5 44	6 1	6 18	6 36	6 57	7 9	7 22	7 39	7 59	8 8	8 19	8 31	8 45	9 1
5	5 45	6 1	6 18	6 36	6 57	7 9	7 22	7 38	7 58	8 8	8 18	8 30	8 44	9 1
6	5 45	6 2	6 19	6 37	6 57	7 9	7 22	7 38	7 58	8 7	8 18	8 30	8 44	9 0
7	5 46	6 2	6 19	6 37	6 57	7 9	7 22	7 38	7 58	8 7	8 18	8 29	8 43	8 59
8	5 46	6 3	6 19	6 37	6 57	7 9	7 22	7 38	7 58	8 7	8 17	8 29	8 42	8 58
9	5 47	6 3	6 20	6 37	6 57	7 9	7 22	7 38	7 57	8 6	8 16	8 28	8 41	8 57
10	5 47	6 4	6 20	6 37	6 57	7 9	7 22	7 38	7 57	8 6	8 16	8 27	8 40	8 56
11	5 48	6 4	6 20	6 38	6 57	7 9	7 22	7 37	7 56	8 5	8 15	8 26	8 39	8 55
12	5 48	6 4	6 21	6 38	6 57	7 8	7 22	7 37	7 56	8 4	8 14	8 26	8 38	8 54
13	5 49	6 5	6 21	6 38	6 57	7 8	7 21	7 36	7 55	8 4	8 14	8 25	8 37	8 52
14	5 49	6 5	6 21	6 38	6 57	7 8	7 21	7 36	7 54	8 3	8 13	8 24	8 36	8 51
15	5 50	6 6	6 21	6 38	6 57	7 8	7 21	7 35	7 54	8 2	8 12	8 23	8 35	8 49
16	5 50	6 6	6 22	6 38	6 57	7 8	7 20	7 35	7 53	8 1	8 11	8 21	8 34	8 48
17	5 51	6 6	6 22	6 38	6 57	7 8	7 20	7 34	7 52	8 0	8 10	8 20	8 32	8 46
18	5 51	6 7	6 22	6 38	6 56	7 7	7 19	7 34	7 51	8 0	8 9	8 19	8 31	8 45
19	5 52	6 7	6 22	6 38	6 56	7 7	7 19	7 33	7 50	7 59	8 8	8 18	8 29	8 43
20	5 52	6 7	6 22	6 38	6 56	7 7	7 18	7 32	7 50	7 58	8 6	8 17	8 28	8 41
21	5 53	6 8	6 22	6 38	6 56	7 6	7 18	7 32	7 49	7 56	8 5	8 15	8 26	8 40
22	5 53	6 8	6 22	6 38	6 55	7 6	7 17	7 31	7 48	7 55	8 4	8 14	8 25	8 38
23	5 54	6 8	6 22	6 38	6 55	7 5	7 17	7 30	7 46	7 54	8 3	8 12	8 23	8 36
24	5 54	6 8	6 23	6 38	6 55	7 5	7 16	7 29	7 45	7 53	8 1	8 11	8 21	8 34
25	5 55	6 9	6 23	6 37	6 54	7 4	7 15	7 28	7 44	7 52	8 0	8 9	8 20	8 32
26	5 55	6 9	6 23	6 37	6 54	7 4	7 15	7 28	7 43	7 50	7 58	8 8	8 18	8 30
27	5 55	6 9	6 23	6 37	6 54	7 3	7 14	7 27	7 42	7 49	7 57	8 6	8 16	8 27
28	5 56	6 9	6 23	6 37	6 53	7 2	7 13	7 26	7 41	7 48	7 55	8 4	8 14	8 25
29	5 56	6 10	6 23	6 37	6 53	7 2	7 12	7 24	7 39	7 46	7 54	8 2	8 12	8 23
30	5 57	6 10	6 23	6 36	6 52	7 1	7 12	7 23	7 38	7 45	7 52	8 1	8 10	8 21
31	5 57	6 10	6 23	6 36	6 52	7 1	7 11	7 22	7 37	7 43	7 51	7 59	8 8	8 19
Febr. 1	5 57	6 10	6 23	6 36	6 51	7 0	7 10	7 21	7 35	7 42	7 49	7 57	8 6	8 16
2	5 58	6 10	6 23	6 36	6 50	6 59	7 9	7 20	7 34	7 40	7 47	7 55	8 4	8 14
3	5 58	6 10	6 23	6 35	6 50	6 58	7 8	7 19	7 32	7 39	7 45	7 53	8 2	8 12
4	5 58	6 10	6 22	6 35	6 49	6 58	7 7	7 18	7 31	7 37	7 44	7 51	8 0	8 9
5	5 59	6 11	6 22	6 35	6 49	6 57	7 6	7 17	7 29	7 35	7 42	7 49	7 57	8 7
6	5 59	6 11	6 22	6 34	6 48	6 56	7 5	7 15	7 28	7 34	7 40	7 47	7 55	8 5
7	5 59	6 11	6 22	6 34	6 47	6 55	7 4	7 14	7 26	7 32	7 38	7 45	7 53	8 2
8	6 0	6 11	6 22	6 33	6 47	6 54	7 3	7 13	7 25	7 30	7 36	7 43	7 51	8 0
9	6 0	6 11	6 22	6 33	6 46	6 53	7 2	7 11	7 23	7 28	7 34	7 41	7 48	7 57
10	6 0	6 11	6 21	6 32	6 45	6 52	7 0	7 10	7 21	7 27	7 32	7 39	7 46	7 54

Mittlere Ortszeit | Meridian von Greenwich

Tag	Geographische Breite													
	−10°	0°	+10°	+20°	+30°	+35°	+40°	+45°	+50°	+52°	+54°	+56°	+58°	+60°
1956	h m	h m	h m	h m	h m	h m	h m	h m	h m	h m	h m	h m	h m	h m
Jan. 0	18 24	18 7	17 49	17 31	17 10	16 58	16 44	16 27	16 7	15 57	15 46	15 34	15 20	15 3
1	18 24	18 7	17 50	17 32	17 11	16 59	16 45	16 28	16 8	15 58	15 48	15 35	15 21	15 4
2	18 25	18 7	17 50	17 32	17 12	16 59	16 46	16 29	16 9	15 59	15 49	15 36	15 22	15 5
3	18 25	18 8	17 51	17 33	17 12	17 0	16 46	16 30	16 10	16 0	15 50	15 38	15 23	15 7
4	18 25	18 8	17 52	17 33	17 13	17 1	16 47	16 31	16 11	16 2	15 51	15 39	15 25	15 8
5	18 26	18 9	17 52	17 34	17 14	17 2	16 48	16 32	16 12	16 3	15 52	15 40	15 26	15 9
6	18 26	18 9	17 53	17 35	17 14	17 3	16 49	16 33	16 13	16 4	15 53	15 42	15 28	15 11
7	18 26	18 10	17 53	17 35	17 15	17 4	16 50	16 34	16 14	16 5	15 55	15 43	15 29	15 13
8	18 27	18 10	17 54	17 36	17 16	17 4	16 51	16 35	16 16	16 7	15 56	15 45	15 31	15 15
9	18 27	18 11	17 54	17 37	17 17	17 5	16 52	16 36	16 17	16 8	15 58	15 46	15 33	15 17
10	18 27	18 11	17 55	17 37	17 18	17 6	16 53	16 37	16 18	16 9	15 59	15 48	15 35	15 19
11	18 28	18 11	17 55	17 38	17 18	17 7	16 54	16 39	16 20	16 11	16 1	15 49	15 36	15 21
12	18 28	18 12	17 56	17 39	17 19	17 8	16 55	16 40	16 21	16 12	16 2	15 51	15 38	15 23
13	18 28	18 12	17 56	17 39	17 20	17 9	16 56	16 41	16 22	16 14	16 4	15 53	15 40	15 25
14	18 28	18 13	17 57	17 40	17 21	17 10	16 57	16 42	16 24	16 15	16 5	15 55	15 42	15 27
15	18 29	18 13	17 57	17 41	17 22	17 11	16 58	16 43	16 25	16 17	16 7	15 56	15 44	15 30
16	18 29	18 13	17 58	17 41	17 23	17 12	16 59	16 45	16 27	16 18	16 9	15 58	15 46	15 32
17	18 29	18 14	17 58	17 42	17 23	17 13	17 0	16 46	16 28	16 20	16 11	16 0	15 48	15 34
18	18 29	18 14	17 59	17 43	17 24	17 14	17 2	16 47	16 30	16 22	16 12	16 2	15 50	15 36
19	18 29	18 14	17 59	17 43	17 25	17 15	17 3	16 49	16 31	16 23	16 14	16 4	15 52	15 39
20	18 29	18 15	18 0	17 44	17 26	17 16	17 4	16 50	16 33	16 25	16 16	16 6	15 54	15 41
21	18 30	18 15	18 0	17 45	17 27	17 17	17 5	16 51	16 34	16 27	16 18	16 8	15 57	15 44
22	18 30	18 15	18 1	17 45	17 28	17 18	17 6	16 53	16 36	16 28	16 20	16 10	15 59	15 46
23	18 30	18 15	18 1	17 46	17 29	17 19	17 7	16 54	16 38	16 30	16 21	16 12	16 1	15 49
24	18 30	18 16	18 2	17 47	17 30	17 20	17 8	16 55	16 39	16 32	16 23	16 14	16 3	15 51
25	18 30	18 16	18 2	17 47	17 30	17 21	17 10	16 57	16 41	16 33	16 25	16 16	16 6	15 54
26	18 30	18 16	18 2	17 48	17 31	17 22	17 11	16 58	16 42	16 35	16 27	16 18	16 8	15 56
27	18 30	18 16	18 3	17 48	17 32	17 23	17 12	16 59	16 44	16 37	16 29	16 20	16 10	15 59
28	18 30	18 16	18 3	17 49	17 33	17 24	17 13	17 1	16 46	16 39	16 31	16 22	16 12	16 1
29	18 30	18 17	18 3	17 50	17 34	17 25	17 14	17 2	16 47	16 41	16 33	16 24	16 15	16 4
30	18 30	18 17	18 4	17 50	17 35	17 26	17 15	17 4	16 49	16 42	16 35	16 27	16 17	16 6
31	18 30	18 17	18 4	17 51	17 36	17 27	17 17	17 5	16 51	16 44	16 37	16 29	16 19	16 9
Febr. 1	18 30	18 17	18 5	17 51	17 36	17 28	17 18	17 6	16 52	16 46	16 39	16 31	16 22	16 12
2	18 30	18 17	18 5	17 52	17 37	17 29	17 19	17 8	16 54	16 48	16 41	16 33	16 24	16 14
3	18 30	18 17	18 5	17 53	17 38	17 30	17 20	17 9	16 56	16 50	16 43	16 35	16 27	16 17
4	18 29	18 17	18 6	17 53	17 39	17 31	17 22	17 11	16 58	16 52	16 45	16 37	16 29	16 19
5	18 29	18 18	18 6	17 54	17 40	17 32	17 23	17 12	16 59	16 54	16 47	16 40	16 31	16 22
6	18 29	18 18	18 6	17 54	17 41	17 33	17 24	17 14	17 1	16 55	16 49	16 42	16 34	16 25
7	18 29	18 18	18 7	17 55	17 41	17 34	17 25	17 15	17 3	16 57	16 51	16 44	16 36	16 27
8	18 29	18 18	18 7	17 55	17 42	17 35	17 26	17 17	17 5	16 59	16 53	16 46	16 39	16 30
9	18 29	18 18	18 7	17 56	17 43	17 36	17 28	17 18	17 6	17 1	16 55	16 48	16 41	16 33
10	18 28	18 18	18 7	17 56	17 44	17 37	17 29	17 19	17 8	17 3	16 57	16 51	16 43	16 35

Sonnenaufgang 1956

Mittlere Ortszeit — Meridian von Greenwich

Tag	Geographische Breite −10°	0°	+10°	+20°	+30°	+35°	+40°	+45°	+50°	+52°	+54°	+56°	+58°	+60°
1956	h m	h m	h m	h m	h m	h m	h m	h m	h m	h m	h m	h m	h m	h m
Febr. 10	6 0	6 11	6 21	6 32	6 45	6 52	7 0	7 10	7 21	7 27	7 32	7 39	7 46	7 54
11	6 1	6 11	6 21	6 32	6 44	6 51	6 59	7 9	7 20	7 25	7 30	7 37	7 44	7 52
12	6 1	6 11	6 21	6 31	6 44	6 50	6 58	7 7	7 18	7 23	7 28	7 35	7 41	7 49
13	6 1	6 11	6 21	6 31	6 43	6 49	6 57	7 6	7 16	7 21	7 26	7 32	7 39	7 46
14	6 1	6 11	6 21	6 30	6 42	6 48	6 56	7 4	7 15	7 19	7 24	7 30	7 37	7 44
15	6 2	6 11	6 20	6 30	6 41	6 47	6 54	7 3	7 13	7 17	7 22	7 28	7 34	7 41
16	6 2	6 11	6 20	6 29	6 40	6 46	6 53	7 1	7 11	7 15	7 20	7 26	7 32	7 38
17	6 2	6 11	6 20	6 29	6 39	6 45	6 52	7 0	7 9	7 13	7 18	7 23	7 29	7 36
18	6 2	6 11	6 19	6 28	6 38	6 44	6 51	6 58	7 7	7 11	7 16	7 21	7 27	7 33
19	6 2	6 11	6 19	6 28	6 37	6 43	6 49	6 57	7 5	7 9	7 14	7 19	7 24	7 30
20	6 2	6 11	6 19	6 27	6 36	6 42	6 48	6 55	7 3	7 7	7 12	7 16	7 21	7 27
21	6 3	6 10	6 18	6 26	6 35	6 41	6 46	6 53	7 2	7 5	7 9	7 14	7 19	7 25
22	6 3	6 10	6 18	6 26	6 34	6 40	6 45	6 52	7 0	7 3	7 7	7 12	7 16	7 22
23	6 3	6 10	6 17	6 25	6 33	6 38	6 44	6 50	6 58	7 1	7 5	7 9	7 14	7 19
24	6 3	6 10	6 17	6 24	6 32	6 37	6 42	6 49	6 56	6 59	7 3	7 7	7 11	7 16
25	6 3	6 10	6 17	6 24	6 31	6 36	6 41	6 47	6 54	6 57	7 0	7 4	7 8	7 13
26	6 3	6 10	6 16	6 23	6 30	6 35	6 40	6 45	6 52	6 55	6 58	7 2	7 6	7 10
27	6 3	6 10	6 16	6 22	6 29	6 33	6 38	6 43	6 50	6 53	6 56	6 59	7 3	7 8
28	6 4	6 9	6 15	6 21	6 28	6 32	6 37	6 42	6 48	6 50	6 53	6 57	7 1	7 5
29	6 4	6 9	6 15	6 21	6 27	6 31	6 35	6 40	6 46	6 48	6 51	6 54	6 58	7 2
März 1	6 4	6 9	6 14	6 20	6 26	6 30	6 34	6 38	6 44	6 46	6 49	6 52	6 55	6 59
2	6 4	6 9	6 14	6 19	6 25	6 28	6 32	6 36	6 42	6 44	6 46	6 49	6 52	6 56
3	6 4	6 9	6 14	6 18	6 24	6 27	6 31	6 35	6 40	6 42	6 44	6 47	6 50	6 53
4	6 4	6 8	6 13	6 18	6 23	6 26	6 29	6 33	6 37	6 39	6 42	6 44	6 47	6 50
5	6 4	6 8	6 13	6 17	6 22	6 24	6 28	6 31	6 35	6 37	6 39	6 42	6 44	6 47
6	6 4	6 8	6 12	6 16	6 21	6 23	6 26	6 29	6 33	6 35	6 37	6 39	6 41	6 44
7	6 4	6 8	6 11	6 15	6 20	6 22	6 25	6 28	6 31	6 33	6 35	6 36	6 39	6 41
8	6 4	6 8	6 11	6 14	6 18	6 20	6 23	6 26	6 29	6 30	6 32	6 34	6 36	6 38
9	6 4	6 7	6 10	6 14	6 17	6 19	6 21	6 24	6 27	6 28	6 30	6 31	6 33	6 35
10	6 4	6 7	6 10	6 13	6 16	6 18	6 20	6 22	6 25	6 26	6 27	6 29	6 30	6 32
11	6 4	6 7	6 9	6 12	6 15	6 16	6 18	6 20	6 23	6 24	6 25	6 26	6 28	6 29
12	6 4	6 7	6 9	6 11	6 14	6 15	6 17	6 18	6 21	6 21	6 23	6 24	6 25	6 26
13	6 4	6 6	6 8	6 10	6 13	6 14	6 15	6 17	6 18	6 19	6 20	6 21	6 22	6 23
14	6 4	6 6	6 8	6 9	6 11	6 12	6 14	6 15	6 16	6 17	6 18	6 18	6 19	6 20
15	6 4	6 6	6 7	6 9	6 10	6 11	6 12	6 13	6 14	6 15	6 15	6 16	6 16	6 17
16	6 4	6 6	6 7	6 8	6 9	6 10	6 10	6 11	6 12	6 12	6 13	6 13	6 14	6 14
17	6 4	6 5	6 6	6 7	6 8	6 8	6 9	6 9	6 10	6 10	6 10	6 11	6 11	6 11
18	6 4	6 5	6 6	6 6	6 7	6 7	6 7	6 7	6 8	6 8	6 8	6 8	6 8	6 8
19	6 4	6 5	6 5	6 5	6 5	6 5	6 5	6 5	6 5	6 5	6 5	6 5	6 5	6 5
20	6 4	6 4	6 4	6 4	6 4	6 4	6 4	6 4	6 3	6 3	6 3	6 3	6 2	6 2
21	6 4	6 4	6 4	6 3	6 3	6 3	6 2	6 2	6 1	6 1	6 0	6 0	6 0	5 59
22	6 4	6 4	6 3	6 3	6 2	6 1	6 1	6 0	5 59	5 58	5 58	5 57	5 57	5 56

Mittlere Ortszeit Meridian von Greenwich

Tag	Geographische Breite													
	—10°	0°	+10°	+20°	+30°	+35°	+40°	+45°	+50°	+52°	+54°	+56°	+58°	+60°
1956	h m	h m	h m	h m	h m	h m	h m	h m	h m	h m	h m	h m	h m	h m
Febr. 10	18 28	18 18	18 7	17 56	17 44	17 37	17 29	17 19	17 8	17 3	16 57	16 51	16 43	16 35
11	18 28	18 18	18 8	17 57	17 45	17 38	17 30	17 21	17 10	17 5	16 59	16 53	16 46	16 38
12	18 28	18 18	18 8	17 57	17 46	17 39	17 31	17 22	17 11	17 7	17 1	16 55	16 48	16 41
13	18 28	18 18	18 8	17 58	17 46	17 40	17 32	17 24	17 13	17 8	17 3	16 57	16 51	16 43
14	18 27	18 18	18 8	17 58	17 47	17 41	17 34	17 25	17 15	17 10	17 5	16 59	16 53	16 46
15	18 27	18 18	18 8	17 59	17 48	17 42	17 35	17 26	17 17	17 12	17 7	17 2	16 56	16 49
16	18 27	18 18	18 9	17 59	17 49	17 43	17 36	17 28	17 18	17 14	17 9	17 4	16 58	16 51
17	18 26	18 18	18 9	18 0	17 50	17 44	17 37	17 29	17 20	17 16	17 11	17 6	17 0	16 54
18	18 26	18 18	18 9	18 0	17 50	17 45	17 38	17 31	17 22	17 18	17 13	17 8	17 3	16 56
19	18 26	18 17	18 9	18 1	17 51	17 46	17 39	17 32	17 24	17 20	17 15	17 10	17 5	16 59
20	18 25	18 17	18 9	18 1	17 52	17 46	17 41	17 34	17 25	17 21	17 17	17 13	17 7	17 2
21	18 25	18 17	18 10	18 2	17 53	17 47	17 42	17 35	17 27	17 23	17 19	17 15	17 10	17 4
22	18 25	18 17	18 10	18 2	17 53	17 48	17 43	17 36	17 29	17 25	17 21	17 17	17 12	17 7
23	18 24	18 17	18 10	18 2	17 54	17 49	17 44	17 38	17 30	17 27	17 23	17 19	17 14	17 9
24	18 24	18 17	18 10	18 3	17 55	17 50	17 45	17 39	17 32	17 29	17 25	17 21	17 17	17 12
25	18 23	18 17	18 10	18 3	17 56	17 51	17 46	17 40	17 34	17 31	17 27	17 23	17 19	17 14
26	18 23	18 17	18 10	18 4	17 56	17 52	17 47	17 42	17 35	17 32	17 29	17 26	17 22	17 17
27	18 22	18 16	18 10	18 4	17 57	17 53	17 49	17 43	17 37	17 34	17 31	17 28	17 24	17 20
28	18 22	18 16	18 10	18 4	17 58	17 54	17 50	17 45	17 39	17 36	17 33	17 30	17 26	17 22
29	18 22	18 16	18 10	18 5	17 58	17 55	17 51	17 46	17 40	17 38	17 35	17 32	17 29	17 25
März 1	18 21	18 16	18 10	18 5	17 59	17 56	17 52	17 47	17 42	17 40	17 37	17 34	17 31	17 27
2	18 21	18 16	18 11	18 6	18 0	17 57	17 53	17 49	17 44	17 41	17 39	17 36	17 33	17 30
3	18 20	18 15	18 11	18 6	18 0	17 57	17 54	17 50	17 45	17 43	17 41	17 38	17 36	17 32
4	18 20	18 15	18 11	18 6	18 1	17 58	17 55	17 51	17 47	17 45	17 43	17 40	17 38	17 35
5	18 19	18 15	18 11	18 7	18 2	17 59	17 56	17 53	17 49	17 47	17 45	17 43	17 40	17 37
6	18 19	18 15	18 11	18 7	18 2	18 0	17 57	17 54	17 50	17 49	17 47	17 45	17 42	17 40
7	18 18	18 14	18 11	18 7	18 3	18 1	17 58	17 55	17 52	17 50	17 49	17 47	17 45	17 42
8	18 17	18 14	18 11	18 8	18 4	18 2	17 59	17 57	17 54	17 52	17 51	17 49	17 47	17 45
9	18 17	18 14	18 11	18 8	18 4	18 3	18 0	17 58	17 55	17 54	17 52	17 51	17 49	17 47
10	18 16	18 14	18 11	18 8	18 5	18 3	18 2	17 59	17 57	17 56	17 54	17 53	17 51	17 50
11	18 16	18 13	18 11	18 8	18 6	18 4	18 3	18 1	17 58	17 57	17 56	17 55	17 54	17 52
12	18 15	18 13	18 11	18 9	18 6	18 5	18 4	18 2	18 0	17 59	17 58	17 57	17 56	17 55
13	18 15	18 13	18 11	18 9	18 7	18 6	18 5	18 3	18 2	18 1	18 0	17 59	17 58	17 57
14	18 14	18 13	18 11	18 9	18 8	18 7	18 6	18 5	18 3	18 3	18 2	18 1	18 1	18 0
15	18 14	18 12	18 11	18 10	18 8	18 8	18 7	18 6	18 5	18 4	18 4	18 3	18 3	18 2
16	18 13	18 12	18 11	18 10	18 9	18 8	18 8	18 7	18 7	18 6	18 6	18 5	18 5	18 5
17	18 13	18 12	18 11	18 10	18 10	18 9	18 9	18 9	18 8	18 8	18 8	18 8	18 7	18 7
18	18 12	18 11	18 11	18 10	18 10	18 10	18 10	18 10	18 10	18 10	18 10	18 10	18 10	18 10
19	18 11	18 11	18 11	18 11	18 11	18 11	18 11	18 11	18 11	18 11	18 12	18 12	18 12	18 12
20	18 11	18 11	18 11	18 11	18 11	18 12	18 12	18 12	18 13	18 13	18 13	18 14	18 14	18 14
21	18 10	18 10	18 11	18 11	18 12	18 12	18 13	18 14	18 14	18 15	18 15	18 16	18 16	18 17
22	18 10	18 10	18 11	18 12	18 13	18 13	18 14	18 15	18 16	18 17	18 17	18 18	18 19	18 19

Sonnenaufgang 1956

Mittlere Ortszeit | Meridian von Greenwich

Tag	—10°	0°	+10°	+20°	+30°	+35°	+40°	+45°	+50°	+52°	+54°	+56°	+58°	+60°
	Geographische Breite													
1956	h m	h m	h m	h m	h m	h m	h m	h m	h m	h m	h m	h m	h m	h m
März 22	6 4	6 4	6 3	6 3	6 2	6 1	6 1	6 0	5 59	5 58	5 58	5 57	5 57	5 56
23	6 4	6 3	6 3	6 2	6 0	6 0	5 59	5 58	5 57	5 56	5 55	5 55	5 54	5 53
24	6 4	6 3	6 2	6 1	5 59	5 58	5 57	5 56	5 55	5 54	5 53	5 52	5 51	5 50
25	6 4	6 3	6 1	6 0	5 58	5 57	5 56	5 54	5 52	5 51	5 50	5 49	5 48	5 47
26	6 4	6 3	6 1	5 59	5 57	5 56	5 54	5 52	5 50	5 49	5 48	5 47	5 45	5 44
27	6 4	6 2	6 0	5 58	5 56	5 54	5 52	5 50	5 48	5 47	5 46	5 44	5 43	5 41
28	6 4	6 2	6 0	5 57	5 54	5 53	5 51	5 49	5 46	5 44	5 43	5 42	5 40	5 38
29	6 4	6 2	5 59	5 56	5 53	5 51	5 49	5 47	5 44	5 42	5 41	5 39	5 37	5 35
30	6 4	6 1	5 59	5 56	5 52	5 50	5 48	5 45	5 41	5 40	5 38	5 36	5 34	5 32
31	6 4	6 1	5 58	5 55	5 51	5 49	5 46	5 43	5 39	5 38	5 36	5 34	5 31	5 29
April 1	6 4	6 1	5 57	5 54	5 50	5 47	5 44	5 41	5 37	5 35	5 33	5 31	5 29	5 26
2	6 4	6 0	5 57	5 53	5 48	5 46	5 43	5 39	5 35	5 33	5 31	5 28	5 26	5 23
3	6 4	6 0	5 56	5 52	5 47	5 44	5 41	5 37	5 33	5 31	5 28	5 26	5 23	5 20
4	6 4	6 0	5 56	5 51	5 46	5 43	5 40	5 35	5 31	5 28	5 26	5 23	5 20	5 17
5	6 4	6 0	5 55	5 50	5 45	5 42	5 38	5 34	5 29	5 26	5 23	5 20	5 17	5 14
6	6 4	5 59	5 55	5 50	5 44	5 40	5 36	5 32	5 26	5 24	5 21	5 18	5 15	5 11
7	6 4	5 59	5 54	5 49	5 43	5 39	5 35	5 30	5 24	5 22	5 19	5 15	5 12	5 8
8	6 4	5 59	5 54	5 48	5 41	5 38	5 33	5 28	5 22	5 19	5 16	5 13	5 9	5 5
9	6 4	5 58	5 53	5 47	5 40	5 36	5 32	5 26	5 20	5 17	5 14	5 10	5 6	5 2
10	6 4	5 58	5 52	5 46	5 39	5 35	5 30	5 25	5 18	5 15	5 11	5 8	5 3	4 59
11	6 4	5 58	5 52	5 45	5 38	5 34	5 29	5 23	5 16	5 13	5 9	5 5	5 1	4 56
12	6 4	5 58	5 51	5 45	5 37	5 32	5 27	5 21	5 14	5 10	5 7	5 2	4 58	4 53
13	6 4	5 57	5 51	5 44	5 36	5 31	5 26	5 19	5 12	5 8	5 4	5 0	4 55	4 50
14	6 4	5 57	5 50	5 43	5 35	5 30	5 24	5 17	5 10	5 6	5 2	4 57	4 52	4 47
15	6 4	5 57	5 50	5 42	5 33	5 28	5 23	5 16	5 8	5 4	4 59	4 55	4 50	4 44
16	6 4	5 57	5 49	5 41	5 32	5 27	5 21	5 14	5 5	5 1	4 57	4 52	4 47	4 41
17	6 4	5 56	5 49	5 41	5 31	5 26	5 20	5 12	5 3	4 59	4 55	4 50	4 44	4 38
18	6 4	5 56	5 48	5 40	5 30	5 25	5 18	5 10	5 1	4 57	4 52	4 47	4 42	4 35
19	6 4	5 56	5 48	5 39	5 29	5 23	5 17	5 9	4 59	4 55	4 50	4 45	4 39	4 32
20	6 4	5 56	5 47	5 38	5 28	5 22	5 15	5 7	4 57	4 53	4 48	4 42	4 36	4 29
21	6 4	5 55	5 47	5 38	5 27	5 21	5 14	5 5	4 55	4 51	4 46	4 40	4 34	4 26
22	6 4	5 55	5 46	5 37	5 26	5 20	5 12	5 4	4 54	4 49	4 43	4 37	4 31	4 23
23	6 4	5 55	5 46	5 36	5 25	5 18	5 11	5 2	4 52	4 47	4 41	4 35	4 28	4 20
24	6 4	5 55	5 45	5 36	5 24	5 17	5 10	5 0	4 50	4 44	4 39	4 33	4 26	4 18
25	6 4	5 55	5 45	5 35	5 23	5 16	5 8	4 59	4 48	4 42	4 37	4 30	4 23	4 15
26	6 4	5 54	5 45	5 34	5 22	5 15	5 7	4 57	4 46	4 40	4 34	4 28	4 20	4 12
27	6 4	5 54	5 44	5 34	5 21	5 14	5 6	4 56	4 44	4 38	4 32	4 26	4 18	4 9
28	6 4	5 54	5 44	5 33	5 20	5 13	5 4	4 54	4 42	4 36	4 30	4 23	4 15	4 6
29	6 4	5 54	5 43	5 32	5 19	5 12	5 3	4 53	4 40	4 34	4 28	4 21	4 13	4 4
30	6 4	5 54	5 43	5 32	5 18	5 11	5 2	4 51	4 39	4 32	4 26	4 19	4 10	4 1
Mai 1	6 5	5 54	5 43	5 31	5 17	5 9	5 0	4 50	4 37	4 31	4 24	4 16	4 8	3 58
2	6 5	5 54	5 42	5 30	5 16	5 8	4 59	4 48	4 35	4 29	4 22	4 14	4 5	3 55

Mittlere Ortszeit | Meridian von Greenwich

Tag	Geographische Breite													
	−10°	0°	+10°	+20°	+30°	+35°	+40°	+45°	+50°	+52°	+54°	+56°	+58°	+60°
1956	h m	h m	h m	h m	h m	h m	h m	h m	h m	h m	h m	h m	h m	h m
März 22	18 10	18 10	18 11	18 12	18 13	18 13	18 14	18 15	18 16	18 17	18 17	18 18	18 19	18 19
23	18 9	18 10	18 11	18 12	18 13	18 14	18 15	18 16	18 18	18 18	18 19	18 20	18 21	18 22
24	18 8	18 10	18 11	18 12	18 14	18 15	18 16	18 17	18 19	18 20	18 21	18 22	18 23	18 24
25	18 8	18 9	18 11	18 12	18 15	18 16	18 17	18 19	18 21	18 22	18 23	18 24	18 25	18 27
26	18 7	18 9	18 11	18 13	18 15	18 17	18 18	18 20	18 22	18 23	18 25	18 26	18 27	18 29
27	18 7	18 9	18 11	18 13	18 16	18 17	18 19	18 21	18 24	18 25	18 27	18 28	18 30	18 32
28	18 6	18 8	18 11	18 13	18 16	18 18	18 20	18 23	18 25	18 27	18 28	18 30	18 32	18 34
29	18 6	18 8	18 11	18 13	18 17	18 19	18 21	18 24	18 27	18 29	18 30	18 32	18 34	18 36
30	18 5	18 8	18 11	18 14	18 18	18 20	18 22	18 25	18 29	18 30	18 32	18 34	18 36	18 39
31	18 4	18 7	18 11	18 14	18 18	18 20	18 23	18 26	18 30	18 32	18 34	18 36	18 38	18 41
April 1	18 4	18 7	18 11	18 14	18 19	18 21	18 24	18 28	18 32	18 34	18 36	18 38	18 41	18 44
2	18 3	18 7	18 11	18 15	18 19	18 22	18 25	18 29	18 33	18 35	18 38	18 40	18 43	18 46
3	18 3	18 7	18 11	18 15	18 20	18 23	18 26	18 30	18 35	18 37	18 40	18 42	18 45	18 49
4	18 2	18 6	18 11	18 15	18 21	18 24	18 27	18 32	18 36	18 39	18 41	18 44	18 47	18 51
5	18 2	18 6	18 11	18 15	18 21	18 24	18 28	18 33	18 38	18 41	18 43	18 46	18 50	18 53
6	18 1	18 6	18 11	18 16	18 22	18 25	18 29	18 34	18 40	18 42	18 45	18 48	18 52	18 56
7	18 1	18 5	18 10	18 16	18 22	18 26	18 30	18 35	18 41	18 44	18 47	18 50	18 54	18 58
8	18 0	18 5	18 10	18 16	18 23	18 27	18 31	18 37	18 43	18 46	18 49	18 52	18 56	19 1
9	18 0	18 5	18 10	18 17	18 24	18 28	18 32	18 38	18 44	18 47	18 51	18 54	18 58	19 3
10	17 59	18 5	18 10	18 17	18 24	18 28	18 33	18 39	18 46	18 49	18 53	18 56	19 1	19 6
11	17 59	18 4	18 10	18 17	18 25	18 29	18 34	18 40	18 47	18 51	18 55	18 59	19 3	19 8
12	17 58	18 4	18 11	18 17	18 25	18 30	18 35	18 42	18 49	18 53	18 56	19 1	19 5	19 11
13	17 57	18 4	18 11	18 18	18 26	18 31	18 36	18 43	18 51	18 54	18 58	19 3	19 8	19 13
14	17 57	18 4	18 11	18 18	18 27	18 32	18 37	18 44	18 52	18 56	19 0	19 5	19 10	19 16
15	17 56	18 4	18 11	18 18	18 27	18 32	18 38	18 45	18 54	18 58	19 2	19 7	19 12	19 18
16	17 56	18 3	18 11	18 19	18 28	18 33	18 39	18 47	18 55	18 59	19 4	19 9	19 14	19 21
17	17 55	18 3	18 11	18 19	18 28	18 34	18 40	18 48	18 57	19 1	19 6	19 11	19 17	19 23
18	17 55	18 3	18 11	18 19	18 29	18 35	18 41	18 49	18 58	19 3	19 8	19 13	19 19	19 25
19	17 54	18 3	18 11	18 19	18 30	18 36	18 42	18 50	19 0	19 4	19 9	19 15	19 21	19 28
20	17 54	18 2	18 11	18 20	18 30	18 36	18 43	18 52	19 2	19 6	19 11	19 17	19 23	19 30
21	17 54	18 2	18 11	18 20	18 31	18 37	18 44	18 53	19 3	19 8	19 13	19 19	19 25	19 33
22	17 53	18 2	18 11	18 20	18 32	18 38	18 45	18 54	19 5	19 10	19 15	19 21	19 28	19 35
23	17 53	18 2	18 11	18 21	18 32	18 39	18 46	18 55	19 6	19 11	19 17	19 23	19 30	19 38
24	17 52	18 2	18 11	18 21	18 33	18 40	18 47	18 57	19 8	19 13	19 19	19 25	19 32	19 40
25	17 52	18 1	18 11	18 21	18 33	18 40	18 48	18 58	19 9	19 15	19 21	19 27	19 34	19 43
26	17 51	18 1	18 11	18 22	18 34	18 41	18 49	18 59	19 11	19 16	19 22	19 29	19 37	19 45
27	17 51	18 1	18 11	18 22	18 35	18 42	18 51	19 0	19 12	19 18	19 24	19 31	19 39	19 48
28	17 51	18 1	18 11	18 22	18 35	18 43	18 52	19 2	19 14	19 20	19 26	19 33	19 41	19 50
29	17 50	18 1	18 11	18 23	18 36	18 44	18 53	19 3	19 15	19 21	19 28	19 35	19 43	19 53
30	17 50	18 1	18 11	18 23	18 37	18 44	18 54	19 4	19 17	19 23	19 30	19 37	19 46	19 55
Mai 1	17 50	18 1	18 12	18 24	18 37	18 45	18 55	19 5	19 19	19 25	19 32	19 39	19 48	19 58
2	17 49	18 0	18 12	18 24	18 38	18 46	18 56	19 7	19 20	19 26	19 33	19 41	19 50	20 0

Sonnenaufgang 1956

Mittlere Ortszeit | Meridian von Greenwich

Tag	Geographische Breite													
	−10°	0°	+10°	+20°	+30°	+35°	+40°	+45°	+50°	+52°	+54°	+56°	+58°	+60°
1956	h m	h m	h m	h m	h m	h m	h m	h m	h m	h m	h m	h m	h m	h m
Mai 2	6 5	5 54	5 42	5 30	5 16	5 8	4 59	4 48	4 35	4 29	4 22	4 14	4 5	3 55
3	6 5	5 53	5 42	5 30	5 16	5 7	4 58	4 47	4 33	4 27	4 20	4 12	4 3	3 53
4	6 5	5 53	5 42	5 29	5 15	5 6	4 57	4 45	4 31	4 25	4 18	4 10	4 1	3 50
5	6 5	5 53	5 41	5 29	5 14	5 5	4 55	4 44	4 30	4 23	4 16	4 8	3 58	3 48
6	6 5	5 53	5 41	5 28	5 13	5 4	4 54	4 42	4 28	4 21	4 14	4 5	3 56	3 45
7	6 5	5 53	5 41	5 28	5 12	5 3	4 53	4 41	4 26	4 19	4 12	4 3	3 54	3 42
8	6 5	5 53	5 40	5 27	5 11	5 3	4 52	4 40	4 25	4 18	4 10	4 1	3 51	3 40
9	6 6	5 53	5 40	5 27	5 11	5 2	4 51	4 39	4 23	4 16	4 8	3 59	3 49	3 37
10	6 6	5 53	5 40	5 26	5 10	5 1	4 50	4 37	4 22	4 14	4 6	3 57	3 47	3 35
11	6 6	5 53	5 40	5 26	5 9	5 0	4 49	4 36	4 20	4 13	4 4	3 55	3 44	3 32
12	6 6	5 53	5 40	5 25	5 9	4 59	4 48	4 35	4 19	4 11	4 3	3 53	3 42	3 30
13	6 6	5 53	5 39	5 25	5 8	4 58	4 47	4 34	4 17	4 9	4 1	3 51	3 40	3 27
14	6 6	5 53	5 39	5 24	5 7	4 57	4 46	4 32	4 16	4 8	3 59	3 49	3 38	3 25
15	6 7	5 53	5 39	5 24	5 7	4 57	4 45	4 31	4 14	4 6	3 57	3 47	3 36	3 23
16	6 7	5 53	5 39	5 24	5 6	4 56	4 44	4 30	4 13	4 5	3 56	3 45	3 34	3 20
17	6 7	5 53	5 39	5 23	5 5	4 55	4 43	4 29	4 12	4 3	3 54	3 44	3 32	3 18
18	6 7	5 53	5 38	5 23	5 5	4 54	4 42	4 28	4 10	4 2	3 53	3 42	3 30	3 16
19	6 7	5 53	5 38	5 23	5 4	4 54	4 41	4 27	4 9	4 1	3 51	3 40	3 28	3 13
20	6 8	5 53	5 38	5 22	5 4	4 53	4 41	4 26	4 8	3 59	3 49	3 39	3 26	3 11
21	6 8	5 53	5 38	5 22	5 3	4 52	4 40	4 25	4 6	3 58	3 48	3 37	3 24	3 9
22	6 8	5 53	5 38	5 22	5 3	4 52	4 39	4 24	4 5	3 57	3 47	3 35	3 22	3 7
23	6 8	5 53	5 38	5 21	5 2	4 51	4 38	4 23	4 4	3 55	3 45	3 34	3 21	3 5
24	6 9	5 53	5 38	5 21	5 2	4 51	4 38	4 22	4 3	3 54	3 44	3 32	3 19	3 3
25	6 9	5 53	5 38	5 21	5 2	4 50	4 37	4 21	4 2	3 53	3 43	3 31	3 17	3 1
26	6 9	5 53	5 38	5 21	5 1	4 50	4 36	4 20	4 1	3 52	3 41	3 29	3 16	2 59
27	6 9	5 54	5 38	5 21	5 1	4 49	4 36	4 20	4 0	3 51	3 40	3 28	3 14	2 57
28	6 10	5 54	5 38	5 20	5 0	4 49	4 35	4 19	3 59	3 50	3 39	3 27	3 13	2 56
29	6 10	5 54	5 38	5 20	5 0	4 48	4 35	4 18	3 58	3 49	3 38	3 25	3 11	2 54
30	6 10	5 54	5 38	5 20	5 0	4 48	4 34	4 18	3 57	3 48	3 37	3 24	3 10	2 52
31	6 10	5 54	5 38	5 20	5 0	4 48	4 34	4 17	3 57	3 47	3 36	3 23	3 8	2 51
Juni 1	6 11	5 54	5 38	5 20	4 59	4 47	4 33	4 17	3 56	3 46	3 35	3 22	3 7	2 49
2	6 11	5 54	5 38	5 20	4 59	4 47	4 33	4 16	3 55	3 45	3 34	3 21	3 6	2 48
3	6 11	5 54	5 38	5 20	4 59	4 47	4 32	4 16	3 54	3 44	3 33	3 20	3 5	2 46
4	6 11	5 55	5 38	5 20	4 59	4 46	4 32	4 15	3 54	3 44	3 32	3 19	3 4	2 45
5	6 12	5 55	5 38	5 20	4 59	4 46	4 32	4 15	3 53	3 43	3 31	3 18	3 3	2 44
6	6 12	5 55	5 38	5 20	4 58	4 46	4 31	4 14	3 53	3 42	3 31	3 17	3 2	2 43
7	6 12	5 55	5 38	5 20	4 58	4 46	4 31	4 14	3 52	3 42	3 30	3 17	3 1	2 42
8	6 12	5 55	5 38	5 20	4 58	4 46	4 31	4 14	3 52	3 41	3 30	3 16	3 0	2 41
9	6 13	5 56	5 38	5 20	4 58	4 46	4 31	4 13	3 51	3 41	3 29	3 15	2 59	2 40
10	6 13	5 56	5 39	5 20	4 58	4 45	4 31	4 13	3 51	3 40	3 28	3 15	2 59	2 39
11	6 13	5 56	5 39	5 20	4 58	4 45	4 31	4 13	3 51	3 40	3 28	3 14	2 58	2 38
12	6 13	5 56	5 39	5 20	4 58	4 45	4 30	4 13	3 51	3 40	3 28	3 14	2 57	2 38

Sonnenuntergang 1956

Mittlere Ortszeit

Meridian von Greenwich

Tag	Geographische Breite													
	−10°	0°	+10°	+20°	+30°	+35°	+40°	+45°	+50°	+52°	+54°	+56°	+58°	+60°
1956	h m	h m	h m	h m	h m	h m	h m	h m	h m	h m	h m	h m	h m	h m
Mai 2	17 49	18 0	18 12	18 24	18 38	18 46	18 56	19 7	19 20	19 26	19 33	19 41	19 50	20 0
3	17 49	18 0	18 12	18 24	18 39	18 47	18 57	19 8	19 22	19 28	19 35	19 43	19 52	20 3
4	17 49	18 0	18 12	18 25	18 39	18 48	18 58	19 9	19 23	19 30	19 37	19 45	19 54	20 5
5	17 48	18 0	18 12	18 25	18 40	18 48	18 59	19 10	19 25	19 31	19 39	19 47	19 57	20 8
6	17 48	18 0	18 12	18 25	18 41	18 49	19 0	19 12	19 26	19 33	19 41	19 49	19 59	20 10
7	17 48	18 0	18 12	18 26	18 41	18 50	19 1	19 13	19 28	19 35	19 42	19 51	20 1	20 12
8	17 48	18 0	18 13	18 26	18 42	18 51	19 2	19 14	19 29	19 36	19 44	19 53	20 3	20 15
9	17 47	18 0	18 13	18 27	18 43	18 52	19 3	19 15	19 31	19 38	19 46	19 55	20 5	20 17
10	17 47	18 0	18 13	18 27	18 43	18 53	19 4	19 16	19 32	19 40	19 48	19 57	20 8	20 20
11	17 47	18 0	18 13	18 27	18 44	18 53	19 5	19 18	19 34	19 41	19 50	19 59	20 10	20 22
12	17 47	18 0	18 13	18 28	18 44	18 54	19 5	19 19	19 35	19 43	19 51	20 1	20 12	20 25
13	17 46	18 0	18 13	18 28	18 45	18 55	19 6	19 20	19 36	19 44	19 53	20 3	20 14	20 27
14	17 46	18 0	18 14	18 28	18 46	18 56	19 7	19 21	19 38	19 46	19 55	20 5	20 16	20 29
15	17 46	18 0	18 14	18 29	18 46	18 57	19 8	19 22	19 39	19 47	19 56	20 7	20 18	20 32
16	17 46	18 0	18 14	18 29	18 47	18 57	19 9	19 23	19 41	19 49	19 58	20 8	20 20	20 34
17	17 46	18 0	18 14	18 30	18 48	18 58	19 10	19 24	19 42	19 50	20 0	20 10	20 22	20 36
18	17 46	18 0	18 14	18 30	18 48	18 59	19 11	19 26	19 43	19 52	20 1	20 12	20 24	20 39
19	17 45	18 0	18 15	18 31	18 49	19 0	19 12	19 27	19 45	19 53	20 3	20 14	20 26	20 41
20	17 45	18 0	18 15	18 31	18 50	19 0	19 13	19 28	19 46	19 55	20 5	20 16	20 28	20 43
21	17 45	18 0	18 15	18 31	18 50	19 1	19 14	19 29	19 47	19 56	20 6	20 17	20 30	20 46
22	17 45	18 0	18 15	18 32	18 51	19 2	19 15	19 30	19 49	19 58	20 8	20 19	20 32	20 48
23	17 45	18 0	18 16	18 32	18 51	19 2	19 15	19 31	19 50	19 59	20 9	20 21	20 34	20 50
24	17 45	18 0	18 16	18 33	18 52	19 3	19 16	19 32	19 51	20 0	20 11	20 22	20 36	20 52
25	17 45	18 0	18 16	18 33	18 52	19 4	19 17	19 33	19 52	20 2	20 12	20 24	20 38	20 54
26	17 45	18 1	18 16	18 33	18 53	19 5	19 18	19 34	19 54	20 3	20 14	20 26	20 40	20 56
27	17 45	18 1	18 17	18 34	18 54	19 5	19 19	19 35	19 55	20 4	20 15	20 27	20 41	20 58
28	17 45	18 1	18 17	18 34	18 54	19 6	19 20	19 36	19 56	20 6	20 16	20 29	20 43	21 0
29	17 45	18 1	18 17	18 35	18 55	19 7	19 20	19 37	19 57	20 7	20 18	20 30	20 45	21 2
30	17 45	18 1	18 17	18 35	18 55	19 7	19 21	19 38	19 58	20 8	20 19	20 32	20 46	21 4
31	17 45	18 1	18 18	18 35	18 56	19 8	19 22	19 39	19 59	20 9	20 20	20 33	20 48	21 6
Juni 1	17 45	18 1	18 18	18 36	18 56	19 8	19 23	19 39	20 0	20 10	20 21	20 34	20 49	21 7
2	17 45	18 2	18 18	18 36	18 57	19 9	19 23	19 40	20 1	20 11	20 23	20 36	20 51	21 9
3	17 45	18 2	18 18	18 36	18 57	19 10	19 24	19 41	20 2	20 12	20 24	20 37	20 52	21 11
4	17 45	18 2	18 19	18 37	18 58	19 10	19 25	19 42	20 3	20 13	20 25	20 38	20 54	21 12
5	17 45	18 2	18 19	18 37	18 58	19 11	19 25	19 43	20 4	20 14	20 26	20 39	20 55	21 14
6	17 45	18 2	18 19	18 38	18 59	19 11	19 26	19 43	20 5	20 15	20 27	20 40	20 56	21 15
7	17 45	18 2	18 19	18 38	18 59	19 12	19 27	19 44	20 6	20 16	20 28	20 42	20 57	21 17
8	17 46	18 3	18 20	18 38	19 0	19 12	19 27	19 45	20 6	20 17	20 29	20 43	20 59	21 18
9	17 46	18 3	18 20	18 39	19 0	19 13	19 28	19 45	20 7	20 18	20 30	20 44	21 0	21 19
10	17 46	18 3	18 20	18 39	19 1	19 13	19 28	19 46	20 8	20 19	20 31	20 44	21 1	21 20
11	17 46	18 3	18 21	18 39	19 1	19 14	19 29	19 46	20 9	20 19	20 31	20 45	21 2	21 22
12	17 46	18 3	18 21	18 40	19 1	19 14	19 29	19 47	20 9	20 20	20 32	20 46	21 3	21 23

Sonnenaufgang 1956

Mittlere Ortszeit

Meridian von Greenwich

Tag	Geographische Breite													
	−10°	0°	+10°	+20°	+30°	+35°	+40°	+45°	+50°	+52°	+54°	+56°	+58°	+60°
1956	h m	h m	h m	h m	h m	h m	h m	h m	h m	h m	h m	h m	h m	h m
Juni 12	6 13	5 56	5 39	5 20	4 58	4 45	4 30	4 13	3 51	3 40	3 28	3 14	2 57	2 38
13	6 14	5 56	5 39	5 20	4 58	4 45	4 30	4 13	3 50	3 40	3 27	3 13	2 57	2 37
14	6 14	5 57	5 39	5 20	4 58	4 45	4 30	4 13	3 50	3 39	3 27	3 13	2 57	2 36
15	6 14	5 57	5 39	5 20	4 58	4 45	4 30	4 13	3 50	3 39	3 27	3 13	2 56	2 36
16	6 14	5 57	5 39	5 21	4 59	4 46	4 31	4 13	3 50	3 39	3 27	3 13	2 56	2 36
17	6 15	5 57	5 40	5 21	4 59	4 46	4 31	4 13	3 50	3 39	3 27	3 13	2 56	2 35
18	6 15	5 57	5 40	5 21	4 59	4 46	4 31	4 13	3 50	3 39	3 27	3 13	2 56	2 35
19	6 15	5 58	5 40	5 21	4 59	4 46	4 31	4 13	3 50	3 39	3 27	3 13	2 56	2 35
20	6 15	5 58	5 40	5 21	4 59	4 46	4 31	4 13	3 50	3 39	3 27	3 13	2 56	2 35
21	6 16	5 58	5 41	5 22	4 59	4 46	4 31	4 13	3 51	3 40	3 27	3 13	2 56	2 35
22	6 16	5 58	5 41	5 22	5 0	4 47	4 32	4 13	3 51	3 40	3 28	3 13	2 56	2 36
23	6 16	5 59	5 41	5 22	5 0	4 47	4 32	4 14	3 51	3 40	3 28	3 14	2 57	2 36
24	6 16	5 59	5 41	5 22	5 0	4 47	4 32	4 14	3 51	3 40	3 28	3 14	2 57	2 36
25	6 16	5 59	5 41	5 22	5 0	4 47	4 32	4 14	3 52	3 41	3 29	3 14	2 57	2 37
26	6 17	5 59	5 42	5 23	5 1	4 48	4 33	4 15	3 52	3 41	3 29	3 15	2 58	2 38
27	6 17	5 59	5 42	5 23	5 1	4 48	4 33	4 15	3 52	3 42	3 29	3 15	2 59	2 38
28	6 17	6 0	5 42	5 23	5 1	4 48	4 33	4 15	3 53	3 42	3 30	3 16	2 59	2 39
29	6 17	6 0	5 42	5 23	5 2	4 49	4 34	4 16	3 54	3 43	3 31	3 17	3 0	2 40
30	6 17	6 0	5 43	5 24	5 2	4 49	4 34	4 16	3 54	3 43	3 31	3 17	3 1	2 41
Juli 1	6 17	6 0	5 43	5 24	5 2	4 50	4 35	4 17	3 55	3 44	3 32	3 18	3 2	2 42
2	6 17	6 0	5 43	5 24	5 3	4 50	4 35	4 18	3 56	3 45	3 33	3 19	3 3	2 43
3	6 18	6 1	5 43	5 25	5 3	4 50	4 36	4 18	3 56	3 46	3 34	3 20	3 4	2 44
4	6 18	6 1	5 44	5 25	5 4	4 51	4 36	4 19	3 57	3 46	3 35	3 21	3 5	2 45
5	6 18	6 1	5 44	5 25	5 4	4 51	4 37	4 19	3 58	3 47	3 35	3 22	3 6	2 47
6	6 18	6 1	5 44	5 26	5 4	4 52	4 37	4 20	3 58	3 48	3 36	3 23	3 7	2 48
7	6 18	6 1	5 44	5 26	5 5	4 52	4 38	4 21	3 59	3 49	3 37	3 24	3 8	2 49
8	6 18	6 1	5 45	5 26	5 5	4 53	4 39	4 21	4 0	3 50	3 38	3 25	3 10	2 51
9	6 18	6 1	5 45	5 27	5 6	4 54	4 39	4 22	4 1	3 51	3 39	3 26	3 11	2 53
10	6 18	6 2	5 45	5 27	5 6	4 54	4 40	4 23	4 2	3 52	3 41	3 28	3 12	2 54
11	6 18	6 2	5 45	5 27	5 7	4 55	4 41	4 24	4 3	3 53	3 42	3 29	3 14	2 56
12	6 18	6 2	5 46	5 28	5 7	4 55	4 41	4 25	4 4	3 54	3 43	3 30	3 15	2 58
13	6 18	6 2	5 46	5 28	5 8	4 56	4 42	4 26	4 5	3 55	3 44	3 32	3 17	2 59
14	6 18	6 2	5 46	5 29	5 8	4 56	4 43	4 26	4 6	3 56	3 45	3 33	3 19	3 1
15	6 18	6 2	5 46	5 29	5 9	4 57	4 44	4 27	4 7	3 58	3 47	3 34	3 20	3 3
16	6 18	6 2	5 46	5 29	5 10	4 58	4 44	4 28	4 8	3 59	3 48	3 36	3 22	3 5
17	6 18	6 2	5 47	5 30	5 10	4 58	4 45	4 29	4 9	4 0	3 50	3 37	3 24	3 7
18	6 18	6 3	5 47	5 30	5 11	4 59	4 46	4 30	4 11	4 1	3 51	3 39	3 25	3 9
19	6 18	6 3	5 47	5 30	5 11	5 0	4 47	4 31	4 12	4 3	3 52	3 41	3 27	3 11
20	6 18	6 3	5 47	5 31	5 12	5 0	4 48	4 32	4 13	4 4	3 54	3 42	3 29	3 13
21	6 18	6 3	5 48	5 31	5 12	5 1	4 48	4 33	4 14	4 5	3 55	3 44	3 31	3 15
22	6 18	6 3	5 48	5 32	5 13	5 2	4 49	4 34	4 16	4 7	3 57	3 46	3 33	3 18
23	6 18	6 3	5 48	5 32	5 13	5 3	4 50	4 35	4 17	4 8	3 58	3 47	3 35	3 20

Mittlere Ortszeit — Meridian von Greenwich

Tag	Geographische Breite													
	−10°	0°	+10°	+20°	+30°	+35°	+40°	+45°	+50°	+52°	+54°	+56°	+58°	+60°
1956	h m	h m	h m	h m	h m	h m	h m	h m	h m	h m	h m	h m	h m	h m
Juni 12	17 46	18 3	18 21	18 40	19 1	19 14	19 29	19 47	20 9	20 20	20 32	20 46	21 3	21 23
13	17 46	18 4	18 21	18 40	19 2	19 15	19 30	19 47	20 10	20 21	20 33	20 47	21 3	21 24
14	17 46	18 4	18 21	18 40	19 2	19 15	19 30	19 48	20 10	20 21	20 33	20 48	21 4	21 24
15	17 47	18 4	18 22	18 40	19 2	19 15	19 30	19 48	20 11	20 22	20 34	20 48	21 5	21 25
16	17 47	18 4	18 22	18 41	19 3	19 16	19 31	19 49	20 11	20 22	20 34	20 49	21 5	21 26
17	17 47	18 4	18 22	18 41	19 3	19 16	19 31	19 49	20 12	20 23	20 35	20 49	21 6	21 26
18	17 47	18 5	18 22	18 41	19 3	19 16	19 31	19 49	20 12	20 23	20 35	20 50	21 6	21 27
19	17 47	18 5	18 22	18 41	19 3	19 17	19 32	19 50	20 12	20 23	20 36	20 50	21 7	21 27
20	17 48	18 5	18 23	18 42	19 4	19 17	19 32	19 50	20 13	20 24	20 36	20 50	21 7	21 28
21	17 48	18 5	18 23	18 42	19 4	19 17	19 32	19 50	20 13	20 24	20 36	20 50	21 7	21 28
22	17 48	18 6	18 23	18 42	19 4	19 17	19 32	19 50	20 13	20 24	20 36	20 51	21 7	21 28
23	17 48	18 6	18 23	18 42	19 4	19 17	19 33	19 51	20 13	20 24	20 36	20 51	21 7	21 28
24	17 48	18 6	18 24	18 42	19 5	19 18	19 33	19 51	20 13	20 24	20 36	20 51	21 7	21 28
25	17 49	18 6	18 24	18 43	19 5	19 18	19 33	19 51	20 13	20 24	20 36	20 51	21 7	21 28
26	17 49	18 6	18 24	18 43	19 5	19 18	19 33	19 51	20 13	20 24	20 36	20 50	21 7	21 28
27	17 49	18 7	18 24	18 43	19 5	19 18	19 33	19 51	20 13	20 24	20 36	20 50	21 7	21 27
28	17 49	18 7	18 24	18 43	19 5	19 18	19 33	19 51	20 13	20 24	20 36	20 50	21 7	21 27
29	17 50	18 7	18 24	18 43	19 5	19 18	19 33	19 51	20 13	20 24	20 36	20 50	21 6	21 26
30	17 50	18 7	18 25	18 43	19 5	19 18	19 33	19 51	20 13	20 23	20 35	20 49	21 6	21 26
Juli 1	17 50	18 7	18 25	18 43	19 5	19 18	19 33	19 50	20 12	20 23	20 35	20 49	21 5	21 25
2	17 50	18 8	18 25	18 43	19 5	19 18	19 33	19 50	20 12	20 23	20 35	20 48	21 5	21 24
3	17 51	18 8	18 25	18 43	19 5	19 18	19 32	19 50	20 12	20 22	20 34	20 48	21 4	21 23
4	17 51	18 8	18 25	18 43	19 5	19 18	19 32	19 50	20 11	20 22	20 34	20 47	21 3	21 22
5	17 51	18 8	18 25	18 43	19 5	19 17	19 32	19 49	20 11	20 21	20 33	20 47	21 2	21 21
6	17 51	18 8	18 25	18 43	19 5	19 17	19 32	19 49	20 10	20 21	20 32	20 46	21 1	21 20
7	17 52	18 8	18 25	18 43	19 5	19 17	19 31	19 48	20 10	20 20	20 32	20 45	21 0	21 19
8	17 52	18 9	18 25	18 43	19 4	19 17	19 31	19 48	20 9	20 19	20 31	20 44	20 59	21 18
9	17 52	18 9	18 25	18 43	19 4	19 16	19 31	19 47	20 9	20 19	20 30	20 43	20 58	21 17
10	17 52	18 9	18 25	18 43	19 4	19 16	19 30	19 47	20 8	20 18	20 29	20 42	20 57	21 16
11	17 53	18 9	18 25	18 43	19 4	19 16	19 30	19 46	20 7	20 17	20 28	20 41	20 56	21 14
12	17 53	18 9	18 26	18 43	19 3	19 16	19 29	19 46	20 6	20 16	20 27	20 40	20 55	21 12
13	17 53	18 9	18 26	18 43	19 3	19 15	19 29	19 45	20 6	20 15	20 26	20 39	20 53	21 11
14	17 53	18 9	18 26	18 43	19 3	19 15	19 28	19 45	20 5	20 14	20 25	20 38	20 52	21 9
15	17 54	18 9	18 25	18 43	19 2	19 14	19 28	19 44	20 4	20 13	20 24	20 36	20 50	21 7
16	17 54	18 10	18 25	18 42	19 2	19 14	19 27	19 43	20 3	20 12	20 23	20 35	20 49	21 5
17	17 54	18 10	18 25	18 42	19 2	19 13	19 27	19 42	20 2	20 11	20 22	20 34	20 47	21 4
18	17 54	18 10	18 25	18 42	19 1	19 13	19 26	19 42	20 1	20 10	20 20	20 32	20 46	21 2
19	17 54	18 10	18 25	18 42	19 1	19 12	19 25	19 41	20 0	20 9	20 19	20 31	20 44	21 0
20	17 55	18 10	18 25	18 42	19 1	19 12	19 25	19 40	19 59	20 8	20 18	20 29	20 42	20 58
21	17 55	18 10	18 25	18 41	19 0	19 11	19 24	19 39	19 58	20 6	20 16	20 28	20 41	20 56
22	17 55	18 10	18 25	18 41	19 0	19 11	19 23	19 38	19 56	20 5	20 15	20 26	20 39	20 54
23	17 55	18 10	18 25	18 41	18 59	19 10	19 22	19 37	19 55	20 4	20 13	20 24	20 37	20 52

Sonnenaufgang 1956

Mittlere Ortszeit | Meridian von Greenwich

Tag	Geographische Breite													
	−10°	0°	+10°	+20°	+30°	+35°	+40°	+45°	+50°	+52°	+54°	+56°	+58°	+60°
1956	h m	h m	h m	h m	h m	h m	h m	h m	h m	h m	h m	h m	h m	h m
Juli 23	6 18	6 3	5 48	5 32	5 13	5 3	4 50	4 35	4 17	4 8	3 58	3 47	3 35	3 20
24	6 17	6 3	5 48	5 32	5 14	5 3	4 51	4 36	4 18	4 10	4 0	3 49	3 37	3 22
25	6 17	6 3	5 48	5 33	5 15	5 4	4 52	4 37	4 19	4 11	4 2	3 51	3 39	3 24
26	6 17	6 3	5 49	5 33	5 15	5 5	4 53	4 38	4 21	4 12	4 3	3 53	3 41	3 26
27	6 17	6 3	5 49	5 33	5 16	5 6	4 54	4 39	4 22	4 14	4 5	3 54	3 43	3 29
28	6 17	6 3	5 49	5 34	5 16	5 6	4 54	4 41	4 24	4 15	4 6	3 56	3 45	3 31
29	6 17	6 3	5 49	5 34	5 17	5 7	4 55	4 42	4 25	4 17	4 8	3 58	3 47	3 33
30	6 16	6 3	5 49	5 35	5 18	5 8	4 56	4 43	4 26	4 18	4 10	4 0	3 49	3 36
31	6 16	6 3	5 49	5 35	5 18	5 8	4 57	4 44	4 28	4 20	4 11	4 2	3 51	3 38
Aug. 1	6 16	6 3	5 50	5 35	5 19	5 9	4 58	4 45	4 29	4 21	4 13	4 3	3 53	3 40
2	6 16	6 3	5 50	5 36	5 19	5 10	4 59	4 46	4 30	4 23	4 15	4 5	3 55	3 43
3	6 15	6 3	5 50	5 36	5 20	5 11	5 0	4 47	4 32	4 25	4 16	4 7	3 57	3 45
4	6 15	6 2	5 50	5 36	5 21	5 11	5 1	4 48	4 33	4 26	4 18	4 9	3 59	3 47
5	6 15	6 2	5 50	5 37	5 21	5 12	5 2	4 50	4 35	4 28	4 20	4 11	4 1	3 50
6	6 15	6 2	5 50	5 37	5 22	5 13	5 3	4 51	4 36	4 29	4 22	4 13	4 3	3 52
7	6 14	6 2	5 50	5 37	5 22	5 14	5 4	4 52	4 38	4 31	4 23	4 15	4 5	3 55
8	6 14	6 2	5 50	5 38	5 23	5 15	5 5	4 53	4 39	4 32	4 25	4 17	4 8	3 57
9	6 13	6 2	5 51	5 38	5 24	5 15	5 6	4 54	4 40	4 34	4 27	4 19	4 10	3 59
10	6 13	6 2	5 51	5 38	5 24	5 16	5 7	4 55	4 42	4 36	4 29	4 21	4 12	4 2
11	6 13	6 2	5 51	5 39	5 25	5 17	5 7	4 57	4 43	4 37	4 30	4 23	4 14	4 4
12	6 12	6 2	5 51	5 39	5 25	5 18	5 8	4 58	4 45	4 39	4 32	4 25	4 16	4 6
13	6 12	6 1	5 51	5 39	5 26	5 18	5 9	4 59	4 46	4 40	4 34	4 27	4 18	4 9
14	6 11	6 1	5 51	5 40	5 27	5 19	5 10	5 0	4 48	4 42	4 36	4 29	4 21	4 11
15	6 11	6 1	5 51	5 40	5 27	5 20	5 11	5 1	4 49	4 44	4 37	4 31	4 23	4 14
16	6 11	6 1	5 51	5 40	5 28	5 21	5 12	5 3	4 51	4 45	4 39	4 32	4 25	4 16
17	6 10	6 1	5 51	5 41	5 28	5 21	5 13	5 4	4 52	4 47	4 41	4 34	4 27	4 19
18	6 10	6 0	5 51	5 41	5 29	5 22	5 14	5 5	4 54	4 49	4 43	4 36	4 29	4 21
19	6 9	6 0	5 51	5 41	5 30	5 23	5 15	5 6	4 55	4 50	4 45	4 38	4 31	4 23
20	6 9	6 0	5 51	5 41	5 30	5 24	5 16	5 7	4 57	4 52	4 46	4 40	4 34	4 26
21	6 8	6 0	5 51	5 42	5 31	5 24	5 17	5 9	4 58	4 54	4 48	4 42	4 36	4 28
22	6 8	5 59	5 51	5 42	5 31	5 25	5 18	5 10	5 0	4 55	4 50	4 44	4 38	4 31
23	6 7	5 59	5 51	5 42	5 32	5 26	5 19	5 11	5 1	4 57	4 52	4 46	4 40	4 33
24	6 7	5 59	5 51	5 42	5 32	5 27	5 20	5 12	5 3	4 58	4 54	4 48	4 42	4 35
25	6 6	5 59	5 51	5 43	5 33	5 27	5 21	5 13	5 4	5 0	4 55	4 50	4 44	4 38
26	6 6	5 58	5 51	5 43	5 33	5 28	5 22	5 15	5 6	5 2	4 57	4 52	4 46	4 40
27	6 5	5 58	5 51	5 43	5 34	5 29	5 23	5 16	5 7	5 3	4 59	4 54	4 49	4 43
28	6 5	5 58	5 51	5 43	5 35	5 30	5 24	5 17	5 9	5 5	5 1	4 56	4 51	4 45
29	6 4	5 58	5 51	5 44	5 35	5 30	5 25	5 18	5 10	5 6	5 3	4 58	4 53	4 47
30	6 4	5 57	5 51	5 44	5 36	5 31	5 26	5 19	5 12	5 8	5 4	5 0	4 55	4 50
31	6 3	5 57	5 51	5 44	5 36	5 32	5 27	5 21	5 13	5 10	5 6	5 2	4 57	4 52
Sept. 1	6 3	5 57	5 51	5 44	5 37	5 32	5 27	5 22	5 15	5 11	5 8	5 4	5 0	4 55
2	6 2	5 56	5 51	5 45	5 37	5 33	5 28	5 23	5 16	5 13	5 10	5 6	5 2	4 57

Sonnenuntergang 1956

Mittlere Ortszeit | Meridian von Greenwich

Tag	Geographische Breite													
	−10°	0°	+10°	+20°	+30°	+35°	+40°	+45°	+50°	+52°	+54°	+56°	+58°	+60°
1956	h m	h m	h m	h m	h m	h m	h m	h m	h m	h m	h m	h m	h m	h m
Juli 23	17 55	18 10	18 25	18 41	18 59	19 10	19 22	19 37	19 55	20 4	20 13	20 24	20 37	20 52
24	17 56	18 10	18 25	18 40	18 59	19 9	19 21	19 36	19 54	20 2	20 12	20 23	20 35	20 49
25	17 56	18 10	18 24	18 40	18 58	19 8	19 21	19 35	19 53	20 1	20 10	20 21	20 33	20 47
26	17 56	18 10	18 24	18 40	18 57	19 8	19 20	19 34	19 51	19 59	20 9	20 19	20 31	20 45
27	17 56	18 10	18 24	18 39	18 57	19 7	19 19	19 33	19 50	19 58	20 7	20 17	20 29	20 43
28	17 56	18 10	18 24	18 39	18 56	19 6	19 18	19 32	19 49	19 56	20 5	20 16	20 27	20 40
29	17 56	18 10	18 24	18 38	18 55	19 5	19 17	19 31	19 47	19 55	20 4	20 14	20 25	20 38
30	17 56	18 10	18 23	18 38	18 55	19 5	19 16	19 29	19 46	19 53	20 2	20 12	20 23	20 35
31	17 57	18 10	18 23	18 37	18 54	19 4	19 15	19 28	19 44	19 52	20 0	20 10	20 21	20 33
Aug. 1	17 57	18 10	18 23	18 37	18 53	19 3	19 14	19 27	19 43	19 50	19 58	20 8	20 18	20 31
2	17 57	18 10	18 22	18 36	18 53	19 2	19 13	19 25	19 41	19 48	19 57	20 6	20 16	20 28
3	17 57	18 10	18 22	18 36	18 52	19 1	19 12	19 24	19 39	19 47	19 55	20 4	20 14	20 26
4	17 57	18 9	18 22	18 35	18 51	19 0	19 11	19 23	19 38	19 45	19 53	20 2	20 12	20 23
5	17 57	18 9	18 22	18 35	18 50	18 59	19 10	19 21	19 36	19 43	19 51	19 59	20 9	20 20
6	17 57	18 9	18 21	18 34	18 50	18 58	19 8	19 20	19 35	19 41	19 49	19 57	20 7	20 18
7	17 57	18 9	18 21	18 34	18 49	18 57	19 7	19 19	19 33	19 40	19 47	19 55	20 5	20 15
8	17 57	18 9	18 21	18 33	18 48	18 56	19 6	19 17	19 31	19 38	19 45	19 53	20 2	20 13
9	17 58	18 9	18 20	18 33	18 47	18 55	19 5	19 16	19 29	19 36	19 43	19 51	20 0	20 10
10	17 58	18 9	18 20	18 32	18 46	18 54	19 3	19 14	19 28	19 34	19 41	19 49	19 57	20 7
11	17 58	18 9	18 19	18 31	18 45	18 53	19 2	19 13	19 26	19 32	19 39	19 46	19 55	20 4
12	17 58	18 8	18 19	18 31	18 44	18 52	19 1	19 11	19 24	19 30	19 36	19 44	19 52	20 2
13	17 58	18 8	18 19	18 30	18 43	18 51	18 59	19 10	19 22	19 28	19 34	19 42	19 50	19 59
14	17 58	18 8	18 18	18 29	18 42	18 50	18 58	19 8	19 20	19 26	19 32	19 39	19 47	19 56
15	17 58	18 8	18 18	18 29	18 41	18 48	18 57	19 7	19 19	19 24	19 30	19 37	19 45	19 53
16	17 58	18 8	18 17	18 28	18 40	18 47	18 55	19 5	19 17	19 22	19 28	19 35	19 42	19 51
17	17 58	18 7	18 17	18 27	18 39	18 46	18 54	19 3	19 15	19 20	19 26	19 32	19 40	19 48
18	17 58	18 7	18 17	18 27	18 38	18 45	18 53	19 2	19 13	19 18	19 24	19 30	19 37	19 45
19	17 58	18 7	18 16	18 26	18 37	18 44	18 51	19 0	19 11	19 16	19 21	19 27	19 34	19 42
20	17 58	18 7	18 16	18 25	18 36	18 42	18 50	18 58	19 9	19 14	19 19	19 25	19 32	19 39
21	17 58	18 6	18 15	18 24	18 35	18 41	18 48	18 57	19 7	19 12	19 17	19 22	19 29	19 36
22	17 58	18 6	18 15	18 24	18 34	18 40	18 47	18 55	19 5	19 9	19 14	19 20	19 26	19 33
23	17 58	18 6	18 14	18 23	18 33	18 39	18 45	18 53	19 3	19 7	19 12	19 17	19 24	19 30
24	17 58	18 6	18 14	18 22	18 32	18 37	18 44	18 52	19 1	19 5	19 10	19 15	19 21	19 28
25	17 58	18 5	18 13	18 21	18 31	18 36	18 42	18 50	18 59	19 3	19 7	19 13	19 18	19 25
26	17 58	18 5	18 12	18 20	18 30	18 35	18 41	18 48	18 57	19 1	19 5	19 10	19 16	19 22
27	17 58	18 5	18 12	18 20	18 28	18 33	18 39	18 46	18 55	18 59	19 3	19 8	19 13	19 19
28	17 58	18 4	18 11	18 19	18 27	18 32	18 38	18 45	18 53	18 56	19 0	19 5	19 10	19 16
29	17 58	18 4	18 11	18 18	18 26	18 31	18 36	18 43	18 50	18 54	18 58	19 2	19 7	19 13
30	17 58	18 4	18 10	18 17	18 25	18 29	18 35	18 41	18 48	18 52	18 56	19 0	19 4	19 10
31	17 58	18 4	18 10	18 16	18 24	18 28	18 33	18 39	18 46	18 50	18 53	18 57	19 2	19 7
Sept. 1	17 58	18 3	18 9	18 15	18 23	18 27	18 32	18 37	18 44	18 47	18 51	18 55	18 59	19 4
2	17 57	18 3	18 8	18 14	18 21	18 25	18 30	18 36	18 42	18 45	18 48	18 52	18 56	19 1

Sonnenaufgang 1956

Mittlere Ortszeit

Meridian von Greenwich

Tag	Geographische Breite													
	−10°	0°	+10°	+20°	+30°	+35°	+40°	+45°	+50°	+52°	+54°	+56°	+58°	+60°
1956	h m	h m	h m	h m	h m	h m	h m	h m	h m	h m	h m	h m	h m	h m
Sept. 2	6 2	5 56	5 51	5 45	5 37	5 33	5 28	5 23	5 16	5 13	5 10	5 6	5 2	4 57
3	6 1	5 56	5 51	5 45	5 38	5 34	5 29	5 24	5 18	5 15	5 11	5 8	5 4	4 59
4	6 1	5 56	5 51	5 45	5 38	5 35	5 30	5 25	5 19	5 16	5 13	5 10	5 6	5 2
5	6 0	5 55	5 51	5 45	5 39	5 35	5 31	5 27	5 21	5 18	5 15	5 12	5 8	5 4
6	6 0	5 55	5 50	5 46	5 40	5 36	5 32	5 28	5 22	5 20	5 17	5 14	5 10	5 6
7	5 59	5 55	5 50	5 46	5 40	5 37	5 33	5 29	5 24	5 21	5 19	5 16	5 12	5 9
8	5 58	5 54	5 50	5 46	5 41	5 38	5 34	5 30	5 25	5 23	5 20	5 18	5 15	5 11
9	5 58	5 54	5 50	5 46	5 41	5 38	5 35	5 31	5 27	5 25	5 22	5 20	5 17	5 13
10	5 57	5 54	5 50	5 46	5 42	5 39	5 36	5 32	5 28	5 26	5 24	5 22	5 19	5 16
11	5 57	5 53	5 50	5 47	5 42	5 40	5 37	5 34	5 30	5 28	5 26	5 24	5 21	5 19
12	5 56	5 53	5 50	5 47	5 43	5 41	5 38	5 35	5 31	5 29	5 28	5 25	5 23	5 21
13	5 55	5 53	5 50	5 47	5 43	5 41	5 39	5 36	5 33	5 31	5 29	5 27	5 25	5 23
14	5 55	5 52	5 50	5 47	5 44	5 42	5 40	5 37	5 34	5 33	5 31	5 29	5 27	5 25
15	5 54	5 52	5 50	5 47	5 45	5 43	5 41	5 38	5 36	5 34	5 33	5 31	5 30	5 28
16	5 53	5 52	5 50	5 48	5 45	5 43	5 42	5 40	5 37	5 36	5 35	5 33	5 32	5 30
17	5 53	5 51	5 50	5 48	5 46	5 44	5 43	5 41	5 39	5 38	5 36	5 35	5 34	5 32
18	5 52	5 51	5 50	5 48	5 46	5 45	5 44	5 42	5 40	5 39	5 38	5 37	5 36	5 35
19	5 52	5 51	5 49	5 48	5 47	5 46	5 45	5 43	5 42	5 41	5 40	5 39	5 38	5 37
20	5 51	5 50	5 49	5 48	5 47	5 46	5 46	5 44	5 43	5 43	5 42	5 41	5 40	5 39
21	5 50	5 50	5 49	5 49	5 48	5 47	5 46	5 46	5 45	5 44	5 44	5 43	5 42	5 42
22	5 50	5 50	5 49	5 49	5 48	5 48	5 47	5 47	5 46	5 46	5 45	5 45	5 44	5 44
23	5 49	5 49	5 49	5 49	5 49	5 49	5 48	5 48	5 48	5 47	5 47	5 47	5 47	5 46
24	5 48	5 49	5 49	5 49	5 49	5 49	5 49	5 49	5 49	5 49	5 49	5 49	5 49	5 49
25	5 48	5 48	5 49	5 50	5 50	5 50	5 50	5 50	5 51	5 51	5 51	5 51	5 51	5 51
26	5 47	5 48	5 49	5 50	5 50	5 51	5 51	5 52	5 52	5 52	5 53	5 53	5 53	5 53
27	5 47	5 48	5 49	5 50	5 51	5 52	5 52	5 53	5 54	5 54	5 54	5 55	5 55	5 56
28	5 46	5 47	5 49	5 50	5 51	5 52	5 53	5 54	5 55	5 56	5 56	5 57	5 57	5 58
29	5 45	5 47	5 49	5 50	5 52	5 53	5 54	5 55	5 57	5 57	5 58	5 59	6 0	6 0
30	5 45	5 47	5 49	5 51	5 53	5 54	5 55	5 57	5 58	5 59	6 0	6 1	6 2	6 3
Okt. 1	5 44	5 46	5 49	5 51	5 53	5 55	5 56	5 58	6 0	6 1	6 2	6 3	6 4	6 5
2	5 44	5 46	5 49	5 51	5 54	5 55	5 57	5 59	6 1	6 2	6 3	6 5	6 6	6 8
3	5 43	5 46	5 49	5 51	5 54	5 56	5 58	6 0	6 3	6 4	6 5	6 7	6 8	6 10
4	5 42	5 46	5 48	5 52	5 55	5 57	5 59	6 2	6 4	6 6	6 7	6 9	6 10	6 12
5	5 42	5 45	5 48	5 52	5 56	5 58	6 0	6 3	6 6	6 7	6 9	6 11	6 13	6 15
6	5 41	5 45	5 48	5 52	5 56	5 59	6 1	6 4	6 7	6 9	6 11	6 13	6 15	6 17
7	5 41	5 45	5 48	5 52	5 57	5 59	6 2	6 5	6 9	6 11	6 13	6 15	6 17	6 20
8	5 40	5 44	5 48	5 53	5 58	6 0	6 3	6 7	6 11	6 13	6 15	6 17	6 19	6 22
9	5 40	5 44	5 49	5 53	5 58	6 1	6 4	6 8	6 12	6 14	6 16	6 19	6 22	6 25
10	5 39	5 44	5 49	5 53	5 59	6 2	6 5	6 9	6 14	6 16	6 18	6 21	6 24	6 27
11	5 38	5 43	5 49	5 54	5 59	6 3	6 6	6 10	6 15	6 18	6 20	6 23	6 26	6 29
12	5 38	5 43	5 49	5 54	6 0	6 3	6 7	6 12	6 17	6 19	6 22	6 25	6 28	6 32
13	5 37	5 43	5 49	5 54	6 1	6 4	6 8	6 13	6 19	6 21	6 24	6 27	6 30	6 34

Sonnenuntergang 1956

Mittlere Ortszeit — Meridian von Greenwich

Tag	Geographische Breite													
	−10°	0°	+10°	+20°	+30°	+35°	+40°	+45°	+50°	+52°	+54°	+56°	+58°	+60°
1956	h m	h m	h m	h m	h m	h m	h m	h m	h m	h m	h m	h m	h m	h m
Sept. 2	17 57	18 3	18 8	18 14	18 21	18 25	18 30	18 36	18 42	18 45	18 48	18 52	18 56	19 1
3	17 57	18 3	18 8	18 14	18 20	18 24	18 29	18 34	18 40	18 43	18 46	18 49	18 53	18 58
4	17 57	18 2	18 7	18 13	18 19	18 23	18 27	18 32	18 38	18 41	18 44	18 47	18 51	18 55
5	17 57	18 2	18 7	18 12	18 18	18 21	18 25	18 30	18 36	18 38	18 41	18 44	18 48	18 52
6	17 57	18 2	18 6	18 11	18 17	18 20	18 24	18 28	18 34	18 36	18 39	18 42	18 45	18 49
7	17 57	18 1	18 5	18 10	18 15	18 19	18 22	18 26	18 31	18 34	18 36	18 39	18 42	18 46
8	17 57	18 1	18 5	18 9	18 14	18 17	18 21	18 24	18 29	18 31	18 34	18 36	18 39	18 43
9	17 57	18 1	18 4	18 8	18 13	18 16	18 19	18 23	18 27	18 29	18 31	18 34	18 37	18 40
10	17 57	18 0	18 4	18 7	18 12	18 14	18 17	18 21	18 25	18 27	18 29	18 31	18 34	18 37
11	17 57	18 0	18 3	18 7	18 11	18 13	18 16	18 19	18 23	18 24	18 26	18 29	18 31	18 34
12	17 57	17 59	18 2	18 6	18 9	18 11	18 14	18 17	18 20	18 22	18 24	18 26	18 28	18 31
13	17 57	17 59	18 2	18 5	18 8	18 10	18 12	18 15	18 18	18 20	18 21	18 23	18 25	18 28
14	17 57	17 59	18 1	18 4	18 7	18 9	18 11	18 13	18 16	18 17	18 19	18 21	18 22	18 25
15	17 57	17 58	18 0	18 3	18 6	18 7	18 9	18 11	18 14	18 15	18 16	18 18	18 20	18 22
16	17 56	17 58	18 0	18 2	18 4	18 6	18 7	18 9	18 12	18 13	18 14	18 15	18 17	18 18
17	17 56	17 58	17 59	18 1	18 3	18 4	18 6	18 7	18 9	18 10	18 11	18 13	18 14	18 15
18	17 56	17 57	17 59	18 0	18 2	18 3	18 4	18 5	18 7	18 8	18 9	18 10	18 11	18 12
19	17 56	17 57	17 58	17 59	18 1	18 1	18 2	18 4	18 5	18 6	18 6	18 7	18 8	18 9
20	17 56	17 57	17 57	17 58	17 59	18 0	18 1	18 2	18 3	18 3	18 4	18 5	18 5	18 6
21	17 56	17 56	17 57	17 57	17 58	17 58	17 59	18 0	18 1	18 1	18 1	18 2	18 3	18 3
22	17 56	17 56	17 56	17 56	17 57	17 57	17 57	17 58	17 58	17 59	17 59	17 59	18 0	18 0
23	17 56	17 56	17 55	17 55	17 56	17 56	17 56	17 56	17 56	17 56	17 56	17 57	17 57	17 57
24	17 56	17 55	17 55	17 55	17 54	17 54	17 54	17 54	17 54	17 54	17 54	17 54	17 54	17 54
25	17 56	17 55	17 54	17 54	17 53	17 53	17 52	17 52	17 52	17 52	17 52	17 51	17 51	17 51
26	17 56	17 55	17 54	17 53	17 52	17 51	17 51	17 50	17 50	17 49	17 49	17 49	17 48	17 48
27	17 56	17 54	17 53	17 52	17 51	17 50	17 49	17 48	17 47	17 47	17 47	17 46	17 46	17 45
28	17 56	17 54	17 52	17 51	17 49	17 48	17 48	17 46	17 45	17 45	17 44	17 43	17 43	17 42
29	17 55	17 54	17 52	17 50	17 48	17 47	17 46	17 45	17 43	17 42	17 42	17 41	17 40	17 39
30	17 55	17 53	17 51	17 49	17 47	17 46	17 44	17 43	17 41	17 40	17 39	17 38	17 37	17 36
Okt. 1	17 55	17 53	17 51	17 48	17 46	17 44	17 43	17 41	17 39	17 38	17 37	17 36	17 34	17 33
2	17 55	17 53	17 50	17 47	17 44	17 43	17 41	17 39	17 36	17 35	17 34	17 33	17 31	17 30
3	17 55	17 52	17 49	17 46	17 43	17 41	17 39	17 37	17 34	17 33	17 32	17 30	17 29	17 27
4	17 55	17 52	17 49	17 46	17 42	17 40	17 38	17 35	17 32	17 31	17 29	17 28	17 26	17 24
5	17 55	17 52	17 48	17 45	17 41	17 39	17 36	17 33	17 30	17 29	17 27	17 25	17 23	17 21
6	17 55	17 51	17 48	17 44	17 40	17 37	17 35	17 32	17 28	17 26	17 24	17 22	17 20	17 18
7	17 55	17 51	17 47	17 43	17 38	17 36	17 33	17 30	17 26	17 24	17 22	17 20	17 18	17 15
8	17 55	17 51	17 47	17 42	17 37	17 35	17 31	17 28	17 24	17 22	17 20	17 17	17 15	17 12
9	17 55	17 51	17 46	17 41	17 36	17 33	17 30	17 26	17 22	17 20	17 17	17 15	17 12	17 9
10	17 55	17 50	17 46	17 41	17 35	17 32	17 28	17 24	17 19	17 17	17 15	17 12	17 9	17 6
11	17 55	17 50	17 45	17 40	17 34	17 31	17 27	17 23	17 17	17 15	17 12	17 10	17 7	17 3
12	17 55	17 50	17 45	17 39	17 33	17 29	17 25	17 21	17 15	17 13	17 10	17 7	17 4	17 0
13	17 55	17 50	17 44	17 38	17 32	17 28	17 24	17 19	17 13	17 11	17 8	17 5	17 1	16 57

Sonnenaufgang 1956

Mittlere Ortszeit | Meridian von Greenwich

Tag	Geographische Breite													
	−10°	0°	+10°	+20°	+30°	+35°	+40°	+45°	+50°	+52°	+54°	+56°	+58°	+60°
1956	h m	h m	h m	h m	h m	h m	h m	h m	h m	h m	h m	h m	h m	h m
Okt. 13	5 37	5 43	5 49	5 54	6 1	6 4	6 8	6 13	6 19	6 21	6 24	6 27	6 30	6 34
14	5 37	5 43	5 49	5 55	6 1	6 5	6 9	6 14	6 20	6 23	6 26	6 29	6 33	6 37
15	5 36	5 42	5 49	5 55	6 2	6 6	6 10	6 16	6 22	6 25	6 28	6 31	6 35	6 39
16	5 36	5 42	5 49	5 55	6 2	6 7	6 11	6 17	6 23	6 26	6 30	6 33	6 37	6 42
17	5 36	5 42	5 49	5 56	6 3	6 8	6 12	6 18	6 25	6 28	6 32	6 35	6 39	6 44
18	5 35	5 42	5 49	5 56	6 4	6 8	6 14	6 20	6 27	6 30	6 33	6 37	6 42	6 47
19	5 35	5 42	5 49	5 56	6 4	6 9	6 15	6 21	6 28	6 32	6 35	6 39	6 44	6 49
20	5 34	5 42	5 49	5 57	6 5	6 10	6 16	6 22	6 30	6 33	6 37	6 42	6 46	6 52
21	5 34	5 41	5 49	5 57	6 6	6 11	6 17	6 24	6 32	6 35	6 39	6 44	6 49	6 54
22	5 33	5 41	5 49	5 57	6 7	6 12	6 18	6 25	6 33	6 37	6 41	6 46	6 51	6 57
23	5 33	5 41	5 49	5 58	6 7	6 13	6 19	6 26	6 35	6 39	6 43	6 48	6 53	6 59
24	5 33	5 41	5 49	5 58	6 8	6 14	6 20	6 28	6 36	6 40	6 45	6 50	6 56	7 2
25	5 32	5 41	5 49	5 58	6 9	6 15	6 21	6 29	6 38	6 42	6 47	6 52	6 58	7 4
26	5 32	5 41	5 50	5 59	6 9	6 15	6 22	6 30	6 40	6 44	6 49	6 54	7 0	7 7
27	5 31	5 41	5 50	5 59	6 10	6 16	6 23	6 32	6 41	6 46	6 51	6 56	7 2	7 9
28	5 31	5 41	5 50	6 0	6 11	6 17	6 25	6 33	6 43	6 48	6 53	6 58	7 5	7 12
29	5 31	5 40	5 50	6 0	6 12	6 18	6 26	6 34	6 45	6 49	6 55	7 1	7 7	7 14
30	5 30	5 40	5 50	6 1	6 12	6 19	6 27	6 36	6 46	6 51	6 57	7 3	7 10	7 17
31	5 30	5 40	5 50	6 1	6 13	6 20	6 28	6 37	6 48	6 53	6 59	7 5	7 12	7 20
Nov. 1	5 30	5 40	5 51	6 2	6 14	6 21	6 29	6 38	6 50	6 55	7 1	7 7	7 14	7 22
2	5 30	5 40	5 51	6 2	6 15	6 22	6 30	6 40	6 51	6 57	7 3	7 9	7 16	7 25
3	5 29	5 40	5 51	6 3	6 15	6 23	6 31	6 41	6 53	6 58	7 4	7 11	7 19	7 27
4	5 29	5 40	5 51	6 3	6 16	6 24	6 32	6 43	6 55	7 0	7 6	7 13	7 21	7 30
5	5 29	5 40	5 52	6 4	6 17	6 25	6 34	6 44	6 56	7 2	7 8	7 15	7 23	7 32
6	5 29	5 40	5 52	6 4	6 18	6 26	6 35	6 45	6 58	7 4	7 10	7 18	7 26	7 35
7	5 28	5 40	5 52	6 5	6 19	6 27	6 36	6 47	7 0	7 6	7 12	7 20	7 28	7 38
8	5 28	5 40	5 52	6 5	6 19	6 28	6 37	6 48	7 1	7 7	7 14	7 22	7 30	7 40
9	5 28	5 40	5 53	6 6	6 20	6 29	6 38	6 49	7 3	7 9	7 16	7 24	7 33	7 43
10	5 28	5 41	5 53	6 6	6 21	6 30	6 39	6 51	7 5	7 11	7 18	7 26	7 35	7 45
11	5 28	5 41	5 53	6 7	6 22	6 31	6 41	6 52	7 6	7 13	7 20	7 28	7 37	7 48
12	5 28	5 41	5 54	6 7	6 23	6 32	6 42	6 54	7 8	7 15	7 22	7 30	7 40	7 50
13	5 28	5 41	5 54	6 8	6 23	6 33	6 43	6 55	7 10	7 16	7 24	7 33	7 42	7 53
14	5 28	5 41	5 54	6 8	6 24	6 34	6 44	6 56	7 11	7 18	7 26	7 35	7 44	7 56
15	5 28	5 41	5 55	6 9	6 25	6 35	6 45	6 58	7 13	7 20	7 28	7 37	7 47	7 58
16	5 28	5 41	5 55	6 10	6 26	6 36	6 46	6 59	7 14	7 22	7 30	7 39	7 49	8 1
17	5 28	5 42	5 55	6 10	6 27	6 36	6 47	7 0	7 16	7 23	7 32	7 41	7 51	8 3
18	5 28	5 42	5 56	6 11	6 28	6 37	6 49	7 2	7 18	7 25	7 33	7 43	7 53	8 5
19	5 28	5 42	5 56	6 11	6 28	6 38	6 50	7 3	7 19	7 27	7 35	7 45	7 55	8 8
20	5 28	5 42	5 57	6 12	6 29	6 39	6 51	7 4	7 21	7 28	7 37	7 47	7 58	8 10
21	5 28	5 42	5 57	6 13	6 30	6 40	6 52	7 6	7 22	7 30	7 39	7 49	8 0	8 13
22	5 28	5 43	5 57	6 13	6 31	6 41	6 53	7 7	7 24	7 32	7 41	7 51	8 2	8 15
23	5 28	5 43	5 58	6 14	6 32	6 42	6 54	7 8	7 25	7 33	7 42	7 53	8 4	8 17

Mittlere Ortszeit | Meridian von Greenwich

Tag	Geographische Breite													
	−10°	0°	+10°	+20°	+30°	+35°	+40°	+45°	+50°	+52°	+54°	+56°	+58°	+60°
1956	h m	h m	h m	h m	h m	h m	h m	h m	h m	h m	h m	h m	h m	h m
Okt. 13	17 55	17 50	17 44	17 38	17 32	17 28	17 24	17 19	17 13	17 11	17 8	17 5	17 1	16 57
14	17 55	17 50	17 44	17 37	17 31	17 27	17 22	17 17	17 11	17 8	17 5	17 2	16 58	16 54
15	17 55	17 49	17 43	17 37	17 29	17 25	17 21	17 16	17 9	17 6	17 3	17 0	16 56	16 51
16	17 55	17 49	17 43	17 36	17 28	17 24	17 19	17 14	17 7	17 4	17 1	16 57	16 53	16 49
17	17 56	17 49	17 42	17 35	17 27	17 23	17 18	17 12	17 5	17 2	16 58	16 55	16 50	16 46
18	17 56	17 49	17 42	17 34	17 26	17 22	17 16	17 10	17 3	17 0	16 56	16 52	16 48	16 43
19	17 56	17 49	17 41	17 34	17 25	17 20	17 15	17 9	17 1	16 58	16 54	16 50	16 45	16 40
20	17 56	17 48	17 41	17 33	17 24	17 19	17 14	17 7	16 59	16 56	16 52	16 47	16 42	16 37
21	17 56	17 48	17 40	17 32	17 23	17 18	17 12	17 5	16 57	16 53	16 49	16 45	16 40	16 34
22	17 56	17 48	17 40	17 32	17 22	17 17	17 11	17 4	16 55	16 51	16 47	16 43	16 37	16 31
23	17 56	17 48	17 40	17 31	17 21	17 16	17 9	17 2	16 53	16 49	16 45	16 40	16 35	16 29
24	17 56	17 48	17 39	17 30	17 20	17 14	17 8	17 1	16 51	16 47	16 43	16 38	16 32	16 26
25	17 56	17 48	17 39	17 30	17 19	17 13	17 7	16 59	16 50	16 45	16 41	16 35	16 30	16 23
26	17 56	17 47	17 38	17 29	17 18	17 12	17 5	16 57	16 48	16 43	16 38	16 33	16 27	16 20
27	17 57	17 47	17 38	17 28	17 17	17 11	17 4	16 56	16 46	16 41	16 36	16 31	16 25	16 18
28	17 57	17 47	17 38	17 28	17 16	17 10	17 3	16 54	16 44	16 39	16 34	16 29	16 22	16 15
29	17 57	17 47	17 38	17 27	17 16	17 9	17 1	16 53	16 42	16 37	16 32	16 26	16 20	16 12
30	17 57	17 47	17 37	17 27	17 15	17 8	17 0	16 51	16 40	16 36	16 30	16 24	16 17	16 10
31	17 57	17 47	17 37	17 26	17 14	17 7	16 59	16 50	16 39	16 34	16 28	16 22	16 15	16 7
Nov. 1	17 58	17 47	17 37	17 26	17 13	17 6	16 58	16 48	16 37	16 32	16 26	16 20	16 12	16 4
2	17 58	17 47	17 37	17 25	17 12	17 5	16 57	16 47	16 35	16 30	16 24	16 18	16 10	16 2
3	17 58	17 47	17 36	17 25	17 12	17 4	16 56	16 46	16 34	16 28	16 22	16 15	16 8	15 59
4	17 58	17 47	17 36	17 24	17 11	17 3	16 55	16 44	16 32	16 27	16 20	16 13	16 6	15 57
5	17 59	17 47	17 36	17 24	17 10	17 2	16 53	16 43	16 31	16 25	16 18	16 11	16 3	15 54
6	17 59	17 47	17 36	17 23	17 9	17 1	16 52	16 42	16 29	16 23	16 16	16 9	16 1	15 52
7	17 59	17 47	17 36	17 23	17 9	17 1	16 51	16 40	16 27	16 21	16 15	16 7	15 59	15 49
8	18 0	17 47	17 35	17 22	17 8	17 0	16 50	16 39	16 26	16 20	16 13	16 5	15 57	15 47
9	18 0	17 47	17 35	17 22	17 7	16 59	16 49	16 38	16 24	16 18	16 11	16 3	15 54	15 44
10	18 0	17 48	17 35	17 22	17 7	16 58	16 48	16 37	16 23	16 16	16 9	16 1	15 52	15 42
11	18 1	17 48	17 35	17 21	17 6	16 57	16 47	16 36	16 21	16 15	16 8	15 59	15 50	15 40
12	18 1	17 48	17 35	17 21	17 6	16 57	16 46	16 35	16 20	16 13	16 6	15 58	15 48	15 37
13	18 1	17 48	17 35	17 21	17 5	16 56	16 45	16 33	16 19	16 12	16 4	15 56	15 46	15 35
14	18 2	17 48	17 35	17 21	17 5	16 55	16 45	16 32	16 17	16 10	16 3	15 54	15 44	15 33
15	18 2	17 48	17 35	17 20	17 4	16 55	16 44	16 31	16 16	16 9	16 1	15 52	15 42	15 31
16	18 2	17 48	17 35	17 20	17 4	16 54	16 43	16 30	16 15	16 8	16 0	15 51	15 40	15 29
17	18 3	17 49	17 35	17 20	17 3	16 53	16 42	16 29	16 14	16 6	15 58	15 49	15 38	15 27
18	18 3	17 49	17 35	17 20	17 3	16 53	16 42	16 28	16 12	16 5	15 57	15 47	15 37	15 25
19	18 4	17 49	17 35	17 20	17 2	16 52	16 41	16 28	16 11	16 4	15 55	15 46	15 35	15 23
20	18 4	17 49	17 35	17 19	17 2	16 52	16 40	16 27	16 10	16 3	15 54	15 44	15 33	15 21
21	18 4	17 50	17 35	17 19	17 2	16 51	16 40	16 26	16 9	16 1	15 53	15 43	15 32	15 19
22	18 5	17 50	17 35	17 19	17 1	16 51	16 39	16 25	16 8	16 0	15 51	15 41	15 30	15 17
23	18 5	17 50	17 35	17 19	17 1	16 51	16 39	16 24	16 7	15 59	15 50	15 40	15 28	15 15

Sonnenaufgang 1956

Mittlere Ortszeit | Meridian von Greenwich

Tag	Geographische Breite													
	−10°	0°	+10°	+20°	+30°	+35°	+40°	+45°	+50°	+52°	+54°	+56°	+58°	+60°
1956	h m	h m	h m	h m	h m	h m	h m	h m	h m	h m	h m	h m	h m	h m
Nov. 23	5 28	5 43	5 58	6 14	6 32	6 42	6 54	7 8	7 25	7 33	7 42	7 53	8 4	8 17
24	5 28	5 43	5 58	6 14	6 33	6 43	6 55	7 10	7 27	7 35	7 44	7 54	8 6	8 20
25	5 28	5 43	5 59	6 15	6 33	6 44	6 56	7 11	7 28	7 37	7 46	7 56	8 8	8 22
26	5 28	5 44	5 59	6 16	6 34	6 45	6 58	7 12	7 30	7 38	7 48	7 58	8 10	8 24
27	5 29	5 44	6 0	6 16	6 35	6 46	6 59	7 13	7 31	7 40	7 49	8 0	8 12	8 27
28	5 29	5 44	6 0	6 17	6 36	6 47	7 0	7 15	7 33	7 41	7 51	8 2	8 14	8 29
29	5 29	5 45	6 1	6 18	6 37	6 48	7 1	7 16	7 34	7 43	7 53	8 4	8 16	8 31
30	5 29	5 45	6 1	6 18	6 38	6 49	7 2	7 17	7 36	7 44	7 54	8 5	8 18	8 33
Dez. 1	5 29	5 46	6 2	6 19	6 38	6 50	7 3	7 18	7 37	7 46	7 56	8 7	8 20	8 35
2	5 30	5 46	6 2	6 19	6 39	6 51	7 4	7 19	7 38	7 47	7 57	8 9	8 22	8 37
3	5 30	5 46	6 3	6 20	6 40	6 51	7 5	7 20	7 39	7 49	7 59	8 10	8 23	8 39
4	5 30	5 47	6 3	6 21	6 41	6 52	7 6	7 21	7 41	7 50	8 0	8 12	8 25	8 41
5	5 30	5 47	6 4	6 21	6 41	6 53	7 7	7 22	7 42	7 51	8 2	8 13	8 27	8 43
6	5 31	5 47	6 4	6 22	6 42	6 54	7 7	7 23	7 43	7 52	8 3	8 15	8 28	8 45
7	5 31	5 48	6 5	6 23	6 43	6 55	7 8	7 24	7 44	7 54	8 4	8 16	8 30	8 46
8	5 31	5 48	6 5	6 23	6 44	6 56	7 9	7 25	7 45	7 55	8 5	8 17	8 31	8 48
9	5 32	5 49	6 6	6 24	6 44	6 56	7 10	7 26	7 46	7 56	8 7	8 19	8 33	8 49
10	5 32	5 49	6 6	6 24	6 45	6 57	7 11	7 27	7 47	7 57	8 8	8 20	8 34	8 51
11	5 32	5 50	6 7	6 25	6 46	6 58	7 12	7 28	7 48	7 58	8 9	8 21	8 35	8 52
12	5 33	5 50	6 7	6 26	6 46	6 59	7 13	7 29	7 49	7 59	8 10	8 22	8 37	8 54
13	5 33	5 51	6 8	6 26	6 47	6 59	7 13	7 30	7 50	8 0	8 11	8 24	8 38	8 55
14	5 34	5 51	6 8	6 27	6 48	7 0	7 14	7 31	7 51	8 1	8 12	8 25	8 39	8 56
15	5 34	5 52	6 9	6 27	6 49	7 1	7 15	7 32	7 52	8 2	8 13	8 26	8 40	8 57
16	5 35	5 52	6 9	6 28	6 49	7 1	7 16	7 32	7 53	8 3	8 14	8 26	8 41	8 58
17	5 35	5 53	6 10	6 28	6 50	7 2	7 16	7 33	7 54	8 4	8 15	8 27	8 42	8 59
18	5 36	5 53	6 11	6 29	6 50	7 3	7 17	7 34	7 54	8 4	8 15	8 28	8 43	9 0
19	5 36	5 54	6 11	6 30	6 51	7 3	7 17	7 34	7 55	8 5	8 16	8 29	8 43	9 1
20	5 36	5 54	6 12	6 30	6 51	7 4	7 18	7 35	7 56	8 5	8 17	8 29	8 44	9 2
21	5 37	5 55	6 12	6 31	6 52	7 4	7 18	7 35	7 56	8 6	8 17	8 30	8 45	9 2
22	5 37	5 55	6 13	6 31	6 52	7 5	7 19	7 36	7 57	8 6	8 18	8 30	8 45	9 3
23	5 38	5 56	6 13	6 31	6 53	7 5	7 19	7 36	7 57	8 7	8 18	8 31	8 46	9 3
24	5 38	5 56	6 13	6 32	6 53	7 6	7 20	7 37	7 57	8 7	8 19	8 31	8 46	9 3
25	5 39	5 57	6 14	6 32	6 54	7 6	7 20	7 37	7 58	8 8	8 19	8 31	8 46	9 4
26	5 39	5 57	6 14	6 33	6 54	7 6	7 21	7 37	7 58	8 8	8 19	8 32	8 46	9 4
27	5 40	5 58	6 15	6 33	6 54	7 7	7 21	7 38	7 58	8 8	8 19	8 32	8 46	9 4
28	5 41	5 58	6 15	6 34	6 55	7 7	7 21	7 38	7 59	8 8	8 19	8 32	8 47	9 4
29	5 41	5 59	6 16	6 34	6 55	7 8	7 22	7 38	7 59	8 9	8 19	8 32	8 46	9 4
30	5 42	5 59	6 16	6 35	6 56	7 8	7 22	7 38	7 59	8 9	8 19	8 32	8 46	9 3
31	5 42	6 0	6 17	6 35	6 56	7 8	7 22	7 39	7 59	8 8	8 19	8 32	8 46	9 3
32	5 43	6 0	6 17	6 35	6 56	7 8	7 22	7 39	7 59	8 8	8 19	8 32	8 46	9 3

Sonnenuntergang 1956

Mittlere Ortszeit | Meridian von Greenwich

Tag	Geographische Breite													
	−10°	0°	+10°	+20°	+30°	+35°	+40°	+45°	+50°	+52°	+54°	+56°	+58°	+60°
1956	h m	h m	h m	h m	h m	h m	h m	h m	h m	h m	h m	h m	h m	h m
Nov. 23	18 5	17 50	17 35	17 19	17 1	16 51	16 39	16 24	16 7	15 59	15 50	15 40	15 28	15 15
24	18 6	17 51	17 35	17 19	17 1	16 50	16 38	16 24	16 6	15 58	15 49	15 39	15 27	15 13
25	18 6	17 51	17 35	17 19	17 1	16 50	16 38	16 23	16 5	15 57	15 48	15 37	15 26	15 12
26	18 7	17 51	17 36	17 19	17 0	16 50	16 37	16 23	16 5	15 56	15 47	15 36	15 24	15 10
27	18 7	17 52	17 36	17 19	17 0	16 49	16 37	16 22	16 4	15 55	15 46	15 35	15 23	15 8
28	18 8	17 52	17 36	17 19	17 0	16 49	16 36	16 21	16 3	15 55	15 45	15 34	15 22	15 7
29	18 8	17 52	17 36	17 19	17 0	16 49	16 36	16 21	16 2	15 54	15 44	15 33	15 20	15 6
30	18 9	17 53	17 36	17 19	17 0	16 49	16 36	16 21	16 2	15 53	15 43	15 32	15 19	15 4
Dez. 1	18 9	17 53	17 37	17 20	17 0	16 49	16 35	16 20	16 1	15 52	15 42	15 31	15 18	15 3
2	18 10	17 53	17 37	17 20	17 0	16 48	16 35	16 20	16 1	15 52	15 42	15 30	15 17	15 2
3	18 10	17 54	17 37	17 20	17 0	16 48	16 35	16 19	16 0	15 51	15 41	15 29	15 16	15 0
4	18 11	17 54	17 38	17 20	17 0	16 48	16 35	16 19	16 0	15 51	15 40	15 29	15 15	14 59
5	18 11	17 54	17 38	17 20	17 0	16 48	16 35	16 19	15 59	15 50	15 40	15 28	15 14	14 58
6	18 12	17 55	17 38	17 20	17 0	16 48	16 35	16 19	15 59	15 50	15 39	15 27	15 14	14 57
7	18 12	17 55	17 39	17 21	17 0	16 48	16 35	16 19	15 59	15 49	15 39	15 27	15 13	14 57
8	18 13	17 56	17 39	17 21	17 0	16 48	16 35	16 18	15 59	15 49	15 38	15 26	15 12	14 56
9	18 13	17 56	17 39	17 21	17 0	16 48	16 35	16 18	15 58	15 49	15 38	15 26	15 12	14 55
10	18 14	17 57	17 40	17 21	17 1	16 49	16 35	16 18	15 58	15 49	15 38	15 26	15 11	14 55
11	18 14	17 57	17 40	17 22	17 1	16 49	16 35	16 18	15 58	15 49	15 38	15 25	15 11	14 54
12	18 15	17 58	17 40	17 22	17 1	16 49	16 35	16 19	15 58	15 48	15 38	15 25	15 11	14 54
13	18 15	17 58	17 41	17 23	17 1	16 49	16 35	16 19	15 58	15 48	15 38	15 25	15 11	14 54
14	18 16	17 59	17 41	17 23	17 2	16 50	16 35	16 19	15 58	15 48	15 38	15 25	15 11	14 53
15	18 17	17 59	17 42	17 23	17 2	16 50	16 36	16 19	15 58	15 49	15 38	15 25	15 11	14 53
16	18 17	18 0	17 42	17 24	17 3	16 50	16 36	16 19	15 59	15 49	15 38	15 25	15 11	14 53
17	18 18	18 0	17 43	17 24	17 3	16 51	16 36	16 20	15 59	15 49	15 38	15 25	15 11	14 53
18	18 18	18 0	17 43	17 25	17 3	16 51	16 37	16 20	15 59	15 49	15 38	15 26	15 11	14 53
19	18 19	18 1	17 44	17 25	17 4	16 51	16 37	16 20	16 0	15 50	15 39	15 26	15 11	14 54
20	18 19	18 1	17 44	17 25	17 4	16 52	16 38	16 21	16 0	15 50	15 39	15 26	15 11	14 51
21	18 20	18 2	17 44	17 26	17 5	16 52	16 38	16 21	16 0	15 50	15 39	15 27	15 12	14 54
22	18 20	18 2	17 45	17 26	17 5	16 53	16 39	16 22	16 1	15 51	15 40	15 27	15 12	14 55
23	18 21	18 3	17 46	17 27	17 6	16 53	16 39	16 22	16 2	15 52	15 40	15 28	15 13	14 55
24	18 21	18 3	17 46	17 28	17 6	16 54	16 40	16 23	16 2	15 52	15 41	15 28	15 14	14 56
25	18 22	18 4	17 47	17 28	17 7	16 54	16 40	16 23	16 3	15 53	15 42	15 29	15 14	14 57
26	18 22	18 4	17 47	17 29	17 7	16 55	16 41	16 24	16 3	15 54	15 43	15 30	15 15	14 58
27	18 22	18 5	17 48	17 29	17 8	16 56	16 42	16 25	16 4	15 54	15 43	15 31	15 16	14 59
28	18 23	18 5	17 48	17 30	17 9	16 56	16 42	16 26	16 5	15 55	15 44	15 32	15 17	15 0
29	18 23	18 6	17 49	17 30	17 9	16 57	16 43	16 26	16 6	15 56	15 45	15 33	15 18	15 1
30	18 24	18 6	17 49	17 31	17 10	16 58	16 44	16 27	16 7	15 57	15 46	15 34	15 19	15 2
31	18 24	18 7	17 50	17 31	17 11	16 58	16 45	16 28	16 8	15 58	15 47	15 35	15 21	15 4
32	18 25	18 7	17 50	17 32	17 11	16 59	16 45	16 29	16 9	15 59	15 48	15 36	15 22	15 5

Anfang der Nautischen Dämmerung

Mittlere Ortszeit — Meridian von Greenwich

Tag	−10°	0°	+10°	+20°	+30°	+35°	+40°	+45°	+50°	+52°	+54°	+56°	+58°	+60°
	Geographische Breite													
1956	h m	h m	h m	h m	h m	h m	h m	h m	h m	h m	h m	h m	h m	h m
Jan. 0	4 52	5 11	5 27	5 43	6 0	6 8	6 17	6 27	6 39	6 44	6 50	6 56	7 2	7 10
5	4 55	5 13	5 29	5 45	6 1	6 9	6 18	6 28	6 39	6 44	6 50	6 55	7 2	7 9
10	4 58	5 16	5 31	5 46	6 2	6 10	6 18	6 28	6 38	6 43	6 48	6 54	6 59	7 6
15	5 1	5 18	5 33	5 47	6 2	6 9	6 17	6 26	6 36	6 41	6 45	6 50	6 56	7 2
20	5 3	5 20	5 34	5 48	6 1	6 8	6 16	6 24	6 33	6 37	6 41	6 46	6 51	6 56
25	5 6	5 22	5 35	5 48	6 0	6 6	6 13	6 21	6 29	6 32	6 36	6 40	6 45	6 49
30	5 9	5 23	5 35	5 47	5 58	6 4	6 10	6 16	6 24	6 27	6 30	6 33	6 37	6 41
Febr. 4	5 11	5 24	5 35	5 46	5 56	6 1	6 6	6 11	6 17	6 20	6 23	6 26	6 29	6 32
9	5 13	5 25	5 35	5 44	5 53	5 57	6 1	6 6	6 10	6 12	6 14	6 17	6 19	6 21
14	5 14	5 25	5 34	5 42	5 49	5 52	5 56	5 59	6 3	6 4	6 6	6 7	6 8	6 10
19	5 16	5 25	5 33	5 39	5 45	5 47	5 50	5 52	5 54	5 55	5 56	5 57	5 57	5 58
24	5 17	5 25	5 31	5 36	5 40	5 42	5 43	5 44	5 45	5 45	5 45	5 45	5 45	5 45
29	5 18	5 24	5 29	5 33	5 35	5 36	5 36	5 36	5 35	5 35	5 34	5 33	5 32	5 31
März 5	5 18	5 23	5 27	5 29	5 30	5 30	5 29	5 27	5 25	5 24	5 23	5 21	5 19	5 17
10	5 19	5 22	5 24	5 25	5 24	5 23	5 21	5 18	5 15	5 13	5 11	5 8	5 5	5 2
15	5 19	5 21	5 22	5 21	5 18	5 16	5 13	5 9	5 4	5 1	4 58	4 55	4 51	4 46
20	5 19	5 20	5 19	5 17	5 12	5 9	5 5	4 59	4 52	4 49	4 45	4 41	4 36	4 30
25	5 19	5 18	5 16	5 12	5 6	5 2	4 56	4 50	4 41	4 37	4 32	4 26	4 20	4 13
30	5 18	5 16	5 13	5 8	5 0	4 54	4 48	4 40	4 29	4 24	4 18	4 12	4 4	3 56
April 4	5 18	5 15	5 10	5 3	4 53	4 47	4 39	4 29	4 17	4 11	4 4	3 57	3 48	3 38
9	5 18	5 13	5 7	4 58	4 47	4 40	4 31	4 19	4 5	3 58	3 50	3 41	3 31	3 19
14	5 18	5 12	5 4	4 54	4 41	4 32	4 22	4 9	3 53	3 45	3 36	3 26	3 14	2 59
19	5 18	5 10	5 1	4 50	4 35	4 25	4 14	3 59	3 41	3 32	3 22	3 10	2 55	2 38
24	5 18	5 9	4 59	4 46	4 29	4 18	4 7	3 50	3 29	3 19	3 7	2 53	2 37	2 16
29	5 18	5 8	4 56	4 42	4 24	4 12	3 58	3 40	3 17	3 6	2 52	2 36	2 17	1 51
Mai 4	5 18	5 7	4 54	4 38	4 19	4 6	3 50	3 31	3 6	2 53	2 38	2 19	1 56	1 23
9	5 18	5 6	4 52	4 35	4 14	4 0	3 44	3 23	2 55	2 40	2 23	2 1	1 33	0 43
14	5 19	5 6	4 51	4 33	4 10	3 55	3 37	3 15	2 44	2 38	2 8	1 43	1 5	
19	5 19	5 5	4 50	4 30	4 6	3 50	3 32	3 7	2 34	2 16	1 54	1 23	0 22	
24	5 20	5 5	4 49	4 29	4 3	3 47	3 27	3 1	2 25	2 5	1 39	1 0		
29	5 21	5 6	4 48	4 27	4 1	3 44	3 23	2 55	2 16	1 55	1 25	0 32		
Juni 3	5 22	5 6	4 48	4 27	3 59	3 41	3 19	2 51	2 10	1 46	1 12			
8	5 23	5 7	4 48	4 26	3 58	3 40	3 17	2 48	2 5	1 39	1 0			
13	5 24	5 8	4 49	4 26	3 58	3 39	3 16	2 46	2 1	1 34	0 50			
18	5 26	5 9	4 50	4 27	3 58	3 39	3 16	2 45	2 0	1 32	0 45			
23	5 27	5 10	4 51	4 28	3 59	3 40	3 17	2 46	2 1	1 33	0 45			
28	5 28	5 11	4 52	4 29	4 1	3 42	3 19	2 49	2 4	1 37	0 52			
Juli 3	5 29	5 12	4 53	4 31	4 3	3 45	3 22	2 52	2 9	1 43	1 3			

In +56° Breite herrscht Dämmerung von Sonnenuntergang bis Sonnenaufgang in der Zeit vom 1. Juni bis 11. Juli.
In +58° Breite herrscht Dämmerung von Sonnenuntergang bis Sonnenaufgang in der Zeit vom 20. Mai bis 23. Juli.
In +60° Breite herrscht Dämmerung von Sonnenuntergang bis Sonnenaufgang in der Zeit vom 12. Mai bis 31. Juli.

Ende der Nautischen Dämmerung

Mittlere Ortszeit — Meridian von Greenwich

Tag	−10°	0°	+10°	+20°	+30°	+35°	+40°	+45°	+50°	+52°	+54°	+56°	+58°	+60°
	Geographische Breite													
1956	h m	h m	h m	h m	h m	h m	h m	h m	h m	h m	h m	h m	h m	h m
Jan. 0	19 14	18 55	18 38	18 22	18 6	17 58	17 48	17 38	17 27	17 21	17 16	17 10	17 3	16 56
5	19 16	18 57	18 41	18 25	18 9	18 1	17 52	17 42	17 31	17 26	17 21	17 15	17 9	17 2
10	19 17	18 59	18 43	18 28	18 13	18 5	17 56	17 47	17 37	17 32	17 27	17 21	17 15	17 9
15	19 18	19 1	18 46	18 31	18 17	18 9	18 1	17 52	17 43	17 38	17 33	17 28	17 23	17 17
20	19 18	19 2	18 48	18 34	18 21	18 14	18 6	17 58	17 49	17 45	17 41	17 36	17 31	17 26
25	19 18	19 3	18 50	18 37	18 25	18 18	18 11	18 4	17 56	17 52	17 49	17 44	17 40	17 35
30	19 18	19 4	18 51	18 40	18 29	18 23	18 17	18 10	18 3	18 0	17 57	17 53	17 50	17 46
Febr. 4	19 17	19 4	18 53	18 42	18 32	18 27	18 22	18 17	18 11	18 8	18 5	18 3	17 59	17 56
9	19 16	19 4	18 54	18 45	18 36	18 32	18 28	18 23	18 18	18 16	18 14	18 12	18 10	18 7
14	19 14	19 4	18 55	18 47	18 40	18 36	18 33	18 30	18 26	18 25	18 23	18 22	18 20	18 19
19	19 12	19 3	18 55	18 49	18 43	18 41	18 38	18 36	18 34	18 33	18 32	18 32	18 31	18 30
24	19 10	19 2	18 56	18 51	18 47	18 45	18 44	18 43	18 42	18 42	18 42	18 42	18 42	18 42
29	19 8	19 1	18 56	18 52	18 50	18 49	18 49	18 49	18 50	18 50	18 51	18 52	18 53	18 54
März 5	19 5	19 0	18 56	18 54	18 53	18 54	18 54	18 56	18 58	18 59	19 0	19 2	19 4	19 6
10	19 2	18 58	18 56	18 56	18 57	18 58	19 0	19 2	19 6	19 8	19 10	19 13	19 16	19 19
15	18 59	18 57	18 56	18 57	19 0	19 2	19 5	19 9	19 14	19 17	19 20	19 23	19 27	19 32
20	18 56	18 56	18 56	18 59	19 3	19 6	19 10	19 16	19 23	19 26	19 30	19 34	19 39	19 45
25	18 53	18 54	18 56	19 0	19 6	19 10	19 16	19 22	19 31	19 35	19 40	19 46	19 52	19 59
30	18 51	18 53	18 56	19 2	19 10	19 15	19 21	19 30	19 40	19 45	19 51	19 57	20 5	20 14
April 4	18 48	18 51	18 56	19 3	19 13	19 19	19 27	19 37	19 49	19 55	20 2	20 10	20 18	20 29
9	18 45	18 50	18 56	19 5	19 16	19 24	19 33	19 44	19 58	20 5	20 13	20 22	20 32	20 45
14	18 43	18 49	18 56	19 7	19 20	19 28	19 38	19 51	20 8	20 16	20 25	20 35	20 47	21 2
19	18 41	18 48	18 57	19 9	19 23	19 33	19 45	19 59	20 17	20 26	20 37	20 49	21 3	21 20
24	18 39	18 47	18 58	19 11	19 27	19 38	19 51	20 7	20 27	20 37	20 49	21 3	21 20	21 40
29	18 37	18 47	18 59	19 13	19 31	19 43	19 57	20 14	20 37	20 49	21 2	21 18	21 38	22 3
Mai 4	18 36	18 47	18 59	19 15	19 35	19 48	20 4	20 22	20 48	21 1	21 16	21 34	21 58	22 31
9	18 35	18 47	19 1	19 18	19 39	19 53	20 9	20 30	20 58	21 13	21 30	21 51	22 20	23 10
14	18 34	18 47	19 2	19 20	19 43	19 58	20 15	20 38	21 9	21 25	21 44	22 9	22 47	
19	18 33	18 47	19 3	19 22	19 47	20 2	20 21	20 46	21 19	21 37	21 59	22 30	23 31	
24	18 33	18 48	19 5	19 25	19 51	20 7	20 27	20 53	21 29	21 49	22 14	22 54		
29	18 33	18 49	19 7	19 27	19 54	20 11	20 32	20 59	21 38	22 0	22 29	23 23		
Juni 3	18 34	18 50	19 8	19 30	19 57	20 15	20 37	21 5	21 47	22 10	22 44			
8	18 35	18 51	19 10	19 32	20 0	20 18	20 41	21 10	21 53	22 19	22 58			
13	18 35	18 52	19 11	19 34	20 2	20 21	20 44	21 14	21 59	22 26	23 10			
18	18 36	18 53	19 12	19 35	20 4	20 23	20 46	21 17	22 2	22 30	23 17			
23	18 37	18 55	19 14	19 36	20 5	20 24	20 47	21 18	22 3	22 31	23 19			
28	18 39	18 55	19 14	19 37	20 6	20 24	20 47	21 18	22 3	22 30	23 14			
Juli 3	18 40	18 56	19 15	19 37	20 5	20 24	20 46	21 16	21 59	22 25	23 5			

In +56° Breite herrscht Dämmerung von Sonnenuntergang bis Sonnenaufgang in der Zeit vom 1. Juni bis 11. Juli.
In +58° Breite herrscht Dämmerung von Sonnenuntergang bis Sonnenaufgang in der Zeit vom 20. Mai bis 23. Juli.
In +60° Breite herrscht Dämmerung von Sonnenuntergang bis Sonnenaufgang in der Zeit vom 12. Mai bis 31. Juli.

Anfang der Nautischen Dämmerung

Mittlere Ortszeit

Meridian von Greenwich

Tag	Geographische Breite													
	−10°	0°	+10°	+20°	+30°	+35°	+40°	+45°	+50°	+52°	+54°	+56°	+58°	+60°
1956	h m	h m	h m	h m	h m	h m	h m	h m	h m	h m	h m			
Juli 3	5 29	5 12	4 53	4 31	4 3	3 45	3 22	2 52	2 9	1 43	1 3			
8	5 29	5 13	4 55	4 33	4 5	3 48	3 26	2 57	2 15	1 51	1 17	h m		
13	5 30	5 14	4 56	4 35	4 8	3 51	3 30	3 2	2 23	2 1	1 31	0 31		
18	5 30	5 15	4 58	4 38	4 12	3 55	3 35	3 9	2 32	2 12	1 46	1 5		
23	5 30	5 15	4 59	4 40	4 15	3 59	3 40	3 16	2 42	2 23	2 1	1 28	h m	
28	5 29	5 16	5 1	4 42	4 19	4 4	3 46	3 23	2 52	2 35	2 15	1 49	1 8	h m
Aug. 2	5 28	5 16	5 2	4 45	4 23	4 9	3 52	3 31	3 2	2 47	2 29	2 7	1 37	0 39
7	5 27	5 16	5 3	4 47	4 26	4 14	3 58	3 38	3 12	2 59	2 43	2 24	2 0	1 24
12	5 25	5 15	5 4	4 49	4 30	4 18	4 4	3 46	3 22	3 10	2 57	2 40	2 20	1 53
17	5 24	5 15	5 4	4 51	4 34	4 23	4 10	3 53	3 32	3 22	3 9	2 55	2 38	2 16
22	5 22	5 14	5 4	4 53	4 37	4 28	4 16	4 1	3 42	3 32	3 22	3 9	2 54	2 36
27	5 19	5 13	5 5	4 54	4 41	4 32	4 21	4 8	3 51	3 43	3 33	3 23	3 10	2 55
Sept. 1	5 17	5 12	5 5	4 56	4 44	4 36	4 27	4 15	4 0	3 53	3 45	3 35	3 24	3 12
6	5 14	5 10	5 5	4 57	4 47	4 40	4 32	4 22	4 9	4 3	3 56	3 48	3 38	3 27
11	5 11	5 8	5 4	4 59	4 50	4 45	4 38	4 29	4 18	4 12	4 6	3 59	3 52	3 42
16	5 8	5 7	5 4	5 0	4 53	4 49	4 43	4 36	4 26	4 21	4 17	4 11	4 4	3 57
21	5 5	5 5	5 4	5 1	4 56	4 52	4 48	4 42	4 34	4 31	4 26	4 22	4 16	4 10
26	5 2	5 3	5 4	5 2	4 59	4 56	4 53	4 48	4 42	4 39	4 36	4 32	4 28	4 23
Okt. 1	4 58	5 2	5 3	5 3	5 2	5 0	4 58	4 55	4 50	4 48	4 46	4 43	4 39	4 36
6	4 55	5 0	5 3	5 4	5 5	5 4	5 3	5 1	4 58	4 57	4 55	4 53	4 51	4 48
11	4 52	4 58	5 3	5 6	5 8	5 8	5 8	5 7	5 6	5 5	5 4	5 3	5 2	5 0
16	4 50	4 57	5 3	5 7	5 11	5 12	5 13	5 13	5 14	5 13	5 13	5 13	5 12	5 12
21	4 47	4 56	5 3	5 9	5 14	5 16	5 18	5 20	5 21	5 22	5 23	5 23	5 23	5 23
26	4 45	4 55	5 3	5 10	5 17	5 20	5 23	5 26	5 29	5 30	5 31	5 32	5 33	5 35
31	4 43	4 54	5 4	5 12	5 20	5 24	5 28	5 32	5 36	5 38	5 40	5 42	5 44	5 46
Nov. 5	4 41	4 54	5 5	5 14	5 24	5 28	5 33	5 38	5 44	5 46	5 48	5 51	5 54	5 56
10	4 40	4 54	5 6	5 17	5 27	5 33	5 38	5 44	5 51	5 54	5 57	6 0	6 4	6 7
15	4 39	4 54	5 7	5 19	5 31	5 37	5 44	5 50	5 58	6 1	6 5	6 9	6 13	6 17
20	4 39	4 55	5 9	5 22	5 35	5 42	5 49	5 56	6 5	6 9	6 13	6 17	6 22	6 27
25	4 39	4 56	5 11	5 25	5 39	5 46	5 54	6 2	6 12	6 16	6 20	6 25	6 31	6 36
30	4 40	4 57	5 13	5 27	5 42	5 50	5 58	6 7	6 18	6 22	6 27	6 33	6 38	6 45
Dez. 5	4 41	4 59	5 15	5 30	5 46	5 54	6 3	6 12	6 23	6 28	6 33	6 39	6 45	6 52
10	4 42	5 1	5 17	5 33	5 49	5 58	6 7	6 17	6 28	6 33	6 39	6 45	6 51	6 58
15	4 44	5 3	5 20	5 36	5 52	6 1	6 10	6 21	6 32	6 37	6 43	6 49	6 56	7 3
20	4 46	5 5	5 22	5 39	5 55	6 4	6 13	6 24	6 36	6 41	6 46	6 53	7 0	7 7
25	4 49	5 8	5 25	5 41	5 58	6 6	6 16	6 26	6 38	6 43	6 49	6 55	7 2	7 9
30	4 52	5 10	5 27	5 43	5 59	6 8	6 17	6 27	6 39	6 44	6 50	6 56	7 2	7 10
35	4 55	5 13	5 29	5 45	6 1	6 9	6 18	6 28	6 39	6 44	6 50	6 55	7 2	7 9

In +56° Breite herrscht Dämmerung von Sonnenuntergang bis Sonnenaufgang in der Zeit vom 1. Juni bis 11. Juli.
In +58° Breite herrscht Dämmerung von Sonnenuntergang bis Sonnenaufgang in der Zeit vom 20. Mai bis 23. Juli.
In +60° Breite herrscht Dämmerung von Sonnenuntergang bis Sonnenaufgang in der Zeit vom 12. Mai bis 31. Juli.

Mittlere Ortszeit — Meridian von Greenwich

Tag	Geographische Breite													
	−10°	0°	+10°	+20°	+30°	+35°	+40°	+45°	+50°	+52°	+54°	+56°	+58°	+60°
1956	h m	h m	h m	h m	h m	h m	h m	h m	h m	h m	h m			
Juli 3	18 40	18 56	19 15	19 37	20 5	20 24	20 46	21 16	21 59	22 25	23 5			
8	18 41	18 57	19 15	19 37	20 5	20 22	20 44	21 13	21 55	22 19	22 53	h m		
13	18 42	18 57	19 15	19 36	20 3	20 20	20 41	21 9	21 48	22 10	22 41	23 40		
18	18 43	18 58	19 15	19 35	20 1	20 17	20 37	21 3	21 40	22 0	22 27	23 7		
23	18 43	18 58	19 14	19 33	19 58	20 13	20 33	20 57	21 31	21 49	22 12	22 44	h m	
28	18 44	18 57	19 12	19 31	19 54	20 9	20 27	20 50	21 21	21 38	21 58	22 24	23 5	
														h m
Aug. 2	18 44	18 57	19 11	19 28	19 50	20 4	20 21	20 42	21 11	21 25	21 43	22 5	22 36	23 34
7	18 45	18 56	19 9	19 25	19 45	19 58	20 14	20 33	20 59	21 13	21 28	21 47	22 12	22 48
12	18 45	18 55	19 7	19 21	19 40	19 52	20 6	20 24	20 48	21 1	21 13	21 30	21 50	22 17
17	18 44	18 53	19 4	19 17	19 34	19 45	19 58	20 15	20 36	20 47	20 59	21 13	21 30	21 52
22	18 44	18 52	19 1	19 13	19 28	19 38	19 50	20 5	20 24	20 33	20 44	20 56	21 11	21 29
27	18 44	18 50	18 58	19 9	19 22	19 31	19 42	19 55	20 12	20 20	20 29	20 40	20 53	21 8
Sept. 1	18 43	18 48	18 55	19 4	19 16	19 24	19 33	19 45	20 0	20 7	20 15	20 24	20 35	20 48
6	18 43	18 47	18 52	18 59	19 10	19 16	19 24	19 35	19 48	19 54	20 1	20 9	20 18	20 29
11	18 42	18 45	18 49	18 55	19 3	19 9	19 16	19 24	19 35	19 41	19 47	19 54	20 2	20 11
16	18 42	18 43	18 45	18 50	18 57	19 1	19 7	19 14	19 24	19 28	19 33	19 39	19 46	19 53
21	18 41	18 41	18 42	18 45	18 50	18 54	18 58	19 4	19 12	19 16	19 20	19 24	19 30	19 36
26	18 41	18 39	18 39	18 40	18 44	18 46	18 50	18 54	19 0	19 3	19 7	19 10	19 15	19 20
Okt. 1	18 41	18 38	18 36	18 36	18 38	18 39	18 41	18 45	18 49	18 51	18 54	18 57	19 0	19 4
6	18 41	18 36	18 33	18 32	18 32	18 32	18 33	18 35	18 38	18 40	18 41	18 43	18 46	18 48
11	18 41	18 35	18 31	18 28	18 26	18 26	18 26	18 26	18 28	18 29	18 29	18 31	18 32	18 34
16	18 42	18 34	18 28	18 24	18 21	18 19	18 18	18 18	18 18	18 18	18 18	18 18	18 19	18 20
21	18 42	18 34	18 26	18 21	18 16	18 13	18 11	18 10	18 8	18 8	18 7	18 7	18 7	18 6
26	18 43	18 33	18 25	18 18	18 11	18 8	18 5	18 2	17 59	17 58	17 57	17 56	17 55	17 54
31	18 45	18 33	18 24	18 15	18 7	18 3	17 59	17 55	17 51	17 49	17 48	17 46	17 44	17 42
Nov. 5	18 46	18 34	18 23	18 13	18 4	17 59	17 54	17 49	17 44	17 41	17 39	17 36	17 34	17 31
10	18 48	18 34	18 22	18 11	18 1	17 55	17 49	17 44	17 37	17 34	17 31	17 28	17 24	17 21
15	18 50	18 35	18 22	18 10	17 58	17 52	17 46	17 39	17 31	17 28	17 24	17 20	17 16	17 12
20	18 53	18 37	18 23	18 10	17 57	17 50	17 43	17 35	17 26	17 23	17 19	17 14	17 9	17 1
25	18 55	18 38	18 24	18 10	17 56	17 48	17 41	17 32	17 23	17 18	17 14	17 9	17 4	16 58
30	18 58	18 40	18 25	18 10	17 55	17 48	17 39	17 30	17 20	17 15	17 10	17 5	16 59	16 53
Dez. 5	19 1	18 43	18 27	18 11	17 56	17 48	17 39	17 29	17 18	17 13	17 8	17 2	16 56	16 50
10	19 4	18 45	18 29	18 13	17 57	17 48	17 39	17 30	17 18	17 13	17 7	17 1	16 55	16 48
15	19 6	18 48	18 31	18 15	17 58	17 50	17 40	17 30	17 18	17 13	17 7	17 1	16 55	16 47
20	19 9	18 50	18 33	18 17	18 0	17 52	17 42	17 32	17 20	17 15	17 9	17 3	16 56	16 48
25	19 12	18 53	18 36	18 19	18 3	17 54	17 45	17 34	17 23	17 17	17 12	17 6	16 59	16 51
30	19 14	18 55	18 38	18 22	18 6	17 57	17 48	17 38	17 26	17 21	17 16	17 10	17 3	16 56
35	19 16	18 57	18 41	18 25	18 9	18 1	17 52	17 42	17 31	17 26	17 21	17 15	17 8	17 1

In +56° Breite herrscht Dämmerung von Sonnenuntergang bis Sonnenaufgang in der Zeit vom 1. Juni bis 11. Juli.
In +58° Breite herrscht Dämmerung von Sonnenuntergang bis Sonnenaufgang in der Zeit vom 20. Mai bis 23. Juli.
In +60° Breite herrscht Dämmerung von Sonnenuntergang bis Sonnenaufgang in der Zeit vom 12. Mai bis 31. Juli.

Mondaufgang 1956

Mittlere Ortszeit

Meridian von Greenwich

Tag	Geographische Breite													
	−10°	0°	+10°	+20°	+30°	+35°	+40°	+45°	+50°	+52°	+54°	+56°	+58°	+60°
1956	h m	h m	h m	h m	h m	h m	h m	h m	h m	h m	h m	h m	h m	h m
Jan. 0	20 45	20 36	20 28	20 19	20 9	20 3	19 56	19 48	19 39	19 34	19 29	19 24	19 18	19 11
1	21 33	21 29	21 24	21 20	21 14	21 11	21 8	21 4	20 59	20 57	20 55	20 52	20 49	20 46
2	22 18	22 18	22 18	22 17	22 17	22 17	22 17	22 17	22 16	22 16	22 16	22 16	22 16	22 16
3	23 1	23 5	23 9	23 13	23 17	23 20	23 23	23 26	23 30	23 32	23 34	23 37	23 39	23 42
4	23 44	23 51	23 58	— —	— —	— —	— —	— —	— —	— —	— —	— —	— —	— —
5	— —	— —	— —	0 6	0 15	0 21	0 26	0 33	0 42	0 46	0 50	0 55	1 0	1 6
6	0 27	0 37	0 48	0 59	1 12	1 20	1 29	1 39	1 51	1 57	2 3	2 11	2 19	2 28
7	1 11	1 24	1 37	1 52	2 8	2 18	2 29	2 42	2 58	3 6	3 14	3 24	3 34	3 47
8	1 56	2 11	2 27	2 44	3 3	3 15	3 28	3 43	4 2	4 11	4 21	4 33	4 46	5 2
9	2 43	3 0	3 17	3 35	3 56	4 9	4 23	4 40	5 1	5 11	5 22	5 35	5 50	6 8
10	3 31	3 49	4 6	4 25	4 47	5 0	5 14	5 32	5 54	6 4	6 16	6 29	6 45	7 3
11	4 20	4 38	4 55	5 13	5 34	5 47	6 1	6 18	6 39	6 49	7 0	7 12	7 27	7 44
12	5 10	5 26	5 42	5 59	6 18	6 29	6 42	6 58	7 17	7 25	7 35	7 47	7 59	8 14
13	5 59	6 13	6 27	6 41	6 58	7 8	7 19	7 32	7 48	7 56	8 4	8 13	8 23	8 35
14	6 47	6 58	7 9	7 21	7 35	7 43	7 52	8 2	8 14	8 20	8 27	8 34	8 42	8 51
15	7 34	7 42	7 51	7 59	8 9	8 15	8 21	8 28	8 37	8 41	8 46	8 51	8 56	9 2
16	8 21	8 26	8 31	8 36	8 41	8 45	8 48	8 53	8 58	9 0	9 3	9 6	9 9	9 12
17	9 8	9 9	9 10	9 12	9 13	9 14	9 15	9 16	9 17	9 18	9 19	9 19	9 20	9 21
18	9 55	9 53	9 50	9 48	9 45	9 43	9 41	9 39	9 37	9 36	9 35	9 33	9 32	9 30
19	10 44	10 38	10 32	10 26	10 18	10 14	10 9	10 4	9 58	9 55	9 52	9 48	9 44	9 40
20	11 35	11 26	11 16	11 6	10 55	10 48	10 40	10 32	10 21	10 17	10 11	10 6	9 59	9 52
21	12 30	12 17	12 4	11 51	11 35	11 26	11 16	11 4	10 50	10 43	10 36	10 27	10 18	10 8
22	13 28	13 12	12 57	12 40	12 21	12 11	11 58	11 43	11 25	11 17	11 8	10 57	10 45	10 31
23	14 29	14 12	13 54	13 36	13 15	13 3	12 48	12 32	12 11	12 1	11 50	11 38	11 23	11 6
24	15 32	15 14	14 56	14 37	14 16	14 3	13 48	13 31	13 9	12 59	12 48	12 34	12 19	12 1
25	16 34	16 17	16 0	15 43	15 22	15 10	14 57	14 40	14 20	14 11	14 0	13 48	13 34	13 17
26	17 33	17 19	17 5	16 50	16 32	16 22	16 11	15 57	15 40	15 33	15 24	15 14	15 3	14 50
27	18 28	18 18	18 7	17 56	17 43	17 35	17 27	17 17	17 4	16 59	16 52	16 45	16 37	16 28
28	19 20	19 13	19 7	19 0	18 51	18 47	18 42	18 35	18 28	18 25	18 21	18 17	18 12	18 7
29	20 8	20 5	20 3	20 0	19 58	19 56	19 54	19 52	19 49	19 48	19 47	19 45	19 44	19 42
30	20 53	20 55	20 57	20 59	21 1	21 2	21 4	21 5	21 7	21 8	21 9	21 10	21 12	21 13
31	21 38	21 43	21 49	21 55	22 2	22 6	22 11	22 16	22 22	22 25	22 29	22 32	22 37	22 41
Febr. 1	22 22	22 31	22 40	22 50	23 1	23 8	23 16	23 24	23 35	23 40	23 46	23 52	23 59	— —
2	23 6	23 19	23 31	23 44	23 59	— —	— —	— —	— —	— —	— —	— —	— —	0 6
3	23 52	— —	— —	— —	— —	0 8	0 18	0 30	0 45	0 52	0 59	1 8	1 17	1 28
4	— —	0 7	0 22	0 37	0 56	1 6	1 19	1 33	1 51	2 0	2 9	2 20	2 32	2 46
5	0 39	0 55	1 12	1 30	1 50	2 2	2 16	2 32	2 52	3 2	3 13	3 25	3 40	3 57
6	1 27	1 44	2 2	2 20	2 42	2 54	3 9	3 26	3 48	3 58	4 9	4 23	4 38	4 56
7	2 16	2 33	2 50	3 9	3 30	3 43	3 57	4 14	4 36	4 46	4 57	5 10	5 25	5 43
8	3 5	3 21	3 38	3 55	4 15	4 27	4 41	4 57	5 16	5 25	5 36	5 47	6 1	6 17
9	3 54	4 9	4 23	4 39	4 57	5 7	5 19	5 33	5 50	5 58	6 7	6 16	6 28	6 41
10	4 43	4 55	5 7	5 20	5 35	5 43	5 53	6 4	6 18	6 25	6 32	6 39	6 48	6 58

Mittlere Ortszeit

Meridian von Greenwich

Tag	Geographische Breite													
	−10°	0°	+10°	+20°	+30°	+35°	+40°	+45°	+50°	+52°	+54°	+56°	+58°	+60°
1956	h m	h m	h m	h m	h m	h m	h m	h m	h m	h m	h m	h m	h m	h m
Jan. 0	7 57	8 7	8 18	8 28	8 41	8 48	8 56	9 5	9 16	9 22	9 27	9 33	9 40	9 48
1	8 55	9 2	9 8	9 15	9 22	9 26	9 31	9 37	9 44	9 47	9 50	9 54	9 58	10 2
2	9 50	9 52	9 55	9 57	10 0	10 1	10 3	10 5	10 7	10 8	10 9	10 11	10 12	10 14
3	10 42	10 40	10 39	10 37	10 35	10 34	10 32	10 31	10 29	10 28	10 27	10 26	10 25	10 24
4	11 33	11 27	11 22	11 16	11 9	11 5	11 1	10 56	10 50	10 47	10 44	10 41	10 37	10 33
5	12 22	12 13	12 4	11 55	11 44	11 38	11 31	11 22	11 12	11 8	11 3	10 57	10 51	10 44
6	13 12	13 0	12 47	12 35	12 20	12 12	12 2	11 51	11 37	11 31	11 24	11 16	11 7	10 58
7	14 1	13 47	13 32	13 17	12 59	12 48	12 37	12 23	12 6	11 58	11 49	11 39	11 28	11 15
8	14 51	14 35	14 18	14 1	13 41	13 29	13 15	12 59	12 40	12 30	12 20	12 8	11 55	11 39
9	15 41	15 23	15 6	14 47	14 26	14 13	13 59	13 41	13 20	13 10	12 59	12 46	12 30	12 12
10	16 30	16 12	15 55	15 36	15 14	15 2	14 47	14 30	14 8	13 58	13 46	13 33	13 17	12 59
11	17 18	17 1	16 44	16 26	16 6	15 54	15 40	15 23	15 3	14 53	14 42	14 29	14 15	13 58
12	18 4	17 49	17 34	17 17	16 59	16 48	16 36	16 21	16 3	15 54	15 45	15 34	15 21	15 7
13	18 47	18 35	18 22	18 9	17 53	17 44	17 34	17 21	17 6	16 59	16 52	16 43	16 33	16 22
14	19 29	19 20	19 10	19 0	18 48	18 41	18 33	18 23	18 12	18 7	18 1	17 55	17 47	17 39
15	20 10	20 3	19 57	19 50	19 42	19 37	19 32	19 26	19 19	19 15	19 11	19 7	19 2	18 57
16	20 50	20 47	20 44	20 40	20 37	20 34	20 32	20 29	20 26	20 24	20 22	20 20	20 18	20 16
17	21 29	21 30	21 30	21 31	21 32	21 32	21 33	21 33	21 34	21 34	21 34	21 34	21 35	21 35
18	22 10	22 14	22 18	22 23	22 28	22 31	22 34	22 38	22 43	22 45	22 48	22 50	22 53	22 56
19	22 53	23 0	23 8	23 17	23 26	23 32	23 38	23 46	23 55	23 59	— —	— —	— —	— —
20	23 38	23 50	— —	— —	— —	— —	— —	— —	— —	— —	0 3	0 8	0 14	0 20
21	— —	— —	0 1	0 13	0 27	0 35	0 44	0 55	1 8	1 14	1 21	1 29	1 37	1 47
22	0 29	0 43	0 57	1 13	1 30	1 40	1 52	2 6	2 23	2 31	2 40	2 50	3 2	3 15
23	1 24	1 40	1 57	2 14	2 35	2 47	3 1	3 17	3 37	3 47	3 57	4 10	4 24	4 40
24	2 23	2 41	2 59	3 18	3 39	3 52	4 7	4 24	4 45	4 56	5 7	5 20	5 36	5 54
25	3 27	3 44	4 1	4 20	4 41	4 53	5 7	5 24	5 45	5 54	6 5	6 18	6 32	6 49
26	4 31	4 47	5 2	5 18	5 37	5 48	6 0	6 15	6 33	6 41	6 50	7 1	7 12	7 26
27	5 35	5 47	5 59	6 12	6 27	6 36	6 46	6 57	7 11	7 17	7 24	7 32	7 40	7 50
28	6 36	6 44	6 53	7 2	7 12	7 18	7 25	7 32	7 42	7 46	7 50	7 55	8 1	8 8
29	7 34	7 38	7 43	7 47	7 53	7 56	7 59	8 3	8 8	8 10	8 12	8 15	8 17	8 21
30	8 29	8 29	8 29	8 30	8 30	8 30	8 31	8 31	8 31	8 31	8 31	8 31	8 31	8 32
31	9 22	9 18	9 15	9 11	9 6	9 4	9 1	8 57	8 53	8 51	8 49	8 47	8 45	8 42
Febr. 1	10 14	10 6	9 59	9 51	9 42	9 37	9 31	9 24	9 16	9 12	9 8	9 4	8 59	8 53
2	11 5	10 54	10 43	10 32	10 19	10 11	10 3	9 53	9 41	9 35	9 29	9 22	9 14	9 6
3	11 55	11 42	11 28	11 14	10 57	10 48	10 37	10 24	10 8	10 1	9 53	9 44	9 34	9 22
4	12 46	12 30	12 14	11 58	11 38	11 27	11 14	10 59	10 41	10 32	10 22	10 11	9 58	9 44
5	13 36	13 19	13 2	12 44	12 23	12 10	11 56	11 39	11 19	11 9	10 58	10 45	10 31	10 14
6	14 25	14 8	13 50	13 32	13 10	12 57	12 43	12 25	12 4	11 54	11 42	11 29	11 14	10 55
7	15 14	14 57	14 40	14 21	14 0	13 48	13 34	13 17	12 56	12 46	12 35	12 22	12 7	11 50
8	16 0	15 45	15 29	15 12	14 53	14 41	14 29	14 13	13 54	13 45	13 35	13 24	13 10	12 55
9	16 45	16 31	16 18	16 3	15 47	15 37	15 26	15 13	14 57	14 49	14 41	14 31	14 20	14 8
10	17 28	17 17	17 6	16 55	16 41	16 34	16 25	16 14	16 2	15 56	15 49	15 42	15 34	15 25

Mondaufgang 1956

Mittlere Ortszeit

Meridian von Greenwich

Tag	Geographische Breite													
	−10°	0°	+10°	+20°	+30°	+35°	+40°	+45°	+50°	+52°	+54°	+56°	+58°	+60°
1956	h m	h m	h m	h m	h m	h m	h m	h m	h m	h m	h m	h m	h m	h m
Febr. 10	4 43	4 55	5 7	5 20	5 35	5 43	5 53	6 4	6 18	6 25	6 32	6 39	6 48	6 58
11	5 31	5 40	5 49	5 59	6 10	6 17	6 24	6 32	6 42	6 47	6 52	6 58	7 4	7 12
12	6 18	6 24	6 30	6 37	6 44	6 48	6 52	6 58	7 4	7 7	7 10	7 14	7 18	7 22
13	7 6	7 8	7 10	7 13	7 16	7 18	7 20	7 22	7 25	7 26	7 27	7 29	7 30	7 32
14	7 53	7 52	7 51	7 50	7 48	7 47	7 46	7 46	7 44	7 44	7 43	7 43	7 42	7 41
15	8 42	8 37	8 32	8 27	8 21	8 18	8 14	8 10	8 5	8 3	8 0	7 57	7 54	7 51
16	9 32	9 24	9 16	9 7	8 57	8 51	8 44	8 37	8 28	8 24	8 19	8 14	8 9	8 2
17	10 25	10 14	10 2	9 49	9 35	9 27	9 18	9 7	8 54	8 48	8 42	8 35	8 26	8 17
18	11 21	11 6	10 52	10 36	10 19	10 9	9 57	9 43	9 27	9 19	9 10	9 1	8 50	8 37
19	12 19	12 2	11 46	11 28	11 8	10 56	10 43	10 27	10 7	9 58	9 48	9 36	9 23	9 7
20	13 19	13 2	12 44	12 25	12 4	11 51	11 37	11 20	10 59	10 49	10 37	10 25	10 10	9 52
21	14 19	14 2	13 45	13 27	13 6	12 53	12 39	12 23	12 2	11 52	11 41	11 28	11 14	10 56
22	15 17	15 2	14 47	14 31	14 12	14 1	13 48	13 34	13 15	13 7	12 57	12 46	12 34	12 19
23	16 13	16 1	15 48	15 35	15 20	15 11	15 1	14 49	14 35	14 28	14 21	14 12	14 3	13 52
24	17 5	16 57	16 48	16 39	16 28	16 22	16 15	16 7	15 57	15 52	15 47	15 42	15 35	15 28
25	17 55	17 50	17 45	17 41	17 35	17 32	17 28	17 24	17 19	17 16	17 14	17 11	17 8	17 4
26	18 42	18 41	18 41	18 40	18 40	18 40	18 39	18 39	18 38	18 38	18 38	18 38	18 38	18 37
27	19 28	19 31	19 35	19 39	19 43	19 46	19 49	19 52	19 56	19 58	20 0	20 2	20 5	20 8
28	20 13	20 20	20 28	20 36	20 45	20 50	20 56	21 3	21 12	21 15	21 20	21 25	21 30	21 36
29	20 58	21 9	21 20	21 32	21 45	21 53	22 1	22 12	22 24	22 30	22 37	22 44	22 52	23 2
März 1	21 45	21 58	22 12	22 27	22 43	22 53	23 4	23 18	23 34	23 42	23 50	— —	— —	— —
2	22 32	22 48	23 3	23 20	23 40	23 51	— —	— —	— —	— —	— —	0 0	0 11	0 23
3	23 20	23 37	23 54	— —	— —	— —	0 4	0 20	0 39	0 48	0 58	1 10	1 23	1 38
4	— —	— —	— —	0 12	0 33	0 46	1 0	1 17	1 38	1 47	1 59	2 11	2 26	2 44
5	0 9	0 27	0 44	1 2	1 24	1 36	1 51	2 8	2 29	2 39	2 50	3 3	3 18	3 36
6	0 59	1 15	1 32	1 50	2 10	2 22	2 36	2 52	3 12	3 22	3 32	3 44	3 58	4 15
7	1 48	2 3	2 18	2 35	2 53	3 4	3 16	3 31	3 49	3 57	4 6	4 17	4 29	4 43
8	2 37	2 50	3 3	3 17	3 32	3 42	3 52	4 4	4 19	4 26	4 34	4 42	4 52	5 3
9	3 25	3 35	3 45	3 56	4 9	4 16	4 24	4 34	4 45	4 50	4 56	5 3	5 10	5 18
10	4 13	4 20	4 27	4 35	4 43	4 48	4 54	5 0	5 8	5 12	5 16	5 20	5 25	5 30
11	5 0	5 4	5 8	5 12	5 16	5 19	5 22	5 25	5 29	5 31	5 33	5 35	5 38	5 41
12	5 48	5 48	5 48	5 49	5 49	5 49	5 49	5 50	5 50	5 50	5 50	5 50	5 50	5 51
13	6 37	6 34	6 30	6 27	6 23	6 20	6 17	6 14	6 11	6 9	6 7	6 5	6 3	6 1
14	7 28	7 21	7 14	7 6	6 58	6 53	6 47	6 41	6 33	6 30	6 26	6 22	6 17	6 12
15	8 21	8 11	8 0	7 49	7 36	7 29	7 21	7 11	6 59	6 54	6 48	6 42	6 34	6 26
16	9 17	9 3	8 50	8 35	8 19	8 9	7 58	7 46	7 30	7 23	7 15	7 7	6 57	6 45
17	10 14	9 58	9 43	9 26	9 6	8 55	8 42	8 27	8 9	8 0	7 50	7 39	7 27	7 12
18	11 13	10 56	10 39	10 21	10 0	9 48	9 34	9 17	8 57	8 47	8 36	8 24	8 9	7 52
19	12 12	11 55	11 38	11 20	10 59	10 47	10 33	10 16	9 55	9 45	9 34	9 22	9 7	8 50
20	13 10	12 54	12 38	12 21	12 2	11 51	11 38	11 22	11 3	10 54	10 44	10 33	10 20	10 4
21	14 5	13 51	13 38	13 24	13 7	12 58	12 47	12 34	12 18	12 11	12 3	11 54	11 43	11 31
22	14 57	14 47	14 36	14 26	14 13	14 6	13 58	13 48	13 37	13 32	13 26	13 19	13 11	13 3

Mittlere Ortszeit | Meridian von Greenwich

Tag	Geographische Breite													
	−10°	0°	+10°	+20°	+30°	+35°	+40°	+45°	+50°	+52°	+54°	+56°	+58°	+60°
1956	h m	h m	h m	h m	h m	h m	h m	h m	h m	h m	h m	h m	h m	h m
Febr. 10	17 28	17 17	17 6	16 55	16 41	16 34	16 25	16 14	16 2	15 56	15 49	15 42	15 34	15 25
11	18 9	18 1	17 54	17 46	17 36	17 31	17 24	17 17	17 8	17 4	17 0	16 55	16 49	16 43
12	18 49	18 45	18 41	18 36	18 31	18 28	18 25	18 21	18 16	18 14	18 11	18 9	18 5	18 2
13	19 30	19 29	19 28	19 28	19 27	19 26	19 26	19 25	19 24	19 24	19 24	19 23	19 23	19 22
14	20 10	20 13	20 16	20 20	20 23	20 25	20 28	20 31	20 34	20 35	20 37	20 39	20 41	20 43
15	20 53	20 59	21 6	21 13	21 21	21 26	21 31	21 37	21 45	21 48	21 52	21 56	22 1	22 6
16	21 37	21 47	21 57	22 8	22 21	22 28	22 36	22 46	22 57	23 3	23 9	23 15	23 23	23 31
17	22 25	22 38	22 52	23 6	23 22	23 31	23 42	23 55	— —	— —	— —	— —	— —	— —
18	23 17	23 33	23 49	— —	— —	— —	— —	— —	0 11	0 18	0 26	0 35	0 46	0 58
19	— —	— —	— —	0 5	0 25	0 36	0 49	1 4	1 23	1 32	1 42	1 53	2 7	2 22
20	0 13	0 30	0 48	1 6	1 27	1 39	1 54	2 11	2 32	2 42	2 53	3 6	3 20	3 38
21	1 13	1 30	1 48	2 6	2 28	2 40	2 54	3 11	3 32	3 42	3 53	4 6	4 21	4 39
22	2 14	2 31	2 47	3 4	3 24	3 36	3 49	4 4	4 23	4 32	4 42	4 54	5 6	5 22
23	3 16	3 30	3 44	3 59	4 16	4 25	4 36	4 49	5 5	5 12	5 20	5 29	5 39	5 51
24	4 17	4 28	4 38	4 49	5 2	5 9	5 17	5 27	5 38	5 44	5 49	5 56	6 3	6 11
25	5 16	5 22	5 29	5 36	5 44	5 48	5 54	5 59	6 6	6 10	6 13	6 17	6 21	6 26
26	6 12	6 15	6 17	6 20	6 23	6 25	6 27	6 29	6 31	6 32	6 34	6 35	6 37	6 39
27	7 7	7 5	7 4	7 2	7 0	6 59	6 58	6 56	6 54	6 54	6 53	6 52	6 51	6 50
28	8 0	7 55	7 49	7 43	7 37	7 33	7 29	7 24	7 18	7 15	7 12	7 9	7 5	7 1
29	8 53	8 44	8 35	8 25	8 14	8 8	8 0	7 52	7 42	7 37	7 32	7 27	7 20	7 13
März 1	9 45	9 33	9 20	9 7	8 53	8 44	8 34	8 23	8 9	8 3	7 55	7 48	7 39	7 29
2	10 37	10 22	10 7	9 52	9 34	9 23	9 11	8 57	8 40	8 32	8 23	8 13	8 2	7 49
3	11 28	11 12	10 55	10 38	10 17	10 6	9 52	9 36	9 17	9 7	8 57	8 45	8 32	8 16
4	12 18	12 1	11 44	11 26	11 4	10 52	10 38	10 21	10 0	9 50	9 38	9 26	9 11	8 53
5	13 7	12 50	12 33	12 15	11 54	11 41	11 27	11 10	10 49	10 39	10 28	10 15	10 0	9 43
6	13 55	13 39	13 23	13 5	12 45	12 34	12 20	12 5	11 45	11 36	11 25	11 13	11 0	10 44
7	14 40	14 26	14 12	13 56	13 39	13 28	13 17	13 3	12 46	12 38	12 29	12 18	12 7	11 53
8	15 23	15 12	15 0	14 47	14 33	14 24	14 15	14 3	13 49	13 43	13 36	13 28	13 19	13 8
9	16 5	15 57	15 48	15 38	15 27	15 21	15 14	15 5	14 55	14 51	14 45	14 40	14 33	14 26
10	16 46	16 41	16 35	16 29	16 23	16 19	16 14	16 9	16 3	16 0	15 56	15 53	15 49	15 44
11	17 27	17 25	17 23	17 21	17 18	17 17	17 15	17 13	17 11	17 10	17 9	17 8	17 6	17 5
12	18 8	18 10	18 12	18 13	18 15	18 16	18 18	18 19	18 21	18 22	18 23	18 24	18 25	18 26
13	18 51	18 56	19 1	19 7	19 14	19 17	19 22	19 27	19 33	19 35	19 38	19 42	19 45	19 50
14	19 35	19 44	19 53	20 3	20 14	20 20	20 27	20 35	20 46	20 50	20 56	21 1	21 8	21 15
15	20 23	20 35	20 47	21 0	21 15	21 24	21 34	21 46	22 0	22 7	22 14	22 22	22 32	22 43
16	21 14	21 29	21 44	22 0	22 18	22 29	22 41	22 56	23 13	23 22	23 31	23 42	23 54	— —
17	22 9	22 26	22 43	23 0	23 21	23 33	23 47	— —	— —	— —	— —	— —	— —	0 8
18	23 7	23 24	23 42	— —	— —	— —	— —	0 3	0 23	0 33	0 43	0 56	1 10	1 26
19	— —	— —	— —	0 0	0 21	0 34	0 48	1 5	1 25	1 35	1 46	1 59	2 14	2 31
20	0 7	0 23	0 40	0 58	1 18	1 30	1 43	1 59	2 19	2 28	2 38	2 50	3 3	3 19
21	1 7	1 22	1 36	1 52	2 9	2 20	2 31	2 45	3 2	3 10	3 18	3 28	3 39	3 52
22	2 6	2 18	2 30	2 42	2 56	3 4	3 13	3 24	3 37	3 43	3 50	3 57	4 5	4 15

Mondaufgang 1956

Mittlere Ortszeit

Meridian von Greenwich

Tag	Geographische Breite													
	−10°	0°	+10°	+20°	+30°	+35°	+40°	+45°	+50°	+52°	+54°	+56°	+58°	+60°
1956	h m	h m	h m	h m	h m	h m	h m	h m	h m	h m	h m	h m	h m	h m
März 22	14 57	14 47	14 36	14 26	14 13	14 6	13 58	13 48	13 37	13 32	13 26	13 19	13 11	13 3
23	15 46	15 39	15 33	15 26	15 19	15 14	15 9	15 3	14 56	14 53	14 49	14 45	14 41	14 36
24	16 32	16 30	16 28	16 25	16 22	16 21	16 19	16 17	16 14	16 13	16 12	16 10	16 9	16 7
25	17 18	17 20	17 21	17 23	17 25	17 27	17 28	17 30	17 32	17 32	17 33	17 35	17 36	17 37
26	18 3	18 9	18 14	18 20	18 27	18 31	18 36	18 41	18 47	18 50	18 53	18 57	19 1	19 6
27	18 49	18 58	19 7	19 17	19 28	19 35	19 42	19 51	20 2	20 7	20 12	20 18	20 25	20 33
28	19 35	19 48	20 0	20 13	20 28	20 37	20 47	20 59	21 13	21 20	21 28	21 36	21 46	21 57
29	20 23	20 38	20 52	21 8	21 26	21 37	21 49	22 3	22 21	22 30	22 39	22 49	23 1	23 16
30	21 12	21 28	21 44	22 2	22 22	22 34	22 48	23 4	23 24	23 33	23 44	23 56	— —	— —
31	22 1	22 18	22 35	22 53	23 14	23 27	23 41	23 58	— —	— —	— —	— —	0 10	0 26
April 1	22 51	23 8	23 24	23 42	— —	— —	— —	— —	0 19	0 29	0 40	0 52	1 7	1 25
2	23 40	23 56	— —	— —	0 3	0 15	0 29	0 45	1 6	1 15	1 26	1 38	1 53	2 9
3	— —	— —	0 12	0 28	0 48	0 59	1 12	1 27	1 45	1 54	2 4	2 15	2 27	2 42
4	0 29	0 43	0 57	1 11	1 28	1 38	1 49	2 2	2 18	2 25	2 34	2 43	2 53	3 5
5	1 17	1 28	1 40	1 52	2 6	2 13	2 22	2 33	2 46	2 52	2 58	3 5	3 13	3 22
6	2 4	2 13	2 21	2 30	2 40	2 46	2 53	3 1	3 10	3 14	3 19	3 24	3 30	3 36
7	2 52	2 57	3 2	3 8	3 14	3 17	3 21	3 26	3 32	3 34	3 37	3 40	3 44	3 47
8	3 40	3 41	3 43	3 45	3 47	3 48	3 49	3 51	3 53	3 53	3 54	3 55	3 57	3 58
9	4 28	4 26	4 24	4 22	4 20	4 19	4 17	4 16	4 14	4 13	4 12	4 11	4 9	4 8
10	5 19	5 13	5 8	5 2	4 55	4 51	4 47	4 42	4 36	4 33	4 30	4 27	4 24	4 19
11	6 12	6 3	5 54	5 44	5 33	5 27	5 19	5 11	5 1	4 57	4 52	4 46	4 40	4 33
12	7 8	6 55	6 43	6 30	6 15	6 6	5 56	5 45	5 31	5 25	5 18	5 10	5 1	4 51
13	8 7	7 51	7 36	7 20	7 2	6 51	6 39	6 25	6 8	6 0	5 51	5 40	5 29	5 16
14	9 7	8 50	8 33	8 15	7 55	7 43	7 30	7 13	6 54	6 44	6 34	6 22	6 8	5 52
15	10 7	9 50	9 33	9 14	8 53	8 41	8 27	8 11	7 50	7 40	7 29	7 17	7 2	6 45
16	11 5	10 49	10 33	10 16	9 56	9 45	9 31	9 16	8 56	8 47	8 37	8 25	8 12	7 56
17	12 1	11 47	11 33	11 18	11 1	10 51	10 40	10 26	10 9	10 2	9 53	9 43	9 32	9 19
18	12 53	12 42	12 31	12 19	12 6	11 58	11 49	11 39	11 26	11 20	11 14	11 6	10 58	10 49
19	13 42	13 35	13 27	13 19	13 10	13 5	12 59	12 52	12 43	12 40	12 35	12 31	12 25	12 19
20	14 28	14 25	14 21	14 17	14 13	14 10	14 7	14 4	14 0	13 58	13 56	13 54	13 51	13 49
21	15 13	15 14	15 14	15 14	15 14	15 15	15 15	15 15	15 15	15 16	15 16	15 16	15 16	15 16
22	15 57	16 2	16 6	16 10	16 15	16 18	16 21	16 25	16 30	16 32	16 34	16 37	16 40	16 43
23	16 42	16 50	16 57	17 6	17 15	17 21	17 27	17 34	17 43	17 47	17 52	17 57	18 3	18 9
24	17 28	17 38	17 49	18 1	18 15	18 23	18 32	18 42	18 55	19 1	19 8	19 15	19 24	19 33
25	18 15	18 28	18 42	18 57	19 13	19 23	19 35	19 48	20 4	20 12	20 21	20 30	20 41	20 54
26	19 3	19 19	19 34	19 51	20 10	20 22	20 35	20 50	21 9	21 18	21 28	21 40	21 53	22 8
27	19 52	20 9	20 26	20 44	21 5	21 17	21 31	21 47	22 7	22 17	22 28	22 41	22 55	23 12
28	20 42	20 59	21 16	21 34	21 55	22 7	22 21	22 38	22 58	23 8	23 19	23 31	23 46	— —
29	21 32	21 48	22 4	22 22	22 41	22 53	23 6	23 22	23 41	23 50	— —	— —	— —	0 3
30	22 22	22 36	22 51	23 6	23 24	23 34	23 46	— —	— —	— —	0 0	0 12	0 25	0 40
Mai 1	23 10	23 22	23 34	23 47	— —	— —	— —	0 0	0 16	0 24	0 33	0 43	0 54	1 7
2	23 57	— —	— —	— —	0 2	0 11	0 21	0 32	0 46	0 52	1 0	1 7	1 16	1 27

Monduntergang 1956

Mittlere Ortszeit — Meridian von Greenwich

Tag	Geographische Breite													
	−10°	0°	+10°	+20°	+30°	+35°	+40°	+45°	+50°	+52°	+54°	+56°	+58°	+60°
1956	h m	h m	h m	h m	h m	h m	h m	h m	h m	h m	h m	h m	h m	h m
März 22	2 6	2 18	2 30	2 42	2 56	3 4	3 13	3 24	3 37	3 43	3 50	3 57	4 5	4 15
23	3 4	3 12	3 20	3 29	3 38	3 44	3 50	3 58	4 6	4 11	4 15	4 20	4 25	4 31
24	3 59	4 4	4 8	4 12	4 18	4 21	4 24	4 28	4 32	4 34	4 36	4 39	4 42	4 45
25	4 53	4 54	4 54	4 55	4 55	4 55	4 55	4 56	4 56	4 56	4 56	4 56	4 56	4 56
26	5 47	5 43	5 39	5 36	5 31	5 29	5 26	5 23	5 19	5 17	5 15	5 13	5 10	5 8
27	6 40	6 32	6 25	6 17	6 8	6 3	5 57	5 51	5 43	5 39	5 35	5 31	5 26	5 20
28	7 32	7 22	7 11	7 0	6 47	6 39	6 31	6 21	6 9	6 3	5 57	5 50	5 43	5 34
29	8 25	8 11	7 58	7 44	7 27	7 18	7 7	6 54	6 39	6 31	6 23	6 14	6 4	5 53
30	9 17	9 2	8 46	8 30	8 11	7 59	7 47	7 32	7 13	7 5	6 55	6 44	6 32	6 17
31	10 9	9 52	9 35	9 17	8 57	8 45	8 31	8 14	7 54	7 45	7 34	7 21	7 7	6 51
April 1	10 59	10 42	10 25	10 7	9 46	9 33	9 19	9 2	8 42	8 32	8 21	8 8	7 53	7 36
2	11 47	11 31	11 15	10 57	10 37	10 25	10 11	9 55	9 35	9 26	9 15	9 3	8 49	8 33
3	12 34	12 19	12 4	11 48	11 30	11 19	11 7	10 52	10 34	10 26	10 16	10 5	9 53	9 39
4	13 18	13 5	12 52	12 39	12 23	12 14	12 4	11 51	11 36	11 29	11 21	11 13	11 3	10 51
5	14 0	13 50	13 40	13 29	13 17	13 10	13 2	12 52	12 41	12 35	12 29	12 23	12 15	12 7
6	14 41	14 34	14 27	14 20	14 11	14 7	14 1	13 55	13 47	13 43	13 39	13 35	13 30	13 24
7	15 22	15 18	15 15	15 11	15 7	15 4	15 2	14 58	14 54	14 52	14 50	14 48	14 46	14 43
8	16 3	16 3	16 3	16 3	16 3	16 3	16 3	16 3	16 3	16 3	16 3	16 3	16 3	16 4
9	16 45	16 49	16 52	16 56	17 1	17 4	17 7	17 10	17 14	17 16	17 18	17 21	17 23	17 26
10	17 29	17 37	17 44	17 52	18 1	18 6	18 12	18 19	18 28	18 32	18 36	18 41	18 46	18 52
11	18 17	18 28	18 38	18 50	19 3	19 11	19 20	19 31	19 43	19 49	19 56	20 3	20 11	20 20
12	19 8	19 22	19 36	19 50	20 8	20 18	20 29	20 42	20 59	21 7	21 15	21 25	21 36	21 49
13	20 3	20 19	20 35	20 52	21 12	21 23	21 37	21 52	22 12	22 21	22 31	22 43	22 56	23 12
14	21 1	21 18	21 35	21 54	22 15	22 27	22 41	22 58	23 18	23 28	23 39	23 51	— —	— —
15	22 2	22 18	22 35	22 53	23 13	23 25	23 39	23 55	— —	— —	— —	— —	0 6	0 23
16	23 2	23 17	23 32	23 48	— —	— —	— —	— —	0 15	0 24	0 35	0 47	1 0	1 17
17	— —	— —	— —	— —	0 7	0 17	0 29	0 44	1 1	1 9	1 18	1 29	1 40	1 54
18	0 1	0 14	0 26	0 39	0 54	1 3	1 13	1 24	1 38	1 45	1 52	2 0	2 9	2 19
19	0 58	1 7	1 17	1 26	1 37	1 44	1 51	1 59	2 9	2 14	2 19	2 24	2 31	2 38
20	1 53	1 59	2 4	2 10	2 17	2 20	2 25	2 30	2 35	2 38	2 41	2 44	2 48	2 52
21	2 46	2 48	2 50	2 52	2 53	2 55	2 56	2 57	2 59	3 0	3 1	3 2	3 3	3 4
22	3 39	3 36	3 34	3 32	3 29	3 28	3 26	3 24	3 22	3 21	3 20	3 18	3 17	3 15
23	4 30	4 24	4 19	4 12	4 5	4 1	3 57	3 51	3 45	3 42	3 39	3 35	3 31	3 27
24	5 22	5 13	5 4	4 54	4 42	4 36	4 29	4 20	4 10	4 5	4 0	3 54	3 48	3 40
25	6 15	6 2	5 50	5 37	5 22	5 13	5 3	4 52	4 38	4 31	4 24	4 16	4 7	3 57
26	7 7	6 52	6 38	6 22	6 4	5 54	5 42	5 28	5 10	5 2	4 53	4 43	4 32	4 19
27	7 59	7 43	7 27	7 9	6 49	6 38	6 24	6 8	5 49	5 40	5 29	5 18	5 4	4 49
28	8 50	8 34	8 17	7 58	7 38	7 25	7 11	6 55	6 34	6 24	6 13	6 1	5 46	5 29
29	9 40	9 23	9 7	8 49	8 28	8 16	8 2	7 46	7 26	7 16	7 5	6 53	6 39	6 22
30	10 27	10 12	9 56	9 40	9 21	9 9	8 57	8 42	8 23	8 14	8 4	7 53	7 40	7 25
Mai 1	11 12	10 58	10 45	10 30	10 14	10 4	9 53	9 40	9 24	9 16	9 8	8 58	8 48	8 35
2	11 55	11 44	11 33	11 21	11 7	10 59	10 50	10 40	10 27	10 21	10 14	10 7	9 59	9 49

Mondaufgang 1956

Mittlere Ortszeit

Meridian von Greenwich

Tag	Geographische Breite													
	−10°	0°	+10°	+20°	+30°	+35°	+40°	+45°	+50°	+52°	+54°	+56°	+58°	+60°
1956	h m	h m	h m	h m	h m	h m	h m	h m	h m	h m	h m	h m	h m	h m
Mai 2	23 57	— —	— —	— —	0 2	0 11	0 21	0 32	0 46	0 52	1 0	1 7	1 16	1 27
3	— —	0 6	0 16	0 26	0 38	0 44	0 52	1 1	1 11	1 16	1 21	1 27	1 34	1 41
4	0 44	0 50	0 57	1 3	1 11	1 16	1 21	1 27	1 34	1 37	1 40	1 44	1 49	1 54
5	1 30	1 34	1 37	1 40	1 44	1 46	1 48	1 51	1 55	1 56	1 58	2 0	2 2	2 4
6	2 18	2 18	2 17	2 17	2 16	2 16	2 16	2 16	2 15	2 15	2 15	2 15	2 15	2 14
7	3 7	3 3	2 59	2 55	2 50	2 48	2 44	2 41	2 37	2 35	2 33	2 31	2 28	2 25
8	3 59	3 51	3 44	3 36	3 27	3 21	3 16	3 9	3 1	2 57	2 53	2 48	2 43	2 38
9	4 54	4 43	4 32	4 20	4 7	3 59	3 50	3 40	3 28	3 23	3 17	3 10	3 2	2 54
10	5 52	5 38	5 24	5 9	4 52	4 42	4 31	4 18	4 3	3 55	3 47	3 38	3 27	3 15
11	6 53	6 37	6 21	6 4	5 44	5 32	5 19	5 4	4 45	4 36	4 26	4 15	4 2	3 47
12	7 55	7 38	7 21	7 3	6 42	6 30	6 16	5 59	5 39	5 29	5 18	5 6	4 52	4 35
13	8 56	8 40	8 23	8 6	7 45	7 33	7 20	7 4	6 44	6 34	6 24	6 11	5 58	5 41
14	9 55	9 40	9 25	9 10	8 52	8 41	8 29	8 15	7 57	7 49	7 39	7 29	7 17	7 3
15	10 49	10 37	10 26	10 13	9 58	9 50	9 40	9 29	9 15	9 8	9 1	8 53	8 44	8 33
16	11 40	11 31	11 23	11 14	11 4	10 58	10 51	10 43	10 33	10 29	10 24	10 18	10 12	10 5
17	12 27	12 22	12 18	12 13	12 7	12 4	12 0	11 56	11 50	11 48	11 45	11 42	11 39	11 35
18	13 12	13 11	13 10	13 9	13 8	13 8	13 7	13 6	13 6	13 5	13 5	13 4	13 4	13 3
19	13 56	13 59	14 2	14 5	14 9	14 11	14 13	14 16	14 19	14 21	14 23	14 24	14 27	14 29
20	14 40	14 46	14 53	15 0	15 8	15 12	15 18	15 24	15 31	15 35	15 39	15 43	15 48	15 53
21	15 24	15 34	15 44	15 54	16 7	16 14	16 22	16 31	16 43	16 48	16 54	17 1	17 8	17 16
22	16 10	16 22	16 35	16 49	17 5	17 14	17 24	17 37	17 52	17 59	18 7	18 16	18 26	18 37
23	16 57	17 12	17 27	17 43	18 2	18 12	18 25	18 40	18 58	19 6	19 16	19 27	19 39	19 54
24	17 46	18 2	18 19	18 36	18 56	19 8	19 22	19 38	19 58	20 8	20 18	20 31	20 45	21 1
25	18 36	18 52	19 9	19 27	19 48	20 0	20 15	20 31	20 52	21 2	21 13	21 25	21 40	21 57
26	19 26	19 42	19 58	20 16	20 36	20 48	21 2	21 18	21 38	21 47	21 57	22 9	22 23	22 39
27	20 15	20 30	20 45	21 2	21 20	21 31	21 43	21 58	22 16	22 24	22 33	22 44	22 56	23 10
28	21 4	21 17	21 30	21 44	22 0	22 9	22 20	22 32	22 47	22 54	23 2	23 11	23 20	23 32
29	21 51	22 2	22 12	22 24	22 36	22 44	22 52	23 2	23 14	23 19	23 25	23 32	23 39	23 48
30	22 38	22 45	22 53	23 1	23 10	23 16	23 22	23 29	23 37	23 41	23 45	23 50	23 55	— —
31	23 24	23 28	23 32	23 37	23 43	23 46	23 49	23 53	23 58	— —	— —	— —	— —	0 1
Juni 1	— —	— —	— —	— —	— —	— —	— —	— —	— —	0 0	0 3	0 5	0 8	0 12
2	0 10	0 11	0 12	0 13	0 15	0 15	0 16	0 17	0 18	0 19	0 20	0 20	0 21	0 22
3	0 57	0 55	0 52	0 50	0 47	0 45	0 43	0 41	0 39	0 38	0 37	0 35	0 34	0 32
4	1 46	1 40	1 34	1 28	1 21	1 17	1 13	1 7	1 1	0 58	0 55	0 52	0 48	0 43
5	2 39	2 29	2 20	2 10	1 59	1 52	1 45	1 36	1 26	1 21	1 16	1 11	1 4	0 57
6	3 35	3 22	3 9	2 56	2 41	2 32	2 22	2 10	1 56	1 50	1 43	1 35	1 26	1 15
7	4 34	4 19	4 4	3 48	3 29	3 18	3 6	2 52	2 34	2 26	2 17	2 7	1 55	1 42
8	5 36	5 20	5 3	4 45	4 25	4 13	3 59	3 43	3 23	3 13	3 3	2 51	2 37	2 21
9	6 40	6 23	6 6	5 48	5 27	5 15	5 1	4 44	4 23	4 14	4 3	3 50	3 36	3 19
10	7 41	7 26	7 10	6 53	6 34	6 22	6 9	5 54	5 35	5 26	5 16	5 5	4 52	4 37
11	8 40	8 26	8 13	7 59	7 43	7 33	7 23	7 10	6 54	6 47	6 39	6 30	6 20	6 8
12	9 33	9 24	9 14	9 3	8 51	8 44	8 36	8 27	8 16	8 10	8 5	7 58	7 51	7 42

Monduntergang 1956

Mittlere Ortszeit — Meridian von Greenwich

Tag	−10°	0°	+10°	+20°	+30°	+35°	+40°	+45°	+50°	+52°	+54°	+56°	+58°	+60°
1956	h m	h m	h m	h m	h m	h m	h m	h m	h m	h m	h m	h m	h m	h m
Mai 2	11 55	11 44	11 33	11 21	11 7	10 59	10 50	10 40	10 27	10 21	10 14	10 7	9 59	9 49
3	12 36	12 28	12 19	12 11	12 1	11 55	11 48	11 41	11 32	11 27	11 22	11 17	11 11	11 5
4	13 16	13 11	13 6	13 1	12 55	12 51	12 47	12 43	12 37	12 35	12 32	12 29	12 25	12 21
5	13 56	13 54	13 53	13 52	13 50	13 49	13 48	13 46	13 45	13 44	13 43	13 42	13 41	13 40
6	14 37	14 39	14 41	14 44	14 46	14 48	14 49	14 51	14 54	14 55	14 56	14 57	14 59	15 1
7	15 20	15 26	15 31	15 38	15 45	15 49	15 54	15 59	16 5	16 8	16 12	16 15	16 19	16 24
8	16 6	16 15	16 25	16 35	16 46	16 53	17 0	17 9	17 20	17 25	17 30	17 36	17 43	17 51
9	16 56	17 8	17 21	17 35	17 50	17 59	18 9	18 21	18 36	18 43	18 51	18 59	19 9	19 20
10	17 50	18 6	18 21	18 37	18 56	19 7	19 19	19 34	19 52	20 1	20 10	20 21	20 34	20 48
11	18 49	19 6	19 22	19 40	20 1	20 13	20 27	20 43	21 3	21 13	21 24	21 36	21 50	22 7
12	19 51	20 8	20 25	20 43	21 3	21 15	21 29	21 46	22 6	22 16	22 27	22 39	22 53	23 9
13	20 53	21 9	21 25	21 41	22 0	22 12	22 24	22 39	22 58	23 6	23 16	23 27	23 39	23 53
14	21 54	22 8	22 21	22 35	22 52	23 1	23 11	23 24	23 39	23 46	23 54	— —	— —	— —
15	22 53	23 4	23 14	23 25	23 37	23 44	23 52	— —	— —	— —	— —	0 2	0 12	0 23
16	23 49	23 56	— —	— —	— —	— —	— —	0 1	0 12	0 17	0 23	0 29	0 36	0 44
17	— —	— —	0 3	0 10	0 17	0 22	0 27	0 33	0 40	0 43	0 47	0 50	0 55	1 0
18	0 43	0 46	0 49	0 52	0 55	0 57	0 59	1 1	1 4	1 5	1 7	1 8	1 10	1 12
19	1 35	1 34	1 33	1 32	1 31	1 30	1 29	1 28	1 27	1 26	1 26	1 25	1 24	1 24
20	2 26	2 21	2 17	2 12	2 6	2 3	1 59	1 54	1 49	1 47	1 44	1 42	1 38	1 35
21	3 17	3 9	3 1	2 52	2 42	2 36	2 30	2 22	2 13	2 9	2 4	1 59	1 54	1 48
22	4 8	3 57	3 46	3 34	3 20	3 12	3 3	2 52	2 40	2 34	2 27	2 20	2 12	2 3
23	5 0	4 46	4 32	4 17	4 0	3 51	3 39	3 26	3 10	3 2	2 54	2 45	2 34	2 22
24	5 52	5 36	5 20	5 3	4 44	4 33	4 20	4 5	3 46	3 37	3 27	3 16	3 3	2 48
25	6 43	6 26	6 10	5 52	5 31	5 19	5 5	4 49	4 28	4 19	4 8	3 56	3 41	3 25
26	7 33	7 16	7 0	6 42	6 21	6 9	5 55	5 38	5 18	5 8	4 57	4 44	4 30	4 13
27	8 21	8 6	7 50	7 32	7 13	7 1	6 48	6 32	6 13	6 4	5 53	5 42	5 28	5 12
28	9 7	8 53	8 39	8 23	8 6	7 55	7 44	7 30	7 13	7 5	6 56	6 46	6 34	6 20
29	9 51	9 39	9 27	9 14	8 59	8 51	8 41	8 29	8 15	8 8	8 1	7 53	7 44	7 33
30	10 32	10 23	10 14	10 4	9 52	9 46	9 38	9 30	9 19	9 14	9 9	9 3	8 56	8 48
31	11 12	11 6	11 0	10 53	10 46	10 41	10 36	10 31	10 24	10 20	10 17	10 13	10 8	10 3
Juni 1	11 51	11 48	11 46	11 43	11 39	11 37	11 35	11 32	11 29	11 27	11 26	11 24	11 22	11 20
2	12 31	12 32	12 32	12 33	12 34	12 34	12 35	12 35	12 36	12 36	12 36	12 37	12 37	12 38
3	13 12	13 16	13 20	13 25	13 30	13 33	13 36	13 40	13 45	13 47	13 49	13 52	13 55	13 58
4	13 56	14 3	14 11	14 19	14 29	14 34	14 40	14 47	14 56	15 0	15 5	15 10	15 15	15 21
5	14 43	14 54	15 5	15 17	15 30	15 38	15 47	15 58	16 11	16 17	16 23	16 31	16 39	16 49
6	15 34	15 48	16 2	16 17	16 35	16 45	16 56	17 10	17 26	17 34	17 43	17 53	18 4	18 17
7	16 31	16 47	17 3	17 21	17 41	17 52	18 6	18 21	18 41	18 50	19 0	19 12	19 25	19 41
8	17 32	17 49	18 6	18 25	18 46	18 58	19 12	19 28	19 49	19 59	20 10	20 22	20 36	20 54
9	18 36	18 53	19 9	19 27	19 47	19 59	20 12	20 28	20 47	20 57	21 7	21 18	21 32	21 47
10	19 40	19 55	20 9	20 25	20 42	20 53	21 4	21 18	21 34	21 42	21 51	22 0	22 11	22 24
11	20 42	20 54	21 6	21 18	21 32	21 40	21 49	21 59	22 12	22 18	22 24	22 31	22 39	22 49
12	21 42	21 50	21 58	22 6	22 15	22 21	22 27	22 34	22 43	22 47	22 51	22 56	23 1	23 7

Mondaufgang 1956

Mittlere Ortszeit — Meridian von Greenwich

Tag	Geographische Breite													
	−10°	0°	+10°	+20°	+30°	+35°	+40°	+45°	+50°	+52°	+54°	+56°	+58°	+60°
1956	h m	h m	h m	h m	h m	h m	h m	h m	h m	h m	h m	h m	h m	h m
Juni 12	9 33	9 24	9 14	9 3	8 51	8 44	8 36	8 27	8 16	8 10	8 5	7 58	7 51	7 42
13	10 23	10 17	10 11	10 5	9 58	9 53	9 48	9 43	9 36	9 33	9 29	9 26	9 21	9 16
14	11 10	11 8	11 6	11 4	11 1	11 0	10 58	10 56	10 54	10 53	10 52	10 50	10 49	10 47
15	11 55	11 57	11 59	12 1	12 3	12 4	12 5	12 7	12 9	12 10	12 11	12 12	12 14	12 15
16	12 39	12 44	12 50	12 56	13 3	13 7	13 11	13 16	13 22	13 25	13 29	13 32	13 36	13 40
17	13 23	13 32	13 41	13 50	14 1	14 8	14 15	14 24	14 34	14 39	14 44	14 50	14 56	15 4
18	14 8	14 20	14 32	14 45	14 59	15 8	15 17	15 29	15 43	15 50	15 57	16 5	16 14	16 25
19	14 54	15 9	15 23	15 38	15 56	16 6	16 18	16 32	16 50	16 58	17 7	17 17	17 29	17 42
20	15 42	15 58	16 14	16 31	16 51	17 3	17 16	17 32	17 51	18 1	18 11	18 23	18 37	18 52
21	16 31	16 48	17 5	17 23	17 44	17 56	18 10	18 26	18 47	18 57	19 8	19 20	19 35	19 52
22	17 21	17 37	17 54	18 12	18 33	18 45	18 59	19 15	19 35	19 45	19 56	20 8	20 22	20 39
23	18 10	18 26	18 42	18 59	19 18	19 29	19 42	19 57	20 16	20 24	20 34	20 45	20 58	21 13
24	18 59	19 13	19 27	19 42	19 59	20 9	20 20	20 33	20 50	20 57	21 5	21 15	21 25	21 38
25	19 47	19 59	20 10	20 23	20 37	20 45	20 54	21 5	21 18	21 24	21 31	21 38	21 46	21 56
26	20 34	20 43	20 51	21 1	21 11	21 18	21 24	21 33	21 42	21 47	21 51	21 57	22 3	22 10
27	21 20	21 25	21 31	21 37	21 44	21 48	21 52	21 58	22 4	22 6	22 10	22 13	22 17	22 21
28	22 5	22 8	22 10	22 13	22 16	22 17	22 19	22 21	22 24	22 25	22 26	22 28	22 29	22 31
29	22 51	22 50	22 49	22 48	22 47	22 46	22 46	22 45	22 44	22 43	22 43	22 42	22 42	22 41
30	23 39	23 34	23 30	23 25	23 20	23 17	23 13	23 9	23 5	23 2	23 0	22 57	22 55	22 51
Juli 1	— —	— —	— —	— —	23 55	23 49	23 43	23 36	23 28	23 24	23 19	23 15	23 10	23 4
2	0 28	0 20	0 12	0 4	— —	— —	— —	— —	23 54	23 49	23 42	23 36	23 28	23 19
3	1 21	1 9	0 58	0 47	0 33	0 25	0 17	0 7	— —	— —	— —	— —	23 52	23 40
4	2 17	2 3	1 49	1 34	1 17	1 7	0 56	0 43	0 27	0 20	0 12	0 3	— —	— —
5	3 17	3 0	2 44	2 27	2 8	1 56	1 43	1 28	1 9	1 0	0 51	0 39	0 27	0 12
6	4 19	4 2	3 45	3 27	3 6	2 54	2 40	2 23	2 3	1 53	1 42	1 30	1 16	0 59
7	5 22	5 5	4 49	4 31	4 10	3 59	3 45	3 29	3 9	2 59	2 49	2 37	2 23	2 6
8	6 22	6 8	5 53	5 38	5 20	5 9	4 57	4 43	4 25	4 17	4 8	3 57	3 46	3 32
9	7 20	7 8	6 57	6 44	6 30	6 22	6 12	6 1	5 48	5 42	5 35	5 27	5 18	5 8
10	8 13	8 6	7 58	7 49	7 40	7 34	7 28	7 20	7 11	7 7	7 3	6 58	6 52	6 46
11	9 3	9 0	8 56	8 52	8 47	8 44	8 41	8 38	8 33	8 31	8 29	8 27	8 24	8 21
12	9 51	9 51	9 51	9 51	9 52	9 52	9 52	9 52	9 52	9 53	9 53	9 53	9 53	9 53
13	10 36	10 40	10 44	10 49	10 54	10 57	11 0	11 4	11 9	11 11	11 13	11 16	11 19	11 22
14	11 21	11 29	11 36	11 45	11 54	12 0	12 6	12 13	12 22	12 26	12 31	12 36	12 42	12 48
15	12 6	12 17	12 28	12 40	12 53	13 1	13 10	13 21	13 33	13 39	13 46	13 53	14 2	14 11
16	12 52	13 6	13 19	13 34	13 51	14 1	14 12	14 25	14 41	14 49	14 57	15 7	15 18	15 30
17	13 40	13 55	14 11	14 27	14 47	14 58	15 11	15 26	15 45	15 54	16 4	16 15	16 28	16 43
18	14 28	14 45	15 1	15 19	15 40	15 52	16 6	16 22	16 42	16 52	17 3	17 15	17 29	17 46
19	15 17	15 34	15 51	16 9	16 30	16 42	16 56	17 13	17 33	17 43	17 53	18 6	18 20	18 37
20	16 7	16 23	16 39	16 56	17 16	17 28	17 41	17 57	18 16	18 25	18 35	18 47	19 0	19 15
21	16 56	17 11	17 25	17 41	17 59	18 9	18 21	18 35	18 52	19 0	19 9	19 19	19 30	19 43
22	17 44	17 57	18 9	18 22	18 37	18 46	18 56	19 8	19 22	19 28	19 36	19 44	19 53	20 3
23	18 31	18 41	18 51	19 1	19 13	19 20	19 28	19 37	19 48	19 53	19 58	20 4	20 11	20 19

Monduntergang 1956

Mittlere Ortszeit

Meridian von Greenwich

Tag	Geographische Breite													
	−10°	0°	+10°	+20°	+30°	+35°	+40°	+45°	+50°	+52°	+54°	+56°	+58°	+60°
1956	h m	h m	h m	h m	h m	h m	h m	h m	h m	h m	h m	h m	h m	h m
Juni 12	21 42	21 50	21 58	22 6	22 15	22 21	22 27	22 34	22 43	22 47	22 51	22 56	23 1	23 7
13	22 38	22 42	22 46	22 50	22 55	22 58	23 1	23 4	23 9	23 11	23 13	23 15	23 18	23 21
14	23 31	23 31	23 32	23 32	23 32	23 32	23 32	23 32	23 32	23 32	23 32	23 32	23 33	23 33
15	— —	— —	— —	— —	— —	— —	— —	23 59	23 55	23 53	23 51	23 49	23 47	23 44
16	0 23	0 20	0 16	0 12	0 8	0 5	0 2	— —	— —	— —	— —	— —	— —	23 56
17	1 14	1 7	1 0	0 52	0 44	0 39	0 33	0 26	0 19	0 15	0 11	0 7	0 2	— —
18	2 5	1 55	1 44	1 33	1 21	1 13	1 5	0 55	0 44	0 38	0 32	0 26	0 19	0 10
19	2 56	2 43	2 30	2 16	2 0	1 51	1 40	1 28	1 13	1 6	0 58	0 49	0 39	0 28
20	3 48	3 32	3 17	3 1	2 42	2 31	2 19	2 4	1 46	1 38	1 28	1 18	1 6	0 52
21	4 39	4 22	4 6	3 48	3 27	3 16	3 2	2 46	2 26	2 17	2 6	1 54	1 40	1 24
22	5 29	5 12	4 55	4 37	4 16	4 4	3 50	3 33	3 12	3 3	2 52	2 39	2 24	2 7
23	6 17	6 1	5 45	5 27	5 7	4 55	4 42	4 25	4 6	3 56	3 45	3 33	3 19	3 3
24	7 4	6 49	6 34	6 18	6 0	5 49	5 36	5 22	5 4	4 55	4 46	4 35	4 23	4 8
25	7 48	7 35	7 23	7 9	6 53	6 44	6 33	6 21	6 5	5 58	5 50	5 41	5 31	5 20
26	8 30	8 20	8 10	7 59	7 46	7 39	7 31	7 21	7 9	7 3	6 57	6 50	6 43	6 34
27	9 11	9 3	8 56	8 48	8 39	8 34	8 28	8 21	8 13	8 9	8 5	8 0	7 55	7 49
28	9 50	9 46	9 42	9 37	9 32	9 29	9 26	9 22	9 18	9 16	9 13	9 11	9 8	9 4
29	10 29	10 28	10 27	10 27	10 26	10 25	10 25	10 24	10 23	10 23	10 22	10 22	10 21	10 21
30	11 8	11 11	11 14	11 17	11 20	11 22	11 24	11 27	11 30	11 31	11 32	11 34	11 36	11 38
Juli 1	11 50	11 56	12 2	12 9	12 16	12 20	12 25	12 31	12 38	12 41	12 45	12 49	12 53	12 58
2	12 34	12 43	12 53	13 3	13 15	13 22	13 29	13 38	13 49	13 54	14 0	14 6	14 13	14 21
3	13 22	13 34	13 47	14 1	14 16	14 25	14 35	14 48	15 2	15 9	15 17	15 26	15 35	15 47
4	14 15	14 30	14 45	15 1	15 20	15 31	15 43	15 58	16 16	16 25	16 34	16 45	16 57	17 12
5	15 13	15 29	15 46	16 4	16 24	16 36	16 50	17 6	17 27	17 36	17 47	17 59	18 13	18 30
6	16 15	16 32	16 49	17 7	17 27	17 40	17 53	18 10	18 30	18 40	18 51	19 3	19 17	19 33
7	17 19	17 35	17 51	18 7	18 26	18 38	18 50	19 5	19 23	19 32	19 42	19 52	20 5	20 19
8	18 24	18 37	18 50	19 4	19 20	19 29	19 40	19 52	20 7	20 13	20 21	20 29	20 39	20 50
9	19 26	19 36	19 46	19 56	20 8	20 14	20 22	20 31	20 41	20 46	20 51	20 57	21 4	21 11
10	20 26	20 32	20 37	20 44	20 51	20 55	20 59	21 4	21 10	21 13	21 16	21 20	21 23	21 28
11	21 22	21 24	21 26	21 28	21 30	21 31	21 33	21 34	21 36	21 37	21 38	21 39	21 40	21 41
12	22 17	22 14	22 12	22 10	22 7	22 6	22 4	22 2	22 0	21 59	21 57	21 56	21 55	21 53
13	23 9	23 3	22 58	22 51	22 44	22 40	22 35	22 30	22 24	22 21	22 17	22 14	22 10	22 6
14	— —	23 52	23 43	23 33	23 21	23 15	23 7	22 59	22 49	22 44	22 39	22 33	22 26	22 19
15	0 1	— —	— —	— —	— —	23 52	23 42	23 30	23 16	23 10	23 3	22 55	22 46	22 36
16	0 53	0 40	0 28	0 15	0 0	— —	— —	— —	23 48	23 40	23 32	23 22	23 10	22 57
17	1 44	1 30	1 15	0 59	0 42	0 31	0 19	0 5	— —	— —	— —	23 55	23 42	23 26
18	2 35	2 19	2 3	1 46	1 26	1 14	1 1	0 45	0 26	0 17	0 7	— —	— —	— —
19	3 26	3 9	2 52	2 34	2 13	2 1	1 47	1 30	1 10	1 0	0 49	0 37	0 23	0 6
20	4 15	3 58	3 41	3 24	3 3	2 51	2 37	2 21	2 1	1 51	1 40	1 28	1 14	0 57
21	5 2	4 46	4 31	4 14	3 55	3 44	3 31	3 16	2 57	2 48	2 38	2 27	2 14	1 59
22	5 47	5 33	5 19	5 5	4 48	4 38	4 27	4 14	3 57	3 50	3 41	3 32	3 21	3 8
23	6 30	6 18	6 7	5 55	5 41	5 33	5 24	5 13	5 0	4 54	4 47	4 40	4 31	4 22

Mondaufgang 1956

Mittlere Ortszeit

Meridian von Greenwich

Tag	Geographische Breite													
	−10°	0°	+10°	+20°	+30°	+35°	+40°	+45°	+50°	+52°	+54°	+56°	+58°	+60°
1956	h m	h m	h m	h m	h m	h m	h m	h m	h m	h m	h m	h m	h m	h m
Juli 23	18 31	18 41	18 51	19 1	19 13	19 20	19 28	19 37	19 48	19 53	19 58	20 4	20 11	20 19
24	19 18	19 25	19 31	19 38	19 47	19 51	19 57	20 3	20 10	20 14	20 17	20 21	20 26	20 31
25	20 3	20 7	20 10	20 14	20 19	20 21	20 24	20 27	20 31	20 33	20 35	20 37	20 39	20 42
26	20 49	20 49	20 49	20 50	20 50	20 50	20 50	20 51	20 51	20 51	20 51	20 51	20 51	20 52
27	21 35	21 32	21 29	21 26	21 22	21 20	21 17	21 14	21 11	21 10	21 8	21 6	21 4	21 2
28	22 23	22 17	22 10	22 3	21 55	21 51	21 46	21 40	21 33	21 30	21 26	21 22	21 18	21 13
29	23 13	23 3	22 54	22 43	22 32	22 25	22 17	22 8	21 57	21 53	21 47	21 41	21 35	21 27
30	— —	23 54	23 41	23 27	23 12	23 3	22 53	22 41	22 27	22 20	22 13	22 5	21 56	21 45
31	0 6	— —	— —	— —	23 58	23 47	23 35	23 21	23 3	22 55	22 46	22 36	22 24	22 11
Aug. 1	1 3	0 48	0 32	0 16	— —	— —	— —	— —	23 50	23 40	23 30	23 18	23 5	22 49
2	2 2	1 45	1 29	1 11	0 51	0 39	0 25	0 9	— —	— —	— —	— —	— —	23 44
3	3 3	2 46	2 29	2 11	1 50	1 38	1 24	1 8	0 48	0 38	0 27	0 15	0 1	— —
4	4 3	3 48	3 32	3 15	2 56	2 45	2 32	2 16	1 57	1 48	1 39	1 27	1 14	0 59
5	5 2	4 49	4 36	4 21	4 5	3 56	3 45	3 32	3 16	3 9	3 1	2 52	2 41	2 29
6	5 58	5 48	5 38	5 28	5 15	5 8	5 0	4 51	4 40	4 34	4 28	4 22	4 15	4 6
7	6 50	6 44	6 38	6 32	6 25	6 21	6 16	6 10	6 4	6 0	5 57	5 53	5 49	5 44
8	7 40	7 38	7 37	7 35	7 32	7 31	7 30	7 28	7 26	7 25	7 24	7 23	7 22	7 20
9	8 28	8 30	8 33	8 35	8 38	8 39	8 41	8 43	8 46	8 47	8 49	8 50	8 52	8 53
10	9 15	9 21	9 27	9 34	9 41	9 45	9 50	9 56	10 3	10 6	10 10	10 14	10 18	10 23
11	10 1	10 11	10 20	10 31	10 43	10 49	10 57	11 6	11 18	11 23	11 28	11 35	11 42	11 50
12	10 48	11 1	11 13	11 27	11 42	11 51	12 2	12 14	12 29	12 35	12 43	12 52	13 2	13 13
13	11 36	11 51	12 6	12 21	12 40	12 50	13 2	13 17	13 35	13 43	13 53	14 3	14 15	14 30
14	12 25	12 41	12 57	13 14	13 34	13 46	14 0	14 16	14 35	14 45	14 55	15 7	15 21	15 37
15	13 14	13 31	13 47	14 5	14 26	14 38	14 52	15 8	15 29	15 38	15 49	16 1	16 16	16 32
16	14 3	14 20	14 36	14 53	15 13	15 25	15 39	15 55	16 14	16 23	16 34	16 46	16 59	17 15
17	14 52	15 8	15 23	15 39	15 57	16 8	16 20	16 35	16 52	17 1	17 10	17 20	17 32	17 46
18	15 41	15 54	16 7	16 21	16 37	16 47	16 57	17 10	17 25	17 32	17 39	17 48	17 58	18 9
19	16 29	16 39	16 50	17 1	17 14	17 22	17 30	17 40	17 52	17 57	18 3	18 10	18 18	18 26
20	17 15	17 23	17 31	17 39	17 49	17 54	18 0	18 7	18 16	18 20	18 24	18 29	18 34	18 40
21	18 1	18 6	18 11	18 16	18 21	18 24	18 28	18 32	18 37	18 40	18 42	18 45	18 48	18 51
22	18 47	18 49	18 50	18 51	18 53	18 54	18 55	18 56	18 58	18 58	18 59	19 0	19 1	19 2
23	19 34	19 32	19 30	19 28	19 25	19 24	19 22	19 20	19 18	19 17	19 16	19 15	19 14	19 12
24	20 21	20 16	20 10	20 5	19 58	19 54	19 50	19 45	19 40	19 37	19 34	19 31	19 28	19 24
25	21 10	21 2	20 53	20 44	20 33	20 27	20 21	20 13	20 4	19 59	19 55	19 49	19 44	19 37
26	22 2	21 50	21 39	21 26	21 12	21 4	20 55	20 44	20 31	20 25	20 19	20 11	20 3	19 54
27	22 56	22 42	22 28	22 13	21 55	21 45	21 34	21 21	21 4	20 57	20 48	20 39	20 28	20 16
28	23 53	23 37	23 21	23 4	22 44	22 33	22 20	22 5	21 46	21 37	21 27	21 16	21 3	20 48
29	— —	— —	— —	— —	23 39	23 27	23 13	22 57	22 37	22 28	22 17	22 5	21 51	21 35
30	0 51	0 34	0 17	0 0	— —	— —	— —	23 59	23 40	23 31	23 20	23 9	22 55	22 39
31	1 49	1 33	1 17	1 0	0 40	0 28	0 15	— —	— —	— —	— —	— —	— —	— —
Sept. 1	2 47	2 33	2 18	2 3	1 45	1 35	1 23	1 9	0 52	0 44	0 35	0 25	0 13	0 0
2	3 43	3 31	3 20	3 8	2 53	2 45	2 36	2 25	2 11	2 5	1 58	1 50	1 42	1 31

Monduntergang 1956

Mittlere Ortszeit | Meridian von Greenwich

Tag	−10°	0°	+10°	+20°	+30°	+35°	+40°	+45°	+50°	+52°	+54°	+56°	+58°	+60°
	Geographische Breite													
1956	h m	h m	h m	h m	h m	h m	h m	h m	h m	h m	h m	h m	h m	h m
Juli 23	6 30	6 18	6 7	5 55	5 41	5 33	5 24	5 13	5 0	4 54	4 47	4 40	4 31	4 22
24	7 10	7 2	6 54	6 45	6 35	6 29	6 22	6 14	6 4	6 0	5 55	5 50	5 43	5 37
25	7 50	7 45	7 40	7 34	7 28	7 24	7 20	7 15	7 9	7 6	7 3	7 0	6 56	6 52
26	8 29	8 27	8 25	8 23	8 21	8 20	8 18	8 16	8 14	8 13	8 12	8 11	8 9	8 8
27	9 8	9 10	9 11	9 13	9 14	9 16	9 17	9 18	9 20	9 20	9 21	9 22	9 23	9 24
28	9 48	9 53	9 58	10 3	10 9	10 13	10 17	10 21	10 27	10 29	10 32	10 35	10 38	10 42
29	10 31	10 39	10 47	10 56	11 6	11 12	11 18	11 26	11 35	11 40	11 44	11 50	11 56	12 2
30	11 16	11 27	11 38	11 50	12 4	12 13	12 22	12 33	12 46	12 52	12 59	13 6	13 15	13 25
31	12 5	12 19	12 33	12 48	13 5	13 15	13 27	13 40	13 57	14 5	14 14	14 23	14 35	14 48
Aug. 1	12 59	13 15	13 31	13 48	14 7	14 19	14 32	14 48	15 7	15 16	15 26	15 38	15 51	16 7
2	13 57	14 14	14 31	14 49	15 9	15 22	15 35	15 52	16 12	16 22	16 33	16 45	16 59	17 16
3	14 59	15 15	15 32	15 49	16 9	16 21	16 34	16 50	17 9	17 18	17 29	17 40	17 53	18 9
4	16 2	16 17	16 31	16 47	17 5	17 15	17 27	17 40	17 57	18 5	18 13	18 23	18 34	18 47
5	17 5	17 17	17 29	17 41	17 55	18 3	18 12	18 23	18 36	18 42	18 48	18 56	19 4	19 13
6	18 7	18 15	18 23	18 32	18 41	18 46	18 53	19 0	19 8	19 12	19 16	19 21	19 26	19 32
7	19 6	19 10	19 14	19 18	19 23	19 26	19 29	19 32	19 36	19 38	19 40	19 42	19 45	19 47
8	20 3	20 3	20 3	20 3	20 2	20 2	20 2	20 2	20 2	20 1	20 1	20 1	20 1	20 1
9	20 59	20 54	20 50	20 46	20 41	20 38	20 35	20 31	20 26	20 24	20 22	20 19	20 17	20 13
10	21 53	21 45	21 37	21 29	21 19	21 14	21 7	21 0	20 52	20 48	20 43	20 39	20 33	20 27
11	22 46	22 35	22 24	22 12	21 58	21 51	21 42	21 32	21 19	21 13	21 7	21 0	20 52	20 43
12	23 38	23 25	23 11	22 56	22 40	22 30	22 19	22 6	21 50	21 43	21 35	21 26	21 15	21 4
13	— —	— —	23 59	23 43	23 24	23 12	23 0	22 45	22 26	22 18	22 8	21 57	21 45	21 30
14	0 30	0 15	— —	— —	— —	23 58	23 45	23 28	23 9	22 59	22 48	22 36	22 23	22 6
15	1 21	1 5	0 48	0 31	0 10	— —	— —	— —	23 57	23 47	23 36	23 24	23 10	22 53
16	2 11	1 54	1 38	1 20	0 59	0 47	0 33	0 17	— —	— —	— —	— —	— —	23 51
17	2 59	2 43	2 27	2 10	1 51	1 39	1 26	1 10	0 51	0 42	0 32	0 20	0 7	— —
18	3 44	3 30	3 16	3 1	2 43	2 33	2 21	2 7	1 50	1 42	1 33	1 23	1 11	0 58
19	4 28	4 16	4 4	3 51	3 36	3 28	3 18	3 6	2 52	2 45	2 38	2 30	2 21	2 10
20	5 10	5 0	4 51	4 41	4 30	4 23	4 15	4 7	3 56	3 51	3 45	3 39	3 32	3 24
21	5 50	5 44	5 38	5 31	5 23	5 19	5 14	5 8	5 0	4 57	4 53	4 49	4 45	4 40
22	6 30	6 26	6 23	6 20	6 16	6 14	6 12	6 9	6 6	6 4	6 2	6 0	5 58	5 56
23	7 9	7 9	7 10	7 10	7 10	7 11	7 11	7 11	7 11	7 11	7 12	7 12	7 12	7 12
24	7 49	7 53	7 56	8 0	8 5	8 7	8 10	8 14	8 18	8 20	8 22	8 24	8 27	8 30
25	8 30	8 38	8 45	8 52	9 1	9 6	9 12	9 18	9 26	9 30	9 34	9 38	9 43	9 49
26	9 14	9 25	9 35	9 46	9 58	10 6	10 14	10 24	10 35	10 41	10 47	10 54	11 1	11 10
27	10 1	10 14	10 27	10 41	10 57	11 7	11 17	11 30	11 45	11 52	12 0	12 9	12 20	12 31
28	10 52	11 8	11 23	11 39	11 58	12 9	12 21	12 36	12 54	13 3	13 12	13 23	13 36	13 50
29	11 47	12 4	12 20	12 38	12 58	13 10	13 23	13 40	13 59	14 9	14 19	14 31	14 45	15 1
30	12 46	13 2	13 19	13 36	13 57	14 8	14 22	14 38	14 58	15 7	15 18	15 30	15 43	15 59
31	13 46	14 2	14 17	14 33	14 52	15 3	15 16	15 30	15 48	15 56	16 6	16 16	16 28	16 42
Sept. 1	14 48	15 1	15 14	15 28	15 44	15 53	16 3	16 15	16 30	16 36	16 44	16 52	17 2	17 12
2	15 49	15 59	16 8	16 19	16 30	16 37	16 45	16 54	17 4	17 9	17 14	17 20	17 27	17 35

Mondaufgang 1956

Mittlere Ortszeit | Meridian von Greenwich

Tag	−10°	0°	+10°	+20°	+30°	+35°	+40°	+45°	+50°	+52°	+54°	+56°	+58°	+60°
1956	h m	h m	h m	h m	h m	h m	h m	h m	h m	h m	h m	h m	h m	h m
Sept. 2	3 43	3 31	3 20	3 8	2 53	2 45	2 36	2 25	2 11	2 5	1 58	1 50	1 42	1 31
3	4 36	4 28	4 20	4 12	4 2	3 56	3 50	3 42	3 33	3 29	3 24	3 19	3 13	3 7
4	5 27	5 23	5 19	5 15	5 10	5 7	5 4	5 0	4 56	4 54	4 51	4 49	4 46	4 43
5	6 16	6 16	6 16	6 16	6 16	6 17	6 17	6 17	6 17	6 17	6 17	6 18	6 18	6 18
6	7 4	7 8	7 12	7 17	7 22	7 25	7 28	7 32	7 37	7 39	7 41	7 44	7 47	7 50
7	7 52	8 0	8 7	8 16	8 26	8 31	8 38	8 45	8 54	8 58	9 3	9 8	9 14	9 21
8	8 40	8 51	9 2	9 14	9 28	9 36	9 45	9 56	10 9	10 15	10 21	10 29	10 38	10 47
9	9 28	9 42	9 56	10 11	10 28	10 37	10 49	11 2	11 19	11 26	11 35	11 45	11 56	12 8
10	10 18	10 33	10 49	11 6	11 25	11 36	11 49	12 4	12 23	12 32	12 42	12 53	13 6	13 21
11	11 8	11 24	11 41	11 58	12 19	12 30	12 44	13 0	13 20	13 30	13 40	13 52	14 6	14 23
12	11 58	12 14	12 30	12 48	13 8	13 20	13 33	13 49	14 9	14 18	14 29	14 41	14 54	15 10
13	12 47	13 3	13 18	13 35	13 54	14 5	14 17	14 32	14 50	14 59	15 9	15 19	15 32	15 46
14	13 36	13 50	14 4	14 18	14 35	14 45	14 56	15 9	15 25	15 32	15 41	15 50	16 0	16 12
15	14 24	14 35	14 47	14 59	15 13	15 21	15 30	15 41	15 54	16 0	16 7	16 14	16 22	16 32
16	15 11	15 20	15 28	15 38	15 48	15 55	16 1	16 10	16 19	16 24	16 29	16 34	16 40	16 47
17	15 57	16 3	16 9	16 15	16 22	16 26	16 30	16 36	16 42	16 45	16 48	16 51	16 55	16 59
18	16 43	16 46	16 48	16 51	16 54	16 56	16 58	17 0	17 3	17 4	17 6	17 7	17 9	17 11
19	17 30	17 29	17 29	17 28	17 27	17 26	17 25	17 25	17 24	17 24	17 23	17 23	17 22	17 22
20	18 18	18 14	18 9	18 5	18 0	17 57	17 54	17 50	17 46	17 43	17 41	17 39	17 36	17 33
21	19 7	19 0	18 52	18 44	18 35	18 30	18 24	18 17	18 9	18 5	18 1	17 57	17 52	17 46
22	19 58	19 48	19 37	19 26	19 13	19 6	18 57	18 48	18 36	18 30	18 24	18 18	18 10	18 2
23	20 52	20 39	20 26	20 11	19 55	19 46	19 35	19 23	19 8	19 1	18 53	18 44	18 35	18 23
24	21 48	21 33	21 17	21 1	20 42	20 31	20 19	20 4	19 47	19 38	19 29	19 18	19 6	18 53
25	22 45	22 29	22 12	21 55	21 35	21 23	21 10	20 54	20 35	20 25	20 15	20 4	19 50	19 34
26	23 43	23 26	23 10	22 53	22 33	22 21	22 8	21 52	21 33	21 23	21 13	21 1	20 48	20 32
27	— —	— —	— —	23 53	23 35	23 24	23 12	22 57	22 40	22 31	22 22	22 11	21 59	21 45
28	0 39	0 24	0 9	— —	— —	— —	— —	— —	23 54	23 47	23 39	23 31	23 21	23 10
29	1 34	1 21	1 9	0 55	0 40	0 31	0 21	0 9	— —	— —	— —	— —	— —	— —
30	2 26	2 17	2 7	1 57	1 46	1 39	1 31	1 22	1 12	1 7	1 1	0 55	0 48	0 40
Okt. 1	3 16	3 11	3 5	2 59	2 52	2 48	2 43	2 38	2 31	2 28	2 25	2 21	2 17	2 13
2	4 5	4 3	4 1	3 59	3 57	3 56	3 54	3 53	3 51	3 50	3 49	3 48	3 47	3 45
3	4 53	4 55	4 57	4 59	5 2	5 4	5 5	5 8	5 10	5 11	5 13	5 14	5 16	5 17
4	5 40	5 46	5 52	5 59	6 6	6 10	6 15	6 21	6 28	6 31	6 35	6 39	6 43	6 48
5	6 28	6 38	6 47	6 57	7 9	7 16	7 24	7 33	7 44	7 49	7 55	8 1	8 8	8 16
6	7 18	7 30	7 42	7 56	8 11	8 20	8 30	8 42	8 57	9 4	9 12	9 20	9 30	9 42
7	8 8	8 22	8 37	8 53	9 11	9 21	9 34	9 48	10 6	10 14	10 23	10 34	10 46	11 0
8	8 58	9 14	9 30	9 47	10 7	10 19	10 32	10 48	11 7	11 16	11 26	11 38	11 51	12 7
9	9 49	10 6	10 22	10 39	10 59	11 11	11 25	11 41	12 0	12 10	12 20	12 32	12 46	13 2
10	10 40	10 55	11 11	11 28	11 47	11 58	12 11	12 27	12 45	12 54	13 4	13 15	13 28	13 43
11	11 29	11 43	11 58	12 13	12 31	12 41	12 52	13 6	13 23	13 31	13 39	13 49	14 0	14 13
12	12 17	12 30	12 42	12 55	13 10	13 19	13 29	13 40	13 54	14 0	14 8	14 16	14 25	14 35
13	13 5	13 14	13 24	13 35	13 46	13 53	14 1	14 10	14 21	14 26	14 31	14 37	14 44	14 52

Monduntergang 1956

Mittlere Ortszeit

Meridian von Greenwich

Tag	Geographische Breite													
	−10°	0°	+10°	+20°	+30°	+35°	+40°	+45°	+50°	+52°	+54°	+56°	+58°	+60°
1956	h m	h m	h m	h m	h m	h m	h m	h m	h m	h m	h m	h m	h m	h m
Sept. 2	15 49	15 59	16 8	16 19	16 30	16 37	16 45	16 54	17 4	17 9	17 14	17 20	17 27	17 35
3	16 48	16 54	17 0	17 7	17 14	17 18	17 23	17 28	17 34	17 37	17 40	17 44	17 48	17 52
4	17 46	17 48	17 50	17 52	17 54	17 56	17 57	17 59	18 1	18 2	18 3	18 4	18 5	18 6
5	18 43	18 41	18 39	18 36	18 34	18 32	18 31	18 29	18 26	18 25	18 24	18 23	18 21	18 20
6	19 38	19 32	19 26	19 20	19 13	19 9	19 4	18 58	18 52	18 49	18 46	18 42	18 38	18 34
7	20 33	20 24	20 14	20 4	19 53	19 46	19 39	19 30	19 19	19 15	19 9	19 3	18 57	18 49
8	21 28	21 15	21 3	20 50	20 34	20 26	20 16	20 4	19 50	19 43	19 36	19 28	19 19	19 8
9	22 21	22 7	21 52	21 36	21 18	21 8	20 56	20 42	20 25	20 17	20 8	19 58	19 46	19 33
10	23 14	22 58	22 42	22 25	22 5	21 53	21 40	21 25	21 5	20 56	20 46	20 35	20 22	20 6
11	— —	23 48	23 32	23 14	22 54	22 42	22 28	22 12	21 52	21 43	21 32	21 20	21 6	20 49
12	0 5	— —	— —	— —	23 45	23 33	23 20	23 4	22 45	22 35	22 25	22 13	22 0	21 44
13	0 54	0 38	0 22	0 5	— —	— —	— —	— —	23 42	23 34	23 24	23 14	23 2	22 48
14	1 40	1 26	1 11	0 55	0 37	0 26	0 14	0 0	— —	— —	— —	— —	— —	23 58
15	2 25	2 12	1 59	1 46	1 30	1 21	1 10	0 58	0 43	0 36	0 28	0 19	0 9	— —
16	3 7	2 57	2 47	2 36	2 23	2 16	2 7	1 58	1 46	1 40	1 34	1 27	1 20	1 11
17	3 48	3 41	3 33	3 25	3 16	3 11	3 5	2 58	2 50	2 46	2 42	2 37	2 32	2 26
18	4 28	4 24	4 20	4 15	4 10	4 7	4 4	4 0	3 55	3 53	3 50	3 47	3 45	3 41
19	5 8	5 7	5 6	5 5	5 4	5 3	5 2	5 2	5 1	5 0	5 0	4 59	4 58	4 58
20	5 48	5 50	5 53	5 56	5 59	6 0	6 3	6 5	6 8	6 9	6 10	6 12	6 14	6 16
21	6 29	6 35	6 41	6 48	6 55	6 59	7 4	7 9	7 16	7 19	7 22	7 26	7 30	7 35
22	7 13	7 22	7 32	7 41	7 53	7 59	8 6	8 15	8 26	8 30	8 36	8 42	8 48	8 56
23	8 0	8 12	8 24	8 37	8 52	9 0	9 10	9 22	9 36	9 42	9 50	9 58	10 7	10 18
24	8 50	9 4	9 19	9 34	9 52	10 2	10 14	10 28	10 45	10 53	11 3	11 13	11 24	11 38
25	9 43	9 59	10 15	10 32	10 52	11 3	11 17	11 32	11 51	12 0	12 11	12 22	12 35	12 51
26	10 40	10 56	11 13	11 30	11 50	12 2	12 16	12 32	12 51	13 1	13 11	13 23	13 36	13 52
27	11 38	11 54	12 10	12 26	12 46	12 57	13 9	13 24	13 43	13 52	14 1	14 12	14 24	14 39
28	12 38	12 52	13 5	13 20	13 37	13 47	13 58	14 10	14 26	14 33	14 42	14 51	15 1	15 13
29	13 37	13 48	13 59	14 11	14 24	14 31	14 40	14 50	15 2	15 8	15 14	15 21	15 29	15 37
30	14 35	14 42	14 50	14 58	15 7	15 12	15 18	15 25	15 33	15 37	15 41	15 45	15 50	15 56
Okt. 1	15 32	15 36	15 39	15 43	15 48	15 50	15 53	15 56	16 0	16 2	16 4	16 6	16 9	16 11
2	16 28	16 28	16 27	16 27	16 27	16 27	16 27	16 26	16 26	16 26	16 26	16 25	16 25	16 25
3	17 23	17 19	17 15	17 11	17 6	17 3	17 0	16 56	16 51	16 49	16 47	16 45	16 42	16 39
4	18 19	18 11	18 3	17 55	17 45	17 40	17 34	17 27	17 18	17 14	17 10	17 5	17 0	16 54
5	19 14	19 3	18 52	18 40	18 26	18 19	18 10	18 0	17 47	17 42	17 35	17 28	17 21	17 12
6	20 9	19 55	19 41	19 27	19 10	19 0	18 49	18 36	18 21	18 14	18 5	17 56	17 46	17 34
7	21 3	20 47	20 32	20 15	19 56	19 45	19 33	19 18	19 0	18 51	18 42	18 31	18 18	18 4
8	21 55	21 39	21 23	21 5	20 45	20 34	20 20	20 4	19 45	19 36	19 25	19 13	19 0	18 44
9	22 46	22 30	22 14	21 56	21 36	21 25	21 11	20 55	20 36	20 27	20 16	20 4	19 51	19 35
10	23 34	23 19	23 4	22 47	22 29	22 18	22 5	21 50	21 32	21 23	21 14	21 3	20 50	20 36
11	— —	— —	23 53	23 38	23 22	23 12	23 1	22 48	22 32	22 24	22 16	22 7	21 56	21 44
12	0 19	0 6	— —	— —	— —	— —	23 58	23 47	23 34	23 28	23 21	23 14	23 5	22 56
13	1 2	0 51	0 40	0 28	0 15	0 7	— —	— —	— —	— —	— —	— —	— —	— —

Mondaufgang 1956

Mittlere Ortszeit

Meridian von Greenwich

Tag	Geographische Breite −10°	0°	+10°	+20°	+30°	+35°	+40°	+45°	+50°	+52°	+54°	+56°	+58°	+60°
1956	h m	h m	h m	h m	h m	h m	h m	h m	h m	h m	h m	h m	h m	h m
Okt. 13	13 5	13 14	13 24	13 35	13 46	13 53	14 1	14 10	14 21	14 26	14 31	14 37	14 44	14 52
14	13 51	13 58	14 5	14 12	14 20	14 25	14 31	14 37	14 44	14 48	14 52	14 56	15 0	15 6
15	14 37	14 41	14 45	14 49	14 53	14 56	14 59	15 2	15 6	15 8	15 10	15 12	15 15	15 17
16	15 23	15 24	15 24	15 25	15 25	15 26	15 26	15 27	15 27	15 27	15 28	15 28	15 28	15 29
17	16 11	16 8	16 5	16 2	15 58	15 57	15 54	15 52	15 49	15 47	15 46	15 44	15 42	15 40
18	17 0	16 54	16 47	16 41	16 33	16 29	16 24	16 18	16 12	16 9	16 5	16 2	15 58	15 53
19	17 51	17 42	17 32	17 22	17 11	17 4	16 57	16 48	16 38	16 33	16 28	16 22	16 16	16 8
20	18 45	18 33	18 21	18 7	17 52	17 44	17 34	17 23	17 9	17 2	16 55	16 47	16 38	16 28
21	19 42	19 27	19 12	18 57	18 39	18 29	18 17	18 3	17 46	17 38	17 29	17 19	17 8	16 55
22	20 40	20 24	20 8	19 50	19 31	19 19	19 6	18 51	18 32	18 23	18 13	18 2	17 49	17 34
23	21 38	21 22	21 5	20 48	20 28	20 16	20 3	19 47	19 28	19 18	19 8	18 56	18 43	18 27
24	22 35	22 20	22 4	21 48	21 29	21 18	21 6	20 51	20 33	20 24	20 14	20 4	19 51	19 36
25	23 30	23 17	23 3	22 49	22 33	22 24	22 13	22 0	21 44	21 37	21 29	21 20	21 10	20 58
26	— —	— —	— —	23 50	23 38	23 30	23 22	23 12	23 0	22 55	22 48	22 42	22 34	22 25
27	0 22	0 12	0 1	— —	— —	— —	— —	— —	— —	— —	— —	— —	— —	23 55
28	1 12	1 5	0 58	0 50	0 42	0 37	0 31	0 25	0 17	0 14	0 10	0 5	0 0	— —
29	1 59	1 56	1 53	1 49	1 46	1 43	1 41	1 38	1 34	1 33	1 31	1 29	1 27	1 25
30	2 46	2 46	2 47	2 48	2 49	2 49	2 50	2 50	2 51	2 52	2 52	2 52	2 53	2 54
31	3 32	3 36	3 41	3 46	3 51	3 54	3 58	4 2	4 7	4 10	4 12	4 15	4 18	4 22
Nov. 1	4 19	4 27	4 35	4 44	4 54	4 59	5 6	5 13	5 23	5 27	5 32	5 37	5 43	5 50
2	5 7	5 18	5 29	5 41	5 55	6 3	6 12	6 23	6 36	6 42	6 49	6 57	7 5	7 15
3	5 57	6 10	6 24	6 39	6 56	7 5	7 17	7 30	7 47	7 54	8 3	8 13	8 24	8 36
4	6 47	7 3	7 18	7 35	7 54	8 5	8 18	8 33	8 52	9 0	9 10	9 21	9 34	9 49
5	7 39	7 55	8 11	8 28	8 48	9 0	9 14	9 29	9 49	9 58	10 9	10 21	10 34	10 50
6	8 30	8 46	9 2	9 19	9 39	9 50	10 4	10 19	10 38	10 47	10 57	11 9	11 22	11 37
7	9 20	9 35	9 50	10 6	10 25	10 35	10 47	11 2	11 19	11 27	11 36	11 47	11 58	12 12
8	10 10	10 23	10 36	10 50	11 6	11 15	11 26	11 38	11 53	12 0	12 8	12 16	12 26	12 37
9	10 57	11 8	11 19	11 30	11 43	11 51	12 0	12 10	12 21	12 27	12 33	12 40	12 48	12 56
10	11 44	11 52	12 0	12 8	12 18	12 24	12 30	12 37	12 46	12 50	12 55	13 0	13 5	13 11
11	12 29	12 35	12 40	12 45	12 51	12 54	12 58	13 3	13 8	13 11	13 14	13 17	13 20	13 24
12	13 15	13 17	13 19	13 21	13 23	13 24	13 26	13 28	13 30	13 30	13 32	13 33	13 34	13 35
13	14 2	14 0	13 59	13 57	13 55	13 54	13 53	13 52	13 51	13 50	13 49	13 48	13 48	13 46
14	14 49	14 45	14 40	14 35	14 29	14 26	14 22	14 18	14 13	14 10	14 8	14 5	14 2	13 59
15	15 40	15 31	15 23	15 15	15 5	15 0	14 53	14 46	14 37	14 33	14 29	14 24	14 19	14 13
16	16 33	16 22	16 10	15 59	15 45	15 37	15 29	15 18	15 6	15 0	14 54	14 47	14 39	14 30
17	17 29	17 15	17 1	16 47	16 30	16 20	16 9	15 57	15 41	15 34	15 26	15 16	15 6	14 54
18	18 28	18 12	17 56	17 40	17 21	17 10	16 57	16 42	16 24	16 15	16 6	15 55	15 43	15 28
19	19 28	19 11	18 55	18 38	18 18	18 6	17 53	17 37	17 17	17 8	16 58	16 46	16 33	16 17
20	20 27	20 11	19 56	19 39	19 19	19 8	18 55	18 40	18 21	18 12	18 2	17 51	17 38	17 23
21	21 25	21 11	20 57	20 42	20 24	20 14	20 3	19 49	19 33	19 25	19 16	19 7	18 55	18 43
22	22 19	22 7	21 56	21 44	21 30	21 22	21 13	21 2	20 49	20 43	20 36	20 29	20 20	20 11
23	23 10	23 2	22 54	22 45	22 36	22 30	22 24	22 16	22 7	22 3	21 58	21 53	21 48	21 41

Monduntergang 1956

Mittlere Ortszeit | Meridian von Greenwich

Tag	Geographische Breite													
	−10°	0°	+10°	+20°	+30°	+35°	+40°	+45°	+50°	+52°	+54°	+56°	+58°	+60°
1956	h m	h m	h m	h m	h m	h m	h m	h m	h m	h m	h m	h m	h m	h m
Okt. 13	1 2	0 51	0 40	0 28	0 15	0 7	— —	— —	— —	— —	— —	— —	— —	— —
14	1 44	1 35	1 27	1 18	1 8	1 2	0 55	0 47	0 37	0 33	0 28	0 22	0 16	0 9
15	2 24	2 19	2 13	2 7	2 1	1 57	1 53	1 48	1 41	1 39	1 36	1 32	1 28	1 24
16	3 3	3 1	2 59	2 57	2 54	2 53	2 51	2 49	2 46	2 45	2 44	2 43	2 41	2 40
17	3 44	3 45	3 46	3 47	3 49	3 50	3 51	3 52	3 53	3 54	3 54	3 55	3 56	3 57
18	4 25	4 30	4 34	4 39	4 45	4 48	4 52	4 56	5 1	5 3	5 6	5 9	5 12	5 16
19	5 9	5 16	5 24	5 33	5 43	5 48	5 55	6 2	6 11	6 15	6 20	6 25	6 31	6 37
20	5 55	6 6	6 17	6 29	6 42	6 50	6 59	7 10	7 22	7 28	7 35	7 42	7 51	8 0
21	6 45	6 58	7 12	7 27	7 43	7 53	8 4	8 18	8 34	8 41	8 50	8 59	9 10	9 23
22	7 38	7 54	8 9	8 26	8 45	8 56	9 9	9 24	9 42	9 51	10 1	10 12	10 25	10 40
23	8 35	8 51	9 7	9 25	9 45	9 57	10 10	10 26	10 45	10 55	11 5	11 17	11 30	11 46
24	9 34	9 49	10 5	10 22	10 42	10 53	11 6	11 21	11 40	11 49	11 59	12 10	12 23	12 37
25	10 33	10 47	11 1	11 17	11 34	11 44	11 56	12 9	12 26	12 33	12 42	12 51	13 2	13 15
26	11 31	11 43	11 55	12 7	12 22	12 30	12 39	12 50	13 3	13 9	13 16	13 24	13 32	13 41
27	12 28	12 37	12 46	12 55	13 5	13 11	13 18	13 26	13 35	13 39	13 44	13 49	13 55	14 1
28	13 24	13 29	13 34	13 40	13 46	13 49	13 53	13 57	14 3	14 5	14 8	14 11	14 14	14 17
29	14 19	14 20	14 21	14 22	14 24	14 25	14 26	14 27	14 28	14 29	14 29	14 30	14 31	14 31
30	15 13	15 10	15 8	15 5	15 2	15 0	14 58	14 56	14 53	14 51	14 50	14 48	14 47	14 45
31	16 7	16 0	15 54	15 47	15 40	15 36	15 31	15 25	15 18	15 15	15 12	15 8	15 4	14 59
Nov. 1	17 1	16 51	16 42	16 31	16 20	16 13	16 5	15 57	15 46	15 41	15 36	15 30	15 23	15 15
2	17 55	17 43	17 30	17 17	17 2	16 53	16 43	16 31	16 17	16 11	16 3	15 55	15 46	15 36
3	18 50	18 35	18 21	18 5	17 47	17 37	17 25	17 11	16 54	16 46	16 37	16 27	16 15	16 2
4	19 44	19 28	19 12	18 55	18 35	18 24	18 11	17 55	17 36	17 27	17 17	17 6	16 53	16 38
5	20 36	20 20	20 3	19 46	19 26	19 14	19 1	18 45	18 25	18 16	18 6	17 54	17 40	17 24
6	21 26	21 10	20 54	20 38	20 19	20 7	19 54	19 39	19 20	19 11	19 1	18 50	18 37	18 22
7	22 13	21 58	21 44	21 29	21 12	21 2	20 50	20 36	20 19	20 11	20 2	19 52	19 41	19 28
8	22 57	22 45	22 33	22 20	22 5	21 56	21 47	21 35	21 21	21 14	21 7	20 59	20 49	20 39
9	23 39	23 29	23 20	23 10	22 58	22 51	22 43	22 34	22 24	22 18	22 13	22 6	21 59	21 51
10	— —	— —	— —	23 59	23 51	23 46	23 41	23 34	23 27	23 23	23 20	23 15	23 11	23 5
11	0 19	0 12	0 6	— —	— —	— —	— —	— —	— —	— —	— —	— —	— —	— —
12	0 58	0 55	0 51	0 48	0 43	0 41	0 38	0 35	0 31	0 29	0 27	0 25	0 22	0 20
13	1 38	1 37	1 37	1 37	1 37	1 37	1 36	1 36	1 36	1 36	1 35	1 35	1 35	1 35
14	2 18	2 21	2 24	2 28	2 31	2 34	2 36	2 39	2 43	2 44	2 46	2 48	2 50	2 52
15	3 0	3 7	3 13	3 20	3 28	3 33	3 38	3 44	3 51	3 54	3 58	4 2	4 7	4 12
16	3 45	3 55	4 5	4 15	4 27	4 34	4 42	4 51	5 2	5 7	5 13	5 19	5 26	5 34
17	4 34	4 47	4 59	5 13	5 28	5 37	5 47	5 59	6 14	6 21	6 29	6 37	6 47	6 58
18	5 27	5 42	5 57	6 13	6 31	6 42	6 54	7 8	7 26	7 34	7 43	7 54	8 6	8 20
19	6 24	6 40	6 56	7 13	7 33	7 45	7 58	8 14	8 33	8 42	8 52	9 4	9 17	9 33
20	7 24	7 40	7 56	8 14	8 33	8 45	8 58	9 14	9 33	9 42	9 52	10 4	10 17	10 32
21	8 25	8 40	8 55	9 11	9 29	9 40	9 52	10 6	10 23	10 31	10 40	10 50	11 2	11 15
22	9 25	9 38	9 51	10 4	10 19	10 28	10 38	10 50	11 4	11 11	11 18	11 26	11 35	11 46
23	10 24	10 33	10 43	10 53	11 5	11 11	11 19	11 28	11 38	11 43	11 48	11 54	12 1	12 8

Mondaufgang 1956

Mittlere Ortszeit — Meridian von Greenwich

Tag	Geographische Breite													
	−10°	0°	+10°	+20°	+30°	+35°	+40°	+45°	+50°	+52°	+54°	+56°	+58°	+60°
1956	h m	h m	h m	h m	h m	h m	h m	h m	h m	h m	h m	h m	h m	h m
Nov. 23	23 10	23 2	22 54	22 45	22 36	22 30	22 24	22 16	22 7	22 3	21 58	21 53	21 48	21 41
24	23 58	23 53	23 49	23 45	23 39	23 36	23 33	23 29	23 24	23 22	23 20	23 17	23 14	23 11
25	— —	— —	— —	— —	— —	— —	— —	— —	— —	— —	— —	— —	— —	— —
26	0 44	0 43	0 43	0 42	0 42	0 42	0 41	0 41	0 40	0 40	0 40	0 40	0 39	0 39
27	1 29	1 33	1 36	1 39	1 43	1 46	1 48	1 51	1 55	1 57	1 59	2 1	2 3	2 6
28	2 15	2 22	2 28	2 36	2 44	2 49	2 55	3 1	3 9	3 13	3 17	3 21	3 26	3 32
29	3 1	3 11	3 21	3 32	3 45	3 52	4 0	4 10	4 22	4 27	4 33	4 40	4 47	4 56
30	3 49	4 2	4 15	4 29	4 44	4 54	5 4	5 17	5 32	5 39	5 47	5 56	6 6	6 18
Dez. 1	4 39	4 54	5 8	5 24	5 43	5 53	6 6	6 20	6 38	6 47	6 56	7 7	7 19	7 33
2	5 30	5 46	6 2	6 19	6 38	6 50	7 3	7 19	7 38	7 47	7 58	8 9	8 23	8 39
3	6 21	6 37	6 53	7 11	7 30	7 42	7 56	8 11	8 31	8 40	8 50	9 2	9 16	9 32
4	7 12	7 27	7 43	7 59	8 18	8 29	8 42	8 57	9 15	9 24	9 33	9 44	9 57	10 11
5	8 2	8 16	8 30	8 45	9 2	9 12	9 23	9 36	9 52	10 0	10 8	10 17	10 28	10 40
6	8 50	9 2	9 14	9 27	9 41	9 49	9 58	10 10	10 23	10 29	10 36	10 43	10 52	11 2
7	9 37	9 47	9 56	10 5	10 17	10 23	10 30	10 39	10 49	10 54	10 59	11 5	11 11	11 18
8	10 23	10 29	10 36	10 42	10 50	10 54	10 59	11 5	11 12	11 15	11 19	11 22	11 27	11 31
9	11 8	11 11	11 15	11 18	11 22	11 24	11 27	11 30	11 33	11 35	11 37	11 38	11 41	11 43
10	11 53	11 53	11 53	11 54	11 54	11 54	11 54	11 54	11 54	11 54	11 54	11 54	11 54	11 54
11	12 40	12 36	12 33	12 30	12 26	12 24	12 21	12 18	12 15	12 13	12 12	12 10	12 8	12 5
12	13 28	13 21	13 15	13 8	13 0	12 55	12 50	12 44	12 37	12 34	12 31	12 27	12 23	12 18
13	14 18	14 8	13 59	13 49	13 37	13 30	13 23	13 14	13 3	12 59	12 53	12 47	12 41	12 33
14	15 12	15 0	14 47	14 34	14 19	14 10	14 0	13 48	13 34	13 28	13 21	13 13	13 4	12 53
15	16 10	15 55	15 40	15 24	15 6	14 56	14 44	14 30	14 13	14 5	13 56	13 46	13 35	13 22
16	17 10	16 53	16 37	16 20	16 0	15 49	15 36	15 20	15 1	14 52	14 42	14 31	14 18	14 3
17	18 11	17 55	17 38	17 21	17 1	16 49	16 36	16 20	16 1	15 52	15 41	15 30	15 17	15 1
18	19 11	18 56	18 41	18 25	18 7	17 56	17 44	17 29	17 11	17 3	16 53	16 43	16 31	16 16
19	20 9	19 56	19 44	19 30	19 15	19 6	18 56	18 44	18 29	18 22	18 14	18 6	17 56	17 45
20	21 3	20 54	20 44	20 34	20 23	20 16	20 9	20 0	19 49	19 44	19 39	19 33	19 26	19 18
21	21 54	21 48	21 43	21 37	21 30	21 26	21 21	21 16	21 10	21 7	21 4	21 0	20 56	20 52
22	22 42	22 40	22 38	22 37	22 34	22 33	22 32	22 30	22 28	22 28	22 27	22 26	22 24	22 23
23	23 28	23 30	23 32	23 35	23 37	23 39	23 40	23 42	23 45	23 46	23 47	23 49	23 50	23 52
24	— —	— —	— —	— —	— —	— —	— —	— —	— —	— —	— —	— —	— —	— —
25	0 14	0 20	0 25	0 32	0 39	0 43	0 47	0 53	1 0	1 2	1 6	1 10	1 14	1 18
26	1 0	1 9	1 18	1 28	1 39	1 45	1 53	2 2	2 12	2 17	2 22	2 28	2 35	2 43
27	1 47	1 59	2 11	2 23	2 38	2 47	2 57	3 8	3 22	3 29	3 36	3 45	3 54	4 4
28	2 35	2 49	3 3	3 19	3 36	3 46	3 58	4 12	4 29	4 37	4 46	4 56	5 8	5 21
29	3 24	3 40	3 56	4 13	4 32	4 43	4 56	5 12	5 31	5 40	5 50	6 1	6 14	6 30
30	4 15	4 31	4 47	5 5	5 25	5 36	5 50	6 6	6 25	6 35	6 45	6 57	7 11	7 27
31	5 6	5 21	5 37	5 54	6 14	6 25	6 38	6 54	7 12	7 21	7 31	7 43	7 55	8 11
32	5 56	6 10	6 25	6 41	6 59	7 9	7 21	7 35	7 52	8 0	8 9	8 19	8 30	8 43

Monduntergang 1956

Mittlere Ortszeit | Meridian von Greenwich

Tag	Geographische Breite −10°	0°	+10°	+20°	+30°	+35°	+40°	+45°	+50°	+52°	+54°	+56°	+58°	+60°
1956	h m	h m	h m	h m	h m	h m	h m	h m	h m	h m	h m	h m	h m	h m
Nov. 23	10 24	10 33	10 43	10 53	11 5	11 11	11 19	11 28	11 38	11 43	11 48	11 54	12 1	12 8
24	11 20	11 26	11 33	11 39	11 46	11 50	11 55	12 1	12 7	12 10	12 13	12 17	12 21	12 25
25	12 15	12 17	12 20	12 22	12 25	12 27	12 28	12 30	12 33	12 34	12 35	12 37	12 38	12 40
26	13 8	13 7	13 5	13 4	13 2	13 1	13 0	12 59	12 57	12 57	12 56	12 55	12 54	12 53
27	14 1	13 56	13 51	13 45	13 39	13 36	13 32	13 27	13 22	13 19	13 17	13 14	13 10	13 6
28	14 54	14 45	14 37	14 28	14 18	14 12	14 5	13 57	13 48	13 44	13 39	13 34	13 28	13 21
29	15 47	15 35	15 24	15 12	14 58	14 50	14 41	14 30	14 17	14 11	14 4	13 57	13 49	13 40
30	16 41	16 27	16 13	15 58	15 41	15 31	15 20	15 7	14 51	14 43	14 35	14 26	14 15	14 3
Dez. 1	17 34	17 18	17 3	16 46	16 27	16 16	16 4	15 48	15 30	15 21	15 12	15 1	14 48	14 34
2	18 27	18 10	17 54	17 37	17 17	17 5	16 52	16 36	16 16	16 7	15 57	15 45	15 31	15 16
3	19 17	19 1	18 45	18 28	18 9	17 57	17 44	17 28	17 9	17 0	16 49	16 38	16 24	16 9
4	20 6	19 51	19 36	19 20	19 2	18 51	18 39	18 24	18 7	17 58	17 49	17 38	17 26	17 12
5	20 51	20 38	20 25	20 12	19 56	19 46	19 36	19 23	19 8	19 0	18 52	18 43	18 33	18 21
6	21 34	21 24	21 13	21 2	20 49	20 41	20 33	20 22	20 10	20 5	19 58	19 51	19 43	19 34
7	22 15	22 7	22 0	21 51	21 42	21 36	21 30	21 22	21 13	21 9	21 5	21 0	20 54	20 47
8	22 55	22 50	22 45	22 40	22 34	22 30	22 27	22 22	22 17	22 14	22 11	22 8	22 5	22 1
9	23 33	23 32	23 30	23 28	23 26	23 25	23 24	23 22	23 20	23 19	23 18	23 17	23 16	23 15
10	— —	— —	— —	— —	— —	— —	— —	— —	— —	— —	— —	— —	— —	— —
11	0 12	0 14	0 15	0 17	0 19	0 20	0 22	0 23	0 25	0 25	0 26	0 27	0 28	0 30
12	0 53	0 57	1 2	1 8	1 14	1 17	1 21	1 26	1 31	1 34	1 36	1 39	1 43	1 47
13	1 35	1 43	1 52	2 0	2 10	2 16	2 22	2 30	2 39	2 44	2 48	2 54	2 59	3 6
14	2 21	2 32	2 44	2 56	3 9	3 17	3 26	3 37	3 50	3 56	4 3	4 10	4 19	4 28
15	3 12	3 25	3 39	3 54	4 11	4 21	4 32	4 45	5 2	5 9	5 18	5 27	5 38	5 51
16	4 7	4 22	4 38	4 55	5 14	5 25	5 38	5 53	6 12	6 20	6 30	6 42	6 54	7 9
17	5 6	5 22	5 39	5 56	6 16	6 28	6 41	6 57	7 16	7 26	7 36	7 48	8 1	8 17
18	6 8	6 24	6 40	6 56	7 16	7 27	7 40	7 54	8 13	8 22	8 31	8 42	8 54	9 9
19	7 11	7 25	7 39	7 53	8 10	8 20	8 31	8 44	9 0	9 7	9 15	9 24	9 35	9 46
20	8 13	8 24	8 35	8 47	9 0	9 7	9 16	9 26	9 38	9 44	9 50	9 57	10 1	10 13
21	9 12	9 20	9 27	9 35	9 44	9 49	9 55	10 2	10 10	10 13	10 17	10 22	10 27	10 32
22	10 9	10 13	10 17	10 21	10 25	10 28	10 30	10 34	10 37	10 39	10 41	10 43	10 46	10 48
23	11 4	11 4	11 4	11 4	11 4	11 3	11 3	11 3	11 3	11 3	11 3	11 2	11 2	11 2
24	11 58	11 54	11 50	11 46	11 41	11 38	11 35	11 32	11 27	11 26	11 23	11 21	11 19	11 16
25	12 51	12 43	12 36	12 28	12 19	12 14	12 8	12 1	11 53	11 49	11 45	11 41	11 36	11 30
26	13 43	13 33	13 22	13 11	12 58	12 51	12 42	12 33	12 21	12 15	12 9	12 3	11 55	11 47
27	14 36	14 23	14 10	13 56	13 40	13 30	13 20	13 7	12 52	12 45	12 38	12 29	12 19	12 8
28	15 29	15 14	14 59	14 43	14 24	14 13	14 1	13 47	13 29	13 21	13 12	13 1	12 49	12 36
29	16 21	16 5	15 49	15 31	15 12	15 0	14 47	14 31	14 12	14 3	13 53	13 41	13 28	13 12
30	17 12	16 56	16 39	16 22	16 2	15 50	15 37	15 21	15 2	14 53	14 42	14 30	14 17	14 1
31	18 1	17 45	17 30	17 13	16 54	16 43	16 31	16 16	15 57	15 48	15 38	15 27	15 15	15 0
32	18 47	18 33	18 20	18 5	17 48	17 38	17 27	17 13	16 57	16 49	16 40	16 31	16 20	16 7

Hilfstafeln

Länge λ	Präzession in Länge p_λ — Breite β: 0°	+1°	+2°	+3°	+4°	+5°	+6°	+7°	+8°	+9°	Länge λ	Präz. in Br. p_β — Präzession p_β	Diff.
°	″	″	″	″	″	″	″	″	″	″	°	″	
0	50.268	.259	.251	.243	.235	50.227	.218	.210	.202	.193	0	+0.046	81
10	.268	.260	.252	.244	.236	.228	.220	.212	.204	.196	10	+0.127	76
20	.268	.260	.253	.245	.238	.230	.223	.215	.208	.200	20	+0.203	71
30	.268	.261	.254	.247	.241	.234	.227	.220	.214	.207	30	+0.274	62
40	50.268	.262	.256	.250	.244	50.239	.233	.227	.221	.215	40	+0.336	52
50	.268	.263	.258	.254	.249	.244	.240	.235	.230	.225	50	+0.388	41
60	.268	.264	.261	.257	.254	.250	.247	.244	.240	.237	60	+0.429	27
70	.268	.265	.263	.261	.259	.257	.255	.253	.251	.249	70	+0.456	13
80	50.268	.267	.266	.266	.265	50.264	.264	.263	.262	.262	80	+0.469	1
90	.268	.268	.269	.270	.271	.272	.272	.273	.274	.275	90	+0.468	15
100	.268	.270	.272	.274	.276	.279	.281	.283	.285	.288	100	+0.453	28
110	.268	.271	.275	.278	.282	.285	.289	.292	.296	.300	110	+0.425	42
120	50.268	.272	.277	.282	.287	50.291	.296	.301	.306	.311	120	+0.383	54
130	.268	.273	.279	.285	.291	.297	.303	.309	.315	.321	130	+0.329	63
140	.268	.274	.281	.288	.295	.301	.308	.315	.322	.329	140	+0.266	71
150	.268	.275	.282	.290	.297	.305	.313	.320	.328	.335	150	+0.195	78
160	50.268	.275	.283	.291	.299	50.307	.315	.323	.332	.340	160	+0.117	81
170	.268	.276	.284	.292	.300	.309	.317	.325	.333	.342	170	+0.036	82
180	.268	.276	.284	.292	.300	.308	.317	.325	.333	.342	180	−0.046	81
190	.268	.275	.283	.291	.299	.307	.315	.323	.331	.339	190	−0.127	76
200	50.268	.275	.282	.290	.297	50.305	.312	.320	.327	.335	200	−0.203	71
210	.268	.274	.281	.288	.294	.301	.308	.315	.321	.328	210	−0.274	62
220	.268	.273	.279	.285	.291	.296	.302	.308	.314	.320	220	−0.336	52
230	.268	.272	.277	.281	.286	.291	.295	.300	.305	.310	230	−0.388	41
240	50.268	.271	.274	.278	.281	50.285	.288	.291	.295	.298	240	−0.429	27
250	.268	.270	.272	.274	.276	.278	.280	.282	.284	.286	250	−0.456	13
260	.268	.268	.269	.269	.270	.271	.271	.272	.273	.273	260	−0.469	1
270	.268	.267	.266	.265	.264	.263	.263	.262	.261	.260	270	−0.468	15
280	50.268	.265	.263	.261	.259	50.256	.254	.252	.250	.247	280	−0.453	28
290	.268	.264	.260	.257	.253	.250	.246	.243	.239	.235	290	−0.425	42
300	.268	.263	.258	.253	.248	.244	.239	.234	.229	.224	300	−0.383	54
310	.268	.262	.256	.250	.244	.238	.232	.226	.220	.214	310	−0.329	63
320	50.268	.261	.254	.247	.240	50.234	.227	.220	.213	.206	320	−0.266	71
330	.268	.260	.253	.245	.238	.230	.222	.215	.207	.200	330	−0.195	78
340	.268	.260	.252	.244	.236	.228	.220	.212	.203	.195	340	−0.117	81
350	.268	.259	.251	.243	.235	.226	.218	.210	.202	.193	350	−0.036	82
360	50.268	.259	.251	.243	.235	50.227	.218	.210	.202	.193	360	+0.046	

Präzession in Länge p_λ											Präz. in Br. p_β		
Länge λ	Breite β 0°	−1°	−2°	−3°	−4°	−5°	−6°	−7°	−8°	−9°	Länge λ	Präzession p_β	Δ
°	″	″	″	″	″	″	″	″	″	″	°	″	
0	50.268	.276	.284	.292	.300	50.308	.317	.325	.333	.342	0	+0.046	81
10	.268	.275	.283	.291	.299	.307	.315	.323	.331	.339	10	+0.127	76
20	.268	.275	.282	.290	.297	.305	.312	.320	.327	.335	20	+0.203	71
30	.268	.274	.281	.288	.294	.301	.308	.315	.321	.328	30	+0.274	62
40	50.268	.273	.279	.285	.291	50.296	.302	.308	.314	.320	40	+0.336	52
50	.268	.272	.277	.281	.286	.291	.295	.300	.305	.310	50	+0.388	41
60	.268	.271	.274	.278	.281	.285	.288	.291	.295	.298	60	+0.429	27
70	.268	.270	.272	.274	.276	.278	.280	.282	.284	.286	70	+0.456	13
80	50.268	.268	.269	.269	.270	50.271	.271	.272	.273	.273	80	+0.469	1
90	.268	.267	.266	.265	.264	.263	.263	.262	.261	.260	90	+0.468	15
100	.268	.265	.263	.261	.259	.256	.254	.252	.250	.247	100	+0.453	28
110	.268	.264	.260	.257	.253	.250	.246	.243	.239	.235	110	+0.425	42
120	50.268	.263	.258	.253	.248	50.244	.239	.234	.229	.224	120	+0.383	54
130	.268	.262	.256	.250	.244	.238	.232	.226	.220	.214	130	+0.329	63
140	.268	.261	.254	.247	.240	.234	.227	.220	.213	.206	140	+0.266	71
150	.268	.260	.253	.245	.238	.230	.222	.215	.207	.200	150	+0.195	78
160	50.268	.260	.252	.244	.236	50.228	.220	.212	.203	.195	160	+0.117	81
170	.268	.259	.251	.243	.235	.226	.218	.210	.202	.193	170	+0.036	82
180	.268	.259	.251	.243	.235	.227	.218	.210	.202	.193	180	−0.046	81
190	.268	.260	.252	.244	.236	.228	.220	.212	.204	.196	190	−0.127	76
200	50.268	.260	.253	.245	.238	50.230	.223	.215	.208	.200	200	−0.203	71
210	.268	.261	.254	.247	.241	.234	.227	.220	.214	.207	210	−0.274	62
220	.268	.262	.256	.250	.244	.239	.233	.227	.221	.215	220	−0.336	52
230	.268	.263	.258	.254	.249	.244	.240	.235	.230	.225	230	−0.388	41
240	50.268	.264	.261	.257	.254	50.250	.247	.244	.240	.237	240	−0.429	27
250	.268	.265	.263	.261	.259	.257	.255	.253	.251	.249	250	−0.456	13
260	.268	.267	.266	.266	.265	.264	.264	.263	.262	.262	260	−0.469	1
270	.268	.268	.269	.270	.271	.272	.272	.273	.274	.275	270	−0.468	15
280	50.268	.270	.272	.274	.276	50.279	.281	.283	.285	.288	280	−0.453	28
290	.268	.271	.275	.278	.282	.285	.289	.292	.296	.300	290	−0.425	42
300	.268	.272	.277	.282	.287	.291	.296	.301	.306	.311	300	−0.383	54
310	.268	.273	.279	.285	.291	.297	.303	.309	.315	.321	310	−0.329	63
320	50.268	.274	.281	.288	.295	50.301	.308	.315	.322	.329	320	−0.266	71
330	.268	.275	.282	.290	.297	.305	.313	.320	.328	.335	330	−0.195	78
340	.268	.275	.283	.291	.299	.307	.315	.323	.332	.340	340	−0.117	81
350	.268	.276	.284	.292	.300	.309	.317	.325	.333	.342	350	−0.036	82
360	50.268	.276	.284	.292	.300	50.308	.317	.325	.333	.342	360	+0.046	

Hilfstafeln

Präzession in Rektaszension (p_α) und Deklination (p_δ)

α \ δ	p_α +60°	+50°	+40°	+30°	+20°	+10°	0°	−10°	−20°	−30°	−40°	−50°	−60°	p_δ
h	s	s	s	s	s	s	s	s	s	s	s	s	s	″
0	3.07	3.07	3.07	3.07	3.07	3.07	3.07	3.07	3.07	3.07	3.07	3.07	3.07	+20.0
1	3.67	3.48	3.36	3.27	3.20	3.13	3.07	3.01	2.95	2.87	2.78	2.66	2.47	+19.4
2	4.23	3.87	3.63	3.46	3.32	3.19	3.07	2.95	2.83	2.69	2.51	2.28	1.92	+17.4
3	4.71	4.20	3.87	3.62	3.42	3.24	3.07	2.91	2.73	2.53	2.28	1.95	1.44	+14.2
4	5.08	4.45	4.04	3.74	3.49	3.28	3.07	2.87	2.65	2.41	2.10	1.69	1.07	+10.0
5	5.31	4.61	4.16	3.82	3.54	3.30	3.07	2.84	2.60	2.33	1.99	1.53	0.84	+ 5.2
6	5.39	4.67	4.19	3.84	3.56	3.31	3.07	2.84	2.59	2.30	1.95	1.48	0.76	0.0
7	5.31	4.61	4.16	3.82	3.54	3.30	3.07	2.84	2.60	2.33	1.99	1.53	0.84	− 5.2
8	5.08	4.45	4.04	3.74	3.49	3.28	3.07	2.87	2.65	2.41	2.10	1.69	1.07	−10.0
9	4.71	4.20	3.87	3.62	3.42	3.24	3.07	2.91	2.73	2.53	2.28	1.95	1.44	−14.2
10	4.23	3.87	3.63	3.46	3.32	3.19	3.07	2.95	2.83	2.69	2.51	2.28	1.92	−17.4
11	3.67	3.48	3.36	3.27	3.20	3.13	3.07	3.01	2.95	2.87	2.78	2.66	2.47	−19.4
12	3.07	3.07	3.07	3.07	3.07	3.07	3.07	3.07	3.07	3.07	3.07	3.07	3.07	−20.0
13	2.47	2.66	2.78	2.87	2.95	3.01	3.07	3.13	3.20	3.27	3.36	3.48	3.67	−19.4
14	1.92	2.28	2.51	2.69	2.83	2.95	3.07	3.19	3.32	3.46	3.63	3.87	4.23	−17.4
15	1.44	1.95	2.28	2.53	2.73	2.91	3.07	3.24	3.42	3.62	3.87	4.20	4.71	−14.2
16	1.07	1.69	2.10	2.41	2.65	2.87	3.07	3.28	3.49	3.74	4.04	4.45	5.08	−10.0
17	0.84	1.53	1.99	2.33	2.60	2.84	3.07	3.30	3.54	3.82	4.16	4.61	5.31	− 5.2
18	0.76	1.48	1.95	2.30	2.59	2.84	3.07	3.31	3.56	3.84	4.19	4.67	5.39	0.0
19	0.84	1.53	1.99	2.33	2.60	2.84	3.07	3.30	3.54	3.82	4.16	4.61	5.31	+ 5.2
20	1.07	1.69	2.10	2.41	2.65	2.87	3.07	3.28	3.49	3.74	4.04	4.45	5.08	+10.0
21	1.44	1.95	2.28	2.53	2.73	2.91	3.07	3.24	3.42	3.62	3.87	4.20	4.71	+14.2
22	1.92	2.28	2.51	2.69	2.83	2.95	3.07	3.19	3.32	3.46	3.63	3.87	4.23	+17.4
23	2.47	2.66	2.78	2.87	2.95	3.01	3.07	3.13	3.20	3.27	3.36	3.48	3.67	+19.4
24	3.07	3.07	3.07	3.07	3.07	3.07	3.07	3.07	3.07	3.07	3.07	3.07	3.07	+20.0

Präzessionswerte und Schiefe der Ekliptik

Zeit	m	n	n	ψ	log π	Π	ε
	s	″	s	″		° ′	° ′ ″
1900.0	3.07234	20.0468	1.33646	50.2564	9.67309	173 57.06	23 27 8.26
1905.0	3.07243	20.0464	1.33643	50.2575	9.67305	173 59.80	23 27 5.92
1910.0	3.07252	20.0460	1.33640	50.2586	9.67302	174 2.53	23 27 3.57
1915.0	3.07262	20.0456	1.33637	50.2597	9.67299	174 5.27	23 27 1.23
1920.0	3.07271	20.0451	1.33634	50.2608	9.67296	174 8.01	23 26 58.89
1925.0	3.07280	20.0447	1.33632	50.2620	9.67293	174 10.75	23 26 56.54
1930.0	3.07289	20.0443	1.33629	50.2631	9.67290	174 13.49	23 26 54.20
1935.0	3.07299	20.0439	1.33626	50.2642	9.67287	174 16.23	23 26 51.86
1940.0	3.07308	20.0434	1.33623	50.2653	9.67284	174 18.97	23 26 49.52
1945.0	3.07317	20.0430	1.33620	50.2664	9.67281	174 21.71	23 26 47.17
1950.0	3.07327	20.0426	1.33617	50.2675	9.67278	174 24.45	23 26 44.83
1955.0	3.07336	20.0422	1.33614	50.2686	9.67275	174 27.19	23 26 42.49
1960.0	3.07346	20.0418	1.33612	50.2697	9.67272	174 29.93	23 26 40.15

′	″	°	′	″	°	″	°	″	°
0	0.0	0.000	3	0.0	0.050	0.000	0.00000	1.800	0.00050
	3.6	01		3.6	51	036	01	836	51
	7.2	02		7.2	52	072	02	872	52
	10.8	03		10.8	53	108	03	908	53
	14.4	04		14.4	54	144	04	944	54
0	18.0	0.005	3	18.0	0.055	0.180	0.00005	1.980	0.00055
	21.6	06		21.6	56	216	06	2.016	56
	25.2	07		25.2	57	252	07	052	57
	28.8	08		28.8	58	288	08	088	58
	32.4	09		32.4	59	324	09	124	59
0	36.0	0.010	3	36.0	0.060	0.360	0.00010	2.160	0.00060
	39.6	11		39.6	61	396	11	196	61
	43.2	12		43.2	62	432	12	232	62
	46.8	13		46.8	63	468	13	268	63
	50.4	14		50.4	64	504	14	304	64
	54.0	0.015		54.0	0.065	0.540	0.00015	2.340	0.00065
0	57.6	16	3	57.6	66	576	16	376	66
1	1.2	17	4	1.2	67	612	17	412	67
	4.8	18		4.8	68	648	18	448	68
	8.4	19		8.4	69	684	19	484	69
1	12.0	0.020	4	12.0	0.070	0.720	0.00020	2.520	0.00070
	15.6	21		15.6	71	756	21	556	71
	19.2	22		19.2	72	792	22	592	72
	22.8	23		22.8	73	828	23	628	73
	26.4	24		26.4	74	864	24	664	74
1	30.0	0.025	4	30.0	0.075	0.900	0.00025	2.700	0.00075
	33.6	26		33.6	76	936	26	736	76
	37.2	27		37.2	77	0.972	27	772	77
	40.8	28		40.8	78	1.008	28	808	78
	44.4	29		44.4	79	044	29	844	79
1	48.0	0.030	4	48.0	0.080	1.080	0.00030	2.880	0.00080
	51.6	31		51.6	81	116	31	916	81
	55.2	32		55.2	82	152	32	952	82
1	58.8	33	4	58.8	83	188	33	2.988	83
2	2.4	34	5	2.4	84	224	34	3.024	84
	6.0	0.035		6.0	0.085	1.260	0.00035	060	0.00085
	9.6	36		9.6	86	296	36	096	86
	13.2	37		13.2	87	332	37	132	87
	16.8	38		16.8	88	368	38	168	88
	20.4	39		20.4	89	404	39	204	89
2	24.0	0.040	5	24.0	0.090	1.440	0.00040	3.240	0.00090
	27.6	41		27.6	91	476	41	276	91
	31.2	42		31.2	92	512	42	312	92
	34.8	43		34.8	93	548	43	348	93
	38.4	44		38.4	94	584	44	384	94
2	42.0	0.045	5	42.0	0.095	1.620	0.00045	3.420	0.00095
	45.6	46		45.6	96	656	46	456	96
	49.2	47		49.2	97	692	47	492	97
	52.8	48		52.8	98	728	48	528	98
2	56.4	49	5	56.4	99	764	49	564	99
3	0.0	0.050	6	0.0	0.100	1.800	0.00050	3.600	0.00100

Verwandlung von mittlerer Zeit in Sternzeit

Red.	0^m	1^m	2^m	3^m	Red.		Red.	
s	h m s	h m s	h m s	h m s	s	m s	s	m s
0	0 0 0	6 5 15	12 10 29	18 15 44	0.00	0 0	0.50	3 3
1	0 6 5	6 11 20	12 16 34	18 21 49	0.01	0 4	0.51	3 6
2	0 12 10	6 17 25	12 22 40	18 27 54	0.02	0 7	0.52	3 10
3	0 18 16	6 23 30	12 28 45	18 33 59	0.03	0 11	0.53	3 14
4	0 24 21	6 29 36	12 34 50	18 40 5	0.04	0 15	0.54	3 17
5	0 30 26	6 35 41	12 40 55	18 46 10	0.05	0 18	0.55	3 21
6	0 36 31	6 41 46	12 47 1	18 52 15	0.06	0 22	0.56	3 25
7	0 42 37	6 47 51	12 53 6	18 58 20	0.07	0 26	0.57	3 28
8	0 48 42	6 53 56	12 59 11	19 4 26	0.08	0 29	0.58	3 32
9	0 54 47	7 0 2	13 5 16	19 10 31	0.09	0 33	0.59	3 35
10	1 0 52	7 6 7	13 11 21	19 16 36	0.10	0 37	0.60	3 39
11	1 6 58	7 12 12	13 17 27	19 22 41	0.11	0 40	0.61	3 43
12	1 13 3	7 18 17	13 23 32	19 28 47	0.12	0 44	0.62	3 46
13	1 19 8	7 24 23	13 29 37	19 34 52	0.13	0 47	0.63	3 50
14	1 25 13	7 30 28	13 35 42	19 40 57	0.14	0 51	0.64	3 54
15	1 31 19	7 36 33	13 41 48	19 47 2	0.15	0 55	0.65	3 57
16	1 37 24	7 42 38	13 47 53	19 53 7	0.16	0 58	0.66	4 1
17	1 43 29	7 48 44	13 53 58	19 59 13	0.17	1 2	0.67	4 5
18	1 49 34	7 54 49	14 0 3	20 5 18	0.18	1 6	0.68	4 8
19	1 55 40	8 0 54	14 6 9	20 11 23	0.19	1 9	0.69	4 12
20	2 1 45	8 6 59	14 12 14	20 17 28	0.20	1 13	0.70	4 16
21	2 7 50	8 13 5	14 18 19	20 23 34	0.21	1 17	0.71	4 19
22	2 13 55	8 19 10	14 24 24	20 29 39	0.22	1 20	0.72	4 23
23	2 20 1	8 25 15	14 30 30	20 35 44	0.23	1 24	0.73	4 27
24	2 26 6	8 31 20	14 36 35	20 41 49	0.24	1 28	0.74	4 30
25	2 32 11	8 37 26	14 42 40	20 47 55	0.25	1 31	0.75	4 34
26	2 38 16	8 43 31	14 48 45	20 54 0	0.26	1 35	0.76	4 38
27	2 44 22	8 49 36	14 54 51	21 0 5	0.27	1 39	0.77	4 41
28	2 50 27	8 55 41	15 0 56	21 6 10	0.28	1 42	0.78	4 45
29	2 56 32	9 1 47	15 7 1	21 12 16	0.29	1 46	0.79	4 49
30	3 2 37	9 7 52	15 13 6	21 18 21	0.30	1 50	0.80	4 52
31	3 8 43	9 13 57	15 19 12	21 24 26	0.31	1 53	0.81	4 56
32	3 14 48	9 20 2	15 25 17	21 30 31	0.32	1 57	0.82	4 59
33	3 20 53	9 26 8	15 31 22	21 36 37	0.33	2 1	0.83	5 3
34	3 26 58	9 32 13	15 37 27	21 42 42	0.34	2 4	0.84	5 7
35	3 33 3	9 38 18	15 43 33	21 48 47	0.35	2 8	0.85	5 10
36	3 39 9	9 44 23	15 49 38	21 54 52	0.36	2 11	0.86	5 14
37	3 45 14	9 50 28	15 55 43	22 0 58	0.37	2 15	0.87	5 18
38	3 51 19	9 56 34	16 1 48	22 7 3	0.38	2 19	0.88	5 21
39	3 57 24	10 2 39	16 7 54	22 13 8	0.39	2 22	0.89	5 25
40	4 3 30	10 8 44	16 13 59	22 19 13	0.40	2 26	0.90	5 29
41	4 9 35	10 14 49	16 20 4	22 25 19	0.41	2 30	0.91	5 32
42	4 15 40	10 20 55	16 26 9	22 31 24	0.42	2 33	0.92	5 36
43	4 21 45	10 27 0	16 32 14	22 37 29	0.43	2 37	0.93	5 40
44	4 27 51	10 33 5	16 38 20	22 43 34	0.44	2 41	0.94	5 43
45	4 33 56	10 39 10	16 44 25	22 49 39	0.45	2 44	0.95	5 47
46	4 40 1	10 45 16	16 50 30	22 55 45	0.46	2 48	0.96	5 51
47	4 46 6	10 51 21	16 56 35	23 1 50	0.47	2 52	0.97	5 54
48	4 52 12	10 57 26	17 2 41	23 7 55	0.48	2 55	0.98	5 58
49	4 58 17	11 3 31	17 8 46	23 14 0	0.49	2 59	0.99	6 2
50	5 4 22	11 9 37	17 14 51	23 20 6	0.50	3 3	1.00	6 5
51	5 10 27	11 15 42	17 20 56	23 26 11				
52	5 16 33	11 21 47	17 27 2	23 32 16				
53	5 22 38	11 27 52	17 33 7	23 38 21				
54	5 28 43	11 33 58	17 39 12	23 44 27				
55	5 34 48	11 40 3	17 45 17	23 50 32				
56	5 40 54	11 46 8	17 51 23	23 56 37				
57	5 46 59	11 52 13	17 57 28	24 2 42				
58	5 53 4	11 58 19	18 3 33	24 8 48				
59	5 59 9	12 4 24	18 9 38	24 14 53				

Die Reduktion ist zur mittleren Zeit zu addieren.

Verwandlung von Sternzeit in mittlere Zeit

Red.	0m	1m	2m	3m	Red.		Red.	
s	h m s	h m s	h m s	h m s	s	m s	s	m s
0	0 0 0	6 6 15	12 12 29	18 18 44	0.00	0 0	0.50	3 3
1	0 6 6	6 12 21	12 18 35	18 24 50	0.01	0 4	0.51	3 7
2	0 12 12	6 18 27	12 24 42	18 30 56	0.02	0 7	0.52	3 10
3	0 18 19	6 24 33	12 30 48	18 37 2	0.03	0 11	0.53	3 14
4	0 24 25	6 30 40	12 36 54	18 43 9	0.04	0 15	0.54	3 18
5	0 30 31	6 36 46	12 43 0	18 49 15	0.05	0 18	0.55	3 21
6	0 36 37	6 42 52	12 49 7	18 55 21	0.06	0 22	0.56	3 25
7	0 42 44	6 48 58	12 55 13	19 1 27	0.07	0 26	0.57	3 29
8	0 48 50	6 55 4	13 1 19	19 7 34	0.08	0 29	0.58	3 32
9	0 54 56	7 1 11	13 7 25	19 13 40	0.09	0 33	0.59	3 36
10	1 1 2	7 7 17	13 13 31	19 19 46	0.10	0 37	0.60	3 40
11	1 7 9	7 13 23	13 19 38	19 25 52	0.11	0 40	0.61	3 43
12	1 13 15	7 19 29	13 25 44	19 31 59	0.12	0 44	0.62	3 47
13	1 19 21	7 25 36	13 31 50	19 38 5	0.13	0 48	0.63	3 51
14	1 25 27	7 31 42	13 37 56	19 44 11	0.14	0 51	0.64	3 54
15	1 31 34	7 37 48	13 44 3	19 50 17	0.15	0 55	0.65	3 58
16	1 37 40	7 43 54	13 50 9	19 56 23	0.16	0 59	0.66	4 2
17	1 43 46	7 50 1	13 56 15	20 2 30	0.17	1 2	0.67	4 5
18	1 49 52	7 56 7	14 2 21	20 8 36	0.18	1 6	0.68	4 9
19	1 55 59	8 2 13	14 8 28	20 14 42	0.19	1 10	0.69	4 13
20	2 2 5	8 8 19	14 14 34	20 20 48	0.20	1 13	0.70	4 16
21	2 8 11	8 14 26	14 20 40	20 26 55	0.21	1 17	0.71	4 20
22	2 14 17	8 20 32	14 26 46	20 33 1	0.22	1 21	0.72	4 24
23	2 20 24	8 26 38	14 32 53	20 39 7	0.23	1 24	0.73	4 27
24	2 26 30	8 32 44	14 38 59	20 45 13	0.24	1 28	0.74	4 31
25	2 32 36	8 38 51	14 45 5	20 51 20	0.25	1 32	0.75	4 35
26	2 38 42	8 44 57	14 51 11	20 57 26	0.26	1 35	0.76	4 38
27	2 44 49	8 51 3	14 57 18	21 3 32	0.27	1 39	0.77	4 42
28	2 50 55	8 57 9	15 3 24	21 9 38	0.28	1 43	0.78	4 46
29	2 57 1	9 3 16	15 9 30	21 15 45	0.29	1 46	0.79	4 49
30	3 3 7	9 9 22	15 15 36	21 21 51	0.30	1 50	0.80	4 53
31	3 9 14	9 15 28	15 21 43	21 27 57	0.31	1 54	0.81	4 57
32	3 15 20	9 21 34	15 27 49	21 34 3	0.32	1 57	0.82	5 0
33	3 21 26	9 27 41	15 33 55	21 40 10	0.33	2 1	0.83	5 4
34	3 27 32	9 33 47	15 40 1	21 46 16	0.34	2 5	0.84	5 8
35	3 33 38	9 39 53	15 46 8	21 52 22	0.35	2 8	0.85	5 11
36	3 39 45	9 45 59	15 52 14	21 58 28	0.36	2 12	0.86	5 15
37	3 45 51	9 52 5	15 58 20	22 4 35	0.37	2 16	0.87	5 19
38	3 51 57	9 58 12	16 4 26	22 10 41	0.38	2 19	0.88	5 22
39	3 58 3	10 4 18	16 10 33	22 16 47	0.39	2 23	0.89	5 26
40	4 4 10	10 10 24	16 16 39	22 22 53	0.40	2 26	0.90	5 30
41	4 10 16	10 16 30	16 22 45	22 29 0	0.41	2 30	0.91	5 33
42	4 16 22	10 22 37	16 28 51	22 35 6	0.42	2 34	0.92	5 37
43	4 22 28	10 28 43	16 34 57	22 41 12	0.43	2 37	0.93	5 41
44	4 28 35	10 34 49	16 41 4	22 47 18	0.44	2 41	0.94	5 44
45	4 34 41	10 40 55	16 47 10	22 53 24	0.45	2 45	0.95	5 48
46	4 40 47	10 47 2	16 53 16	22 59 31	0.46	2 48	0.96	5 52
47	4 46 53	10 53 8	16 59 22	23 5 37	0.47	2 52	0.97	5 55
48	4 53 0	10 59 14	17 5 29	23 11 43	0.48	2 56	0.98	5 59
49	4 59 6	11 5 20	17 11 35	23 17 49	0.49	2 59	0.99	6 3
50	5 5 12	11 11 27	17 17 41	23 23 56	0.50	3 3	1.00	6 6
51	5 11 18	11 17 33	17 23 47	23 30 2				
52	5 17 25	11 23 39	17 29 54	23 36 8				
53	5 23 31	11 29 45	17 36 0	23 42 14				
54	5 29 37	11 35 52	17 42 6	23 48 21				
55	5 35 43	11 41 58	17 48 12	23 54 27				
56	5 41 50	11 48 4	17 54 19	24 0 33				
57	5 47 56	11 54 10	18 0 25	24 6 39				
58	5 54 2	12 0 17	18 6 31	24 12 46				
59	6 0 8	12 6 23	18 12 37	24 18 52				

Die Reduktion ist von der Sternzeit zu subtrahieren.

Verwandlung von mittlerer Zeit in Sternzeit

Red.	0m	1m	2m	3m	Red.
s	h m s	h m s	h m s	h m s	s
0	0 0 0.0	6 5 14.5	12 10 29.1	18 15 43.6	0
1	6 5.2	11 19.8	16 34.3	21 48.8	1
2	12 10.5	17 25.0	22 39.6	27 54.1	2
3	18 15.7	23 30.3	28 44.8	33 59.3	3
4	24 21.0	29 35.5	34 50.0	40 4.6	4
5	30 26.2	35 40.7	40 55.3	46 9.8	5
6	36 31.5	41 46.0	47 0.5	52 15.1	6
7	42 36.7	47 51.2	53 5.8	18 58 20.3	7
8	48 41.9	6 53 56.5	12 59 11.0	19 4 25.5	8
9	0 54 47.2	7 0 1.7	13 5 16.2	10 30.8	9
10	1 0 52.4	6 7.0	11 21.5	16 36.0	10
11	6 57.7	12 12.2	17 26.7	22 41.3	11
12	13 2.9	18 17.4	23 32.0	28 46.5	12
13	19 8.1	24 22.7	29 37.2	34 51.8	13
14	25 13.4	30 27.9	35 42.5	40 57.0	14
15	31 18.6	36 33.2	41 47.7	47 2.2	15
16	37 23.9	42 38.4	47 52.9	53 7.5	16
17	43 29.1	48 43.7	13 53 58.2	19 59 12.7	17
18	49 34.4	7 54 48.9	14 0 3.4	20 5 18.0	18
19	1 55 39.6	8 0 54.1	6 8.7	11 23.2	19
20	2 1 44.8	6 59.4	12 13.9	17 28.4	20
21	7 50.1	13 4.6	18 19.2	23 33.7	21
22	13 55.3	19 9.9	24 24.4	29 38.9	22
23	20 0.6	25 15.1	30 29.6	35 44.2	23
24	26 5.8	31 20.3	36 34.9	41 49.4	24
25	32 11.1	37 25.6	42 40.1	47 54.7	25
26	38 16.3	43 30.8	48 45.4	20 53 59.9	26
27	44 21.5	49 36.1	14 54 50.6	21 0 5.1	27
28	50 26.8	8 55 41.3	15 0 55.9	6 10.4	28
29	2 56 32.0	9 1 46.6	7 1.1	12 15.6	29
30	3 2 37.3	7 51.8	13 6.3	18 20.9	30
31	8 42.5	13 57.0	19 11.6	24 26.1	31
32	14 47.8	20 2.3	25 16.8	30 31.4	32
33	20 53.0	26 7.5	31 22.1	36 36.6	33
34	26 58.2	32 12.8	37 27.3	42 41.8	34
35	33 3.5	38 18.0	43 32.5	48 47.1	35
36	39 8.7	44 23.3	49 37.8	21 54 52.3	36
37	45 14.0	50 28.5	15 55 43.0	22 0 57.6	37
38	51 19.2	9 56 33.7	16 1 48.3	7 2.8	38
39	3 57 24.4	10 2 39.0	7 53.5	13 8.0	39
40	4 3 29.7	8 44.2	13 58.8	19 13.3	40
41	9 34.9	14 49.5	20 4.0	25 18.5	41
42	15 40.2	20 54.7	26 9.2	31 23.8	42
43	21 45.4	27 0.0	32 14.5	37 29.0	43
44	27 50.7	33 5.2	38 19.7	43 34.3	44
45	33 55.9	39 10.4	44 25.0	49 39.5	45
46	40 1.1	45 15.7	50 30.2	22 55 44.7	46
47	46 6.4	51 20.9	16 56 35.5	23 1 50.0	47
48	52 11.6	10 57 26.2	17 2 40.7	7 55.2	48
49	4 58 16.9	11 3 31.4	8 45.9	14 0.5	49
50	5 4 22.1	9 36.6	14 51.2	20 5.7	50
51	10 27.4	15 41.9	20 56.4	26 11.0	51
52	16 32.6	21 47.1	27 1.7	32 16.2	52
53	22 37.8	27 52.4	33 6.9	38 21.4	53
54	28 43.1	33 57.6	39 12.1	44 26.7	54
55	34 48.3	40 2.9	45 17.4	50 31.9	55
56	40 53.6	46 8.1	51 22.6	23 56 37.2	56
57	46 58.8	52 13.3	17 57 27.9	24 2 42.4	57
58	53 4.0	11 58 18.6	18 3 33.1	8 47.7	58
59	5 59 9.3	12 4 23.8	18 9 38.4	24 14 52.9	59

Red.		Red.	
s	m s	s	m s
0.00	0 0.0	0.50	3 2.6
01	3.7	51	6.3
02	7.3	52	9.9
03	11.0	53	13.6
04	14.6	54	17.2
0.05	18.3	0.55	20.9
06	21.9	56	24.5
07	25.6	57	28.2
08	29.2	58	31.8
09	32.9	59	35.5
0.10	36.5	0.60	39.1
11	40.2	61	42.8
12	43.8	62	46.5
13	47.5	63	50.1
14	51.1	64	53.8
0.15	54.8	0.65	3 57.4
16	0 58.4	66	4 1.1
17	1 2.1	67	4.7
18	5.7	68	8.4
19	9.4	69	12.0
0.20	13.0	0.70	15.7
21	16.7	71	19.3
22	20.4	72	23.0
23	24.0	73	26.6
24	27.7	74	30.3
0.25	31.3	0.75	33.9
26	35.0	76	37.6
27	38.6	77	41.2
28	42.3	78	44.9
29	45.9	79	48.5
0.30	49.6	0.80	52.2
31	53.2	81	55.8
32	1 56.9	82	4 59.5
33	2 0.5	83	5 3.2
34	4.2	84	6.8
0.35	7.8	0.85	10.5
36	11.5	86	14.1
37	15.1	87	17.8
38	18.8	88	21.4
39	22.4	89	25.1
0.40	26.1	0.90	28.7
41	29.7	91	32.4
42	33.4	92	36.0
43	37.1	93	39.7
44	40.7	94	43.3
0.45	44.4	0.95	47.0
46	48.0	96	50.6
47	51.7	97	54.3
48	55.3	98	5 57.9
0.49	2 59.0	0.99	6 1.6

Red.		Red.		Red.	
s	s	s	s	s	s
0.000		0.003		0.006	
	0.2		1.3		2.4
001		004		007	
	0.5		1.6		2.7
002		005		008	
	0.9		2.0		3.1
003		006		009	
	1.3		2.4		3.5
0.004		0.007		0.010	
					3.8

Die Reduktion ist zur mittleren Zeit zu addieren.

Verwandlung von Sternzeit in mittlere Zeit

Red.	0^m	1^m	2^m	3^m	Red.
s	h m s	h m s	h m s	h m s	s
0	0 0 0.0	6 6 14.5	12 12 29.1	18 18 43.6	0
1	6 6.2	12 20.8	18 35.3	24 49.9	1
2	12 12.5	18 27.0	24 41.6	30 56.1	2
3	18 18.7	24 33.3	30 47.8	37 2.3	3
4	24 25.0	30 39.5	36 54.0	43 8.6	4
5	30 31.2	36 45.7	43 0.3	49 14.8	5
6	36 37.5	42 52.0	49 6.5	18 55 21.1	6
7	42 43.7	48 58.2	12 55 12.8	19 1 27.3	7
8	48 49.9	6 55 4.5	13 1 19.0	7 33.5	8
9	0 54 56.2	7 1 10.7	7 25.3	13 39.8	9
10	1 1 2.4	7 17.0	13 31.5	19 46.0	10
11	7 8.7	13 23.2	19 37.7	25 52.3	11
12	13 14.9	19 29.4	25 44.0	31 58.5	12
13	19 21.1	25 35.7	31 50.2	38 4.8	13
14	25 27.4	31 41.9	37 56.5	44 11.0	14
15	31 33.6	37 48.2	44 2.7	50 17.2	15
16	37 39.9	43 54.4	50 8.9	19 56 23.5	16
17	43 46.1	50 0.7	13 56 15.2	20 2 29.7	17
18	49 52.4	7 56 6.9	14 2 21.4	8 36.0	18
19	1 55 58.6	8 2 13.1	8 27.7	14 42.2	19
20	2 2 4.8	8 19.4	14 33.9	20 48.5	20
21	8 11.1	14 25.6	20 40.2	26 54.7	21
22	14 17.3	20 31.9	26 46.4	33 0.9	22
23	20 23.6	26 38.1	32 52.6	39 7.2	23
24	26 29.8	32 44.4	38 58.9	45 13.4	24
25	32 36.1	38 50.6	45 5.1	51 19.7	25
26	38 42.3	44 56.8	51 11.4	20 57 25.9	26
27	44 48.5	51 3.1	14 57 17.6	21 3 32.2	27
28	50 54.8	8 57 9.3	15 3 23.9	9 38.4	28
29	2 57 1.0	9 3 15.6	9 30.1	15 44.6	29
30	3 3 7.3	9 21.8	15 36.3	21 50.9	30
31	9 13.5	15 28.0	21 42.6	27 57.1	31
32	15 19.8	21 34.3	27 48.8	34 3.4	32
33	21 26.0	27 40.5	33 55.1	40 9.6	33
34	27 32.2	33 46.8	40 1.3	46 15.8	34
35	33 38.5	39 53.0	46 7.6	52 22.1	35
36	39 44.7	45 59.3	52 13.8	21 58 28.3	36
37	45 51.0	52 5.5	15 58 20.0	22 4 34.6	37
38	51 57.2	9 58 11.7	16 4 26.3	10 40.8	38
39	3 58 3.4	10 4 18.0	10 32.5	16 47.1	39
40	4 4 9.7	10 24.2	16 38.8	22 53.3	40
41	10 15.9	16 30.5	22 45.0	28 59.5	41
42	16 22.2	22 36.7	28 51.2	35 5.8	42
43	22 28.4	28 43.0	34 57.5	41 11.0	43
44	28 34.7	34 49.2	41 3.7	47 18.3	44
45	34 40.9	40 55.4	47 10.0	53 24.5	45
46	40 47.1	47 1.7	53 16.2	22 59 30.8	46
47	46 53.4	53 7.9	16 59 22.5	23 5 37.0	47
48	52 59.6	10 59 14.2	17 5 28.7	11 43.2	48
49	4 59 5.9	11 5 20.4	11 34.9	17 49.5	49
50	5 5 12.1	11 26.7	17 41.2	23 55.7	50
51	11 18.4	17 32.9	23 47.4	30 2.0	51
52	17 24.6	23 39.1	29 53.7	36 8.2	52
53	23 30.8	29 45.4	35 59.9	42 14.5	53
54	29 37.1	35 51.6	42 6.2	48 20.7	54
55	35 43.3	41 57.9	48 12.4	23 54 26.9	55
56	41 49.6	48 4.1	17 54 18.6	24 0 33.2	56
57	47 55.8	11 54 10.3	18 0 24.9	6 39.4	57
58	5 54 2.1	12 0 16.6	6 31.1	12 45.7	58
59	6 0 8.3	12 6 22.8	18 12 37.4	24 18 51.9	59

Die Reduktion ist von der Sternzeit zu subtrahieren.

Red.		Red.	
s	m s	s	m s
0.00	0 0.0	0.50	3 3.1
01	3.7	51	6.8
02	7.3	52	10.4
03	11.0	53	14.1
04	14.6	54	17.8
0.05	18.3	0.55	21.4
06	22.0	56	25.1
07	25.6	57	28.8
08	29.3	58	32.4
09	33.0	59	36.1
0.10	36.6	0.60	39.7
11	40.3	61	43.4
12	43.9	62	47.1
13	47.6	63	50.7
14	51.3	64	54.4
0.15	54.9	0.65	3 58.1
16	0 58.6	66	4 1.7
17	1 2.3	67	5.4
18	5.9	68	9.0
19	9.6	69	12.7
0.20	13.2	0.70	16.4
21	16.9	71	20.0
22	20.6	72	23.7
23	24.2	73	27.4
24	27.9	74	31.0
0.25	31.6	0.75	34.7
26	35.2	76	38.3
27	38.9	77	42.0
28	42.5	78	45.7
29	46.2	79	49.3
0.30	49.9	0.80	53.0
31	53.5	81	4 56.7
32	1 57.2	82	5 0.3
33	2 0.9	83	4.0
34	4.5	84	7.6
0.35	8.2	0.85	11.3
36	11.8	86	15.0
37	15.5	87	18.6
38	19.2	88	22.3
39	22.8	89	26.0
0.40	26.5	0.90	29.6
41	30.2	91	33.3
42	33.8	92	36.9
43	37.5	93	40.6
44	41.1	94	44.3
0.45	44.8	0.95	47.9
46	48.5	96	51.6
47	52.1	97	55.3
48	55.8	98	5 58.9
0.49	2 59.5	0.99	6 2.6

Red.		Red.		Red.	
s	s	s	s	s	s
0.000		0.003		0.006	
	0.2		1.3		2.4
001		004		007	
	0.5		1.6		2.7
002		005		008	
	0.9		2.0		3.1
003		006		009	
	1.3		2.4		3.5
0.004		0.007		0.010	
					3.8

Verwandlung von Stunden, Minuten und Sekunden

m	0^h	1^h	2^h	3^h	4^h	5^h	s	
	d	d	d	d	d	d		d
0	0.000000	0.041667	0.083333	0.125000	0.166667	0.208333	0	0.000000
1	000694	042361	084028	125694	167361	209028	1	000012
2	001389	043056	084722	126389	168056	209722	2	000023
3	002083	043750	085417	127083	168750	210417	3	000035
4	002778	044444	086111	127778	169444	211111	4	000046
5	0.003472	0.045139	0.086806	0.128472	0.170139	0.211806	5	0.000058
6	004167	045833	087500	129167	170833	212500	6	000069
7	004861	046528	088194	129861	171528	213194	7	000081
8	005556	047222	088889	130556	172222	213889	8	000093
9	006250	047917	089583	131250	172917	214583	9	000104
10	0.006944	0.048611	0.090278	0.131944	0.173611	0.215278	10	0.000116
11	007639	049306	090972	132639	174306	215972	11	000127
12	008333	050000	091667	133333	175000	216667	12	000139
13	009028	050694	092361	134028	175694	217361	13	000150
14	009722	051389	093056	134722	176389	218056	14	000162
15	0.010417	0.052083	0.093750	0.135417	0.177083	0.218750	15	0.000174
16	011111	052778	094444	136111	177778	219444	16	000185
17	011806	053472	095139	136806	178472	220139	17	000197
18	012500	054167	095833	137500	179167	220833	18	000208
19	013194	054861	096528	138194	179861	221528	19	000220
20	0.013889	0.055556	0.097222	0.138889	0.180556	0.222222	20	0.000231
21	014583	056250	097917	139583	181250	222917	21	000243
22	015278	056944	098611	140278	181944	223611	22	000255
23	015972	057639	099306	140972	182639	224306	23	000266
24	016667	058333	100000	141667	183333	225000	24	000278
25	0.017361	0.059028	0.100694	0.142361	0.184028	0.225694	25	0.000289
26	018056	059722	101389	143056	184722	226389	26	000301
27	018750	060417	102083	143750	185417	227083	27	000313
28	019444	061111	102778	144444	186111	227778	28	000324
29	020139	061806	103472	145139	186806	228472	29	000336
30	0.020833	0.062500	0.104167	0.145833	0.187500	0.229167	30	0.000347
31	021528	063194	104861	146528	188194	229861	31	000359
32	022222	063889	105556	147222	188889	230556	32	000370
33	022917	064583	106250	147917	189583	231250	33	000382
34	023611	065278	106944	148611	190278	231944	34	000394
35	0.024306	0.065972	0.107639	0.149306	0.190972	0.232639	35	0.000405
36	025000	066667	108333	150000	191667	233333	36	000417
37	025694	067361	109028	150694	192361	234028	37	000428
38	026389	068056	109722	151389	193056	234722	38	000440
39	027083	068750	110417	152083	193750	235417	39	000451
40	0.027778	0.069444	0.111111	0.152778	0.194444	0.236111	40	0.000463
41	028472	070139	111806	153472	195139	236806	41	000475
42	029167	070833	112500	154167	195833	237500	42	000486
43	029861	071528	113194	154861	196528	238194	43	000498
44	030556	072222	113889	155556	197222	238889	44	000509
45	0.031250	0.072917	0.114583	0.156250	0.197917	0.239583	45	0.000521
46	031944	073611	115278	156944	198611	240278	46	000532
47	032639	074306	115972	157639	199306	240972	47	000544
48	033333	075000	116667	158333	200000	241667	48	000556
49	034028	075694	117361	159028	200694	242361	49	000567
50	0.034722	0.076389	0.118056	0.159722	0.201389	0.243056	50	0.000579
51	035417	077083	118750	160417	202083	243750	51	000590
52	036111	077778	119444	161111	202778	244444	52	000602
53	036806	078472	120139	161806	203472	245139	53	000613
54	037500	079167	120833	162500	204167	245833	54	000625
55	0.038194	0.079861	0.121528	0.163194	0.204861	0.246528	55	0.000637
56	038889	080556	122222	163889	205556	247222	56	000648
57	039583	081250	122917	164583	206250	247917	57	000660
58	040278	081944	123611	165278	206944	248611	58	000671
59	0.040972	0.082639	0.124306	0.165972	0.207639	0.249306	59	0.000683

m	6h d	7h d	8h d	9h d	10h d	11h d	s	d
0	0.250000	0.291667	0.333333	0.375000	0.416667	0.458333	0	0.000000
1	250694	292361	334028	375694	417361	459028	1	000012
2	251389	293056	334722	376389	418056	459722	2	000023
3	252083	293750	335417	377083	418750	460417	3	000035
4	252778	294444	336111	377778	419444	461111	4	000046
5	0.253472	0.295139	0.336806	0.378472	0.420139	0.461806	5	0.000058
6	254167	295833	337500	379167	420833	462500	6	000069
7	254861	296528	338194	379861	421528	463194	7	000081
8	255556	297222	338889	380556	422222	463889	8	000093
9	256250	297917	339583	381250	422917	464583	9	000104
10	0.256944	0.298611	0.340278	0.381944	0.423611	0.465278	10	0.000116
11	257639	299306	340972	382639	424306	465972	11	000127
12	258333	300000	341667	383333	425000	466667	12	000139
13	259028	300694	342361	384028	425694	467361	13	000150
14	259722	301389	343056	384722	426389	468056	14	000162
15	0.260417	0.302083	0.343750	0.385417	0.427083	0.468750	15	0.000174
16	261111	302778	344444	386111	427778	469444	16	000185
17	261806	303472	345139	386806	428472	470139	17	000197
18	262500	304167	345833	387500	429167	470833	18	000208
19	263194	304861	346528	388194	429861	471528	19	000220
20	0.263889	0.305556	0.347222	0.388889	0.430556	0.472222	20	0.000231
21	264583	306250	347917	389583	431250	472917	21	000243
22	265278	306944	348611	390278	431944	473611	22	000255
23	265972	307639	349306	390972	432639	474306	23	000266
24	266667	308333	350000	391667	433333	475000	24	000278
25	0.267361	0.309028	0.350694	0.392361	0.434028	0.475694	25	0.000289
26	268056	309722	351389	393056	434722	476389	26	000301
27	268750	310417	352083	393750	435417	477083	27	000313
28	269444	311111	352778	394444	436111	477778	28	000324
29	270139	311806	353472	395139	436806	478472	29	000336
30	0.270833	0.312500	0.354167	0.395833	0.437500	0.479167	30	0.000347
31	271528	313194	354861	396528	438194	479861	31	000359
32	272222	313889	355556	397222	438889	480556	32	000370
33	272917	314583	356250	397917	439583	481250	33	000382
34	273611	315278	356944	398611	440278	481944	34	000394
35	0.274306	0.315972	0.357639	0.399306	0.440972	0.482639	35	0.000405
36	275000	316667	358333	400000	441667	483333	36	000417
37	275694	317361	359028	400694	442361	484028	37	000428
38	276389	318056	359722	401389	443056	484722	38	000440
39	277083	318750	360417	402083	443750	485417	39	000451
40	0.277778	0.319444	0.361111	0.402778	0.444444	0.486111	40	0.000463
41	278472	320139	361806	403472	445139	486806	41	000475
42	279167	320833	362500	404167	445833	487500	42	000486
43	279861	321528	363194	404861	446528	488194	43	000498
44	280556	322222	363889	405556	447222	488889	44	000509
45	0.281250	0.322917	0.364583	0.406250	0.447917	0.489583	45	0.000521
46	281944	323611	365278	406944	448611	490278	46	000532
47	282639	324306	365972	407639	449306	490972	47	000544
48	283333	325000	366667	408333	450000	491667	48	000556
49	284028	325694	367361	409028	450694	492361	49	000567
50	0.284722	0.326389	0.368056	0.409722	0.451389	0.493056	50	0.000579
51	285417	327083	368750	410417	452083	493750	51	000590
52	286111	327778	369444	411111	452778	494444	52	000602
53	286806	328472	370139	411806	453472	495139	53	000613
54	287500	329167	370833	412500	454167	495833	54	000625
55	0.288194	0.329861	0.371528	0.413194	0.454861	0.496528	55	0.000637
56	288889	330556	372222	413889	455556	497222	56	000648
57	289583	331250	372917	414583	456250	497917	57	000660
58	290278	331944	373611	415278	456944	498611	58	000671
59	0.290972	0.332639	0.374306	0.415972	0.457639	0.499306	59	0.000683

Julianische Periode

I. Anzahl der am 0. Januar, 12h Weltzeit, seit Anfang der Periode verflossenen Tage

Jahr nach Chr.	0	100	200	300	400	500	600	700	800	900
	17	17	17	18	18	19	19	19	20	20
0	21057	57582	94107	30632	67157	03682	40207	76732	13257	49782
4	22518	59043	95568	32093	68618	05143	41668	78193	14718	51243
8	23979	60504	97029	33554	70079	06604	43129	79654	16179	52704
12	25440	61965	98490	35015	71540	08065	44590	81115	17640	54165
16	26901	63426	99951	36476	73001	09526	46051	82576	19101	55626
20	28362	64887	01412	37937	74462	10987	47512	84037	20562	57087
24	29823	66348	02873	39398	75923	12448	48973	85498	22023	58548
28	31284	67809	04334	40859	77384	13909	50434	86959	23484	60009
32	32745	69270	05795	42320	78845	15370	51895	88420	24945	61470
36	34206	70731	07256	43781	80306	16831	53356	89881	26406	62931
40	35667	72192	08717	45242	81767	18292	54817	91342	27867	64392
44	37128	73653	10178	46703	83228	19753	56278	92803	29328	65853
48	38589	75114	11639	48164	84689	21214	57739	94264	30789	67314
52	40050	76575	13100	49625	86150	22675	59200	95725	32250	68775
56	41511	78036	14561	51086	87611	24136	60661	97186	33711	70236
60	42972	79497	16022	52547	89072	25597	62122	98647	35172	71697
64	44433	80958	17483	54008	90533	27058	63583	00108	36633	73158
68	45894	82419	18944	55469	91994	28519	65044	01569	38094	74619
72	47355	83880	20405	56930	93455	29980	66505	03030	39555	76080
76	48816	85341	21866	58391	94916	31441	67966	04491	41016	77541
80	50277	86802	23327	59852	96377	32902	69427	05952	42477	79002
84	51738	88263	24788	61313	97838	34363	70888	07413	43938	80463
88	53199	89724	26249	62774	99299	35824	72349	08874	45399	81924
92	54660	91185	27710	64235	00760	37285	73810	10335	46860	83385
96	56121	92646	29171	65696	02221	38746	75271	11796	48321	84846
100	57582	94107	30632	67157	03682	40207	76732	13257	49782	86307
	17	17	18	18	19	19	19	20	20	20

Ia. Anzahl der am 0. eines jeden Monats, 12h Weltzeit, seit Beginn der Schaltperiode verflossenen Tage

Jahr	Jan. 0	Febr. 0	März 0	April 0	Mai 0	Juni 0	Juli 0	Aug. 0	Sept. 0	Okt. 0	Nov. 0	Dez. 0
0	0	31	60	91	121	152	182	213	244	274	305	335
1	366	397	425	456	486	517	547	578	609	639	670	700
2	731	762	790	821	851	882	912	943	974	1004	1035	1065
3	1096	1127	1155	1186	1216	1247	1277	1308	1339	1369	1400	1430

Julianische Periode

I. Anzahl der am 0. Januar, 12^h Weltzeit, seit Anfang der Periode verflossenen Tage

Jahr nach Chr.	1000	1100	1200	1300	1400	1500	1600	1700	1800	1900
	20	21	21	21	22	22	23	23	23	24
0	86307	22832	59357	95882	32407	68932	05447	41971[1]	78495[1]	15019[1]
4	87768	24293	60818	97343	33868	70393	06908	43432	79956	16480
8	89229	25754	62279	98804	35329	71854	08369	44893	81417	17941
12	90690	27215	63740	00265	36790	73315	09830	46354	82878	19402
16	92151	28676	65201	01726	38251	74776	11291	47815	84339	20863
20	93612	30137	66662	03187	39712	76237	12752	49276	85800	22324
24	95073	31598	68123	04648	41173	77698	14213	50737	87261	23785
28	96534	33059	69584	06109	42634	79159	15674	52198	88722	25246
32	97995	34520	71045	07570	44095	80620	17135	53659	90183	26707
36	99456	35981	72506	09031	45556	82081	18596	55120	91644	28168
40	00917	37442	73967	10492	47017	83542	20057	56581	93105	29629
44	02378	38903	75428	11953	48478	85003	21518	58042	94566	31090
48	03839	40364	76889	13414	49939	86464	22979	59503	96027	32551
52	05300	41825	78350	14875	51400	87925	24440	60964	97488	34012
56	06761	43286	79811	16336	52861	89386	25901	62425	98949	35473
60	08222	44747	81272	17797	54322	90847	27362	63886	00410	36934
64	09683	46208	82733	19258	55783	92308	28823	65347	01871	38395
68	11144	47669	84194	20719	57244	93769	30284	66808	03332	39856
72	12605	49130	85655	22180	58705	95230	31745	68269	04793	41317
76	14066	50591	87116	23641	60166	96691	33206	69730	06254	42778
80	15527	52052	88577	25102	61627	98152	34667	71191	07715	44239
84	16988	53513	90038	26563	63088	99603	36128	72652	09176	45700
88	18449	54974	91499	28024	64549	01064	37589	74113	10637	47161
92	19910	56435	92960	29485	66010	02525	39050	75574	12098	48622
96	21371	57896	94421	30946	67471	03986	40511	77035	13559	50083
100	22832	59357	95882	32407	68932	05447	41971[1]	78495[1]	15019[1]	51544
	21	21	21	22	22	23	23	23	24	24

[1] Die Zahlen geben die am —1. Jan. seit Anfang der Periode verflossenen Tage.

Ia. Anzahl der am 0. eines jeden Monats, 12^h Weltzeit, seit Beginn der Schaltperiode verflossenen Tage

Jahr	Jan. 0	Febr. 0	März 0	April 0	Mai 0	Juni 0	Juli 0	Aug. 0	Sept. 0	Okt. 0	Nov. 0	Dez. 0
0	0[2]	31[2]	60	91	121	152	182	213	244	274	305	335
1	366	397	425	456	486	517	547	578	609	639	670	700
2	731	762	790	821	851	882	912	943	974	1004	1035	1065
3	1096	1127	1155	1186	1216	1247	1277	1308	1339	1369	1400	1430

Von 1582 Okt. 15 bis 1583 Dez. 31 sind die Zahlen der Tafel Ia um 10 zu verkleinern.

[2] In den Jahren 1700, 1800, 1900 um 1 zu vergrößern.

Julianische Periode

II. Anzahl der am 0. eines jeden Monats, 12h Weltzeit, seit Beginn der Periode verflossenen Tage

Jahr n. Chr.	Januar 0	Febr. 0	März 0	April 0	Mai 0	Juni 0	Juli 0	Aug. 0	Sept. 0	Okt. 0	Nov. 0	Dez. 0
1860	2400 410	441	470	501	531	562	592	623	654	684	715	745
1861	776	807	835	866	896	927	957	988	*019	*049	*080	*110
1862	2401 141	172	200	231	261	292	322	353	384	414	445	475
1863	506	537	565	596	626	657	687	718	749	779	810	840
1864	871	902	931	962	992	*023	*053	*084	*115	*145	*176	*206
1865	2402 237	268	296	327	357	388	418	449	480	510	541	571
1866	602	633	661	692	722	753	783	814	845	875	906	936
1867	967	998	*026	*057	*087	*118	*148	*179	*210	*240	*271	*301
1868	2403 332	363	392	423	453	484	514	545	576	606	637	667
1869	698	729	757	788	818	849	879	910	941	971	*002	*032
1870	2404 063	094	122	153	183	214	244	275	306	336	367	397
1871	428	459	487	518	548	579	609	640	671	701	732	762
1872	793	824	853	884	914	945	975	*006	*037	*067	*098	*128
1873	2405 159	190	218	249	279	310	340	371	402	432	463	493
1874	524	555	583	614	644	675	705	736	767	797	828	858
1875	889	920	948	979	*009	*040	*070	*101	*132	*162	*193	*223
1876	2406 254	285	314	345	375	406	436	467	498	528	559	589
1877	620	651	679	710	740	771	801	832	863	893	924	954
1878	985	*016	*044	*075	*105	*136	*166	*197	*228	*258	*289	*319
1879	2407 350	381	409	440	470	501	531	562	593	623	654	684
1880	715	746	775	806	836	867	897	928	959	989	*020	*050
1881	2408 081	112	140	171	201	232	262	293	324	354	385	415
1882	446	477	505	536	566	597	627	658	689	719	750	780
1883	811	842	870	901	931	962	992	*023	*054	*084	*115	*145
1884	2409 176	207	236	267	297	328	358	389	420	450	481	511
1885	542	573	601	632	662	693	723	754	785	815	846	876
1886	907	938	966	997	*027	*058	*088	*119	*150	*180	*211	*241
1887	2410 272	303	331	362	392	423	453	484	515	545	576	606
1888	637	668	697	728	758	789	819	850	881	911	942	972
1889	2411 003	034	062	093	123	154	184	215	246	276	307	337
1890	368	399	427	458	488	519	549	580	611	641	672	702
1891	733	764	792	823	853	884	914	945	976	*006	*037	*067
1892	2412 098	129	158	189	219	250	280	311	342	372	403	433
1893	464	495	523	554	584	615	645	676	707	737	768	798
1894	829	860	888	919	949	980	*010	*041	*072	*102	*133	*163
1895	2413 194	225	253	284	314	345	375	406	437	467	498	528
1896	559	590	619	650	680	711	741	772	803	833	864	894
1897	925	956	984	*015	*045	*076	*106	*137	*168	*198	*229	*259
1898	2414 290	321	349	380	410	441	471	502	533	563	594	624
1899	655	686	714	745	775	806	836	867	898	928	959	989

Julianische Periode

II. Anzahl der am 0. eines jeden Monats, 12h Weltzeit, seit Beginn der Periode verflossenen Tage

Jahr n. Chr.	Januar 0	Febr. 0	März 0	April 0	Mai 0	Juni 0	Juli 0	Aug. 0	Sept. 0	Okt. 0	Nov. 0	Dez. 0
1900	2415 020	051	079	110	140	171	201	232	263	293	324	354
1901	385	416	444	475	505	536	566	597	628	658	689	719
1902	750	781	809	840	870	901	931	962	993	*023	*054	*084
1903	2416 115	146	174	205	235	266	296	327	358	388	419	449
1904	480	511	540	571	601	632	662	693	724	754	785	815
1905	846	877	905	936	966	997	*027	*058	*089	*119	*150	*180
1906	2417 211	242	270	301	331	362	392	423	454	484	515	545
1907	576	607	635	666	696	727	757	788	819	849	880	910
1908	941	972	*001	*032	*062	*093	*123	*154	*185	*215	*246	*276
1909	2418 307	338	366	397	427	458	488	519	550	580	611	641
1910	672	703	731	762	792	823	853	884	915	945	976	*006
1911	2419 037	068	096	127	157	188	218	249	280	310	341	371
1912	402	433	462	493	523	554	584	615	646	676	707	737
1913	768	799	827	858	888	919	949	980	*011	*041	*072	*102
1914	2420 133	164	192	223	253	284	314	345	376	406	437	467
1915	498	529	557	588	618	649	679	710	741	771	802	832
1916	863	894	923	954	984	*015	*045	*076	*107	*137	*168	*198
1917	2421 229	260	288	319	349	380	410	441	472	502	533	563
1918	594	625	653	684	714	745	775	806	837	867	898	928
1919	959	990	*018	*049	*079	*110	*140	*171	*202	*232	*263	*293
1920	2422 324	355	384	415	445	476	506	537	568	598	629	659
1921	690	721	749	780	810	841	871	902	933	963	994	*024
1922	2423 055	086	114	145	175	206	236	267	298	328	359	389
1923	420	451	479	510	540	571	601	632	663	693	724	754
1924	785	816	845	876	906	937	967	998	*029	*059	*090	*120
1925	2424 151	182	210	241	271	302	332	363	394	424	455	485
1926	516	547	575	606	636	667	697	728	759	789	820	850
1927	881	912	940	971	*001	*032	*062	*093	*124	*154	*185	*215
1928	2425 246	277	306	337	367	398	428	459	490	520	551	581
1929	612	643	671	702	732	763	793	824	855	885	916	946
1930	977	*008	*036	*067	*097	*128	*158	*189	*220	*250	*281	*311
1931	2426 342	373	401	432	462	493	523	554	585	615	646	676
1932	707	738	767	798	828	859	889	920	951	981	*012	*042
1933	2427 073	104	132	163	193	224	254	285	316	346	377	407
1934	438	469	497	528	558	589	619	650	681	711	742	772
1935	803	834	862	893	923	954	984	*015	*046	*076	*107	*137
1936	2428 168	199	228	259	289	320	350	381	412	442	473	503
1937	534	565	593	624	654	685	715	746	777	807	838	868
1938	899	930	958	989	*019	*050	*080	*111	*142	*172	*203	*233
1939	2429 264	295	323	354	384	415	445	476	507	537	568	598

Julianische Periode

II. Anzahl der am 0. eines jeden Monats, 12h Weltzeit, seit Beginn der Periode verflossenen Tage

Jahr n. Chr.	Januar 0	Febr. 0	März 0	April 0	Mai 0	Juni 0	Juli 0	Aug. 0	Sept. 0	Okt. 0	Nov. 0	Dez. 0
1940	2429 629	660	689	720	750	781	811	842	873	903	934	964
1941	995	*026	*054	*085	*115	*146	*176	*207	*238	*268	*299	*329
1942	2430 360	391	419	450	480	511	541	572	603	633	664	694
1943	725	756	784	815	845	876	906	937	968	998	*029	*059
1944	2431 090	121	150	181	211	242	272	303	334	364	395	425
1945	456	487	515	546	576	607	637	668	699	729	760	790
1946	821	852	880	911	941	972	*002	*033	*064	*094	*125	*155
1947	2432 186	217	245	276	306	337	367	398	429	459	490	520
1948	551	582	611	642	672	703	733	764	795	825	856	886
1949	917	948	976	*007	*037	*068	*098	*129	*160	*190	*221	*251
1950	2433 282	313	341	372	402	433	463	494	525	555	586	616
1951	647	678	706	737	767	798	828	859	890	920	951	981
1952	2434 012	043	072	103	133	164	194	225	256	286	317	347
1953	378	409	437	468	498	529	559	590	621	651	682	712
1954	743	774	802	833	863	894	924	955	986	*016	*047	*077
1955	2435 108	139	167	198	228	259	289	320	351	381	412	442
1956	473	504	533	564	594	625	655	686	717	747	778	808
1957	839	870	898	929	959	990	*020	*051	*082	*112	*143	*173
1958	2436 204	235	263	294	324	355	385	416	447	477	508	538
1959	569	600	628	659	689	720	750	781	812	842	873	903
1960	934	965	994	*025	*055	*086	*116	*147	*178	*208	*239	*269
1961	2437 300	331	359	390	420	451	481	512	543	573	604	634
1962	665	696	724	755	785	816	846	877	908	938	969	999
1963	2438 030	061	089	120	150	181	211	242	273	303	334	364
1964	395	426	455	486	516	547	577	608	639	669	700	730
1965	761	792	820	851	881	912	942	973	*004	*034	*065	*095
1966	2439 126	157	185	216	246	277	307	338	369	399	430	460
1967	491	522	550	581	611	642	672	703	734	764	795	825
1968	856	887	916	947	977	*008	*038	*069	*100	*130	*161	*191
1969	2440 222	253	281	312	342	373	403	434	465	495	526	556
1970	587	618	646	677	707	738	768	799	830	860	891	921
1971	952	983	*011	*042	*072	*103	*133	*164	*195	*225	*256	*286
1972	2441 317	348	377	408	438	469	499	530	561	591	622	652
1973	683	714	742	773	803	834	864	895	926	956	987	*017
1974	2442 048	079	107	138	168	199	229	260	291	321	352	382
1975	413	444	472	503	533	564	594	625	656	686	717	747
1976	778	809	838	869	899	930	960	991	*022	*052	*083	*113
1977	2443 144	175	203	234	264	295	325	356	387	417	448	478
1978	509	540	568	599	629	660	690	721	752	782	813	843
1979	2443 874	905	933	964	994	*025	*055	*086	*117	*147	*178	*208

Hilfsgrößen

zur Berechnung der geozentrischen Koordinaten

$\rho \sin \varphi' = s \sin \varphi; \qquad \rho \cos \varphi' = c \cos \varphi$

φ	log *s*		log *c*		φ	log *s*		log *c*	
± 0°	9.9970705	4	0.0000000	4	±40°	9.9976745	252	0.0006040	252
1	.9970709	14	.0000004	14	41	.9976997	254	.0006292	254
2	.9970723	22	.0000018	22	42	.9977251	255	.0006546	255
3	.9970745	31	.0000040	31	43	.9977506	255	.0006801	255
4	.9970776	40	.0000071	40	44	.9977761	255	.0007056	255
5	9.9970816	49	0.0000111	49	45	9.9978016	256	0.0007311	256
6	.9970865	57	.0000160	57	46	.9978272	255	.0007567	255
7	.9970922	66	.0000217	66	47	.9978527	255	.0007822	255
8	.9970988	74	.0000283	74	48	.9978782	254	.0008077	254
9	.9971062	83	.0000357	83	49	.9979036	252	.0008331	252
10	9.9971145	92	0.0000440	92	50	9.9979288	252	0.0008583	252
11	.9971237	99	.0000532	99	51	.9979540	249	.0008835	249
12	.9971336	108	.0000631	108	52	.9979789	247	.0009084	247
13	.9971444	116	.0000739	116	53	.9980036	245	.0009331	245
14	.9971560	123	.0000855	123	54	.9980281	242	.0009576	242
15	9.9971683	131	0.0000978	131	55	9.9980523	239	0.0009818	239
16	.9971814	139	.0001109	139	56	.9980762	235	.0010057	235
17	.9971953	146	.0001248	146	57	.9980997	232	.0010292	232
18	.9972099	154	.0001394	154	58	.9981229	228	.0010524	228
19	.9972253	160	.0001548	160	59	.9981457	224	.0010752	224
20	9.9972413	168	0.0001708	168	60	9.9981681	220	0.0010976	220
21	.9972581	174	.0001876	174	61	.9981901	215	.0011196	215
22	.9972755	180	.0002050	180	62	.9982116	209	.0011411	209
23	.9972935	187	.0002230	187	63	.9982325	205	.0011620	205
24	.9973122	192	.0002417	192	64	.9982530	199	.0011825	199
25	9.9973314	198	0.0002609	198	65	9.9982729	193	0.0012024	193
26	.9973512	204	.0002807	204	66	.9982922	188	.0012217	188
27	.9973716	209	.0003011	209	67	.9983110	181	.0012405	181
28	.9973925	214	.0003220	214	68	.9983291	175	.0012586	175
29	.9974139	219	.0003434	219	69	.9983466	168	.0012761	168
30	9.9974358	223	0.0003653	223	70	9.9983634	161	0.0012929	161
31	.9974581	227	.0003876	227	71	.9983795	154	.0013090	154
32	.9974808	232	.0004103	232	72	.9983949	147	.0013244	147
33	.9975040	235	.0004335	235	73	.9984096	140	.0013391	140
34	.9975275	238	.0004570	238	74	.9984236	132	.0013531	132
35	9.9975513	241	0.0004808	241	75	9.9984368	124	0.0013663	124
36	.9975754	245	.0005049	245	76	.9984492	117	.0013787	117
37	.9975999	246	.0005294	246	77	.9984609	108	.0013904	108
38	.9976245	249	.0005540	249	78	.9984717	100	.0014012	100
39	.9976494	251	.0005789	251	79	.9984817	92	.0014112	92
40	9.9976745		0.0006040		80	9.9984909		0.0014204	

Halber Tagbogen

δ \ φ	+30°	+32°	+34°	+36°	+38°	+40°	+42°	+44°	+46°	+48°	+50°
°	h m	h m	h m	h m	h m	h m	h m	h m	h m	h m	h m
−30	4 45.4	4 38.8	4 31.8	4 24.4	4 16.5	4 8.1	3 58.9	3 48.9	3 37.9	3 25.7	3 11.8
29	4 48.6	4 42.3	4 35.6	4 28.6	4 21.1	4 13.0	4 4.3	3 54.9	3 44.5	3 33.0	3 20.1
28	4 51.7	4 45.7	4 39.3	4 32.6	4 25.5	4 17.8	4 9.6	4 0.7	3 50.9	3 40.1	3 28.0
27	4 54.7	4 49.0	4 42.9	4 36.5	4 29.8	4 22.5	4 14.7	4 6.2	3 57.0	3 46.9	3 35.5
26	4 57.7	4 52.2	4 46.5	4 40.4	4 33.9	4 27.1	4 19.7	4 11.7	4 3.0	3 53.4	3 42.8
25	5 0.6	4 55.4	4 49.9	4 44.2	4 38.0	4 31.5	4 24.5	4 16.9	4 8.7	3 59.7	3 49.7
24	5 3.5	4 58.5	4 53.3	4 47.8	4 42.0	4 35.8	4 29.2	4 22.0	4 14.3	4 5.8	3 56.5
23	5 6.3	5 1.6	4 56.6	4 51.4	4 45.9	4 40.1	4 33.8	4 27.0	4 19.7	4 11.8	4 3.0
22	5 9.0	5 4.6	4 59.9	4 55.0	4 49.7	4 44.2	4 38.3	4 31.9	4 25.0	4 17.5	4 9.3
21	5 11.7	5 7.5	5 3.1	4 58.4	4 53.5	4 48.3	4 42.7	4 36.7	4 30.2	4 23.2	4 15.4
−20	5 14.4	5 10.4	5 6.2	5 1.8	4 57.2	4 52.3	4 47.0	4 41.3	4 35.3	4 28.7	4 21.4
19	5 17.0	5 13.3	5 9.3	5 5.2	5 0.8	4 56.2	4 51.2	4 45.9	4 40.2	4 34.0	4 27.3
18	5 19.6	5 16.1	5 12.4	5 8.5	5 4.4	5 0.0	4 55.4	4 50.4	4 45.1	4 39.3	4 33.0
17	5 22.2	5 18.9	5 15.4	5 11.7	5 7.9	5 3.8	4 59.5	4 54.9	4 49.9	4 44.5	4 38.6
16	5 24.7	5 21.6	5 18.4	5 14.9	5 11.4	5 7.5	5 3.5	4 59.2	4 54.6	4 49.5	4 44.1
15	5 27.2	5 24.3	5 21.3	5 18.1	5 14.8	5 11.2	5 7.5	5 3.5	4 59.2	4 54.5	4 49.5
14	5 29.7	5 27.0	5 24.2	5 21.3	5 18.2	5 14.9	5 11.4	5 7.7	5 3.7	4 59.5	4 54.8
13	5 32.1	5 29.7	5 27.1	5 24.4	5 21.5	5 18.5	5 15.3	5 11.9	5 8.2	5 4.3	5 0.0
12	5 34.6	5 32.3	5 29.9	5 27.4	5 24.8	5 22.1	5 19.1	5 16.0	5 12.6	5 9.0	5 5.1
11	5 37.0	5 34.9	5 32.7	5 30.5	5 28.1	5 25.6	5 22.9	5 20.1	5 17.0	5 13.7	5 10.2
−10	5 39.4	5 37.5	5 35.5	5 33.5	5 31.3	5 29.1	5 26.7	5 24.1	5 21.4	5 18.4	5 15.2
9	5 41.7	5 40.1	5 38.3	5 36.5	5 34.6	5 32.5	5 30.4	5 28.1	5 25.7	5 23.0	5 20.2
8	5 44.1	5 42.6	5 41.1	5 39.5	5 37.8	5 36.0	5 34.1	5 32.1	5 29.9	5 27.6	5 25.1
7	5 46.4	5 45.2	5 43.8	5 42.4	5 41.0	5 39.4	5 37.8	5 36.0	5 34.2	5 32.2	5 30.0
6	5 48.8	5 47.7	5 46.6	5 45.4	5 44.1	5 42.8	5 41.4	5 40.0	5 38.4	5 36.7	5 34.9
5	5 51.1	5 50.2	5 49.3	5 48.3	5 47.3	5 46.2	5 45.1	5 43.9	5 42.6	5 41.2	5 39.7
4	5 53.4	5 52.7	5 52.0	5 51.2	5 50.4	5 49.6	5 48.7	5 47.8	5 46.8	5 45.7	5 44.5
3	5 55.8	5 55.2	5 54.7	5 54.1	5 53.6	5 53.0	5 52.3	5 51.6	5 50.9	5 50.1	5 49.3
2	5 58.1	5 57.7	5 57.4	5 57.1	5 56.7	5 56.3	5 55.9	5 55.5	5 55.1	5 54.6	5 54.1
− 1	6 0.4	6 0.2	6 0.1	6 0.0	5 59.8	5 59.7	5 59.5	5 59.4	5 59.2	5 59.0	5 58.9
0	6 2.7	6 2.7	6 2.8	6 2.9	6 2.9	6 3.0	6 3.1	6 3.2	6 3.4	6 3.5	6 3.6
+ 1	6 5.0	6 5.2	6 5.5	6 5.8	6 6.1	6 6.4	6 6.7	6 7.1	6 7.5	6 7.9	6 8.4
2	6 7.3	6 7.7	6 8.2	6 8.7	6 9.2	6 9.8	6 10.3	6 11.0	6 11.6	6 12.4	6 13.2
3	6 9.6	6 10.3	6 10.9	6 11.6	6 12.3	6 13.1	6 14.0	6 14.8	6 15.8	6 16.8	6 18.0
4	6 11.9	6 12.8	6 13.6	6 14.5	6 15.5	6 16.5	6 17.6	6 18.7	6 20.0	6 21.3	6 22.8
5	6 14.3	6 15.3	6 16.4	6 17.5	6 18.6	6 19.9	6 21.2	6 22.6	6 24.2	6 25.8	6 27.6
6	6 16.6	6 17.8	6 19.1	6 20.4	6 21.8	6 23.3	6 24.9	6 26.6	6 28.4	6 30.4	6 32.5
7	6 19.0	6 20.4	6 21.8	6 23.4	6 25.0	6 26.7	6 28.6	6 30.5	6 32.6	6 34.9	6 37.4
8	6 21.3	6 22.9	6 24.6	6 26.4	6 28.2	6 30.2	6 32.3	6 34.5	6 36.9	6 39.5	6 42.3
9	6 23.7	6 25.5	6 27.4	6 29.4	6 31.4	6 33.7	6 36.0	6 38.5	6 41.2	6 44.1	6 47.3
10	6 26.1	6 28.1	6 30.2	6 32.4	6 34.7	6 37.2	6 39.8	6 42.5	6 45.6	6 48.8	6 52.3
+11	6 28.5	6 30.7	6 33.0	6 35.4	6 38.0	6 40.7	6 43.6	6 46.6	6 49.9	6 53.5	6 57.4
12	6 31.0	6 33.4	6 35.9	6 38.5	6 41.3	6 44.3	6 47.4	6 50.8	6 54.4	6 58.3	7 2.5
13	6 33.4	6 36.0	6 38.8	6 41.6	6 44.7	6 47.9	6 51.3	6 54.9	6 58.9	7 3.1	7 7.8
14	6 35.9	6 38.7	6 41.7	6 44.8	6 48.0	6 51.5	6 55.2	6 59.2	7 3.4	7 8.0	7 13.1
15	6 38.4	6 41.4	6 44.6	6 47.9	6 51.5	6 55.2	6 59.2	7 3.5	7 8.1	7 13.0	7 18.5
16	6 41.0	6 44.2	6 47.6	6 51.2	6 54.9	6 58.9	7 3.2	7 7.8	7 12.7	7 18.1	7 23.9
17	6 43.5	6 47.0	6 50.6	6 54.4	6 58.5	7 2.7	7 7.3	7 12.2	7 17.5	7 23.3	7 29.5
18	6 46.1	6 49.8	6 53.7	6 57.7	7 2.0	7 6.6	7 11.5	7 16.7	7 22.4	7 28.5	7 35.3
19	6 48.8	6 52.7	6 56.8	7 1.1	7 5.7	7 10.5	7 15.7	7 21.3	7 27.4	7 33.9	7 41.1
20	6 51.5	6 55.6	6 59.9	7 4.5	7 9.4	7 14.5	7 20.1	7 26.0	7 32.4	7 39.4	7 47.1
+21	6 54.2	6 58.6	7 3.1	7 8.0	7 13.1	7 18.6	7 24.5	7 30.8	7 37.6	7 45.1	7 53.3
22	6 56.9	7 1.6	7 6.4	7 11.5	7 17.0	7 22.8	7 29.0	7 35.7	7 42.9	7 50.9	7 59.6
23	6 59.8	7 4.6	7 9.7	7 15.1	7 20.9	7 27.0	7 33.6	7 40.7	7 48.4	7 56.8	8 6.1
24	7 2.6	7 7.7	7 13.1	7 18.8	7 24.9	7 31.3	7 38.3	7 45.8	7 54.0	8 2.9	8 12.9
25	7 5.6	7 10.9	7 16.6	7 22.6	7 29.0	7 35.8	7 43.1	7 51.1	7 59.8	8 9.3	8 19.9
26	7 8.5	7 14.2	7 20.1	7 26.4	7 33.2	7 40.4	7 48.1	7 56.5	8 5.7	8 15.8	8 27.1
27	7 11.6	7 17.5	7 23.8	7 30.4	7 37.5	7 45.0	7 53.2	8 2.1	8 11.8	8 22.6	8 34.7
28	7 14.7	7 20.9	7 27.5	7 34.4	7 41.9	7 49.9	7 58.5	8 7.9	8 18.2	8 29.7	8 42.6
29	7 17.9	7 24.4	7 31.3	7 38.6	7 46.4	7 54.8	8 3.9	8 13.9	8 24.8	8 37.1	8 51.0
+30	7 21.2	7 28.0	7 35.2	7 42.9	7 51.1	7 59.9	8 9.5	8 20.1	8 31.7	8 44.8	8 59.7

δ \ φ	+50°	+51°	+52°	+53°	+54°	+55°	+56°	+57°	+58°	+59°	+60°
°	h m	h m	h m	h m	h m	h m	h m	h m	h m	h m	h m
−30	3 11.8	3 4.1	2 55.8	2 46.8	2 36.9	2 25.9	2 13.5	1 59.3	1 42.4	1 21.1	0 49.7
29	3 20.1	3 12.9	3 5.3	2 57.0	2 48.0	2 38.1	2 27.1	2 14.7	2 0.4	1 43.4	1 21.9
28	3 28.0	3 21.3	3 14.2	3 6.6	2 58.3	2 49.3	2 39.4	2 28.4	2 15.9	2 1.6	1 44.5
27	3 35.5	3 29.3	3 22.7	3 15.7	3 8.0	2 59.8	2 50.8	2 40.8	2 29.8	2 17.3	2 2.9
26	3 42.8	3 37.0	3 30.8	3 24.2	3 17.2	3 9.6	3 1.4	2 52.4	2 42.4	2 31.3	2 18.8
25	3 49.7	3 44.3	3 38.6	3 32.4	3 25.9	3 18.9	3 11.3	3 3.1	2 54.1	2 44.1	2 33.0
24	3 56.5	3 51.4	3 46.0	3 40.3	3 34.3	3 27.8	3 20.8	3 13.2	3 5.0	2 56.0	2 46.0
23	4 3.0	3 58.2	3 53.2	3 47.9	3 42.3	3 36.2	3 29.8	3 22.8	3 15.3	3 7.1	2 58.0
22	4 9.3	4 4.9	4 0.2	3 55.2	3 50.0	3 44.3	3 38.4	3 31.9	3 25.0	3 17.5	3 9.3
21	4 15.4	4 11.3	4 6.9	4 2.3	3 57.4	3 52.2	3 46.6	3 40.7	3 34.3	3 27.4	3 19.9
−20	4 21.4	4 17.5	4 13.5	4 9.1	4 4.6	3 59.8	3 54.6	3 49.1	3 43.2	3 36.9	3 30.0
19	4 27.3	4 23.7	4 19.9	4 15.8	4 11.6	4 7.1	4 2.3	3 57.2	3 51.8	3 45.9	3 39.6
18	4 33.0	4 29.6	4 26.1	4 22.3	4 18.4	4 14.2	4 9.8	4 5.1	4 0.1	3 54.7	3 48.9
17	4 38.6	4 35.4	4 32.1	4 28.7	4 25.0	4 21.1	4 17.0	4 12.7	4 8.1	4 3.1	3 57.8
16	4 44.1	4 41.2	4 38.1	4 34.9	4 31.5	4 27.9	4 24.1	4 20.1	4 15.9	4 11.3	4 6.4
15	4 49.5	4 46.8	4 43.9	4 41.0	4 37.8	4 34.5	4 31.0	4 27.4	4 23.4	4 19.3	4 14.8
14	4 54.8	4 52.3	4 49.7	4 46.9	4 44.1	4 41.0	4 37.8	4 34.4	4 30.8	4 27.0	4 22.9
13	5 0.0	4 57.7	4 55.3	4 52.8	4 50.2	4 47.4	4 44.5	4 41.4	4 38.1	4 34.6	4 30.9
12	5 5.1	5 3.0	5 0.9	4 58.6	4 56.2	4 53.7	4 51.0	4 48.2	4 45.2	4 42.0	4 38.7
11	5 10.2	5 8.3	5 6.4	5 4.3	5 2.1	4 59.8	4 57.4	4 54.9	4 52.2	4 49.3	4 46.3
−10	5 15.2	5 13.5	5 11.8	5 9.9	5 7.9	5 5.9	5 3.7	5 1.5	4 59.1	4 56.5	4 53.8
9	5 20.2	5 18.7	5 17.1	5 15.5	5 13.7	5 11.9	5 10.0	5 8.0	5 5.8	5 3.6	5 1.2
8	5 25.1	5 23.8	5 22.4	5 21.0	5 19.5	5 17.9	5 16.2	5 14.4	5 12.5	5 10.6	5 8.5
7	5 30.0	5 28.9	5 27.7	5 26.4	5 25.1	5 23.8	5 22.3	5 20.8	5 19.2	5 17.5	5 15.7
6	5 34.9	5 33.9	5 32.9	5 31.8	5 30.7	5 29.6	5 28.4	5 27.1	5 25.7	5 24.3	5 22.8
5	5 39.7	5 38.9	5 38.1	5 37.2	5 36.3	5 35.4	5 34.4	5 33.4	5 32.2	5 31.1	5 29.9
4	5 44.5	5 43.9	5 43.3	5 42.6	5 41.9	5 41.2	5 40.4	5 39.6	5 38.7	5 37.8	5 36.9
3	5 49.3	5 48.9	5 48.4	5 47.9	5 47.4	5 46.9	5 46.3	5 45.8	5 45.2	5 44.5	5 43.8
2	5 54.1	5 53.8	5 53.5	5 53.3	5 52.9	5 52.6	5 52.3	5 52.0	5 51.6	5 51.2	5 50.8
− 1	5 58.9	5 58.8	5 58.7	5 58.6	5 58.4	5 58.3	5 58.2	5 58.1	5 58.0	5 57.9	5 57.7
0	6 3.6	6 3.7	6 3.8	6 3.9	6 4.0	6 4.1	6 4.2	6 4.3	6 4.4	6 4.5	6 4.7
+ 1	6 8.4	6 8.6	6 8.9	6 9.2	6 9.5	6 9.8	6 10.1	6 10.4	6 10.8	6 11.2	6 11.6
2	6 13.2	6 13.6	6 14.0	6 14.5	6 15.0	6 15.5	6 16.0	6 16.6	6 17.2	6 17.8	6 18.5
3	6 18.0	6 18.6	6 19.2	6 19.8	6 20.5	6 21.2	6 22.0	6 22.8	6 23.6	6 24.6	6 25.5
4	6 22.8	6 23.5	6 24.4	6 25.2	6 26.1	6 27.0	6 28.0	6 29.0	6 30.1	6 31.3	6 32.5
5	6 27.6	6 28.6	6 29.6	6 30.6	6 31.7	6 32.8	6 34.0	6 35.3	6 36.6	6 38.1	6 39.6
6	6 32.5	6 33.6	6 34.8	6 36.0	6 37.3	6 38.7	6 40.1	6 41.6	6 43.2	6 44.9	6 46.7
7	6 37.4	6 38.7	6 40.0	6 41.5	6 43.0	6 44.6	6 46.2	6 48.0	6 49.8	6 51.8	6 53.9
8	6 42.3	6 43.8	6 45.3	6 47.0	6 48.7	6 50.5	6 52.4	6 54.4	6 56.5	6 58.8	7 1.2
9	6 47.3	6 48.9	6 50.7	6 52.6	6 54.5	6 56.5	6 58.7	7 0.9	7 3.3	7 5.9	7 8.6
10	6 52.3	6 54.1	6 56.1	6 58.2	7 0.3	7 2.6	7 5.0	7 7.5	7 10.2	7 13.1	7 16.2
11	6 57.4	6 59.4	7 1.6	7 3.9	7 6.3	7 8.8	7 11.4	7 14.2	7 17.2	7 20.4	7 23.8
12	7 2.5	7 4.8	7 7.2	7 9.7	7 12.3	7 15.1	7 18.0	7 21.1	7 24.3	7 27.8	7 31.5
13	7 7.8	7 10.2	7 12.8	7 15.5	7 18.4	7 21.4	7 24.6	7 28.0	7 31.6	7 35.4	7 39.5
14	7 13.1	7 15.7	7 18.6	7 21.5	7 24.6	7 27.9	7 31.4	7 35.1	7 39.0	7 43.2	7 47.7
15	7 18.5	7 21.4	7 24.4	7 27.6	7 31.0	7 34.6	7 38.3	7 42.4	7 46.6	7 51.2	7 56.1
16	7 23.9	7 27.1	7 30.4	7 33.8	7 37.5	7 41.4	7 45.4	7 49.8	7 54.4	7 59.4	8 4.7
17	7 29.5	7 32.9	7 36.5	7 40.2	7 44.1	7 48.3	7 52.7	7 57.4	8 2.5	8 7.9	8 13.7
18	7 35.3	7 38.9	7 42.7	7 46.7	7 50.9	7 55.4	8 0.2	8 5.3	8 10.8	8 16.6	8 23.0
19	7 41.1	7 45.0	7 49.1	7 53.4	7 57.9	8 2.8	8 7.9	8 13.4	8 19.4	8 25.7	8 32.6
20	7 47.1	7 51.3	7 55.6	8 0.3	8 5.2	8 10.4	8 15.9	8 21.9	8 28.3	8 35.2	8 42.8
+21	7 53.3	7 57.7	8 2.4	8 7.3	8 12.6	8 18.2	8 24.2	8 30.7	8 37.6	8 45.2	8 53.5
22	7 59.6	8 4.3	8 9.4	8 14.7	8 20.3	8 26.4	8 32.8	8 39.8	8 47.4	8 55.7	9 4.8
23	8 6.1	8 11.2	8 16.6	8 22.3	8 28.3	8 34.9	8 41.9	8 49.5	8 57.7	9 6.8	9 16.9
24	8 12.9	8 18.3	8 24.0	8 30.2	8 36.7	8 43.8	8 51.4	8 59.6	9 8.7	9 18.8	9 30.0
25	8 19.9	8 25.7	8 31.8	8 38.4	8 45.5	8 53.1	9 1.4	9 10.5	9 20.5	9 31.7	9 44.4
26	8 27.1	8 33.4	8 40.0	8 47.0	8 54.7	9 3.0	9 12.1	9 22.1	9 33.2	9 45.9	10 0.6
27	8 34.7	8 41.4	8 48.5	8 56.1	9 4.4	9 13.5	9 23.5	9 34.6	9 47.3	10 1.9	10 19.5
28	8 42.6	8 49.8	8 57.5	9 5.8	9 14.8	9 24.8	9 35.9	9 48.5	10 3.1	10 20.5	10 42.9
29	8 51.0	8 58.7	9 7.0	9 16.1	9 26.0	9 37.1	9 49.6	10 4.1	10 21.5	10 43.7	11 18.1
+30	8 59.7	9 8.1	9 17.2	9 27.1	9 38.2	9 50.7	10 5.1	10 22.3	10 44.4	11 18.5	— —

Hilfstafeln

zur Berechnung der optischen Mondlibration

λ−☊	Δλ	a	B	λ−☊	λ−☊	Δλ	a	B	λ−☊
°	′		° ′	°	°	′		° ′	°
0	+0.0+	−0.0269+	−0 0.0+	180	45	+0.6+	−0.0190+	−1 5.3+	225
1	0.0	268	0 1.6	181	46	0.6	187	1 6.4	226
2	0.0	268	0 3.2	182	47	0.6	183	1 7.5	227
3	0.1	268	0 4.8	183	48	0.6	180	1 8.6	228
4	0.1	268	0 6.4	184	49	0.6	176	1 9.7	229
5	+0.1+	−0.0268+	−0 8.0+	185	50	+0.6+	−0.0173+	−1 10.7+	230
6	0.1	267	0 9.7	186	51	0.6	169	1 11.8	231
7	0.1	267	0 11.3	187	52	0.6	165	1 12.8	232
8	0.2	266	0 12.9	188	53	0.6	162	1 13.8	233
9	0.2	265	0 14.4	189	54	0.6	158	1 14.7	234
10	+0.2+	−0.0264+	−0 16.0+	190	55	+0.6+	−0.0154+	−1 15.6+	235
11	0.2	264	0 17.6	191	56	0.6	150	1 16.5	236
12	0.2	263	0 19.2	192	57	0.6	146	1 17.4	237
13	0.3	262	0 20.8	193	58	0.6	142	1 18.3	238
14	0.3	261	0 22.3	194	59	0.5	138	1 19.2	239
15	+0.3+	−0.0259+	−0 23.9+	195	60	+0.5+	−0.0134+	−1 20.0+	240
16	0.3	258	0 25.5	196	61	0.5	130	1 20.8	241
17	0.3	257	0 27.0	197	62	0.5	126	1 21.5	242
18	0.4	255	0 28.5	198	63	0.5	122	1 22.3	243
19	0.4	254	0 30.1	199	64	0.5	118	1 23.0	244
20	+0.4+	−0.0252+	−0 31.6+	200	65	+0.5+	−0.0114+	−1 23.7+	245
21	0.4	251	0 33.1	201	66	0.5	109	1 24.4	246
22	0.4	249	0 34.6	202	67	0.4	105	1 25.0	247
23	0.4	247	0 36.1	203	68	0.4	101	1 25.6	248
24	0.5	245	0 37.6	204	69	0.4	096	1 26.2	249
25	+0.5+	−0.0243+	−0 39.0+	205	70	+0.4+	−0.0092+	−1 26.8+	250
26	0.5	241	0 40.5	206	71	0.4	87	1 27.3	251
27	0.5	239	0 41.9	207	72	0.4	83	1 27.8	252
28	0.5	237	0 43.4	208	73	0.3	79	1 28.3	253
29	0.5	235	0 44.8	209	74	0.3	74	1 28.8	254
30	+0.5+	−0.0233+	−0 46.2+	210	75	+0.3+	−0.0070+	−1 29.2+	255
31	0.5	230	0 47.6	211	76	0.3	65	1 29.6	256
32	0.6	228	0 48.9	212	77	0.3	60	1 30.0	257
33	0.6	225	0 50.3	213	78	0.2	56	1 30.3	258
34	0.6	223	0 51.6	214	79	0.2	51	1 30.6	259
35	+0.6+	−0.0220+	−0 53.0+	215	80	+0.2+	−0.0047+	−1 30.9+	260
36	0.6	217	0 54.3	216	81	0.2	42	1 31.2	261
37	0.6	214	0 55.6	217	82	0.2	37	1 31.4	262
38	0.6	212	0 56.9	218	83	0.1	33	1 31.6	263
39	0.6	209	0 58.1	219	84	0.1	28	1 31.8	264
40	+0.6+	−0.0206+	−0 59.4+	220	85	+0.1+	−0.0023+	−1 32.0+	265
41	0.6	203	1 0.6	221	86	0.1	19	1 32.1	266
42	0.6	200	1 1.8	222	87	0.1	14	1 32.2	267
43	0.6	196	1 3.0	223	88	0.0	09	1 32.3	268
44	0.6	193	1 4.1	224	89	0.0	05	1 32.3	269
45	+0.6+	−0.0190+	−1 5.3+	225	90	+0.0+	−0.0000+	−1 32.3+	270

$$l' = \lambda + \Delta\lambda - a\,(B - \beta) - L_{☾}\,; \quad b' = B - \beta$$

l', b' = Optische Libration der Mondmitte in selenographischer Länge und Breite.

λ, β = Länge und Breite des Mondmittelpunktes, berechnet für den Beobachtungsort.

$L_{☾}$ = Mittlere Länge des Mondes, ☊ = Mondknoten.

Hilfstafeln

zur Berechnung der optischen Mondlibration

λ−☊	Δλ	a	B	λ−☊	λ−☊	Δλ	a	B	λ−☊
°	′		° ′	°	°	′		° ′	°
90	−0.0 −	+0.0000 −	−1 32.3+	270	135	−0.6 −	+0.0190 −	−1 5.3+	315
91	0.0	05	1 32.3	271	136	0.6	193	1 4.1	316
92	0.0	09	1 32.3	272	137	0.6	196	1 3.0	317
93	0.1	14	1 32.2	273	138	0.6	200	1 1.8	318
94	0.1	19	1 32.1	274	139	0.6	203	1 0.6	319
95	−0.1 −	+0.0023 −	−1 32.0+	275	140	−0.6 −	+0.0206 −	−0 59.4+	320
96	0.1	28	1 31.8	276	141	0.6	209	0 58.1	321
97	0.1	33	1 31.6	277	142	0.6	212	0 56.9	322
98	0.2	37	1 31.4	278	143	0.6	214	0 55.6	323
99	0.2	42	1 31.2	279	144	0.6	217	0 54.3	324
100	−0.2 −	+0.0047 −	−1 30.9+	280	145	−0.6 −	+0.0220 −	−0 53.0+	325
101	0.2	51	1 30.6	281	146	0.6	223	0 51.6	326
102	0.2	56	1 30.3	282	147	0.6	225	0 50.3	327
103	0.3	60	1 30.0	283	148	0.6	228	0 48.9	328
104	0.3	65	1 29.6	284	149	0.5	230	0 47.6	329
105	−0.3 −	+0.0070 −	−1 29.2+	285	150	−0.5 −	+0.0233 −	−0 46.2+	330
106	0.3	74	1 28.8	286	151	0.5	235	0 44.8	331
107	0.3	79	1 28.3	287	152	0.5	237	0 43.4	332
108	0.4	83	1 27.8	288	153	0.5	239	0 41.9	333
109	0.4	87	1 27.3	289	154	0.5	241	0 40.5	334
110	−0.4 −	+0.0092 −	−1 26.8+	290	155	−0.5 −	+0.0243 −	−0 39.0+	335
111	0.4	096	1 26.2	291	156	0.5	245	0 37.6	336
112	0.4	101	1 25.6	292	157	0.4	247	0 36.1	337
113	0.4	105	1 25.0	293	158	0.4	249	0 34.6	338
114	0.5	109	1 24.4	294	159	0.4	251	0 33.1	339
115	−0.5 −	+0.0114 −	−1 23.7+	295	160	−0.4 −	+0.0252 −	−0 31.6+	340
116	0.5	118	1 23.0	296	161	0.4	254	0 30.1	341
117	0.5	122	1 22.3	297	162	0.4	255	0 28.5	342
118	0.5	126	1 21.5	298	163	0.3	257	0 27.0	343
119	0.5	130	1 20.8	299	164	0.3	258	0 25.5	344
120	−0.5 −	+0.0134 −	−1 20.0+	300	165	−0.3 −	+0.0259 −	−0 23.9+	345
121	0.5	138	1 19.2	301	166	0.3	261	0 22.3	346
122	0.6	142	1 18.3	302	167	0.3	262	0 20.8	347
123	0.6	146	1 17.4	303	168	0.2	263	0 19.2	348
124	0.6	150	1 16.5	304	169	0.2	264	0 17.6	349
125	−0.6 −	+0.0154 −	−1 15.6+	305	170	−0.2 −	+0.0264 −	−0 16.0+	350
126	0.6	158	1 14.7	306	171	0.2	265	0 14.4	351
127	0.6	162	1 13.8	307	172	0.2	266	0 12.9	352
128	0.6	165	1 12.8	308	173	0.1	267	0 11.3	353
129	0.6	169	1 11.8	309	174	0.1	267	0 9.7	354
130	−0.6 −	+0.0173 −	−1 10.7+	310	175	−0.1 −	+0.0268 −	−0 8.0+	355
131	0.6	176	1 9.7	311	176	0.1	268	0 6.4	356
132	0.6	180	1 8.6	312	177	0.1	268	0 4.8	357
133	0.6	183	1 7.5	313	178	0.0	268	0 3.2	358
134	0.6	187	1 6.4	314	179	0.0	268	0 1.6	359
135	−0.6 −	+0.0190 −	−1 5.3+	315	180	−0.0 −	+0.0269 −	−0 0.0+	360

$$l' = \lambda + \Delta\lambda - a\,(B - \beta) - L_{☾}\,; \quad b' = B - \beta$$

l', b' = Optische Libration der Mondmitte in selenographischer Länge und Breite.
λ, β = Länge und Breite des Mondmittelpunktes, berechnet für den Beobachtungsort.
$L_{☾}$ = Mittlere Länge des Mondes, ☊ = Mondknoten.

Verwandlung von Zeitmaß in Gradmaß

0^h *bis* 4^h $0°$ *bis* $60°$			4^h *bis* 8^h $60°$ *bis* $120°$			8^h *bis* 12^h $120°$ *bis* $180°$			12^h *bis* 16^h $180°$ *bis* $240°$			16^h *bis* 20^h $240°$ *bis* $300°$			20^h *bis* 24^h $300°$ *bis* $360°$		
h	m	°	h	m	°	h	m	°	h	m	°	h	m	°	h	m	°
0	0	0	4	0	60	8	0	120	12	0	180	16	0	240	20	0	300
	4	1		4	61		4	121		4	181		4	241		4	301
	8	2		8	62		8	122		8	182		8	242		8	302
	12	3		12	63		12	123		12	183		12	243		12	303
	16	4		16	64		16	124		16	184		16	244		16	304
0	20	5	4	20	65	8	20	125	12	20	185	16	20	245	20	20	305
	24	6		24	66		24	126		24	186		24	246		24	306
	28	7		28	67		28	127		28	187		28	247		28	307
	32	8		32	68		32	128		32	188		32	248		32	308
	36	9		36	69		36	129		36	189		36	249		36	309
0	40	10	4	40	70	8	40	130	12	40	190	16	40	250	20	40	310
	44	11		44	71		44	131		44	191		44	251		44	311
	48	12		48	72		48	132		48	192		48	252		48	312
	52	13		52	73		52	133		52	193		52	253		52	313
0	56	14	4	56	74	8	56	134	12	56	194	16	56	254	20	56	314
1	0	15	5	0	75	9	0	135	13	0	195	17	0	255	21	0	315
	4	16		4	76		4	136		4	196		4	256		4	316
	8	17		8	77		8	137		8	197		8	257		8	317
	12	18		12	78		12	138		12	198		12	258		12	318
	16	19		16	79		16	139		16	199		16	259		16	319
1	20	20	5	20	80	9	20	140	13	20	200	17	20	260	21	20	320
	24	21		24	81		24	141		24	201		24	261		24	321
	28	22		28	82		28	142		28	202		28	262		28	322
	32	23		32	83		32	143		32	203		32	263		32	323
	36	24		36	84		36	144		36	204		36	264		36	324
1	40	25	5	40	85	9	40	145	13	40	205	17	40	265	21	40	325
	44	26		44	86		44	146		44	206		44	266		44	326
	48	27		48	87		48	147		48	207		48	267		48	327
	52	28		52	88		52	148		52	208		52	268		52	328
1	56	29	5	56	89	9	56	149	13	56	209	17	56	269	21	56	329
2	0	30	6	0	90	10	0	150	14	0	210	18	0	270	22	0	330
	4	31		4	91		4	151		4	211		4	271		4	331
	8	32		8	92		8	152		8	212		8	272		8	332
	12	33		12	93		12	153		12	213		12	273		12	333
	16	34		16	94		16	154		16	214		16	274		16	334
2	20	35	6	20	95	10	20	155	14	20	215	18	20	275	22	20	335
	24	36		24	96		24	156		24	216		24	276		24	336
	28	37		28	97		28	157		28	217		28	277		28	337
	32	38		32	98		32	158		32	218		32	278		32	338
	36	39		36	99		36	159		36	219		36	279		36	339
2	40	40	6	40	100	10	40	160	14	40	220	18	40	280	22	40	340
	44	41		44	101		44	161		44	221		44	281		44	341
	48	42		48	102		48	162		48	222		48	282		48	342
	52	43		52	103		52	163		52	223		52	283		52	343
2	56	44	6	56	104	10	56	164	14	56	224	18	56	284	22	56	344
3	0	45	7	0	105	11	0	165	15	0	225	19	0	285	23	0	345
	4	46		4	106		4	166		4	226		4	286		4	346
	8	47		8	107		8	167		8	227		8	287		8	347
	12	48		12	108		12	168		12	228		12	288		12	348
	16	49		16	109		16	169		16	229		16	289		16	349
3	20	50	7	20	110	11	20	170	15	20	230	19	20	290	23	20	350
	24	51		24	111		24	171		24	231		24	291		24	351
	28	52		28	112		28	172		28	232		28	292		28	352
	32	53		32	113		32	173		32	233		32	293		32	353
	36	54		36	114		36	174		36	234		36	294		36	354
3	40	55	7	40	115	11	40	175	15	40	235	19	40	295	23	40	355
	44	56		44	116		44	176		44	236		44	296		44	356
	48	57		48	117		48	177		48	237		48	297		48	357
	52	58		52	118		52	178		52	238		52	298		52	358
3	56	59	7	56	119	11	56	179	15	56	239	19	56	299	23	56	359
4	0	60	8	0	120	12	0	180	16	0	240	20	0	300	24	0	360

0^m *bis* 2^m $0°00$ *bis* $0°50$			2^m *bis* 4^m $0°50$ *bis* $1°00$			0^s000 *bis* 1^s200 $0°0000$ *bis* $0°0050$		1^s200 *bis* 2^s400 $0°0050$ *bis* $0°0100$	
m	s	°	m	s	°	s	°	s	°
0	0.0	0.00	2	0.0	0.50	0.000	0.0000	1.200	0.0050
	2.4	01		2.4	51	024	01	224	51
	4.8	02		4.8	52	048	02	248	52
	7.2	03		7.2	53	072	03	272	53
	9.6	04		9.6	54	096	04	296	54
0	12.0	0.05	2	12.0	0.55	0.120	0.0005	1.320	0.0055
	14.4	06		14.4	56	144	06	344	56
	16.8	07		16.8	57	168	07	368	57
	19.2	08		19.2	58	192	08	392	58
	21.6	09		21.6	59	216	09	416	59
0	24.0	0.10	2	24.0	0.60	0.240	0.0010	1.440	0.0060
	26.4	11		26.4	61	264	11	464	61
	28.8	12		28.8	62	288	12	488	62
	31.2	13		31.2	63	312	13	512	63
	33.6	14		33.6	64	336	14	536	64
0	36.0	0.15	2	36.0	0.65	0.360	0.0015	1.560	0.0065
	38.4	16		38.4	66	384	16	584	66
	40.8	17		40.8	67	408	17	608	67
	43.2	18		43.2	68	432	18	632	68
	45.6	19		45.6	69	456	19	656	69
0	48.0	0.20	2	48.0	0.70	0.480	0.0020	1.680	0.0070
	50.4	21		50.4	71	504	21	704	71
	52.8	22		52.8	72	528	22	728	72
	55.2	23		55.2	73	552	23	752	73
0	57.6	24	2	57.6	74	576	24	776	74
1	0.0	0.25	3	0.0	0.75	0.600	0.0025	1.800	0.0075
	2.4	26		2.4	76	624	26	824	76
	4.8	27		4.8	77	648	27	848	77
	7.2	28		7.2	78	672	28	872	78
	9.6	29		9.6	79	696	29	896	79
1	12.0	0.30	3	12.0	0.80	0.720	0.0030	1.920	0.0080
	14.4	31		14.4	81	744	31	944	81
	16.8	32		16.8	82	768	32	968	82
	19.2	33		19.2	83	792	33	1.992	83
	21.6	34		21.6	84	816	34	2.016	84
1	24.0	0.35	3	24.0	0.85	0.840	0.0035	2.040	0.0085
	26.4	36		26.4	86	864	36	064	86
	28.8	37		28.8	87	888	37	088	87
	31.2	38		31.2	88	912	38	112	88
	33.6	39		33.6	89	936	39	136	89
1	36.0	0.40	3	36.0	0.90	0.960	0.0040	2.160	0.0090
	38.4	41		38.4	91	0.984	41	184	91
	40.8	42		40.8	92	1.008	42	208	92
	43.2	43		43.2	93	032	43	232	93
	45.6	44		45.6	94	056	44	256	94
1	48.0	0.45	3	48.0	0.95	1.080	0.0045	2.280	0.0095
	50.4	46		50.4	96	104	46	304	96
	52.8	47		52.8	97	128	47	328	97
	55.2	48		55.2	98	152	48	352	98
1	57.6	49	3	57.6	0.99	176	49	376	99
2	0.0	0.50	4	0.0	1.00	1.200	0.0050	2.400	0.0100

s	°
0.0000	0.00000
24	1
48	2
72	3
96	4
0.0120	0.00005

s	°
0.0120	0.00005
144	6
168	7
192	8
216	9
0.0240	0.00010

Koordinaten der Sternwarten

Name	Seehöhe	Geogr. Breite	Länge von Greenwich + westlich — östlich	Korr. der Sternzeit	Geoz. Breite	Log. ρ incl. Seehöhe
	m	° ′ ″	h m s	s	° ′ ″	
Abastumani (Mt. Kanobili)	1700	+41 45 18.2	— 2 51 18.08	— 28.14	+41 33 47.3	9.999470
Abbadia	69	+43 22 52.2	+ 0 7 0.1	+ 1.15	+43 11 17.8	9.999317
Adelaide	41	−34 55 35.1	— 9 14 19.90	— 91.06	−34 44 42.7	9.999526
Albany (Neue Sternw.)[1]	40	+42 39 12.8	+ 4 55 7.12	+ 48.48	+42 27 39.7	9.999334
Algier-Bouzaréah[2]	345	+36 48 4.8	— 0 12 8.53	— 1.99	+36 36 58.1	9.999497
Allegheny (Neue Sternw.)	370	+40 28 58.1	+ 5 20 5.39	+ 52.59	+40 17 31.4	9.999411
Amherst (Neue Sternw.)	110	+42 21 56.5	+ 4 50 5.98	+ 47.66	+42 10 24.0	9.999346
Ann Arbor	282	+42 16 48.7	+ 5 34 55.27	+ 55.02	+42 5 16.4	9.999360
Arcetri (Zentr. d. Sternw.[3])	184	+43 45 14.4	— 0 45 1.30	— 7.39	+43 33 39.5	9.999316
Armagh	64	+54 21 11	+ 0 26 35.48	+ 4.37	+54 10 11.4	9.999041
Arosa	2050	+46 47	— 0 38 1	— 6.25	+46 35	9.999366
Asiago (Astrophys. Obs.)	1045	+45 51 44.7	— 0 46 6.86	— 7.58	+45 40 9.3	9.999321
Athen	110	+37 58 15.5	— 1 34 52.2	— 15.58	+37 47 1.2	9.999456
Bamberg (Remeis-Sternw.)	288	+49 53 6.4	— 0 43 33.57	— 7.15	+49 41 40.3	9.999167
Barcelona[4]	415	+41 24 59.3	— 0 8 30.2	— 1.41	+41 13 29.4	9.999391
Basel-Binningen (Pass.-Instr.)	318	+47 32 27.2	— 0 30 20.02	— 4.98	+47 20 54.1	9.999228
Bautzen (Schulsternwarte)	224	+51 10 38	— 0 57 43	— 9.48	+50 59 18	9.999130
Belgrad	250	+44 48 13.2	— 1 22 3.8	— 13.48	+44 36 37.6	9.999294
Bergedorf (Mer.-Kr.)	41	+53 28 46.9	— 0 40 57.74	— 6.73	+53 17 40.8	9.999060
Berkeley	94	+37 52 23.5	+ 8 9 2.91	+ 80.34	+37 41 9.8	9.999458
Berlin-Babelsberg[5]	82	+52 24 24.2	— 0 52 25.49	— 8.61	+52 13 11.1	9.999089
Berlin-Treptow (Archenh.-Sternw.)	38	+52 29 7	— 0 53 54.2	— 8.86	+52 17 54	9.999085
Bern (Astronom. Institut)	563	+46 57 12.7	— 0 29 42.88	— 4.88	+46 45 38.5	9.999260
Bern (Sternwarte)	500	+46 57 13.6	— 0 29 42.9	— 4.88	+46 45 39.4	9.999256
Besançon	312	+47 14 59.0	— 0 23 57.1	— 3.93	+47 3 25.3	9.999236
Blaca	280	+43 17 37	— 1 6 8.0	— 10.86	+43 6 3	9.999334
Bloemfontein Filiale Obs. Univ. Michig.	1490	−29 5 45	— 1 44 57	— 17.24	−28 55 55	9.999758
Bloemfontein Boyden Stat. d. Harv. Obs.	1379	−29 12	— 1 45 57	— 17.40	−29 2	9.999748
Bloomington (Goethe Link Obs.)	274	+39 33	+ 5 46.3	+ 56.89	+39 22	9.999428
Bogota	2640	+ 4 35 55.2	+ 4 56 19.51	+ 48.68	+ 4 34 4.4	0.000111
Bologna Zentr. d. Sternw.	84	+44 29 52.8	— 0 45 24.48	— 7.46	+44 18 17.3	9.999290
Bombay (Colaba)	19	+18 53 36.2	— 4 51 15.60	— 47.85	+18 46 31.1	9.999849
Bonn Zentr. d. Sternw.	62	+50 43 45.0	— 0 28 23.18	— 4.66	+50 32 22.7	9.999130
Bordeaux (Floirac)	73	+44 50 7.2	+ 0 2 6.56	+ 0.35	+44 38 31.6	9.999281
Bosque Alegre (Filiale v. Cordoba, Reflektor)	1250	−31 35 53	+ 4 18 11.2	+ 42.41	−31 25 33	9.999686
Boston (University)[6]	31	+42 20 58	+ 4 44 19.1	+ 46.71	+42 9 25.6	9.999341
Breslau (Neue Sternw.)[7]	117	+51 6 42.1	— 1 8 21.22	— 11.23	+50 55 21.7	9.999130
Brisbane	51	−27 28 23.0	—10 12 6.48	—100.55	−27 18 54.6	9.999694
Brüssel (Uccle) Mer.-Kr.	105	+50 47 54.6	— 0 17 26.05	— 2.86	+50 36 32.7	9.999131
Budapest (Univ.-Sternw.)	110	+47 29 34.7	— 1 16 15.4	— 12.53	+47 18 1.5	9.999215
Budapest-Svábhegy	470	+47 29 58.6	— 1 15 51.41	— 12.46	+47 18 25.4	9.999240
Budapest[8]	110	+47 28 49	— 1 16 13.7	— 12.53	+47 17 16	9.999215
Buenos Aires	26	−34 36 19.3	+ 3 53 44.27	+ 38.40	−34 25 29.7	9.999533

[1] Dudley Observatory, seit Juni 1893. Alte Sternwarte 37″.0 nördlich, 7ˢ.10 östlich. — [2] Alte Sternwarte 3′.8 südlich, 8ˢ östlich. — [3] Seit Oktober 1872, früher in Florenz. — [4] J. Comas Solá. — [5] Die Koordinaten beziehen sich auf die Mitte der großen Kuppel, in der der große Refraktor aufgestellt ist. Die frühere Sternwarte in Berlin (seit 1835) lag 5′ 52″.5 nördlich und 1^m 9ˢ.31 östlich. — [6] Die alte Sternwarte lag 4ˢ.1 östlich, 34″.5 nördlich. — [7] Geogr. Breite des Vertikalkreises, Länge des Durchgangsinstruments. — [8] Observ. der Technischen Hochschule.

Name	Seehöhe	Geogr. Breite	Länge von Greenwich + westlich — östlich	Korr. der Sternzeit	Geoz. Breite	Log. ρ incl. Seehöhe
	m	° ′ ″	h m s	s	° ′ ″	
Bukarest (Mil. Geogr. Inst.)	85	+44 24 34.2	—1 44 27.01	—17.16	+44 12 58.7	9.999292
Cambridge Engl.	28	+52 12 51.6	—0 0 22.75	— 0.06	+52 1 37.3	9.999090
Cambridge (Steavenson)	27	+52 12 53.3	—0 0 22.77	— 0.06	+52 1 39.0	9.999090
Cambridge Mass.[1]	24	+42 22 47.6	+4 44 31.05	+46.74	+42 11 15.1	9.999340
Canberra (Commonw. Obs.)	808	—35 19 30	—9 56 1.35	—97.91	—35 8 34	9.999569
Cap der Guten Hoffnung	10	—33 56 6.8	—1 13 54.38	—12.14	—33 45 23.2	9.999547
Caracas (Observ. Cajigal)	1042	+10 30 24.3	+4 27 42.61	+43.98	+10 26 15.6	0.000023
Castel Gandolfo	—	+41 44 48	—0 50 36.4	— 8.31	+41 33 17	9.999354
Catania	47	+37 30 13.3	—1 0 20.60	— 9.91	+37 19 1.9	9.999466
Charkow	139	+50 0 9.9	—2 24 55.72	—23.81	+49 48 44.4	9.999153
Charlottesville[2]	259	+38 2 1.2	+5 14 5.33	+51.60	+37 50 46.5	9.999464
Cincinnati (Neue Sternw.)[3]	247	+39 8 19.8	+5 37 41.40	+55.47	+38 56 59.1	9.999437
Cleveland (Case Obs.)	215	+41 30 14.5	+5 26 25.86	+53.63	+41 18 44.3	9.999375
Coimbra	99	+40 12 24.5	+0 33 43.1	+ 5.54	+40 0 58.9	9.999400
Columbia, Missouri[4]	225	+38 56 51.7	+6 9 18.33	+60.67	+38 45 32.0	9.999440
Cordoba	434	—31 25 15.5	+4 16 47.16	+42.18	—31 14 57.5	9.999635
Danzig (Naturf. Ges.)	30	+54 21 18.0	—1 14 39.6	—12.26	+54 10 18.4	9.999036
Danzig (Städt. Sternw.)	30	+54 21 37.9	—1 14 36.5	—12.26	+54 10 38.3	9.999036
Delaware (Perkins Obs.)	270	+40 15 4	+5 32 13.33	+54.58	+40 3 38	9.999410
Denver[5]	1644	+39 40 36.4	+6 59 47.72	+68.96	+39 29 13.1	9.999519
Dorpat (Tartu, Jurjew Mer.-Kr.)	67	+58 22 47.2	—1 46 53.18	—17.56	+58 12 25.1	9.998946
Dresden (Geodät. Inst.)	168	+51 1 49.3	—0 54 55.1	— 9.02	+50 50 28.5	9.999130
Dublin (Dunsink Obs.)	86	+53 23 13.1	+0 25 21.1	+ 4.17	+53 12 6.4	9.999065
Dunlap Obs. (Toronto)	244	+43 51 46	+5 17 41.3	+52.19	+43 40 11	9.999317
Durban	79	—29 50 46.6	—2 4 1.18	—20.37	—29 40 47.0	9.999645
Durham	108	+54 46 6.2	+0 6 19.75	+ 1.04	+54 35 9.8	9.999033
Edinburgh	146	+55 55 30	+0 12 44.1	+ 2.09	+55 44 43.5	9.999008
Edinburgh (Blackf. Hill)	134	+55 55 28.0	+0 12 44.0	+ 2.09	+55 44 41.5	9.999007
Evanston (Dearborn Obs.)[6]	175	+42 3 27.2	+5 50 41.84	+57.61	+41 51 55.4	9.999358
Faenza (Urania Lamonia)	45	+44 17 2	—0 47 33.9	— 7.81	+44 5 27	9.999293
Flagstaff (Lowell Obs.)	2210	+35 12 30.5	+7 26 44.6	+73.39	+35 1 33.8	9.999667
Florenz (Mil. Geogr. Inst.)	72	+43 46 49.4	—0 45 2.5	— 7.40	+43 35 14.5	9.999308
Fort Davis (McDonald Obs.)	2081	+30 40 17.0	+6 56 5.36	+68.35	+30 30 7.5	9.999764
Frankfurt a. M.	121	+50 7 0	—0 34 36.3	— 5.70	+49 55 34.6	9.999149
Freiburg i. Br. (Obs. Schauinsland)	1240	+47 54 51	—0 31 37.4	— 5.20	+47 43 19	9.999281
Genf (Mer.-Kr.)	406	+46 11 59.3	—0 24 36.53	— 4.04	+46 0 24.1	9.999269
Genua (Mar.-Sternw.) Mer.-Kr.)	108	+44 25 8.1	—0 35 41.28	— 5.86	+44 13 32.6	9.999294
Georgetown D. C.	62	+38 54 26.2	+5 8 18.33	+50.65	+38 43 6.7	9.999430
Glasgow Schottl.	55	+55 52 42.1	+0 17 10.55	+ 2.82	+55 41 55.2	9.999003
Göttingen	161	+51 31 48.2	—0 39 46.22	— 6.53	+51 20 30.0	9.999117
Graz	375	+47 4 37.2	—1 1 47.71	—10.15	+46 53 3.2	9.999244
Greenwich (Transit Circle)	47	+51 28 38.2	0 0 0.00	0.00	+51 17 19.7	9.999110
Groningen	4	+53 13 13.8	—0 26 15.11	— 4.31	+53 2 6.0	9.999064
Hamburg (D. Hydr. Inst.)	30	+53 32 51.8	—0 39 53.44	— 6.55	+53 21 46.2	9.999058
Hannover N. H.	183	+43 42 15.3	+4 49 8.00	+47.50	+43 30 40.5	9.999317
Harvard College Obs.	24	+42 22 47.6	+4 44 31.05	+46.74	+42 11 15.1	9.999340

[1] Harvard College Observatory. — [2] Leander McCormick Observatory, University of Virginia. — [3] Mount Lookout seit 1873. — [4] Laws Observatory. — [5] University Park, Chamberlin Observatory. — [6] Früher 6″.2 nördl., 0s.5 westl.

Koordinaten der Sternwarten

Name	Seehöhe	Geogr. Breite	Länge von Greenwich + westlich — östlich	Korr. der Sternzeit	Geoz. Breite	Log. ρ incl. Seehöhe
	m	° ′ ″	h m s	s	° ′ ″	
Haverford	116	+40 0 40.1	+5 1 12.7	+49.48	+39 49 15.4	9.999406
Heidelberg (Königst.) (Mer.-Kr.)	570	+49 23 54.6	−0 34 53.13	− 5.73	+49 12 26.8	9.999198
Helsinki (Mer.-Kr.)	33	+60 9 42.3	−1 39 49.10	−16.40	+59 59 40.8	9.998903
Helwan	115	+29 51 31.1	−2 5 21.77	−20.59	+29 41 31.4	9.999648
Herrsching (München)	534	+47 59 55	−0 44 43.6	− 7.35	+47 48 23	9.999231
Hongkong	33	+22 18 13.2	−7 36 41.25	−75.02	+22 10 5.8	9.999793
Hyderabad-Deccan[1]	554	+17 25 54.3	−5 13 48.98	−51.55	+17 19 17.7	9.999907
Innsbruck	605	+47 16 6.5	−0 45 31.42	− 7.48	+47 4 32.8	9.999254
Irumu (R. Gérard)	—	+ 1 27 29	−0 59 29.9	− 9.77	+ 1 26 54	9.999999
Istanbul (Univ. Sternw.)	65	+41 0 45	−1 55 52	−19.03	+40 49 16	9.999377
Jena (Univers.) Zentr. d. St.	164	+50 55 35.6	−0 46 20.22	− 7.61	+50 44 14.3	9.999131
Johannesburg	1786	−26 10 52.1	−1 52 17.9	−18.45	−26 1 42.0	9.999839
Johannesburg (Fil. d. Yale Observ.)	1741	−26 11 14	−1 52 7	−18.42	−26 2 4	9.999836
Kairo	—	+30 4 38.2	−2 5 8.80	−20.56	+29 54 35.8	9.999635
Kalocsa[2]	102	+46 31 42.4	−1 15 54.34	−12.47	+46 20 7.6	9.999239
Karlsruhe (W. Malsch)	128	+49 1 26.6	−0 33 32.52	− 5.51	+48 49 57.5	9.999177
Kasan (Univers.)	79	+55 47 24.3	−3 16 29.03	−32.28	+55 36 36.6	9.999007
Kasan (Engelhardt)	98	+55 50 20.5	−3 15 15.74	−32.08	+55 39 33.2	9.999007
Kiel (Neuer Mer.-Kr.)	52	+54 20 27.6	−0 40 35.45	− 6.67	+54 9 27.9	9.999040
Kiel (Alter Mer.-Kr.)	47	+54 20 28.5	−0 40 35.57	− 6.67	+54 9 28.8	9.999040
Kiew (Mer.-Kr.)	184	+50 27 11.8	−2 2 0.56	−20.04	+50 15 48.3	9.999145
Kitab	658	+39 8 1.7	−4 27 31.7	−43.95	+38 56 41.0	9.999465
Kodaikanal	2343	+10 13 50	−5 9 52.0	−50.94	+10 9 47.6	0.000114
Kopenhagen (Neue Sternw.)[3]	14	+55 41 12.6	−0 50 18.69	− 8.26	+55 30 24.0	9.999005
Kopenhagen (Urania-Sternw.)	10	+55 41 19.2	−0 50 9.11	− 8.24	+55 30 30.6	9.999005
Krakau (Mer.-Kr.)	221	+50 3 51.9	−1 19 50.28	−13.11	+49 52 26.7	9.999158
Kremsmünster (Mer.-Kr.)	384	+48 3 23.1	−0 56 31.58	− 9.28	+47 51 51.1	9.999219
Kunming	1940	+25 1 32.0	−6 51 9.2	−67.54	+24 52 39.8	9.999872
Kyoto (Astron. Inst.)	55	+35 1 37.1	−9 3 7.0	−89.22	+34 50 43.9	9.999525
Kyoto (Kwasan Observ.)	220	+34 59 40.3	−9 3 10.24	−89.23	+34 48 47.4	9.999537
Ladd Observ. (Providence)	69	+41 50 15.6	+4 45 35.95	+46.92	+41 38 44.4	9.999357
La Plata (Mer.-Kr. Gautier)	17	−34 54 30.3	+3 51 43.74	+38.07	−34 43 38.1	9.999525
Leiden (Neue Sternw.) (Mer.-Kr.)[4]	6	+52 9 19.8	−0 17 56.15	− 2.94	+51 58 5.2	9.999090
Leipzig[5]	119	+51 20 5.9	−0 49 33.93	− 8.14	+51 8 46.7	9.999119
Lembang (Bosscha St.)	1300	− 6 49 29.1	−7 10 27.81	−70.71	− 6 46 45.5	0.000068
Lemberg (Univ.-Sternwarte)	330	+49 49 57.6	−1 36 7.13	−15.79	+49 38 31.4	9.999171
Lemberg (Techn. Hochsch.) Pass.-Instr.	340	+49 50 11.2	−1 36 3.40	−15.78	+49 38 45.0	9.999171
Leningrad (Akad.)	20	+59 56 29.7	−2 1 13.35	−19.91	+59 46 25.5	9.998907
Leningrad (Univers.)	4	+59 56 32.0	−2 1 11.3	−19.91	+59 46 27.8	9.998906
Lick Observ. (Mer.-Kr.)	1283	+37 20 25.3	+8 6 34.86	+79.94	+37 9 14.9	9.999552
Lissabon (Tapada)	94	+38 42 30.5	+0 36 44.68	+ 6.04	+38 31 12.0	9.999437
Lissabon (Mar. Sternw.)	—	+38 42 17.6	+0 36 33.6	+ 6.01	+38 30 59.2	9.999431
Liverpool (Neue Sternw.)[6]	62	+53 24 4.8	+0 12 17.33	+ 2.02	+53 12 58.2	9.999063
London (Mill Hill) (Obs. of Univ.)	82	+51 36 46.3	+0 0 57.77	+ 0.16	+51 25 28.6	9.999109

[1] Nizamiah Observatory. — [2] Erzbischöfl. Haynaldsche Sternwarte. — [3] Seit 1861 Nov. 11. Alte Sternwarte 20″3 südlich, 0ˢ.03 westlich. — [4] Seit 1860. Alte Sternwarte 8″0 nördlich, 0ˢ.42 östlich. — [5] Seit 1861. Alte Sternwarte 14″2 nördlich, 4ˢ.00 westlich. — [6] Alte Sternwarte 44″0 nördlich, 17ˢ.1 östlich.

Name	Seehöhe	Geogr. Breite	Länge von Greenwich + westlich — östlich	Korr. der Sternzeit	Geoz. Breite	Log. ρ incl. Seehöhe
	m	° ′ ″	h m s	s	° ′ ″	
Los Angeles (Morse Mem. Obs. of Occid. College)	205	+34 7 42	+7 52 50	+77.67	+33 56 57	9.999556
Lourenço Marques	60	—25 58 5.5	—2 10 22.63	—21.42	—25 48 58.9	9.999725
Lübeck (Navig.-Sch.) ...	19	+53 51 31.1	—0 42 45.6	— 7.02	+53 40 27.8	9.999049
Lund (Zentr. d. Sternw.) ..	34	+55 41 51.6	—0 52 44.97	— 8.66	+55 31 3.1	9.999006
Lüttich Ougrée	128	+50 37 6	—0 22 12	— 3.65	+50 25 43	9.999137
Lyon	299	+45 41 40.8	—0 19 8.5	— 3.14	+45 30 5.3	9.999274
Madison (Washburn Obs.).	292	+43 4 36.8	+5 57 37.90	+58.75	+42 53 2.9	9.999340
Madras	7	+13 4 8.0	—5 20 59.65	—52.73	+12 59 2.5	9.999926
Madrid (Zentr. d. Sternw.).	656	+40 24 30.1	+0 14 45.09	+ 2.43	+40 13 3.7	9.999433
Mailand, Brera	120	+45 27 59.2	—0 36 45.89	— 6.04	+45 16 23.6	9.999268
Manila	3	+14 35 25	—8 3 50	—79.48	+14 29 47	9.999908
Marburg	248	+50 48 46.9	—0 35 4.9	— 5.76	+50 37 25.0	9.999141
Mare Island Calif.	18	+38 5 55.8	+8 9 5.63	+80.35	+37 54 40.8	9.999447
Marseille (Neue Sternw.)[1] (Mer.-Kr.) ..	75	+43 18 19.1	—0 21 34.56	— 3.54	+43 6 44.8	9.999320
McDonald Observatory. (Mt. Locke, Fort Davis)	2081	+30 40 17.0	+6 56 5.36	+68.35	+30 30 7.5	9.999764
McMath-Hulbert Obs... (Lake Angelus)	296	+42 39 47.7	+5 33 3.3	+54.71	+42 28 14.5	9.999351
Merate (Filiale von Mailand, Brera)	380	+45 41 54.1	—0 37 42.85	— 6.20	+45 30 18.6	9.999279
Meudon	162	+48 48 18	—0 8 55.5	— 1.46	+48 36 48	9.999185
Middletown, Conn.	70	+41 33 18	+4 50 38.2	+47.74	+41 21 47.6	9.999364
Mizusawa	61	+39 8 3.4	—9 24 31.46	—92.74	+38 56 42.7	9.999424
Modena	63	+44 38 52.8	—0 43 42.8	— 7.18	+44 27 17.2	9.999285
Montreal	57	+45 30 20	+4 54 18.63	+48.35	+45 18 44.4	9.999263
Montrose (La Crescenta Obs.)	879	+34 14 37.5	+7 52 54	+77.69	+34 3 51.1	9.999599
Mt. Hamilton (Lick Obs.) (Mer.-Kr.) .	1283	+37 20 25.3	+8 6 34.86	+79.94	+37 9 14.9	9.999552
Mt. Locke (Mc. Donald Obs.)	2081	+30 40 17.0	+6 56 5.36	+68.35	+30 30 7.5	9.999764
Mt. Palomar, Calif.	1706	+33 21 22.4	+7 47 27.36	+76.79	+33 10 44.8	9.999677
Mt. Wilson, Calif.	1742	+34 12 59.5	+7 52 14.33	+77.57	+34 2 13.3	9.999659
Moskau (Mer.-Kr.)	142	+55 45 19.5	—2 30 17.03	—24.69	+55 34 31.5	9.999012
München (West-Kuppel)..	529	+48 8 45.5	—0 46 26.02	— 7.63	+47 57 13.8	9.999227
Münster.............	75	+51 57 45.8	—0 30 29.66	— 5.01	+51 46 30.0	9.999100
Nashville (Vanderbilt Obs.)	174	+36 8 58.2	+5 47 12.81	+57.04	+35 57 56.1	9.999506
Neapel (Capo di Monte)...	154	+40 51 45.7	—0 57 1.40	— 9.37	+40 40 17.6	9.999387
Neuchâtel (Refraktor) ...	488	+46 59 49.5	—0 27 49.77	— 4.57	+46 48 15.4	9.999254
New Haven (Neue Stw.)[2]	40	+41 19 22.3	+4 51 40.58	+47.92	+41 7 52.7	9.999368
New York (Columb. Obs.).	25	+40 48 34.6	+4 55 50	+48.60	+40 37 6.7	9.999380
Nikolajew (Mer.-Kr.)	55	+46 58 19.3	—2 7 53.98	—21.01	+46 46 45.1	9.999225
Nizza (Kl. Mer.-Kr.)	378	+43 43 16.9	—0 29 12.15	— 4.79	+43 31 42.0	9.999330
Northfield (Goodsell Obs.)	290	+44 27 41.4	+6 12 35.84	+61.21	+44 16 5.9	9.999305
Oakland, Californ.[3]	99	[illegible] 7 47	+8 8 48	+80.30	+37 35 47	9.999460
Oak Ridge (Filiale d. Harvard Obs.) .	183	+42 30 13	+4 46 14.2	+47.02	+42 18 40	9.999347
Odessa (Univ.-Stw. Mer.-Kr.)	55	+46 28 36.2	—2 3 2.05	—20.21	+46 17 1.3	9.999237
Odessa (Filiale v. Pulkowa)	—	+46 28 36.0	—2 3 2.19	—20.21	+46 17 1.1	9.999234
Ondřejów	527	+49 54 38.1	—0 59 8.08	— 9.71	+49 43 12.3	9.999182
Oslo (Mer.-Kr.)	25	+59 54 43.7	—0 42 53.51	— 7.04	+59 44 39.2	9.998908
Ottawa (Mer.-Kr.)	85	+45 23 39.1	+5 2 51.98	+49.75	+45 12 3.5	9.999267

[1] Seit 1866. Alte Sternwarte $30''.1$ südlich, $6^{s}.2$ westlich; Seehöhe 29 m. — [2] Yale University. Alte Sternwarte $45''.8$ südlich, $1^{s}.58$ westlich. — [3] Chabot Observatory.

Name	Seehöhe	Geogr. Breite	Länge von Greenwich + westlich — östlich	Korr. der Sternzeit	Geoz. Breite	Log. ρ incl. Seehöhe
	m	° ′ ″	h m s	s	° ′ ″	
Oxford (Univers.)	64	+51 45 34.2	+0 5 0.4	+ 0.82	+51 34 17.3	9.999104
Oxford, Mississippi	140	+34 22 12.6	+5 58 7.18	+58.83	+34 11 25.1	9.999546
Padua	38	+45 24 1.3	−0 47 29.15	− 7.80	+45 12 26.3	9.999261
Palermo	72	+38 6 44.0	−0 53 25.87	− 8.78	+37 55 28.9	9.999451
Paris (Obs.nat.) Mer.Cassini	59	+48 50 11.2	−0 9 20.93	− 1.53	+48 38 41.5	9.999177
Paris (Montsouris) westl. Mer.	—	+48 49 18.0	−0 9 20.6	− 1.53	+48 37 48.2	9.999174
Peking	—	+39 54 23.0	−7 45 52.87	−76.53	+39 42 58.7	9.999401
Perkins Obs. (Delaware)	270	+40 15 4	+5 32 13.33	+54.58	+40 3 38	9.999410
Philadelphia[1]	74	+39 58 2.1	+5 1 6.88	+49.47	+39 46 37.5	9.999404
Pic du Midi (Filiale v. Toulouse)	2850	+42 56 31.5	−0 0 34.29	− 0.09	+42 44 57.8	9.999518
Pola	32	+44 51 48.6	−0 55 23.07	− 9.10	+44 40 12.9	9.999277
Porto Alegre[2] Mer.-Kr.	—	−30 1 51	+3 24 53.2	+33.66	−29 51 49	9.999636
Posen (Poznan)	85	+52 23 48.6	−1 7 30.60	−11.09	+52 12 35.4	9.999090
Potsdam (Astrophys. Obs.)	107	+52 22 56.0	−0 52 15.86	− 8.59	+52 11 42.7	9.999091
Potsdam (Geod.Inst.) Turm	109	+52 22 54.8	−0 52 16.11	− 8.59	+52 11 41.5	9.999091
Potsdam (Geod. Inst.) (Östl. Meridianh.)	91	+52 22 54	−0 52 16.058	− 8.586	+52 11 41	9.999091
Poughkeepsie[3]	61	+41 41 18	+4 55 35.2	+48.56	+41 29 47	9.999360
Prag (Klementinum) Turm	197	+50 5 16.0	−0 57 40.29	− 9.47	+49 53 50.9	9.999155
Princeton N. J. (N. Stw.)[4]	75	+40 20 55.8	+4 58 39.44	+49.06	+40 9 29.7	9.999395
Providence (Ladd. Observ.)	69	+41 50 15.6	+4 45 35.95	+46.92	+41 38 44.4	9.999357
Pulkowa (Zentr. d. Stw.)	75	+59 46 18.5	−2 1 18.57	−19.93	+59 36 12.3	9.998914
Quebec, Canada	90	+46 47 59.2	+4 44 52.71	+46.80	+46 36 24.8	9.999231
Quito	2846	− 0 14 0	+5 13 58.20	+51.58	− 0 13 54	0.000194
Riga (Polytechnikum) Turm	—	+56 57 7	−1 36 28.11	−15.84	+56 46 30	9.998974
Rio de Janeiro (N. Stw.)	33	−22 53 42.1	+2 52 53.6	+28.40	−22 45 24.7	9.999782
Rom (Coll. Rom. Mer.-Kr.)	59	+41 53 53.6	−0 49 55.36	− 8.19	+41 42 22.3	9.999354
Rom (Capitol Mer.-Kr.)	65	+41 53 33.2	−0 49 56.34	− 8.20	+41 42 1.9	9.999355
Rom (Monte Mario Durchg.-Instr.)	152	+41 55 19.2	−0 49 48.55	− 8.19	+41 43 47.8	9.999360
Rugby	119	+52 22 30	+0 5 2.0	+ 0.83	+52 11 16.7	9.999093
St. Louis, Missouri	—	+38 38 3.6	+6 0 49.15	+59.28	+38 26 45.5	9.999433
Saltsjöbaden (Stockholms Observator.)	55	+59 16 18	−1 13 14	−12.03	+59 6 6	9.998924
San Fernando	30	+36 27 42.0	+0 24 49.30	+ 4.08	+36 16 37.7	9.999488
Santiago de Chile (N.St.)	580	−33 33 44.2	+4 42 46.0	+46.44	−33 23 4.1	9.999595
Santiago de Compostela (Univ.-Sternw.)	220	+42 52 31.8	+0 34 14.26	+ 5.62	+42 40 58.2	9.999341
Sendai (Durchg.-Instr.)	36	+38 15 14.9	−9 23 29.49	−92.57	+38 3 59.0	9.999444
Sétif	1120	+36 11 10	−0 21 38.6	− 3.55	+36 0 7.7	9.999569
Simeïs	360	+44 24 11.6	−2 15 59.38	−22.34	+44 12 36.1	9.999312
Skalnaté Pleso	1783	+49 11 42	−1 20 56	−13.30	+49 0 13	9.999286
Sofia (Mil. Geogr. Inst.)	555	+42 41 51	−1 33 19.87	−15.33	+42 30 18	9.999368
Sofia (Universitätssternwarte)	572	+42 41 1.7	−1 33 23.3	−15.34	+42 29 28.5	9.999369
Sonneberg (Erbisbühl)	640	+50 22 41.4	−0 44 46.19	− 7.36	+50 11 17.5	9.999178
South Hadley	76	+42 15 18.2	+4 50 19	+47.69	+42 3 45.9	9.999346
Sproul Observatory	63	+39 54 16.2	+5 1 25.62	+49.52	+39 42 51.9	9.999405
Stalinabad (Tadjik Observ.)	—	+38 33 30	−4 35 6.2	−45.19	+38 22 12	9.999434
Straßburg (N. St. M.-Kr.)[5]	144	+48 35 0.4	−0 31 4.53	− 5.10	+48 23 29.9	9.999190

[1] Flower Obs. (Univ. of Pennsylvania). — [2] Observatorio Regional do Rio Grande do Sul. — [3] Vassar College. — [4] Alte Sternwarte 2″0 nördlich 1^{s}94 östlich; 65^m. — [5] Seit Anfang 1881.

Name	Seehöhe	Geogr. Breite	Länge von Greenwich + westlich — östlich	Korr. der Sternzeit	Geoz. Breite	Log. ρ incl. Seehöhe
	m	° ′ ″	h m s	s	° ′ ″	
Stuttgart (Schwäb. Sternw.)	344	+48 47 0.7	— 0 36 47.39	— 6.04	+48 35 30.8	9.999198
Swarthmore (Sproul Obs.) (Refraktor) .	63	+39 54 16.2	+ 5 1 25.62	+ 49.52	+39 42 51.9	9.999405
Sydney	44	—33 51 41.1	—10 4 49.54	— 99.36	—33 40 58.2	9.999551
Sydney (Riverview Coll. Obs.)	42	—33 49 45.7	—10 4 37.99	— 99.33	—33 39 3.1	9.999552
Tacubaya[1]	2311	+19 24 17.9	+ 6 36 46.71	+ 65.18	+19 17 3.0	9.999997
Tanakami	165	+34 58 18	— 9 3 57.4	— 89.36	+34 47 25	9.999533
Tartu (Dorpat, Jurjew) (Mer.-Kr.)	67	+58 22 47.2	— 1 46 53.19	— 17.56	+58 12 25.1	9.998946
Taschkent (Mer.-Kr.)	475	+41 19 31.6	— 4 37 10.88	— 45.53	+41 8 2.0	9.999397
Teramo (Cerulli)	398	+42 39 27	— 0 54 55.8	— 9.02	+42 27 54	9.999358
Tokio (Mer.-Kr.)	57	+35 40 19	— 9 18 9.90	— 91.69	+35 29 21	9.999509
Tonanzintla	2150	+19 1 57.9	+ 6 33 15.32	+ 64.60	+18 54 50.1	9.999992
Toronto (Univ. Obs.) ...	110	+43 39 46.0	+ 5 17 34.70	+ 52.17	+43 28 11.2	9.999313
Tortosa (Ebro-Stw. M.-Kr.)	54	+40 49 14	— 0 1 58	— 0.32	+40 37 46	9.999382
Toulouse (Mer.-Kr.)	195	+43 36 44.0	— 0 5 51.01	— 0.96	+43 25 9.3	9.999329
Triest (Oss. Astr.)	68	+45 38 35.5	— 0 55 4.92	— 9.05	+45 27 0.0	9.999259
Tsingtau	—	+36 4 11.3	— 8 1 16.21	— 79.06	+35 53 9.8	9.999496
Tucson, Arizona (Steward Obs.) .	757	+32 13 59.4	+ 7 23 47.68	+ 72.90	+32 3 32.6	9.999638
Turin (Mer.-Kr.)	276	+45 4 7.9	— 0 30 47.15	— 5.06	+44 52 32.2	9.999288
Turin (Pino Torinese)..	618	+45 2 16.3	— 0 31 6.52	— 5.11	+44 50 40.6	9.999312
Turku (Spiegelteleskop)...	28	+60 27 8.7	— 1 28 55.03	— 14.61	+60 17 10.7	9.998896
Upsala (N. Stw. Pass.-Instr.)	21	+59 51 29.4	— 1 10 30.13	— 11.58	+59 41 24.2	9.998909
Urbana, Ill.	236	+40 6 20.2	+ 5 52 53.90	+ 57.97	+39 54 55.1	9.999412
Utrecht	12	+52 5 9.5	— 0 20 31.6	— 3.37	+51 53 54.4	9.999093
Valkenburg (Ignatius Coll.)	100	+50 52 29.3	— 0 23 19.91	— 3.83	+50 41 7.8	9.999129
Venedig	15	+45 26 10.5	— 0 49 22.12	— 8.11	+45 14 34.9	9.999261
Victoria B.C. (Domin. Obs.)	229	+48 31 15.7	+ 8 13 40.17	+ 81.18	+48 19 45.0	9.999197
Warschau[2] Zentr. d. Stw. .	121	+52 13 4.6	— 1 24 7.25	— 13.82	+52 1 50.3	9.999097
Warschau (Techn. Hochsch.)	144	+52 13 21.0	— 1 24 2.4	— 13.81	+52 2 6.8	9.999098
Washington (Neue Stw.) .	82	+38 55 14.0	+ 5 8 15.78	+ 50.64	+38 43 54.4	9.999431
Washington (Kath. Univ.)	—	+38 56 14.8	+ 5 8 0.0	+ 50.60	+38 44 55.1	9.999425
Wellington (Transit Instr.)[3]	127	—41 17 3.8	—11 39 4.27	—114.84	—41 5 34.3	9.999375
Wendelstein (Observat. d. Sternwarte München)	1838	+47 42 13	— 0 48 4	— 7.90	+47 30 40	9.999328
West Point N. Y. (N. St.)[4]	170	+41 23 22.1	+ 4 55 50.6	+ 48.60	+41 11 52.3	9.999375
Wien (Neue Sternw. Zentr.)	240	+48 13 55.4	— 1 5 21.35	— 10.73	+48 2 23.9	9.999205
Wien (Mil. Geogr. Inst.) ..	211	+48 12 40.5	— 1 5 26.24	— 10.75	+48 1 8.9	9.999203
Wien (Techn. Hochschule) .	198	+48 11 58.3	— 1 5 29.76	— 10.76	+48 0 26.7	9.999204
Williams-Bay, Wisc.[5] ..	334	+42 34 12.6	+ 5 54 13.24	+ 58.19	+42 22 39.6	9.999356
Williamstown, Mass....	213	+42 42 49	+ 4 52 53.5	+ 48.12	+42 31 16	9.999344
Wilna (Pass.-Instr.)	122	+54 40 59.1	— 1 41 8.76	— 16.61	+54 30 2.1	9.999036
Wroclaw	117	+51 6 42.1	— 1 8 21.22	— 11.23	+50 55 21.7	9.999130
Würzburg (Neue Univ.-Sternw. Zentr.) .	207	+49 47 19.0	— 0 39 44.71	— 6.53	+49 35 52.7	9.999163
Yale Observatory.....	40	+41 19 22.3	+ 4 51 40.58	+ 47.92	+41 7 52.7	9.999368
Yerkes Observatory ...	334	+42 34 12.6	+ 5 54 13.24	+ 58.19	+42 22 39.6	9.999356
Zô-sè, China	100	+31 5 47.6	— 8 4 44.75	— 79.63	+30 55 33.2	9.999619
Zürich (Meridian-Kreis) ...	468	+47 22 38.3	— 0 34 12.3	— 5.62	+47 11 4.8	9.999242

[1] Seit März 1883, früher in Chapultepec. — [2] Universitäts-Sternwarte. — [3] Dominion Observatory. — [4] Seit 1883. Alte Sternwarte 9″ nördlich, 1ˢ2 östlich. — [5] Yerkes Observatory.

Normalzeiten der wichtigeren Länder

Normalzeit = Mittl. Ortszeit des Meridians	Bezeichnung	Staaten
östl. Gr. h m		
12 0	—	Neuseeland, Kamtschatka
10 0	Ostaustralische Zeit	Viktoria, Neusüdwales, Queensland, Tasmanien, Britisch-Neuguinea, Sacchalin nördlich von +50° Br.
9 30	Südaustralische Zeit	Südaustralien, Niederländ. Neuguinea
9 0	Mittlere Japan-Zeit	Japan, Mandschukuo, Korea, Sacchalin südlich von +50° Br.
8 0	Chinesische Küsten-Zeit	Ostküste von China, Taiwan, Indochina, Philippinen, Celebes, Westaustralien, Britisch Nord-Borneo, Timor
7 30	—	Malaiische Staaten, Singapur, Indones. Borneo, Bali, Java, Lombok
7 0	Südchinesische Küsten-Zeit	Südküste von China, Thailand, Süd-Sumatra
6 30	—	Birma, Nord-Sumatra
5 30	—	Indien, Ceylon
4 30	—	Afghanistan
4 0	—	Sowjetunion*) von 40° bis 52° 30′ östl. Länge
3 30	—	Iran
3 0	—	Sowjetunion*) westlich von 40° östlicher Länge, Irak, Abessinien, Britisch Somaliland, Kenya, Tanganjika, Uganda, Madagaskar
2 0	Osteuropäische Zeit	Finnland, Bulgarien, Rumänien, Griechenland, Türkei, Cypern, Palästina, Ägypten, Cyrenaica, Belgisch Kongo, östlicher Teil, Südafrika
1 0	Mitteleuropäische Zeit (M. E. Z.)	Norwegen, Schweden, Dänemark, Niederlande, Belgien, Frankreich, Deutschland, Österreich, Polen, Ungarn, Schweiz, Italien, Tschechoslowakei, Jugoslawien, Tripolis, Belgisch Kongo, westlicher Teil
h m		
0 0	Westeuropäische Zeit (Greenwich-Zeit)	Großbritannien und Irland, Luxemburg, Portugal, Spanien, Gibraltar, Marokko, Algerien
westl. Gr. h m		
1 0	—	Island, Madeira, Kanarische Inseln
2 0	—	Azoren, Kapverdische Inseln, Grönland-Scoresbysund
3 0	—	Ostbrasilien, Grönland-Westküste und Angmagsalik, Argentinien, Uruguay
3 30	—	Niederl. Guayana, Labrador
4 0	Intercolonial St. Time	Mittelbrasilien, Kanada (Küste Quebec östl. v. 68° westl. L.) Paraguay, Bolivien, Chile
4 30	—	Venezuela
5 0	Eastern St. Time	Kanada (Quebec westl. v. 68° westl. L., Ontario östl. v. 90° westl. L.), Vereinigte Staaten (Ostzone), Panama, Peru, Ekuador, Westbrasilien, Kolumbien
6 0	Central St. Time	Zentralzone von Kanada und von den Vereinigten Staaten, Mexiko, mit Ausnahme des nördl. Teiles
7 0	Mountain St. Time	Gebirgszone von Kanada und von den Vereinigten Staaten, nördliches Mexiko
8 0	Pacific St. Time	Vereinigte Staaten (pazifische Küste), Britisch-Kolumbien, Alaska südlich von Cross-Sund
9 0	—	Alaska nördl. v. Cross-Sund bis Prinz-Williams-Sund
10 0	—	Alaska westlich Prinz-Williams-Sund bis 162° westlicher Länge, Hawai (Sandwichinseln)
11 0	—	Alaska westlich von 162° westl. Länge, Aleuten, Samoa

*) Im Gebiet der Sowjetrepubliken sind alle Uhren 1 Stunde vorgestellt.

Arg.	Funktion	Differenzen I.	II.	III.	IV.
a_0	f_0	Δ^{I}	Δ^{II}_0	Δ^{III}	Δ^{IV}_0
a_1	f_1		Δ^{II}_1		Δ^{IV}_1

$$\Delta^{II}_m = \frac{\Delta^{II}_0 + \Delta^{II}_1}{2}; \qquad \Delta^{IV}_m = \frac{\Delta^{IV}_0 + \Delta^{IV}_1}{2}$$

$$f(a_0 + n) = f_0 + n \cdot \Delta^{I} + \frac{n(n-1)}{2} \cdot \Delta^{II}_m + \frac{n(n-1)(n-\frac{1}{2})}{6} \cdot \Delta^{III} + \frac{(n+1)n(n-1)(n-2)}{24} \cdot \Delta^{IV}_m + \cdots$$

$$f(a_0 + \tfrac{1}{2}) = f_0 + \tfrac{1}{2} \cdot \Delta^{I} - \tfrac{1}{8} \cdot \Delta^{II}_m + \tfrac{3}{128} \cdot \Delta^{IV}_m - \cdots$$

$$\frac{n(n-1)}{2} = b \qquad \frac{n(n-1)(n-\frac{1}{2})}{6} = c \qquad \frac{(n+1)n(n-1)(n-2)}{24} = d$$

n	b	c	d	n	n	b	c	d	n
0.00	−0.0000−	+0.0000−	+0.000+	1.00	0.25	−0.0938−	+0.0078−	+0.017+	0.75
01	0050	0008	001	0.99	26	0962	0077	018	74
02	0098	0016	002	98	27	0986	0076	018	73
03	0146	0023	002	97	28	1008	0074	018	72
04	0192	0029	003	96	29	1030	0072	019	71
0.05	−0.0238−	+0.0036−	+0.004+	0.95	0.30	−0.1050−	+0.0070−	+0.019+	0.70
06	0282	0041	005	94	31	1070	0068	020	69
07	0326	0047	006	93	32	1088	0065	020	68
08	0368	0052	006	92	33	1106	0063	020	67
09	0410	0056	007	91	34	1122	0060	021	66
0.10	−0.0450−	+0.0060−	+0.008+	0.90	0.35	−0.1138−	+0.0057−	+0.021+	0.65
11	0490	0064	009	89	36	1152	0054	021	64
12	0528	0067	009	88	37	1166	0051	022	63
13	0566	0070	010	87	38	1178	0047	022	62
14	0602	0072	011	86	39	1190	0044	022	61
0.15	−0.0638−	+0.0074−	+0.011+	0.85	0.40	−0.1200−	+0.0040−	+0.022+	0.60
16	0672	0076	012	84	41	1210	0036	023	59
17	0706	0078	013	83	42	1218	0032	023	58
18	0738	0079	013	82	43	1226	0029	023	57
19	0770	0080	014	81	44	1232	0025	023	56
0.20	−0.0800−	+0.0080−	+0.014+	0.80	0.45	−0.1238−	+0.0021−	+0.023+	0.55
21	0830	0080	015	79	46	1242	0017	023	54
22	0858	0080	016	78	47	1246	0012	023	53
23	0886	0080	016	77	48	1248	0008	023	52
24	0912	0079	017	76	49	1250	0004	023	51
0.25	−0.0938−	+0.0078−	+0.017+	0.75	0.50	−0.1250−	+0.0000−	+0.023+	0.50

Interpolation

mit Berücksichtigung zweiter Differenzen

$$f(a_0 + n) = f_0 + n\,(\Delta^{I} + \text{Tafelwert})$$

Die Tafelwerte sind negativ für positive zweite Differenz, sie sind positiv für negative zweite Differenz

n	Zweite Differenz = Δ^{II}_{m} 3	6	9	12	15	18	21	24	27	30	33	36	39	42	45	48	51	54	57	60	n
0.00	1.5	3.0	4.5	6.0	7.5	9.0	10.5	12.0	13.5	15.0	16.5	18.0	19.5	21.0	22.5	24.0	25.5	27.0	28.5	30.0	0.00
01	1.5	3.0	4.5	5.9	7.4	8.9	10.4	11.9	13.4	14.9	16.3	17.8	19.3	20.8	22.3	23.8	25.2	26.7	28.2	29.7	01
02	1.5	2.9	4.4	5.9	7.4	8.8	10.3	11.8	13.2	14.7	16.2	17.6	19.1	20.6	22.1	23.5	25.0	26.5	27.9	29.4	02
03	1.5	2.9	4.4	5.8	7.3	8.7	10.2	11.6	13.1	14.6	16.0	17.5	18.9	20.4	21.8	23.3	24.7	26.2	27.6	29.1	03
04	1.4	2.9	4.3	5.8	7.2	8.6	10.1	11.5	13.0	14.4	15.8	17.3	18.7	20.2	21.6	23.0	24.5	25.9	27.4	28.8	04
0.05	1.4	2.9	4.3	5.7	7.1	8.6	10.0	11.4	12.8	14.3	15.7	17.1	18.5	20.0	21.4	22.8	24.2	25.7	27.1	28.5	0.05
06	1.4	2.8	4.2	5.6	7.1	8.5	9.9	11.3	12.7	14.1	15.5	16.9	18.3	19.7	21.2	22.6	24.0	25.4	26.8	28.2	06
07	1.4	2.8	4.2	5.6	7.0	8.4	9.8	11.2	12.6	14.0	15.3	16.7	18.1	19.5	20.9	22.3	23.7	25.1	26.5	27.9	07
08	1.4	2.8	4.1	5.5	6.9	8.3	9.7	11.0	12.4	13.8	15.2	16.6	17.9	19.3	20.7	22.1	23.5	24.8	26.2	27.6	08
09	1.4	2.7	4.1	5.5	6.8	8.2	9.6	10.9	12.3	13.7	15.0	16.4	17.7	19.1	20.5	21.8	23.2	24.6	25.9	27.3	09
0.10	1.4	2.7	4.1	5.4	6.8	8.1	9.5	10.8	12.2	13.5	14.9	16.2	17.6	18.9	20.3	21.6	23.0	24.3	25.7	27.0	0.10
11	1.3	2.7	4.0	5.3	6.7	8.0	9.3	10.7	12.0	13.4	14.7	16.0	17.4	18.7	20.0	21.4	22.7	24.0	25.4	26.7	11
12	1.3	2.6	4.0	5.3	6.6	7.9	9.2	10.6	11.9	13.2	14.5	15.8	17.2	18.5	19.8	21.1	22.4	23.8	25.1	26.4	12
13	1.3	2.6	3.9	5.2	6.5	7.8	9.1	10.4	11.7	13.1	14.4	15.7	17.0	18.3	19.6	20.9	22.2	23.5	24.8	26.1	13
14	1.3	2.6	3.9	5.2	6.5	7.7	9.0	10.3	11.6	12.9	14.2	15.5	16.8	18.1	19.4	20.6	21.9	23.2	24.5	25.8	14
0.15	1.3	2.6	3.8	5.1	6.4	7.7	8.9	10.2	11.5	12.8	14.0	15.3	16.6	17.9	19.1	20.4	21.7	23.0	24.2	25.5	0.15
16	1.3	2.5	3.8	5.0	6.3	7.6	8.8	10.1	11.3	12.6	13.9	15.1	16.4	17.6	18.9	20.2	21.4	22.7	23.9	25.2	16
17	1.2	2.5	3.7	5.0	6.2	7.5	8.7	10.0	11.2	12.5	13.7	14.9	16.2	17.4	18.7	19.9	21.2	22.4	23.7	24.9	17
18	1.2	2.5	3.7	4.9	6.2	7.4	8.6	9.8	11.1	12.3	13.5	14.8	16.0	17.2	18.5	19.7	20.9	22.1	23.4	24.6	18
19	1.2	2.4	3.6	4.9	6.1	7.3	8.5	9.7	10.9	12.2	13.4	14.6	15.8	17.0	18.2	19.4	20.7	21.9	23.1	24.3	19
0.20	1.2	2.4	3.6	4.8	6.0	7.2	8.4	9.6	10.8	12.0	13.2	14.4	15.6	16.8	18.0	19.2	20.4	21.6	22.8	24.0	0.20
21	1.2	2.4	3.6	4.7	5.9	7.1	8.3	9.5	10.7	11.9	13.0	14.2	15.4	16.6	17.8	19.0	20.1	21.3	22.5	23.7	21
22	1.2	2.3	3.5	4.7	5.9	7.0	8.2	9.4	10.5	11.7	12.9	14.0	15.2	16.4	17.6	18.7	19.9	21.1	22.2	23.4	22
23	1.2	2.3	3.5	4.6	5.8	6.9	8.1	9.2	10.4	11.6	12.7	13.9	15.0	16.2	17.3	18.5	19.6	20.8	21.9	23.1	23
24	1.1	2.3	3.4	4.6	5.7	6.8	8.0	9.1	10.3	11.4	12.5	13.7	14.8	16.0	17.1	18.2	19.4	20.5	21.7	22.8	24
0.25	1.1	2.3	3.4	4.5	5.6	6.8	7.9	9.0	10.1	11.3	12.4	13.5	14.6	15.8	16.9	18.0	19.1	20.3	21.4	22.5	0.25
26	1.1	2.2	3.3	4.4	5.6	6.7	7.8	8.9	10.0	11.1	12.2	13.3	14.4	15.5	16.7	17.8	18.9	20.0	21.1	22.2	26
27	1.1	2.2	3.3	4.4	5.5	6.6	7.7	8.8	9.9	11.0	12.0	13.1	14.2	15.3	16.4	17.5	18.6	19.7	20.8	21.9	27
28	1.1	2.2	3.2	4.3	5.4	6.5	7.6	8.6	9.7	10.8	11.9	13.0	14.0	15.1	16.2	17.3	18.4	19.4	20.5	21.6	28
29	1.1	2.1	3.2	4.3	5.3	6.4	7.5	8.5	9.6	10.7	11.7	12.8	13.8	14.9	16.0	17.0	18.1	19.2	20.2	21.3	29
0.30	1.1	2.1	3.2	4.2	5.3	6.3	7.4	8.4	9.5	10.5	11.6	12.6	13.7	14.7	15.8	16.8	17.9	18.9	20.0	21.0	0.30
31	1.0	2.1	3.1	4.1	5.2	6.2	7.2	8.3	9.3	10.4	11.4	12.4	13.5	14.5	15.5	16.6	17.6	18.6	19.7	20.7	31
32	1.0	2.0	3.1	4.1	5.1	6.1	7.1	8.2	9.2	10.2	11.2	12.2	13.3	14.3	15.3	16.3	17.3	18.4	19.4	20.4	32
33	1.0	2.0	3.0	4.0	5.0	6.0	7.0	8.0	9.0	10.1	11.1	12.1	13.1	14.1	15.1	16.1	17.1	18.1	19.1	20.1	33
34	1.0	2.0	3.0	4.0	5.0	5.9	6.9	7.9	8.9	9.9	10.9	11.9	12.9	13.9	14.9	15.8	16.8	17.8	18.8	19.8	34
0.35	1.0	2.0	2.9	3.9	4.9	5.9	6.8	7.8	8.8	9.8	10.7	11.7	12.7	13.7	14.6	15.6	16.6	17.6	18.5	19.5	0.35
36	1.0	1.9	2.9	3.8	4.8	5.8	6.7	7.7	8.6	9.6	10.6	11.5	12.5	13.4	14.4	15.4	16.3	17.3	18.2	19.2	36
37	0.9	1.9	2.8	3.8	4.7	5.7	6.6	7.6	8.5	9.5	10.4	11.3	12.3	13.2	14.2	15.1	16.1	17.0	18.0	18.9	37
38	0.9	1.9	2.8	3.7	4.7	5.6	6.5	7.4	8.4	9.3	10.2	11.2	12.1	13.0	14.0	14.9	15.8	16.7	17.7	18.6	38
39	0.9	1.8	2.7	3.7	4.6	5.5	6.4	7.3	8.2	9.2	10.1	11.0	11.9	12.8	13.7	14.6	15.6	16.5	17.4	18.3	39
0.40	0.9	1.8	2.7	3.6	4.5	5.4	6.3	7.2	8.1	9.0	9.9	10.8	11.7	12.6	13.5	14.4	15.3	16.2	17.1	18.0	0.40
41	0.9	1.8	2.7	3.5	4.4	5.3	6.2	7.1	8.0	8.9	9.7	10.6	11.5	12.4	13.3	14.2	15.0	15.9	16.8	17.7	41
42	0.9	1.7	2.6	3.5	4.4	5.2	6.1	7.0	7.8	8.7	9.6	10.4	11.3	12.2	13.1	13.9	14.8	15.7	16.5	17.4	42
43	0.9	1.7	2.6	3.4	4.3	5.1	6.0	6.8	7.7	8.6	9.4	10.3	11.1	12.0	12.8	13.7	14.5	15.4	16.2	17.1	43
44	0.8	1.7	2.5	3.4	4.2	5.0	5.9	6.7	7.6	8.4	9.2	10.1	10.9	11.8	12.6	13.4	14.3	15.1	16.0	16.8	44
0.45	0.8	1.7	2.5	3.3	4.1	5.0	5.8	6.6	7.4	8.3	9.1	9.9	10.7	11.6	12.4	13.2	14.0	14.9	15.7	16.5	0.45
46	0.8	1.6	2.4	3.2	4.1	4.9	5.7	6.5	7.3	8.1	8.9	9.7	10.5	11.3	12.2	13.0	13.8	14.6	15.4	16.2	46
47	0.8	1.6	2.4	3.2	4.0	4.8	5.6	6.4	7.2	8.0	8.7	9.5	10.3	11.1	11.9	12.7	13.5	14.3	15.1	15.9	47
48	0.8	1.6	2.3	3.1	3.9	4.7	5.5	6.2	7.0	7.8	8.6	9.4	10.1	10.9	11.7	12.5	13.3	14.0	14.8	15.6	48
49	0.8	1.5	2.3	3.1	3.8	4.6	5.4	6.1	6.9	7.7	8.4	9.2	9.9	10.7	11.5	12.2	13.0	13.8	14.5	15.3	49
0.50	0.8	1.5	2.3	3.0	3.8	4.5	5.3	6.0	6.8	7.5	8.3	9.0	9.8	10.5	11.3	12.0	12.8	13.5	14.3	15.0	0.50

Interpolation

mit Berücksichtigung zweiter Differenzen

$f(a_0 + n) = f_0 + n\,(\Delta^{I} + \text{Tafelwert})$

Die Tafelwerte sind negativ für positive zweite Differenz, sie sind positiv für negative zweite Differenz

n	Zweite Differenz = Δ_m^{II}																				n
	3	6	9	12	15	18	21	24	27	30	33	36	39	42	45	48	51	54	57	60	
0.50	0.8	1.5	2.3	3.0	3.8	4.5	5.3	6.0	6.8	7.5	8.3	9.0	9.8	10.5	11.3	12.0	12.8	13.5	14.3	15.0	0.50
51	0.7	1.5	2.2	2.9	3.7	4.4	5.1	5.9	6.6	7.4	8.1	8.8	9.6	10.3	11.0	11.8	12.5	13.2	14.0	14.7	51
52	0.7	1.4	2.2	2.9	3.6	4.3	5.0	5.8	6.5	7.2	7.9	8.6	9.4	10.1	10.8	11.5	12.2	13.0	13.7	14.4	52
53	0.7	1.4	2.1	2.8	3.5	4.2	4.9	5.6	6.3	7.1	7.8	8.5	9.2	9.9	10.6	11.3	12.0	12.7	13.4	14.1	53
54	0.7	1.4	2.1	2.8	3.5	4.1	4.8	5.5	6.2	6.9	7.6	8.3	9.0	9.7	10.4	11.0	11.7	12.4	13.1	13.8	54
0.55	0.7	1.4	2.0	2.7	3.4	4.1	4.7	5.4	6.1	6.8	7.4	8.1	8.8	9.5	10.1	10.8	11.5	12.2	12.8	13.5	0.55
56	0.7	1.3	2.0	2.6	3.3	4.0	4.6	5.3	5.9	6.6	7.3	7.9	8.6	9.2	9.9	10.6	11.2	11.9	12.5	13.2	56
57	0.6	1.3	1.9	2.6	3.2	3.9	4.5	5.2	5.8	6.5	7.1	7.7	8.4	9.0	9.7	10.3	11.0	11.6	12.3	12.9	57
58	0.6	1.3	1.9	2.5	3.2	3.8	4.4	5.0	5.7	6.3	6.9	7.6	8.2	8.8	9.5	10.1	10.7	11.3	12.0	12.6	58
59	0.6	1.2	1.8	2.5	3.1	3.7	4.3	4.9	5.5	6.2	6.8	7.4	8.0	8.6	9.2	9.8	10.5	11.1	11.7	12.3	59
0.60	0.6	1.2	1.8	2.4	3.0	3.6	4.2	4.8	5.4	6.0	6.6	7.2	7.8	8.4	9.0	9.6	10.2	10.8	11.4	12.0	0.60
61	0.6	1.2	1.8	2.3	2.9	3.5	4.1	4.7	5.3	5.9	6.4	7.0	7.6	8.2	8.8	9.4	9.9	10.5	11.1	11.7	61
62	0.6	1.1	1.7	2.3	2.9	3.4	4.0	4.6	5.1	5.7	6.3	6.8	7.4	8.0	8.6	9.1	9.7	10.3	10.8	11.4	62
63	0.6	1.1	1.7	2.2	2.8	3.3	3.9	4.4	5.0	5.6	6.1	6.7	7.2	7.8	8.3	8.9	9.4	10.0	10.5	11.1	63
64	0.5	1.1	1.6	2.2	2.7	3.2	3.8	4.3	4.9	5.4	5.9	6.5	7.0	7.6	8.1	8.6	9.2	9.7	10.3	10.8	64
0.65	0.5	1.1	1.6	2.1	2.6	3.2	3.7	4.2	4.7	5.3	5.8	6.3	6.8	7.4	7.9	8.4	8.9	9.5	10.0	10.5	0.65
66	0.5	1.0	1.5	2.0	2.6	3.1	3.6	4.1	4.6	5.1	5.6	6.1	6.6	7.1	7.7	8.2	8.7	9.2	9.7	10.2	66
67	0.5	1.0	1.5	2.0	2.5	3.0	3.5	4.0	4.5	5.0	5.4	5.9	6.4	6.9	7.4	7.9	8.4	8.9	9.4	9.9	67
68	0.5	1.0	1.4	1.9	2.4	2.9	3.4	3.8	4.3	4.8	5.3	5.8	6.2	6.7	7.2	7.7	8.2	8.6	9.1	9.6	68
69	0.5	0.9	1.4	1.9	2.3	2.8	3.3	3.7	4.2	4.7	5.1	5.6	6.0	6.5	7.0	7.4	7.9	8.4	8.8	9.3	69
0.70	0.5	0.9	1.4	1.8	2.3	2.7	3.2	3.6	4.1	4.5	5.0	5.4	5.9	6.3	6.8	7.2	7.7	8.1	8.6	9.0	0.70
71	0.4	0.9	1.3	1.7	2.2	2.6	3.0	3.5	3.9	4.4	4.8	5.2	5.7	6.1	6.5	7.0	7.4	7.8	8.3	8.7	71
72	0.4	0.8	1.3	1.7	2.1	2.5	2.9	3.4	3.8	4.2	4.6	5.0	5.5	5.9	6.3	6.7	7.1	7.6	8.0	8.4	72
73	0.4	0.8	1.2	1.6	2.0	2.4	2.8	3.2	3.6	4.1	4.5	4.9	5.3	5.7	6.1	6.5	6.9	7.3	7.7	8.1	73
74	0.4	0.8	1.2	1.6	2.0	2.3	2.7	3.1	3.5	3.9	4.3	4.7	5.1	5.5	5.9	6.2	6.6	7.0	7.4	7.8	74
0.75	0.4	0.8	1.1	1.5	1.9	2.3	2.6	3.0	3.4	3.8	4.1	4.5	4.9	5.3	5.6	6.0	6.4	6.8	7.1	7.5	0.75
76	0.4	0.7	1.1	1.4	1.8	2.2	2.5	2.9	3.2	3.6	4.0	4.3	4.7	5.0	5.4	5.8	6.1	6.5	6.8	7.2	76
77	0.3	0.7	1.0	1.4	1.7	2.1	2.4	2.8	3.1	3.5	3.8	4.1	4.5	4.8	5.2	5.5	5.9	6.2	6.6	6.9	77
78	0.3	0.7	1.0	1.3	1.7	2.0	2.3	2.6	3.0	3.3	3.6	4.0	4.3	4.6	5.0	5.3	5.6	5.9	6.3	6.6	78
79	0.3	0.6	0.9	1.3	1.6	1.9	2.2	2.5	2.8	3.2	3.5	3.8	4.1	4.4	4.7	5.0	5.4	5.7	6.0	6.3	79
0.80	0.3	0.6	0.9	1.2	1.5	1.8	2.1	2.4	2.7	3.0	3.3	3.6	3.9	4.2	4.5	4.8	5.1	5.4	5.7	6.0	0.80
81	0.3	0.6	0.9	1.1	1.4	1.7	2.0	2.3	2.6	2.9	3.1	3.4	3.7	4.0	4.3	4.6	4.8	5.1	5.4	5.7	81
82	0.3	0.5	0.8	1.1	1.4	1.6	1.9	2.2	2.4	2.7	3.0	3.2	3.5	3.8	4.1	4.3	4.6	4.9	5.1	5.4	82
83	0.3	0.5	0.8	1.0	1.3	1.5	1.8	2.0	2.3	2.6	2.8	3.1	3.3	3.6	3.8	4.1	4.3	4.6	4.8	5.1	83
84	[illegible]	0.5	0.7	1.0	1.2	1.4	1.7	1.9	2.2	2.4	2.6	2.9	3.1	3.4	3.6	3.8	4.1	4.3	4.6	4.8	84
0.85	0.2	0.5	0.7	0.9	1.1	1.4	1.6	1.8	2.0	2.3	2.5	2.7	2.9	3.2	3.4	3.6	3.8	4.1	4.3	4.5	0.85
86	0.2	0.4	0.6	0.8	1.1	1.3	1.5	1.7	1.9	2.1	2.3	2.5	2.7	2.9	3.2	3.4	3.6	3.8	4.0	4.2	86
87	0.2	0.4	0.6	0.8	1.0	1.2	1.4	1.6	1.8	2.0	2.1	2.3	2.5	2.7	2.9	3.1	3.3	3.5	3.7	3.9	87
88	0.2	0.4	0.5	0.7	0.9	1.1	1.3	1.4	1.6	1.8	2.0	2.2	2.3	2.5	2.7	2.9	3.1	3.2	3.4	3.6	88
89	0.2	0.3	0.5	0.7	0.8	1.0	1.2	1.3	1.5	1.7	1.8	2.0	2.1	2.3	2.5	2.6	2.8	3.0	3.1	3.3	89
0.90	0.2	0.3	0.5	0.6	0.8	0.9	1.1	1.2	1.4	1.5	1.7	1.8	2.0	2.1	2.3	2.4	2.6	2.7	2.9	3.0	0.90
91	0.1	0.3	0.4	0.5	0.7	0.8	0.9	1.1	1.2	1.4	1.5	1.6	1.8	1.9	2.0	2.2	2.3	2.4	2.6	2.7	91
92	0.1	0.2	0.4	0.5	0.6	0.7	0.8	1.0	1.1	1.2	1.3	1.4	1.6	1.7	1.8	1.9	2.0	2.2	2.3	2.4	92
93	0.1	0.2	0.3	0.4	0.5	0.6	0.7	0.8	0.9	1.1	1.2	1.3	1.4	1.5	1.6	1.7	1.8	1.9	2.0	2.1	93
94	0.1	0.2	0.3	0.4	0.5	0.5	0.6	0.7	0.8	0.9	1.0	1.1	1.2	1.3	1.4	1.4	1.5	1.6	1.7	1.8	94
0.95	0.1	0.2	0.2	0.3	0.4	0.5	0.5	0.6	0.7	0.8	0.8	0.9	1.0	1.1	1.1	1.2	1.3	1.4	1.4	1.5	0.95
96	0.1	0.1	0.2	0.2	0.3	0.4	0.4	0.5	0.5	0.6	0.7	0.7	0.8	0.8	0.9	1.0	1.0	1.1	1.1	1.2	96
97	0.0	0.1	0.1	0.2	0.2	0.3	0.3	0.4	0.4	0.5	0.5	0.5	0.6	0.6	0.7	0.7	0.8	0.8	0.9	0.9	97
98	0.0	0.1	0.1	0.1	0.2	0.2	0.2	0.2	0.3	0.3	0.3	0.4	0.4	0.4	0.5	0.5	0.5	0.5	0.6	0.6	98
0.99	0.0	0.0	0.0	0.1	0.1	0.1	0.1	0.1	0.1	0.2	0.2	0.2	0.2	0.2	0.2	0.2	0.3	0.3	0.3	0.3	0.99
1.00	0.0	0.0	0.0	0.0	0.0	0.0	0.0	0.0	0.0	0.0	0.0	0.0	0.0	0.0	0.0	0.0	0.0	0.0	0.0	0.0	1.00

Interpolation

mit Berücksichtigung zweiter Differenzen

$$f(a_0 + n) = f_0 + n\,(\Delta^{\mathrm{I}} + \text{Tafelwert})$$

Die Tafelwerte sind negativ für positive zweite Differenz, sie sind positiv für negative zweite Differenz

n	Zweite Differenz = $\Delta_{\mathrm{m}}^{\mathrm{II}}$ 63	66	69	72	75	78	81	84	87	90	93	96	99	102	105	108	111	114	117	120	n
0.00	31.5	33.0	34.5	36.0	37.5	39.0	40.5	42.0	43.5	45.0	46.5	48.0	49.5	51.0	52.5	54.0	55.5	57.0	58.5	60.0	0.00
01	31.2	32.7	34.2	35.6	37.1	38.6	40.1	41.6	43.1	44.6	46.0	47.5	49.0	50.5	52.0	53.5	54.9	56.4	57.9	59.4	01
02	30.9	32.3	33.8	35.3	36.8	38.2	39.7	41.2	42.6	44.1	45.6	47.0	48.5	50.0	51.5	52.9	54.4	55.9	57.3	58.8	02
03	30.6	32.0	33.5	34.9	36.4	37.8	39.3	40.7	42.2	43.7	45.1	46.6	48.0	49.5	50.9	52.4	53.8	55.3	56.7	58.2	03
04	30.2	31.7	33.1	34.6	36.0	37.4	38.9	40.3	41.8	43.2	44.6	46.1	47.5	49.0	50.4	51.8	53.3	54.7	56.2	57.6	04
0.05	29.9	31.4	32.8	34.2	35.6	37.1	38.5	39.9	41.3	42.8	44.2	45.6	47.0	48.5	49.9	51.3	52.7	54.2	55.6	57.0	0.05
06	29.6	31.0	32.4	33.8	35.3	36.7	38.1	39.5	40.9	42.3	43.7	45.1	46.5	47.9	49.4	50.8	52.2	53.6	55.0	56.4	06
07	29.3	30.7	32.1	33.5	34.9	36.3	37.7	39.1	40.5	41.9	43.2	44.6	46.0	47.4	48.8	50.2	51.6	53.0	54.4	55.8	07
08	29.0	30.4	31.7	33.1	34.5	35.9	37.3	38.6	40.0	41.4	42.8	44.2	45.5	46.9	48.3	49.7	51.1	52.4	53.8	55.2	08
09	28.7	30.0	31.4	32.8	34.1	35.5	36.9	38.2	39.6	41.0	42.3	43.7	45.0	46.4	47.8	49.1	50.5	51.9	53.2	54.6	09
0.10	28.4	29.7	31.1	32.4	33.8	35.1	36.5	37.8	39.2	40.5	41.9	43.2	44.6	45.9	47.3	48.6	50.0	51.3	52.7	54.0	0.10
11	28.0	29.4	30.7	32.0	33.4	34.7	36.0	37.4	38.7	40.1	41.4	42.7	44.1	45.4	46.7	48.1	49.4	50.7	52.1	53.4	11
12	27.7	29.0	30.4	31.7	33.0	34.3	35.6	37.0	38.3	39.6	40.9	42.2	43.6	44.9	46.2	47.5	48.8	50.2	51.5	52.8	12
13	27.4	28.7	30.0	31.3	32.6	33.9	35.2	36.5	37.8	39.2	40.5	41.8	43.1	44.4	45.7	47.0	48.3	49.6	50.9	52.2	13
14	27.1	28.4	29.7	31.0	32.3	33.5	34.8	36.1	37.4	38.7	40.0	41.3	42.6	43.9	45.2	46.4	47.7	49.0	50.3	51.6	14
0.15	26.8	28.1	29.3	30.6	31.9	33.2	34.4	35.7	37.0	38.3	39.5	40.8	42.1	43.4	44.6	45.9	47.2	48.5	49.7	51.0	0.15
16	26.5	27.7	29.0	30.2	31.5	32.8	34.0	35.3	36.5	37.8	39.1	40.3	41.6	42.8	44.1	45.4	46.6	47.9	49.1	50.4	16
17	26.1	27.4	28.6	29.9	31.1	32.4	33.6	34.9	36.1	37.4	38.6	39.8	41.1	42.3	43.6	44.8	46.1	47.3	48.6	49.8	17
18	25.8	27.1	28.3	29.5	30.8	32.0	33.2	34.4	35.7	36.9	38.1	39.4	40.6	41.8	43.1	44.3	45.5	46.7	48.0	49.2	18
19	25.5	26.7	27.9	29.2	30.4	31.6	32.8	34.0	35.2	36.5	37.7	38.9	40.1	41.3	42.5	43.7	45.0	46.2	47.4	48.6	19
0.20	25.2	26.4	27.6	28.8	30.0	31.2	32.4	33.6	34.8	36.0	37.2	38.4	39.6	40.8	42.0	43.2	44.4	45.6	46.8	48.0	0.20
21	24.9	26.1	27.3	28.4	29.6	30.8	32.0	33.2	34.4	35.6	36.7	37.9	39.1	40.3	41.5	42.7	43.8	45.0	46.2	47.4	21
22	24.6	25.7	26.9	28.1	29.3	30.4	31.6	32.8	33.9	35.1	36.3	37.4	38.6	39.8	41.0	42.1	43.3	44.5	45.6	46.8	22
23	24.3	25.4	26.6	27.7	28.9	30.0	31.2	32.3	33.5	34.7	35.8	37.0	38.1	39.3	40.4	41.6	42.7	43.9	45.0	46.2	23
24	23.9	25.1	26.2	27.4	28.5	29.6	30.8	31.9	33.1	34.2	35.3	36.5	37.6	38.8	39.9	41.0	42.2	43.3	44.5	45.6	24
0.25	23.6	24.8	25.9	27.0	28.1	29.3	30.4	31.5	32.6	33.8	34.9	36.0	37.1	38.3	39.4	40.5	41.6	42.8	43.9	45.0	0.25
26	23.3	24.4	25.5	26.6	27.8	28.9	30.0	31.1	32.2	33.3	34.4	35.5	36.6	37.7	38.9	40.0	41.1	42.2	43.3	44.4	26
27	23.0	24.1	25.2	26.3	27.4	28.5	29.6	30.7	31.8	32.9	33.9	35.0	36.1	37.2	38.3	39.4	40.5	41.6	42.7	43.8	27
28	22.7	23.8	24.8	25.9	27.0	28.1	29.2	30.2	31.3	32.4	33.5	34.6	35.6	36.7	37.8	38.9	40.0	41.0	42.1	43.2	28
29	22.4	23.4	24.5	25.6	26.6	27.7	28.8	29.8	30.9	32.0	33.0	34.1	35.1	36.2	37.3	38.3	39.4	40.5	41.5	42.6	29
0.30	22.1	23.1	24.2	25.2	26.3	27.3	28.4	29.4	30.5	31.5	32.6	33.6	34.7	35.7	36.8	37.8	38.9	39.9	41.0	42.0	0.30
31	21.7	22.8	23.8	24.8	25.9	26.9	27.9	29.0	30.0	31.1	32.1	33.1	34.2	35.2	36.2	37.3	38.3	39.3	40.4	41.4	31
32	21.4	22.4	23.5	24.5	25.5	26.5	27.5	28.6	29.6	30.6	31.6	32.6	33.7	34.7	35.7	36.7	37.7	38.8	39.8	40.8	32
33	21.1	22.1	23.1	24.1	25.1	26.1	27.1	28.1	29.1	30.2	31.2	32.2	33.2	34.2	35.2	36.2	37.2	38.2	39.2	40.2	33
34	20.8	21.8	22.8	23.8	24.8	25.7	26.7	27.7	28.7	29.7	30.7	31.7	32.7	33.7	34.7	35.6	36.6	37.6	38.6	39.6	34
0.35	20.5	21.5	22.4	23.4	24.4	25.4	26.3	27.3	28.3	29.3	30.2	31.2	32.2	33.2	34.1	35.1	36.1	37.1	38.0	39.0	0.35
36	20.2	21.1	22.1	23.0	24.0	25.0	25.9	26.9	27.8	28.8	29.8	30.7	31.7	32.6	33.6	34.6	35.5	36.5	37.4	38.4	36
37	19.8	20.8	21.7	22.7	23.6	24.6	25.5	26.5	27.4	28.4	29.3	30.2	31.2	32.1	33.1	34.0	35.0	35.9	36.9	37.8	37
38	19.5	20.5	21.4	22.3	23.3	24.2	25.1	26.0	27.0	27.9	28.8	29.8	30.7	31.6	32.6	33.5	34.4	35.3	36.3	37.2	38
39	19.2	20.1	21.0	22.0	22.9	23.8	24.7	25.6	26.5	27.5	28.4	29.3	30.2	31.1	32.0	32.9	33.9	34.8	35.7	36.6	39
0.40	18.9	19.8	20.7	21.6	22.5	23.4	24.3	25.2	26.1	27.0	27.9	28.8	29.7	30.6	31.5	32.4	33.3	34.2	35.1	36.0	0.40
41	18.6	19.5	20.4	21.2	22.1	23.0	23.9	24.8	25.7	26.6	27.4	28.3	29.2	30.1	31.0	31.9	32.7	33.6	34.5	35.4	41
42	18.3	19.1	20.0	20.9	21.8	22.6	23.5	24.4	25.2	26.1	27.0	27.8	28.7	29.6	30.5	31.3	32.2	33.1	33.9	34.8	42
43	18.0	18.8	19.7	20.5	21.4	22.2	23.1	23.9	24.8	25.7	26.5	27.4	28.2	29.1	29.9	30.8	31.6	32.5	33.3	34.2	43
44	17.6	18.5	19.3	20.2	21.0	21.8	22.7	23.5	24.4	25.2	26.0	26.9	27.7	28.6	29.4	30.2	31.1	31.9	32.8	33.6	44
0.45	17.3	18.2	19.0	19.8	20.6	21.5	22.3	23.1	23.9	24.8	25.6	26.4	27.2	28.1	28.9	29.7	30.5	31.4	32.2	33.0	0.45
46	17.0	17.8	18.6	19.4	20.3	21.1	21.9	22.7	23.5	24.3	25.1	25.9	26.7	27.5	28.4	29.2	30.0	30.8	31.6	32.4	46
47	16.7	17.5	18.3	19.1	19.9	20.7	21.5	22.3	23.1	23.9	24.6	25.4	26.2	27.0	27.8	28.6	29.4	30.2	31.0	31.8	47
48	16.4	17.2	17.9	18.7	19.5	20.3	21.1	21.8	22.6	23.4	24.2	25.0	25.7	26.5	27.3	28.1	28.9	29.6	30.4	31.2	48
49	16.1	16.8	17.6	18.4	19.1	19.9	20.7	21.4	22.2	23.0	23.7	24.5	25.2	26.0	26.8	27.5	28.3	29.1	29.8	30.6	49
0.50	15.8	16.5	17.3	18.0	18.8	19.5	20.3	21.0	21.8	22.5	23.3	24.0	24.8	25.5	26.3	27.0	27.8	28.5	29.3	30.0	0.50

Interpolation

mit Berücksichtigung zweiter Differenzen

$f(a_0 + n) = f_0 + n\,(\Delta^{I} + \text{Tafelwert})$

Die Tafelwerte sind negativ für positive zweite Differenz, sie sind positiv für negative zweite Differenz

n	Zweite Differenz = Δ_m^{II} 63	66	69	72	75	78	81	84	87	90	93	96	99	102	105	108	111	114	117	120	n
0.50	15.8	16.5	17.3	18.0	18.8	19.5	20.3	21.0	21.8	22.5	23.3	24.0	24.8	25.5	26.3	27.0	27.8	28.5	29.3	30.0	0.50
51	15.4	16.2	16.9	17.6	18.4	19.1	19.8	20.6	21.3	22.1	22.8	23.5	24.3	25.0	25.7	26.5	27.2	27.9	28.7	29.4	51
52	15.1	15.8	16.6	17.3	18.0	18.7	19.4	20.2	20.9	21.6	22.3	23.0	23.8	24.5	25.2	25.9	26.6	27.4	28.1	28.8	52
53	14.8	15.5	16.2	16.9	17.6	18.3	19.0	19.7	20.4	21.2	21.9	22.6	23.3	24.0	24.7	25.4	26.1	26.8	27.5	28.2	53
54	14.5	15.2	15.9	16.6	17.3	17.9	18.6	19.3	20.0	20.7	21.4	22.1	22.8	23.5	24.2	24.8	25.5	26.2	26.9	27.6	54
0.55	14.2	14.9	15.5	16.2	16.9	17.6	18.2	18.9	19.6	20.3	20.9	21.6	22.3	23.0	23.6	24.3	25.0	25.7	26.3	27.0	0.55
56	13.9	14.5	15.2	15.8	16.5	17.2	17.8	18.5	19.1	19.8	20.5	21.1	21.8	22.4	23.1	23.8	24.4	25.1	25.7	26.4	56
57	13.5	14.2	14.8	15.5	16.1	16.8	17.4	18.1	18.7	19.4	20.0	20.6	21.3	21.9	22.6	23.2	23.9	24.5	25.2	25.8	57
58	13.2	13.9	14.5	15.1	15.8	16.4	17.0	17.6	18.3	18.9	19.5	20.2	20.8	21.4	22.1	22.7	23.3	23.9	24.6	25.2	58
59	12.9	13.5	14.1	14.8	15.4	16.0	16.6	17.2	17.8	18.5	19.1	19.7	20.3	20.9	21.5	22.1	22.8	23.4	24.0	24.6	59
0.60	12.6	13.2	13.8	14.4	15.0	15.6	16.2	16.8	17.4	18.0	18.6	19.2	19.8	20.4	21.0	21.6	22.2	22.8	23.4	24.0	0.60
61	12.3	12.9	13.5	14.0	14.6	15.2	15.8	16.4	17.0	17.6	18.1	18.7	19.3	19.9	20.5	21.1	21.6	22.2	22.8	23.4	61
62	12.0	12.5	13.1	13.7	14.3	14.8	15.4	16.0	16.5	17.1	17.7	18.2	18.8	19.4	20.0	20.5	21.1	21.7	22.2	22.8	62
63	11.7	12.2	12.8	13.3	13.9	14.4	15.0	15.5	16.1	16.7	17.2	17.8	18.3	18.9	19.4	20.0	20.5	21.1	21.6	22.2	63
64	11.3	11.9	12.4	13.0	13.5	14.0	14.6	15.1	15.7	16.2	16.7	17.3	17.8	18.4	18.9	19.4	20.0	20.5	21.1	21.6	64
0.65	11.0	11.6	12.1	12.6	13.1	13.7	14.2	14.7	15.2	15.8	16.3	16.8	17.3	17.9	18.4	18.9	19.4	20.0	20.5	21.0	0.65
66	10.7	11.2	11.7	12.2	12.8	13.3	13.8	14.3	14.8	15.3	15.8	16.3	16.8	17.3	17.9	18.4	18.9	19.4	19.9	20.4	66
67	10.4	10.9	11.4	11.9	12.4	12.9	13.4	13.9	14.4	14.9	15.3	15.8	16.3	16.8	17.3	17.8	18.3	18.8	19.3	19.8	67
68	10.1	10.6	11.0	11.5	12.0	12.5	13.0	13.4	13.9	14.4	14.9	15.4	15.8	16.3	16.8	17.3	17.8	18.2	18.7	19.2	68
69	9.8	10.2	10.7	11.2	11.6	12.1	12.6	13.0	13.5	14.0	14.4	14.9	15.3	15.8	16.3	16.7	17.2	17.7	18.1	18.6	69
0.70	9.5	9.9	10.4	10.8	11.3	11.7	12.2	12.6	13.1	13.5	14.0	14.4	14.9	15.3	15.8	16.2	16.7	17.1	17.6	18.0	0.70
71	9.1	9.6	10.0	10.4	10.9	11.3	11.7	12.2	12.6	13.1	13.5	13.9	14.4	14.8	15.2	15.7	16.1	16.5	17.0	17.4	71
72	8.8	9.2	9.7	10.1	10.5	10.9	11.3	11.8	12.2	12.6	13.0	13.4	13.9	14.3	14.7	15.1	15.5	16.0	16.4	16.8	72
73	8.5	8.9	9.3	9.7	10.1	10.5	10.9	11.3	11.7	12.2	12.6	13.0	13.4	13.8	14.2	14.6	15.0	15.4	15.8	16.2	73
74	8.2	8.6	9.0	9.4	9.8	10.1	10.5	10.9	11.3	11.7	12.1	12.5	12.9	13.3	13.7	14.0	14.4	14.8	15.2	15.6	74
0.75	7.9	8.3	8.6	9.0	9.4	9.8	10.1	10.5	10.9	11.3	11.6	12.0	12.4	12.8	13.1	13.5	13.9	14.3	14.6	15.0	0.75
76	7.6	7.9	8.3	8.6	9.0	9.4	9.7	10.1	10.4	10.8	11.2	11.5	11.9	12.2	12.6	13.0	13.3	13.7	14.0	14.4	76
77	7.2	7.6	7.9	8.3	8.6	9.0	9.3	9.7	10.0	10.4	10.7	11.0	11.4	11.7	12.1	12.4	12.8	13.1	13.5	13.8	77
78	6.9	7.3	7.6	7.9	8.3	8.6	8.9	9.2	9.6	9.9	10.2	10.6	10.9	11.2	11.6	11.9	12.2	12.5	12.9	13.2	78
79	6.6	6.9	7.2	7.6	7.9	8.2	8.5	8.8	9.1	9.5	9.8	10.1	10.4	10.7	11.0	11.3	11.7	12.0	12.3	12.6	79
0.80	6.3	6.6	6.9	7.2	7.5	7.8	8.1	8.4	8.7	9.0	9.3	9.6	9.9	10.2	10.5	10.8	11.1	11.4	11.7	12.0	0.80
81	6.0	6.3	6.6	6.8	7.1	7.4	7.7	8.0	8.3	8.6	8.8	9.1	9.4	9.7	10.0	10.3	10.5	10.8	11.1	11.4	81
82	5.7	5.9	6.2	6.5	6.8	7.0	7.3	7.6	7.8	8.1	8.4	8.6	8.9	9.2	9.5	9.7	10.0	10.3	10.5	10.8	82
83	5.4	5.6	5.9	6.1	6.4	6.6	6.9	7.1	7.4	7.7	7.9	8.2	8.4	8.7	8.9	9.2	9.4	9.7	9.9	10.2	83
84	5.0	5.3	5.5	5.8	6.0	6.2	6.5	6.7	7.0	7.2	7.4	7.7	7.9	8.2	8.4	8.6	8.9	9.1	9.4	9.6	84
0.85	4.7	5.0	5.2	5.4	5.6	5.9	6.1	6.3	6.5	6.8	7.0	7.2	7.4	7.7	7.9	8.1	8.3	8.6	8.8	9.0	0.85
86	4.4	4.6	4.8	5.0	5.3	5.5	5.7	5.9	6.1	6.3	6.5	6.7	6.9	7.1	7.4	7.6	7.8	8.0	8.2	8.4	86
87	4.1	4.3	4.5	4.7	4.9	5.1	5.3	5.5	5.7	5.9	6.0	6.2	6.4	6.6	6.8	7.0	7.2	7.4	7.6	7.8	87
88	3.8	4.0	4.1	4.3	4.5	4.7	4.9	5.0	5.2	5.4	5.6	5.8	5.9	6.1	6.3	6.5	6.7	6.8	7.0	7.2	88
89	3.5	3.6	3.8	4.0	4.1	4.3	4.5	4.6	4.8	5.0	5.1	5.3	5.4	5.6	5.8	5.9	6.1	6.3	6.4	6.6	89
0.90	3.2	3.3	3.5	3.6	3.8	3.9	4.1	4.2	4.4	4.5	4.7	4.8	5.0	5.1	5.3	5.4	5.6	5.7	5.9	6.0	0.90
91	2.8	3.0	3.1	3.2	3.4	3.5	3.6	3.8	3.9	4.1	4.2	4.3	4.5	4.6	4.7	4.9	5.0	5.1	5.3	5.4	91
92	2.5	2.6	2.8	2.9	3.0	3.1	3.2	3.4	3.5	3.6	3.7	3.8	4.0	4.1	4.2	4.3	4.4	4.6	4.7	4.8	92
93	2.2	2.3	2.4	2.5	2.6	2.7	2.8	2.9	3.0	3.2	3.3	3.4	3.5	3.6	3.7	3.8	3.9	4.0	4.1	4.2	93
94	1.9	2.0	2.1	2.2	2.3	2.3	2.4	2.5	2.6	2.7	2.8	2.9	3.0	3.1	3.2	3.2	3.3	3.4	3.5	3.6	94
0.95	1.6	1.7	1.7	1.8	1.9	2.0	2.0	2.1	2.2	2.3	2.3	2.4	2.5	2.6	2.6	2.7	2.8	2.9	2.9	3.0	0.95
96	1.3	1.3	1.4	1.4	1.5	1.6	1.6	1.7	1.7	1.8	1.9	1.9	2.0	2.0	2.1	2.2	2.2	2.3	2.3	2.4	96
97	0.9	1.0	1.0	1.1	1.1	1.2	1.2	1.3	1.3	1.4	1.4	1.4	1.5	1.5	1.6	1.6	1.7	1.7	1.8	1.8	97
98	0.6	0.7	0.7	0.7	0.8	0.8	0.8	0.8	0.9	0.9	0.9	1.0	1.0	1.0	1.1	1.1	1.1	1.1	1.2	1.2	98
0.99	0.3	0.3	0.3	0.4	0.4	0.4	0.4	0.4	0.4	0.5	0.5	0.5	0.5	0.5	0.5	0.5	0.6	0.6	0.6	0.6	0.99
1.00	0.0	0.0	0.0	0.0	0.0	0.0	0.0	0.0	0.0	0.0	0.0	0.0	0.0	0.0	0.0	0.0	0.0	0.0	0.0	0.0	1.00

Refraktionstafel

Mittlere Refraktion R_0
als Funktion der scheinbaren Zenitdistanz z

z	R_0	
°	″	
0.0	0.00	52
0.5	0.52	53
1.0	1.05	52
1.5	1.57	53
2.0	2.10	52
2.5	2.62	53
3.0	3.15	52
3.5	3.67	53
4.0	4.20	52
4.5	4.72	53
5.0	5.25	53
5.5	5.78	53
6.0	6.31	53
6.5	6.84	54
7.0	7.38	53
7.5	7.91	54
8.0	8.45	53
8.5	8.98	54
9.0	9.52	54
9.5	10.06	54
10.0	10.60	54
10.5	11.14	54
11.0	11.68	54
11.5	12.22	55
12.0	12.77	55
12.5	13.32	55
13.0	13.87	55
13.5	14.42	56
14.0	14.98	56
14.5	15.54	56
15.0	16.10	56
15.5	16.66	57
16.0	17.23	57
16.5	17.80	57
17.0	18.37	58
17.5	18.95	58
18.0	19.53	

z	R_0	
°	″	
18.0	19.53	58
18.5	20.11	58
19.0	20.69	59
19.5	21.28	59
20.0	21.87	60
20.5	22.47	60
21.0	23.07	60
21.5	23.67	61
22.0	24.28	61
22.5	24.89	62
23.0	25.51	62
23.5	26.13	62
24.0	26.75	63
24.5	27.38	64
25.0	28.02	64
25.5	28.66	65
26.0	29.31	65
26.5	29.96	66
27.0	30.62	66
27.5	31.28	67
28.0	31.95	68
28.5	32.63	68
29.0	33.31	69
29.5	34.00	69
30.0	34.69	70
30.5	35.39	71
31.0	36.10	72
31.5	36.82	72
32.0	37.54	73
32.5	38.27	74
33.0	39.01	75
33.5	39.76	76
34.0	40.52	77
34.5	41.29	78
35.0	42.07	78
35.5	42.85	79
36.0	43.64	

z	R_0	
°	″	
36.0	43.64	81
36.5	44.45	81
37.0	45.26	82
37.5	46.08	84
38.0	46.92	85
38.5	47.77	87
39.0	48.64	87
39.5	49.51	89
40.0	50.40	90
40.5	51.30	91
41.0	52.21	92
41.5	53.13	94
42.0	54.07	95
42.5	55.02	98
43.0	56.00	98
43.5	56.98	100
44.0	57.98	102
44.5	59.00	104
45.0	60.04	105
45.5	61.09	108
46.0	62.17	109
46.5	63.26	111
47.0	64.37	114
47.5	65.51	116
48.0	66.67	117
48.5	67.84	120
49.0	69.04	123
49.5	70.27	124
50.0	71.51	128
50.5	72.79	131
51.0	74.10	133
51.5	75.43	136
52.0	76.79	139
52.5	78.18	142
53.0	79.60	146
53.5	81.06	149
54.0	82.55	

z	R_0	
°	″	
52.0	76.79	55
2	77.34	56
4	77.90	56
6	78.46	57
8	79.03	57
53.0	79.60	58
2	80.18	58
4	80.76	59
6	81.35	60
8	81.95	60
54.0	82.55	61
2	83.16	61
4	83.77	62
6	84.39	62
8	85.01	63
55.0	85.64	64
2	86.28	64
4	86.92	65
6	87.57	66
8	88.23	66
56.0	88.89	67
2	89.56	67
4	90.23	69
6	90.92	69
8	91.61	70
57.0	92.31	71
2	93.02	71
4	93.73	72
6	94.45	73
8	95.18	74
58.0	95.92	75
2	96.67	75
4	97.42	76
6	98.18	77
8	98.95	78
59.0	99.73	79
2	100.52	79
4	101.31	81
6	102.12	81
8	102.93	83
60.0	103.76	

z	R_0	
°	″	
60.0	103.76	84
2	104.60	84
4	105.44	86
6	106.30	86
8	107.16	88
61.0	108.04	89
2	108.93	90
4	109.83	91
6	110.74	92
8	111.66	94
62.0	112.60	95
2	113.55	96
4	114.51	98
6	115.49	98
8	116.47	100
63.0	117.47	101
2	118.48	103
4	119.51	104
6	120.55	105
8	121.60	107
64.0	122.67	108
2	123.75	110
4	124.85	112
6	125.97	113
8	127.10	115
65.0	128.25	117
2	129.42	118
4	130.60	120
6	131.80	122
8	133.02	124
66.0	134.26	126
2	135.52	128
4	136.80	129
6	138.09	132
8	139.41	134
67.0	140.75	136
2	142.11	139
4	143.50	140
6	144.90	143
8	146.33	145
68.0	147.78	

Refraktion $R = R_0\,(1 + A\alpha + B)$

$H = H_1\,[1-0.00264 \cos 2\varphi - 0.000163\,(t-T)]$, wobei H_1 = abgelesener Barometerstand, φ = geographische Breite des Beobachtungsortes, t = Temperatur des Quecksilbers, T = Lufttemperatur.

Mittlere Refraktion R_0 als Funktion der scheinbaren Zenitdistanz z

z	R_0		z	R_0	
°	″		°	″	
68.0	147.78	73	72.0	183.10	107
1	148.51	74	1	184.17	108
2	149.25	74	2	185.25	110
3	149.99	76	3	186.35	110
4	150.75	76	4	187.45	112
68.5	151.51	77	72.5	188.57	113
6	152.28	77	6	189.70	114
7	153.05	79	7	190.84	116
8	153.84	79	8	192.00	116
9	154.63	80	9	193.16	118
69.0	155.43	80	73.0	194.34	119
1	156.23	81	1	195.53	121
2	157.04	82	2	196.74	122
3	157.86	83	3	197.96	123
4	158.69	83	4	199.19	125
69.5	159.52	84	73.5	200.44	126
6	160.36	84	6	201.70	127
7	161.20	85	7	202.97	129
8	162.05	86	8	204.26	131
9	162.91	87	9	205.57	132
70.0	163.78	88	74.0	206.89	134
1	164.66	89	1	208.23	135
2	165.55	90	2	209.58	137
3	166.45	91	3	210.95	138
4	167.36	91	4	212.33	140
70.5	168.27	92	74.5	213.73	142
6	169.19	93	6	215.15	143
7	170.12	94	7	216.58	146
8	171.06	95	8	218.04	147
9	172.01	96	9	219.51	149
71.0	172.97	97	75.0	221.00	151
1	173.94	98	1	222.51	152
2	174.92	98	2	224.03	155
3	175.90	100	3	225.58	156
4	176.90	101	4	227.14	159
71.5	177.91	102	75.5	228.73	160
6	178.93	103	6	230.33	163
7	179.96	103	7	231.96	165
8	180.99	105	8	233.61	167
9	182.04	106	9	235.28	169
72.0	183.10		76.0	236.97	

Verbesserung der mittleren Refraktion wegen Lufttemperatur und Barometerstand

T	A	H	B	H
C		mm		mm
−15°	+0.0608	720	−0.0526 +	800
14	0565	721	0513	799
13	0523	722	0500	798
12	0481	723	0487	797
11	0439	724	0474	796
−10	+0.0398	725	−0.0461 +	795
9	0357	726	0447	794
8	0316	727	0434	793
7	0275	728	0421	792
6	0235	729	0408	791
− 5	+0.0195	730	−0.0395 +	790
4	0155	731	0382	789
3	0116	732	0368	788
2	0077	733	0355	787
− 1	+0.0038	734	0342	786
0	0.0000	735	−0.0329 +	785
+ 1	−0.0038	736	0316	784
2	0076	737	0303	783
3	0114	738	0289	782
4	0151	739	0276	781
+ 5	−0.0188	740	−0.0263 +	780
6	0225	741	0250	779
7	0261	742	0237	778
8	0298	743	0224	777
9	0334	744	0211	776
+10	−0.0369	745	−0.0197 +	775
11	0405	746	0184	774
12	0440	747	0171	773
13	0475	748	0158	772
14	0510	749	0145	771
+15	−0.0545	750	−0.0132 +	770
16	0579	751	0118	769
17	0613	752	0105	768
18	0647	753	0092	767
19	0680	754	0079	766
+20	−0.0714	755	−0.0066 +	765
21	0747	756	0053	764
22	0780	757	0039	763
23	0812	758	0026	762
24	0845	759	−0.0013 +	761
+25	−0.0877	760	0.0000	760

Für $z < 45°$ ist $\alpha = 1.000$

z	α
45°	1.000
46	1.001
47	1.001
48	1.001
49	1.001
50	1.002
51	1.002
52	1.002
53	1.002
54	1.002
55	1.002
56	1.003
57	1.003
58	1.003
59	1.003
60	1.004
61	1.004
62	1.004
63	1.004
64	1.005
65	1.005
66	1.006
67	1.007
68	1.007
69	1.008
70	1.009
71	1.010
72	1.011
73	1.013
74	1.015
75	1.017
76	1.020

T	A
+25°	−0.0877
26	0909
27	0941
28	0972
29	1004
+30	−0.1035

Refraktion $R = R_0\,(1 + A\alpha + B)$

$H = H_1\,[1 - 0.00264 \cos 2\varphi - 0.000163\,(t - T)]$, wobei H_1 = abgelesener Barometerstand, φ = geographische Breite des Beobachtungsortes, t = Temperatur des Quecksilbers, T = Lufttemperatur.

Polaris 1956

Bestimmung der geographischen Breite durch Messung von Zenitdistanzen des Polarsterns

Tafel 1

	Sternzeit												
	0^h		1^h		2^h		3^h		4^h		5^h		
m	′ ″	″	′ ″	″	′ ″	″	′ ″	″	′ ″	″	′ ″	″	m
0	−49 41.0	14.2	−55 3.0	6.9	−56 35.1	1.0	−54 11.0	8.8	−48 1.4	15.9	−38 33.3	21.9	0
2	49 55.2	14.0	55 9.9	6.6	56 34.1	1.3	54 2.2	9.0	47 45.5	16.2	38 11.4	22.1	2
4	50 9.2	13.8	55 16.5	6.4	56 32.8	1.5	53 53.2	9.3	47 29.3	16.4	37 49.3	22.2	4
6	50 23.0	13.6	55 22.9	6.1	56 31.3	1.8	53 43.9	9.6	47 12.9	16.6	37 27.1	22.4	6
8	50 36.6	13.3	55 29.0	5.8	56 29.5	2.1	53 34.3	9.8	46 56.3	16.8	37 4.7	22.6	8
10	−50 49.9	13.0	−55 34.8	5.6	−56 27.4	2.3	−53 24.5	10.1	−46 39.5	17.0	−36 42.1	22.7	10
12	51 2.9	12.8	55 40.4	5.3	56 25.1	2.6	53 14.4	10.3	46 22.5	17.2	36 19.4	22.9	12
14	51 15.7	12.6	55 45.7	5.0	56 22.5	2.9	53 4.1	10.6	46 5.3	17.5	35 56.5	23.1	14
16	51 28.3	12.4	55 50.7	4.8	56 19.6	3.1	52 53.5	10.8	45 47.8	17.6	35 33.4	23.2	16
18	51 40.7	12.1	55 55.5	4.5	56 16.5	3.4	52 42.7	11.0	45 30.2	17.9	35 10.2	23.4	18
20	−51 52.8	11.8	−56 0.0	4.2	−56 13.1	3.6	−52 31.7	11.3	−45 12.3	18.1	−34 46.8	23.5	20
22	52 4.6	11.6	56 4.2	4.0	56 9.5	3.9	52 20.4	11.5	44 54.2	18.3	34 23.3	23.7	22
24	52 16.2	11.4	56 8.2	3.7	56 5.6	4.2	52 8.9	11.8	44 35.9	18.5	33 59.6	23.9	24
26	52 27.6	11.1	56 11.9	3.5	56 1.4	4.4	51 57.1	12.0	44 17.4	18.7	33 35.7	24.0	26
28	52 38.7	10.9	56 15.4	3.2	55 57.0	4.7	51 45.1	12.2	43 58.7	18.9	33 11.7	24.2	28
30	−52 49.6	10.6	−56 18.6	2.9	−55 52.3	4.9	−51 32.9	12.5	−43 39.8	19.1	−32 47.5	24.3	30
32	53 0.2	10.4	56 21.5	2.7	55 47.4	5.2	51 20.4	12.7	43 20.7	19.3	32 23.2	24.4	32
34	53 10.6	10.2	56 24.2	2.4	55 42.2	5.5	51 7.7	13.0	43 1.4	19.4	31 58.8	24.6	34
36	53 20.8	9.9	56 26.6	2.2	55 36.7	5.7	50 54.7	13.2	42 42.0	19.7	31 34.2	24.7	36
38	53 30.7	9.7	56 28.8	1.9	55 31.0	6.0	50 41.5	13.4	42 22.3	19.9	31 9.5	24.9	38
40	−53 40.4	9.4	−56 30.7	1.6	−55 25.0	6.2	−50 28.1	13.7	−42 2.4	20.0	−30 44.6	25.0	40
42	53 49.8	9.1	56 32.3	1.4	55 18.8	6.5	50 14.4	13.8	41 42.4	20.3	30 19.6	25.2	42
44	53 58.9	8.9	56 33.7	1.1	55 12.3	6.8	50 0.6	14.1	41 22.1	20.4	29 54.4	25.3	44
46	54 7.8	8.7	56 34.8	0.8	55 5.5	7.0	49 46.5	14.4	41 1.7	20.7	29 29.1	25.4	46
48	54 16.5	8.4	56 35.6	0.6	54 58.5	7.3	49 32.1	14.5	40 41.0	20.8	29 3.7	25.6	48
50	−54 24.9	8.1	−56 36.2	0.3	−54 51.2	7.5	−49 17.6	14.8	−40 20.2	21.0	−28 38.1	25.7	50
52	54 33.0	7.9	56 36.5	0.0	54 43.7	7.8	49 2.8	15.0	39 59.2	21.2	28 12.4	25.8	52
54	54 40.9	7.6	56 36.5	0.2	54 35.9	8.0	48 47.8	15.3	39 38.0	21.4	27 46.6	26.0	54
56	54 48.5	7.4	56 36.3	0.5	54 27.9	8.3	48 32.5	15.4	39 16.6	21.6	27 20.6	26.0	56
58	54 55.9	7.1	56 35.8	0.7	54 19.6	8.6	48 17.1	15.7	38 55.0	21.7	26 54.6	26.2	58
60	−55 3.0		−56 35.1		−54 11.0		−48 1.4		−38 33.3		−26 28.4		60

$\varphi = 90° - z$ + Korrektion nach (Tafel 1 + Tafel 2 + Tafel 3)

Polaris 1956

Bestimmung der geographischen Breite durch Messung von Zenitdistanzen des Polarsterns

Tafel 1

	Sternzeit												
m	6h		7h		8h		9h		10h		11h		m
	′ ″	″	′ ″	″	′ ″	″	′ ″	″	′ ″	″	′ ″	″	
0	−26 28.4	26.3	−12 38.3	28.8	+ 1 59.0	29.3	+16 23.3	27.9	+29 36.7	24.6	+40 47.0	19.7	0
2	26 2.1	26.4	12 9.5	28.9	2 28.3	29.3	16 51.2	27.8	30 1.3	24.5	41 6.7	19.5	2
4	25 35.7	26.6	11 40.6	28.9	2 57.6	29.3	17 19.0	27.7	30 25.8	24.3	41 26.2	19.3	4
6	25 9.1	26.6	11 11.7	29.0	3 26.9	29.3	17 46.7	27.6	30 50.1	24.2	41 45.5	19.1	6
8	24 42.5	26.7	10 42.7	29.0	3 56.2	29.3	18 14.3	27.6	31 14.3	24.0	42 4.6	19.0	8
10	−24 15.8	26.8	−10 13.7	29.0	+ 4 25.5	29.3	+18 41.9	27.5	+31 38.3	23.9	+42 23.6	18.8	10
12	23 49.0	27.0	9 44.7	29.1	4 54.8	29.2	19 9.4	27.4	32 2.2	23.7	42 42.4	18.5	12
14	23 22.0	27.0	9 15.6	29.1	5 24.0	29.2	19 36.8	27.2	32 25.9	23.6	43 0.9	18.4	14
16	22 55.0	27.2	8 46.5	29.2	5 53.2	29.1	20 4.0	27.2	32 49.5	23.4	43 19.3	18.1	16
18	22 27.8	27.2	8 17.3	29.2	6 22.3	29.1	20 31.2	27.1	33 12.9	23.2	43 37.4	18.0	18
20	−22 0.6	27.3	− 7 48.1	29.2	+ 6 51.4	29.1	+20 58.3	27.0	+33 36.1	23.1	+43 55.4	17.7	20
22	21 33.3	27.5	7 18.9	29.3	7 20.5	29.0	21 25.3	26.8	33 59.2	22.9	44 13.1	17.6	22
24	21 5.8	27.5	6 49.6	29.3	7 49.5	29.0	21 52.1	26.8	34 22.1	22.8	44 30.7	17.3	24
26	20 38.3	27.7	6 20.3	29.3	8 18.5	29.0	22 18.9	26.6	34 44.9	22.6	44 48.0	17.2	26
28	20 10.6	27.7	5 51.0	29.3	8 47.5	28.9	22 45.5	26.6	35 7.5	22.5	45 5.2	16.9	28
30	−19 42.9	27.8	− 5 21.7	29.3	+ 9 16.4	28.8	+23 12.1	26.5	+35 30.0	22.3	+45 22.1	16.7	30
32	19 15.1	27.8	4 52.4	29.4	9 45.2	28.8	23 38.6	26.4	35 52.3	22.2	45 38.8	16.6	32
34	18 47.3	28.0	4 23.0	29.3	10 14.0	28.8	24 5.0	26.2	36 14.5	22.0	45 55.4	16.3	34
36	18 19.3	28.0	3 53.7	29.4	10 42.8	28.7	24 31.2	26.2	36 36.5	21.8	46 11.7	16.2	36
38	17 51.3	28.1	3 24.3	29.4	11 11.5	28.7	24 57.4	26.0	36 58.3	21.7	46 27.9	15.9	38
40	−17 23.2	28.2	− 2 54.9	29.4	+11 40.2	28.6	+25 23.4	25.9	+37 20.0	21.5	+46 43.8	15.7	40
42	16 55.0	28.2	2 25.5	29.4	12 8.8	28.5	25 49.3	25.7	37 41.5	21.3	46 59.5	15.5	42
44	16 26.8	28.4	1 56.1	29.4	12 37.3	28.5	26 15.0	25.7	38 2.8	21.1	47 15.0	15.3	44
46	15 58.4	28.4	1 26.7	29.4	13 5.8	28.4	26 40.7	25.5	38 23.9	21.0	47 30.3	15.1	46
48	15 30.0	28.5	0 57.3	29.4	13 34.2	28.4	27 6.2	25.4	38 44.9	20.8	47 45.4	14.8	48
50	−15 1.5	28.5	− 0 27.9	29.4	+14 2.6	28.3	+27 31.6	25.3	+39 5.7	20.6	+48 0.2	14.7	50
52	14 33.0	28.6	+ 0 1.5	29.4	14 30.9	28.2	27 56.9	25.2	39 26.3	20.5	48 14.9	14.5	52
54	14 4.4	28.6	0 30.9	29.4	14 59.1	28.2	28 22.1	25.0	39 46.8	20.2	48 29.4	14.2	54
56	13 35.8	28.7	1 0.3	29.4	15 27.3	28.0	28 47.1	24.9	40 7.0	20.1	48 43.6	14.0	56
58	13 7.1	28.8	1 29.7	29.3	15 55.3	28.0	29 12.0	24.7	40 27.1	19.9	48 57.6	13.7	58
60	−12 38.3		+ 1 59.0		+16 23.3		+29 36.7		+40 47.0		+49 11.3		60

$\varphi = 90^\circ - z$ + Korrektion nach (Tafel 1 + Tafel 2 + Tafel 3)

Polaris 1956

Bestimmung der geographischen Breite durch Messung von Zenitdistanzen des Polarsterns

Tafel 1

	Sternzeit												
	12h		13h		14h		15h		16h		17h		
m	° ′ ″	″	° ′ ″	″	° ′ ″	″	° ′ ″	″	° ′ ″	″	° ′ ″	″	m
0	+49 11.3	13.6	+54 18.4	6.6	+55 49.6	0.8	+53 38.8	8.1	+47 53.1	15.2	+38 47.8	21.1	0
2	49 24.9	13.4	54 25.0	6.4	55 48.8	1.0	53 30.7	8.3	47 37.9	15.5	38 26.7	21.3	2
4	49 38.3	13.1	54 31.4	6.1	55 47.8	1.3	53 22.4	8.6	47 22.4	15.6	38 5.4	21.4	4
6	49 51.4	12.9	54 37.5	5.9	55 46.5	1.5	53 13.8	8.8	47 6.8	15.9	37 44.0	21.7	6
8	50 4.3	12.6	54 43.4	5.6	55 45.0	1.8	53 5.0	9.0	46 50.9	16.1	37 22.3	21.8	8
10	+50 16.9	12.5	+54 49.0	5.4	+55 43.2	2.1	+52 56.0	9.3	+46 34.8	16.2	+37 0.5	22.0	10
12	50 29.4	12.2	54 54.4	5.1	55 41.1	2.3	52 46.7	9.5	46 18.6	16.5	36 38.5	22.2	12
14	50 41.6	12.0	54 59.5	4.9	55 38.8	2.5	52 37.2	9.8	46 2.1	16.7	36 16.3	22.3	14
16	50 53.6	11.7	55 4.4	4.6	55 36.3	2.8	52 27.4	10.0	45 45.4	16.9	35 54.0	22.5	16
18	51 5.3	11.5	55 9.0	4.4	55 33.5	3.0	52 17.4	10.3	45 28.5	17.1	35 31.5	22.7	18
20	+51 16.8	11.3	+55 13.4	4.1	+55 30.5	3.3	+52 7.1	10.5	+45 11.4	17.4	+35 8.8	22.8	20
22	51 28.1	11.1	55 17.5	3.9	55 27.2	3.5	51 56.6	10.7	44 54.0	17.5	34 46.0	23.0	22
24	51 39.2	10.8	55 21.4	3.7	55 23.7	3.8	51 45.9	10.9	44 36.5	17.8	34 23.0	23.1	24
26	51 50.0	10.6	55 25.1	3.4	55 19.9	4.0	51 35.0	11.2	44 18.7	17.9	33 59.9	23.3	26
28	52 0.6	10.3	55 28.5	3.2	55 15.9	4.3	51 23.8	11.4	44 0.8	18.2	33 36.6	23.5	28
30	+52 10.9	10.2	+55 31.7	2.9	+55 11.6	4.5	+51 12.4	11.7	+43 42.6	18.4	+33 13.1	23.6	30
32	52 21.1	9.9	55 34.6	2.7	55 7.1	4.7	51 0.7	11.9	43 24.2	18.5	32 49.5	23.8	32
34	52 31.0	9.7	55 37.3	2.4	55 2.4	5.0	50 48.8	12.1	43 5.7	18.7	32 25.7	23.9	34
36	52 40.7	9.4	55 39.7	2.2	54 57.4	5.2	50 36.7	12.4	42 47.0	18.9	32 1.8	24.0	36
38	52 50.1	9.2	55 41.9	2.0	54 52.2	5.5	50 24.3	12.6	42 28.1	19.1	31 37.8	24.2	38
40	+52 59.3	9.0	+55 43.9	1.7	+54 46.7	5.7	+50 11.7	12.9	+42 9.0	19.3	+31 13.6	24.3	40
42	53 8.3	8.8	55 45.6	1.4	54 41.0	6.0	49 58.8	13.0	41 49.7	19.4	30 49.3	24.5	42
44	53 17.1	8.5	55 47.0	1.2	54 35.0	6.2	49 45.8	13.3	41 30.3	19.7	30 24.8	24.6	44
46	53 25.6	8.3	55 48.2	1.0	54 28.8	6.4	49 32.5	13.6	41 10.6	19.8	30 0.2	24.8	46
48	53 33.9	8.0	55 49.2	0.7	54 22.4	6.7	49 18.9	13.7	40 50.8	20.0	29 35.4	24.9	48
50	+53 41.9	7.8	+55 49.9	0.4	+54 15.7	6.9	+49 5.2	14.0	+40 30.8	20.2	+29 10.5	25.1	50
52	53 49.7	7.5	55 50.3	0.2	54 8.8	7.1	48 51.2	14.2	40 10.6	20.5	28 45.4	25.1	52
54	53 57.2	7.3	55 50.5	0.1	54 1.7	7.4	48 37.0	14.4	39 50.1	20.6	28 20.3	25.3	54
56	54 4.5	7.1	55 50.4	0.3	53 54.3	7.6	48 22.6	14.6	39 29.5	20.7	27 55.0	25.5	56
58	54 11.6	6.8	55 50.1	0.5	53 46.7	7.9	48 8.0	14.9	39 8.8	21.0	27 29.5	25.5	58
60	+54 18.4		+55 49.6		+53 38.8		+47 53.1		+38 47.8		+27 4.0		60

$\varphi = 90° - z$ + Korrektion nach (Tafel 1 + Tafel 2 + Tafel 3)

Polaris 1956

Bestimmung der geographischen Breite durch Messung von Zenitdistanzen des Polarsterns

Tafel 1

	Sternzeit												
	18h		19h		20h		21h		22h		23h		
m	′ ″	″	′ ″	″	′ ″	″	′ ″	″	′ ″	″	′ ″	″	m
0	+27 4.0	25.7	+13 27.5	28.5	− 1 7.7	29.5	−15 42.7	28.4	−29 16.8	25.4	−40 52.8	20.6	0
2	26 38.3	25.8	12 59.0	28.6	1 37.2	29.5	16 11.1	28.4	29 42.2	25.3	41 13.4	20.4	2
4	26 12.5	25.9	12 30.4	28.7	2 6.7	29.6	16 39.5	28.3	30 7.5	25.1	41 33.8	20.1	4
6	25 46.6	26.0	12 1.7	28.7	2 36.3	29.5	17 7.8	28.2	30 32.6	25.0	41 53.9	20.0	6
8	25 20.6	26.2	11 33.0	28.8	3 5.8	29.5	17 36.0	28.1	30 57.6	24.9	42 13.9	19.8	8
10	+24 54.4	26.3	+11 4.2	28.9	− 3 35.3	29.5	−18 4.1	28.1	−31 22.5	24.7	−42 33.7	19.6	10
12	24 28.1	26.3	10 35.3	28.9	4 4.8	29.4	18 32.2	27.9	31 47.2	24.6	42 53.3	19.4	12
14	24 1.8	26.5	10 6.4	28.9	4 34.2	29.4	19 0.1	27.9	32 11.8	24.4	43 12.7	19.2	14
16	23 35.3	26.7	9 37.5	29.0	5 3.6	29.4	19 28.0	27.9	32 36.2	24.3	43 31.9	19.0	16
18	23 8.6	26.7	9 8.5	29.0	5 33.0	29.4	19 55.9	27.7	33 0.5	24.1	43 50.9	18.8	18
20	+22 41.9	26.8	+ 8 39.5	29.1	− 6 2.4	29.4	−20 23.6	27.7	−33 24.6	23.9	−44 9.7	18.6	20
22	22 15.1	27.0	8 10.4	29.1	6 31.8	29.3	20 51.3	27.5	33 48.5	23.8	44 28.3	18.3	22
24	21 48.1	27.0	7 41.3	29.1	7 1.1	29.3	21 18.8	27.5	34 12.3	23.7	44 46.6	18.2	24
26	21 21.1	27.2	7 12.2	29.2	7 30.4	29.3	21 46.3	27.3	34 36.0	23.5	45 4.8	17.9	26
28	20 53.9	27.2	6 43.0	29.2	7 59.7	29.3	22 13.6	27.3	34 59.5	23.4	45 22.7	17.8	28
30	+20 26.7	27.3	+ 6 13.8	29.2	− 8 29.0	29.2	−22 40.9	27.2	−35 22.9	23.2	−45 40.5	17.6	30
32	19 59.4	27.4	5 44.6	29.3	8 58.2	29.2	23 8.1	27.1	35 46.1	23.0	45 58.1	17.3	32
34	19 32.0	27.6	5 15.3	29.3	9 27.4	29.2	23 35.2	26.9	36 9.1	22.9	46 15.4	17.1	34
36	19 4.4	27.6	4 46.0	29.4	9 56.6	29.1	24 2.1	26.9	36 32.0	22.7	46 32.5	16.9	36
38	18 36.8	27.7	4 16.6	29.4	10 25.7	29.1	24 29.0	26.8	36 54.7	22.5	46 49.4	16.7	38
40	+18 9.1	27.8	+ 3 47.2	29.4	−10 54.8	29.0	−24 55.8	26.6	−37 17.2	22.3	−47 6.1	16.5	40
42	17 41.3	27.9	3 17.8	29.5	11 23.8	29.0	25 22.4	26.6	37 39.5	22.2	47 22.6	16.2	42
44	17 13.4	28.0	2 48.3	29.4	11 52.8	28.9	25 49.0	26.4	38 1.7	22.0	47 38.8	16.1	44
46	16 45.4	28.1	2 18.9	29.5	12 21.7	28.9	26 15.4	26.2	38 23.7	21.8	47 54.9	15.8	46
48	16 17.3	28.1	1 49.4	29.5	12 50.6	28.9	26 41.6	26.2	38 45.5	21.7	48 10.7	15.6	48
50	+15 49.2	28.2	+ 1 19.9	29.5	−13 19.5	28.8	−27 7.8	26.0	−39 7.2	21.5	−48 26.3	15.4	50
52	15 21.0	28.3	0 50.4	29.5	13 48.3	28.7	27 33.8	26.0	39 28.7	21.3	48 41.7	15.1	52
54	14 52.7	28.3	+ 0 20.9	29.5	14 17.0	28.6	27 59.8	25.8	39 50.0	21.1	48 56.8	15.0	54
56	14 24.4	28.4	− 0 8.6	29.6	14 45.6	28.6	28 25.6	25.6	40 11.1	20.9	49 11.8	14.7	56
58	13 56.0	28.5	0 38.2	29.5	15 14.2	28.5	28 51.2	25.6	40 32.0	20.8	49 26.5	14.5	58
60	+13 27.5		− 1 7.7		−15 42.7		−29 16.8		−40 52.8		−49 41.0		60

$\varphi = 90° - z$ + Korrektion nach (Tafel 1 + Tafel 2 + Tafel 3)

Polaris 1956

Die Tafelwerte sind stets positiv

Tafel 2

1956	Sternzeit 0h 0m	0h 30m	1h 0m	1h 30m	2h 0m	2h 30m	3h 0m	3h 30m	4h 0m	4h 30m	5h 0m	5h 30m	5h 60m	1956
	"	"	"	"	"	"	"	"	"	"	"	"	"	
Jan. 1	31.9	31.9	31.8	31.4	30.8	30.0	29.2	28.2	27.4	26.2	25.2	24.5	23.8	Jan. 1
16	31.2	31.9	32.3	32.6	32.6	32.3	32.0	31.5	31.1	30.4	29.7	29.2	28.6	16
31	29.1	30.3	31.4	32.3	32.9	33.3	33.6	33.6	33.7	33.5	33.2	33.1	32.8	31
Febr. 15	25.8	27.5	29.2	30.6	31.7	32.7	33.7	34.3	35.1	35.4	35.6	36.1	36.3	Febr. 15
März 1	21.7	23.7	25.7	27.6	29.3	30.8	32.2	33.5	34.9	35.8	36.6	37.7	38.3	März 1
16	16.9	19.1	21.4	23.6	25.7	27.6	29.6	31.3	33.3	34.9	36.4	38.0	39.4	16
31	12.3	14.4	16.8	19.1	21.3	23.5	25.9	28.2	30.5	32.7	34.7	36.9	38.8	31
April 15	7.9	9.9	12.1	14.3	16.6	19.0	21.6	24.1	26.8	29.3	31.8	34.6	37.0	April 15
30	4.3	6.0	7.8	9.8	12.1	14.4	17.0	19.5	22.5	25.2	28.1	31.2	34.1	30
Mai 15	1.7	2.8	4.3	6.1	7.9	10.0	12.4	14.9	17.9	20.7	23.7	27.0	30.2	Mai 15
30	0.3	0.8	1.7	2.9	4.3	6.1	8.1	10.5	13.2	16.0	18.9	22.4	25.8	30
Juni 14	0.0	0.0	0.4	1.0	1.8	3.0	4.8	6.6	9.0	11.5	14.3	17.7	21.1	Juni 14
29	1.0	0.4	0.0	0.0	0.4	0.9	2.0	3.3	5.3	7.4	9.9	13.0	16.2	29
Juli 14	3.3	2.1	1.1	0.5	0.0	0.0	0.4	1.2	2.5	4.1	6.1	8.8	11.7	Juli 14
29	6.8	4.9	3.3	2.0	0.9	0.2	0.0	0.1	0.8	1.8	3.2	5.3	7.6	29
Aug. 13	11.0	8.7	6.6	4.7	3.0	1.5	0.6	0.0	0.0	0.3	1.0	2.5	4.3	Aug. 13
28	15.9	13.3	10.7	8.4	6.0	4.0	2.4	1.0	0.3	0.0	0.0	0.7	1.9	28
Sept. 12	21.6	18.7	15.7	12.9	10.1	7.6	5.4	3.3	1.9	0.7	0.0	0.0	0.4	Sept. 12
27	27.3	24.2	21.1	18.0	14.9	11.9	9.1	6.5	4.4	2.5	1.1	0.4	0.0	27
Okt. 12	33.0	30.0	26.9	23.6	20.3	16.8	13.7	10.5	7.9	5.3	3.2	1.8	0.7	Okt. 12
27	38.7	35.9	32.9	29.6	26.1	22.6	19.1	15.6	12.5	9.4	6.7	4.5	2.7	27
Nov. 11	43.4	41.0	38.1	35.1	31.6	28.0	24.4	20.8	17.3	13.8	10.6	8.0	5.6	Nov. 11
26	47.2	45.3	42.8	40.0	36.8	33.3	29.7	26.0	22.4	18.8	15.2	12.2	9.4	26
Dez. 11	49.8	48.3	46.5	44.1	41.3	38.0	34.7	31.1	27.5	23.9	20.1	17.0	13.7	Dez. 11
26	51.1	50.3	49.0	47.1	44.8	42.0	39.0	35.6	32.3	28.7	25.0	21.7	18.5	26
31	51.3	50.7	49.6	47.9	45.7	43.1	40.2	36.9	33.8	30.2	26.6	23.4	20.0	31

1956	Sternzeit 6h 0m	6h 30m	7h 0m	7h 30m	8h 0m	8h 30m	9h 0m	9h 30m	10h 0m	10h 30m	11h 0m	11h 30m	11h 60m	1956
	"	"	"	"	"	"	"	"	"	"	"	"	"	
Jan. 1	23.8	23.1	22.5	22.0	21.6	21.4	21.0	20.9	20.4	20.4	20.0	19.8	19.4	Jan. 1
16	28.6	27.8	27.3	26.8	26.1	25.6	24.9	24.4	23.5	22.8	21.9	21.1	20.1	16
31	32.8	32.4	32.0	31.5	30.9	30.3	29.4	28.6	27.4	26.4	24.9	23.8	22.2	31
Febr. 15	36.3	36.1	36.1	35.9	35.4	35.0	34.2	33.3	32.0	30.8	29.1	27.5	25.5	Febr. 15
März 1	38.3	38.8	39.2	39.4	39.4	39.2	38.5	37.9	36.7	35.4	33.6	31.9	29.6	März 1
16	39.4	40.4	41.4	42.1	42.6	42.9	42.6	42.2	41.2	40.2	38.4	36.7	34.4	16
31	38.8	40.6	42.2	43.5	44.5	45.3	45.5	45.6	45.0	44.2	42.8	41.2	39.0	31
April 15	37.0	39.3	41.5	43.4	45.1	46.6	47.3	48.1	47.9	47.6	46.6	45.3	43.4	April 15
30	34.1	36.9	39.6	42.1	44.4	46.4	47.8	49.0	49.5	49.8	49.2	48.5	47.0	30
Mai 15	30.2	33.3	36.6	39.6	42.3	44.9	46.9	48.8	49.9	50.7	50.8	50.6	49.6	Mai 15
30	25.8	29.1	32.7	36.0	39.2	42.2	44.8	47.2	49.0	50.4	51.0	51.4	51.0	30
Juni 14	21.1	24.5	28.1	31.7	35.2	38.6	41.6	44.5	46.7	48.8	50.0	51.0	51.3	Juni 14
29	16.2	19.6	23.2	26.8	30.5	34.2	37.5	40.8	43.4	45.9	47.8	49.4	50.3	29
Juli 14	11.7	14.7	18.3	21.8	25.4	29.2	32.6	36.2	39.1	42.1	44.4	46.5	48.0	Juli 14
29	7.6	10.3	13.5	16.8	20.3	24.0	27.4	31.1	34.3	37.5	40.1	42.7	44.5	29
Aug. 13	4.3	6.4	9.1	12.1	15.2	18.6	22.0	25.6	28.8	32.2	35.1	38.0	40.3	Aug. 13
28	1.9	3.4	5.5	7.9	10.6	13.7	16.8	20.2	23.3	26.7	29.6	32.7	35.4	28
Sept. 12	0.4	1.1	2.6	4.4	6.5	9.1	11.7	14.8	17.8	20.9	23.9	27.0	29.7	Sept. 12
27	0.0	0.0	0.7	1.9	3.3	5.4	7.4	10.2	12.6	15.6	18.2	21.3	24.0	27
Okt. 12	0.7	0.0	0.0	0.3	1.1	2.4	3.9	6.0	8.0	10.5	12.9	15.7	18.3	Okt. 12
27	2.7	1.3	0.4	0.0	0.0	0.5	1.3	2.7	4.0	6.0	7.9	10.3	12.6	27
Nov. 11	5.6	3.5	2.0	0.9	0.1	0.0	0.1	0.7	1.4	2.8	4.1	6.0	7.9	Nov. 11
26	9.4	6.7	4.7	2.9	1.4	0.6	0.0	0.0	0.1	0.7	1.4	2.8	4.1	26
Dez. 11	13.7	10.8	8.1	5.9	4.0	2.5	1.2	0.6	0.0	0.0	0.0	0.7	1.5	Dez. 11
26	18.5	15.3	12.4	9.7	7.4	5.6	3.7	2.4	1.2	0.6	0.1	0.1	0.2	26
31	20.0	16.8	13.8	11.1	8.7	6.6	4.6	3.2	1.8	1.0	0.2	0.0	0.0	31

Tafel 2

Die Tafelwerte sind stets positiv

1956	Sternzeit 12^h 0^m	12^h 30^m	13^h 0^m	13^h 30^m	14^h 0^m	14^h 30^m	15^h 0^m	15^h 30^m	16^h 0^m	16^h 30^m	17^h 0^m	17^h 30^m	17^h 60^m	1956
	″	″	″	″	″	″	″	″	″	″	″	″	″	
Jan. 1	19.4	18.8	17.8	16.5	14.9	13.1	11.0	8.7	7.7	9.6	11.4	13.5	15.6	Jan. 1
16	20.1	18.8	17.3	15.3	13.1	10.8	8.2	5.4	4.0	5.4	6.9	8.8	10.8	16
31	22.2	20.4	18.2	15.6	12.8	9.8	6.6	3.3	1.4	2.3	3.4	4.9	6.6	31
Febr. 15	25.5	23.2	20.4	17.3	14.0	10.4	6.5	2.6	0.0	0.4	1.0	1.9	3.1	Febr. 15
März 1	29.6	27.0	23.9	20.3	16.4	12.3	8.0	3.4	0.2	0.0	0.0	0.3	1.1	März 1
16	34.4	31.6	28.2	24.3	20.0	15.5	10.6	5.6	1.8	0.9	0.2	0.0	0.0	16
31	39.0	36.3	32.8	28.8	24.4	19.6	14.3	8.7	4.6	3.1	1.9	1.1	0.6	31
April 15	43.4	40.8	37.5	33.6	29.1	24.1	18.6	12.8	8.3	6.5	4.8	3.4	2.4	April 15
30	47.0	44.7	41.8	38.1	33.6	28.7	23.2	17.4	12.6	10.6	8.5	6.8	5.3	30
Mai 15	49.6	47.9	45.3	41.8	37.8	33.1	27.8	22.0	17.2	15.1	12.9	11.0	9.2	Mai 15
30	51.0	49.9	47.9	45.0	41.4	37.0	32.1	26.4	21.9	19.8	17.7	15.6	13.6	30
Juni 14	51.3	50.7	49.2	46.9	43.9	40.1	35.4	30.3	26.1	24.3	22.3	20.3	18.3	Juni 14
29	50.3	50.3	49.6	47.9	45.3	42.2	38.2	33.6	29.8	28.4	26.7	25.0	23.2	29
Juli 14	48.0	48.6	48.5	47.4	45.7	43.1	39.8	35.7	32.6	31.7	30.5	29.2	27.7	Juli 14
29	44.5	45.8	46.3	45.9	44.8	42.9	40.2	36.8	34.3	34.0	33.4	32.7	31.8	29
Aug. 13	40.3	42.0	43.0	43.2	42.7	41.6	39.6	36.9	35.1	35.5	35.6	35.5	35.1	Aug. 13
28	35.4	37.4	38.9	39.6	39.7	39.1	37.8	35.9	34.8	35.8	36.6	37.3	37.5	28
Sept. 12	29.7	32.0	33.9	35.0	35.6	35.5	34.8	33.6	33.2	35.1	36.6	38.0	39.0	Sept. 12
27	24.0	26.5	28.5	29.9	30.8	31.2	31.1	30.4	30.7	33.3	35.5	37.6	39.4	27
Okt. 12	18.3	20.7	22.7	24.3	25.4	26.3	26.5	26.4	27.2	30.5	33.4	36.2	38.7	Okt. 12
27	12.6	14.8	16.7	18.3	19.6	20.5	21.1	21.3	22.6	26.4	29.9	33.5	36.7	27
Nov. 11	7.9	9.7	11.5	12.8	14.1	15.1	15.8	16.1	17.8	22.0	26.0	30.0	33.8	Nov. 11
26	4.1	5.4	6.8	7.9	8.9	9.8	10.5	10.9	12.7	17.0	21.4	25.8	30.0	26
Dez. 11	1.5	2.4	3.1	3.8	4.4	5.1	5.5	5.8	7.6	12.2	16.5	21.0	25.7	Dez. 11
26	0.2	0.4	0.6	0.8	0.9	1.1	1.2	1.3	2.8	7.1	11.6	16.3	20.9	26
31	0.0	0.0	0.0	0.0	0.0	0.0	0.0	0.0	1.3	5.6	10.0	14.6	19.4	31

1956	Sternzeit 18^h 0^m	18^h 30^m	19^h 0^m	19^h 30^m	20^h 0^m	20^h 30^m	21^h 0^m	21^h 30^m	22^h 0^m	22^h 30^m	23^h 0^m	23^h 30^m	23^h 60^m	1956
	″	″	″	″	″	″	″	″	″	″	″	″	″	
Jan. 1	15.6	17.5	19.7	21.5	23.5	25.2	26.8	28.1	29.5	30.3	31.0	31.6	31.9	Jan. 1
16	10.8	12.8	14.9	16.7	19.0	21.0	22.9	24.6	26.4	27.9	29.1	30.3	31.2	16
31	6.6	8.2	10.2	12.0	14.2	16.3	18.4	20.4	22.5	24.3	26.1	27.6	29.1	31
Febr. 15	3.1	4.5	6.1	7.6	9.7	11.6	13.6	15.7	17.9	19.9	21.9	23.9	25.8	Febr. 15
März 1	1.1	1.8	3.0	4.1	5.7	7.4	9.3	11.1	13.2	15.3	17.4	19.5	21.7	März 1
16	0.0	0.0	0.8	1.4	2.5	3.7	5.2	6.8	8.7	10.5	12.6	14.7	16.9	16
31	0.6	0.0	0.0	0.0	0.6	1.3	2.3	3.4	4.9	6.5	8.2	10.2	12.3	31
April 15	2.4	1.3	0.7	0.1	0.0	0.0	0.5	0.9	2.0	3.1	4.4	6.1	7.9	April 15
30	5.3	3.7	2.6	1.4	0.7	0.2	0.0	0.0	0.4	0.9	1.8	2.9	4.3	30
Mai 15	9.2	7.3	5.6	3.9	2.8	1.7	0.9	0.2	0.0	0.0	0.2	0.8	1.7	Mai 15
30	13.6	11.5	9.5	7.5	5.9	4.4	3.0	1.8	0.9	0.3	0.0	0.0	0.3	30
Juni 14	18.3	16.1	14.1	11.8	9.9	8.0	6.2	4.5	3.2	1.9	1.0	0.4	0.0	Juni 14
29	23.2	21.0	19.0	16.7	14.6	12.4	10.3	8.2	6.5	4.8	3.2	2.0	1.0	29
Juli 14	27.7	25.9	23.9	21.7	19.7	17.4	15.2	12.8	10.8	8.6	6.6	4.9	3.3	Juli 14
29	31.8	30.3	28.7	26.7	24.8	22.6	20.4	17.9	15.6	13.2	10.9	8.7	6.8	29
Aug. 13	35.1	34.2	33.1	31.4	29.9	28.0	25.8	23.4	21.1	18.5	15.9	13.4	11.0	Aug. 13
28	37.5	37.2	36.7	35.6	34.5	32.9	31.0	28.8	26.6	24.0	21.4	18.7	15.9	28
Sept. 12	39.0	39.5	39.6	39.1	38.6	37.5	36.1	34.2	32.1	29.8	27.1	24.4	21.6	Sept. 12
27	39.4	40.6	41.5	41.6	41.8	41.2	40.4	38.8	37.3	35.1	32.8	30.1	27.3	27
Okt. 12	38.7	40.6	42.2	43.2	44.0	44.2	43.9	43.0	41.9	40.2	38.1	35.7	33.0	Okt. 12
27	36.7	39.3	41.8	43.5	45.1	46.1	46.5	46.3	45.9	44.7	43.1	41.1	38.7	27
Nov. 11	33.8	37.1	40.2	42.6	45.0	46.6	47.7	48.3	48.5	47.9	46.9	45.4	43.4	Nov. 11
26	30.0	33.9	37.5	40.6	43.7	46.0	47.8	49.0	49.8	50.0	49.6	48.6	47.2	26
Dez. 11	25.7	29.8	34.1	37.6	41.1	44.1	46.6	48.4	49.9	50.7	51.0	50.7	49.8	Dez. 11
26	20.9	25.3	29.8	33.8	37.7	41.0	44.1	46.6	48.7	50.1	50.9	51.3	51.1	26
31	19.4	23.8	18.4	32.4	36.4	40.0	43.2	45.8	48.1	49.7	50.8	51.4	51.3	31

Polaris 1956

Tafel 3

Wahre Zenit-distanz	Sternzeit 0h u. 12h 0m	30m	1h u. 13h 0m	30m	2h u. 14h 0m	30m	3h u. 15h 0m	30m	4h u. 16h 0m	30m	5h u. 17h 0m	30m	60m	Wahre Zenit-distanz
°	″	″	″	″	″	″	″	″	″	″	″	″	″	°
10	+24.6	13.7	5.7	1.1	0.1	2.8	9.1	18.6	30.5	44.0	58.3	72.3	85.2+	10
12	18.5	10.3	4.3	0.8	0.1	2.1	6.9	14.0	23.0	33.2	44.0	54.6	64.3	12
14	14.2	7.9	3.3	0.6	0.1	1.6	5.3	10.7	17.6	25.5	33.7	41.8	49.3	14
16	11.0	6.1	2.5	0.5	0.1	1.3	4.1	8.3	13.6	19.6	26.0	32.6	38.0	16
18	8.4	4.7	2.0	0.4	0.0	1.0	3.1	6.3	10.4	15.0	19.9	24.7	29.1	18
20	+ 6.3	3.5	1.5	0.3	0.0	0.7	2.3	4.8	7.9	11.3	15.0	18.6	22.0+	20
22	4.6	2.6	1.1	0.2	0.0	0.5	1.7	3.5	5.8	8.3	11.0	13.6	16.1	22
24	3.2	1.8	0.7	0.1	0.0	0.4	1.2	2.4	4.0	5.7	7.6	9.4	11.1	24
26	2.0	1.1	0.5	0.1	0.0	0.2	0.7	1.5	2.5	3.6	4.7	5.8	6.9	26
28	+ 0.9	0.5	0.2	0.0	0.0	0.1	0.3	0.7	1.2	1.7	2.2	2.7	3.2+	28
30	0.0	0.0	0.0	0.0	0.0	0.0	0.0	0.0	0.0	0.0	0.0	0.0	0.0	30
32	— 0.8	0.5	0.2	0.0	0.0	0.1	0.3	0.6	1.0	1.5	1.9	2.4	2.9—	32
34	1.6	0.9	0.4	0.1	0.0	0.2	0.6	1.2	1.9	2.8	3.7	4.6	5.4	34
36	2.2	1.2	0.5	0.1	0.0	0.3	0.8	1.7	2.8	4.0	5.3	6.5	7.7	36
38	2.8	1.6	0.7	0.1	0.0	0.3	1.0	2.1	3.5	5.1	6.7	8.3	9.8	38
40	3.4	1.9	0.8	0.2	0.0	0.4	1.2	2.5	4.2	6.0	8.0	9.9	11.7	40
45	— 4.6	2.5	1.1	0.2	0.0	0.5	1.7	3.4	5.7	8.2	10.8	13.4	15.8—	45
50	5.6	3.1	1.3	0.3	0.0	0.6	2.1	4.2	6.9	10.0	13.2	16.4	19.3	50
55	6.4	3.6	1.5	0.3	0.0	0.7	2.4	4.9	8.0	11.5	15.3	18.9	22.3	55
60	7.2	4.0	1.7	0.3	0.0	0.8	2.7	5.4	8.9	12.9	17.1	21.2	25.0	60
65	— 7.9	4.4	1.8	0.4	0.0	0.9	2.9	6.0	9.8	14.1	18.7	23.2	27.4—	65
70	8.5	4.8	2.0	0.4	0.0	1.0	3.2	6.4	10.6	15.3	20.2	25.1	29.6	70
75	9.1	5.1	2.1	0.4	0.0	1.1	3.4	6.9	11.3	16.4	21.7	26.9	31.7	75
80	9.7	5.4	2.3	0.4	0.0	1.1	3.6	7.3	12.0	17.4	23.0	28.6	33.7	80
85	—10.3	5.7	2.4	0.5	0.0	1.2	3.8	7.7	12.7	18.4	24.3	30.2	35.6—	85

Wahre Zenit-distanz	Sternzeit 6h u. 18h 0m	30m	7h u. 19h 0m	30m	8h u. 20h 0m	30m	9h u. 21h 0m	30m	10h u. 22h 0m	30m	11h u. 23h 0m	30m	60m	Wahre Zenit-distanz
°	″	″	″	″	″	″	″	″	″	″	″	″	″	°
10	+85.2	96.0	104.0	108.6	109.6	106.9	100.6	91.2	79.3	65.7	51.4	37.4	24.6+	10
12	64.3	72.4	78.5	82.0	82.7	80.6	75.9	68.8	59.9	49.6	38.8	28.2	18.5	12
14	49.3	55.5	60.2	62.8	63.4	61.8	58.2	52.8	45.9	38.0	29.8	21.6	14.2	14
16	38.0	42.8	46.4	48.4	48.8	47.6	44.8	40.6	35.4	29.3	22.9	16.7	11.0	16
18	29.1	32.8	35.5	37.1	37.4	36.5	34.4	31.2	27.1	22.5	17.6	12.8	8.4	18
20	+22.0	24.7	26.8	28.0	28.3	27.5	25.9	23.5	20.5	16.9	13.3	9.6	6.3+	20
22	16.1	18.1	19.6	20.5	20.7	20.2	19.0	17.2	15.0	12.4	9.7	7.1	4.6	22
24	11.1	12.5	13.6	14.2	14.3	13.9	13.1	11.9	10.3	8.6	6.7	4.9	3.2	24
26	6.9	7.8	8.4	8.8	8.9	8.6	8.1	7.4	6.4	5.3	4.2	3.0	2.0	26
28	+ 3.2	3.6	3.9	4.1	4.1	4.0	3.8	3.4	3.0	2.5	1.9	1.4	0.9+	28
30	0.0	0.0	0.0	0.0	0.0	0.0	0.0	0.0	0.0	0.0	0.0	0.0	0.0	30
32	— 2.9	3.2	3.5	3.6	3.7	3.6	3.4	3.1	2.7	2.2	1.7	1.3	0.8—	32
34	5.4	6.1	6.6	6.9	6.9	6.8	6.4	5.8	5.0	4.2	3.3	2.4	1.6	34
36	7.7	8.7	9.4	9.8	9.9	9.7	9.1	8.2	7.2	5.9	4.6	3.4	2.2	36
38	9.8	11.0	11.9	12.5	12.6	12.3	11.5	10.5	9.1	7.5	5.9	4.3	2.8	38
40	11.7	13.2	14.3	14.9	15.0	14.7	13.8	12.5	10.9	9.0	7.1	5.1	3.4	40
45	—15.8	17.8	19.3	20.2	20.4	19.9	18.7	16.9	14.7	12.2	9.6	7.0	4.6—	45
50	19.3	21.8	23.6	24.6	24.9	24.2	22.8	20.7	18.0	14.9	11.7	8.5	5.6	50
55	22.3	25.1	27.3	28.5	28.7	28.0	26.4	23.9	20.8	17.2	13.5	9.8	6.4	55
60	25.0	28.1	30.5	31.8	32.1	31.3	29.5	26.7	23.3	19.3	15.1	11.0	7.2	60
65	—27.4	30.8	33.4	34.9	35.2	34.3	32.3	29.3	25.5	21.1	16.5	12.0	7.9—	65
70	29.6	33.3	36.1	37.7	38.1	37.1	34.9	31.7	27.6	22.8	17.9	13.0	8.5	70
75	31.7	35.7	38.7	40.4	40.7	39.7	37.4	33.9	29.5	24.4	19.1	13.9	9.1	75
80	33.7	37.9	41.1	42.9	43.3	42.2	39.7	36.0	31.3	26.0	20.3	14.8	9.7	80
85	—35.6	40.1	43.4	45.4	45.8	44.6	42.0	38.1	33.1	27.4	21.5	15.6	10.3—	85

Besondere Erläuterungen zu den Angaben und zum Gebrauch des Jahrbuches

Das Jahrbuch gibt die Örter der *Planeten* in geozentrischen und in heliozentrischen Koordinaten. Die Zeitpunkte, für die sie gelten, sind in Weltzeit ausgedrückt, wenn nicht ausdrücklich eine andere Zeit angegeben wird. — **Weltzeit ist identisch mit Bürgerlicher Zeit Greenwich.** Der bürgerliche Tag beginnt um Mitternacht, die Weltzeit-Stunden sind von 0^h bis 24^h durchgezählt. Die Beziehung zu der bis zum Jahrgang 1924 (einschließlich) im Jahrbuch verwendeten Mittleren Zeit Greenwich besteht darin, daß der astronomische mittlere Tag erst am Mittag des bürgerlichen Tages, also 12^h nach dessen Anfang beginnt. Somit ist 1925 Jan. 1, 0^h Weltzeit gleich 1924 Dez. 31, 12^h Mittlere Zeit Greenwich.

Die Örter der *Fixsterne* sind gegeben als »Mittlere Sternörter«, bezogen auf das mittlere Äquinoktium des Jahresanfangs, und in Ephemeridenform als »Scheinbare Sternörter«, bezogen auf das jedesmalige wahre Äquinoktium.

Zur Erläuterung ist im einzelnen folgendes zu bemerken:

Sonnenephemeride (S. 2—29 und 116—124).

Der erste Teil der Sonnenephemeride (S. 2—19) gibt auf den l i n k e n Seiten für 0^h Weltzeit an jedem Tage:

1) Die Zeitgleichung = Wahre Zeit *minus* Mittlere Zeit.

2) Die geozentrischen, äquatorialen Koordinaten α, δ des scheinbaren Sonnenorts, bezogen auf das jedesmalige wahre Äquinoktium, zugleich mit der ersten Differenzenreihe. Diese Angaben sind direkt mit den Beobachtungen vergleichbar. Die Nutationsglieder kurzer Periode sind, wie im Vorwort erwähnt, in den Koordinaten nicht enthalten.

3) Die halbe Durchgangsdauer (in Sternzeit) der Sonnenscheibe durch den Meridian.

4) Den geozentrischen Halbmesser der Sonnenscheibe, d. i. der Winkel, unter dem der Sonnenhalbmesser vom Erdmittelpunkt aus erscheint.

Die r e c h t e n Seiten geben:

1) Die Julianische Zeit, d. i. die Anzahl der seit Beginn der Julianischen Periode verflossenen mittleren Sonnentage.

2) Die Sternzeit für 0^h Weltzeit. In ihr sind, wie im Vorwort erwähnt, nur die langperiodischen Glieder der Nutation enthalten.

Um für einen Erdort der westlichen Längendifferenz $\Delta\lambda$ (in Stunden) gegen Greenwich die Sternzeit in seiner mittleren Mitternacht zu erhalten, ist zu diesen Angaben hinzuzulegen: $9^s.8565\,\Delta\lambda$. Diese Werte findet man unter der Überschrift: »Korr. der Sternzeit« im Verzeichnis der Sternwarten.

3) Die Nutation in Rektaszension getrennt nach langperiodischen und kurzperiodischen Gliedern.

4) Die geozentrischen ekliptikalen Koordinaten λ, β der Sonne, bezogen auf das mittlere Äquinoktium des Jahresanfangs, sowie die Entfernung R der Erde von der Sonne. Diese Angaben finden bei Bahnberechnungen u. dergl. Verwendung.

5) Die bürgerlichen Ortszeiten des Aufgangs und Untergangs der Sonne für einen Ort des Nullmeridians in $+ 50°$ Breite; sie sind mit der Horizontalrefraktion $34'$ berechnet und gelten für den oberen Rand der Sonne.

Auf S. 20—28 folgen, bezogen auf das mittlere Äquinoktium des Jahresanfangs, die rechtwinkligen, geozentrischen, äquatorialen Sonnenkoordinaten für 0^h Weltzeit mit ihren ersten und zweiten Differenzen. Die gleichen Koordinaten, jedoch bezogen auf das Normaläquinoktium 1950.0, werden auf S. 116—124 gegeben.

Die Werte von X, Y, Z sind auf 6 Dezimalen gegeben. Die Ephemeriden bieten jedoch die Möglichkeit, die Sonnenkoordinaten auch auf 7 Dezimalen zu entnehmen. Zu diesem Zwecke füge man an die 6stelligen Werte eine Null an und vereinige sie algebraisch mit den Werten von ΔX, ΔY, ΔZ. Ein ausführliches Beispiel hierfür ist im Jahrgang 1933, S. 362* gegeben.

Die gleichen Vorschriften gelten für die auf das Normaläquinoktium 1950.0 bezogenen Sonnenkoordinaten auf S. 116—124.

Am Fuß der Seite 28 findet man die Zeiten für die Anfänge der Jahreszeiten und für die Erdnähe und Erdferne der Sonne.

Die Seite 29 enthält die Aberration, Parallaxe, mittlere Länge $L_{\odot}$ und mittlere Anomalie $M_{\odot}$ der Sonne im Intervall von je 10 Tagen.

Mondephemeride (S. 30—48).

Die Mondephemeride (S. 30—47) gibt auf den linken Seiten für 0^h Weltzeit:

1) Die scheinbare Rektaszension und Deklination des Mondmittelpunktes mit den ersten Differenzen.

2) Die Äquatorial-Horizontalparallaxe $p_{☾}$ des Mondes.

3) Den geozentrischen Mondhalbmesser $r_{☾}$, d. i. der Winkel, unter dem der Mondhalbmesser vom Erdmittelpunkt aus erscheint.

4) Die Länge und Breite des Mondes, abgekürzt auf 0°001.

5) Das Alter des Mondes.

Die rechten Seiten enthalten:

1) Für den oberen Durchgang des Mondes durch den Meridian von Greenwich die genäherten Angaben für die Rektaszension, Deklination und Parallaxe des Mondmittelpunktes, sowie die bürgerliche Greenwicher Zeit dieses Durchgangs, nebst den Änderungen für 1^h westlicher Längendifferenz.

2) Die bürgerlichen Ortszeiten des Aufgangs und Untergangs des Mondes für einen Ort des Nullmeridians in +50° Breite nebst Änderung für 1^h westlicher Längendifferenz; sie sind mit der Horizontalrefraktion 34′ berechnet und gelten für den oberen Rand des Mondes.

Seite 48 enthält die Zeitangaben für die Phasen, die Erdnähe und Erdferne des Mondes.

Ephemeriden der Großen Planeten (S. 49—115 und 125—128).

Die geozentrischen Örter der Planeten sind für Merkur, Venus, Mars, Jupiter, Saturn, Uranus und Neptun von Tag zu Tag, für Pluto von zwei zu zwei Tagen für 0^h Weltzeit mit ihren ersten Differenzen gegeben. Für die Planeten Merkur bis Neptun sind scheinbare, auf das momentane wahre Äquinoktium bezogene Örter gegeben. Die Örter von Pluto sind auf das mittlere Äquinoktium 1950.0 bezogen und sind nicht wegen Aberration korrigiert. Zur bequemeren Vergleichung der Beobachtungen mit der Ephemeride sind bei diesem Planeten Fixsternaberration und Lichtzeit in besonderen Spalten angeführt.

Die letzten Spalten enthalten den scheinbaren Halbmesser, die Horizontalparallaxe sowie die mittleren Ortszeiten der oberen Kulmination, des Aufgangs und des Untergangs für einen Ort des Nullmeridians in +50° geographischer Breite.

Die Örter von Pluto sind nach den Elementen XIX von E. C. Bower, Lick Observatory Bulletin 437, unter Berücksichtigung der Störungen durch Jupiter, Saturn, Uranus und Neptun berechnet.

Die scheinbaren Halbmesser in der Einheit der Entfernung sind:

Merkur	3.″34	Saturn (äquat.)	83.″33
Venus	8.41	» (polar)	74.57
Mars	4.68	Uranus	34.28
Jupiter (äquat.)	98.47	Neptun	36.56
» (polar)	91.91		

Bei Jupiter und Saturn ist in den Ephemeriden der scheinbare Polarhalbmesser gegeben.

Die heliozentrischen Ephemeriden der Planeten (S. 125—128) geben den Log. des Radiusvector, die Länge, deren Reduktion auf die Bahn und die Breite bezogen auf das mittlere Äquinoktium 1950.0.

☊ und i stellen die Bahnlage für die Epoche 1950.0 und das Normaläquinoktium 1950.0 dar.

Die Genauigkeit und Ausführlichkeit dieser heliozentrischen Angaben sind ihrem Hauptzweck, zur Berechnung der speziellen Störungen zu dienen, angepaßt.

Die beigefügten Werte der Planetenmassen sind die den Tafeln von Newcomb und von Hill zugrunde liegenden. Für die Erde ist noch besonders zu erwähnen, daß die Masse von »Erde + Mond« gegeben ist, Radiusvector und heliozentrische Länge sich auf den Schwerpunkt des Systems »Erde + Mond« beziehen.

Erläuterungen

Mittlere Örter von 1535 Fixsternen (S. 2*—40*).

Die mittleren Örter der 1535 Fixsterne sind aus den Angaben des Dritten Fundamentalkatalogs des Berliner Astronomischen Jahrbuchs (I. Teil: Veröffentlichungen des *Astronomischen Rechen-Instituts* Nr. 54, II. Teil: Abhandlungen der *Preußischen Akademie der Wissenschaften* Jahrg. 1938, Phys. math. Klasse Nr. 3) abgeleitet worden. Die in Teil I durch ein † gekennzeichneten Sterne sind von 1944 ab weggelassen worden. Die in Teil II enthaltenen Zusatzsterne sind durch ihre Nummern, die alle über 1000 liegen, leicht zu erkennen. Die zusätzlichen Polsterne sind mit den griechischen Buchstaben α—π bezeichnet. Die Örter aller Polsterne sind durch trigonometrische Übertragung erhalten worden. Die jährlichen Veränderungen gelten für die Mitte des Jahres. Ein * vor dem Namen weist auf eine Anmerkung am Fuß der Seite hin.

Unter Gr. stehen die visuellen Größen, welche aus dem „Henry Draper Catalogue (Harvard Annals, Vol. 91—99)" entnommen sind. Bei einigen weiten Doppelsternen ist an Stelle der im H. D. C. angegebenen Gesamthelligkeit die Helligkeit der hellen Komponente angeführt. Bei Veränderlichen sind die Grenzen der Helligkeit angegeben; beziehen sich diese auf photographische Größen, so sind sie durch kursiven Druck kenntlich gemacht.

Die Spektren sind aus dem Draper Katalog übernommen worden. Zusammengesetzte Spektren sind durch + gekennzeichnet. In anderen Fällen beziehen sich, wo 2 Spektren gegeben sind, diese auf die Komponenten eines Doppelsterns.

Scheinbare Örter von 584 Fixsternen (S. 41*—250*).

Die scheinbaren Rektaszensionen und Deklinationen der Fixsterne sind für den Moment der oberen Kulmination im Meridian von Greenwich gegeben.

Die Ephemeriden der 560 Sterne mit Deklinationen kleiner als 80°, deren scheinbare Örter von 10 zu 10 Sterntagen gegeben sind, enthalten die kurzperiodischen Mondglieder der Nutation nicht. Das Datum des Tages, an welchem zwei Kulminationen stattfinden, ist in kleinem Druck vor der Rektaszensionsspalte angeführt.

Die jährliche Parallaxe ist bei folgenden Sternen berücksichtigt, bei denen sie hinreichend verbürgt erscheint:

Nr. 10	ζ Tucanae	mit	0.″133
Nr. 11	β Hydri	»	0.143
Nr. 59	τ Ceti	»	0.298
Nr. 127	ε Eridani	»	0.305
Nr. 257	α Canis maj.	»	0.377
Nr. 291	α Canis min.	»	0.291
Nr. 295	β Geminor.	»	0.100
Nr. 445	β Virginis	»	0.101
Nr. 470	β Canum ven.	»	0.108
Nr. 492	β Comae	»	0.121
Nr. 513	η Bootis	»	0.112
Nr. 538	α Centauri	mit	0.″756
Nr. 667	μ Herculis	»	0.109
Nr. 695	χ Draconis	»	0.119
Nr. 699	α Lyrae	»	0.121
Nr. 745	α Aquilae	»	0.208
Nr. 754	δ Pavonis	»	0.174
Nr. 793	61 Cygni	»	0.299
Nr. 805	γ Pavonis	»	0.113
Nr. 867	α Piscis austr.	»	0.135
Nr. 875	Br 3077 Cass.	»	0.146

Von den im B. J. nicht mit Ephemeriden versehenen Sternen des FK 3 besitzen noch folgende hinreichend verbürgte Parallaxen:

Nr. 119	82 G. Eridani	0.″159	Nr. 1073	268 G. Ceti	0.″147
Nr. 135	δ Eridani	0.112	Nr. 1093	κ Ceti	0.106
Nr. 217	γ Leporis	0.122	Nr. 1134	π^3 Orionis	0.128
Nr. 239	α Mensae	0.118	Nr. 1300	61 Ursae maj.	0.109
Nr. 825	ε Indi	0.288	Nr. 1307	Grb 1830 U Maj	0.108
Nr. 1019	96 G. Pisc.	0.148	Nr. 1345	61 Virginis	0.116
Nr. 1030	μ Cassiop.	0.130	Nr. 1391	33 G. Librae	0.172

Die Ephemeriden der auf S. 2*—40* eingeklammerten Sterne findet man in »Apparent Places of Fundamental Stars«. H. M. Stationary Office, London.

Es folgen die scheinbaren Örter von 20 Polsternen für jede obere Kulmination. Sie enthalten die kurzperiodischen Mondglieder nicht, jedoch sind deren Werte in besonderen Spalten gegeben.

Am Fuße der Ephemeriden ist der mittlere Ort eines jeden Sternes für den Anfang des Jahres und die Werte von sec δ und tg δ angegeben, welche bei der Reduktion der Meridianbeobachtungen nach der hierfür am zweckmäßigsten erscheinenden Besselschen Formel gebraucht werden. Ferner sind hier die Größen a, b, a', b' enthalten, mit deren Hilfe die Nutationsglieder kurzer Periode leicht berechnet werden können. Man erhält $A'a+B'b$ in Zeitsekunden, $A'a'+B'b'$ in Bogensekunden.

Auf den Seiten 241*—250* sind die rechtwinkligen Koordinaten der scheinbaren Örter von vier polnahen Sternen gegeben. Sie beziehen sich auf ein Koordinatensystem, dessen positive x-Achse nach dem Frühlingspunkt und dessen positive y-Achse nach dem Punkt $\alpha = 6^h$, $\delta = 0°$ gerichtet ist. Der Zusammenhang zwischen x, y und α, δ ist gegeben durch die Beziehungen: $x = \cos\delta \cos\alpha$, $y = \cos\delta \sin\alpha$. Die Angaben gelten für 12^h Sternzeit Greenwich und enthalten die kurzperiodischen Mondglieder der Nutation nicht, deren Werte jedoch in der letzten Spalte einer jeden Seite unter der Überschrift »Kurzperiod.Nutationsgl.« gegeben sind.

Als Quellen für die Koordinaten und Eigenbewegungen dieser vier Sterne sind benutzt worden:

für BD + 89°1: L. Courvoisier: Neue Position und Eigenbewegung des Polsterns BD + 89°1. Astron. Nachr. Bd. **273**, S. 87.

für BD + 89°3 und + 89°37: L. Courvoisier: Beobachtungen der Polsterne BD + 89°3 und BD + 89°37 am Vertikalkreis 1914—1926. Veröff. der Universitäts-Sternwarte zu Berlin-Babelsberg, Band XII, Heft 2.

für CPD — 89°38: Cape Annals Bd. **XI**, II, 244 für den Ort und eine briefliche Mitteilung für die Eigenbewegung.

Damit werden die mittleren Örter für 1956.0:

Name	Gr.	x	Jährl. Veränd. 1956.5	Jährl. Eigen-bew.	y	Jährl. Veränd. 1956.5	Jährl. Eigen-bew.
	m	″	″	″	″	″	″
BD+89° 1	10.56	— 600.65	—20.070	—0.011	+ 77.14	—0.146	—0.010
BD+89° 3	9.06	— 404.19	—20.241	—0.006	+862.59	—0.098	—0.006
BD+89° 37	10.06	—1381.19	—19.975	—0.011	—349.37	—0.296	+0.015
CPD—89° 38	9.5	+ 295.99	+20.137	+0.027	—306.45	+0.099	+0.031

Erläuterungen

Reduktionsgrößen (S. 252*—290*).

Auf die scheinbaren Örter der Sterne folgt S. 251* eine Zusammenstellung der Werte, mit welchen die Reduktionsgrößen der darauf folgenden Tafeln berechnet sind, und der Formeln für die Reduktion auf den scheinbaren Ort.

Die Größen zur »Reduktion auf den scheinbaren Ort« sind in ihrer *ersten* Form: A, B, C, D, E; A', B' gegeben für 12^h Sternzeit des Meridians von Greenwich:

1) Auf S. 270*—278* für jeden Sterntag. Hier sind die numerischen Werte von A, B, C und D mit ihren Differenzen gegeben und die kurzperiodischen Nutationsglieder A' und B' mit angeführt.
2) Auf S. 279* im Intervall von 10 Sterntagen.

Diese Tafel soll zur Berechnung von Sternephemeriden für die Epochen der Meridiandurchgänge dienen. Wegen ihrer logarithmischen Form und des großen Intervalls ist die Tafel zur Interpolation nicht geeignet. Man wird deshalb zweckmäßig die Interpolation erst nach der Summierung der einzelnen unmittelbar für die Epochen der Tafel berechneten Glieder vornehmen.

Beiden Tafeln ist in einer Spalte die dem festen Sternzeitmoment jedesmal entsprechende Weltzeit vorangestellt; man wird hiernach auf jeden beliebigen Zeitpunkt, gegeben durch Datum, Sternzeit und Längendifferenz gegen Greenwich, übergehen können. Eine weitere Spalte gibt die seit Beginn des annus fictus verflossene Zeit in Bruchteilen des tropischen Jahres.

Die Reduktionsgrößen der *zweiten* Form: f, log g, G, log h, H, log i und i, sowie f', g' und G' sind auf S. 252*—269* von Tag zu Tag für 0^h Weltzeit gegeben.

Auch hier findet sich eine Spalte, t überschrieben, welche die seit Beginn des annus fictus verflossene Zeit in Bruchteilen des tropischen Jahres gibt. Ferner ist die Sternzeit Greenwich für 0^h Weltzeit gegeben.

Die Seiten mit ungerader Seitenzahl enthalten außer den schon erwähnten f', g', G' noch folgende Größen:

ψ = Allgemeine Präzession seit Jahresanfang.
$\Delta\psi$ = Langperiodische Glieder der Nutation in Länge.
$\Delta\psi'$ = Kurzperiodische Glieder der Nutation in Länge.
ε = Mittlere Schiefe der Ekliptik.
$\Delta\varepsilon$ = Langperiodische Glieder der Nutation in Schiefe.
$\Delta\varepsilon'$ = Kurzperiodische Glieder der Nutation in Schiefe.
Die Koeffizienten j und k der Formeln auf S. 282*.

Die wahre Schiefe erhält man durch Addition der Gesamtnutation $(\Delta\varepsilon + \Delta\varepsilon')$ zu der mittleren Schiefe.

Auf S. 280* findet sich eine Tafel der Hilfsgrößen zur Berechnung der Präzession von verschiedenen mittleren Äquinoktien bis 1956.0.

S. 281* enthält eine Tafel der Hilfsgrößen zur Übertragung der Polsternörter von verschiedenen mittleren Äquinoktien auf das mittlere Äquinoktium 1956.0.

Auf S. 282* sind die Formeln zusammengestellt, mit welchen bei Anschlußbeobachtungen die gemessenen Koordinatendifferenzen der scheinbaren Örter in solche der mittleren Örter für den Jahresanfang übergeführt werden. Die in diesen Formeln auftretenden Koeffizienten j und k sind auf den Seiten 253*—269* enthalten und haben die Bedeutung

$$j = 15\, g \text{ arc } 1'$$
$$k = 15\, h \text{ arc } 1',$$

wobei g und h die auf den Seiten 252*—268* gegebenen Reduktionsgrößen sind.

S. 283* enthält eine Zusammenstellung der von der Deklination abhängenden Faktoren der Formeln auf S. 282*.

S. 284* enthält eine Tafel der numerischen Werte der Funktionen Sinus und Cosinus für in Zeit ausgedrückte Winkel. Ihre Benutzung erleichtert die Berechnung der Formeln auf S. 282*.

Die Seite 285* enthält eine Tafel zur Übertragung von Rektaszensions- und Deklinationsdifferenzen vom mittleren Äquinoktium 1956.0 auf das Normaläquinoktium 1950.0. Man findet die auf das Normaläquinoktium 1950.0 bezogene Koordinatendifferenz, indem man an der auf das mittlere Äquinoktium 1956.0 bezogene Rektaszensionsdifferenz die differentielle Präzession $\Delta\, p^s_\alpha$ und an der Deklinationsdifferenz die differentielle Präzession $\Delta\, p''_\delta$ anbringt:

$$\Delta p^s_\alpha = a_1 \operatorname{tg} \delta \cdot \Delta\alpha^m + a_2 \tfrac{1}{15} \sec^2\delta \cdot \Delta\delta',$$
$$\Delta p\delta'' = d_1 \cdot \Delta\alpha^m.$$

Die Koeffizienten a_1, a_2 und d_1 sind in der Tafel auf S. 285* enthalten und haben die Bedeutung:

$$a_1 = (n) \text{ arc } 1' \cos \alpha$$
$$a_2 = (n) \text{ arc } 1' \sin \alpha$$
$$d_1 = -15\ (n) \text{ arc } 1' \sin \alpha.$$

$\Delta\alpha^m$ und $\Delta\delta'$ sind die auf das mittlere Äquinoktium 1956.0 bezogenen Rektaszensions- und Deklinationsdifferenzen in Zeit- bez. Bogenminuten. Nach den angegebenen Formeln findet man die differentielle Präzession für Rektaszension in Zeitsekunden, diejenige für Deklination in Bogensekunden.

Die auf Seite 286* gegebenen Größen f, log g und G dienen zur Übertragung der Örter von dem *mittleren* Normaläquinoktium 1950.0 auf das *wahre* Äquinoktium der Epoche. Die Berücksichtigung des Einflusses der Variatio saecularis bei dieser Übertragung ist durch die Tafeln auf S. 287* gegeben.

Eine Tafel zur Übertragung von Sternörtern vom mittleren Äquinoktium 1956.0 auf das Normaläquinoktium 1950.0 befindet sich auf den Seiten 288*—290*.

Die hier tabulierten Größen sind gerechnet nach den Formeln:

$$A = (n^s) \sin a$$
$$D = (n'') \cos a$$
$$B = (m^s) - 0.00001818\, (n^s)^2 \sin 2a$$
$$\Delta C = \operatorname{arc} tg\, C - C;\ C = A\, tg\, (\delta_{1956.0} + D)$$
$$P = -15\, tg\, \tfrac{1}{2}\psi;\ tg\, \psi = \sin (n) \sin a\, tg\, (\delta_{1956.0} + D)$$
$$a = \alpha_{1956.0} + 90^\circ - (N)$$

Wegen der Größen (m), (n), (N) vgl. S. [5] der „Grundbegriffe der Sphärischen Astronomie" im Jahrbuch für 1916. Falls die auf S. 290* gegebene Tafel für ΔC und P nicht ausreicht, berechne man die Größen nach den vorstehend gegebenen Formeln oder benutze die weiterreichende Tafel in Veröff. d. Astronom. Rechen-Instituts Nr. 49.

Sonnen- und Mondfinsternisse (S. 292*—299*).

Bei der Berechnung der Finsternisse des Jahres 1956 sind die Örter von Sonne und Mond um folgende Beträge verbessert worden:

1956	Sonne $\Delta\lambda$	$\Delta\beta$	$\Delta\alpha$	$\Delta\delta$	Mond $\Delta\lambda$	$\Delta\beta$	$\Delta\alpha$	$\Delta\delta$
	"	"	s	"	"	"	s	"
Mai 24	+1.0	0.0	+0.07	+0.2	—1.9	—0.7	—0.14	—0.3
Juni 8	+1.0	0.0	+0.07	+0.1	—2.3	—0.3	—0.16	—0.5
Nov. 18	+1.0	0.0	+0.07	—0.2	—2.1	—0.3	—0.14	—0.8
Dez. 2	+1.0	0.0	+0.07	—0.2	—1.9	—0.7	—0.14	—0.4

Die bei den Sonnenfinsternissen gegebenen Besselschen Elemente dienen in der folgenden Weise zur Vorausberechnung der Phasenzeiten und der Positionswinkel der Kontakte:

Mit einer Ausgangszeit T (siehe weiter unten) entnimmt man der Elemententabelle die Werte:

x, y, log sin d, log cos d, μ, l ($l^{(a)}$ für äußere, $l^{(i)}$ für innere Berührung), log tang f ($f^{(a)}$ für äußere, $f^{(i)}$ für innere Berührung), x' und y'.

Mit ihnen rechnet man das folgende Formelsystem durch:

$$(1)\quad \begin{cases} \xi = c \cos\varphi \sin(\mu-\lambda) \\ \eta = s \sin\varphi \cos d - c\cos\varphi \sin d \cos(\mu-\lambda) \\ \zeta = s\sin\varphi \sin d + c\cos\varphi\cos d\cos(\mu-\lambda) \\ \xi' = [7.6398-10]\; c\cos\varphi\cos(\mu-\lambda) \\ \eta' = [7.6398-10]\; \xi \sin d, \end{cases}$$

worin φ die geographische Breite, λ die westliche Länge (von Greenwich) des Beobachtungsortes bezeichnen, s und c aus der Tafel auf S. 407* zu entnehmen sind.

Alsdann:

$$(2)\quad \begin{cases} \left.\begin{aligned} m \sin M &= x - \xi \\ m \cos M &= y - \eta \end{aligned}\right\} m > 0 \\ \left.\begin{aligned} n \sin N &= x' - \xi' \\ n \cos N &= y' - \eta' \end{aligned}\right\} n > 0 \end{cases}$$

Nun berechnet man aus:

$$(3)\quad L = l - \zeta \operatorname{tang} f$$

$L^{(a)}$ mit $l^{(a)}$ und $f^{(a)}$, $L^{(i)}$ mit $l^{(i)}$ und $f^{(i)}$; dann aus:

$$(4)\quad \sin\psi = \frac{m \sin(M-N)}{L}\,[1])$$

[1]) Wird der Winkel ψ bei der ersten Näherungsrechnung imaginär, so rechne man τ unter der Annahme $\psi = 90°$ aus $\tau = -\frac{m\cos(M-N)}{n}$; bleibt ψ auch in der weiteren Rechnung imaginär, so deutet dies an, daß an dem betreffenden Orte keine Sonnenfinsternis stattfindet.

mit $L^{(a)}$ und $L^{(i)}$ je zwei Werte $\psi^{(a_1)}$, $\psi^{(a_2)}$ und $\psi^{(i_1)}$, $\psi^{(i_2)}$, von denen der eine zum Eintritt der Erde in den Halb- oder Kernschatten-Kegel, der andere zu ihrem Austritt aus ihm gehört. Diesen vier Werten $\psi^{(a_1)}$, $\psi^{(a_2)}$ und $\psi^{(i_1)}$, $\psi^{(i_2)}$ entsprechen vier Werte $\tau^{(a_1)}$, $\tau^{(a_2)}$ und $\tau^{(i_1)}$, $\tau^{(i_2)}$ (in Zeitminuten) nach

$$(5)\ \tau = -\frac{m \cos(M-N)}{n} + \frac{L \cos\psi}{n},$$

um welche die Ausgangszeit T zu verbessern ist, um die Zeit der gesuchten Phase zu erhalten. Ist T die gesuchte Phasenzeit, so wird $\tau = 0$ werden. Man muß daher das Formelsystem (1) bis (5) mit steigenden Näherungen so lange durchrechnen, bis dieser Fall eintritt, d. h. bis das Formelsystem sich schließt. Zu diesem Zweck beginnt man mit einem Näherungswert T_1, für den man, wenn kein besserer bekannt sein sollte, eine beliebige Zeit nahe der Mitte der Finsternis nehmen mag, und rechnet die erste genäherte Korrektion τ_1; dann wiederholt man die Rechnung mit $T_2 = T_1 + \tau_1$, dann mit $T_3 = T_2 + \tau_2 = T_1 + \tau_1 + \tau_2$ usf. bis sich $\tau_n = 0$ ergibt. T_n ist dann die gesuchte Weltzeit des Kontaktes, die durch Hinzufügung der Längendifferenz in mittlere Ortszeit zu verwandeln ist. Die Rechnung ist für jede Berührung gesondert durchzuführen.

Die Positionswinkel der einzelnen Phasen, in üblicher Weise vom Punkt größter Deklination nach Osten gezählt, folgen aus den Werten der letzten Näherung (Größen mit dem Index n) nach

$$P = N + \psi.$$

Will man den Winkelabstand Q vom Punkte der größten Höhe haben, so hat man von P noch den parallaktischen Winkel γ abzuziehen, der aus

$$\left.\begin{aligned} p \sin\gamma &= \xi \\ p \cos\gamma &= \eta \end{aligned}\right\}\ p > 0$$

folgt, also

$$Q = P - \gamma.$$

Um die Zeit der größten Phase, T_{max}, zu erhalten, hat man die beiden Formelsysteme (1) und (2) mit einem Näherungswerte T_1 durchzurechnen, daraus $T_2 = T_1 - \frac{m \cos(M-N)}{n}$ zu entnehmen und die Rechnung so lange fortzusetzen, bis die Korrektion der Ausgangszeit 0 wird. Als Näherungswert T_1 wählt man zweckmäßig das Mittel der beiden Werte von T_2 für die Berührungszeiten.

Die Größe der Verfinsterung i, in Teilen des Sonnendurchmessers ausgedrückt, ergibt sich dann aus:

$$i = \frac{L^{(a)} - m}{2\,L^{(a)} - 0.5459}$$

worin $L^{(a)}$ und m die zur Zeit T_{max} gehörigen Werte bedeuten.

Sternbedeckungen (S. 300*—308*).

Die Seiten 300* bis 302* enthalten die Elemente von Stern- und Planetenbedeckungen durch den Mond, welche in dem Gebiet zwischen den Meridianen 0^h und 2^h östlicher Länge von Greenwich und den Breitenkreisen $+45°$ und $+55°$ sichtbar sind.

Mit den in der Zusammenstellung der Elemente gegebenen Werten geschieht die Berechnung der Berührungszeiten eines Sternes mit dem

Mondrand für einen Ort mit den geographischen Koordinaten φ und λ (λ positiv, wenn der Beobachtungsort westlich von Greenwich liegt) auf folgende Weise:

Aus der auf den Seiten 298* bis 301* enthaltenen Weltzeit T der geozentrischen Konjunktion von Mond und Stern findet man einen ausreichenden Näherungswert $T + t$ der Weltzeit der topozentrischen Konjunktion durch Berechnung der Größen:

$h_0 = H - \lambda$

$\xi_0 = c \cos \varphi \sin h_0$ (c und später s aus der Tafel auf Seite 407*)

$$\xi' = [9.4192 - 10]\, c \cos \varphi \cos \frac{4}{3} h_0$$

$$t = \frac{\xi_0}{x' - \xi'}$$

t ergibt sich in Stunden mittlerer Zeit. Das Vorzeichen entspricht dem von h_0.

Für die Zeit $T + t$ berechne man die folgenden Größen, in denen $t_0 = 1.0027\, t$ ist.

$$\begin{aligned}
\xi &= c \cos \varphi \sin (h_0 + t_0) \\
\eta &= s \sin \varphi \cos \delta - c \cos \varphi \sin \delta \cos (h_0 + t_0) = \eta_1 - \eta_2 \\
\xi' &= [9.4192 - 10]\, c \cos \varphi \cos (h_0 + t_0) \\
\eta' &= [9.4192 - 10]\, \xi \sin \delta \\
x &= x' t \\
y &= Y + y' t.
\end{aligned}$$

Aus den Beziehungen:

$$\left.\begin{aligned} m \sin M &= x - \xi \\ m \cos M &= y - \eta \end{aligned}\right\} m > 0$$

$$\left.\begin{aligned} n \sin N &= x' - \xi' \\ n \cos N &= y' - \eta' \end{aligned}\right\} n > 0$$

$$\sin \psi = [0.5646]\, m \sin (M - N),$$

ψ zwischen $+90°$ und $-90°$, berechne man

$$\tau = -\frac{[1.7782]\, m}{n} \cos (M - N) \mp \frac{[1.2135]}{n} \cos \psi$$

$$d\tau = \frac{[6.7591 - 10]\, \tau^2}{n \cos \psi} [\eta_2 \cos (N \mp \psi) - \xi \sin (N \mp \psi)],$$

wobei die oberen Vorzeichen für den Eintritt, die unteren für den Austritt gelten. Die eingeklammerten Zahlen bedeuten Logarithmen. τ und $d\tau$ ergeben sich in Zeitminuten. Werden die für den Eintritt geltenden Werte mit τ' und $d\tau'$ bezeichnet, die für den Austritt geltenden mit τ'' und $d\tau''$, so ist die Weltzeit des

$$\text{Eintritts} = T + t + \tau' + d\tau'$$

$$\text{Austritts} = T + t + \tau'' + d\tau''.$$

Als Kontrolle berechne man die Werte von x, y, ξ, η für die so gefundenen Berührungszeiten. Sind diese richtig, so muß die Beziehung erfüllt sein:

$$\sqrt{(x - \xi)^2 + (y - \eta)^2} = 0.2725.$$

Ist $m \sin (M - N) > 0.2725$, so tritt für den betreffenden Beobachtungsort keine Bedeckung des Sternes ein.

Die Positionswinkel des Sternes in bezug auf den Mondmittelpunkt für die Zeiten des Ein- und Austritts folgen aus

$$P_E = N - \psi - dP \text{ für den Eintritt,}$$
$$P_A = N + \psi + dP \pm 180° \text{ für den Austritt,}$$

wobei die Winkel $N - \psi$ und $N + \psi$ aus der Rechnung für $d\tau$ entnommen werden können, und dP in Graden ausgedrückt aus

$$dP = \frac{[7.3038 - 10]\,\tau^2}{\cos\psi}(\eta_2 \sin N + \xi \cos N)$$

folgt.

Die Angaben über Sternbedeckungen sind von dem Nautical Almanac Office, US. Naval Observatory, Washington, zur Verfügung gestellt worden.

Auf den Seiten 302*—307* sind für Berlin-Babelsberg, Frankfurt a. M. und München Vorausberechnungen der an diesen Orten sichtbaren Sternbedeckungen gegeben. Außer der Weltzeit und dem Positionswinkel des Ein- oder Austrittes des bedeckten Sternes sind noch die Koeffizienten a und b angeführt, welche eine genäherte Vorausberechnung der Berührungszeiten für andere Orte innerhalb Deutschlands ermöglichen, die nicht allzuweit von den genannten Hauptpunkten entfernt sind. Bezeichnen λ und φ die geographischen Koordinaten des Beobachtungsortes, λ_0 und φ_0 diejenigen des ihm am nächsten gelegenen Hauptpunktes, so ist die gesuchte Berührungszeit gleich der für den Hauptpunkt geltenden $+ a(\lambda - \lambda_0) + b(\varphi - \varphi_0)$. Hierbei sind die Differenzen $\lambda - \lambda_0$ und $\varphi - \varphi_0$ in Einheiten des Grades unter Mitnahme des Zehntelgrades auszudrücken, damit sich die Korrektion in Zeitminuten ergibt.

Die Vorausberechnungen der Sternbedeckungen für Berlin-Babelsberg, Frankfurt a. M. und München wurden vom Nautical Almanac Office, London, ausgeführt und von diesem zum Abdruck zur Verfügung gestellt.

Mondbewegung und Lage des Mondäquators gegen den Erdäquator (S. 309*).

Auf S. 309* finden sich:

☊, Aufsteigender Knoten der Mondbahn auf der Ekliptik,
$L_☾$, Mittlere Länge des Mondes,
$\tilde{\omega}_☾$, Mittlere Länge des Perigäums,
$M_☾$, Mittlere Anomalie des Mondes,
i, Neigung des Mondäquators gegen den Erdäquator,
Δ, Stück des Mondäquators zwischen Ekliptik und Erdäquator,
☊′, Aufsteigender Knoten des Mondäquators auf dem Erdäquator.

☋, der aufsteigende Knoten des Mondäquators auf der Ekliptik ist gleich dem absteigenden Knoten der Mondbahn, also

$$☋ = ☊ \pm 180°.$$

Vom Jahrgang 1926 ab sind die Brownschen Mondtafeln verwendet.

Die Größen i, Δ und Ω' berechnen sich aus:

$$\sin\tfrac{1}{2}(\Delta + \Omega')\cos\tfrac{1}{2}i = \cos\tfrac{1}{2}(\varepsilon - J)\sin\tfrac{1}{2}\mho$$

$$\cos\tfrac{1}{2}(\Delta + \Omega')\cos\tfrac{1}{2}i = \cos\tfrac{1}{2}(\varepsilon + J)\cos\tfrac{1}{2}\mho$$

$$\sin\tfrac{1}{2}(\Delta - \Omega')\sin\tfrac{1}{2}i = \sin\tfrac{1}{2}(\varepsilon - J)\sin\tfrac{1}{2}\mho$$

$$\cos\tfrac{1}{2}(\Delta - \Omega')\sin\tfrac{1}{2}i = \sin\tfrac{1}{2}(\varepsilon + J)\cos\tfrac{1}{2}\mho;$$

dabei ist J, die Neigung des Mondäquators gegen die Ekliptik, nach F. H a y n (Astr. Nachr. Bd. **199**, S. 263) zu $J = 1° 32' 20''$ angenommen worden. Die Zahlen geben die Lage des mittleren Mondäquators (ohne physische Libration).

Die auf S. 309* gemachten Angaben über die Elemente der Mondbahn und des Mondäquators werden, teilweise in Verbindung mit den Größen $L_\odot$ und $M_\odot$ auf S. 29, zu verschiedenen Zwecken verwendet:

1) Als Argumente für die Berechnung der Reduktionsgrößen A, B, C, D, E, A', B'.

2) Bei Bestimmung der selenographischen Koordinaten von Punkten der Mondoberfläche.

3) Bei Berechnung der *optischen* und *physischen* Libration des Mondes.

a) Für die Berechnung der *optischen* Libration des Mondes sind alle nötigen Angaben in den Erläuterungen zu den Hilfstafeln unter Nr. 8 (S. 452*) gemacht.

b) Die Beträge der *physischen* Mondlibration in selenographischer Länge, der Neigung des Mondäquators und seinem aufsteigenden Knoten auf der Ekliptik τ, ρ, σ haben die Werte:

$$\tau = -\ 13''\sin M_☾ + 65''\sin M_\odot + 26''\sin 2(L_☾ - M_☾ - \Omega)$$

$$\rho = -106''\cos M_☾ + 34''\cos(2L_☾ - M_☾ - 2\Omega) - 11''\cos 2(L_☾ - \Omega)$$

$$\sigma\sin J = -108''\sin M_☾ + 34''\sin(2L_☾ - M_☾ - 2\Omega) - 11''\sin 2(L_☾ - \Omega).$$

Diese Zahlenangaben beruhen auf der Annahme $f = 0.73$, worüber F. H a y n (Astr. Nachr. Bd. **199**, S. 264) einzusehen ist.

Ephemeride für den Mondkrater Mösting A. (S. 310*—314*).

Die Ephemeride des Mondkraters Mösting A. dient zwei verschiedenen Zwecken: erstens zur genauen Bestimmung von Mondörtern am Himmel durch Beobachtung des Kraters, zweitens zur Bestimmung der selenographischen Koordinaten weiterer Punkte der Mondoberfläche durch deren mikrometrischen Anschluß an Mösting A.

Sie gilt für 0^h Weltzeit und enthält für die Tage, an welchen Mösting A. innerhalb der Beleuchtungsgrenze liegt, die Unterschiede $\alpha_☾ - \alpha_k$ in Rektaszension und $\delta_☾ - \delta_k$ in Deklination zwischen der Mondmitte und dem Krater, vom Erdmittelpunkt aus gesehen, sowie den Logarithmus des Sinus der Äquatorial-Horizontalparallaxe p_k des Kraters, welche von der des Mondes $p_☾$ zu unterscheiden ist, mit den zugehörigen Differenzen.

Zur Anwendung der Ephemeride auf Beobachtungen des Kraters interpoliere man $\alpha_☾ - \alpha_k$, $\delta_☾ - \delta_k$ und log sin p_k mit der Beobachtungszeit. Fügt man alsdann $\alpha_☾ - \alpha_k$ und $\delta_☾ - \delta_k$ zum geozentrischen Ort des

Kraters hinzu (die Parallaxe wird mit p_k und δ_k, der Deklination des Kraters, berechnet), so hat man die geozentrische Rektaszension und Deklination des Mondes für die Beobachtungszeit.

Der Berechnung der Ephemeride des Kraters Mösting A. liegen folgende von F. H a y n ermittelte Konstanten (Astr. Nachr. Bd. **199**, S. 263) zugrunde:

$$\lambda_0 = -5^\circ\,10'\,7'', \quad \beta_0 = -3^\circ\,11'\,2'', \quad h = 15'\,33''\!.4.$$

Für die Reduktion auf den mittleren Mondäquator wurden die Werte angenommen:

$$d\,\lambda = -\ 13''\sin M_{☾} + 65''\sin M_{\odot} + 26''\sin 2\,(L_{☾} - M_{☾} - ☊)$$
$$d\,\beta = -108''\sin (L_{☾} - M_{☾} - ☊ + \lambda_0) - 34''\sin (L_{☾} - M_{☾} - ☊ - \lambda_0) + 11''\sin (L_{☾} - ☊ - \lambda_0),$$

so daß die auf den mittleren Mondäquator bezogenen selenographischen Koordinaten des Kraters Mösting A. sind:

$$\lambda = \lambda_0 + d\,\lambda, \qquad \beta = \beta_0 + d\,\beta.$$

Die Formeln zur Berechnung der Ephemeride siehe in den Erläuterungen zum Jahrbuch 1916.

Die Formeln für die Reduktion von mikrometrischen Anschlußbeobachtungen von Kratern an Mösting A. findet man in den Jahrbüchern bis zum Jahrgang 1952.

Rotation der Sonne (S. 315*—317*).

Die auf den Seiten 315*—317* enthaltenen Größen haben die Bedeutung:

P Positionswinkel der Rotationsachse der Sonne, in der üblichen Weise von deren Nordpunkt nach Osten gezählt.

B_0 und L_0 Heliographische Breite und Länge des Mittelpunktes der Sonne.

Als Nullmeridian der Zählung der heliographischen Längen dient der Meridian, welcher am 1. Januar 1854 im mittleren Greenwicher Mittag (J. D. 239 8220$^{d}\!.$0) durch den aufsteigenden Knoten des Sonnenäquators auf der Ekliptik ging.

Die Neigung des Sonnenäquators gegen die Ekliptik beträgt 7°.25, die Länge des aufsteigenden Knotens auf dieser ist 73°.667 + 0°.01396 (t — 1850.0).

Die siderische Rotationszeit beträgt 25$^{d}\!.$38 und die synodische 27$^{d}\!.$2753.

Nach Carrington beginnt die erste synodische Rotation 1853 Nov. 9. Im Jahre 1956 beginnt die synodische Rotation:

		d			d			d
Nr. 1369	Jan.	7.51	Nr. 1374	Mai	23.00	Nr. 1379	Okt.	6.14
Nr. 1370	Febr.	3.85	Nr. 1375	Juni	19.20	Nr. 1380	Nov.	2.44
Nr. 1371	März	2.19	Nr. 1376	Juli	16.40	Nr. 1381	Nov.	29.75
Nr. 1372	März	29.50	Nr. 1377	Aug.	12.62	Nr. 1382	Dez.	27.07
Nr. 1373	April	25.77	Nr. 1378	Sept.	8.87			

Erläuterungen

Rotation des Mars (S. 318*—320*).

Auf den Seiten 318*—320* ist die Länge des Zentralmeridians sowie die Durchgangszeit des Nullmeridians durch den Mittelpunkt der Marsscheibe gegeben. Die Angaben sind wegen Aberration korrigiert, also direkt mit der Beobachtungszeit vergleichbar.

Rotation des Jupiter (S. 321*—322*).

Auf den Seiten 321*—322* ist die Länge des Zentralmeridians des beleuchteten Teiles der Jupiterscheibe enthalten. Die Angaben unter System I beziehen sich auf die Äquatorzone mit der Rotationsperiode $9^h\ 50^m\ 30\overset{s}{.}004$, diejenigen unter System II gelten für die Gebiete nördlich und südlich von dieser mit der Rotationsperiode $9^h\ 55^m\ 40\overset{s}{.}632$. In einer besonderen Spalte ist die Reduktion auf den Zentralmeridian der vollen Jupiterscheibe gegeben.

Als Ausgangswerte sind verwendet worden für

System I:

1897 Juli 14 mittl. Mittag Greenw. Länge des Zentralmeridians $= 47\overset{\circ}{.}31$,

System II:

1897 Juli 14 mittl. Mittag Greenw. Länge des Zentralmeridians $= 96\overset{\circ}{.}58$.

Der Nordpol der Rotationsachse des Jupiter zeigt nach dem Punkt

$$\text{AR.} = 17^h\ 52^m\ 0\overset{s}{.}84 + 0\overset{s}{.}247\,(t - 1910)$$
$$\text{Dekl.} = +64°\ 33'\ 34\overset{''}{.}6 - 0\overset{''}{.}60\,(t - 1910),$$

t in tropischen Jahren.

Jupitertrabanten (S. 323*—335*).

Die Seiten 323* und 324* enthalten die Zeitangaben (in Weltzeit) für die Verfinsterungen der vier hellen Jupitertrabanten in dem Schattenkegel des Jupiter; Ein- und Austritte sind durch beigefügtes E. und A. unterschieden.

Auf den Seiten 325*—335* sind die Anordnungen der vier hellen Trabanten in bezug auf die Jupiterscheibe schematisch angegeben, wie sie im umkehrenden Fernrohr zu der am Kopfe der Diagramme angegebenen Zeit erscheinen. Die Trabanten sind durch die Ziffern 1 bis 4 gekennzeichnet, wobei die Stellung der Ziffer in bezug auf den betreffenden Trabant die Richtung seiner Bewegung kennzeichnet. Am Rande der Diagramme ist angegeben, ob ein Trabant verfinstert ist oder sich vor der Planetenscheibe befindet. Am Fuß der Seiten sind die Stellungen der Trabanten in bezug auf Jupiter für die Berührungen mit dem Schattenkegel angegeben. Ein- und Austritte sind durch beigefügtes E. und A. unterschieden.

Saturnsring (S. 336*—337*, 340*).

Die Angaben für die scheinbare Größe des Saturn und für die Lage und Größe des Saturnsringes haben die folgende Bedeutung:

α Große Achse des Saturn.

β Kleine Achse des Saturn.

p_a Phase; positiv, wenn der Ostrand, negativ, wenn der Westrand verdunkelt ist.

a Große Achse der Ringellipse.

b Kleine Achse der Ringellipse; positiv, wenn die nördliche, negativ, wenn die südliche Fläche des Ringes sichtbar ist.

U' Heliozentrische Länge des Saturn, gezählt auf der Ringebene vom aufsteigenden Knoten des Ringes in der Ekliptik an.

B' Erhöhungswinkel der Sonne über der Ringebene vom Saturn aus gesehen; nördlich positiv, südlich negativ.

P' Winkel der kleinen Achse der Ringellipse mit dem durch den Saturnsmittelpunkt gehenden Längenkreise; östlich positiv, westlich negativ.

U Geozentrische Länge des Saturn, gezählt auf der Ringebene vom aufsteigenden Knoten des Ringes im Erdäquator an.

B Erhöhungswinkel der Erde über der Ringebene vom Saturn aus gesehen; nördlich positiv, südlich negativ.

P Winkel der kleinen Achse der Ringellipse mit dem durch den Saturnsmittelpunkt gehenden Stundenkreise; östlich positiv, westlich negativ.

N Aufsteigender Knoten der Ringebene im Erdäquator, gezählt vom Äquinoktium an.

J Neigung der Ringebene gegen den Erdäquator.

ω Entfernung der Ekliptik vom Erdäquator, gemessen auf der Ringebene.

Es liegen folgende Bestimmungen nach H. Struve zugrunde:

Durchmesser des Saturn in der Entfernung 9.53887

Äquatorial 17″.47 Polar 15″.65

Durchmesser des Ringes in der Entfernung 9.53887

$2\,R = 39''.35$

Lage des Saturnsringes gegen die Ekliptik und das Äquinoktium von 1889.25 nach G. Struve

$\Omega_1 = 167^\circ\ 58'.08$ und $i_1 = 28^\circ\ 4'.55$.

Saturnstrabanten (S. 338*—349*).

Die Berechnungen der Saturnstrabanten Mimas bis Rhea sind mit den von G. Struve in den Veröffentlichungen der Universitätssternwarte Berlin-Babelsberg, Bd. VI, Heft 4 abgeleiteten Elementen durchgeführt worden. Für Titan und Japetus sind die von ihm in Bd. VI, Heft 5 angegebenen Elemente benutzt worden, und für Hyperion haben die von J. Woltjer in den Annalen der Sternwarte Leiden, Bd. 16, Teil 3 bestimmten Elemente als Grundlage gedient.

Die den Ephemeriden zugrunde liegenden Elemente sind auf den Seiten 417*—419* des Jahrbuches für 1950 enthalten.

Auf den Seiten 338*—340* sind die Hilfsmittel gegeben, um in bequemer Weise die Positionen der Trabanten ableiten zu können. Sieht man hierbei von der Neigung γ ab, so erhält man die rechtwinkligen Koordinaten x und y des Trabanten in bezug auf ein Achsenkreuz, dessen Anfangspunkt im Mittelpunkt des Saturn gelegen ist, dessen X-Achse parallel der großen Achse des Ringes verläuft, positiv, wenn östlich, negativ, wenn westlich vom Saturn, und dessen positive Y-Achse mit dem durch den Saturnsmittelpunkt gehenden Stundenkreise den Winkel P einschließt, aus den Gleichungen:

$$x = \frac{a\,(\varDelta)}{\varDelta} \frac{1}{1+\zeta} \frac{r}{a} \sin\,(u-U)$$

$$y = \frac{a\,(\varDelta)}{\varDelta} \frac{1}{1+\zeta} \frac{r}{a} \sin B \cos\,(u-U).$$

$(\varDelta) = 9.53887$ bezeichnet den mittleren Wert der Entfernung Sonne—Saturn, $\varDelta$ ist die Entfernung Erde—Saturn, $u = L + (v - M)$ ist die wahre Länge des Trabanten vom Erdäquator an gezählt.

Die Größen $v-M$ und $\log \frac{r}{a}$ sind auf S. 312*—313* des Jahrbuchs 1933 gegeben, $\log \frac{1}{1+\zeta}$ ist auf S. 340* enthalten.

Ist genaueste Ortsbestimmung erforderlich, so darf man bei Mimas, Tethys und Rhea die Neigungen γ gegen den Saturnsäquator, da sie schon merklichere Werte annehmen, nicht mehr vernachlässigen; x und y ergeben sich dann aus:

$$x = \frac{a\,(\varDelta)}{\varDelta} \frac{1}{1+\zeta} \frac{r}{a} \sin\,(u-U)$$

$$y = \frac{a\,(\varDelta)}{\varDelta} \frac{1}{1+\zeta} \frac{r}{a} \sin B\,[\cos\,(u-U) + \sin\gamma \operatorname{cotg} B \sin\,(u-\vartheta)].$$

Die Werte von ϑ, der Länge des aufsteigenden Knotens der Trabantenbahn auf dem Saturnsäquator, gezählt vom Schnittpunkte des Saturnsäquators mit dem Erdäquator, findet man für die fünf inneren Trabanten auf S. 340*; auch ist hier für Rhea γ, weil stärker mit der Zeit veränderlich, in Intervallen von 16 Tagen gegeben.

Will man aus x und y die Rektaszensions- und Deklinationsdifferenzen bestimmen, so dienen dazu die Gleichungen:

$$s \sin\,(p - P) = x$$

$$s \cos\,(p - P) = y$$

$$\varDelta\alpha = \alpha_{tr} - \alpha_{pl} = \frac{1}{15}\, s \sin p \sec \delta_{tr}$$

$$\varDelta\delta = \delta_{tr} - \delta_{pl} = s \cos p.$$

Auf den Seiten 341*—344* finden sich, außer den Hilfsgrößen U, B und P für die Trabanten Titan, Hyperion und Japetus die genäherten Rektaszensions- und Deklinationsunterschiede gegen den Saturn in dem Sinne Trabant minus Planet für die beiden letzteren Trabanten.

Die aus den Angaben des Berliner Jahrbuchs ermittelten Trabantenörter sind auf das mittlere Äquinoktium der Epoche bezogen.

Zum Schluß enthalten die Seiten 345*—349* die Zeitangaben (in Weltzeit) für die östlichen Elongationen von Mimas, Enceladus, Tethys, Dione, Rhea, ferner für die östlichen und westlichen Elongationen ($u - U = \pm 90°$) und für die oberen und unteren Konjunktionen ($u - U = 0°$, $180°$) von Titan, Hyperion und Japetus mit Saturn; diese Zeitangaben für die Elongationen und Konjunktionen sind bereits für Lichtzeit korrigiert, also ohne weiteres mit den Beobachtungen vergleichbar.

Konstellationen (S. 350*—351*).

In der Übersicht der Konstellationen des Jahres 1956 sind die hauptsächlichsten Planeten-Konstellationen gegeneinander und gegen Sonne und Mond sowie die Angaben der Epochen, zu welchen sich die Planeten in gewissen Hauptpunkten ihrer Bahn und ihres synodischen Laufes befinden, zusammengestellt. Die Bedeutung der hier verwendeten Zeichen siehe Seite II. — Die Konjunktionen der Planeten mit dem Mond und ihre gegenseitigen sind als Konjunktionen in AR. zu verstehen. Die Angaben über Konjunktion und Opposition der Planeten mit der Sonne entsprechen den Zeiten, zu denen der Längenunterschied zwischen Planet und Sonne 0° oder 180° ist.

Auf- und Untergangszeiten der Sonne und des Mondes sowie Anfang und Ende der Nautischen Dämmerung (S. 352*—391*).

Für Orte auf dem Meridian von Greenwich und ausgewählte geographische Breiten zwischen —10° und +60° sind die mittleren Ortszeiten der Auf- und Untergänge von Sonne und Mond gegeben. Sie beziehen sich auf das Erscheinen bzw. Verschwinden des oberen Randes der Sonne oder des Mondes und sind mit der Horizontalrefraktion 34ʹ.0 berechnet.

Für Anfang und Ende der Nautischen Dämmerung beträgt die Zenitdistanz der Sonne 102°.

Hilfstafeln (S. 392*—413*).

Es folgt eine Reihe von häufig gebrauchten Hilfstafeln.

1) Tafeln für Präzessionswerte (S. 392*—394*).

a) Präzession in Länge und Breite (Seite 392*—393*).

$$p_\lambda = \psi + \pi \operatorname{tg} \beta \cos (\Pi - \lambda)$$
$$p_\beta = \pi \sin (\Pi - \lambda)$$

b) Präzession in Rektaszension und Deklination (Seite 394*).

$$p_\alpha = m + \tfrac{1}{15} n \sin \alpha \operatorname{tg} \delta$$
$$p_\delta = n \cos \alpha$$

c) Präzessionswerte m, n, ψ, π, Π und ε, die mittlere Schiefe der Ekliptik (Seite 394*).

Mit diesen Werten berechnet sich die Präzession für die Elemente einer Bahnebene im System der Ekliptik nach:

$$p_{\Omega} = \psi - \pi \operatorname{cotg} i \sin (\Pi - \Omega)$$
$$p_i = - \pi \cos (\Pi - \Omega)$$
$$p_\omega = \pi \operatorname{cosec} i \sin (\Pi - \Omega)$$

und im System des Äquators nach:

$$p_{\Omega'} = m - n \operatorname{cotg} i' \cos \Omega'$$
$$p_{i'} = - n \sin \Omega'$$
$$p_{\omega'} = n \cos \Omega' \operatorname{cosec} i'$$

Den Tafeln a) und b) liegen die Präzessionswerte für 1950.0 zugrunde. Über die Bedeutung der Bezeichnungen und die Zahlenwerte vergleiche die Erläuterungen zum Jahrbuch für 1916.

2) Eine Tafel zur Verwandlung von Minuten und Sekunden in Dezimalteile des Grades und umgekehrt (S. 395*).

3) Hilfstafeln zur Verwandlung von mittlerer Zeit in Sternzeit (S. 396*, 398*) und von Sternzeit in mittlere Zeit (S. 397*, 399*).

4) Eine Tafel zur Verwandlung von Stunden, Minuten und Sekunden in Dezimalteile des Tages und umgekehrt (S. 400*—401*).

5) Eine Tafel für die Ermittelung eines Datums in der Julianischen Periode (Seite 402*—406*). Die Tafel besteht aus zwei Teilen. Der erste Teil (S. 402*—403*) gibt in vierjährigen Schaltperioden für die Jahre 0 bis 2000 die Anzahl der am 0. Januar, 12^h Weltzeit, seit Anfang der Julianischen Periode verflossenen Tage. Als Ergänzung gibt die Hilfstafel am Fuß der Seite die Anzahl der am 0. eines jeden Monats, 12^h Weltzeit, seit Beginn der Schaltperiode verflossenen Tage. Man gehe bis zum 4. Oktober des Jahres 1582 mit dem Datum des Julianischen, für spätere Jahre mit dem Datum des Gregorianischen Kalenders in die Tafel ein. Der zweite Teil (S. 404*—406*) gibt für die Jahre 1860—1979 unmittelbar die Anzahl der im Gregorianischen Kalender am 0. eines jeden Monats, 12^h Weltzeit, seit Beginn der Julianischen Periode verflossenen Tage.

6) Eine Tafel der Hilfsgrößen s und c (S. 407*) zur Berechnung der geozentrischen Breite φ' und der geozentrischen Entfernung ρ eines Erdortes, ausgedrückt in Einheiten der großen Halbachse des Erdellipsoids, aus der geographischen Breite φ nach den Formeln:

$$\varrho \sin \varphi' = s \sin \varphi$$
$$\varrho \cos \varphi' = c \cos \varphi$$

Darin haben s und c die Bedeutung:

$$s = \frac{1 - e^2}{\sqrt{1 - e^2 \sin^2 \varphi}}, \quad c = \frac{1}{\sqrt{1 - e^2 \sin^2 \varphi}}, \quad e = \sqrt{2\,\mathfrak{a} - \mathfrak{a}^2}.$$

Gemäß den Beschlüssen der Pariser Ephemeridenkonferenz von 1911 ist dabei die Abplattung $\mathfrak{a} = \frac{1}{297}$ angenommen.

7) Tafel des halben Tagbogens (S. 408*—409*), berechnet mit der Horizontalrefraktion 34!9 für geographische Breiten von $+30°$ bis $+60°$ und Deklinationen von $-30°$ bis $+30°$.

8) Die Tafel zur Berechnung der optischen Mondlibration (S. 410*—411*) gibt mit dem Argument $\lambda - \Omega$ die Werte $\Delta\lambda$, a und B entsprechend den Gleichungen:

$$\Delta\lambda = \frac{1}{\text{arc } 1'} \operatorname{tang}^2 \frac{1}{2} J \sin 2(\lambda - \Omega)$$
$$a = -\cos(\lambda - \Omega) \sin J$$
$$\operatorname{tang} B = -\sin(\lambda - \Omega) \operatorname{tang} J$$

J = Neigung des Mondäquators gegen die Ekliptik (s. S. 446*).

Ω = Länge des aufsteigenden Knotens der Mondbahn auf der Ekliptik (s. S. 308*).

λ, β = Länge und Breite des Mondmittelpunktes, berechnet für den Beobachtungsort.

Bezeichnen noch $L_☾$ die mittlere Länge des Mondes, l' und b' die optische Libration der Mondmitte in selenographischer Länge und Breite, so ist:

$$l' = \lambda - L_☾ + \Delta\lambda - a(B - \beta)$$
$$b' = B - \beta$$

Der Winkel C, welchen der Mondmeridian des Mittelpunktes der scheinbaren Mondscheibe mit dem Stundenkreise bildet, ergibt sich aus der Gleichung:

$$\sin C = -\sin i \frac{\cos(L_☾ + l' + \Delta - ☋)}{\cos \delta_☾} = -\sin i \frac{\cos(\alpha_☾ - ☊')}{\cos b'},$$

worin $\alpha_☾$, $\delta_☾$ Rektaszension und Deklination des Mondmittelpunktes, gesehen vom Beobachtungsort aus, bezeichnen; die anderen vorkommenden Größen i, Δ, ☋ und ☊' haben schon auf S. 445* ihre Erklärung gefunden.

9) Eine Tafel zur Verwandlung von Zeitmaß in Gradmaß mit dezimaler Unterteilung (S. 412*—413*).

Koordinaten der Sternwarten (S. 414*—419*).

Die Seiten 414*—419* enthalten die geographischen und geozentrischen Koordinaten der Sternwarten.

Die Seehöhen sind in allen Fällen angegeben, wo sie sich einigermaßen sicher ermitteln ließen.

Die geographischen Längen sind auf den Meridian von Greenwich bezogen und dementsprechend ist die »Korrektion der Sternzeit« die Differenz: Orts-Sternzeit in mittlerer Mitternacht minus Greenwicher Sternzeit in mittlerer Mitternacht.

Die geozentrischen Koordinaten sind den Beschlüssen der Pariser Ephemeridenkonferenz vom Oktober 1911 gemäß unter Annahme der Abplattung 1:297 berechnet.

Bei Berechnung von $\log \varrho$ ist die Seehöhe berücksichtigt.

Normalzeiten der wichtigeren Länder (S. 420*).

Auf S. 420* sind die in den wichtigeren Ländern eingeführten Normalzeiten zusammengestellt.

Interpolation (S. 421*—425*).

Zur Erleichterung der Interpolation nach der Besselschen Formel sind auf S. 421* die Koeffizienten der zweiten bis vierten Differenzen für jedes Hundertstel des Argumentenintervalles gegeben. Die Seiten 422*—425* enthalten für den speziellen Fall, daß die dritten und höheren Differenzen unberücksichtigt bleiben können, die Verbesserung der ersten Differenz wegen des Einflusses der zweiten Differenz.

Refraktionstafel (S. 426*—427*).

Die auf den Seiten 426*—427* enthaltene Refraktionstafel ist nach der Theorie von R. Radau (Annales de l'Observatoire de Paris, Memoires, Bd. 19) unter Verwendung der Refraktionskonstante 60".154 berechnet und ist eine Abkürzung der in den Bänden der Connaissance des Temps enthaltenen Tafel.

Erläuterungen

Polaristafeln (S. 428*—434*).

Die auf den Seiten 428*—434* enthaltenen Tafeln erleichtern die Bestimmung der geographischen Breite φ aus Messungen der Zenitdistanz z des Polarsterns außerhalb des Meridians nach der Formel

$$\varphi = 90^\circ - z - p \cos t + \tfrac{1}{2} p^2 \sin^2 t \operatorname{cotg} z,$$

wobei p die Poldistanz des Polarsterns und t sein Stundenwinkel ist. Man geht in Tafel 1 mit der Sternzeit der Beobachtung ein, in Tafel 2 mit der Sternzeit und dem Datum und in Tafel 3 mit der Sternzeit und der Zenitdistanz. Da in jeder der drei Tafeln willkürliche Konstanten enthalten sind, ist es notwendig, die Werte aller drei Tafeln bei der Reduktion der Messungen zu berücksichtigen.

Alphabetisches Sachregister

Kolibri 360 GmbH
Ferdinand-Jühlke-Straße 7
99095 Erfurt, Deutschland
produktsicherheit@kolibri360.de